天文学与生活

（第 8 版）

Astronomy: A Beginner's Guide to the Universe, Eighth Edition

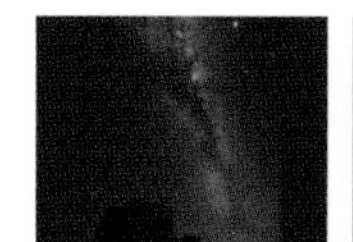     

［美］ Eric Chaisson　Steve McMillan　著

李玉龙　窦秀明　李峻巍　等译

電子工業出版社

Publishing House of Electronics Industry

北京 • BEIJING

内 容 简 介

天文学是研究宇宙空间天体、宇宙的结构和发展的学科。本书首先介绍天文学基础知识，然后按从小到大的尺度介绍太阳系、恒星、星系和宇宙，具体内容包括：哥白尼革命，光和物质，望远镜，太阳系，地球和月球，类地行星，类木行星，卫星、环和类冥矮行星，太阳，恒星的测量，星际物质，恒星演化，中子星和黑洞，银河系，正常星系和活动星系，星系和暗物质，宇宙学，宇宙中的生命等。全书紧密结合星空与地球的关系，说明了天文学对人类生活和人类未来的影响。

全书自成体系，不要求读者具备各基础科学的背景知识，可作为高等学校天文相关专业学生的导论性教材，也可作为相关人员的科普书和参考书。

版权贸易合同登记号　图字：01-2023-0628

图书在版编目（CIP）数据

天文学与生活：第 8 版/（美）艾瑞克·简森（Eric Chaisson），（美）史蒂夫·麦克米兰（Steve McMillan）著；李玉龙等译. —北京：电子工业出版社，2024.6

书名原文：Astronomy: A Beginner's Guide to the Universe, Eighth Edition

ISBN 978-7-121-47640-2

Ⅰ. ①天…　Ⅱ. ①艾… ②史… ③李…　Ⅲ. ①天文学－普及读物　Ⅳ. ①P1-49

中国国家版本馆 CIP 数据核字（2024）第 068746 号

审图号：GS 京（2024）0052 号（本书插图系原文插图）

责任编辑：谭海平
印　　刷：北京市大天乐投资管理有限公司
装　　订：北京市大天乐投资管理有限公司
出版发行：电子工业出版社
　　　　　北京市海淀区万寿路 173 信箱　　邮编：100036
开　　本：787×1092　1/16　印张：33.5　字数：1072 千字
版　　次：2019 年 1 月第 1 版（原书第 7 版）
　　　　　2024 年 6 月第 2 版（原书第 8 版）
印　　次：2025 年 3 月第 2 次印刷
定　　价：169.00 元（全彩）

凡所购买电子工业出版社图书有缺损问题，请向购买书店调换。若书店售缺，请与本社发行部联系，联系及邮购电话：（010）88254888，88258888。

质量投诉请发邮件至 zlts@phei.com.cn，盗版侵权举报请发邮件至 dbqq@phei.com.cn。

本书咨询联系方式：（010）88254552，tan02@phei.com.cn。

译 者 序

星月无常相，浮游索快哉。薄星逐水尽，心月照莲开。散坐谈情夜，同登怀旅台。峥绝巨夜下，天幕自旋来。

——《星之于世》，李峻巍，2023 年

自从盘古开天辟地以来，日月星辰时刻伴随在人们左右，各种天文现象神秘莫测且充满了无穷魅力。人们常用“上知天文，下知地理”来形容博学多才的人，由此可知天文学在人们心目中的重要地位。至今仍然记得在中学时代，我订阅了很长时间的《飞碟探索》杂志，当时脑海中经常浮现出相貌奇特的外星人来访场景。感谢电子工业出版社的信任和邀约，使我能够承担这样一部国外畅销天文学教材的翻译工作，同时也能酣畅淋漓地畅游在无际宇宙中。本人并非天文从业人员，但在大学及工作期间，曾经从事了若干年遥感地质研究及应用工作，加之具有十几部科普书籍的翻译经验，因此读懂并表达的难度并不算大。经过近一年的辛勤耕耘，我不仅学到了大量天文学知识并系统梳理了天文学思想，而且能非常荣幸地向广大读者推介天文学知识，收获颇丰。

本书是国外经典天文学教材，迄今已发行 8 个版本，通过浅显易懂的语言和形象直观的图表及照片，结合大量实际观测案例，深入浅出地描绘了深奥难懂的天文学知识。两位作者长期从事高校天文学教学工作，学识渊博，教学经验丰富，文字表达能力强。对于深奥难懂的天文学原理，只要按照书中的指引循序渐进，即可轻松理解而毫不费力。在本书的翻译过程中，我们主要秉承两个原则：一是将原书的内容完整、准确、清晰地传递给读者；二是尽可能符合业界标准、约定和惯常用法。关于专业术语，有两点需要特别加以说明：一是重力和引力的含义存在差异，但本书中基本上可以理解为引力，原文中经常混用；二是英文术语 crater 的适用场景较多，译法包括但不限于陨击坑/撞击坑/陨石坑/陨星坑/陨坑/环形坑/环形山/火山口，读者可根据实际情况进行取舍。

本书由李玉龙、窦秀明和李峻巍翻译，李玉龙负责统稿。本书内容丰富，涉及面广，专业性强，由于译者的能力和水平有限，肯定存在一些不当甚至错误之处，敬请广大读者批评指正。若有任何意见和建议，请直接联系电子工业出版社（tan02@phei.com.cn），或者发送电子邮件至 780954763@qq.com（李玉龙）。

感谢中国国家标准化管理委员会、中国天文学会天文学名词审定委员会、百度公司及本书第 7 版译者团队为本版书籍的顺利完成提供了极有价值的帮助。感谢家人的理解、支持与陪伴。

李玉龙

2023 年 9 月于北京通州

前　言

本书介绍天文学各领域的全方位知识，包括已知事实、发展中的思想和学术前沿的新发现。

本书主要面向未研修过大学自然科学课程或者不主修物理学或天文学的读者。全书以简单易懂的语言直观地描述了天文学的各个领域，虽然省略了复杂的数学计算过程，但并不妨碍对许多重要概念的讨论。为了避免过于简单化地解释某些非常复杂的概念和主题，我们采用了定性的推理方式，或者使用读者较为熟悉的物体或现象进行类比的方式。在本书中，我们致力于表达自己对天文学的热爱，希望读者能够对奇妙的宇宙产生浓厚的兴趣。

本书的前七版在天文学教育界受到了广泛欢迎，许多读者提供了有益的反馈和建设性意见，让我们学会了如何更好地平衡天文学的基本原理和高端知识，并在第8版中做了相应的改进。

内容组织

与此前的版本类似，本书的章节内容组织仍然遵循常见而有效的从地球向外的模式。研究发现，在探索恒星和星系之前，大多数学生（尤其是没有自然科学背景的学生）更愿意学习相对熟悉的太阳系。因此，我们首先以地球和月球作为行星系的初始模型，然后在太阳系中进行穿梭。当介绍太阳系时，讨论其形成过程不可或缺，因此直接涉及了对太阳的研究。

接下来，我们以太阳作为恒星示范，将讨论范围扩大到整个恒星，研究其一般性质、演化史和不同的命运。在此基础上，下一个研究目标是银河系，随后自然而然地转入其他星系。最后，我们将讨论宇宙学以及宇宙整体的大尺度结构和动力学。自始至终，我们都力求强调宇宙的动态本质，实际上几乎所有的重要主题（从行星到类星体）都将讨论这些天体的形成及其演化过程。

基于多年的教学经验，我们将大部分物理学知识放在前几章中，然后在正文描述以及“发现”和“更为准确”专栏中，按需设定其他物理学原理。我们尽可能模块化地处理物理学和更多量化的讨论内容，读者必要时可以延后学习这些主题。在研究恒星和宇宙其他部分之前，若教师希望只对太阳系的基础部分进行教学，则只需在讲授完第4章（太阳系）后直接跳到第9章（太阳）。

第8版的新内容

由于天文学领域发展迅速，第8版中几乎每章都更新了新的信息。为了提高整体表达效果、强化对科学过程的关注并反映当代天文学领域的新的成果，部分章节做了重大内部结构调整。主要改进如下：

- 每章章首的图片反映了天文学新的发现。
- 更新了全书的天文学图像。
- 简化了绘图程序，提供更直接和准确的天体表达。
- 采用更多注释来描述图形内容。
- 第3章更新内容：哈勃太空望远镜和詹姆斯·韦伯太空望远镜；目前正在建造的大型地基望远镜上的新材料。
- 最近完成的ALMA干涉阵新图像。
- 第4章更新内容：针对灶神星和谷神星两颗小行星的曙光号探测器；针对67P/丘留莫夫-格拉西缅科彗星的罗塞塔号探测器。

- 第 4 章更新内容：系外行星的性质，重点是地球和超级地球；修订了宜居带和类地行星的讨论。
- 第 5 章更新内容：全球二氧化碳含量和全球变暖的最新情况。
- 第 5 章更新内容：月球陨击坑观测与遥感卫星（LCROSS）和圣杯号/重力回溯及内部结构实验室（GRAIL）探测器获取的月球内部结构数据；月球勘测轨道飞行器（LRO）获取的最新月球表面特征图像。
- 第 6 章更新内容：信使号探测器获取的水星表面和内部数据及其讨论。
- 第 6 章更新内容：关于火星的最新讨论，包括来自好奇号探测器的成果。
- 第 7 章更新内容：外行星上的风暴系统、收缩中的木星大红斑和土星极地涡旋。
- 第 7 章新增内容：关于太阳系探测的新“发现”。
- 第 8 章更新内容：对木卫三的磁性、地下水和极光的讨论；土卫二及其内部海洋的资料。
- 第 8 章重写内容：基于新视野号探测器获取的冥王星系统新材料，重写了相关讨论。
- 第 8 章更新内容：关于海外天体的讨论。
- 第 9 章新增内容：日冕、太阳黑子和日冕物质抛射的更高分辨率太阳动力学观测卫星图像。
- 第 9 章更新内容：太阳黑子周期图及相关讨论。
- 第 11 章更新内容：恒星形成区相关内容和 ALMA 图像。
- 第 12 章新增内容：关于超新星的图像和讨论。
- 第 13 章更新内容：关于 γ 射线暴和超新星的讨论。
- 第 13 章新增内容：在更为准确 13.1 中，为狭义相对论的讨论增添了新图片。
- 第 14 章更新内容：关于银河系形成的讨论。
- 第 14 章更新内容：关于中心超大质量黑洞周围恒星轨道的讨论。
- 第 14 章新增内容：关于银心高能外向流的讨论。
- 第 16 章更新内容：关于星系团中炽热气体的讨论。
- 第 16 章新增内容：关于宇宙中恒星形成历史的讨论。
- 第 16 章更新内容：关于星系吞食的讨论。
- 第 16 章整合内容：关于银河系中的潮汐流。
- 第 17 章更新内容：关于宇宙微波背景的讨论。
- 第 17 章新增内容：关于声学振荡及其与宇宙学相关性的讨论。
- 第 18 章扩充内容：对嗜极生命的扩展讨论。

图形可视化

在天文学的教学和实践中，可视化表达非常重要，本书将继续秉承这种理念。我们尝试从图形设计师的视角出发，致力于图形之美感与科学之严谨相得益彰，并尽最大可能展示各种宇宙天体的最佳和最新图像。为方便读者学习，所有图形均经过精心设计，不仅适应教学模式，而且与重要科学事实和思想的相关讨论深度融合。

全谱段覆盖和光谱图标

天文学家越来越多地利用整个电磁波谱来收集宇宙的相关信息。除了可见光图像，本书还补充了射电、红外、紫外、X 射线或 γ 射线波段图像。因为有时很难区分可见光图像与其他波长创建的假彩色图像，所以我们在每幅照片旁附加了一个图标，用以识别成像时所用的电磁辐射波长。

其他教学特色

与本书的其他部分一样，在专业教师的指导下，我们为读者提供了提高学习效率的多种方式。

- **学习目标**。经研究表明，初学者往往难以确定学习内容的优先级。因此，本书在每章的章首部分，都提供了一些非常明确的学习目标，以帮助读者了解阅读本章后应掌握哪些知识和技能，然后据此组织阅读。我们对这些学习目标进行了编号，并与“小结”和“复习题”部分进行了双向关联。这样做能够突出每章的重点内容，帮助读者确定知识优先级并随时复习各种材料。

- **总体概览和学术前沿问题**。在每章章首的“总体概览”部分，为帮助读者了解本章内容如何与浩瀚宇宙相关联，我们不仅对该章内容进行了总体概述，而且对该章涵盖主题所面临的关键问题进行了概述。在每章章末的“学术前沿问题”部分，我们都会提出一个关于本章主题领域的重大开放式问题，旨在激发读者对天文学知识和研究学术前沿尚未解决问题的好奇心。
- **概念链接**。在天文学中，天体性质与物理学原理间的关联至关重要。例如，当学习哈勃定律（第 15 章）时，谱线和多普勒频移相关知识（第 2 章）非常重要；当讨论双星系统中每颗子星的质量（第 10 章）或者研究银河系自转（第 14 章）时，均需具备开普勒定律和牛顿定律的相关知识（第 1 章）。自始至终，对天文学中新天体和新概念的讨论，我们始终需要与之前介绍的主题进行比较和关联。
- **概念回顾**。每章均包含多个概念回顾，提出了一些需要结合上下文内容进行思考的关键问题，相关答案附在书后。
- **科学过程回顾**。与概念回顾类似，旨在明确科学研究如何进行以及科学家如何得出结论，相关答案附在书后。
- **视觉类比**。为让读者更清楚地掌握知识，我们将可视化技术应用于类比，结合日常生活经验来解释复杂的天文学概念。
- **复合图形**。无论是照片还是图形构思，单一图像都难以概括复杂天体的全部特征。因此，为了能够获得最多数量的信息，我们尽可能采用了多图形组合，主要展现方式包括：可见光图像通常与其他波长的对应图像同时呈现；解释性线条图经常叠加或并置在真实的天文照片上，帮助读者“看见”这些照片揭示的内容；采用逐级放大的方式，由远及近地进行放大，使读者能够多层次理解特定图像的细节。
- **图形注释**。采用了经过实践检验的可行技术，将注释放在关键图形中，培养读者的以下能力：阅读和解释复杂图形；关注最相关的信息；整合语言和视觉知识。
- **赫罗图**。基于真实数据以统一格式绘制，有助于整理恒星的相关信息，并追踪其演化史。
- **【更为准确】专栏**。属于正文中定性讨论主题的定量内容延伸，这些主题往往富有挑战性，置于独立专栏中可令教师在教学时更具灵活性。
- **【发现】专栏**。探讨各种有趣的主题，介绍科学知识的演变和科学过程的重要性。
- **各章小结**。再次列出每章中的关键术语，并与章首的学习目标相呼应。
- **章末习题**。帮助读者自我评估学习效果，划分为如下几类：复习题、自测题、计算题和活动。

致谢

在本书成稿之前，许多同事提出了大量建设性意见和建议，本书前七版和《今日天文》的很多读者也提出了反馈与建议。在此，对他们致以最诚挚的感谢。

第 8 版审稿人

Ron Armale, *Cypress College*
Sandra Doty, *Ohio University, Lancaster*
Jacqueline Dunn, *Midwestern State University*
Saeed Safaie, *Rockland Community College*
Gene Tracy, *William and Mary College*
Anastasia Phillis, *Richard J. Daley College*
Charles Hakes, *Fort Lewis College*

前七版审稿人

Todd Adams, *Florida State University*
Stephen G. Alexander, *Miami University*
Ron Armale, *Cypress College*
Nadine G. Barlow, *Northern Arizona University*
Michael L. Broyles, *Collin County Community College*
Juan Cabanela, *Haverford College*

Erik Christensen, *South Florida Community College*
Michael L. Cobb, *Southeast Missouri State University*
Anne Cowley, *Arizona State University*
Manfred Cuntz, *University of Texas at Arlington*
James R. Dire, *U.S. Coast Guard Academy*
Jacqueline Dunn, *Midwestern State University*
John Dykla, *Loyola University–Chicago*
Tina Fanetti, *Western Iowa Tech Community College*
Doug Franklin, *Western Illinois University*
Michael Frey, *Cypress College*
Alina Gabryzewska-Kukawa, *Delta State University*
Peter Garnavich, *University of Notre Dame*
Richard Gelderman, *Western Kentucky University*
Martin Goodson, *Delta College*
David J. Griffiths, *Oregon State University*
Martin Hackworth, *Idaho State University*
Susan Hartley, *University of Minnesota–Duluth*
David Hudgins, *Rockhurst University*
Doug Ingram, *Texas Christian University*
Marvin Kemple, *Indiana University-Purdue University, Indianapolis*
Linda Khandro, *Shoreline Community College*
Mario Klaric, *Midlands Technical College*
Patrick Koehn, *Eastern Michigan University*
Andrew R. Lazarewicz, *Boston College*
Paul Lee, *Middle Tennessee University*
M.A. K. Keohn Lodhi, *Texas Tech University*
Andrei Kolmakov, *Southern Illinois University*
F. Bary Malik, *Southern Illinois University-Carbondale*
Fred Marschak, *Santa Barbara College*
John Mattox, *Francis Marion University*
Chris McCarthy, *San Francisco State University*
George E. McCluskey, *Jr., Leigh University*
Scott Miller, *Pennsylvania State University*
L. Kent Morrison, *University of New Mexico*
George Nock, *Northeast Mississippi Community College*
Richard Nolthenius, *Cabrillo College*
Edward Oberhofer, *University of North Carolina-Charlotte*
Robert S. Patterson, *Southwest Missouri State University*
Jon Pedicino, *College of the Redwoods*
Cynthia W. Peterson, *University of Connecticut*
Robert Potter, *Bowling Green State University*
Heather L. Preston, *U.S. Air Force Academy*
Andreas Quirrenbach, *University of California–San Diego*
James Regas, *California State University, Chico*
Tim Rich, *Rust College*
Frederick A. Ringwald, *California State University, Fresno*
Gerald Royce, *Mary Washington College*
Louis Rubbo, *Coastal Carolina University*
Rihab Sawah, *Moberly Area Community College*
John C. Schneider, *Catonsville Community College*
C. Ian Short, *Florida Atlantic University*
Philip J. Siemens, *Oregon State University*
Earl F. Skelton, *George Washington University*
Don Sparks, *Los Angeles Pierce College*
Angela Speck, *University of Missouri-Columbia*
Phillip E. Stallworth, *Hunter College of CUNY*
Peter Stine, *Bloomsburg University of Pennsylvania*
Irina Struganova, *Barry University*
Jack W. Sulentic, *University of Alabama*
Jonathan Tan, *University of Florida*
Gregory Taylor, *University of New Mexico*
Gregory R. Taylor, *California State University, Chico*
George Tremberger, *Jr., Queensborough Community College*
Craig Tyler, *Fort Lewis College*
Robert K. Tyson, *University of North Carolina*
Alex Umantsev, *Fayetteville State University*
Michael Vaughn, *Northeastern University*
Jimmy Westlake, *Colorado Mountain College*
Donald Witt, *Nassau Community College*
J. Wayne Wooten, *University of West Florida*
Garett Yoder, *Eastern Kentucky University*
David C. Ziegler, *Hannibal-LaGrange College*

感谢 Lola Judith Chaisson 绘制了书中的赫罗图。感谢 Pearson 出版团队的帮助：责任编辑 Tema Goodwin、策划编辑 Nancy Whilton 和出版经理 Mary Ripley。特别感谢 Thistle Hill Publishing Services 项目管理团队的 Andrea Archer 和 Angela Williams Urquhart，内文和封面设计师 Jerilyn Bockorick。

我们十分期待读者的反馈，勘误和建议请发至邮箱 aw.astronomy@pearson.com。

Eric Chaisson
Steve McMillan

目录

CONTENTS

第 1 部分

基　础

许多人认为，天文学仅是一门抬头看天、观察日月星辰运动轨迹的学问。实际上，这些人只看到了九牛一毛，天文学的研究对象覆盖了整个宇宙，包括所有空间、时间、物质和能量的总和。天文学是一门与众不同的学科，需要我们深刻地改变自己的视角，考虑采用与日常经验差异巨大的体积、尺度和时间单位。要想尽情地欣赏天文学的魅力，就必须拓宽视野并改变思维方式，一定要让自己的脑洞足够大！

第 1 部分主要介绍天文学家用图形描绘空间的基本方法，具体介绍了科技进展，从战车和神话故事，到行星运动和量子物理学思想。此外，还研究了微观尺度下的原子和分子，它们的性质对于理解宏观尺度下的宇宙至关重要。

这里的图像描绘了第 1 部分中的尺度范围，包括原子、细胞、人类、山脉和地球。

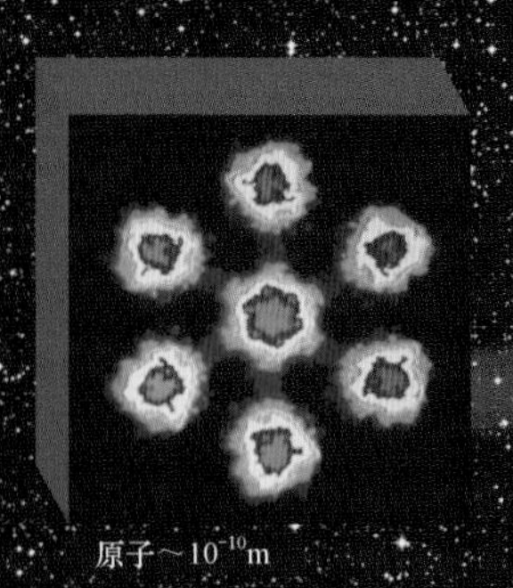

原子～10^{-10}m

细胞～10^{-5}m

人类～2m

地球不是宇宙的中心，也不是什么特殊的存在；
人类在宇宙中的位置并不独特。

第 0 章　绘制天图：天文学基础

在晴朗漆黑的夜晚，银河（Milky Way）是人们肉眼可见的横贯在头顶夜空中的一条富恒星带，其中所含的无数恒星像牛奶一样在天空中静静地流淌。所有这些（以及更多）恒星都是一个更大系统的一部分，这个系统称为银河系（Milky Way Galaxy），太阳即为其成员之一。这张照片显示了银河的宏伟壮丽，拍摄于智利安第斯山脉高处，下方是欧洲南方天文观测台建造的一些大型望远镜

在晴朗且没有灯光的夜晚，璀璨的星空是大自然赐予人类的最壮观的景象。夜空静谧无声，各大星座纷繁点缀其间，演绎着各种古老的神话传说，启迪着人们不断地去追寻心中的梦想。梦想让人们的想象力不再局限于地球空间，而是逐渐跨入遥远的宇宙时空。天文学由此应运而生，旨在满足人类本性的两种基本需求——探索和理解。自远古时代至今，人类就一直在寻找关于宇宙问题的答案。天文学是最古老的自然科学，近些年的新发现和新成果令人欣喜与振奋。

学习目标

LO1　按照从小到大的顺序排列宇宙中的基本结构层级。

LO2　描述天球，说明天文学家如何利用星座和角度测量来定位天体。

LO3　根据地球的实际运动解释太阳和恒星的视运动，解释地轴倾斜如何导致季节变化。

LO4　解释月球不断变化的外观，描述地球、太阳和月球的相对运动如何导致日食与月食。

LO5　举例说明怎样通过简单的几何推理测量无法接近的各天体的距离和大小。

LO6　区分科学理论、假设和观测，描述科学家如何结合观测、理论和实验来理解宇宙。

总体概览

在天文学的早期定义中，恒星数量仅有肉眼可见的数千颗。现在，人们知道恒星在宇宙中无处不在，可观测范围内的恒星数量大致相当于地球上的全部海滩上的沙粒数，总计约为 10^{23} 个。

0.1　如眼所见

0.1.1　地球的空间位置

在人类迄今取得的所有科学认知中，有一种观点非常引人注目：地球不是宇宙的中心，也不是什么特殊的存在；人类在宇宙中的位置并不独特。地球（Earth）是一颗普通的岩质行星（planet），是著名的八大行星之一，这些行星共同围绕称为太阳（Sun）的一颗普通恒星（star）运行。太阳是已步入中年的恒星，位于庞大恒星群银河系（Milky Way Galaxy）的边缘。在整个可观测宇宙中，银河系仅为无数个星系中的一员。图 0.1 显示了这些不同尺度天体的巨大范围差异。

时至今日，人类对宇宙的科学理解已跨越浩瀚的星系际空间，延伸到了所能见到的整个宇宙范围。本书描绘的现代宇宙观多数为其中的精华部分，吸纳了无数科学发现的顶尖成果（或大或小），凝聚了一代又一代天文学家的智慧和辛劳。那么天文学家究竟如何思考并绘制图 0.1 呢？我们对宇宙的研究（天文学）从观测天空开始。

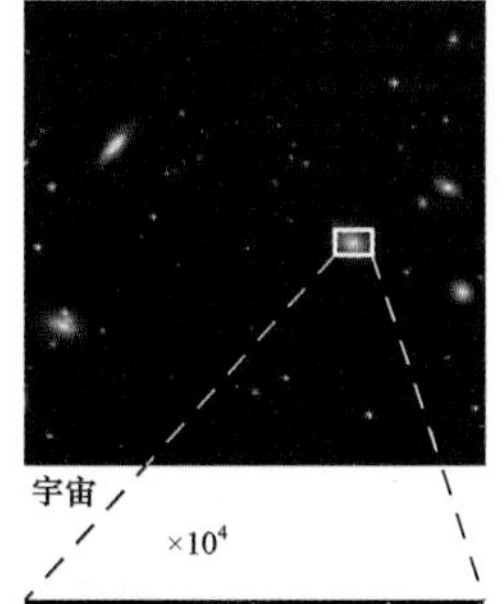

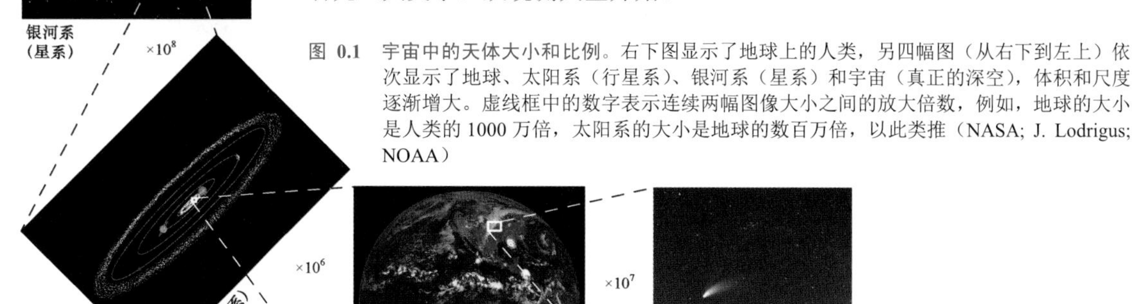

图 0.1　宇宙中的天体大小和比例。右下图显示了地球上的人类，另四幅图（从右下到左上）依次显示了地球、太阳系（行星系）、银河系（星系）和宇宙（真正的深空），体积和尺度逐渐增大。虚线框中的数字表示连续两幅图像大小之间的放大倍数，例如，地球的大小是人类的 1000 万倍，太阳系的大小是地球的数百万倍，以此类推（NASA; J. Lodrigus; NOAA）

0.1.2 天空中的星座

日落之后，日出之前，若天空足够晴朗，则人们肉眼能见到约 3000 个光点。当然，若算上地球另一侧的视角，则可见到近 6000 颗恒星。人们总是希望能够找到多个事物之间的关联性（即使其本质上并不相关），很久以前就把天空中最明亮的那些恒星连接和并入了若干星座（constellation）。在北半球，大多数星座以神话中的英雄人物和动物命名。图 0.2 显示了北方夜空中从 10 月至次年 3 月的最著名星座——猎户座（Orion），其名字源于希腊神话中不懈追求昴宿星团（巨人阿特拉斯的 7 个女儿）的猎户英雄。为了保护昴宿星团不受猎户座的骚扰，众神将她们安置在群星之中，但是猎户座每天晚上仍然冲破千难万险地前往追求。与猎户座类似，许多其他星座均与古代文化密切相关。

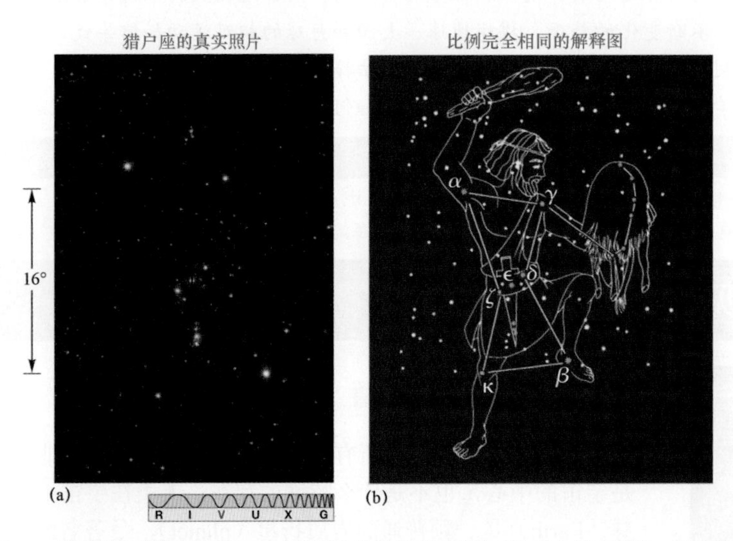

图 0.2 猎户座。(a)组成猎户座的亮星群；(b)古希腊人将这些恒星连接成为猎人轮廓图案，图中的希腊字母标识星座中的部分亮星（见图 0.3）。在北半球的冬季天空中，猎户座非常容易识别，只需找到猎户“腰带”上的三颗亮星即可（P. Sanz/Alamy）

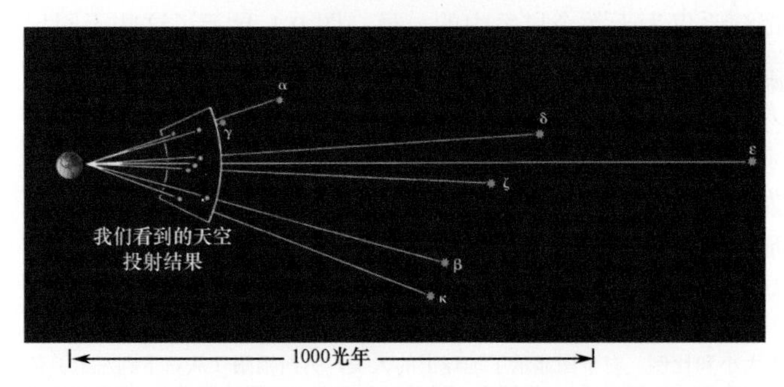

图 0.3 猎户座三维模型。猎户座中最亮恒星之间的真实三维关系。这些恒星之间的距离以光年为单位，20 世纪 90 年代由欧洲空间局的依巴谷卫星测量获得（见 10.1 节）

一般而言，构成同一星座的各恒星空间上并不相邻，只是足够明亮、肉眼可观测且位于地球视角的相同方向，例如，图 0.3 显示了猎户座中几颗最亮恒星之间的真实关系。虽然星座形态并无实际意义，但这一术语仍然沿用至今。星座为天文学家指明天空提供了一种便捷的方法，类似于地质学家用大陆或者政客用选区来指定某些地球上的区域。天空中的星座共有 88 个，北美地区多数可见（一年中的某个时候）。

0.1.3 天球

人们通过观测发现，所有星座似乎每晚都自东向西划过天空。古代天文观测者发现，各恒星之间的相对位置总保持不变，因此自然地得出了如下结论：这些恒星附着于环绕地球的天球（celestial sphere），天球是由恒星组成的天幕，类似于包裹地球的蛋壳，恒星镶嵌在蛋壳上。图 0.4 显示了早期天文学家设想的天球，描绘了各恒星随着天球以固定地球为中心旋转的场景。图 0.5 显示了恒星如何围绕非常靠近北极星（Polaris/Pole Star/North Star）的一个点旋转，这个点就是早期天文学家设想的天球自转轴。

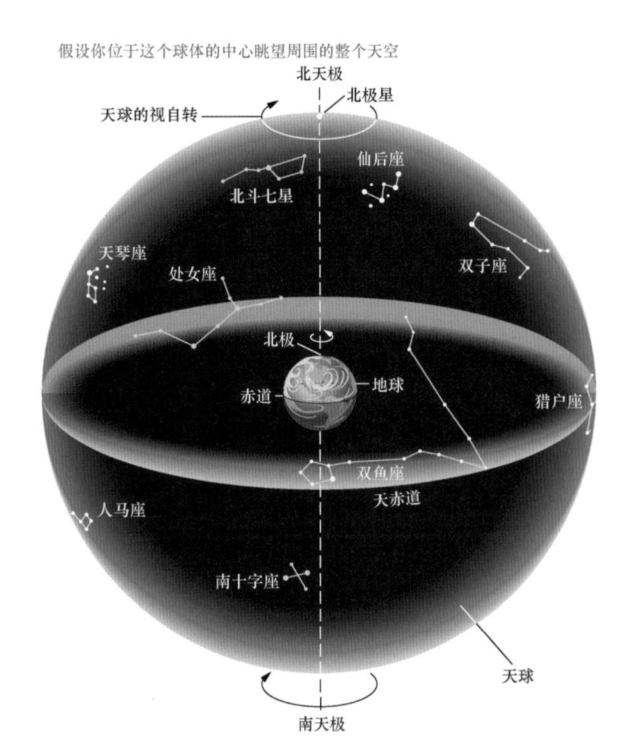

图 0.4 天球。地球固定在天球的中心。这是最简单的宇宙模型之一，但与天文学家现在了解的宇宙事实并不相符

本次曝光时间约5小时……

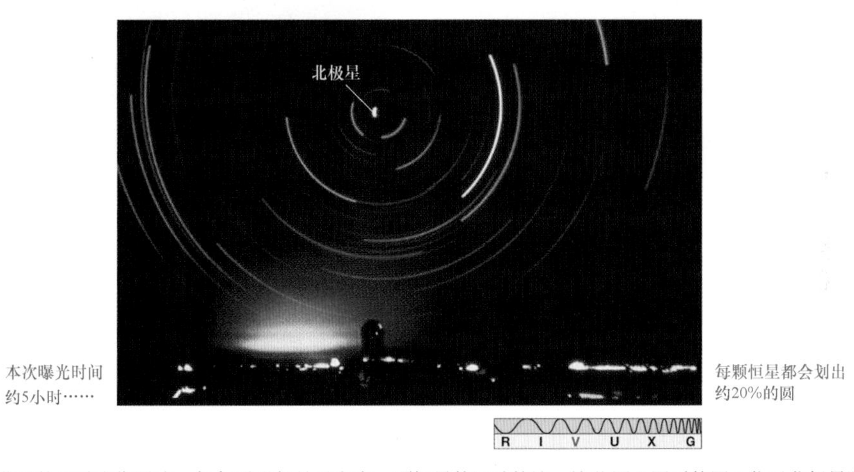

每颗恒星都会划出约20%的圆

图 0.5 北天。北天的延时成像照片。每条弧形都是天空中一颗恒星的运动轨迹。这些同心圆弧的圆心位于北极星附近（AURA）

基于现代观点，恒星的视运动并不是天球自转的结果，而是源于地球的自转。虽然知道天球自转是对天空的不正确描述，但是因为其有助于直观表述恒星在天空中的位置，所以许多天文学家仍然坚持采用这种表达方法。地球自转轴（地球自转的中心线）与天球北半球的交点称为北天极（north celestial pole），它位于地球北极的正上方。北极星恰好位于北天极附近，这就是北极星能够指引正北方向的原因。在南半球，地球自转轴反向延伸，与天球南半球的交点称为南天极（south celestial pole）。南天极附近没有亮星，因此不存在南极星。在北天极与南天极中间，天赤道（celestial equator）是地球赤道面（垂直于自转轴且穿过地心的平面）与天球相交形成的圆环。

概念回顾

既然地球并未包裹在镶满恒星的天球中，那么天文学家为何认为应该保留虚构的天球呢？当提及恒星在天空之上的位置时，我们会丢掉关于恒星的何种重要信息？

0.1.4 天球坐标系

要在天空中定位恒星，最简单的方法是首先确定其星座，然后按照亮度大小降序排列，最亮的恒星用希腊字母 α 表示，次亮的恒星用 β 表示，以此类推。例如，参宿四和参宿七是猎户座中最明亮的两颗恒星，可分别表示为猎户座 α 和猎户座 β，如图 0.2 和图 0.3 所示（精确观测表明，参宿七的亮度实际上要大于参宿四，但其名称因已确定而不再改变）。与希腊字母表中的字母相比，任何星座所包含的恒星数量要多得多，因此这种方法具有一定的局限性。当然，若仅考虑肉眼可见的亮星，则这种方法仍然相当不错。

为了更精确地测量天体，天文学家发现使用天球坐标系非常方便。若认为恒星是附着在以地球为中心的天球上，则人们非常熟悉的测量地球表面的角度测量法［纬度和经度（见图 0.6a）］就能自然而然地用于天球系统。地球上的纬度对应于天球上的赤纬（declination），地球上的经度对应于天球上的赤经（right ascension），如图 0.6b 所示。如纬度和经度固定在地球上一样，赤纬和赤经也固定在天球上。因为地球自转的原因，恒星似乎在天空中移动，但其天球坐标整晚保持不变。

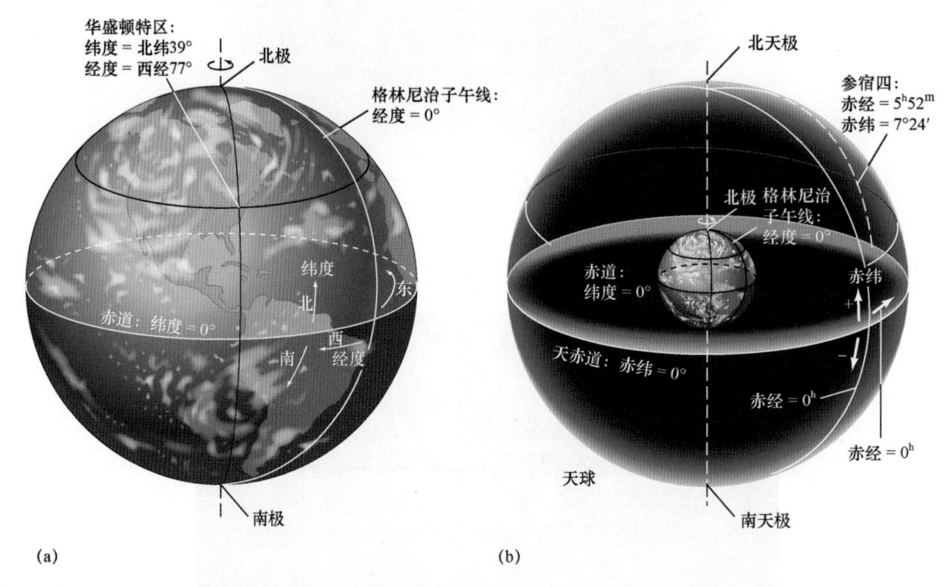

图 0.6 赤经和赤纬。(a)经度和纬度能够定位地球表面上的某一点，经度是该点与格林尼治子午线的角度距离（以东或以西），纬度是该点与赤道的角度距离（以南或以北）。例如，华盛顿特区的位置是格林尼治子午线以西 77°和赤道以北 39°；(b)赤经和赤纬采用类似的方式确定天空中的位置，例如，参宿四在天球上的位置：春分点（天球上赤经为 0°的线）以东 5^h52^m（赤经）和天赤道以北 7°24′（赤纬）

赤纬（dec）以天赤道为标准线向北（或向南）测量，单位为度（°），类似于从地球赤道向北（或向南）测量地理纬度（见更为准确 0.1）。天赤道的赤纬为 0°，北天极的赤纬为+90°，南天极的赤纬为−90°（“+”号表示天赤道以北，“−”号表示天赤道以南）。赤经（RA）以角度单位“时、分、秒”进行测量，向东逐渐增大。就像选择格林尼治子午线（本初子午线）作为地球上的 0°经线一样，天球上 0°赤经的选择较为随意，通常取春分点时刻太阳在天空中的位置（见下一节）。

0.2 地球的轨道运动

0.2.1 每日变化

我们用太阳来测量时间，昼夜节律是人们生活的中心，相邻两次日出、正午或日落称为 24 小时太阳日（solar day），这是人类社会的基本时间单位。如前所述，正是由于地球存在自转现象，太阳和恒星才有天空中的这种每日视变化，称为**周日运动**（diurnal motion）。但是，恒星在天空中每晚的位置并不是一成不变的，整个天球似乎每晚都会比前晚略有偏移。为了验证这一点，你可在一周或两周的时间内，持续记录日落后（或黎明前）地平线附近的可见恒星。通过测量恒星的位移而获得的一天称为恒星日（sidereal day），其长度与太阳日略有差异。

太阳日和恒星日长度不同的原因参见图 0.7。地球以两种方式同时运动，即自转（围绕地轴）和公转（围绕太阳）。每绕地轴自转一次，地球也会沿着公转轨道移动一小段距离，所以为了使太阳返回到天空中的相同视位置，地球每天的自转度数必须略大于 360°。因此，在相邻的两个正午之间，时间间隔（一个太阳日）略大于地球的真实自转周期（一个恒星日）。地球绕太阳公转的周期为 365 天，因此这个额外的自转角度是 360°/365 = 0.986°。地球自转这个角度大约需要 3.9 分钟，所以太阳日比恒星日长 3.9 分钟。

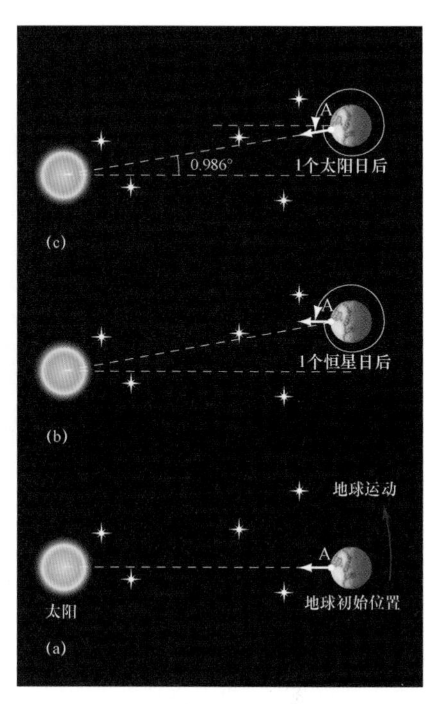

图 0.7 太阳日和恒星日。恒星日是地球的真实自转周期，即地球返回至“相对于遥远恒星的相同方向”位置时所需的时间。太阳日是相邻两个正午之间的时间间隔。二者之间的时间差异很容易解释，因为地球绕太阳公转的同时也绕地轴自转。图(a)和图(b)是一个恒星日的两端，地球刚好绕地轴自转一周，并在太阳公转轨道上大约移动 1°。因此，在 A 点的相邻两个正午之间，地球实际上自转了约 361°（见图 c），太阳日超过恒星日约 4 分钟。注意，本图未按比例绘制，1°实际上要小得多

0.2.2 季节变化

因为绕太阳公转，所以地球的暗半球朝向每晚略有差异，变化率约为 1°（见图 0.7）。两晚之间的这种变化非常小，人类肉眼几乎难以分辨，但是若以周（或月）为时间间隔，则这种变化很明显，如图 0.8 所示。当地球六个月后移动到太阳轨道的另一侧时，人们将面对完全不同的恒星和星座组合。正是因为存在这种公转，对地球观测者而言，太阳好像以一年为周期相对于背景恒星缓慢移动（速率为 1°/天）。太阳在天空中的这种明显运动划出了一条天球路径，称为黄道（ecliptic）。当沿黄道运动时，太阳一年中将经过 12 个星座。这就是说，若这些星座未被太阳的光芒遮蔽，则人们会在朝向太阳的方向看到它们，这对古代占星家来说具有特殊的意义。这一区域称为黄道带（zodiac），12 个星座统称黄道十二宫。

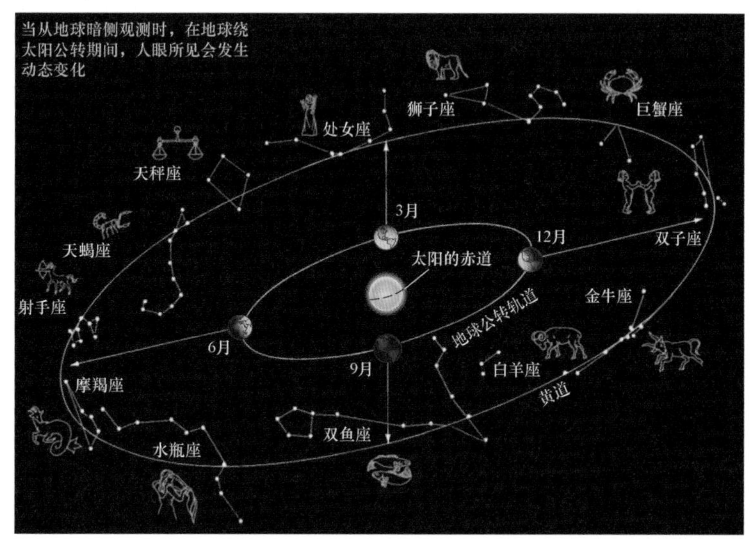

图 0.8 黄道带。在一年中的不同时间段，地球夜晚将面对不同的星座组合。这里的 12 个星座组成了占星学中的黄道十二宫，箭头指示了一年中不同时段最闪亮的星座。例如，当太阳在 6 月位于双子座时，夜间可以清晰地看到射手座和摩羯座

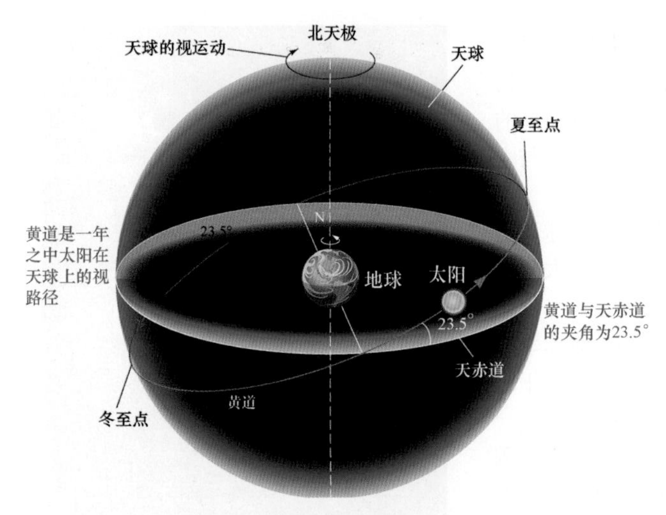

图 0.9 黄道。季节源于天赤道上方的太阳高度变化。在夏至点，太阳位于黄道路径的最北端，因此从地球北半球观测时，太阳在天空中的位置最高，白天最长；在冬至点，情况则刚好相反；春分和秋分时，太阳刚好位于天赤道，昼夜等长

如图 0.9 所示，黄道是天球上的一个大圆，与天赤道之间的夹角约为 23.5°。实际上，如图 0.10 所示，黄道定义的平面是地球绕太阳运行的轨道面，倾角/交角/水平差（inclination）是地球自转轴与轨道面之间的夹角。

在黄道上，当太阳位于天赤道上方最北端时，这个点称为夏至点/夏至（summer solstice），如图 0.9 所示。在图 0.10 中，夏至点是地球绕太阳公转轨道上的一个点，该位置的地球北极距离太阳最近。夏至出现在 6 月 21 日左右，因为每年的实际长度并非整数，所以不同年份的确切日期略有不同。当地球在夏至那天自转时，赤道以北区域受太阳照射的时间最长，因此夏至对应着北半球一年中最长的一天（日照小时数最多，但地球自转周期不变）和南半球一年中最短的一天。六个月后，太阳将位于天赤道下方的最南端（见图 0.9），或者说该位置的地球北极距离太阳最远（见图 0.10）。该点称为冬至点/冬至（winter solstice），出现在 12 月 21 日左右，对应于北半球一年中最短的一天和南半球最长的一天。

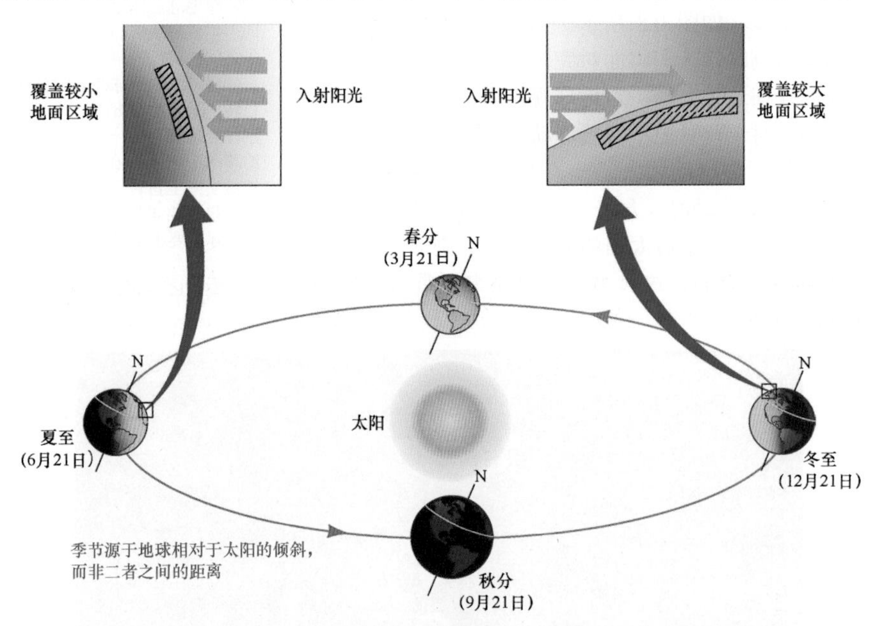

图 0.10 季节。地球上的季节变化源于地球自转轴相对于其轨道面的倾斜。夏至对应于地球北极点最靠近太阳的轨道位置，冬至则刚好相反。春分和秋分对应于地球自转轴垂直于地球与太阳的连线的轨道位置。如插图所示，与阳光直接照射地面的区域（如北半球夏季）相比，以一定角度照射地面的阳光（如北半球冬季）分散覆盖更大的区域。因此，当太阳垂直高悬于天空时，向地球表面特定区域传输的热量最多

地球自转轴相对于黄道的倾斜形成了不同的季节（season），让人们能够经历夏季的炎热和冬季的寒冷。如图 0.10 所示，两种因素共同引发了这种变化。首先，夏季的白天比冬季长，参见图 0.10 中地表的黄色纬线（为了更好地说明问题，这里选择北纬 45°，大致相当于美国五大湖或法国南部的纬度）。夏季，这条黄色纬线的一大部分能够接受阳光照射，阳光更多意味着入射太阳能更多。其次，如图 0.10 中的插图所示，当夏季太阳高挂在天空中时，地表的入射阳光比冬季更集中（散布于更小的区域），此

时的太阳感觉更热。因此，当太阳在地平线上最高且白昼最长（夏季）时，通常要比太阳在地平线上较低且白昼较短（冬季）时暖和得多。

季节的形成存在一个误区，即很多人认为季节与地球和太阳之间的距离有关，图 0.11 说明了情况为何并非如此。图 0.10 显示了地球轨道面的侧视图，图 0.11 显示了地球轨道面的俯视图。可以看到，俯视图中的公转轨道几乎是完美的圆形，因此一年中地球与太阳之间的距离变化很小（实际上只有约 3%），这不足以解释温度的季节性变化。更重要的是，地球实际上在 1 月初离太阳最近，这刚好是北半球的隆冬时节，所以日地距离不能成为地球气候的主要控制因素。

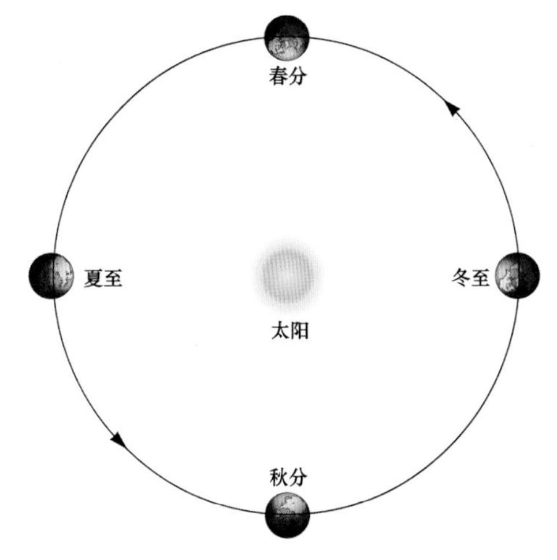

图 0.11　地球的公转轨道。从俯视图看，地球绕太阳公转的轨道几乎是一个完美的圆形。一年中，地球与太阳的距离变化极小，因此并不是影响地球季节性温度变化的原因

黄道与天赤道相交的两个点（见图 0.9）称为**分点/昼夜平分点**（equinox），此时地球的自转轴垂直于日地连线（见图 0.10），这两天的白天与黑夜时长相等。秋季（地球的北半球），当太阳自北向南跨越天赤道时（约 9 月 21 日），该分点称为**秋分点/秋分**（autumnal equinox）。**春分点/春分**（vernal equinox）发生在春季（约 3 月 21 日），太阳自南向北跨越天赤道。在人类的计时系统中，春分点的地位非常重要，相邻两个春分点之间的时间间隔称为 1 **回归年/太阳年**（tropical year），约为 365.242 个太阳日。

更为准确 0.1　角度测量

为了确定天体的大小和尺度，我们通常需要测量其长度和角度。长度测量简单直接，角度测量则稍显复杂，但若记住以下简单事实，则角度也能成为天体的第二种基本属性：

- 一个完整的圆包含 360 度或 360°。因此，从地平线一侧开始，向上划过整片头顶天空（任何人均可见），然后向下滑落并结束于地平线另一侧，整个图形是包含 180° 的一个半圆。
- 1 度可细分为 60 角分或 60′。太阳和月球都在天空中投射出 30′的角直径。若伸直手臂做出从地平线一侧划向另一侧的同样动作，则小手指将覆盖 180°中的 40′。
- 1 角分可细分为 60 角秒或 60″。换言之，1′是 1°的 1/60，1″是 1°的 1/60×1/60 = 1/3600。1″是非常小的角度测量单位，大致相当于 2km 外 1cm 直径圆形物体（如 10 美分硬币）的角直径。

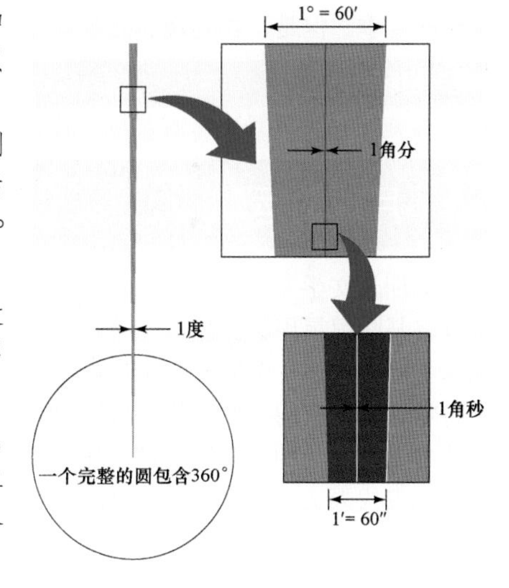

插图说明了将圆逐级细分为较小单位的过程。

0.2.3　长期变化

以其他恒星为参照物，地球绕太阳公转一周所需的时间称为一个**恒星年**（sidereal year）。一个恒星年等于 365.256 个太阳日，比一个回归年/太阳年长约 20 分钟，这种微小差别源于称为**岁差/进动**（precession）的现象。就好比旋转陀螺不仅绕自转轴快速旋转，而且自转轴绕垂线缓慢旋转那样，虽然地球自转轴与黄道面垂线之间的角度始终保持为约 23.5°，但是地球自转轴会随着时间的流逝而改变方向。图 0.12 说明了地球的岁差，这是月球引力和太阳引力共同作用的结果（见第 1 章）。在一个完整的岁差周期

（约 2.6 万年）中，地球自转轴呈圆锥状运动。因为地球自转轴方向的这种缓慢漂移，春分点（定义了回归年）在岁差周期中也围绕黄道缓慢漂移。注意，如图 0.12b 所示，在大部分时间内，地球自转轴并未指向明亮的北极星。

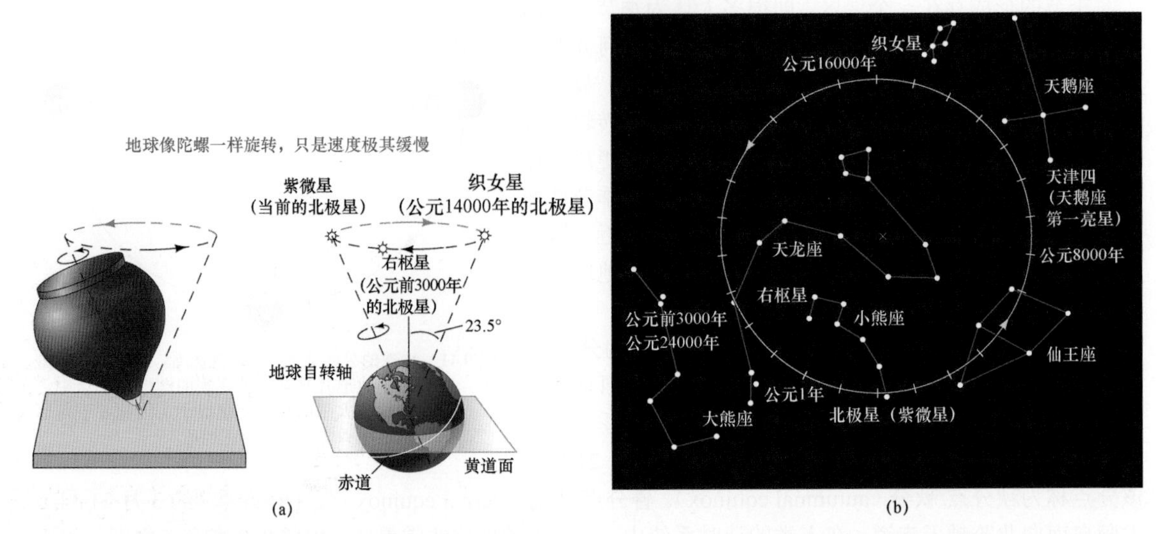

图 0.12　岁差。(a)目前，地球自转轴几乎指向紫微星（即北极星）。约 12000 年后，地球自转轴将指向称为织女星的一颗恒星，这颗恒星将成为新的北极星。5000 年前，北极星是天龙座中名为右枢星的一颗恒星；(b)黄色圆圈显示了北天极在部分重要北方恒星中的岁差路径，并且描绘了地球极点指向天空的方向，两个刻度的间隔为 1000 年

日历上的一年是指回归年/太阳年。若采用恒星年，则季节对应的日历将随着地球的岁差而发生缓慢变化——13000 年后，北半球的盛夏将出现在 2 月中旬！采用回归年，可以确保 7 月和 8 月始终是北半球的夏季。但是，作为现在北半球夜空中著名冬季星座的猎户座在 13000 年后将变成夏季星座。

概念回顾

在北半球的夏季，地球实际上距离太阳最远，为何此时北美洲的天气最热？

0.3　月球的运动

早期天文学家研究天空的理由非常具有实际意义，例如，将某些恒星（如北极星）当作导航指南，或者将某些恒星用作原始日历来预测播种季节和收获季节。通过反复观测天空中的重复图案，并将其与地球上的各种事件关联起来，天文学家开始在天体事件与日常生活之间建立具体的联系，并且迈出了真正科学理解天空的早期步伐。从某种意义上讲，人类的生存依赖于天文学知识，对天文事件的预测和解释能力无疑是一种非常珍贵甚至秘不外传的技能。

在古代天文学中，月球的地位非常重要。日历和宗教仪式通常与月球的相位和周期密切相关，全球大多数主要宗教的历法至今仍然完全（或部分）基于月球轨道。对古代天文学家而言，探索月球经常变化的外观（以及不太规律但更壮观的日食和月食）是理解宇宙的重要组成部分。第 5 章将详细介绍月球的物理性质，这里继续漫游星空，简述地球最近邻居（月球）的太空运动。

0.3.1　月相

除了太阳，月球是目前天空中最明亮的天体。像太阳一样，月球似乎相对于背景恒星移动，但是这种运动的解释明显与太阳不同，即月球确实绕地球公转。

月球的外观存在着有规律的周期性变化，称为相/相位（phase），月相（月球相位）周期稍大于 29 天。图 0.13a 显示了月球在一个月相周期内不同时刻的外观。从完整但在天空中几乎无法看到的新月

（new Moon）开始，月球似乎每晚都会变亮［称为盈（wax）］一些，然后成为发光的蛾眉月（crescent，插图 1）。新月之后一周，即可见到月球的一半圆盘（若月球被完全照亮，则会看到圆形表面，插图 2），这一相位称为弦月（quarter Moon）。在接下来的一周里，月球继续盈，穿过凸月（gibbous）相位（可见大半圆盘，插图 3）。新月之后两周，即可见到满月（full Moon，插图 4）。在接下来的两周里，月球的日照面逐渐收缩［称为亏（wan）］，然后依次经过凸月、弦月和蛾眉月相位（插图 5～7），最终再次变成新月。

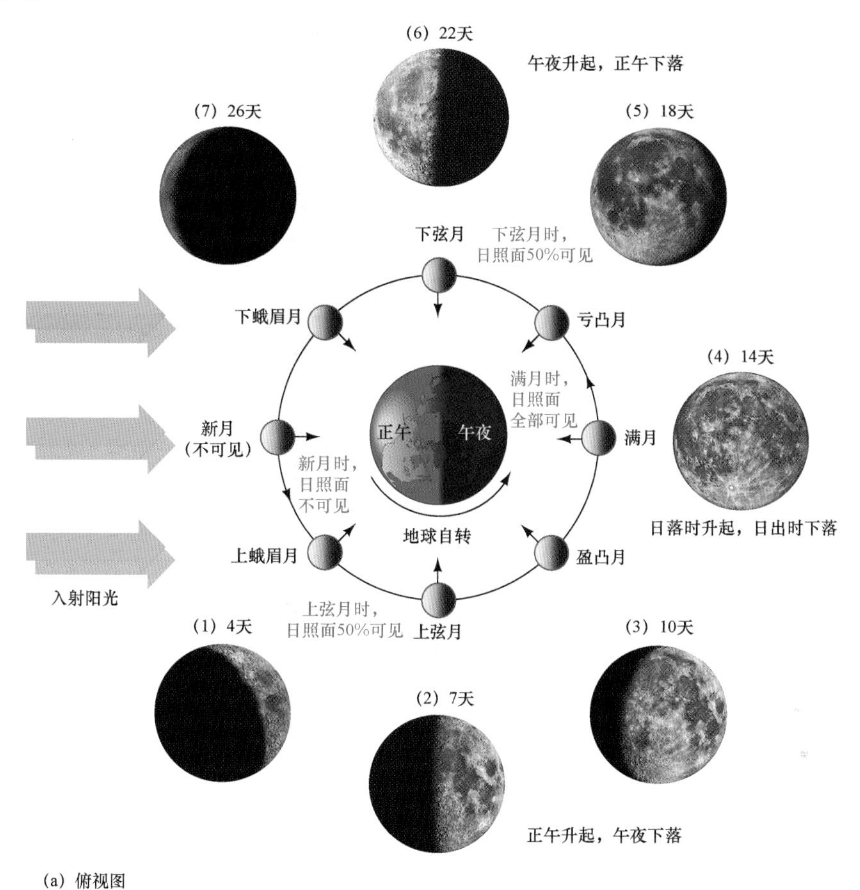

(a) 俯视图

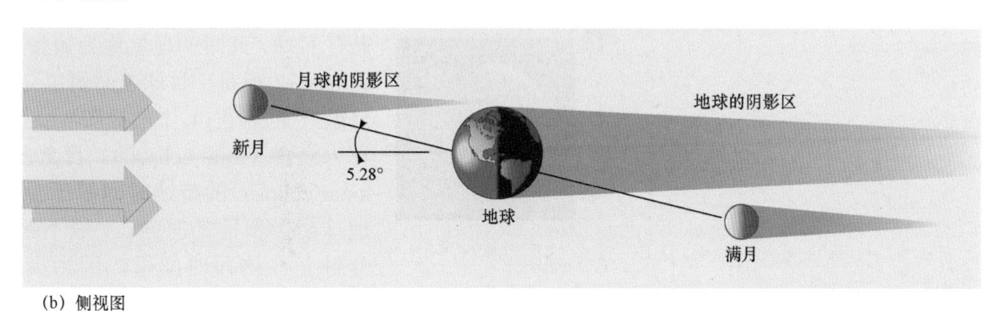

(b) 侧视图

图 0.13　月相。(a)月球绕地球公转，并且始终保持同一面朝向地球，俯视图显示了月球日照面的可见部分在不同夜晚如何变化（在每个相位处，注意观察标记月球表面同一点的小直箭头）。完整的月相周期约为 29 天。还标识了某些相位升起和落下的时间；(b)侧视图显示了月球轨道与黄道的夹角约为 5°，因此并非每次新月或满月都出现日食或月食（插图：UC/Lick Observatory）

从地球视角观测，月球的空中位置取决于其相位。例如，当夕阳西下时，满月自东方升起；上弦月实际上在正午升起，但通常只能在阳光变弱的晚些时候才能看到，而此时月球已高挂天空。月球的相位与升/落时间之间的相关性如图 0.13a 所示。

与太阳及其他恒星不同，月球本身并不发光，而只能反射太阳光，由此形成了人类可见的各种相位。如图 0.13a 所示，太阳任何时候都会照亮月球表面的一半，但是由于月球、地球和太阳三者之间的位置变化，月球被阳光照亮的表面（即日照面）并非全部可见。满月时，太阳和月球位于地球的相反两侧，所以人们能够看到整个日照面。如图 0.13b 所示，这三个天体的直线对准并不完美，月球的公转轨道与黄道面之间存在着较小的夹角（5.2°），满月相位时的阳光并不会被地球阻挡（图中的地球和月球大小被严重夸大）。新月时，月球和太阳位于地球的相同一侧，月球的日照面远离（背对）地球，从地球观测者视角看，太阳几乎就在月球的背后。

此外，月球始终保持同一面朝向地球（见图 0.13），月球绕月轴旋转的自转周期与绕地球运行的公转周期完全相同，称为**同步绕转**（synchronous rotation），具体成因详见第 5 章。

当绕地球公转时，月球相对于恒星的天空位置发生改变。经历一个**恒星月**（sidereal month，27.3 天）后，月球在天空中划出一个大圆，从而完成一次公转并返回到天球上的初始位置。月球完成一个完整相位周期所需的时间稍长（约 29.5 天），称为一个**朔望月/太阴月**（synodic month）。朔望月之所以比恒星月稍长，根本原因在于太阳日比恒星日稍长（见图 0.7）：因为地球绕太阳公转，所以当月球绕地球公转一周后，必须运行稍多一些才能返回至其公转轨道的同一相位。

数据知识点：月相

当学习月球绕地球公转的知识时，超过半数学生难以确定月球的相位顺序。建议记住以下要点：

- 相对于恒星而言，月球每天从西向东在天空中移动；在北半球观察时，则为从右向左移动。
- 在新月和满月之间，月球的日照面从西向东逐渐变大（盈）；在满月和新月之间，月球的日照面从东向西逐渐收缩（亏）。

0.3.2 日食和月食

有时候（仅限于新月或满月期间），太阳、地球和月球会精确地呈直线排列，此时可能出现一种称为**食**（eclipse）的壮观景象。从地球视角观测，当太阳和月球处于完全相反的方向时，地球的阴影就会罩住月球，暂时遮挡太阳光并使月球变暗，这种现象称为**月食**（lunar eclipse），如图 0.14 所示。从地球上看，地球阴影的弧形边缘逐渐穿过满月的日照面，并将途经之处缓慢地吞入圆形月盘。

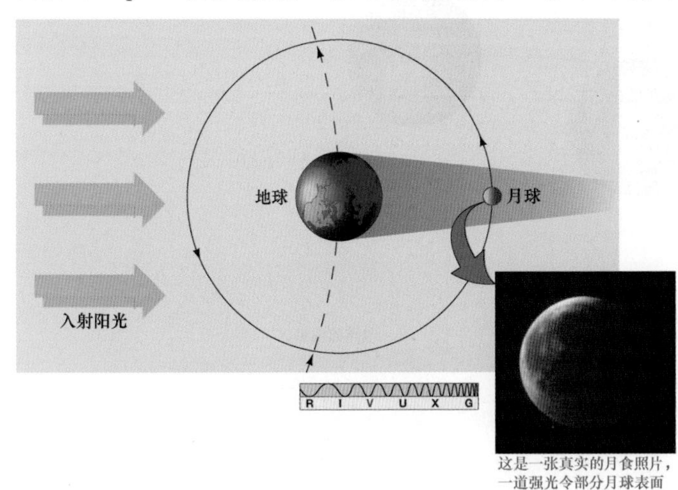

图 0.14　月食。当月球途经地球的阴影时，可以看到较暗的古铜色月球（见插图中的月偏食）。古铜色源于地球大气层折射至月球表面的太阳光（插图：G. Schneider）

因为太阳、地球和月球的排列通常并不完美，所以地球阴影不可能完全遮蔽住月球，此时的现象称为**偏食**（partial eclipse）。但是，月球表面偶尔会被整体遮蔽（见图 0.14 中的插图），这种现象称为**全食**（total eclipse）。**月全食**（total lunar eclipse）的持续时间等于月球穿过地球阴影所需的时间，一般不超过 100 分钟。在这段时间里，因为少量太阳光被地球大气层折射至月球表面，所以月球常会呈现出神秘的古铜色（而非纯黑色）。

当月球和太阳处于地球视角的完全相同方向时，就会发生一种更加令人震撼的天文现象。月球直接从太阳前面经过，短暂地将白昼变成黑夜（见图 0.15），称为**日食**（solar eclipse）。当三个天体呈完美排列时，因为太阳光被完全遮蔽，所以白天甚至能够看到部分行星和恒星，这种现象称为**日全食**（total solar eclipse）。由于太阳要比月球大得多，但是距离地球更远，因此从地球视角观测，太阳和月球的角尺寸几乎完全相同（见更为准确 0.1）。因此，在日全食期间，我们经常可以看到太阳幽灵般的外层大气，称为日冕（corona）。当太阳的其余强光被遮蔽时，日冕的微弱光芒暂时可见。当运行轨迹稍微偏离中心线时，月球仅能遮蔽部分太阳表面，这种现象称为日偏食（partial solar eclipse）。

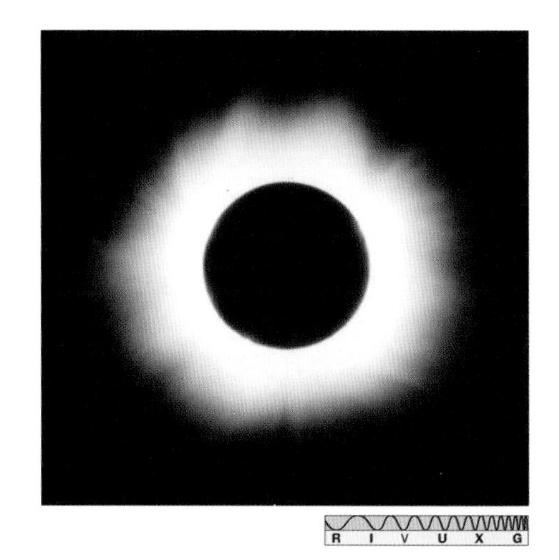

图 0.15 日食。在日全食期间，太阳的日冕变成不规则形状的光环，环绕在被遮蔽的太阳圆盘周围。这是 1999 年 8 月出现的日全食，拍摄于保加利亚首都索非亚附近的多瑙河畔（Bencho Angelov）

当月食出现时，地球上处于夜间的所有区域均可同时看到月食；当日食出现时，在地球上处于白天的区域中，只有一小部分区域能够看到日全食。月球投射在地球表面的阴影宽度约为 7000km（月球直径的 2 倍），阴影范围外无法看到日食。日全食仅出现在阴影的中心区域范围内，这个区域称为本影（umbra）。本影是光源发出的全部光线均被遮蔽的最暗的阴影部分（这里是月球阴影）。本影之外的其他阴影部分称为半影（penumbra），可以看到部分（非全部）阳光被遮蔽而形成的日偏食。随着半影边缘距离阴影中心越来越远，阳光被遮蔽的部分越来越少。

本影和半影与地球、太阳和月球的相对位置之间的关系如图 0.16 所示。本影总是很小，即使是在最有利的环境下，直径也从未超过 270km。因为月球的阴影高速掠过地球表面（超过 1700km/h），所以地球上任何特定位置的日全食持续时间都不超过 7.5 分钟（270km 除以 1700km/h，再乘以 60m/h）。

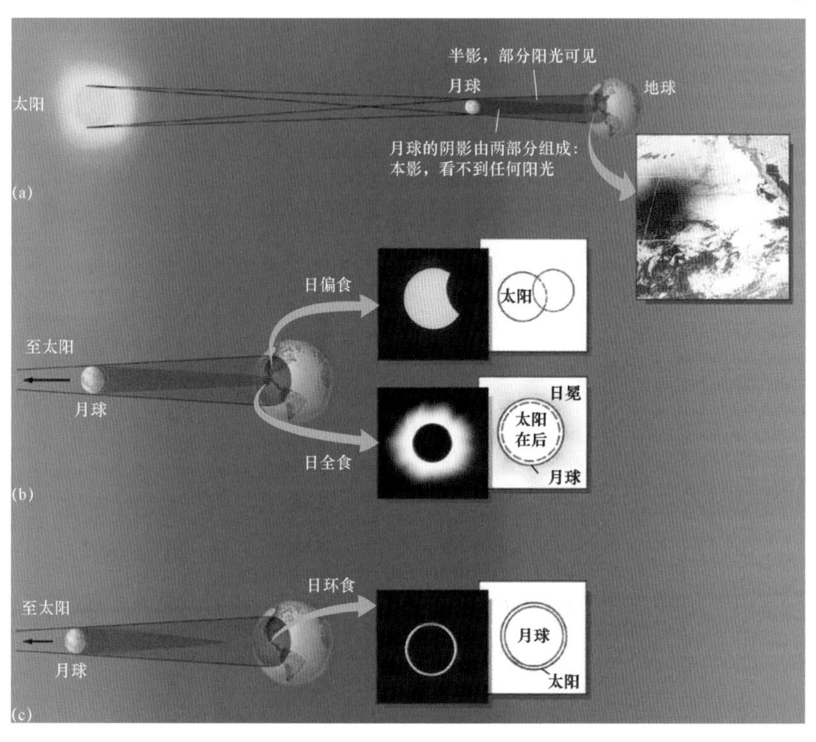

图 0.16 日食的类型。(a)月球的阴影由两部分组成：看不到阳光的本影和看得到部分阳光的半影；(b)本影中可见日全食，半影中可见日偏食；(c)日食期间，若月球距离地球太远，本影无法抵达地球，则地表不会出现日全食区域，而可看到日环食（注意，这些图形未按比例绘制）（插图：NOAA; G. Schneider）

月球绕地球公转的轨道并不是完美的圆形，因此当日食现象出现时，月球可能距离地球足够远，即使月球和太阳的中心重合，月球圆盘也无法完全遮蔽住太阳圆盘。在这种情况下，本影根本就不会抵达地球，因此地球表面不存在日全食区域，但在月球周围仍可看到一个较薄的太阳光环，这种现象称为日环食（annular eclipse），如图 0.16 的底部所示。在全部日食中，约半数为日环食。

概念回顾

若地球与太阳的距离增加一倍，则我们还能看到日全食吗？距离减半呢？

因为月球的公转轨道与黄道面之间存在小夹角（见图 0.13b），所以我们并非每次满月都能看到月食。满月时，月球通常位于黄道之上或之下，所以不受地球阴影的影响。与此类似，新月时大多无法看到日食。当新月（或满月）出现时，月球恰好穿过黄道面（地球、月球和太阳完全对齐，见图 0.17）的概率相当低，因此日食和月食都是相对罕见的天文现象。平均而言，每 10 年出现 7 次月全食和 15 次日全食（或日环食）。因为精确地知道地球和月球的轨道，所以人们能够预测未来出现的日食和月食。图 0.18 显示了 2010—2030 年将出现的所有日全食和日环食，包括位置和持续时间。

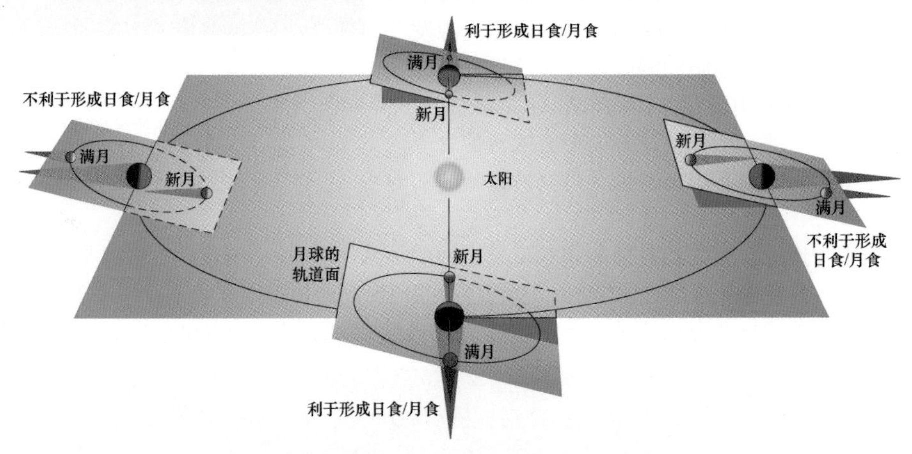

图 0.17　日食和月食的几何解析。当地球、月球和太阳精确对齐时，日食或月食就会出现。若月球的轨道面刚好位于黄道面上（与黄道面相吻合），则这种精确对齐每月都应出现一次。但是，月球的公转轨道与黄道面之间存在 5°的夹角，所以实际上并非所有条件都有利于形成日食或月食。要形成日食或月食，这两个平面的相交线就必须位于地日连线及其延长线上。为清晰起见，这里仅显示了每个阴影的本影（见图 0.16）

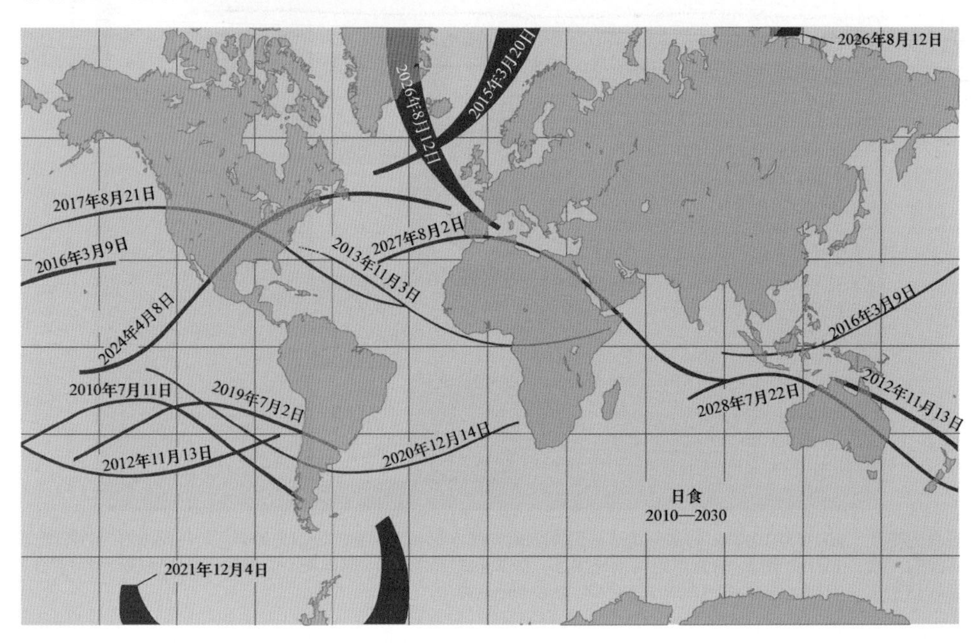

图 0.18　日食带。2010—2030 年已出现或将出现日全食的地球区域，条带代表一次日食期间月球的本影穿过地球表面的路径。因为太阳光在两极附近以倾斜角度照射地球表面，再加上地图投影的图式表达，所以高纬度条带要更宽一些

0.4 距离的测量

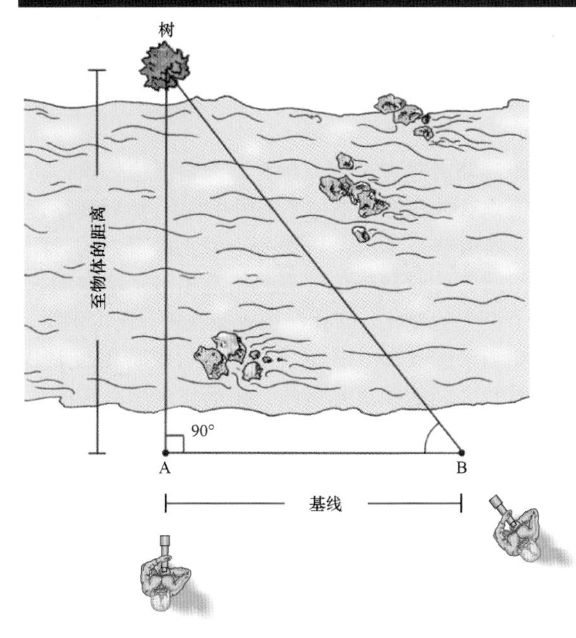

图 0.19 三角测量。测量员经常利用简单的几何图形，通过三角测量来计算至远处物体的距离。通过测量 A 和 B 的角度以及基线 AB 的长度，无须直接测量或涉水过河，即可计算出至河对岸树的距离

截至目前，我们只考虑了从地球上观测太阳、月球和恒星的方向，但这只是天体空间定位所需信息的一部分，在对天空进行系统化研究之前，我们还要找到一种测量距离的方法。三角测量（triangulation）是一种基于欧几里得几何原理的距离测量方法，目前广泛应用于地球测绘和天文领域。采用这种古老的几何方法，现代测量员能够测量至遥远物体的距离。在天文学中，三角测量奠定了距离测量技术的基础，这些技术共同构成了宇宙距离尺度（cosmic distance scale）。

假设想要测量至河对岸某棵树的距离，最直接的方法是跨河拉绳或者使用测量尺，但这种方法并不总是可行的。聪明的测量员会假想一个三角形（三角测量因此得名），从河岸近处两个相邻的位置观察河对岸的树（测量其方向），如图 0.19 所示。最简单的三角形是直角三角形，其中一个角正好是 90°，因此设置一个与物体直接相对的观测位置（如 A 点）通常很方便（虽然并不是必需的）。然后，测量员移动到另一个观测位置（如 B 点），并且记录 A 与 B 之间的距离，该距离称为假想三角形的基线。最后，测量员站在 B 点望向河对岸的树，并测量视线与基线在 B 点的夹角大小。已知三角形的一条边（AB）和两个角（直角 A 和角 B），运用初等三角法，测量员即可构造其他边和角，然后确定从 A 点到树的距离。

显然，若基线固定，则随着树与 A 点的距离增大，三角形会变长和变窄。窄三角形会产生一些问题，如难以确保角 A 和角 B 的足够测量精度。在地球上，测量员能够通过延长基线来拓宽三角形，但是在天文学中，可选择的基线存在诸多限制。例如，假设一个假想三角形从地球延伸至太空中的邻近天体（如一颗邻近行星），即便该天体距离地球相对较近（按宇宙标准），这个三角形也会非常长和窄。在图 0.20a 中，从 A 点到 B 点的测量值等于地球直径，这是地球上的最长基线。一般而言，我们可以从地球的相对两侧观察该行星，进而测量出 A 点和 B 点的角度。但实际上，测量假想三角形的第三个角更容易，下面介绍具体方法。

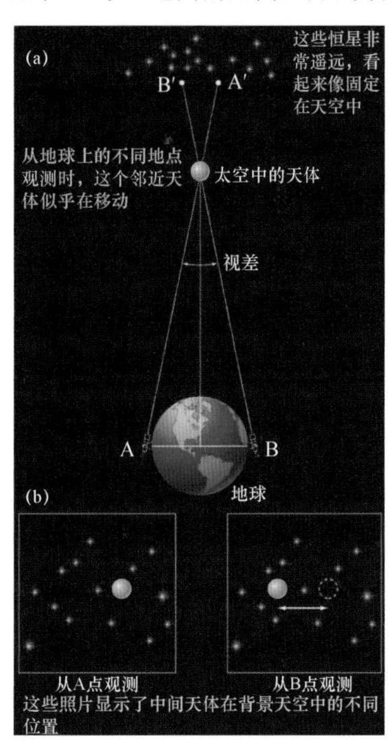

图 0.20 视差。(a)假设一个三角形从地球延伸至太空中的邻近天体，顶部恒星群代表非常遥远的恒星背景场；(b)在同一恒星场的假想照片中，显示了邻近天体相对于远处未移动各恒星的视位移

每当观测这颗行星时，观测者均需记录其与天空平面上可见的一些遥远恒星的相对位置。如图 0.20a 所示，A 点观测者看到这颗行星相对于恒星的视位置 A′，B 点观测者看到视位置 B′。若两位观测者都拍摄了相同天空区域的照片，则这颗行星出现在两张照片中的位置略有

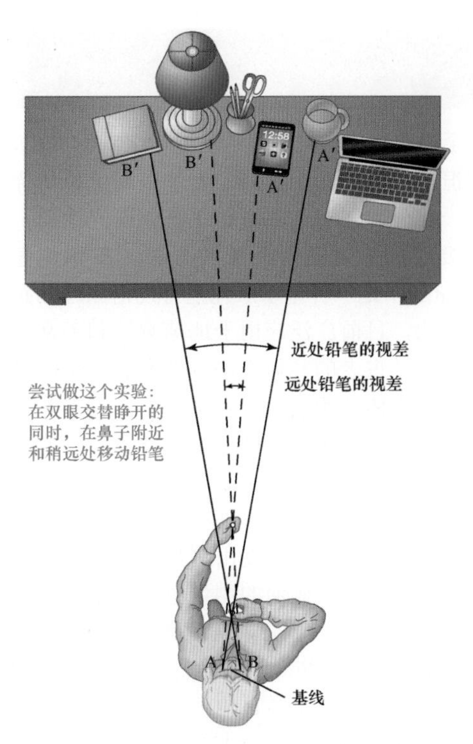

图 0.21　视差的几何解析。视差与物体的距离成反比，鼻子附近物体比臂长距离物体的视差大得多

不同，如图 0.20b 所示（因为距离观测者极其遥远，所以背景恒星的位置看似没有变化）。随着观测者位置的变化，前景天体相对于背景的这种视移动称为视差（parallax）。图 0.20b 中的移动距离可以作为天球上的一个角度进行测量，它等于图 0.20a 中假想三角形的第三个角。

天体距观测者越近，视差越大。为验证这一点，可将一支铅笔垂直放在鼻子前方（见图 0.21），然后观察远处的物体（如墙壁）。闭上一只眼睛，然后睁开，同时闭上另一只眼睛。此时应当能够看到铅笔相对于墙壁的视位置发生了很大的变化，即存在很大的视差。在本例中，一只眼睛相当于图 0.20 中的 A 点，另一只眼睛相当于 B 点，两只眼睛之间的距离是基线，铅笔代表感兴趣的目标行星，墙壁则代表遥远的恒星场。接下来，将手臂伸直，同时将铅笔保持在鼻子前方，代表更远处的目标行星（但距离恒星群仍然十分遥远）。此时，铅笔的视移动变小。将铅笔移动得更远，可缩窄三角形和减小视差。若将铅笔粘到墙壁上，模拟目标行星与背景恒星场等距离的情形，则双眼交叉观察根本不产生铅笔的视移动。

视差的大小与物体的距离成反比，视差小说明距离远，视差大说明距离近。若已知视差（角度）和基线，则可运用三角测量轻松求出距离。

在对地球进行测绘时，土地测量员经常利用这些简单的几何技术（发现 0.1 提供了一个早期示例）。在对宇宙进行测绘时，天文学家（天空测量员）利用了相同的基本原理。

概念回顾

在天文学中，为什么初等几何对测量距离来说非常重要？

0.5　科学和科学方法

科学（science）是研究整个世界的循序渐进的过程，是以自然规律和观测现象为基础的。但是，获得前述科学事实既不容易又不快捷，科学进展往往缓慢而断续，重大进展的取得尤其需要极大的耐心。最早人们对宇宙的描述大多数基于想象和神话，而极少尝试运用可检验的地球经验来解释天空的运行机制。但是，据历史资料记载，对观点和思想的形成而言，有些早期科学家确实认识到了仔细观测和实验的重要性。他们的方法成功改变了科学的方式（缓慢但确定），为人类更全面地理解自然界打开了大门，实验和观测最终成为科学探究过程的最重要的部分。

0.5.1　理论和模型

理论（theory）是一些观点和假设框架，用于解释某些观测结果并对真实世界做出预测，其有效性必须经过实验的不断检验。在这个框架下，对于某个实体对象（如行星或恒星）或现象（如引力或光），科学家采用一种理论来构建理论模型（theoretical model），然后解释其已知属性。接着，利用模型进一步预测该对象的其他属性，或者该对象在新环境下的行为或变化。若实验和观测结果支持这些预测，则该理论就能进一步发展和完善。若不支持，则无论最初看起来多么有吸引力，该理论都必须重新构建或者遭到否定。该过程如图 0.22 所示，这种将思考和实践（即理论和实验）相结合的调查方法称为科学方法（scientific method），它居于现代科学的核心，能够有效区分科学与伪科学和事实和假象。

观察发现，图 0.22 中描述的过程没有终点。某个理论可能因一次错误预测而被推翻，且观测或实验再多也无法证明其完全正确。随着预测被反复证实，理论才被人们越来越广泛地接受。在这个循环中的任何一点，该过程都可能遭遇失败。若某个理论不能解释实验（或观测）结果，或者其预测被证伪，则其必须被丢弃或修正。若无法做出任何预测，则其根本不具备科学价值。

图 0.22　科学方法。科学理论的发展阶段包括观测、理论和预测，之后又提出新的观测建议。这一过程可始于循环中的任何一点，然后一直持续下去，直到理论无法解释观测结果或者做出可验证的错误预测

科学理论具备以下几个重要特征：

- 必须可检验，即必须承认基本假设和预测都能通过实验的验证。这一特点将科学与宗教区分开来，因为在宗教框架内，神的启示或圣典不允许受到挑战：我们不能设计一个实验来理解上帝的想法。可检验性也能够区分科学与伪科学，例如，占星术的基本假设和预测历经反复检验，但是从未获得证实，不过这对继续信奉者的观点并无明显影响！
- 必须持续接受检验，后续理论也必须接受检验。这是图 0.22 中描述的科学进步的基本循环。
- 应该比较简单。数个世纪的科学经验证明，最成功的理论往往是最简单且符合事实的理论。这一观点通常出现在奥卡姆剃刀定律（Occam's razor）中，该定律以 14 世纪英国哲学家威廉·奥卡姆命名：若相互竞争的两个理论都能解释相同的事实并做出相同的预测，则简单的那个理论更好。好的理论应避繁就简。
- 应该比较优雅。大多数科学家还有一种额外偏见，即认为理论在某种意义上讲应该是优雅的。当一个简单清晰的原理能够自然解释之前的几种不同现象时，这个新理论有望获得广泛支持。

你或许会发现，将这些标准应用于许多物理理论（无论是已经成熟的老理论，还是正在成长中的新理论）很有启发性。

理论必须经过检验，且可能会被证明是错误的，这一观念有时会导致人们将其重要性降至最低。我们都曾听过“这仅仅是理论而已”之类的说法，旨在嘲笑或否定一个不可接受的想法。千万不要被愚弄！例如，引力（见 1.4 节）“仅仅”是一种理论，但基于引力的计算已经引导人类航天器漫游了整个太阳系；电磁学和量子力学（见第 2 章）也“仅仅”是理论，但它们成为 20 世纪和 21 世纪大多数技术的基石。关于宇宙的事实多如牛毛。理论是一种智慧的黏合剂，可将看似无关的各种事实组合成一个相互关联的连贯整体。

发现 0.1　测量地球的大小

大约在公元前 200 年，通过运用简单的几何推理，古希腊哲学家埃拉托色尼（前 276—前 194 年）计算了地球的大小。他发现在夏季第一天的正午，埃及赛伊尼城（今阿斯旺）的观测者看到太阳位于头顶正上方。这一点非常明显，因为此时垂直物体没有影子，阳光能够照射到深井底部（见附图中的插图）。但是，在 5000 斯塔德（stadium，古希腊长度单位，1 斯塔德约等于 0.16km，5000 斯塔德约等于 780km）以北的亚历山大港，同一天中午的太阳略微偏离了垂直方向。通过测量垂直杆的阴影长度，并运用初等几何知识，埃拉托色尼确定亚历山大港入射太阳光与垂线的角位移（即夹角）为 7.2°。

这两个测量值之间存在差异的原因是什么？理由很简单，地球表面是曲面（而非平面），地球是一个球体，如附图所示。埃拉托色尼并不是第一个意识到地球是球体的人，古希腊哲学家亚里士多德 100 多年前就认识到了这一点（见 0.5 节），但前者显然是将其投入实际应用的第一人，他把几何学与直接测量相结合，推断出了地球的大小。具体做法如下：

从非常遥远的天体（如太阳）抵达地球的光线几乎彼此平行。因此，如图所示，在亚历山大港测得的太阳光线与垂线（亚历山大港与地球中心的连线）之间的角度，等于从地球中心观察到的赛伊尼城与

亚历山大港之间的角度（为清晰起见，图中该角度已被夸大）。这一角度与地球的360°圆周之比，等于赛伊尼城和亚历山大港之间的距离与地球周长之比：

$$\frac{7.2°}{360°}=\frac{5000斯塔德}{地球的周长}$$

因此，地球的周长为 $50\times5000=250000$ 斯塔德（约 40000km），半径为 $250000/2\pi$ 斯塔德（约 6366km）。今天，通过轨道航天器的精确测量，地球周长和半径的正确值分别为 40070km 和 6378km。

埃拉托色尼的推理是非常了不起的成就。20 多个世纪前，他仅使用简单的几何学知识就将地球的周长精确到了 1%以内。仅测量地球表面的一小部分，就能根据观测和纯逻辑推理计算出整个地球的大小，这是科学推理的早期胜利。

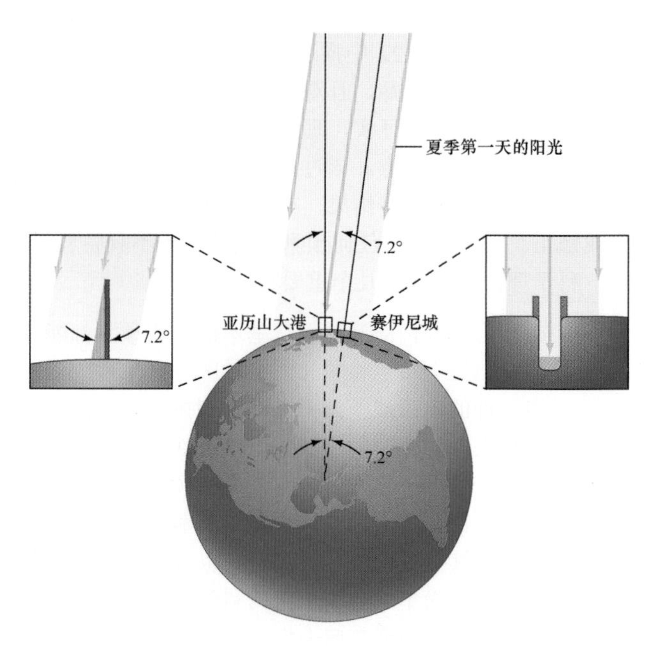

0.5.2 早期应用

现代科学的诞生通常与文艺复兴相关。从 14 世纪末到 17 世纪中叶，在经历中世纪黑暗时期（Dark Ages）的混乱后，欧洲文化中的文学、艺术和科学探索迎来了新生，法语中称为**文艺复兴**（Renaissance）。但是，据相关文献记载，科学方法在天文学中的应用出现得更早（约 17 个世纪前），主角是亚里士多德（前 384—前 322 年）。在人们的记忆中，亚里士多德并不是科学方法的有力支持者，他的许多著名思想均基于纯粹的大脑思考，并未尝试通过实验去检验或验证。虽然如此，他的才华仍然获得了广泛认可，并延伸至现代科学的许多领域。亚里士多德指出，在月食期间（见 0.3 节），地球会在月球表面投射出弧形阴影。图 0.23 显示了最近月食期间拍摄的一组照片，表明投影到月球表面的地球阴影确实略呈弧形（如虚线所示），亚里士多德那么多年前就已看到并记录了这一点。

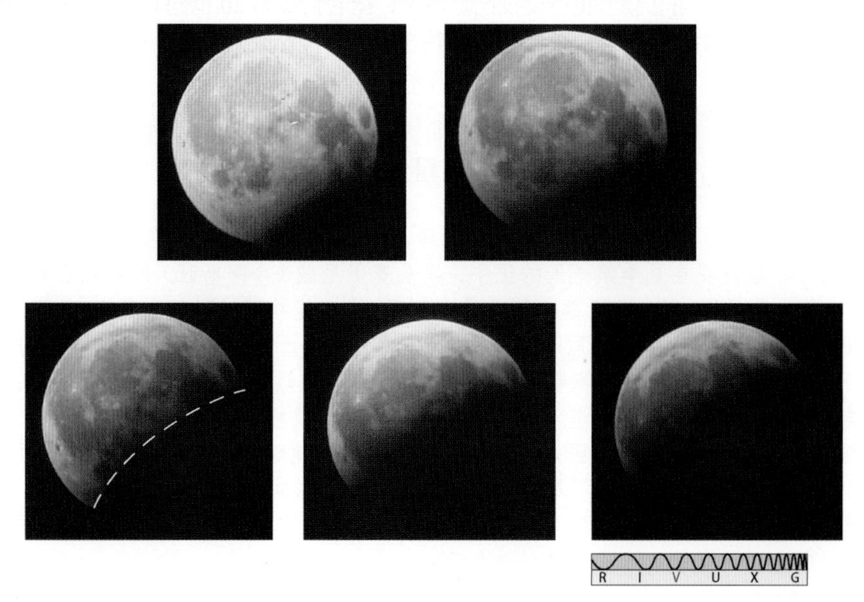

图 0.23 月食。这些照片显示了月食期间掠过月球的地球阴影。亚里士多德推断地球是阴影的形成原因，并得出地球必定为圆形的结论（G. Schneider）

因为观测到的阴影似乎总是同一个圆形的弧段，所以亚里士多德得出了“地球是阴影的形成原因，并且必定为圆形”的结论。表述虽然简单，但是必须严谨，亚里士多德还需要论证“黑暗区域确实是阴影，而且由地球形成”，这一事实虽然今天看来显而易见，但在 25 个世纪前并非如此。基于此假设/假说，他随后预测“无论地球的方位如何，未来所有月食都会显示出地球的弧形阴影”。每当月食发生时，这一预测都会得到验证，至今尚未被证伪。亚里士多德并非认为地球是圆形的第一人，但他显然是运用月食方法提供观测证据的第一人。

今天，全世界的科学家都在使用一种严重依赖检验假设的方法。他们首先收集数据，然后形成解释该数据的一种工作假设，接下来利用实验和观测去探索这个假设的含义。最终，在经过充分检验后，一个或多个假设就可能被提升至物理定律的地位，进而形成具有更广泛适用性的理论基础。随着科学知识的持续增长，这一理论的新预测也将受到检验。

科学方法并非完美无缺。在本书介绍的诸多案例中，许多优秀科学家因推理思路不正确而犯错，或者只是盲目相信错误的观测结果。但是，经过较长时间的正确使用和检验，这种方法会得出相对理性和系统的结论，基本上可以规避科学家的个人偏见和人性缺陷。总而言之，科学方法的终极目标是客观反映我们所在的宇宙。

0.5.3 今天的宇宙

从古至今，人类的宇宙概念变化很大。与古代天文学家曾经构想的宇宙相比，现代宇宙更加庞大、复杂和神秘。在古人眼中，天空井然有序且可预测；在现代人眼中，宇宙是动态变化、不断膨胀和演化的，但是显然无法理解宇宙的基本主导力，这一点必须要承认。虽然如此，当前科学探究仍然能够遵循相同基本原理的指导，正是在这些基本原理的引导下，人类的先贤们才揭示出了宇宙的基本运行规律，例如引力、光、相对论、量子物理学和宇宙形成的大爆炸理论等。

实验和观测是现代科学过程的组成部分。一个理论若不可检验或者没有实验证据支持，则很难获得科学界的认可。观测、理论和实验是科学方法的基石，本书将反复推介科学方法及其强大的力量。

概念回顾

从科学角度讲，理论如何才能成为事实？

学术前沿问题

请再次回顾本章章首照片的壮观景象，仅在银河系这个星系中，就约有 1000 亿颗恒星。我们不禁要问：这些恒星周围是否存在行星以及行星上是否存在智慧生物（外星人）？目前，在关于宇宙的所有悬而未决问题中，这个最宏大的问题是现代天文学的核心。

本章回顾

小结

LO1 宇宙是所有空间、时间、物质和能量的总和。天文学是研究宇宙的科学。按从小到大排序，宇宙的基本组成部分包括行星、恒星、星系和宇宙自身。地球和整个可观测宇宙的尺度相差 10^{18} 倍。

LO2 早期观测者将肉眼可见的恒星按星座进行分组，认为星座附着在以地球为中心的巨大天球上。星座并无物理意义，但仍被用于标记天空中的不同区域。天球坐标系是确定天球上恒星位置的精确方法。

LO3 恒星在夜空中的运动源于地球绕地轴自转。因为地球绕太阳公转，所以我们能够在一年中的不同夜晚看到不同的恒星。太阳在天球上的运动轨迹（或地球绕太阳公转的轨道面）称为黄道。因为地球自转轴与黄道面之间存在夹角，所以地球上会出现季节变化。夏至时，太阳在天空中最高，白天时间最长；冬至时，太阳在天空中最低，白天时间最短。因为存在岁差，所以地球自转轴的方向数千年间一直在缓慢变化。

LO4 当月球绕地球公转时，同一面始终朝向地球。因为月球日照面的可见比例不同，所以我们能够看到月球的不同相位。当月球进入地球的阴影时，就会出现月食。当月球经过地球与太阳之间时，可能会出现日食。若天体（月球或太阳）完全被遮蔽，则会出现全食；若只有部分表面受影响，则会出现偏食。若距离地球太远，月球圆盘无法完全遮蔽太阳，则会出现日环食。因为月球绕地球公转的轨道与黄道之间存在小夹角，所以日食和月食都是相对罕见的天文现象。

LO5 天文学家采用三角测量来测量地球与各行星和恒星之间的距离，这奠定了宇宙距离尺度的基础，形成了用于宇宙测绘的各种距离测量技术。视差是当观测者的位置改变时，前景对象相对于远处背景的视移动。基线（两个观测点之间的距离）越大，视差就越大。

LO6 科学是循序渐进探索自然界的过程。科学方法是科学家以客观方式探索宇宙的系统方法。理论是思想和假设的框架，用于解释一些观测结果，并对现实世界做出预测。接着，这些预测需要接受进一步的观测检验。采用这种方式，理论方能得以发展，科学方能得以进步。

复习题

1. 比较地球与太阳、银河系和整个宇宙的大小。
2. 什么是星座？为什么星座有助于划分天区？
3. 为何太阳每天东升西落？月球是否也东升西落？恒星也是这样吗？陈述理由。
4. 太阳日和恒星日有何差异？为什么存在这种差异？
5. 一生之中，你已经绕太阳转了多少圈？
6. 在一年之中的不同夜晚，为何会看到不同的恒星？
7. 地球上为什么存在季节？
8. 什么是岁差？为什么会形成岁差？
9. 既然月球的完整半球总被太阳照亮，我们为什么会看到不同的月相？
10. 日食和月食的成因是什么？为何不每个月出现？
11. 其他行星上的观测者是否能够看到日食和月食？为什么？
12. 什么是视差？举例说明。
13. 当采用三角测量来测量地球与天体之间的距离时，为什么需要有一条长基线？
14. 确定遥远物体的直径需要哪两个数据？
15. 什么是科学方法？其与宗教存在哪些不同？

自测题

1. 银河系的体积约为地球的 100 万倍。（对/错）
2. 在同一星座中，各颗恒星的物理距离彼此接近。（对/错）
3. 太阳日比恒星日长。（对/错）
4. 季节由地轴的岁差造成。（对/错）
5. 月食只能出现在满月期间。（对/错）
6. 物体的角直径与其至观测者的距离成反比。（对/错）
7. 若知道某一天体与地球之间的距离，则可通过测量视差来确定其大小。（对/错）
8. 若地球的自转速度是当前速度的 2 倍，但绕太阳公转的速度保持不变，则：(a)夜晚时长增至 2 倍；(b)夜晚时长减半；(c)每年时长减半；(d)每日时长保持不变。
9. 一片细长的薄云从头顶正上方延伸至西方地平线，其角尺寸为：(a)45°；(b) 90°；(c)180°；(d)360°。
10. 日出前，当见到薄薄的月牙时，月球正处于哪个相位？(a)盈相位；(b)新月相位；(c)亏相位；(d)弦月相位。
11. 若月球公转的轨道半径稍大一些，则日食：(a)更可能出现日环食；(b)更可能出现日全食；(c)更加频繁；(d)外观不变。
12. 若月球绕地球公转的速度是当前速度的 2 倍，但轨道半径不变，则日食的频率将：(a)加倍；(b)减半；(c)不变。
13. 根据图 0.8（黄道带），太阳 1 月所在的星座为：(a)巨蟹座；(b)双子座；(c)狮子座；(d)水瓶座。
14. 在图 0.19（三角测量）中，采用较长基线将导致：(a)至树的距离精度降低；(b)至树的距离精度升高；(c)角 B 变小；(d)跨河距离变大。
15. 在图 0.20（视差）中，地球变小将导致：(a)视差角变小；(b)至天体的测量距离变短；(c)视移动变大；(d)各恒星更加靠近彼此。

计算题

1. 春分点刚刚进入水瓶座，公元 10000 年其位于哪个星座？
2. 地球在距离太阳 1.5 亿千米的轨道上公转，地球每秒移动的距离是多少？每小时呢？每天呢？
3. 若地球突然反向自转，则太阳日的长度如何改变？大约改变多少？
4. 月球移动等于其直径的距离（0.5°角）需要多长时间？
5. 已知地球到月球的距离为 38.4 万千米，且月球绕地球公转的轨道呈圆形，计算月球绕地球公转的速度（单位为 km/s）。
6. 利用图 0.7 中的类似推理方法，验证朔望月的长度（两个相邻满月之间的时间，见 0.3 节）为 29.5 天。

7. 在图 0.19 中，基线为 100m，角 B 为 60°。在图纸上构建三角形，求从 A 到树的距离。
8. 假设基线的长度为 1000km，从其两端测量的视差分别为 1°、1′和 1″，利用与发现 0.1 中类似的推理（但这里使用以天体为中心并包含基线的圆形），求对应天体的距离。
9. 若地球的周长是 10 万千米而非 4 万千米，则发现 0.1 中测得的角度是多少？
10. 若地球是平面，则埃拉托色尼测得的角度是多少（见发现 0.1）？

活动

协作活动

1. 在晴朗的夜晚，绘制包含月球的 10°宽的天区，且月球在该区域内自东向西移动（要了解如何估算天区的角度，请参阅个人活动 3）。整晚期间，每小时重复观测同一组恒星（交替轮换）。即便只有短短几小时，月球相对于恒星的位置也会发生明显变化。月球的角速度是多少（单位为度/小时）？现在，在每天晚上的同一时间观测月球，连续观测一个月。每晚绘制月球的外观，并记录其天空位置。基于地球、太阳和月球的相对位置，你能解释月球的相位变化吗（见图 0.13）？
2. 图 0.18 在世界地图上显示了日食路径，写出你们最想共同观测哪两次日食的相关描述，以及具体观测地点和观测时间。解释你们选择该地点和时间的原因。

个人活动

1. 在夜空中找到北极星，辨别出附近的任何独立恒星图案。静待数小时（至少到午夜），然后再次定位北极星。北极星是否移动了位置？附近的恒星图案有什么变化？为什么？
2. 图 0.5 是北天的延时成像照片，显示了弧形的恒星运动轨迹，圆弧以北极星为中心。该照片的曝光时间是多少？从水星和木卫二上拍摄类似照片的曝光时间分别是多少？（转到第 6 章和第 8 章，查找这些天体的自转周期。）
3. 将手臂伸直，举起小指，你能遮住月球的圆盘吗？月球的角直径约为 30′（0.5°），小指应完全能够遮住它。利用这一事实，你可以做一些基本的天空测量。下面设定一个简单的规则：当手臂伸直时，小指宽约 1°，中三指宽约 4°，拳头宽约 10°。假设能够看到猎户座，利用以上信息计算猎户腰带的角尺寸，以及参宿四和参宿七之间的角距离，然后将结果与图 0.2a 进行对比。

第 1 章　哥白尼革命：现代科学的诞生

探测是现代科学的核心。在这幅 19 世纪制作的科普版画作品中，作者以非写实风格描绘了中世纪宇宙观：天空是罩在地球表面的弧形穹顶。如图所示，一位旅行者找到了地球与天空的交界处，推开并穿越二者之间的缝隙后，看到了更广阔宇宙的奇异景象。该版画的绘制目标主要是与当时的现代宇宙观进行对比，但也隐喻了文艺复兴时期发生的科学变革——为了发掘人类未知的知识财富，科学家试图突破正统文化的人为限制。

生活在太空时代的我们对地球在宇宙中的地位非常熟悉。从太空拍摄的地球图像证实，人类的地球家园无疑是宇宙中仅有的几颗宜居行星之一，不会有人强烈质疑地球绕太阳运行的观点。但是，就在不久之前，我们的祖先曾经确信地球是万物的中心，在宇宙中的地位和作用非常独特。在那段时期后，人们对宇宙和自身的看法发生了根本转变，主动走下了宇宙中心的宝座，屈居于银河系边缘的一个不起眼的位置。但是，作为回报，人们收获了丰富的科学知识，这些知识的获取过程推动了科学的兴起和现代天文学的诞生。

学习目标

LO1　描述太阳系的地心模型如何解释各行星的逆行视运动。

LO2　解释行星如何因绕太阳公转的轨道运动而发生逆行。

LO3　描述太阳系现代观的科学发展历程，确定哥白尼、第谷、伽利略和开普勒的主要贡献。

LO4　陈述开普勒行星运动三大定律。

LO5　解释天文学家如何测量太阳系的真实大小。

LO6　陈述牛顿运动定律和万有引力定律，解释如何用其测量天体的质量。

总体概览

探测是现代科学方法的核心，全世界所有科学家都在使用这一方法。思想必须要经过实际观测的检验，未能通过检验者必须要舍弃。采用这种方式，天文学家就会逐步成长，科学没有真相，只有对现实世界越来越好的理解。

1.1　行星的运动

每个夜晚，许多恒星平稳地划过天空（见 0.1 节）；每个月，沿着天空中相对于各恒星的路径，月球经历着人们熟悉的相位周期而平稳地移动（见 0.3 节）；每一年，太阳以几乎恒定的速率沿着黄道前行，相邻两天的亮度变化很小（见 0.2 节）。夜空基本上可预测，这为古代文明提供了追踪季节和组织各种活动的方法（见发现 1.1）。

但是，古代天文学家还发现了运行规律不容易掌握的其他五大天体（水星、金星、火星、木星和土星），对这些天体运行规律的解释将永远改变人们的宇宙观和地球观。

1.1.1　天空中的流浪者

与太阳、月球和恒星的井然有序不一样，行星不仅发生亮度变化，而且不保持在固定的天空位置。行星绝不会偏离黄道太远，通常自西向东穿越天球（像太阳一样）。但是在运动过程中，行星可能会加速或减速，甚至偶尔出现往返环形运动（相对于恒星），如图 1.1 所示。实际上，行星（planet）一词的希腊语含义就是流浪者。天文学家将行星的正常东向运动称为顺行（prograde motion），将反常西向运动称为逆行（retrograde motion）。

与太阳和恒星不同，但与月球一样，行星自身并不发光，而只能反射太阳光。古代天文学家曾经正确地推断：在夜空中，行星的视亮度与行星与地球之间的距离密切相关——距离越近，亮度越高。但是，对火星、木星和土星而言，逆行轨道期间的亮度最高。解释观测到的行星运动，并将其与行星的亮度变化相关联，这是天文学家所面临的挑战。

1.1.2　地心说

太阳系的最早模型由希腊哲学家亚里士多德（前 384—前 322 年）建立，该模型以地球为中心/地心（geocentric），即认为地球是宇宙的中心，所有其他天体均绕地球运动。图 0.4 和图 0.9（见 0.2 节）描绘了以地球为中心的基本视图，这些模型都采用了亚里士多德所讲授的完美形式——圆。基于这种最简单的描述（所有天体围绕以地球为中心的圆均匀运动），人们可以计算出太阳和月球轨道的极佳近似值，但是无法解释行星的亮度变化和逆行变化。因此，人们需要一种更好的模型。

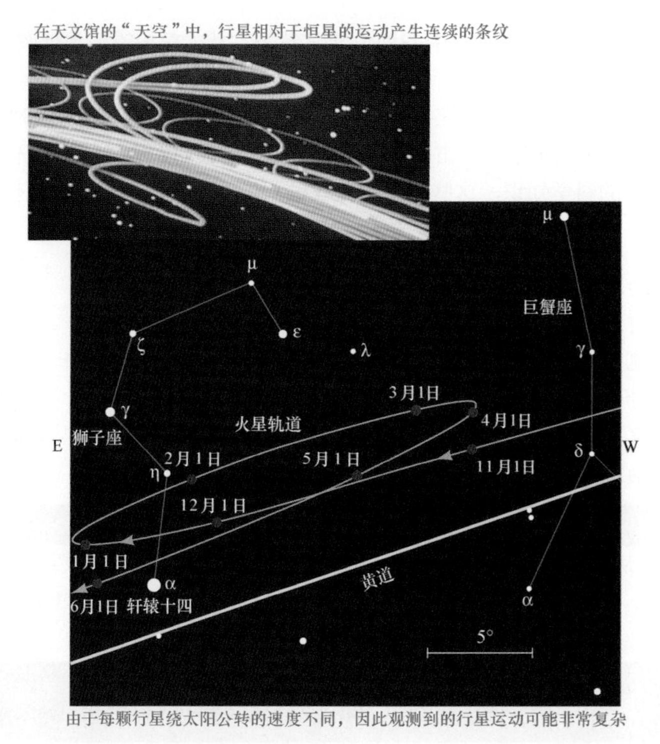

图 1.1　行星的运动。行星通常自西向东运动（相对于背景恒星），偶尔（约 1 次/年）改变方向并暂时性地逆行（自东向西）。主图显示了火星（行星）运动中的一个逆行周期；插图描绘了数颗行星在若干年间的运动轨迹，呈现在天文馆中的内部穹顶上（插图：Museum of Science, Boston）

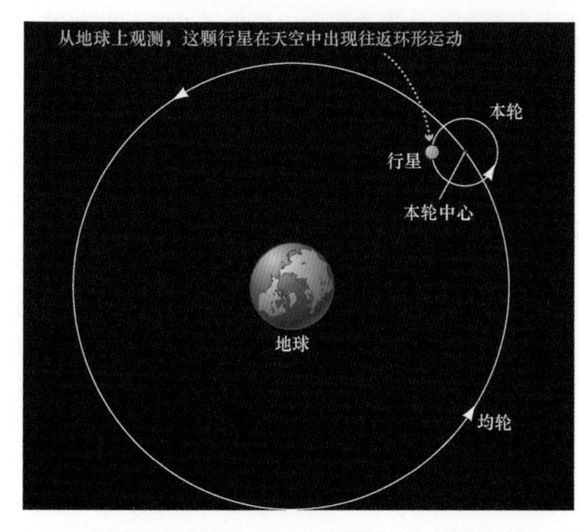

图 1.2　地心模型。在太阳系的地心模型中，为了解释逆行，每颗行星都被认为绕一个小圆轨道（本轮）运动（以假想点为中心），假想点则绕大圆轨道（均轮）运动（以地球为中心）

在探索新模型的第一步中，人们认为每颗行星都绕着一个小圆均匀运动，这个小圆称为**本轮/周转圆**（epicycle）。本轮的圆心在第二个更大的圆上绕地球均匀运动，这个更大的圆称为**均轮**（deferent），如图 1.2 所示。因此，该运动由两个独立的圆形轨道组成，某些时候可能会逆行。此外，由于该行星到地球的距离发生变化，因此其亮度也应当会变化。通过修正本轮和均轮的相对大小，以及该行星及其本轮的运动速度，早期天文学家将新模型与各行星的天空观测路径进行比对，获得了非常不错的吻合度。基于当时的观测精度而言，新模型较好地预测了已知各行星的相关位置。

但是，随着观测次数的增多和观测质量的提高，为了符合新的观测结果，天文学家不得不对简单的本轮模型进行了小的修正。均轮的中心必须偏离地心，本轮的运动必须与地球无关，而与太空中的另一个点相关。公元 140 年左右，托勒密（希腊天文学家）建立了或许是有史以来最好的地心模型。在图 1.3（该模型的简化形式）中，托勒密完美地描述了太阳、月球以及当时已知五颗行星的观测路径。但是，为了最大限度地实现其解释和预测目标，完整的**托勒密模型**（Ptolemaic model）至少需要 80 个圆。若要解释太阳、月球以及目前已知所有八颗行星的观测路径，则需要建立一套更加复杂的模型。

今天，科学训练引导我们追求简单，因为在科学中，简单通常是真理的一种标志（见 0.5 节）。托勒密体系模型极其复杂，这是理论具有根本缺陷的明显标志。我们现在已经知道，托勒密模型的主要错误在于地心假设，还有就是对均匀圆周运动的坚持，思想基础实质上是哲学而非科学。

实际上，据历史记载，某些古希腊天文学家持有不同的天体运动观。在这些天文学家中，来自爱琴海萨摩斯岛的阿利斯塔克（前 310—前 230 年）最著名，他认为所有行星（包括地球）都绕太阳公转，而且地球每天绕自身的地轴旋转一周。他坚持认为，这应当会在天空中产生一种视运动（apparent motion），就好像骑在旋转木马上时，周围景观似乎朝相反方向移动。这种对天空的描述虽然本质上正确，但是并未获得大家的广泛认可。亚里士多德的影响力实在是太强，追随者众多，著作影响深远。

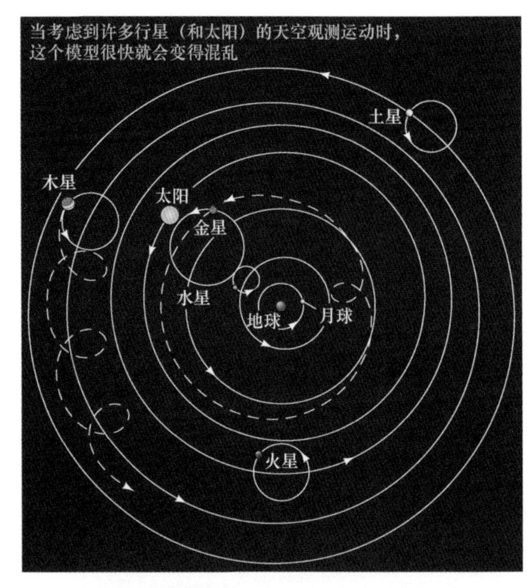

图 1.3　托勒密模型。托勒密的内太阳系地心模型的基本特征，大致按比例绘制，该模型在文艺复兴前广受欢迎。为了避免混淆，此处仅绘制了两颗行星（金星和木星）的部分轨道路径（虚线）

亚里士多德学派确实提出了支持其观点的几个理由，其中最强有力的疑问（实际上非常正确）是：既然观测恒星的有利位置一年中发生了改变，那么为何看不到恒星视差（见 0.4 节）呢？我们现在知道，地球绕太阳公转时确实存在恒星视差，但是由于恒星的距离过于遥远，即使最近恒星的视差也不到 1 角秒，早期天文学家根本就不可能发现（19 世纪后半叶才最终测得）。在天文学中，我们会遇到许多这样的案例：基于不充分的数据，正确的推理导致了错误的结论。

发现 1.1　古代天文学

(M. Boulton)

许多古代群体对不断变化的夜空产生了浓厚兴趣，例如，船员需要确定船舶的位置，农民需要知道何时播种庄稼。为了作为原始日历来预测各种天体事件，世界各地的文化都构建了非常精巧的结构（至少在某种程度上）。通常，天空秘密的守护者将其学问供奉在神话和仪式中，这些天文遗址也用于宗教仪式。

在这类遗址中，英国的巨石阵最为著名，最早可以追溯到石器时代，或许是当时的一种三维年历。许多石块都与对应的重要天文事件成直线排列（误差在 1°以内或左右），例如，夏至点的太阳升起，以及一年中其他关键时间点的日月起落，使其建造者能够追踪季节的变化。

美国怀俄明州的毕葛红医药轮在设计上与巨石阵相似，作用可能也相似。有些研究人员已经确定了医药轮的辐条与二至点（夏至点和冬至点）和二分点（春分点和秋分点）的日出日落以及一些亮星的升落之间的对应关系，说明建造者印第安人对不断变化的夜空十分熟悉。

(G. Gerster)

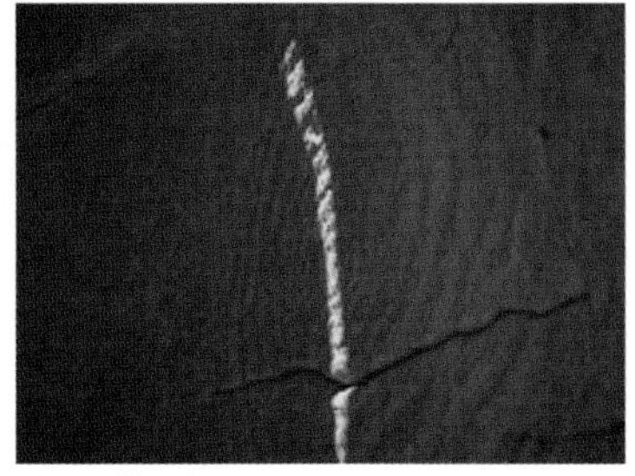

(H. Lapahie Jr.)

(J. Cornell)

但是，也有人对此质疑，认为医药轮的建造更具象征意义（而非实用性）。类似的争议也出现在玛雅城市奇琴伊察的卡拉科尔神庙，该神庙建于公元1000年左右，位于墨西哥尤卡坦半岛。该神庙的窗户是与天文事件（如金星升起）的位置对应，还是有其他不同目标和用途？专家无法达成一致意见。对于新墨西哥州查科峡谷的太阳匕首是否为真实的天文日历，研究人员似乎持肯定态度，并认为其或许对农业生产有所帮助。在太阳匕首中，人们对岩石进行了精心雕刻，目标是在夏至点的正午，一条细长的阳光带能够精确地穿过所雕刻的螺旋图案的中心。

(Istanbul University Library)

古代中国人也观测天空，他们的占星术特别重视预兆，例如，突然出现在天空中然后缓慢消失的彗星和客星，并且仔细记录了诸多此类事件。最著名的客星出现在公元1054年，在白昼天空中的可见时间长达数月之久。现在，我们知道这是一颗超新星，源自一颗巨星的爆炸和消亡（见第13章）。即便是在9个世纪之后的今天，这颗超新星留下的遗迹依然可以检测到。在全球超新星研究中，中国的数据是历史信息的主要来源。

在古希腊与现代欧洲的天文学之间，伊斯兰天文学家提供了一条重要的联系纽带。在这幅16世纪的插图中，土耳其天文学家在伊斯坦布尔天文台辛勤工作。从中世纪时期的至暗时刻到文艺复兴初期，伊斯兰天文学蓬勃发展，继承并丰富了希腊人的学识，对现代天文学的影响力与日俱增。为了解决实际问题，伊斯兰天文学家开发了许多三角学技术，例如，确定了地球上任何特定位置的宗教节日的准确日期或者麦加方向，并且命名了大量天文学术语（如方位角和天顶）以及许多恒星的名称（如参宿七、参宿四和织女星）。

1.1.3 日心说

托勒密的宇宙图景几乎完整流传了近13个世纪，直到波兰牧师尼古拉·哥白尼横空出世（见图1.4），他于16世纪重新发现了阿利斯塔克的日心（heliocentric）模型（以太阳为中心）。哥白尼非常坚定地认为，地球绕自身的地轴自转，同时绕太阳公转（像所有其他行星一样）。这个模型不仅解释了天空中可观测的日变化和季节变化，而且合理地解释了行星的逆行和亮度变化。现在，人们将地球并非宇宙中心这个关键的认识转变称为哥白尼革命（Copernican revolution）。

图 1.4 尼古拉·哥白尼（1473—1543年）
（E. Lessing/Art Resource, NY）

科学过程回顾

根据第0章中介绍的科学方法（见0.5节），日心说相对于地心说的主要优势是什么？

如图1.5所示，哥白尼观点解释了行星（此处为火星）为何存在亮度变化和视环形运动。若假设地球的运动速度比火星快，则地球就会经常超越火星。每次发生这种情况时，火星似乎都会在天空中向后运动，类似于在高速公路上超车时，被超车辆似乎在后退。此外，在超越火星期间，地球距离火星最近，所以火星似乎最明亮（如观测所见）。注意，在哥白尼的观点中，行星的环形运动只是视运动，而在托勒密的观点中，行星是真实运动。

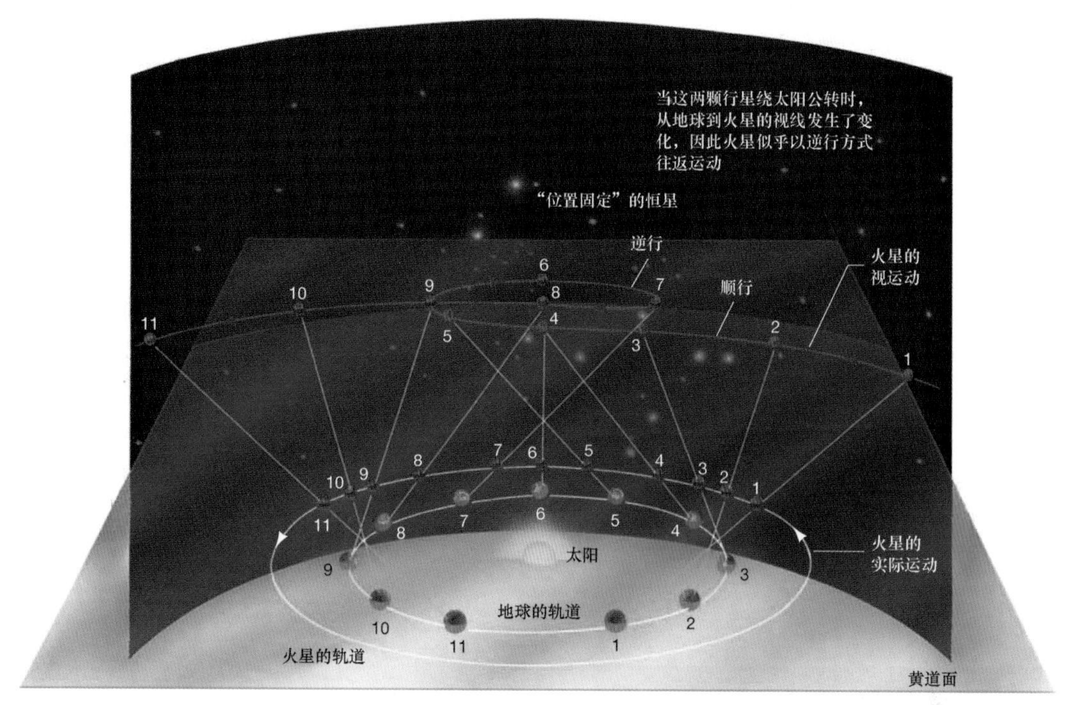

图 1.5 逆行。哥白尼的太阳系模型不仅解释了行星的亮度变化，而且解释了逆行现象。例如，当地球和火星在各自的轨道上彼此相互靠近时（位置 6），火星似乎更亮；当二者相距较远时（位置 1），火星似乎更暗。按照数字顺序追踪蓝色线，在位置 5 和位置 7 之间，注意视线如何相对于恒星向后移动。这是因为地球位于更靠内侧的轨道上，运动速度要比火星快。白色曲线是行星的实际轨道，红色曲线是地球视角下的火星视运动

哥白尼引入日心模型的主要动机是简化模型，但是仍然受到用圆对行星运动进行建模的观点的影响。为使其理论与观测结果相一致，他被迫保留了本轮运动的观点，但是将均轮的中心设定为太阳（而非地球），并且本轮小于托勒密模型。因此，他保留了不必要的复杂性，获得的实际精度与地心模型相比并无多大的提升。对哥白尼而言，日心说的主要吸引力在于简单，能够令人更加愉悦。时至今日，在对宇宙进行建模时，科学家仍然秉持简单、对称和优雅的原则（见 0.5 节）。

在哥白尼的有生之年，其观点并未获得广泛认可。日心说将地球贬为太阳系中非中心和不重要的地位，这违背了当时的传统观念和罗马天主教会的宗教信条。哥白尼肯定与其他学者讨论并辩论过自己的理论，但可能希望避免与教会发生直接冲突，他的著作《天球运行论》（*On the Revolution of the Celestial Spheres*）直到 1543 年才正式出版，而那一年他也不幸去世。多年后，其他人扩展并推广了日心模型，随着支持这一观点的观测证据逐渐增多，哥白尼的理论才获得了人们的广泛认可。

概念回顾

对于行星逆行的解释，地心模型和日心模型有何不同？

1.2 现代天文学的诞生

在哥白尼去世后的一个世纪内，两位科学家（伽利略·伽利莱和约翰尼斯·开普勒）在天文学研究史上留下了不可磨灭的印记。这两人都因自己的发现而闻名于世，并在哥白尼理论的推广和传播方面取得了重要进展。

1.2.1 伽利略的重要历史观测

伽利略·伽利莱是意大利著名数学家和哲学家（见图 1.6），他希望通过实验来检验自己的想法（当时被视为一种激进的方法），并且采用全新的望远镜技术，从而彻底改变了科学的发展方式，以至于人

们现在普遍认为他是实验科学之父。1608 年，荷兰人发明了望远镜。听说（但未见过）这项发明后，伽利略于 1609 年自己建造了一架望远镜，然后瞄准天空进行研究。他的观测结果与亚里士多德的哲学发生了极大的冲突，但是为哥白尼的理论提供了强有力的支撑。

在望远镜的辅助下，伽利略获得了以下重要发现：

- 月球上存在山脉、沟谷和陨击坑，很多方面类似于地球上的同类地形。
- 太阳存在深色瑕疵，现在称为太阳黑子（sunspot），详见第 9 章。通过观测这些太阳黑子每日的外观变化，伽利略推断太阳围绕近似垂直于黄道面的旋转轴自转，自转周期约为一个月。
- 木星附近的轨道上有四个小光点（肉眼不可见）。他意识到这些小光点是围绕木星运行的卫星（见图 1.7），就像月球绕地球运行一样。另一颗行星拥有卫星这一事实非常重要，这也是伽利略为哥白尼模型提供的最强有力的支持，说明地球显然并非宇宙万物中心。
- 金星显示出一个完整的相位周期（见图 1.8），与人们熟悉的月球相位周期非常类似。这一发现只能用金星绕太阳运行来解释。

图 1.6　伽利略·伽利莱（1564—1642 年）
（Scala/Art Resource, NY）

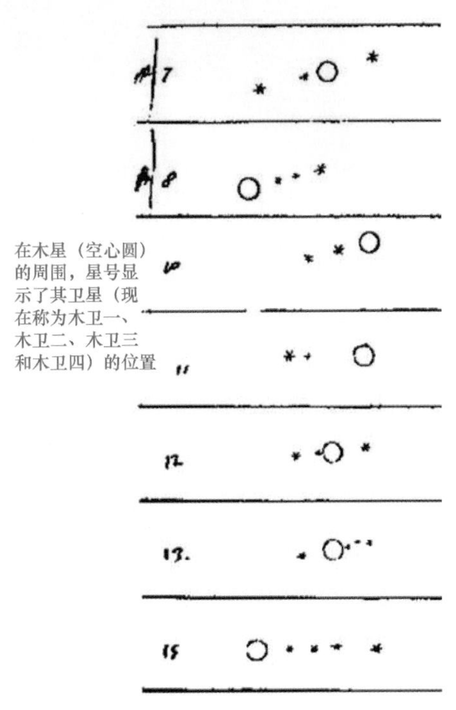

图 1.7　伽利略卫星。1610 年 1 月 7 日至 15 日的 7 个夜晚，伽利略草绘了木星的四颗卫星，现在称为伽利略卫星（From Sidereus Nuncius）

所有这些观测结果都显示地球并非宇宙万物中心，且至少有一颗行星绕太阳运行，这与当时公认的科学观念完全背道而驰。

1610 年，伽利略发布了自己的观测成果及支持哥白尼理论的争议性结论，挑战了当时的正统科学和宗教信条。1616 年，伽利略的观点被判定为异端邪说，他和哥白尼的作品都被教会明令取缔，同时被勒令放弃自己的天文追求。但是伽利略并未屈服，而是继续收集和发布支持日心说的数据，导致与教会发生了直接的冲突。在宗教法庭的酷刑威胁下，伽利略被迫撤回了地球绕太阳运行的观点，并于 1633 年被软禁在家，在监禁中度过了余生。直到 1992 年，教会才公开赦免了伽利略的“罪行”。

概念回顾

伽利略对金星和木星的观测结果与当时的主流观点存在哪些冲突？

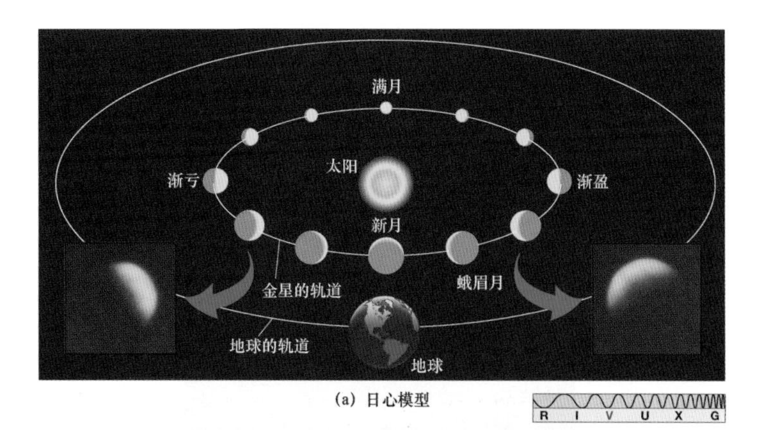

(a) 日心模型

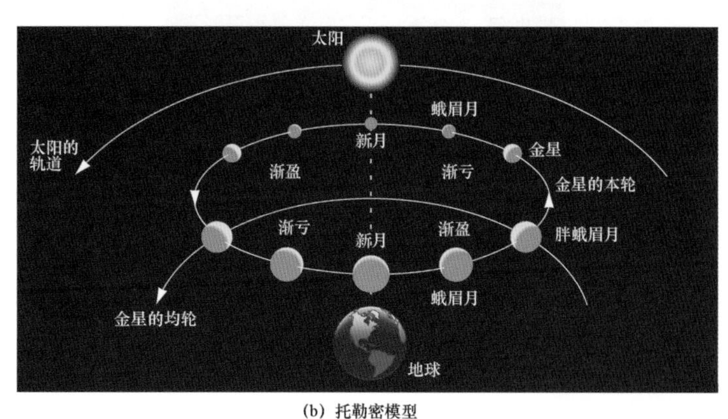

(b) 托勒密模型

图 1.8 金星的相位。在托勒密和哥白尼的太阳系模型中，均预测金星在公转轨道上运动时会显示相位。(a)在哥白尼模型中，当金星恰好位于地球与太阳之间时，非日照面朝向地球，所以人们看不到它。随着金星在其公转轨道上不断移动，地球视角的可见日照面越来越大。注意观察金星的轨道相位与视大小之间的关系：因为蛾眉月相位期间距离地球更近，所以此时的金星似乎比满月相位时要大得多，这是实际观测的结果。两张插图（左下和右下）是在两个蛾眉月相位拍摄的金星照片（Courtesy of New Mexico State University）；(b)托勒密模型中，金星的满月相位无法解释。从地球视角观测，金星永远不会到达满月相位，而只能到达胖蛾眉月相位，然后在接近太阳时开始亏（注意，这些视图都是侧视图，若采用俯视图，则这些轨道都非常接近圆形，参见图 1.14）①

1.2.2 哥白尼体系的优势

哥白尼革命说明，对科学方法而言，虽然任何时候都会受到主观臆想、人类偏见甚至科研人员个人运气的影响，但最终仍会体现其客观性（见 0.5 节）。随着时间的推移，经过不断检验、确认以及完善实验方法，科学家完全能够消除个体的主观倾向。在阿利斯塔克提出概念 2000 多年后，在哥白尼发表著作约 3 个世纪后，日心说才最终得以通过观测而获得确认。无论这个过程多么艰辛，客观性事实最终还是取得了胜利。

1.3 行星运动定律

在伽利略因采用望远镜观测而远近闻名的同一时期，德国数学家和天文学家约翰尼斯 • 开普勒（见图 1.9）宣布发现了一套简单的定律，能够非常精确地描述各行星的运动。伽利略是首位利用“通过望远镜观测天空”来验证和完善理论的现代观测者，开普勒则是一位纯粹的理论家，研究工作几乎完全基于另一位科学家的观测。这些观测比望远镜观测早数十年，观测者是开普勒的雇主第谷 •布拉赫（1546—1601 年），他是有史以来最伟大的观测天文学家之一。

① 图中金星相位可与月球相位进行类比，因此相关术语表达以月球术语替代。——译者注

图 1.9　约翰尼斯·开普勒（1571—1630 年）（E. Lessing/Art Resource, NY）

1.3.1　第谷的复杂数据

第谷是一位性格古怪的贵族，同时也是一位熟练的观测者，出生于丹麦，在欧洲一些顶尖大学接受教育，主要学习占星术、炼金术和医学。他在丹麦建造了自己的乌兰尼堡天文台（见图 1.10），大部分观测均在那里进行，这要比望远镜的发明早数十年。在这个天文台中，第谷利用自己设计的仪器，对恒星、行星和重要天文现象进行了细致而准确的记录。

图 1.10　第谷 • 布拉赫。在丹麦的赫文岛上，这位天文学家建造了自己的乌兰尼堡天文台（Joan Bleau/Newberry Library/SuperStock）

1597 年，由于在丹麦宫廷失宠，第谷移居布拉格。1600 年，开普勒在布拉格受雇于第谷，负责解释第谷所观测的行星数据。一年后第谷去世，开普勒不仅继承了第谷的职位，成了神圣罗马帝国的数学家，而且继承了他最珍贵的财产——数十年积累的行星观测资料。第谷的遗产虽然是肉眼观测结果，但是质量非常高。为了不通过本轮来解释行星运动，开普勒开始寻找一种统一原理，这种努力占据了他余生 29 年中的大部分时间。

开普勒的目标非常明确，就是在哥白尼模型的基本框架内，找到关于太阳系的一种简单描述，使其符合第谷经过细致观测所形成的大量复杂数据。最后，他不得不放弃哥白尼关于圆形行星轨道的最初简单设想，但却由此产生了更简单的构想。开普勒运用三角测量，从地球轨道（而非地球）上的不同点，在一年中的大量不同时间进行观测，确定了每个行星轨道的形状和相对大小（见 0.4 节）。通过每晚连续观测其空间位置，他推断出了这些行星的运动速度。经过多年对第谷观测数据的研究，经历了许多推倒重来和此路不通后，在以其名字命名的行星运动定律中，开普勒成功地总结了所有已知行星（包括地球）的运动。

概念回顾

伽利略和开普勒在科学方法上有哪些不同？各自以何种方式推动了哥白尼的宇宙观？

1.3.2　开普勒的简单定律

开普勒第一定律（轨道定律/椭圆定律）描述行星轨道的形状：

I. 行星的轨道路径是椭圆（不一定是圆），太阳位于椭圆的一个焦点上。

椭圆是一个扁平的圆，通过一根绳子和两颗图钉即可构建，具体方法参见图 1.11。其中，固定绳子的每个点称为椭圆的焦点（focus），包含两个焦点的椭圆轴称为长径/长轴（major axis），长径的一半称为半长径/半长轴（semimajor axis），这是椭圆大小的常规测度。

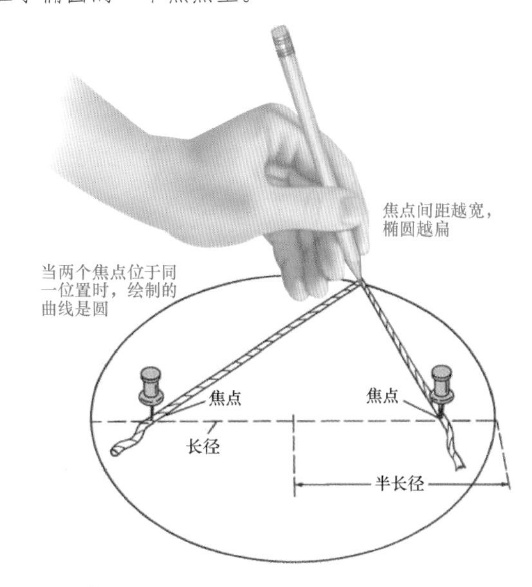

图 1.11 椭圆。椭圆可用一根绳子、一支铅笔和两颗图钉绘制

椭圆的偏心率/离心率（eccentricity）等于两个焦点之间的距离除以长径的长度。只需知道半长径的长度和偏心率，即可描述行星轨道路径的大小和形状。圆是两个焦点恰好重合的椭圆，因此偏心率为 0，半长径为其半径。基于行星轨道的半长径和偏心率，即可计算该行星的近日点（perihelion，距离太阳最近的点）和远日点（aphelion，距离太阳最远的点），这两个量都非常有用，如图 1.12 所示。

实际上，所有行星的椭圆轨道都不像图 1.11 中所示的那样扁长。除了水星，各行星的轨道偏心率都非常小，人类肉眼很难将其与正圆区分开。仅仅因为轨道如此接近于圆，托勒密和哥白尼的模型才能尽可能接近现实。

开普勒第二定律（面积定律）描述行星在轨道不同部分的运行速度，如图 1.13 所示：

II. 在相等的时间间隔内，太阳和任何行星的假想连线扫过的椭圆面积相等。

当行星绕太阳运行时，在相等的时间间隔内，行星沿着标有 A、B 和 C 的弧线轨道运动，如图 1.13 所示。但是要注意，与弧线 B 和弧线 C 相比，沿弧线 A 的行进距离更长。因为时间相等但距离不等，所以速度必然不等：与远离太阳时（如弧线 C）相比，行星在靠近太阳时（如弧线 A）的运动速度要快得多。

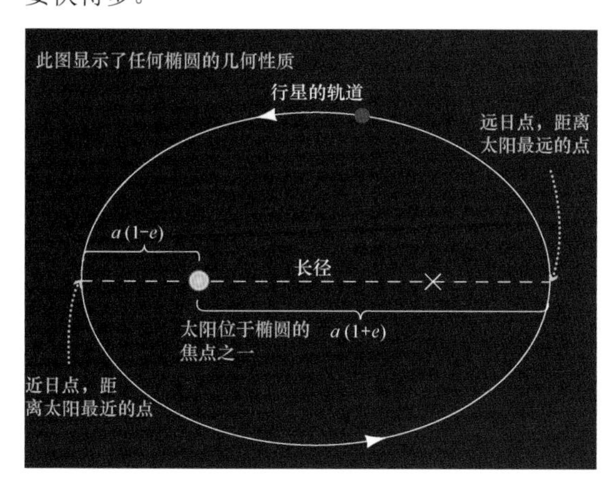

图 1.12 轨道性质。行星的近日点和远日点与轨道的半长径 a 和偏心率 e 简单相关。注意，当太阳位于其中一个焦点时，另一个焦点为空（用×标识），其中并无特别含义。在太阳系中，任何行星的轨道偏心率都不会像此处所示的这样大（见表 1.1），但部分陨石和全部彗星均如此（见第 4 章）

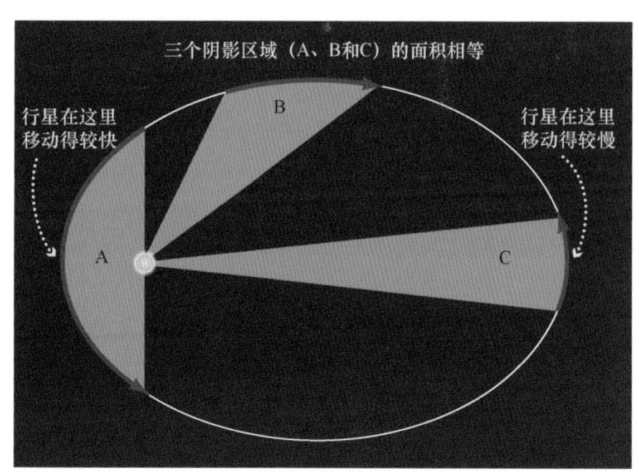

图 1.13 开普勒第二定律。在相等的时间间隔内，行星和太阳之间的连线扫过的面积相等。对沿椭圆轨道行进的任何天体而言，覆盖三个红色箭头所示的距离都会花相同的时间。当行星靠近太阳时，运动速度更快

这些定律不仅适用于行星，而且适用于在任何轨道上运动的物体。例如，当俯冲接近地球表面时，侦察卫星的移动速度非常快，这并不是由强大的星载火箭推动的，而是其高偏心轨道受到了开普勒定律的制约。

1609 年，开普勒发布了这两个定律，并且声称已在火星轨道上得到了证实。10 年后，他将这两个定律的适用对象扩展至所有已知行星（水星、金星、地球、火星、木星和土星），并且新增了第三个定律，将行星的轨道大小和恒星轨道周期（行星绕太阳运行一周所需的时间）关联在一起。开普勒第三定律（周期定律/调和定律）的具体表述如下：

III. 行星轨道周期的平方与其半长径的立方成正比。

当选择**地球年**作为时间单位且选择**天文单位**（astronomical unit）作为长度单位时，这个定律就会变得特别简单。1AU（天文单位）是地球绕太阳运行轨道的半长径，即地球与太阳之间的平均距离。利用这些时间单位和距离单位，我们能够非常容易地写出适用于任何行星的开普勒第三定律：

$$P^2（地球年）= a^3（天文单位）$$

式中，P 是行星的恒星轨道周期，a 是其半长径。

表 1.1 是太阳系中八大行星运行轨道的部分基本数据，对每颗行星的轨道而言，半长径的测量单位都是 AU（即相对于地球轨道的大小)，轨道周期的测量单位都是地球年。作为文艺复兴时期的天文学家，开普勒只知道最靠近太阳的六颗行星的性质，但实际上，除了作为结论的这六颗行星，绕太阳运行的所有已知天体都遵循开普勒定律。表中最右一列给出了比值 P^2/a^3，基于表中所用的单位和开普勒第三定律，可知这一比值在任何时候都应等于 1。对天王星和海王星而言，P^2/a^3 与 1 之间的偏差略大，这由两颗行星之间的引力牵引导致（见第 7 章）。

表 1.1　行星的部分性质

行　星	轨道半长径 a（AU）	轨道周期 P（地球年）	轨道偏心率 e	P^2/a^3
水星	0.387	0.241	0.206	1.002
金星	0.723	0.615	0.007	1.001
地球	1.000	1.000	0.017	1.000
火星	1.524	1.881	0.093	1.000
木星	5.203	11.86	0.048	0.999
土星	9.537	29.42	0.054	0.998
天王星	19.19	83.75	0.047	0.993
海王星	30.07	163.7	0.009	0.986

开普勒定律不仅适用于已有的数据，而且能预测各行星的未来位置。经过实际观测的检验，每次预测的准确度都非常高，这无疑是可信科学理论的标志。

概念回顾

为什么有必要关注天王星和海王星的开普勒定律应用？

1.3.3　太阳系的大小

在基于开普勒定律构建的太阳系尺度模型中，所有行星轨道都具有正确的形状和相对大小，但是无法体现其实际大小。因为开普勒的测量基于以地球轨道为基线的三角测量，所以测得的距离只能表示为自身无法确定的相对于地球轨道——天文单位的大小。

太阳系模型可类比为美国的公路交通图，后者仅显示了城市和乡镇的相对位置，但缺少以千米为单位来表示距离的比例尺刻度。例如，我们知道堪萨斯城与纽约之间的距离是堪萨斯城与芝加哥之间距离的 3 倍，但是并不知道地图上任何两点之间的实际距离。若能够以某种方式（如千米）确定天文单位的值，则应能在地图上添加重要的比例尺刻度，并计算太阳与每颗行星之间的精确距离。

概念回顾

为什么开普勒定律没有告诉我们天文单位（AU）的值？

为了取得太阳系的绝对大小，现代科学家采用了一种技术，称为雷达测距（radar ranging）。雷达向某一天体（如行星）发射射电波/无线电波，反射回波以绝对数值标识该天体的方向和距离，此时的单位是千米（而非天文单位）。用雷达信号的往返时间（从信号发射到回波接收的时间）乘以射电波的速度（300000km/s，即光速），即可获得地球至该天体的 2 倍距离。

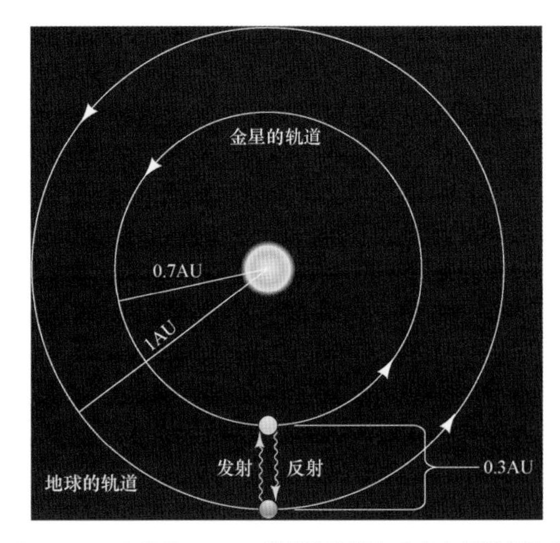

图 1.14　天文单位（AU）。蓝色波浪线表示当金星距离地球最近时，雷达信号向金星发射并在地球端接收的路径。因为地球的轨道半径为 1AU，金星的轨道半径约为 0.7AU，所以信号传输的单向距离为 0.3AU。因此，我们能以千米为单位来校准天文单位

由于射电波信号会被太阳表面吸收而无法返回地球，所以雷达测距技术不能直接测量日地距离。金星的轨道距离地球最近，因此成为这项技术最常见的目标。图 1.14 是太阳-地球-金星轨道的理想几何结构示意图。为简单起见，我们忽略这两颗行星轨道的较小偏心率。由表 1.1 可知，金星到太阳的距离约为 0.7AU。如图 1.14 所示，从地球到金星的最近距离约为 0.3AU。从地球上发射雷达信号，然后从金星反射回地球，整个时间约为 300s，由此可计算出金星与地球之间的距离为 300000km/s×300s ÷ 2（单程应除以 2）= 45000000km。既然 0.3AU 等于 45000000km，那么 1AU 等于 45000000km /0.3 = 150000000km。

通过精确的雷达测距，目前已知天文单位的值为 149597870km，本书将其四舍五入为1.5×10^8 km。确定天文单位的值后，即可利用更熟悉的单位（如千米）重新表示其他行星轨道的大小，然后将整个太阳系的大小校准至更高的精度。

数据知识点：开普勒定律

当将开普勒定律应用于太阳系中的天体轨道时，几乎半数学生感到棘手。建议记住以下两点：

- 根据开普勒第二定律（等面积），当距离太阳最近时，行星在轨道上的运动速度最快。
- 由开普勒第三定律可知，轨道较大的行星绕太阳一周需要花更长的时间；轨道周期比轨道大小增加得更快——若轨道大小增加 1 倍，则轨道周期将增至 $2\sqrt{2}$ 倍，或者约 2.8 倍。

1.4　牛顿定律

图 1.15　艾萨克 • 牛顿（1642—1727 年）（S. Terry）

简化了太阳系的开普勒三大定律发现于经验，即并不源自理论或数学模型，而单纯依靠对已有观测数据的分析。实际上，对于许多行星为什么绕太阳运行，哥白尼、伽利略和开普勒都没有真正理解。只有通过研究基本规律和基本原理，我们才能真正理解行星的运动。任何完整科学理论验证的关键是其解释物理现象的能力，而不是简单地描述物理现象。

1.4.1　运动定律

17 世纪，对于所有物体的运动和相互作用原理，英国物理学家和数学家艾萨克 • 牛顿开展了深入研究（见图 1.15）。牛顿的理论构成了今天所称牛顿力学的基础，三大基本运动定律、万有引力定律和些许微积分理论三剑合璧，足以解释整个宇宙中几乎所有可见的复杂动力学行为。

图 1.16 说明了牛顿第一运动定律（惯性定律），具体表述如下：

I. 静止的物体保持静止，运动的物体保持匀速直线运动，除非某些外部作用力改变其运动状态。

外部作用力应当是被施加的作用力，例如，滚动的小球遇到砖墙时砖墙施加在球上的作用力，或者棒球投手合法投球时球棒施加在棒球上的作用力。在这两种情况下，作用力都改变物体的原始运动。除非受到外部作用力的影响，否则物体将保持相同的运动速度和方向，这种趋势称为惯性（inertia）。物体惯性的常见测度是质量（mass），即物体所含的物质总量。物体的质量越大，惯性就越大，改变其运动状态所需的外部作用力也就越大。

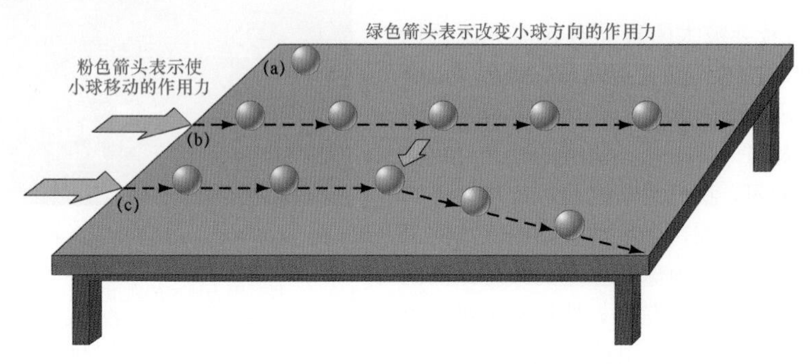

图 1.16 牛顿第一定律。(a)静止的物体保持静止，除非某些作用力施加于其上；(b)当施加第一个作用力（粉色箭头）时，物体保持匀速运动状态，直至施加了另一个作用力；(c)当从不同方向施加第二个作用力（绿色箭头）时，物体改变运动方向

牛顿第一定律和亚里士多德的观点截然相反，后者错误地认为物体的自然状态应该是静止，这很可能是他基于对摩擦效应的观测得出的结论。为简化讨论，我们这里将忽略摩擦力，即使得小球的地面滚动、物块的桌面滑动以及棒球的空中运动速度减缓的作用力。因为外太空不存在明显的摩擦力，所以对各行星而言，这些显然不是问题。

物体运动速度的变化率（加速、减速或变向）称为加速度（acceleration）。牛顿第二运动定律的表述如下：

II. 物体的加速度与净作用力成正比，与物体的质量成反比。

换句话说，施加在物体上的作用力越大，或者物体的质量越小，则物体的加速度就越大。因此，若用相同的作用力牵引两个不同的物体，则质量较大的物体的加速度较小；若用不同的作用力牵引两个相同的物体，则受力较大的物体的加速度较大。

最后，牛顿第三运动定律告诉我们，作用力总是成对出现的：

III. 每个作用力都有一个相等且相反的反作用力。

若物体 A 对物体 B 施加一个作用力，则物体 B 必然对物体 A 也施加一个作用力，这两个作用力的大小相等但方向相反。

1.4.2 万有引力定律

作用力既能瞬时作用，又能连续作用。球棒击打棒球的作用力可以合理地视为瞬时作用力，连续作用力的较好示例是阻止棒球飞入太空的重力/引力（gravity），正是这一现象使牛顿走上了定律发现之路。牛顿假设具有质量的任何物体都会对具有质量的所有其他物体施加引力，而且物体的质量越大，引力的牵引作用就越强[①]。

首先，考虑从地球表面向上投掷棒球的情形，如图 1.17 所示。按照牛顿第一运动定律，向下的地

① 虽然重力和引力在概念上存在一定的差异，但是二者在本书中的含义基本相同，均可简单理解为引力。——译者注

球引力会稳定地改变棒球的速度，减缓其最初的向上运动，并且最终导致其落回地面。当然，棒球本身具有一定的质量，因此也会对地球施加引力牵引作用。按照牛顿第三运动定律，这个引力的大小等于棒球的重量（物体的重量是地球吸引物体的作用力的测度），但是方向相反。然而按照牛顿第二运动定律，地球对质量较小棒球的影响远大于棒球对质量较大地球的影响。棒球和地球各自感受到了相同的引力，但是地球因该引力而产生的加速度要小得多，完全可以忽略不计。

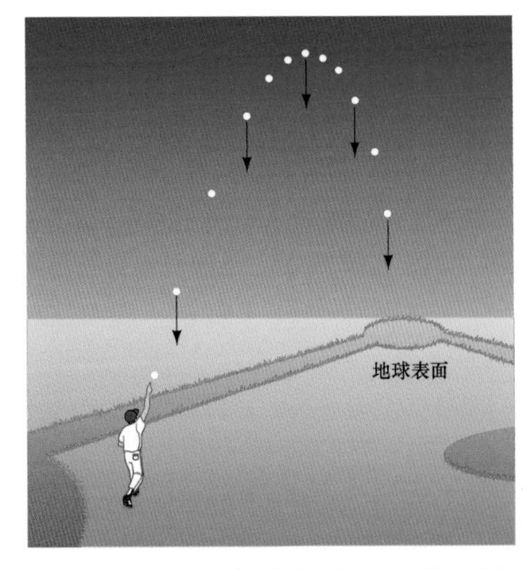

图 1.17　引力。在大质量物体（如行星）的表面上，抛出的棒球会被该物体的引力持续向下牵引（箭头），棒球的引力也会持续牵引该行星（但是力度极小）

然后，考虑从月球表面投掷棒球的运动轨迹。月球上的引力牵引大小约为地球上的 1/6，因此棒球的速度变化更慢，例如，地球棒球场上的典型本垒打在月球上应当会飞出约 0.8km。月球的质量比地球的小，对棒球的引力影响也较小。引力的大小取决于正在相互吸引的两个物体的质量，实际上与两个质量的乘积成正比。

行星运动研究揭示了引力的第二个方面。在与太阳中心距离相等的位置，引力的大小相同且总是指向太阳。此外，通过详细计算行星绕太阳运行时的加速度，人们发现太阳引力的大小与行星与太阳之间距离的平方成反比。据说通过比较月球和苹果落地的加速度，而非各行星的加速度（两种情形下的基本推理相同），牛顿首次发现了这一事实。引力遵循平方反比定律/平方反比律（inverse-square law），如图 1.18a 所示。

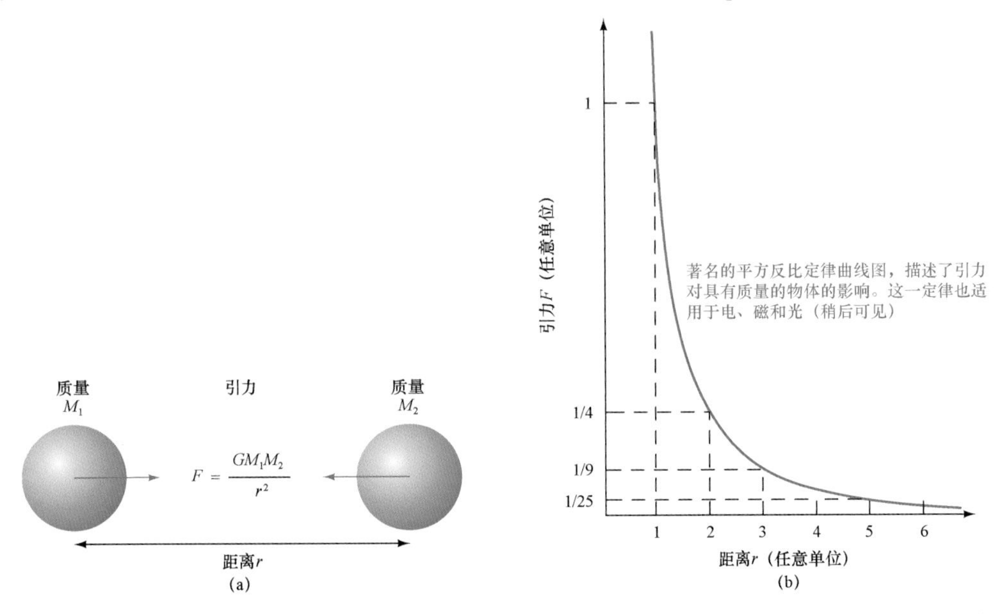

图 1.18　引力。(a)两个物体之间的引力与每个物体的质量成正比，与二者之间距离的平方成反比；(b)平方反比力随距离的增大而迅速减小，但无论距离多远都不会降为零

通过整合关于质量和距离的前述观点，牛顿提出了万有引力定律，规定具有一定质量的所有物体的相互吸引方式如下：

宇宙中任意两个质点之间都存在引力，其大小与两个质点的质量乘积成正比，与两个质点之间距离的平方成反比。

如图 1.18b 所示，平方反比力随距离的增大而迅速减小，例如，距离增大 3 倍会使引力减小 $3^2 = 9$ 倍，距离乘以 5 会使引力减小 $5^2 = 25$ 倍。虽然减小速度非常快，但是引力永远不会降为零，具有一定质量物体的引力永远不会完全消失。

概念回顾

根据牛顿运动定律和万有引力定律，解释行星为什么绕太阳运行。

1.4.3 轨道运动

如牛顿的万有引力定律所述，各行星之所以绕太阳运行，根本原因是太阳与行星之间存在着双向引力。如图 1.19 所示，这种引力持续不断地将每颗行星拉向太阳，使其前向运动路径变为曲线轨道。在太阳系中，地球任何时刻都要受到两种效应的共同影响，即引力与惯性之间的竞争。太阳的质量远大于任何行星，所以在相互作用中占主导地位，可认为太阳控制着各行星（而非相反）。

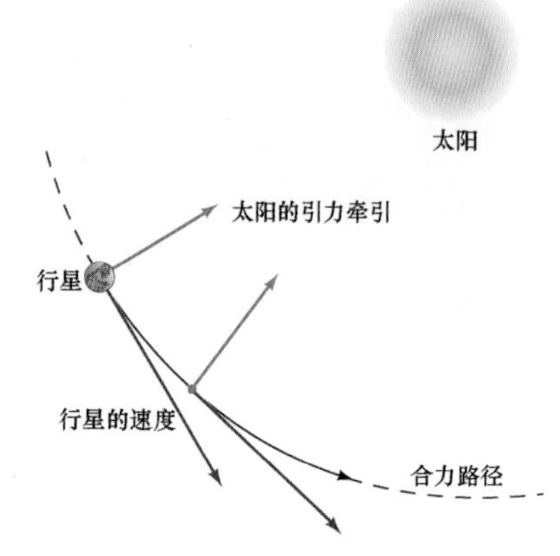

图 1.19　太阳的引力。太阳对行星的引力向内牵引，与行星“保持直线运动”的趋势相竞争。这两种效应叠加在一起，导致行星沿“始终环绕”太阳的一条中间路径平稳运动

这里描绘的行星与太阳之间的相互作用并不复杂，类似在头顶上方旋转末端系有石块的绳子时发生的情形。太阳的引力牵引相当于手和绳子，行星相当于绳子末端的石块，绳子的张力提供石块沿圆形路径移动所需的力。根据牛顿第一运动定律，若突然松开绳子（就好比消除了太阳的引力），则石块就沿着圆的切线方向飞出。

1.4.4 开普勒定律的修正

对基于经验的开普勒行星运动定律，牛顿的运动定律和万有引力定律提供了理论解释。就像开普勒通过引入椭圆代替正圆来改进哥白尼模型一样，牛顿也修正了开普勒的第一定律和第三定律。因为太阳和行星接收到相等且相反的引力（根据牛顿第三运动定律），所以太阳也必须因行星的引力而运动（根据牛顿第一运动定律）。因此，行星并不绕太阳的精确中心运行，而与太阳一起绕二者的共同质心（两个天体构成物质的平均位置）运动，如图 1.20 所示。开普勒第一定律由此变为

I. 行星绕太阳运行的轨道是一个椭圆，行星-太阳系统的质心位于该椭圆的一个焦点上。

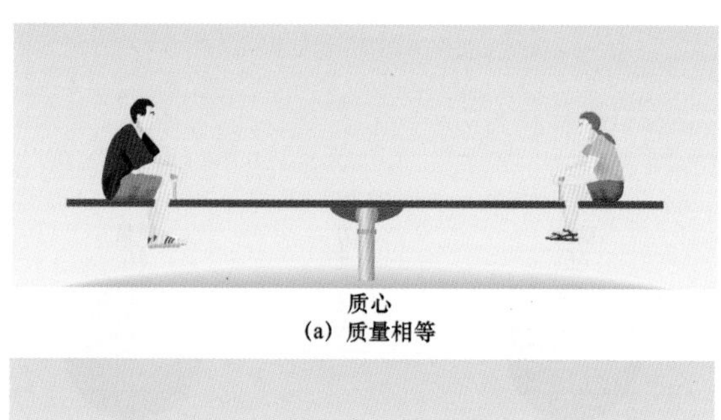

(a) 质量相等

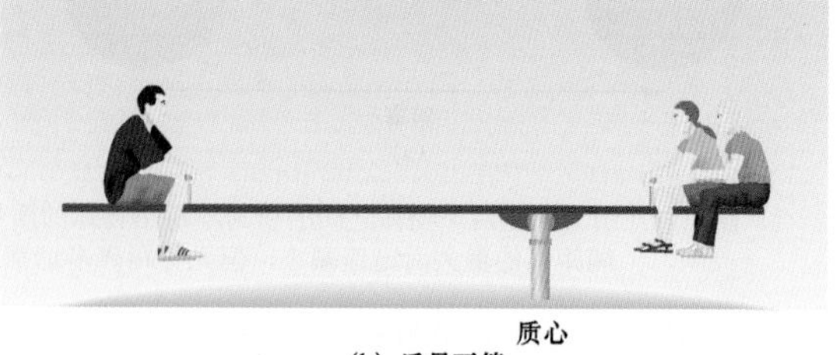

(b) 质量不等

图 1.20　质心。(a)两个质量相等物体的质心位于二者的正中间；(b)当一个物体的质量增大时，质心向其移动。经验丰富的玩家都知道，要保持两侧平衡，质心应当位于支点处

如图 1.20 所示，在由质量相差不太悬殊的两个物体组成的一个系统中，质心并不位于任何一个物体内。若两个物体的质量相同且彼此之间互为轨道运动（见图 1.21a），则两个椭圆轨道发生重合，其中的一个共同焦点将位于二者的正中间。当两个物体的质量不等时（见图 1.21b），两个椭圆轨道仍然共享同一个焦点且偏心率相同，但是质量较大物体的运动速度较慢且轨道更紧密（注意，开普勒第二定律不必修正，继续独立适用于每个轨道，但是两个轨道扫过相同面积的速率不同）。

当行星绕太阳运行时，开普勒第三定律的变化较小；但是在其他某些情况下（如两颗恒星由于彼此之间的引力束缚而产生的轨道运动），这种变化可能非常重要。按照牛顿理论进行数学推导，人们发现行星轨道相对于太阳的半长径 a（天文单位）与其轨道周期 P（地球年）之间的真实关系为

$$P^2(\text{地球年})=\frac{a^3(\text{天文单位})}{M_{\text{总}}(\text{太阳单位})}$$

式中，$M_{\text{总}}$ 是两个天体的合并总质量，以太阳质量为单位。可以看到，当对开普勒第三定律进行修正时，P^2 与 a^3 之间的比例关系得以保留，但是分母中新增了 $M_{\text{总}}$，因此对所有行星而言，总体影响并不完全相同。但是，由于太阳的质量十分巨大，在太阳与不同行星的各种组合中，$M_{\text{总}}$ 的差异极小。因此，如前所述，开普勒第三定律是非常好的近似。

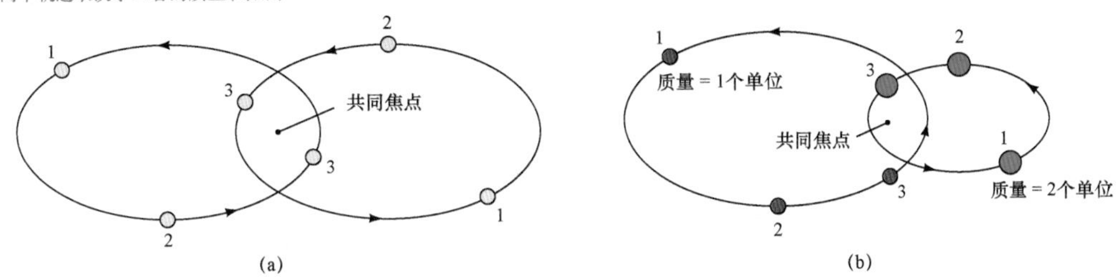

图 1.21　轨道。(a)若两个物体的质量相等，则在彼此之间引力的影响下，二者的轨道是具有共同焦点的相同椭圆。数字对（如两个 2）表示两个物体在三个不同时刻的位置；(b)若一个物体的质量是另一个物体的 2 倍，则二者的轨道仍然是椭圆且偏心率相同，但是根据牛顿定律，质量较大物体的运动速度较慢且轨道较小

开普勒第三定律的这种修正形式适用于所有情形，无论是在太阳系内还是在太阳系外。最重要的是，只要能够确定相关天体的轨道性质（距离和周期），这种方法就能测量宇宙中任何地方的质量。实际上，这就是天文学中测量所有质量时采用的方法。当需要知道某一天体的质量时，人们总是寻找它对其他天体的引力影响。该原理适用于所有行星、恒星、星系甚至星系团，这些天体的差异非常大，但都遵循相同的基本物理定律。人类只能实际访问或触摸宇宙的极小部分，但是牛顿定律能够令人类的宇宙探索范围更加广阔。

1.4.5　科学进步的循环

从复杂的托勒密宇宙模型到优雅简洁的牛顿定律，这一发展过程是科学方法（见 0.5 节）的典型示例。从托勒密的观点出发，哥白尼实现了概念上的根本性飞跃，洞察了更多天文现象，但是预测能力欠缺。开普勒对哥白尼的认识进行了重要改变，准确度和预测能力兼而有之，但是对太阳系内的行星运动或者各种轨道运动，仍然未能做出真正的物理解释。最终，运用四个简单的基本定律（三大运动定律和万有引力定律），牛顿详细解释了所有已知行星的运动。这个过程缓慢而曲折，经历过多次错误和失败，但是最终获得了成功。

从某种意义上讲，牛顿定律的发现及其行星运动应用标志着图 0.22 中第一个循环的结束，该定律不仅最终解决了古人对逆行的观测所提出的实际问题和概念问题，而且使得新预测及其自身的可观测检验成为可能。但是，牛顿定律远不止于此。与托勒密、哥白尼和开普勒的描述性基本模型不同，牛顿力学并不局限于行星的运动，而适用于所有卫星、彗星、探测器、恒星甚至最遥远的星系，从而将人类的科学研究范围扩大至整个可观测宇宙。

时至今日，牛顿定律仍然在接受检验。每当一颗彗星准时出现在夜空中时，或者当一个探测器成功抵达 10 亿千米旅程的终点时，预定抵达时间的精度达到秒级，与目标天体的距离精度达到米级，我们对这一定律的信心就会进一步增强。

但是，牛顿定律依然只是真实世界的近似情形，某些极端情况下也会失灵。这种极端情况仅出现在 20 世纪初，那时阿尔伯特·爱因斯坦提出了相对论（见第 13 章），再次彻底改变了人们对引力和宇宙的看法。在最大尺度上由非引力主导的膨胀宇宙（见第 17 章）这一现代概念与牛顿的宇宙概念截然不同，但也是遵循基本科学方法的结果（伽利略和牛顿同样如此）。

科学过程回顾

描述牛顿力学取代开普勒定律作为太阳系模型的一些方式。

学术前沿问题

牛顿力学和万有引力定律适用于小质量和低速度物体。但是20世纪初，阿尔伯特·爱因斯坦用更好的相对论颠覆了这些观点，该理论研究弯曲空间中大质量的快速运动天体。到了21世纪的今天，科学家开始研究是否存在可能最大程度上主导宇宙的其他未知作用力。相对论会被新的理论取代吗？没有人知道正确答案，但是科学方法有助于查找真相。

本章回顾

小结

LO1 在宇宙的地心模型（如托勒密模型）中，太阳、月球和行星都绕地球运行，并且将逆行解释为行星沿其本轮轨道运动时的真实反向运动。

LO2 阿利斯塔克和哥白尼先后提出了日心说，认为地球和所有其他行星一样绕太阳运行。这个模型既解释了地球在轨道上超越其他行星时的逆行现象，又解释了观测到的行星亮度变化。太阳系以太阳（而非地球）为中心的这一认识称为哥白尼革命。

LO3 哥白尼认为，若各行星绕太阳（而非地球）运行，即可为观测到的运动提供更简单的解释。伽利略是首位实验科学家，他用望远镜观测了太阳、月球和各行星，为反对地心说和支持哥白尼的日心说提供了实验证据。开普勒构建了三大简单定律，描述了行星绕太阳运行，解释了第谷的详细观测数据。

LO4 开普勒行星运动三定律指出：①行星的轨道路径是椭圆，太阳位于椭圆的一个焦点上；②行星的轨道越靠近太阳，运动速度就越快；③行星的轨道半长径与轨道周期简单相关。

LO5 地球到太阳的平均距离是1AU，现在可由金星上的反射雷达信号精确测定。在此基础上，运用开普勒定律，即可推断出地球到所有其他行星的距离。

LO6 要改变一个物体的速度，必须对其施加作用力。速度的变化率称为加速度，它等于所施加的作用力除以物体的质量。引力将行星向太阳吸引。具有任意质量的物体都对所有其他物体施加引力，该引力的大小随着距离增大而减小（遵循平方反比定律）。

复习题

1. 描述宇宙地心模型的优点和缺点。
2. 现有知识能够让我们了解托勒密宇宙模型的缺陷，其基本缺陷是什么？
3. 哥白尼对我们了解太阳系知识的重大贡献是什么？
4. 日心模型如何解释行星的运动及其亮度变化？
5. 伽利略如何帮助证实哥白尼的观点？
6. 为什么伽利略通常被认为是首位实验科学家？
7. 简要描述开普勒行星运动三定律。
8. 第谷·布拉赫对开普勒定律有何贡献？
9. 开普勒定律是经验定律的说法是什么意思？
10. 既然射电波不能被太阳反射，那么如何利用雷达探测日地距离？
11. 列举牛顿对开普勒定律的两处修正。
12. 为什么说棒球落向地球而非地球落向棒球？
13. 与地球表面相比，从月球表面以相同速度投掷的棒球为何飞得更高？
14. 根据牛顿的说法，地球为什么绕太阳运行？
15. 若太阳的引力突然消失，则地球会怎样？

自测题

1. 亚里士多德提出所有行星都绕太阳公转。（对/错）
2. 在逆行期间，行星在太空中实际上会停止并反向运动。（对/错）
3. 日心模型认为地球位于宇宙的中心，所有其他天体都围绕其运动。（对/错）
4. 哥白尼的理论在其活着时获得了科学界的广泛认可。（对/错）

5. 伽利略通过肉眼对天空进行观测。(对/错)
6. 行星绕太阳运行的速度与其轨道位置无关。(对/错)
7. 开普勒定律仅适用于当时已知的六颗行星。(对/错)
8. 你将棒球投掷给另一个人，棒球在被接住之前暂时绕地心轨道运动。(对/错)
9. 哥白尼模型的一个主要缺陷是仍然：(a)以太阳为中心；(b)以地球为中心；(c)环形逆行；(d)圆形轨道。
10. 火星绕太阳运行的精确轨道图表明：(a)太阳远离中心；(b)椭圆的长度是宽度的 2 倍；(c)近乎完美的圆；(d)相位。
11. 行星绕太阳运行的时间计算与哪个开普勒定律最相关？(a)轨道形状的第一定律；(b)轨道速度的第二定律；(c)行星距离的第三定律；(d)惯性的第一定律。
12. 运行轨道完全位于地球轨道内侧的小行星：(a)轨道半长径小于 1AU；(b)轨道周期比地球更长；(c)运动速度比地球更慢；(d)轨道的偏心率很大。
13. 若地球绕太阳运行的轨道大小增加 1 倍，则 1 新地球年应当：(a)小于当前的 2 地球年；(b)等于当前的 2 地球年；(c)大于当前的 2 地球年。
14. 如图 1.8 所示（金星的相位），伽利略的观测表明金星必定：(a)绕地球运行；(b)绕太阳运行；(c)大于地球；(d)类似于月球。
15. 如图 1.17（引力）所示，棒球在地球表面附近运动描述了引力如何：(a)随高度增大而增大；(b)使得棒球加速下行；(c)使得棒球加速上行；(d)对棒球无影响。

计算题

1. 第谷的观测精度约为 1 角分（1′），对应于以下天体的距离分别是多少？(a)月球；(b)太阳；(c)土星最近的地方。
2. 在相距 0.7AU 的地球与火星之间，雷达信号往返一次需要多长时间？
3. 从地球上看，当火星与地球最接近时，火星在 24 小时内相对于恒星运动的角度是多少？假设地球和火星位于同一平面，分别在半径为 1.0AU 和 1.5AU 的圆形轨道上运动。视运动是顺行还是逆行？
4. 某颗小行星的近日点距离为 2.0AU，远日点距离为 4.0AU。计算其轨道的半长径、偏心率和周期（见图 1.12）。
5. 哈雷彗星的近日点距离为 0.6AU，轨道周期为 76 年，其远日点距离是多少？
6. 利用表 1.1 中的数据，计算水星的远日点距离与近日点距离之差。
7. 木卫四围绕木星运行的轨道半径为 188 万千米，轨道周期约为 16.7 天。木星的质量是多少？（假设木卫四的质量与木星相比可以忽略不计，并利用开普勒第三定律的修正版本。）
8. 地球表面的重力加速度为 9.80m/s^2。以下海拔高度的加速度分别是多少？(a)100km；(b)1000km；(c)10000km。假设地球的半径为 6400km。
9. 利用牛顿的万有引力定律，计算你与地球之间的引力。利用关系“4.45 牛顿 = 1 磅”将你的答案（单位为牛顿）换算成磅。你通常怎么称呼这种作用力？
10. 月球的质量为 7.4×10^{22}kg，半径为 1700km。在月球表面上方的圆形轨道上，探测器绕其运行的周期和速度分别是多少？

活动

协作活动

1. 假设最近发现了一个古代医药轮，某旅游巴士公司与附近的美洲原住民部落就此发生了纠纷，你负责对相关争议问题进行仲裁。请撰写一份文件，描述该医药轮的天文学设计用途，并总结让公众无限制地进入该地点的利与弊。根据需要绘制草图。
2. 选择你认为是伽利略最重要的一次天文观测，解释理由并画出相关的内容。

个人活动

1. 翻看历书，查找火星、木星和土星的冲日日期。在冲日位置，这些行星距离地球最近，在夜空中最大和最亮。观测这些行星。在冲日之前，每颗行星多长时间开始逆行？多久之后结束逆行？
2. 利用小型望远镜，重复伽利略对木星的几颗最大卫星的观测，注意观测这些卫星相对于木星的亮度和位置，并且每晚绘制观测结果。当围绕木星轨道运行时，这些卫星的位置将发生改变。
3. 绘制椭圆（见图 1.11）。准备两颗图钉、一根绳子和一支铅笔。将绳子两端系成环形，然后分别套紧两颗图钉。将铅笔放在绳环内，然后拉紧绳环，让铅笔在绷紧状态下游走，绘制出椭圆。两颗图钉将分别位于这个椭圆的两个焦点处。你所绘制椭圆的偏心率是多少？当改变两颗图钉之间的距离时，椭圆的形状如何变化？

第 2 章　光和物质：宇宙的内在运行

这幅色彩斑斓的合成图像的主体是邻近星系 M106，是通过融合光谱中不同部分的观测结果创建的，波长范围覆盖了射电（紫色）、红外线（红色）、可见光（黄色/白色）和 X 射线（蓝色）。在可见光和红外波长部分，M106 似乎是相当正常的盘星系，与整个宇宙中可观测的数百万个其他星系（见第 15 章）非常相像。但是，在射电和 X 射线波长部分，该星系表现出了完全不同的景象。该数据显示了巨大的过热气体泡沫，显然是从星系盘中爆炸并喷出的，推动力来自星系中心的超大质量黑洞发出的强辐射流。这些观测说明了星系演化的关键机制，以及多波长观测对人类理解宇宙运行机理的重要性（Chandra X-Ray Observatory）

天体不仅仅是夜空中的绚丽景象，要全面理解宇宙的宏大图景，各大行星、恒星和星系都具有不可或缺的重要意义，每颗天体都是宇宙相关信息（如温度、化学组成、运动状态和既往历史）的来源。我们今天看到的星光貌似平淡无奇，但是在数十年、数个世纪甚至数千年前，它们就开始了地球之旅。当抵达地球时，来自最遥远星系的微弱射线已耗时数十亿年。在夜空中，恒星和星系不仅展示了空间遥远，而且展示了时间久远。在本章中，我们开始研究天文学家如何从天体发出的光中提取信息。在观测技术和理论技术的帮助下，研究人员能够通过远距离原子发射和吸收光的方式来确定其性质，这是现代天文学不可或缺的基础。

学习目标

LO1 描述电磁辐射的性质，说明电磁辐射如何通过星际空间传递能量和信息。

LO2 列举电磁波谱的主要区域，并按波长、频率或光子能量进行排序。

LO3 解释如何通过观测天体发出的辐射来确定其温度。

LO4 描述连续光谱、发射光谱和吸收光谱的特征及其形成条件。

LO5 详述原子的基本组成，描述原子结构和分子结构的现代观点。

LO6 解释原子内的电子跃迁如何产生独特的发射光谱和吸收光谱，以及如何根据光谱确定物体的成分。

LO7 描述如何通过谱线的波长或频率偏移来确定物体的相对运动。

总体概览

宇宙中遍布各种辐射，人类肉眼只能看到其中的一小部分，更大的宇宙位于可见光光谱之外的不可见部分。太空中充满了许多不同种类的不可见辐射，波长范围从射电波到γ射线。当天文学家研究恒星及其他遥远天体时，最基本的方法就是研究这种宽范围的可见和不可见信息的详细光谱[①]。

2.1 来自天空的信息

如图 2.1 所示，距离地球最近的大型星系是位于仙女座的仙女星系（Andromeda galaxy）。在远离城市或其他光源的晴朗黑夜，该星系是天空中人类肉眼可见的微小且模糊的一小块区域，直径与满月大致相当。虽然从地球上能够看到，但是这个星系实际上却极其遥远，距离地球约 250 万光年。以现有的能力，人类根本无法真正接近这个遥远的天体。

图 2.1 仙女星系。薄饼状仙女星系距离地球约 250 万光年，包含数千亿颗恒星（R. Gendler）

① 射电（radio）是天文学专业术语，与无线电的含义相同。同理，射电波与无线电波的含义相同，射电辐射与无线电辐射的含义相同。——译者注

2.1.1 光和辐射

天文学家如何知道远离地球的天体的相关信息？答案是利用地球上的已知物理定律来解释这些天体发射出的光（light）或电磁辐射（electromagnetic radiation）。辐射（radiation）是指能量在两点之间通过空间（而非任何物理连接）传递的任何方式。电磁（electromagnetic）指的是光束中的能量以快速变化的电磁场形式实际携带（见 2.2 节）。实际上，人类对地球大气层以外宇宙的所有认知均来自对从远处接收到的电磁辐射的分析。

可见光（visible light）是特定类型的电磁辐射，人类肉眼恰好能够看到。但是，正如人耳听不到某些声波一样，人眼也完全无法察觉到某些不可见的电磁辐射，如射电/无线电（radio）、红外线（infrared）、紫外线（ultraviolet）、X 射线（X-ray）和 γ 射线/伽马射线（gamma ray）等。注意，虽然名称不一样，但是这些术语实际上都指向同一事物。这些名称只是历史事件，反映了科学家耗费多年才发现的以下事实：这些类型的辐射看似差异巨大，实际上却是相同的物理现象。本书中将交替使用“光”和“电”磁辐射这两个通用术语。

2.1.2 波动

所有类型的电磁辐射都以波（wave）的形式在空间中传播。简而言之，波是能量在空间中逐点传递的一种方式，但是未发生物质在不同位置之间的物理运动。在波动（wave motion）中，能量由以独特重复形态发生的某种扰动（disturbance）携带。例如，对池塘表面的波纹结构/脉动、空气中的声波以及太空中的电磁波而言，虽然存在着许多明显差异，但是都具有波动的基本性质。

如图 2.2 所示，假设一根树枝漂浮在池塘中，这是大家都非常熟悉的场景。当将一块鹅卵石投掷到池塘中距离树枝不远的地方时，水体表面会发生扰动并上下运动。这种扰动以波的形式从落水点向外传播。当波到达树枝时，就将鹅卵石的部分能量传递给树枝，使得树枝发生上下摆动。通过这种方式，能量和信息（鹅卵石入水的事实）都从鹅卵石入水的位置传递到树枝所在的位置。只需通过观察树枝，我们就能知道鹅卵石（或其他小物件）已进入水中。若有更多的物理学知识，我们甚至能够估算出鹅卵石的能量。

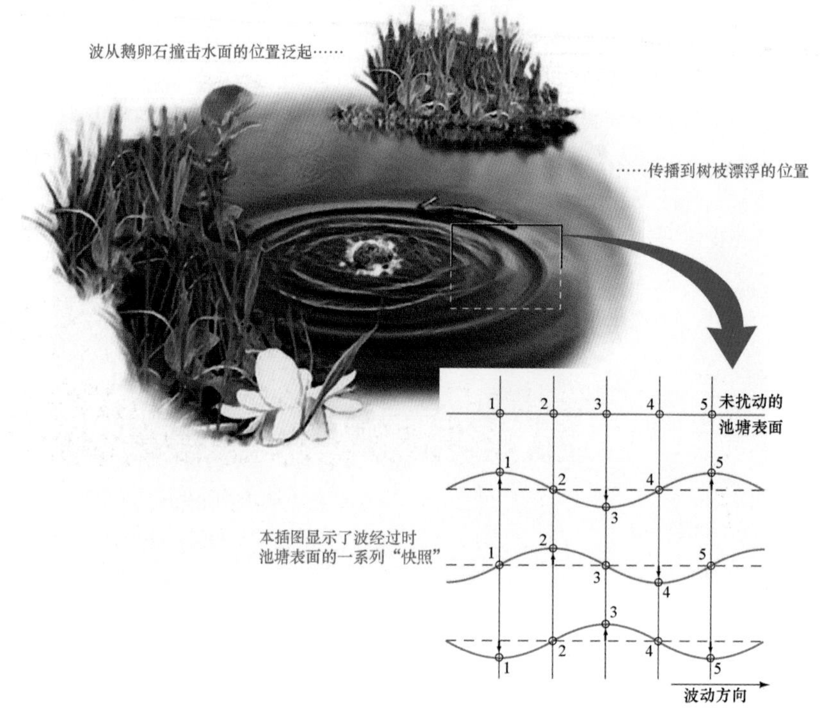

图 2.2　水波。波在池塘中传播时导致水面上下运动，但水体不会在池塘的不同部分之间移动

波并非物理实体。水不会从鹅卵石的入水点流向树枝，当波经过水面上的任何位置时，水面只会简单地上下移动。那么，究竟是什么东西在池塘表面移动呢？答案是：波是上下运动的形态，当扰动跨水面传播时，正是这种形态发生了逐点传播。

图 2.3 显示了如何量化波的性质。波周期（wave period）是波在空间中某点重复自身所需的秒数。波长（wavelength）是波在给定时刻重复自身所需的米数，等于两个相邻波峰、两个相邻波谷或者相邻波周期上任何其他两个类似点（如图 2.3 中标“×”的两点）之间的距离。波与未扰动状态（如静止空气或平坦池塘表面）的最大偏离称为振幅（amplitude）。单位时间内经过任何给定点的波峰数量称为波的频率/波频（frequency）。若给定波长的波高速运动，则每秒经过的波峰很多，频率较高；若相同的波以低速运动，则频率较低。波的频率等于 1 除以波周期，即频率 = 1/波周期。由于频率是单位时间内的事件次数，因此以时间的倒数表示（次/秒），其单位称为赫兹（Hz），以纪念 19 世纪研究射电波性质的德国科学家海因里希·赫兹。例如，若波周期为 5 秒，则波的频率为 1/5 = 0.2Hz，意味着每 5 秒就有 1 个波峰经过空间中的给定点。

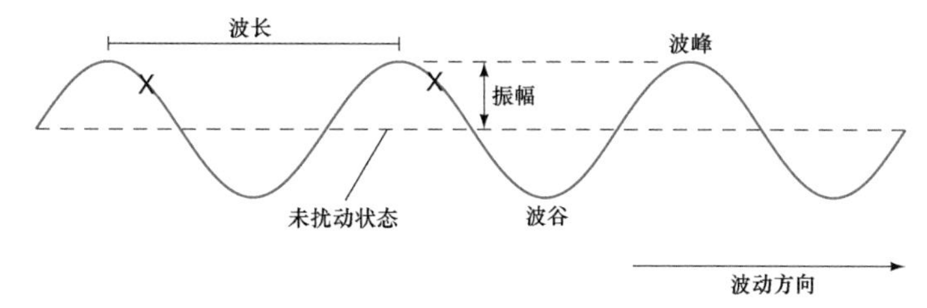

图 2.3　波的性质。典型波具有运动方向、波长和振幅。在一个波周期内，这里显示的整个形态向右移动了一个波长

在一个波周期内，波的运动距离等于一个波长。因此，波长与频率的乘积就等于波速（wave velocity），即波长×频率 = 波速。因此，若前述示例中的波长为 0.5m，则波速为 0.5m×0.2Hz = 0.1m/s。波长与频率成反比，即一个倍增时另一个减半。

概念回顾

什么是波？描述波的四种基本性质是什么？它们之间存在着什么关系（若有）？

2.2　波在哪里

科学家知道辐射以波的形式传播，因为光具有波动的全部特征。例如，如声波或海浪经过防波堤一样（见图 2.4a），光波倾向于在拐角处弯曲，这种现象称为衍射（diffraction）。此外，无论来源是否相同，波峰和波谷都可彼此加强或部分抵消（见图 2.4b），这种现象称为干涉（interference）。在日常生活中，我们并不知道电磁辐射是否具备这些特征，因为其影响太小而无法察觉。但是，如第 3 章所述，电磁辐射很容易在实验室中测量，并且是设计和建造望远镜时需要考虑的重要因素。电磁辐射发现于 19 世纪早期，为光作为一种波而运动的理论提供了强有力的证据。

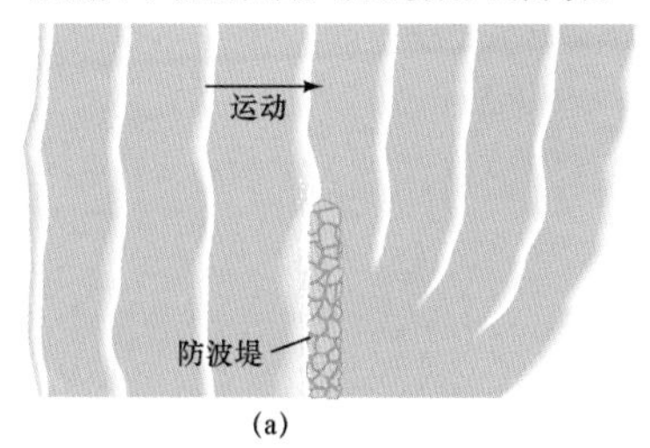

(a)

在干涉中，两个波合并成一个波（等于两个波之和）

(b)

图 2.4　波的特性。衍射(a)和干涉(b)是所有波（包括电磁辐射）共有的两种基本特性

与水波、声波或通过介质传播的任何其他波不同，辐射波的基本特征之一是不需要任何介质。当从遥远的宇宙天体传播而来时，光会穿越宇宙中的真空地带。相比之下，声波却无法做到这一点（不必考

虑科幻电影中的说辞）。若将房间里的空气全部排出，则说话将变得无法实现，因为若没有空气或其他物理介质来支撑声波，则声波根本不可能存在。但是，通过手电筒（或无线电）进行通信完全可行。

光穿越真空区的能力曾是一个巨大的谜团，辐射能够以波的形式穿越真空区的观点似乎违背常识，但现在却成为现代物理学的基石。

2.2.1 带电粒子间的相互作用

为了深入理解光的基本性质，我们需要考虑带电粒子，如**电子**（electron）或**质子**（proton）。电子和质子都是携带基本单位电荷的基本粒子（物质的基本组成），电子带负电荷，质子带等量的正电荷。就像一个大质量天体对任何其他大质量天体施加引力一样，一个带电粒子会对宇宙中的所有其他带电粒子施加电作用力（见 1.4 节）。但是，与引力（始终是引力）不同，电作用力既可以是引力，又可以是斥力。带相同电荷（负电荷或正电荷）的粒子相互排斥，带不同电荷的粒子相互吸引（见图 2.5a）。

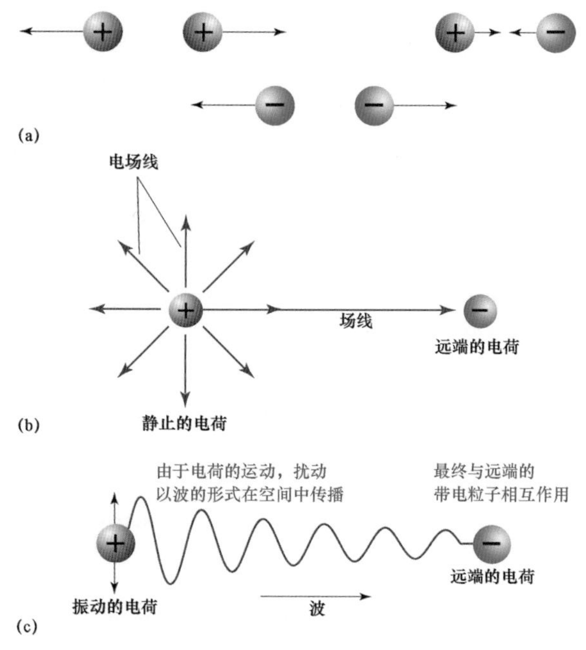

图 2.5 带电粒子。(a)带相同电荷的粒子相互排斥，带不同电荷的粒子相互吸引；(b)带电粒子被电场环绕，电场决定了该粒子对其他带电粒子的影响；(c)若带电粒子开始振动，则其电场将改变

电场（electric field）是带电粒子向各个方向的延伸，决定了该粒子对其他带电粒子施加的电作用力（见图 2.5b）。像引力场的强度一样，电场的强度同样遵循平方反比定律，即随着与源点的距离增大而减小——若距离加倍，则电场强度减小至 1/4（见 1.4 节）。只要存在电场，无论距离远近，粒子的存在都能被其他带电粒子感知到。

现在假设这个粒子开始振动，原因可能是被加热或与其他粒子碰撞。该粒子的位置变化将导致与其相关联的电场发生改变，改变后的电场又导致施加在其他电荷上的电作用力发生变化，如图 2.5c 所示。若测量其他电荷上的作用力变化，我们就可以了解原始粒子。因此，通过不断变化的电场，这个粒子的相关运动信息在空间中传递。该粒子电场中的这种扰动以波的形式在空间中传播。

2.2.2 电磁性

物理学定律告诉我们，随时间变化的每个电场都必定伴有一个**磁场**（magnetic field）。就像电场控制带电粒子间的相互作用一样，磁场也控制磁化物体间的相互影响。罗盘指针的一端总是指向磁北极，这一事实是磁化指针与地球磁场之间相互作用的结果（见图2.6）。磁场会对运动电荷（电流）施加作用力，电表和电机即依赖于这一基本事实；反过来，运动电荷也产生磁场，常见的示例有扬声器和电机中的电磁铁。

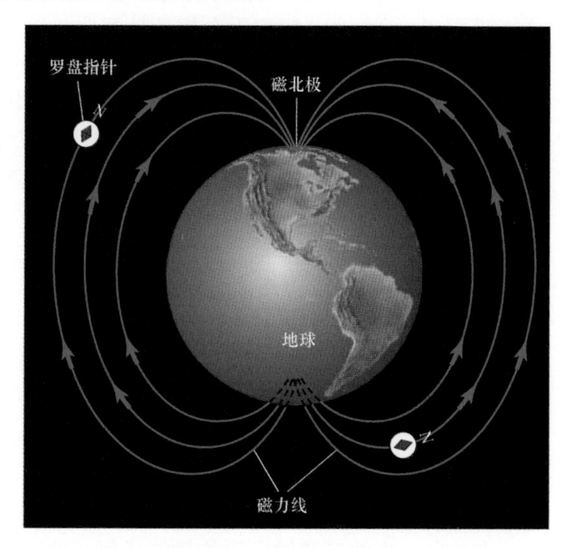

图 2.6 磁场。地球磁场与罗盘磁针相互作用，使得磁针与磁场对齐，即指向地球的磁北极

电场和磁场彼此密不可分，任何一方的变化必然导致另一方发生改变。因此，运动电荷产生的扰动实际上由振荡的电场和磁场组成，二者总是相互垂直的且在空间中共同运动（见图 2.7）。电场和磁场并不独立存在，而是单一物理现象**电磁性**（electromagnetism）的不同组成部分，二者共同构成

了电磁波，可在宇宙中的不同地点之间传递能量和信息。

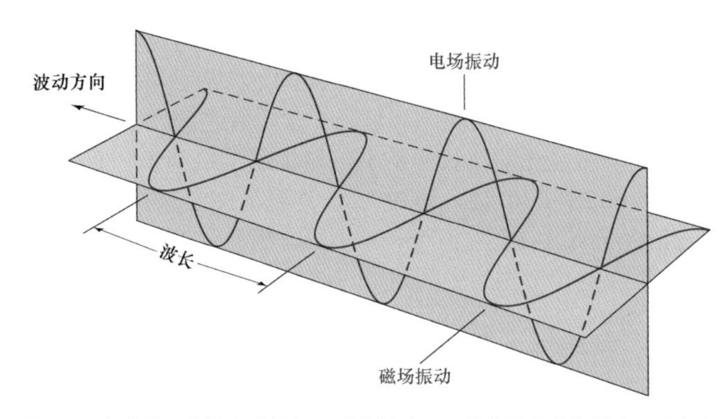

图 2.7 电磁波。电场和磁场相互垂直振动，二者共同形成电磁波，以光速在空间中传播

现在考虑一种遥远的宇宙天体——恒星。恒星由不断运动的带电粒子（主要是质子和电子）组成，当这些带电物质四处移动时，它们的电场就会发生改变，于是就会产生电磁波。当这些电磁波向外传播到太空中，其中一部分波最终抵达地球。至于其他带电粒子，无论是位于人眼的分子中，还是位于实验仪器（如望远镜或射电接收器）的分子中，均通过与接收到的辐射同步振动来响应电磁场变化。这种响应就是我们“看见”辐射的方式——通过人眼或探测器。

电磁波的传播速度有多快？理论和实验结果均表明，所有电磁波都以一种非常特定的速度运动，即光速（用字母 c 表示）。在真空中，光速的值为 299792.458km/s；在某些物质（如空气或水）中，这个值略小一些。本书将该值四舍五入为 $c = 3.00\times10^5$ km/s，这是相当快的速度，弹指之间（约 1/10 秒）即可绕地球传播 3/4 地球周长的距离。根据相对论（见更为准确 13.1），光速可能是最快的速度。

概念回顾

什么是光？列出光波与水上或空气中的波之间的一些异同点。

2.3 电磁波谱

白光是多种颜色的混合物，我们通常将这些颜色划分为六种主色调，即红色、橙色、黄色、绿色、蓝色和紫色。如图 2.8 所示，白光通过棱镜后将色散为这些基本颜色，称为光谱（spectrum）。300 多年前，艾萨克·牛顿首次公布了这一实验。从理论上讲，若用第二个棱镜来重新组合这些颜色，则可复原原始状态的白光。

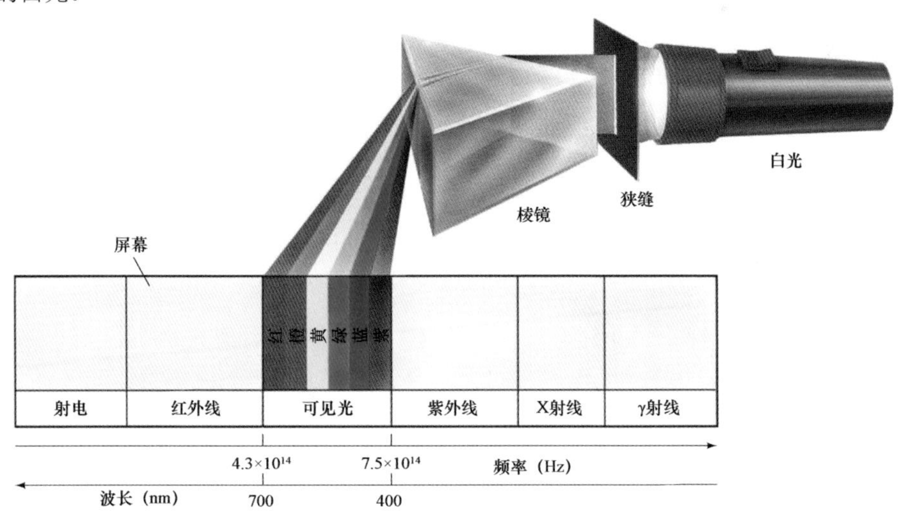

图 2.8 可见光光谱。白光通过棱镜后将色散为其组成颜色，电磁波谱的可见光部分从红色到紫色。狭缝使辐射光束变窄。投射到屏幕上的彩虹只是一系列不同颜色的狭缝图像

2.3.1 可见光的组成

光的颜色由什么决定？答案是其频率（或波长）。因为人眼对不同频率的电磁波的反应不同，所以

我们才能看到各种不同的颜色。红光的频率约为 4.3×10^{14} Hz，对应波长约为 7.0×10^{-7} m。紫光位于可见光范围的另一端，频率约为 7.5×10^{14} Hz（几乎增大 1 倍），对应波长约为 4.0×10^{-7} m（几乎减小 1/2）。人眼可见其他颜色的频率和波长介于二者之间。

由于可见光的波长非常小，科学家常用纳米（nanometer/nm）为单位来描述它（见附录 B）。1nm 等于 1m 的 1/10 亿，即 10^{-9} m。许多天文学家和原子物理学家广泛使用更古老的另一种单位，称为埃（angstrom/Å），1Å = 10^{-10} m = 0.1nm。因此，可见光光谱的波长覆盖范围为 400～700nm。对人眼最敏感的辐射在这个范围的中间附近，波长约为 550nm，即光谱的黄色-绿色区域。

2.3.2 辐射的完整范围

图 2.9 描绘了电磁辐射的完整范围。可见光的低频和长波一侧是射电/无线电和红外辐射。射电的频率包括雷达、微波辐射以及人们熟悉的调幅（AM）、调频（FM）和电视（TV）波段。我们将红外辐射视为热辐射。可见光的高频和短波一侧是紫外线、X 射线和 γ 射线辐射。紫外辐射位于可见光光谱的紫色端外侧，可能会晒黑和晒伤人的皮肤。X 射线最广为人知的一点是能够穿透人体组织，不用动手术就能揭示人体的内部状态。γ 射线的波长最短，通常与放射性相关，对遇到的任何活体细胞都会造成伤害。所有这些光谱区域（包括可见光）共同构成了电磁波谱（electromagnetic spectrum）。注意，对所有类型的电磁辐射而言，虽然波长的差异较大，且在地球上的人类日常生活中发挥着不同的作用，但是本质上完全相同且运动速度一致（光速 c）。

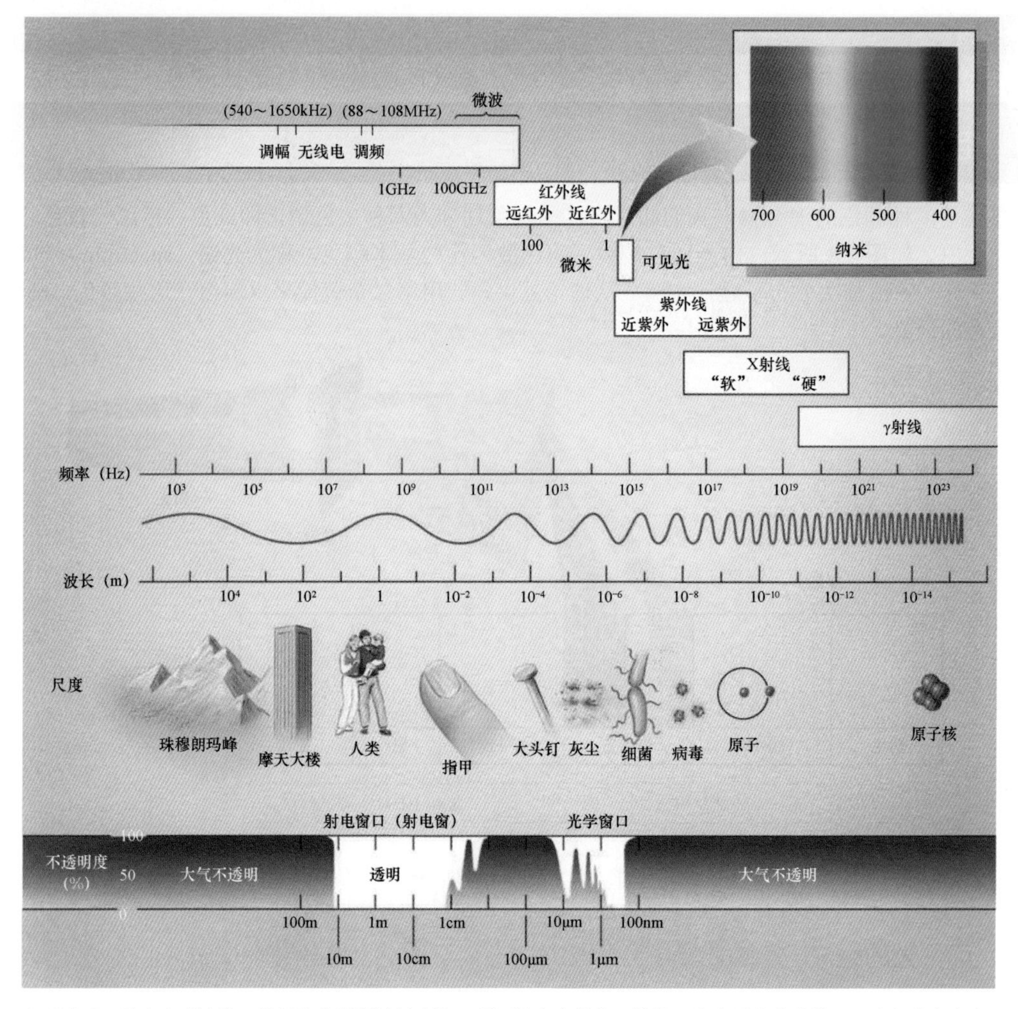

图 2.9 电磁波谱。整个电磁波谱，从长波和低频的射电波，到短波和高频的 γ 射线。注意观察光谱的可见光部分有多小

由图 2.9 可见，波的频率（单位为 Hz）从左向右递增，波长（单位为 m）从右向左递增。当在这种类型的图表中显示波长和频率时，科学家经常会为选择正确的方式而存在分歧，研究光谱不同部分的天文学家经常采用相反的顺序。本书中将始终采用频率向右递增的表示法。

在图 2.9 中，波长和频率的尺度不以数值 10 等量增大，水平轴上的连续值以 10 倍等量倍增，即每个连续值是其相邻值的 10 倍。这种类型的尺度称为对数尺度（logarithmic scale），在科学研究领域，这种尺度常用于将极大范围数据压缩成可管理的大小。本书中经常采用这种尺度。

在许多天体发射的总能量中，可见光范围的能量仅占一小部分。通过研究电磁波谱的不可见区域，我们能够获得极为丰富的知识。为了提醒读者注意这一重要事实，并且识别特定观测中的电磁波谱区域，本书在每幅天文图像旁都附加了一个光谱图标——图 2.9 中波长尺度的理想化版本。

由于地球大气的不透明度，从太空到地球的辐射中仅有一小部分能够真正抵达地表。不透明度（opacity）是指辐射被所穿越物质阻挡的程度，物质的不透明度越高，穿越物质的辐射就越少。例如，玻璃对可见光的不透明度较低（透明），而纸张或雾天空气的不透明度较高。在图 2.9 中的底部，我们绘制了地球大气的不透明度。在阴影最深的地方，辐射无法出入；在完全没有阴影的地方，大气几乎完全透明。

可以看到，在电磁波谱中几个界线清晰的位置，少数几个窗口（无阴影区域）的地球大气是透明的。在光谱的完整范围中，大部分射电和全部可见光的不透明度较低，因此需要以地面层次的这些波长来研究宇宙。在红外线区域内，大气仅部分透明，因此可从地面进行一些红外观测。但是，在光谱的其余部分中，大气完全不透明，因此对大部分红外线以及全部紫外线、X 射线和 γ 射线，只能通过高空气球或大气层之上的轨道卫星（更常见）进行观测（见 3.5 节）。

更为准确 2.1　开氏温标

构成任何物质的原子和分子不停地做无规则运动，这种运动代表了一种能量形式，称为热能。我们称为温度的量是这种内部运动的直接测度：物质的温度越高，其组成粒子的不规则运动速度就越快。更准确地说，物质的温度体现了其所含粒子的平均热能。

美国采用独特的华氏温标，世界大部分地区则采用摄氏温标。在摄氏温标中，水在 0 度（0℃）结冰，在 100 度（100℃）沸腾，如插图所示。

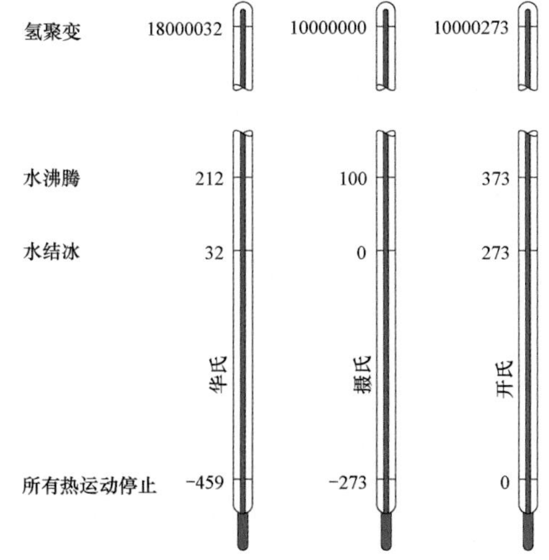

当然存在低于水的凝固点的温度，理论上的最低温度为 −273.15℃（宇宙中没有任何物质的温度能低到这个值），这也是所有原子和分子停止有效运动的理论温度。这个最低温度称为热力学零度，基于该温度构造温标非常方便。为了纪念 19 世纪英国物理学家开尔文勋爵，科学家通常将这一温标称为开氏温标/绝对温标。开氏温标以热力学零度为起点，与摄氏温标相差 273.15°。本书采用四舍五入后的数值，换算公式为“开氏度 = 摄氏度 + 273”。因此，

- 原子和分子的热运动在 0 开尔文（0K）时停止。
- 水在 273 开尔文（273K）时结冰。
- 水在 373 开尔文（373K）时沸腾。

顺便提一下，开氏温标的单位是开尔文或 K。

概念回顾

从何种意义上说，射电波、可见光和 X 射线是同一种现象？

2.4 热辐射

所有宏观物体（如火、冰块、人和恒星）每时每刻都会发出辐射。在这些宏观物体中，微观带电粒子始终处于不规则运动状态，只要电荷改变其运动状态，任何时候都会发出电磁辐射。物体的温度是其内部微观运动数量的直接测度（见更为准确 2.1），物体越热，温度越高，粒子运动速度越快，辐射的能量就越多。

2.4.1 黑体光谱

与频率和波长一样，强度（intensity）也是电磁辐射的基本性质，常用于表示空间中任意一点的辐射数量。自然界中不存在以单一频率发射所有辐射的物体，能量通常分布在某个频率范围内。通过研究辐射强度在电磁波谱上的分布方式，我们就可以了解该物体的许多性质。

图 2.10a 示意性地说明了任何物体所发出的辐射分布。可以看到，曲线的峰值出现在明确的单一频率处（已经标出），峰值两侧的频率逐步下降。但是，该曲线并不关于峰值对称，峰值高频侧的降速要比低频侧更快。这种整体形状是任何物体所发出的电磁辐射的特征，无论其大小、形状、组成或温度如何。

图 2.10a 中绘制的曲线涉及一种数学理想化，称为黑体（blackbody），即吸收落在其上的所有辐射的物体。在稳定状态（即温度保持恒定）下，黑体发射与吸收的能量相等。如图中所示，**黑体曲线**（blackbody curve）描述了重新发射的辐射分布。任何真实物体都不可能像完美黑体那样吸收或辐射能量，例如，太阳的实际发射，如图 2.10b 所示。但是，在许多情况下，黑体曲线非常接近现实，黑体的性质为真实物体（包括恒星）的性质提供了重要参照。

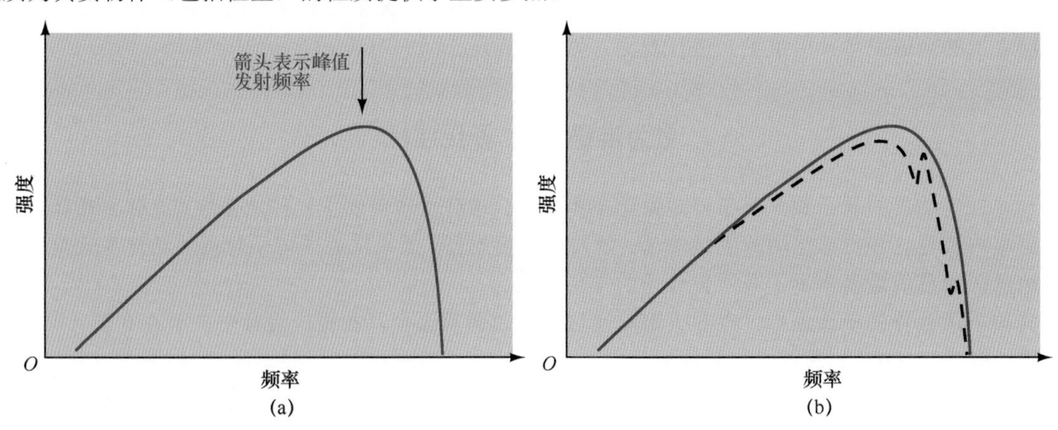

图 2.10 黑体曲线的理想与现实情形。黑体曲线表示电磁波谱上辐射强度的分布。注意观察完美的“教科书”案例(a)与太阳辐射真实图表（虚线）(b)之间的对比，这种差异源于太阳大气和地球大气的吸收

2.4.2 辐射定律

如图 2.11 所示，随着天体温度的升高，黑体曲线整体向更高频率（更短波长）和更大强度偏移。即便如此，该曲线的形状依然保持不变。辐射的峰值频率会随着温度变化而偏移，这一点大家都非常熟悉。由于黑体曲线在可见光范围内（或附近）达到峰值，所以炽热的发光物体（如灯丝或恒星）能够发射可见光，稍冷一些的物体（如温暖的岩石或家用散热器）会发射不可见辐射——摸上去很热，但看起来不热（未发射人眼能够识别的热光）。在电磁波谱的低频红外部分，这些物体发射出大部分辐射。

在大多数辐射的频率（或波长）与发射物体的热力学温度（即开氏温度，见更为准确 2.1）之间，存在着一种非常简单的关系：峰值频率与温度成正比。这种关系称为**维恩定律**（Wien's law），以 1897 年发现这一关系的德国科学家威廉·维恩的名字命名，通常表示为

$$\text{峰值辐射的波长} \propto \frac{1}{\text{温度}}$$

式中，符号$\propto$意味着“正比于”。维恩定律告诉我们，天体越热，辐射就越蓝。例如，对于温度为 6000K 的天体（见图 2.11c），在光谱的可见光部分发射大部分能量，峰值波长为 480nm。当温度为 600K 时（见图 2.11b），天体的发射应当在 4800nm 处达到峰值，位于红外线部分。当温度为 60000K 时（见图 2.11d），峰值将移过可见光范围，抵达紫外线部分的 48nm 波长。

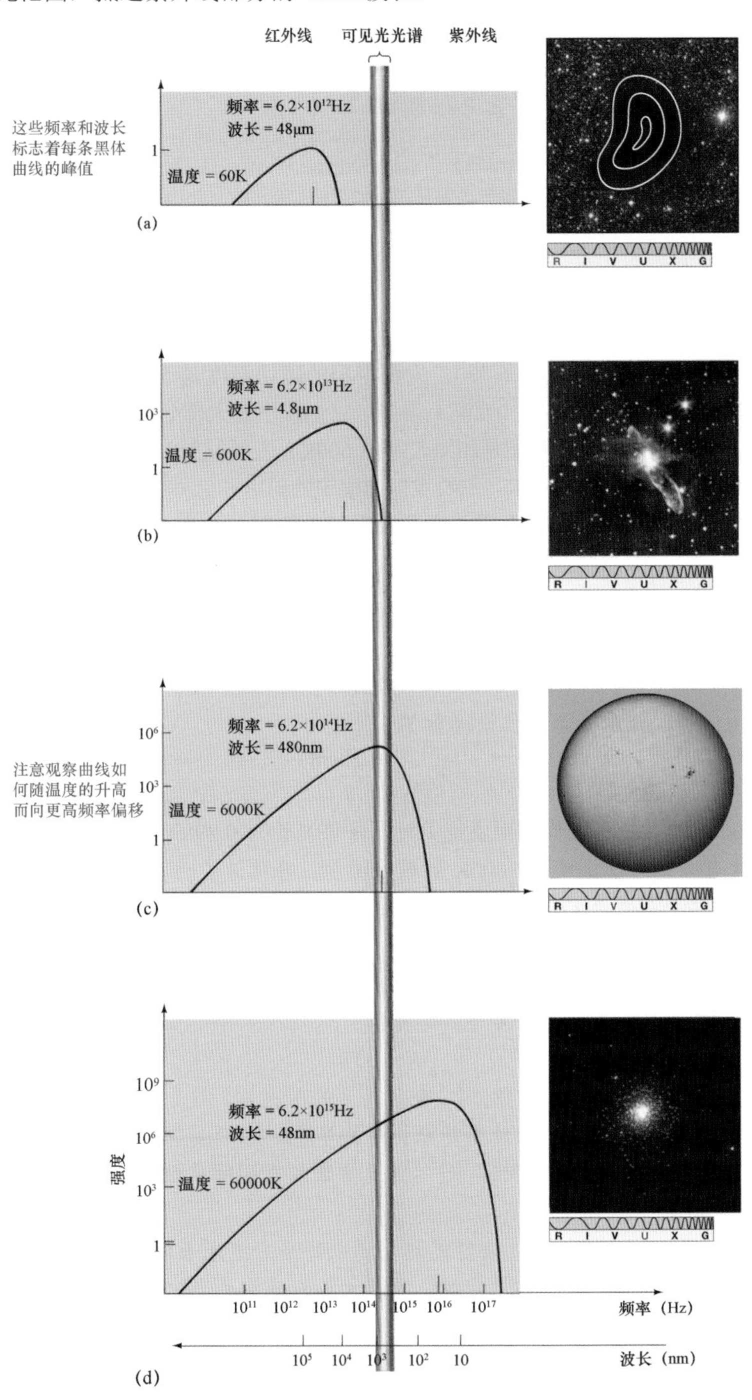

图 2.11 黑体曲线。四颗宇宙天体的黑体曲线对比。(a)冷暗星云巴纳德 68，当温度为 60K 时，主要以射电形式发出辐射，图中显示为叠加的等值线；(b)暗淡的年轻恒星赫比格-哈罗 46（插图中显示为白色），当大气温度为 600K 时，主要以红外线形式发出辐射；(c)太阳表面，温度约为 6000K，在电磁波谱的可见光区域最亮；(d)梅西耶 2 星团中一些非常炽热的亮星，由地球大气层上方的太空望远镜观测，当温度为 60000K 时，主要以紫外线形式发出辐射（ESO; AURA; NASA Kennedy Space Center）

在人们的日常生活经验中，随着温度的升高，物体辐射的能量总量（所有频率处的能量总和）迅速增加。例如，当加温并开始发出可见光时，电加热器释放的热量急速增加。实际上，单位时间内的辐射总能量与物体温度的四次方成正比：

$$\text{每秒辐射的总能量} \propto \text{温度}^4$$

这一关系称为斯特藩定律（Stefan’s law），以 19 世纪奥地利物理学家约瑟夫·斯特藩的名字命名。斯特藩定律表明，物体发出的能量随温度的升高而迅速增多，如温度加倍会导致辐射总能量增至 16 倍。要了解与辐射定律相关的更多信息，请参阅更为准确 2.2。

2.4.3 天文学应用

利用黑体曲线作为温度计，天文学家能够确定遥远天体的温度。例如，通过研究太阳光谱，即可测量太阳表面的温度。若观测许多频率处的来自太阳的电磁辐射，则可取得与图 2.10 中形状类似的一条曲线。太阳的曲线峰值出现在电磁波谱的可见光部分。太阳还会发出大量红外辐射和少量紫外辐射。通过将维恩定律应用于最适合太阳光谱的黑体曲线，人们发现太阳表面的温度大致为 6000K（见图 2.11c）。基于详细太阳光谱进行更精确的测量（见 2.6 节），人们得出的确切温度是 5800K。

其他宇宙天体的表面温度比太阳低（或高）得多，它们发出的大部分辐射位于光谱的非可见光部分。例如，在非常年轻的恒星表面，温度可能是相对较冷的 600K，主要发射红外辐射（见图 2.11b）；诞生恒星的星际气体云更加寒冷，表面温度为 60K，主要发射光谱中的射电和红外线部分的长波辐射（见图 2.11a）；在最亮恒星的表面，温度高达 60000K，因此主要发射紫外辐射（见图 2.11d）。

更为准确 2.2　辐射定律知识拓展

维恩定律给出了物体的温度 T 与其黑体辐射光谱的峰值波长 $\lambda_{\max}$ 之间的关系（希腊字母 λ 常用于表示波长）。数学上，若以开尔文为单位来测量 T，则有

$$\lambda_{\max} = \frac{0.29\text{cm}}{T}$$

因此，当温度为 6000K（太阳的近似表面温度）时，峰值波长为 0.29/6000cm（或 480nm），对应于可见光光谱的黄色-绿色部分；对于温度为 3000K 的较冷恒星，峰值波长为 970nm，位于可见光光谱红端最远处的近红外部分；对于温度为 12000K 的恒星，黑体曲线的峰值出现在 242nm，位于近紫外部分；以此类推。

我们也可给出斯特藩定律的精确数学公式。再次以开尔文为单位来测量 T，每秒每平方米表面发射的总能量——称为能流量 F 的一个量，由下式给出：

$$F = \sigma T^4$$

式中，F 表示单位面积的能量，σ 为常数，T^4 表示温度的四次方。这个等式通常称为斯特藩-玻尔兹曼方程（奥地利物理学家路德维希·玻尔兹曼是斯特藩的学生，19 世纪末和 20 世纪初，对热力学定律的发展做出了重要贡献），常数 σ 称为斯特藩-玻尔兹曼常数。在国际单位制中，斯特藩-玻尔兹曼常数的值为 $\sigma = 5.67\times10^{-8}\,\text{W/m}^2\text{K}^4$。

因此，在温度为 3500K 的熔炉中，烧红的热金属以每平方厘米表面积约 850W 的速率辐射能量。若将其温度提高 1 倍至 7000K（根据维恩定律，温度由黄色变为白色），则会使辐射能量增至 16 倍（4 次方倍增），达到每平方厘米 13.6kW（13600W）。

最后还要注意，该定律与单位面积发射的能量有关。喷灯的火焰要比篝火热得多，但是篝火释放的总能量更多，因为其表面积更大。

因此，在计算热物体发射的总能量时，必须要同时考虑物体的温度和表面积。对确定行星和恒星的能量收支而言，这一事实非常重要，详见后续章节。

概念回顾

打开白炽灯的调光开关，将其亮度从关闭调至最亮，运用辐射定律描述灯泡的外观变化。

2.5 光谱学

辐射可以利用分光镜（spectroscope）进行分析，该仪器的最基本组成包括：带有狭缝的不透明挡板（形成窄光束）、棱镜（将光束分成其组成色）以及检测器或屏幕（查看结果光谱），如图 2.12 所示。

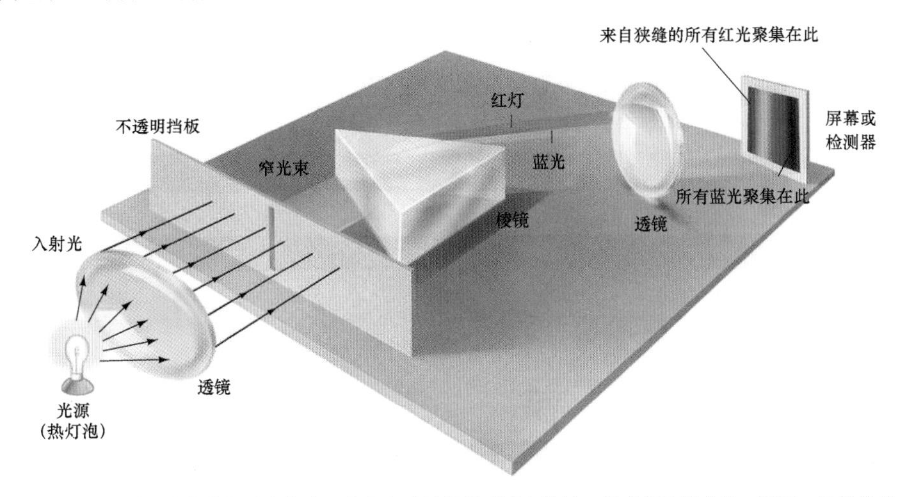

图 2.12　分光镜。在简单的分光镜中，窄光束通过狭缝后进入棱镜，分成各种组成色。随后，透镜将光聚焦为清晰的图像，投射到屏幕上（如此处所示）或检测器中（供分析）

2.5.1　发射线

在上一节中，几个光谱示例均为连续光谱/连续谱（continuous spectra）。例如，灯泡会发出所有波长的辐射（但大部分位于可见光和近红外范围），强度分布由黑体曲线（对应于灯泡温度）很好地描述。通过分光镜观察可知灯泡发射的光的光谱呈彩虹色，从红色到紫色，中间连续无中断，如图 2.12 所示。

但是，并非所有光谱都是连续光谱。例如，若对装有纯氢气的玻璃罐放电（有点像闪电穿过地球大气层），则氢气应当会开始发光（即发射辐射）。若用分光镜检查这种辐射，则会发现其光谱仅由黑色背景上的几条亮线组成，与灯泡的连续光谱完全不同。这种情形如图 2.13 所示（为清晰起见，透镜已被移除），氢光谱的更多细节呈现在图 2.14 的顶部。在这个实验中，氢产生的光并不由所有可能的颜色组成，仅包含少数几条狭窄而清晰的发射线/发射谱线（emission line），即连续光谱中的若干狭窄切片。黑色背景代表并非由氢气发射的所有波长。

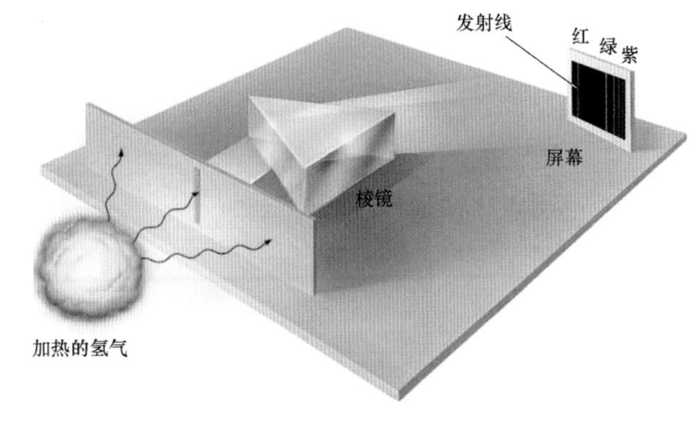

图 2.13　发射光谱。激发（加热）氢气时发出的光由一系列不同谱线组成，并非连续光谱（为简单起见，去掉了聚焦透镜）

做完一些实验后，我们应当会发现，虽然能够改变线条的强度（如通过改变罐中的氢气数量或放电强度），但是无法改变线条的颜色（即频率或波长）。图 2.13 所示光谱发射线的特定模式是元素氢的一种性质，无论何时做这个实验，结果都是具有相同特征的发射光谱/发射谱（emission spectrum）。其他各元素会产生不同的发射光谱，不同元素的线条图案可能相当简单，也可能非常复杂，不过始终为该元素所独有。因此，气体的发射光谱提供了一种“手段”，使得科学家能够运用分光方法来推断其是否存在，类似于唯一标识超市中商品价格的条形码。部分常见物质的发射光谱示例如图 2.14 所示。

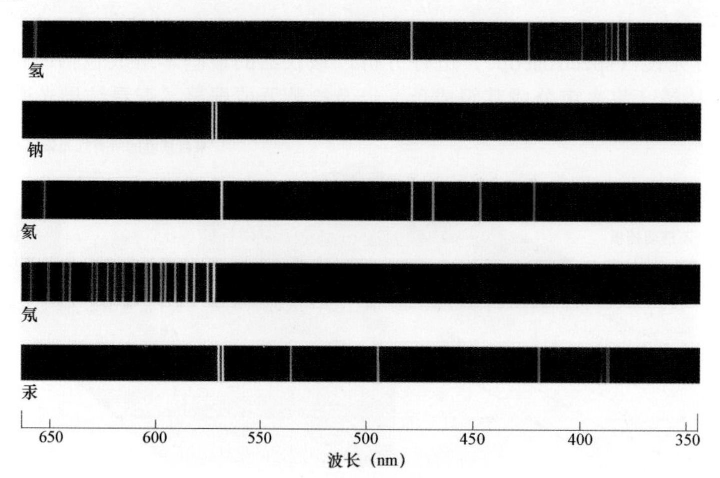

图 2.14　元素的发射光谱。部分已知元素的发射光谱。注意，小于 400nm 的波长（此处显示为紫色条纹）位于光谱的紫外线部分，肉眼不可见（Wabash Instrument Corporation）

概念回顾

什么是吸收线和发射线？由其可知产生它们的气体的哪些性质？

2.5.2　吸收线

太阳光被棱镜拆分为多种颜色后，初看上去似乎是连续光谱，但是靠近仔细观察就会发现，太阳光谱被大量很窄的暗线打断，如图 2.15 所示。这些很窄的暗线表示被太阳外层或地球大气层中存在的气体消除（吸收）的那些光的波长。光谱中的这些缺口称为**吸收线/吸收谱线**（absorption line），太阳光谱中的吸收线统称**夫琅和费谱线**（Fraunhofer line），以 19 世纪德国物理学家约瑟夫・夫琅和费的名字命名，他测量并编目了 600 多条吸收线。

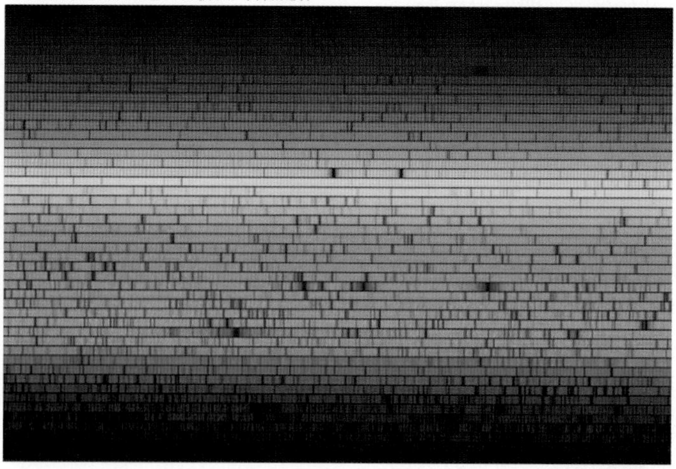

该光谱的范围从红色（长波长）开始延伸……

……至蓝色（短波长）

图 2.15　太阳光谱。在太阳的可见光光谱中，数百条很窄的暗吸收线叠加在明亮的连续光谱上。这个高分辨率光谱显示在垂直堆叠的 48 个水平条带中，每个条带从左到右覆盖整个光谱的一小部分。若这些条带并排放置，则整个光谱的长度约为 6m（AURA）

大约在发现太阳吸收线的同时，科学家经研究发现，通过让来自连续光源的光束穿过冷气体，吸收线能够在实验室中随时生成，如图 2.16 所示。他们很快观测到了发射线与吸收线之间的关联，即与给定气体相关的吸收线和该气体加热时产生的发射线的对应波长完全相同。因此，这两组线条包含了关于该气体组成的相同信息。

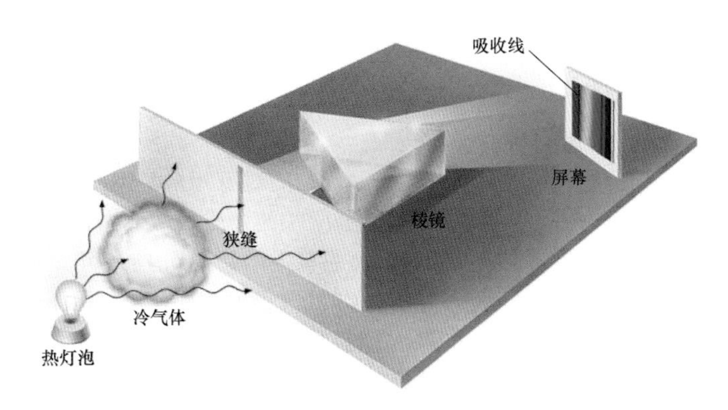

图 2.16　吸收光谱。当把冷气体放在连续辐射源（如热灯泡）与检测器/屏幕之间时，所形成的颜色光谱含有一系列暗色吸收线缺口。当中间的冷气体吸收原始光束中的某些波长（颜色）时，这些暗色吸收线就形成了。吸收线与气体加热到高温时产生的发射线的对应波长完全相同（见图 2.13）

研究物质发射和吸收辐射方式的学科称为**光谱学**（spectroscopy）。三种类型光谱（连续光谱、发射线和吸收线）之间的观测关系如图 2.17 所示，具体总结如下：

1. 发光的固体或液体或者足够致密的气体能够发出所有波长的光，因此能够产生辐射的连续光谱（见图 2.12）。
2. 低密度热气体发出的光的光谱由一系列明亮的发射线组成，这些线条是该气体的化学组成特征（见图 2.13）。
3. 低密度冷气体吸收连续光谱中的某些波长，在其位置上留下暗色吸收线，并叠加在连续光谱上。这些线条是介入气体的组成特征，与该气体在更高温度下产生的发射线的对应波长完全相同（见图 2.16）。

这些规则称为**基尔霍夫定律**（Kirchhoff's laws），以德国物理学家古斯塔夫·基尔霍夫的名字命名，他于 1859 年发布了这些规则。

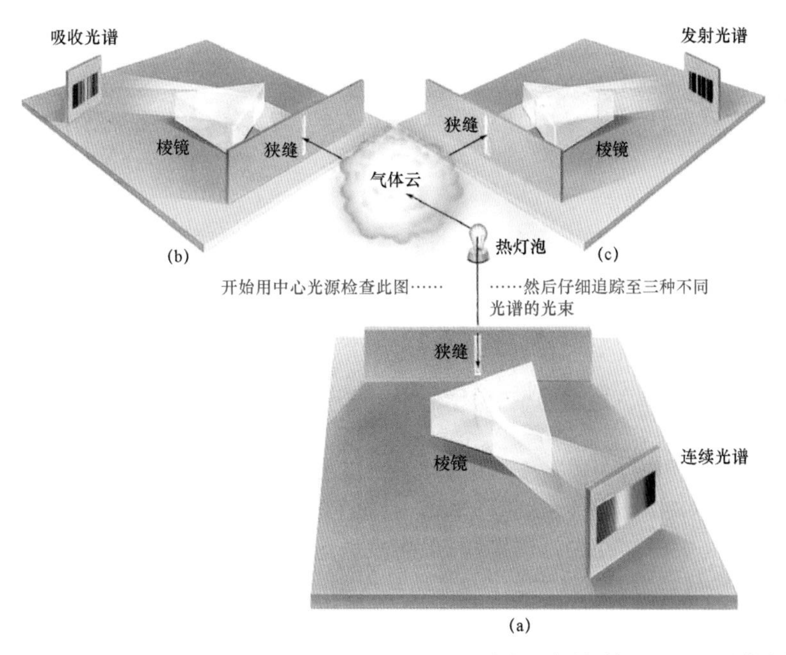

图 2.17　基尔霍夫定律。为了说明基尔霍夫光谱学定律，这里用灯泡表示连续辐射源。(a)无阻碍的光束显示出颜色的常见连续光谱；(b)当通过氢气云观察光源时，连续光谱中出现一系列暗色氢吸收线。当气体吸收部分灯泡辐射并以随机方向重新发射时，就形成这些线条；(c)当从侧面观察气体时，可看到更微弱的氢发射光谱，由重新发射的辐射组成

2.5.3 天文学应用

认识到谱线是化学组成的指示器后，天文学家开始识别从太阳光谱中观测到的谱线。从地外辐射源观测到的所有谱线几乎都能找到已知的对应元素，例如，太阳光中的许多夫琅和费谱线与铁元素相关。1868 年，当太阳光谱中出现一些陌生的谱线后，天文学家意识到这些谱线必定对应于一种未知元素，并将其命名为氦，希腊语中的意思是太阳。直到 1895 年，地球上才首次发现了氦元素。

光谱学的发展是科学方法（见 0.5 节）发挥作用的另一个示例。随着科技进步和实验测量技术的改进，科学家意识到光谱是物质的独特指纹，然后用这些知识作为确定遥远天体组成的方法。

19 世纪，虽然天文学家能够从恒星光谱的观测中获得所有信息，但是仍然缺乏解释这些光谱形成机制的理论。虽然拥有复杂精巧的分光仪器，但是与伽利略或牛顿相比，他们对恒星物理学的了解并未明显增多。在科学进步的循环中，下一步是利用基本物理原理来解释基尔霍夫的经验定律，就像牛顿力学解释开普勒行星运动的经验定律一样（见 1.4 节）。类似于牛顿定律，量子力学新理论为科学知识爆炸打开了大门，发展速度远超最初的设想。

2.6 谱线的形成

到了 20 世纪初，物理学家发现光的行为方式有时无法用辐射波理论进行解释。例如，吸收线和发射线仅在某些非常特殊的波长处产生，但是若光仅表现为连续波，物质总是遵守牛顿力学定律，则情况就不会如此。显而易见，当在极小尺度上与物质相互作用时，光表现为不连续的阶梯状方式，而非连续的平滑方式。解释这种意外行为是一种挑战，解决方案彻底改变了人类对自然界的认识，现在成了物理学、天文学及所有现代科学的基石。

数据知识点：原子结构和光谱学

在将原子结构与原子的发射能量和吸收能量相关联时，57%的学生遇到了问题。建议记住以下要点：

- 原子中的电子只占据具有精确定义能量的某些轨道；当从原子核向外移动时，被允许的能量增大。
- 当电子在两个不同轨道之间移动时，能量守恒定律认为，这种变化必须伴随着辐射光子的发射（从高能轨道降至低能轨道）或吸收（从低能轨道升至高能轨道）。
- 光子的能量正好等于轨道能量的变化。高能光子具有更短的波长（更高的频率）。

2.6.1 原子结构

要解释谱线的形成，我们不仅需要理解光的性质，而且必须了解原子（atom）的结构——物质的微观构成要素。首先，从最简单的氢原子开始介绍。氢原子由带负电荷的一个电子和带正电荷的一个质子组成，电子绕质子运动。质子形成原子的中心核，即原子核（nucleus）。由于质子的正电荷刚好抵消电子的负电荷，所以氢原子整体上呈电中性。若原子吸收了辐射形式的部分能量，则该能量必然导致一些内部变化；若原子发射了能量，则该能量一定来自原子内部。原子吸收或发射的能量与电子的轨道运动变化有关。

1913 年，丹麦物理学家尼尔斯·玻尔开发了一个原子模型，首次解释了氢的观测谱线，并由此获得了 1922 年的诺贝尔物理学奖。玻尔模型（Bohr model）的基本特征如下。第一，原子有一种能量最低的状态，称为基态（ground state），代表电子绕原子核运动时的正常状态。第二，在仍为原子一部分的同时，电子存在一个能量最大值。若电子获得的能量超过这个最大值，电子就不再与原子核结合，此时称原子被电离（ionized）。电子数比正常数量少（或多）并因此具有净电荷的原子称为离子（ion）。第三，这一点最重要但最不直观，在前述两种能级之间，电子只能以某些明确定义的能态存在，通常称为轨道（orbital）。

当电子占据基态以外的轨道时，原子处于激发态/受激态（excited state）。当电子与原子核的距离大于正常值时，原子具有的能量也大于正常值。能量最低的激发态（最接近基态）称为第一激发态，能量次低的激发态称为第二激发态，以此类推。

在玻尔模型中，每个电子都具有特定的轨道半径，就像太阳系中的行星轨道一样，如图 2.18 所示。不过，现代观点绝非如此简单。虽然每个轨道都有精确的能量，但是人们现在认为电子弥散在环绕原子核的电子云（electron cloud）中（见图 2.19），并通常将电子云与原子核之间的平均距离称为电子的轨道半径。当氢原子位于基态时，轨道半径约为 0.05nm。随着轨道能量的增加，轨道半径也增大。为清晰起见，图 2.20 和图 2.21 中用实线表示电子轨道，但是一定要记住，图 2.19 中的模糊状态才是对实际情形的准确描述。

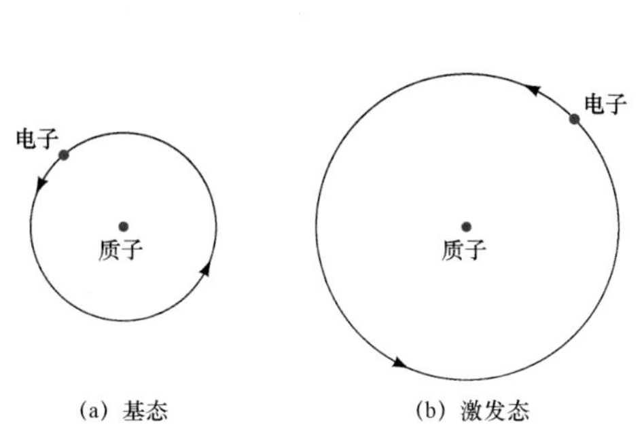

图 2.18　古典原子。在 20 世纪早期的氢原子概念（玻尔模型）中，电子在明确清晰的轨道上绕中心质子运动，就像绕太阳运行的行星一样。图中显示了具有不同能量的两种电子轨道：(a)基态；(b)激发态

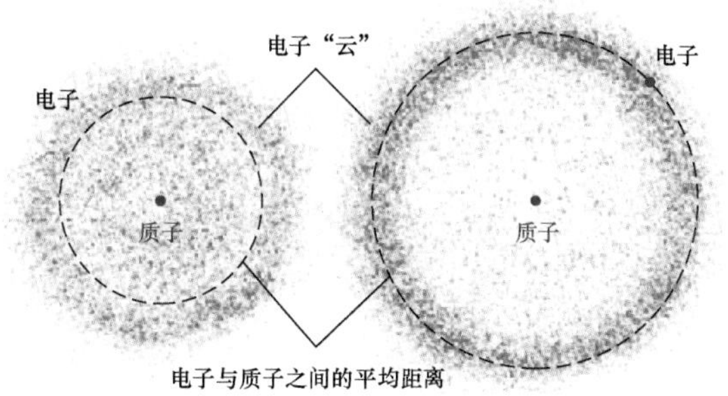

电子“云”
电子
电子
质子
质子
电子与质子之间的平均距离
(a) 基态
(b) 激发态

图 2.19　现代原子。氢原子的现代观点将电子视为环绕原子核的云

例如，通过从电磁辐射源吸收部分光能，或者与其他粒子（如另一个原子）发生碰撞，原子可能被激发。但是，原子不能永远处于激发态，约 10^{-8} 秒后将返回至基态。

2.6.2　辐射的粒子本质

下面介绍将原子与辐射相关联来解释原子光谱的关键点。因为电子只能位于具有特定能量的轨道中，所以原子只能吸收其电子被推进至激发态时的特定数量的能量。同理，原子只能发射其电子回落至较低能态时的特定数量的能量。因此，这些过程中吸收或发射的光能必须精确地对应于两个轨道之间的能量差。这就需要光在被吸收和发射时，电磁辐射必须采用小包的形式，每个小包都携带特定数量的能量。这些小能量包称为光子（photon）。从本质上讲，光子是电磁辐射的粒子，即一个光子就是一粒电磁辐射。

1905 年，阿尔伯特·爱因斯坦首次提出“光有时不表现为连续波，而表现为粒子流”的思想。实验证据清晰地表明，电磁辐射在微观尺度上通常显示出粒子性质。科学家理解将辐射作为波的观点并不完善，但不知道如何调和这两种看似矛盾的性质。当领悟到“令人困惑的所有实验都能用一种简单但极为重要的关系进行解释，即光在粒子层面与波层面之间的联系”时，爱因斯坦终于实现了伟大的突破，并由此获得了 1919 年的诺贝尔物理学奖。他发现光子中所含的能量不得不与辐射的频率成正比，即 $光子能量 \propto 辐射频率$ 。因此，若一个红色光子的频率为 4×10^{14} Hz（对应波长约为 750nm），一个蓝色光子的频率为 7×10^{14} Hz，则这两个光子的能量之比为 4/7。因为将光子的能量与其所代表的光的颜色相关联，这种关系是开启如何理解光谱困惑的最后一把钥匙。

环境条件最终决定哪种描述（波或粒子流）更适合电磁辐射的行为。按照常规经验法则，在日常经验的宏观领域，将辐射描述为波更有用；在原子的微观领域，最好将辐射描述为粒子流。

概念回顾

在玻尔的原子模型中，电子轨道与太阳周围的行星轨道有何不同？

2.6.3 氢的光谱

图 2.20 说明了氢原子的光子吸收与发射。在图 2.20a 中，原子吸收辐射的一个光子，并使其从基态跃迁到第一激发态；然后，发射能量完全相同的一个光子，并回落到基态。两种状态之间的能量差对应于一个波长为 121.6nm 的紫外光子。

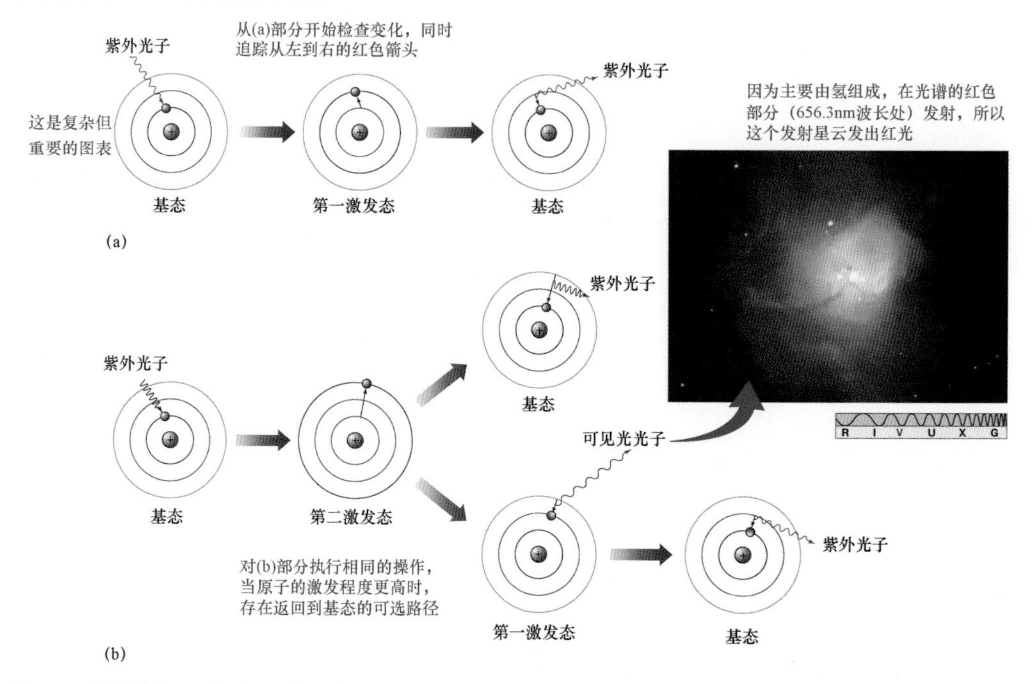

图 2.20　原子激发。(a)氢原子吸收一个紫外光子（左），导致原子被瞬时激发进入第一激发态（中）。最后，发射与原始光子能量完全相同的一个光子后，原子返回到基态（右）；(b)若吸收更高能量的紫外光子，则可能使原子进入更高的激发态，但从这里返回到基态的路径可能多样。在上面这条路径中，电子立即回落到基态，发射出与其吸收光子相同的一个光子；在下面这条路径中，电子首先进入第一激发态，产生波长为 656.3nm 的可见光辐射，即氢被激发后的标志性红光（插图：NASA）

图 2.20b 描述了一个能量更高（频率更高、波长更短）的紫外光子的吸收，其波长为 102.6nm，导致该原子跃迁到第二激发态。当从第二激发态返回至基态时，该电子存在以下两条可选路径：

1. 直接回到基态。在这个过程中，发射一个波长为 102.6nm 的紫外光子，与激发该原子的最初位置上的光子相同。
2. 连续回落两次，每次回落一个轨道。在这个过程中，总计发射两个光子，其中一个光子的能量等于第二激发态与第一激发态之间的能量差，另一个光子的能量等于第一激发态与基态之间的能量差。

第二次回落产生一个波长为 121.6nm 的紫外光子，如图 2.20a 所示。但是，第一次回落（从第二激发态到第一激发态）产生一个波长为 656.3nm 的光子，这个光子位于电磁波谱的可见光部分，且肉眼可见为红色光。单一原子（若能拆离）即可发出瞬时红色闪光。在图 2.20 中插图所示的天体中，红色完全由这一过程产生。

吸收更多的能量后，电子就能跃迁到原子内的更高轨道。随着被激发的电子连续回落到基态，该原子可能发射出大量光子，每个光子都有各自不同的能量，因此具有各自不同的颜色。在这种情况下，产生的光谱中就会显示出许多不同的谱线。对氢来说，所有在基态结束的跃迁都产生紫外光子，但是在第一激发态结束的向下跃迁会在电磁波谱的可见光部分（或附近）产生谱线（见图 2.14）。由于它们形成了氢光谱中最容易观测的部分，因此最早被科学家发现。这些谱线被称为**巴耳末谱线**（Balmer line），通常简称氢系（hydrogen series），用字母 H 表示。按照能量增大（波长减小）的顺序，单次跃迁用希腊字母表示：Hα 线对应于第二激发态到第一激发态的跃迁，波长为 656.3nm（红色）； Hβ 线对应于第三激发态到第一激发态的跃迁，波长为 486.1nm（绿色）；Hγ 线对应于第四激发态到第一激发态的跃迁，波长为 434.1nm（蓝色）；以此类推。

科学过程回顾

在哪些方面，辐射的波理论无法解释原子光谱的详细观测结果？描述量子力学理论的一些关键特征，并解释新理论如何解释谱线。

2.6.4 基尔霍夫定律的解释

基于刚才提出的模型，下面重新思考之前对发射线和吸收线的讨论。在图 2.17b 中，辐射束穿过气体云。该辐射束中包含了所有能量的光子，但是大多数光子不与气体发生相互作用，因为该气体只能吸收具有能使电子在不同轨道之间跃迁的完全合适能量的那些光子。具有不能产生这种跃迁能量的光子可以无障碍地穿过气体，具有完全合适能量的光子则会被吸收，激发该气体，并从辐射束中移除。这就是光谱中存在暗色吸收线的原因。这些吸收线是组成该气体的各原子轨道之间的能量差的直接指示器。

被激发的气体原子迅速恢复到原始状态，期间每个原子都会发射一个或多个光子。这些重新发射的光子大多以一定的角度离开，并不穿过狭缝后抵达检测器。如图 2.17c 所示，从侧面观察云的第二个检测器应当将重新发射的能量记录为发射光谱（即图 2.20 的插图内容）。类似于吸收光谱，发射光谱并非原始辐射束的特征，而是该气体的特征。

在图 2.17c 所示的连续光谱中，从灯泡中逃逸的已发射光子并未进一步与物质相互作用。实际上，致密辐射源（厚的气体云、液体或固体）中的情况更加复杂。此时，在最终逃逸前，光子很可能与该物体中的原子、自由电子和离子发生多次相互作用，并与每次遇到的物质交换一些能量。最终结果：根据基尔霍夫定律中的第一条，发射的辐射显示出连续光谱，近似等于光源温度相同的黑体光谱。

2.6.5 更复杂的光谱

所有氢原子都具有相同的结构（即单个电子绕单个质子运动），但是许多其他种类的原子也具有各自独特的内部结构。原子核中的质子数决定了该原子代表的特定元素，如所有氢原子都有 1 个质子，所有氧原子都有 8 个质子，所有铁原子都有 26 个质子，以此类推。

氢之后第二简单的元素是氦，其原子核由 2 个质子和 2 个**中子**（neutron）组成。中子是另一种基本粒子，质量略大于质子，但不带电荷。2 个电子绕原子核运动。类似于氢及其他所有原子，氦的正常状态呈电中性，轨道电子的负电荷正好能够抵消原子核的正电荷（见图 2.21a）。

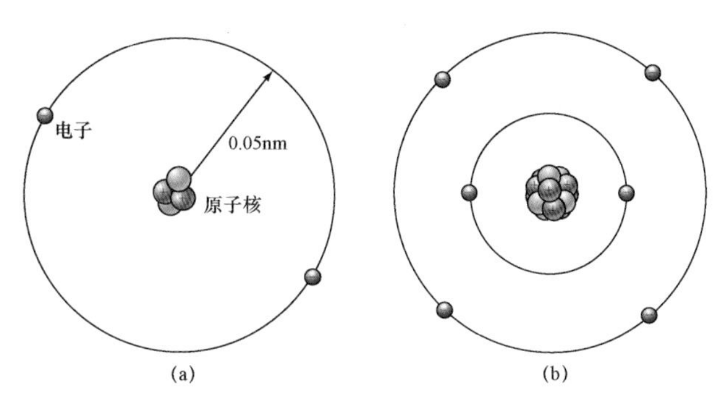

图 2.21 氦和碳。(a)在处于基态的氦原子中，原子核包含 2 个质子和 2 个中子，环绕原子核的最低能量轨道上有 2 个电子；(b)在处于基态的碳原子中，原子核包含 6 个质子和 6 个中子，环绕原子核的最低能量轨道上有 6 个电子，其中 2 个电子位于内轨道，4 个电子距离中心较远

对更复杂的原子而言，原子核中包含更多的质子（和中子），并且相应地具有更多的轨道电子。例如，碳原子由 1 个原子核（含 6 个质子和 6 个中子）和绕原子核运动的 6 个电子组成，如图 2.21b 所示。随着元素越来越重，轨道电子的数量增多，因此电子跃迁的可能数量迅速上升。随着温度的升高，这一数量进一步增多，最终导致原子被激发甚至电离，产生非常复杂的光谱。原子光谱的复杂性通常反映了源原子的复杂性。

分子（molecule）甚至能够产生更加复杂的光谱。分子由紧密结合（通过轨道电子间的相互作用）的一组原子构成，这种相互作用称为化学键（chemical bond）。就像原子一样，分子只能存在于某些明确定义的能态中，当在两种不同能态之间跃迁时，分子产生发射或吸收谱线。因为分子比原子更复杂，所以分子物理学的原理也要复杂得多。虽然如此，就像原子的谱线一样，科研人员经过数十年的辛勤实验，目前已经精确测定了发射和吸收辐射的数百万种分子的频率。这些线条是分子的指纹，就像其原子的指纹一样，使研究人员能够从多种分子中识别并研究特定种类的分子。

通常，分子的谱线与组成该分子的原子的相关谱线几乎没有相似之处。例如，图 2.22a 显示了氢分子（已知最简单的分子）的发射光谱，其与图 2.22b 中的氢原子光谱明显不同。

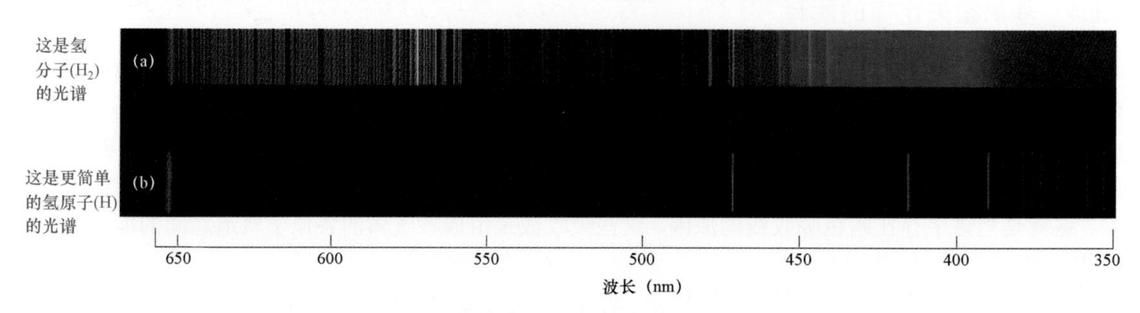

图 2.22　氢的光谱。氢分子的发射光谱(a)与简单氢原子的发射光谱(b)明显不同（Bausch & Lomb Inc.）

概念回顾

原子的结构如何决定其发射光谱和吸收光谱？

2.7　多普勒效应

大部分人都有过这样的经历：当火车由远而近驶来时，汽笛声的音调又高又尖（高频短波）；当火车由近而远驶离时，汽笛声的音调又低又噪（低频长波）。这种由运动引发的波的观测频率改变称为多普勒效应（Doppler effect），它以 19 世纪奥地利物理学家克里斯蒂安・多普勒的名字命名，他首次解释了这一现象。当应用于宇宙电磁辐射源后，多普勒效应成为整个 20 世纪天文学中最重要的观测工具之一。下面介绍其工作原理。

假设波从波源处向观测者运动，观测者相对于波源保持静止（见图 2.23a）。通过记录连续波峰之间的距离，观测者可以确定发射波的波长。现在假设波源开始移动（见图 2.23b）。因为波源在两个相邻波峰的发射时间之间移动，所以波源运动方向上的各个波峰看上去要比正常情况下更靠近，而波源后方各个波峰之间的间距更宽。因此，与正常波长相比，波源前方的观测者测得的波长更短，波源后方的观测者测得的波长更长。

波源和观测者的相对速度越大，观测到的偏移就越大。基于波源与观测者之间的净退行速度（recession velocity），视波长和视频率（由观测者测量）与真实量（由波源发射）之间的相关性如下：

$$\frac{\text{视波长}}{\text{真实波长}}=\frac{\text{真实频率}}{\text{视频率}}=1+\frac{\text{退行速度}}{\text{波速}}$$

若退行速度为正值，则说明波源和观测者正在远离；若退行速度为负值，则说明波源和观测者正在接近。对电磁辐射而言，波速是光速 c。在本书的大部分内容中，退行速度小于光速，仅在讨论黑洞的性质（见第 13 章）和最大尺度的宇宙结构（见第 17 章）时，我们才重新考虑这一公式。

注意，图中的波源显示为运动状态。但是，只要波源与观测者之间存在任何相对运动，相同的一般性陈述就都成立。还要注意，上述公式只适用于沿着波源与观测者连线的运动（视向运动），垂直于视线的运动（横向运动）无明显影响。

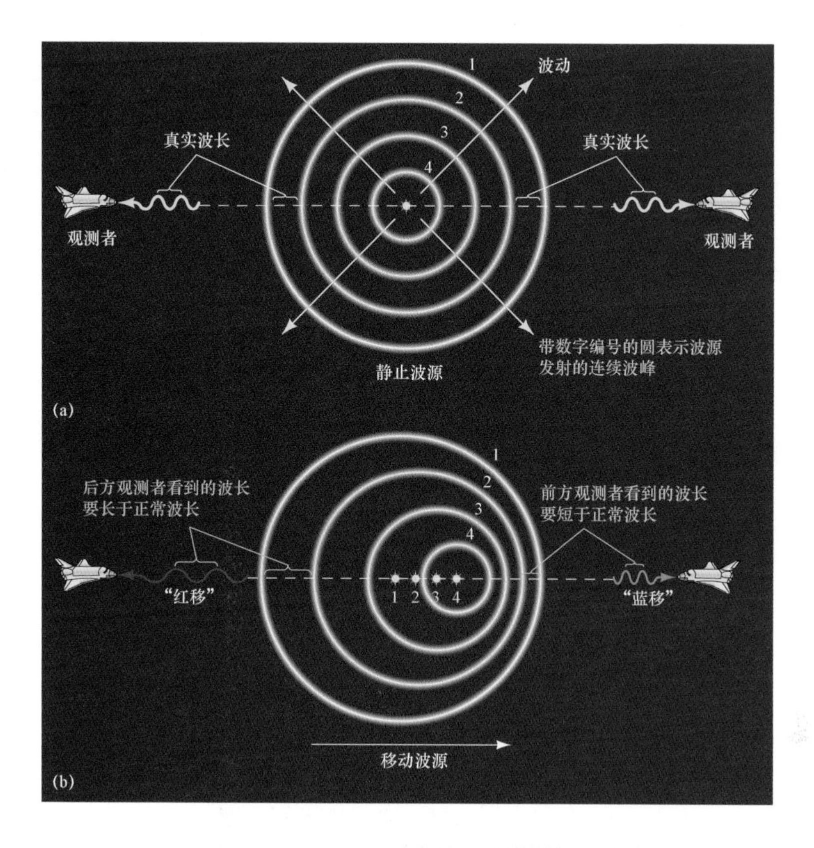

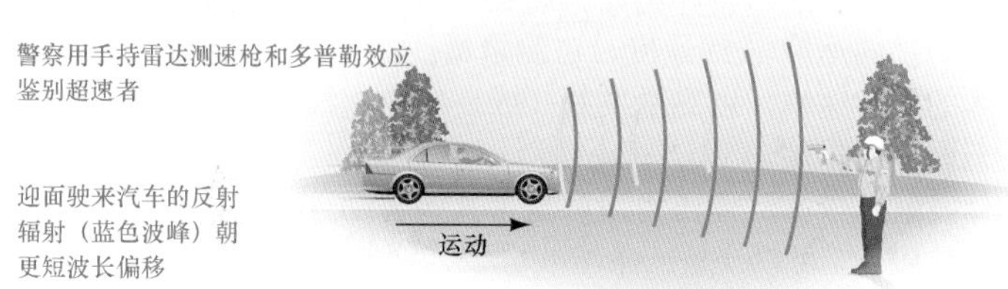

图 2.23　多普勒效应。(a)观测者相对于波源静止不动，波从波源向观测者运动。如观测者所见，波源未移动，所以波峰只是同心球体（此处显示为圆）；(b)移动波源发出的波趋于在运动方向上堆积，同时在相反方向上拉伸。因此，波源前方的观测者测得的波长比正常波长短（蓝移），波源后方的观测者看到的则是红移

在天文学术语中，位于移动波源前方的观测者测得的波称为蓝移（blue shifted），因为蓝光比红光的波长短。同理，位于波源后方的观测者测得的波（大于正常波长）称为红移（red shifted）。这一术语甚至适用于非可见光辐射，此时的红和蓝没有色彩含义，朝向较短波长的任何移动均可称为蓝移，朝向较长波长的任何移动均可称为红移。

在地球上的可见光中，多普勒效应通常不明显，因为光速实在是太快了，导致波长的变化实在太小，无法在每天的地面速度中体现。但是，在应用光谱技术时，通过确定已知光谱线向更长（或更短）波长偏移的程度，天文学家经常利用多普勒效应来测量宇宙天体的视向速度/视线速度。例如，在某颗恒星的光谱中，假设天文学家观测到红色 Hα 谱线的波长为 657nm，而非实验室中测得的波长 656.3nm，那么科学家怎么知道二者是同一条谱线呢？如图 2.24 所示，科学家意识到氢的所有谱线均以相同的量偏移——谱线的特征图案表明氢是波源。运用上述公式，科学家计算出恒星的视向速度为 657/656.3 − 1 = 0.0056 倍光速。换句话说，这颗恒星正以 320km/s 的速度远离地球。

附近恒星的运动、遥远星系的运动甚至宇宙本身的膨胀均以这种方式测量。在高速公路上，超速驾驶者会经历另一种实际应用。如图 2.23 中的插图所示，警用雷达通过多普勒效应测量车速，雷达枪通过多普勒效应记录网球运动员的发球速度。

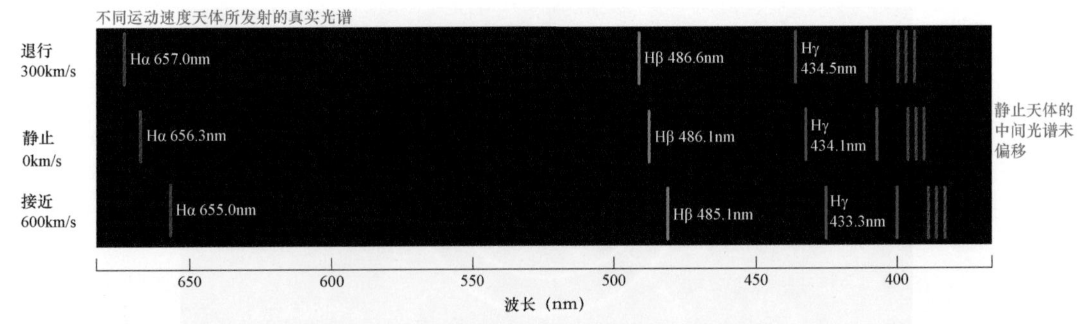

图 2.24 多普勒频移。多普勒效应将运动天体的整个光谱偏移至更高（或更低）的频率。上部光谱显示了氢谱线的红移，天体以 300km/s 的速度远离观测者；下部光谱显示了相同谱线的蓝移，天体以 2 倍的速度（600km/s）接近观测者

概念回顾

如何用多普勒效应确定遥远恒星的质量？

2.8 谱线分析

当分析来自地球以外的辐射时，天文学家需要运用光谱学定律。此时，前面示例中的灯泡变成了邻近恒星或者遥远星系，中间的冷气体由星际云或恒星（甚至行星）的大气层充当，棱镜和检测器替换成望远镜上附加的摄谱仪。通过仔细分析地球上（或附近）接收到的各种辐射，下面列出了能够确定的发射者和吸收者的一些相关性质。随着宇宙研究的逐步深入，我们还会遇到其他重要示例。

1. 要确定某天体的组成，可将其谱线与已知原子和分子的实验室光谱进行比对。
2. 要测量发射连续光谱的某天体的温度，可将辐射的总体分布与黑体曲线进行比对，也可通过详细研究谱线来确定。10.3 节将介绍如何通过光谱方法精确地测定恒星的温度。
3. 要确定某天体的视向速度/视线速度，可测量谱线的多普勒频移。
4. 要确定某天体的旋转速率，可测量发射（或反射）谱线中的多普勒致宽（doppler broadening），即一个波长范围内的拖尾。
5. 要确定某天体发射区域的气体压力，可测量其多普勒致宽谱线的趋势，压力越大，谱线越宽。
6. 要推断某天体的磁场，可以分析一条谱线分裂为两条时磁场在许多谱线中产生的独特分裂特征，即所谓的塞曼效应（Zeeman effect）。

若拥有足够灵敏的仪器设备，则可获得星光中所包含的海量数据。天文学家面临着以下挑战：在各种原子和分子的复杂混合物中，揭示上述每种方法对谱线形态的影响程度，进而获得关于谱线来源的有用信息。

概念回顾

为什么天文学家详细分析谱线非常重要？

学术前沿问题

原子是正常物质的基本组成部分，恒星、行星和人体均由原子构成。原子由更小的基本粒子组成，即质子、中子和电子。但是，这些粒子也不是最小的基本粒子，物理学家发现质子和中子由夸克组成，许多理论家甚至认为夸克和电子可能还有更深层级的结构。这种层级究竟有多深？对这些未知层级的理解将打开何种崭新的宇宙之窗？

本章回顾

小结

LO1 电磁辐射以波的形式穿越太空。任何带电物体都被电场包围，电场决定物体施加给其他带电物体的作用力。当带电粒子运动

时，运动相关信息通过粒子的变化电场和磁场进行传递。信息作为电磁波以光速传播。

LO2 电磁波谱由射电波/无线电波、红外辐射、可见光、紫外辐射、X 射线和 γ 射线组成（按波长减小或频率增大的顺序）。随着辐射波长的改变，地球大气的不透明度（吸收辐射的程度）变化很大。仅有射电波、部分红外线和可见光能够穿透大气层并到达地面。

LO3 物体的温度是其组成粒子运动速度的测度。物体发射的辐射强度具有一种特征分布，称为黑体曲线，仅取决于物体的温度。维恩定律表明，物体辐射峰值的波长与其温度成反比。斯特藩定律指出，辐射的总能量与温度的四次方成正比。

LO4 许多热物体发射连续光谱辐射，包含所有波长的光。热气体可能产生发射光谱，仅由特定频率或颜色的少数明确发射线组成。连续辐射束穿过冷气体时将产生吸收线，其频率与该气体发射光谱中的频率完全相同。

LO5 原子由带正电荷的原子核和绕核运动的带负电荷的电子组成，原子核由带正电荷的质子和电中性的中子组成。质子数决定原子所代表的元素类型。在玻尔模型中，氢原子具有最小的能量基态，代表其正常状态。当电子的能量高于正常值时，原子处于激发态。对于任何已知的原子，只可能存在某些定义明确的能量。在现代观点中，电子弥散在原子核周围的云中，但仍具有清晰定义的能量。

LO6 当电子在原子的两个能态之间跃迁时，能量差以电磁辐射包（光子）的形式发射或吸收。由于各个能级都具有一定的能量，因此光子也具有一定的能量，且其特征与原子的类型相关。光子的能量决定发射或吸收的光的频率和颜色。

LO7 波源的相对速度能够改变我们对光束波长的感知，这种由运动引发的波的观测频率变化称为多普勒效应。波源离开观测者的任何净运动都在接收波束中导致红移，即向较低频率偏移。波源朝向观测者的运动导致蓝移。多普勒频移的程度与波源相对于观测者的视向速度成正比。

复习题

1. 定义波的以下性质：波周期、波长、振幅和频率。
2. 比较引力和电作用力。
3. 描述光辐射如何离开恒星，然后穿越太空中的真空，最终被地球上的人看到。
4. 射电波、红外辐射、可见光、紫外辐射、X 射线和 γ 射线有何异同？
5. 在电磁波谱中的哪些区域，大气透明到足以从地面进行观测？
6. 什么是黑体？描述其发射的辐射。
7. 若地球完全被云覆盖而无法看到天空，我们还能了解云层之外的世界吗？什么形式的辐射会穿透云层并到达地面？
8. 基于黑体曲线，描述炽热且发红光的煤炭冷却时发生的情况。
9. 解释天文学家如何利用光谱学来确定恒星的组成和温度。
10. 什么是连续光谱、发射光谱和吸收光谱？它们是如何产生的？
11. 原子的正常态是什么？激发态是什么？轨道是什么？
12. 原子为何会在特征频率处吸收和重新发射辐射？
13. 假设发现某发光气体云发射了发射光谱，则能确定该气体云的何种相关信息？
14. 什么是多普勒效应？它如何改变我们感知辐射的方式？
15. 天文学家如何利用多普勒效应来确定天体的速度？

自测题

1. 绿光的波长约为一个原子大小。（对/错）
2. 两个天体的温度分别为 1000K 和 1200K，其他方面完全相同。就发射的辐射数量而言，后者大致为前者的 2 倍。（对/错）
3. 当驱车驶离无线电发射器时，从发射器接收到的无线电信号会偏移至更长的波长。（对/错）
4. 假设发射光谱由一个氢气容器产生，若改变容器中的氢气含量，则光谱中的线条颜色也随着改变。（对/错）
5. 在题中，若将容器中的气体从氢气换为氦气，则光谱中的线条颜色也随着改变。（对/错）
6. 光子的能量与辐射的波长成反比。（对/错）
7. 吸收特定能量的光子后，电子向原子中的更高能级跃迁。（对/错）
8. 与紫外辐射相比，红外辐射具有更大的：(a)波长；(b)振幅；(c)频率；(d)能量。
9. X 射线望远镜在南极洲无法正常工作，因为：(a)极寒；(b)臭氧空洞；(c)极昼；(d)地球大气层。
10. 比太阳冷得多的恒星会呈现：(a)红色；(b)蓝色；(c)更小；(d)更大。
11. 若恒星朝向地球运动，则其黑体曲线峰值的偏移方向为：(a)低强度；(b)高能量；(c)长波长；(d)低能量。
12. 冰冷的土卫六是土星的卫星，其反射的可见光光谱应为：(a)连续光谱；(b)发射光谱；(c) 吸收光谱。
13. 天文学家分析星光的目标是确定恒星的：(a)温度；(b)组成；(c)运动；(d)以上全部。
14. 由图 2.11（黑体曲线）可知，温度为 1000K 的天体主要发射：(a)红外光；(b)可见光；(c)紫外光；(d)X 射线。
15. 在图 2.20（原子激发）中，右下分支中发射的两个光子的总能量与左侧吸收的紫外光子的能量之间的关系为：(a)大于；(b)小于；(c)约等于；(d)等于。

计算题

1. 水中运动声波的频率为256Hz，波长为5.77m。水中的声速是多少？
2. 100MHz（FM100）射电信号的波长是多少？
3. 波长等于地球直径（12800km）的电磁波的频率是多少？位于电磁波谱中的哪个部分？
4. 在天体A的黑体发射光谱中，峰值位于电磁波谱中的紫外线区域，波长为200nm；天体B的峰值位于红色区域，波长为650nm。哪个天体更热？根据维恩定律，热多少倍？根据斯特藩定律，更热天体单位面积每秒辐射的能量是另一天体的多少倍？
5. 人体的正常体温约为37℃，相当于多少开尔文？在此温度下，人体发出的峰值波长是多少？位于光谱中的哪个部分？
6. 根据斯特藩-玻尔兹曼定律，在单位时间内，太阳表面每平方米向太空中辐射多少能量（见更为准确2.2）？若太阳的半径是696000km，则其总输出功率是多少？
7. 何种因素使得1纳米X射线光子的能量超过10兆赫射电光子的能量？1纳米γ射线的能量是10兆赫射电光子能量的多少倍？
8. 当处于第二激发态的氢原子直接（或间接）回落至基态时，能够发射多少种不同的光子（即不同频率的光子）？其波长分别是多少？若为第三激发态，则结果如何？
9. 假设某恒星的Hα线（见2.6节）在656nm波长处被地球接收，则该恒星相对于地球的视向速度是多少？
10. 假设你正在观测围绕一颗遥远行星作圆形轨道运动的航天器，其轨道半径为10万千米。若你恰好位于该航天器的轨道面上，发现来自航天器的射电信号波长在2.99964m和3.00036m之间周期变化。假设射电以固定波长广播，则该行星的质量是多少？

活动

协作活动

1. 查找含有波长刻度的太阳光谱，可以从网络上搜索。选择一些吸收线，并通过插值确定其波长。尝试识别形成这些线条的元素。利用NASA天体物理数据系统（NASA Astrophysics Data System）提供的*Moore's A Multiplet Table of Astrophysical Interest*（摩尔天体物理兴趣多重谱线表格）等参考资料。在尝试较模糊的线条前，先处理最暗的线条。你能发现多少种元素？
2. 站在火车轨道或繁忙的高速公路附近（但不要太近），等待火车或汽车经过。你能捕捉到发动机噪音或汽笛声的音调中的多普勒效应吗？声音频率如何取决于车辆的(a)速度和(b)运动方向（接近或离开你）？成员分成两组，一组成员对车辆运动计时，并大致计算速度；另一组成员最好有一定的乐感，负责感知车辆驶来然后驶离时的声音频率变化。

个人活动

1. 定位猎户座。在该星座中，最亮的两颗恒星是参宿四和参宿七。哪颗恒星更热？你是怎么知道的？夜空中还有哪些热恒星和冷恒星？
2. 获取一部便携式分光镜（从学校科学实验室借用或网购）。在阴影处，将分光镜对准阳光直射的白云或白纸。查找太阳光谱中的吸收线，观测其在分光镜内的刻度波长。将观测结果列表与夫琅和费谱线（可从天文学参考书或维基百科获取）进行比较，你能识别出多少条谱线？

第 3 章　望远镜：天文学工具

天文学家目前正在筹建一架真正的巨型望远镜。在欧洲南方天文台的设计构想中，欧洲特大望远镜（E-ELT）的反射镜直径近 40m，既具有无与伦比的集光能力，又具有以前所未有的分辨率探测宇宙天体的能力。该望远镜拟建在智利阿塔卡马沙漠阿马索内斯山 3000m 的山顶，建成后将成为世界上最大的光学望远镜（ESO/L. Calcada）

从本质上讲，天文学是观测科学。当研究宇宙现象的本质时，在给出明确的理论解释之前，我们几乎总是要经历一番辛勤的观测。探测仪器（望远镜）逐步发展进步，目前已经能够观测尽可能宽的波长范围。在 20 世纪中叶之前，望远镜仅能观测可见光。此后，由于技术的不断进步，人类的宇宙观测视野拓宽到了电磁波谱的所有部分。有些望远镜安装在地球上，还有些望远镜则必须安装在太空中，这是因为光谱不同区域所要求设计的差异很大。但是，无论建造细节如何，望远镜的基本目标都是收集电磁辐射，然后将其传送至探测器，以供进一步详细研究。

学习目标

LO1 描述光学望远镜的工作原理，说明反射望远镜相对于折射望远镜的优势。

LO2 解释大型望远镜能够收集更多光和生成更详细图像的原因。

LO3 描述地球大气层如何限制天文观测，并解释天文学家如何克服这些限制。

LO4 简述射电天文学的优势和劣势。

LO5 解释如何利用干涉测量来改进天文观测。

LO6 描述红外、紫外和高能望远镜的设计，解释有些望远镜必须放在太空中的原因。

LO7 解释在电磁波谱的很多不同波长进行天文观测的重要性。

总体概览

望远镜是时光机，从某种意义上讲，天文学家也是历史学家。望远镜增强了人类的感知能力，使人类能够在太空中看得更远，从而在时间上回望得更久。望远镜使人类不仅能够探索远超肉眼可见距离的天体，而且能够感知远超肉眼可见波长的辐射。若没有这些多功能的强大仪器，本书中的几乎所有内容都将不复存在。

3.1 光学望远镜

简而言之，**望远镜**（telescope）就是光桶，它从特定天空区域捕获尽可能多的辐射，然后将其聚集成束以供分析。在描述天文硬件时，本章首先介绍旨在收集人类肉眼可见波长的**光学望远镜**（optical telescope），然后介绍可捕获并分析电磁波谱中不可见区域辐射的其他望远镜。纵观本书可知，当探测器的灵敏度和光谱范围取得技术进步时，人类理解宇宙的进程始终保持同步。技术与科学的这种结合至关重要，类似于伽利略首次将望远镜指向天空（见 1.2 节）。

3.1.1 反射望远镜和折射望远镜

光学望远镜分为两种基本类型，即反射望远镜和折射望远镜。如图 3.1 所示，**反射望远镜**（reflecting telescope）利用曲面反射镜来收集和聚焦光束。因为反射望远镜一般包含多个反射镜，所以人们通常将这个曲面反射镜称为**主镜**（primary mirror），它可使平行于镜轴（通过中心且与镜子垂直的假想线）到达的所有光线都被反射过同一个点，称为**焦点**（focus）。主镜与焦点间的距离称为**焦距**（focal length）。在天文学中，主镜的焦点称为**主焦点**（prime focus）。

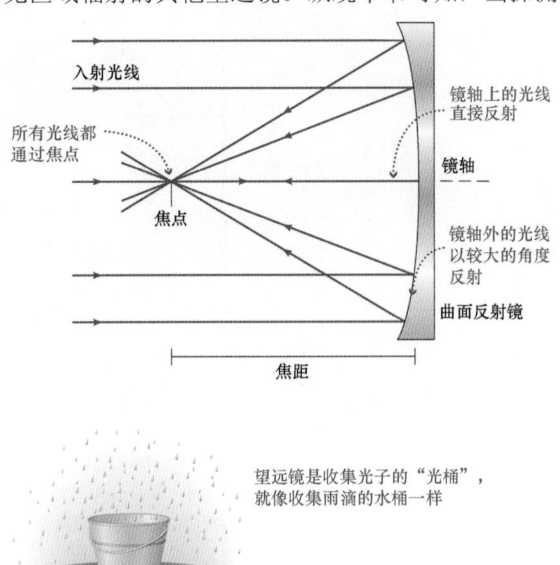

图 3.1 **反射镜**。曲面反射镜将平行于镜轴到达的所有光线聚焦到同一点。箭头标识了入射光线和反射光线的方向

折射望远镜（refracting telescope）使用透镜（而非反射镜）来聚焦入射光，依靠折射（而非反射）

来实现目标。折射（refraction）是光束从一种透明介质（如空气）进入另一种透明介质（如玻璃）时发生的弯曲现象。图 3.2a 说明了如何使用棱镜来改变光束的方向。如图 3.2b 所示，透镜可视为以如下方式组合而成的一系列棱镜：平行于镜轴入射到透镜上的所有光线均折射通过焦点。

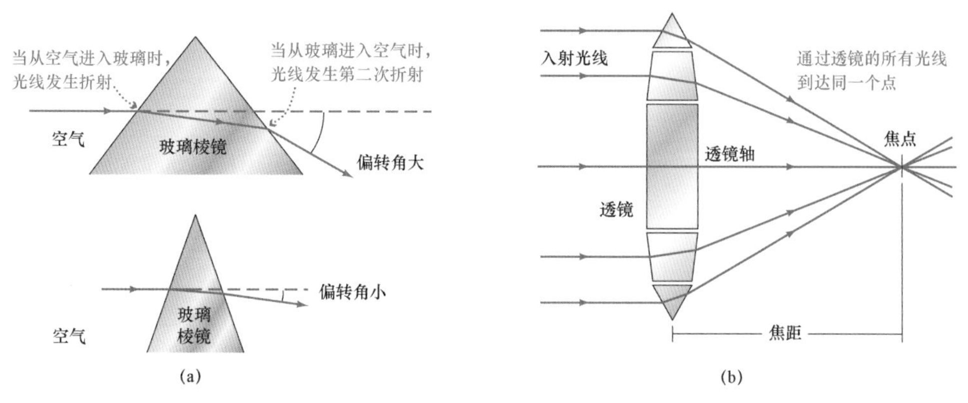

图 3.2　折射透镜。(a)棱镜的折射改变光线的方向；(b)透镜可视为一系列棱镜

天文学家经常用望远镜来形成视场的图像，图 3.3 图解说明了这种成像方式，本例通过反射望远镜中的主镜来实现。来自遥远天体的光以几乎平行的光线到达望远镜，平行于镜轴方向进入仪器，经反射后通过焦点。来自稍微不同方向（即与镜轴间存在小夹角）的光聚焦到稍微不同的点，由此在焦点附近形成一幅图像，图像中的每一点均对应于该视场中的一个不同角度。在通过肉眼观测或用相机记录以前，通常还需要用透镜［称为目镜（eyepiece）］对图像进行放大。图 3.4a 说明了简单反射望远镜（通过小副镜和目镜查看图像）的基本原理，图 3.4b 说明了折射望远镜的基本原理（实现相同功能）。

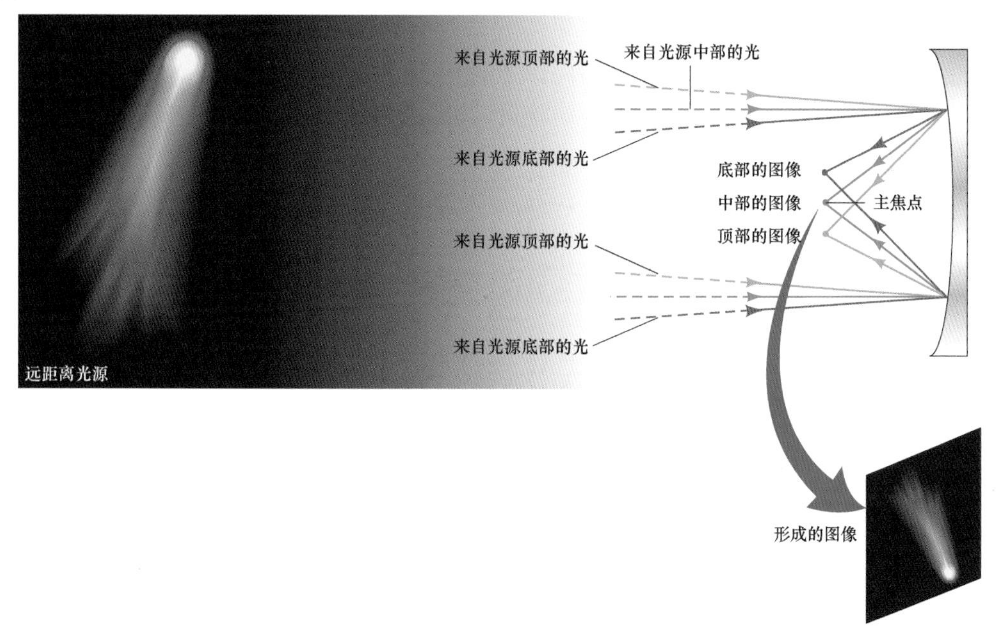

图 3.3　图像的形成。当来自遥远天体上不同点的光线被曲面反射镜聚焦到稍有不同的位置后，即可形成一幅图像。注意，该图像是反相倒置（上下左右颠倒）的

如图 3.4 所示，两种望远镜设计获得了相同的结果，即来自遥远天体的光被捕获并聚焦后形成图像。但是，随着望远镜的尺寸逐年稳步增大（见 3.2 节），天文学家更加青睐反射（而非折射）望远镜，具体原因如下：

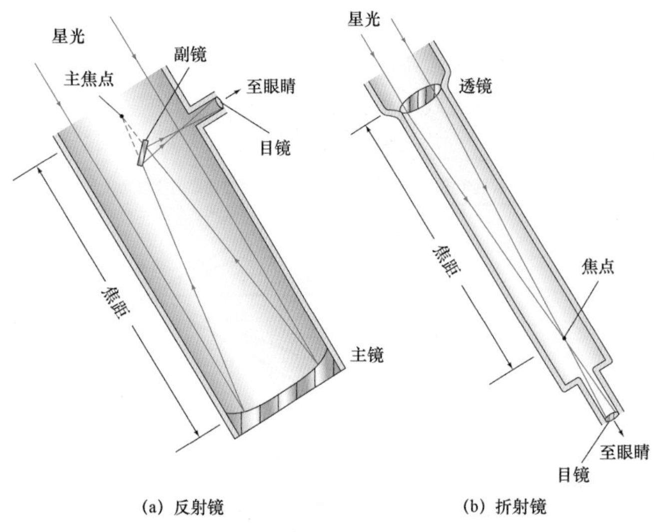

图 3.4 反射镜和折射镜。(a)反射望远镜；(b)折射望远镜。这两种类型的望远镜均可收集和聚焦电磁辐射。图像查看需要用到称为目镜的小放大镜

1. 如棱镜将白光分为其组成色一样，在折射望远镜中，透镜将红光和蓝光分别聚焦到不同的焦点位置（蓝光的焦点位置更靠近透镜），这一缺陷称为色差（chromatic aberration）。精心的设计和材料选择能在很大程度上解决这一问题，但是较难完全消除，而且透镜体需要采用极高质量的玻璃。反射镜（反射望远镜）则不存在这种缺陷。
2. 当光通过透镜时，会被玻璃部分吸收。对可见光辐射而言，这种吸收是一个相对较小的问题。但是，对红外观测和紫外观测来说，这种吸收是非常严重的缺陷，因为玻璃阻挡了电磁波谱中这些区域的大部分辐射。这个问题显然不会影响反射镜。
3. 大尺寸透镜的质量可能相当大。因为只能沿边缘周围进行支撑（以便不阻挡入射辐射），所以透镜在自身质量的作用下容易发生变形。反射镜不存在这一缺点，完全可以利用整个背面进行支撑。
4. 透镜有两个表面，均必须精确加工和打磨，这项任务可能相当艰巨。反射镜只有一个表面。

基于以上这些原因，大型现代光学望远镜几乎全部为反射望远镜。

3.1.2 反射望远镜的类型

图 3.5 显示了反射望远镜的部分基本设计。当来自恒星的辐射进入仪器后，首先穿过镜筒，然后撞击主镜，最后反射回主焦点（镜筒顶部附近）。有时，天文学家将记录仪放在主焦点处。但是，在该位置悬挂大件设备可能非常不方便，或者甚至根本不可能。更常见的解决方案是，在光到达焦点的路径上，通过副镜（secondary mirror）将其重定向到更方便的位置，如图 3.5b 到图 3.5d 所示。

在牛顿望远镜（以设计发明者艾萨克 • 牛顿的名字命名）中，从主镜返回到主焦点以前，光被平面副镜拦截并偏转 90°，通常指向仪器侧面的目镜（见图 3.5b）。这是小型反射望远镜的流行设计，颇受业余天文学家的欢迎。

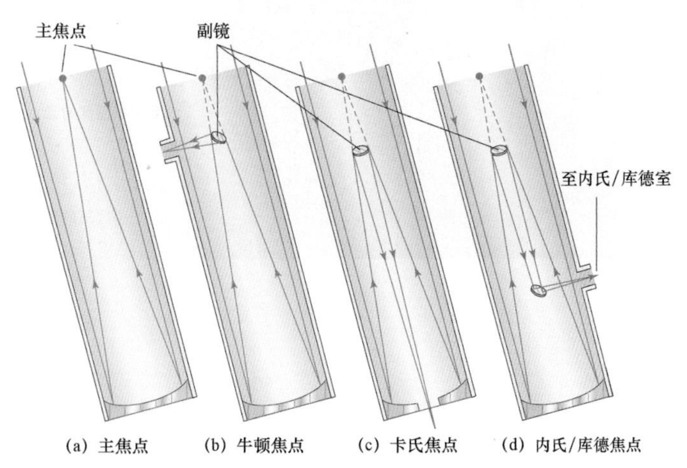

图 3.5 反射望远镜。反射望远镜的 4 种设计：(a)主焦点；(b)牛顿焦点；(c)卡氏焦点；(d)内氏/库德焦点。每种设计都使用望远镜底部的主镜来捕获辐射，然后将其沿不同路径重定向以进行分析

或者，天文学家可以选择在后部平台上工作，在那里应用由于质量大或精度高而无法提升到主焦点处的仪器设备。此时，由主镜向主焦点反射的光被凸面副镜拦截，再次向下反射回镜筒，并穿过主镜中心的一个小孔（见图 3.5c）。这种方式的装置称为**卡塞格林望远镜**（Cassegrain telescope），以法国透镜制造商吉拉姆 • 卡塞格林的名字命名。来自恒星的光最终汇聚在主

镜后面一点，称为**卡氏焦点/卡塞格林焦点**（Cassegrain focus）。卡塞格林望远镜的一个著名示例是哈勃太空望远镜（HST，见发现 3.1），以美国最引人注目的天文学家埃德温•哈勃的名字命名。哈勃太空望远镜的探测器全部位于主镜正后方，可以测量光谱的可见光、红外线和紫外线部分。

在更加复杂的另一种观测配置中，星光需要在几个反射镜之间多次反射。类似于卡塞格林设计，光首先被主镜反射到主焦点，然后被副镜向下反射回镜筒中。接下来，第三个反射镜（尺寸要小得多）将光反射到望远镜之外。在那个位置，根据望远镜的构造细节，光束可由安装在**内氏焦点/水平式焦点**（Nasmyth focus）旁边的探测器进行分析，也可由更多反射镜引导至一个环境受控的实验室，称为**库德室**（coudé room）。这个实验室与望远镜本身分离，使得天文学家能够利用无法放在任何其他焦点处（所有焦点都必须随望远镜移动）的笨重精密仪器。当通过望远镜追踪宇宙天体时，各反射镜的排列能够确保光到达库德室的路径不变。

图 3.6a 显示了两台直径为 10m 的光学/红外望远镜，隶属于夏威夷莫纳克亚凯克天文台，由美国加州理工学院和加州大学共同运营。图 3.6b 显示了光路（光的传播路径）和部分焦点。根据用户的不同需求，观测时可以选择卡氏焦点、内氏焦点或者库德焦点/折轴焦点。若以图 3.6c 中的人作为参照物，则可知该望远镜确实非常巨大。实际上，它们目前的确是地球上最大的望远镜之一，本书包含了其许多重要发现的大量示例。

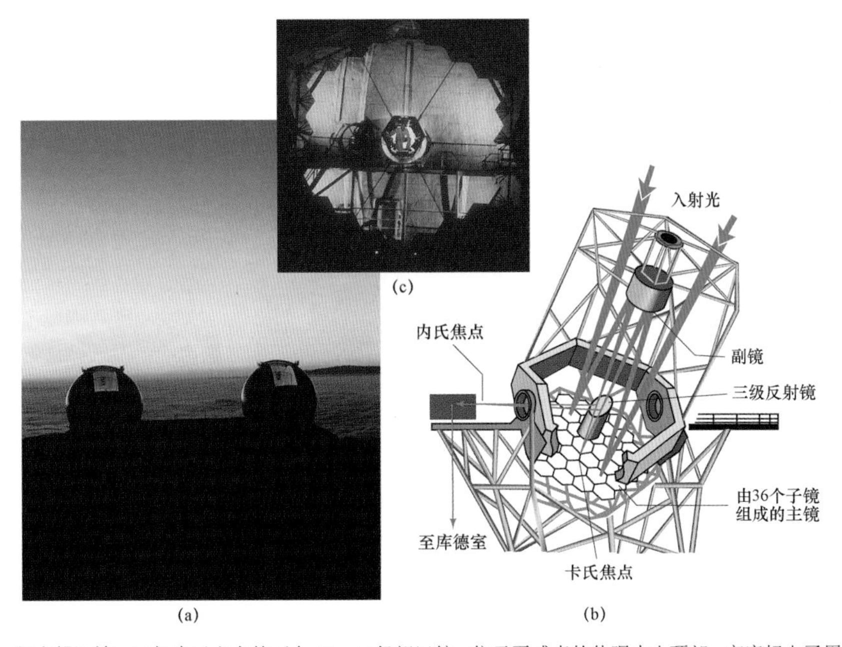

图 3.6　凯克望远镜。(a)凯克天文台的两台 10m 口径望远镜，位于夏威夷的休眠火山顶部，高度超出了周围云层；(b)望远镜结构示意图，蓝色箭头显示了星光在望远镜内的一些路径，以及可以放置仪器设备的部分位置；(c)10m 口径的反射镜之一，注意观察中心位置身穿橙色工作服的技术人员（W. M. Keck Observatory）

发现 3.1　哈勃太空望远镜

哈勃太空望远镜（Hubble Space Telescope，HST）是人类有史以来在太空中部署的最大、最复杂和最灵敏的天文台，也是建造并运行的最昂贵科学仪器，总耗资超过 80 亿美元（包括几次维修和系统翻新的费用）。该望远镜由美国航空航天局（NASA）和欧洲航天局（European Space Agency）联合建造，旨在协助天文学家更好地探测宇宙，与已有地基设备相比，分辨率和灵敏度分别至少提升 10 倍和 30 倍。第一张图片拍摄于 1990 年春季，该望远镜正从发现号航天飞机的太空舱中取出。

透视图显示了 HST 的主要特征。该望远镜采用卡塞格林设计（见 3.1 节），将来自 2.4m 直径的主

(NASA)

镜（中心蓝色大圆盘）的光反射回 0.3m 直径的小副镜。副镜的反射光通过主镜中心的一个小开口，被引导至航天器尾舱中排列的若干仪器之一（以多种颜色显示在左侧）。较大红色物体是引导望远镜指向的传感器，巨大的蓝色面板负责收集阳光并提供动力。就大小而言，每台仪器大致相当于一台冰箱。这些仪器由 NASA 宇航员负责维护，实际上，自 HST 发射以来，大部分原始仪器已经升级或更换。该望远镜上的当前探测器覆盖了电磁波谱的可见光、近红外和近紫外区域，波长范围为 100nm（紫外线）～2200nm（红外线）。

发射后不久，天文学家发现该望远镜主镜的打磨形状有误，偏平了 2μm（约为头发丝宽度的 1/50），无法像预期那样对光进行聚焦。1993 年，航天飞机宇航员更换了哈勃望远镜的陀螺仪（提高指向精度），安装了更坚固的太阳能电池板（为电子设备供电），最重要的是嵌入了一套复杂的小反射镜（补偿主镜故障）。现在，哈勃望远镜的分辨率接近最初的设计规格，并且恢复了大部分失去的灵敏度。1997 年、1999 年、2002 年和 2009 年，为了更换仪器和维修故障系统，人们还分别执行了更多维修任务。

通过对比旋涡星系 M100 的两幅图像，即可看出哈勃望远镜的科学能力，如下面的插图所示。左侧是这一美丽星系最好的地基照片之一，旋臂中显示了丰富的细节和颜色。右侧是 HST 获取的该星系核心的细节图像，分辨率和灵敏度都有了很大的提高，但是覆盖面积较小，说明若需要哈勃望远镜的最高分辨率，就要接受相对有限的视野。

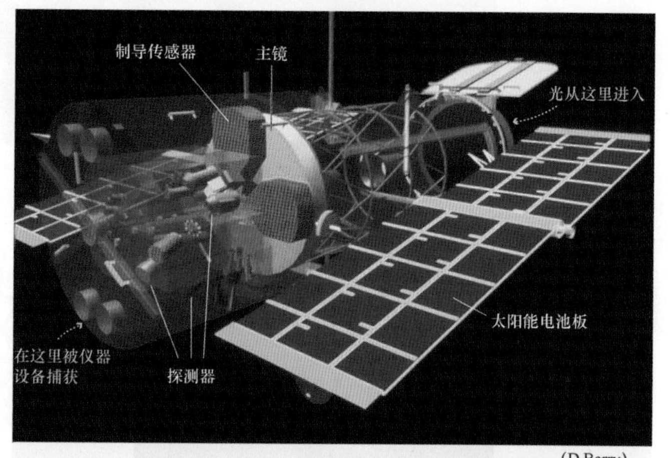

(D.Berry)

在 25 年运行期间，哈勃望远镜彻底改变了人们的天空观，帮助天文学家改写了部分宇宙理论。通过测量遥远星系中恒星和超新星的性质，HST 帮助人们确定了宇宙的大小和膨胀速率，并对宇宙过去和未来的演化提供了深刻的见解。哈勃望远镜具有前所未有的清晰度，研究了几乎位于可观测宇宙极限处的新生星系，使天文学家能够了解可能主导了银河系演化的相互作用和碰撞。哈勃望远镜将目光转向了距离地球较近的星系中心，为星系核心中的超大质量黑洞提供了有力证据。在银河系中的恒星形成物理学以及恒星系统和各种大小恒星（从超亮巨星到质量几乎与行星相当的天体）的演化方面，它为天文学家提供了令人震惊的新见解。最后，在太阳系中的行星及其卫星以及很久以前形成的微小碎片研究方面，哈勃望远镜为科学家提供了新观点。本书中包含了该望远镜拍摄的许多壮观图像。

哈勃望远镜目前已进入第四个十年的高效服务期，NASA 正在顺利推进该望远镜的继任者计划。詹姆斯 • 韦伯太空望远镜（James Webb Space Telescope，JWST）以 20 世纪六七十年代领导 NASA 阿波罗计划的管理者詹姆斯 • 韦伯的名字命名，在规模和能力上都将碾压哈勃望远镜。JWST 装有集光面积是哈勃太空望远镜 7 倍的 6.5m 口径拼合主镜，包含一个无比强大的探测器阵列（针对可见光和红外线波长进行最优化处理），在地球轨道外侧约 150 万千米处绕太阳运行（远超月球）。美国航空航天局计划在 2018 年发射该望远镜，主要任务是研究第一代恒星和星系的形成，测量宇宙的大尺度结构，并研究行星、恒星和星系的演化[①]。

注意，JWST 发射计划可能意味着近可见光波长的空基天文观测将中断几年。2009 年的维修任务将哈勃望远镜的使用寿命至少延长到 2015 年，但是大多数天文学家预计，该望远镜将无法坚持到 JWST

① 该望远镜已于 2021 年 12 月 25 日发射升空，2022 年 1 月 24 日顺利进入围绕日地系统第二拉格朗日点的运行轨道。——译者注

完全投入使用之时。HST 的设计初衷是由航天飞机取回并放置到地球上的博物馆里，但是航天飞机计划于 2011 年终止，这意味着实现目标的可能性微乎其微。一旦遭到弃用，它就可能被机器人拖出轨道，然后简单地落入海洋。

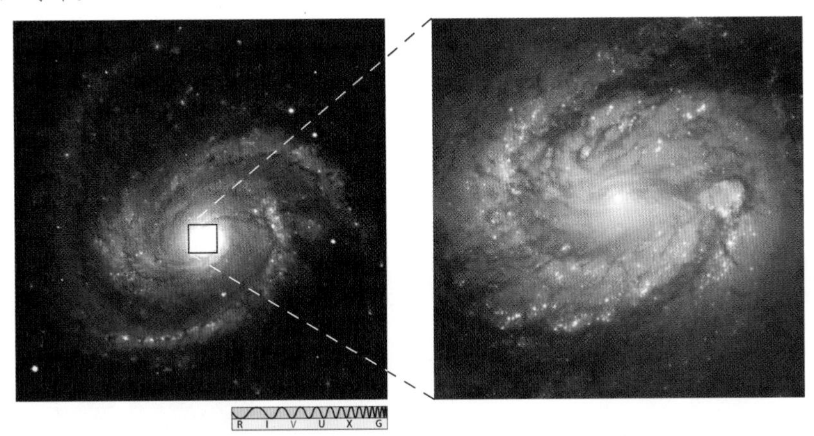

(European Southern Observatory/VLT)

3.1.3 探测器和图像处理

为了记录和存储获取的各种数据，大多数现代望远镜均采用称为**电荷耦合器件**（Charge-Coupled Device，CCD）的电子探测器。如图 3.7 所示，CCD 由一块硅晶片组成，该硅晶片被划分成由许多微小图元［称为**像素/像元**（pixel）］构成的二维网格。当光照射一个像素时，该器件上就生成一个电荷，电荷量与照射每个像素的光子数量成正比，即与该点的光强成正比。电荷生成过程通过电子方式进行监控，与家用录像机和数码相机采用的技术基本相同，最终成果为一幅二维图像（见图 3.7c 和图 3.7d）。CCD 的面积通常仅为几平方厘米，包含的像素数量可达数百万个。随着技术的不断进步，CCD 的面积及其所包含的像素数量都在稳步增加。

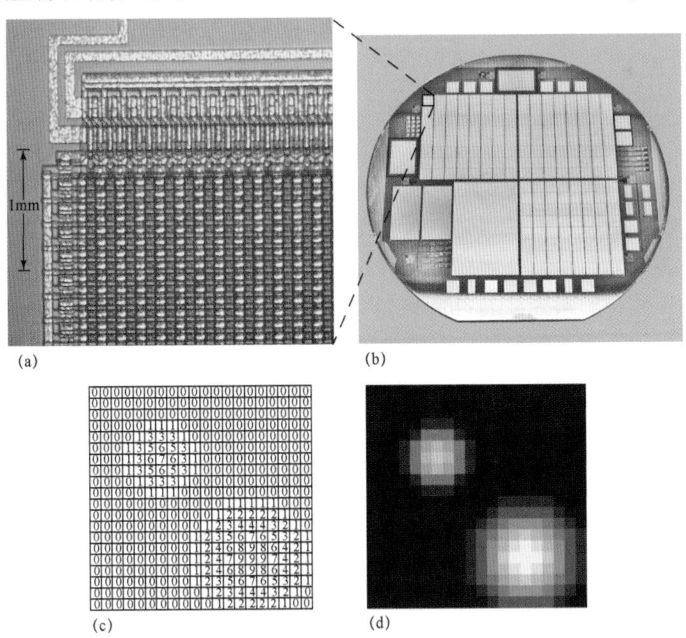

图 3.7 CCD 芯片。电荷耦合器件（CCD）由数百万个微小光敏单元（称为像素）组成。当光照射到一个像素上时，就在其上生成一个电荷。以电子方式读取每个像素上的电荷，计算机就能重建落在芯片上的光图案，即图像。(a) CCD 阵列的细节；(b)安装在望远镜焦点上的 CCD 芯片；(c)芯片中的典型数据是一个数组，在该简化示例中为 0~9，每个数字表示照射到该特定像素的辐射强度；(d)最终图像（MIT Lincoln Lab; AURA）

一个多世纪以来，天文学家将感光板作为主要图像采集工具，CCD 与之相比具有两种重要优势。首先，CCD 比感光板的效率要高得多，可以记录多达 75%的入射光子，感光板则低于 5%。这意味着与感光板相比，CCD 仪器可对暗 10～20 倍的天体（或远 10～20 倍的天体）成像。其次，CCD 以数字格式生成图像的可靠表达，该格式可由软件处理、存储在磁盘上或者按需通过网络发送。

利用计算机来处理 CCD 数字图像，天文学家可以补偿已知的仪器缺陷，甚至部分去除信号中的多余背景噪声，进而揭示数据中原本隐藏的特征。此外，在图像（或光谱）达到最终的干净形式之前，计算机通常能够完成烦琐而耗时的大量杂务。如图 3.8 所示，通过利用计算机图像处理技术，人们校正了哈勃太空望远镜中的已知仪器问题，修复了 1993 年对其维修前得到的数据。

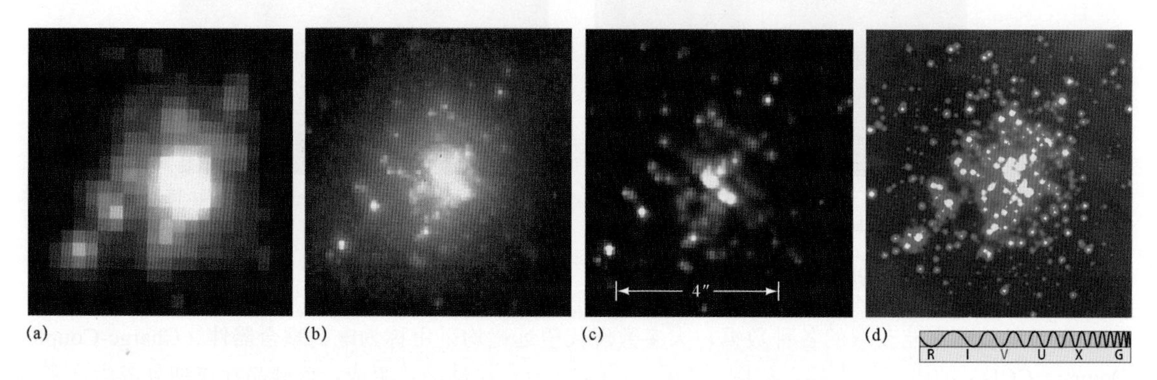

图 3.8 图像处理。(a)星团 R136 的地基视图，大麦哲伦星云（邻近星系）中的一个恒星群；(b)1990 年，哈勃太空望远镜首次修复前所拍摄的同一区域的原始图像；(c)计算机处理后的相同图像，部分补偿了反射镜的缺陷；(d) 1994 年，维修后的 HST 所拍摄的同一区域，以稍蓝的波长观测（AURA/NASA）

3.2 望远镜大小

与小型望远镜相比，大型望远镜有两种主要优势：集光能力（聚光本领）和分辨能力（区分微小细节的能力）。

3.2.1 集光能力

在观测非常遥远（因而极其暗淡）的宇宙光源方面，天文学家花费了大量时间。此外，他们通常希望将入射光色散为其组成色，从而获得光谱（见 2.5 节）。要进行如此详细的观测，天文学家就必须通过探测器收集尽可能多的光，以便开展后续分析。

两种因素决定了望远镜的集光能力，即曝光时间和集光面积。**曝光时间**（exposure time）比较简单，就是捕获某一光源发出的光所花的时间。若曝光时间加倍，则捕获的辐射总量也加倍。第 16 章将介绍长时间曝光图像的一个极端示例：2003 年，通过对同一小片天区开展 300 多个小时的持续观测，哈勃极深场（Hubble Ultra-Deep Field）为天文学家提供了宇宙中某些最遥远星系的大量相关信息。但是，这么长时间的曝光较为罕见，望远镜及相连的精密仪器非常贵重，天文台一般不愿意为单一观测任务分配大量时间。

决定望远镜集光能力的第二种因素是**集光面积**（collecting area），即能够拦截并聚焦辐射的面积能力——光桶大小（见图 3.1）。望远镜的反射镜（或折射透镜）越大，收集到的光就越多，测量并研究天体的辐射特性就越容易。天体的观测亮度与望远镜的镜面面积成正比，因此也与镜面直径的平方成正比（见图 3.9）。例如，对于镜面直径分别为 5m 和 1m 的两台望远镜而言，前者生成的图像要比后者亮 25 倍，因为前者的反射镜集光面积是后者的 $5^2 = 25$ 倍。我们还可以换种方式来考虑这种关系，即望远镜为创建可识别图像而收集足够能量所需的时间，由于以快 25 倍的速度收集能量，所以前者生成图像的速度要比后者快 25 倍。换句话说，后者曝光 1 小时大致相当于前者曝光 2.4 分钟（1/25 小时）。

图 3.6 中的双凯克望远镜（Keck1 和 Keck2）是一个典型示例，图 3.10a 是其更大范围的视图。每台望远镜都由 36 个六边形反射镜（单个直径 1.8m）组成，集光面积等同于 1 个 10m 直径反射镜。这些望远镜具有高海拔和大尺寸特征，特别适合对极为暗淡的天体进行详细的光谱研究。在图 3.10a 中，双凯克望远镜的穹顶右侧是 8.3m 直径的斯巴鲁/昴星团（Subaru）望远镜，以昴星团（Pleiades）的日文名称命名，其反射镜是迄今为止最大的单面反射镜之一（与双凯克望远镜的拼接组合设计相反），如图 3.10b 所示。就总体可用集光面积而言，目前运行的最大望远镜系统是欧洲南方天文台的甚大望远镜（Very Large Telescope，VLT），建在智利的帕瑞纳山顶，如图 3.11 所示。VLT 具有 4 个独立的反射镜（单个直径 8.2m），集光面积等同于 1 个 16.4m 直径的反射镜。双凯克望远镜和 VLT 均设计用于电磁波谱的光学（可见光）和近红外部分。

(a)

(b)

图 3.9　灵敏度。望远镜的大小会影响宇宙光源的图像，如本例中的仙女星系。这两张照片的曝光时间相同，但拍摄图像(b)的望远镜大小是图像(a)的 2 倍。当望远镜的镜面直径增大时，由于较大望远镜单位时间内能够收集更多的光子，因此可以看到更多的细节（摘自 AURA）

随着 10m 级望远镜的渐趋普及，天文学家正在将注意力转向下一代地基系统，即所谓的特大望远镜（Extremely Large Telescopes，ELT），反射镜的直径高达数十米，全部采用多反射镜设计和实时图像增强技术。首台 ELT 应当在 21 世纪 20 年代早期上线，其中欧洲特大望远镜（European Extremely Large Telescope，E-ELT）建成后将成为世界上最大的光学望远镜（见本章章首的图片）。

概念回顾

为什么最大的现代望远镜使用反射镜来收集和聚焦光？

(a)

(b)

图 3.10　莫纳克亚天文台。(a)世界上最高的地基天文台，位于夏威夷莫纳克亚山（一座休眠火山）山顶，海拔高度约 4km。这里建有多台天文望远镜，如加拿大-法国-夏威夷 3.6m 口径望远镜、8.1m 口径双子星北座望远镜、夏威夷大学 2.2m 口径望远镜、英国 3.8m 口径红外望远镜和美国 10m 口径双凯克望远镜。双凯克望远镜右侧是日本 8.3m 口径斯巴鲁/昴星团望远镜；(b)斯巴鲁望远镜的反射镜（R. Wainscoat; NAOJ）

图 3.11　甚大望远镜（VLT）。世界上最大的光学望远镜，位于智利阿塔卡马地区的帕瑞纳天文台，隶属于欧洲南方天文台。4 台 8.2m 直径反射望远镜同时使用，有效面积相当于一个 16m 直径的单面反射镜（ESO）

3.2.2　分辨能力

与小型望远镜相比，大型望远镜的第二种优势是**角分辨率**（angular resolution）更胜一筹。一般来说，分辨率是指任何设备（如照相机或望远镜）生成视场中彼此紧挨在一起的各个对象的清晰且独立图像的能力。分辨率越高，物体就越容易区分，可观测细节也就越多。在天文学中，由于人们总是关注角度测量，“紧挨”意味着在天空中分开的角度很小，因此角分辨率就是决定我们观察精细结构能力的因素（见更为准确 0.1）。天文学家通常只需要分辨相距几角秒（″）的天体。如图 3.12 所示，当在几种不同分辨率下观测仙女星系时，图像的可分辨能力逐步提升。

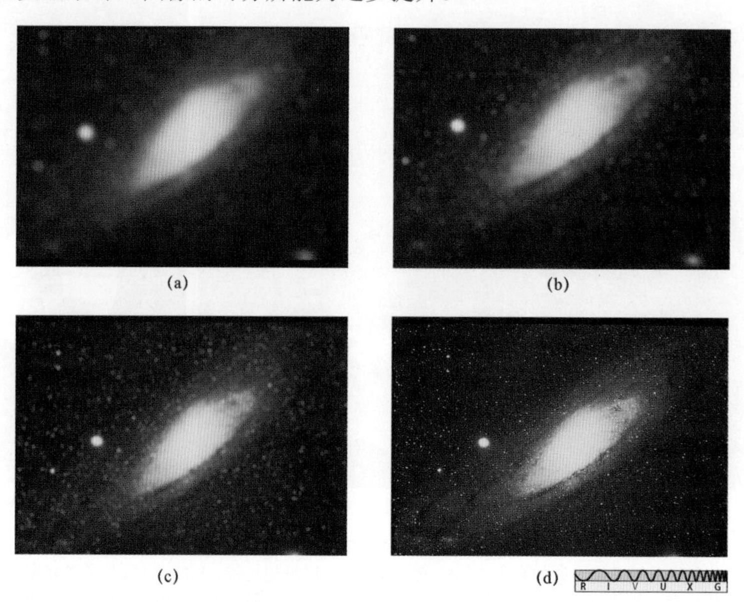

图 3.12　分辨率。当角分辨率分别为(a)10′、(b)1′、(c)5″和(d)1″（分辨能力提高约 600 倍）时，仙女星系的细节变得更加清晰（摘自 AURA）

限制望远镜分辨率的一种重要因素是衍射（diffraction），即光（及相应物质的所有波）在拐角处弯曲的趋势（见 2.2 节）。衍射会向系统中引入一定的模糊度或者分辨率损失。模糊度（可区分的最小角间距）决定了望远镜的角分辨率。

如更为准确 3.1 所述，衍射量与辐射的波长成正比，与望远镜的反射镜直径成反比。对任意给定波长的光而言，大型望远镜产生的衍射量均少于小型望远镜。在更为准确 3.1 中，公式给出的分辨率称为望远镜的**衍射极限分辨率**（diffraction-limited resolution）。因此，当在相同的蓝光波长下观测时，5m 直径望远镜的衍射极限分辨率约为 0.02″，1m 直径望远镜的衍射极限分辨率约为 0.1″，以此类推。相比之下，人眼在可见光波段中间的角分辨率约为 0.5′。

更为准确 3.1　衍射与望远镜分辨率

望远镜的分辨率最终受控于衍射，即光通过角落或开口时的散开传播过程（见 2.2 节）。由于衍射的存在，即便采用构造完美的反射镜，平行光束也不可能聚焦到清晰的尖锐点。如插图所示，波穿过空隙时被衍射，在右侧屏幕上形成了模糊的阴影。浅色表示波峰，深色表示波谷，二者共同定义了波长（见图 2.3）。在没有任何衍射的情况下，该阴影将非常清晰，但在现实中从未发生过。

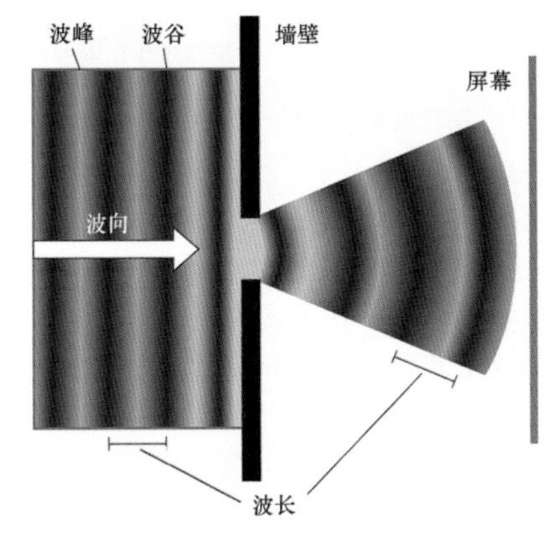

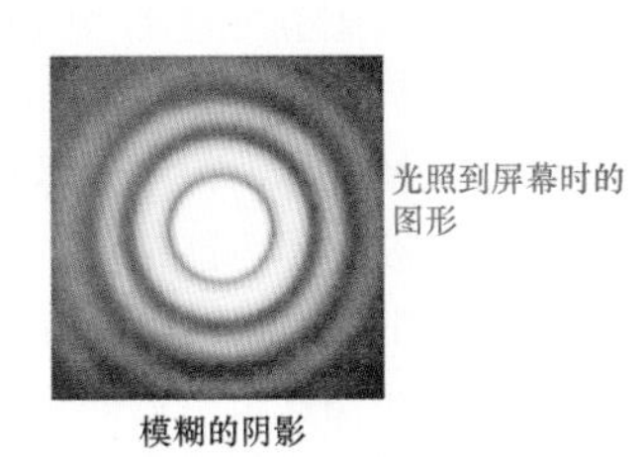

衍射量（即引入仪器中的模糊数量）既取决于辐射的波长，又取决于开口的大小（此处为主镜的直径）。对圆形反射镜和其他完美光学器件而言，望远镜的角分辨率（以相关单位表示）为

$$\text{角分辨率（角秒）}=0.25\times\frac{\text{波长（μm）}}{\text{反射镜直径（m）}}$$

式中，$1\mu m = 10^{-6} m = 1000nm$。

因此，在蓝光波段（波长为 400nm 或 0.4μm）下，1m 直径望远镜能够获得的最佳角分辨率约为 $0.25\times(0.4/1)=0.1''$。但是，若在近红外波段（波长为 10000nm 或 10μm）下观测，则 1m 直径望远镜能够获得的最佳分辨率仅为 $0.25\times(10/1)=2.5''$。在红外线或射电范围内，观测通常受到衍射效应的限制。在 1cm 波长下，1m 直径射电望远镜的角分辨率将略低于 1°。

3.3　高分辨率天文学

即使是大型望远镜也存在着诸多限制。例如，如前一节所述，10m 直径凯克望远镜在蓝光下的角分辨率应当约为 0.01″。但是在实践中，若无本节中讨论的技术进步，则其角分辨率可能不会好于 1″。实际上，除了采用特殊技术开发（以观测某些特定亮星）的仪器，1990 年前建造的任何地基光学望远镜均无法分辨小于 1″的天体。这种情况归因于地球大气层中的湍流（turbulence），即视向沿线的小尺度气旋涡流，甚至在光到达望远镜之前，这些涡流就已模糊了恒星的图像。

3.3.1　大气模糊效应

当观测某一恒星时，在恒星与望远镜（或人眼）之间，大气湍流会持续产生空气光学性质的微小变化。来自恒星的光反复多次地发生轻微折射，恒星图像在探测器（或视网膜）上四处跳动，这就是众所周知的星星闪烁的原因。当夏季望向炎热的道路时，相同的基本过程会令路面显得闪闪发光，这是因为

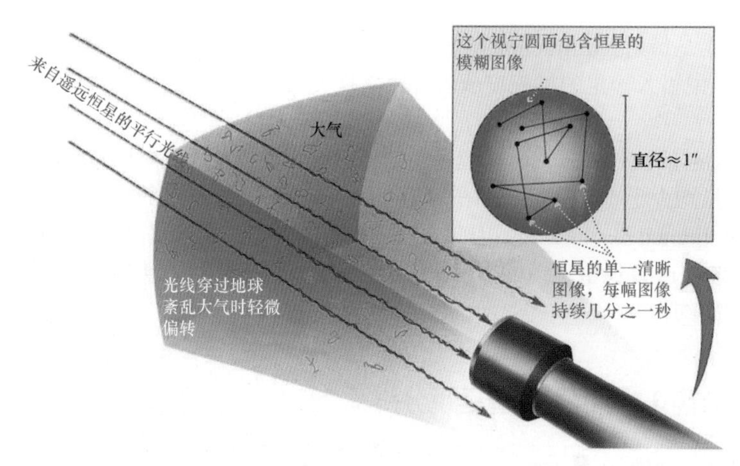

图 3.13　大气湍流。由于地球大气层中存在湍流，导致来自遥远恒星的光线在望远镜探测器上的入射位置略有不同。一段时间后，光在探测器上会覆盖一个大致呈圆形的区域，甚至恒星的点状图像也被记录为一个小圆面，称为视宁圆面

地面上方的紊乱热空气不断地偏转和扭曲到达眼睛的光线。

在良好观测地点的夜晚，大气产生的最大偏角约为 1″。在这样的条件下，假设拍摄一张恒星照片。当曝光时间达到几分钟（时间长到足够令大气层经历许多小的随机变化）后，在直径约为 1″的圆形区域上，这颗恒星跳动的清晰图像已经模糊（见图 3.13）。天文学家用术语视宁度（seeing）来描述大气湍流的影响。恒星光散布形成的圆称为视宁圆面（seeing disk）。在这个专业术语中，视宁度良好意味着空气相对稳定和视宁圆面较小（在某些特殊情况下，可小到零点几角秒）。

为了获得尽可能最佳的视宁度，天文望远镜通常安装在山顶（高于尽可能多的大气），大气需要相当稳定，尘埃、湿气和城市光污染相对较少。在美国大陆，这些地点往往位于人迹罕至的西南部，如在亚利桑那州图森市附近的基特峰高处，美国建造了研究北半球光学天文学的美国国家天文台。之所以选择这个地点，不但因为此处许多夜晚干燥而晴朗，而且因为其典型视宁度约为 1″。夏威夷的莫纳克亚山（见图 3.10）和智利的安第斯山脉（见图 3.11）的条件甚至更好，近年来建造了许多大型望远镜。

安放在大气层上方地球轨道上的望远镜可以获得接近衍射极限分辨率的图像，仅受限于在太空中建造和安放大型结构体的工程限制。哈勃太空望远镜（见发现 3.1）的反射镜直径为 2.4m，衍射极限为 0.05″（在蓝光中）。

概念回顾

列出天文学家需要建造甚大望远镜的两种原因。

3.3.2　新型望远镜设计

为了生成尽可能最清晰的图像，除了采用高质量光学器件和选择最佳观测地点，天文学家还开发了多种其他技术。通过在集光的同时分析图像，观测人员可以随时调整望远镜，降低镜面变形、温度变化和视宁度较差等因素造成的影响。采取这些手段，越来越多的大型望远镜（包括凯克和甚大）现在能够获得接近理论值的衍射极限分辨率。

控制望远镜本身的环境和机械波动的技术统称主动光学（active optics）。主动光学系统通常包括：改进的圆顶设计以控制气流；反射镜温度的精确控制；在反射镜后面安装活塞以始终保持精确的形状（见图 3.14a）。图 3.14b 形象地说明了主动光学是如何提高图像分辨率的。

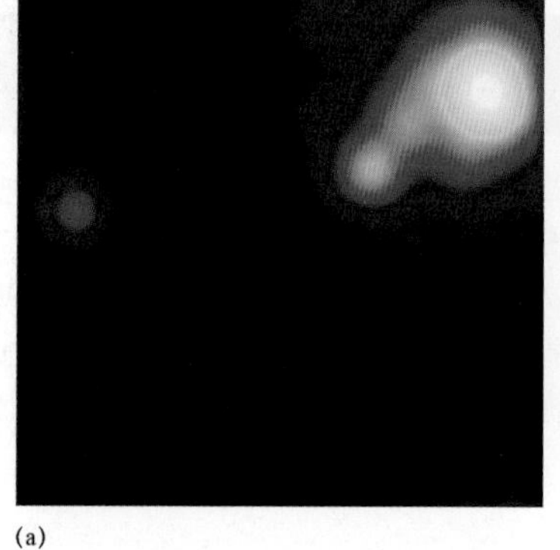
(a)

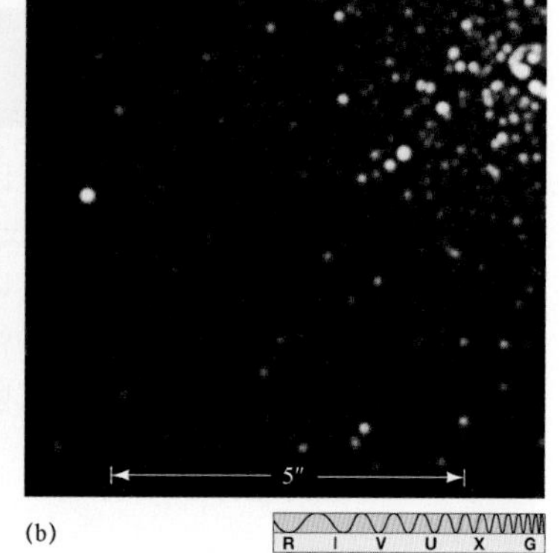

(b)

图 3.14　主动光学。星团 R136（另见图 3.8）部分红外图像的分辨率对比。(a)无主动光学系统；(b)有主动光学系统（ESO）

另一种更有效的方法称为自适应光学（adaptive optics）。为了消除图像曝光时的大气湍流影响，这项技术通过计算机控制来改变反射镜的镜面形状。在如图 3.15a 所示的系统中，激光束探测望远镜上方的大气，将空气涡流运动相关的信息回传至计算机，然后由计算机自动调整反射镜（数千次/秒）以补偿较差的视宁度。其他自适应光学系统则监测视场中的标准恒星，持续不断地调整反射镜形状以保持这些恒星的外观。在如图 3.15b 所示的示例中，通过这种方法获得的图像质量有较大提升。

(a)

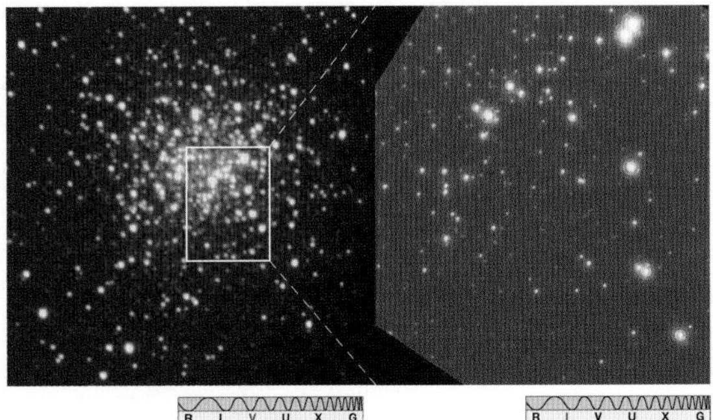

(b)

图 3.15 自适应光学。(a)在加州利克天文台的 3m 口径肖恩望远镜的此次测试中，为了提高指向精度，人们用激光制造了一颗人造恒星。激光束探测望远镜上方的大气，计算机控制的微小变化能够调整反射镜的镜面形状，调整频率高达数千次/秒；(b)在天文学中，视野清晰非常重要。对星团 NGC6934 而言，未经修正的可见光图像的分辨率略小于 1″（左）；应用自适应光学技术后，红外图像的分辨率提高了近 10 倍，可以更清晰地看到更多的恒星（右）（L. Hatch/Lick Observatory; NOAO）

现在，全球许多超大型望远镜都内置了精巧复杂的自适应光学系统，近红外观测的分辨率高达百分之几角秒，相同波长下的观测分辨率明显优于哈勃太空望远镜（口径较小）。自适应光学系统为天文学家提供了鱼和熊掌兼得的机会，既能利用大型地基光学望远镜，又能获得曾经仅属于空基望远镜的高分辨率。

概念回顾

对光学天文学家而言，地球大气层为何是个难题？他们如何应对？

3.4 射电天文学

除了晴天穿透地球大气层的可见光辐射，射电辐射/无线电辐射（radio radiation）也会到达地面。为了探测宇宙中的射电波（见 2.3 节），从 20 世纪 50 年代开始，天文学家建造了许多地基射电望远镜（radio telescope）。与光学天文学相比，射电天文学（radio astronomy）是一个年轻得多的领域。

3.4.1 射电望远镜简介

如图 3.16 所示，世界上最大的可动射电望远镜是美国国家射电天文台的 105m 直径大型望远镜，位于西弗吉尼亚州。从概念上讲，射电望远镜的操作与主焦点光学反射镜相同（见图 3.5a）。该望远镜具有马蹄形大底座，上面支撑着作为集光区域的巨大金属抛物面天线。抛物面天线捕捉宇宙中的射电波并将其反射到焦点，接收器负责检测信号并将其传输至计算机。

射电望远镜的体量很大部分归因于宇宙中的射电源极其微弱，许多射电源根本不发射太多的射电光子（见图 2.11 中的示例），发射的光子也不携带太多能量，而且波源本身通常距离非常遥远（见 2.6 节）。实际上，地球整个表面接收的射电总能量不到万亿分之一瓦特，相较而言，来自夜空中所有亮星的红外线和可见光约为 1000 万瓦特。因此，要捕获足够的射电能量以进行详细测量，具有较大的集光区域至关重要。

由于存在衍射，与光学望远镜相比，射电望远镜的角分辨率通常要差得多。射电波的典型波长约为可见光波长的 100 万倍，所以即便射电蝶形抛物面的尺寸非常巨大，也只能部分抵消这种影响。对

图 3.16 中所示的 105m 直径望远镜而言，虽然设计的波长灵敏度约为 1cm，分辨率约为 20″，但实际的波长灵敏度约为 3cm，分辨率约为 1′。单口径射电望远镜可获得的最佳角分辨率约为 10″（适用于毫米波长的最大仪器），比最佳光学反射镜的能力粗糙约 100 倍。

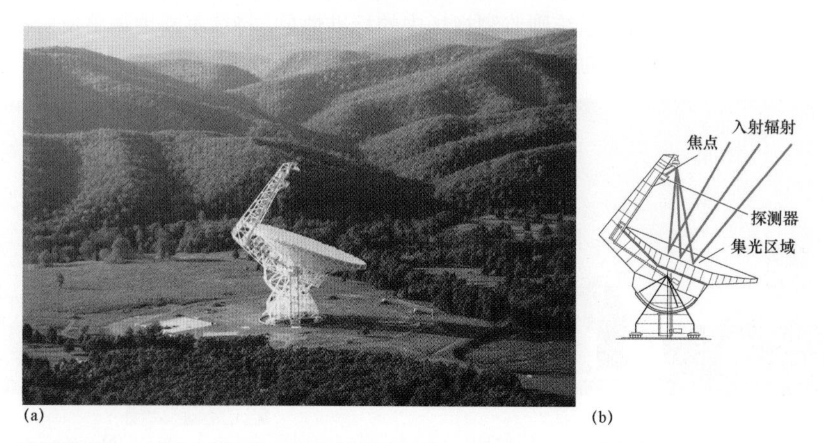

图 3.16 射电望远镜。(a)世界上最大的完全可动射电望远镜，直径为 105m，高度为 150m，位于西弗吉尼亚州绿岸的美国国家射电天文台；(b)射电辐射束的入射路径（蓝色）（NRAO）

如图 3.17 所示，世界上最大的射电望远镜是位于波多黎各的阿雷西博射电望远镜，建造于 1963 年，反射面位于山坡上的一个天然洼地中，占地面积约为 80000m^2，直径约为 300m，接收器串接在几座石灰岩山丘之间①。由于集光区域非常巨大，使其成为地球上最灵敏的望远镜。但是，巨大而固定的抛物面天线却存在着明显的缺陷，阿雷西博望远镜无法横跨天空追踪宇宙天体，而仅能观测地球自转时恰好经过其顶部 20°范围内的天体。

图 3.17 阿雷西博天文台。美国国家天文和电离层中心，位于波多黎各阿雷西博附近，抛物面天线的直径为 300m。在左侧的插图中，接收器高悬在抛物面天线上方；在右侧的插图中，技术人员正在调整抛物面天线表面，以使其更加光滑（D. Parker/T. Acevedo/NAIC; Cornell University）

① 该望远镜已退居次席。2020 年 1 月 11 日，中国 500m 口径的天眼（FAST）正式投用，目前是世界上第一大单口径射电望远镜。——译者注

3.4.2 射电天文学的价值

虽然存在角分辨率相对较差的内在缺陷，但是射电天文学也有一些优势。与可见光不同，射电波不会被地球大气偏转或散射，而且太阳自身也是相对较弱的射电能量源。因此，射电观测几乎能够全天候（24 小时）覆盖整片天空。仅在太阳周围的有限几度范围内，太阳辐射才会湮没对更远天体的射电观测。此外，射电观测通常可在多云天气条件下进行，即使是在下雨或暴风雪期间，射电望远镜也能探测到最长波长的射电波。

但是，射电天文学（及所有非可见光天文学）的最大价值或许在于打开了一扇全新的宇宙窗口，主要原因有两点。首先，正如光谱中可见光部分的明亮天体（如太阳）不一定是强射电发射体一样，宇宙中许多最强的射电源所发射的可见光较少（或者根本不发射）。其次，可见光可能会被光源视向沿线的星际尘埃强烈吸收。与此相反，射电波通常不受介入物质的影响。宇宙的许多部分根本无法通过光学手段“看到”，但在射电波长下却很容易探测到。因此，正是因为有了射电观测，人类才能看到以前完全未知的全新天体。

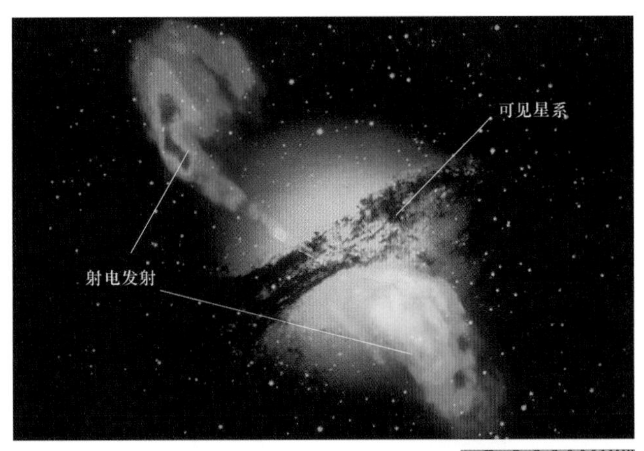

图 3.18 射电星系。这是半人马星系的合成图像，中心是光学视图，两侧是射电瓣中的射电发射（以假彩色显示，红色表示射电强度最大，蓝色表示射电强度最小）（J. Burns）

图 3.18 显示了一个遥远星系［称为半人马射电源 A（Centaurus A）］的可见光照片，光学图像上叠加了相同区域的射电图像。射电图像以假彩色（false color）显示，此技术通常用于显示在非可见光下拍摄的图像。颜色并不代表所发射辐射的实际波长，而代表辐射源的某些其他性质，在此图中代表强度性质，强度大小按降序排列为红色、黄色、绿色和蓝色。注意观察该星系在射电和光学波长上明显不同的外观。可见星系发射较少或者不发射射电能量，大斑点则完全不可见。大斑点称为**射电瓣**（radio lobe），科学家认为其是很久以前由于爆炸事件而从星系中心喷出的物质。半人马射电源 A是**射电星系**（radio galaxy）的一个示例，详见第 15 章。实际上，它以射电波形式发射的能量远超可见光，但是，若没有射电天文学，则人类将完全不了解这一事实以及该星系的狂暴历史。

概念回顾

既然宇宙中的射电波非常微弱，射电望远镜的分辨率通常又很差，那么天文学家希望从射电天文学中学到些什么呢？

3.4.3 干涉测量学

通过采用一种称为**干涉测量**（interferometry）的技术，射电天文学家有时能够提高角分辨率，使得生成角分辨率高得多（与最好的地基或空基光学望远镜相比）的射电图像成为可能。在干涉测量中，两台（或多台）射电望远镜串联使用，以相同波长同时观测相同的天体。这些仪器组合在一起就构成了**干涉仪**（interferometer），如图 3.19 所示。通过电缆或射电链路，在构成干涉仪的阵列中，每个天线接收的信号都被发送至中心计算机。当天线追踪目标天体时，中心计算机汇聚并存储数据。

在干涉测量中，干涉仪负责分析信号相加时如何相互干涉，参见 2.2 节。假设入射波入射至两个探测器（见图 3.20），由于与波源的距离不同，二者记录的信号多数情况下彼此不同步，合并时将产生相消干涉，彼此部分抵消。注意，干涉量取决于波相对于两台探测器连线的行进方向。随着地球自转及天线对目标的追踪，通过对组合信号进行仔细分析，计算机就会生成遥远天体的详细图像。

(a)

(b)

图 3.19　甚大阵干涉仪。(a)该大型干涉仪称为甚大阵（VLA）位于美国新墨西哥州圣奥古斯汀平原，由 Y 形排列的 27 个抛物面天线组成，纵深约 30km；(b)这些抛物面天线安装在铁轨上，容易移动位置（另一个强大的干涉仪见章首图片）(NRAO)

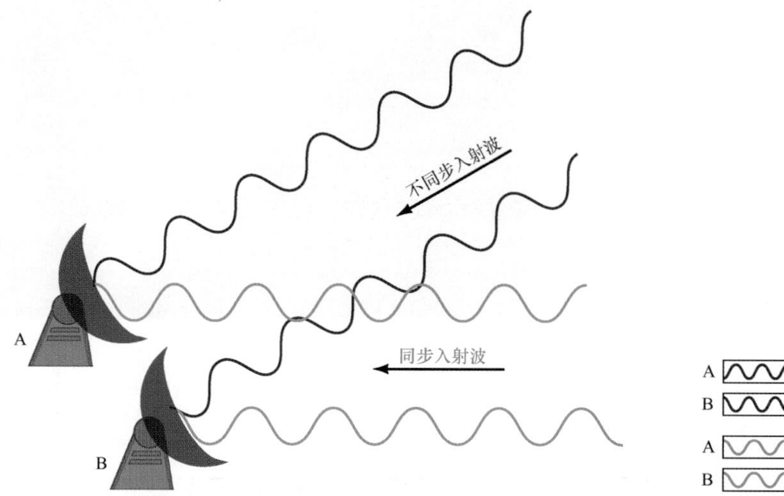

图 3.20　干涉测量。因为辐射穿过二者之间的距离需要时间，所以两台望远镜（A 和 B）记录了同一入射波的不同信号。当信号合并时，干涉量取决于波的运动方向，从而提供一种测量波源在天空中的位置的方法。这里，深蓝色波来自高空波源，且相位不同步，因此产生了相消干涉；但当相同波源由于地球自转而移动（浅蓝色波）时，可能会产生相长干涉

图 3.21 显示了迄今为止最强大的干涉仪。阿塔卡马大型毫米波阵（Atacama Large Millimeter Array，ALMA）是地球上最大的天文仪器，位于智利北部阿塔卡马沙漠，海拔高度约为 5000m。该系统于 2014 年建成，天线总数为 66 个，大部分直径为 12m，工作波长为 0.3～10mm。ALMA 有望成为下一代天文学家的望远镜工作台，为人类打开了一扇全新的宇宙窗口，捕捉太阳系之外各恒星、星系及行星系前所未有的相关细节。

就分辨能力而言，干涉仪的有效直径是其相隔最远抛物面天线之间的距离。换句话说，两个较小抛物面天线可以充当一个巨大单口径射电望远镜的两端，从而极大地提高角分辨率。大型干涉仪由许多抛物面天线组成，如图 3.19 所示的甚大阵（Very Large Array，VLA），射电分辨率可达几角秒，与许多地基光学仪器（未使用自适应光学）大致相当。ALMA 的最佳分辨率约为 0.1″，类似于哈勃太空望远镜（HST）或甚大望远镜（VLT）。图 3.22 比较了一个邻近星系的 ALMA 射电图和大型光学望远镜拍摄的同一星系照片（图 3.18 中的射电图像亦通过干涉方法获得）。各望远镜之间的距离（或基线）越大，预期分辨率越高。甚长基线干涉测量（Very-Long-Baseline Interferometry，VLBI）利用相隔数千千米的多台仪器，可获得毫角秒（0.001″）范围内的分辨率。

图 3.21　阿塔卡马大型毫米波阵（ALMA）。ALMA 干涉仪由来自美国、加拿大、欧洲、东亚和智利的天文学家和工程师组成的国际联盟建造，2014 年全部建成，以毫米波长扫描宇宙，坐落于地球上最偏远和最干燥的地点之一，没有云、射电干扰或光污染。这是有史以来最强大的望远镜。插图显示了该仪器的控制室，配备了地球上最快的超级计算机之一，以分析所输入的数据并重建视场图像（ESO/NAOJ/NRAO; STScI）

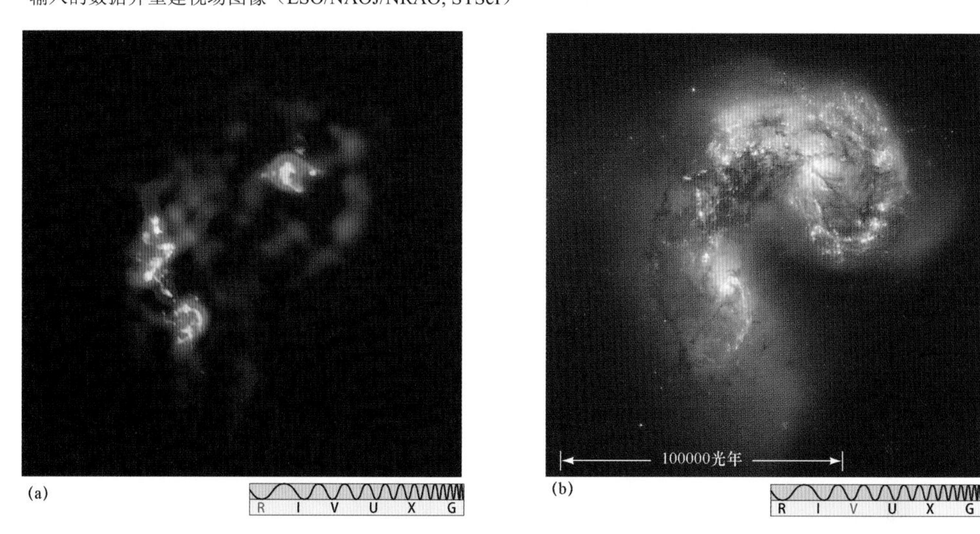

图 3.22　射电与光学的比较。(a)碰撞中的触须星系。这幅 ALMA 图像仅使用了该系统的 12 个天线，这些天线密切配合所获得的角分辨率为几角秒。ALMA 完整系统的分辨率能力比这里高 10 倍；(b)同一星系的可见光照片，由哈勃太空望远镜拍摄，显示比例尺与(a)中的相同（ESO NAOJ/NRAO; STScI）

虽然这项技术最初由射电天文学家开发，但干涉测量不再局限于长波长领域。当电子设备和计算机的运行速度足够高时，若能组合和分析来自不同射电探测器的射电信号（在不丢失数据的情况下），则射电干涉测量将成为可能。随着技术的不断发展，将相同方法应用于更高频率的辐射已成为可能。甚至在 ALMA 之前，毫米波长干涉测量就已成为一种成熟而重要的观测技术。现在，凯克望远镜和甚大望远镜均已用于红外线和光学领域的干涉测量工作。

3.5　空基天文学

如第 2 章所述，除射电、红外线和光学窗口外，地球大气层对其他电磁辐射并不透明（见 2.3 节），其他波长大多只能从太空中研究。因此，这些“其他天文学”的兴起与太空计划的发展密切相关。

3.5.1　红外和紫外天文学

红外线研究是现代观测天文学的重要组成部分。对恒星之间的大部分气体而言，温度基本在几十到几百开尔文之间，由维恩定律可知，红外线区域是研究这种物质的电磁波谱的自然部分（见 2.4 节）。一般而言，红外望远镜（infrared telescope）与光学望远镜的外观相似，但是红外探测器对较长波长的辐射更加敏感。虽然大部分红外辐射被地球大气层（主要是水蒸气）吸收，但红外线光谱的高频部分仍然存在着少数几个窗口，不透明度低至足以允许地基观测（见图 2.9）。如前所述，通过采用配备了自适应光学系统的大型望远镜，有些最有用的红外线观测从地面即可完成。

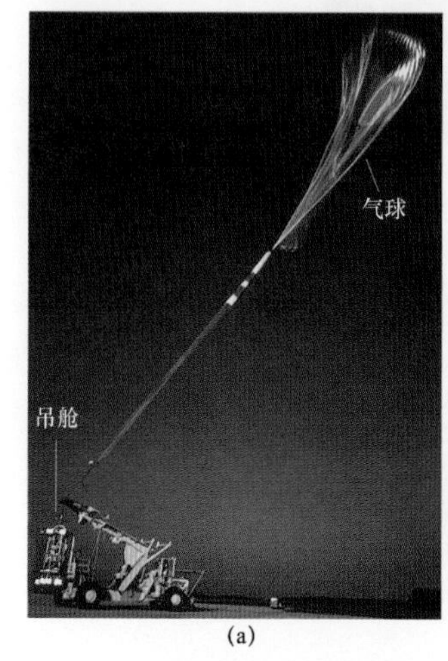

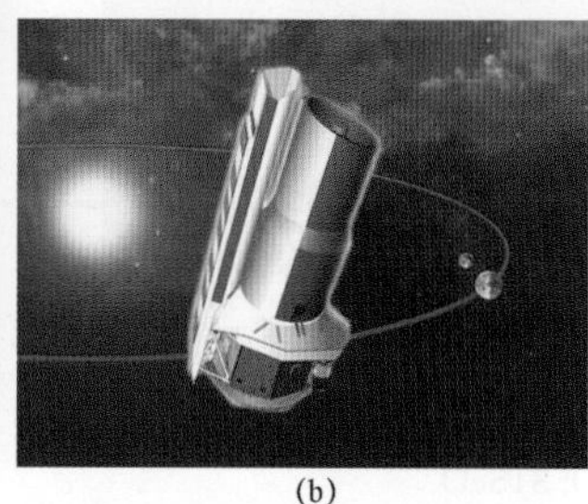

(a) (b)

图 3.23　红外望远镜。(a)吊舱中装有 1m 口径红外望远镜，准备用气球载运上升至约 30km 的高度，然后在那里捕捉无法穿透地球大气层的红外辐射；(b)斯皮策太空望远镜运行图，该望远镜在“地球拖尾日心轨道”上运行，同时测量 3～200μm 波长的红外天空。左侧大挡板保护望远镜不受太阳热量的影响（SAO; JPL）

对大多数红外线观测而言，天文学家必须将观测仪器放置在地球大气层（全部或大部分）之上。随着气球、飞机、火箭和卫星搭载望远镜的技术不断发展进步，使得红外线研究成为宇宙探索的一种强大工具（见图 3.23）。正如所料，与地基观测台中的重型仪器相比，可放置在大气层之上的红外望远镜的体量要小得多。虽然如此，但是它们的红外线观测能够穿透许多宇宙天体周围的尘埃和气体云，使得天文学家能够研究可见光波长下完全被遮蔽的空间区域，并彻底改变人类对宇宙的理解。图 3.24 是一些地基和空基示例，展示了通过观测光谱的红外部分所获得的优势。

图 3.24　红外图像。(a)加州圣何塞附近拍摄的光学照片；(b)同一时间拍摄的同一区域的红外照片。与短波可见光相比，红外辐射能够更好地穿透烟雾，天文观测也具有同样的优势；(c)猎户星云的中心区域，遍布尘埃部分的光学视图；(d)这幅红外图像更清晰地显示出被遮蔽灰尘背后存在一个星团（Lick Observatory; NASA）

2003 年，NASA 发射了 0.85m 口径的斯皮策太空望远镜（Spitzer Space Telescope，SST），如图 3.23b 所示。SST 以著名天体物理学家小莱曼 • 斯皮策的名字命名，他是首次（1946 年）提出将大型望远镜置于太空中的人。SST 探测器的工作波长范围为 3.6～160μm。与以往的空基观测台不同，SST 不绕地球运行，而在地球拖尾日心轨道上运行，即绕太阳公转并在地球后面数百万千米处慢慢跟随，以尽量减少地球对其探测器的加热效应。目前，该航天器正以 0.1AU/年的速度逐渐远离地球。当观测来自太空中的红外信号时，为了不受望远镜自身热量的干扰，探测器被冷却到接近热力学零度。图 3.25 显示了一些令人惊叹的壮观图像示例，获取自 NASA 的最新宇宙观测，本书包含了很多这样的图像。

遗憾的是，保持 SST 探测器冷却的液氦无法长期承压，正慢慢泄漏到太空中。2009 年年初，SST 进入新的暖运行阶段，温度上升至约 30K，虽然按地球标准来看仍然很冷，但却足以让望远镜自身的热发射湮没长波探测器。回顾维恩定律可知，对温度为 30K 的天体而言，热发射的峰值波长约为 100μm（见 2.4 节）。虽然如此，SST 的短波探测器（约为 3.6μm 和 4.5μm）仍在正常运行，并将继续成为重要的天文资源，直至望远镜漂移出地球控制器的范围。

(a)

(b)

图 3.25 斯皮策图像。斯皮策太空望远镜获取的图像显示了其卓越的性能。(a)壮观的旋涡星系 M81，距离地球约 1200 万光年；(b)其伴星系 M82 并不那么平静，而像一支冒烟的热雪茄（JPL）

对短波长而言，可见光光谱的高能侧位于紫外线区域。这个光谱区域直至最近才开始探索，波长从 400nm（蓝光）向下延伸至几纳米（X 射线区域的软端或低能量端）。由于地球大气层对低于 400nm 的辐射部分不透明，对低于 300nm 的辐射完全不透明，所以天文学家无法从地面进行任何有效的紫外线观测，即便是在最高的山顶上也行不通。因此，对任何紫外望远镜（一种捕捉和分析这种高频辐射的设备）而言，火箭、气球和卫星都必不可少。

图 3.26a 显示了一幅超新星遗迹图像，该遗迹形成于约 12000 年前发生的剧烈恒星爆炸（见第 12 章），由 1992 年发射的极紫外探测器（Extreme Ultraviolet Explorer，EUVE）卫星获得。自发射以来，EUVE 绘制了地球的宇宙近邻（当其在远紫外区域展示自己时），从根本上改变了天文学家对太阳附近星际空间的认识。哈勃太空望远镜是最著名的光学望远镜，同时也是极好的紫外设备，2003 年发射的星系演化探测器（Galaxy Evolution Explorer，GALEX）卫星同样如此，如图 3.26b 所示。

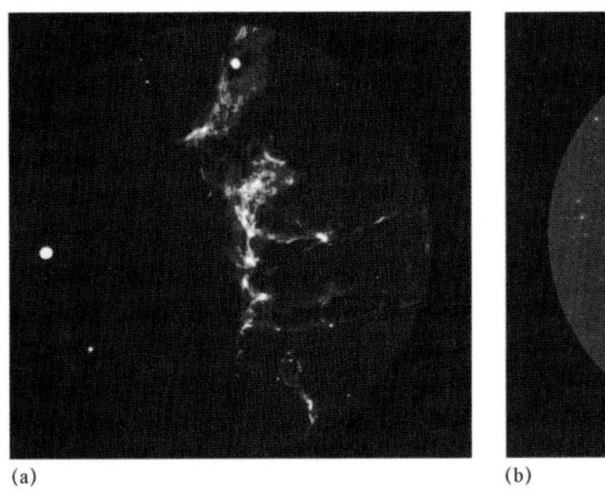

(a)

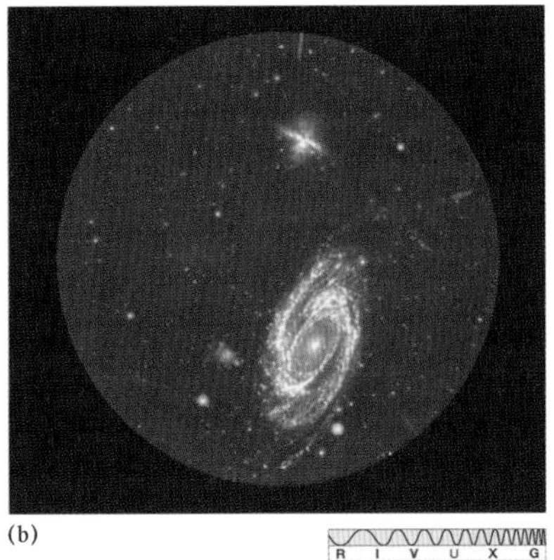

(b)

图 3.26 紫外图像。(a)天鹅圈超新星遗迹图像，遗迹形成于一颗大质量恒星爆炸，由极紫外探测器卫星上的相机拍摄，发光区域距离地球约 1500 光年。基于碎片的外逸速度，天文学家估计该爆炸发生在 12000 年前；(b)星系 M81 和 M82（与图 3.25 中相同）的假彩色图像，由星系演化探测器卫星拍摄，揭示了在远离星系中心的蓝臂中形成的多颗恒星（NASA/GALEX）

科学过程回顾

描述天文学家在整个电磁波谱上进行的几种观测。这样的观测为何是必要的？

3.5.2 高能天文学

高能天文学研究以 X 射线和 γ 射线形式呈现在人类面前的宇宙，这两种射线的光子频率最高，因此能量也最大。如何探测波长如此之短的辐射呢？首先，这两种射线完全无法到达地面，所以要在地球大气层之上进行高空探测。其次，与迄今为止所讨论的相对低能量辐射相比，这两种射线需要采用完全不同的观测设备。

高能望远镜之所以存在重大的设计差异，主要是因为 X 射线和 γ 射线不容易被任何类型的表面反射，而直接穿过或者被吸收。但是，当勉强擦过一个表面时，X 射线可以从表面反射并生成一幅图像，不过反射镜的设计相当复杂（见图 3.27）。X 射线望远镜成像的数据质量非常高，在人类对整个宇宙高能现象的理解方面取得了重大进展。

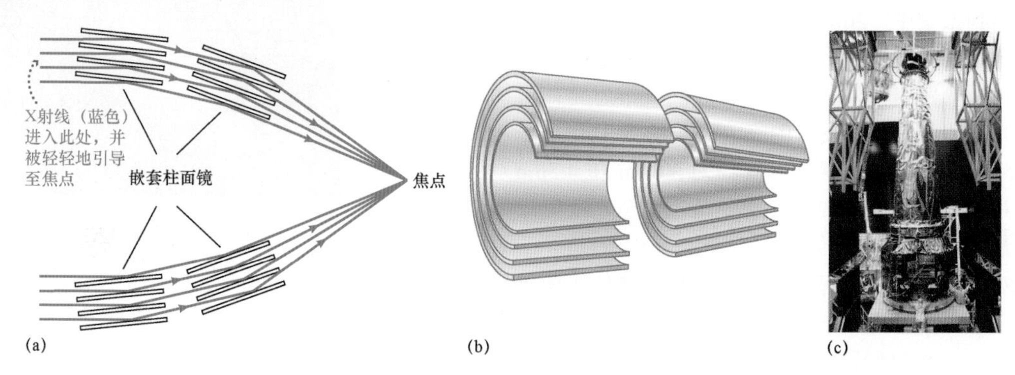

图 3.27 X 射线望远镜。(a)X 射线望远镜中的反射镜是嵌套排列的，允许射线以掠射角反射并聚焦而形成图像；(b)望远镜的三维剖面图，更清晰地显示了形状；(c)钱德拉 X 射线望远镜，图中所示为其最后的建造阶段，有效角分辨率为 1″，生成的图像质量可与光学照片相媲美（NASA）

1999 年，NASA 发射了钱德拉 X 射线天文台（Chandra X-Ray Observatory，CXO），它以印度天体物理学家苏布拉马尼扬·钱德拉塞卡的名字命名，如图 3.27c 所示。与此前的任何 X 射线望远镜相比，CXO 具有更高的灵敏度、更宽的视野和更高的分辨率，为高能天文学家提供了更高层级的观测细节。图 3.28 显示了 CXO 传回的第一幅图像——一个超新星遗迹，称为仙后 A（Cas A)。所有遗迹均来自仙后座中的某颗恒星，据观测，该恒星约在 320 年前发生了爆炸。由这幅假彩色图像可知，恒星喷出物中含有温度高达 5000 万开尔文的气体，碎片中心的明亮白点可能是黑洞。欧洲 X 射线多镜卫星（European X-Ray Multi-Mirror，现称 XMM-牛顿）于 1999 年发射，灵敏度比 CXO 的更高（可探测更微弱的 X 射线源），但角分辨率明显较差（5′，CXO 则为 0.5″）。由上可知，这两台望远镜互相补充。

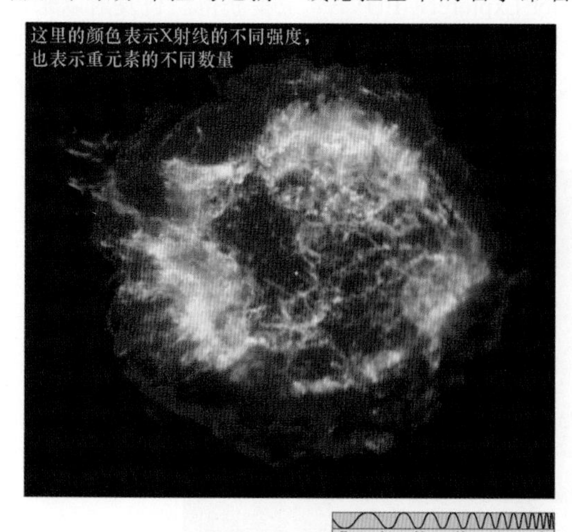

图 3.28 X 射线图像。超新星遗迹仙后 A 的假彩色钱德拉 X 射线图像，该遗迹是由分散热气体构成的碎片场，曾是一颗大质量恒星的一部分。仙后 A 距离地球约 10000 光年，因为被直径约为 10 光年的明亮 X 射线湮没，所以在光谱的光学部分几乎看不到（CXC/SAO）

γ 射线天文学（Gamma-ray astronomy）是天文观测领域中最年轻的成员。对于 γ 射线，目前尚无办法生成真实图像（见 3.1 节），当前的 γ 射线望远镜只是简单地指向特定的方向，然后计数接收到的光子数量，因此只能进行相当粗略的观测（1°分辨率）。但是，即便分辨率如此之低，其所蕴含的信息仍然非常丰富。20 世纪 60 年代，宇宙中的γ射线由美国维拉号（Vela）系列卫星首次探测到，该卫星的主要任务是监测地球上的非法核爆炸。此后，数台 X 射线望远镜也配备了γ射线探测器。

γ射线天文学追踪宇宙中的最狂暴事件，尺度范围从恒星到星系。1991 年，NASA 的康普顿γ射线天文台（Compton Gamma-Ray Observatory，CGRO）进入轨道，然后对整个天空进行了全面扫描，并且比以往任何时候都更为详尽地研究了相关天体。当三个陀螺仪之一发生故障后，CGRO 任务于 2000 年被迫中止。2008 年，NASA 发射了费米γ射线太空望远镜（Fermi Gamma-Ray Space Telescope），与康普顿γ射线天文台相比，对更宽范围的γ射线能量更加敏感，极大地拓宽了天文学家的高能宇宙视野。图 3.29 是巨大恒星爆炸后的费米图像，该次狂暴事件以γ射线形式释放了大量能量。费米的全天空图像如图 3.30e 所示。

图 3.29　γ射线图像。费米望远镜拍摄的假彩色γ射线图像，显示了天区 IC443 中某次狂暴事件（超新星）的遗迹。γ 射线主要以品红色显示，并且叠加在该区域的红外（蓝色/绿色）和光学（黄色）图像上（NASA）

概念回顾

列出在太空中放置望远镜的两种科学优势。可能存在哪些缺点？

3.5.3　全光谱覆盖

表 3.1 中列出了电磁波谱的基本区域，并且描述了每个频率范围内的常见研究对象。请务必牢记，该列表内容并不全面，许多天体的常规观测现在都覆盖了众多不同的电磁波长。本书的后续部分将进一步讨论高精度天文仪器能够提供的丰富信息。

表 3.1　多波段天文学

辐　射	总体描述	常见应用（参考章节）
射电	可以穿透星际空间的尘埃区域 地球大气层对射电波长基本上透明 日夜均可观测 长波长的高分辨率观测需要特大望远镜	行星的雷达研究（1，6） 行星的磁场（7） 星际气体云（11） 银心（14） 星系结构（14，15） 活动星系（15） 宇宙背景辐射（17）
红外线	可以穿透星际空间的尘埃区域 地球大气层对红外辐射仅部分透明，因此有些观测必须在太空中进行	恒星的形成（11） 冷星（11，12） 银心（14） 活动星系（15） 宇宙的大尺度结构（16，17）
可见光	地球大气层对可见光透明	行星（6，7） 恒星和恒星演化（9，10，12） 星系结构（14，15） 宇宙的大尺度结构（16，17）

（续表）

辐　射	总体描述	常见应用（参考章节）
紫外线	地球大气层对紫外辐射不透明，因此观测必须在太空中进行	星际物质（11） 热星（12）
X 射线	地球大气层对 X 射线不透明，因此观测必须在太空中进行 成像需要特殊的反射镜	恒星大气层（9） 中子星和黑洞（13） 活动星系核（15） 星系团中的热气体（16）
γ 射线	地球大气层对 γ 射线不透明，因此观测必须在太空中进行 无法成像	中子星（13） 活动星系核（15）

作为全光谱覆盖的恰当比较示例，图 3.30 显示了银河系的一系列图像，由若干仪器设备历时约 5 年时间生成，波长范围从射电到 γ 射线。通过比较每幅图像中的可见特征，即可看到多波段观测的互补性，因此极大地拓展了我们对周围宇宙的感知。

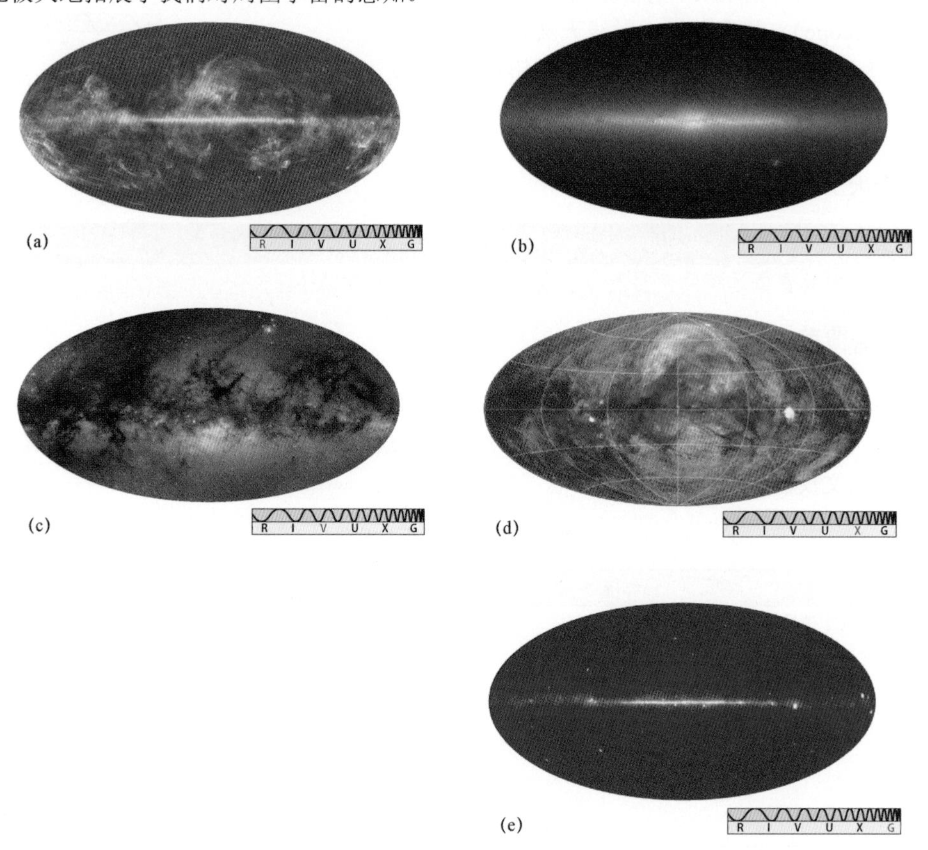

图 3.30　多波段。银河系在以下波长处的外观：(a)射电；(b)红外线；(c)可见光；(d)X 射线；(e)γ 射线。每幅图像都是覆盖整个天空的全景视图，中心部位即为银心（ESA; UMass/Caltech; A. Mellinger; MPI; NASA）

学术前沿问题

天文学是一门数据驱动的科学，最惊人的发现往往来自新启用的望远镜。其中，有些望远镜的口径更大，还有些望远镜在轨道上运行，它们几乎都要好于以往的任何仪器。对天文望远镜而言，最大的进步来自为感知电磁波谱新领域而建造的仪器。今天，以中微子（第 9 章）和引力辐射（第 13 章）的形式，天文学家正在开启新的非电磁窗口。我们将从这些非电磁窗口中学到些什么？是否存在其他未知波段等待我们去发现呢？

本章回顾

小结

LO1 望远镜是一种仪器设备，采集来自远处光源尽可能多的光，并将其传递至探测器以进行详细研究。天文学家更喜欢反射望远镜，因为与大型透镜相比，大型反射镜更轻、更易建造并且光学缺陷更少。仪器可以放置在望远镜内的主焦点处，或者通过副镜将光反射至外部探测器。大部分现代望远镜使用电荷耦合器件（CCD），以数字形式采集和存储数据（以供后续分析）。

LO2 望远镜的集光能力取决于聚光面积，与反射镜直径的平方成正比。要想研究最暗淡的辐射源，天文学家就必须使用大型望远镜。大型望远镜受衍射效应的影响最小，因此，一旦克服地球大气的模糊效应，即可获得更好的角分辨率。衍射量与所研究辐射的波长成正比，与反射镜的大小成反比。

LO3 大多数地基光学望远镜的分辨率都受限于视宁度，这是地球湍流大气的模糊效应，它将恒星的点状图像模糊在直径为几角秒的视宁圆面中。通过采用主动光学和自适应光学，天文学家可以提高望远镜的分辨率。在主动光学中，望远镜的环境和焦点需要人工仔细监测和控制；在自适应光学中，大气湍流的模糊效应能够实时自动修正。

LO4 射电望远镜在原理上与光学反射望远镜的类似，但尺寸通常比后者要大得多，部分原因是从太空到达地球的射电能量太少。射电望远镜的主要缺点是分辨率受限于长波长射电波的衍射，主要优点是允许天文学家探索电磁波谱和宇宙的新部分——对许多天文射电发射源而言，在可见光中完全探测不到。此外，在很大程度上，射电观测不受地球大气、天气和太阳位置的影响。

LO5 为了增大望远镜的有效面积，进而提高其分辨率，可将若干仪器组合成干涉仪，然后利用两个（或多个）探测器接收到的辐射干涉图来重建高精度辐射源图像。通过采用干涉测量，射电望远镜能够生成比最好光学望远镜更清晰的图像。

LO6 在基本设计上，红外望远镜和紫外望远镜与光学望远镜类似。高能望远镜研究电磁波谱的 X 射线和 γ 射线区域。X 射线望远镜可以形成其视场的图像，但是镜面设计要比低能望远镜更复杂。γ 射线望远镜只是指向某个方向，并计数接收到的光子数量。通过采用地基大型望远镜，可以对红外线范围的某些部分进行研究。但是，由于地球大气层不透明，很多观测（大部分红外线以及所有紫外线、X 射线和 γ 射线）都必须在太空中进行。

LO7 不同物理过程可能会产生完全不同类型的电磁辐射，对给定的天体而言，射电波图像（长波长和低能量）可能与 X 射线或 γ 射线图像（短波长和高能量）几乎完全不同。要彻底理解某一天文事件，对电磁波谱进行全光谱覆盖观测非常必要。

复习题

1. 与折射望远镜相比，反射望远镜具有哪三种优点？
2. 目前在用的最大光学望远镜是什么？为什么天文学家希望望远镜的尺寸尽可能大？
3. 地球大气层如何影响通过光学望远镜看到的东西？
4. 与地基望远镜相比，哈勃太空望远镜具有哪些优势和劣势？
5. 与感光板相比，CCD 具有哪些优势？
6. 对地球表面 2m 口径的望远镜而言，分辨率受到大气湍流的限制更多还是受到衍射效应的限制更多？
7. 为什么射电望远镜必须非常大？
8. 哪些天体最好采用射电技术进行研究？
9. 什么是干涉测量？它能解决射电天文学中的什么问题？
10. 比较光学望远镜与射电望远镜（包括干涉仪）可以达到的最高分辨率。
11. 红外观测需要什么特殊条件？
12. 就反射镜而言，X 射线望远镜与光学望远镜有何不同？
13. 为什么费米望远镜要放置在太空中（而非地面）？
14. 在辐射的许多不同波长下研究天体的主要优势是什么？
15. 人眼可以看到角分辨率约为 1′的光，相当于在手臂长度的 1/3mm 处。假设人眼只检测角分辨率为 1°的红外辐射，则人们能在地球表面旅游、阅读、雕刻或创造发明吗？

自测题

1. 使用哈勃太空望远镜的主要优点是增加了夜间观测量。（对/错）
2. 视宁度描述望远镜能够探测到最暗天体的程度。（对/错）

3. 与感光板相比，CCD 的主要优点之一是能够高效地探测光。（对/错）
4. 射电望远镜之所以很大，部分原因是为了提高角分辨率。由于以长波长观测天空，所以导致角分辨率很低。（对/错）
5. 红外天文学只能在太空中进行。（对/错）
6. γ 射线望远镜采用与光学望远镜相同的基本设计。（对/错）
7. 由于 γ 射线的波长非常短，因此 γ 射线望远镜可以获得极高的角分辨率。（对/错）
8. 大多数专业研究都使用反射望远镜，主要是因为反射镜：(a)比透镜生成的图像更清晰；(b)图像反转；(c)不受视宁度的影响；(d)大型反射镜比大型透镜更易制造。
9. 若以非正常形状制造望远镜的镜面，则集光能力最强的是：(a)边长为 1m 的三角形；(b)边长为 1m 的正方形；(c)直径为 1m 的圆形；(d)长 2m 和宽 1m 的矩形。
10. 专业天文台大多建在山顶的最高处，主要原因是：(a)远离城市灯光；(b)在雨云之上；(c)降低大气模糊效应；(d)改善色差。
11. 当将多台射电望远镜用于干涉测量时，为了提高分辨率，需要增加：(a)望远镜之间的距离；(b)给定区域内的望远镜数量；(c)每台望远镜的直径；(d)每台望远镜的电动机功率。
12. 斯皮策太空望远镜的轨道位置远离地球，这是因为：(a)增大望远镜的视场；(b)望远镜对地面无线电台的电磁干扰很敏感；(c)避免地球大气层的遮蔽效应；(d)地球是热源，望远镜必须保持较低的温度。
13. 要研究隐藏在星际尘埃云后面的年轻恒星，最佳方法是使用：(a)X 射线；(b)红外光；(c)紫外光；(d)蓝光。
14. 要使图 3.12 所示图像（分辨率）最清晰，则波长与望远镜尺寸之比应：(a)较大；(b)较小；(c)接近 1；(d)以上都不是。
15. 由表 3.1（多波段天文学）可知，当研究室女星系团（Virgo cluster）中各星系之间的热气体（百万开尔文）时，最佳频率范围位于：(a)射电；(b)红外线；(c)X 射线；(d)γ 射线。

计算题

1. 某望远镜的视场为 10′×10′，记录芯片为 CCD（2048 像素×2048 像素）。一个像素对应于天空中的多大角度？典型视宁圆面（半径为 1″）的直径是多少（单位为像素）？
2. 斯皮策太空望远镜（SST）的计划工作温度为 5.5K。该望远镜自身的黑体发射的峰值波长是多少（单位为 μm）？这个波长与望远镜设计工作的波长范围相比如何（见更为准确 2.2）？
3. 2m 口径望远镜一小时可以收集到一定数量的光。在相同的观测条件下，6m 口径望远镜需要多长时间才能完成相同的任务？12m 口径望远镜呢？
4. 对于红光（波长 700nm），空基望远镜可以获得 0.05″的衍射极限角分辨率。在以下两种情况下，该望远镜的分辨率分别是多少：(a)波长为 3.5μm 的红外线；(b)波长为 140nm 的紫外线。
5. 两颗完全相同的恒星在圆形轨道上彼此绕转，轨道间距为 2AU。该系统距离地球 200 光年。若恰好正面观测该轨道，假设达到衍射极限时光学系统的波长为 2μm，则需要多大直径的望远镜才能分辨这两颗恒星？
6. 当在蓝光（400nm）下工作时，哈勃太空望远镜（HST）能够分辨上题中两颗恒星的最大距离是多少？
7. 在望远镜中，感光设备被 CCD 取代。若感光板可记录到达光的 5%，CCD 可记录到达光的 90%，则为了收集旧探测器在一小时曝光中记录的等量信息，新系统需要多长时间？
8. 仙女星系距离地球约 250 万光年。SST（3″）、HST（0.05″）和射电干涉仪（0.001″）的角分辨率在该距离处的对应距离分别是多少？
9. 若某望远镜由两个独立的 10m 直径反射镜构成，则等效单反射镜的直径是多少？四个独立的 8m 直径反射镜呢？
10. 估计以下两种仪器的角分辨率：(a)射电干涉仪，基线为 5000km，工作频率为 5GHz；(b)红外干涉仪，基线为 50m，工作波长为 1μm。

活动

协作活动

1. 如果在每个小组成员的家中放置一台 2m 直径的射电望远镜，确定你所在小组能够建造干涉仪的最大尺寸，其在波长 1cm 处的分辨率是多少？
2. 假设你所在的小组被指派观测猎户座周围的天区，寻找隐藏在分子云中炽热且明亮的年轻恒星。解释文中描述的哪种望远镜是最佳选择，并估计可能看到的详细程度。

个人活动

1. 拍摄一些夜空的照片。你需要做好以下准备：一个晴朗漆黑的拍摄地点；一部可以控制曝光时间的较好数码相机；一个三脚架和快门线；一块能在黑暗中看到秒针的手表。将数码相机的曝光方式设置为手动，连接快门线以便于控制。将焦点设置为无限远。将数码相机对准目标星座（通过取景器查看），然后曝光 20～30s。在曝光期间，不要触摸相机的任何部位，也不要握住快门线，以将所有振动降至最低。做好拍摄记录。
2. 尝试做出改变，例如，将曝光时间改为若干小时，从而拍摄恒星的运行轨迹；变换不同的镜头，如广角镜或长焦镜头；将相机置于望远镜之上，追踪天空中的某颗天体，曝光时间可达数分钟。
3. 在图 3.30（多波段）中，哪幅银河系图像提供了最有趣的信息？解释理由。

第 2 部分

太阳系（行星系）

学习天文学基础知识后，下面开始探讨一系列天体系统（由小至大），直至最终抵达可观测宇宙的极限边界。这段旅程从地球开始，途经各大行星，再到光芒万丈的太阳。太阳系的体量极为庞大，容纳（并肩堆叠）100 万颗地球绰绰有余。

人类的太空家园可无限延伸且极为复杂，第 2 部分重点介绍人们的当前认知。这些认知一直在持续加深，至今已取得了一定程度的进展，彻底改变了人类对地球自身及宇宙邻居的复杂演化历史的认识。

背景图像描绘了第 2 部分中的天体大小范围，包括小行星碎片、卫星、彗星、行星和太阳。

金星～10^7m

月球～10^6m

小行星～10^4m

人类对行星的了解大多发现于最近几十年。

第 4 章　太阳系：行星际物质和行星的诞生

在太阳系中，彗星是体量较小但却非常重要的组成部分，可用于追溯极为遥远的宇宙历史，经常含有自太阳系形成以来基本上没有变化的原始物质。在人类与太阳及其行星的形成过程之间，彗星是为数不多的直接联系之一。这幅图像显示了 67P/丘留莫夫-格拉西缅科彗星，即在地球与木星之间运行的一个宽 4km、厚 4km 的冰块，由罗塞塔号探测器拍摄。该探测器于 2014 年进入该彗星的轨道，并在最接近太阳时（2015 年）始终相伴。罗塞塔号探测器对该彗星的内部和周边环境进行了详细测量，并通过一个小型探测器实现了彗星表面软着陆，获得了迄今为止最佳的彗星视图（ESA/Rosetta/MPS）

与以往所有世纪的总和相比，在不到一代人的时间里，人类了解了与太阳系（太阳及绕其运行的所有天体）相关的更多信息。通过研究各大行星、行星的卫星及在行星际空间中运行的无数物质碎片，天文学家对人类家园的太空环境有了更深入的理解。最近几十年的天文发现成果丰硕，彻底改变了人类对宇宙邻居的现状和历史的理解，因为太阳系中充满了关于自身起源和演化的线索。矛盾的是，关于太阳系最早期的相关信息的丰富来源并非绕太阳运行的大型天体，而是散布在行星际空间中的各颗小行星、彗星和流星体。这些碎片的数量远多于行星自身，它们记录了太阳系（我们的行星系）的各个形成阶段，对人类研究世界的起源帮助很大。

学习目标

LO1 描述太阳系的尺度和结构，列出类地行星与类木行星之间的基本区别。

LO2 总结小行星的轨道和物理性质。

LO3 描述典型彗星的组成和结构，解释如何通过彗星的轨道判断其可能的起源。

LO4 总结流星体的轨道和物理性质，解释这些天体与小行星和彗星之间的关系。

LO5 列举任何太阳系形成理论必须要解释的主要事实和例外情况。

LO6 概述行星形成的凝聚理论，指出其如何解释太阳系的主要特征。

LO7 描述凝聚理论如何解释类地行星、类木行星及散布在整个太阳系中的较小天体。

LO8 描述天文学家探测系外行星的主要方法。

LO9 概述已知系外行星的性质，并与当前的太阳系形成理论相关联。

总体概览

人类所在的太阳系形成于约 45 亿年前，这个时间非常古老，几乎不可能重建这一奇特事件的细节。无心插柳柳成荫，由于对远超太阳系自身的其他行星系进行了深入研究，人类现在有希望意外破译自身所在行星系（即太阳系）的起源，就像罗塞塔石碑一样①。正如八大行星的比较行星学指导人类理解地球的形成和历史一样，系外行星存在着暗示太阳系如何形成和演化的更多信息。

4.1 太阳系的成员

在人类所在的太阳系中，共包含 1 颗恒星、8 颗绕太阳运行的行星、173 颗围绕这些行星运行的卫星（至本书截稿时为止）、5 颗矮行星、7 颗直径大于 300km 的小行星、100 多颗直径大于 300km 的柯伊伯带天体、数万颗更小（但研究程度较高）的行星和柯伊伯带天体、大量直径达数千米的彗星/扫帚星以及无数颗直径小于 100m 的流星体。随着宇宙探索的持续进行，列表中的成员数量无疑会越来越多。

4.1.1 行星的性质

太阳系的总体布局如图 4.1 所示。在八大行星中，水星最接近太阳，然后依次为金星、地球、火星、木星、土星、天王星和海王星。小行星主要位于火星和木星轨道之间的一条宽带中，柯伊伯带则位于海王星之外。

由 1.3 节可知，通过对金星进行雷达测距，人们确定了太阳系的尺度。在此基础上，利用运行周期和开普勒定律，即可求出各大行星和太阳之间的距离。太阳到海王星的距离约为 30AU，相当于地球半径的 70 万倍或者地月之间的距离的 1.2 万倍。虽然此范围非常巨大，但是从天文学视角看，这些行星距离太阳却非常近。海王星的轨道直径小于 1/3000 光年，距离太阳最近的那颗恒星则位于几光年外。各行星的轨道分布并不均匀，大致而言，当从太阳向外移动时，相邻轨道之间的距离加倍。

---

① 罗塞塔石碑是古埃及托勒密王朝的著名石碑，用 3 种不同文字刻了同样的内容，考古学家从中解读出了失传千余年的埃及象形文字的意义与结构，从而成为研究古埃及历史的重要里程碑。——译者注

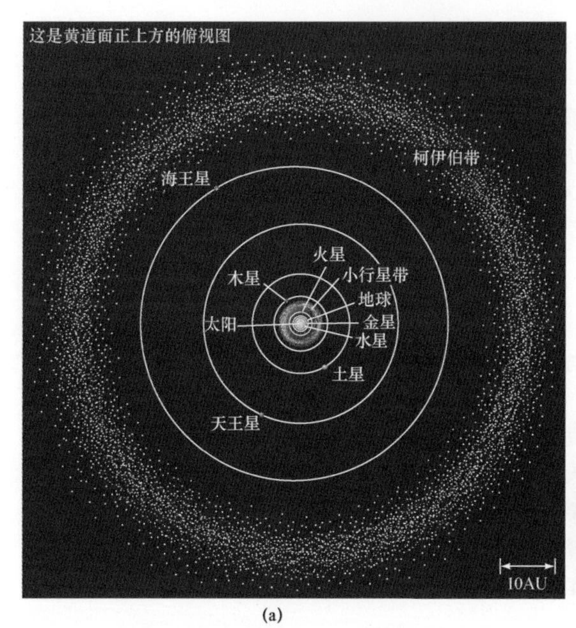

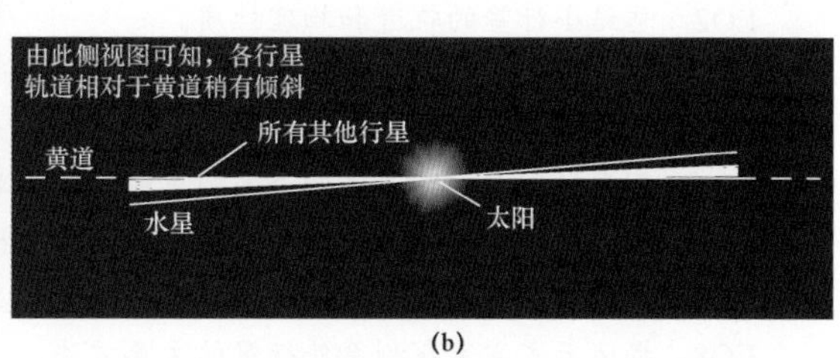

图 4.1 太阳系。太阳系中的主要天体包括太阳、行星和小行星。除了水星，其他行星的轨道几乎都呈圆形(a)，且几乎都位于同一平面内(b)。整个太阳系（包括柯伊伯带）的直径约为 100AU

当从地球北极点正上方观测时，所有行星均逆时针方向绕太阳运行，且与地球轨道面（黄道面，见 1.1 节）几乎位于同一平面。水星则稍有不同，轨道面与黄道之间存在 7°的夹角。虽然如此，如图 4.1b 所示，我们依然可以认为太阳系整体非常扁平。图 4.2 是 2002 年 4 月拍摄的行星排列照片，包含了水星、金星、火星、木星和土星。由于轨道几乎位于同一太空平面内，所以这五颗行星（偶尔）能够出现在同一片天区中。

图 4.2 行星排列。在 2002 年 4 月的行星排列中，六颗行星（水星、金星、火星、木星、土星和地球）同时出现。太阳和月球位于地平线之下（J. Lodriguss）

表 4.1 列出了八大行星的一些基本轨道和物理性质，并与太阳系中的部分其他天体进行了比较。

表 4.1　太阳系中部分天体的性质

天　体	轨道半长径（AU）	轨道周期（地球年）	质量（地球质量）	半径（地球半径）	已知卫星数量	平均密度	
						（kg/m^3）	（地球 ＝1）
水星	0.39	0.24	0.055	0.38	0	5400	0.98
金星	0.72	0.62	0.82	0.95	0	5200	0.95
地球	1.0	1.0	1.0	1.0	1	5500	1.0
月球	—	—	0.012	0.27	—	3300	0.60
火星	1.5	1.9	0.11	0.53	2	3900	0.71
谷神星（小行星）	2.8	4.7	0.00015	0.073	0	2700	0.49
木星	5.2	11.9	318	11.2	67	1300	0.24
土星	9.5	29.4	95	9.5	62	700	0.13
天王星	19.2	84	15	4.0	27	1300	0.24
海王星	30.1	164	17	3.9	14	1600	0.29
冥王星（柯伊伯带天体）	39.5	249	0.002	0.2	5	2100	0.38
海尔-波普彗星	180	2400	1.0×10^{-9}	0.004	—	100	0.02
太阳	—	—	332000	109	—	1400	0.25

图 4.3　太阳及其行星。各大行星和太阳的相对大小。可以看到，木星、土星、天王星和海王星远大于地球及其他内行星，但仍远小于太阳

通过利用传统的测量技术和近年来的卫星测量技术，人们已经知道了地球的半径（见发现 0.1）。为了测量其他行星的半径，首先要测量各行星的角大小，然后运用初等几何进行计算（见更为准确 4.1）。图 4.3 描绘了各大行星的大小（相对于太阳）。

要确定某颗行星的质量，首先要观测其对附近天体的引力影响，然后应用牛顿运动定律和万有引力定律（见更为准确 1.1）。在空间时代/太空时代（space age）之前，为了计算出某颗行星的质量，天文学家需要追踪该行星的卫星的轨道，或者测量各大行星在彼此轨道上形成的微小但可检测的畸变。当前，通过分析行星对人造卫星和空间探测器产生的引力效应，天文学家能够精确地确定表 4.1 中大部分天体的质量。由于总质量占比接近 99.9%，太阳显然是太阳系中的“高级合伙人”，其引力支配着所有其他天体的运动。

在表 4.1 中，最后一列中的量称为密度（density），它是天体致密程度的测度，计算方法为：将该天体的质量（单位为 kg）除以体积（单位为 m^3）。地球的平均密度为 $5500kg/m^3$，水的密度为 $1000kg/m^3$，地表岩石的密度为 $2000～3000kg/m^3$，铁的密度约为 $8000kg/m^3$，海平面上地球大气的密度约为 $1kg/m^3$。

更为准确 4.1　运用几何原理测量天体大小

如第 1 章所述，利用视差、雷达测距和开普勒定律，天文学家能够确定地球与太阳系中其他天体之间的距离（见 1.3 节）。已知距离后，运用希腊几何学家欧几里得的定律，即可将某颗天体的角大小转换为其物理距离。

如附图所示，观测者正在测量某颗已知距离的天体的角直径，此处添加了一个以观测者为中心且通过该天体的大圆。为了计算该天体的大小，实际天体直径与大圆周长（至天体距离的 2π 倍）之比必定等于观测角直径与完整公转一圈的角度（360°）之比，即

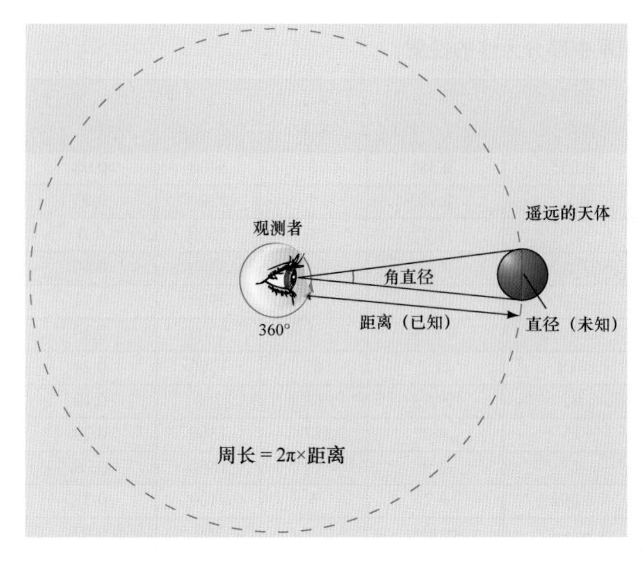

$$\frac{直径}{2\pi \times 距离} = \frac{角直径}{360°}$$

可以看到，这一推理与第 0 章所述内容基本类似（见发现 0.1）。由上述方程可知

$$直径 = 距离 \times \frac{角直径}{57.3°}$$

例如，由雷达测距可知，月球与地球之间的距离为 384000km。月球的角直径约为 31 角分，略大于 0.5°。因此，月球的实际直径为 $384000 \times (31/60)°/57.3° = 3460\,\text{km}$，更精确的测量值为 3476km。

虽然观测直截了当，几何推理也属入门级，但类似这样的简单测量却非常重要，它们奠定了本书中关于宇宙大小和尺度的几乎所有表述的基础。

4.1.2　类地行星和类木行星

通过将探测器数据与理论计算相结合，天文学家能够推断出行星的主体组成（见第 5 章～第 8 章），然后即可在此基础上明确区分太阳系中的内层和外层成员。简而言之，内层成员称为**内行星/带内行星**（inner planet），体积小、密度高且以岩石为主，包括水星、金星、地球和火星；外层成员称为**外行星/带外行星**（outer planet），体积大、密度低且以气体为主，包括木星、土星、天王星和海王星。

在某种程度上，水星、金星和火星的物理及化学性质与地球的类似，所以最靠近太阳的 4 颗内行星统称**类地行星**（terrestrial planet）；外行星（木星、土星、天王星和海王星）的体积较大（木星最大），物理及化学性质彼此相似（但与类地行星的明显不同），统称**类木行星**（jovian planet）。类木行星的体积远大于类地行星，组成和结构也差异巨大。表 4.2 比较了这两类行星的部分关键性质。

表 4.2　类地行星和类木行星之比较

类地行星	类木行星	类地行星	类木行星
距离太阳较近	距离太阳较远	密度较高	密度较低
轨道间距较小	轨道间距较大	自转速率慢	自转速率快
质量较小	质量较大	磁场较弱	磁场较强
半径较小	半径较大	无环	多环
以岩石为主	以气体为主	卫星较少	卫星较多
固态表面	非固态表面		

每类行星中同样存在着重要变化，例如，当校正引力如何压缩内部时，人们发现随着与太阳距离的增大，类地行星的未压缩密度稳步下降，所以这些行星的组成取决于其在太阳系中的位置。与此类似，所有 4 颗类木行星都含有大而致密的类地内核，质量最高可达地球质量的 20 倍，但是当从内向外移动时，这些内核占类木行星总质量的比例越来越大。

4.1.3　太阳系碎片

行星科学（planetary science）的主要目标之一是研究太阳系如何形成，并解释在地球和太阳系中其他地方出现的物理条件。具有讽刺意味的是，研究最容易接近的行星（地球自身）对此并无太大帮助，因为地球早期阶段的相关信息早就被大气侵蚀和地质活动（如地震和火山）抹去。其他行星也存在类似的情形。对太阳系中的大型天体而言，由于自形成以来持续不断地演化，因此很难破译其诞生时的状况。

当探寻太阳系的早期状况时，一种更好的线索来自小天体，如行星的卫星、小行星、流星体、柯伊伯带天体和彗星。这些小天体构成了行星际碎片，几乎都含有太阳系形成早期的固态和气态物质痕迹，代表了真正古老的物质，因为自数十亿年前在太阳系其他部分中形成以来，几乎没有发生变化。

概念回顾

为什么天文学家如此明确区分内行星和外行星？

4.2 行星际物质

在八颗已知行星之间的广阔空间中，漂移着不计其数的小块物质，大者直径可达数百千米，小者仅为微小的尘埃颗粒。这种宇宙碎片主要由小行星、彗星、柯伊伯带天体及流星体构成。小行星（asteroid）和流星体/陨星（meteoroid）是岩石物质的碎片，其组成与类地行星的表层有些相似。小行星与流星体之间的区别仅取决于体量大小，直径大于 100m（相当于质量超过 10000kg）的任何天体通常称为小行星，直径小于 100m 则称为流星体。彗星（comet）的主要组成是冰冻物质而非岩石（虽然确实含有部分岩石物质），典型直径为 1～10km。柯伊伯带（Kuiper belt）是一种外小行星带，同样由冰冻物质组成，包括冥王星（Pluto，以前被认为是行星）。彗星和柯伊伯带天体的化学组成与外行星的某些冰质卫星非常相似，这些冰质卫星很可能就是其祖先。

2006 年，国际天文学联合会（负责天文学名词的命名规则管理）引入了一种新型的太阳系天体——矮行星（dwarf planet），即一种绕太阳运行的天体，质量大到足以通过自身引力牵引而成为球体，但却不足以清空轨道周围区域的较小天体。按照这个定义，太阳系中三颗最大的小天体［谷神星（小行星）、三颗柯伊伯带天体（包括冥王星）和阋神星（海外天体）］都是矮行星。

这些小天体的质量总和在太阳系中微不足道，仅为太阳质量的几百万分之一，与各大行星及其卫星的当前运行也毫不相干，但却是回答关于行星环境一些非常基本的问题的关键。

4.2.1 小行星的轨道

小行星肯定不是恒星，甚至不能归类为行星（因为太小），天文学家通常将其称为小的行星。迄今为止，研究人员详细编目了 40 多万颗轨道确定的小行星，目前已知小行星（包括轨道研究精度尚未足以使其成为官方规定的小行星）的总数已接近 100 万颗。如图 4.4 所示，绝大多数小行星发现于太阳系中称为小行星带（asteroid belt）的一个区域，与太阳之间的距离为 2.1～3.3AU，大致位于火星轨道（1.5AU）与木星轨道（5.2AU）的中间。除了一颗小行星，其他所有小行星均以顺行轨道（与地球及其他行星的运行方向相同）绕太阳运行。与各大行星一样，大多数小行星的运行轨道都非常接近黄道面（倾角小于 10°～20°）。但是，与主要行星几乎是圆形的轨道不同，小行星的轨道形状通常是明显的椭圆形。

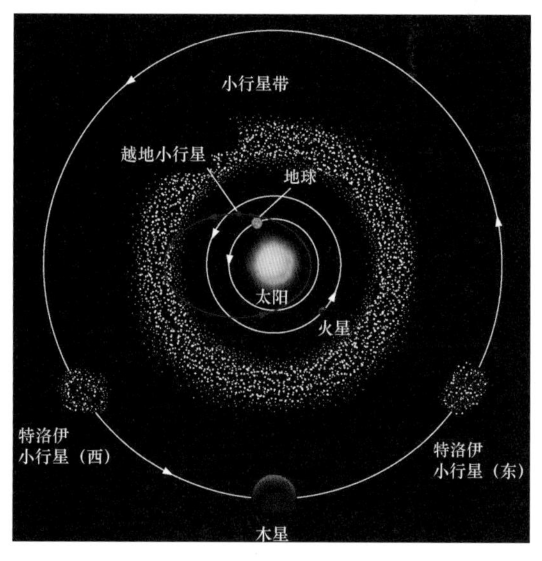

图 4.4　内太阳系。主小行星带以及地球、火星和木星的轨道。可以看到，特洛伊小行星聚集在木星轨道上的两个位置，主带小行星的轨道通常位于图中的带状区域内，红色椭圆显示了一颗越地小行星的轨道

除了主带小行星，数百颗特洛伊小行星（Trojan asteroid）还与木星共享同一轨道，并在绕太阳运行时始终保持在木星之前（或之后）60°。这种奇特的轨道行为并非偶然，通过木星与太阳引力场之间的一种稳定平衡，特洛伊小行星始终保持在适当的位置。18 世纪，法国数学家约瑟夫·路易斯·拉格朗日首次经过计算表明，只要闯入特洛伊小行星目前所占据的两个太空区域之一，任何行星际物质都能无限期地滞留在那里，并与木星的轨道运动完全同步。

图 4.5　越地小行星。越地小行星伊卡洛斯的运行轨道距离太阳 0.2AU，完全落入了地球的轨道范围内，偶尔会非常靠近地球，使其成为太阳系中研究程度最高的小行星之一。由于相对于恒星运动，在此长曝光照片中看似一条细线（Palomar Observatory/Caltech）

小行星轨道的偏心率大多为 0.05～0.3，以确保其始终保持在火星轨道与木星轨道之间。但是，某些**越地小行星**（Earth-crossing asteroid）的运行轨道与地球轨道相交，极有可能是火星（或木星）的引力场将这些小天体偏转到了内太阳系。目前，人类已知的越地小行星数量约为 12000 颗，大多发现于 20 世纪 90 年代末（系统化搜索此类天体的起始时间）。如图 4.5 中的白色线条所示，越地小行星**伊卡洛斯**（Icarus）的宽度约为 1.6km。

据官方认定，约 1600 颗越地小行星存在着潜在危险，这些小行星的直径超过 150m（是图 4.19 所示巴林杰陨石坑撞击体大小的 3 倍），且运行轨道与地球的最近距离约为 0.05AU（750 万千米）。总而言之，2005—2015 年，约 200 颗小行星（目前已知的数量）在距离地球 0.05AU 的范围内经过，其中几颗小行星还会进入月球轨道范围内。在下一个十年中，此类小行星的数量预计也差不多。在下一个世纪，目前已知的潜在危险小行星都不会撞击地球，预计最近一次擦肩而过的事件将发生在 2029 年 4 月，届时 350m 直径的小行星**毁神星/阿波菲斯**（Apophis）将在地球表面上方约 30000km 处飞掠。

科学计算表明，大多数越地小行星最终将与地球相撞，在百万年的周期内，约有 3 颗小行星撞击过地球。对于地球上的数十个大型盆地和被侵蚀的环形坑，人们认为其为古代小行星的撞击地点。月球、金星和火星上存在许多大型环形坑，这是其他天体发生类似事件的直接证据。以人类标准来看，这种事件的影响可能是灾难性的。即便是一个 1km 直径的小行星，其携带的能量也要比地球上现有的全部核武器高出 100 多倍，能够摧毁直径达数百千米的区域。如果一颗足够大的小行星撞击地球，那么甚至可能导致所有物种灭绝。实际上，许多科学家认为恐龙的灭绝正是源于一次这样的撞击（见发现 4.1）。

4.2.2　小行星的性质

大多数小行星的体量太小，即使是最大的地基望远镜也无法分辨（见 3.2 节）。根据小行星反射的阳光多少及辐射的热量，天文学家通常能够估算小行星的大小。有时，小行星会在恒星前面直接经过，天文学家此时能够非常准确地确定其大小和形状。最大的小行星是矮行星谷神星，其直径为 940km。仅有 20 多颗小行星的直径大于 200km，大多数小行星的直径则要小得多。由于引力是决定其形状的主作用力（类似于行星），因此较大的小行星大致呈球状，较小的小行星的形状可能非常不规则。小行星对邻近天体的引力作用非常小，很难进行精确测量，因此天文学家只测量了少数小行星的质量。谷神星的质量仅为地球质量的 1/10000，所有已知小行星的总质量可能还不到月球质量的 1/10。

从光谱的红外线、可见光和紫外线部分的光谱学及其他测量结果中，即可推测小行星的组成。最暗（反射性最弱）的碳质小行星含有大量冰块及其他挥发性物质，且富含有机（碳基）分子。硅质小行星的反射性较强，主要由岩石物质构成，分布在小行星带的内侧部位。碳质小行星总体上更常见，数量占比由内向外逐渐增大。

太空探测器已经“亲眼目睹”了几颗小行星。图 4.6a 显示了小行星艾达（Ida）的图像，这是伽利略探测器在 1993 年前往木星途中之所见。艾达是形状不规则的坑洞体，宽度约为 30 余千米，覆盖着厚度不等的尘埃层。人们认为它是某颗更大天体的碎片，形成于数亿年前的一次剧烈碰撞。此外，艾达居然还有绕其运行的一颗小卫星，称为**艾卫/达克尔**（DactyI）。通过研究艾卫的轨道并应用牛顿定律，天文学家估算出艾达的质量为 $4～5\times10^{16}$kg，并且推断出其密度为 2100～3100kg/m^3（见 1.4 节）。相比之下，地球表面岩石的密度约为 3000kg/m^3。

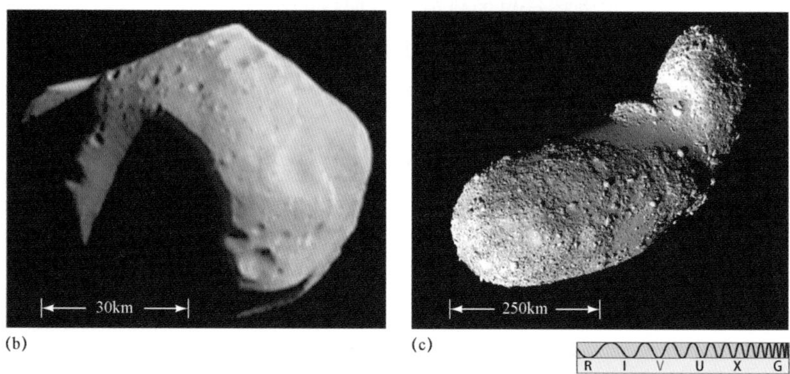

图 4.6　小行星近景。(a)小行星艾达，由伽利略号太空探测器在 3400km 外拍摄，右侧可见其卫星艾卫，分辨率约为 100m；(b)小行星玛蒂尔德，由近地小行星探测器在前往小行星爱神星的途中拍摄。在这张照片中，最大的环形坑直径约为 20km，比艾达上的环形坑要大得多，原因可能是玛蒂尔德密度低并且组成软；(c)典型碎石堆小行星糸川，由日本隼鸟号探测器拍摄，几乎不含陨石坑，形成于大量碎片的长时间堆积（NASA；JAXA）

1997 年，近地小行星探测器（Near Earth Asteroid Rendezvous，NEAR）在飞行过程中，途经并拍摄了 60km 宽的小行星玛蒂尔德（Mathilde），如图 4.6b 所示。通过感应其引力牵引作用，NEAR 测得玛蒂尔德的质量约为 10^{17}kg，这意味着其密度仅为 1300kg/m^3。为了解释这种低密度，科学家推测该小行星内部一定存在着大量孔洞。实际上，许多小行星似乎更像松散的碎石堆，而非坚硬的岩石块。图 4.6c 显示了另一个碎石堆，即日本隼鸟号探测器（Hayabusa）于 2005 年访问的小行星糸川/伊藤川（Itokawa）。糸川的平均密度为 1900kg/m^3，但是地基测量结果表明，左端的密度明显更大（约为 2900kg/m^3），表明该小行星可能是最近一次碰撞的结果。隼鸟号探测器在糸川上软着陆，采集了一些岩石碎片并于 2010 年送回地球。通过对这些碎片进行详细分析，结果有力地证明了像糸川这样的小行星是大多数陨石的来源，它们是太阳系中最古老的物质。

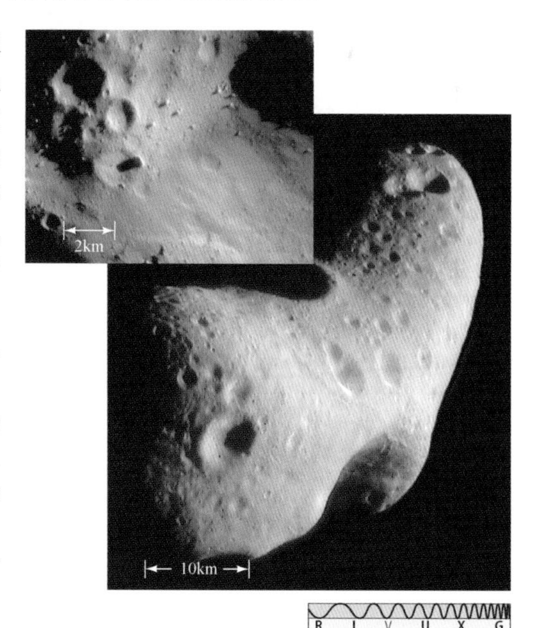

图 4.7　小行星爱神星。NEAR-舒梅克号探测器拍摄的小行星爱神星，表面遍布各种大小的环形坑，从 50m（该图像的分辨率）到 5km 不等。插图显示了表面“较年轻”部分的近景图像，明显填充了最近撞击产生的松散物质，且抹去了所有较老环形坑的痕迹（JHU/NASA）

2000 年 2 月 14 日，NEAR［当时已更名为 NEAR-舒梅克号探测器（NEAR-Shoemaker）］进入小行星爱神星/厄洛斯（Eros）的轨道，不仅传回了高分辨率图像，而且详细测量了该小行星的大小、形状、引力、磁场、组成和结构（见图4.7）。爱神星是表面布满环形坑的岩石体，质量为7×10^{15}kg，密度大致均匀，约为$2400kg/m^3$。断裂广泛分布，显然经历过无数次撞击。

2011年，美国航空航天局的曙光号小行星探测器（Dawn）进入灶神星（Vesta）的轨道，灶神星是太阳系中的第二大小行星。如图4.8a所示，灶神星最引人注目的表面特征是环绕赤道的一组深槽，以及太阳系中最高大的山脉之一——靠近南极的一座高约22km的山峰。基于环形坑范围估计的年龄（见5.6节）表明，灶神星的南半球要比北半球年轻得多，主要表面特征可能是20亿～10亿年前与另一大型天体碰撞而成的。

曙光号小行星探测器的下一个目标是矮行星——谷神星，且于2015年成功抵达目的地。这颗小天体似乎有一个主要由岩石构成的中心核，周围环绕着冰质外幔和冰质/岩质表面。图4.8b显示了谷神星南半球的一部分。考虑到这颗矮行星的轨道位于拥挤的小行星带中，虽然表面已经遍布了各种大小的环形坑，但是实际显示的环形坑数量还是少于预期，或许表明以往表面活动已经抹掉了一些更老的地貌特征。表面之上还点缀着约十几个亮白色区域［图4.8b的插图中显示了其中之一］，但其来源和组成未知。

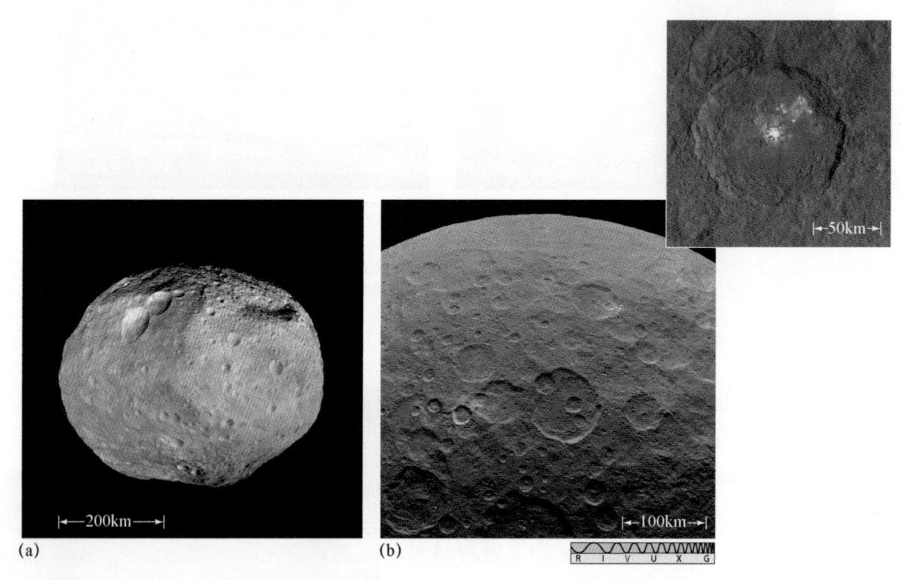

图4.8　灶神星和谷神星。(a)灶神星是太阳系中的第二大小行星，由NASA的曙光号小行星探测器拍摄，宽度约为500km，轨道位于火星与木星之间。注意观察横跨该岩石体大部分的顶部深槽，以及底部附近的高耸山峰；(b)谷神星的南半球部分，2015年由曙光号小行星探测器拍摄，表面遍布环形坑。插图显示了奥卡托环形坑，这里聚集了一系列神秘而又难以理解的明亮区域（NASA）

概念回顾

描述小行星和内行星的一些基本异同。

发现4.1　谁杀死了恐龙？

恐龙的希腊语含义是可怕的蜥蜴，但其并非普通的爬行动物。在鼎盛时期，恐龙曾是地球的统治者，主宰地球的时间超过1亿年（相比之下，人类的历史才仅仅200万年多一点），每个大洲都发现了它们的化石。但是，化石记录表明，这些生物6500万年前突然从地球上消失。恐龙到底怎么了？

人们对这些生物的灭绝提出了许多解释，如毁灭性瘟疫、磁场倒转、地质活动增强、剧烈气候变化和超新星爆发（见第12章）等。20世纪80年代，有人认为在6500万年前，一个大型地外天体（10～15km宽的小行星或彗星）撞击了地球，这是当前恐龙灭绝原因的主流解释（尚存争议）。如第一幅插图所示，这次撞击释放的能量是人类制造的最大核弹的数百万倍，并将大量尘埃抛向大气层。尘埃可能笼罩了地球多年，几乎彻底隔绝了入射阳光。地表极度黑暗，植物无法生存，整个食物链遭到破坏，处于食物链顶端的恐龙最终灭绝。

(D. Hardy)

虽然并无直接天文学证据支持（或反对）这一假说，但是基于与地球存在轨道交叉的当前天体的数量，即可估算大型小行星（或彗星）撞击地球的概率。第二幅插图显示了撞击可能性与撞击体大小之间的关系，横坐标表示碰撞释放的能量，单位为百万吨 TNT 当量。百万吨 TNT 当量等于 4.2×10^{16} J，即一个大型核弹头的爆炸当量，这是足以描述这些事件的暴力程度的唯一通用地球能量测度（见更为准确 2.2）。

由图可见，1 亿“百万吨 TNT 当量”的大型撞击（例如，被认为导致恐龙灭绝的全球范围大灾难）非常罕见，每隔 1000 万年左右才发生一次。但是，数万吨 TNT 当量的小型撞击（大致相当于 1945 年摧毁广岛的核弹）则较为常见，可能每隔几年就发生一次。最近一次大撞击是 1908 年发生在西伯利亚的通古斯卡爆炸，这次爆炸产生了约百万吨 TNT 当量的冲击力（见图 4.21）。

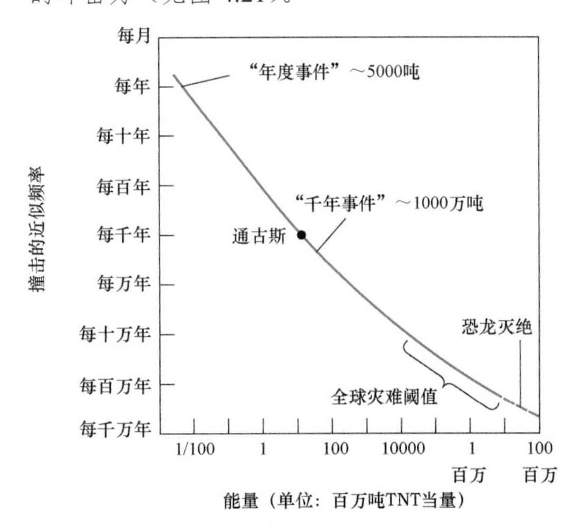

支持这一理论的主要地质依据是，在 6500 万年前的全球各地岩石沉积物中，均发现了富含“铱”元素的黏土层。铱元素在地球表面非常罕见，大部分早已沉入地球内部。该黏土层中的铱元素丰度约为其他陆地岩石中的 10 倍，但却与陨石中的铱元素丰度非常接近（由此可以假设小行星和彗星中的铱元素丰度也基本相同）。灾难性撞击地点已初步确定位于墨西哥尤卡坦半岛的希克苏鲁伯附近，在这里发现了大小和年代都刚好相符的严重侵蚀陨石坑证据。

大多数天文学家很快接受了“地外事件可能引发地球灾难性变化”的观点，但是古生物学家和地质学家对此仍存异议。反对者认为，在全球各地的不同地区，黏土层中的铱元素丰度存在着很大的差异，没有人能够给出完整且合理的解释。他们认为铱元素可能形成于火山活动，而与地外天体撞击没有任何关系。

在这一观点首次提出后的数十年中，人们的争论焦点似乎已经转移。正如科学界的其他常见情形一样，随着获取新数据数量的不断增多，人们争论的内容不断变化，有时候还不太稳定，但是人们广泛接受了“地球在 6500 万年前曾经受到过重大撞击”的现实（见 0.5 节）。目前，大部分争论都围绕着以下话题展开：这一事件是否真的导致了恐龙的灭绝，或者仅仅加速了恐龙灭绝的进程。认识到“灾难性撞击可能发生并确已发生”这一点非常重要，这已成为人类理解行星演化的一个重要里程碑（见发现 7.2）。

一般而言，全球性灾难对地球上的优势物种不利。作为当前地球上的优势物种，人类需要承受最大的损失。

4.2.3 彗星

彗星通常会被人们发现在距离太阳几天文单位时，其在天空中呈现为暗淡而模糊的光斑。彗星在非常扁的椭圆形轨道上运行，接近太阳时会变亮，并发育一条延伸的彗尾（tail）。当从太阳周边离开时，彗星的亮度和彗尾减弱，直至再次变成一个暗淡光点并消失。

最著名的彗星是哈雷彗星（Halley’s Comet，见图 4.9a），它每隔 76 年出现一次，自公元前 240 年至今的每次出现都被人们记录在案。哈雷彗星最近一次出现在 1986 年，当时堪称一场极为壮观的演出，彗尾长度几乎可达一个完整的天文单位，在天空中跨越数十度。1997 年，海尔-波普（Hale-Bopp）彗星闪亮登场，它特别巨大且明亮，彗尾长度跨越 40°，几乎可以肯定是人类历史上最受关注的彗星（见图 4.10）。

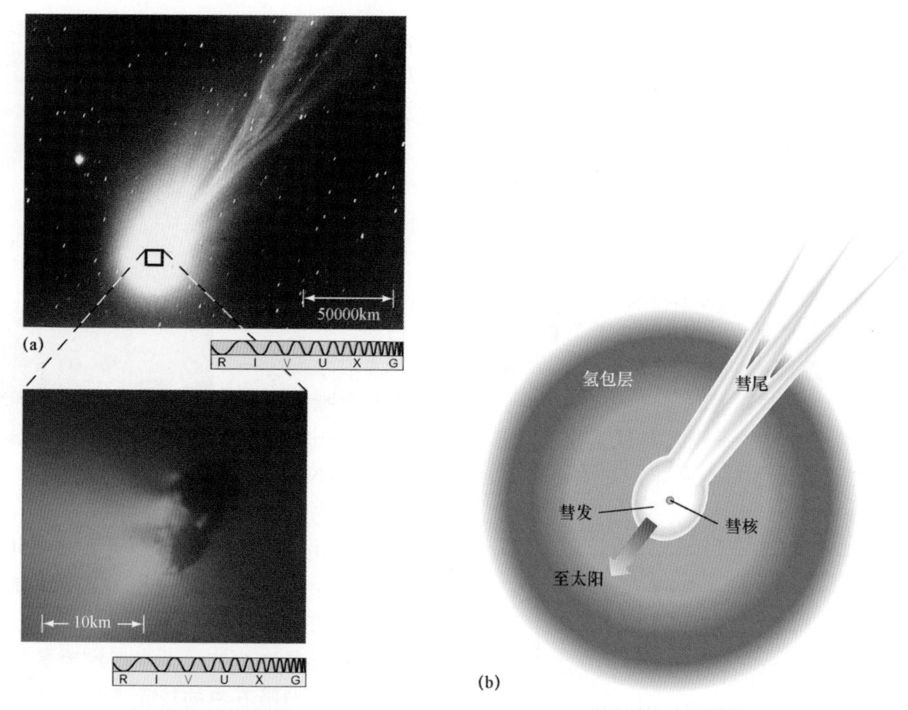

图 4.9 哈雷彗星。(a)1986 年的哈雷彗星，最接近太阳之前的一个月；(b)典型彗星示意图，显示了彗核、彗发、氢包层和彗尾，比例与(a)部分的大致相同；(c)插图是非常暗的哈雷彗星的彗核，由欧洲乔托太空船拍摄。在这张照片中，太阳朝向左侧，最明亮的区域是从彗核中喷出的蒸发气体和尘埃（NOAO ESA/Max Planck Institute）

图 4.10 彗尾。海尔-波普彗星出现于 1997 年，既有离子彗尾（深蓝色），又有尘埃彗尾（蓝白色），这里显示了尘埃彗尾的平缓曲率和固有模糊特征。在最接近太阳的地方，这颗彗星的彗尾在天空中跨越近 40°（W. Pacholka）

典型彗星的各组成部分如图 4.9b 所示。类似于行星，彗星本身并不发出可见光，而通过反射（或二次折射）太阳光来发光。在彗星中，彗核（nucleus）或固态主体的直径仅为数千米。在远离太阳的大部分轨道上，这个冰质彗核即为该彗星的全部。但是，若彗星距离太阳仅为几天文单位，则其冰质表面就会变暖而无法保持稳定，部分冰物质将变成气态并向太空中扩散，在彗核周围形成由尘埃和蒸发气体组成的弥散彗发（coma），这是一种较明亮的辉光外观。图 4.9a 中的插图显示了哈雷彗星的彗核，由欧洲乔托（European Giotto）太空船拍摄，该太空船 1986 年抵近该彗核的 600km 范围内。当彗星逐渐接近太阳时，彗发逐渐变大和变亮，最大尺寸时的直径可达 10 万千米，与木星（或土星）不相上下。不可见氢包层（hydrogen envelope）鲸吞了彗发，在太空中延伸跨越达数百万千米。当彗星最靠近太阳时，彗尾最明显且更大，有时跨度长达 1AU。在地球上，人类肉眼仅能看到彗星的彗发和彗尾。对彗星而言，大部分光来自彗发，但是大部分质量存在于彗核中。

彗尾包括两种类型。离子彗尾（ion tail）大致平直，通常由发光的线状飘带组成，如图 4.10 的上部所示。离子彗尾的发射光谱表明，离子化的大量原子和分子失去了一些正常的电子补给（见 2.6 节）。尘埃彗尾（dust tail）通常宽而弥散，且带有轻微的弯曲现象，如图 4.10 的中部所示。尘埃彗尾富含可反射阳光的微小尘埃颗粒，使其从极远处即可见到。

在所有情况下，这两类彗尾都受太阳风（solar wind）作用而背离太阳。太阳风是一种从太阳中逃逸的不可见物质和辐射流，实际上，天文学家首先从彗尾观测中推断出了太阳风的存在。因此，如图 4.11 所示，彗尾（无论是离子彗尾还是尘埃彗尾）始终位于彗星的轨道之外，当彗星逐渐远离太阳时，彗尾实际上牵引着彗星。对于构成离子彗尾的较轻粒子而言，太阳风比太阳引力的影响更大，因此这些彗尾总是直接指向背离太阳的方向；对于构成尘埃彗尾的较重粒子而言，受太阳风压力的影响较小，倾向于随彗星绕太阳轨道运行，导致尘埃尾部轻微弯曲。

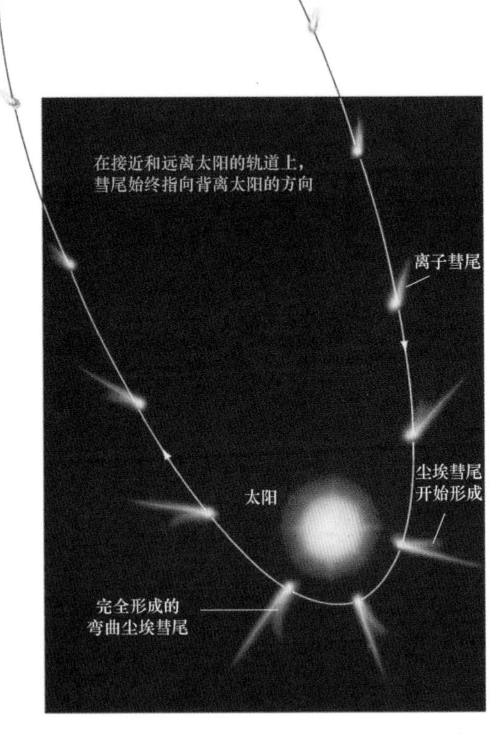

图 4.11　彗星的轨道。当接近太阳时，彗星形成径直背离太阳的离子彗尾。尘埃彗尾紧挨着离子彗尾，显示出明显的弯曲，倾向于尾随在离子彗尾后面。将此彗星与海尔-波普彗星进行比较（见图 4.10）

彗核由尘埃颗粒和小岩石碎屑组成，裹挟在由甲烷、氨、二氧化碳和普通水冰构成的松散混合物中，该混合物的密度约为 $100kg/m^3$。彗星经常被描述为脏雪球。即便原子、分子和尘埃颗粒蒸发到太空中而形成彗发和彗尾，彗核仍然保持在几十开尔文的低温冰冻状态。据估算，典型彗星的质量范围为 10^{12}～10^{16}kg，与小型小行星的质量大致相当。

2004 年，NASA 实施了星尘（Stardust）任务，在距离怀尔德 2 号彗星（P/Wild 2）的彗核 150km 范围，利用专门设计的泡沫状气凝胶尘埃探测器来采集彗星颗粒（见图 4.12）。NASA 之所以选择这颗彗星，原因是它为内太阳系中相对较新的成员——1974 年与木星相遇时才偏转至当前轨道，因此未经历过明显的太阳加热或蒸发（自太阳系形成以来），也未发生过明显的变化。2006 年，星尘号/星辰号探测器（Stardust）返回地球，为研究人员提供了首批彗星物质标本。详细化学分析表明，有机物质显然形成于深空中，并且意外发现了本应在高温下形成的硅酸盐（岩石）物质，这对天文学家的太阳系形成模型提出了挑战。

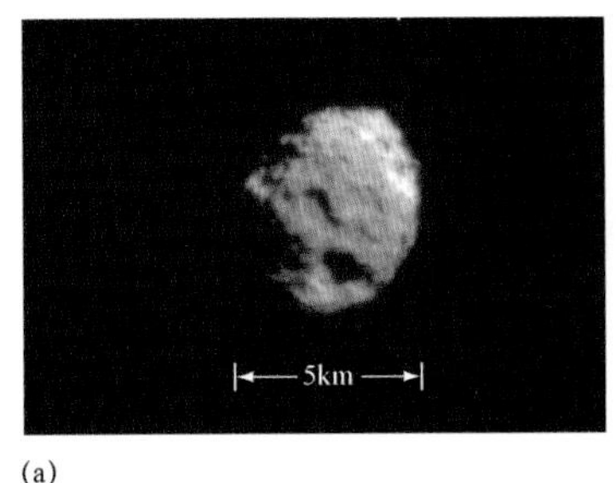

(a)

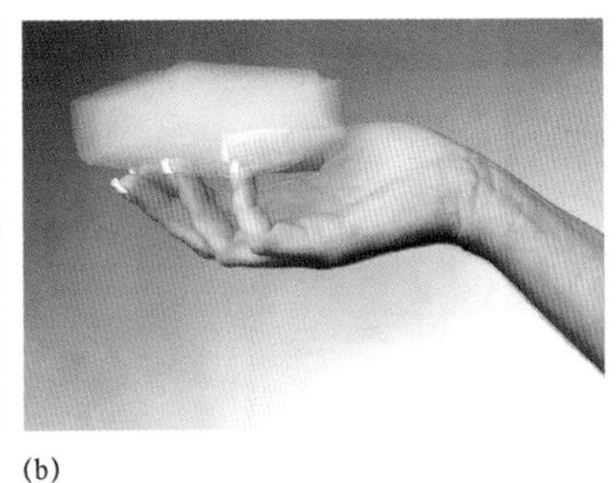

(b)

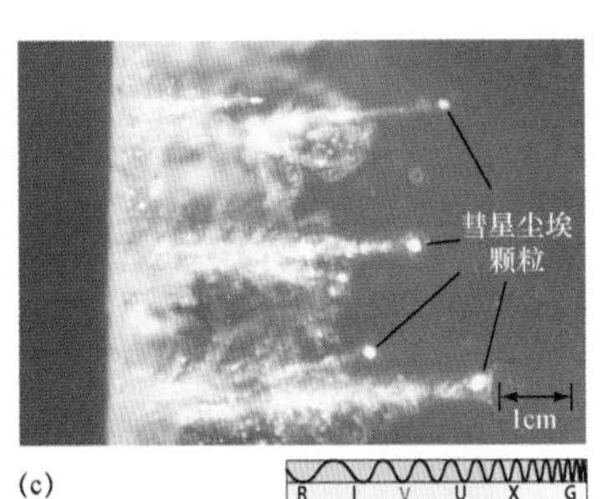

(c)

图 4.12　星尘号探测器探访怀尔德 2 号彗星。(a)2004 年，在穿过该彗星的彗发之前，星尘号探测器拍摄了怀尔德 2 号彗星的图像；(b)空气含量达 99.8%的泡沫状气凝胶，足以阻止并采集撞击探测器的彗星尘埃颗粒；(c)2006 年，探测器返回地球后，科学家开始分析气凝胶中的微小轨迹，其末端包含捕获的彗星尘埃碎片（NASA）

2005 年，NASA 的深度撞击号彗星探测器（Deep Impact spacecraft）发射了一个质量为 400kg 的抛射体，以超过 10km/s 的速度撞向坦普尔 1 号彗星（Tempel 1），迫使彗星内部的气体和碎片喷射到行星际空间中，而探测器则在 500km 之外进行观测。彗星在撞击后约 1 分钟内发生爆炸，图 4.13 显示了母船拍摄的壮观景象。通过对喷出气体进行光谱分析，科学家获得了彗星内部组成的清晰视图，确认了水冰物质和大量有机分子的存在（见 2.8 节）。观测结果表明，环形坑的内部组成是低密度的蓬松结构，与此前描述的脏雪球彗星结构图一致。

图 4.13 深度撞击。上图为坦普尔 1 号彗星的直径为 5km 大小彗核，拍摄于 2005 年撞击之前；下图拍摄于不久后，深度撞击彗星探测器发射的小型抛射体撞击了彗核（NASA）

2014 年 8 月，经过长达 10 年的长途飞行，罗塞塔号彗星探测器（European Rosetta spacecraft）几乎抵达遥远的木星轨道，与一颗 4km 宽的彗星［67P/丘留莫夫-格拉西缅科彗星（67 P/Churyumov-Gerasimenko）］会合并进入绕其运行的轨道，该彗星距离太阳数个天文单位。与怀尔德 2 号彗星一样，67P 彗星之所以被选中，主要是因为它为内太阳系中相对较新的成员。在最近两个世纪里，由于受到木星的一系列撞击，该彗星一直驻留在当前轨道上（距离太阳 3.5AU）。本章开篇的图片显示了罗塞塔号彗星探测器抵近该彗星后不久的详细视图。

罗塞塔号彗星探测器搭载了由 12 个传感器组成的阵列，设计用于研究彗星的表面、内部、大气层以及化学组成和磁场环境。通过测量该彗星及其附近的水，或将颠覆一些长期以来的行星形成理论（见 4.3 节）。最耀眼的明星是一个重达 100kg 的着陆器，名为菲莱/韭菜（Philae）。2014 年 11 月，菲莱着陆器首次在彗星上实现软着陆，并且在电源耗尽前几天回传了表面数据。图 4.14a 显示了 67P 彗星的另一个视图，并放大了着陆点；图 4.14b 显示了菲莱回传的表面视图。成功着陆后，2015 年 8 月，罗塞塔号彗星探测器继续绕该彗星运行（彗星同时绕太阳运行），研究彗星因吸收太阳热量而升温并蒸发时的表面变化。

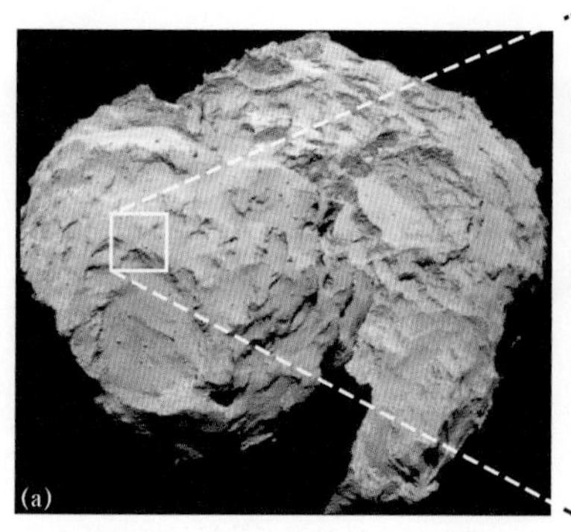

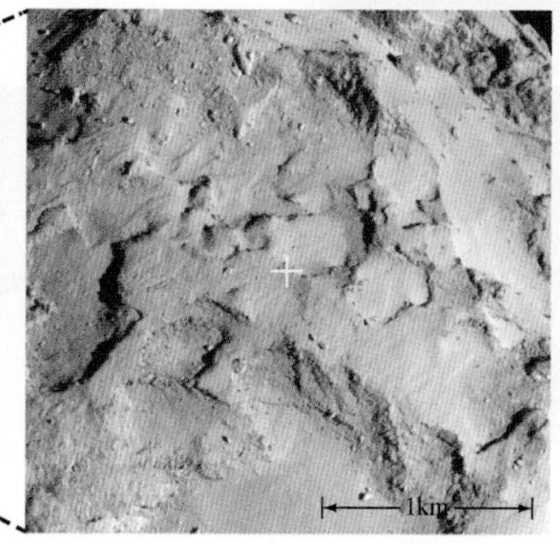

图 4.14 彗星近距离图像。(a)67P/丘留莫夫-格拉西缅科彗星，由罗塞塔号彗星探测器拍摄，显示该彗星几乎由两部分对接而成（以本章开篇图像为参照，视图大致从右至左）。插图突出显示了菲莱着陆器的着陆点；(b)菲莱着陆器回传的这个陌生世界的表面图像。在这幅全景图的底部还可见到着陆器的一只脚（ESA/Rosetta/MPS）

4.2.4 彗星的轨道

极扁椭圆轨道使得大多数彗星比冥王星还要遥远，根据开普勒第二定律，它们大部分时间都要停留在那些遥远的地方（见 1.3 节）。为了绕太阳运行一周，大多数彗星需要花数十万年甚至数百万年。与太阳系中其他天体的轨道不同，大多数彗星的轨道与黄道面的夹角并不局限于几度范围内，而呈现出各种各样的倾斜和方向，大致均匀地分布在太阳的各个方向。仅一小部分彗星的轨道位于内太阳系范围内，因此人们每见到一颗彗星，远离太阳的地方一定会存在更多的类似天体。

因此，天文学家推断在远超冥王星轨道之外的某个地方，一定存在一个非常巨大的彗星云，从各个方向完全环绕着太阳（见图 4.15a）。这个彗星云称为**奥尔特云**（Oort cloud），以荷兰天文学家简•奥尔特的名字命名。20 世纪 50 年代，奥尔特首次撰文指出巨大无比不活动冰物质彗星储库存在的可能性。研究人员认为奥尔特云极其巨大，直径可能高达 100000AU（0.5 光年）。但是，大多数奥尔特云彗星从未靠近太阳，实际上甚至很少接近冥王星的轨道。只有当某颗路过恒星的引力碰巧使其偏转到穿越内太阳系的一个极偏心轨道上时，人类才能看到这颗彗星。

有些短周期彗星（惯常定义是轨道周期小于 200 年的彗星）则在上述情形之外。根据开普勒第三定律，这些天体永远不会向外远离冥王星的轨道，且轨道方位也与其他彗星的不同，而类似于行星和大多数小行星，趋于顺行且轨道贴近黄道面。

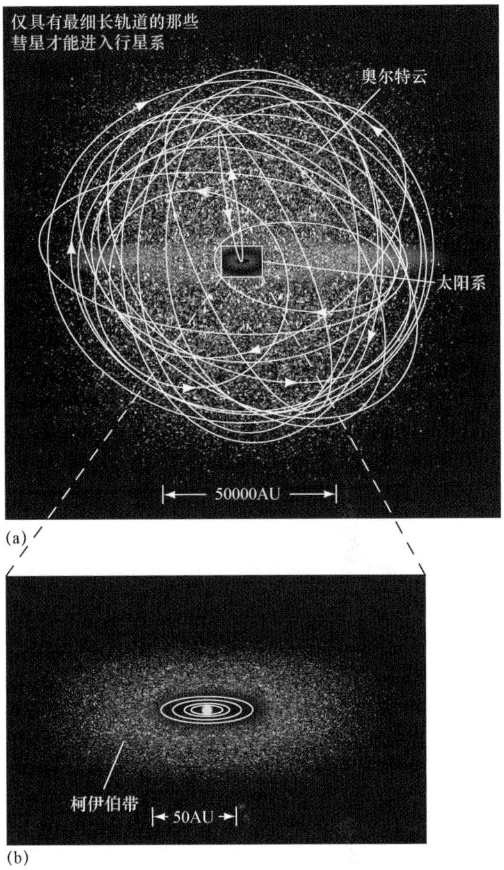

图 4.15　彗星储库。(a)奥尔特云示意图，显示了一些彗星轨道，太阳系位于中心方框范围内；(b)柯伊伯带，短周期彗星（轨道贴近黄道面）的来源地

短周期彗星产生于海王星轨道之外的外太阳系内侧或附近区域，称为**柯伊伯带**（Kuiper belt），以红外天文学和行星天文学先驱杰拉德•柯伊伯的名字命名。有点像内太阳系中的小行星，大多数柯伊伯带天体在距离太阳 30～100AU 的近圆形轨道上运动，始终保持在类木行星的轨道之外（见图 4.15b）。若两颗天体偶然相遇，或者受到海王星引力的影响（这种可能性更大），则某颗柯伊伯带天体可能会被踢入偏心轨道，随后进入内太阳系并出现在人类的视野中。通过观测这些彗星的轨道，人们判断柯伊伯带呈扁平状。

目前已知的柯伊伯带天体数量超过 1000 颗。由于柯伊伯带天体太小且过于遥远，人类迄今为止只观测到其中的一小部分。据研究人员估计，柯伊伯带的总质量可能超过小行星带的 100 倍（或更多），但是可能仍然小于地球的质量。最有名的柯伊伯带天体是以前的行星——冥王星，但是还有些更大天体的轨道位于海王星之外。2005 年，天文学家发现并命名了阋神星（Eris），这颗天体比冥王星的体积大 10%，质量大 30%，在半长径为 70AU 的偏心轨道上运行。2006 年，冥王星从大行星地位降级为矮行星，阋神星的发现是主要原因之一。

概念回顾

从何种意义上说，我们看到的彗星很难代表普通彗星？

4.2.5 流星体

在晴朗的夜空中，几乎每小时都能看到几颗流星。流星（meteor/shooting star）是夜空中突然出现的一道光迹，形成于地球大气层中空气分子与小行星、流星体或彗星的碎片之间的摩擦。这种摩擦加热并激发空气分子，然后在空气分子返回基态时发射光，进而形成如图 4.16 所示的光迹。注意，流星的短暂闪光与彗尾宽且稳定的光带完全不同。流星是地球大气层中转瞬即逝的事件，彗尾则长期驻留在深空中，且在天空中数周甚至数月持续可见。

图 4.16　流星光迹。当行星际碎片突然冲入地球大气层时，空气因摩擦而变得炽热，就产生称为流星的光迹。(a)恒星和北极光背景下拍摄的一颗小流星；(b)2001 年 11 月，在狮子座流星雨的高峰时期，这些流星（其中一颗带有红色烟雾痕迹）划过天空（P. Parviainen, J. Lodriguss）

在进入地球大气层之前，形成流星的碎片几乎可以肯定是流星体（meteoroid），因为这些行星际小碎片远比小行星（或彗星）常见。在穿越大气层并摩擦产生高温的过程中，有些行星际碎片能够幸存并坠落到地面上，称为陨石（meteorite）。

最小的流星体主要是彗星裂解后产生的岩质残骸。经过太阳附近时，部分碎片就会从彗星主体上被动地脱落。最初，这些碎片紧密地簇拥在一起，形成了由尘埃或卵石大小天体构成的碎片群，并且在与母彗星几乎相同的轨道上运行，称为流星体群（meteoroid swarm）。随着时间的推移，流星体群沿着运行轨道逐渐散开，最终这些小流星体以微流星体（micrometeoroid）的形式或多或少地均衡散布在母彗星的轨道周围。若地球的公转轨道碰巧与这样一个年轻的流星体群的运行轨道相交，则天空中就会出现壮观的流星雨（meteor shower）。在地球的运动过程中，每年最多 2 次与特定彗星的轨道相交（具体取决于各天体的精确轨道）。这种相交出现在每年的同一时段（见图 4.17），因此特定流星雨的出现相当有规律并且可以预测（见表 4.3）。

流星雨以其辐射点（radiant）所在的星座命名，即所含全部流星的视觉起始交汇点所在的那个星座（见图 4.18）。例如，英仙座流星雨似乎来自英仙座，持续时间长达若干天，并且在每年的 8 月 12 日达到活动极大期，届时可观测到的流星数量超过 50 颗/小时。基于流星的飞行速度和方向，天文学家能够计算其行星际轨道，从而将其所在的流星体群与已知彗星的轨道相关联。

较大流星体（直径超过几厘米）一般与彗星不相关，更可能是脱离了小行星带的小天体（或许缘于小行星之间的碰撞），有时可以采用确定流星雨轨道的类似方式重建其轨道。在大多数情况下，计算得到的轨道确实与小行星带相交，为其来自小行星带提供了最有力的证据。这些天体是很多大型天体（如月球、水星、金星、火星以及部分类木行星的卫星）表面存在环形坑的主要原因。研究确认，部分陨石确实来自月球或火星，即很久以前因遭到撞击而从这些天体表面溅射到太空中的碎片。

直径小于 1m（质量约为 1 吨）的流星体通常会在地球大气层中燃烧殆尽，而能够抵达地表的较大流星体则可能造成重大破坏，例如，巴林杰陨石坑的宽度达上千米（见图 4.19）。基于这个陨石坑的大小，人们可以估算出肇事流星体的质量约为 20 万吨，直径或许达到 50m。在撞击地点，人们只发现了 25 吨铁陨石碎片，其他大部分碎片一定在撞击时因爆炸而分散，然后因受到侵蚀而分解或者深埋于地下。目前，地球上散布着近 100 个直径大于 0.1km 的环形坑，大多数遭受了天气和地质活动的严重侵蚀，只能通过卫星照片才能识别（见图 4.20）。所幸的是，在地球与大型流星体之间，这种重大碰撞极为罕见，平均每隔几十万年才发生一次（见发现 4.1）。

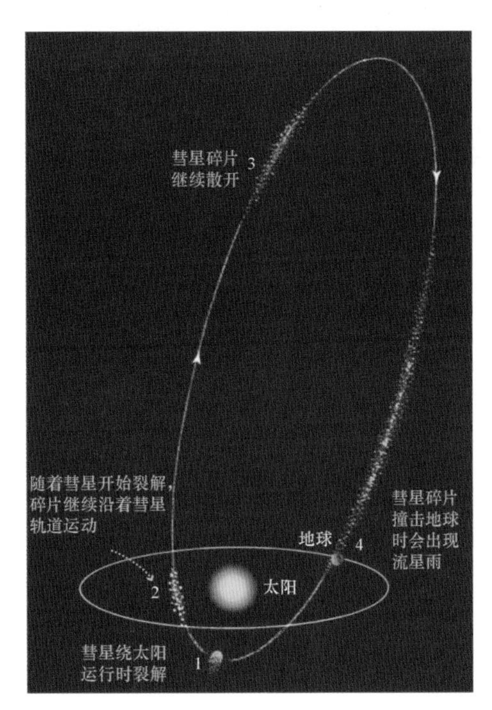

图 4.17 流星雨。若某一流星体群（与特定彗星相关）在明确位置与地球轨道相交，则可能在每年的固定时段产生流星雨。若该彗星的轨道碰巧与地球的轨道相交，则每当地球经过该交汇点（点 4）时，注定会产生流星雨

表 4.3 部分重要流星雨

活动极大期（最佳观测时间）*	流星雨名称/辐射点	每小时的大致数量	母彗星
1 月 3 日	象限仪座流星雨/牧夫座	40	—
4 月 21 日	天琴座流星雨/天琴座	10	1861I（撒切尔彗星）
5 月 4 日	宝瓶座 η 流星雨/宝瓶座	20	哈雷彗星
6 月 30 日	金牛座 β 流星雨/金牛座	25	恩克彗星
7 月 30 日	宝瓶座 δ 流星雨/宝瓶座/摩羯座	20	—
8 月 12 日	英仙座流星雨/英仙座	50	1862III（斯威夫特-塔特尔彗星）
10 月 9 日	天龙座流星雨/天龙座	最大值 500	贾可比尼-秦诺彗星
10 月 20 日	猎户座流星雨/猎户座	30	哈雷彗星
11 月 7 日	金牛座流星雨/金牛座	10	恩克彗星
11 月 16 日	狮子座流星雨/狮子座	12[1]	1866I（塔特尔彗星）
12 月 13 日	双子座流星雨/双子座	50	3200 法厄同星[2]

[1] 每隔 33 年（最近一次是在 1999—2000 年），当地球经过这个流星体群的最密集区域时，即可见到非常壮观的狮子座流星雨，短时密度高达 1000 颗流星/分钟。

[2] 法厄同星是没有彗星活动的小行星，但其轨道与流星体轨道的吻合度非常高。

* 此处时间指美国时间，“日期+1”即可大致换算为北京时间。下同。

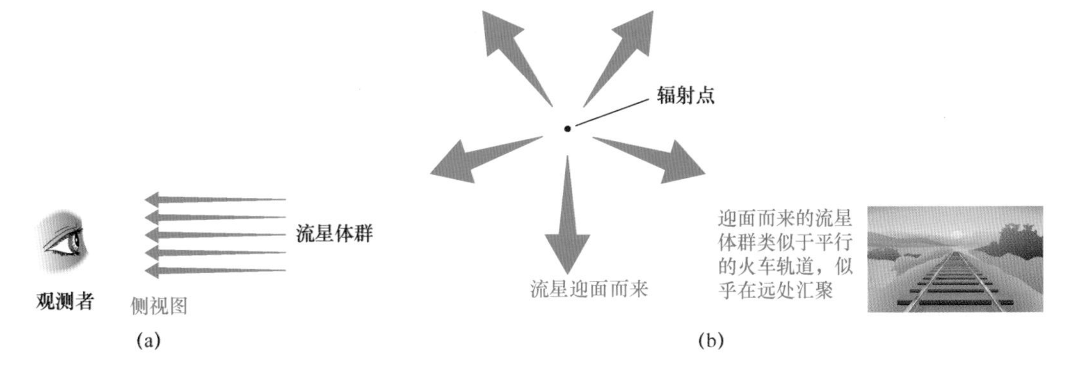

图 4.18 辐射点。(a)一组流星体接近观测者，运动速度和方向均相同；(b)从观测者的视角看，各流星体（及其产生的流星雨）的轨道似乎从同一个中心点（称为辐射点）向外散开

图 4.19 巴林杰陨石坑。巴林杰陨石坑位于美国亚利桑那州温斯洛附近，直径为 1.2km，深度为 0.2km，形成于约 25000 年前的陨石撞击事件。该流星体的直径约为 50m，质量约为 200000 吨（U. S. Geological Survey）

图 4.20 曼尼古根水库（陨石坑）。形成加拿大魁北克曼尼古根水库（陨石坑）的古撞击盆地，由美国天空实验室空间站在轨拍摄。大约在 2 亿年前，一颗大陨石落在那里（NASA）

图 4.21 通古斯碎片。1908 年，通古斯事件夷平了大片区域的树木。虽然这次爆炸的影响力巨大，数百千米外都能听到爆炸声，但是由于西伯利亚的位置非常偏远，在科学考察队多年后抵达这里进行研究之前，人们对这一事件知之甚少（Sovfoto/Eastfoto）

最近一次记录的陨击事件发生在 1908 年 6 月 30 日，具体位置是西伯利亚中部（见图 4.21）。现场只发现了一个浅凹陷，并未找到任何陨石碎片，说明该侵入陨石在地面上空几千米处爆炸，仅在地表留下了一个爆炸凹陷，但是没有形成完整的环形坑。最新计算表明，入侵陨石是一颗直径约为 30m 的岩质流星体，爆炸产生的能量相当于 1000 万吨级核爆炸，数百千米之外都能听到爆炸声，整个北半球的大气尘埃含量均明显上升。

大多数陨石都是石陨石（见图 4.22a），少部分陨石主要由铁和镍构成（见图 4.22b）。石陨石的组成与岩质内行星或月球的非常相似，只是缺失部分较轻的元素（如氢和氧）。科学家认为，石陨石与由岩质硅酸盐矿物构成的小行星有关，各轻元素在其母天体完全（或部分）熔融时就蒸发了。有些陨石确实显示出过去曾经受到过强烈加热的证据，最有可能在碰撞期间从母小行星上脱离。其他陨石则没有证据表明以前曾经受到过加热，因此可能要追溯至太阳系的形成。最古老的陨石是碳质陨石，呈黑色或深灰色，很可能与碳质小行星有关。

(a)

(b)

图 4.22 陨石样品。(a)石陨石由硅酸盐矿物构成，通常具有黑色外壳，形成于陨石穿过大气层时生成的巨大热量对其表面的熔融。底部硬币用作比例尺参照物；(b)铁陨石的数量远少于石陨石。当表面被切割、抛光和酸蚀时，大多数铁陨石会显示出特征晶形（Science Graphics）

最后，几乎所有的陨石都很古老。放射性测年结果显示，大多数陨石的年龄为 44 亿～46 亿年，大致相当于阿波罗号宇航员带回地球的最古老月球岩石的年龄（见第 5 章）。对于探索太阳周边物质的初始状态及太阳系的诞生，陨石、小行星、彗星和部分月球岩石都提供了重要线索。

概念回顾

为什么天文学家对行星际物质如此感兴趣？

4.3 太阳系的形成

在太阳系中，人们发现了数量惊人的物理和化学性质。我们的天文邻域似乎并不是平稳运行的行星系，而更像是一个极其巨大的废料堆积场。是否存在能够全面解释前述事实的某些基本定律呢？答案非常明确：肯定存在。太阳系的起源是一个尚未完全解决的复杂谜题，但是基本轮廓已经越来越清晰。

几个世纪以来，天文学家一直梦想着能够提出太阳系形成的全面理论。这个发展过程是科学方法的研究示例，基本符合第 1 章和第 2 章中提出的观点，但是理论的最终形式仍有待确定（见 0.5 节）。如后所述，随着行星环境观测条件的改善，相互竞争的各种假说不断涌现，或者消失之后再次出现（在某些情况下）。无论如何，对于太阳系是如何形成的这个问题，人们现在似乎有了一种合乎逻辑且能自圆其说的宏观图景。

20 世纪 90 年代中期之前，研究行星系形成的各种理论几乎完全集中于太阳系，这种情况非常容易理解，因为对于其他行星系而言，天文学家没有实例去验证其观点。但是，时至今日，一切均已改变，目前已知约 700 颗系外行星/太阳系外行星（extrasolar planet）绕太阳以外的其他恒星运行（见图 4.23），这是对现有理论的巨大挑战！如 4.4 节所述，纵观目前所发现的新行星系，似乎与太阳系具有截然不同的各种性质，或许需要以某些革命性的全新方式重新思考现有的恒星和行星如何形成的概念。

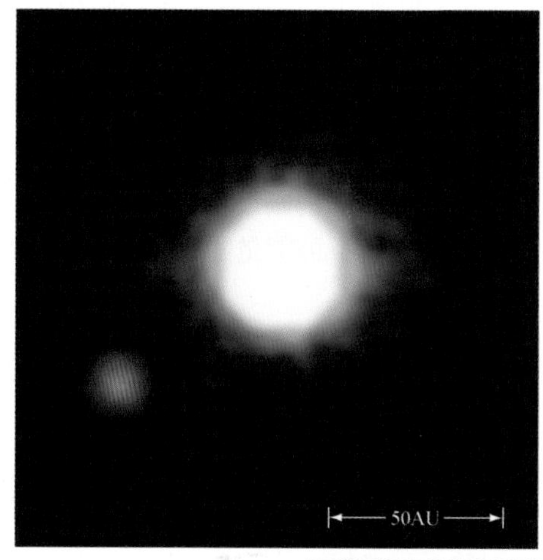

图 4.23　系外行星。目前已知的系外行星大多数极为暗淡，难以在母恒星的强光照耀下进行探测。但是，在称为 2M1207 的这个系统中，母恒星自身（中）却极为暗淡，即所谓的褐矮星（见第 12 章），因此使得其行星（左下）可在红外波段探测到。这颗行星的质量约为木星的 5 倍，轨道距离该恒星 55AU，距离地球 230 光年（VLT/ESO）

虽然如此，对于这些行星系的相关信息，除了估算部分较大行星的轨道和质量，人类的了解程度仍然极为有限。因此，我们只能从人类所在的行星系（即太阳系）开始，解释观测到的太阳系的大部分性质，最终形成一套普适性综合理论。但要牢记的是，这里描述的每个场景均非太阳系独有，相同的基本过程应当也会发生在银河系中其他许多恒星的形成阶段。稍后即可见到，面对新的太阳系外数据，我们的理论同样适用。

4.3.1 模型要求

基于最古老陨石、地球岩石和月球岩石的测年结果，行星科学家认为太阳系的年龄为 46 亿年，这是极其漫长的时间跨度，但仍远低于宇宙的年龄（140 亿年，见第 17 章）。这么久以前究竟发生了些什么事情才创造了今天的太阳系？当时遗留的哪些证据可用于佐证和指导我们的理论？在研究太阳系的起源和体系结构时，任何理论都必须要符合以下十个已知事实：

1. 每颗行星在太空中都相对孤立。各大行星的轨道与中心太阳之间的距离渐次拉大，但是并未束缚在一起。
2. 各大行星的轨道近似为圆形。除了水星这个特例，其他每颗行星的轨道均为完美的圆形。

3. 各大行星的轨道几乎位于同一平面上。各大行星的轨道扫过的平面在几度范围内精确对齐，水星则是个例外。
4. 各大行星均以相同的方向绕太阳运行（当从地球北极上方观测时，呈逆时针方向运行）。实际上，在太阳系中，所有大尺度运动（彗星轨道除外）均位于相同平面（太阳赤道面）和相同方向（太阳自转方向）上。
5. 大多数行星的自转方向与太阳的大致相同，但金星和天王星除外。
6. 大多数已知卫星绕母行星的公转方向与其母行星的自转方向相同。在太阳系内的较大卫星中，仅海卫一（海王星的卫星）是个例外。
7. 太阳系高度分化/分异。类地行星的特征是密度高、大气层适中、自转速率慢和卫星数量较少（或者没有）；类木行星的特征是密度低、大气层较厚、自转速率快和卫星数量较多。
8. 小行星非常古老，很多性质不同于类地行星、类木行星或其卫星。大致而言，小行星具有行星的大部分轨道性质，但其似乎由未演化的原始物质构成，撞击地球的陨石是目前已知的最古老岩石。
9. 柯伊伯带是在海王星之外运行的小行星尺度的冰质天体集合。现在，冥王星被认为是这样一颗柯伊伯带天体。
10. 奥尔特云彗星是不在黄道面上运行的冰质原始碎片，主体位于距离太阳非常遥远的地方。虽然组成类似于柯伊伯带，但奥尔特云是外太阳系中的一个完全不同的部分。

这十个事实清晰表明了太阳系的高度有序性，大尺度框架结构十分整齐，具体组成结构的年代非常一致，这不可能是随机混沌事件的结果，总体结构指向单一形成事件，即 46 亿年前古老的一次性事件。

如后续几章所述，各大行星在形成后的数十亿年期间，某些性质（如大气组成和内部结构）逐渐演化为当前状态，但是前述列表并未给出如此演化的解释。例如，牛顿定律认为各大行星必定在椭圆轨道上运动，且太阳位于其中的一个焦点上，但是并未解释为什么观测到的各个轨道应当大致为圆形、共面和顺行。我们不知道行星如何以随机路径开始，然后演变成当前所见的轨道，但它们的基本轨道性质必定从一开始就已确定。

除了许多规则性，太阳系也存在大量明显的不规则性，前面已提到一些。但是，这些不规则性远未威胁到理论，反而成了完善理论解释时所要考虑的重要事实。例如，解释太阳系形成的任何理论都不可能坚持认为所有行星均同向自转，或者认为所有卫星全部顺行，因为这些说法与实际观测结果不符。相反，理论应为观测到的行星特征提供强有力的支撑，同时要足够灵活以顾及并解释这些偏差。当然，小行星和彗星的存在告诉了我们关于过去的很多事情，这些事情一定是该宏大图景的组成部分。这是一项非常艰巨的任务，但是现在许多研究人员认为我们已经接近找到打开最终目标之门的钥匙。

科学过程回顾

太阳系形成理论明确表述了行星是如何产生的，但在预测中却不太严格，这一点为什么重要？

4.3.2 星云收缩

现代理论认为，行星是恒星形成过程中的副产品（见第 11 章）。设想存在由星际尘埃和气体构成的一大片云，直径约为 1 光年，称为星云（nebula）。现在，假设由于受到某些外部影响（如与另一星云发生碰撞，或者附近某颗恒星发生爆炸），该星云在自身重力/引力的影响下开始收缩。随着收缩进程的不断推进，星云变得越来越致密和炽热，最终在中心部位形成一颗恒星，即太阳。

1796 年，法国数学家和天文学家皮埃尔·西蒙·拉普拉斯以数学方法证明：角动量守恒（物体收缩时的旋转速度更快，见更为准确 4.2）要求星云收缩时必须旋转得更快。随着旋转速度的加快，导致星云的形状在收缩时发生变化。离心力（由于旋转而产生的向外的推力）倾向于在垂直于旋转轴的方向上抵抗收缩，导致星云以最快速度沿旋转轴坍缩。如图 4.24 所示，当缩小到约 100AU 时，该星云已变平为薄饼状圆盘。注定成为太阳系的这个漩涡物质通常称为太阳星云（solar nebula）。

若假设各大行星由这个旋转圆盘形成，则可初步理解太阳系中大量可观测结构的起源，例如各大行星的近圆形轨道及其在几乎相同平面上同向运动的事实。各大行星由这样的圆盘所形成的观点称为星云理论/星云说（nebular theory）。

天文学家确信太阳星云形成了这样一个圆盘，因为可在其他恒星周围看到类似的圆盘。图 4.25a 显示了恒星绘架座 β（Beta Pictoris）周围区域的可见光图像，距离太阳约 50 光年。通过计算机去除绘架座 β 自身的光，然后对结果图像进行增强，最后可见一个暗淡物质盘（此处几乎为侧视图）。这个特殊物质盘的直径约为 1000AU，大约是柯伊伯带直径的 10 倍。天文学家认为绘架座 β 是一颗非常年轻的恒星，年龄可能只有 1 亿年，人类有幸见证其正在经历的某个演化阶段（类似于 46 亿年前的太阳）。图 4.25b 显示了该物质盘的艺术构想图。

如第 0 章所述，随着新数据的出现，科学理论必须要不断地经受检验并完善（见 1.5 节）。遗憾的是，对于最初的星云理论而言，虽然拉普拉斯对太阳星云的坍缩和变平描述基本上正确，但是我们现在知道气体盘应当不会形成随后演化成行星的物质块。实际上，现代计算机计算获得的预测结论刚好相反，认为气体中的任何团块趋于分散（而非进一步收缩）。但是目前，大多数天文学家青睐的模型［称为凝聚理论/冷凝说（condensation theory）］完全基于古老的星云理论，并将基本物理学推理与星际化学新信息相结合，避免了最初理论中的大部分问题。

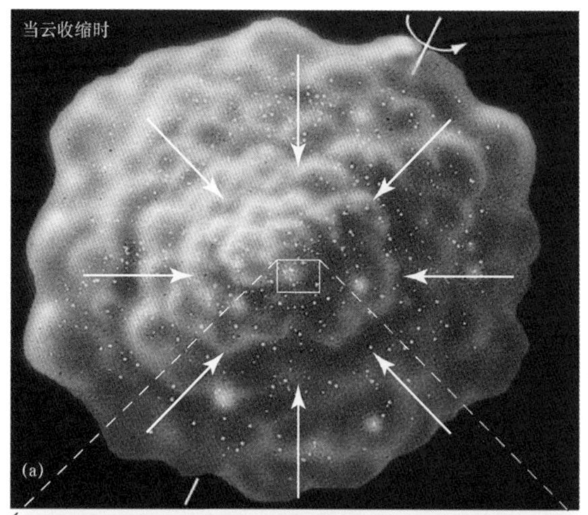

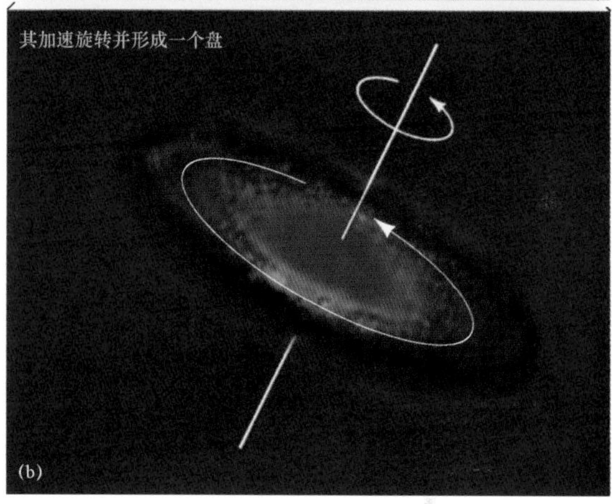

图 4.24　角动量。(a)角动量守恒要求收缩的旋转星云在尺寸减小时，旋转速度必须加快；(b)最终，注定成为太阳系一小部分的星云看上去像一个巨大的薄饼，中心的大球状物最终变成太阳

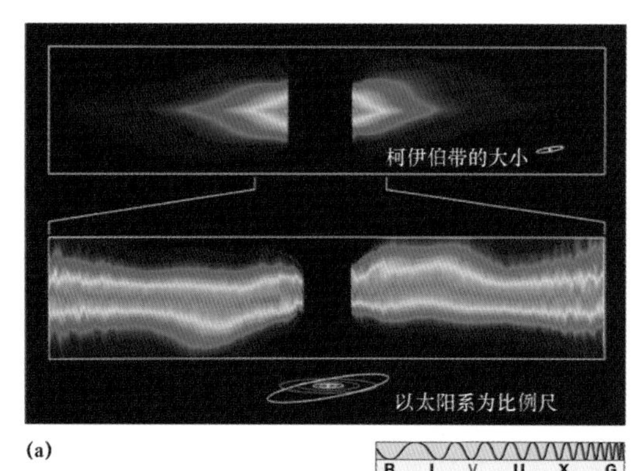

图 4.25　绘架座 β。(a)恒星绘架座 β 周围暖物质盘的计算机增强视图，用假彩色来强调细节。下部图像是物质盘内部的特写，扭曲变形可能由不可见伴星的引力牵引导致。在两幅图像中，为了能看到周围的暗淡物质盘，遮住了中心部位极其明亮的恒星；(b)在该物质盘的构想图中，一颗年轻恒星位于暖物质盘的中心部位，彗星大小（或更大）的几颗天体已经形成，随处可见的斑驳尘埃说明这些原行星区域可能非常脏（NASA; D. Berry）

图 4.26 暗云。发光的星际气体和暗尘云标志着恒星形成的这一区域。这些不透明的致密暗尘云称为球状体，呈现出暗色轮廓，与恒星形成区域 IC 2944 中的明亮发射和新生恒星形成对比（NASA）

关键新成分是太阳星云中的星际尘埃（interstellar dust）。现在，天文学家认识到各恒星之间的太空中遍布着微小的尘埃颗粒，这源于大量早已死亡恒星的抛射物质堆积。这些尘埃颗粒可能形成于古老恒星的寒冷大气中，然后从星际气体中积聚更多的原子和分子，不断生长壮大。最终，星际空间中充满了微小的冰物质和岩石物质，典型直径约为 10^{-5}m。图 4.26 显示了太阳附近许多此类尘埃区域之一。

在任何气体云的演化过程中，尘埃颗粒都发挥着重要作用。通过以红外辐射形式有效地辐射热量，尘埃有助于冷却热物质。当云冷却后，分子运动速度变慢，内部压力降低，使得星云更易坍缩（见更为准确 2.1）。此外，尘埃颗粒极大地加速了积聚足够原子而形成行星的过程，它们可以充当凝聚核（condensation nuclei，其他原子能够依附的微型平台），逐渐形成越来越大的物质球。这类似于雨滴在地球大气中的形成方式，即空气中的灰尘和烟灰充当凝聚核，水分子在其周围积聚。

更为准确 4.2　角动量的概念

大多数天体都会自转。行星、卫星、恒星和星系全都有一定的角动量，我们可将其大致定义为某颗天体保持自转或做圆周运动的趋势，或者必须付出多少努力才能阻止其运动。角动量是任何自转天体的基本性质，这个物理量与质量或能量同等重要。

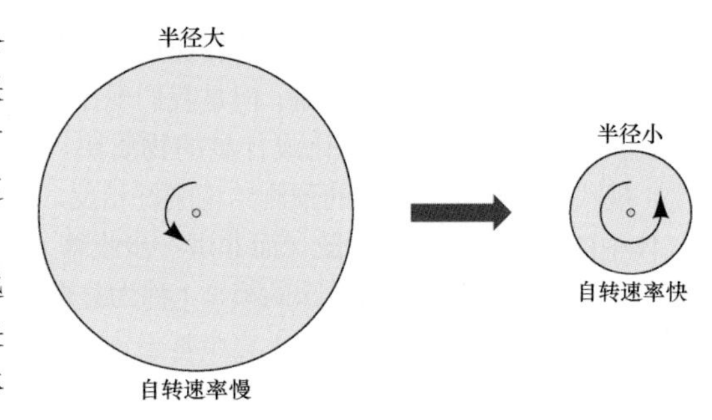

直觉告诉我们，质量越大、体积越大或自转速率越快，天体停止运动的难度就越大。实际上，角动量取决于天体的质量、自转速率（如圈数/秒）和半径，具体关系如下：

$$角动量 \propto 质量 \times 自转速率 \times 半径^2$$

式中，符号∝表示“与……成正比”，比例常数取决于天体质量的分布细节。

根据牛顿运动定律，角动量在任何时候都守恒，即任何天体在发生物理变化之前、期间和之后，只要未受到外部作用力的影响，角动量必定保持不变。因此，天体的大小变化即可与自转速率变化相关联。如第一幅插图所示，若具有一定自转速率的某个球形天体开始收缩，则上述关系要求其转速更快，才能使“质量×自转速率×半径^2”的值保持不变。在收缩过程中，球形天体的质量保持不变，但其半径明显减小，因此为了保持总角动量不变，自转速率必须增大。花样滑冰运动员经常运用这一原理，通过收缩手臂来加快旋转速率，通过伸展手臂来减慢旋转速率（见第二幅插图）。人体的质量保持不变，但是总半径发生变化，因此，为了保持角动量不变，旋转速率就会发生变化。

D. Lefranc/Gamma-Rapho/Getty Images

例如，假设形成太阳系的星际气体云的最初半径为1光年，且自转速率非常慢（1周/千万年）。在收缩期间，云的质量不变（假设），但其半径减小，因此为了保持总角动量不变，自转速率必须增大。当坍缩到半径为100AU时，半径缩小的倍率为 $1光年/100\text{AU}\approx 9.5\times10^{12}\text{km}/1.5\times10^{10}\text{km}\approx 630$。由于角动量守恒，因此其（平均）自转速率的增大倍数为 $630^2\approx 400000$，大致相当于每25年旋转1周，与土星的轨道周期比较接近。

4.3.3 行星形成

根据凝聚理论，在先后经历了三个不同的阶段后，太阳星云最终形成了各行星（见图4.27a）。其中，前两个阶段适用于所有行星，第三个阶段仅适用于类木行星（巨行星）。

在行星形成的第一阶段，太阳星云中的尘埃颗粒首先形成凝聚核，然后大量物质开始在凝聚核周围积聚（见图4.27b）。这一重要步骤大大加快了形成第一批小物质团块的关键过程。一旦形成，这些团块就彼此黏附而快速生长，就像是在猛烈的暴风雪中抛出一个雪球，雪球遇到更多雪花时变得更大。

随着体积逐渐增大，这些团块的表面积也不断增大，因此俘获新物质的速率不断加快，进而逐渐形成体积越来越大的天体（从鹅卵石大小逐步到棒球、篮球和巨石大小）。图4.28显示了两颗年轻恒星的射电和红外视图，它们的原恒星盘正好处于这种状态。最终，这个吸积（小天体通过碰撞和黏附而逐渐变大）过程形成了直径达数百千米的天体。

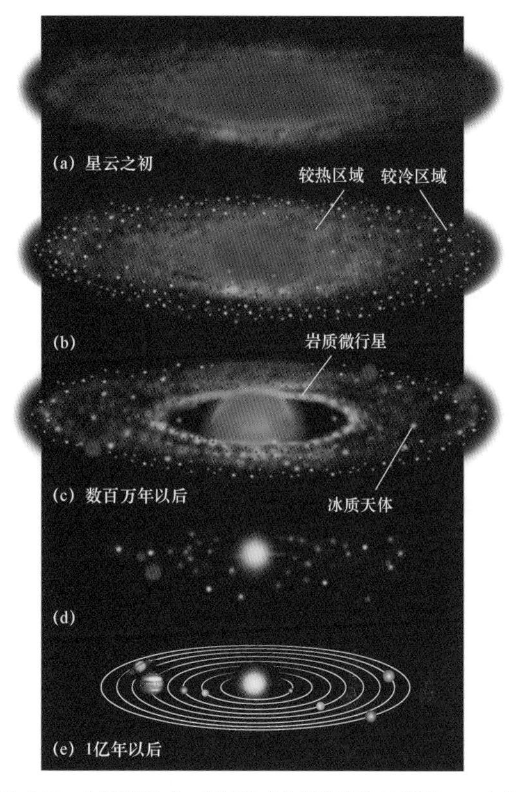

图4.27 太阳系形成。行星形成的凝聚理论/冷凝说。(a)太阳星云收缩并变平，形成旋转圆盘（见图4.24b），中心位置的大红斑块将成为太阳，外围区域中的小斑块则可能成为类木行星（见图4.29）；(b)尘埃颗粒充当凝聚核，形成相撞并吸积在一起的物质团，然后成长为月球大小的微行星；(c)数百万年后，来自太阳（仍在形成期间）的强风开始驱散星云气体，外太阳系中的部分巨大微行星俘获星云中的气体；(d)随着气体的抛射，微行星继续碰撞并生长；(e)经过约1亿年时间，所有微行星均被吸积或抛射，仅留下八大行星在大致呈圆形的轨道上绕太阳运行

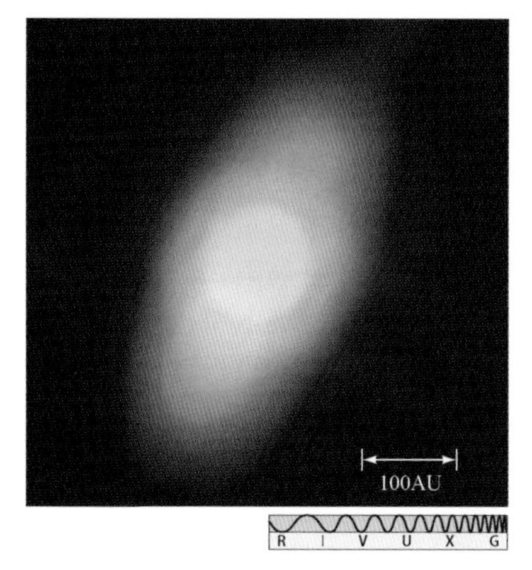

图4.28 新生太阳系？(a)距离地球约25光年的亮星北落师门的红外图像，由斯皮策太空望远镜拍摄，显示了正处于吸积过程中的星周盘。恒星本身位于中心位置的黄色斑块内；(b)距离地球450光年的恒星金牛座HL周边图像，由阿塔卡马大型毫米波阵列拍摄，显示了仍处于形成期间的行星所产生气体中的精细结构。角分辨率高达35毫角秒，甚至优于哈勃太空望远镜（NASA）

在行星形成第一阶段的最后，太阳系由氢气、氦气及数百万颗微行星构成。微行星/星子（planetesimal）是大小相当于小卫星的天体，引力场强到足以影响邻近的天体。此时，微行星的引力已经足够强，完全能够俘获原本不与其相撞的物质，所以生长速率仍在变快。在行星形成的第二阶段，由于相互之间存在引力作用，多颗微行星不断发生碰撞和并合，形成了越来越大的天体。由于较大天体施加的引力牵引作用更强，因此最终几乎所有微行星物质都被几颗较大的原行星俘获。原行星（protoplanet）是最终将演化成当前行星的物质积聚。

随着各原行星逐渐变大，它们之间的竞争过程变得尤为重要。原行星的引力场非常强大，在微行星与原行星之间产生大量高速碰撞。这些碰撞将导致碎裂，使得小天体破碎成更小的块，然后被原行星俘获。仅有少量较大的碎块（10～100km）能够逃脱行星（或卫星）的俘获，最终成为小行星和彗星。

约 1 亿年后，原始太阳系最终演化为八颗原行星、数十颗原卫星和一颗原太阳（位于中心且发光）。为了俘获太阳系中的行星际碎片，总计耗时约 10 亿年或更长时间。这一时期存在强烈的陨石撞击，月球及其他天体上至今仍然保留着受到影响的明显证据（见第 5 章）。

4.3.4 类木行星形成

对于内太阳系中的类地行星，前述的两阶段吸积图景是当前业界公认的形成模型；对于外太阳系中的类木行星（巨行星），人们尚不清楚其成因，目前主要存在两种不同的观点，并对人们理解系外行星产生了重要影响。

第一种观点认为，在图 4.27c 和图 4.27d 中描绘的更常规场景中，外太阳系中的四颗最大原行星快速生长，质量大到足以进入行星发育的第三阶段——强大引力场直接俘获太阳星云中的大量气体。如本书后面所述，外太阳系中存在构建行星所需的更多原料，因此原行星在那里的生长速度更快。在这种情况下，仅需不到几百万年，类木行星的内核就能俘获大量星云气体。与此相比，内太阳系中的较小类地原行星却从未到达这一阶段，不仅生长缓慢（经过 1 亿年才形成当前行星），而且质量仍然相对较小。

第二种观点认为，巨行星（giant planet）形成于太阳星云较冷外部区域的不稳定性（这与拉普拉斯的最初观点没有太大区别），小尺度上类似于最初星云的坍缩。这种观点认为，类木原行星的形成简单直接且非常迅速，跳过了最初的吸积阶段，或许不到 1000 年就获得了大部分质量。这些第一代原行星的引力场非常强，足以从太阳星云中吸取气体和尘埃，使其成长为当前可见的巨行星。图 4.29 说明了这一形成过程。

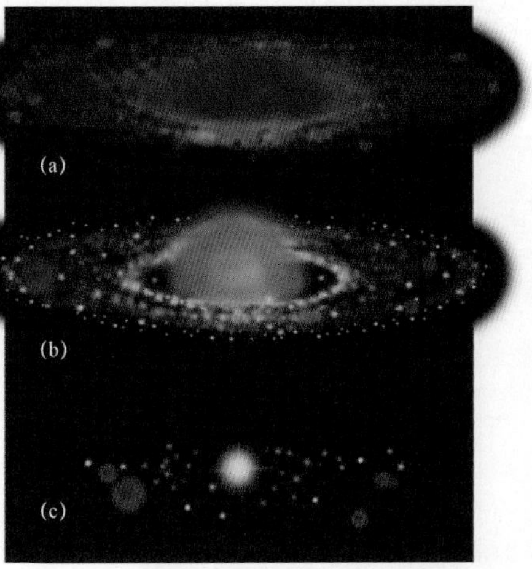

(a)

(b)

(c)

图 4.29 类木行星的凝聚。作为“大质量原行星内核生长，然后星云气体吸积”的替代，某些（或所有）巨行星可能由太阳星云较冷外部气体的不稳定性直接形成。(a)与图 4.27a 相同；(b)数千年后，绕过图 4.27 中所示的吸积过程，四颗气态巨行星（红斑）形成；(c)星云消失，巨行星在外太阳系中就位

天文学家正在研究行星的组成和内部结构（如原行星的内核大小），并对系外行星进行观测，或许有一天能够对这些相互竞争的理论分个高下。无论哪种理论，只要达到能够俘获星云气体的临界尺寸，类木原行星就会快速生长。随着引力场的不断增强，生长速度进一步加快，短短数百万年就达到了现在的质量。

类木行星的许多卫星可能也形成于吸积过程，但是规模相对较小，并且局限在母行星的引力场中。一旦星云气体开始流到巨型类木原行星上，情况就可能与小型太阳星云类似，凝聚和吸积过程继续发生。对外行星而言，大卫星几乎肯定以此方式形成，部分小卫星则可能是被俘获的微行星。

构成大部分原始云的气体是什么？为何目前在整个太阳系中消失不见？所有年轻恒星显然都经历了高度活跃的演化阶段，称为金牛 T 星阶段（T-Tauri phase，见第 11 章），期间的辐射发射和恒星风非常强烈。太阳星云形成几百万年后，太阳就进入这一阶段，各行星之

间残留的任何气体都被太阳风和太阳辐射的压力吹散并进入星际空间。最后，只剩下原行星和微行星的碎片，准备向今天所知的太阳系继续进行漫长的演化。注意，太阳的演化为类木行星的形成设定了时间框架，外行星一定形成于星云消散之前。

4.3.5 太阳系的分化

凝聚理论解释了太阳系各组成部分（类地行星、类木行星和小天体）之间的基本组成差异。实际上，正是在这种背景下，凝聚/冷凝（condensation）一词才有了真正的含义。

当在引力的影响下收缩时，太阳星云变平为圆盘状，同时温度上升。中心原太阳附近的密度和温度最高，外围区域的密度和温度则要低得多。在炽热的内部区域，尘埃颗粒分裂为分子，进而分裂为原子。在这个阶段，内太阳系中的大部分原始尘埃消失，最外层部分的颗粒则可能大体保持完整。

内太阳星云中尘埃的毁坏为理论混合引入了一个新的重要因素，而前述讨论忽略了这一点。随着时间的推移，气体辐射出热量，除太阳正在形成的核心区域外，其他所有区域的温度都下降。在原太阳之外的任何地方，新的尘埃颗粒开始凝聚，就像雨滴、雪花和冰雹从地球上的潮湿冷空气中凝聚一样。虽然早期存在着大量的星际尘埃，但大部分遭到毁坏，后来才再次形成，这看起来似乎有些奇怪，但是重大变化确已发生。最初，星云气体中均匀地布满了尘埃颗粒，但是当尘埃颗粒后来再次形成时，这些颗粒的分布状况已大不相同。

图 4.30 显示了原始太阳系各部分在吸积开始之前的温度。在任意给定的位置，只有能够承受该处温度而存在的物质才能凝聚。最内侧区域（水星当前轨道周围）仅能形成金属颗粒，因为这里的温度太高，其他任何物质都不可能存在；稍远区域（约 1AU）也可能形成岩质硅酸盐颗粒；若距离超过 3AU（或 4AU），则可能存在水冰物质；以此类推。距离太阳越远，凝聚的物质就越多。距离太阳任何给定距离处的颗粒组成非常重要，它决定了该处所形成微行星（及最终行星）的类型。小行星带的当前结构仍然反映了这些早期条件，即内层区域中岩质硅酸盐更常见，而在更大的半径范围内，碳质天体（冰质微行星的衍生物）更常见。

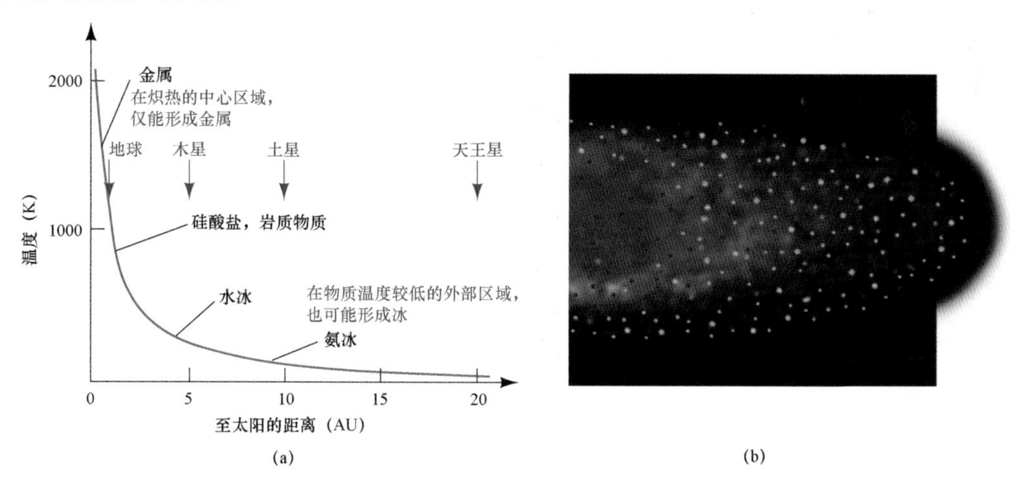

图 4.30　早期太阳星云的温度。(a)图 4.27b 中原始太阳星云的温度变化理论计算值；(b)图 4.27b 中的半个圆盘

在距离中心 5AU 之外的地方，温度低到足以让几种高丰度气体（水蒸气、氨气和甲烷）凝聚为固态。如后面所述，这些复合气体仍然是类木行星大气层的重要组成部分，因此注定成为类木行星内核的微行星形成于寒冷条件下的低密度冰物质。与原太阳附近的带内区域相比，太阳星云在这些半径处凝聚的物质数量更多，因此吸积开始变得更快，可用资源也更多。若由于冷星云气体呈不稳定状态，外行星尚未最终形成，则其将快速生长，从而不仅可以吸积颗粒，而且能够吸积星云气体，最终形成今天所见的富含氢元素的类木行星。

在原始太阳系的带内区域，冰物质由于环境温度太高而无法存在，含量丰富的大量重元素（如硅、铁、镁和铝）与氧气结合生成各种岩石物质。因此，在内太阳系中，微行星的组成为岩石或金属，最终形成的原行星和行星同样如此。类木行星之所以比类地行星大得多，还有另一种原因：为生成一些岩质颗粒并开始吸积过程，太阳星云的带内区域必须等到温度下降，而外太阳系中的吸积几乎始于太阳星云坍缩成圆盘之时。

在外太阳系中，重物质当然也会凝聚为颗粒，但其数量远低于轻元素。外太阳系并不缺少重元素，内太阳系则明显缺少轻物质。

4.3.6 小行星和彗星

在内太阳系中，大部分岩质微行星与不断生长的类地行星相撞，或者被类地行星驱逐出境，目前仅少量存在于小行星带中。火星轨道之外的微行星未能积聚为原行星，因为附近木星的巨大引力场不断干扰其运动，各种推动和牵引阻止其聚合成原行星。从最早时起，在木星和太阳引力的共同牵引下，许多特洛伊小行星就可能已被锁定在其怪异的轨道上。

一旦形成，类木行星就对外太阳系中的微行星施加强大的引力。经过长达数亿年的时间，在受到巨行星（特别是木星和土星）引力的反复踢打后，外太阳系中的大部分行星际碎片被抛入远离太阳的轨道（见图 4.31），形成了奥尔特云。微行星与天王星和海王星的相互作用较温和，一般不会因此而被抛射至较远的位置。相反，这些相互作用倾向于将各个小天体偏转至偏心轨道上，随后进入内太阳系并与行星相撞，或者被木星（或土星）踢入奥尔特云。形成于海王星轨道之外的大部分原始微行星则位置不变，从而构成了柯伊伯带。

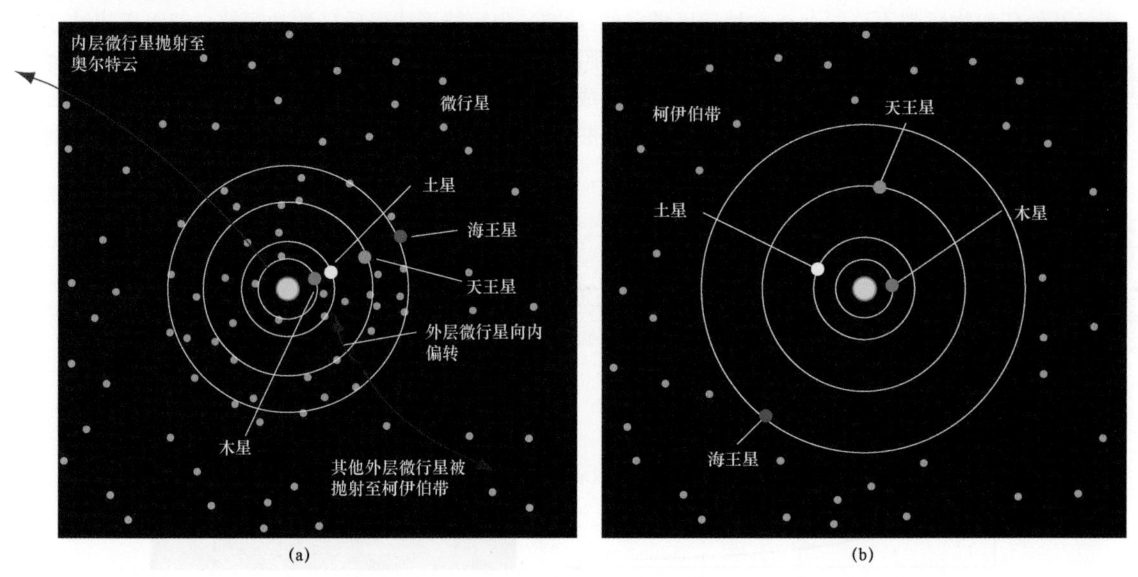

图 4.31 微行星抛射。冰质微行星的抛射形成了奥尔特云和柯伊伯带。(a)在巨行星形成的最早期，整个太阳系中都会发现残存的微行星。由于与木星和土星存在相互作用，微行星显然被踢出了非常大的半径之外（奥尔特云）；(b)数亿年后，由于向内和向外的微行星运动非常频繁，当海王星轨道内的微行星被抛射时，所有四颗巨行星的轨道都发生重大变化。其中，海王星受到的影响最大，可能向外移动了 10AU

清理外太阳系中彗星的相互作用也导致各行星的自身轨道发生了重大改变。计算机模拟表明，在抛射过程中，木星朝向太阳轻微移动，轨道半长径减小了十分之几个天文单位，而其他巨行星则向外移动，例如海王星向外移动了 10AU（见图 4.31b）。

在类地行星的演化过程中，冰质微行星向内太阳系的偏转或许也发挥了重要作用。在凝聚理论中，关于内行星的形成存在一个长期困惑，即地球（及其他地方）的水和其他挥发性气体来自哪里？由于形成时的表面温度太高且引力太小，内行星无法俘获并留住这些气体。正确答案可能如下：来自外太阳系的大量彗星轰击新生的内行星，为其提供了形成之后的水源。

一段时间以来，这一理论一直是地球水来源的主要解释（虽然尚存争议），但罗塞塔号探测器的最新数据却对其提出了质疑。罗塞塔号探测器上的传感器发现，在彗星67P四周的冰和水蒸气中，氘（重氢）含量是地球海洋中的3倍，意味着来自外太阳系的彗星（如67P）不可能是地球水的来源。但是，在来自小行星带的陨石中，氘含量确实与地球相匹配，说明小行星（而非彗星）的轰击可能形成了地球水。

概念回顾

小行星和彗星是否围绕其他恒星运行？

4.3.7 太阳系的规则性和不规则性

凝聚理论解释了本节开始部分列出的事实：①在整个太阳星云中，微行星不断生长，每颗原行星最终都清空附近的物质，这就解释了各行星之间的巨大间距，不过未能充分解释间距的规则性/正则性；②各行星的轨道呈圆形是太阳星云的形状和旋转的直接结果；③各行星的轨道位于同一平面内也是太阳星云的形状和旋转的直接结果；④各行星以相同方向绕太阳公转仍是太阳星云形状和旋转的直接结果；⑤各行星的自转方向与太阳相同是由于较小结构倾向于继承其母体的整体自转方向；⑥各卫星的公转方向与其母行星的自转方向相同也是由于较小结构倾向于继承其母体的整体自转方向；⑦星云升温和太阳燃烧导致了观测到的分化；⑧源于吸积–碎裂阶段的碎片形成了小行星；⑨源于吸积–碎裂阶段的碎片也形成了彗星。

如前所述，对任何太阳系形成理论而言，一个重要特征是其适应偏差的能力。在凝聚理论中，这种能力由微行星并入原行星时交会中的固有随机性提供。随着大型天体数量的减少和质量的增大，个体碰撞变得越发重要。时至今日，这些碰撞的影响仍然可见于太阳系中的许多部分。

接下来的几章将讨论太阳系中的许多不规则现象，其中大多数可解释为随机碰撞的结果。典型示例如金星异常缓慢的逆行（见第6章），若假设在金星形成历史上的最后一次重大碰撞中，恰好涉及两颗质量相当原行星之间的近正面交会，则可以解释这一点。当地球发生类似的交会时，月球可能就应运而生（见第5章）。科学家通常不喜欢用随机事件来解释观测结果，但是似乎有很多实例可以证明，随机事件在决定宇宙当前状态方面发挥了重要作用。

4.4 系外行星

凝聚理论的发展只是为了解释单一行星系（即太阳系），但对任何科学理论而言，关键是要检验在最初构想环境之外的适用性和预测能力（见0.5节）。近年来，人们发现了围绕其他恒星运行的许多行星，这为天文学家提供了机会（实际上是科学责任），使得太阳系形成理论能够直接面对新观测数据的检验。

4.4.1 探测系外行星

最近几年，随着望远镜、探测器及计算机数据分析的技术进步，搜寻系外行星/太阳系外行星的工作取得了巨大进展。除了少数例外，人们目前尚无法获得这些新发现世界的图像。搜寻系外行星通常采用间接技术，主要基于对来自母恒星（而非不可见行星）的光的分析。

截至目前，通过研究对母恒星的引力效应，人们发现了约600颗系外行星。当一颗行星绕恒星运行时，由于引力牵引方向发生动态改变，因此恒星会轻微地摆动。质量越大或轨道距离恒星越近，行星的引力牵引作用就越大，因此恒星的运动幅度也就越大。若摆动刚好发生在我们对该恒星的视野范围内，则可看到恒星视向速度/径向速度（radial velocity）的微小起伏，天文学家利用多普勒效应即可对此进行测量（见2.7节）。

图4.32显示了两组视向速度数据，揭示了围绕其他恒星运行的行星的存在。图4.32a显示了恒星飞马座51的视向速度，该恒星是距离太阳40光年的密近双星。1994年，通过利用法国上普罗旺斯天文台的1.9m口径望远镜，瑞士天文学家获得了这些数据，这是外行星围绕类日恒星运行的首个确凿证据。

此后，经过若干组天文学家证实，该恒星的速度存在50m/s的规律性起伏，这意味着某颗行星（质量至少为木星的一半）以圆形轨道（周期为4.2天）围绕飞马座51运行。

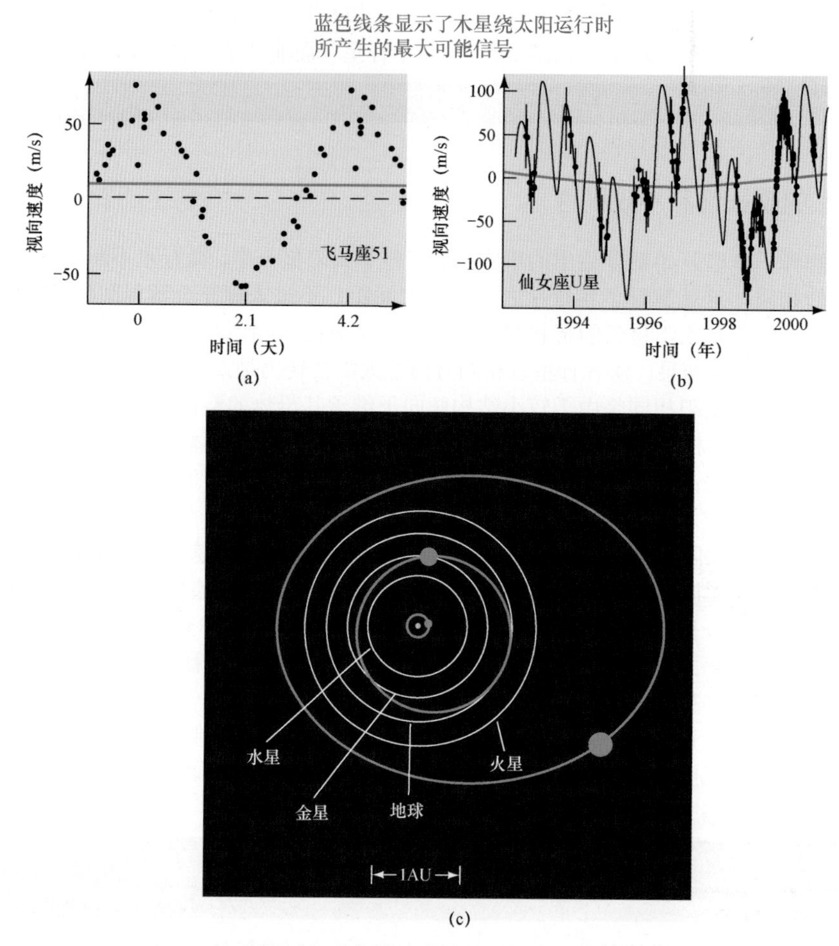

图4.32 揭示的行星。(a)恒星飞马座51的多普勒频移发现数据，揭示了一个清晰的周期性信号，表明存在一颗行星伴星（质量至少为木星的一半）；(b)仙女座U星的视向速度数据更复杂，但与围绕该恒星运行的三行星系非常吻合（实线）；(c)仙女座U星系统中三颗行星的推测轨道（橙色）示意图，与类地行星的轨道（白色）叠加以进行比较

图4.32b显示了另一组多普勒数据，揭示了一个复杂得多的行星系——围绕附近另一颗类日恒星[仙女座U星/天大将军六（Upsilon Andromedae）]运行的一个三行星系。这三颗行星的最小质量分别为木星质量的0.7倍、2.1倍和4.3倍，轨道半长径分别为0.06AU、0.83AU和2.6AU。图4.32c描绘了它们的轨道，并按比例显示了太阳系中类地行星的轨道。

视向/视线与行星轨道面之间的夹角无法确定，这种局限性严重影响了多普勒技术的应用。简而言之，人们无法区分轨道面几乎侧立时的低速轨道（夹角小）与轨道面几乎水平时的高速轨道（夹角大），因此只有一小部分轨道运动有助于视向多普勒效应。但是在某些系统中，情况却并非如此。例如，对类日恒星HD209458（距离地球约150光年）的观测结果表明，某颗行星［质量为木星的0.6倍，距离该恒星仅700万千米（0.05AU）］作为伴星绕其运行，每当这颗行星在恒星与地球之间穿越时，该恒星的亮度都出现幅度较小（1.7%）但却明显的下降（见图4.33）。基于视向速度测量来推断轨道周期，可知该恒星的亮度下降每3.5天发生一次。这种凌星/行星凌星（planetary transits）现象相对罕见，因为它要求人们能够看到几乎垂直侧立的轨道面，不过当这种现象确实发生时，通过结合视向速度测量，即可明确确定该行星的质量和半径。在本例中，该行星的测量密度仅为200kg/m^3，与高温气态巨行星以极接近轨道绕母恒星运行的情形相符。

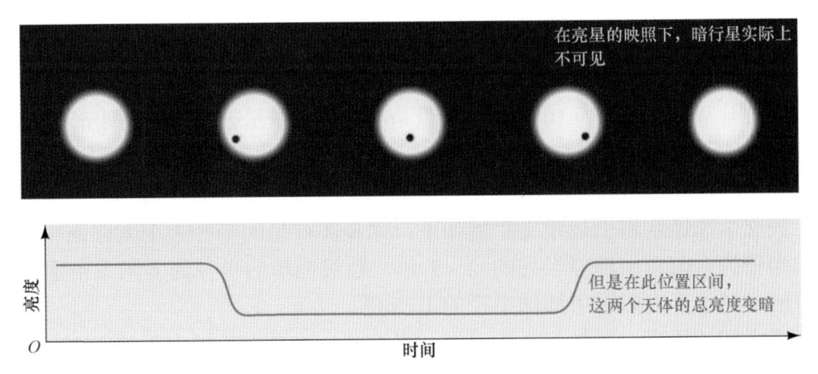

图 4.33　系外凌星。当一颗系外行星在地球和母恒星之间穿越时，母恒星发出的光以一种独特方式变暗。这颗行星围绕类日恒星 HD209458 运行，轨道直径为 200000km，每 3.5 天凌星一次，期间会遮挡母恒星约 2%的光

仅一小部分行星系的方位能够以正确方式显示凌星现象，因此行星猎人计划采取了重复测量数千颗恒星的策略，希望能够探测到动态发生的凌星现象。空基望远镜特别适合这项任务，它们能够持续凝视某个天区，同时对目标恒星进行高精度观测。在探测类地行星围绕类日恒星运行时，在轨仪器能够测量到微小的亮度变化（小于 $1/10^4$）。2009 年， NASA 实施了开普勒计划，并在其监测的数十万颗恒星中成功探测到了大量系外行星。在开普勒太空望远镜探测到的 4000 多颗系外行星候选体中，1000 多颗已成功确认，包括一些迄今为止发现的最小系外行星（即地球大小）。2013 年，由于精确设定方向所需的陀螺仪发生故障，该望远镜暂停使用。2014 年，该望远镜获得重启并被赋予新使命，负责监测围绕小质量恒星运行的那些行星①。

凌星法总计探测到了 1200 颗系外行星，但是非常遗憾，视向速度测量多数情况下不可用，所以仅能知道这些行星的轨道和半径，但是无法测算其质量。

4.4.2　系外行星的性质

截至 2015 年年中，天文学家已确认了近 2000 颗系外行星围绕 1000 多颗恒星运行②，开普勒太空望远镜发现了距离太阳非常遥远的许多行星，但是大多数行星位于距离太阳 500 光年的范围内。到目前为止，人们发现约 10%的附近恒星存在行星，多数情况下仅探测到一颗行星，但已知多行星系的数量约为 500 个。大多数天文学家预计，随着探测及数据分析技术的持续进步，含多行星的恒星比例和每颗恒星的行星数量都会增大。

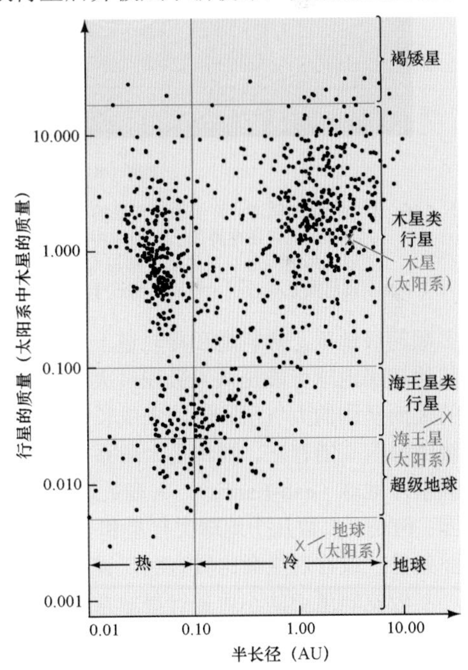

图 4.34　系外行星的参数。约 1000 颗系外行星的质量和轨道半长径，每个点代表一个行星轨道。图中还显示了太阳系中地球、木星和海王星的对应点。这些行星按常见的太阳系名称分类（基于质量），或者按温度高低分类为热或冷（基于与母恒星之间的距离）

图 4.34 显示了约 1000 颗系外行星的观测质量和半长径，其中的每个点代表一颗行星，并且添加了太阳系中地球、海王星和木星的对应点。质量巨大的系外行星通常称为木星类行星，质量较小但仍然“类木”的系外行星通常称为海王星类行星。木星类行星与海王星类行星之间的分界线不是很严格，但通常取太阳系中海王星质量的 2 倍（或太阳系中木星质量的 1/10）。该术语旨在区分大部分是气体的行星（如木星）和具有坚固岩质内核的行星（如海王星）。

① 2018 年 10 月 30 日，开普勒太空望远镜耗尽燃料并正式退役。——译者注
② 截至 2023 年 9 月，已发现系外行星数量超过了 5500 颗。——译者注

但是，请务必牢记，这种划分仅基于质量，因为我们并不了解多数行星组成（或内部结构）的相关信息。

质量为地球质量 2～10 倍（约 0.5 倍海王星质量）的那些行星称为**超级地球**（super-Earths）。这种情形的上限意义重大，因为理论家认为 10 倍地球质量是其吸积大量星云气体并开始形成气态巨行星时所需的行星内核的最小质量（见 4.3 节）。低于 2 倍太阳系中地球质量的系外行星简称为**地球类行星**（Earths）。

如前所述，许多凌星系外行星具有已知半径，但并未测得质量。通过对行星性质做出合理的假设，在系外行星中，天文学家通常将上述定义扩展如下：木星类行星的半径大于太阳系中地球半径的 5 倍，海王星类行星的半径为太阳系中地球半径的 2～5 倍，超级地球的半径为太阳系中地球半径的 1.25～2 倍，地球类行星的半径小于太阳系中地球半径的 1.25 倍。

基于与母恒星之间的距离，系外行星还可进一步细分，轨道半长径小于 0.1AU 的行星称为**热行星**（hot planet），轨道半长径大于 0.1AU 的行星称为**冷行星**（cold planet）。分界线同样不是很严格——行星的实际温度不仅取决于其轨道特征，而且取决于行星的大气组成及中心恒星的温度和亮度。

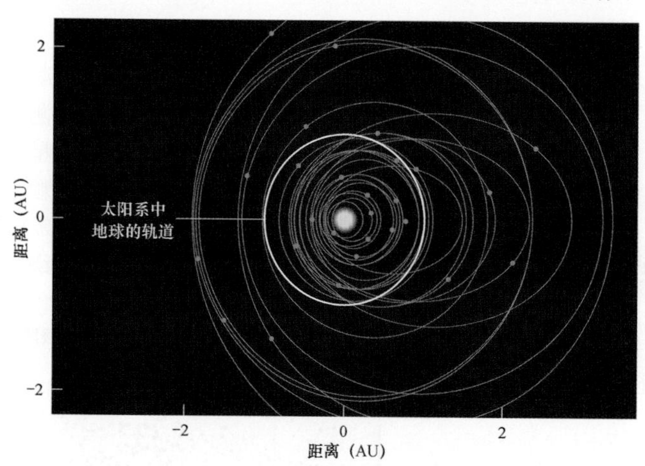

图 4.35　系外行星的轨道。许多系外行星的轨道距离母恒星超过 0.15AU，为便于对比，图中叠加了太阳系中的地球轨道（白色虚线）。此处所示的所有系外行星的质量都与太阳系中的木星相当。若绘制出全部已知系外行星，则图形将过于拥挤和杂乱无章

迄今为止，人们观测到的大多数行星都属于冷木星或冷海王星类别，与太阳系中的类木行星类似，但是轨道通常比类木行星要小一些（直径略小几个天文单位），而且偏心率更大。轨道偏心率小于 0.1 的行星不到 20%，而太阳系中类木行星的轨道偏心率均低于 0.06。图 4.35 绘制了其中一些行星的实际轨道，并叠加了太阳系中的地球轨道进行比较。在所有观测到的系外行星中，相当一部分（约 1/3）在非常接近母恒星的热轨道上运动，表面温度高达 1000K～2000K。人们首先发现了质量最大的那些热行星，并很快将其称为**热木星**（hot Jupiters）。这是一种新类型的行星，太阳系中不存在此类天体。

目前，天文学家已经确认发现了 300 多颗超级地球，热轨道和冷轨道上都存在。有些超级地球（特别是质量较小者）可能是大型类地行星，其他超级地球可能是从未吸积过大量星云气体的冰质行星核，还有些超级地球可能含有由较轻气体构成的大而坚固的大气层，但从未成长至海王星类行星状态，有时被称为**气态矮星**（gas dwarfs）。后两类超级地球若真的存在，则将是太阳系中未曾发现过的新类型行星。截至目前，人们已发现并确认了约 150 颗**系外地球**（exo-Earths），大多数运行在靠近母恒星的热轨道上，不太可能成为适宜人类居住的理想家园。但是，少数几个地球类行星和十几个超级地球非常引人注目，因为其轨道可能会形成相对温和的表面条件，或许对生命比较有利，详见后续介绍。

较宽轨道上的小质量行星非常稀少（见图 4.34 中的右下部），这一事实并不出人意料，此即天文学家所称的选择效应（selection effect）。质量较小和/或距离遥远的行星较难产生足够大的速度起伏，因此不易被探测到。一般而言，人们目前所采用的方法偏重于搜寻运行轨道靠近母恒星的大型和/或大质量天体。

4.4.3　系外行星的组成

如前所述，若已知某颗凌星系外行星的视向速度数据，则可确定其质量和半径，继而估计其密度甚至组成。采用这种方法，天文学家测量了 200 多颗凌星热木星。但是，当天文学家计算它们的密度时，结果通常远低于理论预测值。计算出的密度范围为 200kg/m^3（大致相当于聚苯乙烯泡沫塑料的密度）～1500kg/m^3（略高于太阳系中木星的密度），即便假设组成是最轻的纯氢和纯氦，与理论模型相比仍然存

在着较大的差异。这一差异的主流解释是附近母恒星的热量使得这些行星不断膨胀，直至远超正常大小。但是，目前尚无任何模型能够解释观测到的密度范围，天文学家至今无法完全解释这一现象。

目前，约 30 颗地球类行星和超级地球的质量与半径的测量精度较高，足以计算出近似密度，结果范围为 500～9000kg/m^3。在这一密度范围内，低值端表明行星蕴藏着大量轻气体，可能具有岩质/冰质内核和大气层（氢/氦），即气态矮星；高值端表明主要组成是岩石，即压缩的地球；中等密度表明行星由水和/或其他冰构成。图 4.36 对比了太阳系中的地球和海王星以及物理性质研究程度相对较高的两颗超级地球。超级地球柯洛 7b（CoRoT 7b）的质量是地球的 4.8 倍，体积是地球的 1.7 倍，意味着其平均密度为 5300kg/m^3（与地球的非常相似）。但是，由于这颗行星的轨道距离母恒星（类日恒星）仅有 0.02AU，因此表面条件比地球要极端得多。超级地球 GJ 1214b 的质量是地球的 5.7 倍，半径是地球的 2.7 倍，平均密度为 1600kg/m^3。这颗行星的主要组成绝对不是岩石，而是可能主要由水和/或冰组成，或许环绕着一个较小的岩质内核，且具有由氢和氦组成的大气层。

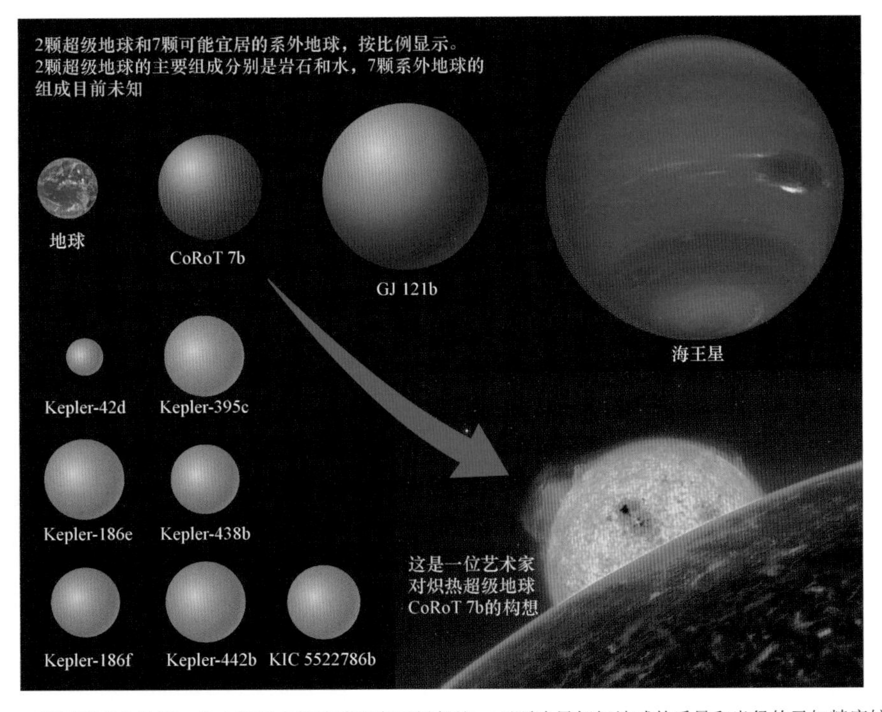

图 4.36 超级地球之比较。与太阳系中的地球和海王星相比，两颗凌星超级地球的质量和半径的已知精度较高。由于平均密度不同，这两颗行星的外观似乎也大不相同：其一为岩质，有点像地球或海王星的内核；另一可能主要由水和冰构成。图中按比例显示了 7 颗可能宜居的系外地球（见图 4.39）

对于系外地球和超级地球的组成、结构和演化史，天文学家非常感兴趣，他们试图了解这些天体如何形成及为何在太阳系中不存在。对于凌星而言，测量后即可准确预测时间，然后天文学家就能对观测进行计时，获得该行星在弦月相位期间的恒星照射面的光谱及其他信息，继而探测该行星的大气组成和动力学（见 2.5 节）。由于行星（即使是热行星）比其母恒星的温度更低，所以在红外波长处最容易区分行星的反射光和背景恒星光，斯皮策太空望远镜（SST）在这些研究中发挥了重要作用（见 2.4 节和 3.5 节）。到目前为止，科学家已探测到的组成包括氢、钠、甲烷（CH_4）、二氧化碳（CO_2）和水蒸气。对于确定系外行星的大气组成和结构而言，这样的观测至关重要。

通过对母恒星的光谱进行观测，我们可以揭示系外行星形成之谜中的关键部分。从统计数据看，与含有较少关键元素（碳、氮、氧、硅和铁）的恒星相比，组成与太阳相似的恒星更可能拥有绕其运行的行星。由于在恒星中发现的元素反映了其形成星云的组成，而刚才列出的元素是星际尘埃的主要成分，因此这一发现为凝聚理论提供了强有力支持（见 4.3 节）。尘埃盘确实更可能形成行星。

4.4.4 太阳系是否与众不同

曾几何时，许多天文学家坚持认为凝聚理论构想（如本章前面所述）绝不可能为太阳系所独有。今天我们知道，行星系随处可见，但是总体而言，人类看到的那些行星系与太阳系不太一样！我们可以理直气壮地问：太阳系是否真的与众不同？前述观测结果是否会推翻关于太阳系形成的当前理论？

在系外行星中，与太阳系中类木行星的轨道相比，大多数冷木星和冷海王星的轨道偏心率要高得多，这是否使得太阳系与其他行星系产生根本差异？可能不会。在很大程度上，这种差异可以利用前面所述的选择效应进行解释——偏心轨道倾向于产生更快的速度，所以更容易被人们发现。随着探测技术的不断进步，在更宽和偏心率更低的那些轨道上，天文学家找到了越来越多的太阳系中木星质量（或更低）的系外行星。图 4.37 显示了一颗最像木星的系外行星的探测证据：某颗天体的质量为太阳系中木星质量的 0.95 倍，在大致在呈圆形的轨道上围绕类似太阳的一颗密近双星运行，周期为 9.1 年。在系外行星中，冷木星在近圆形轨道上运行是偶发事件还是普遍现象？目前下定论还为时尚早，但在已经观测到的行星系中，这类系外行星显然确实存在。

此处所见的偏心太阳系外轨道是否与凝聚理论一致？答案是肯定的。实际上，该理论允许大质量行星以多种方式进入偏心轨道，前面的讨论其实并未提到关于太阳系形成的一个重要方面，即许多理论家担心在原太阳盘中形成之后，木星如何保持在圆形轨道上。若与木星大小的其他行星相互作用，或者受到邻近恒星的影响，则木星大小的行星可能会被撞入偏心轨道。若形成于不稳定的引力作用，则它们最初就应当存在偏心轨道，那么接下来就必须解释这些轨道在太阳系中如何变圆。

在太阳系内的各大行星中，为何未出现热木星呢？凝聚理论同样能够给出合理的解释！20 世纪 80 年代中期，理论家意识到因与所在星云之间存在摩擦，巨行星应当会向内急速偏移。甚至在首颗热木星被观测到之前，理论家就已知道，基于圆盘在被新生太阳驱散之前的存活时间，该过程很容易将各行星置于距离母恒星很近的轨道上，如图 4.38 所示。理论家是对的，在太阳系的内、外行星系之间，观测到的热木星能够提供非常必要的关联。

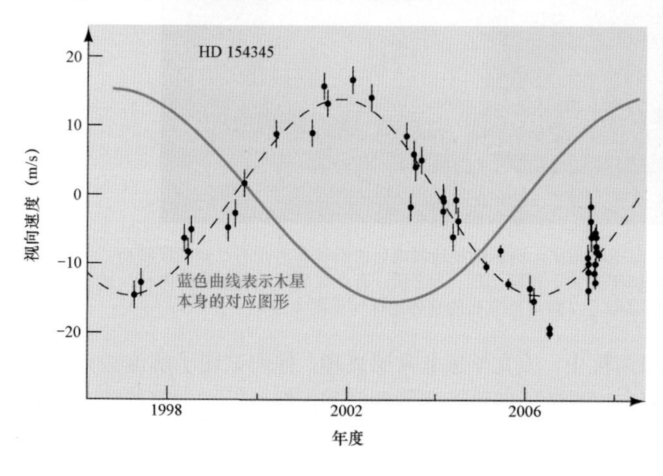

图 4.37 系外木星？恒星 HD 154345 的速度摆动，揭示了这颗系外行星的存在，其轨道迄今为止最像木星。母恒星与太阳几乎相同，质量为木星的 0.95 倍，轨道距离为 4.2AU，轨道偏心率为 0.04

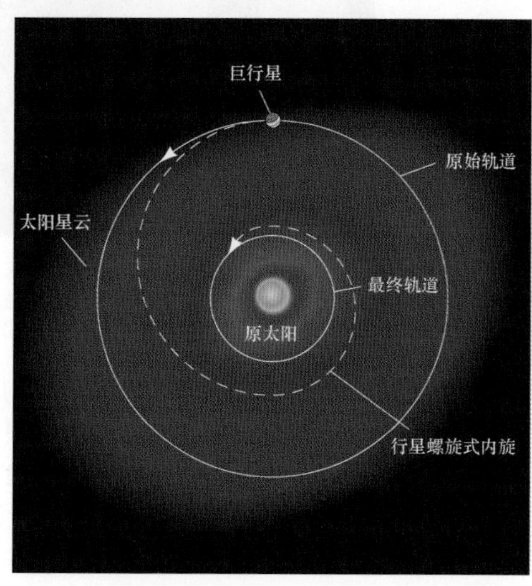

图 4.38 下沉的行星。因与形成它的星云盘之间存在摩擦，巨行星以螺旋式方式向内运动。该过程持续进行，直至星云盘被来自中心恒星的风吹散，进而可能将该行星置于热轨道中

奇怪的是，当木星大小的行星穿越微行星正在形成的星云盘而向内下沉时，并不会伤害类地行星的形成。在气体盘散开之前（即太阳星云形成之后几百万年内和类地行星形成很久之前），热木星一定已经

到达了炽热的轨道。计算机模拟结果表明，当巨行星穿过并内旋时，微行星受到扰动，但大多不会被瓦解或驱逐。主要影响是混入了来自更远处的更多冰物质，从而可能导致各行星的质量和含水量变大。

4.4.5 搜寻系外地球

巨行星是非常有趣的天体，但是许多天文学家之所以研究系外行星，真正目的是探测与地球条件相似的类地行星，进而探寻在宇宙中其他地方发现生命的潜在可能性，后一目标也越来越成为人类探索太阳系的动力。

若类地天体是人类的终极目标，则天文学家对哪些参数最感兴趣呢？许多天文学家认为（同时也众所周知），生命发展的一个必要条件是行星表面（或之下）存在液态水，这意味着表面温度区间为0℃～100℃。行星的温度既取决于其到母恒星的距离，又取决于母恒星的内禀亮度/本身亮度（intrinsic brightness）。如图 4.39 所示，任何给定恒星周围都环绕着一个宜居带（habitable zone），液态水原则上能够存在于该带内的行星之上，从而为生命提供可能的居所。对于质量较小且发光微弱的恒星而言，宜居带很小且距离恒星较近；对于质量较大且更加明亮的恒星而言，宜居带延伸得较远（1AU或更多）。3 颗类地行星（金星、地球和火星）位于太阳的宜居带内（或附近），若环境适宜，它们均可孕育出生命（见第 6 章）。在太阳系之外，运行轨道位于母恒星宜居带内的类地行星被认为是孕育生命的最佳候选者。

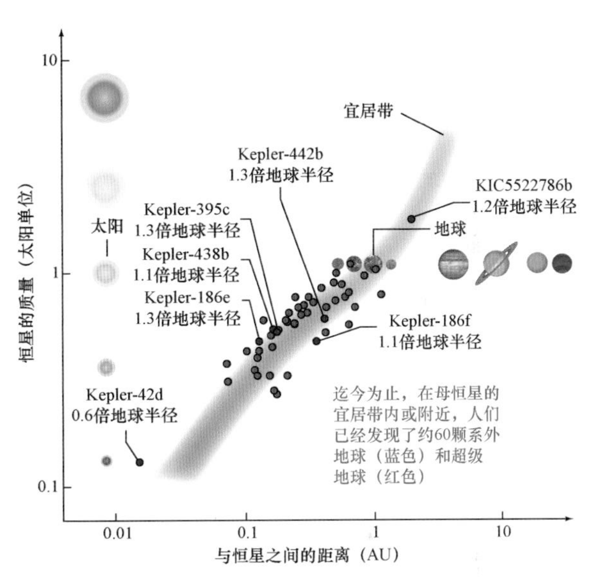

图 4.39　宜居带。每颗恒星周围都环绕着一个宜居带，其中所含类地行星的表面可能存在液态水。图中标识了太阳系 8 大行星、诸多太阳系外超级地球以及 7 颗系外地球（位于宜居带内或附近）

当编写本书时，已知 13 颗超级地球和 4 颗地球（系外地球）运行在母恒星的宜居带内（或附近），如图 4.39 所示。遗憾的是，这些行星的质量和半径均未得到可靠测量，因此密度和组成都无从知晓。在这些天体中，大多数天体的轨道靠近宜居带的热边缘，但这仍是此前描述的选择效应的另一方面——在所有较小的行星中，靠近轨道的那些行星最有可能被探测到。在开普勒候选清单中，目前包含可能很快就被添加到正式数字中的另外 27 颗地球（系外地球）和 40 颗超级地球。

许多行星猎人相信，观测技术将在未来 10 年内（或更早）达到较高水平，探测与太阳系内类似的太阳系外木星和类地行星（若存在）应当会变得非常容易。在未来的 10 年之后，人类或者以太阳系轨道模式探测到大量系外行星，或者允许天文学家得出太阳系确实与众不同的结论。无论结果怎样，结论都将意义重大。

概念回顾

迄今为止，人类探测到的系外行星系的性质与太阳系完全不同，为何这不太令人惊讶？

学术前沿问题

各界人士（不仅天文学家）都翘首以盼，热切期待着能够发现一颗围绕另一颗恒星运行的真正类地行星。人类何时才能找到地球的孪生兄弟呢？它是否有蓝天、深海和宜居的土地？是否存在外星人（最受关注）？我们生活在一个非凡的时代，对于人类数千年以来思考过的一些最深刻的问题，希望能够以对答案有合理期望的方式进行解决。

本章回顾

小结

LO1 从地球北极上方看，太阳系中各行星均绕太阳逆时针方向运行，运行轨道大致呈圆形且非常接近黄道面。水星轨道的偏心率最大，倾角也最大。由太阳向外，各行星之间的轨道间距逐渐增大。内层类地行星（水星、金星、地球和火星）的密度都较大，通常是岩质的；所有外层类木行星（木星、土星、天王星和海王星）的密度要低得多，主要由气态（或液态）氢和氦组成。

LO2 大多数小行星的轨道位于一个宽带中，称为小行星带（位于火星与木星的轨道之间）。特洛伊小行星共享木星轨道，在绕太阳运行时，保持在木星之前（或之后）60°。少数越地小行星的轨道与地球轨道相交，最终将与地球相撞。最大小行星的直径为数百千米，大多数小行星则要小得多。在小行星带内，内层小行星主要是岩质的，向外至外层的小行星则含有更多水冰和有机物质。

LO3 彗星是通常在遥远轨道上绕太阳运行的冰质和岩质碎片。若彗星轨道恰好使其靠近太阳，则可通过其释放的尘埃和水蒸气反射的阳光而看到。长彗尾（千米级）在彗核背后延伸，形成于彗星物质与太阳风之间的相互作用。大多数彗星位于奥尔特云中，这是一个巨大的彗星物质库，跨度高达数万个天文单位，完全环绕在太阳周围。短周期彗星的轨道周期约小于 200 年，起源于柯伊伯带（海王星轨道外的一条冰物质宽带）。

LO4 流星体是直径小于 100m 的岩质行星际碎片。流星是进入地球大气层的流星体，会在天空中留下明亮的光迹。若部分抵达地面，则残余物称为陨石。每当彗星绕太阳运行时，部分彗星物质就会脱落，从而形成流星体群，这是在彗星轨道上运行的一组小型微流星体。各小行星在小行星带中相互碰撞后，从小行星上剥落的物质碎片成为较大流星体。大多数陨石的年龄为 44 亿～46 亿年。

LO5 任何太阳系形成理论都必须解释以下情形：各行星绕太阳运行的轨道大致呈圆形、共面以及同一方向上的间距渐宽；类地行星靠近太阳，类木行星远离太阳；小行星、柯伊伯带和彗星的存在；行星或卫星的逆行等不规则性。

LO6 根据凝聚理论/冷凝说，当在自身重力作用下收缩时，太阳星云开始加速旋转，最终形成一个圆盘。原行星在圆盘中形成，最终成为行星；中心原太阳成为太阳；星际尘埃颗粒帮助冷却了太阳星云，并充当凝聚核，开始行星构建过程；小物质团通过吸积而生长，然后粘在一起并成长为月球大小的微行星（微行星的引力场加速了吸积过程）。当多个微行星碰撞并合时，最终只剩下一些行星大小的天体。

LO7 外太阳系中的各大行星变得非常巨大，从太阳星云中俘获氢和氦，形成类木行星。当太阳成为恒星时，其强风吹走了残留的所有星云气体。由于形成于太阳星云的高温内层区域，所以类地行星是岩质的。在向外更远的地方，星云的温度降低，因此也可能形成水冰和氨冰。大量剩余微行星被外行星抛射至奥尔特云中，留在柯伊伯带之外。或许由于木星的引力作用，小行星带中的微行星从未形成行星。

LO8 天文学家已确认了近 2000 颗系外行星，还有数千颗候选天体等待确认。通过观测行星凌星时母恒星的摆动，人们已发现了数百颗行星。但是，在开普勒太空望远镜的帮助下，大多数已知系外行星通过行星凌星而被人们发现。当行星从恒星前面经过时，恒星的亮度略有下降。

LO9 已知系外行星的质量变化较大，低至地球大小，高至木星的许多倍。有些行星在靠近母恒星的热轨道上运动，还有些行星在与太阳系中类木行星相似的冷轨道上运动。热木星和超级地球是太阳系中不存在的新类别行星。目前还不知道太阳系在行星系中是否与众不同。系外行星的新类型与凝聚理论相一致。在母恒星的宜居带内或者附近，人们发现了少量系外地球和许多超级地球。

复习题

1. 列出类地行星和类木行星的三个重要区别。
2. 对行星科学家而言，为何小行星、彗星和流星体非常重要？
3. 所有小行星是否都位于小行星带中？
4. 描述 10km 直径小行星撞击地球的后果。
5. 彗星远离太阳时像什么？进入内太阳系时会发生什么？
6. 为什么彗星可以从任意方向接近太阳，但是小行星的轨道通常接近黄道面？
7. 区分流星、流星体和陨石。
8. 流星雨是由什么形成的？
9. 描述关于太阳系形成的星云理论的基本特征，然后举出三个示例，说明该理论如何解释当今太阳系的一些观测特征。
10. 星云理论中缺少（或未知）的现代凝聚理论的关键组成部分是什么？
11. 为什么类木行星要比类地行星大得多？
12. 太阳星云的温度结构如何决定行星的组成？
13. 地球上的水来自哪里？
14. 天文学家如何着手寻找系外行星？
15. 观测到的系外行星系在哪些方面与太阳系不同？

自测题

1. 最大行星的密度也最大。(对/错)
2. 所有行星的总质量远小于太阳的质量。(对/错)
3. 小行星是小行星带内运行的天体近期由于碰撞和碎裂而形成的。(对/错)
4. 大多数彗星的轨道周期较短，且轨道面接近黄道面。(对/错)
5. 太阳系的组成基本相同。(对/错)
6. 小行星、流星体和彗星是早期太阳系的残余物。(对/错)
7. 对观测到的围绕其他恒星运行的热木星，天文学家并没有理论进行解释。(对/错)
8. 若在足球场上构建太阳系的精确比例模型，一端是太阳，另一端是冥王星，则最接近球场中心的行星是：(a)地球；(b)木星；(c)土星；(d)天王星。
9. 在太阳系形成的主流理论中，各大行星：(a)与另一颗恒星密近交会后，从太阳中抛射出来；(b)由形成太阳的同一旋转扁平气体云形成；(c)比太阳年轻得多；(d)比太阳老得多。
10. 太阳系分化的原因是：(a)外太阳系的重元素下沉到中心；(b)内太阳系的轻元素落入太阳；(c)内太阳系的轻元素被当作彗星带走；(d)仅有岩质和金属颗粒可在太阳附近形成。
11. 地球上的水：(a)由彗星搬运而来；(b)由太阳星云吸积而来；(c)由火山以水蒸气形式生成；(d)在地球形成后不久，由氢和氧的化学反应产生。
12. 已确认的系外行星数量：(a)少于 10 颗；(b)约为 50 颗；(c)超过 500 颗；(d)超过 5000 颗。
13. 天文学家尚未报告任何类地行星围绕其他恒星运行，因为：(a)它们不存在；(b)当前技术无法探测到它们；(c)附近恒星都不可能拥有类地行星；(d)政府阻止科学家公布发现。
14. 在图 4.39 中（宜居带），若某颗恒星的质量是太阳质量的 2 倍，则其宜居带：(a)中心距离该恒星约 3AU；(b)宽度大于 10AU；(c)整体位于该恒星 1AU 范围内；(d)与太阳宜居带的大小相同。
15. 由图 4.30 可知，现在位于小行星带中心的太阳星云的温度为：(a)2000K；(b)900K；(c)400K；(d)100K。

计算题

1. 假设太阳系中 20000 颗小行星的平均质量为 10^{17}kg，将这些小行星的总质量与地球的质量进行比较。假设某颗小行星为球体，密度为 3000kg/m^3，计算具有此平均质量小行星的直径。
2. 小行星伊卡洛斯（见图 4.5）的近日点距离为 0.19AU，轨道偏心率为 0.83。该小行星的轨道半长径和远日点距离是多少？
3. 最大小行星（谷神星）的半径为 0.073 倍地球半径，质量为 0.0002 倍地球质量。体重为 80kg 的宇航员在谷神星上有多重？
4. 观测结果表明，给定直径的小行星（或流星体）的数量与该直径的平方大致成反比。假设密度为 3000kg/m^3，并将小行星和流星体的实际分布近似为：1 个直径为 1000km 的天体（谷神星）、100 个直径为 100km 的天体、10000 个直径为 10km 的天体，以此类推。计算 1000km 天体、100km 天体、10km 天体和 1km 天体的总质量。
5. (a)运用 1.5 节中的开普勒行星运动定律，假设彗星轨道的半长径为 50000AU，计算奥尔特云彗星的轨道周期；(b)对于轨道周期为 125 年的短周期彗星，最大的远日点距离是多少？
6. 围绕恒星 HD187123 运行的行星的半长径为 0.042AU。若该恒星的质量为 1.06 倍太阳质量，计算自 1998 年 12 月 1 日宣布发现该行星的论文发表以来，该行星围绕其恒星运行了多少圈。
7. 根据本章提供的数据，计算 4.4 节中讨论的 2 颗凌星超级地球（CoRoT 7b 和 GJ 1214B）表面的重力加速度。
8. 现有技术能够探测最小值为 1m/s 的恒星视向速度变化，对于围绕类日恒星运行的木星质量的行星，对应于约 1km/s 的行星轨道速度。目前可以探测到木星绕太阳运行的最宽圆形轨道的半径是多少？
9. 一颗典型彗星含有 10^{13}kg 水冰。多少颗彗星才能解释目前地球上发现的 2×10^{21}kg 水？若这些水的累积时间超过 5 亿年，则这段时间内地球被彗星撞击的频率有多高？
10. 单位时间内到达行星表面的能量与母恒星的光度除以行星与恒星距离的平方成正比。若光度与恒星质量的四次方成正比，则假设一颗类地系外行星围绕某颗恒星（质量为 0.5 倍太阳质量）运行，若该行星从恒星处获得的能量等于地球从太阳处获得的能量，计算该行星的轨道距离（单位为 AU）。

活动

协作活动

1. 在 4.3 节列出的太阳系不规则特征中，哪些特征最可能和最不可能纯粹偶然地发生？你还能想到其他不规则特征吗？
2. 你认为太阳系与众不同吗？利用从《系外行星百科全书》(*Extrasolar Planets Encyclopedia*) 中获得的数据，证明你的观点。从该百科全书中，查找以下示例：①热木星；②轨道类似木星的冷木星；③热超级地球；④宜居带中的超级地球。
3. 在小行星采矿领域，政府应当采取什么政策？解释理由。

个人活动

1. 你可以开始想象黄道（行星的轨道面）的外观，只需观测白天的太阳路径和某天晚上的满月路径即可。若选择某一固定地点（如自家的后院或屋顶），则观测效果更佳。若再对方向有一些常规概念，那就再好不过。太阳、月球和行星的运动仅限于天空中的一条狭窄路径，这条路径反映了太阳系的平面，即黄道。
2. 要区分小行星和恒星，唯一的办法是多观测几个夜晚。《天空与望远镜》（*Sky & Telescope*）和《天文学》（*Astronomy*）杂志经常刊登特别重要的小行星星图。搜索最明亮的小行星，如谷神星（Ceres）、智神星（Pallas）或灶神星（Vesta）。利用星图定位正确的星空区域，将双筒望远镜对准天空中的该位置，或许能到星图中的这颗小行星。若找不到，则可大致绘制出整个星空的草图，一或两晚后再返回观测，发生位置移动的“恒星”就是小行星。
3. 每年都会出现一些主要流星雨，但是若计划观看流星雨，则务必关注月球的相位，明亮的月光（或城市灯光）可能影响流星雨的观测。一种常见的误区是认为在流星雨的辐射点方向可以看到大多数流星。若反向追踪流星在天空中的轨迹，则会发现其确实都来自辐射点，但大多数流星在距离辐射点 20°或 30°时才可见，此时它们可出现在天空中的任何位置！与日落之后的几小时相比，黎明来临之前的几小时通常能够看到更多流星。为什么流星的亮度各不相同？你能探测到它们的各种颜色吗？注意观察流星坠落时的爆炸外观，以及流星消失后缓慢消散的水蒸气痕迹。

第 5 章　地球和月球：我们的宇宙后院

这张标志性照片由围绕月球飞行的阿波罗 8 号飞船（美国航空航天局于 1968 年发射）拍摄。从远处观看，地球像是悬挂在太空中的蓝色大理石，呈现出一种复杂而脆弱的环境，与人们熟悉的坚如磐石的特征差异巨大。

想要感知宇宙，首先必须要了解自己和邻居。通过对地球性质进行编目并尝试进行解释，可为所有其他行星的对比研究奠定良好的基础。从天文学视角看，这是研究地球结构和历史的结果。研究月球又有何用呢？截至目前，月球是地球最亲密的太空近邻，只不过虽然距离地球很近，但却是与地球截然不同的另一个世界，没有空气、声音、水和天气，漂石和粉尘四处散落。既然如此，我们为什么还要研究月球呢？“月球距离地球最近，在夜空中的地位最重要”只是部分原因，这一天体的研究价值还在于其掌握着地球演化史的重要线索。月球自形成以来变化不大是广为接受的事实，这意味着月球是解锁太阳系秘密的关键。

学习目标

LO1 总结并对比地球和月球的基本结构特征。

LO2 解释地球、月球和太阳之间的引力相互作用如何导致地球海洋中的潮汐。

LO3 描述地球大气层如何帮助地球升温和保护人类，解释温室气体如何俘获热量和提高地表温度。

LO4 概述当前的地球内部结构模型，描述用于建立该模型的部分实验技术。

LO5 总结大陆漂移的证据，确定驱动大陆漂移的物理过程。

LO6 描述月球历史上的早期动力学事件如何形成其表面的主要地貌特征，解释如何利用陨击来估算月面年龄。

LO7 描述地球磁层的性质和起源。

LO8 概述月球如何形成及演化的主要理论。

总体概览

地球及其小型近邻（月球）是人类研究宇宙的自然起点，这两个天体的研究程度都非常高，甚至有时被视为地质学（而非天文学）范畴。二者在许多方面存在差异，但仔细观察也会发现关键的相似之处。熟悉地球和月球后，即可为研究其他行星及更多天体提出一些关键问题。天文科学研究要从地球开始。

5.1 概述

在第 0 章中，我们讨论了一些古代天文学家知道的地球和月球特征（月相、日食和月食），以及关于地球大小的一些基本几何推断（见 0.3 节和 0.4 节）。现在，对于地球和月球的许多物理性质，人们进行了更加直接和详细的测量。下面，首先介绍关于地月系统的一些事实。

5.1.1 物理性质

表 5.1 展示了地球和月球的部分基本数据，前五列分别是质量、半径和平均密度（见 4.1 节），接下来的两列是天体引力场的重要测量结果。**表面重力**（surface gravity）是天体表面的引力强度（见更为准确 1.1），**逃逸速度**（escape speed）是任何物体（如原子、棒球或宇宙飞船）永远逃离某颗天体引力束缚时所需要的速度（见更为准确 5.1）。无论采用哪种方式进行衡量，月球的引力束缚都要比地球弱得多。如下所述，在确定两颗天体截然不同的演化路径时，这一事实发挥了重要作用。最后一列是自转周期（恒星周期），这是长期在地球上观测获得的精确结果。

表 5.1 地球和月球的一些性质

	质量		半径		平均密度	表面重力	逃逸速度	自转周期
	kg	地球 =1	km	地球 =1	kg/m³	地球 =1	km/s	
地球	6.0×10^{24}	1.00	6400	1.00	5500	1.00	11	23 小时 56 分钟
月球	7.4×10^{22}	0.012	1700	0.27	3300	0.17	2.4	27.3 天

表 5.1 中未列出的一个重要物理量是，从地球出发至折返地球时的距离（以地球直径为基线），该距离长期以来为天文学家提供了相当精确的地月距离测量结果（见 0.4 节）。但是现在，雷达和激光测距（当从月面反射时，用激光替代雷达）能够获得更精确的月球轨道测量结果（见 1.3 节）。如今，月球与地球之间任意时刻的距离精度均在 2cm 以内。月球绕地球运行的半长径为 384000km。

5.1.2 整体结构

图 5.1 对比了两颗截然不同天体的主要区域。如图 5.1a 所示，地球可划分为六个主要区域。在地球内部，中心部位是由两部分构成的较小地核（core），外围环绕着较厚的地幔（mantle）。在地球表面，相对较薄的地壳（crust）由固态大陆（陆壳）和海底（洋壳）构成，水圈（hydrosphere）由河流、湖泊和液态海洋构成。在地表之上，首先是大气层（atmosphere），更高处是磁层（magnetosphere，由地球磁场俘获的带电粒子区域）。

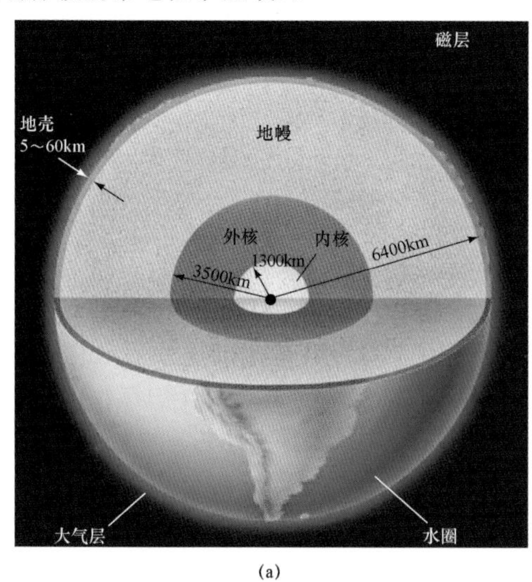

(a)

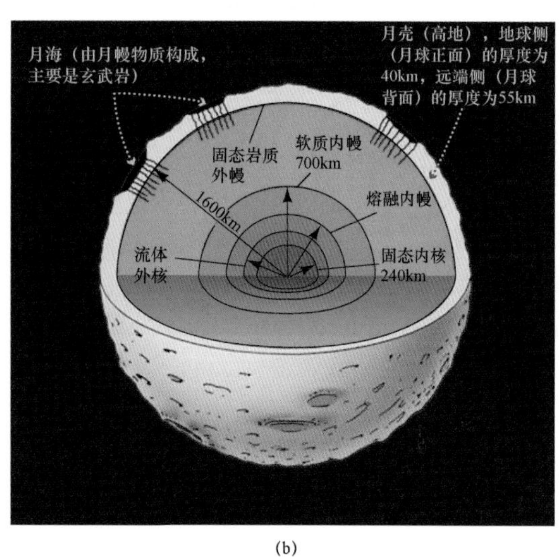

(b)

图 5.1　地球和月球。(a)地球内核的半径为 1300km，周围环绕着 2200km 厚的液态外核。地幔占据地球内部的其余大部分空间，顶部为厚度仅为数十千米的较薄地壳。地球表面的液态部分构成水圈。水圈和固态地壳之上是大气层，大部分距离地表 50km 以内。地球的最外层区域是磁层，向太空中延伸了数千千米；(b)月球的岩质外幔厚约 900km，内幔是半固态层位，与地球的上地幔有些类似

月球上不存在水圈、大气层和磁层，且由于可接近性较差，内部结构（见图 5.1b）的研究程度低于地球。但如下所述，地球上的基本内部区域（地壳、地幔和地核）同样存在于月球上（月壳、月幔和月核），但是二者对应结构之间的性质有所不同。

5.2 潮汐

地球表面存在大量液态水（在各大行星中绝无仅有），约 3/4 的面积被水体覆盖，平均深度约为 3.6km。

一种常见的水圈现象是海平面的每日起伏，称为潮汐（tide）。在地球上的大多数沿海地区，每天都会出现两次低潮和两次高潮。潮汐的高度（海平面的变化幅度）从几厘米到十几米不等，具体取决于位置和年度时间，开阔海面上的平均值约为 1m。在这种每日潮汐运动中，蕴含着数量极大的能量。

数据知识点：引潮力/潮汐力

在描述地球与月球之间的潮汐相互作用时，54%的学生感到困惑。建议记住以下要点：

- 潮汐的发生是因为平方反比定律揭示，引力随位置变化而改变，所以地球对月球正面施加的作用力大于月球背面。
- 这种差异作用力倾向于沿地月连线拉伸月球，形成潮汐隆起。
- 作用于月球潮汐隆起的地球引力使得月球的自转与公转轨道同步，所以月球现在总是以同一面朝向地球。

5.2.1 引力形变

究竟是什么引发了潮汐？线索之一来自潮汐每日、每月和每年均周期性出现这一事实。实际上，潮

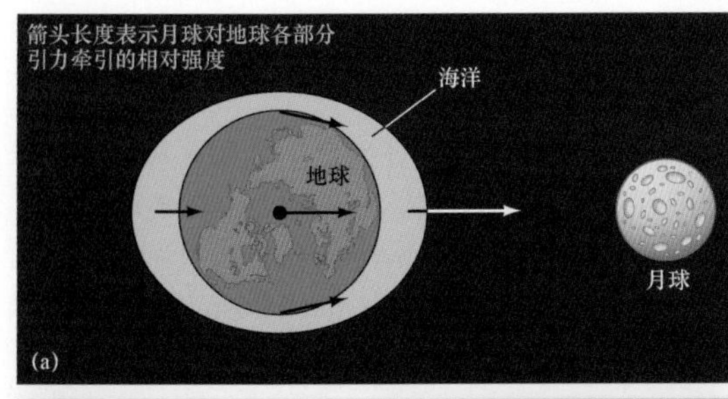

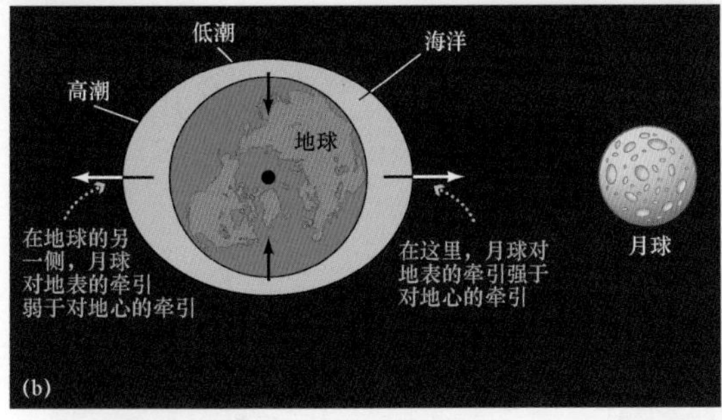

图 5.2 月潮。月球如何在地球的近侧和远侧引发潮汐，插图存在夸大。(a)月球引力在距离地球的最近侧最大，在另一侧最小；(b)图(a)所示各位置的月球引力与“月球对地球中心施加的作用力”之间的差异。距离月球最近的海洋趋于远离地球，另一侧的海洋趋于远离地球，最终形成潮汐隆起

汐是地球受到月球和太阳引力影响的直接结果。如前所述，引力将地球和月球保持在彼此相互环绕的轨道上，并将二者均保持在绕太阳运行的轨道上。下面首先考虑地球与月球之间的相互作用。

如前所述，引力的大小与任意两个天体之间距离的平方成反比（见 1.4 节），因此在地球面向月球的一侧，来自月球的引力比地球另一侧的更大，两侧相距约 12800km（即地球直径）。这一引力的差异很小（仅约 3%），但会产生沿地月连线方向延伸的明显形变，称为潮汐隆起/潮隆（tidal bulge）。这种效应在地球海洋中最大，因为液体最容易在地表周围移动。如图 5.2 所示，海洋在某些位置（沿地月连线方向）变得略深，在另一些位置（沿垂直地月方向）变得略浅。当地球在这种形变之下自转时，即可形成每日可见的潮汐。

这种差异性作用力（月球或太阳对地球不同位置的引力变化）称为引潮力/潮汐力（tidal force）。两个天体之间的平均引力相互作用决定了它们彼此相互围绕的轨道，但是叠加在平均值之上的引潮力趋于引发天体形变。对于理解天文现象而言，这样的作用力至关重要，本书中经常遇到这种情况。注意，从任何意义上讲，引潮力都不是一种新力，它仍然是人们所熟悉的引力，只不过是在不同场景下（如对行星和卫星等扩展天体的影响）审视而已。在这些不同的语境中，虽然并未讨论海洋潮汐，有时甚至根本就不讨论行星，但是我们仍然会使用潮汐一词。

如图 5.2 所示，背对月球的地球一侧也经历一次潮汐隆起。在不同大小的引力牵引（最靠近月球的地球部分最大，地心位置较弱，最远离月球的地球部分最弱）下，地球两侧的平均潮汐高度大致相等。在更靠近月球的一侧，海水被稍微拉向月球；在相反的一侧，当地球被拉向月球时，海水则被甩在后面。因此，高潮每天出现两次（而非一次）。

月球和太阳都对地球施加引潮力。引潮力随距离的增大而快速下降，但是即便日地距离是月地距离的 375 倍，由于太阳的质量要大得多（约为月球的 2700 万倍），所以太阳的潮汐影响仍然非常重要（相当于月球的一半）。因此，地球上形成的潮汐隆起是两个（而非一个），各自分别指向月球和太阳。由于此二者之间的相互作用，潮汐高度呈现出每月（或每年）的周期性变化。当地球、月球和太阳大致连成一条直线（新月或满月相位）时，它们之间的引力效应增强，引发最高的潮汐（见图 5.3a），称为大潮（spring tide）。当地月连线垂直于地日连线（上弦月和下弦月相位）时，每日潮汐最小（见图 5.3b），称为小潮（neap tide）。

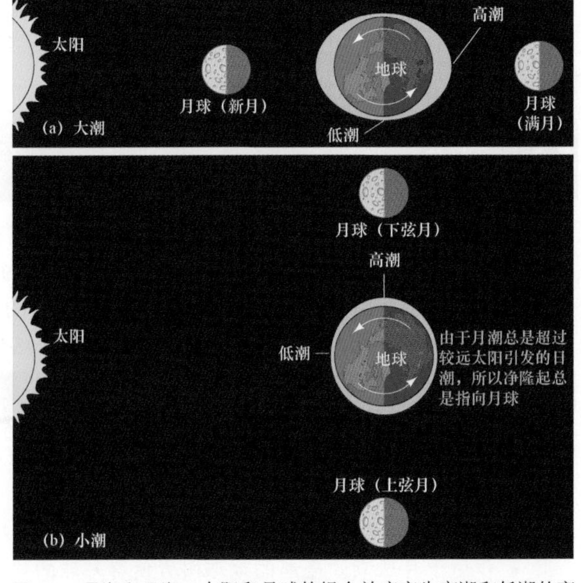

图 5.3 日潮和月潮。太阳和月球的组合效应产生高潮和低潮的变化。(a)当月球处于满月（或新月）相位时，地球、月球和太阳大致连成一条直线，由月球和太阳分别引发的地球海洋中的潮汐隆起彼此相互强化；(b)当月球处于上弦月（或下弦月）相位时，月球和太阳的潮汐效应彼此之间部分抵消，产生的潮汐最小

5.2.2 潮汐锁定

月球每 27.3 天绕月轴自转一周，与其绕地球公转一周所需的时间完全相同（见 0.3 节）。因此，月球始终以同一面朝向地球，即月球正面（近端）从地球上总是可见的，月球背面（远端）从地球上永远看不见（见图 5.4a）。在这种情况下，一个天体的自转周期精确等于（或同步于）其围绕另一个天体公转的轨道周期，称为同步轨道（synchronous orbit）。

月球在同步轨道中绕地球运行这一事实并非偶然，而是两个天体之间潮汐引力相互作用的必然结果。为了解这种情况如何发生，下面继续讨论地球上的潮汐。由于地球的自转，月球引发的潮汐隆起并不直接指向月球，如图 5.2 所示。由于地壳与海洋之间以及地球内部的摩擦效应，地球自转趋于拖曳其周围的潮汐隆起，导致潮汐隆起略微偏移至地月连线之前（见图 5.4b）。对这个略微偏移的潮汐隆起，月球的不对称引力牵引减慢了地球的自转速率。

化石测量结果表明，地球自转的减慢速度仅为 2 毫秒/世纪，从人类寿命尺度而言并不算大，但却意味着 5 亿年前的地球每天只有 21 小时多一点，每年则多达 410 天。与此同时，月球螺旋状地缓慢远离地球，与地球之间的平均距离增加约 4 厘米/世纪。这一过程始终持续（从现在起约数十亿年），直至地球绕地轴的自转速率与月球绕地球的公转速率完全相同时为止，地球自转将与月球运动同步行进，或者称为潮汐锁定（tidally locked/tidal locking）。等到那个时候，月球将始终位于地球上的同一点的正上方，且不再落后于其所引发的潮汐隆起。

图 5.4 潮汐锁定。(a)当月球绕地球运行时，正面永远指向地球。对这里所示的宇航员来说，地球总是位于头顶正上方。由于地球存在潮汐，月球的形状略微拉长，长轴指向地球；(b)月球引发的地球潮汐隆起并不直接指向月球，由于受到摩擦力的影响，在地球自转方向上略微指向月球前方（为清晰起见，图形均极度夸大）

基本而言，月球的同步轨道也经历同样的过程，地球和月球属于共同演化。正如月球引发地球上的潮汐隆起一样，地球也引发月球上的潮汐隆起。实际上，由于地球的质量远大于月球，因此月球上的潮汐隆起相当巨大，同步过程也更快。很久以前，月球的自转就被潮汐锁定至地球。在太阳系中，大多数卫星同样被母行星的引潮力锁定。

概念回顾

引潮力与平方反比引力有哪些不同？

5.3 大气层

地球大气层/大气（atmosphere）是人类呼吸的空气和取暖用“毯”，但其作用却远不止于此。如后所述，这一气体薄层依附在一颗行星（或卫星）的边缘，同样能够保护该天体免受太阳和宇宙辐射的潜在伤害，或许能够从根本上改变天体的表面状况。

5.3.1 地球大气层

地球大气是多种气体的混合物，按体积计算主要包括氮气（78%）、氧气（21%）、氩气（0.9%）和二氧化碳（0.03%）。水蒸气是地球大气中的可变部分，含量范围为 0.1%～3%（取决于位置和气候）。由于存在大量自由氧，使得地球大气层在太阳系中独一无二，成为地球上出现生命的最重要条件。

图 5.5 显示了地球大气层的横截面。与地球的整体尺寸相比，大气层的范围很小。半数大气位于地表之上 5km 范围内，1%的大气则位于 30km 之上。低于 12km 的区域称为**对流层**（troposphere），地球表面的一切物质均位于这一范围内，即使是珠穆朗玛峰（地球最高峰）的海拔高度也只有约 8.848km。在对流层之上，延伸至 40～50km 高度的区域是**平流层**（stratosphere），延伸至 50～80km 高度的区域是**中间层**（mesosphere），延伸至约 80km 以上的区域是**电离层**（ionosphere，大气由于太阳紫外辐射而保持部分电离）。通过自身及相邻区域的温度曲线（随海拔高度而上升或下降），即可对这些不同大气区域进行区分。随着海拔高度的升高，**大气压**（atmospheric pressure）稳定下降。

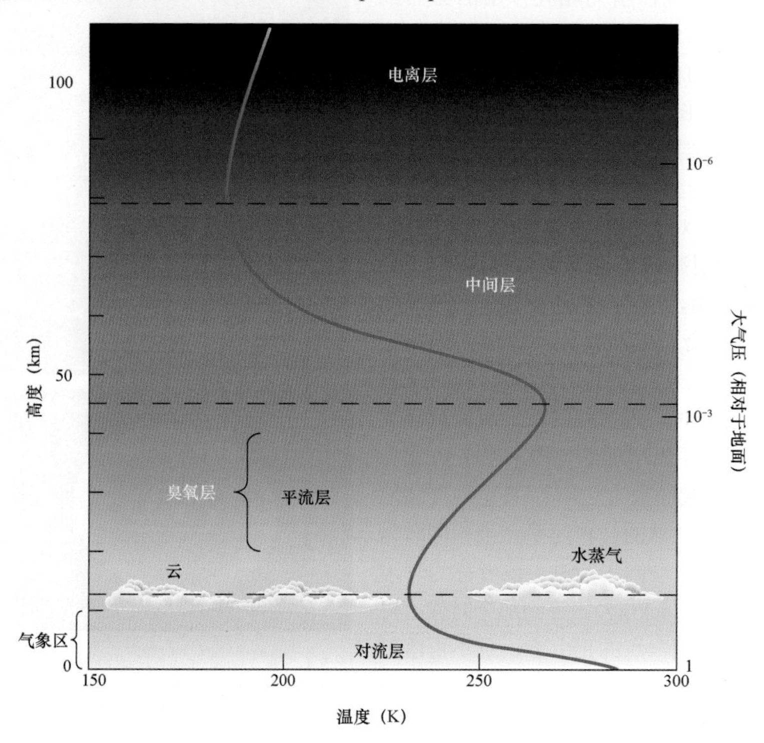

图 5.5 地球大气层。从地球表面到电离层底部的温度（蓝色曲线，底部横轴）和大气压（右侧纵轴）变化。随着海拔高度的升高，大气压稳定下降，但温度可能下降或上升（取决于具体高度区间）

对流层是地球（或任何其他行星）大气层中发生对流的区域。**对流**（convection）是指，暖空气持续向上流动，冷空气同时向下流动（以取代暖空气的位置）。在图 5.6 中，部分地表受到太阳加热，上方空气立即受热并稍微膨胀，密度变小，最后因浮力增大而开始上升。海拔较高的地区则会出现相反的效应，即空气逐渐冷却，密度变大，最后下沉至地表。这些涌向地表的冷空气将取代已上升暖空气的位置，建立一种大气环流模式。这些上升和下降的空气称为**对流元/对流单体**（convection cell），成为大气加热的部分原因，形成了地面风和所有天气现象。在对流层之上，大气层稳定，空气平静。

臭氧层（ozone layer）位于平流层内，此处大气中的氧气、臭氧和氮气吸收来自太阳的紫外辐射。**臭氧**（ozone）是氧气的一种形式，大气中的大部分氧分子两个氧原子组成，臭氧分子则由三个氧原子组成。当太阳紫外辐射与氧分子相互作用时，就在大气中形成臭氧，海拔 25km 左右时浓度最高。臭氧层是非常重要的绝缘保护层，能够保护地球上的生命免受宇宙外层空间的恶劣环境影响。通过吸收具有潜在危险的高频辐射，臭氧层能够充当地球的保护伞。如果没有它，高级生命（至少地球表面的生命）将受到伤害（最佳情形）甚至毁灭（最坏情形）。对于地球大气层中的这一重要部分，后面的发现 5.1 讨论了当前人类活动如何对其产生影响。

图 5.6 对流。每当冷物质覆盖在暖物质之上时，就发生对流，由此产生人们所熟悉的环流，即地球大气层中的风（由被太阳加热的地面形成）。暖空气上升、冷却并回落至地面，周而复始。最终，若热源（对地球而言是太阳）保持不变，则可建立并维持稳定的环流模式

更为准确 5.1 空气滞留在大气层中的原因

为什么地球有大气层而月球没有？为什么地球大气不向太空中逃逸？答案是重力的向下牵引作用。但是，重力并非唯一的影响因素，否则地球上的所有空气早就落到地面上了。热量与重力相抗衡，将大气保持为浮动状态。由于浮力与重力平衡，所以地球大气始终保持稳定。

下面进一步探讨热量与重力之间的抗衡。所有气体分子始终处于随机运动状态，任何气体的温度都是这种运动的直接测度——气体的温度越高，分子的运动速度就越快（见更为准确 2.1）。受热分子快速运动产生的压力趋于与重力相反，从而防止地球大气在自身重力作用下坍缩。

当测量某一天体的引力强度时，逃逸速度是一个重要指标，即任何物体从天体表面永远逃离时所需要的速度。该速度随母天体的质量增大（或半径减小）而增大。实际上，逃逸速度与天体表面圆形轨道的速度成正比：

$$逃逸速度\ (\mathrm{km/s}) = 11.2\sqrt{\frac{天体质量\ (地球质量)}{天体半径\ (地球半径)}}$$

换句话说，若要逃脱质量非常大（或半径非常小）天体的引力，则需要较快的速度；若要逃脱质量较小（或半径较大）天体的引力，则需要较慢的速度。若母天体的质量增至 4 倍，则逃逸速度增至 2 倍；若母天体的半径增至 4 倍，则逃逸速度减半。

为了判断某一行星是否能保持住大气，必须比较该行星的逃逸速度与构成大气的气体粒子的平均速度。这一平均速度不仅取决于气体的温度，而且取决于单个分子的质量。气体的温度越高或分子的质量越小，分子的平均速度就越高：

$$分子的平均速度\ (\mathrm{km/s}) = 0.157\sqrt{\frac{气体温度\ (\mathrm{K})}{分子质量\ (氢原子质量)}}$$

因此，若将气体样本的热力学温度增至 4 倍（如从 100K 增至 400K），则其组成分子的平均速度将增至 2 倍。在给定温度下，空气中氢分子的平均运动速度是氧分子的 4 倍，因为氧分子的质量是氢分子的 16 倍。

任何时候，在任何气体中，少量分子的速度都要比平均速度快得多，有些分子的运动速度快到始终能够逃逸（甚至分子的平均速度远低于逃逸速度时）。因此，所有行星的大气都会慢慢地渗漏到太空中，但是没有必要惊慌，渗漏速度通常非常缓慢。根据经验，若从某一行星（或卫星）逃逸的速度超过特定类型分子的平均速度的 6 倍（或更大），则自太阳系形成以来，这种类型的分子不会从该行星大气层中大量逃逸。

对地球上的空气（温度约为 300K）而言，氧气（质量为氢气的 32 倍）和氮气（质量为氢气的 28 倍）的平均分子速度约为 0.6km/s，明显低于逃逸速度（11.2km/s）的 1/6，因此地球能够保持住大气。但是，若月球最初也拥有类似地球的大气层，则月球的逃逸速度仅为 2.4km/s，这意味着任何原始大气很早以前就都逃逸到了行星际空间中。同样的推理适用于理解大气组成，如氢分子（质量 =2）在海平面之上地球大气层中的平均运动速度约为 2km/s，所以自地球形成以来有充足的时间逃逸，这就是当前地球大气中氢含量很少的原因。

发现 5.1　地球上空持续增大的臭氧空洞

最近 2 个世纪，人类活动对地球产生了可测量（且可能永久）的变化。这样的变化数量非常多，而且大多数比较负面，从核战争的威胁，到全球范围内的空气及水污染现实，不胜枚举。新闻中经常提到与本章讨论高度相关的一个示例，即地球臭氧层的损耗（要了解与本章不相关但更严重威胁环境的相关信息，请参阅发现 5.2）。

在人类的技术进步中，一种特别不受欢迎的副产品是一组化学物质，称为氯氟烃/氯氟碳化合物（ChloroFluoroCarbons，CFCs）。这是一种相对简单的化合物，曾经广泛用于各种用途，如喷雾罐中的喷射剂、干洗产品以及空调和冰箱中的制冷剂等。20 世纪 70 年代，科学家发现，氯氟烃使用后并未像以前所认为的那样迅速分解，而是在大气中积聚并通过对流进入平流层。在平流层中，氯氟烃受阳光照射而分解，释放出氯气。氯气与臭氧（O_3，见 5.3 节）快速反应，将其转化为氧气（O_2）。在化学术语中，氯被认为是一种催化剂，在化学反应中不会被消耗，因此能够始终存在并与更多的臭氧分子发生反应。

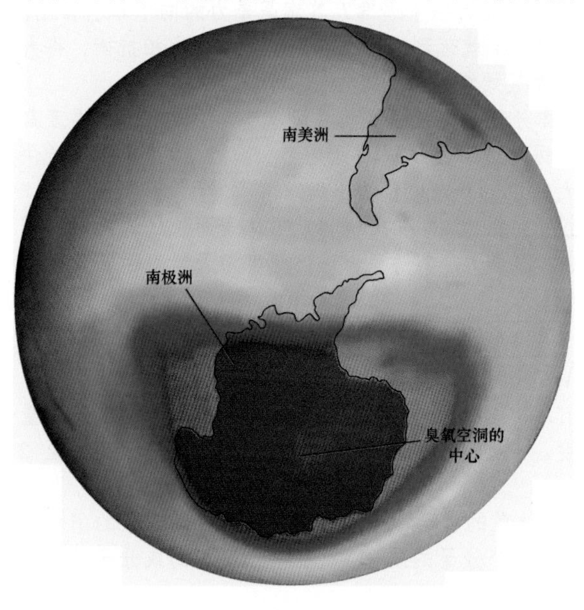

在被其他物质（产自不常发生的化学反应）去除之前，单个氯原子最多能够破坏 100000 个臭氧分子。由于这种方式，即使氯氟烃的数量很少，通常也会极为有效地破坏大气层中的臭氧。

如前所述，臭氧是大气层中的气“毯”的一部分，保护人类免受宇宙外层空间恶劣现实（这里是指太阳紫外辐射）的影响。因此，由于大量排放氯氟烃，导致地球表面的紫外辐射水平大幅增加，对大多数生物造成了有害影响。插图显示了南极上空臭氧空洞（品红色）的发育现状，在这个区域每年的春季，大气环流和低温共同形成了巨大的环极冰晶云，不断促进破坏臭氧的反应发生，导致该区域的臭氧水平比正常值低约 50%。

自从 20 世纪 80 年代被发现以来，臭氧空洞（实际上为臭氧相对缺乏）的深度和面积每年都变大，峰值大小目前已大于北美洲。臭氧损耗并不局限于南极（这里最严重），北极上空也观测到了较小的臭氧空洞，北半球低纬度地区偶尔会出现高达 20%的臭氧损耗（据报道）。

20 世纪 80 年代末，当人们意识到氯氟烃对大气的影响时，全世界迅速减少了氯氟烃的生产和使用，并希望 2030 年能够完全淘汰氯氟烃。目前，大幅削减已经完成。虽然如此，科学家依然认为，即使现在停止所有剩余氯氟烃的排放，氯氟烃仍然需要数十年才能彻底远离大气层。

5.3.2　温室效应

在电磁波谱的可见光和近红外（波长仅略长于红光）区域，太阳发射了大部分能量。对这种类型的辐射而言，地球大气层基本上是透明的，所以若未被高层大气中的云层吸收（或反射），则几乎所有太阳辐射都将直接照射到地球表面，使地表的温度上升（见 2.3 节）。

地球表面重新辐射吸收的能量。由斯特藩定律可知，随着温度的升高，辐射的能量快速增多，最终地球向太空辐射的能量等于从太阳接收的能量。在不考虑任何复杂影响的情况下，实现这种平衡的平均表面温度约为 250K（−23℃）。在这一温度下，由维恩定律可知，大部分重新发射的能量以远红外（约 10μm）辐射的形式存在（见更为准确 2.2）。

但是，有个问题非常复杂。长波红外辐射被地球大气层部分阻挡（见图 2.9），主要是因为二氧化碳和水蒸气都能非常有效地吸收光谱的红外线部分。虽然仅占地球大气的一小部分，但这两种气体能够吸收从地表发射的大部分红外辐射。因此，仅有一部分辐射逃回太空，其余辐射则重新辐射至地表，导致地表温度升高。

部分俘获太阳辐射的这种现象称为温室效应（greenhouse effect），这一名称来自类似的温室过程：太阳光相对不受阻碍地穿过玻璃窗，但是对植物重新发射的大部分红外辐射而言，由于受到玻璃的阻挡而无法散发出去（实际上，虽然这一过程确实有助于温室内部的升温，但其并非最重要的影响因素。温室之所以能够发挥作用，主要是因为玻璃板阻止了对流将热量从温室内部带走。无论如何，人们仍然用温室效应来描述由于地球大气阻挡而产生的加热效应）。因此，温室内部的温度逐渐上升，即使是在寒冷的冬季，花卉和蔬菜也能生长。决定地球大气温度的辐射过程如图 5.7 所示，温室效应将地球表面温度提升了约 40K——这一差值非常重要，因为这将平均温度提高到了水的凝固点之上。

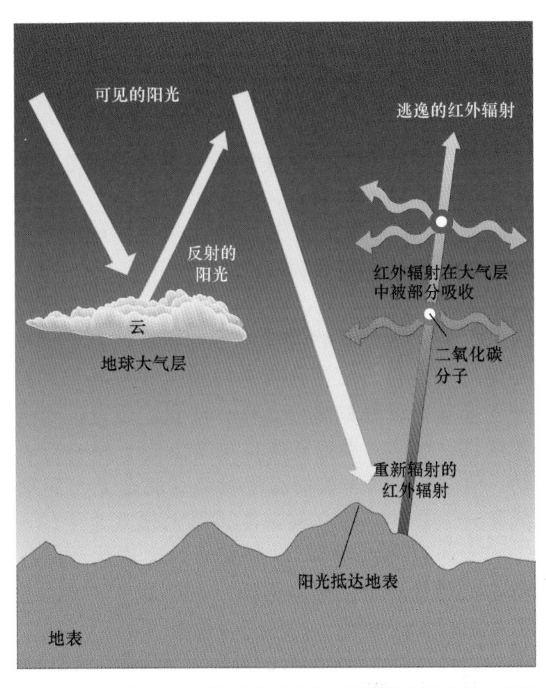

图 5.7　温室效应。未被云层反射的太阳光将抵达地表，使得地表升温。地表重新辐射的红外辐射被大气中的二氧化碳部分吸收，最终导致整个地表温度上升

温室效应的强度对大气层中温室气体（即有效吸收红外辐射的气体）的浓度非常敏感。如前所述，水蒸气和二氧化碳都是重要的温室气体。今天，二氧化碳尤其令人担忧，由于工业化社会大量燃烧化石燃料（主要是石油和煤炭），地球大气层中的二氧化碳浓度正在上升。在 20 世纪，二氧化碳含量增加了 20%以上，而且至今仍以每 10 年 4%的速率持续增长。许多科学家认为，若对这一增长趋势不加以控制，则全球气温可能会在未来半个世纪内上升几开尔文，足以融化大部分极地冰盖，并导致地球气候发生剧烈（甚至灾难性）变化（见发现 5.2）。

发现 5.2　温室效应和全球变暖

发现 5.1 概述了氯氟烃（具有意外全球影响的现代技术产品）对地球臭氧层造成的危险，但是一种更古老且可能更严重的潜在危害来自人类对地球温室效应的影响。

5.3 节介绍了温室效应：在地球大气层中，所谓的温室气体（特别是水蒸气、二氧化碳和甲烷）趋于俘获离开地表的热量，导致地球温度升高数十摄氏度。温室效应并不是坏事，它是水在地球表面以液态形式存在，对地球上生命的存在和生存至关重要（见第 18 章）。但是，若大气层中的温室气体含量不受控制地上升，则其引发的后果可能是灾难性的（6.8 节给出了一个特别极端示例）。

自 18 世纪工业革命以来，特别是在最近数十年中，由于地球上的人类活动，大气中的二氧化碳浓度稳步上升（见第一幅插图）。化石燃料（煤炭、石油和天然气）仍然是现代工业的主要能源，燃烧时都会释放二氧化碳，大气二氧化碳浓度的当前增长速度与化石燃料能源的当前消耗速度相一致。与此同

时，为了给人类生活区域的扩张腾出更多空间，曾经覆盖地球大部分地区的大片森林正被系统性破坏。由于植被能够吸收二氧化碳，森林有望在解决这一问题中发挥重要作用，进而为大气中的二氧化碳浓度提供自然控制机制。因此，森林砍伐也会增加地球大气中温室气体的浓度。

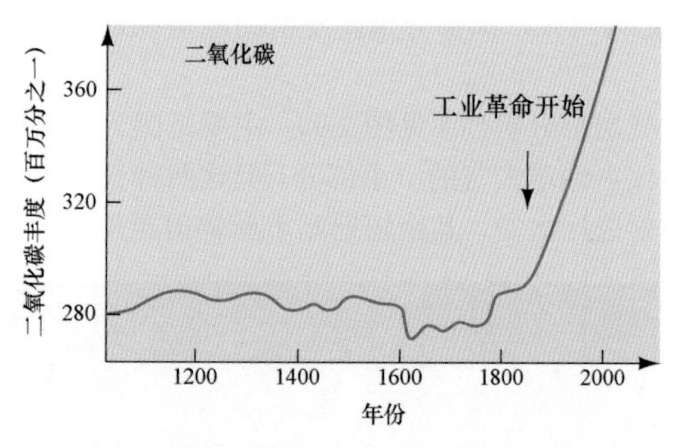

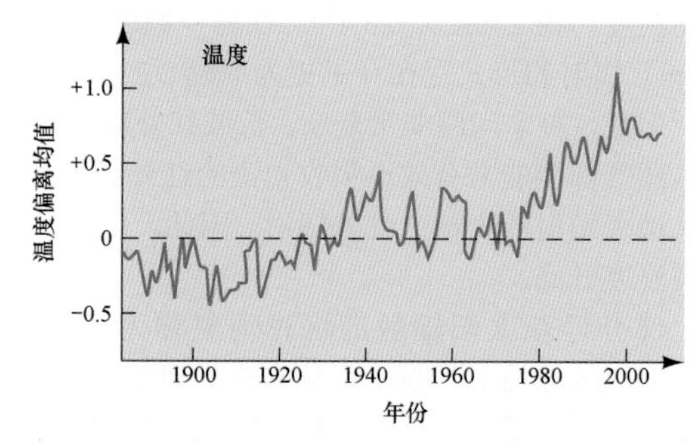

大气中二氧化碳浓度的升高导致温室效应加剧，进而导致地表温度缓慢上升，这种现象称为全球变暖。如第二幅插图所示，在最近一个世纪，全球平均气温上升了 1℃以上。虽然看上去不算多，但是气候模型预测结果表明，若二氧化碳浓度继续攀升，则气温在 21 世纪末可能进一步升高 5℃，这足以引发全球范围的严重气候变化。

由发现 5.1 可知，一旦确定氯氟烃对环境的影响，人们就迅速采取措施限制其使用。令人感到奇怪的是，面对更严重的潜在自然破坏，人们协调一致应对全球变暖的行动要慢得多。大多数科学家认为，人类活动增强的温室效应是对地球气候真正的威胁，应敦促人们迅速大幅减少二氧化碳的排放量，同时采取措施减缓并最终停止森林砍伐。但是，有些人（特别是与温室气体排放负主要责任的行业相关者）争辩说，地球对温室气体排放增多的长期响应过程非常复杂，无法得出简单结论，没有必要立即采取行动。他们认为，当前的温度趋势可能是更长周期的一部分，或者自然环境因素可能会及时稳定（甚至降低）大气中的二氧化碳浓度，而无须人为干预。

考虑到利害关系，这种争论的政治性远超科学性或许不足为奇。基本观测和大部分基础科学通常不会受到严重质疑，但其解释、长期后果和适当应对措施争论激烈。这些问题的单独解决有时并不容易，但结果可能对地球上的生命至关重要。

概念回顾

为什么温室效应对地球上的生命非常重要？该效应持续加剧的可能后果是什么？

5.3.3 月球空气

月球大气层长什么样？答案非常简单，月球没有大气层！月球大气很久以前就逃往太空了。天体的质量越大，保持住大气的机会就越大，这是因为质量越大，原子和分子逃逸时所需的速度就越快（见更为准确 5.1）。与地球的逃逸速度（11.2km/s）相比，月球的逃逸速度仅为 2.4km/s（见表 5.1）。简而言之，月球的牵引力量要小得多，导致任何大气（或许曾经拥有）都已永久逃离。

由于缺乏大气层的缓冲调和影响，月球的表面温度变化非常大，中午最高温度可达 400K，超过水的沸点（373K）（见更为准确 2.1）；夜间（持续近 14 个地球日）或阴影处的温度最低降至约 100K，远低于水的凝固点（273K）。由于白天的温度如此之高，加之缺乏大气层协助保持，月球表面曾经存在的任何水极可能都已蒸发和逃逸。不仅没有月球水圈，而且美国和苏联月球计划带回的所有月球样品都绝对干燥。月球岩石甚至不包含水分子锁定在晶体结构内的矿物，而地球岩石几乎总是含有 1%（或 2%）的水。

但是，月球上并非完全没有水。1996 年 11 月，美国克莱芒蒂娜号（Clementine）月球探测器的雷达回波表明，月球的两极存在水冰。从这些区域看，由于太阳升起的高度从未超过月平线几度，所以两极附近陨击坑底的永久阴影层的温度从未超过 100K。科学家由此推测，自从太阳系形成早期彗星将冰物质倾倒在月球上以来，这些冰可能一直处于永久冻结状态，不会融化或蒸发，因此就不会逃入太空

（见 4.3 节）。1998 年 3 月，美国航空航天局宣布，月球勘探者号（Lunar Prospector）探测器证实了克莱芒蒂娜号月球探测器的发现，在月球两极发现了大量水冰（总量可能高达数万亿吨），主要位于月球表面之下半米处。

2009 年，为了获得与冰相关的更多信息，NASA 发射了月球勘测轨道飞行器（Lunar Reconnaissance Orbiter，LRO），并将其置于距离月球表面仅 50km 的极地轨道上。在为期一年的任务中，LRO 采集了月球表面（特别是极地区域）的详细信息。2009 年年末，在搜索冰的过程中，科学家进行了一项非常直接的实验。半人马座火箭（Centaur）将 LRO 及其姊妹航天器月球环形山观测与遥感卫星（Lunar CRater Observation and Sensing Satellite，LCROSS）送入月球轨道，然后坠毁在月球南极附近一个阴影很深的陨击坑中。LCROSS 则在数千米开外进行观测，并通过 LRO 向地球发回详细的光谱数据，然后在几分钟后同样撞向月球。详细分析 LCROSS 数据后，科学家证实喷出物中存在水分子。水的数量并不多（仅约为 1/100000），少于地球上沙漠沙中的水，但却足以证实早期的报告。

5.4 内部结构

人类虽然以地球为家，但却无法轻易地探索地球内部，这是因为在钻探设备（钻头）损坏前仅能穿透有限深度的岩石。目前，尚无任何物质（甚至金刚石——已知最坚硬的物质）能够承受约 10km 深度下的条件，这一深度要比地球的半径（6400km）浅得多[①]。所幸的是，地质学家已开发出了能够间接探测地球深处的技术。

5.4.1 地震学

地震（earthquake）是地壳中岩石物质的突然位移，可导致整个地球出现振动，并发出巨钟一样的声音（但是音调太低，人耳无法听到）。这些振动并不是随机波，而是从震源位置向外传播的系统波，称为地震波（seismic waves）。就像所有波一样，地震波承载着信息，这些信息可通过地震仪（seismograph）进行探测和记录。地震仪是一种非常灵敏的设备，设计用于监测地球的微震。

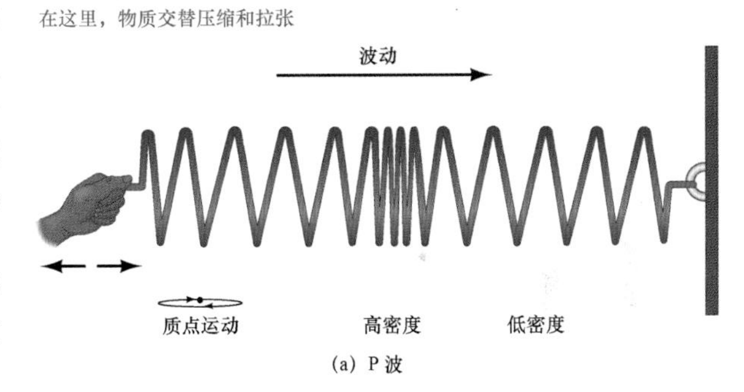

(a) P 波

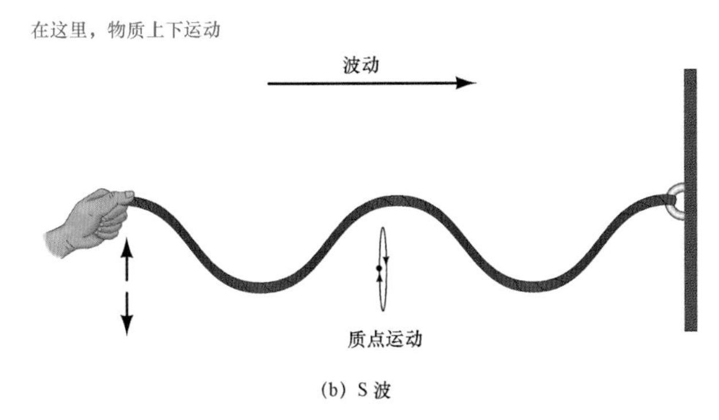

(b) S 波

图 5.8 P 波和 S 波。(a)当 P 波（压力波）穿越地球内部时，导致物质的振动方向与波动方向平行；(b)S 波（剪力波）产生的运动方向垂直于波的传播方向，侧向推动物质

经过数十年的地震研究，人们发现了多种类型的地震波，其中两种类型对研究地球内部结构非常重要（见图 5.8）。当地震在远处发生后，首先到达监测站的是 P 波/初波/纵波（primary wave）。P 波是压力波，类似于空气中的普通声波，传播过程中会对所经过的介质（地核或地幔）进行交替拉张和压缩。P 波的传播速度为 5～6km/s，能够穿越液态和固态物质。间隔一段时间后，S 波/次波/横波（secondary wave）紧随而至。S 波是剪力波，能够导致侧向运动，类似于吉他弦产生的波。当穿越地球内部时，S 波的传播速度为 3～4km/s。S 波无法穿越液态物质，否则会被吸收。每种类型地

① 2020 年 5 月 21 日，世界最深钻井在俄罗斯库页岛完钻，总进尺为 14.6km。——译者注

震波的速度各不相同，具体取决于所穿越物质的密度和物理状态。通过测量波从震源传播至地表的一个（或多个）监测站时所需的时间，地质学家能够推断出地球内部物质的密度。

5.4.2 地球内部建模

由于地震在全球范围内频繁发生，地质学家已经积累了关于地震波性质的大量数据。通过利用这些数据及地表岩石的直接知识，他们还对地球内部进行了建模，人类对地球最深处的了解几乎完全基于这些模型和间接观测。

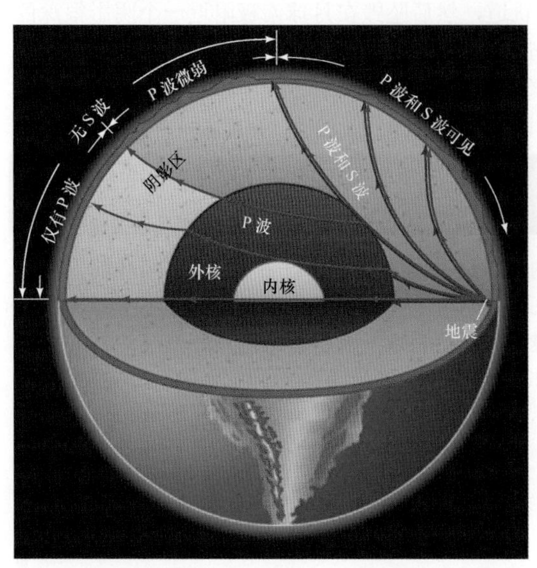

图 5.9 地震波。世界各地的地震台站可检测到地震产生的P波（压力波或初波）和S波（剪力波或次波）。由于地球内部存在密度和温度变化，地震波穿越地球内部时发生弯曲。受地球液态外核"遮蔽"的台站无法探测到S波（红色）；P波（绿色）确实到达了震源对面的地球另一侧，但其与地核的相互作用形成了另一个阴影区，那里几乎没有记录到P波

图 5.9 说明了地震波从震源开始传播的一些路径。当地震发生时，由于受阻于地球内部物质，位于震源对面一侧的监测站无法探测到 S 波（红色）。此外，虽然P波（绿色）总是到达与地震正好相反的位置，但是部分地表几乎接收不到。大多数地质学家认为，S 波被地球中心的液态地核吸收，P 波则在地核边界位置发生折射（类似于光被透镜折射），形成了人们观测到的S波和P波的阴影区。每次地震时都会出现这些阴影区，这一事实是地核呈熔融状态的最好证据。基于地震数据推算，外核（outer core）的半径约为3500km。另有证据表明，能够穿越液态外核的P波被固态内核（inner core，半径为1300km）的表面反射。

大多数科学家都接受如图5.10所示的模型。地球外核周围环绕着厚厚的地幔，地幔顶部覆盖着薄薄的地壳。地幔是地球的主体，厚度约为 3000km，占地球总体积的约 80%。地壳的平均厚度仅为 15km，海洋下（洋壳）略薄（约 8km），大陆下（陆壳）略厚（20～50km）。可以看到，相对于地球的大小而言，地壳的厚度（15km）相当薄，约为地球最高山峰高度的2倍，但仅为地球半径的1/400。地壳物质的平均密度约为$3000kg/m^3$，密度和温度均随深度加深而升高。从地表到地心，密度从约$3000kg/m^3$增大至略高于$12000kg/m^3$，温度从略低于300K上升至远高于5000K。大部分地幔的密度介于地核与地壳之间，约为$5000kg/m^3$。

由于地心物质的密度最高，地质学家认为，地核必定富含镍和铁。在上覆各层物质的重压下，这些金属（地表密度约为$8000kg/m^3$）被压缩到模型所预测的高密度。地核和地幔的物质组成不同，导致核-幔边界处的物质密度急剧增大。地核由密度较大的金属物质构成，地幔则由密度较小的岩石物质构成。注意，内外核边界处的密度（或温度）并不存在明显的跳跃式变化，该位置的物质只是简单地从液态变为固态。

由于钻井深度无法超过10km，地质学家目前尚未通过钻探取得任何地幔样品，但是对地幔性质却并非一无所知。在火山（volcano）中，熔融岩石从地壳之下上涌，以熔岩形式带出一些地幔物质，为地球内部的组成提供了一些线索。上地幔的组成可能与火山附近常见的深灰色玄武岩（basalt）非常相似，密度为3000～$3300kg/m^3$；地壳的组成大部分为浅色花岗岩，密度为2700～$3000kg/m^3$。

科学过程回顾

描述科学家如何通过理论与观测相结合来建立地球内部模型。举例说明实际观测到的一些地球性质，以及纯粹由模型推导得到的一些地球性质。

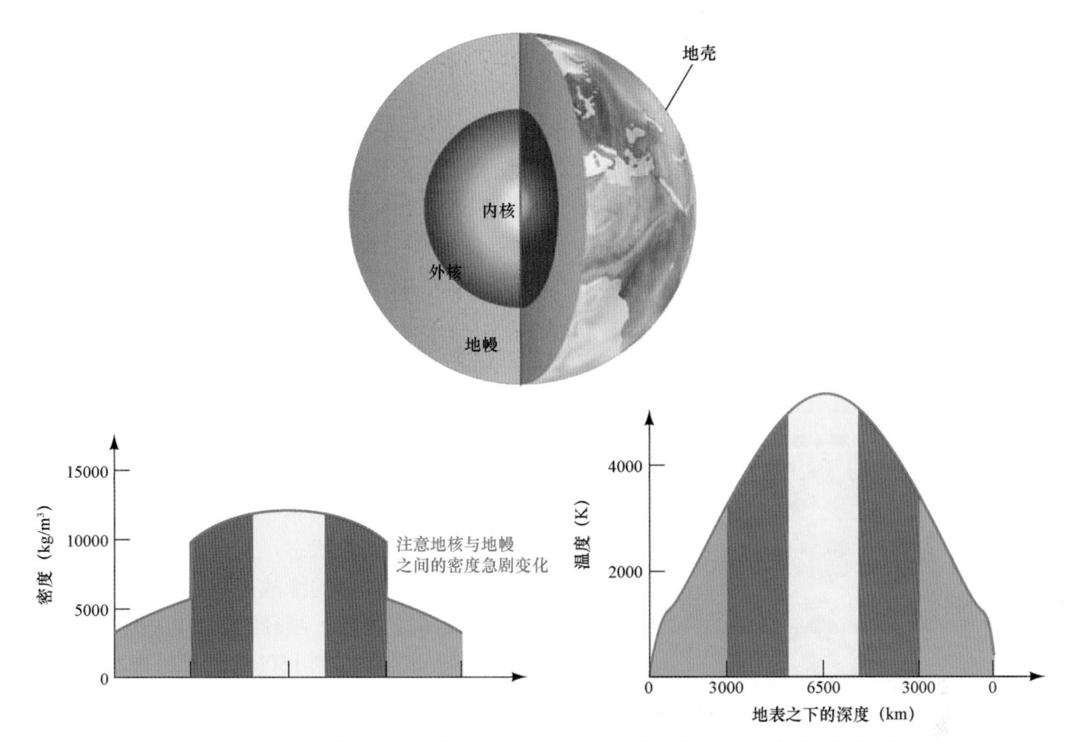

图 5.10　地球内部。用计算机建立的地球内部模型表明，从地幔到地核，密度和温度变化很大

5.4.3　分异

地球并不是均质的岩石球，而是具有分层结构的球体，包括低密度的岩质地壳、中等密度的岩质地幔和高密度的金属地核（如后所述，其他类地行星也具有相似的内部结构），这种密度和组成的变化称为分异/分化（differentiation）。地球为何不是密度均匀的大岩石球？这是因为在遥远过去的某个时候，地球的大部分被熔融（molten），致使高密度物质下沉至地核，低密度物质上升至地表。这种古老加热过程的残余物如今仍然存在：地球中心的温度几乎等于太阳表面的温度。在将地球加热至可能发生分异方面，两个过程发挥了重要作用。首先，地球在形成之初经历了行星际碎片的猛烈轰击，这是地球及其他行星形成和成长过程中的重要环节（见 4.3 节）。这种轰击可能产生了足够多的热量，足以熔化大部分地球。

在地球形成后，加热地球并促成其分异的第二个过程是放射性（radioactivity），即地球形成时太阳星云中存在的某些不稳定元素（如铀和钍等）的能量释放（见 4.3 节）。当复杂的重原子核裂变为简单的轻原子核时，这些元素就会释放能量。岩石是热的不良导体，通过放射性释放的能量需要很长时间才能到达地表，然后扩散到太空中。因此，热量会在地球内部不断积聚，并与地球形成时的剩余能量合并在一起。地质学家认为，在整个原始地球上，最初散布了足够多的放射性元素（就像蛋糕里的葡萄干），整个地球（从地壳到地核）可能已熔化并保持熔融状态（或者至少呈半固态）约 10 亿年。

5.4.4　月球内部

月球的平均密度约为 3300kg/m^3，与美国和苏联探月任务中获得的月球表面岩石的密度非常相似。正是由于存在这种相似性，几乎排除了月球拥有大体积、大质量及高密度镍-铁月核（类似于地球内部）的可能性。月球的平均密度较低，表明月球所含的重元素（如铁）远少于地球。

从宇航员放在月球表面的设备获得的地震数据中，人们了解到了关于月球内部的大量详细信息。测量结果表明，月球内部深处仅存在非常微弱的月震（moonquake），即使站在震源正上方，也不会感觉到震动。每次月震平均释放的能量大致相当于鞭炮，而且人们从未探测到过大月震，这种几乎无法察觉的月震活动证实了月球在地质意义上“已经死亡”的观点。虽然如此，通过利用这些微弱的月球震动，研究人员能够获取月球内部的相关信息。

通过将月球内部的所有可用数据与数学模型相结合，人们发现月球大部分区域的密度几乎均匀，但是化学性质不同，即从月核到月表的化学性质会发生改变。图 5.1b 所示的模型表明，中心月核的半径约为 330km，周围环绕着厚约 400km 的半固态岩质内月幔（性质与地球中的上地幔类似）。在这些区域之上，存在厚约 900km 的固态岩质外月幔，最顶部则为厚约 40km 的月壳。

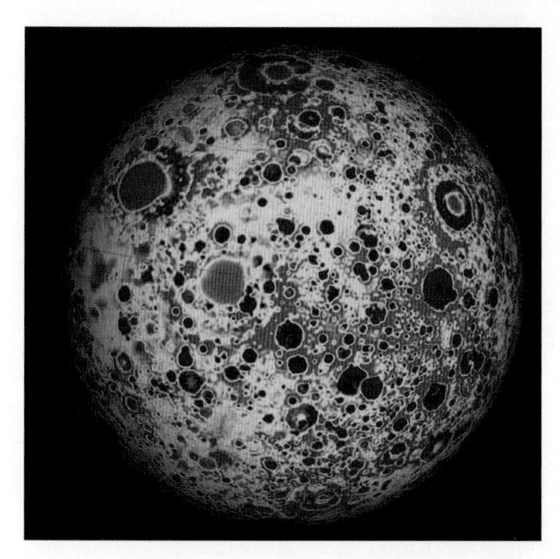

图 5.11　月球重力图。NASA 圣杯号探测器测量的月球重力场变化。红色表示过量，说明质量较大；蓝色表示不足，说明质量较小。左侧是月球正面，右侧是月球背面。图中可以看到传统月球图像（见图 5.17 和图 5.18）中的部分可见月貌特征，特别是在月球背面，许多新月貌特征较为明显（NASA）

通过分析月球勘探者号探测器（见 5.3.3 节）获取的重力实验数据，结合月球穿越地球磁尾时的磁测结果（见图 5.23），人们发现与月球的其他部分相比，月核的密度和铁含量都更高。理论模型预测结果表明，月心温度低至 1500K，无法熔化岩石或铁。但是，经过仔细分析阿波罗号飞船获取的地震数据，人们发现部分月核可能呈熔融状态，说明温度较高，这可能是由于放射性元素加热的缘故。我们只能说月球具有固态（主要是铁）内核，半径约为 240km；月核的其余部分及内幔周围最内侧 150km 均呈液态。

2012 年，在 NASA 的圣杯号/重力回溯及内部结构实验室（Gravity Recovery and Interior Laboratory，GRAIL）任务中，两个小型航天器（Ebb 和 Flow）共同绕月球运行达数月之久。这两个航天器测量了月球重力场前所未有的细节，为科学家提供了月球地下结构的新视角。图 5.11 是基于 GRAIL 数据绘制的地图，显示了月球重力与平均值的偏离程度，从而能够探测到不可见的质量瘤/重力异常区（mass concentration）。GRAIL 发现月壳上存在深大断裂，破碎带深度达数千米。此外，虽然月壳的平均厚度约为 30km，但是厚度的变化范围非常大，远侧某些位置的厚度可达 60km，近侧较大盆地下的厚度几乎为零。

GRAIL 数据还表明，与月球正面（朝向地球端）相比，月球背面（远离地球端）的月壳平均更厚，达 10～15km，这很可能与地球的引力牵引相关。就像较重物质趋于下沉至地心一样，由于存在地球引力场，月球背面的较重月幔物质趋于下沉至较轻月壳物质之下。换句话说，在月球的冷却和固化过程中，与背面月壳相比，背面月幔受牵引而更靠近地球。以这种方式，月壳和月幔彼此之间变得稍微偏离中心，导致月球背面的月壳变厚。

概念回顾

若地球像月球一样在地质意义上已经死亡，则人们对地球内部的认识应当会如何改变？

5.5　地球表面活动

从地质意义上讲，地球当前仍然活跃，内部翻腾涌动，表面不断变化。地质活动的大量明确标志散布在全球各地，以地震和火山喷发为其典型代表。由于受到风和水的侵蚀，许多古代证据已经消失，但近期活动地点得以较好地记录下来。

5.5.1　大陆漂移

图 5.12 显示了地球的当前活动区域。在 20 世纪，几乎所有这些地点都经历过表面活动（surface

activity)。有一点比较有趣，即活动区域在地球上分布不均匀，主要沿着定义明确的活动线周边分布，这里的地壳岩石发生位移而导致地震，地幔物质上升而形成火山。

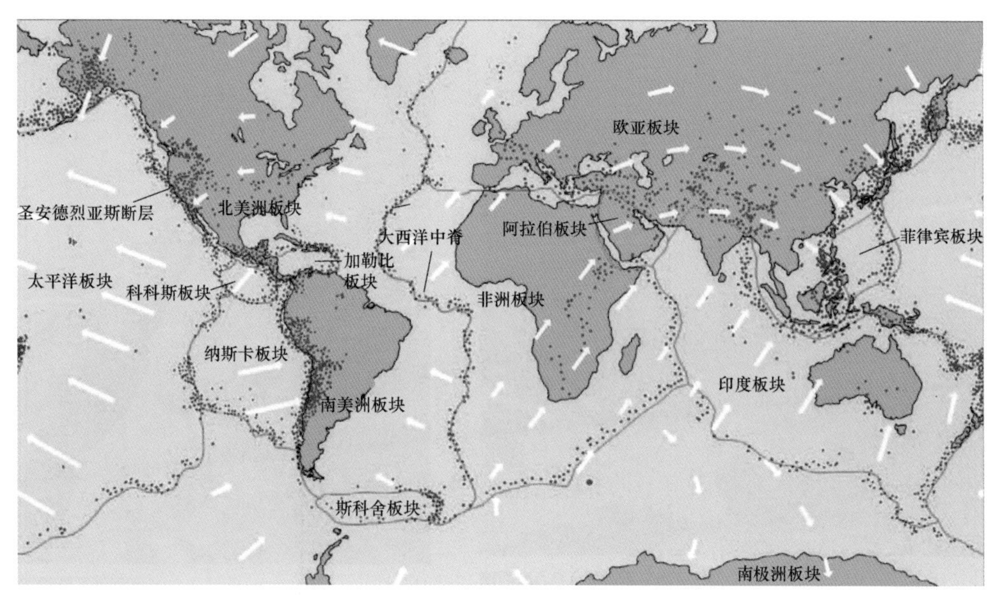

图 5.12 全球板块。红点代表 20 世纪发生过大型火山（或地震）活动的区域。当把这些活动区域组合到一起时，就可勾勒出在地球表面漂移的巨大板块（以深蓝色表示），白色箭头表示板块运动的大致方向和速度

20 世纪 60 年代中期，科学家认识到这些活动线是地球表面巨大**板块**（plate）或平板（slab）的轮廓，且这些板块正在地球表面缓慢漂移。这些板块运动通常称为**大陆漂移**（continental drift），形成了地球表面的山脉、海沟及其他许多大型地貌特征。研究板块运动及其成因的专业术语是**板块构造**（plate tectonics）。有些板块由多个大陆陆块组成，有些板块由一个大陆和一个洋底的大部分组成，还有些板块仅由洋底组成（完全不含大陆）。在大多数情况下，大陆只是更大板块上的“乘客”而已。

这些板块以极其缓慢的速度移动，典型速度仅为几厘米/年，约等于人类指甲的生长速度。但是，在整个地球历史时期，各板块有足够的时间远距离移动。例如，若漂移速度为 2 厘米/年，则两个大陆（如欧洲和北美洲）将在 2 亿年间分开 4000km（大西洋的宽度）。按照人类的标准来看，这段时间相当漫长，但却仅为地球年龄的 5%左右。

当各大板块四处漂移时，我们可能会认为碰撞司空见惯。实际上，各大板块确实会发生碰撞，且由于受到巨大作用力的驱动而不容易停止，从而持续不断地相互挤压。图 5.13 显示了各古代大陆（现在的美国西部）之间的碰撞结果。随着岩质地壳破碎及出现褶皱，地表被构造应力抬升了近 5km，从而形成了洛基山脉，它从美国新墨西哥州绵延至加拿大不列颠哥伦比亚省。

并非所有板块都会迎面相撞，如图 5.12 中的箭头所示，各板块有时彼此之间发生滑动（或剪切）。例如，北美洲最著名的活动区域是位于美国加州的圣安德烈亚斯断层（见图 5.14），这是太平洋板块与北美洲板块之间的部分边界。在该断层沿线，这两个板块的运动方向和运动速度均不完全相同。就像润滑不良机器中的零件一样，它们的运动既不稳定又不平滑，而趋于相互粘连，然后在地表岩石让位后突然前倾。由此产生的剧烈且忽动忽停的运动引发了断层沿线的许多大地震。

在其他活动区域（如大西洋洋底），各个板块正在反向运动。当这些板块逐渐远离时，新的地幔物质将在二者之间上涌，形成洋中脊。现在，炽热地幔物质正沿大西洋中脊的裂缝上涌，这条裂缝就像巨大棒球上的缝合线一样，从北大西洋延伸至南美洲南端。放射性测年结果表明，地幔物质一直沿大西洋中脊稳定上涌（数量或多或少），至今已持续约 2 亿年时间。随着北美洲板块和南美洲板块逐渐远离欧亚板块和非洲板块，大西洋洋底正在缓慢变宽。

图 5.13　洛基山脉。造山作用主要由板块碰撞造成。在北洛基山脉的高处，岩石的褶皱和挤压清晰可见，这是约 7000 万年前的山脉上冲。右下方的常青树高约 10m，可用作参考比例尺（M. Chaisson）

图 5.14　加利福尼亚断层。加州圣安德烈亚斯断层的一小部分。该断层由北美洲板块与太平洋板块之间相互滑动形成。太平洋板块（包括加利福尼亚海岸的一大块）相对于北美洲板块向西北方向漂移（D. Parker/Science Photo Library）

5.5.2　板块驱动力

何种巨大作用力可在某些位置将各个板块拉离，然后又在另一些位置将它们汇聚在一起？答案是对流，与前述地球大气层研究中遇到的过程相同（见 5.3 节），如图 5.15 所示。每个板块都由地壳和一小部分上地幔组成。在板块下约 50km 深处，温度高到足以使地幔柔软，虽然尚未完全熔融，但可非常缓慢地流动。

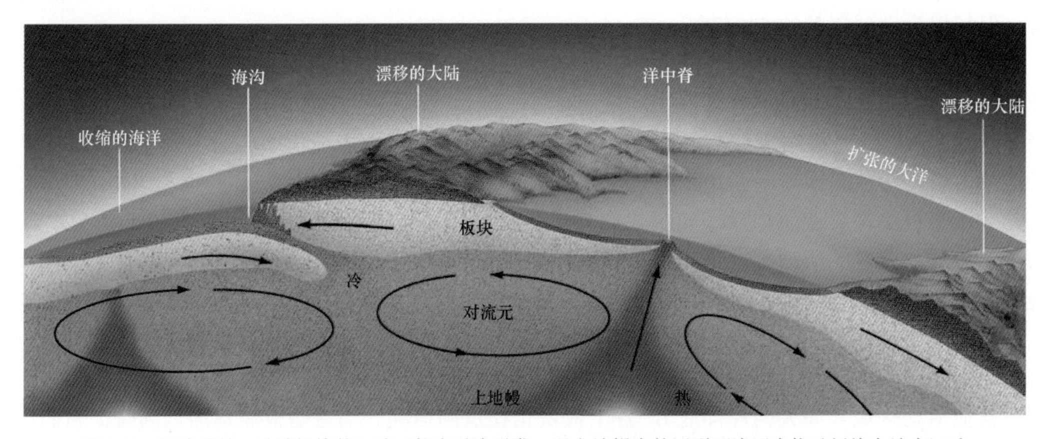

图 5.15　板块漂移。地球板块的运动可能由对流引发，即上地幔中的巨型环流形态拖动板块在地表运动

这是一种完美的对流环境，热物质位于冷物质之下。温度较高的地幔岩石上涌（就像地球大气层中的热空气上升一样），大型对流形态开始建立。各板块坐落在这些对流形态之上。这种对流的流速极其缓慢，半固态岩石完成一次对流循环需要花数百万年。虽然大量细节远未确定且尚存争议，但是许多研

究人员怀疑板块运动由板块边界附近的大规模对流形态引发。

图 5.16 说明了所有大陆是如何像拼图一样吻合在一起的。地质学家认为，在过去的某个时段，地球上仅存在一个极为庞大的超级古陆，称为泛大陆/泛古陆/盘古大陆/联合古陆/潘吉亚（Pangaea），如图 5.16a 所示。地球上的其余部分被水覆盖。通过研究这些大陆的当前位置，辅之以测量它们的当前漂移速率，人们发现泛大陆是约 2 亿年前地球上的主要陆地地貌特征。恐龙是当时的主要生命形式，在不弄湿脚的情况下，它们能够从俄罗斯经波士顿徒步走到得克萨斯州。如图 5.16 中的其他图形所示，泛大陆裂解后，分离后的各部分在地表漂移，最终成为人们熟悉的当前大陆。在地球的漫长演化史中，由于构造应力不断形成、破坏和重新形成地球的大陆，很可能存在较长的一系列泛大陆。可能性还有更多。

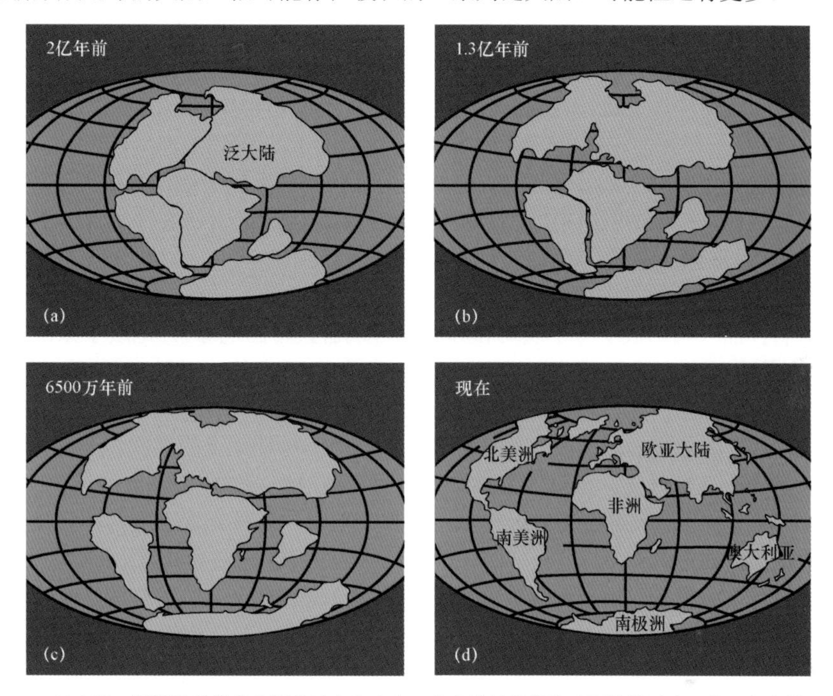

图 5.16　泛大陆。根据目前估算的漂移速率和方向，人们能够追溯各个板块的过去。约 2 亿年前，它们应处于图(a)所示的大致位置。各大陆的当前位置如图(d)所示

5.5.3　月球板块构造

目前，尚无证据表明月球上存在板块构造，既没有明显的大断层线，没有值得关注的地震活动，又没有持续进行的造山运动。板块构造既需要相对较薄的岩质外层（容易裂解为大陆尺寸的碎片），又需要岩质外层之下存在软质对流区域（使碎片移动）。在月球上，这两种要素都不存在。月壳的厚度较大，上月幔呈固态，月表碎片不可能彼此相对移动。月球内部根本就不存在支持板块移动的足够能量。

科学过程回顾

去图书馆或者上网搜索，研究阿尔弗雷德·魏格纳（现代板块构造理论的先驱）关于大陆漂移理论的著作。该理论关联并解释了哪些看似无关的事实？为什么该理论在科学界遇到了较大的阻力？

概念回顾

描述地球上板块构造的成因和部分结果。

5.6　月球表面

在空气、水和地质活动的共同作用下，地球表面几乎每天都会遭受侵蚀和外观重塑，并因此失去

了地表的大部分古老历史。虽然有充分证据表明（如后所述），在进入目前的不活跃状态之前，年轻的月球曾经历了一段时间的剧烈地质活动，但月球总体上并不存在空气、水和活火山（或其他地质活动）。因此，人们几乎能够追溯月球形成时的月貌特征，这些特征今天仍然可见。由于这一原因，对以地球为研究对象的地质学家来说，研究月球表面非常重要，可在地球早期演化理论方面发挥重要作用。

5.6.1 大尺度特征

首批月球观测者将望远镜对准了大致呈圆形的若干巨大暗色区域，他们认为这些区域类似于地球上的海洋，因此将其称为月海（maria）。雨海（Mare Imbrium/Sea of Shower）是最大的月海，直径约为 1100km。现在人们知道，月海实际上是一片广阔的平坦平原，形成于月球演化火山期的早期熔岩扩散（见 5.8 节）。从某种意义讲，月海确实是海洋，只不过是由熔融熔岩构成的古海洋，现在已发生固化。

早期观测者还看到了月球上的浅色区域，他们认为这些区域类似于地球上的大陆，因此将其称为月陆（terre）。现在人们知道，这些区域要比月海高出数千米，因此通常将其称为月面高地（highland）。在图 5.17 所示的满月图像（镶嵌）中，这两种类型的区域均清晰可见。这些深浅不一的表面月貌特征肉眼可见，形成了人们熟悉的“月球人”面孔。

通过分析月岩样品（由阿波罗号宇航员和苏联登月机器人带回地球），地质学家发现高地与月海之间在组成和年龄方面都存在重要差异。高地主要由富含铝元素的岩石构成，颜色较浅，密度较小（2900kg/m^3）；月海的玄武质物质则含有更多的铁元素，颜色较深，密度较大（3300kg/m^3）。大致而言，高地代表月壳，月海则由月幔物质构成。月海岩石的月球抬升与地球上的玄武岩非常相像，地质学家认为，其形成于熔融物质上穿月壳。放射性测年结果表明，高地岩石的年龄超过 40 亿年，月海岩石的年龄为 32 亿～39 亿年（注意，放射性测年比较岩石样品中不同放射性元素衰变为较轻元素的速率，返回年龄值是岩石固化后的时间）。

在航天器绕月球飞行之前，地球上无人知道月球背面（隐藏的一半）的样貌。当航天器测绘出了月球背面的图像时（苏联首次，美国随后），大多数天文学家都感到非常惊讶，这是因为月球背面并未发现主要的月海，而几乎完全由高地组成（见图 5.18）。

图 5.17 满月，正面。满月镶嵌图像，顶部是北极。由于月球自身并不发射可见光辐射，所以人们仅能通过其反射的太阳光才能看到它（UC/Lick Observatory）

图 5.18 满月，背面。人们在地球上永远无法看到这幅月球背面图像，实际上是由月球勘测轨道飞行器拍摄的 15000 余张小照片的镶嵌图像，仅陨击坑密布区域存在少量月海（NASA）

> **概念回顾**
> 描述月海和高地在 3 个重要方面的差异。

5.6.2 陨击

由于人类肉眼可分辨的最小月貌特征约为 200km 宽，所以凝视月球时仅能看到月海和高地。但是利用望远镜即可发现月球表面布满了无数碗状陨击坑/撞击坑/陨石坑/陨星坑/陨坑/环形坑/环形山/火山口（crater），如图 5.19 所示。

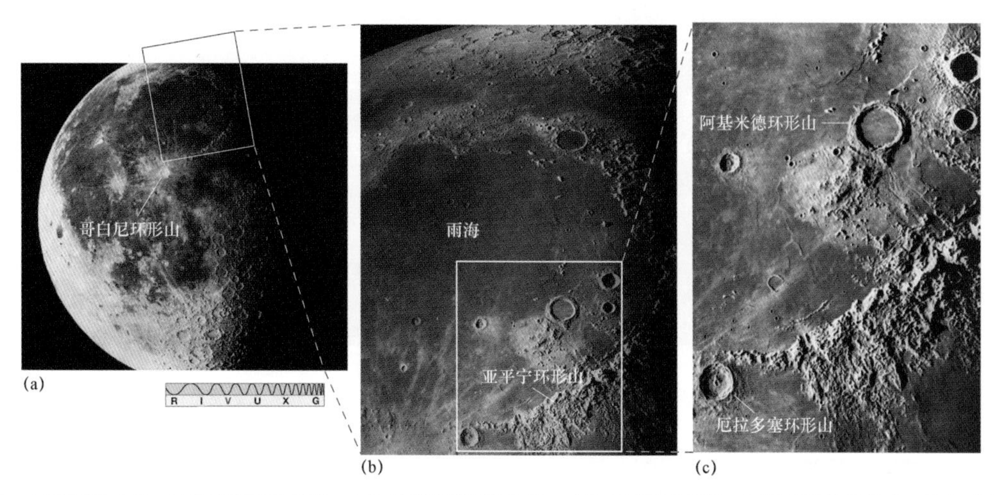

图 5.19 月球近景特写。(a)当接近下弦月时，在月球的明暗界线附近，太阳光以锐角照射，已照亮的月球变暗，此时可以看到表面月貌特征；(b)通过大型望远镜从地球上观测，明暗界线附近某一区域的放大视图；(c)图(b)中部分区域的放大视图，此处可见的最小陨击坑直径约为 2km，大致为图 4.19 中所示巴林杰陨石坑的 2 倍（UC/Lick Observatory; Caltech）

大多数陨击坑形成于很久以前的陨石撞击（见 4.2 节，将图 5.19c 和图 5.21 中的古陨击坑与图 4.19 中更年轻的巴林杰陨石坑进行比较）。流星体通常以数千米/秒的速度撞击月球，即使一小块物质也携带着巨大的能量。例如，当质量为 1kg 的流星体以 10km/s 的速度撞击月球表面时，释放的能量相当于 10kg TNT 发生爆炸。如图 5.20 所示，流星体突然撞击对月球表面产生巨大的压力，加热正常脆性岩石并使表面发生变形。紧随其后的爆炸将先前平坦的岩层推上和推出，最终形成陨击坑/环形山。

环绕在陨击坑周围的一层爆炸喷出物质称为喷出覆盖物（ejecta blanket），碎片组成物大小不等（从细粉尘到巨漂砾）。若喷出物质碎片的体量较大，则其自身可能形成次级陨击坑（secondary crater）。在阿波罗号宇航员带回地球的大量岩石样品中，显示出了反复碎裂和熔融的各种结构形态，这是陨石撞击产生的猛烈激波和高温的直接证据。

月球上的陨击坑大小不一，它反映了形成这些陨击坑的撞击物的大小范围。最大陨击坑的直径可达数百千米，最小陨击坑的直径则为极小的显微级别。由于月球不存在保护性大气层，因此大量行星际碎片（即使体积极小）完全可以不受阻碍地抵达月球表面。图 5.21a 显示了月球上一次大型陨石撞击的结果，图 5.21b 显示了由一颗微流星体形成的陨击坑。

陨击坑在月球表面随处可见，但是与较年轻的月海相比，较老的高地遭受到了更严重的陨击。知道高地和月海的年龄后，研究人员即可估算过往的陨击率。他们得出了以下结论：约 39 亿年前，月球及整个内太阳系（很可能）经历了陨击率的急剧下降，之后则始终保持陨击率的基本稳定。

这一时间（过往 39 亿年）代表了微行星成为行星的吸积过程的结束（见 4.3 节）。在此之前，月面高地固化并保持了大部分陨击坑。41 亿～39 亿年前，在陨石猛烈轰击的最后阶段，月海大盆地得以形成。最大规模的多次撞击非常猛烈，最终导致月壳（见图 5.1b）发生破裂。来自月幔的熔融岩浆从这些裂缝中上涌，进而充满整个大盆地，然后在冷却时固化，最终形成当前可见的月海。

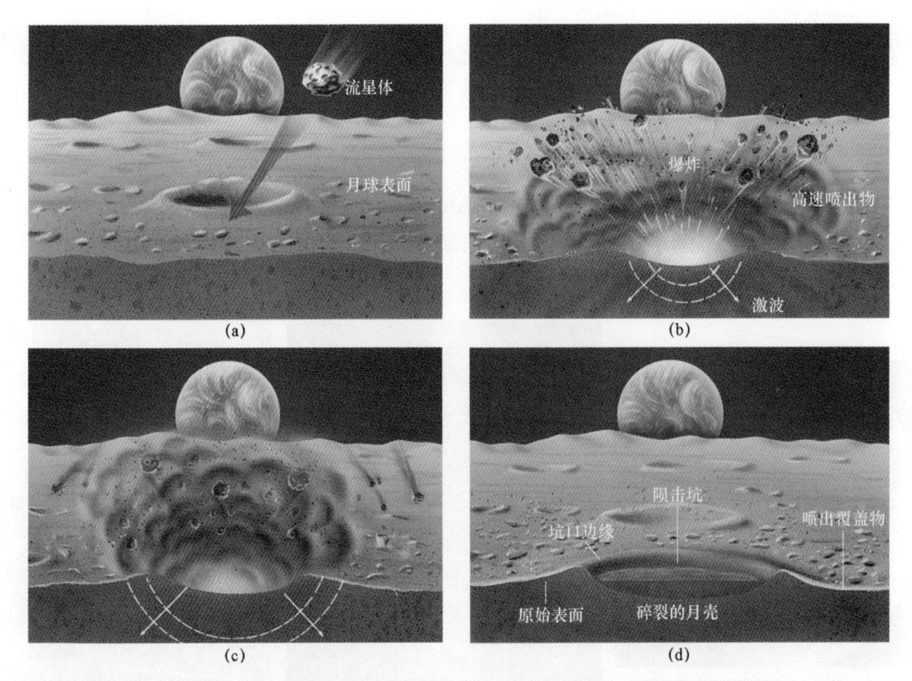

图 5.20　流星体撞击。陨石撞击形成陨击坑的阶段。(a)流星体撞击月球表面，释放出大量能量；(b)爆炸导致物质从撞击点喷出；(c)发送激波并穿越下层表面；(d)最终形成典型陨击坑，四周环绕着喷出物质

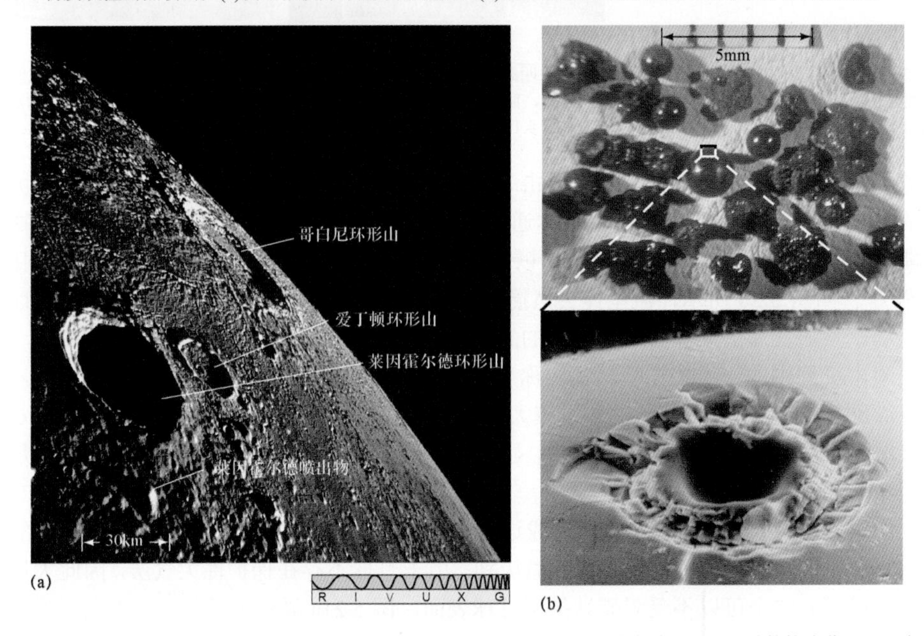

图 5.21　月球陨击坑。(a)约 10 亿年前，在形成哥白尼环形山（位于月平线附近，直径为 90km）时的撞击作用下，紧随其后的第二次撞击形成了 2 个较小的次级陨击坑，分别称为莱因霍尔德环形山和爱丁顿环形山；(b)月球表面遍布着各种不同大小的陨击坑。部分陨击坑嵌在由阿波罗宇航员带回地球的玻璃珠表面上，直径仅为 0.01mm（顶部比例尺的单位为 mm）。这些玻璃珠本身形成于流星体撞击后的爆炸过程，当时的月表岩石熔化、喷出，然后快速冷却（NASA）

5.6.3　月面侵蚀

陨石撞击是月球遭受侵蚀的唯一重要原因。数十亿年来，由于不断与各种流星体（或大或小）发生碰撞，月球表面塑造出了伤痕累累、坑坑洼洼和棱角分明的月貌景观特征。按照目前的平均速率而言，每 1000 万年即可形成一个直径为 10km 的新陨击坑，每个月即可形成一个直径为 1m 的新陨击坑，每几

分钟即可形成一个直径为 1cm 的新陨击坑。除此之外，微流星体的稳定“雨”也会侵蚀月球表面/月面（见图 5.22）。无数次撞击累积的尘埃［称为月球浮土/月壤（lunar regolith）］覆盖了月球表面，平均深度约为 20m，其中月海最薄（约 10m），高地最厚（超过 100m）。

虽然存在来自太空的这种“枪林弹雨”，但月球目前的侵蚀速率仍然很低，仅约为地球的 1/10000。例如，在美国亚利桑那州的沙漠中，巴林杰陨石坑（见图 4.19）是地球上最大的陨石坑之一，年龄仅约为 25000 年，但由于受到严重侵蚀而衰退，或许会在 100 万年（地质意义上的短暂瞬间）内完全消失。若月球上存在一个如此大小的陨击坑，即便其形成于 10 亿年前，今天应当仍然清晰可见。

图 5.22　月球表面。虽然完全缺乏风和水，但持续撞击的流星体（特别是微流星体）“雨”会缓慢地侵蚀月球表面。在这幅图像中，背景山丘可见平滑的边缘；在前景月球尘埃中，阿波罗号宇航员的脚印深度仅为几厘米，但是能够留存 100 万年以上（NASA）

5.7　磁层

简而言之，磁层（magnetosphere）是一颗行星周围受该行星磁场影响的区域，它在该行星与太阳风的高能粒子之间形成一个缓冲带。对了解该行星的内部结构来说，磁层也能提供重要信息。

5.7.1　地球磁层

如图 5.23 所示，地球的磁场延伸至大气层之上很远的位置，完全环绕在整个地球周围。如图中的白色箭头所示，磁力线/磁场线（magnetic field line）从南向北延伸，表示空间中任意一点的磁场强度和方向。在地球的北磁极和南磁极位置，一块假想的条形磁铁的轴与地球表面相交，并与地球自转轴基本保持一致（见图 5.24）。

地球的内磁层包含 2 个甜甜圈状的高能带电粒子区域，其一位于地表之上约 3000km 处，其二位于地表之上约 20000km 处。这些区域称为范艾伦带/范艾伦辐射带（Van Allen belt），以美国物理学家范艾伦的名字命名，在 20 世纪 50 年代末的部分早期火箭飞行中，他设计的仪器首次探测到了这些区域。之所以将这些区域称为带，主要是因为它们在地球赤道附近最明显，且完全环绕在地球周围。如图 5.24 所示，这些不可见区域包围了整个地球（北极和南极附近除外）。

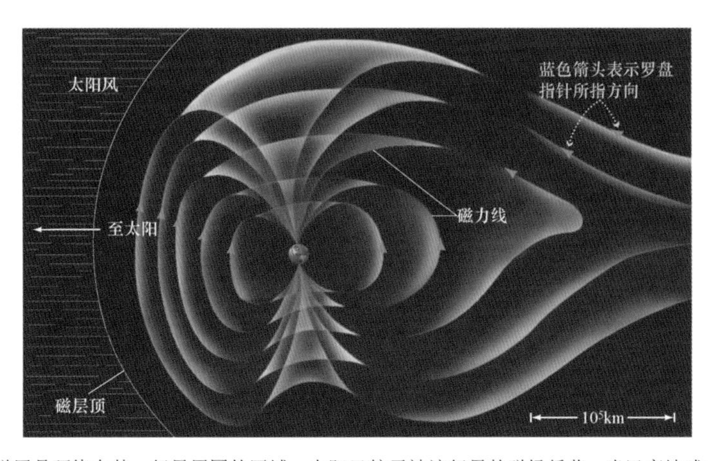

图 5.23　地球磁层。磁层是环绕在某一行星周围的区域，太阳风粒子被该行星的磁场俘获。当远离地球时，磁层受太阳风影响而严重变形，一条长尾从地球的夜间一侧（这里是右侧）向遥远的太空中延伸。磁层顶是朝向太阳的磁层边界

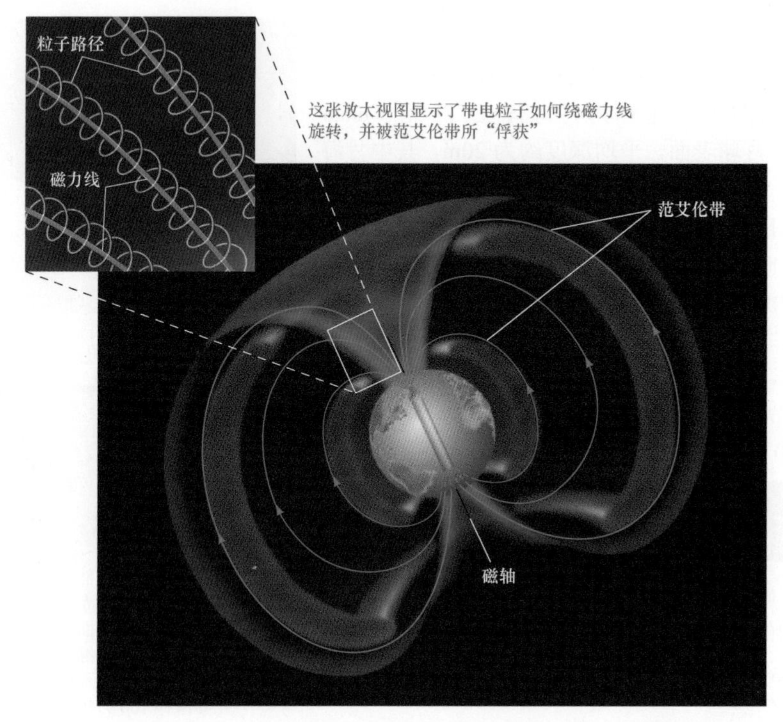

图 5.24　范艾伦带。地球磁场有点类似于一块埋藏在地球内部的巨大条形磁铁的磁场。在地球大气层之上的远处，磁层（浅蓝色-绿色区域）包含 2 个甜甜圈状区域（灰色区域），由磁场俘获的带电粒子构成，称为范艾伦带

构成范艾伦带的粒子源于太阳风。当在太空中行进时，中性粒子和电磁辐射不受地球磁场的影响，但是带电粒子会受到强烈影响。如图 5.24 中的插图所示，磁场会对运动中的带电粒子施加作用力，使其围绕磁力线螺旋式前进。在这种方式下，来自太阳风的带电粒子（主要是电子和质子）被地球磁场俘获。地球磁场对这些粒子施加电磁控制，将它们驱赶到范艾伦带中。在范艾伦带中，外带主要包含电子，内带主要积聚较重的质子。

范艾伦带中的粒子经常从地球南（北）磁极附近的磁层中逃逸，这个位置的磁力线与大气层相交。这些粒子与空气分子发生碰撞，产生一种非常壮观的辉光，称为**极光**（aurora），如图 5.25 所示。当大气原子与带电粒子发生碰撞时，若受到激发而回落至基态并发射可见光，则会出现这种绚丽多彩的景象（见 2.6 节）。在高纬度地区（特别是北极圈和南极圈内），极光最耀眼。在北极圈内，这种壮观景象称为**北极光**（aurora borealis/Northern Light）；在南极圈内，这种景象称为**南极光**（aurora australis/Southern Light）。

图 5.25　极光。色彩斑斓的极光迅速掠过天空，就像大风吹动的窗帘在黑暗中光芒万丈那样（D. Vongprasert/Shutterstock）

正如地球磁层影响太阳风带电粒子一样，入射太阳风粒子流也影响地球磁层。如图 5.23 所示，向阳（白天）侧向地表方向挤压；向阴（夜间）侧则有一条长尾，通常延伸至数十万千米高的太空中。

在控制地球附近具有潜在破坏性的大量带电粒子方面，地球磁层发挥着重要作用。如果没有磁层，那么地球大气层（或许甚至地表）应会受到有害粒子的轰击，从而伤害多种形式的生命。有些研究人员甚至提出若磁层最初不存在，则地球上可能永远不会出现生命。

磁场并非地球自身的固有部分，而由地核持续不断地产生，且仅存在于地球的自转状态下。就像汽车和发电厂中能够发电的发电机那样，地球磁性由地球深部的液态金属导电核不断旋转生成。实际上，描述行星磁场产生的理论称为发电机理论（dynamo theory），这种机制的必备条件是快速旋转和液态导电核。对研究其他行星而言，由于缺乏其他行星内部探测器，因此磁性与内部结构之间的这种关联非常重要。

5.7.2 月球磁性

地基观测（或航天器测量）从未探测到任何月球磁场，基于目前对地球磁场产生机制的理解，这种结果并不令人感到意外。如前所述，研究人员认为，行星的磁性需要快速旋转的液态金属导电核，由于月球自转速率缓慢，且月核可能既未熔融又不富含金属，所以月球磁场的缺失符合电磁理论。

概念回顾

行星磁场的存在说明了行星内部的何种信息？

5.8 地月系统演化史

若给定所有数据，构建地球和月球的一致历史是否可能？答案似乎是肯定的，虽然许多细节仍存争议，但是人们已达成了部分共识。

5.8.1 月球的形成

大约在 46 亿年前的某个时候，太阳星云中的吸积过程形成了地球（见 4.3 节）。月球的形成过程则不是很明朗，根本原因在于：在密度和组成方面，地球和月球太不相像，完全不可能由相同的行星前物质共同形成。但是，二者又具有足够多的相似之处（特别是地幔和月幔），使得它们不太可能独立形成，然后彼此结合，大概率发生在太阳系形成后不久的某次密近交会以后。

大多数天文学家认为，某颗大型天体（火星大小）与年轻地球（熔融状态）发生了擦边碰撞，然后形成了月球。如前所述，这种碰撞在早期太阳系中可能相当频繁（见 4.3 节）。这种灾难性事件的计算机模拟表明，溅射的大部分地球碎片可能在稳定轨道中重组，从而形成了月球（见图 5.26）。若碰撞发生时地球已形成了铁质内核，则月球最终可能形成与地幔相似的组成。在碰撞过程中，撞击天体中的任何铁质内核应当已被甩在后面，并最终成为地核的一部分。如此，即可同时解释月球与地幔的整体相似性和月球缺少高密度中心核，且这种情况的发生符合太阳系形成的凝聚理论。

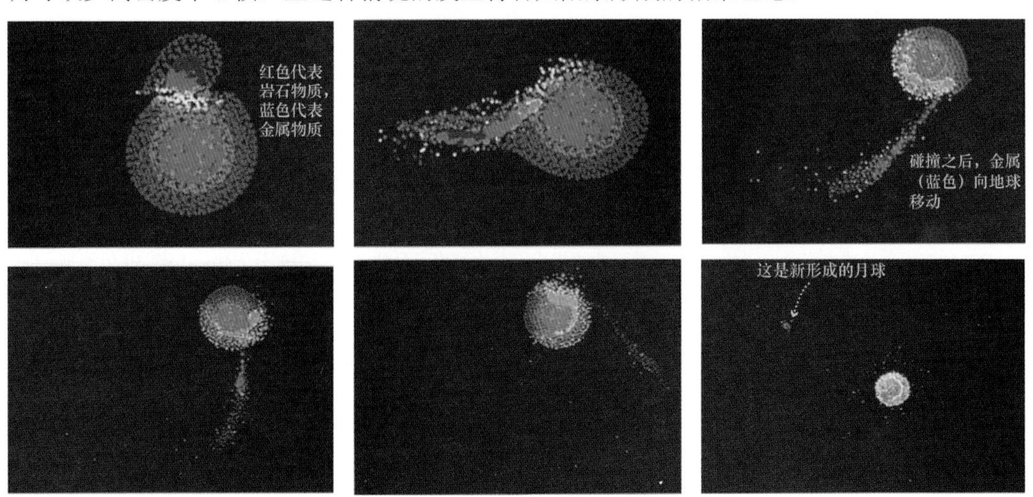

图 5.26 月球的形成。该序列显示了地球与火星大小天体之间的模拟碰撞（顺序自上而下，比例尺逐渐缩小）。注意观察撞击天体的大部分金属核如何成为地球的一部分，残留的月球则主要由岩石物质构成（W. Benz）

5.8.2 月球的演化

在月面高地上，已发现最古老岩石的年龄约为44亿年，由此可知当时至少部分月壳已经固化。在地球上，已知最古老岩石的年龄大致相同，但是超过40亿年的岩石样品极为罕见，说明地球上的侵蚀作用非常有效地隐匿了地球遥远过去的细节。在形成过程中，月球中的重金属大量减少（与地球相比）。

在最初10亿年间，地球至少部分熔融。重物质下沉至地核，轻物质上升至地表，地球开始分异。约39亿年前，早期帮助熔化地球的强烈陨石轰击终于平息。即使在地球表面冷却和固化后，内部的放射性加热仍在继续，但是随着时间的推移而逐渐减弱。当地球冷却时，距离地表最近的区域最容易将多余热量释放到太空中，所以冷却顺序为由外到内。在这种方式下，地表发育成地壳，分异的内部则发育成分层结构（由地震研究成果揭示）。现在，放射性加热仍在整个地球上持续进行，但热量可能不足以熔化地球的任何部分。地核中的高温主要源于很久以前就已存在的更热地球的俘获残余物。

月球的内部演化与地球截然不同，主要原因是月球的体积较小。小天体比大天体的冷却速度更快（主要是因为内部热量传递到表面的距离更短），所以月球的内部热量很快就消失在太空中。在月球存在的最早阶段（约在最初5亿年间），由于陨石的轰击非常猛烈，足以加热熔化并保持大部分表层的熔融状态，熔化深度或许可达400km。但是，由于岩石是非常差的导热体，这些碰撞产生的热量可能没有渗透到月球内部深处。像地球一样，放射性可能加热月球，但是由于热量更易逃逸，不足以将其从半固态的热天体转变成完全液态的天体。在这段时期内，月球一定发生了分异，小铁月核也在此时形成。

约39亿年前，当最猛烈的陨石轰击停止时，月球上留下了一个固态月壳，上面布满了许多大型盆地（见图5.27a）。月壳最终成为高地，盆地很快被熔岩淹没而成为月海。39亿～32亿年前，月球火山作用导致这些盆地充满玄武质物质（当前所见）。最年轻月海的年龄（32亿年）清晰表明了火山活动的最终结束时间（见图5.27b）。月海是月球上大规模熔岩流的最终归宿，与更崎岖的高地相比，它们的光滑掩盖了月球的实际年龄。但是，并非所有这些巨大的陨击坑都被熔岩淹没。如图5.28所示，东海盆地（Orientale Basin）是最年轻的陨击坑之一，形成于约39亿年前，后来并未经历太多的火山活动，所以可将其视为陨击坑而非月海。在月球背面，我们也可看到部分未填充熔岩的类似盆地。

图5.27 月球的演化。月球水彩画。(a)约40亿年前，大规模陨石轰击结束，月球表面开始部分固化；(b)约30亿年前，熔融岩浆通过月表裂缝上涌，填满低洼的撞击盆地，形成平滑的月海；(c)现在，大部分原本光滑的月海布满了过去30亿年间不同时期形成的陨击坑（U. S. Geological Survey）

由于受到地球的引力牵引，月球正面的月壳厚度小于月球背面，所以内部熔岩通过月壳抵达月球正面的路径更短。因此，月球背面的火山活动相对较少，且没有形成大型月海（月壳太厚，不支持其发生）。

随着月球持续冷却，火山活动由于固态表层厚度的增加而停止。现在，月壳的厚度较大，火山活动或板块构造均无法发生。除了很久以前陨石轰击造成的几米地表侵蚀（见图5.27c），在过去30亿年间，月球景观在结构上基本保持不变。月球现已死亡，而且早已死亡。

图 5.28　大型月面陨击坑。东海盆地是一个大型月面陨击坑，流星体撞击并向上挤压周围的大量物质，形成的同心环状悬崖称为科迪勒拉山脉。注意观察最近撞击这个古老盆地的几个陨击坑（更小、更清晰且更年轻）（NASA）

概念回顾

地球与月球间存在演化差异的主要原因是什么？

学术前沿问题

人类最终会向月球移民吗？能将月球地球化，使其满足人类的需求吗？50 年前，人类似乎正在朝着建立永久月球居住地的方向发展，但那些宏伟的早期探索计划很快就停止了。今天，对于探索人类未来居住地与太空中最亲密邻居之间的关系，人们似乎并没有提出什么实质意义上的政治意愿或经济手段。政府（或联合国）是否应该重返月球？或者创业私企（像几个世纪前定居美洲的那些企业一样）能否最好地实现这一目标？

本章回顾

小结

LO1　地球的 6 个主要区域（从内到外）包括中心金属核、岩质厚地幔（环绕在金属核周围）、薄地壳、大气层（主要由氮和氧组成，低层大气或对流层中的表面风和天气由对流引发，热量通过气流的升降在不同位置之间传递）、水圈和磁层（地球磁场俘获来自太阳的带电粒子）。月球内部存在部分分异，主要组成部分包括中心月核、月幔和厚月壳。由于引力太弱，月球不存在大气层，也没有磁层。

LO2　地球海洋的每日潮汐由月球和太阳的引力效应（形成潮汐隆起）导致，其大小取决于太阳和月球相对于地球的方位。即使不涉及海洋或行星，这种微弱的引力即引潮力也存在。由于地球与月球之间的潮汐相互作用，地球自转速率减慢，月球则进入相同一侧始终面向地球的同步轨道。

LO3　在高空电离层中，通过吸收来自太阳的高能辐射和粒子，地球大气保持电离状态。臭氧层位于电离层和对流层之间，吸收入射的太阳紫外辐射。这些层均有助于保护人类免受来自太空的危险辐射。温室效应是指大气层中的气体（主要是二氧化碳和水蒸气）吸收和俘获地球表面发射的红外辐射，使得地球表面温度上升 40K。

LO4　通过观测地震产生的地震波如何穿过地幔，即可研究地球的内部结构。铁质地核由固态内核和液态外核组成。重物质下沉至地心和轻物质上升至地表的过程称为分异。地球的分异结果表明，由于受到行星际空间物质的轰击和地球内部放射性释放的热量影响，地球演化史上一定至少存在部分熔融。

LO5　地球表面由巨大的板块（或平板）组成，这些板块在地表的缓慢移动称为大陆漂移（或板块构造）。地震、火山活动和造山运动都与板块边界有关，各板块在那里可能相互碰撞、离散或错动。各大陆之间的吻合度较高及洋中脊附近的岩石年龄较新都支持这一理论。板块运动由地幔中的对流驱动。在月球上，月壳太厚，月幔太冷，板块构造不会出现。

LO6　月球的主要表面月貌特征是深色的月海和浅色的高地。各种大小的陨击坑由流星体撞击导致，遍布整个月球表面。高地比月海更古老，受到的陨石撞击更严重。陨石撞击是月球表面侵蚀的主要原因。月球上不存在火山活动，这是因为在 30 亿年前大量熔岩流形成月海后不久，所有火山活动都被月幔的冷却所压制。通过研究陨击坑的数量，天文学家能够推断月球及太阳系中其他天体的表面年龄。

LO7 来自太阳风的带电粒子被地球磁场俘获后，形成范艾伦带。当范艾伦带中的粒子撞击地球大气时，它们加热并电离那里的原子，使其在极光中发出绚丽多彩的辉光。行星的磁场由行星内核中导电流体（如熔融铁）的快速旋转运动产生。月球自转缓慢且缺少导电液态核，因此缺失月球磁场。

LO8 月球形成的最可能解释是新形成的地球被火星大小的另一天体撞击，撞击体的内核此后成为地核的一部分，碎片则溅入太空而形成了月球。30 多亿年前，大量熔岩流形成了月海，不久后月幔开始冷却，抑制了月球的火山活动。

复习题

1. 解释月球如何引发地球海洋的潮汐。
2. 月球在同步轨道中绕地球运行是什么含义？月球是怎样处于这样的轨道的？
3. 什么是对流？它对地球大气层和地球内部结构有什么影响？
4. 与地球相比，月球会经历极端的温度变化，为什么？
5. 运用逃逸速度的概念，解释月球没有大气层的原因。
6. 地球大气层形成的温室效应是有益还是有害？举例说明。温室效应加剧的后果是什么？
7. 地球水圈中的水密度和地壳中的岩石密度都低于整体地球的平均密度，这一事实说明了关于地球内部的何种信息？
8. 给出地质学家认为部分地核呈液态的两个原因。
9. 分异为地球历史提供了什么线索？
10. 什么过程形成了地表山脉、海沟和地表其他大型地貌特征？
11. 从何种意义上可以说月海曾经是海洋？
12. 月球上侵蚀的主要来源是什么？为什么月球侵蚀的平均速率远低于地球？
13. 列出两个证据，说明月面高地比月海更古老。
14. 简要描述地球的磁层。为什么月球没有磁层？
15. 描述目前许多天文学家支持的月球起源理论。

自测题

1. 由于存在引潮力，月球处于绕地球自转的同步轨道上。（对/错）
2. 月海是大片熔岩流区域。（对/错）
3. 除了最接近地球表面的空气层，臭氧层是大气层中温度最高的部分。（对/错）
4. 地球磁场是永久磁化的大型铁质地核的作用结果。（对/错）
5. 地壳各板块的运动由上地幔中的对流驱动。（对/错）
6. 月球表面的火山活动当前仍在继续。（对/错）
7. 像地球一样，月球具有熔融的金属月核。（对/错）
8. 假设正在制作地球比例模型，若用直径为 30.48cm 的篮球代表地球，则内核的直径大小约等于：(a)1.27cm 的滚珠；(b)5.08cm 的高尔夫球；(c)10.16cm 的橘子；(d)17.78cm 的葡萄柚。
9. 地球的平均密度约等于：(a)水；(b)重铁陨石；(c)冰；(d)黑色火山岩。
10. 地表吸收的阳光以何种辐射形式再次发射：(a)微波；(b)红外线；(c)可见光；(d)紫外线。
11. 地质学家钻探进入地球的最大深度约等于：(a)自由女神像的高度；(b)大多数商用喷气式飞机的飞行高度；(c)纽约到洛杉矶的距离；(d)美国到中国的距离。
12. 若没有月球，则地球上的潮汐应当：(a)不会发生；(b)发生频率更高，且强度更大；(c)仍然发生，但无法实际测量；(d)发生频率不变，但强度变小。
13. 月球形成最可能的理论为：(a)由一颗小行星的引力俘获而成；(b)与地球同步形成；(c)太平洋遭到撞击后溅射而成；(d)地球与一颗火星大小的天体碰撞而成。
14. 由图 5.5（地球大气层）可知，商用喷气式飞机的 10km 飞行高度位于：(a)对流层；(b)平流层；(c)臭氧层；(d)中间层。
15. 由发现 5.2 中的第一幅插图可知，地球大气层中的二氧化碳浓度开始迅速上升的时间为：(a)中世纪；(b)1600 年；(c)19 世纪中叶；(d)20 世纪末。

计算题

1. 若地球的整体密度等于地壳密度（如 3000kg/m^3），则地球的表面重力和逃逸速度应是多少？

2. 月球的质量是地球的 1/80，半径是地球的 1/4。假设某宇航员的体重为 100kg，宇航服和背包的质量为 50kg，基于这些数字，计算该宇航员在月球上的总质量（相对于地球质量）。
3. 地球上的冰大部分位于南极洲，那里的永久冰盖占地表总面积的 0.5%，平均厚度为 3km。海洋约占地表总面积的 71%，平均深度为 3.6km。假设水和冰的密度大致相同，若全球变暖导致南极洲冰盖融化，则海平面会上升多少？
4. 在日全食期间，你站在地球表面，月球和太阳都在头顶正上方。在引潮力合力的作用下，你的体重会下降多少？
5. 基于文中提供的数据，计算以下部分所占地球体量的比例（以分数或小数形式表示）：(a)内核；(b)外核；(c)地幔；(d)地壳。
6. 假设地球大气层的厚度为 7.5km，平均密度为 $1.3kg/m^3$。计算大气层中大气的总质量，并将结果与地球质量进行比较。
7. 如文中所述，若没有温室效应，则地球的平均表面温度约为 250K；若存在温室效应，则将升温 40K。利用这一信息和斯特藩定律，计算离开地表的红外辐射被大气层中温室气体吸收的比例（见 2.4 节）。
8. 地震发生后，若 P 波以 5km/s 的速度直线传播，则需要多长时间才能抵达地球另一侧？
9. 使用文中给出的 10km 直径月球陨击坑的形成速率，计算这种大小的新陨击坑需要多长时间才能覆盖整个月球。在月球形成至今的 46 亿年里，要使整个月球表面覆盖这样的陨击坑，过去的陨击速率必须高出多少？
10. 哈勃太空望远镜的分辨率约为 0.05 角秒，它能在月球表面看到的最小物体是什么？答案以米为单位。

活动

协作活动

1. 上网查阅关于全球变暖的信息。人类活动每年产生多少二氧化碳？与地球大气层中的二氧化碳总量相比如何？是否所有（或大多数）科学家都同意全球变暖是二氧化碳产生的必然结果？目前正在采取哪些政治举措来解决这个问题？你认为哪一群体（若有）可能会取得成功？
2. 从地球向月球运送 3.785 升水所需的成本约为 10 万美元。通过确定每个小组成员每天的用水量，计算你所在小组在月球上工作时的每天供水成本。

个人活动

1. 去体育用品店领取一张潮汐表（海边的许多商店免费提供），选择某个月，绘制 1 个高潮和 1 个低潮的高度及对应的日期。现在，标记主要月相出现的各个日期。通过月相预测潮汐的效果如何？
2. 在整个相位周期内观测月球。当每个主要的相位出现时，月球何时升起、落下及到达天空最高点？每个相位之间的时间间隔是多少？
3. 若有双筒望远镜，分别在黄昏和月挂高空时打开，并绘制看到的景象。这两幅图有什么不一样？当靠近地平线时，月球是什么颜色？当挂在高空时，月球又是什么颜色？为什么有这种差异？
4. 当能够看到月球附近的一颗（或多颗）亮星时，你可在当晚连续观测月球几个小时，并估算月球每小时移动多少个月球直径（相对于恒星）的距离。已知月球的直径约为 0.5°，则其每小时移动多少度？在此基础上，你对月球轨道周期的估计值是多少？

第 6 章　类地行星：对比研究

2013 年，好奇号火星探测器在火星赤道地区软着陆，这幅真彩色图像由其拍摄的许多照片镶嵌而成，散落的岩石保存着火星形成时的古老事件记忆。图像中显示了盖尔陨击坑内的风吹区域，这里或许曾经充满了水。好奇号火星探测器采集了部分次表层土壤和冰，并且在其搭载的化学实验室中进行了分析（NASA/JPL）

从地球和月球出发，我们逐步扩大视野范围，而本章将研究其他类地行星。当探索这些行星并尝试了解它们之间的异同时，我们开始对比研究人类目前所知的唯一行星系。水星很多方面与月球类似，与月球对比有助于了解水星的更多性质。金星和火星的性质更像地球，因此可以通过与地球对比来了解其性质。在形成之初，金星、地球和火星或许存在许多相似之处，但是时至今日，地球充满活力且生命繁盛，金星却成为无法居住的炼狱，火星则成为干燥的死亡世界。这种状况由何种因素导致？在回答这个问题的过程中，我们将发现在决定行星未来的方面，环境和组成至关重要。

学习目标

LO1　解释水星的自转如何受到其绕太阳运行轨道的影响。

LO2　描述金星、火星和地球的大气层差异。

LO3　比较水星表面和月球表面，描述水星表面特征如何形成。

LO4　比较金星、火星和地球的表面。

LO5　解释为何许多科学家认为火星曾经存在流水和厚层大气。

LO6　确定 4 颗类地行星的内部结构和地质历史的主要异同。

LO7　列出影响大气演化的基本因素，解释金星、火星和地球的当前大气层为何差异巨大。

总体概览

与任何其他宇宙天体（地球和月球除外）相比，人类对火星的探测次数更多。火星神秘且诱惑力极大，虽然路途漫长坎坷，人类仍然不辞辛劳地多次探访。像地球上的任何沙漠一样，现在的火星十分干燥，但许多科学家认为，其数十亿年前要潮湿得多，大气层更厚且气候更温暖。在大多数天文学家列出的太阳系中可能存在生命的名单上，火星仍然高居榜首。

6.1　轨道性质和物理性质

水星是距离太阳最近的行星，在地平线之上的可见时间最多可达 2 小时（日出前或日落后）。金星绕太阳运行的轨道稍远（但仍位于地球轨道内），在地平线之上的可见时间稍长（最长可达 3 小时，具体取决于一年中的不同时间），如图 6.1 所示。这两颗行星的轨道位于地球轨道内部，使得它们在天空中的位置（人类视角）绝对不会远离太阳。我们可将其与火星的外部轨道进行对比。从地球视角看，火星似乎横跨了整个天空，且始终靠近黄道，偶尔还会逆行（见 1.1 节）。

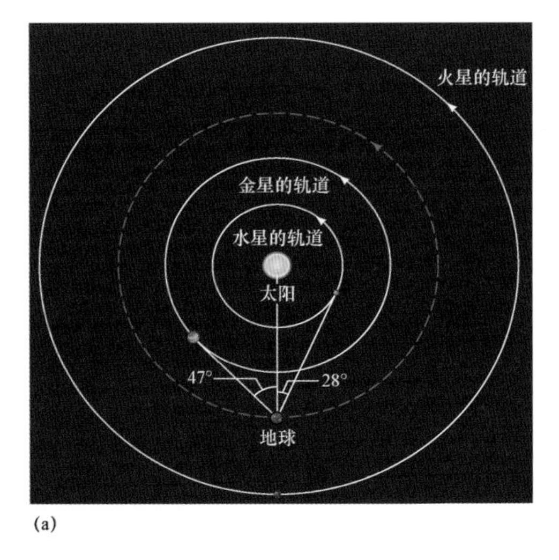

(a)

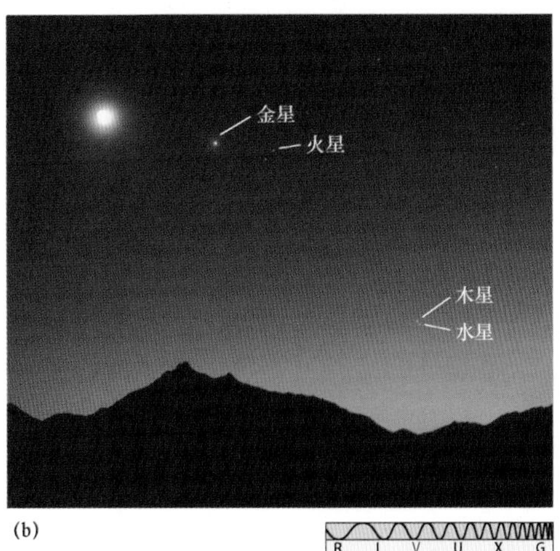

(b)

图 6.1　类地行星的轨道。(a)由水星和金星的轨道可知，从地球视角看，这两颗行星均未远离太阳。水星与太阳的最大角距离为 28°，金星与太阳的最大角距离为 47°。另外，火星位于地球轨道之外，可以出现在黄道面上的任何位置，具体取决于两颗行星各自的轨道位置；(b)夜空中的水星、金星和火星，同时伴有木星和月球（J. Sanford/Science Photo Library）

在整个天空中，金星是亮度第三高的天体（太阳第一，月球第二）。类似于所有行星，金星同样通过反射太阳光而发光，由于几乎全部入射太阳光都被金星四周环绕的巨厚云层反射，因此才会如此明亮。如果知道具体位置，我们白天甚至也能看到金星。水星的亮度则要低得多，仅在太阳光被遮蔽（黎明之前、日落之后和日全食期间）的短暂时刻才肉眼可见。火星呈橘红色，在夜空中很容易找到。火星的反射面和体积均较小，而且距离太阳较远，因此从地球视角观察不如金星明亮。但是，在处于近日点而最明亮时，火星仍然比任何恒星的亮度都要高，如图 6.1a 所示。

表 6.1 由表 5.1 扩展而来，不仅纳入了水星、金星和火星，而且新增了另外两种性质（表面温度和表面大气压）。在寻求理解其他类地行星的过程中，天文学家以地球和月球的更详尽知识为指导。例如，由于平均密度较高，水星一定含有大铁核，这与凝聚理论对其形成的解释大体一致（见 4.3 节）。但在许多其他方面，水星却与月球更相像，因此可将月球作为模型来解释水星的历史。金星和火星与地球更像（较小程度），因此自然可将地球作为研究这些行星的起点。例如，虽然缺乏地震数据，但我们仍然认为金星具有类似于地球的金属核和岩质幔（见 5.1 节和 5.4 节）；即便金星、火星和地球的大气层差异巨大，也可用人们熟悉的地球术语进行解释。

表 6.1　类地行星和月球的一些性质

	质量（kg）	质量（地球 =1）	半径（km）	半径（地球 =1）	平均密度（kg/m^3）	表面重力（地球 =1）	逃逸速度（km/s）	自转周期（太阳日）	表面温度（K）	大气压（地球 =1）
水星	3.3×10^{22}	0.055	2400	0.38	5400	0.38	4.2	59	100～700	—
金星	4.9×10^{24}	0.82	6100	0.95	5300	0.91	10	−243[1]	730	90
地球	6×10^{24}	1.00	6400	1.00	5500	1.00	11	1.00	290	1.0
火星	6.4×10^{23}	0.11	3400	0.53	3900	0.38	5.0	1.03	180～270	0.007
月球	7.3×10^{22}	0.012	1700	0.27	3300	0.17	2.4	27.3	100～400	—

[1] 负号表示逆行。

6.2　自转速率

大体而言，通过观测行星盘上某些突出表面特征的运动，即可确定一颗行星的自转速率。遗憾的是，水星和金星的表面标志物难以从地球上看到，天文学家不得不开发其他技术来探测这些天体的自转。

6.2.1　水星的奇特自转

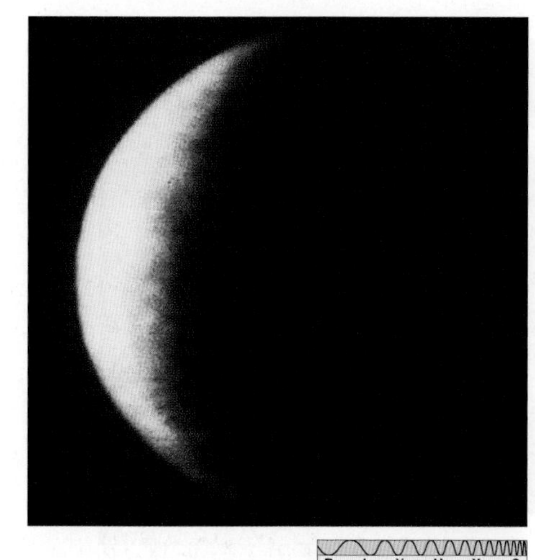

图 6.2　利用大型地基光学望远镜从地球上拍摄的水星照片。仅能分辨少量微弱的表面特征（Palomar Observatory/Caltech）

从地球视角观测（即便采用大型望远镜）时，水星只是几乎不存在任何表面特征的淡粉红色圆盘。当通过目前最大的地基光学望远镜观测时，可分辨的水星表面特征相当于人类在地球上肉眼可见的月球表面特征。在从地球上拍摄的水星照片中，显示所有表面特征标识的照片为数不多，图 6.2 是其中之一。

19 世纪中叶，通过观测水星表面特征的周期性运动，意大利天文学家乔瓦尼·斯基亚帕雷利测量了水星的自转速率，并且得出了以下结论：类似于月球正面始终朝向地球，水星始终保持相同一面朝向太阳。他认为这种同步自转机制与月球的相同，即太阳引发的潮汐隆起改变了水星的自转速率，直至该隆起始终直接指向太阳（见 5.2 节）。虽然水星的表面特征并不是清晰可见的，但斯基亚帕雷利的观测结果和看似合理的物理解释相结合，却足以说服大多数天文学家。

1965 年，通过利用阿雷西博射电望远镜（位于波多黎各），天文学家对水星进行了雷达观测，结果发现，这种长期认识并不正确（见 3.4 节）。天文学家应用了如图 6.3 所示的技术，图中显示了从假想行星表面反射的雷达信号。由于该行星正在自转，单一频率辐射的发射脉冲出现了多普勒致宽，具体数量取决于该行星的自转速率（见 2.7 节）。朝向地球移动侧反射的辐射频率略高于退行侧反射的辐射频率（可将两个半球想象为速度略有差异的移动辐射源，其一朝向地球移动，其二远离地球移动）。通过测量多普勒致宽，即可确定该行星的自转速率。

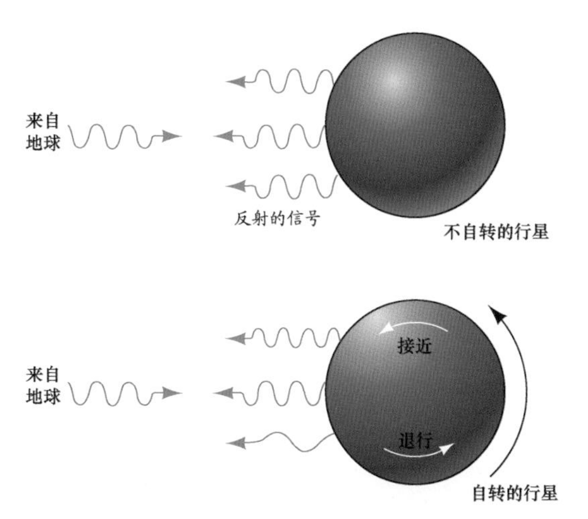

图 6.3　行星雷达测量。从自转行星反射的雷达波束（蓝色波）中，可以获得该行星的视向运动和自转速率的相关信息

采用这种方法，天文学家发现水星的自转周期略低于 59 天（并非之前认为的 88 天）——实际上，这一时间精确等于 1 个水星年的 2/3。这种奇特现象肯定不是偶然发生的，19 世纪，天文学家修正了水星自转受控于太阳的潮汐效应的认识。但是，由于太阳的引力和水星的偏心轨道相叠加，导致水星自转比月球自转更复杂。由于无法进入完全同步的自转状态（因为水星轨道不同位置上的轨道速度变化很大），水星实现了非常巧妙的应对——并不是每次都以相同的一侧朝向太阳，而是以不同的两侧轮流朝向太阳。图 6.4 说明了这种奇特自转对假想水星居民的影响。水星的 1 个太阳日（2 个中午之间的时间）的长度等于 2 个水星年！

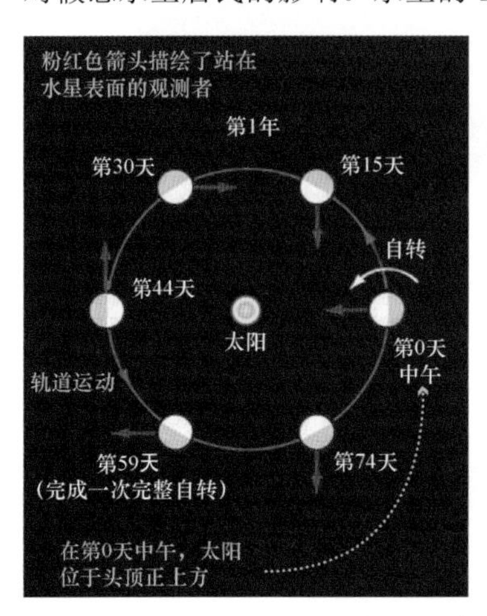

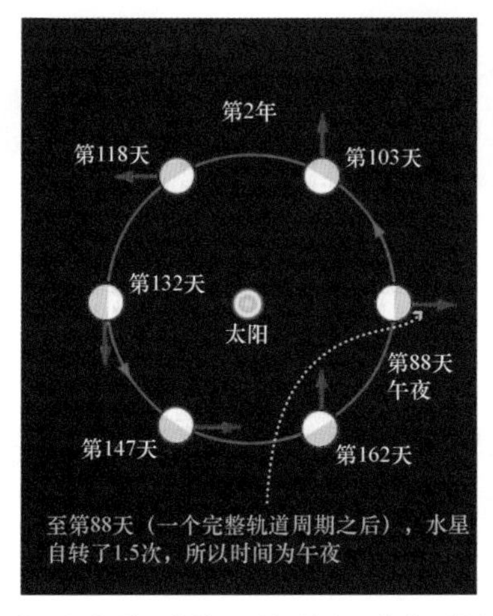

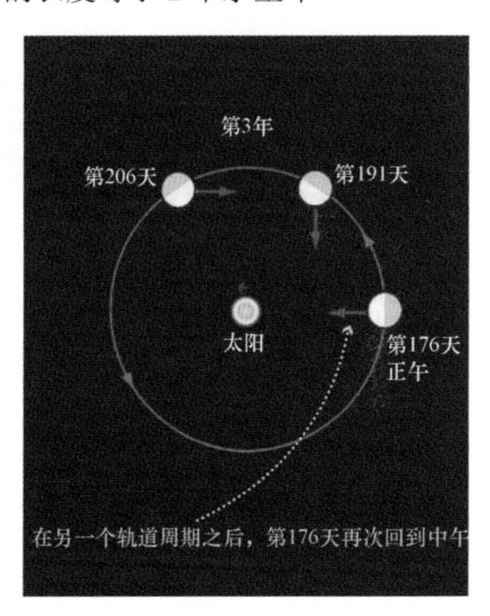

图 6.4　水星的自转。水星的运行轨道和自转运动相结合，产生了长达 2 个水星年的 1 个太阳日

太阳也会影响水星自转轴的倾角。由于受到太阳潮汐效应的影响，水星自转轴几乎完全垂直于轨道面。因此，对于站在赤道上的水星人来说，中午的太阳始终位于头顶正上方；对于站在两极的水星人来说，中午的太阳则始终位于地平线上。

概念回顾

太阳的引力如何影响水星的自转？

6.2.2　金星和火星

金星周围的云通过反射，使得金星能在夜空中被人们很容易地看到，但同时却遮蔽了金星的所有表面特征而使其不可见（至少在可见光波段如此）。图 6.5 是地基望远镜拍摄的最佳金星照片之一，在几乎均匀的黄白色圆盘上，与云相关的线索极为有限。由于云层覆盖，直到 20 世纪 60 年代，随着雷达技术的发展进步，天文学家才终于知道了金星的自转周期。返回雷达回波的多普勒致宽结果表明，金星的自转周期竟然长达 243 天，转速之缓慢令人惊讶。此外，人们还发现金星的自转是逆行的，即自转方向与地球及其他大多数太阳系天体的相反，且与金星的公转轨道运动方向相反。

对于金星的异常自转，我们无法提供演化解释，这并不是与太阳、地球或其他任何太阳系天体的任何已知相互作用的结果。目前，天文学家能够提供的最好解释如下：在早期太阳系内金星形成的最后阶段，金星受到了一颗较大天体的撞击，极有可能就是撞击地球并形成月球的那个火星大小天体（见 4.3 节和 5.8 节）。这次撞击几乎令金星的自转停摆，使其自转逐步演化至当前所见。

火星上的表面标志较容易看到（见图 6.6），因此天文学家能够据其追踪火星自转。火星每 24.6 小时（接近 1 个地球日）绕自身轴自转一周，火星赤道与轨道面的夹角为 24.0°（与地球的 23.5°夹角非常相似）。因此，当火星绕太阳运行时，人们发现了每日循环和每季节循环（类似于地球）。但是，由于火星的偏心轨道导致太阳加热的变化，使得火星上的季节多少有些复杂。图 6.7 总结了四颗类地行星的自转和轨道。

图 6.5 金星。在从地球上拍摄的这张照片中，显示了金星及其乳黄色覆盖云层。由于云层完全遮蔽了下方，因此无法看到金星的任何表面细节（NOAO）

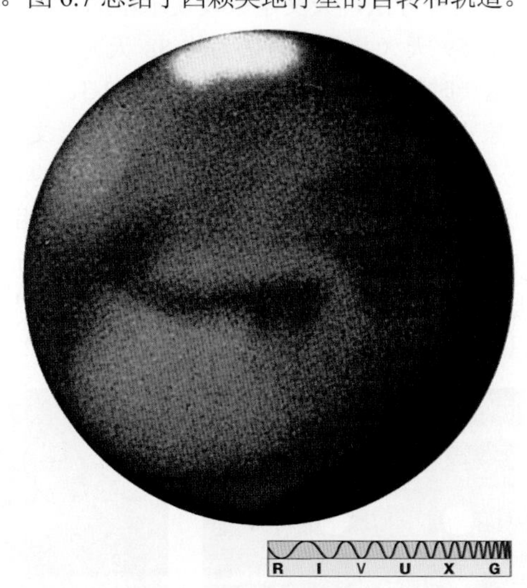

图 6.6 火星。这幅深红色（800nm）火星图像拍摄于法国阿尔卑斯的日中峰天文台，当时，该地点的天空极其晴朗。顶部是极冠之一，还可见到其他部分表面标志（CNRS and Université Paul Sabatier）

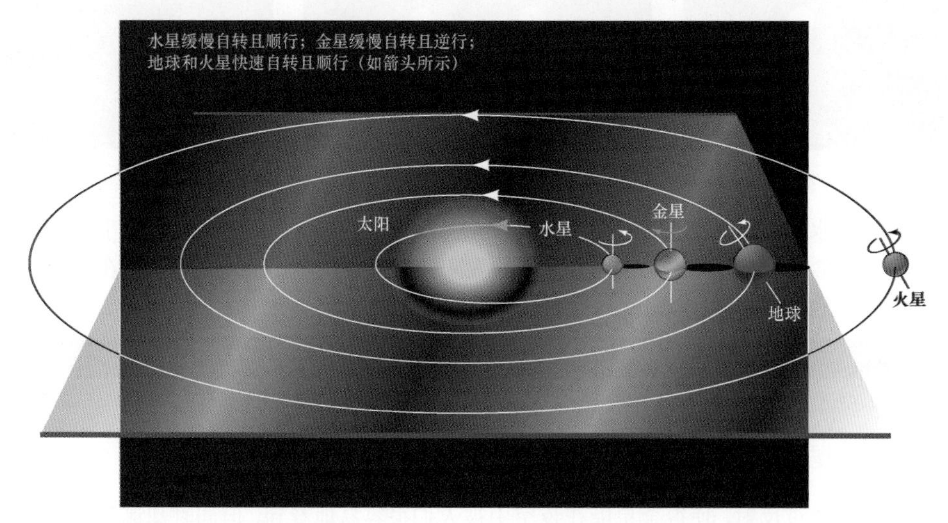

图 6.7 类地行星的自转。太阳系中的内行星（水星、金星、地球和火星）表现出截然不同的自转性质。这些行星均以相同的方向和几乎相同的平面绕太阳运行，但从黄道面上方看，金星顺时针方向自转，水星、地球和火星则逆时针方向自转。该透视图大致介于侧视图与俯视图之间

6.3 大气层

本节概要介绍水星、金星和火星的已知当前大气层。在本章结束之前，我们还将返回到这个主题，讨论类地行星的大气层如何演化到当前状态。

6.3.1 水星

迄今为止，仅有 2 个探测器探访过水星。1974—1975 年， NASA 的水手 10 号探测器先后三次飞掠水星。按照 NASA 的定义，飞掠是指，某一探测器相对飞近某一行星（如几个行星半径范围内），但不进入绕其运行的轨道的任何太空任务。2008 年前，这些密近交会几乎是人类所掌握的所有水星详细信息的来源。2008 年，NASA 的信使号探测器首次飞掠水星，之后又两次飞掠水星，然后在 2011 年进入围绕水星运行的轨道。

水星不存在可被察觉的大气层。水手 10 号探测器确实发现了最初被认为是大气层的痕迹，但现在已知这种气体主要是暂时从太阳风中俘获的氢和氦。在这种物质再次逃逸到太空中之前，水星的持有时间仅有短短数周。信使号探测器测量了这种气体的组成，发现虽然它确实主要由氢和氦组成（像太阳一样），但也肯定含有从水星表面喷出的原子（由于与太阳风的相互作用）。

水星的表面温度较高（赤道中午最高可达 700K），质量较小（仅为月球质量的 4.5 倍），这足以解释水星上没有任何重要大气层的原因。水星或许曾经拥有过大气层，但其肯定很久以前就已逃逸（见更为准确 5.1）。由于没有大气层来保持热量，所以在漫漫长夜期间，水星的表面温度会降至 100K 左右。水星的温度变化区间为 600K，在太阳系的所有行星和卫星中居于榜首。在两极附近，太阳光几乎平行于表面到达，温度始终非常低。地基雷达研究的近期成果表明，水星的极地温度可能低至 125K，且极地区域可能永久覆盖着大范围的薄层水冰冰原。

6.3.2 金星

20 世纪 30 年代，天文学家运用光谱学原理测量了金星高层大气的温度，测量结果约为 240K，与地球的平流层温度相差不大（见 5.3 节）。综合考虑云层覆盖及其与太阳的接近程度，并假设金星大气层与地球大气层非常相似，研究人员得出结论金星的平均表面温度可能仅比地球的高几度。20 世纪 50 年代，人们利用射电观测方法穿透了金星的云层，首次获得了金星表面附近的相关参数，但是发现其温度居然超过了 600K！几乎在一夜之间，金星就从“郁郁葱葱的热带丛林”变成了“不适合居住的干旱沙漠”。

从那时起，空间探测器数据就揭示了金星大气层与地球大气层之间的全部差异。与地球大气层相比，金星大气层的数量和厚度要大得多，且延伸至金星表面上方更高的高度。金星表面的大气压约为地球海平面大气压的 90 倍，相当于地球水下约 1km 深处的压力（若无保护装置，人类无法在 100m 以下潜水）。金星的表面温度达到了惊人的 730K。

金星大气层的主要组成是二氧化碳（96.5%），其余 3.5%几乎都是氮气。考虑到金星的质量、半径及在太阳系中的位置均与地球相似，人们通常认为此二者的演化起点必定或多或少存在相似性。若金星上曾经存在相当于地球海洋的水量，虽然后来蒸发了，但大量水蒸气存在的迹象仍然应当会出现，不过实际情况却并非如此。若最初组成与地球类似，则金星所含的水一定发生了某种变化，因为金星现在非常干燥。即使具有高反射性的云层，其组成也并不是水蒸气（像地球那样），而是硫酸液滴。

当利用紫外线进行检测时，金星大气层的形态要明显得多。金星的部分上层云吸收了这种高频辐射，从而增大了对比度。图 6.8a 是成像于 1979 年的紫外图像，由美国先驱者-金星号探测器从金星之上 20 万千米高空拍摄（将其与图 6.5 所示的可见光图像进行对比）。这些快速移动的巨大云层形态位于金星表面之上 50～70km。上层风相对于金星的速度达 400km/h。云层之下是雾霾层，一直向下延伸至 30km 高度。在 30km 之下，空气中不存在云（雾）。

图 6.8b 是成像于 2006 年的红外图像对，由欧洲金星快车探测器拍摄，该探测器搭载的相机能够部分穿透金星的厚层雾霾。这里显示了一个极涡，即相对稳定、长期存在且围绕金星南极旋转的流动风。极涡是大气科学家非常熟悉的现象，在有大气层的任何自转天体（行星或卫星）上都会出现。在限制和凝聚造成地球南极臭氧空洞的气体方面，地球南极的极涡（绕极环流）发挥着重要作用（见发现 5.1）。

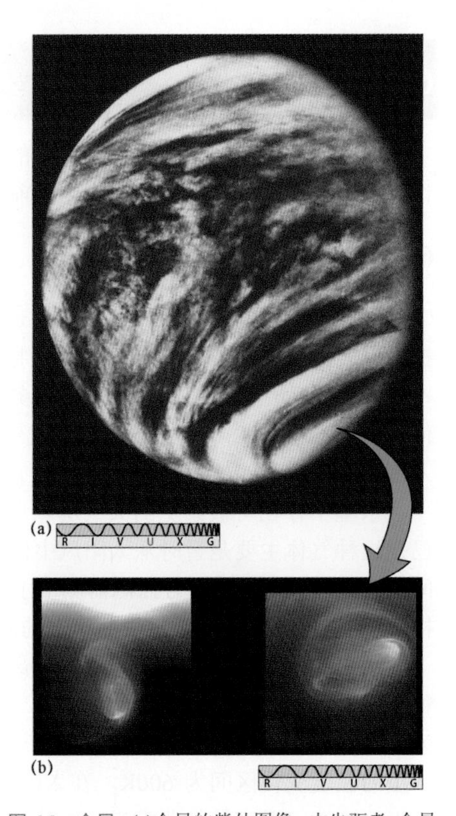

图 6.8　金星。(a)金星的紫外图像，由先驱者-金星号探测器上的相机在 200000km 的高空拍摄。该图像是通过捕捉金星云层反射的太阳辐射制作的。云层主要由硫酸液滴构成，很像汽车电池中的腐蚀性酸；(b)金星南极的 2 幅红外图像，由金星快车探测器相隔几小时分别拍摄，可以看到金星云层深处的极涡（NASA/ESA）

概念回顾

描述金星大气层与地球大气层之间的一些重要差异。

6.3.3　火星

早在探测器抵达之前，从地基光谱学研究中，天文学家就已知道火星大气层相当薄，且主要由二氧化碳组成。探测器的测量结果表明，火星大气压仅为地球海平面大气压的 1/150。在火星大气层中，二氧化碳占 95.3%，氮气占 2.7%，氩气占 1.6%，此外还包含少量的氧气、一氧化碳和水蒸气。在组成方面，火星大气层和金星大气层具有一些粗略的相似性，但这两颗行星显然具有截然不同的大气演化史。与地球相比，火星上的平均表面温度低约 70K。

6.4　水星表面

图 6.9 是成像于 2011 年的水星镶嵌图像，由信使号探测器围绕水星运行时拍摄。大部分水星表面的陨击坑随处可见，与月面高地非常相似。但是与月球相比，水星陨击坑的坑壁通常更低，坑深通常更浅，喷溅物落地点通常距离撞击点更近，完全符合科学家关于水星表面重力更大（略高于月球的 2 倍）的预期。

水星上的陨击坑密度不如月球那么大，且较大陨击坑之间存在广阔的坑间平原。这些平原是水星表面最古老的可见部分，形成于近 40 亿年前。此外，水星上还存在类似于月海的大量平坦平原，熔岩填充了大型陨石撞击形成的凹陷。由于颜色与水星表面其他部分相差无几，平坦平原的外观并没有月海那么明显。平坦平原形成于坑间平原形成之后的数亿年。

与月球类似，水星上的陨击坑也是陨石撞击的结果，但是数量相对较少，这是因为更老的撞击坑已经被火山活动抹去，就像月海形成时填充了陨击坑一样。许多地质学家认为大部分水星壳或许由多次火山喷发活动形成，但是这种涌出性火山活动与撞击盆地明显无关，说明水星的火山活动可能与月球差异较大。

图 6.10 显示了水星上的一个悬崖/陡坡，似乎并非形成于火山或其他常见地质活动。该悬崖横切若干陨击坑，说明其形成于陨石撞击主体过程结束后的某种原因。水星上尚未发现壳体运动证据，因此该悬崖并非形成于像形成地球上的断层线那样的构造过程（见 5.5 节），而可能形成于很久以前的壳体冷却、收缩和裂解，就像苹果长时间放置并风干后表皮起皱并裂口一样。当裂缝一侧向上移动时（相对于另一侧），即可形成悬崖面。若将月球陨击年龄估算方法应用于水星，则可知这些悬崖大约出现在 40 亿年前。2010 年，月球勘测轨道飞行器（Lunar Reconnaissance Orbiter，LRO）观测到月球上存在大量小得多的悬崖，或许形成于较小尺度的类似过程。

图 6.9　水星镶嵌图像。这里的水星图像是一张镶嵌照片，即由大量单幅图像（信使号探测器 2011 年围绕水星运行时拍摄）拼合而成的合成图像。注意观察大范围分布的放射状年轻陨击坑，成像分辨率为几千米（NASA）

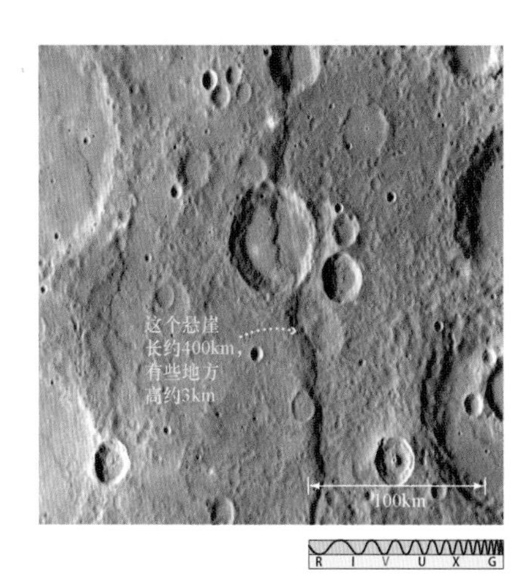

图 6.10　水星表面。水星表面的悬崖似乎形成于演化史早期的壳体冷却和收缩，从而导致表面出现褶痕。这幅发现悬崖（Discovery Scarp）图像成像于 2013 年，由信使号探测器拍摄（NASA）

概念回顾

水星上的悬崖与地球上的地质断层有何差异？

在信使号探测器发现的水星外观中，一种非常独特的表面特征是空洞，即一系列小、浅、形状不规则且无边界的凹陷，通常在撞击坑中心附近扎堆出现（见图 6.11）。许多空洞具有明亮且新鲜的外表，表明其当前可能刚好位于形成时的活跃状态。这些空洞并不是撞击坑，但看上去确实由陨击坑间接形成。据科学家推测，陨石撞击能够挖掘出暴露在水星表面恶劣环境中时变得不稳定的物质，急剧加热和太阳风可能会蒸发一些轻矿物，从而削弱剩余岩石并使其下陷。

图 6.12 显示的结果或许是水星地质历史上的最后一次大事件——牛眼状巨型陨击坑，称为卡路里盆地/卡洛里斯盆地（Caloris Basin），形成于亿万年前某一大型小行星的撞击（见 5.8 节）。请将此盆地与月球上的东海盆地（Orientale Basin）进行比较（见图 5.28）。信使号探测器对该盆地及其周围表面进行了研究，证实了火山活动是形成坑间平原的主要原因。

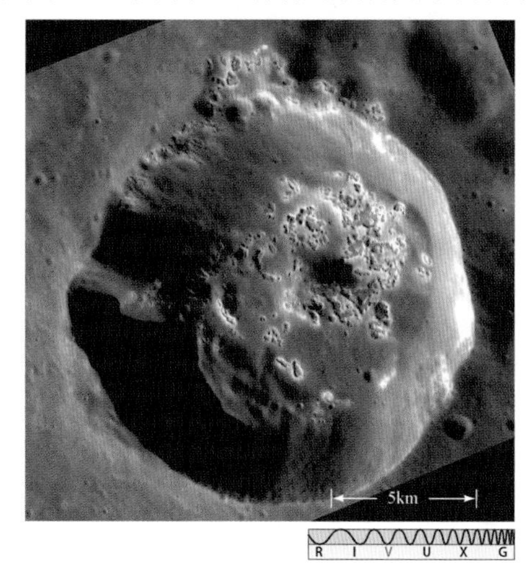

图 6.11　水星上的空洞。信使号探测器发现了大量奇怪的空洞，这些特征在太阳系中的任何其他地方都看不到。在这个陨击坑的边缘和底部，空洞以浅色凹陷形式出现（NASA）

图 6.12　卡路里盆地。卡路里盆地是水星上最突出的地质特征，直径约为 1400km，四周环绕着同心山脉，部分地方的高度超过 3km。在信使号探测器拍摄的这幅假彩色可见光图像中，这个巨大的圆形盆地以橙色显示，大小与月球上的雨海相似，直径超过水星半径的 1/2（NASA）

6.5 金星表面

虽然云层很厚且完全覆盖了金星表面，但人类对金星表面绝非一无所知。从地球和高空轨道两种途径，天文学家向金星发射射电信号，然后对雷达回波进行分析，从而制作出了表面特征图。除图 6.17 外，本节中的其他所有金星视图均为以这种方式创建的雷达地图（而非照片）。

6.5.1 大尺度地形地貌

图 6.13a 是分辨率相对较低的金星地图，由先驱者-金星号探测器于 1979 年获取。位于金星表面平均半径之上的表面高程用不同颜色表示，其中白色表示最高区域，蓝色表示最低区域（注意，蓝色与海洋无关）。为便于对比，图 6.13b 显示了具有相同比例尺和空间分辨率的地球地图。图 6.14 是成像于 1995 年的金星镶嵌图像，由麦哲伦号金星探测器拍摄，橙色基于在金星上着陆的探测器返回的光学数据。

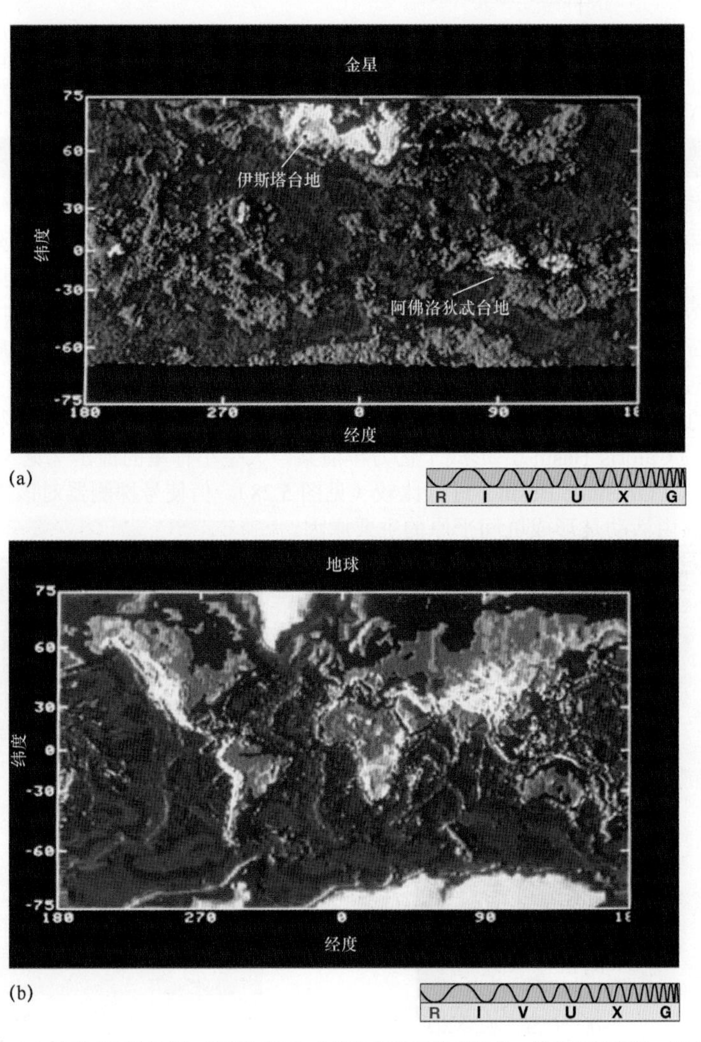

图 6.13 金星雷达地图。(a)金星表面雷达地图，基于先驱者-金星号探测器数据制作。颜色表示高程，其中白色表示最高区域，蓝色表示最低区域；(b)地球表面雷达地图，具有相同的空间分辨率（NASA）

金星表面似乎以平滑为主基调，类似于存在适度高地和低地的波状平原。大陆尺度的地貌特征仅有 2 个，分别是伊斯塔台地（Ishtar Terra）和阿佛洛狄忒台地（Aphrodite Terra），其中所含各山脉的高度与地球上的山脉相当，最高山峰与最深地表凹陷的相对高差约为 14km（在地球最高点珠穆朗玛峰与海底最深处之间，相对高差约为 20km）。抬升的各大陆仅占金星总表面积的 8%，而地球上各大陆约占地表总面积的 25%。

在大陆尺度的地貌特征中，阿佛洛狄忒台地更大一些，位于金星赤道附近，面积与非洲相当。在麦哲伦探测器到访前，部分研究人员推测这一台地可能相当于地球上的海底扩张位置，两个构造板块在此分离，熔融岩浆从中间裂隙中上涌至表面，从而形成连绵延伸的山脊，就像当前地球中的大西洋中脊，如图 6.13b 所示。但是，由麦哲伦图像解译结果可知，金星上似乎不存在任何板块构造活动，阿佛洛狄忒台地并未显示任何扩张迹象。金星壳呈现弯曲和断裂迹象，说明存在巨大的压缩应力，且似乎发生过多次大范围熔岩流。

图 6.14　金星麦哲伦地图。由麦哲伦图像制作的金星镶嵌图，幅面宽度为金星直径，颜色表达与图 6.13 中的高程表达大体一致，即蓝色为最低区域，白色为最高区域（NASA）

6.5.2　火山活动和陨击

虽然金星大气层的侵蚀可能会在一定程度上破坏表面特征，但火山活动才是最重要的侵蚀因素，似乎每隔数亿年就会重塑金星表面一次。金星的许多区域都存在火山地貌特征，在如图 6.15a 所示的麦哲伦图像中，共显示了 7 个饼状熔岩穹丘，每个穹丘的直径约为 25km（略大于华盛顿特区）。这些穹丘的成因可能如下：熔岩从金星表面缓慢流出，形成穹丘后再回退，只剩下破裂并下陷的壳体。在金星上的若干位置，均发现了这样的熔岩穹丘。图 6.15b 显示了计算机生成的穹丘三维视图。

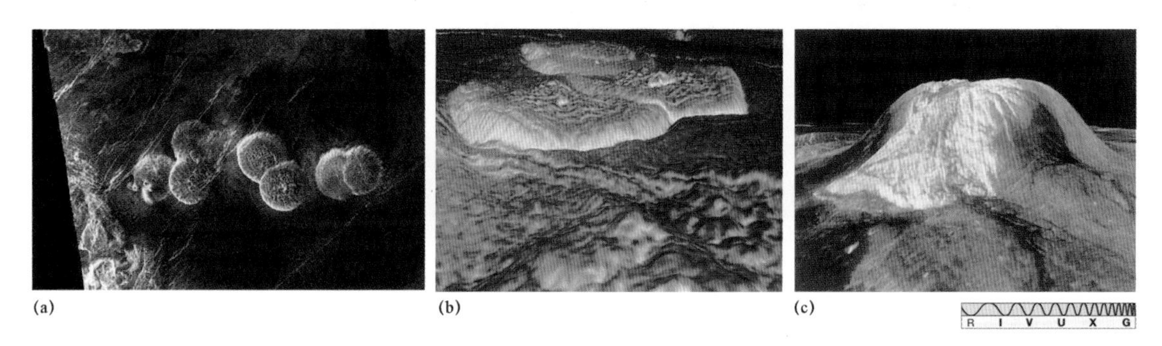

图 6.15　金星表面的地貌特征。(a)在金星上，这些圆顶状结构的成因如下：熔融岩浆从表面溢出，然后回退，只剩下薄层固态壳体，最后破裂并下陷；(b)计算机生成的 4 个熔岩穹丘的三维表达；(c)大型盾状火山古拉山的麦哲伦视图，山顶破火山口的直径约为 100km，高度约为 4km（NASA）

金星上最常见的火山类型是盾状火山。在地球上，盾状火山与通过地壳中热点（如夏威夷群岛）的熔岩上涌有关，由长期连续多次喷发和熔岩流动堆积而成。盾状火山的标志性特征之一如下：当下层熔岩回退时，表面坍塌，山顶处形成破火山口或火山口。图 6.15c 显示了名为古拉山（Gula Mons）的大型盾状火山，再次表示其为计算机生成视图。

在金星上，最大的火山构造是大致呈圆形的巨大区域，称为冕状物（corona/coronae）。图 6.16 显示了一个大型冕状物，称为艾妮（Aine）。冕状物为金星所独有，似乎是以下过程的结果：岩浆在金星幔

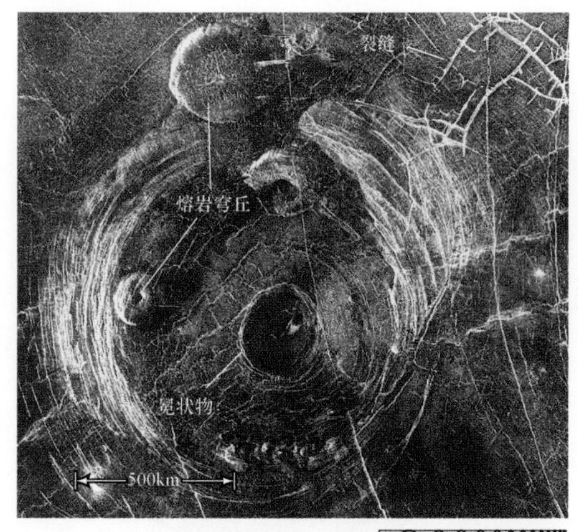

图 6.16　金星上的冕状物。这个冕状物称为艾妮，位于阿佛洛狄忒台地以南的平原上，直径约为 300km。顶部为饼状熔岩穹丘，冕状物周围壳体中存在大量裂缝，大型撞击坑周围散落着白色（粗糙）喷出覆盖物（NASA）

中上涌，导致表面向外隆起，但并未像地球一样发育成为成熟的对流。冕状物的内部和四周一般都存在火山，边缘通常会显示出大范围熔岩流入下方平原的证据。

两个间接证据表明，金星上的火山活动当前仍然活跃。首先，在金星的云层之上，二氧化硫含量的波动极大且相当频繁，这可能是金星表面火山喷发的结果。其次，绕其运行的探测器观测到了来自金星表面的射电能量爆发，类似于地球上火山喷发时地幔柱中经常发生的雷闪放电产生的射电能量爆发。但是，这些都是间接证据，目前尚未发现确凿证据（或正在喷发的火山），因此火山活动活跃的证据还不完整。

苏联的几个金星号探测器已在金星表面着陆，每个探测器均存活了约 1 小时，然后就被高温摧毁（电子线路熔化在金星“烤箱”中）。图 6.17 显示了金星表面的首批照片之一（通过射电传回地球），图中可见的平坦岩石几乎未遭受侵蚀，而且明显相当年轻，从而支持了表面活动较为活跃的观点。后来，苏联着陆器执行了简单的表面化学分析，发现部分岩石样品以玄武岩为主，从而再次佐证了火山活动历史。其他岩石样品类似于地球上的花岗岩。

图 6.17　金星实地观测。1975 年，俄罗斯金星 14 号探测器实现了金星软着陆，并通过射电向地球传回了金星表面的首批真彩色图像，此为其一。穿透金星云层的太阳光量大致等于阴天抵达地球表面的太阳光量（Russian Space Agency）

对金星而言，并非所有环形坑都是火山成因，部分环形坑形成于陨石撞击。金星上的最大撞击坑通常呈圆形，但直径小于 15km 的撞击坑可能相当不对称。图 6.18b 是麦哲伦号探测器拍摄的一幅图像，显示了金星南半球的一个相对较小的撞击坑，直径约为 10km。地质学家认为，浅色区域是撞击后从陨击坑中抛出的喷出覆盖物，其不规则形状可能缘于较大陨石在撞击前解体，碎片撞击金星表面并彼此靠近。对于穿越金星致密大气层的中型天体（直径约 1km）而言，这种命运似乎相当常见。

图 6.18a 显示了金星上已知最大的撞击特征，即直径为 280km 的米德（Mead）环形山，双环结构在许多方面与月球上的东海（Mare Orientale）相似（见 5.8 节）。许多撞击坑仍然能够通过喷出覆盖物进行识别，如图 6.16 所示。

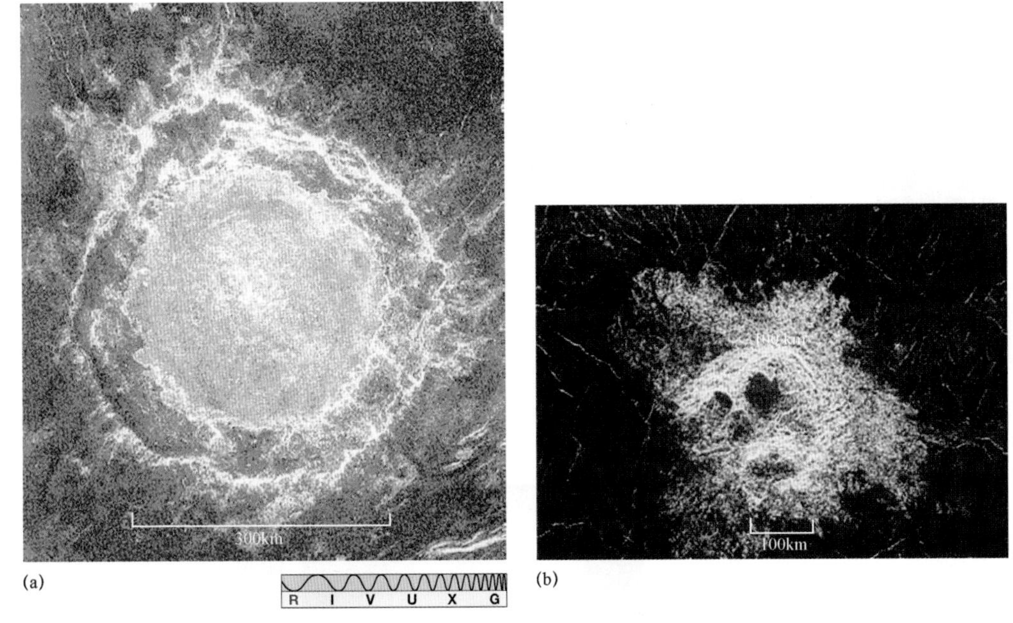

图 6.18 金星上的撞击坑。(a)金星上的最大撞击坑，以人类学家玛格丽特・米德的名字命名，具有双环结构；(b)金星南半球的一个多次撞击陨击坑的麦哲伦图像，显示了形状不规则的浅色溅射碎片（可能形成于撞击前解体的陨石）；陨击坑中的暗色区域可能是凝固的熔岩池（NASA）

概念回顾

金星上的火山是否主要与构造板块运动相关（像地球一样）？

6.6 火星表面

在最接近时刻对火星进行地基观测时，火星表面可辨别特征的最小宽度为100km，与人类肉眼观月的分辨率差不多。但是，当距离地球最近且最容易观测时，火星刚好满相而最明亮，由于太阳光线角度的缘故，人们无法看到火星的任何地形细节（如陨击坑或山脉）。即便借助于大型望远镜，火星外观也只是一个红色的圆盘，上面点缀着深浅不一的部分斑块和突出的极冠（见图 6.6）。

由于自转轴倾斜及轨道略有偏心，火星表面特征会经历 1 个火星年的缓慢季节性变化。极冠/极盖/极地冰盖（polar cap）随季节变化而生长或收缩，并在火星夏季几乎消失。暗色特征的大小和形状也会发生改变。20 世纪初，有些观测者异想天开，认为这些变化说明了火星植被的年增长量（甚至更多，见发现 6.1），但这些猜测始终未获得证实（像金星一样）。在不断变化的极冠位置，主要组成是冷冻二氧化碳（虽然也存在较小的残留水冰冰盖，且在更温暖的夏季持续存在），而非地球南北极的水冰。暗色区域只是火星表面陨击和侵蚀程度较高的区域。在火星南半球的夏季，沙尘暴会席卷整个火星，干燥尘埃被吹至高空并长时间滞留（有时长达数月之久），最后在火星上四处散落。火星地貌景观被反复覆盖和揭开，展现出一种表面变化的远距离观感，但是仅有薄层灰尘覆盖着这些变化。

发现 6.1　火星运河？

1877 年是人类研究火星的重要一年。火星距离地球非常近，为天文学家提供了极佳的视野。作为美国海军天文台的天文学家，阿萨夫・霍尔发现 2 颗卫星绕火星运行，这一点特别引人注目。但是，最令人振奋的消息来自意大利天文学家乔瓦尼・斯基亚帕雷利的报告，他观测到了火星上的一个线性纹理网络，并将其称为运河。全球媒体（尤其是美国媒体）大肆渲染这些观测结果，在有些天文学家开始绘

制的火星详图中，沙漠区域中的运河交汇处甚至标出了绿洲和湖泊。

波士顿的成功商人帕西瓦尔·罗威尔（见插图）对这些报道非常着迷，最后放弃了自己的生意，在亚利桑那州弗拉格斯塔夫购买了一块便于观测（天空晴朗）的土地，然后建造了一个大型天文台。为了更好地了解火星上的运河，他全身心地投入了毕生精力。在此期间，他始终持有以下观点：火星正在干涸，某一智慧生命物种建造了运河，从而将水从潮湿的两极输送至干旱的赤道沙漠。

遗憾的是，机器人航天器在 20 世纪 70 年代拍摄的火星山谷和通道太小了，根本不可能是斯基亚帕雷利、罗威尔及其他人所认为的火星运河。整个事件代表了科学史上的一个经典案例——在这个案例中，善意观测者或许痴迷于其他世界存在生命的信念，令其个人观点和偏见严重影响了他们对数据的合理解释。2 张火星插图显示了表面特征（或许为天文学家在世纪之交时的真正观测结果）如何被想象为相互连通。左图是 19 世纪末通过望远镜观测的火星实际外观照片，右图是左侧照片的解译草图。在生理应激压力下，人眼往往会将观察到的模糊但明显分离的多个特征相关联。实际上，人们看到的图案和运河根本就不存在。

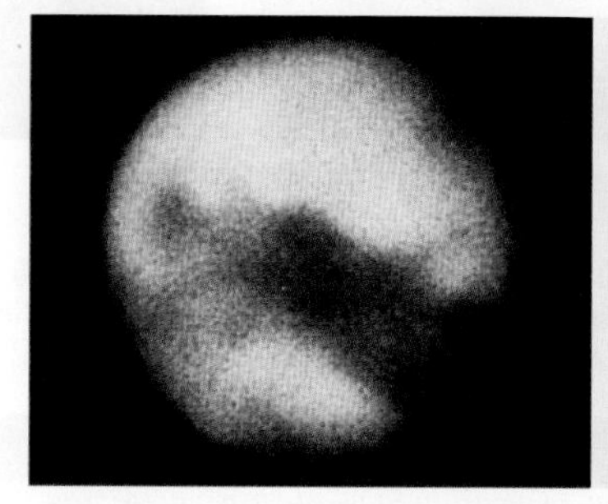

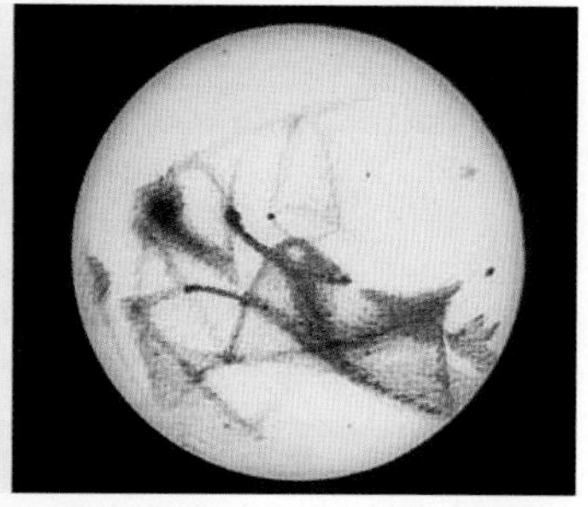

火星运河发现史说明，为了从不靠谱理论中归纳出合理的理论，以及从虚构假说中理清事实，科学方法要求科学家必须要不断地获取新数据。其他科学家并未简单地相信关于火星运河的说法，而通过进一步观测来检验罗威尔的假说。在喧嚣争吵了近一个世纪后，水手号和海盗号火星探测器进一步探测了这颗红色星球，最终完全推翻了火星上存在运河的观点。科学方法通常需要时间，但其最终会在理解现实方面取得进展。

6.6.1 大尺度地形地貌

以火星为目标的太空任务远多于其他任何行星，其中许多任务对于人类理解火星意义重大。图 6.19 是由多幅图像镶嵌而成的火星详图，由海盗号/维京号火星探测器在绕火星运行的轨道上拍摄。

在南北半球之间，火星的地形地貌差异非常明显（见图 6.20）。北半球主要由起伏的火山平原组成，有点像月球上的月海，但是比地球（或月球）上的任何平原都要大得多。这些火山平原显然形成于巨量熔岩的喷发，上面遍布着大量火山岩块，以及被下沉流星体从撞击区域炸出的漂砾。南半球由布满陨击坑的高地组成，这些高地比北半球低地高约数千米。

与南半球高地相比，北半球平原的陨击坑数量要少得多，说明北半球的表面更加年轻，年龄

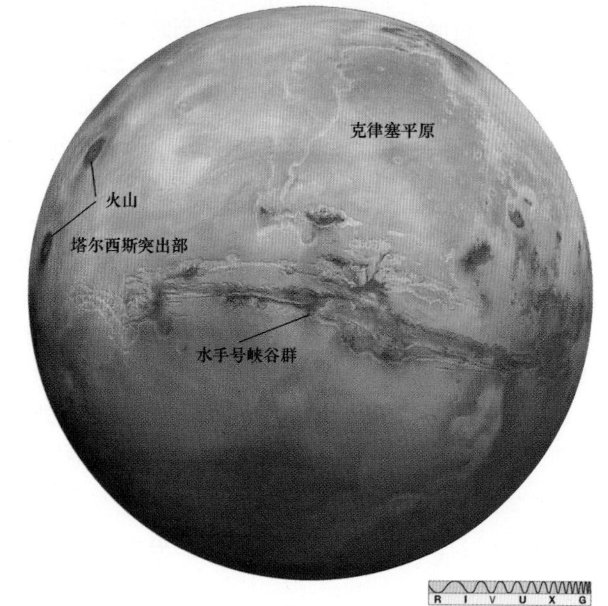

图 6.19 火星全图。这幅火星镶嵌详图基于绕火星轨道运行的海盗号探测器拍摄的图像。塔尔西斯突出部宽约 5000km，从赤道向外突出，最高高程可达 10km。左侧两座大型火山标志着塔尔西斯突出部的大致顶峰。视野中心是称为水手号峡谷群的巨大峡谷（NASA）

或许仅有 30 亿年（南半球为 40 亿年）。在南半球高地与北半球平原之间，某些位置的边界相当陡峭，100km 距离内的表面高程可能会下降 4km。大多数科学家认为，南半球地形是原始火星壳。至于北半球大部分区域高程如何下降并被熔岩淹没，至今仍然是个谜。

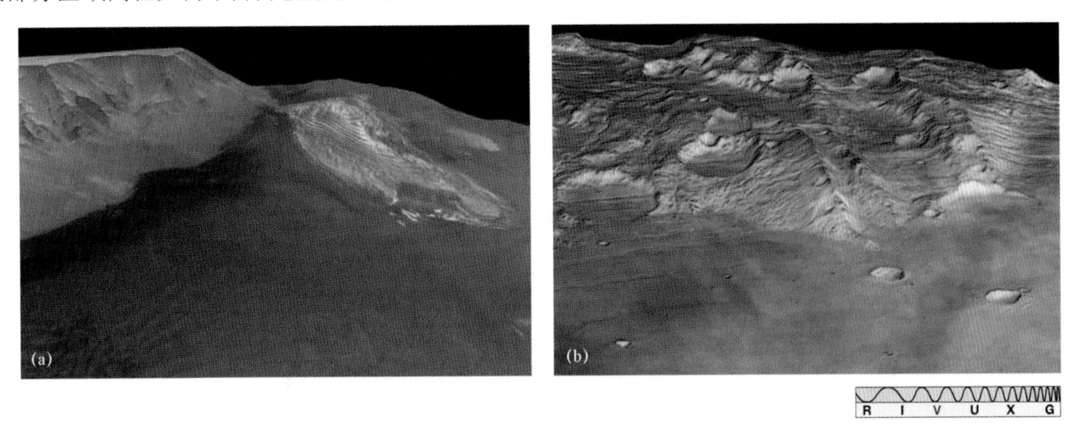

图 6.20　火星近景。(a)火星北半球由起伏的火山平原组成；(b)火星南半球由布满陨击坑的高地组成。这两张真彩色照片由火星快车探测器拍摄，比例尺大致相同，宽约 1000km（ESA）

20 世纪 90 年代末，NASA 的火星环球勘测者（Mars Global Surveyor）卫星测绘并制作了火星表面全图，精度达到米级。图 6.21 显示了基于这些数据制作的火星地图，并标记了一些突出的表面特征。在这幅地图中，南北不对称非常明显。火星的主要地质地貌特征是**塔尔西斯突出部**（Tharsis bulge），如图 6.19（左侧）和图 6.21 所示。塔尔西斯位于火星赤道位置，面积大致相当于北美洲，比火星表面其他部分高出约 10km。在塔尔西斯的东部和西部，各自分布着宽数百千米、最深达 3km 的洼地。若将地球和金星上的大陆概念应用于火星，则可认为塔尔西斯是火星表面的唯一大陆。但是像金星一样，火星上也不存在板块构造迹象——塔尔西斯大陆并不像地球上的同类大陆那样漂移（见 5.5 节）。塔尔西斯的陨击程度似乎比北半球还要小，使其成为火星上的最年轻区域，估计年龄只有 20 亿～30 亿年。

图 6.21　火星地图。计算机生成的火星地图，基于火星环球勘测者卫星的详细测量。颜色标识了表面高程，基于右侧比例尺。注意观察南北半球之间高程的巨大差异。图中标出了部分表面特征，如水手号峡谷群、希腊盆地，以及海盗号、探路者号、探测漫游者号和凤凰号机器人等探测器的着陆点（NASA）

与塔尔西斯突出部相连的大峡谷称为**水手号峡谷群/水手谷**（Valles Marineris/Mariner Valley），整体显示在图 6.21 中，横穿图 6.19 的中心部位。对于火星表面的这条巨大裂缝而言，由于形成过程中不存在水流，所以并非地球意义上的实际峡谷。地质学家认为，形成该峡谷的壳体应力与将塔尔西斯区域向上推的壳体应力相同，最终造成了表面拉张和破裂。陨击研究表明，水手号峡谷群的年龄至少为 20 亿年。在金星的阿佛洛狄忒台地同样发现了以类似方式形成的类似裂缝（但规模较小）。

水手号峡谷群沿着火星赤道延伸近 4000km，大致相当于火星周长的 1/5，最宽处约 120km，部分位置深达 7km。地球上的科罗拉多大峡谷虽然规模很大，但水手号峡谷群中的一条侧向分支裂缝即可将其完全覆盖。水手号峡谷群非常巨大，甚至在地球上就能看到。但是，火星的这种地质特征却与板块构造运动无关，由于某种原因，形成该峡谷群的壳体应力未发育成能够驱动成熟的板块运动的力（像地球一样）。

如图 6.21 所示，与塔尔西斯几乎截然相反的地貌特征位于**希腊盆地**（Hellas Basin）中。该盆地虽然位于南半球高地，但却包含了火星表面的最低点。盆地直径约为 3000km，底部比边缘低近 9km，比火星表面平均高度低 6 千多米。由形状和结构可知，该盆地是一种撞击地貌特征。有些研究人员认为，该盆地的形成必定导致了年轻火星壳的重新分布，甚至可能足以影响大部分高地区域。盆地底部遭受了严重的陨石撞击，说明撞击过程发生在火星历史的早期（或许是 40 亿年前）。

巨大的**伯勒里斯盆地**（Borealis Basin）环绕在火星北极周围，即图 6.21 顶部的大部分蓝色区域（另见图 6.26），可能形成于太阳系中的最大已知撞击之一。基于对碰撞的计算机模拟，以及来自火星环球勘测者（Mars Global Surveyor）和火星勘测轨道飞行器（Mars Reconnaissance Orbiter）的详细数据，最新研究成果表明，在太阳系形成初期，当一个宽约 2000km 的巨型撞击物（相当于最大小行星谷神星的 2 倍）狠狠撞向火星时（见 4.3 节），这个盆地可能已经形成。这些观点尚存争议，行星科学家至今仍在激烈争论，但是支持者认为撞击形成的地貌特征大小应当与观测到的盆地大小相差无几，这次碰撞或许能够解释火星北半球为何远低于南半球且二者差异巨大。

6.6.2 火星上的火山活动

火星上存在太阳系中最大的已知火山。四座特别大的火山位于塔尔西斯突出部，图 6.19 中能够看到其中的两座。如图 6.22 所示，火星上的最大火山是**奥林波斯山**（Olympus Mons），位于塔尔西斯突出部西北坡，即图 6.19 中左侧地平线的上方，但是标记在图 6.21 中。奥林波斯山的底部直径为 700km（略小于得克萨斯州），最高处高出周围平原 25km。

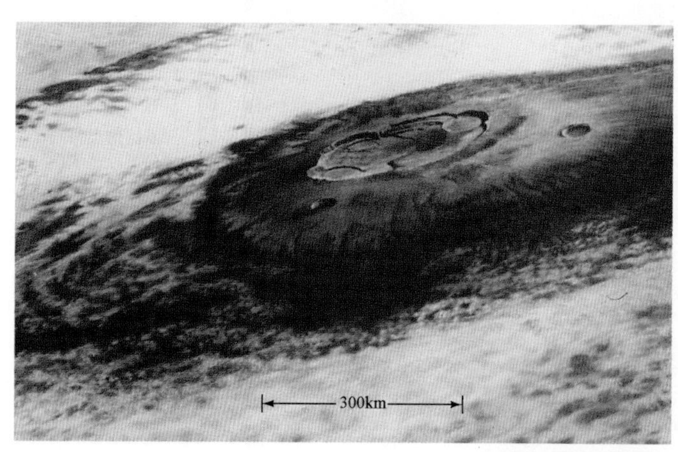

图 6.22 火星上的火山。奥林波斯山是火星（或太阳系中任何其他地方）最大的已知火山（目前处于休眠状态），高度几乎是地球上珠穆朗玛峰的 3 倍，底部直径约为 700km，峰顶高度约为 25km。相比之下，地球上的最大火山（夏威夷莫纳罗亚火山）的底部直径仅为 120km，峰顶高度仅高于太平洋海底 9km（NASA）

类似于金星，火星上的火山同样与板块运动无关，而是位于火星幔中热点上方的盾状火山。火星表面的探测器图像揭示了数百座火山，大多数大型火山与塔尔西斯突出部有关，但北半球平原也发现了许多小型火山。目前尚不清楚这些火山是否为活火山，但是从火山斜坡上的撞击坑范围看，其中部分火山似乎在 1 亿年前曾经喷发过。

火星上的火山之所以非常高，直接原因是火星的表面重力较低（见 5.1 节）。当盾状火山形成时，熔岩四处流动及扩散，新山峰的高度取决于其支撑自身重量的能力。表面重力越低，熔岩的重量就越轻，山峰也就越高。火星的表面重力仅为地球的 40%，火星上的火山高度约为地球上的火山高度的 2.5 倍。

科学过程回顾

利用水星、金星或火星研究中的相关示例，说明观测数据的质量提升如何从根本上改变科学理论的解释。

6.6.3 火星上曾经存在水的证据

虽然水手号峡谷群并非由流水形成，但是照片证据表明，火星表面曾经存在大量液态水。海盗号轨道飞行器发现了两类流动特征：径流水道和外流水道。

径流水道（见图 6.23）可见于南半球高地，由多条曲流水道广泛互连，汇合形成更大及更宽水道中的水系，总长度有时可达数百千米。这些水系与地球上的河流水系非常相似，地质学家认为这正是它们的本质特征：这些干涸的河床曾经孕育了早已消失的河流，火星上的降水沿着这些河床从山顶向下流入山谷。径流水道系统通常称为**树状河谷/山谷网络**（valley network），最早可追溯至 40 亿年前（火星高地时代），那时的大气层更厚，表面温度更高，液态水广泛分布。

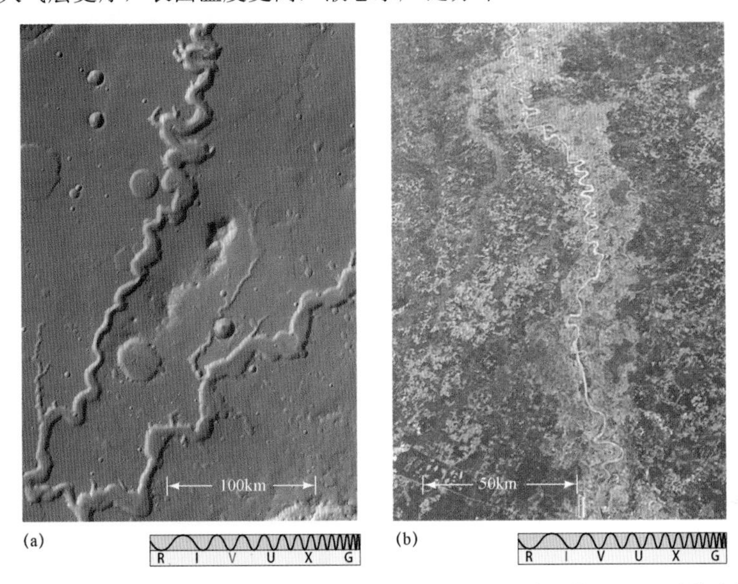

图 6.23 火星上的径流水道。(a)在火星上，这条径流水道长约 400km，有些地方最宽可达 5km；(b)在地球上，红河（Red River）从得克萨斯州的狭长地带流入密西西比河。二者的主要区别在于，目前这条径流水道（或任何其他火星山谷）均不存在液态水（ESA/NASA）

外流水道（见图 6.24）可能是很久以前灾难性洪水的火星遗迹，仅出现在赤道区域，通常不会像径流水道那样形成广泛互连的水系，而可能是大量水从南半球高地流向北半球平原的通道。从水道的宽度和深度来看，流速一定非常巨大，可能比地球上最大水系亚马孙河的流速（105 吨/秒）高出 100 倍。约 30 亿年前，洪水泛滥形成了外流水道，与北半球火山平原的形成时间大致相同。

据科学家推测，在漫长的形成早期，河流、湖泊甚至海洋遍布火星表面。图 6.25 是火星环球勘测者号探测器传回地球的图像，专家认为可能存在着一个三角洲，即河流流入更大水体（此处为南半球高地中某陨击坑填满水而形成的湖泊）时形成的扇形水系和沉积物。其他研究人员走得更远，认为这些数据为早期火星表面的大片开阔水域提供了证据。图 6.26a 是火星北极地区的计算机生成视图，显示了覆盖北半球低地大部分的古海洋范围。希腊盆地（见图 6.21）是火星古海洋的另一候选。

这些观点颇具争议。支持者指出了图 6.26b 中的阶地状海滩等地貌特征，认为其可能为湖泊（或海洋）蒸发和海岸线后退时留下的痕迹。但是，批评者坚持认为，这些阶地也可能由地质活动导致，或许与将北半球压低到远低于南半球的构造应力有关，与火星上的水无任何关系。此外，火星环球勘测者号探测器的数据似乎表明，火星表面所含碳酸盐岩地层（包含碳氧化合物的地层）过少，这些化合物本应在古海洋中大量形成。碳酸盐岩地层缺乏说明火星非常寒冷干燥，从未经历过形成湖泊和海洋时所需的漫长温暖时期。虽然如此，NASA 最新着陆器回传的数据表明，实际上，至少部分火星表面过去确实曾经长期存在液态水。争论远未结束。

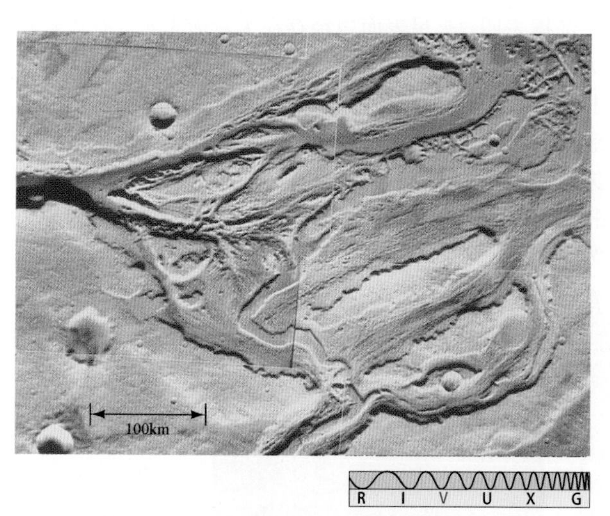

图 6.24　火星上的外流水道。在火星的赤道附近，这条外流水道见证了约 30 亿年前发生的一场灾难性洪水（NASA）

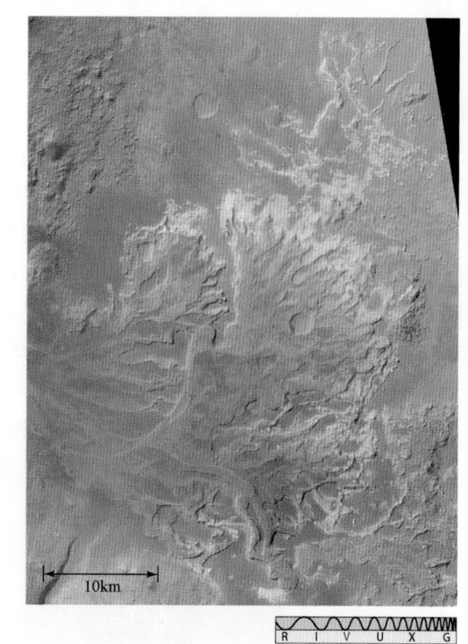

图 6.25　火星上的河流三角洲。由弯曲河流组成的这个扇形区域是否形成于河流入海时？若是，则火星环球勘测者号探测器传回的图像支持火星表面曾经存在大量液态水的观点。但是，并非所有科学家都同意这种解释（NASA）

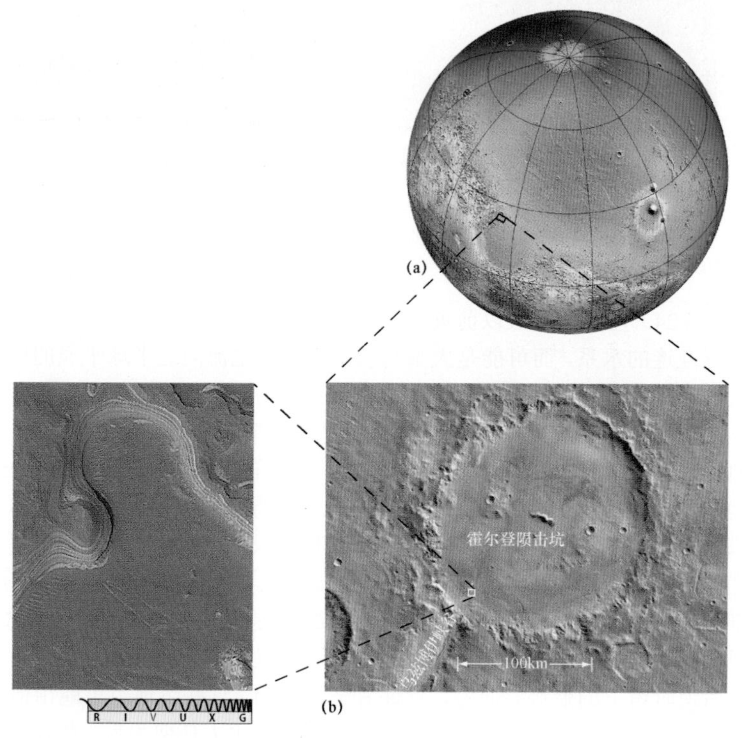

图 6.26　古海洋？(a)火星上可能存在曾经横跨极地区域的古海洋。在计算机生成的这幅地图中，蓝色区域表示深度低于火星的平均半径，因此近似等于海洋深度（色标与图 6.21 中的相同）；(b)这幅高分辨率图像显示了霍尔登陨击坑（Holden Crater）底部被积水侵蚀的初步证据，该陨击坑的直径约为 140km（NASA）

6.6.4 火星上的水现在何处

天文学家尚无直接证据证明当前火星表面存在液态水，而且火星大气层中的水蒸气含量非常低。但是，大范围外流水道及刚才所述的其他证据表明，火星历史上曾经存在过大量水。那么，这些水去哪里了呢？可能性最大的答案如下：火星上的大部分初始水现在被封存在永冻层中，主要分布在极冠位置。永冻层是刚好位于火星表面之下的一个水冰层，与地球北极地区的水冰非常相似。

以相当典型的**尤蒂陨击坑**（Yuty crater）形式，图 6.27 显示了永冻层的间接证据。与第 5 章中介绍的月球陨击坑不同，尤蒂陨击坑的喷出覆盖物表现出一种明显的液体从陨击坑中溅射或流出的外观，极有可能是爆炸性撞击加热并液化了永久冻土，从而导致喷出物呈流体状（见 5.4 节）。2002 年，火星奥德赛号轨道飞行器探测到与火星表层混合在一起的大量水冰晶体沉积物（实际上是其所含的氢），这是与次表层冰相关的更直接的证据。在某些位置，冰似乎占火星土壤体积的 50%。

如前所述，火星的极冠实际上由两个不同的部分组成。在冬季和夏季，随着大气中二氧化碳的交替性冻结和蒸发，季节性极冠的大小发生改变。但是，永久冻结的**残冠**（residual cap）目前已知由水冰组成，如图 6.28 所示。夏季，由于一小部分冰盖在太阳的热量下蒸发，通过对其上方的水蒸气光谱进行观测，人们早就知道了较大的北半球极冠中存在冰。2004 年，欧洲空间局的火星快车轨道飞行器进行了光谱成像观测，最终确定了南半球残冠的组成。这些残冠的厚度尚不确定，但其很可能是火星上的主要储水场所。

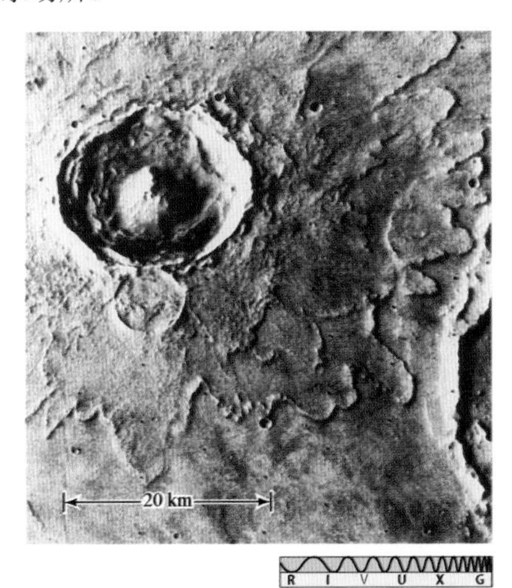

图 6.27 火星陨击坑。尤蒂陨击坑的喷出物显然曾经呈液态，这种类型的陨击坑有时称为泼溅（splosh）陨击坑（NASA）

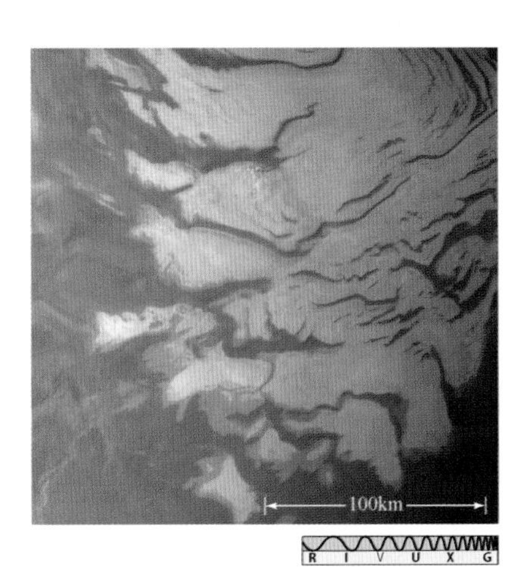

图 6.28 火星极冠。残余（永久）极冠可能是火星上的主要储水场所。这里是较小的南半球极冠，直径约为 350km（ESA）

在火星环球勘测者号探测器抵达之前，天文学家认为火星表面之上（及之下）的所有水都以冰的形式存在。但是在 2000 年，勘测者任务的科学家报告称，在火星上的悬崖和陨击坑口内壁上，他们发现了大量明显在相对不久之前由流水侵蚀而成的小尺度冲沟。图 6.29a 显示了火星南半球高地上某撞击坑内缘中的这样一个冲沟，其结构与地球上暴洪冲刷形成的河道有着很多相似之处。这些神秘特征的年龄尚不确定，某些情况下可能高达 100 万年，但是部分勘测者数据表明，有些特征现在可能仍然处于活动状态，意味着在火星部分区域的表面之下 500m 以浅范围内可能存在液态水。但是，有些科学家对这一解释提出了质疑，认为造成冲沟的流体可能是固态（颗粒）甚至液态二氧化碳，这些物质在火星壳的压力下向外排出。

由于绕火星运行的轨道探测器获取了更多的数据，这进一步加深了火星冲沟的神秘性。图 6.29b 显示了位于火星南半球高地的未命名撞击坑的两幅图像。在第二幅图像中，白色条纹被认为是冰冻泥石流，液态水在此裹挟着岩石碎屑，从陨击坑口内壁快速流下，然后在寒冷的火星表面冻结。它的组成尚不确定，但是有一点非常清楚，就是无论它是什么，肯定都是最近形成的，表明这些特征目前正处于形成过程中。2015 年 9 月，NASA 的科学家宣布，在火星上的类似冲沟中，火星勘测轨道飞行器发现了矿物水合物的光谱证据，从而有力地支持了这一观点，即这些特征确实形成于相对近期的盐水流动。

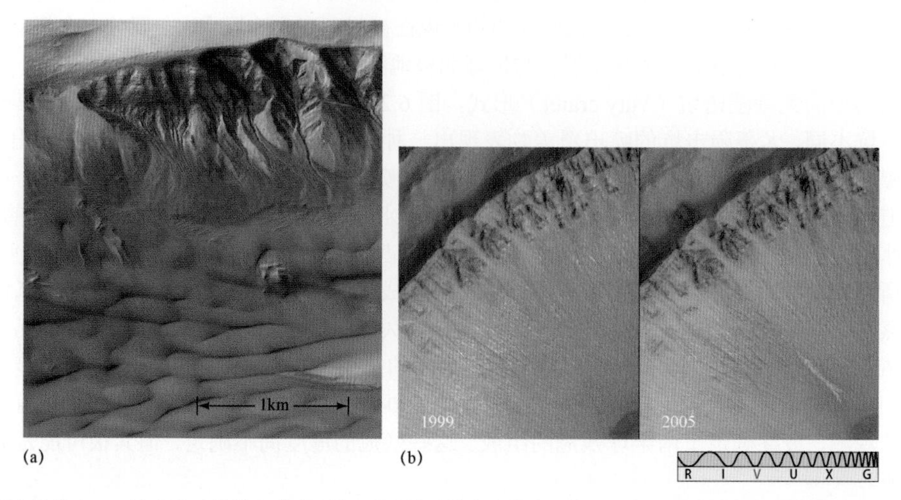

图 6.29　火星上的流水？(a)这是水手号峡谷群附近某一陨击坑壁的高分辨率图像，由火星环球勘测者号探测器拍摄，显示了明显由近期流水形成的冲沟证据；(b)另一个火星撞击坑，相隔 6 年拍摄的两幅图像的对比显示，右下方的白色条纹可能是火星表面的流水（NASA）

科学家认为在 40 亿年前，随着火星气候发生改变，形成径流水道的流水开始冻结，最终形成了永冻层并令河床干涸。在之后约 10 亿年期间，火星始终处于冰冻状态，直至火山（或某些其他）活动加热了火星表面的大片区域，融化了永冻层，进而引发了产生外流水道的暴洪。随后，火山活动逐渐平息，水又一次冻结，火星再次成为干燥的世界。由火星大气目前的密度和温度判断，火星大气中的当前水蒸气含量可能是最大值。永冻层和极冠中存储的总水量尚不确定，但是若火星上的所有水都变成液态，则其很可能覆盖火星表面约 10m 的深度。

6.6.5　火星着陆器的探测

迄今为止，美国已有 7 个探测器在火星表面成功着陆，着陆点跨越了多种火星地形，如图 6.21 所示[①]。这些着陆器的目标包括：对火星表面岩石进行详细的地质分析和化学分析；搜寻生命；搜寻水（生命存在的基本条件，见第 18 章）。

美国的两次海盗号任务均将着陆器送至火星表面。图 6.30 显示了海盗 2 号着陆器拍摄的照片，着陆点位于塔尔西斯以东的火星赤道附近。这张照片显示了一个似乎经历了大风洗礼的荒凉平原，到处都是各种大小的岩石，与地球上的不毛沙漠并没有什么差别。这种景象

图 6.30　海盗号着陆器拍摄的照片。海盗 2 号着陆器目前位于火星北半球的乌托邦（Utopian）平原上。在朝向火星地平线延伸的细粒土壤和布满红色岩石的地形中，含有大量铁矿石。“空气中的尘埃”使得天空呈淡粉色。前景中丢弃的罐子长约 20cm；泥土中机器铲留下的“疤痕”长约为 0.5m（NASA）

① 2021 年 5 月 15 日，天问一号探测器成功着陆于火星乌托邦平原南部预选着陆区，中国首次火星探测任务着陆火星取得成功。至此，全世界共有 8 个探测器在火星表面成功着陆。——译者注

可能是火星北半球平原的典型地貌特征。海盗号着陆器对火星表面岩石进行了多次化学分析，并开展了为测试生命是否存在而专门设计的实验（见发现 6.2）。这些研究取得的重要发现之一是火星壳中的铁含量很高，富铁表面土壤与大气中氧气之间的化学反应产生了氧化铁（铁锈），使得火星表面呈现出红色特征。

1997 年，火星探路者号再次成功登陆火星表面。该着陆器对火星大气层和大气尘埃进行了测量，并利用其携带的机器人漫游车——旅居者号火星车，对母飞船约 50m 范围内的土壤和岩石进行了化学分析。着陆点附近的土壤化学组成与海盗号着陆器的发现结果类似。有趣的是，着陆点附近的岩石分析结果表明，地球陨石和火星陨石的化学组成不一样（见发现 6.2）。探路者号任务的着陆点选在外流水道的河口附近，着陆器周围的大量岩石和漂砾的性质确实与洪水沉积特征一致。

2004 年，在火星探测漫游者任务中，勇气号和机遇号双着陆器（火星车）抵达火星相反两侧的目的地（见图 6.21）。这两台机器人火星车的设计运行寿命仅为 3 个月，但却都持续几年回传了重要数据。在火星上的存活期间，两个着陆器在着陆点周围数千米范围内闲庭信步，对遇到的岩石进行化学分析和地质研究。这次任务的主要目标是搜寻火星历史上曾经存在液态水的证据，最终取得了成功。这两台火星车的发现成果为古火星表面存在水提供了强有力证据，改变了许多科学家怀疑火星上存在水的看法。

勇气号火星车的着陆点以岩石为主，许多方面与早期着陆器遇到的地形相似。科学家团队的进一步研究成果表明，似乎在很久以前，水就已较大程度地改变了着陆点周围的大部分岩石。当火星之旅过半时，机遇号火星车似乎中了头彩（提前成功完成目标任务），发现周围遍布的岩石显示了远古时期曾经非常湿润（可能浸没在盐水中）的各种化学及地质迹象。在机遇号火星车的着陆点附近，岩石似乎长期在湿润状态与干燥状态之间交替轮换，这可能是因为在火星的演化史中，某个浅湖被水多次交替性充盈和蒸发。

2008 年，NASA 发射的凤凰号火星探测器在火星北极地区着陆（见图 6.21）。长期以来，由于希望在火星的极地区域找到水冰，科学家一直渴望让探测器在那里着陆。该探测器并不是火星车，而是包含了用以收集和分析周围土壤的一系列复杂设备。如图 6.31 所示，凤凰号火星探测器证实了着陆点处确实存在次表层水冰，并在土壤中发现了黏土和碳酸盐（均为过去某个时候的潮湿环境标志物），但科学家不知道这些水形成于季节性融冰还是更遥远过去的特征。凤凰号火星探测器于深秋时节着陆于火星北半球，在最后几周工作期间，其传感器报告了冬季临近时即将出现的第一场雪。随着阳光逐渐减弱和温度降至极低，该着陆器的电源供给完全关闭，整个任务随即结束。

图 6.31 凤凰号火星探测器。凤凰号着陆器的机械臂通过铲斗挖出表面样品，随后将其送到探测器上搭载的化学实验室中。底部圆形硬物是太阳能电池板之一。插图显示了凤凰号挖掘的首批沟槽之一（尺寸大致相当于本书），深度约为 8cm。顶部附近的白色物质几乎肯定是水冰，不过在挖掘后不久即已融化（NASA）

最近一次登陆的火星车是 NASA 的好奇号火星车（见图 6.32），2012 年实现了火星软着陆[①]。迄今为止，这个汽车大小的机器人是 NASA 放置在火星表面的最复杂着陆器，主要目标任务包括：研究火星的气候和地质背景；探究水在过去和当前的作用；判断着陆点［盖尔陨击坑（Gale crater）内］

① 2021 年 2 月，美国毅力号火星车登陆火星；2021 年 5 月，中国祝融号火星车登陆火星。——译者注

图 6.32 好奇号火星车。在火星上的盖尔陨击坑底部，好奇号火星车利用绑定于着陆器采样臂（随后从照片中删除）上的相机拍摄了这张“自拍照”。据插图显示，为了搜寻原始岩石，好奇号火星车在火星基岩上钻了一个孔，其大小为 1.6cm×2cm（NASA/JPL）

是否有利于微生物生命的存活；评估人类未来探测火星的适宜性。

好奇号火星探测器的着陆区域被认为曾经存在过古老的河床，远古时代可能容纳有最深达 1m 的流水。搜寻碳酸盐岩是此次任务的关键目标之一，这一目标应当能对火星上存在古河流和古海洋的观点提供强有力的支撑。但是，虽然有来自轨道的碳酸盐光谱证据和该数据中的部分早期线索，但目前尚未对碳酸盐进行明确检测。火星土壤确实含有大量水和二氧化碳，当人类最终登陆火星时，这一事实可能会变得非常重要。

好奇号火星探测器经过分析实验，确实揭示了火星土壤中的复杂化学成分，包括含有生命关键元素（碳、氢、氧、磷、硫和氯）的各种矿物。这些矿物的起源是否与生命过程相关尚属未知。通过分析附近土壤的盐度，火星车发现在数十亿年前，这里的环境可能比较宜居。2014 年，好奇号火星测器测量到附近区域的大气甲烷含量飙升，众所周知生物体能够产生甲烷，所以这一测量结果支持了生命可能曾经存在于火星的观点，但是得出明确结论的证据还远远不够。

如图 6.32 中的插图所示，好奇号火星探测器上搭载的钻机在火星表面岩石上钻了一些孔，从而能够分析次表层火星岩石的首个样品，该岩石很可能不受风化过程（可能会改变岩石外层的化学组成）的影响。2014 年，利用从一块名为坎伯兰（Cumberland）的岩石上采集到的多块标本，人们首次对火星表面的有机分子进行了明确检测。

发现 6.2 火星生命？

在海盗号探测器于 1976 年登陆火星之前，天文学家就放弃了在火星上找到生命的希望。科学家知道那里不存在大规模运河系统和表层水，大气层中几乎不含氧气，也不存在季节性植被变化。特别是火星上当前缺乏液态水，降低了火星上存在生命的可能性。但是，过去的流水和致密大气层（可能存在）早就为生命的出现创造了适宜条件。由于对某种形式的微生物生命能够存活到今天抱有希望，海盗号着陆器进行了旨在检测生物活性的实验。在第一对照片插图中，着陆器之一的机械臂正在挖掘一道浅槽。

(挖掘前)

(挖掘后)

海盗号探测器先后进行了三次生物学实验，均假定火星细菌（若有）和对应的地球细菌基本相似。气体交换实验为火星土壤样品中的任何生物体提供营养液，并搜寻能够发出代谢活动信号的任何气体；标记释放实验将含有放射性碳的化合物添加到火星土壤中，然后等待火星生物吞食（或吸入）这种碳的结果信号；热解释放实验将放射性示踪二氧化碳添加到一个火星土壤和大气样品中，等待一段时间后去除气体，最后检测土壤（通过加热）是否存在任何物质吸收了示踪气体的迹象。在所有实验中，地球细菌的污染都是主要问题。实际上，地球生物的任何释放都会使火星土壤上的这些（以及未来此类）实验无效。在发射之前，两个海盗号着陆器都经过了仔细灭菌消毒。

最初，所有三次实验似乎都给出了积极信号！但是后续研究表明，这些结果均可通过无机（即无生命）化学反应进行解释，因此没有任何证据表明火星表面存在生命（即便是微生物）。海盗号机器人检测到了某些方面与生物体基本化学特征相似的异常反应，但是并未检测到生命本身。

对海盗号探测器实验的批评之一是其只搜寻当前活着的生命。现在，火星似乎正处于冰期，冻僵一切的寒冷将阻止任何已知生命的持续存活。但是，若早期火星（类似地球）上确实出现了细菌生命，则或许能在火星表面之上（或附近）发现其化石残骸，这也是科学家如此渴望在火星上着陆更多探测器的原因之一。尤其是在极地区域，冰盖可能为发现火星生命（或其残骸）提供最佳环境。

令人惊讶的是，搜寻火星上的生命证据的另一个地方就在地球上。第二幅插图显示了一块烧焦的陨石 ALH84001，1984 年发现于南极洲，宽度约为 17cm，质量为 2kg。化学分析确认其来自火星，显然很久以前由于陨石撞击而从火星中炸裂，然后被抛入太空，最终被地球引力俘获。基于其抵达地球之前受到的宇宙线照射量进行估算，这块陨石约在 1600 万年前离开了火星。

(NASA)

1996 年，基于 ALH84001 研究取得的所有数据，某科学家团队宣称发现了火星生命的化石证据。他们指出，该陨石中的球状结构（见左上插图）与地球上的细菌产出物结构相似，而且存在与地球生物学相关的化合物，以及类似于地球细菌的弯曲棒状结构（见右侧插图），研究人员将其解释为原始火星生物化石。1999 年，该团队发布了第二颗陨石（同样被认为来自火星）的分析成果，再次报告了大小、形状及排列结构与地球上的已知纳米细菌相似的微生物生命证据。

自提出至今，这些观点始终存在着较大的争议，许多专家坚决不认同火星上已发现生命（甚至化石生命）的证据，而坚持认为就像海盗号实验一样，这些证据可能全部归因于不需要任何类型生物参与的化学反应。假想化石结构的尺度大小也很重要，火星化石的直径仅约为 0.5μm，相当于目前已发现的地球古细菌细胞化石的 1/30。此外，几项关键实验尚未最终完成，例如检测疑似化石是否存在细胞壁或任何内腔（体液可能驻留）以获取证据；在火星陨石中，目前尚未发现任何氨基酸，即人类所知生命的基本构成要素（见第 18 章）；样品污染也是一个重大问题，毕竟 ALH84001 是在地球上发现的，在被陨石猎人拾起之前，静卧在南极冰原中的时间显然超过了 13000 年。

就目前的情况来看，这个解释性问题位于科学前沿领域，因此很少能够得出确定性结论。只有进行更多分析研究并获取更多新数据（从火星表面直接取回的样品），科学家才能确定火星上是否早就存在原始生命。大多数科研人员（本领域）似乎已得出以下结论：总体上看，当前研究结果并不支持火星上存在古老生命的说法。虽然如此，即使是一些怀疑论者也承认，ALH84001 中多达 20% 的有机物质可能起源于火星表面，但这与证明火星生命的存在还相差甚远。

无论是否真的包含古老火星生命的证据，ALH84001 确实引发了科学界的喧嚣和争吵，迫使科学家开始更加认真仔细地思考哪些生命或许能够在极端环境（温度、压力或化学组成通常不适合地球生命）

下生存。这些研究推动了地外生物学这一新兴领域的诞生，致力于搜寻和研究其他星球（太阳系内/外）上的生命。如第 8 章和第 18 章所述，除了火星，木卫二的地下海洋和土卫六（土星的寒冷卫星）的碳氢海已成为人类搜寻地外生命的主要候选地。

若火星上存在生命的观点能够与科学界正确怀疑态度的重压相抗衡，则其发现可能会作为有史以来最伟大的科学发现之一而载入史册，说明人类在（或者至少曾经在）宇宙中并不唯一和孤单！或许奇迹即将出现……

概念回顾

为什么天文学家认为火星过去的气候与现在的气候差异巨大？

6.7 内部结构和地质历史

如同对待地球和月球，为了建立某一行星的内部模型，科学家将其主要性质的测量与重力和磁场的详细观测相结合（见 5.4 节和 5.7 节）。随着各种模型的改进及探测器回传了越来越多的详细数据，人们对水星、金星及火星的内部结构和地质演化的了解逐步深入。

6.7.1 水星

水星的磁场由水手 10 号探测器发现，强度约为地球磁场的 1/100。这一发现令很多行星科学家感到惊讶，因为他们并未在月球上检测到磁场，所以预计水星上也不会存在磁场。由第 5 章可知，液态金属核和快速自转相结合对于行星磁场的生成非常重要（见 5.7 节）。水星当然没有快速自转，或许还缺乏液态金属核，但其周围确实存在磁场。虽然水星的磁场强度很弱，但却足以偏转太阳风，并在水星周围形成一个小磁层。

在信使号探测器抵达之前，科学家认为水星的磁场最有可能是水星核在远古时期固化后残留的化石遗迹。但是现在，信使号的详细观测结果表明，水星的磁场实际上由发电机作用生成（与地球磁场相同）。但令人感到奇怪的是，磁场明显偏离了水星的中心，使得北极的磁场远强于南极。缓慢自转的行星如何产生这样一个相对较强且不对称的磁场？具体细节仍然未知。

磁场和较高的平均密度（约 5400kg/m^3）共同表明，水星内部的主要结构为大型富铁核。信使号探测器的测量结果表明，在半径约为 1600km 的固态内核周围，环绕着半径约为 2100km 的液态外核。在水星核外侧，水星幔（密度较低，类似于月幔）的厚度约为 350km。水星核的质量约占水星总质量的 80%。与太阳系中的所有其他天体相比，水星的核体积与总体积之比最大。图 6.33 描绘了地球（或许还有金星）、月球、水星和火星的相对大小与内部结构。如第 4 章中的凝聚理论所述，水星的大铁核似乎是约 46 亿年前形成时位于早期太阳系中炽热内层区域的结果，但是铁核的大小仍然困惑着理论家（见 4.3 节）。

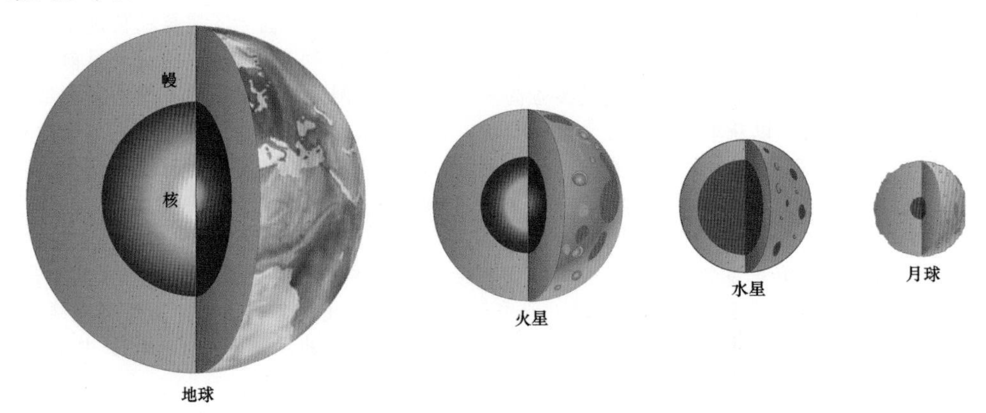

图 6.33 类地行星的内部结构。地球、月球、水星和火星的内部结构，以相同比例尺绘制。可以看到，水星内部大部分是核。金星的内部结构基本上不为人所知，但通常被认为与地球类似

类似于月球，在过去约 40 亿年期间，水星似乎在地质上已经死亡。同样类似于月球，由于水星幔呈固态而阻碍了火山活动和构造运动，致使水星目前缺乏地质活动。对于水星的早期历史，科学家大致拼凑出了以下轮廓。

当 46 亿年前形成时，水星位于早期太阳系中的炽热内部区域，所以整体密度非常高且以金属为主（见 4.3 节）。在此后 5 亿年期间，水星发生熔融和分异（像其他类地行星一样），并遭受了与月球同样强烈的陨石轰击。与月球相比，水星的质量更大，冷却速度更慢，所以水星壳更薄且火山活动更频繁。熔岩抹平了更多陨击坑，最终形成了水手 10 号探测器发现的坑间平原。

随着大铁核的形成并冷却，水星开始收缩，从而导致表面缩小。这种挤压形成了水星表面的悬崖，并可能令水星表面的裂缝发生闭合，从而过早地终止火山活动，因此并未经历随后可能出现的大规模火山喷发（相当于形成月海）。虽然水星的质量更大且内部温度更高，但其地质不活跃时间可能比月球还要长。

6.7.2 金星

金星不存在可探测的磁场或磁层。考虑到平均密度与地球相似，金星的整体组成似乎也可能与地球相似，且富铁核呈部分熔融状态。由于自转速率极慢，这无疑导致金星的磁场缺失（见 5.7 节）。

由于任何金星号着陆器均未携带地震设备，因此无法直接测量金星的内部结构，而且缺乏足够数量的可靠数据来建立金星内部的理论模型。金星的物理性质与地球相似，暗示着金星的核/幔结构也与地球相似。但是，对于许多地质学家而言，金星表面看起来像是年轻时期的地球（年龄或许为 10 亿年）。在当时的地球上，火山活动已经开始，但是地壳仍然相对较薄，地幔中驱动板块构造运动的对流过程尚未建立。

为什么金星始终停留在未成熟状态，而没有像地球那样发育板块构造呢？答案未知。据有些地质学家推测，表面高温减缓了金星的冷却速率。高表面温度可能会令金星壳过于柔软，从而无法发育成为类似地球那样的板块。或者，也可能是高温和软质金星壳形成了更多火山活动，从而占用了原本可能进入对流运动的能量。

6.7.3 火星

1997 年，在绕火星轨道运行期间，火星环球勘测者成功探测到了非常微弱的火星磁场，强度约为地球磁场的 1/800。但是，这很可能只是局部异常，而非整个火星的磁场。火星的自转速率非常快，磁场弱意味着火星核为非金属，或者非液态，或者二者兼具（见 5.7 节）。

与地球（或金星）这样的大行星相比，火星的体积较小，意味着任何内部热量应当更容易逃逸。早期表面活动（特别是火山活动）的证据表明，火星内部过去某段时间内至少部分熔融过，但是目前缺乏活动且无任何明显磁场，说明熔融范围远不及地球上那样广泛。最新数据表明，火星核的直径约为 2500km，主要由硫化铁（密度约为表层岩石 2 倍的化合物）组成，并且仍然至少部分熔融。

火星似乎是这样一颗行星：大规模构造活动几乎开始，但却被快速冷却的外层扼杀。在温度更高的更大行星上，形成塔尔西斯突出部的上涌岩浆或许已经发育成为成熟的板块构造，但是由于火星幔变得太硬，火星壳变得太厚，因此火星上的板块构造运动无法形成。相反，虽然上涌岩浆引发了古老的火山活动，但是从地质角度而言，火星上的大部分区域 20 亿年前即已死亡。

概念回顾

为什么金星和火星缺少磁场？

6.8 大气演化

三颗类地行星（金星、地球和火星）至今仍然持有大气层。在研究内部结构和地质历史的基础上，本节进一步解释它们的大气层为什么差异巨大。

6.8.1 金星的失控温室效应

金星为何如此炽热？若最初看起来可能很像地球，则金星大气层为何现在与地球大气层差异巨大呢？第一个问题的答案非常简单，由金星大气层的当前构成可知，金星的炽热缘于温室效应（见 5.3 节）。如图 6.34 所示，金星的致密大气层几乎全部由二氧化碳（主要温室气体）组成，这层巨厚的"气毯"吸收了金星表面释放的全部红外辐射的 99%，直接导致金星的表面温度达到 730K。但是，第二个问题的答案更复杂，需要考虑这两颗类地行星大气层的形成和演化细节。

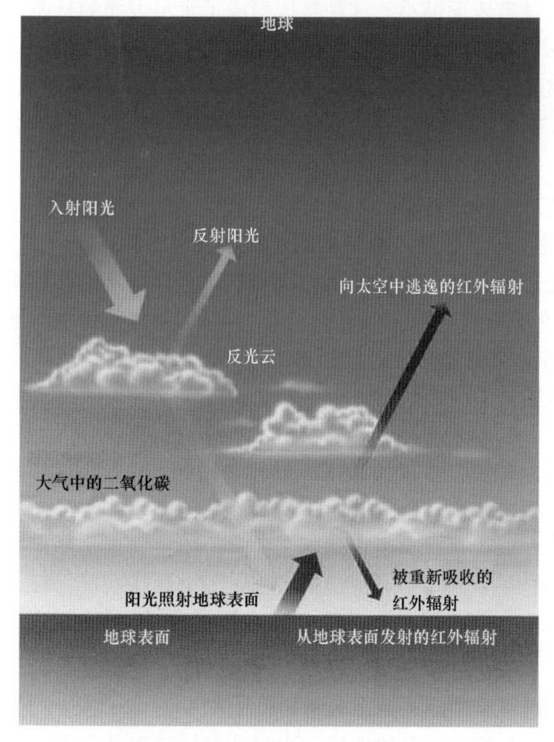

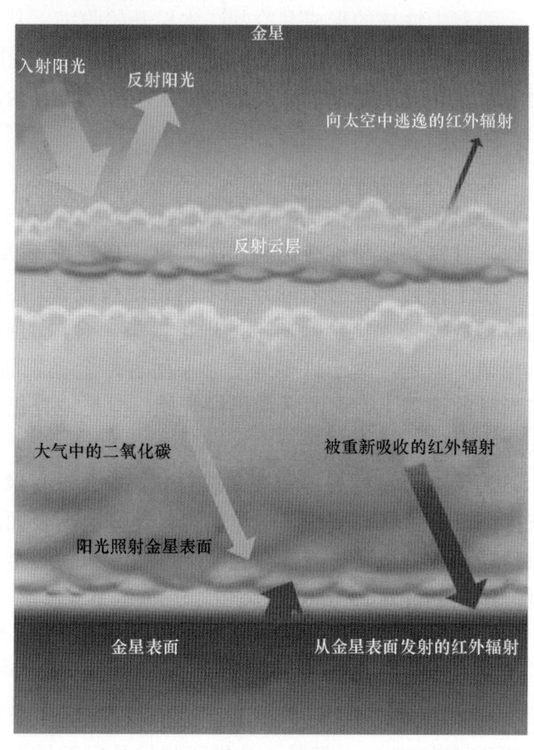

图 6.34 金星大气层。金星大气层比地球大气层更厚、更密，所以从金星表面逃逸至太空中的红外辐射更少，导致金星上的温室效应和温度均高于地球

数据知识点：温室效应

在描述类地行星上的温室效应时，近 40%的学生遇到了问题。建议记住以下两点：

- 当大气中的气体（特别是二氧化碳）阻止再次发射的红外辐射逃逸时，温室效应就会出现，导致行星的温度上升。
- 当大气中二氧化碳的含量增多时，温室效应的强度随之增大。火星大气层中的二氧化碳含量较低，温室效应微弱；地球大气层中的二氧化碳含量明显更多，温度升高约 40K；金星大气层中的二氧化碳含量极多，温室效应非常强烈。

类地行星的大气层并不与行星自身同时形成，而作为次级大气发育了数百万年。次级大气由火山活动从行星内部释放的气体组成，这一过程称为**排气/释气**（outgassing）。火山气体富含水蒸气、二氧化碳、二氧化硫和含氮化合物。在地球上，随着地表温度的下降和水蒸气的凝结，最终形成了海洋。大部分二氧化碳和二氧化硫溶解在海洋中，或者与地表岩石相结合。太阳紫外辐射将氮从其与其他元素的化学键中释放出来，富含氮气的大气层于是慢慢出现。

在地球大气层中，二氧化碳含量的基本控制机制是火山及人类活动产生的二氧化碳与构成地表的岩石及海洋吸收的二氧化碳之间的竞争（见 5.4 节）。如图 6.35a 所示，大气中二氧化碳的这种重复循环称为**碳循环**（carbon cycle）。液态水的存在加速了该吸收过程（二氧化碳溶解于水），最终与表面物质发生反应，形成碳酸盐岩。与此同时，板块构造将二氧化碳稳定地释放回空气中。地球大气层中的当前二氧化碳含量是这些相反作用力之间相互平衡的结果。

(a)

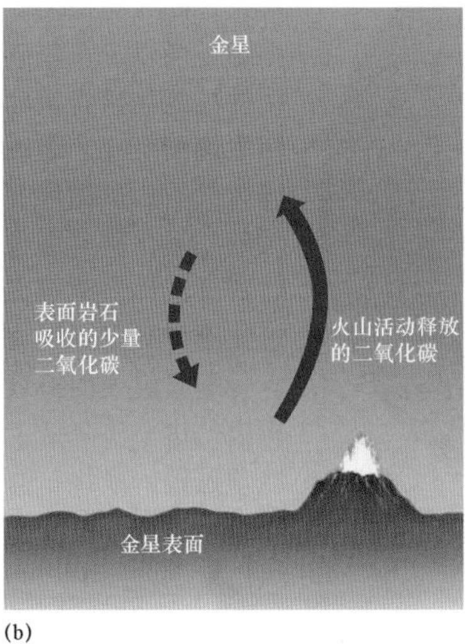

(b)

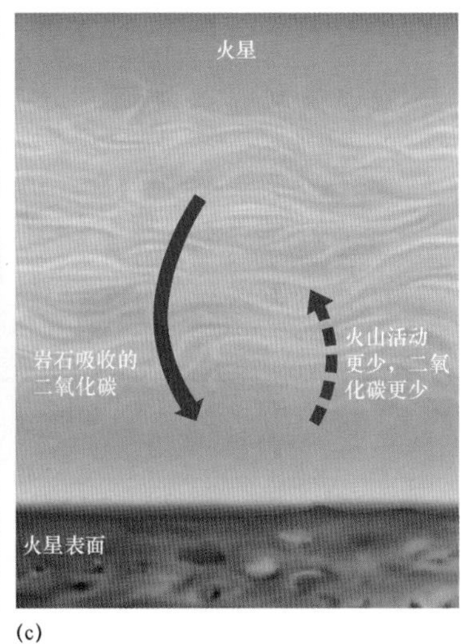

(c)

图 6.35 碳循环。(a)在地球上，火山活动与地表岩石和水的吸收之间的竞争，使得大气中的二氧化碳含量保持在适度水平，形成的温室效应微小且有益；(b)在金星上，由于温度太高，可吸收的碳相对较少，最终导致失控温室效应；(c)在火星上，由于几乎不存在火山活动，因此大部分二氧化碳目前都存在于表面岩石中

在金星上，大气发育的最初阶段可能与刚才描述的地球方式非常相似，真正的区别在于金星次级大气中的温室气体从未像地球上那样离开大气层。实际上，若将地球上的所有二氧化碳（溶解或化学结合）都释放到当前的大气中，则新大气将包含 98%的二氧化碳和 2%的氮，大气压将约为当前值的 70 倍。换句话说，除了氧气（地球生命的产物）和水（稍后解释金星上缺水的原因），地球大气层应当与金星大气层非常相像。

要想了解金星上发生了什么事情，可以假设将地球从当前轨道上取下，然后放在金星的轨道上。由于距离太阳更近，地球此时应当会升温，更多的水将从海洋中蒸发，导致大气中的水蒸气含量增多。随着温度的上升，海洋和地表岩石容纳二氧化碳的能力减弱，有更多二氧化碳进入大气层。增强的温室气体加热将导致地球进一步变暖，大气温室气体数量进一步增多，如此循环往复。最终，这种失控温室效应导致海洋完全蒸发，全部原始温室气体重新回到大气中。基本而言，金星很久以前一定也发生过同样的事情（见图 6.35b），形成了当前所见的行星炼狱。

以前的金星大气层中也曾含有水蒸气，当时的温室效应甚至更极端。通过增强二氧化碳的覆盖效应，水蒸气协助将金星表面的温度提升至目前温度的 2 倍。在如此高温下，水蒸气能够上升至金星的高层大气中，当高度达到一定程度时，太阳紫外辐射就将其分解为氢气和氧气。较轻的氢气快速逃逸，活性氧则与大气中的其他气体迅速结合，金星上的水最终全部永远消失。

6.8.2 火星的大气演化

金星的失控温室效应定义了宜居带（地球型系外行星系讨论的热门话题）的热边缘（见 4.4 节），冷边缘则与火星的历史密切相关。

据推测，在早期历史中，火星也存在排气的次级大气。如 6.6 节所述，大约在 40 亿年前，火星可能存在相对致密且富含二氧化碳的大气层，甚至可能存在蓝天和雨水。据行星科学家估计，温室效应可能导致火星表面的平均温度保持在 0℃以上（见图 6.36），但在接下来 10 亿年间的某个时候，火星大气层大部分消失。究其原因，有些大气或许由于早期太阳系中的大型天体撞击而逃逸；大量大气或许由于火星引力较弱而渗漏至太空；剩余大气中的大部分或许在反向失控温室效应中不知所踪（见更为准确 5.1）。

图 6.36　古火星。约 40 亿年前的火星构想图，大气层正在萎缩，表面水缓慢消失

如前所述，火星的冷却速度比地球要快，且明显从未发育大尺度板块构造运动。因此，即便考虑本章前面讨论过的大型火山，火星上的平均火山活动也要远少于地球，所以二氧化碳的消耗过程远强于补充过程。大气中的二氧化碳含量稳步下降，温室效应逐步减弱，火星随之逐渐变冷，造成更多二氧化碳被火星表层吸收并离开大气层。碳循环变成了一条单行道，温度越来越低，大气二氧化碳含量也在下降。计算表明，在相对较短的时间（或许快至数亿年）内，火星大气层中的大部分二氧化碳应当已经以这种方式消失殆尽。

随着温度的持续下降，水以结冰的方式从大气层中析出，进一步降低了大气中的温室气体含量，并加速了冷却过程。最终，即使是二氧化碳也开始冻结（特别是在极地区域），火星变成了目前所见的寒冷干燥状态，大气层中的大部分原始气体都转移到了贫瘠的火星表层中（或之下）。

概念回顾

若金星和火星形成时与太阳之间的距离等于日地距离，则其现在的气候会如何？

学术前沿问题

一个多世纪以来，人们一直想要弄清火星上是否存在生命？经过多年仔细观测后，人们发现这个神秘星球上不存在任何活体生物的迹象，无论是智慧生物还是其他任何类型的生物，甚至没有隐藏在布满尘埃的岩石下的小虫子。未来机器人或许会发现已灭绝生命的考古学证据，或者可能根本就不会发现任何生物（死或活），无论结果如何，对人类在宇宙中的地位都将影响深远。

本章回顾

小结

LO1 水星的自转速率受到太阳潮汐效应的强烈影响，每绕太阳公转 1 周，就会自转 1.5 周。

LO2 水星没有永久大气层。金星大气层和火星大气层以二氧化碳为主。金星大气层非常炽热，密度是地球大气层的 90 倍。火星大气层温度很低，密度仅为地球大气层的 0.7%。

LO3 水星表面陨击程度较高，与月面高地非常相似。水星缺少月球型月海，但水星壳中存在大面积坑间平原和形成悬崖的裂缝（或陡坡）。平原形成于水星历史早期的熔岩流动；悬崖明显形成于水星核冷却并收缩，导致表面破裂时。

LO4 由于覆盖着巨厚云层，金星表面在地球的可见光波段不可见，但是雷达已对其进行了全面测绘，发现了大量熔岩穹丘和盾状火山。目前尚未观测到火山喷发，但间接证据表明金星现在仍然存在火山活动。火星的北半球主要由起伏的平原组成，南半球则是崎岖的高地，这种不对称地貌特征的成因尚不清楚。火星表面的主要地貌特征是塔尔西斯突出部。与其相关的地貌特征是太阳系中的最大已知火山和火星表面的一条巨大裂缝，称为水手号峡谷群。

LO5 火星上曾经存在大量水的证据非常清晰。径流水道是火星上的古河流遗迹，外流水道是洪水从南半球高地倾泻至北半球平原的路径。现在，在极冠和火星表面之下的永冻层中，可能封存了大量水。在轨道探测器拍摄的图像中，似乎显示了可能的古老海岸线。在某些位置的表面之下，或许仍然存在液态水。最近着陆火星表面的探测器已经发现了积水的有力地质证据。

LO6 水星的弱磁场似乎是水星铁核固化后的化石遗迹。水星上的地质活动很久以前就已停止。金星可能存在熔融核，但却缺少可探测磁场，这种现象由火星的缓慢自转造成。金星表面未显示板块构造迹象。称为冕状物的地貌特征由从未发育成完整对流运动的慢物质上涌导致。火星的自转速率很快，但是磁场很弱，意味着火星核为非金属或非液态，或者二者兼具。火星似乎很久以前也有过某种形式的构造活动，但是由于火星冷却过快，板块构造未曾发育。

LO7 在地球、金星和火星形成时，初始大气层中的任何较轻气体都会迅速逃逸。在形成早期，所有类地行星都可能发育次级大气（从火山中排出）。在水星上，大气已逃逸（类似月球）；在地球上，大部分排出物质被地表岩石吸收，或者溶解在海洋中；在金星上，失控温室效应导致所有二氧化碳都滞留在大气层中，形成了目前可观测到的极端条件；在火星上，部分次级大气逃逸到太空中，剩余二氧化碳大部分目前封存在表层岩石中，剩余水蒸气则大部分目前存储在永冻层和极冠中。

复习题

1. 与地球相比，水星的温度非常极端，为什么？
2. 磁场和较高的平均密度说明了水星的何种内部结构特征？
3. 与月球相比，水星的演化历史有何异同？
4. 水星曾被称为太阳的卫星，为什么？何种科学证据证明这一名称不恰当？
5. 用肉眼观测时，金星为何非常明亮？
6. 像地球一样，金星可能含有熔融的富铁核，但其为何没有磁场？
7. 20 世纪 50 年代对金星进行的射电观测如何改变了人们对金星的看法？
8. 金星大气层的主要组成是什么？其高层大气中的云由什么组成？
9. 什么是失控温室效应？它如何改变了金星的气候？
10. 火星为何又称红色星球？
11. 火星上曾经存在流水的证据是什么？如今火星上还有水吗？
12. 为什么火星上的火山能够长得这么高大？
13. 既然火星存在大气层且主要由温室气体组成，为何不存在使火星表面变暖的明显温室效应呢？
14. 你认为在不久的将来是否可能将人类送上火星？为什么？
15. 对比火星、金星和地球的大气演化，讨论火山和水的重要性。

自测题

1. 水星的太阳日长于其太阳年。（对/错）
2. 在光谱紫外部分拍摄的地基图像中，可以看到金星的大量表面特征。（对/错）
3. 在金星表面上，熔岩流动的证据很常见。（对/错）
4. 强有力的间接证据表明，金星上的火山活动仍在继续。（对/错）
5. 火星拥有太阳系中最大的火山。（对/错）
6. 诸多迹象表明，火星上过去曾经存在板块构造。（对/错）
7. 水手号峡谷群的规模与地球上的科罗拉多大峡谷差不多。（对/错）
8. 水星的整体密度很大，说明水星：(a)内部结构与月球相似；(b)具有致密的金属核；(c)磁场比月球的弱；(d)比月球年轻。
9. 金星表面被云层永久遮挡，其表面研究主要基于：(a)机器人着陆器；(b)装载雷达的轨道卫星；(c)光谱学；(d)来自地球的雷达信号。
10. 与地球相比，金星的板块构造活动：(a)快得多；(b)稍慢；(c)差不多；(d)几乎不存在。
11. 金星大气层的温度：(a)与地球大气层的大致相同；(b)比水星的低；(c)比水星的高；(d)因存在硫酸而较高。
12. 奥林波斯山（火星上的死火山）的面积约等于：(a)珠穆朗玛峰；(b)美国科罗拉多州；(c)北美洲；(d)月球。
13. 与金星大气层相比，火星大气层的特征截然不同，原因可能是：(a)不起作用的温室效应；(b)反向温室效应；(c)火星大气层中不含温室气体；(d)距离太阳更远。
14. 在图 6.3（行星雷达）的(b)部分中，最高频率的反射辐射来自：(a)行星的上部；(b)行星的中心；(c)行星的下部。
15. 古火星上存在液态水的最佳证据是：(a)图 6.19；(b)图 6.22；(c)图 6.23；(d)图 6.30。

计算题

1. 当水星距离地球最近时，雷达信号从地球到水星的往返时间是多少？
2. 假设平均分子速度（白天）超过逃逸速度的 1/6（见更为准确 5.1），某行星当前将失去初始大气层。为使大气层中仍然有氮气（分子量为 28），水星的质量必须达到多少？
3. 将金星大气层近似为 50km 厚且密度均匀（21kg/m^3）的气体层，计算其总质量，然后将答案与地球大气层和金星大气层进行比较。
4. 先驱者-金星号探测器对金星赤道周围移动的高空云层进行了 4 天观测。该探测器的速度是多少（km/h）？
5. (a)当阿雷西博射电望远镜以 1′的角分辨率观测时，可在金星表面（最近距离）分辨出的最小特征是多大？(b)当红外望远镜以 0.1″的角分辨率观测时，是否能分辨出金星表面的撞击坑？
6. 计算麦哲伦号金星探测器的轨道周期。该探测器在椭圆轨道上围绕金星运行，最低高度为 294km，最高高度为 8543km。1993 年，该探测器的轨道发生改变，最低高度变为 180km，最高高度变为 541km。新的轨道周期是多少？
7. 证明火星上的表面重力是地球上的 40%。你在火星上的体重是多少？
8. 如图 6.24 所示，外流水道的宽度约为 10km，深度约为 100m。如文中所述，若水的流量为 10^{10}kg/s，估算其流速。
9. 计算覆盖整个火星表面 2m 深均匀水层的总质量（见 6.8 节），并将其分别与火星的质量和金星大气层的质量进行比较。

10. 火星拥有 2 颗不规则的小卫星，即火卫一（Phobos）和火卫二（Deimos），分别在距离火星 9400km 和 23500km 的轨道上运行，最长直径分别为 28km（火卫一）和 16km（火卫二）。一位观测者刚好位于这两颗卫星轨道正下方的火星表面上，计算观测者分别能够看到的最大角直径。观测者是否能够看到完整的日全食？

活动

协作活动

1. 若能在夜空中看到火星，请选择尽可能大的望远镜进行观测（双筒望远镜用处不大）。通过历书或上网等途径，了解观测时刻的火星季节、哪个半球朝向地球倾斜及指向地球的经度大小。仔细观察，绘制草图，不要着急。在整个夜晚的观测过程中，如此重复几次，轮流绘制草图。之后，尝试参照火星上的已知对象（见图 6.6），识别出自己看到的各种地貌特征。通过观测表面特征的移动，你们应该还能观测到火星的自转。次日晚间继续如此观测。由于火星的自转周期与地球的非常相似，因此你们应该会再次看到相同的表面特征。

个人活动

查阅历书，确定水星、金星和火星本年度的天空位置。

1. 尝试在清晨（或傍晚）辨认水星。做到这一点并不容易！在北半球，水星的最佳观测时间是春季的夜晚和秋季的凌晨。
2. 查明金星下次从地球和太阳之间经过的时间。在此之前和之后多少天，这颗星球在地球上肉眼可见？使用双筒望远镜或小型望远镜，观测金星的各个相位，标出相位及其相对大小（可将其大小与望远镜中的视场进行比较，且始终使用相同的目镜）。每隔几天（或每周）观测一次，并制作表格，记录每次观测到的形状、大小和相对亮度。你能发现这些性质之间的相关性吗（伽利略首次发现）？
3. 在冲日之前的几个月，火星开始逆行。绘制火星相对于恒星的运动图，确定其何时停止向东移动并开始向西移动。当接近冲日时，注意观测火星的亮度增大。

第 7 章　类木行星：太阳系中的巨行星

2013 年，当在北极上方高空轨道绕土星飞行时，卡西尼号探测器拍摄了这张土星及其光环的真彩色照片。太阳位于照片右侧，投下的长阴影穿越了左侧的各个土星环。自 2004 年抵近土星以来，卡西尼号一直在探测这颗行星及其卫星系统，并利用每颗卫星的引力将自身推向下一个目标。当土星进入北半球春季及其北极从 15 年黑暗中显露真身时，该探测器还监测了土星上的季节性大气变化。注意观察土星北极点周边的六边形天气形态，它明显由环绕土星的极地急流定义（NASA/JPL）

在火星轨道之外，太阳系大不相同。与内太阳系中的类地行星（小型岩质天体）形成鲜明对比，外太阳系向人们展示了一种完全陌生的环境（大部分至今仍然知之甚少），包括巨型气态球体、奇特的卫星、行星周围的光环以及种类繁多的物理性质和化学性质。近 20 年来，探访这些外行星的美国航天器揭示了大量细节信息，实现了若干世纪以来无法离开地球的天文学家的梦想。类木行星（木星、土星、天王星和海王星）有许多共同之处，但是诸多方面与地球（甚至彼此之间）不同。就像类地行星那样，下面介绍它们之间的差异性和相似性。

学习目标

LO1　解释运气和计算如何在发现天王星和海王星中发挥重要作用。
LO2　概述 4 颗类木行星的基本异同点。
LO3　描述形成类木行星大气层的性质和外观的主要过程。
LO4　将在类木行星上观测到的风暴系统与地球上的风暴系统进行比较。
LO5　描述类木行星的内部结构和组成。
LO6　解释为何 3 颗类木行星向太空中辐射的能量多于从太阳接收的能量。

总体概览

当今已经迈入太空时代，工程技术进步突飞猛进，使得人类有能力探索丰富多彩的太阳系中的各大行星及其卫星。这种激动人心的探索让人想起了地球早期的世界发现之旅，哥伦布、麦哲伦、科尔特斯、德尚普兰及其他许多海员从欧洲出发，冒险穿越当时尚属未知的大西洋，抵达目的地美洲并最终环游世界。进入 21 世纪后，由地球上的人类所控制的机器人航天器（探测器）充当现代宇航员，前往探索新的未知世界，它们的发现非常令人难以置信。

7.1　木星和土星的观测

7.1.1　从地球上观测

木星以罗马万神殿中众神之王（朱庇特）的名字命名，亮度位居整个夜空中的第三位（仅次于月球和金星），因此很容易在地球上进行定位和研究。古代天文学家不可能知道这颗行星的真实大小，但他们为其选择的名称非常恰当——木星是迄今为止太阳系中最大的行星。图 7.1a 是在地球上用小型望远镜拍摄的木星照片，显示了这颗行星的整体红色及平行于赤道的交替明暗带。图 7.1b 是用哈勃太空望远镜拍摄的木星图像，显示了含有大量更多细节的彩色条带及其内部的许多椭圆结构（特别是右下方的橙色大椭圆），这些大气特征与类地行星的截然不同。木星还拥有大小及其他性质差异很大的诸多卫星，与内行星进一步形成了鲜明对比。图 7.1a 中可见 4 颗较大的伽利略卫星，以发现者伽利略的名字命名（见 1.2 节）。运用小型望远镜，人们能够从地球上看到它们（少数人肉眼可见）。

(a)

(b)

图 7.1　木星。(a)地基望远镜拍摄的木星照片，显示了木星及其 4 颗伽利略卫星；(b)哈勃太空望远镜 2014 年拍摄的真彩色（人眼可见）木星图像（AURA/NASA）

如图 7.2 所示，土星是木星外侧的下一个主要天体，曾是希腊天文学家知道的最遥远行星，以希腊-罗马神话中朱庇特之父的名字命名。由于运行轨道几乎 2 倍于木星与太阳之间的距离，所以土星比木星（或火星）要暗得多（从地球上观测）。土星的带状大气层与木星大气层有些相似，但是土星的大气带很不明显。总体而言，土星呈现出一种相当均匀的奶油糖果色调。同样，类似于木星且与内行星不同，土星拥有绕其运行的许多卫星。土星最著名的特征是其壮观的光环系统，在图 7.2 中清晰可见。类木行星的卫星和光环是第 8 章的主题。

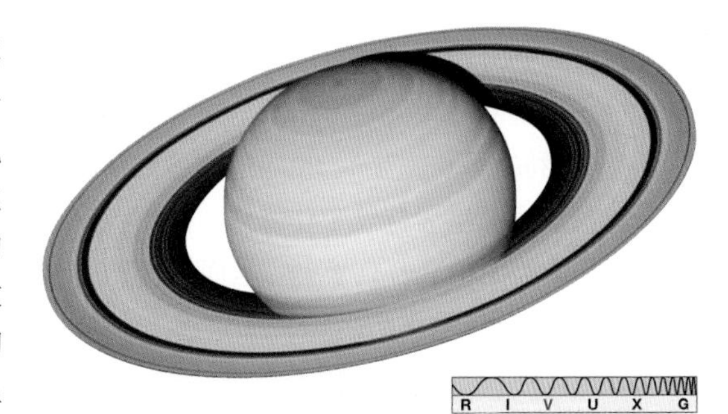

图 7.2　土星。哈勃太空望远镜 2003 年拍摄的土星照片，当时的土星（绕太阳运行的轨道周期为 30 年）与地球之间的倾角最大（27°）。这张照片中的颜色是自然色，即通过望远镜所看到的颜色（NASA）

7.1.2　航天器探测

发现 7.1 概述了近半个世纪以来实施的部分关键行星任务，人类对类木行星更多信息的了解大部分来自探访这些行星的 NASA 航天器/空间探测器/宇宙飞船，其中特别重要的航天器是 2 个旅行者号探测器，以及近期发射的伽利略号木星探测器和卡西尼号土星探测器。

1977 年，旅行者号探测器离开地球，并于 1979 年 3 月（旅行者 1 号）和 7 月（旅行者 2 号）分别抵达木星轨道。随后，这两个航天器都利用木星的强大引力，通过**引力助推/重力助推/重力辅助/引力弹弓**（gravity assist）策略奔赴土星。引力助推是指当航天器围绕某颗行星运行时，利用该行星的运动来提高自身的速度，然后利用该行星的引力牵引来变轨到下一个目标。实际上，为了抵达最终目的地，所有行星任务均采用了多重引力助推策略。

旅行者 2 号探测器采用了一种罕见的**行星动态/行星组态**（planetary configuration），在壮观而又成功的外行星巡游征途中，利用土星的引力将自身推向天王星，然后推向海王星。为了分析木星及其卫星所反射和发射的辐射，每个探测器都携带了研究行星磁场和磁层的设备，以及射电、可见光和红外传感器。它们传回地球的数据彻底改变了人类对所有类木行星的认知，并且始终是人们获得天王星和海王星详细信息的主要来源。目前，两个旅行者号探测器正在飞往外太阳系，并在飞向星际空间时依然向地球传回数据。

伽利略号木星探测器发射于 1989 年，并于 1995 年 12 月抵达木星。在最终抵达目的地之前，伽利略号经历了 3 次穿越内太阳系的一段迂回路线，并且借助了金星和地球的引力助推效应。该探测器的任务装备由两部分组成，即大气探测器和轨道飞行器。当在隔热罩和降落伞的护卫下减速并下降到木星大气层中时，大气探测器执行了测量和化学分析任务；通过木星的卫星系统，轨道飞行器执行了一系列复杂的引力助推策略，重返至旅行者号探测器曾经研究过的一些卫星，并且首次造访了其他卫星。要了解与伽利略号探测器相关的更多信息，请参阅第 8 章。

图 7.3　卡西尼号探测器拍摄的木星照片。显示了不同高度、厚度和化学组成的复杂大气云，近似为真彩色（NASA）

2003 年，该探测器携带的燃料逐渐耗尽，无法微调运行轨道并保持天线始终指向地球，全部任务被迫结束。伽利略号任务团队知道他们终将失去对该探测器的控制，同时希望不惜一切代价地避免木卫二（木星的卫星）可能受到的任何污染（见 8.1 节），选择在 2003 年 9 月将航天器送入了木星大气层，彻底结束了该项任务。

1997 年，NASA 发射了卡西尼号土星探测器。2004 年，经过 4 次行星引力助推（2 次来自金星，1 次来自地球，1 次来自木星），该航天器成功抵达土星。图 7.3 是 2001 年卡西尼号与木星相遇时拍摄的近景照片。2004 年 12 月，该航天器将欧洲空间局建造的探测器发射到土卫六/泰坦星（土星的最大卫星）的大气层中（见 8.2 节）。目前，卡西尼号在土星各卫星之间的轨道上运行（类似于伽利略号和木星），并向地球传回了土星、土星的卫星及著名的土星环系统的详细数据。该航天器原定在抵达土星后持续工作 4 年，但将探测器置于围绕土星运行轨道的引力助推操作非常精确，微调轨道几乎不需要消耗任何燃料，从而将卡西尼号的寿命延长了几年。该项任务目前已更名为**卡西尼至点**（Cassini Solstice），并且计划于 2017 年结束[①]。

7.2 天王星和海王星的发现

1781 年，英国天文学家威廉・赫歇尔发现了天王星。在测绘天空中的暗星时，赫歇尔偶然发现了一个不寻常的天体，并将其描述为一颗奇特的星云恒星（或彗星）。经过反复观测，结果发现二者都不是。在赫歇尔的 15cm 口径望远镜中，该天体的外观呈圆盘状且相对于各恒星运动，但由于行进速度太慢而不可能是彗星。赫歇尔很快就意识到自己发现了太阳系中的第 7 颗行星。

由于是有记录以来发现的首颗新行星，这一事件引发了不小的轰动。据说赫歇尔的第一直觉是将新行星命名为**乔治之星**（Georgium Sidus），以英格兰国王乔治三世的名字命名。但是，在另一位天文学家约翰・波得的明智建议下，该行星继续采用古代神话中的名字命名，称为**天王星/乌拉诺斯神**（Uranus），即**土星/农神**（Saturn）之父。

即使是在最佳的观测条件下，天王星也几乎肉眼不可见，外观类似于一颗平淡无奇的暗星。即便通过大型光学望远镜进行观测，天王星的外观也不过是暗淡的浅绿色微小圆盘。图 7.4 是成像于 1986 年的可见光图像，由旅行者 2 号探测器近距离拍摄。与其他类木行星大气层中的可见条带和斑块相比，天王星大气层没有任何特色可言。

天王星一经发现，天文学家就开始着手绘制其轨道图，但很快发现这颗行星的预测位置与观测位置之间存在偏差。虽然他们竭尽全力，但仍无法找到符合该行星路径的椭圆轨道。19 世纪初，这一偏差已扩大至 1/4 角分，由于数值过大而无法解释为观测误差，天王星似乎违反了开普勒行星运动定律（见 1.3 节）。

天文学家意识到，虽然太阳的引力牵引主导着天王星的轨道运动，但微小的偏差意味着某些未知天体也正在对天王星施加引力（更弱但仍可测量），太阳系中肯定还有另一颗行星影响着天王星。1845 年 9 月，经过近 2 年的研究工作，英国数学家约翰・亚当斯解决了确定这一新行星的质量和轨道问题。1846 年 6 月，法国数学家勒维烈也独立得出了基本相同的答案。同年的晚些时候，在距离预测位置不到 1 度的范围内，德国天文学家约翰・加勒发现了这颗新行星。这颗新行星被命名为海王星，亚当斯和勒维烈被认为是这颗行星的共同发现者。

与天王星不同，海王星距离地球非常遥远，虽然可以通过双筒望远镜（或小型望远镜）进行观测，但人类肉眼却无法看到。实际上，伽利略或许确实看到了海王星（基于其笔记），但是当时肯定不知道该行星到底是什么。使用地基大型望远镜进行观测，海王星的外观只是几乎看不到任何特征的蓝色小圆盘，即使是在最佳观测条件下，人们也只能看到少数几处标志物（带有多色云带）。随着旅行者 2 号探测器的到来，海王星的更多细节开始逐步浮现（见图 7.5）。实际上，对于最外层的两颗类木行星而言，人们的大部分知识均来自这一航天器。至少从表面上看，海王星就像是蓝色的木星，大气条带和斑块清晰可见。

---

① 该任务已于北京时间 2017 年 9 月 15 日结束。——译者注

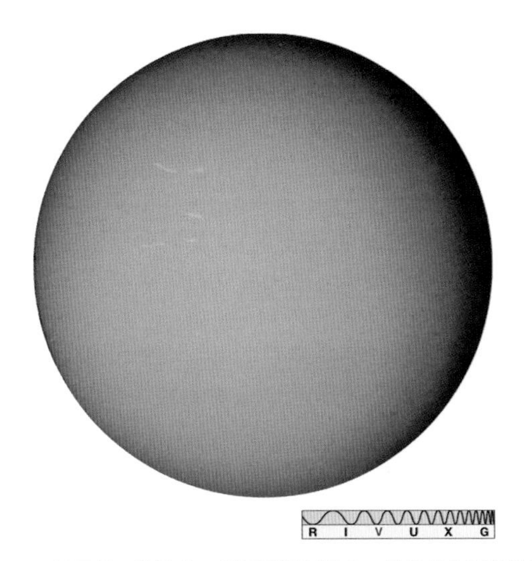

图 7.4　天王星。旅行者 2 号探测器高速（10 倍于步枪子弹的速度）掠过，然后向地球传回天王星的近景照片。颜色为自然色，除了北半球的几缕云彩，高层大气几乎没有任何特征（NASA）

图 7.5　海王星。旅行者 2 号探测器于 100 万千米之外看到的自然色海王星，云彩条带宽度为 50～200km（NASA）

发现 7.1　太阳系的空间探测

自 20 世纪 60 年代至今，在整个太阳系范围内，人类已经实施了数十次无人空间探测任务。除了近距离探测所有行星，机器人航天器还探访了大量彗星、小行星和矮行星。对于人类理解太阳系而言，这些任务的影响是革命性的。在以下时间线（横跨 2 页）中，我们列出了自 20 世纪 60 年代初（太空时代开始）以来的全部主要探测任务[①]，它们共同重新定义了人类对宇宙后院[②]的看法，这里只强调其中少数几个。

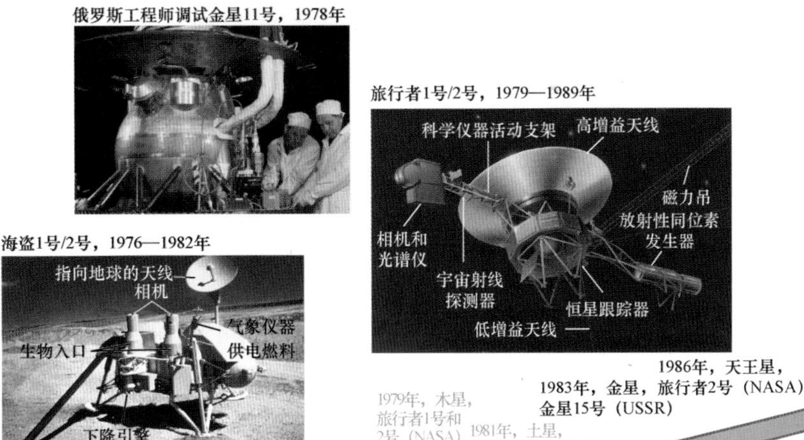

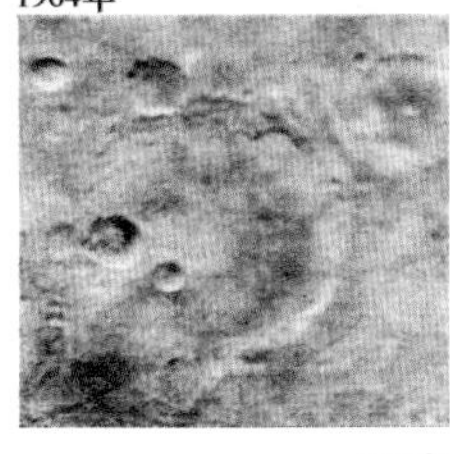

① 截至本书英文版完稿时间，即 2017 年。——译者注

② 指地球和月球。——译者注

迄今为止，仅有两个航天器造访过水星。20 世纪 70 年代中期，水手 10 号对水星进行了一系列飞掠，由其拍摄的数千张照片可知，水星的陨击程度较高（类似于月球）。2011 年（30 多年后），NASA 的信使号探测器进入水星轨道，在为期四年的任务中，详细测绘了水星表面，并探测了水星内部。

与任何其他行星相比，探测金星的航天器数量更多。20 世纪 60 年代，苏联在金星探测领域处于领先地位，当时有 12 个金星号探测器围绕金星运行（有些探测器还实现了金星着陆），插图照片显示了其中一个探测器的重装甲着陆器。从那时起，为了监视这个地狱般的世界（金星），美国和欧洲又发射了几个航天器（前者发射了先锋号和麦哲伦号，后者发射了金星快车号），并从获取的新数据中了解了关于金星表面和大气层的大量信息，以帮助人们更好地理解地球上的天气。

火星一直是非常活跃的机器人探测目标。美国发射了围绕这颗红色星球运行的十几个探测器，并经常在其表面着陆；俄罗斯和欧洲也曾将航天器瞄准火星，但大多数与其擦肩而过或者坠毁在其表面。20 世纪 60 年代，美国的几个水手号航天器成功登陆火星，发现这颗星球无比荒凉但地质意义重大。20 世纪 70 年代，海盗号计划成了 NASA 最出色的任务之一，不仅安全着陆了两个航天器，还首次对火星进行了表面成像及搜寻生命（但未发现）的任务。

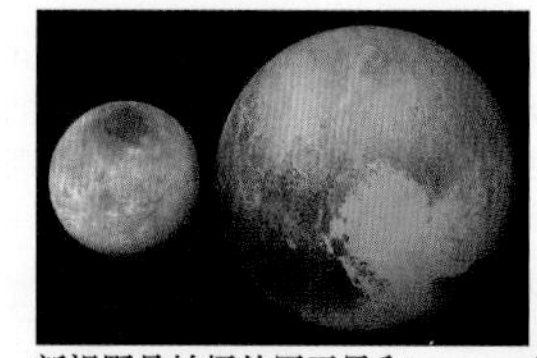
新视野号拍摄的冥王星和冥卫一，2015年

卡西尼号拍摄的土星照片，2006年

伽利略号组装期间，1988年

信使号拍摄的水星，2012年

1989年，海王星，旅行者2号（NASA）

1990

1990年，金星，麦哲伦号（NASA）

1995年，木星，伽利略号（NASA）

1997年，火星，火星环球勘测者号（NASA）

1997年，火星，火星探路者号（NASA）

2000

2001年，火星，火星奥德赛号（NASA）

2003年，火星，火星快车号（ESA）

2004年，火星，火星探测漫游者号（NASA）

2004年，土星，卡西尼-惠更斯号（NASA/ESA）

2006年，火星，火星勘测轨道飞行器（NASA）

2006年，金星，金星快车号（ESA）

2008年，水星，信使号（NASA）

2008年，火星，凤凰号（NASA）

2010

2011年，小行星带，曙光号（NASA）

2012年，火星，火星科学实验室号（NASA）

2015年，柯伊伯带，新视野号（NASA）

2016年，木星，朱诺号（NASA）

勇气号火星车在火星上工作，2005年

自20世纪90年代末以来，一系列机器人绕火星运行并降落在火星表面，然后对空气和泥土进行采样，在岩石中钻孔，以及为寻找冰而挖掘。附图照片是成像于2005年的真彩色全景图，由勇气号火星车拍摄，其母船显示在前景中。最新一代火星车的主要目标是寻找火星上的水，或者过去有水的证据。在搜寻地外生命的过程中，顺水行走已成为一句流行语。虽然似乎有足够的证据表明火星过去有水，但迄今为止人们既没有发现液态水，又没有发现任何种类的生命。

20世纪70年代，美国发射了两对航天器（先驱者号和旅行者号），从而改写了人类对木星的了解程度。先驱者10号和11号拍摄了许多照片，取得了大量科学发现。为了研究各行星的磁场，旅行者号携带了射电、可见光和红外传感器以及磁强计。通过利用木星的引力，先驱者11号、旅行者1号和旅行者2号将自身推向土星。按照计划安排，旅行者1号将造访土卫六（土星的最大卫星），因此没有足够靠近土星，从而未获得土星的引力助推而前往天王星。但是，旅行者2号继续造访天王星和海王星，这是一次非常成功的外行星豪华游。

在最近20年间，两次任务探索了外太阳系，分别耗资达数十亿美元。伽利略号于1995年抵达木星，对木星的卫星进行了8年巡视，改变了人类对这些卫星的结构和历史的理解。卡西尼号于2004年抵达土星，目前仍在土星的各颗卫星之间飞掠，提供了土星系统的壮观图像及其演化的关键新见解①。

距今最近的任务是探索太阳系中的矮行星。2015年，NASA的曙光号探测器进入围绕谷神星（最大小行星）运行的轨道。几个月后，新视野号飞掠冥王星系统（位于柯伊伯带中）。目前，来自地球的机器人已造访了太阳系中的所有主要天体（太阳除外），太阳系探测的未来看起来非常光明！

概念回顾

对天王星的观测如何导致人们发现海王星？

7.3 类木行星的主要性质

表7.1是表6.1的扩充和延伸，新增了四颗类木行星。以地球为参照物，图7.6按比例显示了这些类木行星。

表7.1 行星的性质

	质量		半径		平均密度	表面[1]重力	逃逸速度	自转周期	轴倾角	表面[1]温度	表面[1]磁场
	（kg）	（地球=1）	（km）	（地球=1）	（kg/m^3）	（地球=1）	（km/s）	（太阳日）	（度）	（K）	（地球=1）
水星	3.3×10^{23}	0.055	2400	0.38	5400	0.38	4.2	59	0	100～700	0.01
金星	4.9×10^{24}	0.82	6100	0.95	5300	0.91	10	−243[2]	179	730	0.0
地球	6×10^{24}	1.00	6400	1.00	5500	1.00	11	1.00	23	290	1.0
火星	6.4×10^{23}	0.11	3400	0.53	3900	0.38	5.0	1.03	24	180～270	0.0
木星	1.9×10^{27}	320	71000	11	1300	2.5	60	0.41	3	120	14
土星	5.7×10^{26}	95	60000	9.5	710	1.1	36	0.43	27	97	0.7
天王星	8.7×10^{25}	15	26000	4.0	1200	0.91	21	−0.69[2]	98	58	0.7[3]
海王星	1.0×10^{26}	17	25000	3.9	1700	1.1	24	0.72	30	59	0.4[3]

1 对于类木行星来说，表面指云层顶部。

2 负号表示逆行。

3 平均值。由于具有非对称磁场几何结构（见7.6节），行星表面两点之间的磁场强度变化很大。

① 该任务已于北京时间2017年9月15日结束，卡西尼号烧毁于土星大气层。——译者注

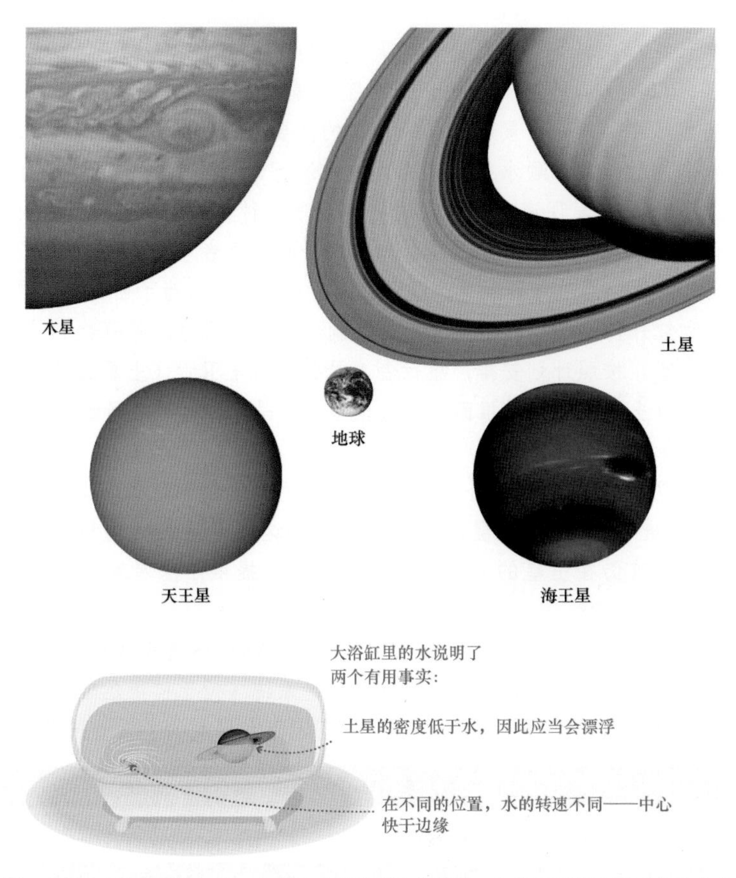

图 7.6　类木行星。木星、土星、天王星和海王星，比例大小以地球为参照物。注意观察这五颗天体的大小和大气特征（NASA）

7.3.1　物理性质

这些庞大天体的质量和半径都非常大，但是平均密度相对较低，意味着其组成和结构与类地行星完全不同（见 4.1 节）。土星的实际密度小于水的密度，若能找到一个足够大的浴缸，则土星应该能够漂浮在该浴缸中！氢和氦构成了木星和土星的大部分质量，以及天王星和海王星约 1/2 的质量。在地球上（室温和海平面），这两种轻气体的密度分别为 0.08kg/m^3 和 0.16kg/m^3；但是在类木行星上，这两种气体却被所在行星的强大引力场高度压缩，导致类木行星富含氢和氦。类木行星的质量巨大，足以吸引并维持最轻的气体——氢，自 46 亿年前太阳系诞生以来，原始大气几乎没有逃逸（见更为准确 5.1）。

所有类木行星都不存在任何固态表面。由于上覆层的压力作用，随着深度的增大，气态大气变得越来越炽热和致密，最终在内部变成液态。当从地球上观测时，我们只能看到最外层的大气云层。

每颗类木行星的中心都有着一个致密的核，其密度特别大，质量为地球的许多倍。如 7.6 节所述，在四颗类木行星中，三颗行星（木星、土星和海王星）存在明显的内部加热现象，这会影响其大气层的行为和外观。

7.3.2　自转速率

由于类木行星没有固态表面来限制气体流动，因此其大气层的不同部分能够（且确实）以不同的速率运动。自转速率因位置不同而存在差异的这种情形称为**较差自转/差动自转/差异自转**（differential rotation）。在固态天体（如类地行星）中，这是不可能的；在流体天体（如类木行星）和太阳（见第 9 章）中，这是正常现象。

木星上的较差自转较小，赤道区域的自转 1 周时间为 9 小时 50 分钟，高纬度区域的自转 1 周时间约多 6 分钟。在土星上，赤道与极地之间的自转速率相差 26 分钟，两极的自转速率同样较慢。天王星和海王星上的较差自转仍然较大（天王星超过 2 小时，海王星超过 6 小时），但是两极的自转速率更快。人们观测到的云层中的较差自转反映了行星大气层中的大尺度风流动。

通过观测一颗行星的磁层，可获得该行星整体自转速率的更有意义的测量。所有 4 颗类木行星均具有强磁场，且在射电波长处发射辐射。这种射电发射的强度随时间发生改变，并且具有周期性重复特征。科学家认为，这一周期与行星内部深处（磁场发源地，类似于地核）的自转相匹配（见 5.7 节），表 7.1 中列出的自转周期即以此种方式获得。对类木行星而言，内部与大气层的自转速率之间并无明确关系。在木星和土星中，内部与极地的自转速率相匹配；在天王星中，内部的自转速率慢于大气层的任何部分；在海王星中，情况则刚好相反。

令人感到奇怪的是，与旅行者号 20 余年前获得的相应结果相比，卡西尼号测得的土星自转周期（利用土星的磁场）要长约 6 分钟。科学家认为，在这段相对较短的时段内，土星的实际自转速率并未发生改变，而是由于土星的磁场似乎无法较好地体现其内部自转（即以往的观点有误）。

利用可测量行星自转周期的观测结果，也可确定该行星的自转轴方位。木星的自转轴几乎垂直于轨道面，轴倾角仅为 3°，远小于地球的轴倾角（23°）。土星和海王星的轴倾角类似于地球和火星，如表 7.1 所示。

在太阳系中，似乎每颗行星都有一些突出的特点，天王星的突出特点体现在其自转轴上。其他主要行星的自转轴（恰好）大致垂直于黄道面，但是天王星的自转轴几乎位于黄道面内。由于轴倾角为 98°，因此可以说天王星翻转至其侧面（因为北极位于黄道面之下，所以就像金星一样，天王星的自转被归类为逆行）。因此，在天王星轨道上的某些点，北极［这里采用常见约定，即从北极上方看，某一行星逆时针方向自转（各行星总是自西向东地自转）］几乎直接指向太阳。在 1/2 天王星年后，南极指向太阳，如图 7.7 所示。1986 年，当旅行者 2 号与天王星相遇时，天王星的北极恰好几乎直接指向太阳，所以当时是北半球的仲夏。与此同时，南极区域则处在为期 42 年的永久黑暗期的中途。

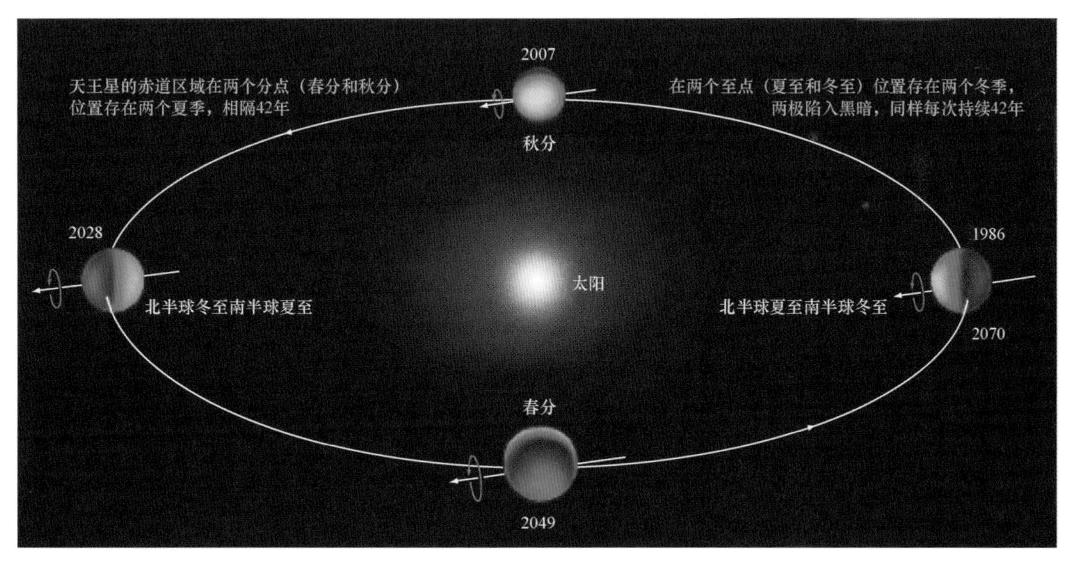

图 7.7　天王星上的季节。由于天王星的轴倾角为 98°，因此会经历太阳系中已知的极端季节

没有人知道天王星为什么这样倾斜，据天文学家推测，某一灾难性事件（如天王星与另一行星大小天体之间的掠撞）或许改变了天王星的自转轴（见 4.3 节）。但是，目前既无直接证据支持这一猜想，又无理论支持这一猜想。

概念回顾

通过观测一颗行星的磁层，天文学家为何能够测量该行星内部的自转速率？

7.4 木星大气层

正如地球一直是类地行星的衡量标准一样，木星将成为人类通往外行星（类木行星）的向导。因此，为了研究类木行星的大气层，这里将首先研究木星本身的大气层。

7.4.1 整体外观和组成

从外观上看，木星主要存在两种大气特征（均在图 7.1 中清晰可见）：平行于赤道排列且不断动态变化的一系列大气云带；一个椭圆形大气斑块，称为**大红斑**（Great Red Spot）。云带呈现出多种颜色（如淡黄色、浅蓝色、深棕色、棕褐色和鲜红色），且彼此相间或相互包含。大红斑是与木星天气相关的众多特征之一，蛋形区域的大小约为地球体积的 2 倍，似乎是一场持续了数百年之久的飓风。

木星色彩缤纷的成因是什么？在木星大气层中，氢分子是含量最丰富的气体（约占所有分子的 86%），其次是氦（占比近 14%），此外还发现了少量大气甲烷、氨和水蒸气。这些气体本身均无法解释木星的观测颜色，例如冻结的氨和水蒸气会生成白色云朵，而非人们看到的诸多颜色。科学家认为，木星湍流大气中发生的复杂化学过程形成了这些颜色，但是具体细节尚不完全清楚。在影响云层的颜色（特别是红色、棕色和黄色）方面，痕量元素硫和磷可能发挥着重要作用。能量以多种形式为化学反应提供动力，例如木星自身内部的热量、太阳紫外辐射、木星磁层中的极光以及云中闪电的放电等（见 5.7 节）。

对于木星大气层的带状结构，天文学家将其描述为由一系列横跨木星的浅色区（zone）和深色带（belt）组成。在一年中，浅色区和深色带的纬度与强度均发生改变，但是总体形态始终保持不变。这些变化似乎由木星大气层中的对流运动导致（如 5.3 节所述，每当冷气体覆盖在热物质上方时，对流就会发生）。旅行者号的传感器发现，各浅色区位于上行对流之上，各深色带则是下行对流部分（物质通常在下沉），如图 7.8 所示。因此，浅色区是高压区域（下方为上升物质），深色带则是低压区域。但是在卡西尼号飞掠期间，观测结果却对这一标准观点提出了挑战，暗示着上行对流实际上仅限于深色带内。目前，对于旅行者号与卡西尼号的观测结果之间的不一致，行星科学家尚未给出明确的解释。

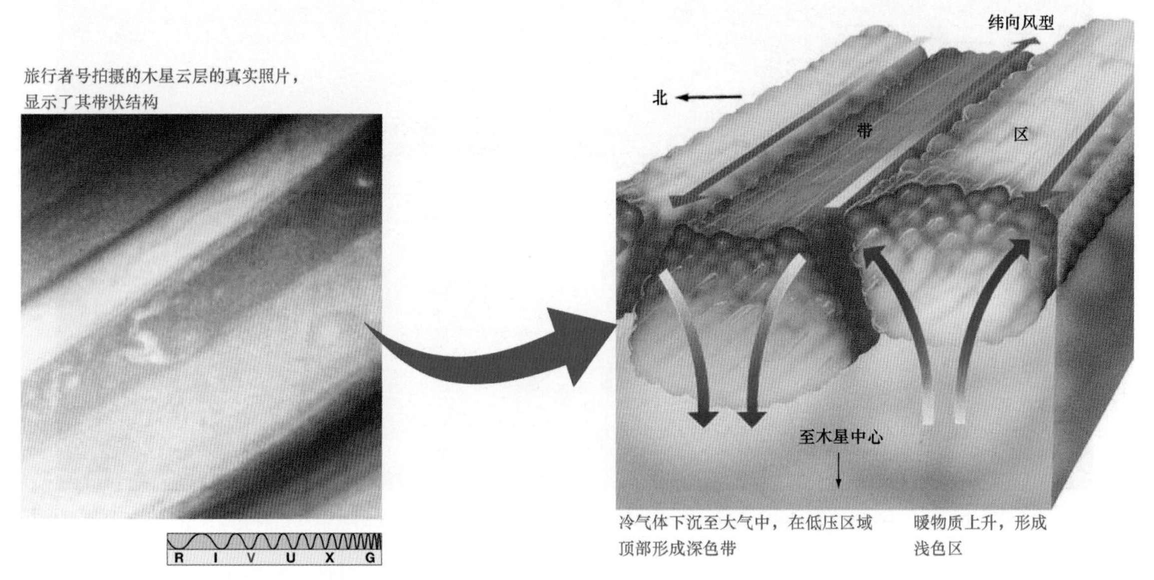

图 7.8 木星的对流。在木星的大气层中，彩色云带与垂向对流运动相关。就像在地球上一样，风趋向于从高压区域吹向低压区域，木星的快速自转将这些风引导成东西向流动形态，如深色带和浅色区顶部的三个黄色-红色渐变箭头所示（NASA）

在木星上，这些深色带和浅色区相当于地球上控制天气的常见高压-低压系统，但是与地球系统存在着一种重要差异，即木星的快速较差自转导致这些系统始终环绕在木星周围，而不形成局部环流风暴（像在地球上一样）。由于存在压力差，这些深色带和浅色区在木星大气层中的高度略有不同。云的化学性质对温度非常敏感，两个高度层之间的温差是形成不同颜色的主要原因。

这些云带之下存在一种明显稳定的东西风形态，称为木星的纬向流（zonal flow）。在木星大气层中，赤道区域比木星的整体自转速率更快，东向平均流速约为500km/h，类似于地球上的急流（jet stream）。高纬度区域存在西向流和东向流的交替区域，分别对应于深色带和浅色区这两种形态。由赤道至两极，流速逐渐降低。在两极附近，纬向流消失，带状结构也不复存在。

7.4.2 大气层结构

木星云分散排列在若干云层中，白色氨云通常覆盖在彩色云层之上，稍后将讨论其组成。氨云之上是稀薄的雾霾层，由地球上形成烟雾的类似化学反应形成。当观察木星的颜色时，其实是向下查看木星大气层中的许多不同深度。

图7.9是基于观测和计算机模型绘制的木星大气层。由于木星缺乏作为测量高度参考面的固态表面，科学家通常将对流层顶（包含云的湍流区域）的高度值定为0km。以这一高度面为零点，对流层中彩色云层的高度值均为负值。类似于其他行星，木星上的天气形成于对流层中的大气对流。雾霾层位于木星对流层的上边缘，这一高度面的温度约为110K。在对流层之上，就像在地球上那样，当大气吸收太阳紫外光时，温度随之升高。

在雾霾层之下-30km高度的位置，漂浮着一绺绺白色氨冰云，该云层的温度为125K～150K。在氨云之下数十千米处，温度略高（高于200K），云主要由硫氢化铵的液滴或晶体（氨和硫化氢发生化学反应而生成）组成。更深的云层是水冰（或水蒸气）云，这一最低云层的顶部在木星的可见光图像中不可见，位于对流层顶之下约80km处。

1995年12月，伽利略号大气探测器成功抵达木星，但是仅存活了约1小时，然后在-150km高度处（刚好位于图7.9底部）被大气压损毁。如图7.10所示，该探测器的进入位置位于木星的赤道带，无巧不成书，此位置刚好与一个几乎没有上部云层且含水量非常低的非典型空洞重合。但是，若考虑到这些因素，则伽利略号的发现（关于风速、温度和组成）与前面的描述完全一致。

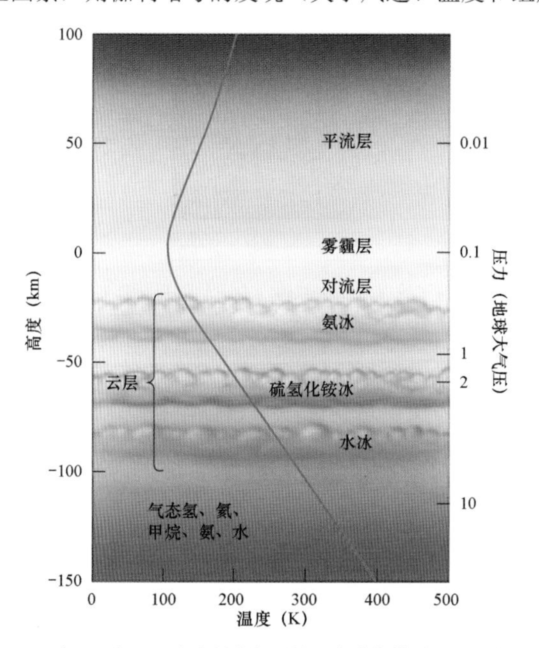

图7.9 木星大气层。由木星大气层的垂直结构模型可知，木星云层分布在三个主要云层中，每个云层的颜色和化学性质都差异巨大。白色区域是上层氨云的顶部；黄色、红色和棕色与第二个云层相关，由硫氢化铵冰组成；最低的浅蓝色云层是水冰。蓝色曲线显示了木星大气层的温度如何随高度不同而改变（请与地球对比，参见图5.5）

图7.10 伽利略号进入木星的位置。1995年12月7日，伽利略号大气探测器进入木星云层，照片上的箭头显示了进入位置。在殒没之前，该探测器进行了多次天气测量，并将这些信号传输给在轨道上运行的母船，最后由母船将信号转发回地球（NASA）

7.4.3 木星上的天气

除了大尺度纬向流，木星还有许多小尺度天气形态，典型例子如大红斑（见图 7.11）。观测记录表明，大红斑以各种形式持续存在了 300 多年，且很可能更古老。旅行者号和伽利略号的观测结果显示，大红斑是一个周而复始不停旋转的风区，类似于海洋漩涡或者陆地飓风，属于巨型永续性大气风暴。科学家认为，大红斑的颜色可能缘于其巨大的体量和强度，使其云层顶部抬升并高出周围云层，太阳紫外辐射在此引发化学反应，进而产生了人们目前观测到的颜色。大红斑的长度会动态地改变，平均值约为 25000km。大红斑围绕木星自转的速率与木星内部相似，说明其根部位置远低于大气层。天文学家认为，大红斑由木星的大尺度大气运动维持（以某种方式）。大红斑以北的纬向运动自东向西，以南的纬向运动自西向东（见图 7.11），与大红斑受纬向流限制和驱动的观点相符。在大红斑边缘，湍流涡不断形成，随后逐渐漂移离开。但是，中心位置的外观保持平静，类似于地球上飓风的风眼。

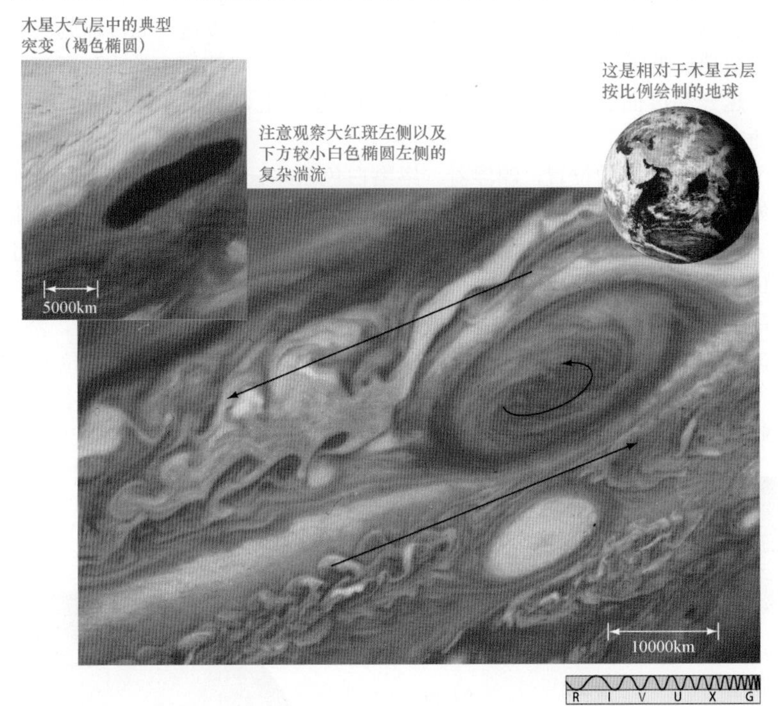

图 7.11 木星上的大红斑。从约 100000km 的高空，旅行者 1 号拍摄了这张木星大红斑（右上）照片。箭头标出了大红斑上方、下方和内部的气流方向（NASA）

旅行者号任务发现了大量明显也属于循环风暴系统的小斑，典型例子如许多木星图像中可见的白色椭圆（如图 7.11 中大红斑的南侧所示），云层顶部较高使得这些区域呈白色。图 7.11 中的白色椭圆已知至少存在了 80 年。插图显示了一个褐色椭圆，这是上覆云层中长期存在的孔洞，由此能够俯瞰低层大气。在卡西尼号拍摄的木星图像中可看到更多椭圆风暴系统（颜色或深或浅），如图 7.3 所示。

在图 7.8 所示的简化图中，由于木星自转将风偏转为东向（或西向）气流，风向在相邻云带之间交替变化。这张图片过于粗糙，无法描述在木星大气层中观测到的许多细节。更可能出现的情况如下：木星大气层中的对流与木星的快速较差自转相互作用，将最大涡流引入观测到的纬向形态中，但是较小涡流（如大红斑和白色椭圆）则趋向于导致流动中的局部不规则性。

20 世纪 90 年代末，天文学家观测到了木星大气层中三个相对较小白色椭圆的碰撞与并合。几年后，由此形成的更大椭圆始终呈白色。但是在 2006 年年初，该椭圆由白色变为棕色，然后又变为红色，几个月后就变成了小型大红斑。并合与生长很可能是类木行星上大型风暴的形成和增强机制。但是，婴儿红斑并未存活太长时间，由图 7.12a 中的哈勃图像时间序列可知，在 2008 年的几个月内，小红斑就被大红斑的漩涡风撕裂。顺便说一下，图 7.12a 中图框底部的大白色椭圆也形成于类似的过程（20 世纪 30 年代），但其稍大且距离大红斑更远，所以依然存留至今。

这些观测结果或许有助于解释木星上风暴系统的寿命。地球上的大型风暴（如飓风）形成于海洋上空，存活周期可能长达数天，但是遇到陆地就会迅速消亡，因为陆地会破坏维持该风暴的能量供应和流动形态。木星上不存在大陆，所以风暴一旦形成并达到较大规模（其他风暴系统无法破坏），就很少受到影响。虽然如此，若遇到其他风暴，仍然可能造成一定的损失。如图 7.12b 所示，自从开始详细测量以来，大红斑就一直在稳步缩小，或许归因于这些相互作用。

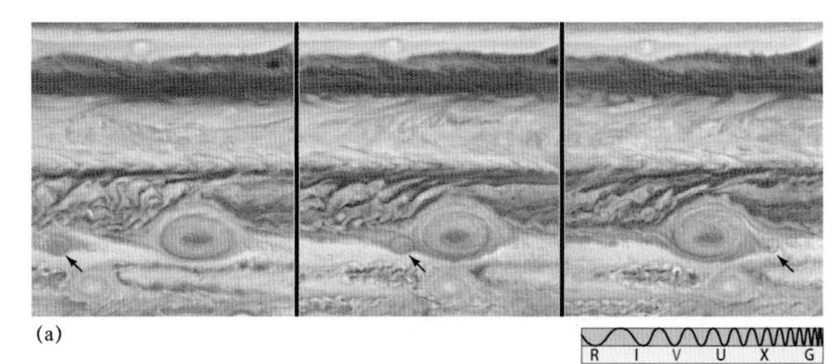

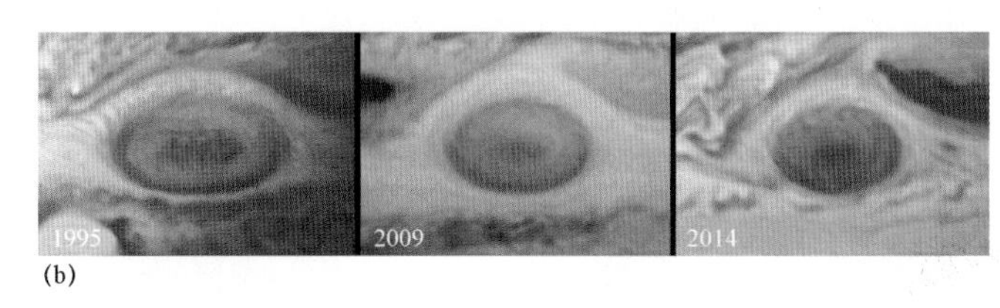

图 7.12 红斑的演化。(a)2008 年中期，在哈勃太空望远镜记录的这一系列图像（每月一张，从左到右）中，“婴儿红斑（箭头）”逐渐接近大红斑并被其摧毁；(b)或许由于这种相互作用，自从详细观测开始以来，红斑的大小就一直在稳步减小。据估计，19 世纪末的长度为 40000km。1979 年，旅行者 1 号测得的长度为 23000km。哈勃太空望远镜的这些观测结果表明，该红斑 1995 年为 21000km 长，2009 年为 18000km 长，2014 年为 15000km 长（NASA）

7.5 外层类木行星的大气层

7.5.1 土星大气层

土星并不像木星那样色彩缤纷。图 7.13a 显示了平行于赤道的黄色和棕褐色云带，但这些区域显示的大气结构少于木星云带。土星云层缺乏明显的大斑（或椭圆）装饰物。风暴确实存在，但是缺少木星上那种能够区分风暴的颜色变化。图 7.13b 是目前分辨率最高的土星图像，由 100 多张真彩色照片镶嵌而成，显示了清晰但却细微的云层结构。

光谱研究表明，土星大气层由氢分子（92.4%）和氦分子（7.4%）组成，并含有微量甲烷和氨。氢和氦占主导地位（类似于木星），但是土星上的氦含量远低于木星。在外层类木行星的形成过程中，不太可能优先剥夺土星上近半数的氦，或者缺失的氦以某种方式从土星上逃逸，但却同时留下氢。据天文学家推测，在土星过去的某段时间，氦发生液化，然后向土星中心下沉，导致外层气体含量降低。这种气态-液态转化的原因将在 7.6 节中讨论。

图 7.14 描绘了土星大气层的垂直结构，许多方面与木星大气层（见图 7.9）相似，但是由于距离太阳更远，所以整体大气温度略低。类似于木星，土星的对流层同样包含三个不同的云层，组成分别为氨冰、硫氢化铵冰和水冰（按深度递增顺序）。云层之上是雾霾层。

在土星大气层中，三个云层的总厚度大致为 250km（约为木星上云层厚度的 3 倍），每个云层均厚于木星上的对应云层。之所以存在这种差异，主要原因是土星的引力较弱。对于雾霾层而言，木星引力场几乎是土星引力场的 2.5 倍，因此木星大气层被强力拉向木星中心，各云层更紧密地挤压在一起。

土星云层的各种颜色（以及土星整体的黄色）很可能形成于与木星相同的基本光化学过程。但是由于土星的云层更厚，而且顶层的孔洞和缝隙更少，结果导致很少能够看到色彩更丰富的更深云层。由于只能看到最顶层，因此土星的外观变化较小。

图 7.13　土星近景照片。(a)在旅行者 2 号拍摄的这张照片中，土星大气层的带状结构清晰可见，三颗卫星出现在底部，第四颗卫星（此处不可见）在云层顶部投下黑色阴影；(b)2004 年，卡西尼号拍摄了这张照片，实际上由许多真彩色照片镶嵌而成（NASA）

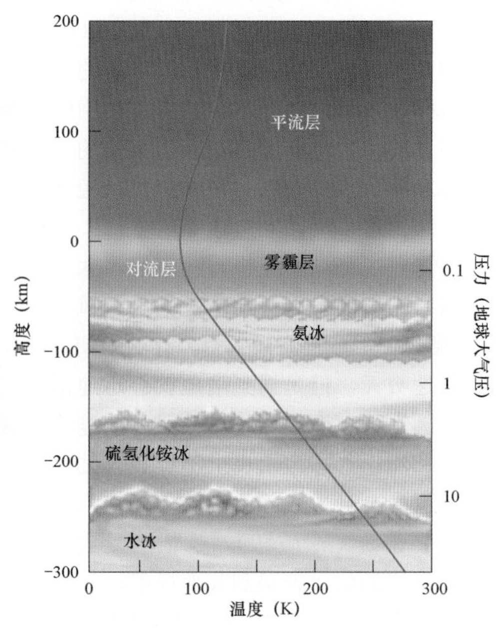

图 7.14　土星大气层。土星大气层的垂直结构包含几个云层（类似于木星），但土星较弱的引力导致云层更厚且外观更均匀

7.5.2　土星上的天气

在土星的计算机增强图像中，清晰地显示了各个云带、椭圆风暴系统和湍流形态，外观大多与木星上的对应体非常相似。此外，土星上存在一个明显相当稳定的东西纬向流，但是风速远大于木星上的风速，并且显示出较少的东西向交替。赤道东向急流的速度可达 1500km/h。对于木星和土星的流动形态存在差异的原因，天文学家并不完全理解。

图 7.15a 是某一土星风暴系统的图像序列，由卡西尼号于 2011 年拍摄。该风暴刚出现时是一个小白斑（标记在第二帧中），随后快速发育成完全环绕土星的云带。天文学家认为，当上升的暖气流穿透上部各冷云层时，所形成的氨冰发生结晶而形成了白色外观。由于这些晶体刚刚形成，尚未受到着色土星其他云层的化学反应影响。与木星大红斑周围的湍流相比，这个白斑内部（及周围）的湍流形态存在很多相似之处。即便在可见光波长下从视图中消失后，该风暴的猛烈程度在红外波段中仍然非常明显（见图 7.15b）。通过对暂时性大气现象的常规观测，科学家对外层类木行星的大气层动力学有了更深入的了解。

这些大型复杂风暴可能相当于地球上的雷暴（但其尺度与整个地球相当）。卡西尼号探测器测到的与其相关的射电波强烈爆发，很可能产生于云层顶部深处的强雷电放电。类似于地球，闪电由对流和降水（水和氨雨）提供动力，但爆发强度比地球上的任何闪电都要高出数百万倍。据天文学家猜测，这些风暴实际上可能是植根于土星大气层深处的长期现象（或许有点像木星上的大红斑），但通常隐藏在上部云层之下。它们偶尔爆发，生成外部可见的明亮羽状物。

图 7.16 显示了卡西尼号拍摄的另外两个风暴系统（土星极地涡旋），行星科学家对其非常感兴趣。利用轨道飞行器拍摄的近景图像，科学家能够以前所未有的清晰度来研究这些系统。多个小型风暴环绕在北极涡旋周围（见图 7.16a），而且都被限制在一个奇特的六边形急流范围内，人们至今仍然不完全理解其成因。地球大小的南极涡旋（图 7.16b）是与飓风相似的风暴，中心存在高约 50km 的风眼墙。如第 6 章所述，金星快车非常详细地测绘了金星上的南极涡旋（见 6.3 节）。通过比较具有不同

大气层、轨道及自转性质的各行星（如金星、地球和土星）中的极地涡旋，天文学家获得了极为难得的比较行星学机会。

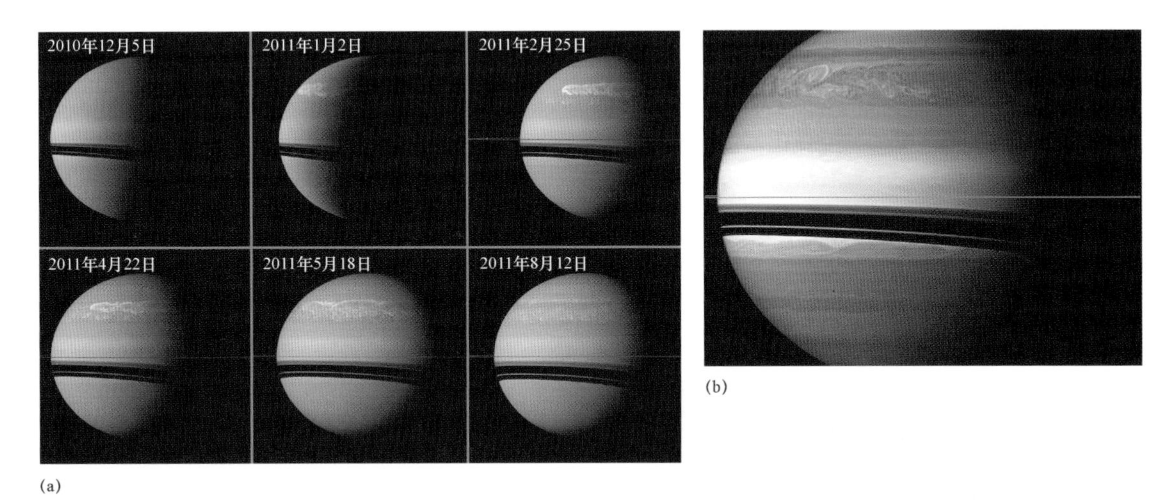

图 7.15 土星上的风暴。(a)2011 年，卡西尼号土星探测器观测到了这场巨大风暴。当在北半球翻腾时，该风暴留下了一条环绕土星的尾巴；(b)该风暴在可见光下从视图中消失后，红外观测继续显示其活动（NASA）

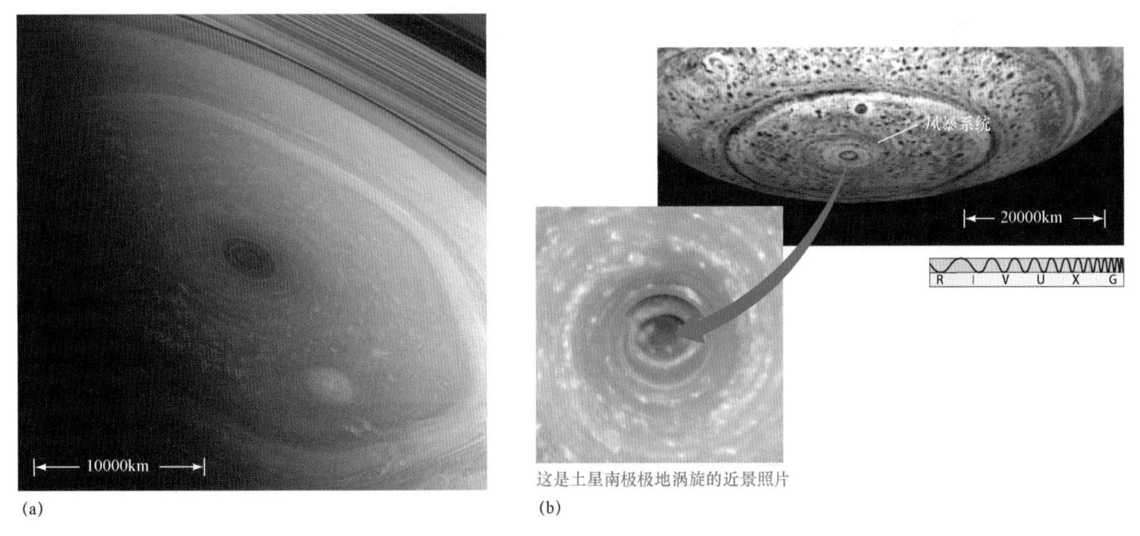

图 7.16 土星的极地涡旋。卡西尼号拍摄的这些图像显示了土星两极的巨大漩涡，显然是急流环绕土星的结果。(a)北极涡旋，经过色彩增强处理，蓝色土星环位于背景中；(b)南极涡旋，红外波段（NASA）

概念回顾

列出木星上的深色带和浅色区与地球上的天气系统之间的部分异同。

7.5.3 天王星和海王星的大气层

在组成上，天王星和海王星的大气层与木星的大气层非常相似，含量最高的气体是氢分子（84%），其次是氦分子（约 14%）和甲烷（海王星约 3%，天王星约 2%）。在这两颗行星的大气层中，目前尚未观测到任何重要数量的氨，最可能的原因是这些行星的大气温度较低，氨以晶体形式存在，难以在光谱上检测到（与气态氨相比）。

由于甲烷占比相对较高，所以外层类木行星的外观呈蓝色。甲烷能够非常有效地吸收波长较长的红光，导致这些行星的大气层反射的太阳光缺乏红色及黄色光子，从而呈现蓝绿色或蓝色。甲烷的含量越高，反射的光就越蓝。因此，天王星（甲烷含量较低）的外观呈蓝绿色，海王星（甲烷含量较高）的外观明显呈蓝色。

7.5.4 天王星和海王星上的天气

旅行者 2 号仅探测到天王星上的部分大气特征，且这些特征在大范围计算机增强处理后才可见。天王星的寒冷高层大气中几乎不存在云，各种类型的云（木星和土星上的那种）仅在温度更高的低层大气中才能发现。因此，为了查看流动形态的结构、云带和色斑（可表征其他类木行星），必须要深入观测天王星大气层的内部，而在天王星平流层雾霾的干扰下，这些特征大部分不可见。图 7.17a 和图 7.17b 显示了天王星上大气特征的部分最佳图像，包括环流云、大规模天气事件、独特对流特征和一个暗斑（地球大小）。图 7.17c 和图 7.17d 显示了在天王星周围移动的大气云和流动形态，移动方向与天王星的自转方向相同，风速为 200～500km/h。

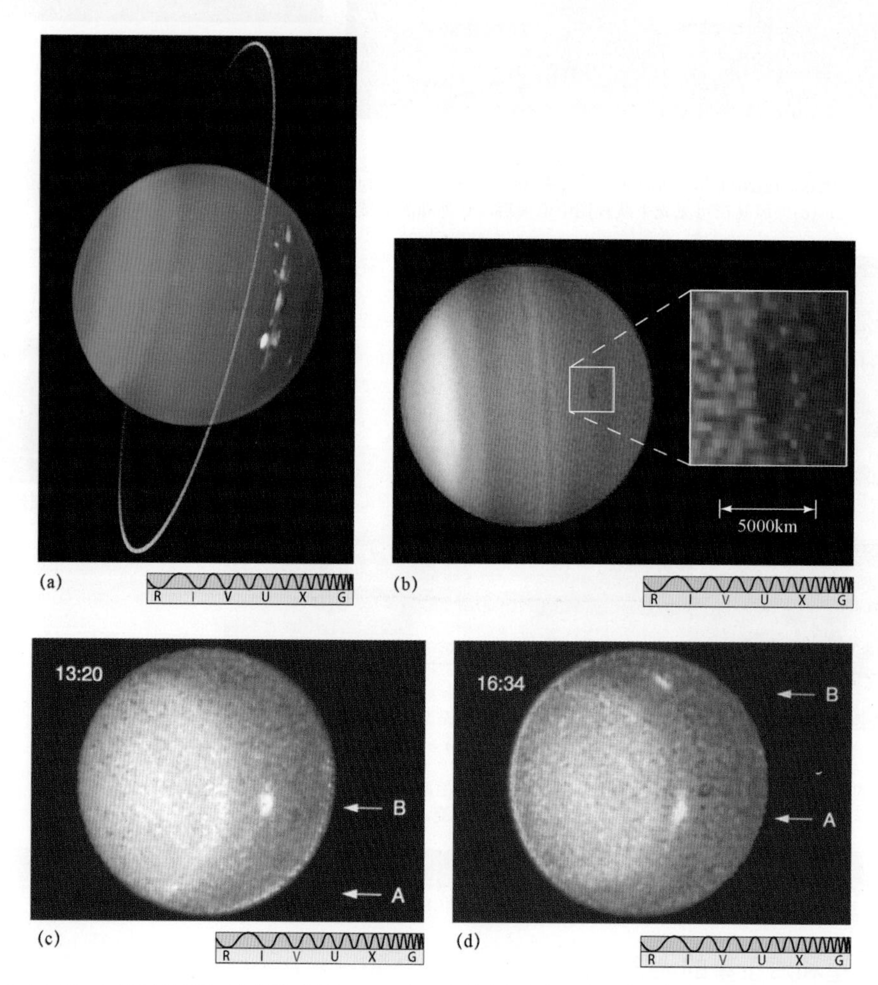

图 7.17 天王星大气层。(a)这幅天王星红外图像成像于 2004 年，在夏威夷凯克天文台的一个特别晴朗的夜晚由自适应光学系统拍摄，显示了前所未有的大气细节和纤细的环；(b)2006 年，哈勃太空望远镜拍摄到了天王星上的罕见暗斑；(c)和(d)计算机增强后的哈勃图像，拍摄时间相隔约 4 小时，显示了天王星南半球的两朵明亮云（标记为 A 和 B）的运动，使天文学家能够跟踪天王星的自转（L. Sromovsky and P. Fry; NASA）

与天王星相比，海王星虽然距离太阳更远，但是内部热量（见 7.6 节）导致高层大气的实际温度更高，这可能就是海王星的大气特征更容易看到的原因（见图 7.18a）。额外的温暖导致海王星的平流层雾霾更薄，且云层的密度更低，使其位于大气层中的更高层位。

在海王星主云层顶部之上约 50km 处，旅行者 2 号探测到了大量白色甲烷云（部分参见图 7.5）。海王星上的赤道风自东向西吹，与海王星内部之间的相对速度超过 2000km/h。为何如此寒冷的行星有如此快速的风？为何相对逆行于行星内部的自转方向（自西向东）？答案依然是个谜。

海王星上存在几个风暴系统，外观与木星上的风暴系统相似，且可能由相同的基本过程生成和维持。1989 年，旅行者 2 号发现了海王星上的最大风暴——大暗斑（Great Dark Spot），如图 7.18b 所示。大暗斑的大小与地球相当，位于海王星赤道以南约 20°处，与木星上的大红斑极其相似。大暗斑还具有与木星大红斑相同的其他特征。大暗斑周围的气流逆时针方向移动，在与大暗斑相关的风与其南北部纬向流相互作用的位置似乎出现了湍流。但是，天文学家并未获得太长时间来研究大暗斑的性质，20 世纪 90 年代中期，当哈勃太空望远镜的海王星详细观测结果提供使用时，大暗斑已经消失（见图 7.18a）。大致在同一时间，海王星北半球出现了一个大小相当的新暗斑。目前，对于类木行星上大型风暴系统的起源和生命周期，人们仍然不是很清楚。

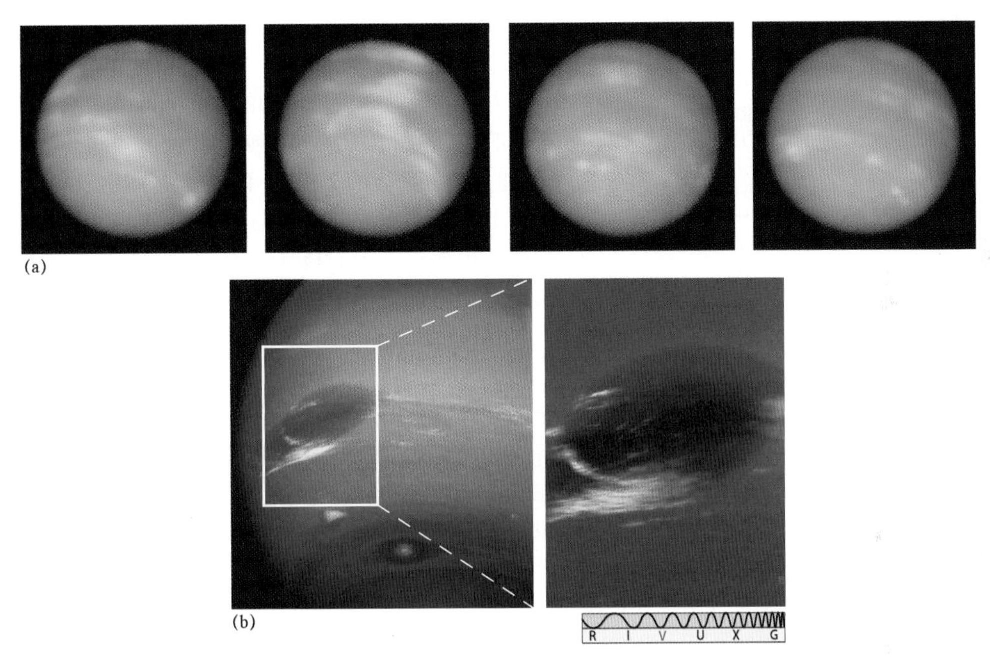

图 7.18　海王星上的大暗斑。(a)这幅海王星全景图像成像于 2011 年，由哈勃太空望远镜以约 4 小时的间隔拍摄。由于在红外波段成像，云特征（主要是甲烷冰晶）呈品红色，但在可见光中呈白色；(b)旅行者 2 号拍摄的海王星大暗斑的近景照片，显示了海王星大气层中的一个大型风暴系统，结构可能与木星上的大红斑相似。整个大暗斑的大小大致相当于地球（NASA）

概念回顾

与其他类木行星相比，为什么天王星上的大气特征极不明显？

7.6　类木行星内部

类木行星上的可见云层厚度均不到几百千米，对于距离如此遥远的行星，我们如何确定其不可见内部（云层之下）的状况呢？我们既没有与这些区域相关的地震信息（但可参见发现 7.2），又没有碰巧生活在与其相似（或多或少）的可类比行星上，因此必须利用每颗行星的所有可用海量数据，并结合自己的物理和化学知识，构建与观测结果相符的内部模型（见 0.5 节）。因此，当描述类木行星内部时，实际描述对象是最符合事实的模型。如全书所述，为了解释无法直接探测的遥远天体的数据，天文学家严重依赖模型构建，通常需要强大的计算机作为辅助工具。

7.6.1 内部结构

如图 7.19 所示，木星大气层的温度和压力都随深度加深而增大。在数千千米深处，气体逐渐转化为液态。在约 20000km 深处，压力约为地球表面大气压的 300 万倍。在这些条件下，炽热液态氢被极大地压缩，随后转化为金属态。金属氢的各种性质与地球上的一些液态金属非常相似，作为一种极佳的电导体，对木星的磁场而言特别重要。

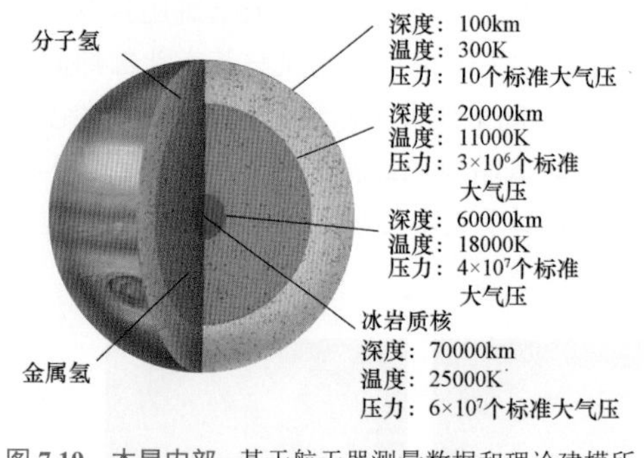

图 7.19　木星内部。基于航天器测量数据和理论建模所推测的木星内部结构，压力和温度随深度加深而增大，大气层在最外层几千千米处逐渐液化。在 20000km 之下，氢的性质类似于液态金属。木星中心存在岩质核（红色区域），这个核大于任何类地行星的核

木星自转产生了强大的外向推力，导致赤道位置出现了明显的隆起——木星的赤道半径（见表 7.1）超过两极半径近 7%。但详细计算结果表明，若木星仅由氢和氦组成，则其应当比观测结果更扁平。实际扁平度说明存在一个致密的核，其质量可能为地球的 10～20 倍。木星核的确切组成未知，但许多科学家认为其组成物质与类地行星相似，即熔融（或许半固态）岩石。由于木星中心的压力十分巨大（约为地球表面压力的 5000 万倍，或者地球中心压力的 10 倍），因此木星核必定会被压缩到非常高的密度（可能为地核密度的 2 倍），直径可能不超过 20000km。

土星的基本内部结构与木星的相同，但相对比例不一样：虽然致密中心核（再次基于行星的两极扁平度研究进行推测）类似（质量约为地球的 15 倍），但是土星的金属氢层更薄。由于质量更小，土星核的温度、密度和压力都不如木星核那样极端。土星中心的压力约为木星中心的 1/10，与地球中心的压力相差不大。

天王星和海王星的内部压力足够低，以至于氢始终以分子形式进入行星核。目前，天文学家从理论上进行推测，认为在天王星和海王星的云层之下深处，可能存在高密度的泥泞内部，包含高度压缩的较厚水云层。这两颗行星的大部分氨也可能溶解在水中，生成一个较厚的导电层，这可以解释它们周围的磁场。但是，由于目前对内部结构的了解还不够，人们尚无法评估这种观点的正确性。

天王星和海王星的核主要基于密度进行推测。由于质量较低，我们应当会预期天王星和海王星内部的氢与氦不会像两颗较大类木行星那样被压缩，但是，实际上，天王星和海王星的平均密度要大于土星的密度，而与木星的密度相似。天文学家认为，这意味着天王星和海王星的核均为地球大小，且质量约为地球的 10 倍，组成与木星和土星的核相似。

图 7.20 汇总了人们目前对四颗类木行星内部结构的了解。大幅扩展木星内部知识的下一次太空任务是 NASA 的朱诺号探测器，该探测器于 2011 年 8 月发射，2016 年 7 月进入木星轨道。为了研究木星的内部结构，朱诺号从极地轨道测绘了木星的重力和磁力，同时观测了木星大气层的组成和环流。

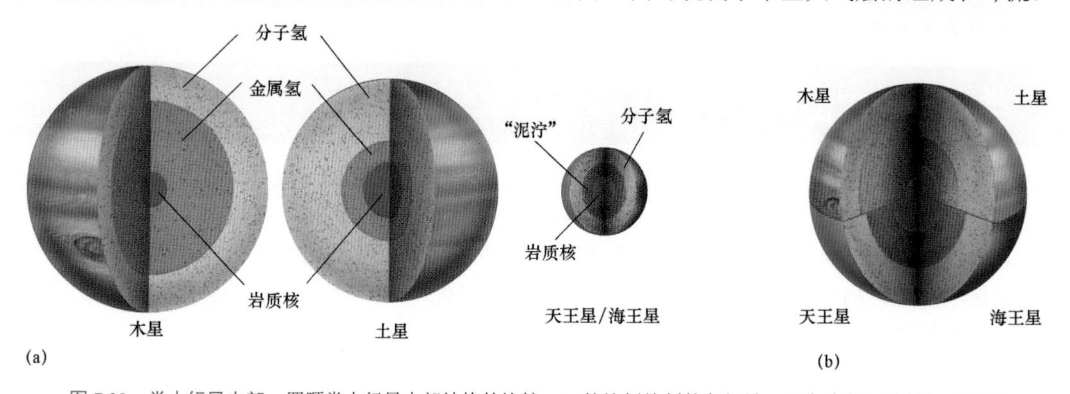

图 7.20　类木行星内部。四颗类木行星内部结构的比较。(a)按比例绘制的各行星；(b)各内部区域的相对比例

7.6.2 磁层

快速整体自转与其内部的高导电性广阔流体区域相结合，使得木星成为迄今为止太阳系中磁场最强的行星（见 5.7 节）。木星云层顶部的磁场强度约为地球的 14 倍，但是若考虑到木星的半径，则意味着其内部磁场强度约为地球的 20000 倍。木星周围环绕着充满大量高能带电粒子（主要是电子和质子）的超级海洋，与地球上的范艾伦带（Van Allen belt）有些类似，但是体量要大得多。航天器的直接测量结果表明，木星磁层的宽度（从北到南）近 3000 万千米，体积约为地球磁层的 100 万倍，甚至远大于整个太阳。所有 4 颗伽利略卫星均位于磁层范围内。

在朝向太阳一侧，木星磁场对太阳风的影响边界距离木星约 300 万千米。但是在另一侧，磁层的长磁尾远离太阳延伸，至少达到土星轨道那么远（约 4AU，即 6 亿千米），如图 7.21 所示。在木星附近，磁场将粒子从磁层引导至高层大气，形成比地球极光（见 5.7 节）规模更大且能量更高的极光（见图 7.22）。

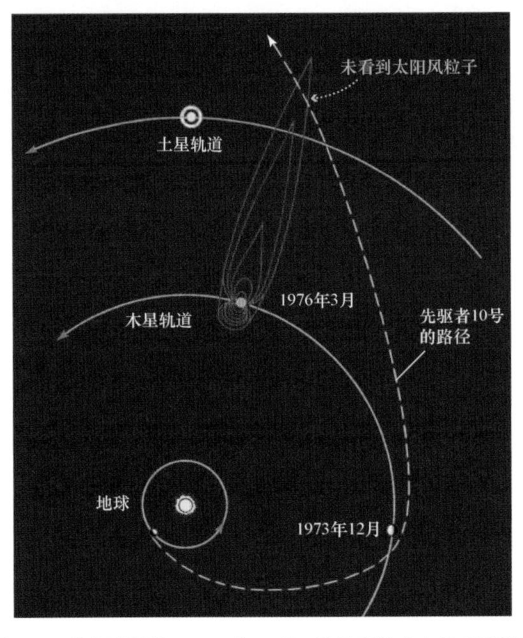

图 7.21 先驱者任务。1976 年 3 月，当远离并在木星后面移动时，先驱者 10 号航天器（旅行者任务之前的先行者）并未探测到任何太阳粒子，表明木星磁层的尾部（红色）延伸到了土星轨道之外

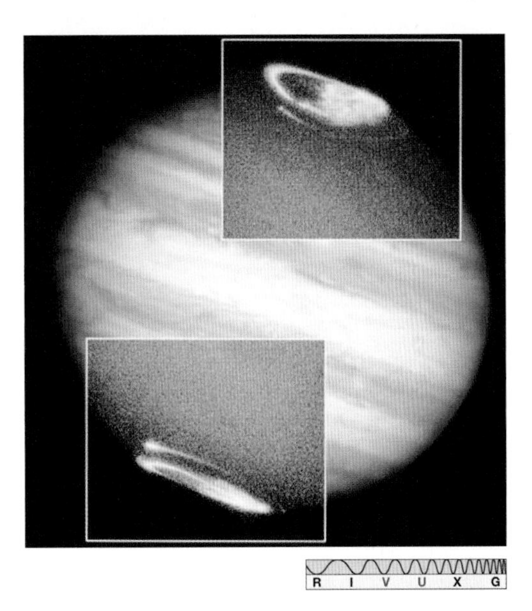

图 7.22 木星上的极光。由哈勃太空望远镜拍摄，主图像（底层）是可见光（真彩色）图像，极地区域的两幅插图是紫外图像。椭圆形极光从木星表面向上延伸数百千米，形成原因是带电粒子逃离木星磁层，撞击大气而导致的气体发光（见图 5.24）（NASA）

由于具有内部导电性和快速自转特征，土星也产生强磁场和大范围磁层。但是，由于金属氢区域的质量要小得多，因此土星云层顶部的磁场强度仅约为木星的 1/20。土星磁层朝向太阳延伸约 100 万千米，体积大到足以容纳土星的光环系统及其大部分卫星。

旅行者 2 号发现，与土星和地球的磁场相比，天王星和海王星的磁场都相当强。考虑到这两颗行星的半径，人们发现其内部磁场强度仅为土星的百分之几（或者地球的 30～40 倍）。这两颗行星都具有相当大的磁层，主要由从太阳风中俘获（或从之下各行星逃逸的氢气产生）的电子和质子组成。图 7.23 比较了地球和四颗类木行星的磁场结构，条形磁铁的位置和方向表示观测到的行星磁场，大小表示整体磁场强度。注意，天王星和海王星的磁场与其自转轴不对齐，且明显偏离了行星中心，天文学家不清楚为何如此。

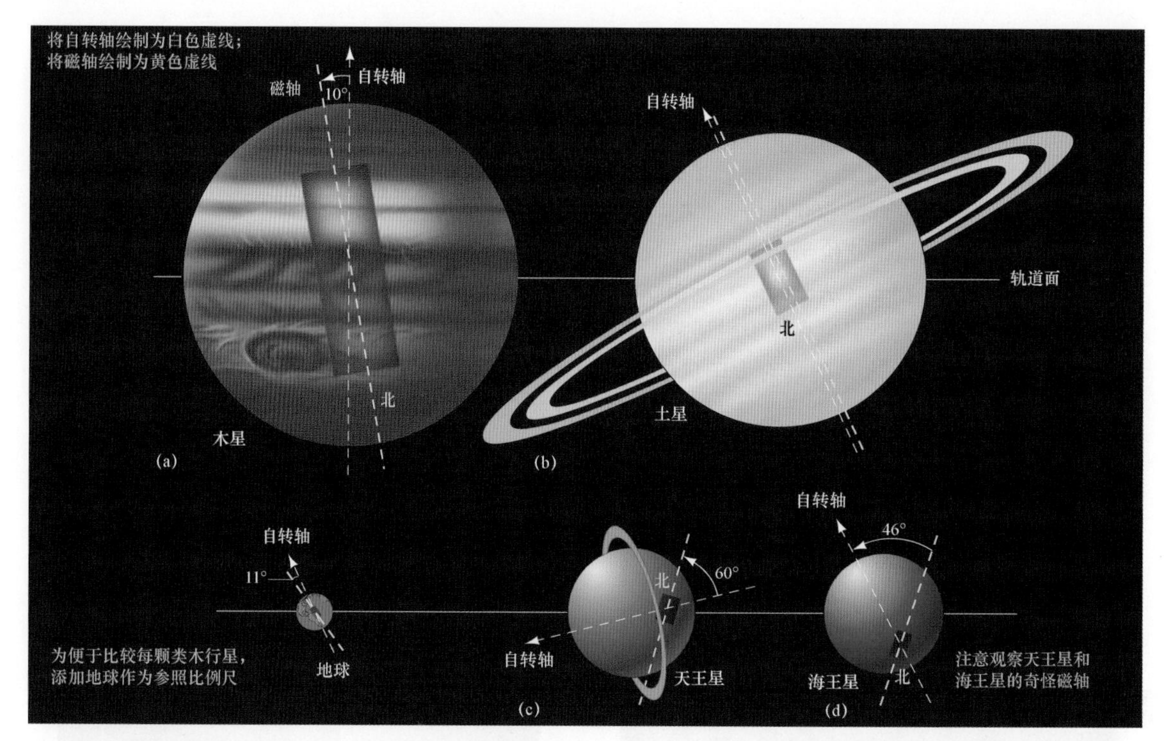

图 7.23 类木行星的磁场。四颗类木行星的磁场强度、方向和偏移之比较。这里将磁场简单描绘为条形磁铁，磁铁的大小和位置表示行星磁场的强度和方向

7.6.3 内部加热

基于木星与太阳之间的距离，天文学家预测木星云层顶部的温度约为 105K，并推测在这一温度下，木星应当会向太空中辐射与从太阳接收的能量相等的能量。但是，木星的射电和红外观测揭示了一个黑体光谱，与温度 125K 相对应，意味着（根据斯特藩定律）木星发射的能量约为以太阳光形式到达这颗行星时的 2 倍［$(125/105)^4 = 2$］（见 2.4 节）。

据天文学家推测，木星过剩能量的来源是其形成时遗留的热量（见 4.3 节）。在遥远的过去，木星内部可能比现在热得多（但尚不足以让木星成为像太阳那样的恒星），早期热量正在通过厚重的木星大气层缓慢地向外渗漏，导致产生当前可观测的过量发射。

红外测量结果表明，土星也存在内部能量源。土星的云层顶部温度为 97K，远高于土星应当重新辐射从太阳接收的所有能量的温度。实际上，土星的辐射能量几乎是其吸收能量的 3 倍，但是木星过量发射的解释并不适用于土星。土星比木星小，所以冷却速度必定特别快，很久以前即足以耗尽最初的热量供应。那么问题来了，土星内部何以产生这种额外的热量？

对这种奇怪状况的解释同时也能解释土星大气层中氦气为何不足。在木星内部的温度和高压下，液态氦溶解在液态氢中；土星的内部温度较低，氦不太容易溶解，而倾向于形成液滴（厨师应当很熟悉以下基本现象：与低温液体相比，原料在高温液体中更易溶解）。土星最初可能含有相当均匀的氢氦混合物，但是氦趋向于从周围的氢中凝结出来，类似于水蒸气从地球大气层中凝结出来并形成液态喷雾。在土星的低温外层，氦的凝结数量最大，那里的液态喷雾在约 20 亿年前变成了雨。从那以后，液氦小阵雨就一直下个不停，随后落入土星内部。这种氦雨是耗尽外层大气中氦含量的原因。

当氦朝向土星中心下沉时，土星引力场对其进行压缩和加热，由此释放的能量是土星内部加热的来源。在遥远的未来，氦雨终将停止，土星届时将持续冷却，直至最外层的辐射能量仅等于从太阳接收的能量。当这种情况发生时，土星云层顶部的温度将达到 74K。

科学过程回顾

为什么数学建模对于理解类木行星的内部结构至关重要？

天王星明显没有内部能量源，向太空中辐射的能量等于从太阳接收的能量。天王星从未经历过氦雨，最初热量很早以前就流入了太空。非常奇怪的是，虽然其他特征与天王星类似，但是海王星确实具有内部热量源——向太空中辐射的能量约为从太阳接收的能量的 2.7 倍。具体原因尚未确定，不过有些科学家认为，海王星相对较高的甲烷浓度产生了隔热效果，有助于维持其最初的内部高温。

发现 7.2　彗星撞击

1994 年，当舒梅克-列维 9 号（Shoemaker-Levy 9）彗星与木星相撞时，天文学家获得了研究木星大气层及其内部的一种罕见替代方法。这颗彗星发现于 1993 年，具有由几大块组成的独特扁平核，最大块的宽度不超过 1km，如插图(a)所示。通过回溯追踪其运行轨道，研究人员发现这颗彗星 1992 年曾与木星擦肩而过，因此意识到图中所示天体是之前正常彗星的若干碎片，形成于被木星俘获，并被其强大引潮力撕裂（见 5.2 节）。数据还揭示了一个更为引人注目的事实，即该彗星将在下一次接近时与木星相撞。

1994 年 7 月 16 日至 7 月 22 日，许多地基和空基望远镜观测时发现，这颗彗星的碎片高速（超过 60km/s）撞击木星的高层大气，引发了一系列巨大的爆炸。每次撞击都会在几分钟内产生一个直径达数百千米的明亮火球，温度高达数千开尔文。每次爆炸释放的能量相当于 10 亿次地面核爆炸。碎片 G 是该彗星的最大碎片之一，撞击木星时形成的壮观火球如插图(b)所示。在该次撞击后的几天内，人们观测到了木星大气层受到的影响，以及整个木星内部产生的振动。

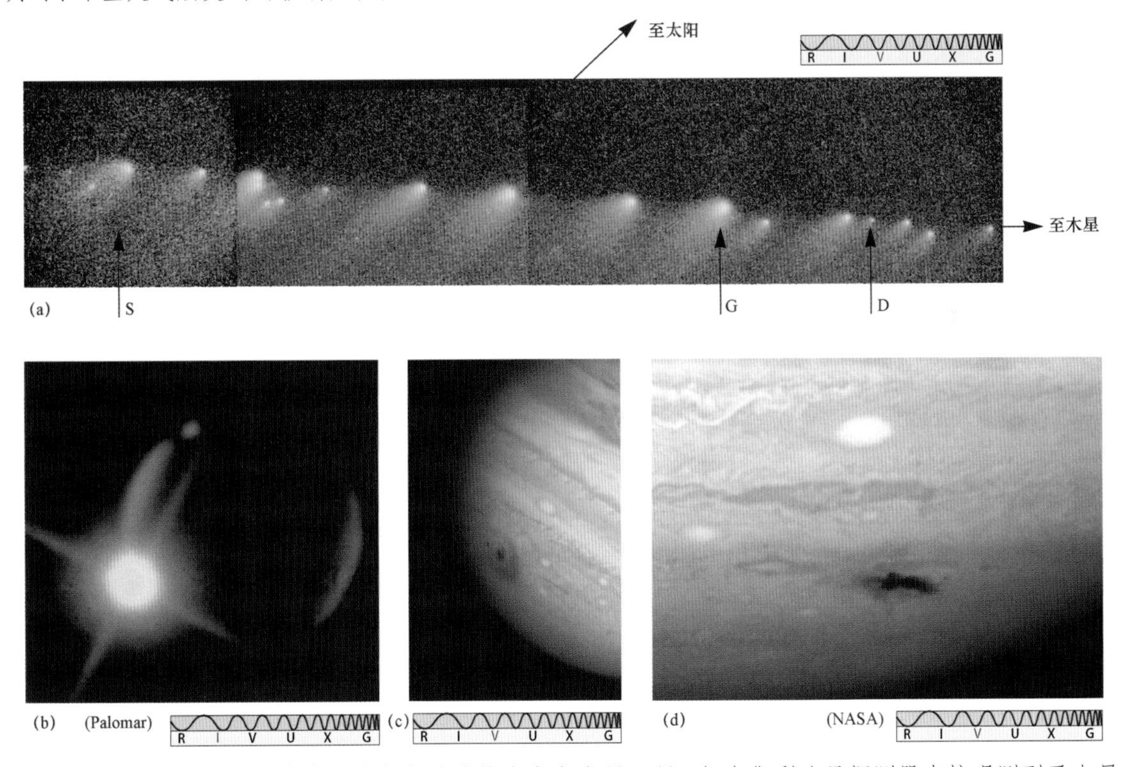

目前已经能够确定，该彗星的任何碎片均未击穿木星云层。仅有伽利略号探测器直接观测到了木星背面的撞击，在任何情况下，爆炸似乎都发生在大气层中的最高处，即云层顶部之上。水蒸气、硅、镁和铁的谱线观测结果表明，所有这些物质明显来自该彗星自身——其确实像一个松散堆积的雪球（见 4.2 节）。撞击产生的碎片［如插图(c)所示的“青肿眼眶”］在木星周围缓慢扩散，直至最终环绕整个木星，所有彗星物质沉入木星内部需要耗费好几年时间。

舒梅克-列维 9 号彗星撞击木星的科学意义远超其对木星的直接影响。自 20 世纪 60 年代以来，行星科学家越来越意识到，小型天体（小行星、彗星和流星体）与各大行星之间的碰撞在太阳系中相对常见。如前所述，对于生命而言，这种碰撞可能是灾难性的（见发现 4.1）。自从具备技术能力之后，人们有幸在数十年期间目睹了这样一个重要事件，这一事实突显了这些意外相遇可能有多么频繁，并使许多科学家更加确信行星撞击对太阳系演化的重要性。

插图 d 显示了 2009 年某颗彗星与木星的碰撞，碰撞的暴力程度与 1994 年的事件相差无几，偶然发现于舒梅克-列维 9 号彗星撞击 15 周年之际！2012 年，人们又观测到了另一次碰撞，这种碰撞正在成为行星内部相关信息的重要来源。

概念回顾

为什么所有类木行星都存在强磁场？

学术前沿问题

了解类木行星的结构和演化是理解太阳系形成的关键，但这些非常遥远的星球较好地保守着它们各自的秘密。下一代行星探测器是否会在这些星球表面之下挖得足够深，让人们能够在相互矛盾的各种理论之间进行辨别区分？或者，这一突破是否会取代利用成千上万个遥远行星系的统计数据研究系外行星来揭示地球的奥秘？

本章回顾

小结

LO1 对古代天文学家而言，木星和土星是已知的最外层行星。天王星偶然发现于 18 世纪。天王星稍微偏离开普勒轨道的数学计算结果，说明必定存在第 8 颗行星，随后发现了海王星。

LO2 与类地行星相比，四颗类木行星的质量要大得多，密度则要低得多。类木行星主要由氢和氦组成，但是都具有大而致密的核，每个核的质量约为地球的 10 倍，化学组成与类地行星的相似。类木行星的自转速率都比地球快。由于没有固态表面，它们显示出较差自转，即自转速率随纬度和云层顶部之下的深度而改变。由于某些未知原因，天王星的自转轴几乎位于黄道面内，导致其绕太阳运行时因太阳加热而产生了极端的季节性变化。

LO3 所有类木行星上的云层都排列在云带（包括浅色区和深色带）中，它们交替平行于赤道分布。云带是行星内部对流和快速自转的结果，浅色区是上涌暖流的顶部，深色带是气体下沉的寒冷区域。它们之下是一种稳定的东（西）向气流形态，称为纬向流。当向北（南）远离赤道时，风向发生改变。木星大气层由三个主要云层组成，颜色是云层顶部之下不同深度处的化学反应结果。

LO4 木星上的主要天气形态是大红斑，这是明显至少存在了三个世纪的巨大飓风。人们还观测到了其他小型大气特征，如白色椭圆和褐色椭圆。其他类木行星上也发现了类似的系统，但是在土星和天王星上不那么明显。在土星上，长期存在的风暴可能隐藏在云层之下。海王星上的大黑斑与木星上的大红斑有很多相似之处，但在旅行者 2 号发现后的几年内就消失了。由于没有固态表面来耗散能量，类木行星大气层中的风暴长期存在。

LO5 随着深度逐渐加深，类木行星的大气层变得越来越炽热和致密，直至最终变为液态。在木星和土星中，内部压力非常高，中心附近的氢以液态金属（而非分子氢）形式存在。在天王星和海王星中，这种变化（从分子氢到金属氢）显然不会发生。通过行星磁层发射的射电波，可测量行星的内部自转速率。在快速自转和导电内部的共同作用下，所有四颗类木行星都具有强大的磁场和广阔的磁层。

LO6 与从太阳接收的能量相比，三颗类木行星辐射的能量更多。在木星和海王星上，这种能量的来源很可能是行星形成时遗留的热量。在土星上，内部加热由氦雨导致，氦发生液化并形成液滴，然后坠入土星中心。这一过程也是土星外层氦含量降低的原因。

复习题

1. 天王星是如何被发现的？
2. 为什么天文学家怀疑天王星之外存在第 8 颗行星？
3. 为什么木星保留了大部分原始大气层？
4. 什么是较差自转？在木星上如何观测？
5. 为什么土星的外观没有木星那么多变化？
6. 与木星相比，土星各层（云、分子氢、金属氢和核）的厚度如何？为什么？

7. 什么是大红斑？其能量来源是什么？
8. 描述类木行星大气层中各种颜色的成因。
9. 比较各类木行星的大气层，描述这些差异如何影响每颗行星的外观。
10. 解释木星内部热源的形成理论。
11. 描述理论模型，解释土星的氦缺失和辐射热量惊人的原因。
12. 天王星的自转有何不同寻常之处？
13. 木星巨大磁场的成因是什么？
14. 与木星和土星相比，天王星和海王星的内部有何差异？
15. 若没有旅行者号、伽利略号和卡西尼号任务，你认为人类可能对外太阳系了解多少？

自测题

1. 木星的固态表面刚好位于云层之下，从地球上可以看到。（对/错）
2. 与地球相比，类木行星大气层中的风暴通常存活期更长。（对/错）
3. 在土星大气的颜色形成方面，氦元素发挥着重要作用。（对/错）
4. 木星发射的能量多于从太阳接收的能量。（对/错）
5. 虽然通常称为气态行星，但木星内部主要为液态。（对/错）
6. 海王星可能不存在岩质核。（对/错）
7. 在天王星北半球的仲夏前后，北极附近观测者应当能观测到太阳位于高空且几乎静止不动。（对/错）
8. 天王星和海王星的磁场相对于自转轴高度倾斜，且偏离行星的中心。（对/错）
9. 木星大气层的主要成分为：(a)氢；(b)氦；(c)氨；(d)二氧化碳。
10. 土星的云层远厚于木星的云层，这是因为土星：(a)质量更大；(b)密度更低；(c)磁场更弱；(d)引力更弱。
11. 土星核质量与地球质量之比约为：(a)1/2；(b)1；(c)2；(d)10。
12. 天王星的发现时间与以下时间大致相同：(a)哥伦布到达北美洲；(b)美国发表《独立宣言》；(c)美国内战；(d)大萧条时期。
13. 海王星比天王星：(a)更小；(b)更大；(c)体积大致相等；(d)距离太阳更近。
14. 由图 7.9（木星大气层）可知，若氨和硫氢化铵冰对可见光透明，则木星应呈现：(a)蓝色；(b)红色；(c)黄褐色；(d)颜色与现在完全一致。
15. 由图 7.21 可知，木星磁层向外延伸的距离约为：(a)1AU；(b)5AU；(c)10AU；(d)20AU。

计算题

1. 哈勃太空望远镜的角分辨率为 0.05″，在以下行星上能够观测到的最小特征有多大？(a)木星（距离地球 4.2AU）；(b)海王星（距离地球 29AU）。
2. 当距离最近时，海王星对天王星的引力是多少？与太阳对天王星的引力进行比较。
3. 当地球与木星之间的距离最短（4.2AU）时，光的往返时间是多少？在该时段内，以 20km/s 的速度围绕木星运行的航天器会行进多远？
4. 若完全由氢（密度为 $0.08kg/m^3$，即地球海平面的氢密度）组成，则木星的质量应当是多少？
5. 证明本章中陈述的以下观点：木星云层顶部的重力几乎为土星云层顶部的 2.5 倍。
6. 已知木星的当前大气温度，则其可能拥有并仍然保留氢大气层的最小质量是多少？（见更为准确 5.1）
7. 土星赤道气流绕土星运动一周需要多长时间（速度为 1500km/h）？
8. 若土星云层顶部的温度为 97K，且其辐射的能量为从太阳接收的能量的 3 倍，则运用斯特藩定律计算没有任何内部热源情况下的温度（见更为准确 2.2）
9. 若天王星核的半径是地核半径的 2 倍，且其平均密度为 $8000kg/m^3$，计算核外天王星的质量。核质量与天王星总质量之比是多少？
10. 由维恩定律可知，海王星热发射的峰值波长是多少？位于电磁波谱中的哪个部分？（见更为准确 2.2 和图 2.9）

活动

协作活动

1. 由于自转周期较短（约 10 小时）及大气特征不断变化，木星成为适合利用望远镜进行观测的高度动态天体，即使小型望远镜也能揭示出该行星的几个云带和四颗最亮卫星。你是否能看到大红斑？绘制木星的一系列草图。由于木星的自转速率较快，你必须快速绘制！请尽可能将每幅草图的绘制时间控制在 20～30 分钟，并提前准备一系列画圆的纸片来代表木星。记下每幅草图的绘制日期和时间。通过仔细计时某些较易识别的表面特征（如大红斑），测量木星的自转周期（为便于观测所选特征跨越整个行星盘时的状况，或许需要在另一个晚上返回）。一周或两周后，重复你的观测，任何表面特征（或其之间的关系）是否发生改变？

个人活动

1. 查阅星空图，然后在夜空中查找木星。木星是肉眼很容易分辨的天体。是否存在像木星一样明亮的恒星？木星与恒星之间还有哪些不同？
2. 通过望远镜观测土星。土星的外观是否扁平？能看到任何大气特征吗？
3. 在夜空中，找到天王星。虽然肉眼几乎不可见，但双筒望远镜可让搜寻更容易（提示：天王星比背景恒星发光更稳定）。你能观测到天王星的颜色吗？
4. 搜寻海王星需要更努力！最好使用天文望远镜，或者安装在稳定支架上的高功率双筒望远镜。比较天王星和海王星，哪颗行星的外观更蓝？当通过天文望远镜进行观测时，这两颗行星的外观是更像圆盘还是更像光点？

第 8 章　卫星、环和类冥矮行星：巨行星中间的小天体

木卫一是木星最内侧的大卫星，在整个太阳系中的地位非常特殊。这幅彩色增强镶嵌图像成像于 1999 年，由伽利略号太空探测器拍摄，光谱跨度略宽于可见光，显示了火山、熔岩流和含硫沉积物等景观（由木卫一的过热内部物质喷出表面时所形成）。这种持续性火山活动不断地重塑木卫一表面，并将电离气体羽流向外喷射至更广阔的木星环境中（NASA/JPL/University of Arizona）

所有四颗类木行星都存在卫星（moon）和环/光环（ring）系统，具有极富吸引力的多样性和复杂性。类木行星的六颗最大卫星具有许多行星特征，为人们深入了解陆地世界提供了机会，其中两颗卫星（木卫二和土卫六）已经成为搜寻太阳系外生命的主要候选天体。像卫星一样，类木行星的环也差异极大。作为类木行星中最著名的光环系统，土星环是天空中最壮观的景象之一。类冥矮行星（Plutoid）是在海王星轨道之外运行的矮行星，属于一种小型冰质天体，与类木行星的大卫星具有很多共同点，但是与八大行星的相似性较少。本章主要介绍类冥矮行星及其巨行星邻居的卫星和环。

学习目标

LO1 描述伽利略卫星如何形成以木星为中心的小太阳系，并展示其大量性质。

LO2 描述土卫六（土星的最大卫星）大气层的组成和可能起源。

LO3 解释为何天文学家认为海卫一（海王星的卫星）是被海王星俘获的。

LO4 概述外行星的中卫星的性质。

LO5 描述土星环的性质和详细结构。

LO6 解释行星环如何形成和演化。

LO7 列举土星环与其他类木行星环之间的主要区别。

LO8 描述海王星以外太阳系的组成，解释为何天文学家不再将冥王星视为行星。

总体概览

在最近半个世纪中，随着更大望远镜和更复杂太空探测器的应用，天文学家能够更好地探索地球的宇宙邻居，人类对太阳系中的卫星及其他小型天体的了解稳步增多。但是，人们的研究程度越深入，这些外星世界就显得越复杂和奇怪，它们的性质很多情况下严重依赖于所在的环境。因此，行星的卫星和光环系统更像是巨行星的生态系统，而非各独立天体的简单组合。

8.1 木星的伽利略卫星

所有四颗类木行星都拥有规模非常庞大的卫星系统，例如木星至少有 67 颗天然卫星绕其运行，土星有 62 颗，天王星有 27 颗，海王星有 14 颗。这些卫星的大小及其他物理性质千差万别，但总体上可以划分为三个自然组。

第一组包含 6 颗大卫星，每颗卫星的大小都与月球差不多（见表 8.1），直径均超过 2500km，体积大到足以具有自身独特的地质特征和演化历史。第二组包含 12 颗中卫星，这些球形天体的直径为 400～1500km，布满陨击坑的表面为外太阳系中环境的前世今生提供了诱人的线索。第三组包含大量小卫星，它们是直径小于 300km 且形状不规则的大块冰，表现出各种复杂而精妙的运动，大多数可能只是被俘获的行星际碎片（见 4.3 节）。近年来，随着地基和空基观测技术的不断进步，已知小卫星的数量迅速增多（可能还会继续增长）。

表 8.1 太阳系内的大卫星

名　称	母 行 星	与母行星之间的距离		轨道周期	半径（km）	质量	密度（kg/m^3）
		（km）	行星半径（km）	（地球日）		（月球 =1）	
月球	地球	384000	60.2	27.3	1740	1.00	3300
木卫一	木星	422000	5.90	1.77	1820	1.22	3500
木卫二	木星	671000	9.38	3.55	1570	0.65	3000
木卫三	木星	1070000	15.0	7.15	2630	2.02	1900
木卫四	木星	1880000	26.3	16.7	2400	1.46	1800
土卫六	土星	1220000	20.3	16.0	2580	1.83	1900
海卫一	海王星	355000	14.3	−5.88[1]	1350	0.29	2100

[1] 表示逆行轨道。

本章将重点介绍类木行星的大卫星和中卫星，从木星的伽利略卫星（见 1.2 节）开始。

8.1.1 小太阳系

在木星赤道面的近圆形顺行轨道上，有四颗大卫星绕木星运行。这些大卫星以罗马神朱庇特的几名随从的名字命名，由木星向外依次称为木卫一/爱莪（Io）、木卫二/欧罗巴（Europa）、木卫三/盖尼米得（Ganymede）和木卫四/卡利斯托（Callisto）。旅行者号（1 和 2）和伽利略号探测器传回了这些小天体的大量非凡图像，使得科学家能够分辨出每颗小天体的更好表面细节。图 8.1 是旅行者 1 号获取的木卫一和木卫二图像，背景中的木星十分壮观。图 8.2 按比例显示了四颗伽利略卫星及其相对轨道。

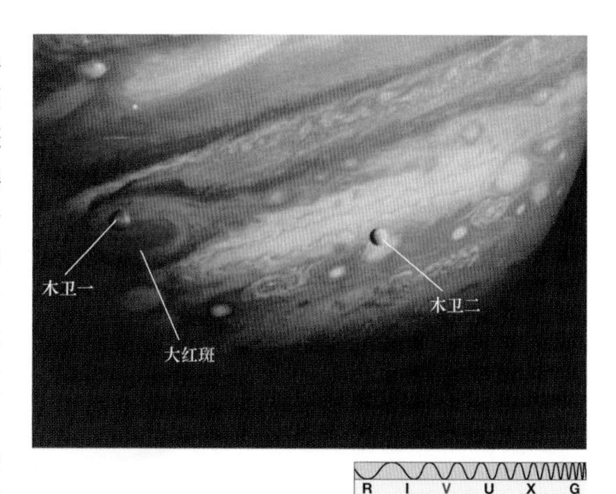

图 8.1 木星的近景照片。在旅行者 1 号拍摄的这张木星照片中，左侧是红润的木卫一，右侧是珍珠状木卫二。注意观察这里的天体尺度：木卫一和木卫二的大小都与月球相当；大红斑的大小约为地球的 2 倍（NASA）

伽利略卫星的大小不等，木卫二略小于月球，木卫三略大于水星。随着与木星之间距离的增大，伽利略卫星的密度变小，这不禁令人忆起随着与太阳之间的距离增大，类地行星的密度变小（见 4.1 节）。实际上，许多天文学家认为，木星及其伽利略卫星的形成可能小尺度模仿了太阳及其内行星的形成，与炽热的年轻木星越接近，所形成卫星的密度就越大（见 4.3 节）。

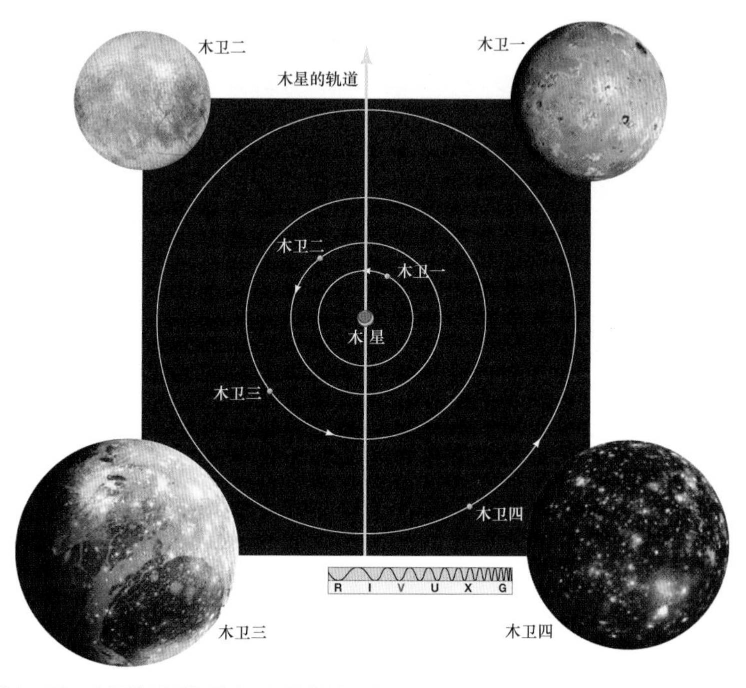

图 8.2 伽利略卫星。木星的四颗伽利略卫星的轨道，按比例绘制，从木星北极上方俯视。四幅插图显示了这些卫星的实际图像，由伽利略号拍摄，这里按比例缩放，它们均位于约 100 万千米远处（NASA）

伽利略号轨道飞行器进行了详细的重力测量，支持了关于木星系统起源的这种构想。木卫一和木卫二含有巨型富铁核，周围环绕着厚层岩质幔（可能类似于类地行星的壳）。木卫二具有水/冰外壳，厚度为 100～200km。木卫三和木卫四的整体密度较小，低密度物质（如水冰）可能占总质量的 1/2。木卫三具有相对较小的金属核，外面环绕着岩质幔和厚层冰质外壳。木卫四似乎是岩石和冰的未分异混合物。图 8.3 总结了这些天体的内部结构。

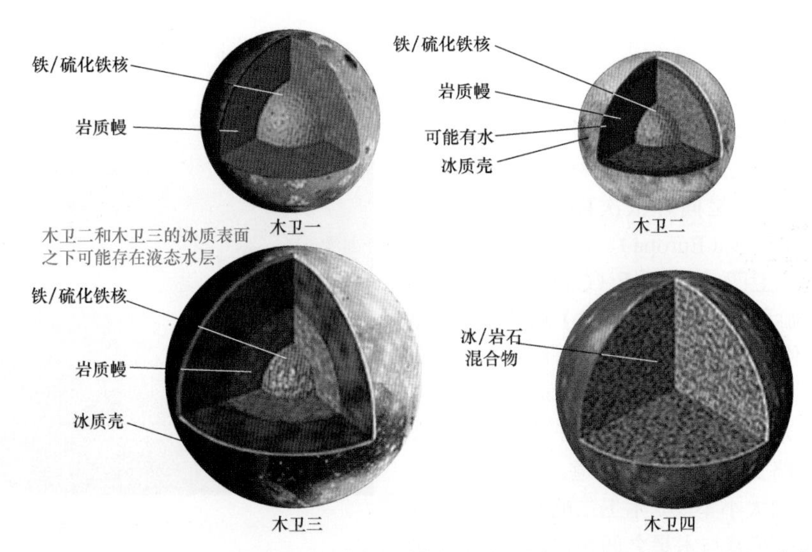

图 8.3　伽利略卫星的内部结构。四颗伽利略卫星的内部结构剖面图。从木卫一向外移动至木卫四，密度稳步下降。木卫一和木卫二为岩质幔和金属核，木卫三为厚层冰质壳和小核，木卫四为几乎均匀的岩冰混合物

8.1.2　木卫一：最活跃的卫星

在整个太阳系中，木卫一是地质活动最活跃的天体，质量和半径类似于月球（但其他方面完全不同）。如图 8.4 所示，木卫一的未陨击表面是一幅拼贴艺术画，呈橙色、黄色和黑褐色。

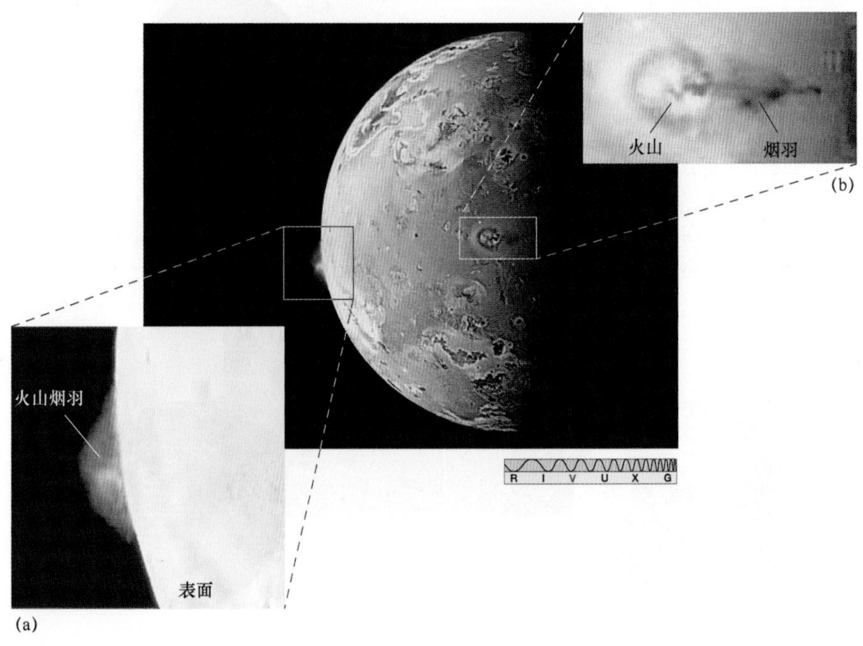

图 8.4　木卫一。木卫一是木星最内侧的卫星，与其他三颗伽利略卫星不同。由于存在持续性火山活动（图中所示的深色环形地貌特征），木卫一表面保持光滑和浅色调。两幅插图显示了木卫一上的伞状火山喷发，由伽利略号 1997 年飞掠时拍摄。这两座火山的直径约为 300km，左侧火山烟羽的高度约为 150km（NASA）

当旅行者 1 号高速飞掠木卫一时，意外地发现该卫星上居然存在活火山！该航天器拍摄到了 8 座正在喷发的火山。4 个月后，当旅行者 2 号再次飞掠木卫一时，发现其中 6 座火山仍在喷发。如图 8.4 的插图 a 所示，普罗米修斯（Prometheus）火山以 2km/s 的速率将物质喷射至约 150km 的高空，火山周围的橙色很可能是喷出物质中的硫化物。木卫一的表面非常光滑，显然是熔融物质不断填充任何凹坑和裂

缝的结果。木卫一拥有稀薄的大气层（主要成分是二氧化硫），由火山活动形成，并被木卫一的引力暂时保留（见更为准确 5.1）。

当伽利略号后期抵达时，旅行者 2 号观测到的部分火山已经消亡，但却看到了许多新火山。实际上，伽利略号发现在短短几周内，木卫一的表面特征就发生了明显的变化。在木卫一上，人们共发现了 80 多座活火山，最大的活火山称为洛基（Loki），位于图 8.4 中木卫一的背面，规模比美国马里兰州还要大，释放的能量比地球上所有火山的能量总和还要多。伽利略号的仪器测量结果表明，木卫一上的熔岩温度范围通常为 650K～900K，但是某些位置测得的温度高达 2000K，远高于地球上的任何火山。据科学家推测，这些超高温火山可能类似于 30 多亿年前发生在地球上的那些火山。

木卫一的体量太小了，不太可能存在与地球上相似的地质活动。按理说木卫一应当早已死亡（就像月球一样），因为其内部热量数十亿年前即已消散到太空中。木卫一的能量源于外部——木星的引力。由于木卫一的轨道非常靠近木星，所以木星的巨大引力场在该卫星上产生了强大的引潮力，从而形成了一个大型（100m）的潮汐隆起（见 5.2 节）。若木卫一是木星的唯一卫星，则其早就应当进入与木星同步自转的状态。在这种情况下，木卫一的运动轨道应当是完美的圆形，其中一侧始终朝向木星。潮汐隆起相对于卫星应当固定不变，不会存在内部应力和火山活动。

但是，木卫一并非木星的唯一卫星，当木卫一绕木星运行时，不断受到木卫二（距离最近的相邻大卫星）的引力牵引。这些牵引力很小，本身不足以在它们内部（或之间）引发任何大型潮汐效应，但却足以导致木卫一的运行轨道稍微偏离圆形，从而阻止了木卫一进入精确同步状态。当木卫一绕木星运行时，轨道速度因位置不同而存在差异，但其自转速率则保持不变，因此无法始终保持同一面朝向木星，而会在运动时左右轻微摆动（以自转轴为中心）。但是，潮汐隆起总直接指向木星，因此当木卫一左右摆动时，潮汐隆起会在木卫一表面来回移动。木卫一上施加的相互冲突的力导致形成了巨大的潮汐应力，从而持续不断地扭曲和挤压其内部。

就像金属丝反复来回弯曲摩擦生热一样，这种不断变化的扭曲会持续向木卫一提供能量。据研究人员估计，木卫一内部因潮汐扭曲而生成的总热量约为 1 亿兆瓦，相当于地球上所有国家总功耗的 5 倍。木卫一内部产生了大量热量，导致巨大的气流和熔融岩石喷射出表面。木卫一内部很可能大部分为软质（或熔融）物质，其上仅覆盖了相对较薄的固态壳。

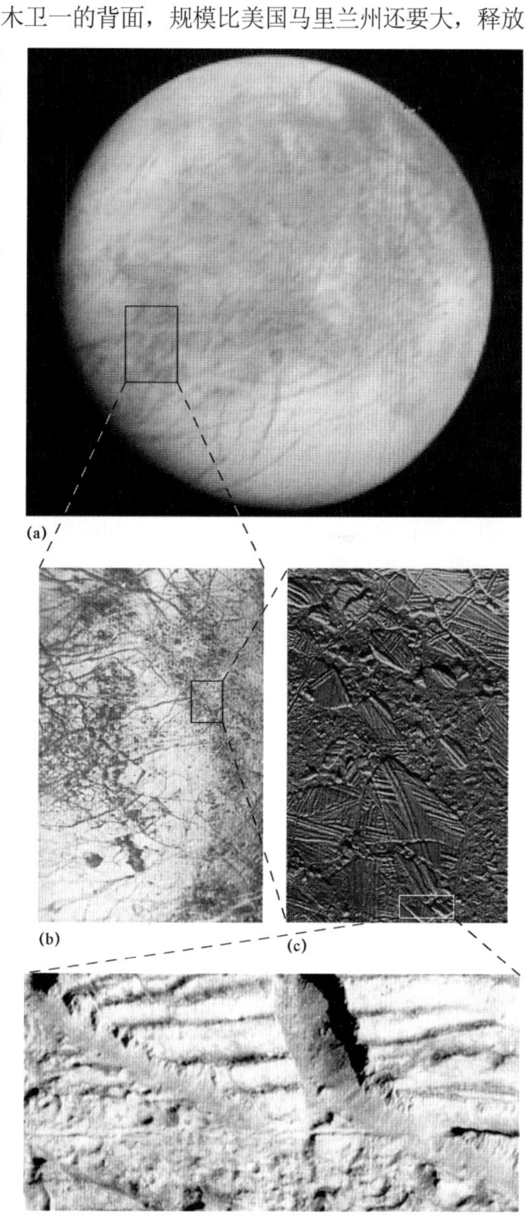

图 8.5　木卫二。(a)旅行者 1 号拍摄的木卫二镶嵌照片；(b)冰质表面的陨击程度不高，表明在撞击坑形成后不久，必定存在将其抹去的某些持续过程；(c)在伽利略号拍摄的这张照片中，显示了一个光滑但复杂的表面，称为康纳马拉混沌（Conamara Chaos），类似于覆盖地球两极区域的巨大浮冰；(d)在伽利略号拍摄的这张细节照片中，显示了被拉开的地形，表明液态水从内部上涌后冻结，填充了分隔各表面冰原之间的裂缝（NASA）

8.1.3　木卫二：液态水锁定在冰中

木卫二/欧罗巴与木卫一截然不同，如图 8.5 所示。木卫二表面上的陨击坑数量相对较少，再次表明近代活动已经抹去了古代陨石撞击的痕迹。但是，木卫二表面显示出巨大的线条网络，纵横交错着明亮且清晰的多片水冰。在这些线性特征中，许多线条的延伸长度可达木卫二周长的 1/2。

基于旅行者号拍摄的照片，行星科学家推断，木卫二被表层冻结的液态水海洋所覆盖。后来，伽利略号拍摄的照片似乎支持了这种观点。图 8.5b 是这颗奇怪卫星的高分辨率图像，显示了类似于地球两极区域浮冰中可见的充满冰的表面裂缝。图 8.5c 显示的地貌特征似乎是冰山，即可能是在下方水的作用下裂解并重新拼接在一起的扁平冰块。据科学家推测，木卫二的冰层厚度可能高达数千米，其下方海洋的深度可能深达 100km。类似于木卫一，使海洋保持液态，并驱动内部运动而形成冰质表面裂缝的最终能量来源也是木星的引力。从本质上讲，木卫二的加热机制与木卫一的相似，但是由于距离木星更远，所以木卫二的受影响程度并不那么极端。

木卫二表面的其他高分辨率图像支持这一假设。在如图 8.5d 所示的某个区域中，木卫二的冰质壳似乎已被拉开，新物质填充了分隔各个冰原之间的裂缝。在木卫二表面的其他位置，伽利略号发现了似乎相当于地球熔岩流的冰物质——水明显从表面喷出，流动许多千米之后才固结。木卫二上的撞击坑较少，说明形成这些特征的地质过程并未在很久以前停止，而必定处于持续进行之中。

进一步证据来自对木卫二磁场的研究。伽利略号发现，木卫二具有强度和方向不断变化的弱磁场，这与以下观点相吻合：木星的磁性作用于木卫二表面之下约 100km 处的导电流体外壳，催生了木卫二的磁场——换句话说，表面观测结果表明，木卫二上存在液态咸水层。这些结果让不少持怀疑态度的科学家最终相信木卫二的深部海洋真实存在。

木卫二的表面冰之下可能存在大量液态水，这种可能性为那里可能适合生命生存开辟了许多有趣的推测途径。在太阳系中的其他地方，只有地球的表面之上（或附近）存在液态水，大多数科学家都认为水在这里的生命出现中发挥着关键作用（见第 18 章）。与整个地球相比，木卫二可能含有更多液态水！当然，水的存在并不一定意味着生命必然出现，与地球相比，木卫二（即使存在液态海洋）仍然是一个对生命不友好的环境。虽然如此，木卫二上毕竟可能存在生命（即便遥远），这也是伽利略任务延长 6 年的一个重要推动因素（见 7.1 节）。

8.1.4 木卫三和木卫四：异卵双生

如图 8.6 所示，木卫三/盖尼米得是太阳系中的最大卫星，大小超过了月球和水星（行星）。木卫三表面存在

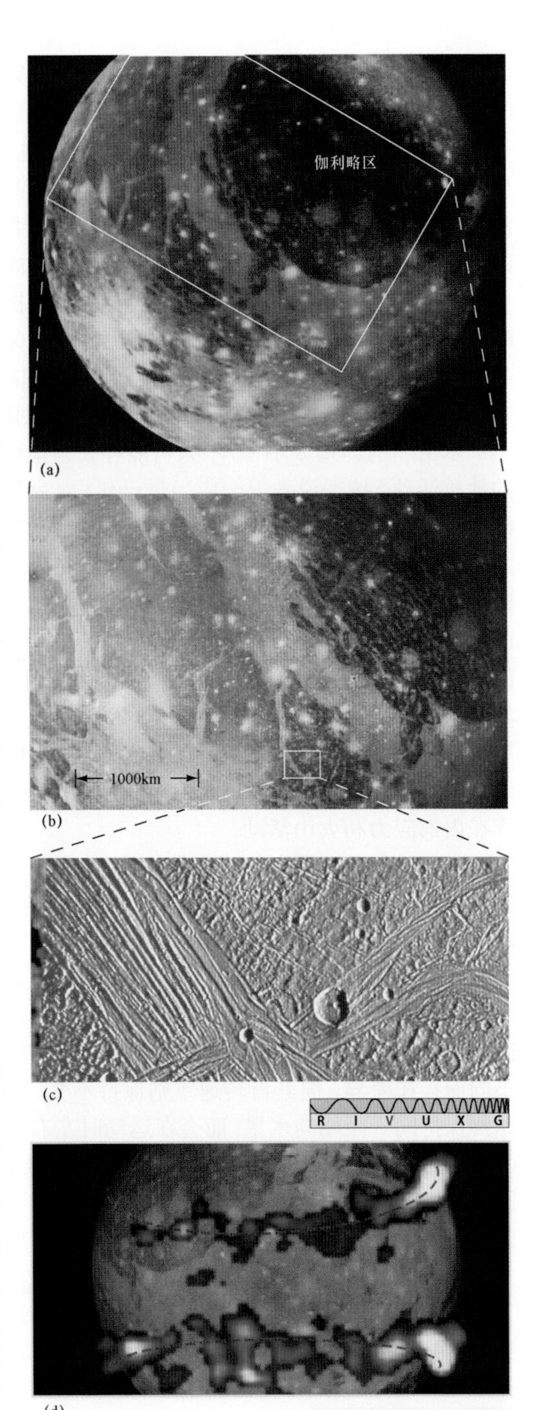

图 8.6　木卫三。(a), (b)旅行者 2 号拍摄的木卫三照片。深色区域是该卫星表面最古老的部分，或许代表了最初的冰质壳。伽利略区的宽度约为 3200km。浅色区域比较年轻，形成于木卫三形成后 10 亿年左右发生的洪水和冻结；(c)木卫三上的沟槽地形可能由类似地球板块构造的过程形成；(d)在这幅 2015 年获取的哈勃紫外图像中，显示了木卫三磁层中的极光，这里将其叠加在该卫星自身的伽利略图像上。通过研究木卫三的极光，科学家能够估计其内部的液态水范围（NASA）

大量陨击坑，深浅形态会让人回忆起月貌特征。若用水冰来替换月岩，则木卫三的历史与月球具有诸多相似之处。

类似于内行星和月球，通过计算陨击坑的数量，即可估计木卫三的表面特征年龄。深色区域是木卫三表面的最古老部分，它们是最初的冰质表面，类似于月球上的古老高地为其最初月壳。由于受到微陨石尘埃的缓慢覆盖，木卫三表面随着时间的流逝而变暗。浅色区域的陨击程度要小得多，所以必定更加年轻，相当于木卫三上的月海，形成过程可能也与月海相似（见 5.6 节）。强烈陨石轰击导致液态水（月球熔岩的木卫三对应物质）从内部上涌，并在固化之前淹没了撞击区域。但是，并非所有木卫三的表面特征都能与月球进行类比。木卫三上有一个槽脊系统（见图 8.6b 和图 8.6c），可能形成于构造运动，类似于地球上板块边界位置的造山运动和断裂运动（见 5.5 节）。大约在 30 亿年前，当冷却壳变得过厚时，这一过程就已停止。

如图 8.7 所示，木卫四/卡利斯托的外观与木卫三非常相似，但是陨击程度较高且断层线较少。木卫四的最明显特征如下：在两个大型盆地（其中之一在图 8.7 中清晰可见）周围，环绕着一系列巨大的同心山脊。这些山脊看起来像石头撞击水面时产生的涟漪，可能形成于某颗陨石的灾难性撞击。上冲的冰发生部分融化，但是很快就重新固结（在涟漪平息之前）。如今，壳是冰冷的冰，尚未发现明显的地质活动迹象。显而易见，在板块构造（或其他活动）开始之前，木卫四就已冻结。由陨击坑的密度可知，撞击盆地形成于很久之前（或许是 40 亿年前）。

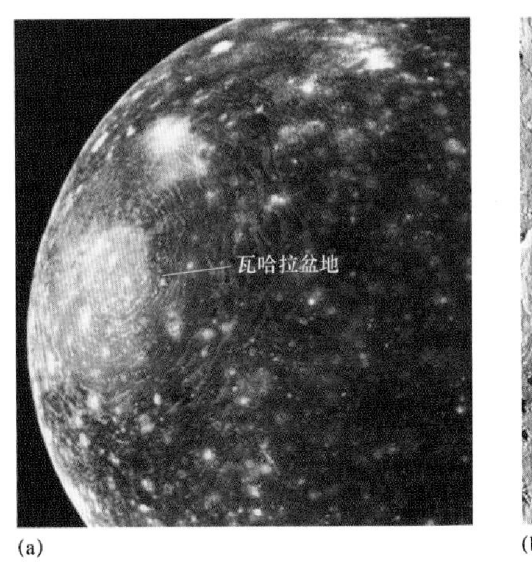

图 8.7 木卫四。(a)木卫四的整体组成与木卫三的相似，但是陨击程度更高。从瓦哈拉盆地中心向外延伸近 1500km，大型陨石撞击产生的“涟漪”在完全消散之前冻结，从而形成了同心山脊；(b)伽利略号拍摄了木卫四赤道区域的这幅高分辨率图像，宽度约为 200km，更加清晰地显示了较高的陨击程度（NASA）

木卫三的内部分异表明，该卫星过去某个时候曾经大部分熔融；木卫四并未发生分异，因此显然从未熔融（见图 8.3 和 5.4 节）。这两颗卫星非常相似，但却演化差异巨大，研究人员尚不确定具体原因。伽利略号轨道飞行器还发现木卫三存在弱磁场，强度约为地球的 1%，说明木卫三表面之下也可能存在液态水或泥泞水（见 5.7 节）。图 8.6d 显示了木卫三上的极光，这是该卫星的磁场与其环境相互作用的结果，从而有力地支撑了这一观点。由于存在大面积的咸水海洋，意味着基于对该卫星热量向太空中逃逸的速率的估计，木卫三的加热和分异过程肯定发生在相对较近的时间（晚于 10 亿年前）。对于这种情况如何能够发生，科学家尚未给出明确的解释，但是某些人做出如下推测：大约在 10 亿年前，由于内层卫星之间的相互作用，或许导致木卫三的轨道发生了重大变化，并且木星的潮汐加热熔融了该卫星内部。

概念回顾

在木星的伽利略卫星上，人们观测到的所有活动的能量来源是什么？

8.2 土星和海王星的大卫星

作为类木行星的另外两颗大卫星，土卫六和海卫一则截然不同。土卫六的厚层大气持续演化至今；在六颗大卫星中，海卫一最小且最远，很可能近期从柯伊伯带中俘获。这两颗卫星都提出了新的谜题，但也为太阳系的形成和演化提供了独到的见解。

8.2.1 土卫六：拥有大气层的卫星

在土星的各卫星中，土卫六/泰坦星的体积最大且最引人注目。从地球上观测时，土卫六只是几乎难以分辨的橙色圆盘。在旅行者号任务之前很久，天文学家就已从光谱观测中知道，土卫六的红色由一种非常特殊的物质（即大气）导致。该项任务的规划者急于近距离观测，因此将旅行者 1 号设定为超近距离飞掠土卫六，而这却意味着该航天器无法利用土星的引力继续前往天王星和海王星。

遗憾的是，虽然经历了这种近距离接触，但土卫六的表面依然迷雾重重，旅行者 1 号的视野被环绕在土卫六周围的巨厚且均匀的雾霾层（某种程度上类似于地球上许多城市上空的雾）完全遮蔽（见图 8.8）。对于卡西尼号任务而言，主要目标之一即为获取土卫六的更详细近景信息（见发现 7.1）。迄今为止，在土星各卫星之间精心规划的轨道上，卡西尼号已经造访土卫六约 130 次。2017 年，当卡西尼至点任务结束时，该航天器计划再次造访土卫六约 30 次。

如图 8.9 所示，穿透雾霾层后，卡西尼号的红外仪器揭示了土卫六的表面细节。图像视野中心附近显示了浅色区和深色区，这些区域被认为是明显覆盖着烃类焦油的冰质高原。由土卫六表面的山脊和裂缝可知，地质活动可能较为常见。浅色区与深色区之间的边界相当模糊，浅色区具有特殊的表面标识，大范围陨击特征缺乏，这几种情形均表明某种类型的侵蚀（风或火山活动）正在发生。雷达成像结果显示，土卫六表面几乎没有大型（直径为 10～100km）陨击坑，且小型陨击坑的数量要少于预期（考虑到土卫六位于土星拥挤的环平面上，见 8.4 节）。在图 8.9 中，插图所示似乎是一座冰质火山，这支持了土卫六表面地质活跃的观点。

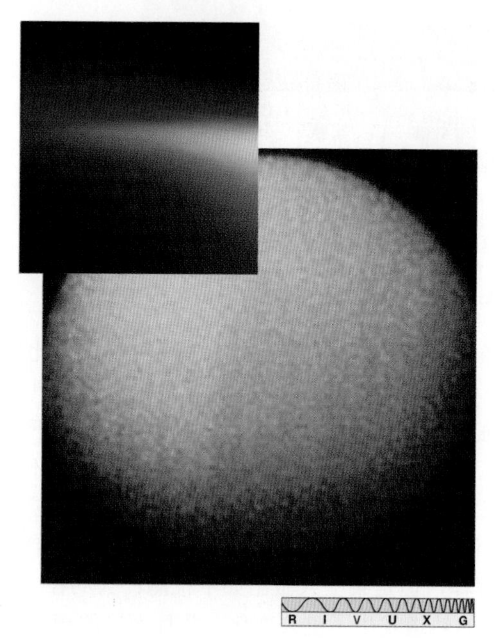

图 8.8 土卫六。土卫六的体积大于水星，约为地球的 1/2。1980 年，当旅行者 1 号航天器经过时，于 4000km 之外拍摄了这张照片。插图为土卫六高层大气中雾霾层的对比度增强真彩色图像，由卡西尼号航天器拍摄于 2005 年（NASA）

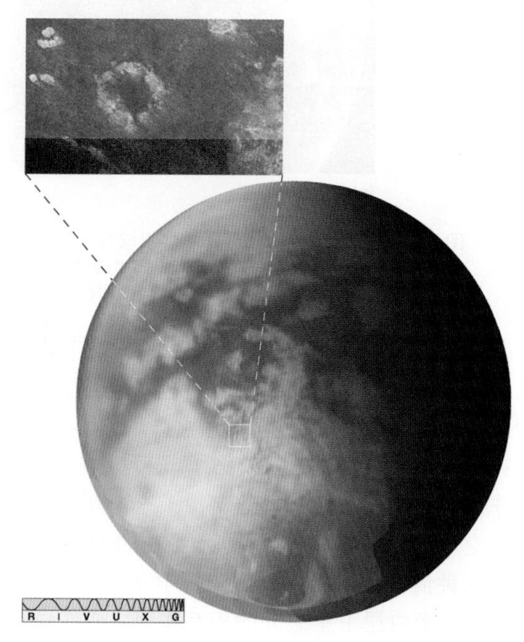

图 8.9 揭开迷雾的土卫六。这张土卫六表面的红外假彩色照片成像于 2004 年，由卡西尼号携带的望远镜拍摄。插图显示的环形表面特征被认为是一座冰质火山（NASA/ESA）

与地球大气层相比，土卫六大气层的厚度和密度均更胜一筹，当然也超过其他任何卫星的大气层。基于旅行者 1 号和卡西尼号的射电和红外观测，可知土卫六大气层主要由氮组成（超过 98%），其余为甲烷和痕量其他气体。土卫六的表面温度为寒冷的 94K，与基于土卫六与太阳之间距离的预期温度值大致相当。在这些条件下，类似于木卫三和木卫四，水冰的作用相当于地球上的岩石，液态水的作用相当于地球上的熔岩。大气层的存在允许我们进一步扩展这种类比——在低层大气的典型温度下，甲烷和乙烷的作用相当于地球上的水，因此形成了甲烷的雨、雪和雾及乙烷的河流和海洋！

2005 年 1 月 14 日，由卡西尼号运往土星并提前 3 周释放的惠更斯号探测器终于抵达土卫六，穿过厚层大气后成功着陆在土卫六表面上。在降落过程中，惠更斯号通过射电发回了一幅令人浮想联翩的有趣图像，如图 8.10a 所示。该图像似乎显示了一个通向海岸线的排水渠网络，但这种解释的可信度较低。该探测器着陆在固态表面上，当卡西尼号从头顶飞过时（1 小时后），再将图像和仪器读数传输给卡西尼号。土卫六表面的雾霾视图揭示了一种冰质景观（见图 8.10b），前景中的岩石宽度仅为几厘米，并显示出某种液体侵蚀的证据。

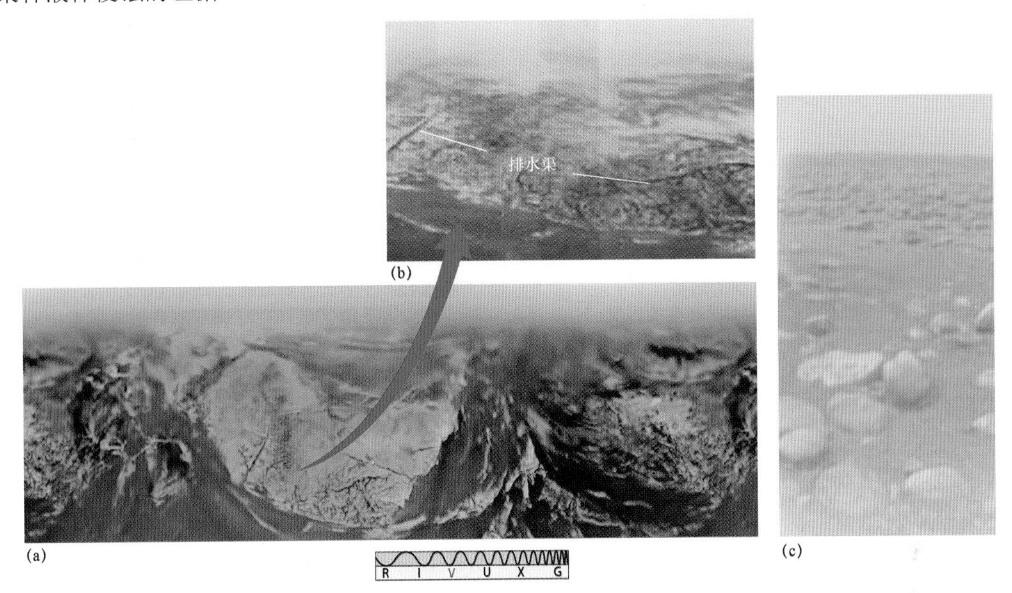

图 8.10　土卫六表面。(a)这张表面照片以近真彩色进行着色，由惠更斯号探测器在下降至约 15km 高度时拍摄；(b)这是(a)中某部分的放大视图，显示了一个深色的排水渠网络，令人想起溪流（中心）或河流从浅色阴影的隆起地形排入深色的低洼区域（底部）；(c)惠更斯号的着陆点视图，同样为近真彩色，前景中的冰质岩石宽约 10cm（NASA/ESA）

基于旅行者 1 号和惠更斯号获取的测量数据，土卫六大气层的可能结构如图 8.11 所示。虽然土卫六的质量较小（略低于月球质量的 2 倍），因此表面重力也较低（地球表面重力的 1/7），但是地面大气压要比地球上的高 60%。土卫六大气层中包含的气体数量约为地球大气层中的 10 倍，而且由于土卫六的引力牵引较弱，大气层向太空中延伸的距离是地球的 10 倍。主雾霾层顶部位于表面之上约 200km 处（见图 8.8 中的插图），但是在 300km 和 400km 处仍然存在更多的层，主要通过它们对紫外辐射的吸收进行观测。

雾霾层之下的大气较为清澈，但是由于透射阳光不多而显得相当暗淡。在理论模型预测的高度（约 20km）附近，卡西尼号探测到了低空甲烷云，但其不如科学家预期的那样普遍，因此作为图 8.10a 中“排水渠”的主角，“雨”的分布并不像之前认为的那样广泛。当前模型表明，甲烷雨可能是一种季节性现象，冬季落在两极，夏季重新蒸发。几乎在冬季之末，惠更斯号在土卫六着陆。

2003 年，通过利用阿雷西博望远镜进行观测，射电天文学家宣称在土卫六表面探测到了液态烃湖（见 3.4 节）。2007 年，卡西尼号任务的专家证实了这一发现，据他们提供的雷达图像显示，土卫六的北极地区附近存在着大量湖泊，有些长达数十千米（见图 8.12）。类似于金星的麦哲伦雷达图像，最暗的区域非常平滑，意味着由液体构成；这些区域的形状也强烈说明其为液态物质（见 6.5 节）。

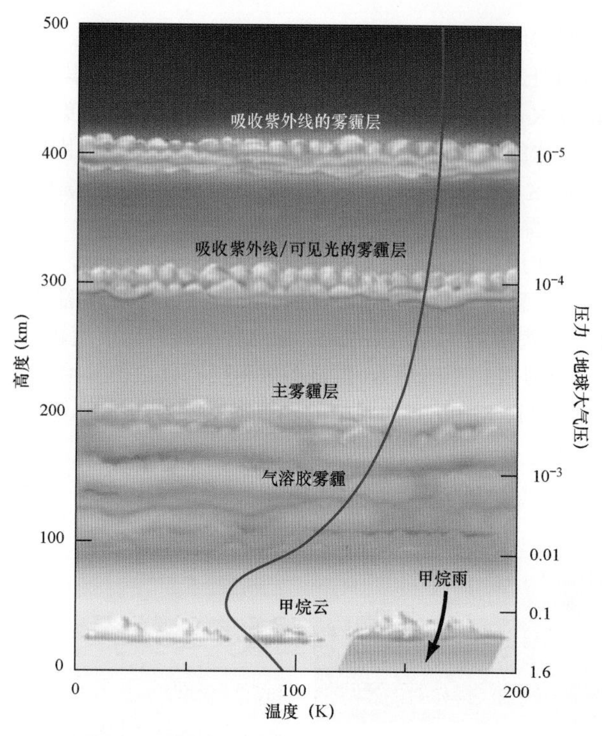

图 8.11 土卫六大气层。土卫六大气层的结构，基于旅行者 1 号观测数据推断，蓝色曲线表示不同高度的温度

图 8.12 土卫六上的湖泊。卡西尼号上的雷达探测到了许多平滑区域（在这幅假彩色射电图像中着色为深蓝色），被认为是土卫六北极附近的液态甲烷湖。这幅图像的垂向跨度约为 200km，所含最大湖泊也远小于北美洲五大湖之一（NASA/ESA）

随后，卡西尼号证实了湖泊中液态乙烷的存在，但仍无法确定这些湖泊的确切组成。甲烷肯定存在；甲烷雨为这些湖泊提供了“水源”，但是甲烷在土卫六环境下更易挥发（与乙烷相比），因此可能会快速蒸发而留下更重的烃类。计算机模型表明，这些湖泊的主要组成为乙烷（75%）、甲烷（10%）和丙烷（7%）。湖泊上未探测到波浪，说明可能还含有更重的焦油状烃，从而使其黏度增大。在土卫六南极附近观测到的湖泊数量明显少于北极，说明这些湖泊在“多雨的冬季”会变大。科学家希望，通过卡西尼号未来经过土卫六时的反复观测，有望揭示这些湖泊在“春夏之交”时的大小和结构变化。

土卫六大气层就像是一座大型化工厂，在阳光能量的驱动下，经过一系列非常复杂的化学反应，最终形成了目前所观测到的组成。高层大气是厚层雾霾，表面可能覆盖着来自云层的烃类沉积物。在雾霾层之下，卡西尼号上的光谱仪探测到了有机分子。通过卡西尼号和未来任务对这些湖泊及其他表面特征进行探测，科学家或许有机会研究数十亿年前地球上曾经发生过的化学反应，即最终导致地球上生命出现的早期化学反应（见第 18 章）。

木卫三和木卫四上并不存在大气层，为何土卫六却拥有巨厚的大气层呢？主要是因为土卫六的表面温度（94K）远低于木星的各颗卫星，从而使其更容易保持住大气层（见更为准确 5.1）。此外，当土卫六形成时，各种气体或许已被表面冰俘获。当受到土卫六内部放射性的加热时，表面冰释放出所俘获的气体，从而形成巨厚的甲烷-氨大气层。阳光将氨分解为氢（逃逸到太空中）和氮（留在大气层中），不易分解的甲烷则完整地保留下来。卡西尼号任务的科学家对土卫六大气层的组成进行了详细研究，发现大气正在稳定地逃逸，很大程度上是由于受到了土星强磁层的持续冲击，遥远过去的大气层可能要厚得多（或许为当前密度的 5～10 倍）。

每当卡西尼号经过时，科学家都能探测土卫六的引力。基于卡西尼号的反复多次经过及对土卫六可能构成成分性质的了解，科学家构建出了非常详细的土卫六内部模型（见图 8.13）。由该模型可知，土

卫六有一个岩质核，周围环绕着厚层水冰幔。有趣的是，该模型还预测表面之下数十千米处存在厚层液态水，因此土卫六被列入了含有大量液态水体的太阳系天体清单（成员还包括木卫二、木卫三、地球和土卫二），预示着具有一定的生命发展前景。

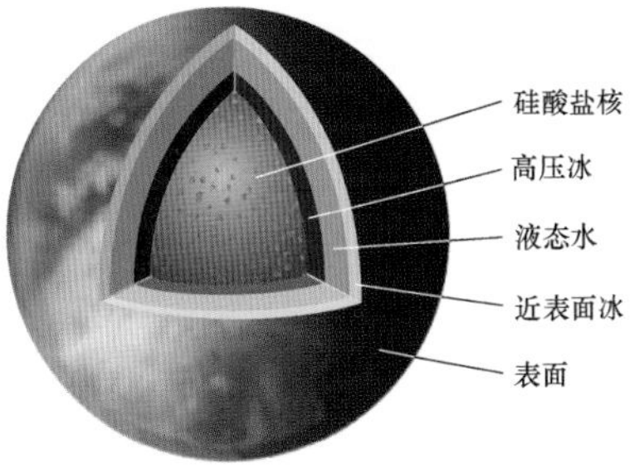

图 8.13　土卫六的内部结构。基于卡西尼号多次飞掠期间对土卫六引力场的测量，土卫六的内部似乎主要为岩质硅酸盐混合物。最妙不可言的事情是存在“地下液态水”，类似于人们对木卫二和木卫三的假设

8.2.2　海卫一：从柯伊伯带俘获

在太阳系的 7 颗大卫星中，海卫一（海王星的大卫星）的体积最小，质量约为木卫二（第二小的大卫星）的 1/2。海卫一距离太阳约 45 亿千米，冰质表面能够反射大部分太阳辐射，温度仅为 37K。旅行者 2 号发现，海卫一具有极薄的氮大气层，以及可能主要由水冰组成的固态冰冻表面。

旅行者 2 号拍摄了海卫一南极区域的镶嵌图像，如图 8.14 所示。海卫一的低温会生成一层氮霜，在极冠上方季节性地形成、蒸发及再次形成。氮霜呈现在图 8.14 右下角的橘黄色区域。总体而言，海卫一的陨击程度不高，想必是表面活动已经抹去了大部分撞击证据。“历史上活跃”存在许多其他迹象。海卫一表面布满了大裂缝（类似于木卫三），奇怪的哈密瓜状地形或许表明，该卫星历史上曾经反复经历过断裂和变形过程。此外，海卫一上存在大量冰冻的水冰湖，被认为是火山成因。

海卫一的表面活动不仅仅发生在过去，当旅行者 2 号经过该卫星时，相机探测到巨型氮气喷流在天空中高达数千米。当海卫一表面之下的液氮被某种内部能量源（或者甚至微弱的阳光）加热并蒸发时，可能会形成这些“间歇泉”。据科学家推测，氮间歇泉在海卫一上可能很常见，这或许是该卫星具有薄层大气的主要原因。

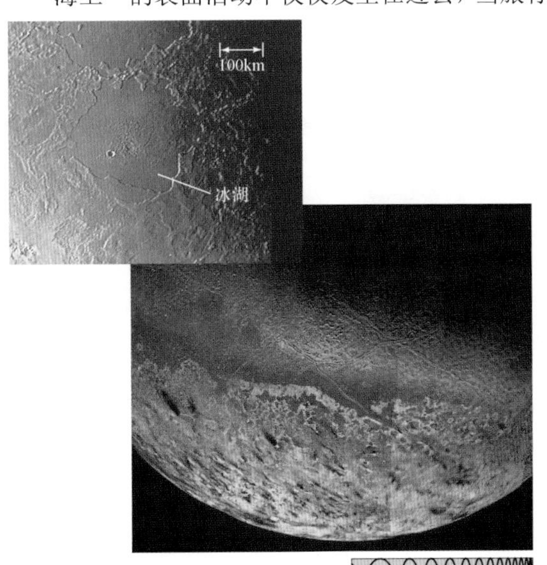

图 8.14　海卫一。海卫一的南极区域显示出各种地形（如深脊、裂缝和冰湖），表明过去存在表面活动。右下角的橘黄色区域是氮霜，形成了海卫一的极冠。插图中显示了大致呈圆形的湖泊状特征，可能形成于冰火山的喷发（NASA）

在太阳系的各大卫星中，海卫一非常独特，其绕海王星运行的轨道是逆行的。此外，海卫一的轨道倾角约为 20°，在类木行星的各大卫星中，只有它的运行轨道不在母行星的赤道面上。何种事件将海卫一置于倾斜且逆行的轨道之上？这个问题的答案众说纷纭，目前尚未取得最终定论。由于海卫一具有非常独特的轨道和表面特征，许多天文学家认为其并非海王星系统的固有组成部分，而是从柯伊伯带中俘获的（或许就在不久之前）。海卫一上的表面变形明确表明，该卫星历史上曾经发生过剧烈且相对较新的事件，但相关细节仍不清楚。海王星周围缺乏正常的中卫星系统（见 8.3 节），这也常被作为该行星历史上曾经发生过某些灾难性事件的证据。

无论过去如何，海卫一的未来似乎都非常明确。由于具有逆行轨道，海卫一在海王星上引发的潮汐隆起趋向于使其旋向（而非远离）海王星，这与月球趋向于远离地球不同（见 5.2 节）。计算结果表明，或许在不超过 1 亿年的时间内，海卫一注定会被海王星的潮汐引力场撕裂。

概念回顾

旅行者 1 号为何无法拍摄到土卫六的表面？我们现在为何对其表面有了更好的了解？

8.3 类木行星的中卫星

表 8.2 列出了太阳系内的 12 颗中卫星，中卫星通常定义成半径为 200～800km 的天体。绕土星运行的 6 颗中卫星如图 8.15 所示，绕天王星运行的 5 颗中卫星和绕海王星运行的 1 颗中卫星如图 8.16 所示，两幅图的比例尺相同。由密度可知，所有 12 颗中卫星均主要由岩石和水冰组成。所有中卫星都以近圆形轨道运动，并被各母行星的引力潮汐锁定（见 5.2 节）。

表 8.2 太阳系内的中卫星

名　称	母 行 星	与母行星之间的距离		轨道周期（地球日）	半径（km）	质量（月球 =1）	密度（kg/m³）
		（km）	行星半径（km）				
土卫一	土星	186000	3.10	0.94	200	0.00051	1100
土卫二	土星	238000	3.97	1.37	250	0.00099	1000
土卫三	土星	295000	4.92	1.89	530	0.0085	1000
土卫四	土星	377000	6.28	2.74	560	0.014	1400
土卫五	土星	527000	8.78	4.52	760	0.032	1200
土卫八	土星	3560000	59.3	79.3	720	0.022	1000
天卫五	天王星	130000	5.09	1.41	240	0.00090	1200
天卫一	天王星	191000	7.48	2.52	580	0.018	1700
天卫二	天王星	266000	10.4	4.14	590	0.016	1400
天卫三	天王星	436000	17.1	8.71	790	0.048	1700
天卫四	天王星	583000	22.8	13.5	760	0.041	1600
海卫八	海王星	118000	4.76	1.12	210	—	—

图 8.15 土星的卫星。土星的 6 颗中卫星（比例尺相同），由卡西尼号探测器拍摄。所有卫星的陨击程度均较高，以自然色显示。月球的一部分显示在左侧，用作参考比例尺（UC/Lick Observatory; NASA）

图 8.16 天王星和海王星的卫星。天王星的 5 颗中卫星和海王星的 1 颗中卫星（海卫八），比例尺与图 8.15 的相同。所有 6 颗卫星的陨击程度均较高，大部分不存在当前或过去发生过任何地质活动的明确证据（NASA）

这些卫星的表面大部分较为古老且陨击程度较高，不存在大范围地质活动的证据。土卫五和土卫四上存在浅色长绺状地形（见图 8.15），在卡西尼号抵达之前，科学家认为这是远古时代多个事件作用的结果，期间水从卫星内部释放出来，然后凝结在卫星表面。但是，由卡西尼号图像可知，这些条纹实际上是由构造断裂形成的明亮冰崖，在这些位置，当卫星的冰质内部冷却和收缩时，应力导致表层发生破裂和弯曲。土卫四上还存在各种类型的月海，冰火山活动引发的洪水似乎已经覆盖了更古老的陨击坑。土卫三（Tethys）和天卫一/艾瑞尔（Ariel）的表面均裂缝广布，这些裂缝可能是构造断裂，也可能形成于远古时代的剧烈撞击。

天卫三/泰坦妮亚（Titania）、天卫四/奥伯龙（Oberon）和天卫二/乌姆柏里厄尔（Umbriel）的陨击程度均较高，几乎未发现地质活动迹象——外观（或许还有历史）类似于土卫五，只是缺乏土卫五的长绺状条纹。天王星的所有卫星都暗于土星的卫星，说明其表面的反射量要少得多。最有可能的解释是辐射变暗，即太阳辐射和高能粒子破坏了表面分子，进而导致化学反应而缓慢形成一层暗色的有机物质。但是，人类对这些遥远卫星的了解非常有限，唯一的详细信息来自 1988 年旅行者 2 号的飞掠（见发现 7.1）。

土卫八/伊阿帕托斯（Iapetus）具有明显的双面外观：先导半球非常暗，后随半球非常亮。多年以来，对于这些深色特征为何仅出现在先导面，天文学家始终倍感困惑，因为当土卫八围绕土星运行时，附近似乎并没有物质可供其清扫。2009 年，在距离土星 600 多万千米的地方，斯皮策太空望远镜发现了一个新的巨型漫射环（见 3.5 节）。土卫八位于这个光环的内缘，光环粒子经过数十亿年的稳定积累，再加上太阳加热和辐射变暗的影响，自然可以解释土卫八的不对称外观。

土卫八还有另一个非常突出的表面特征，即一条巨型山脊（20km 高和 1400km 长）跨越其半个周长。2005 年，卡西尼号发现了这条山脊，它清晰可见地跨越了土卫八底部的 1/3 处（见图 8.15）。这在太阳系中绝无仅有，至今无法解释。

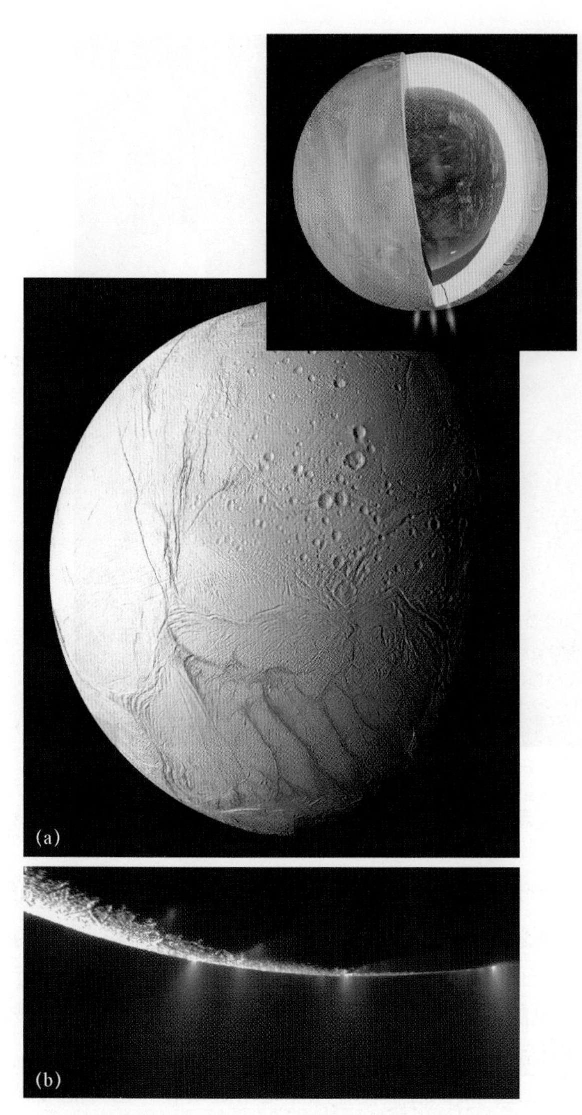

图 8.17 **土卫二**。(a)土卫二是土星的微小冰覆盖卫星，这里显示了南半球地形较为年轻的证据——几乎不存在陨击坑。蓝色长“虎纹”（宽约 1km）是冰上的裂缝，气体通过这些裂缝向外逃逸，从而形成薄而真实的大气层；(b)部分喷流从南极附近的裂缝中冒出。(a)部分的插图显示了土卫二的内部模型，南极之下存在广阔的咸水海洋（JPL）

卡西尼号的一个发现令人倍感惊讶，即**土卫二/恩克拉多斯**（Enceladus）上的地质活动始终活跃（见图 8.17a）。由于完全覆盖着纯冰的精细晶体（水火山的冰质灰），土卫二的表面明亮而有光泽，几乎能够 100%反射抵达其表面的阳光。液态水“熔岩流”从土卫二的内部涌出，抹平了表面的各个撞击坑，然后在表面上冻结。

卡西尼号探测到以下两种情形：冰质喷流从土卫二南极附近的裂缝中冒出（见图 8.17b）；瞬态水蒸气大气层环绕在土卫二周围。脱离土卫二的微弱引力后，喷流稳定地补充了大气层（见 8.4 节），进而形成了土星 E 环。喷流模型表明，南极壳正下方存在一片广阔的液态海洋，如图 8.17a 中的插图所示。有趣的是，部分喷流中包含有机物质，这引发了人们对土卫二内部存在生命可能性的猜测。

在这么小的一颗卫星上为何存在这么多活动？最好的解释似乎如下：内部加热是潮汐应力的结果，这与木卫一和木卫二的情况非常相似（见 8.1 节）。由于其他卫星（特别是土卫四）的引力，土卫二的轨道略呈非圆形。土星施加在土卫二上的引潮力仅为木星施加在木卫一上的引潮力的 1/4，但这可能仍足以部分液化内部，并引发人们所观测到的活动。

为什么喷流活动集中在南极呢？据科学家推测，内部热斑的上涌物质可能已导致整个卫星翻滚，从而将低密度热区域置于自转轴上（极点处），就好像旋转中的保龄球趋于自转，并将各个球孔（低密度）置于自转轴上。

大多数中卫星都显示出较高的陨击程度，说明在外行星形成之初，行星环境杂乱无章且狂暴剧烈，剩余的微行星被更大的那些天体吸积，或者从类木行星附近被抛射而形成奥尔特云（见 4.3 节）。在最内侧的中卫星**土卫一/米玛斯**（Mimas）和**天卫五**（Miranda）上，显示了或许最清晰的剧烈陨石撞击证据。如图 8.15 中的土卫一图像所示，形成最大陨击坑的那次撞击必定威力极大，非常接近于击碎该卫星。天卫五（见图 8.18）显示了多种类型的表面地形，如山脊、山谷、断层及其他许多地质特征。为了解释天卫五似乎包含这么多种地形的原因，有些研究人员假设其经历了若干灾难性破坏，大量碎片以杂乱无章的方式重新组合在一起。但是，在能够获得更详细的信息来检验这一理论之前，我们还需要探索很长一段时间。

概念回顾

从中卫星的何种表面性质可知外太阳系曾经非常狂暴？

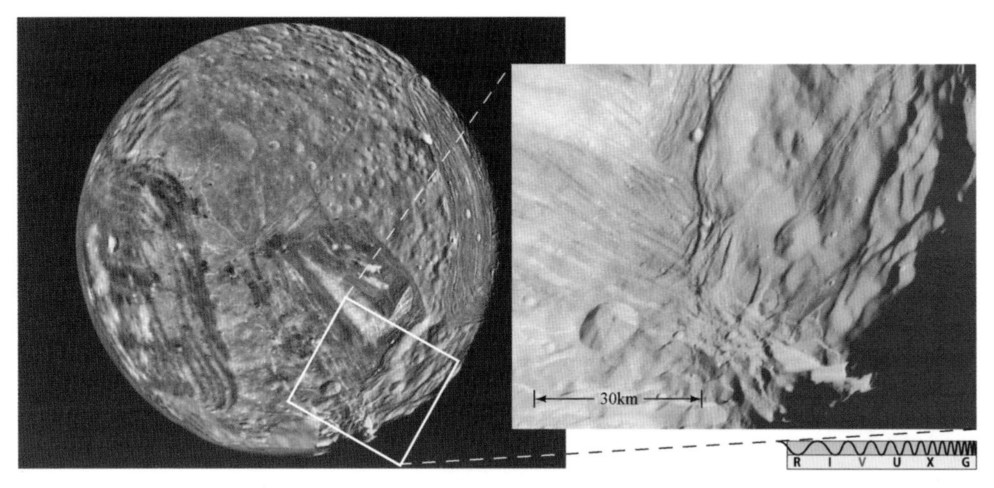

图 8.18 天卫五。天王星最内侧的卫星（小行星大小），由旅行者 2 号拍摄。天卫五表面断裂密布，暗示着历史活动剧烈，但沟槽和裂缝的成因尚不清楚（NASA）

8.4 行星环

所有四颗类木行星都具有环绕在赤道周围的行星环系统，各行星环的性质和外观与其小卫星和中卫星密切相关，许多内层卫星的运行轨道靠近母行星环（甚至位于其内部）。迄今为止，土星环的知名度最高，研究程度也最透彻。但是，在所有类木行星的光环中，均包含大量外太阳系的环境相关信息。

知识点：行星环

在描述土星环的性质时，超过半数的学生遇到困难。建议记住以下几点：

- 当卫星接近行星时，行星对卫星的破坏性引潮力快速增大。
- 洛希极限是行星的引潮力战胜卫星的重力，从而将卫星撕裂的临界距离。
- 一般来说，在洛希极限内会发现光环和小卫星，在洛希极限外会发现更大的卫星。

8.4.1 壮观的土星环系统

图 8.19 显示了土星环的主要特征。从地球上观测时，天文学家识别出了三个环，并将它们简单地标记为 A、B 和 C。A 环距离土星最远，通过称为**卡西尼环缝**（Cassini Division）的暗色缝隙与内层中的 B 环和 C 环相分隔，该环缝以 17 世纪法国-意大利天文学家乔凡尼·多美尼科·卡西尼的名字命名。在 A 环的靠外部分，人们发现了一个较小的缝隙，称为**恩克环缝**（Encke Gap），其宽度为 270km。从地球上观测时，人们无法看到土星环的更多细节。在三个主环中，B 环最亮，其次是 A 环（稍暗），然后是 C 环（几乎半透明）。至于表 8.3 中列出的其他环，在图 8.19 中不可见。

表 8.3 土星环

环	内 半 径		外 半 径		宽 度
	（km）	行星半径（km）	（km）	行星半径（km）	（km）
D	60000	1.00	74000	1.23	14000
C	74000	1.23	92000	1.53	18000
B	92000	1.53	117600	1.96	25600
A	122200	2.04	136800	2.28	14600
F	140500	2.34	140600	2.34	100
E	210000	3.50	300000	5.00	90000

图 8.19　土星环。卡西尼号航天器 2005 年观测到的土星。为了增强对比度，这里以假彩色标记并显示了主环特征（NASA/ESA）

由于土星环位于土星的赤道面上，且土星自转轴与黄道之间存在夹角，因此土星环的外观（从地球上看）会发生季节性变化，如图 8.20 所示。当土星绕太阳运行时，光环被照亮的角度会发生改变。当土星的北极（或南极）朝太阳倾斜时（意味着土星上为夏季或冬季），高反射性的光环最明亮。在土星上的春季和秋季，对于太阳和地球观测者而言，光环接近呈边缘朝外的状态，因此似乎消失了。从这个简单的观测中，我们可以得出一个重要的推论：土星环非常薄。实际上，目前已知其厚度不到数百米，但是直径超过 200000km。

土星环并非固态天体。1857 年，苏格兰物理学家詹姆斯 • 克拉克 • 麦克斯韦认为，土星环必定由巨量小型固态粒子组成，就好像许多微卫星一样各自独立地绕土星运行。土星环反射的阳光的多普勒频移测量结果表明，轨道速度随着与土星之间距离的增大而降低，这完全符合开普勒定律和牛顿万有引力定律（见 1.4 节）。土星环的高反射性质表明这些粒子由冰组成，20 世纪 70 年代的红外观测结果证实水冰确实是光环的主要构成物质。卡西尼号还探测到了大量“泥土”，即混合在一起的小型岩质粒子和尘埃。雷达观测及此后旅行者号和卡西尼号对散射阳光的研究结果表明，冰质光环粒子的大小不等，直径范围从几分之一毫米到几十米，大多数粒子的大小（和组成）类似于较大的脏雪球。由于光环粒子之间的相互碰撞趋于使它们在单一平面内的圆形轨道上运动，因此土星环较薄。若任何粒子偏离了这种有序结构，则其会很快陷入其他光环粒子的包围，从而最终被迫回归有序结构。

8.4.2　洛希极限

为了理解光环的成因，考虑近距离围绕大质量行星（如土星）运行的小卫星的命运（见图 8.21）。当假想卫星距离行星更近时，行星施加在卫星上的引潮力增大，并朝向行星拉伸卫星（见 5.2 节）。随着与行星之间距离的减小，引潮力迅速增大，并最终到达一个临界点位置，此时的行星的引潮力变得大于卫星的凝聚内力，从而导致卫星被行星的引力撕裂。然后，卫星碎片在各自的轨道上围绕这颗行星运动，并最终以光环的形式在其周围散布开来。

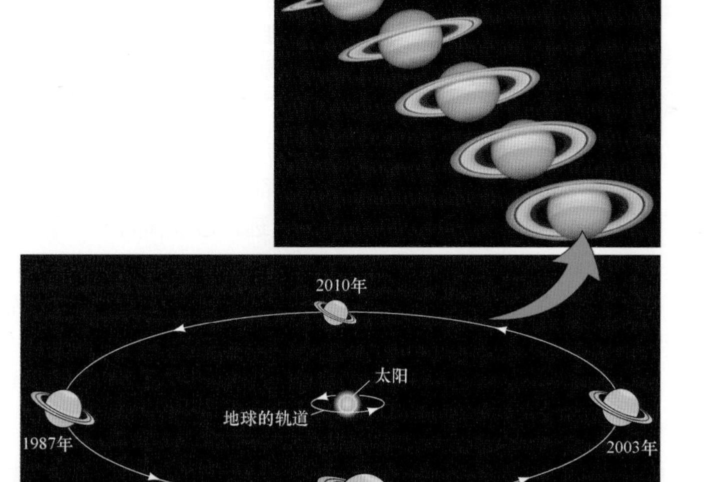

图 8.20　土星的倾斜。当倾斜的光环平面绕太阳运行时，随着时间的推移，土星环的外观发生改变（对地球观测者而言）。这些大体上呈真彩色的图像（插图）跨越了若干年（2002—2024 年），显示了从地球视角观测时的光环变化（从几乎边缘朝外到更接近正面朝外）（NASA）

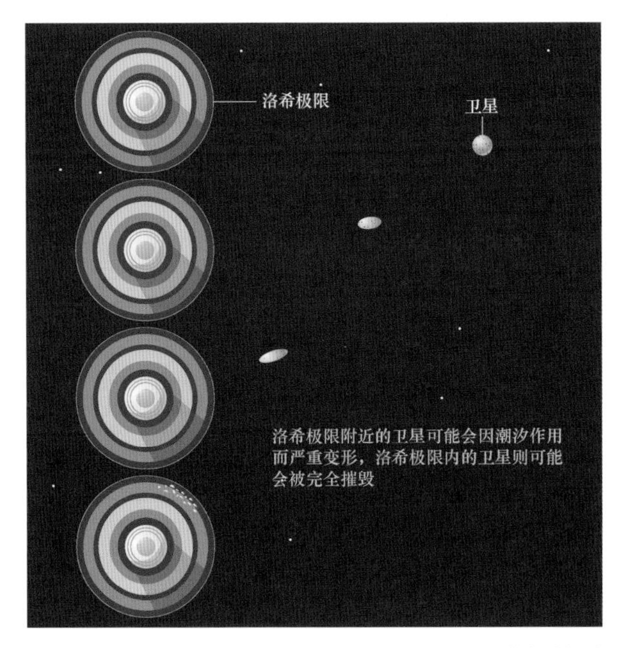

图 8.21　洛希极限。当某一卫星过于靠近行星时，行星的潮汐场首先将其扭曲（上），然后将其摧毁（下）

对任何已知行星和卫星而言，卫星被摧毁的这个临界距离称为洛希极限（Roche limit），以 19 世纪法国数学家爱德华·洛希的名字命名，他首次计算了这个极限。若假想卫星通过自身重力凝聚在一起，且其平均密度类似于母行星（对土星的大卫星而言，这两个假设均为合理假设），则洛希极限约为该行星半径的 2.4 倍。例如，对土星（半径为 60000km）而言，洛希极限距离土星中心约 144000km，刚好位于 A 环的外边缘外侧。土星环占据了土星洛希极限以内的区域。这些考虑同样能够较好地适用于其他类木行星。如图 8.22 所示，太阳系中的所有四个光环系统都位于（或靠近）母行星的洛希极限以内。

注意，洛希极限的计算仅适用于质量大到足以使其自身重力成为主要内聚力的卫星。空间探测器和足够小的卫星能够在洛希极限以内幸存，这是因为它们不是靠重力（而是靠原子间的电磁力）凝聚在一起的，所以上述说法不适用。

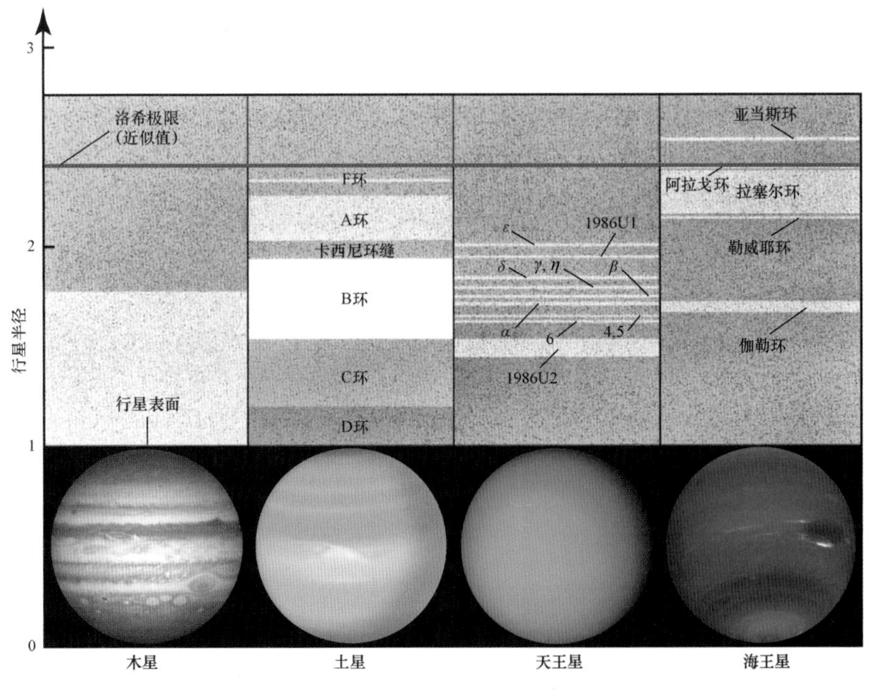

图 8.22　类木行星的光环系统。至木星环、土星环、天王星环和海王星环的距离均以行星半径表示，红线表示洛希极限，所有光环都位于母行星的洛希极限以内（或非常接近）

8.4.3　土星环的精细结构

1979 年，旅行者号探测器发现，土星的主环实际上由数以万计的狭窄细环组成。卡西尼号拍摄到了土星环的这种精细结构，如图 8.23 所示。这种复杂结构并不固定，而会随着时间和光环中的位置改变。光环粒子自身的重力可能与土星内层卫星的影响相结合，产生在光环平面上运动的物质波（高密度区域和低密度区域，类似于池塘表面的涟漪），光环粒子在某些地方聚集，在另一些地方分散，由此形成了我们所看到的细环。

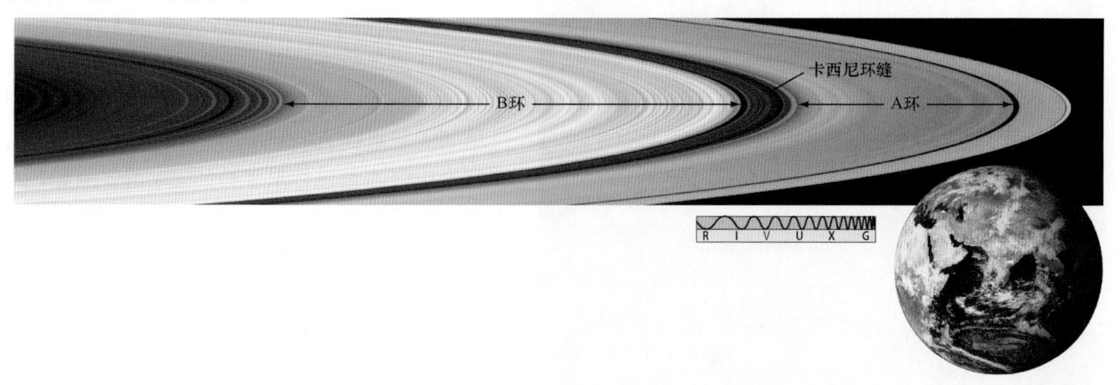

图 8.23　土星环的近景照片。在飞越精细的外环之前，卡西尼号拍摄了土星精美光环结构的这幅真彩色镶嵌图像。为了比较大小，将地球用作比例尺（NASA/ESA）

光环中的较窄缝隙（共约 20 个）由嵌入其中的超小卫星导致，这些超小卫星远大于（宽度可能为 10km 或 20km）最大的光环粒子，运动时会清扫周围的光环物质。在卡西尼号抵达之前，虽然人们对旅行者号图像进行了多次仔细搜索，却只发现了其中的一颗超小卫星。现在，在主环之间的缝隙中，卡西尼号已发现了许多超小卫星（宽约数千米）。

最大的缝隙（卡西尼环缝）则具有不同的成因，主要源于土星最内侧中卫星（土卫一）的引力影响。随着时间的推移，在土卫一的引力作用下，卡西尼环缝中运行的粒子偏转至偏心轨道，导致它们与其他光环粒子发生碰撞，从而有效地移动到具有不同半径的新轨道，合成结果是卡西尼环缝中的光环粒子数量大大减少。

A 环之外是暗淡而狭窄的 F 环，这或许是所有环中最奇怪的环，如图 8.24 所示。F 环由先驱者 11 号发现于 1979 年，但是仅当旅行者号抵近观测时，其全部复杂性才变得明显。F 环最奇怪的特征是外观好像是交织在一起的几股辫子。F 环的复杂结构及其较薄的厚度源于称为**牧羊人卫星/牧羊犬卫星/牧羊卫星/守护卫星**（shepherd satellite）的两颗小卫星（轨道位于其两侧约 1000km 处）的影响，它们的引力效应会温和地引导偏离过远的任何粒子返回到 F 环中。在主环系统中，卡西尼号又发现了几个交织在一起的环。这些辫子源于各卫星在光环中产生的波浪，但是辫子如何产生及牧羊人卫星究竟为何在那里的细节仍然需要进一步研究。

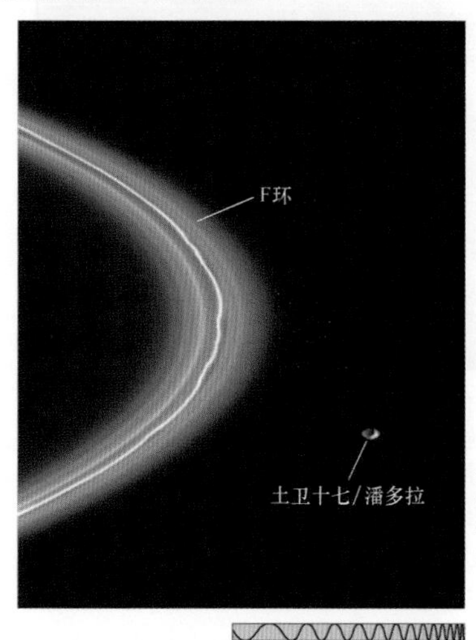

类似于牧羊人和牧羊犬共同努力将绵羊控制在波浪线内的方式，牧羊人卫星将松散物质限制在土星环的编织线内

图 8.24　牧羊人卫星。土星的狭窄 F 环似乎包含绳结和辫子，使其不同于土星的任何其他环。F 环的厚度较薄由绕环运行的两颗牧羊人卫星导致，其中一颗位于环内数百千米处，另一颗则位于环外数百千米处。土豆形状的牧羊人卫星之一称为土卫十七/潘多拉（Pandora），其宽约 100km，见右侧（NASA）

旅行者 2 号还发现了当前统称为 D 环的一系列微弱光环，它从 C 环内边缘的内侧向下，几乎一直延伸至土星的云层顶部。D 环中的粒子数量相对较少且非常暗淡，从地球上完全观测不到。微弱的 E 环正好位于主环结构的外侧，同样由旅行者 2 号发现，被认为是土卫二上火山作用（如前所述）的结果。如图 8.25 所示，卡西尼图像以前所未见的视角（从土星背后回看被遮住的太阳）显示了各光环。类似于逆光观察透过阳光窗的光束时，最容易看到空气中的弥散尘埃，在这一非同寻常的背光视图中，土星的微弱光环清晰可见。此外，这张照片还揭示了几个更微弱的光环，其中部分光环还与各种小卫星的轨道相关。

图 8.25　背光的光环。在穿越土星的阴影区时，卡西尼号拍摄了这张壮观照片。外环（F 环、G 环和 E 环）通常很难看到，但在此对比度增强图像中则清晰可见。插图显示了在 E 环内轨道上运行的土卫二，其火山喷发为光环提供了冰粒（NASA）

8.4.4　木星环、天王星环和海王星环

1979 年，旅行者号任务的许多重大发现之一是木星赤道面内存在一个环绕整个木星的微弱物质光环（见图 8.26），位于木星的云层顶部之上约 50000km 处和最内侧卫星的轨道内，可能由陨石从内层各卫星上击出的深色岩石碎片和尘埃组成。该光环的外侧边缘非常清晰，但薄层物质可能一直向下延伸至木星的云层顶部。在垂直于赤道面的方向上，该光环的厚度仅为数十千米。

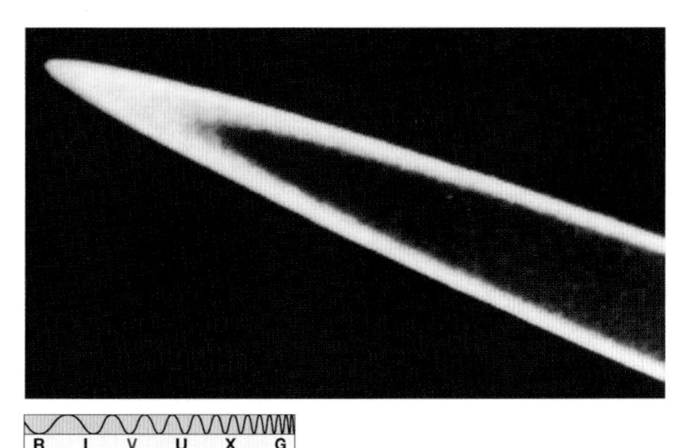

图 8.26　木星环。旅行者 2 号拍摄的木星微弱光环（接近侧视图）。木星环可能由陨石从最内侧各卫星上击出的深色岩石碎片和尘埃组成，在 2 个旅行者号航天器抵达木星之前，人类对其一无所知（NASA）

环绕在天王星周围的光环系统发现于 1977 年，天文学家当时观测到当这颗行星从某一亮星前面经过时，亮星的光线会瞬间变暗。这种**星掩源/恒星掩星**（stellar occultation）现象每 10 年发生几次，天文学家可借此测量由于太小和太微弱而无法直接探测的行星结构。在天王星周围，地基观测揭示了 9 个薄层光环，旅行者 2 号又发现了 2 个光环，所有 11 个光环的位置如图 8.22 所示。

图 8.27 是旅行者 2 号拍摄的照片，地基观测所知的 9 个光环清晰可见，且天王星环与土星环存在明显的差异。土星环明亮而宽阔，环缝相对狭窄和暗淡；天王星环则狭窄而暗淡，环缝较为宽阔。但是，与土星环一样，天王星环的厚度最大值仅为数十米（沿垂直于环平面方向测量）。类似于土星上的 F 环，天王星上的狭窄光环需要牧羊人卫星来保持位置。在 1986 年的飞掠期间，旅行者 2 号探测到了 ε 环（艾普西隆环）的牧羊人卫星（见图 8.28）。当然，大量尚未发现的其他牧羊人卫星也必定存在。

图 8.27　天王星环。天王星的主环，由旅行者 2 号拍摄。在这张照片中，可以看到该航天器抵达之前已知的所有 9 个光环。顶部插图显示了艾普西隆环的特写，揭示了部分内部结构（NASA）

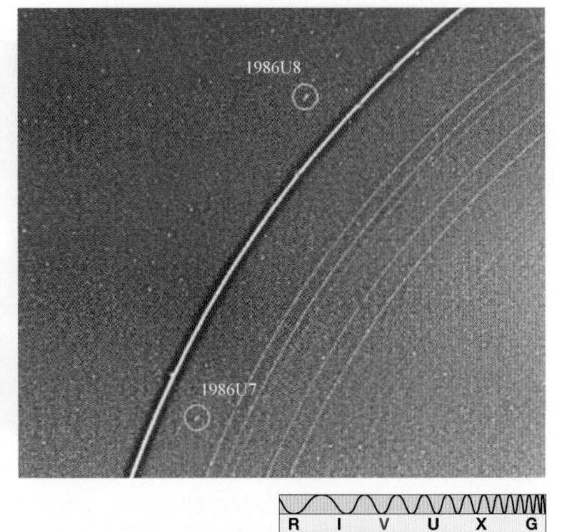

图 8.28　更多牧羊人卫星。现在，这两颗小卫星（1986U7 和 1986U8）分别被命名为天卫六/科迪莉亚（Cordelia）和天卫七/奥菲丽娅（Ophelia），由旅行者 2 号于 1986 年发现。它们共同守护着天王星的艾普西隆环，以防止其弥散出去（NASA）

如图 8.29 所示，海王星周围环绕着四个深色的光环，其中三个光环相当狭窄，类似于天王星环；一个光环相当宽阔且分散，与木星环更相像。最外层光环在某些位置明显积聚，从地球上无法看到完整的环形，而只能看到部分弧形，不可见部分只是由于厚度太薄（未积聚）而无法探测。在各光环与海王星的各内层小卫星之间，关联关系尚未明确建立，但是许多天文学家当前认为这种积聚由牧羊人卫星导致。

图 8.29　海王星的暗淡光环。在这幅长曝光图像中，海王星（中心）因曝光过度而被人为遮挡（通过仪器），以便能够更容易看到光环。在两个更暗淡的光环中，其一位于内层亮环与海王星之间，其二位于两个亮环之间（NASA）

8.4.5　行星环的形成

从土星及其他类木行星的光环中，研究人员观测到的动态行为（波、撞击及其与各卫星的相互作用）表明，这些光环非常年轻（或许不超过 5000 万年，仅为太阳系年龄的 1%）。若确实如此年轻，则这些光环要么不时地获得补充（或许源于陨石撞击而溅射的卫星碎片），要么形成于该行星体系中相对较近的灾难性事件（某卫星撕裂于引潮力，或者摧毁于大型彗星甚至另一卫星的撞击）。

据天文学家估计，土星环的总质量足以组成一颗直径约为 250km 的卫星。若这样一颗卫星偏离轨道并进入土星的洛希极限范围内，或者在该半径附近被摧毁（或许源于碰撞），则可能会产生一个光环系统。我们并不知道土星环是否以这种方式形成，但这很可能是海卫一（海王星的大卫星）的未来命运。如前所述（见 8.2 节），在未来 1 亿年左右，海卫一将被海王星的潮汐引力场撕裂。到那个时候，土星环系统很可能已经消失，海王星将成为太阳系中拥有壮观光环的替代行星！

概念回顾

洛希极限是什么？它与行星环的相关性如何？

8.5 海王星以外

自 20 世纪 90 年代初以来，柯伊伯带中的已知天体数量快速增多。在此期间，为了捕获外太阳系中这些暗色天体所反射的微量阳光，地基望远镜发挥了至关重要的作用。作为柯伊伯带天体之一，冥王星早已为人所知（数十年前至今）。

8.5.1 冥王星的发现

如第 7 章所述，通过研究天王星轨道的不规则性，人们在 19 世纪中叶发现了海王星（见 7.2 节）。19 世纪末，天王星和海王星的轨道观测结果表明，海王星的影响并不足以解释天王星运动中观测到的所有不规则性。此外，海王星自身似乎受到了某些其他未知天体的影响。天文学家希望能够精确定位这颗新行星的位置，并采用了指导他们发现海王星的类似技术。

作为当时最著名的天文学家之一，帕西瓦尔 • 罗威尔也是最痴迷的行星猎人之一（见发现 6.1）。基于其以天王星运动为主的研究（当时的海王星轨道还很不明确），罗威尔计算了假想中的第 9 颗行星的理论位置。他一直在寻找这颗行星，却始终未获成功，直至 1916 年去世。1930 年，利用罗威尔天文台改进后的设备和摄影技术，美国天文学家克莱德 • 汤博最终成功发现了第 9 颗行星，距离罗威尔的预测位置仅偏差 6°。这一新天体被命名为冥王星（Pluto），以统治着永恒黑暗的罗马冥界之神普鲁托的名字命名。

从表面上看，冥王星的发现似乎是牛顿力学的又一次巨大成功。但是，天王星和海王星运动中的不规则性假设实际上并不存在，而且冥王星的质量（20 世纪 80 年代以前未能精确测量）太小，无论如何都不可能导致这些不规则性。冥王星的发现要更多地归功于简单的运气，而非复杂的数学计算！

8.5.2 冥王星-冥卫一系统

冥王星距离太阳约 40AU，因此难以从背景恒星中进行辨别，人类肉眼永远观测不到。1978 年，美国海军天文台的天文学家发现，冥王星拥有一颗卫星。现在，这颗卫星被命名为冥卫一/卡戎（Charon），以古希腊神话中的船夫（负责将逝者送过冥河，然后进入冥府——普鲁托的领地）的名字命名。图 8.30 是哈勃太空望远镜于 2012 年拍摄的一张照片，照片中清晰地显示了冥王星、冥卫一以及围绕冥王星-冥卫一系统运行的另外四颗小卫星。最大的两颗小卫星称为冥卫二/尼克斯（Nix，黑暗女神和卡戎之母）和冥卫三/海德拉（Hydra，神话中的九头怪物），它们绕冥王星运行的轨道半径大致为冥卫一轨道半径的 2 倍。虽然图 8.30 中的外观曝光过度，但是它们都非常小，直径约为 50km。另外两颗小卫星称为冥卫四/科伯罗司（Kerberos）

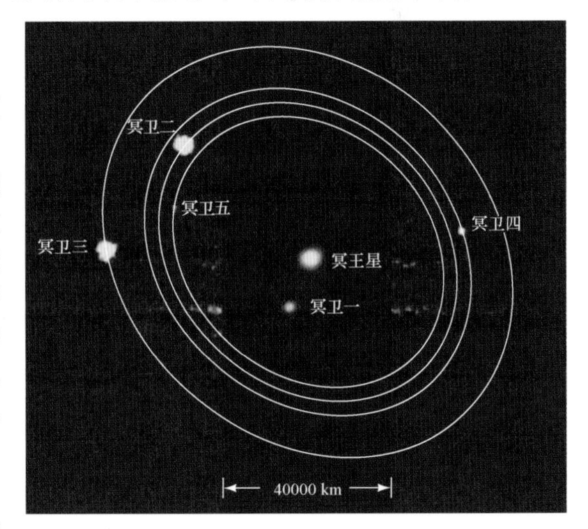

图 8.30　冥王星-冥卫一系统。在哈勃太空望远镜 2012 年拍摄的这张照片中，可以看到冥王星、冥卫一及四颗小卫星。由于冥王星和冥卫一成像时的曝光时间远短于其他更微弱卫星，所以中间部位出现了垂向黑色条带。外层卫星的轨道已标记出来（NASA）

和冥卫五/斯堤克斯（Styx），体积甚至更小（直径约为 10km），分别发现于 2011 年和 2012 年。

纯属偶然，从地球视角观测，1985—1991 年，当冥王星和冥卫一反复多次从彼此前方经过时，冥卫一的轨道产生了一系列掩食现象，使天文学家能够非常精确地计算出这两颗天体的质量和半径。冥王星的质量只有地球质量的 0.0022 倍，约为月球质量的 0.17 倍。冥王星的半径为 1190km，约为地球半径的 1/5。冥卫一的质量约为冥王星质量的 0.12 倍，半径约为 600km，轨道距离冥王星约 19600km。通过研究冥王星和冥卫一表面所反射的阳光，天文学家还发现它们在围绕彼此轨道运行时被潮汐锁定。它们的轨道周期和自转周期完全相同，均为 6.4 天。冥王星-冥卫一的轨道和自转轴与黄道面间的夹角均为 118°（见图 8.31）。

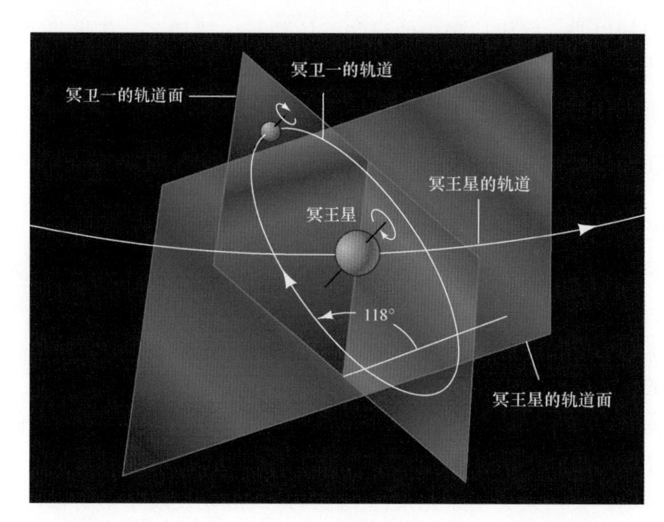

图 8.31　冥王星-冥卫一的轨道。冥卫一绕冥王星同步运行的轨道呈圆形，与冥王星-冥卫一系统绕太阳运行的轨道面之间的夹角为 118°。冥王星-冥卫一轨道面本身与黄道面之间的夹角为 17.2°

由冥王星和冥卫一的质量与半径可知，二者的平均密度均为 1900kg/m^3，符合我们对主要由水冰组成的这种大小天体的预期值，类似于外行星的几颗大卫星。实际上，冥王星的质量和半径均与海卫一（海王星的大卫星）的非常相似，如前所述，海卫一是被俘获的柯伊伯带天体。

8.5.3　冥王星和冥卫一的近距离观测

在发现冥王星之后的数十年间，对与这颗遥远天体相关的每个新事实，天文学家都需要利用地基（或空基）仪器设备进行艰辛的探测。2015 年 7 月，从地球启程 7 年后，NASA 的新视野号/新地平线号（New Horizons）探测器飞掠了冥王星和冥卫一，这种情况此后发生了根本性改变。新视野号在冥王星-冥卫一系统中仅停留了几小时，目前正在加速奔赴（预计 2019 年会合）下一个目标，即 10 亿千米外的柯伊伯带天体天涯海角（2014 MU69），但这几小时却为人们提供了极为丰富的信息[①]。

图 8.32 是冥王星的彩色增强图像，由新视野号在约 14000km 之外拍摄，揭示了出乎人们意料的复杂表面特征，包括冰质山脉和冰冻平原。图 8.33 是新视野号拍摄的冥卫一照片。冥王星和冥卫一均明显缺少陨击坑，说明相对年轻的表面（仅 1 亿年历史）由最近的地质活动塑造而成。在冥卫一表面，部分峡谷最深达 8km。究竟何种过程为这些冰质小天体提供了足够能量，不仅覆盖了大量撞击坑，而且形成了目前所观测到的山脉及其他表面特征，科学家尚未取得明确答案。

与海卫一相似，冥王星上水冰的作用相当于地球上的岩石，氮的作用类似于地球上的水。在图 8.32 中，中部平原［非官方名称为斯普特尼克号平原（Sputnik Planum）］覆盖着“氮、甲烷和一氧化碳”冰，这些冰显然聚集在冥王星的高海拔地区（右侧白色区域），然后作为冰川流入地势较低的地区。新视野

① 2019 年 1 月 1 日，新视野号在 3500km 的高空飞掠“天涯海角”，这是迄今为止人类探测器到访过的最遥远天体。——译者注

号还探测到了冥王星山谷中的氮雾（见图 8.34 中的背光视图），在稀薄但出乎意料延伸的大气层中，这颗矮行星确实拥有多层氮霾。

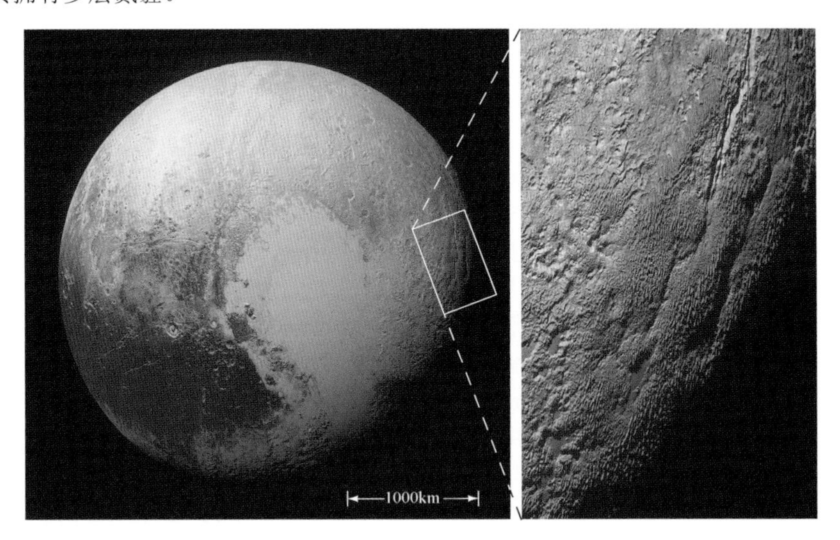

图 8.32　冥王星的表面细节。这幅冥王星彩色增强图像由新视野号拍摄，显示了该小天体上地形的显著变化，从平坦的平原，到高耸的水冰山脉。中部的奶油色盆地含有“氮和甲烷”冰，右侧的亮白色高地区域可能覆盖着氮雪。插图显示了“蛇皮地形”，即由低角度阳光突出显示的纹理奇特的山脉（NASA/New Horizons）

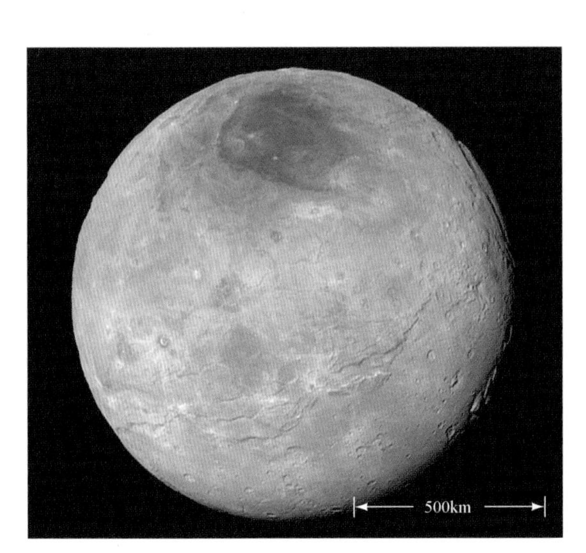

图 8.33　冥卫一的表面细节。作为冥王星的大卫星，冥卫一也显示出了令人惊讶的复杂地质历史，包括平坦的平原、表面断裂、高山和陨击坑（NASA/New Horizons）

图 8.34　冥王星大气层。当加速驶离冥王星时，新视野号获取了该矮行星的这幅背光图像，显示了厚约 40km 的氮大气层，其中包含十几层雾霾（NASA/New Horizons）

随着航天器继续执行任务，新视野号数据正在缓慢地下载至地球。可以肯定，在收到最后一批数据后的很长一段时间内，科学家将竭尽全力地进行研究。

概念回顾

冥王星和海卫一有何共同之处？

8.5.4　类冥矮行星和柯伊伯带

大多数柯伊伯带天体并不能较好地进行观测（像冥王星那样），冥王星刚好是柯伊伯带中的最大已知天体，运行轨道靠近柯伊伯带内边缘，因此从地球上观测时相对较亮。海王星以外的天体（即使是大天体）非常暗淡。虽然如此，随着观测技术的不断进步，在海王星以外探测到的天体数量快速增多，天文学家对其大小和轨道的理解逐步加深，例如，我们现在知道，约25%的柯伊伯带天体的轨道周期与冥王星的完全一致。这当然不是巧合，而由这些天体与海王星之间的引力相互作用导致，所有这些天体的轨道周期均为海王星轨道周期的 1.5 倍。

目前已知的海外天体/外海王星天体有近 2000 颗，运行轨道大多数位于柯伊伯带中，通常定义为距离太阳 40～50AU。由于它们体积太小且距离太远，研究人员推测目前仅观测到了其中的一小部分。直径大于 100km 的柯伊伯带天体总数估计超过 100000 颗。若确实如此，则海王星以外所有碎片的总质量可能为内小行星带质量的数百倍，但仍小于地球的质量。

随着细节的补充和已知天体数量的增多，天文学家越来越发现与外太阳系中的其他小天体相比，冥王星并不存在明显差异，这与人们原来想象的情况不一样。**创神星/夸奥尔**（Quaoar）是 2002 年发现的柯伊伯带天体，以美国本土创世神的名字命名，直径约为 1200km（超过最大小行星谷神星的直径和冥王星直径的 1/2）。**妊神星/哈乌美亚**（Haumea）发现于 2003 年，**鸟神星/复活兔/马奇马奇**（Makemake）发现于 2005 年，这两颗柯伊伯带天体（均以夏威夷神话人物的名字命名）的体积更大，直径为 1500～2000km。但是，最后一击来自 2005 年发现的非柯伊伯带天体阋神星/厄里斯（Eris），其以希腊不和女神的名字命名，直径约为 2330km（哈勃太空望远镜 2006 年测量），几乎与冥王星相同，如图 8.35 所示[注意，从技术角度讲，由于偏心轨道延伸至柯伊伯带以外很远，阋神星并不能归类为柯伊伯带天体。但是像柯伊伯带成员一样，阋神星很可能是形成于外太阳系中的一颗冰质微行星，只不过后来被海王星踢出了外太阳系，因此就组成和演化历史而言，其与真正的柯伊伯带天体（见 4.3 节）可能几乎没有什么差别]。

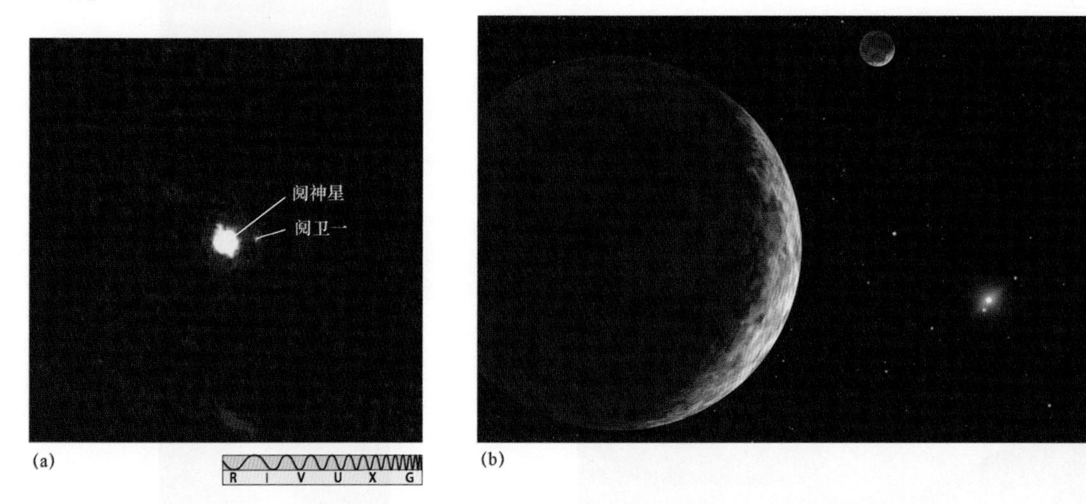

图 8.35　柯伊伯带天体。(a)海外天体阋神星及其小卫星阋卫一/迪丝诺美亚（Dysnomia），以希腊不和女神及其女儿（以混乱和无法无天闻名）的名字命名，夏威夷凯克天文台成像于红外波段；(b)某位艺术家绘制的阋神星系统构想图，上部是阋卫一，右侧是遥远的太阳（Keck）

图 8.36 显示了在海王星以外轨道运行的部分最大天体的大小，包括另一颗神秘天体**赛德娜/塞德娜**（Sedna），发现于 2003 年，直径约为 1500km，目前是太阳系中最遥远的已知天体。由于运行轨道高度椭圆化，使其远日点可达近 1000AU，几乎到了（理论上）奥尔特云的内边缘。在太空深处，很可能还存在更多冥王星大小（或更大）的天体，这种可能性尚未最终排除。

甚至在发现阋神星之前，许多天文学家就得出结论：冥王星只是一颗大型柯伊伯带天体，其在柯伊伯带中的地位与谷神星在小行星带中的地位非常相似。确认阋神星比冥王星更大后，寻找反映天文学家对外太阳系新理解的分类方式的压力越来越大。如第 4 章所述，人们最终命名了一种新类型的太阳系天体——矮行星，包括冥王星、阋神星、谷神星、妊神星和鸟神星（见 4.1 节）。

图 8.36 海外天体。部分大型海外天体，包括冥王星和阋神星（最大的已知海外天体），地球（部分）和月球可作为参照比例尺。由于根据天体的观测亮度进行估计，因此大多数直径均为近似值（NASA；Caltech）

对于冥王星从太阳系的 A 类清单中降级，部分天文学家感到非常不满，争辩说之所以命名新的矮行星类别，主要目的是剥夺冥王星和阋神星的行星地位（这一观点或许正确）。支持者则称赞这一重新定义，认为早就应该确认冥王星的真实身份。术语之争尚未结束，但是未来即便做出改变，冥王星恢复行星地位似乎已不太可能。绝大多数天文学家相信，若冥王星迟至今天发现，则其肯定应当被分类为柯伊伯带天体（头条新闻会说它是最大的柯伊伯带成员）。2008 年，好像是为了安抚相关人员的情绪，国际天文学联合会决定将海王星以外的所有冰质矮行星统称为类冥矮行星（plutoid）。

冥王星的重新分类说明了科学发展的方式。自哥白尼时代以来，人类的宇宙观经历了许多变化，有些较为激进，大多数则循序渐进（见 1.2 节）。随着理解程度的加深，术语和分类也会发生改变。冥王星的状况与 19 世纪初首批小行星的发现非常相似，这些小行星最初也被归类为行星。实际上，19 世纪 40 年代，主要天文学文献列出的太阳系中的行星不少于 11 颗，包括编号为 5～8 的小行星灶神星（Vesta）、婚神星（Juno）、谷神星（Ceres）和智神星（Pallas）。但是，在短短数十年期间，人们又发现了数十颗小行星，清晰地表明这些小天体代表了一种新类型的太阳系天体，与行星相区分很有必要，因此行星的数量降至 8 颗（包括新发现的海王星）。

柯伊伯带的大部分观测工作最初是为了寻找第 10 颗行星，不过出乎大多数人的意料，这些努力的最终结果是将太阳系中真正（大）行星的数量减至 8 颗。

科学过程回顾

为什么冥王星不再被认为是大行星？

学术前沿问题

在系外行星系研究中，人们的注意力通常集中在母恒星周围的行星宜居带上，那里的温度适合液态水排出。但是在太阳系中，类木行星的许多卫星远离通常的宜居带，并且显然已经发现了地下液态水。若存在太阳系外生命，则这些超自然环境是否更有可能容纳它？

本章回顾

小结

LO1 在外太阳系中，6 颗大卫星的大小和质量大于（或等于）月球。对木星的 4 颗伽利略卫星而言，随着与木星距离的增大，密度下降。木卫一上存在活火山，由木星引潮力不断弯曲卫星而提供动力。在木卫二开裂的冰质表面下，很可能隐藏着液态水海洋。木卫三和木卫四表面的陨击程度较高。木卫三的磁场暗示了相对较近的地质活动，但木卫四没有显示。

LO2 土卫六（土星的大卫星）具有厚层大气，遮住了该卫星的表面，可能存在复杂的云层和表面化学反应。土卫六的表面非常寒冷，水的作用类似于岩石，液态甲烷和乙烷的流动类似于水。卡西尼号上搭载的传感器测绘了土卫六的表面，揭示了正在发生侵蚀和火山活动的证据。惠更斯号探测器在冰质表面着陆，拍摄到了可能由流动甲烷蚀刻出的通道。

LO3 海卫一具有充满裂隙的水冰表面和稀薄的氮大气层，可能由其表面的氮间歇泉产生。海卫一是太阳系中围绕母行星唯一逆行的大卫星。逆行轨道不稳定，最终导致海卫一被海王星的引力所撕裂。

LO4 土星和天王星的中卫星主要由岩石和水冰组成。许多卫星的陨击程度较高，其中部分卫星肯定已经因为被陨击而接近毁灭。有些卫星显示了近期地质活动的证据，但其成因大多数尚不清楚。

LO5 从地球上看，土星环的主要可见特征是A环、B环、C环、卡西尼环缝和恩克环缝。卡西尼环缝是A环与B环之间的暗色区域。恩克环缝位于A环的外边缘附近。这些环由数万亿个单独的粒子组成，大小从尘埃颗粒到巨石不等，总质量相当于1颗小卫星。光环粒子与土星的内层卫星之间相互作用，形成了数万个狭窄的细环。纤细的E环与土卫二上的火山活动有关。狭窄的F环正好位于A环外侧，其扭曲的辫状结构由两颗小型牧羊人卫星导致，这两颗卫星在光环附近运行以阻止其解体。

LO6 行星的洛希极限是指行星的潮汐场超过其卫星的内部引力，从而将该卫星撕裂并形成环的距离。四颗类木行星的所有光环都位于（或接近）其母行星的洛希极限内。

LO7 木星拥有微弱的暗色环，一直向下延伸至木星的云层顶部。天王星拥有一系列狭窄的暗色环，首次通过星掩源从地球上探测到，当从地球与某一遥远恒星之间经过时，某一天体会遮挡来自该恒星的光线。牧羊人卫星可以防止天王星环解体。海王星拥有三个窄环（类似天王星）和一个宽环（类似木星）。

LO8 对于可能影响天王星轨道运动的一颗行星，人们进行了异常艰辛的搜寻，并于1930年发现了冥王星。但是现在，我们知道冥王星实在太小，对天王星的轨道不会产生任何可探测的影响。冥王星拥有一颗大卫星（冥卫一）和两颗小卫星。通过研究冥卫一绕冥王星运行的轨道，这两颗天体的质量和半径得以精确测定。海王星轨道以外的几颗天体的质量与冥王星相当（或更大），阋神星最大。阋神星、冥王星及另两颗柯伊伯带天体均属于类冥矮行星。

复习题

1. 随着与木星之间距离的增大，伽利略卫星的密度和组成如何变化？
2. 木卫一有何不同寻常之处？
3. 为何有人猜测木卫二（伽利略卫星）可能会成为生命的居所？
4. 为何科学家认为木卫三内部可能在10亿年前就已被加热？
5. 土卫六（土星的最大卫星）的哪些性质使得天文学家对其特别感兴趣？
6. 海卫一的预测命运是什么？
7. 土星的中卫星上存在地质活动的证据是什么？
8. 从地球上看，土星环有时宽阔明亮，有时却似乎消失，为什么？
9. 为何许多天文学家认为土星环最近才形成？
10. 土卫一对土星环有什么影响？
11. 描述牧羊人卫星的作用。
12. 海王星环与天王星环和土星环有何不同？
13. 天文学家为何不将冥王星视为大行星？
14. 冥王星的哪些方面更像卫星（而非行星）？
15. 冥王星的质量是如何确定的？

自测题

1. 据科学家推测，木卫二的冰冻表面之下可能存在液态水。(对/错)
2. 土星环粒子主要由水冰组成。(对/错)
3. 土星环位于土星的洛希极限内。(对/错)
4. 两颗牧羊人小卫星是导致土星F环异常复杂的原因。(对/错)
5. 土卫六表面被巨厚的氨冰云层遮住了。(对/错)
6. 天王星没有大卫星。(对/错)
7. 海卫一的轨道不同寻常，因为它是逆行的。(对/错)
8. 冥王星通过其对海王星的引力作用而被人们发现。(对/错)
9. 木卫一表面看似非常平滑的原因是：(a)火山活动持续重塑表面；(b)被冰覆盖；(c)被木星保护，免受陨石撞击；(d)是液体。
10. 木星的伽利略卫星有时被描述为小型内太阳系，因为：(a)伽利略卫星的数量与类地行星的相同；(b)这些卫星通常具有类地成分；(c)卫星的密度随着与木星距离的增大而减小；(d)这些卫星都在圆形同步轨道上运动。
11. 与地球表面相比，土卫六表面的压力：(a)较小；(b)大致相等；(c)约为地球的1.5倍。
12. 天王星环：(a)宽阔明亮；(b)狭窄黑暗；(c)狭窄明亮；(d)从地球上无法探测。
13. 与冥王星最相似的太阳系天体是：(a)水星；(b)月球；(c)土卫六；(d)海卫一。
14. 在图8.11（土卫六大气层）中，主雾霾层顶部的大气温度约为：(a)50K；(b)100K；(c)150K；(d)200K。
15. 由图8.20（土星的倾斜）可知，从地球上能够大致侧视土星环的下一时间约在：(a)2025年；(b)2015年；(c)2020年；(d)2035年。

计算题

1. 土星 B 环内边缘处粒子的轨道速度是多少（单位为 km/s）？将该粒子速度与近地轨道（如 500km 高度）卫星的速度进行比较。这些速度的差异为何如此巨大？
2. 木卫一绕木星运行一周的时间为 42 小时，运行轨道距离木星中心 6 个木星半径。若木星的自转周期是 10 小时，利用开普勒第三定律，计算为使卫星似乎在木星上方静止不动，该卫星的运行轨道必须要距离木星中心多远？（见 1.3 节）。
3. 计算木星引力对木卫一中心与木卫一表面最靠近木星那一点所产生的加速度之差。这是木星对木卫一施加的潮汐加速度（见 5.2 节），将其与木卫一的表面重力进行比较。对于地球和月球，再次进行比较。
4. 证明土卫六的表面重力约为地球的 1/7。土卫六的逃逸速度是多少？（见更为准确 5.1）
5. 比较从木星云层顶部看到的伽利略卫星的视大小与从木星距离处看到的太阳角直径。从木星的云层顶部，你是否能够看到日全食？（见更为准确 4.1）
6. 假设形状为球体且具有 2000kg/m^3 的均匀密度，计算在以 40m/s 的速度快速逃逸以前，外行星之一的某颗冰质卫星的半径必须有多小。
7. 土星环中物质的总质量约为 10^5 吨（10^8kg）。假设粒子的平均半径为 6cm（大小相当于一个大雪球），密度为 1000kg/m^3。粒子的总量是多少？
8. 冥卫一距离冥王星的洛希极限有多近？
9. 你在冥王星上的体重是多少？在冥卫一上呢？
10. 光在地球与冥王星之间（距离为 40AU）的往返时间是多少？在这段时间内，在冥王星表面上方 500km 的圆形轨道上运动的航天器能够走多远？对应于多少圈运行轨道？

活动

协作活动

1. 观测木星的伽利略卫星的运行轨道。你需要准备一台望远镜和一个三脚架或其他支架（以保持图像稳定）。将木星定位在视野中心，此时应能看到其红色和棕褐色云带，以及位于木星中心某一延长线上的 3（或 4）个光点，这些光点就是伽利略卫星。仔细绘制所看到的内容，或者通过连接相机来拍摄视野中的图像。在草图中，绘出木星、附近卫星、任何背景亮星及望远镜的整个视场，并记录观测时间轨迹。在此后的 3～4 个夜晚，大致每小时重复一次这个过程，为了大家都能合理作息，一定要做好分工合作！在这段时间内，内侧两颗卫星将至少完整运行一周。草图应该体现出各卫星的运行轨道。估计这些卫星的轨道周期和轨道半径（相对于木星半径），并将结果与表 8.1 中的数值进行比较。

个人活动

1. 利用双筒望远镜来观测木星。你是否能够看到四颗大卫星之一？若次日晚间返回，这些卫星的位置将会改变。哪些卫星的位置变化更大？
2. 利用望远镜，你应当能够更好地观测木星的各颗卫星。在观测之前，请在新近出版的杂志（如《天文学》或《天空和望远镜》）上查找伽利略卫星的位置。识别出每颗卫星。对木卫一持续观测 1 小时，你是否能够看到它的运动？同样观测木卫二。
3. 利用望远镜观测土星环。你是否能够看到其中的暗色线条？这就是卡西尼环缝。你是否能在土星表面看到土星环的阴影？是否能够看到任何卫星？它们与土星环排列整齐，土卫六通常最靠外且总是最亮的。查阅历书，识别找到的每颗卫星。

第 3 部分

恒　星

所有恒星的演化过程都包括诞生、成熟和死亡。恒星在巨大的气体和尘埃云中形成，核火燃烧与太阳非常相像，最终以核内生成的部分重元素回归太空而结束生命。“我们由星尘构成”之类的诗句非常浪漫，但事实的确如此。

第 3 部分描述许多不同的恒星和星际区域，类似于一个星系生态系统，这是一种非常复杂和微妙的演化平衡，几乎与潮汐池（或热带雨林）中的生命一样。对天文学家研究所有恒星而言，恒星演化理论提供了强大而统一的主题。

这里的背景图像展示了第 3 部分中涵盖的恒星和恒星系统，它们都是更大银河系的成员。

星云～10^{16}m

尘埃盘～10^{14}m

红巨星～10^{11}m

星系～10^{21}m

星团～10^{18}m

宇宙中存在近 1 万万亿颗恒星，
太阳仅位列其一。

第 9 章　太阳：地球的母恒星

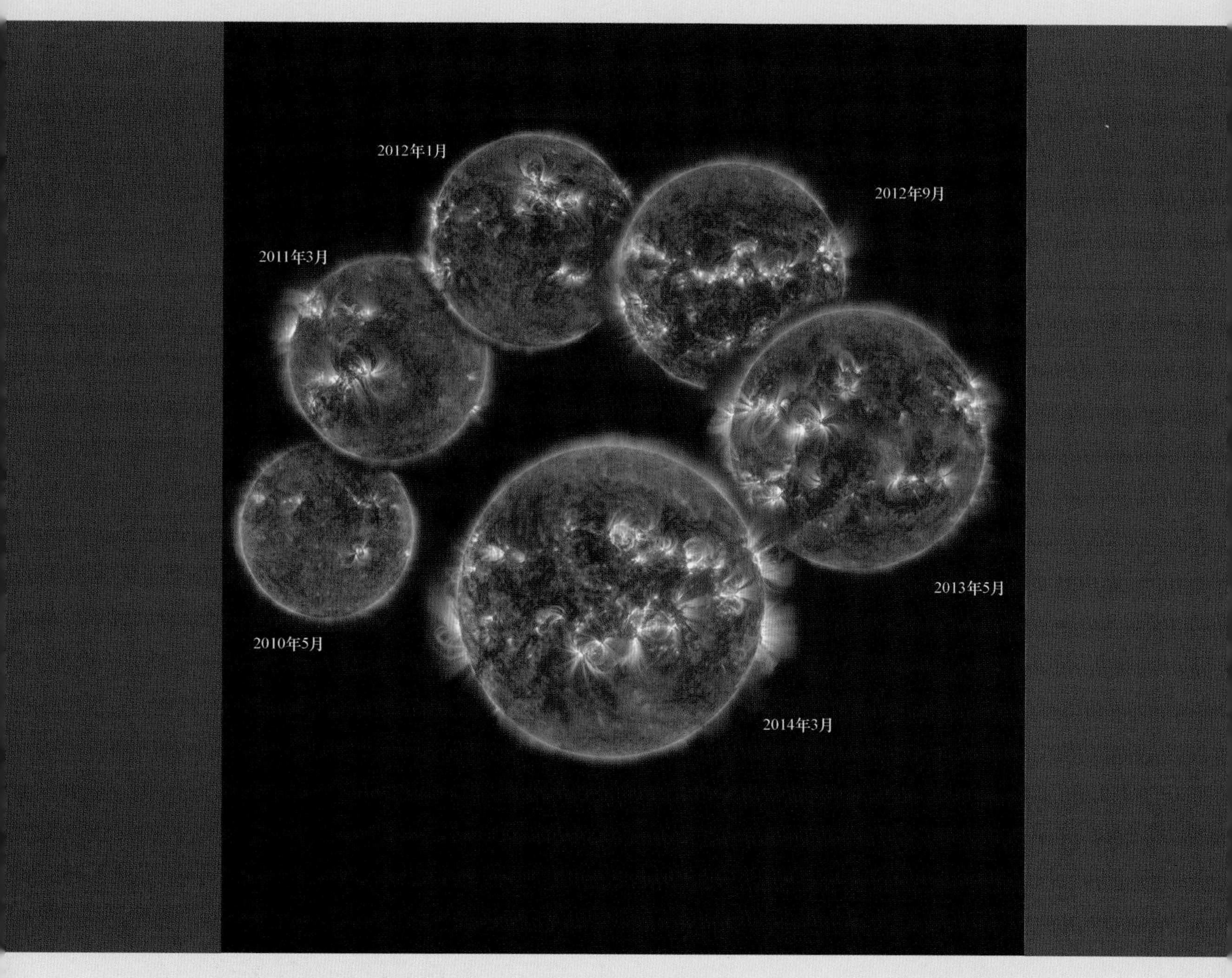

这些太阳图像拍摄于光谱的极紫外部分，显示了自上次太阳极小期（2010 年）至极大期（2014 年）期间的太阳活动增长情形。活动区显示为较亮的区域（太阳大小的变化是艺术创作，而非实际物理状态）。这些图像由太阳动力学观测台拍摄，该观测台是绕地球运行的重达 2 吨的机器人，每天 24 小时监测太阳的表面、大气和内部（SDO/NASA）

因为生活在太阳系内，所以我们有机会近距离研究恒星，这或许是宇宙中最常见的天体类型。太阳是一颗恒星，而且是一颗相当普通的恒星，但却具有独一无二的特征——距离地球非常近，相当于第二近恒星半人马座α星[①]距离的1/300000。半人马座α星（Alpha Centauri）距离地球4.3光年，太阳距离地球则仅8光分，因此天文学家对太阳性质的了解远超对宇宙中任何其他遥远光点的了解。实际上，在人类的所有天文学知识中，相当大一部分来自对太阳的现代研究。通过研究母行星地球，我们已为探索太阳系奠定了基础。现在，为了进一步探索宇宙，我们同样需要研究母恒星太阳。

学习目标

LO1　描述太阳的内部结构。
LO2　解释光度的概念，描述如何测量太阳的光度。
LO3　解释天文学家如何通过详细研究太阳表面而探测太阳内部。
LO4　列出并描述太阳大气的分层。
LO5　描述太阳磁场的基本特征及其与各种类型的太阳活动的关系。
LO6　确定核聚变为太阳的能量源，描述能量如何从核心传递至表面。
LO7　解释太阳核心观测如何加深对太阳物理学的理解。

总体概览

太阳是地球的母恒星，为地球上的天气、气候和生命提供了主要能量源。假如天空中没有太阳，地球上将不会有光和热。虽然早已习以为常，但是对整个人类而言，太阳在宇宙中的地位至关重要。简而言之，若没有太阳，则人类将不复存在。

9.1　太阳概述

太阳是维系地球生命的唯一光源和热源。太阳是一颗恒星（发光气体球），由自身引力凝聚在一起，并由中心核聚变（两个或多个原子核结合并释放能量的过程，见9.5节）提供能量。在物理性质和化学性质方面，太阳与大多数其他恒星（无论何时何地形成）非常相似，但这种非常普通的现象却丝毫没有削弱人们对太阳的浓厚兴趣，反而成为人们研究太阳的主要理由之一，这是因为从太阳获取的大部分知识同样适用于天空中的其他许多恒星。太阳是宇宙中研究程度最高的恒星，毫不夸张地讲，人类的宇宙学知识完全取决于对太阳物理学的理解。

9.1.1　整体结构

表9.1中列出了太阳的一些基本数据。太阳的半径约为地球的100倍，质量约为地球的300000倍，表面温度远高于任何已知物质的熔点，显然与本书迄今为止介绍的任何其他天体都差异极大。

表9.1　太阳的部分性质

半径	696000km
质量	1.99×10^{30}kg
平均密度	1410kg/m^3
自转周期	25.1天（赤道） 30.8天（纬度60°） 36天（两极） 26.9天（内部）
表面温度	5780K
光度	3.86×10^{26}W

太阳表面并非固态（因为太阳不含固态物质），而是耀眼气体球的一部分，我们可以通过眼睛进行感知，或者通过望远镜（经严格滤光）进行观测。太阳中能够发射可见辐射的部分称为光球/光球层（photosphere），半径约为700000km（即表9.1中的太阳半径）。但是，如后所述，光球的厚度可能不超过500km（不到太阳半径的0.1%），这就是我们能够感知到太阳具有明确且清晰边缘（见图9.1）的原因。

太阳的主要区域如图9.2所示。光球之上是太阳的低层大气，称为色球/色球层（chromosphere），厚度约为1500km。色球之上的区域称为过渡区（transition zone），温度急剧上升。从10000km向外延伸至更远处，高层大气稀薄而炽热，称为太阳的冕（corona）或日冕（solar corona）。在更远的距离上，日冕会变成太阳风（solar wind），逐渐远离太阳并渗透至整个太阳系中（见4.2节）。

① 更确切地说，半人马座α星三星系统中的比邻星。——译者注

图 9.1　太阳。虽然太阳由逐渐变薄的气体组成（像所有恒星一样），但是在这幅滤光后的太阳合成图像中，内层部分却显示出非常清晰的边缘，这是因为太阳的光球太薄了。外层部分是日冕，通常因过于微弱而不可见，但是在日食期间，当来自太阳圆面的光被遮住时，即可看到日冕（注意，图中的斑点是太阳黑子）（NOAO）

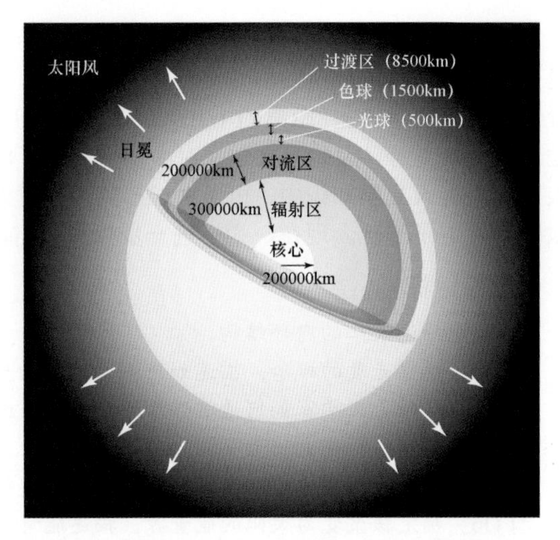

图 9.2　太阳的结构。太阳的主要区域，未按比例绘制，但标出了部分物理尺寸

光球之下是对流区（convection zone），向下延伸约 200000km，太阳物质在该区域中保持对流运动（见 5.3 节）。对流区之下是辐射区（radiation zone），太阳能量通过辐射（而非对流）方式向表面传输。太阳内部（solar interior）通常用作表示辐射区和对流区的术语。核心（core）的半径约为 200000km，这是生成太阳巨大输出能量的强大核聚变反应的场所。

计量太阳黑子及其他表面特征穿越太阳圆面/日面（solar disk）的时间，即可测量太阳的自转速率（见 1.2 节）。观测结果表明，太阳的自转周期约为一个月，但并不像固态天体那样自转，而表现为较差自转/差动自转（赤道比两极的自转速率快），类似于木星和土星（见 7.3 节）。赤道的自转周期约为 25 天。在纬度（北纬或南纬）高于 60°的区域，人们从未见过太阳黑子，但仍能测得其自转周期为 31 天。其他测量技术（见 9.2 节）表明，距离两极越近，自转周期就越长，两极区域的自转周期可能长达 36 天。

9.1.2　光度

太阳向太空中辐射大量能量，为了测量太阳输出的能量总和，可按如下两个步骤进行操作。首先，将一台光敏设备（如太阳能电池）放在地球大气层之上，并使其垂直于太阳光线，随后测量每平方米面积上每秒接收的太阳能总量。这个数量称为太阳常数（solar constant），大致等于 1400W/m^2。在这一能量中，50%～70%最终抵达地球表面，30%被大气层吸收，0～20%被云层反射。因此，假设某位晒日光浴的人的身体总表面积约为 0.5m^2，并以约 500W 的功率接收太阳能，则太阳为其输出的能量相当于一个小型房间内的电热器（或 5 个 100W 灯泡）输出的能量。

接下来，知道太阳常数后，即可计算出太阳向各个方向辐射的能量总和。假设存在一个以太阳为中心的三维球体，球体表面刚好与地球中心相交（见图 9.3）。

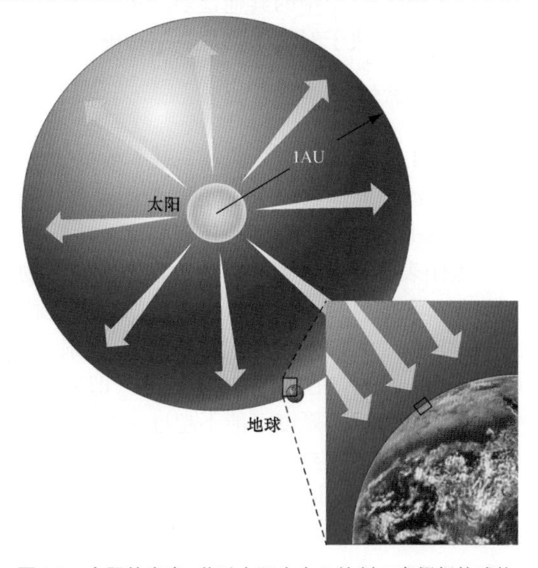

图 9.3　太阳的光度。若以太阳为中心绘制一个假想的球体，并使该球体的表面穿过地心，则假想球体的半径为 1AU。如插图所示，太阳常数是在地球距离处 1m^2 面积接收的能量数。然后，通过将球体的表面积乘以太阳常数，即可确定太阳的光度（NASA）

该球体的半径为1AU（天文单位），因此其表面积为$4\pi\times(1AU)^2$，约等于2.8×10^{23} m^2。假设太阳在所有方向上均匀地辐射能量，因此只需将太阳常数乘以假想球体的总表面积，即可确定能量离开太阳表面的总功率。计算结果略低于4×10^{26} W，这个数量称为太阳的**光度**（luminosity）。如后所述，这个数量是天空中许多恒星的典型光度。

花一些时间，思考一下太阳光度的大小。太阳是极其强大的能量源，每秒生成的能量相当于约1000亿颗百万吨级核弹同时爆炸释放的能量。地球上根本没有什么东西能够与一颗恒星相比！

概念回顾

当利用太阳常数计算太阳光度时，为何必须假设所有方向上的太阳辐射均相等？

9.2 太阳内部

如何了解太阳内部的状况？归根结底，人们看到的阳光来自光球，太阳内部的任何辐射都不会直接抵达地球。本节将更详细地讨论如何了解太阳表面之下的状况。

由于无法直接测量太阳内部，为了更详细地探测地球母恒星的内部运行机制，研究人员必须采用间接方法。为了实现这个目标，他们构建了太阳的数学模型，将所有可用的观测结果和理论见解组合到太阳物理学中（见0.5节），由此得到的**标准太阳模型**（standard solar model）获得了天文学家的广泛认可。我们能够为其他恒星构建类似模型，但是由于太阳距离最近且研究程度最高，因此标准太阳模型是迄今为止经受检验的最佳模型。

9.2.1 太阳结构建模

太阳的主要性质（质量、半径、温度和光度）每天或每年都不会有太大的变化。如第12章所述，在数十亿年间，恒星（如太阳）确实会发生明显变化。但是从此处的目标出发，我们可以忽略这种缓慢演化，即在人类的时间尺度上，太阳可被合理地认为恒定不变。

因此，如图9.4所示，理论模型通常首先假设太阳处于**流体静力平衡**（hydrostatic equilibrium）状态，即压力的向外推动正好抵消引力/重力的向内拉动。由于相反作用力之间存在着这种稳定的平衡，因此太阳既不会因自身引力而坍缩，又不会因爆炸而进入星际空间（见更为准确5.1）。对太阳内部，流体静力平衡也有重要影响。因为太阳的质量非常大且引力牵引非常强，所以保持流体静力平衡需要非常高的内部压力。接下来，这种高压又需要非常高的中心温度，这一事实对于理解太阳能量生成至关重要（见9.5节）。采用流体静力平衡这种假设方式，即可确定太阳内部的密度和温度。然后，在这些信息的基础上，该模型就能预测太阳的其他可观测性质，如光度、半径和光谱等。科学家需要对该模型的内部细节进行微调，直至预测结果与观测结果一致。这是科学的工作方法，标准太阳模型就是这样诞生的（见0.5节）。

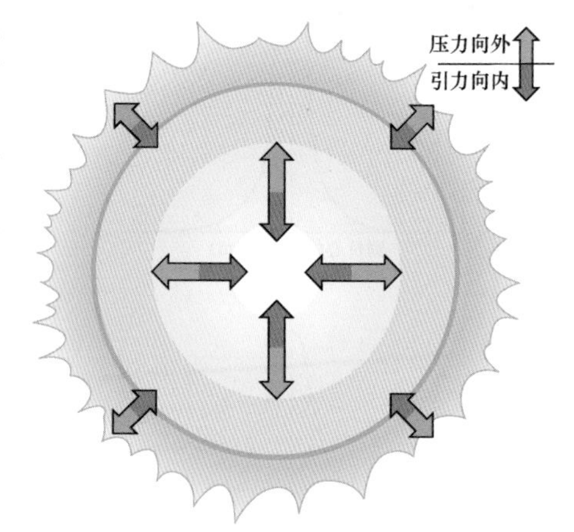

图9.4 恒星的平衡。在恒星（如太阳）内部，热气体的向外压力平衡了引力的向内拉力。恒星内的每个点均如此，以确保其稳定

为了检验和完善标准太阳模型，天文学家需要了解太阳内部的相关信息。20世纪60年代，太阳谱线的多普勒频移测量结果表明，太阳表面像一套复杂的铃铛那样振荡或振动（见2.7节）。如图9.5所示，这些振动形成于内部压力波（声波）遇到光球发生反射，然后反复穿越太阳内部。这些压力波会穿越到太阳内部深处，通过分析其表面形态，科学家能够研究太阳表面之下深处的状况。这一过程类似于地震学家通过观测地震产生的地震波来研究地球内部（见5.4节）的方法，因

此太阳表面形态的研究常被称为日震学（helioseismology），但是太阳压力波与日震活动没有任何关系（因为太阳完全呈气态，所以日震活动并不存在）。

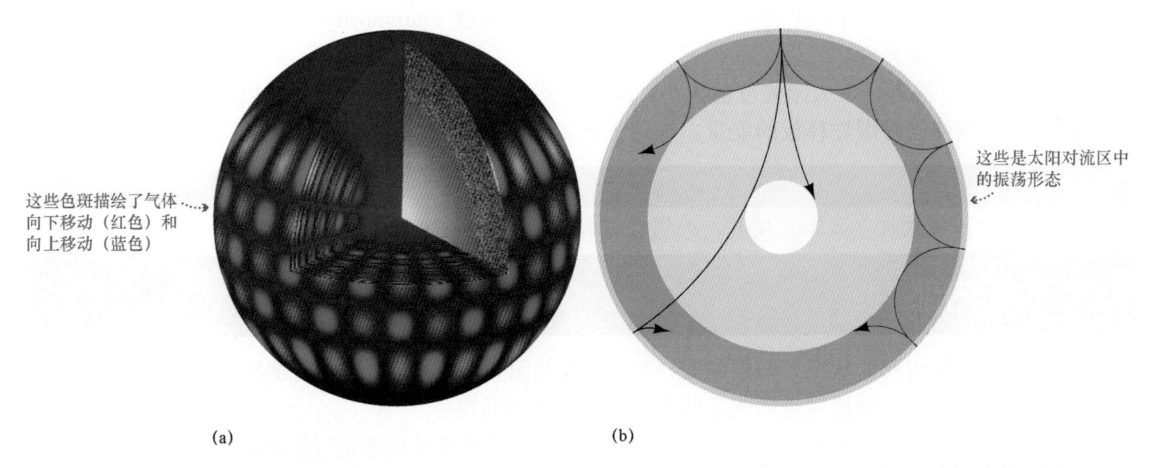

图 9.5　太阳振荡。(a)通过观测太阳表面的运动，科学家能够确定各个波的波长和频率，进而推断出太阳复杂振动的相关信息；(b)观测到的振荡的相关波能够在太阳内部深处传播，从而提供太阳内部的重要相关信息（National Solar Observatory）

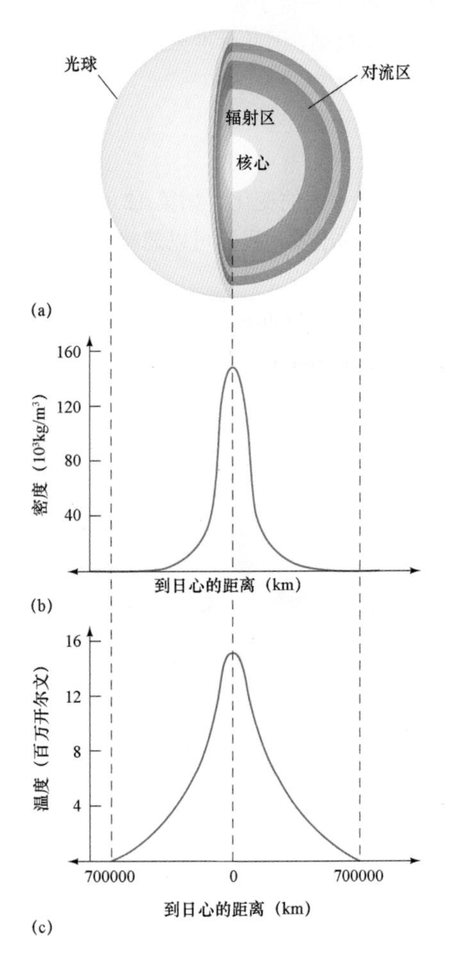

图 9.6　太阳内部。太阳内部的密度和温度分布。图(b)和图(c)显示了太阳密度和温度的巨大变化，对应于图(a)中的太阳内部剖面图

目前，全球（太阳）振荡监测网（Global Oscillations Network Group，GONG）项目正在对太阳振动进行最广泛的研究。在地球上的许多净空站点，通过对太阳进行连续观测，太阳天文学家能够一次性获得数周不间断的高质量太阳数据。自 1995 年以来，空基天文台（见发现 9.1）对太阳的表面和大气进行了持续监测。通过分析这些数据集，即可获得太阳内部性质（如温度、密度、自转和对流状态）的相关详细信息，并与基于大部分太阳体积而建立的理论进行直接比较。标准太阳模型与观测结果之间的一致性令人惊叹，对于太阳振荡的频率和波长而言，观测值与模型预测值仅相差不到 0.1%。

这些数据还能帮助科学家监测太阳内部的整体环流形态，包括两条巨型传送带将内部物质从赤道输送到两极，然后在约 300000km 深处（远低于对流区）返回赤道。这些环流形态的运动速度为 10～15m/s，大约需要 40 年才能完成一个完整的循环，被认为是黑子周期/黑子周（Sunspot cycle）的重要控制因素（见 9.4 节）。

图 9.6 显示了基于标准太阳模型预测的太阳密度和温度，二者是与日心之间距离的函数。从太阳核心向外，密度首先急剧下降，然后在接近光球时缓慢下降。太阳密度的变化范围很大，从太阳核心的 150000kg/m^3（铁密度的 20 倍），到光球的 2×10^{-4} kg/m^3（空气密度的 1/10000）。如表 9.1 所示，太阳的平均密度为 1400kg/m^3，大致相当于木星的密度。如图 9.6c 所示，随着半径的增大，太阳温度也下降，但不如密度下降得那么快。日心温度约为 1500 万开尔文，向外稳步下降，至光球时的温度为 5800K（观测值）。

发现 9.1　监测太阳

在太空时代的数十年期间，各个国家（主要是美国）向太阳系中的大多数主要天体发射了航天器。迄今为止，未被探测过的天体之一是冥王星（柯伊伯带中最著名的成员），从未有机器人探测器造访甚至飞掠它[①]，但这种情况可能很快就会发生改变（见 8.5 节）。太阳是未被探测过的另一颗天体。目前，除专用侦察航天器外，次佳选择是索贺号/太阳和日球层探测器（Solar and Heliospheric Observatory，SOHO）和太阳动力学观测台（Solar Dynamics Observatory，SDO）。SOHO 发射于 1995 年，至今仍在运行（截至 2015 年）；SDO 发射于 2010 年。这两个航天器通过射电形式，向地球发回了与太阳相关的大量新数据（及几个新疑问）[②]。

SOHO 任务耗资约 10 亿美元，主要由欧洲空间局负责运营。这个机器人重达 2 吨，目前部署在距离地球约 150 万千米（约为日地距离的 1%）且朝向太阳的空间站上。这一位置即所谓的 L_1 拉格朗日点，在这个点上，太阳和地球的引力牵引正好相等，从而成为部署监测平台的极佳之处。相比之下，美国的 SDO 航天器则在高空轨道上绕地球运行。SOHO 和 SDO 每天 24 小时自动监测太阳，且都搭载了几乎能够测量一切（如日冕、磁场、太阳风和内部振动）的若干仪器。附图为低层日冕的假彩色 SDO 图像，成像于光谱的紫外部分，显示了广泛的磁活动和底部的一个较大冕洞（见 9.4 节），太阳风在那里流入行星际空间。

这两个航天器都位于地球磁层之外，因此所搭载的仪器能够不受干扰地研究太阳风的高速带电粒子。通过统筹考虑这些仪器获取的现场测量数据和太阳自身的 SOHO 和 SDO 图像，天文学家如今自信地认为，在太阳物质抛射实际发生的前几天，他们就能够追踪太阳磁场环路的膨胀和破裂状态。鉴于这种日冕风暴可能危及飞行员和航天员，并对通信、电网、卫星电子产品及其他人类活动造成影响，因此对破坏性太阳活动进行准确预测的能力具有全球重要性。

实际上，在 22 年太阳活动周期（两个太阳黑子周期，具有方向相反的磁场）与地球上的干燥气候周期之间，似乎确实存在某些相关性。例如，在过去 8 次太阳活动周期开始前后，北美洲都曾发生过旱灾（至少从南达科他州到新墨西哥州的中西部平原）。最近一次旱灾（通常持续 3～6 年）发生在 20 世纪 50 年代末，不过预计在 20 世纪 80 年代初发生的旱灾并未像预期那样明显发生。

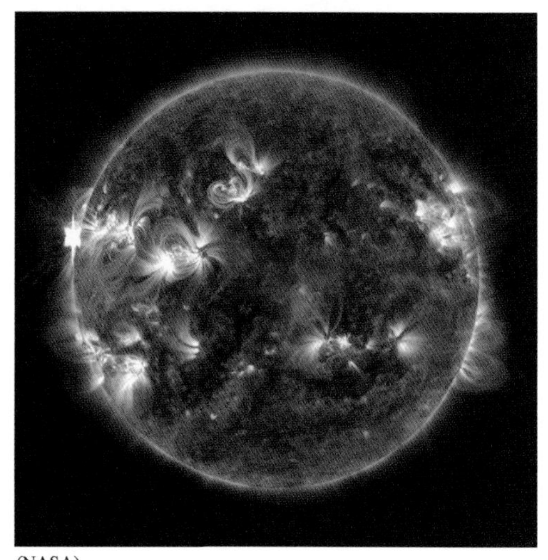
(NASA)

其他可能的日地关联包括太阳活动与地球上大气环流增强之间的关系。当大气环流增强时，陆地风暴系统随之增强，从而在更宽的纬度范围内扩展，同时携带更多的水分。这种关系非常复杂，话题本身也颇具争议，因为无人能够提出太阳活动搅动地球大气的任何物理机制（太阳活动周期内变化不大的太阳热量除外）。若不能更好地了解相关物理机制，则这些影响均无法纳入天气预报模型。

9.2.2　能量传输

太阳内部非常炽热，气体粒子之间的碰撞剧烈而频繁。太阳核心内部及附近极端高温，气体被完全

① 原文如此。2015 年，新视野号探测器曾经飞掠冥王星。——译者注

② 2021 年 10 月，中国成功发射了首颗太阳探测科学技术试验卫星羲和号；2022 年 10 月，中国成功发射了综合性太阳探测卫星夸父一号，实现了空基太阳探测卫星的跨越式突破；2023 年 5 月，中国建设的全球规模最大、性能最强的千眼天珠——圆环阵太阳射电成像望远镜主体竣工，并于 7 月开启了科学试观测。——译者注

电离（见 2.6 节）。因为原子中没有剩余电子，无法捕获光子并进入激发态，所以太阳内部深处对辐射相当透明。光子与自由电子相互作用只是偶然事件。在太阳核心中，核反应生成的能量以辐射形式相对容易地向表面传递。

当从太阳核心向外移动时，温度逐步下降，部分电子最终保持与原子核的结合。随着可束缚电子（可吸收外逸辐射）的原子数量越来越多，内部气体从相对透明变为几乎完全不透明。在辐射区的外边缘（距离中心 500000km），太阳核心生成的所有光子均被吸收殆尽，无一能够抵达表面。但是，这些光子携带的能量去哪里了？

光子的能量必定会传播至太阳内部之外，人们能够看到阳光这一事实就证明了能量的逃逸。能量通过对流方式被携带至太阳表面，这一基本物理过程与研究地球大气层时的所见相同，但是太阳中的运行环境天差地别（见 5.3 节）。每当较冷物质覆盖在较热物质之上时，就会发生对流现象。太阳内部的靠外部分刚好发生了这种状况，太阳的热气体向外移动，上方的较冷气体则下沉，从而形成了一种典型的对流元形态。通过太阳气体的物理运动，经过对流区的所有能量都被传输至太阳表面（注意，这种情况实际上背离了此前定义的流体静力平衡，但仍可用标准太阳模型进行解释）。记住，当辐射成为能量的传输机制时，物质的物理运动并不存在；当能量在不同位置之间传输时，对流和辐射是完全不同的方式。

在如图 9.7 所示的太阳对流区示意图中，对流元/对流单体存在一个层次体系，各自位于不同深度的层级（tier）中。最深层级位于光球之下约 200000km 处，所含对流元的直径高达数万千米。能量通过一系列逐渐变小的对流元向上传递，这些对流元彼此堆叠，直至抵达光球之下约 1000km 深度，此时单个对流元的直径约为 1000km。对流的这个最高层级的顶部正好位于太阳光球之下。

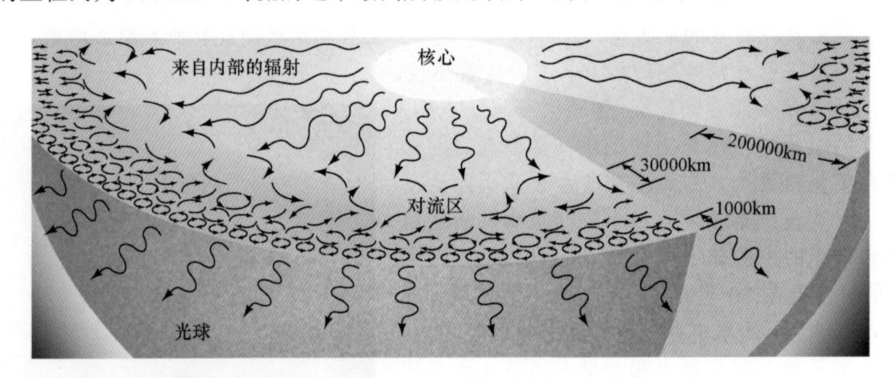

图 9.7　太阳的对流。能量在太阳对流区中物理传输，这里可视化为沸腾翻涌的气体海洋。如图所示，随着深度的加深，对流元的尺寸逐渐变大

对流不会继续进入太阳大气。在光球内部和上方，密度非常低，以至于气体呈透明状态，辐射再次成为能量的传输机制。抵达光球中的光子向太空中自由逃逸。在这一区域中，太阳密度下降得非常快，以至于在一段很短的距离（数百千米）内，气体从完全不透明过渡为完全透明，这就是光球的厚度较薄和太阳具有可观测清晰边界的原因。

概念回顾

描述能量从太阳核心向外移动到光球的两种不同方式。

9.2.3　太阳对流的证据

在某种程度上，人们对太阳对流的了解间接获取自太阳内部的计算机模型，但是天文学家也掌握了关于对流区中状况的部分直接证据。图 9.8 是太阳表面的高分辨率照片，为了强调整个视场的亮度变化，进行了滤波处理。该可见表面高度斑驳，遍布称为米粒（granule）的明暗气体区域。太阳表面的这种米

粒组织直接反映了对流区的运动。每个亮米粒的直径约为 1000km（与美国一个较大的州相当），寿命为 5～10 分钟。

每个米粒都是一个太阳对流元的最顶部。亮米粒中的谱线存在轻微蓝移，说明多普勒频移物质正在以约 1km/s 的速度接近我们（即向上移动）（见 2.7 节）。同理可知，暗米粒中的物质正在沉入太阳内部，这与图 9.7 中最高层级对流的预期情形完全一致。亮度变化应该源于温度差异，上涌气体更热，因此由斯特藩定律可知，能够比下沉气体（较冷）发射更多的辐射（见 2.4 节）。亮区和暗区看起来对比明显，但是实际上，二者的温差小于 500K。

详细测量结果表明，太阳表面之下存在更大尺度的流动。超米粒组织是与米粒组织非常相似的一种流动形态，但其对流元的直径约为 30000km。与米粒组织一样，对流元中心的物质上涌，流过太阳表面，然后在边缘位置再次下沉。科学家认为，超米粒是图 9.7 中最深层级大型对流元在光球上的反映。

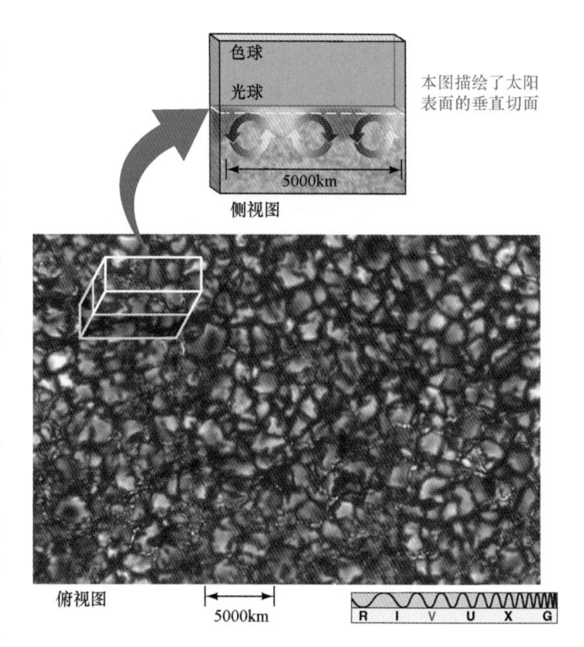

图 9.8　太阳的米粒组织。这是太阳光球的米粒组织照片，由 1m 口径瑞典太阳望远镜拍摄，太阳米粒的大小相当于地球上的各个大陆。在该图像中，明亮部分是热物质从下方上涌的区域，暗色区域是正在重新下沉至太阳内部的较冷气体（SST/Royal Swedish Academy of Sciences）

9.3　太阳大气

通过分析光谱中的吸收线（见 2.5 节），天文学家能够获得关于太阳（或任何恒星）的大量信息。图 9.9（另见图 2.14）是太阳的详细可见光光谱，波长范围为 360～690nm。基于光谱分析结果，表 9.2 中列出了太阳中的 10 种最常见元素，这种元素分布与类木行星极为相似，且同样适用于整个宇宙（作为整体）。氢元素显然是丰度最高的元素，其次是氦元素。

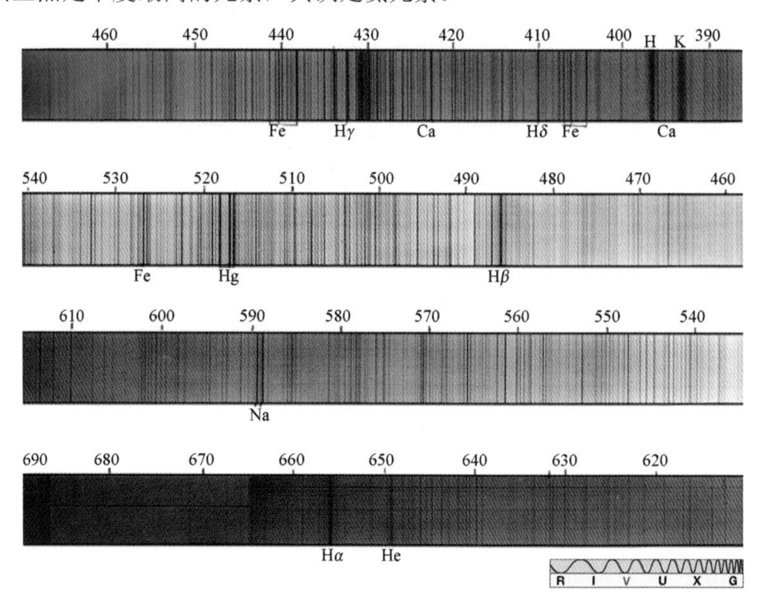

图 9.9　太阳光谱。太阳的详细可见光光谱显示了数千条暗吸收线，表明在低层太阳大气中，不同的激发和电离阶段存在 67 种不同的元素。数字表示波长，单位为纳米（Palomar Observatory/Caltech）

严格来说，谱线分析仅能得出关于谱线形成位置的太阳部分（光球和色球）的结论，但是表 9.2 中的数据被认为代表了整个太阳（核心除外，此处的核反应正在稳定地改变着组成，见 9.5 节）。

表 9.2　太阳的组成

元素	原子总数百分比	总质量百分比	元素	原子总数百分比	总质量百分比
氢	91.2	71.0	硅	0.0045	0.099
氦	8.7	27.1	镁	0.0038	0.076
氧	0.078	0.97	氖	0.0035	0.058
碳	0.043	0.40	铁	0.0030	0.14
氮	0.0088	0.096	硫	0.0015	0.040

9.3.1　色球

当向外移动并穿越太阳大气时，密度持续快速下降。色球的密度较低，意味着自身发光极少，正常情况下无法肉眼观测。光球的亮度过高，抑制了色球的辐射。虽然如此，天文学家仍然早就意识到了色球的存在。图 9.10 显示了日食期间的太阳，月球遮住了光球，但未遮住色球。色球的桃红色特征色调清晰可见，由氢的 H-α 红色发射线形成（见 2.6 节）。

色球一点也不平静，每隔几分钟就会爆发一次小型太阳风暴，将称为针状体/针状物（spicule）的热尖状物喷射至太阳的高层大气中（见图 9.11）。这些又长又薄的喷流以约 100km/s 的典型速度离开太阳表面，最终抵达光球之上数千千米处。针状体往往聚集在超米粒的边缘，太阳磁场略强于这些区域的平均磁场。科学家认为，该处的下沉物质放大了太阳磁场，针状体形成于太阳翻腾外层的磁扰（magnetic disturbance）。

图 9.10　太阳色球。在这张日全食照片中，显示了太阳表面之上几千千米处的太阳色球。注意观察左侧的突出部位（G. Schneider）

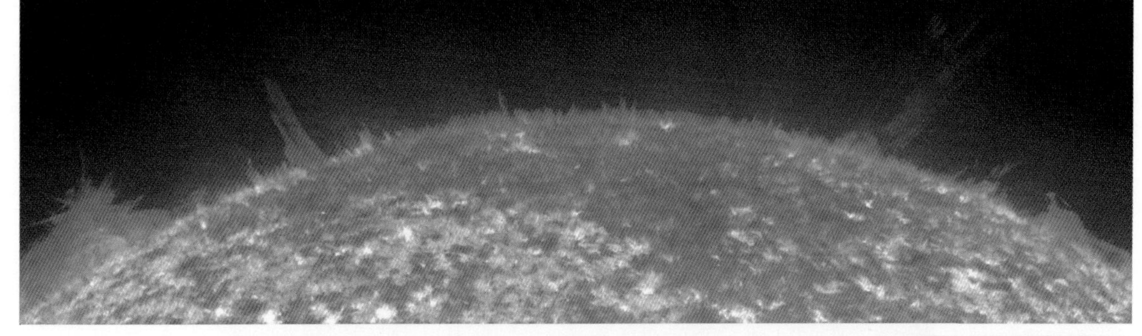

图 9.11　太阳针状体。由这幅太阳紫外图像可见，色球中冒出了一些狭窄的气体喷流，通常只持续几分钟。这些所谓的针状体是一些薄针状区域，气体以约 100km/s 的速度离开表面（NASA）

9.3.2　过渡区和日冕

在短暂的日食期间，若月球的角大小大到足以同时遮住光球和色球，则可看到幽灵般的日冕，如图 9.12 所示。去除光球的光后，谱线形态发生巨变，光谱从吸收变为发射，一组全新的谱线突然出现。

从吸收到发射的转变完全符合基尔霍夫定律，因为我们所见日冕的背景是黑暗的太空，而非之下光球的明亮连续光谱（见 2.5 节）。新谱线之所以出现，主要是因为与光球（或色球）中的原子相比，日冕中原子的电离程度要高得多（见 2.6 节），因此内部电子结构和光谱与较低大气层位的原子截然不同。这种广泛的电子剥离归因于日冕的温度较高。通过由日食期间观测光谱所推断出的电离程度，可知上部色球热于光球，日冕则更热（可见更多的电离）。

图 9.13 显示了光球以上空间的温度随高度如何变化。在光球之上约 500km 处，温度降至最低值（约 4500K），随后稳定上升。在光球之上约 1500km 处（过渡区中），气体温度急剧上升，并在 10000km 高度处超过 100 万开尔文。在这之后（日冕中），温度大致保持在 300 万开尔文左右，但是轨道仪器检测到日冕热斑的温度要比平均值高出许多倍。至于过渡区中的温度为何快速上升，人们至今尚未完全理解。当远离热源时，热量通常应当减少，但这并不适用于太阳的低层大气。日冕必定存在另一种能量来源，天文学家认为，太阳光球中的磁扰（见 9.4 节）是加热日冕的最终原因。

图 9.12　日冕。在日食期间，当光球和色球都被月球遮住时，即可见到微弱的日冕。在 1979 年拍摄的这张照片中，显示了活动日冕的辐射发射（NCAR High Altitude Observatory）

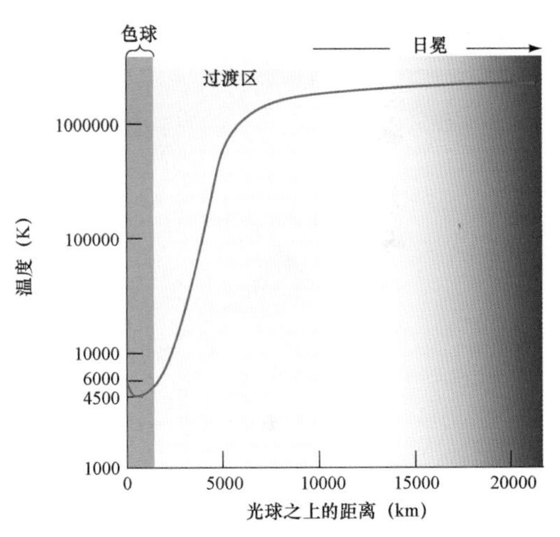

图 9.13　太阳大气温度。在低层太阳大气中，气体温度的变化非常剧烈。温度（以蓝线表示）在色球中达到最小值 4500K，然后在过渡区中急剧上升，最后在日冕中稳定在 300 万开尔文左右

概念回顾

描述日冕光谱不同于光球光谱的两个方面。

9.3.3　太阳风

电磁辐射和快速移动的粒子（主要是质子和电子）时刻都在逃离太阳。辐射以光速离开光球，8 分钟后即可抵达地球。粒子的行进速度则要慢得多，但也相当快，约为 500km/s，几天之后抵达地球。这种不断逃逸的太阳粒子流就是太阳风。

太阳风直接形成于极高的日冕温度。在光球之上约 1000 万千米处，日冕气体炽热到足以逃脱太阳的引力束缚，并开始向外流入太空。与此同时，太阳大气不断地从下方获得补充，否则日冕应当会在约一天内消失。实际上，太阳正在蒸发，即通过太阳风不断地释放质量。但是，太阳风是一种非常稀薄的介质，虽然每秒带走约 100 万吨太阳物质，但自 46 亿年前太阳系形成以来，太阳质量的损耗不到 0.1%。

9.4　活动太阳

太阳的大部分光度来自光球的持续发射。但是，在太阳能量输出的稳定性及可预测方面，还叠加了

一种非常不规则的成分，主要特征是具有爆炸性和不可预测的表面活动。这种太阳活动对太阳的总光度贡献很小，对太阳（作为恒星）的演化也影响不大，但确实影响了地球上的人类。太阳风的强度受太阳活动水平的影响很大，进而直接影响地球的磁层。

9.4.1 太阳黑子

图 9.14 是完整太阳的光学照片，显示了太阳表面存在大量太阳黑子（见 1.2 节），黑子的典型直径约为 10000km（大致相当于地球直径）。在任何特定的时刻，太阳表面都可能存在数百个太阳黑子，当然也可能一个都没有。

太阳黑子的详细观测结果显示，中心黑色本影（umbra）周围环绕着灰色半影（penumbra）。图 9.15a 是一对太阳黑子的近景照片，这些暗色区域显示在未受干扰光球的明亮背景下。这种暗色梯度说明光球温度是逐渐改变的。太阳黑子只是光球气体中的较冷区域，本影的温度约为 4500K，半影的温度约为 5500K。因此，这些黑子肯定由热气体组成，之所以看上去很暗，只是因为映衬在更明亮的背景（5800K 的光球）之下。

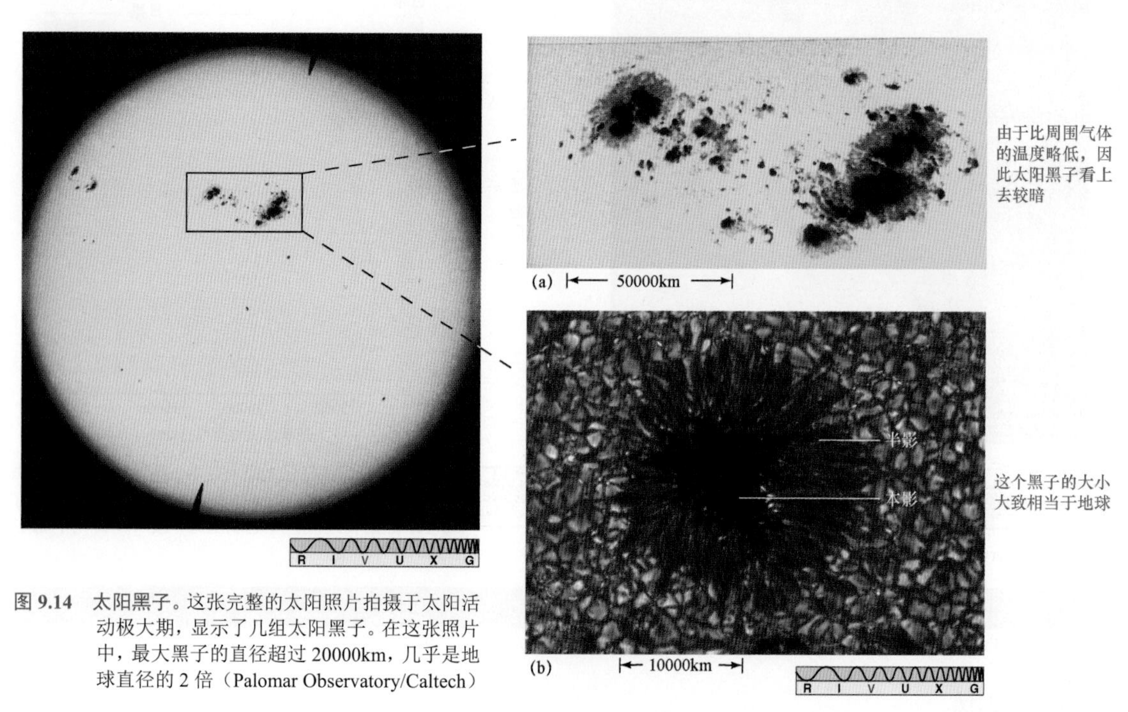

图 9.14 太阳黑子。这张完整的太阳照片拍摄于太阳活动极大期，显示了几组太阳黑子。在这张照片中，最大黑子的直径超过 20000km，几乎是地球直径的 2 倍（Palomar Observatory/Caltech）

图 9.15 太阳黑子近景。(a)在图 9.14 的最大一对太阳黑子的放大照片中，每个黑子都由本影（暗色，较冷）及其周围环绕的半影（明亮，较热）组成；(b)在单个典型太阳黑子的高分辨率图像中，显示了黑子结构细节及其周围环绕的米粒（Palomar Observatory/Caltech; SST/Royal Swedish Academy of Sciences）

如 9.1 节所述，太阳黑子研究结果表明，太阳并不是作为固态天体而自转的（见表 9.1），而是像木星和土星那样较差自转，即赤道的自转速率较快，两极的自转速率较慢。较差自转和对流的组合从根本上影响了太阳磁场的特征，进而在决定太阳黑子的数量和位置方面发挥了重要作用。

9.4.2 太阳磁性

光谱研究表明，一个典型太阳黑子的磁场约为周围未受干扰光球中磁场的 1000 倍（光球自身的磁场强度约为地球磁场强度的若干倍）。此外，磁力线并不随机定向的，而是方向大致垂直于太阳表面（进入或离开）。科学家认为，由于这些异常强烈的磁场干扰了热气朝向太阳表面的正常对流，因此太阳黑子比周围环境的温度更低。

太阳黑子的极性（polarity）显示其磁场以何种方式定向。通常，我们将磁力线从内部出现的点标注为 S，将磁力线俯冲至光球之下的点标注为 N，目的是使表面之上的磁力线能够从 S 向 N 延伸（就像在地球上一样）。太阳黑子几乎总是成对出现的，二者位于大致相同的纬度，且具有相反的磁极性。如图 9.16a 所示，通过太阳黑子对的一个成员（S），磁力线从太阳内部出现，然后依次穿过太阳大气，最后通过另一个成员（N）重新进入光球。就像地球磁层中那样，带电粒子趋于追随太阳的磁力线（见 5.7 节）。图 9.16b 显示了太阳磁环（magnetic loop）的实际图像，此处见到的光由太阳磁场俘获的带电粒子发出。

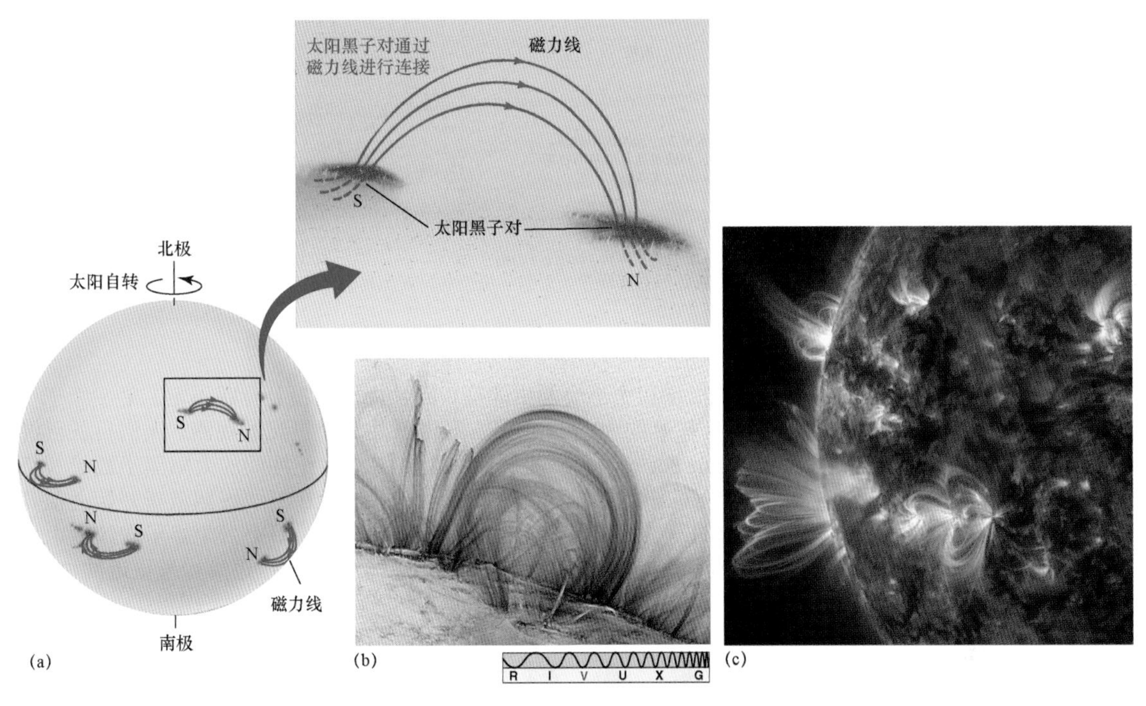

图 9.16　太阳黑子的磁性。(a)太阳的磁力线通过太阳黑子对的一个成员从表面出现，并通过另一个成员重新进入太阳。若这些磁力线经由一个前导黑子进入太阳，则其也经由该半球的所有其他前导黑子进入太阳。南半球的情况则刚好相反；(b)TRACE 探测器卫星（隶属于 NASA）拍摄的一幅远紫外图像，显示了两组太阳黑子之间的弧形磁力线；(c)在太阳动力学观测台（隶属于 NASA）的更宽视场中，可以看到更复杂的大尺度太阳磁场结构（NASA）

虽然太阳黑子本身的外观并不规则，但是在基底太阳磁场中井然有序。在任何时刻，同一个太阳半球（北半球或南半球）的所有太阳黑子对都具有相同的磁位形。换句话说，若前导黑子（按太阳自转方向测量）的极性为 N（如图所示），则该半球的所有前导黑子都具有相同的极性。在另一个半球的相同时刻，所有太阳黑子对均具有相反的磁位形（前导黑子的极性为 S）。要理解太阳黑子极性的这些规律，就必须更为深入地研究太阳磁场。

如图 9.17a～图 9.17c 所示，太阳的较差自转极大地扭曲了太阳磁场，将磁场包裹在太阳赤道周围，最终导致任何南北方向的磁场均沿东西方向重新定向。同时，对流导致磁化气体向表面上涌，扭曲和缠结了磁场形态。在某些位置，磁力线像花园中软质水管上的结一样扭结，导致磁场强度变强。磁场偶尔会变得非常强大，甚至能够摆脱太阳的引力，使得一束磁力线从表面迸发出来，然后在低层大气中构成环形并形成一对太阳黑子（见图 9.17c）。基底太阳磁场的总体形态呈东西向，最终形成了每个半球中太阳黑子对的可观测极性。

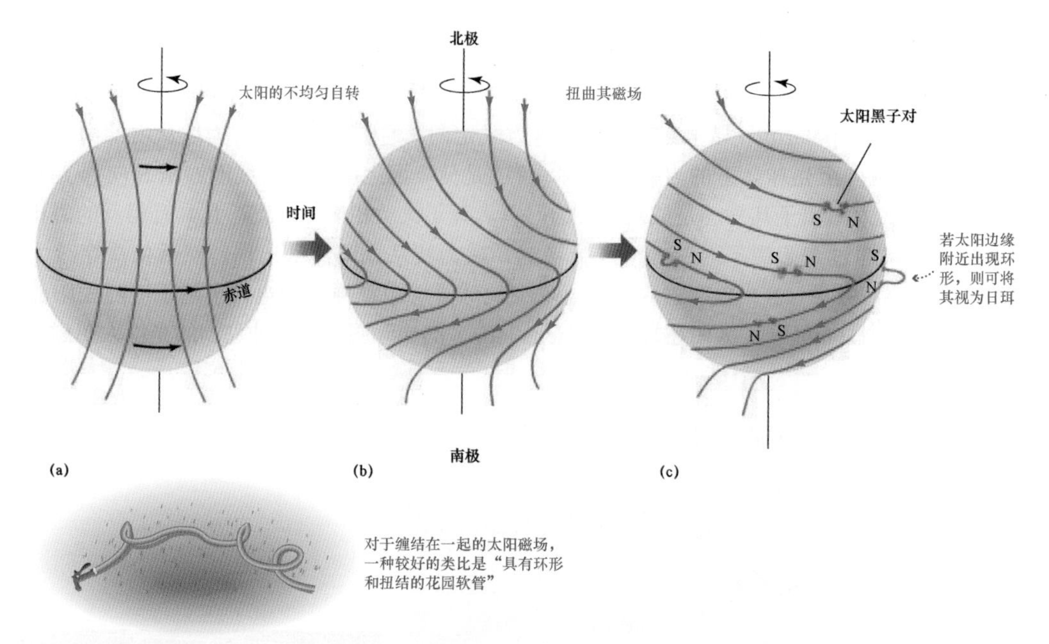

图 9.17　太阳自转。(a)和(b)太阳的较差自转包裹且扭曲了太阳磁场；(c)磁力线偶尔从表面迸发出来，并在低层大气中构成环形，从而形成一对太阳黑子。太阳磁力线的基底形态解释了太阳黑子极性的可观测形态

9.4.3　太阳活动周期

太阳黑子并不稳定，大多数黑子的形状和大小会发生改变，而且神出鬼没且行踪不定。单个黑子可能会持续 1～100 天，一大群黑子通常会持续约 50 天。但是，经过长达数个世纪的观测，人们目前已经确定了清晰的太阳黑子周期/黑子周（sunspot cycle）。图 9.18a 显示了 20 世纪期间的太阳黑子数量（每月观测一次）。每隔 11 年左右，太阳黑子的平均数量达到一个最大值，然后在下一周期重新开始之前几乎下降为零。随着太阳黑子周期的发展进程，太阳黑子出现的纬度发生改变。单个太阳黑子在纬度上并不向上（或向下）移动，但是当高纬度位置的老黑子逐渐消亡时，新黑子将出现在距离赤道更近的位置。太阳黑子的纬度（观测结果）与时间之间的关系如图 9.18b 所示。

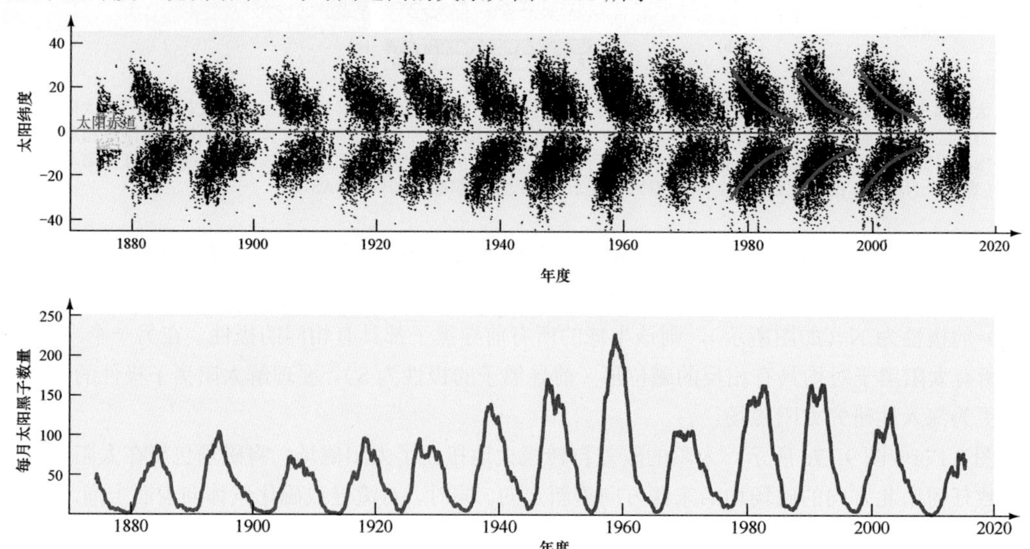

图 9.18　太阳黑子周期。(a)20 世纪期间每个月的太阳黑子数量，大致清晰显示了 11 年的太阳活动周期。在太阳活动极小期，太阳黑子几乎不可见。在太阳活动极大期（约 4 年后），太阳黑子的每月可观测数量约为 100 个；(b)在太阳活动极小期，太阳黑子聚集在高纬度区域。随着数量逐渐达到峰值，太阳黑子出现在纬度越来越低的区域。当再次临近太阳活动极小期时，它们在太阳赤道附近再次突显

实际上，11 年的太阳黑子周期仅为 22 年的太阳活动周期/太阳活动周（solar cycle）的一半，太阳活动周期是平均黑子数量和太阳整体磁场极性均重复出现所需的时间。对太阳活动周期的前 11 年而言，同一个太阳半球的所有太阳黑子对的前导黑子均具有相同的极性，另一个半球的前导黑子则具有相反的极性（见图 9.16）。在接下来的 11 年中，这些极性将发生倒转。

天文学家认为，太阳的较差自转和对流会导致磁力线不断拉伸、扭曲和折叠，这种持续性过程生成并放大了太阳磁场。该理论类似于解释地球及类木行星磁场的发电机理论，但是太阳发电机的运行速度更快且规模更大（见 5.7 节）。这种理论的一个重要预测如下：太阳磁场应当上升至最大值，随后下降到零，然后以大致呈周期性的方式发生倒转（如观测结果所示），太阳表面活动（如太阳黑子周期）只是简单地追随基底磁场的变化。

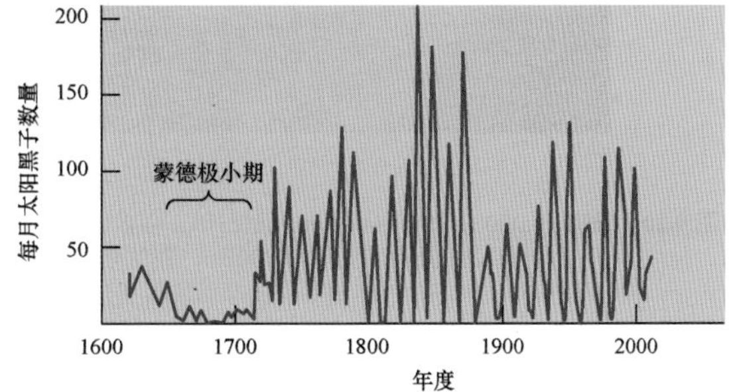

图 9.19　蒙德极小期。最近 4 个世纪的太阳黑子周期，太阳黑子数量的高峰和低谷。可以看到，17 世纪末的太阳黑子几乎完全缺失

自从望远镜发明以来，人类记录的所有太阳黑子数据如图 9.19 所示。由该图可知，太阳黑子周期的 11 年周期性远不够精确，该周期不仅为时间区间（7～15 年），而且曾在相对较近的历史上完全消失。1645—1715 年的太阳活动持续低潮期称为蒙德极小期（Maunder minimum），以英国天文学家（曾经呼吁人们关注这些历史记录）的名字命名。有趣的是，该时期似乎也与 17 世纪末使北欧变冷的所谓小冰期（Little Ice Age）的最冷年份相当吻合，说明太阳活动与地球气候之间存在关联性。目前，由于人们尚未完全理解太阳活动周期，因此太阳世纪之变的原因仍然是个谜。

实际上，在最近的黑子极小期（2009 年），太阳在近一个世纪以来最不活跃，几乎80%的时间无法看到任何太阳黑子，而且太阳风异常微弱。当前周期（2013 年末达到峰值）在近 100 年来最不活跃，科学家将其归因于次表层传送带物质流动的变化（见 9.2 节），认为其会直接影响太阳黑子的行为。由于某些未知原因，20 世纪 90 年代的流动速度加快（每秒增大几米），从而极大地抑制了下一个周期（很可能是之后的那个周期，即当前所在的周期）的黑子数量。自那以后，太阳活动开始放缓，但目前无人能够确定这种影响还会持续多久。

数据知识点：太阳活动周期

在描述太阳活动周期时，约 1/3 的学生感到困难。建议记住以下要点：

- 太阳黑子周期是一个不太规则的过程，约需要 11 年才能完成。随着周期的进行，太阳黑子的数量逐渐增多，且趋于逐渐靠近太阳赤道。
- 太阳黑子周期的峰值与太阳活动（如耀斑和日冕物质抛射等）的增多及增强相关。
- 在两个相邻的太阳黑子周期之间，太阳的整体磁场方向发生倒转，因此完整的太阳活动周期实际上需要 22 年才能完成。

9.4.4 活动区

太阳黑子是相对温和的太阳活动，但其周围的光球偶尔会猛烈爆发，从而将大量高能粒子喷入日冕中。这些爆发事件的发生地点可简单地称为活动区/活跃区（active region），大多数太阳黑子对（或群）都存在相关活动区。像所有其他太阳活动一样，这些现象往往遵循太阳活动周期，并在黑子极大期前后最频繁和猛烈。

图 9.20 显示了两个日珥（solar prominence/prominence），即从太阳表面活动区喷出的发光气体环（或片）。在太阳磁场的影响下，日珥移动穿过日冕的内侧部分。日珥可能形成于太阳黑子群内部（及附近）强磁场中的磁不稳定性，但是具体细节尚不完全清楚。典型日珥的跨度范围约为 10 万千米，几乎为地球直径的 10 倍。有些日珥可能会持续几天甚至几周。图 9.20a 所示为 2002 年观测到的特大型日珥，由索贺号航天器上搭载的紫外探测器拍摄。图 9.20b 中所示的日珥规模较大，几乎横跨太阳表面近 50 万千米（太阳直径的 1/2），这种情况不太常见，通常仅出现在太阳活动极大期。

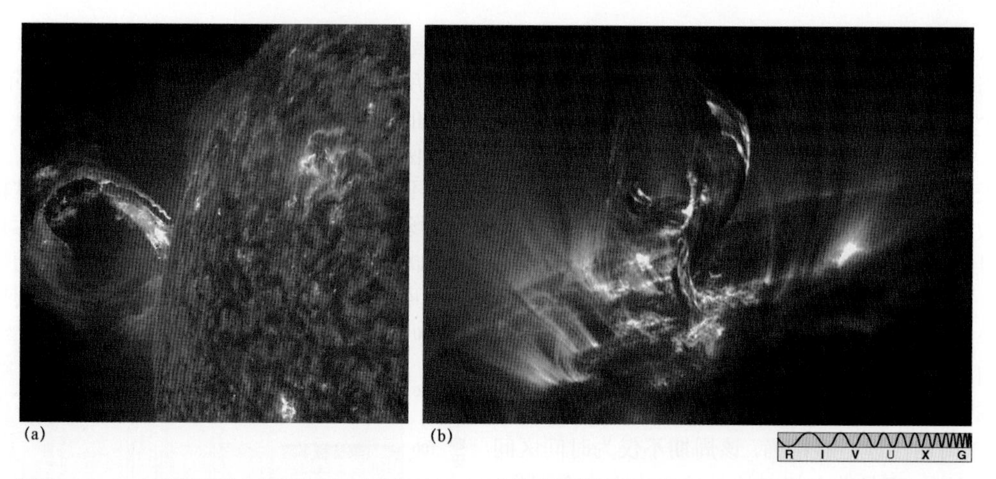

图 9.20　日珥。(a)2002 年观测到的特大型日珥，由索贺号航天器上搭载的紫外探测器拍摄；(b)类似于从太阳表面飞起的凤凰，该热气体丝状物的长度超过 100000km。在这幅 TRACE 图像中，暗区域的温度低于 20000K，最明亮区域的温度约为 100 万开尔文。大部分气体随后将冷却而回落到光球中（NASA）

耀斑（Flare）是活动区附近可观测的另一种太阳活动（见图 9.21），同样形成于磁不稳定性，但比日珥更猛烈（甚至不易理解）。在几分钟内，耀斑就会闪过太阳上的某个区域，并在行进过程中释放出大量能量。耀斑中心极其致密，温度可达 1 亿开尔文，约为太阳核心温度的 6 倍。这些剧烈爆炸的能量极其巨大，有些研究人员甚至将其比作在太阳大气较低区域中爆炸的炸弹。与构成日珥特征环形的被俘获气体不同，耀斑生成粒子的能量非常大，以至于太阳磁场无法约束并引导其返回表面，这些粒子会被剧烈的爆炸简单地带入太空。耀斑被认为是内部压力波（可引发太阳表面振荡）的形成原因。

图 9.21　太阳耀斑。太阳耀斑是比日珥更猛烈的太阳表面爆炸，可在几分钟内横扫活动区，加速太阳物质并将其喷入太空（NASA）

有时候，耀斑（或日珥）与**日冕物质抛射/日冕瞬变**（coronal mass ejection）有关，如图 9.22a 所示。这个巨大的磁泡（由电离气体构成）与太阳大气的其他部分分离，随后逃逸到行星际空间中。在黑子极小期，这种抛射大约每周发生 1 次；在黑子极大期，这种抛射每天最多发生 2～3 次。若磁场方向合适，则通过称为**重连**（reconnection）的过程，它们能够携带大量能量与地球磁场连接，然后将部分能量倾泻到地球磁层中，进而可能造成地球上的通信和电力中断（见图 9.22b 和图 9.22c）。

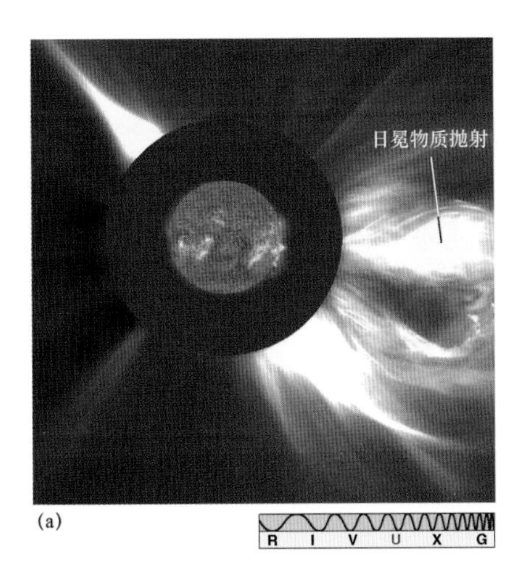

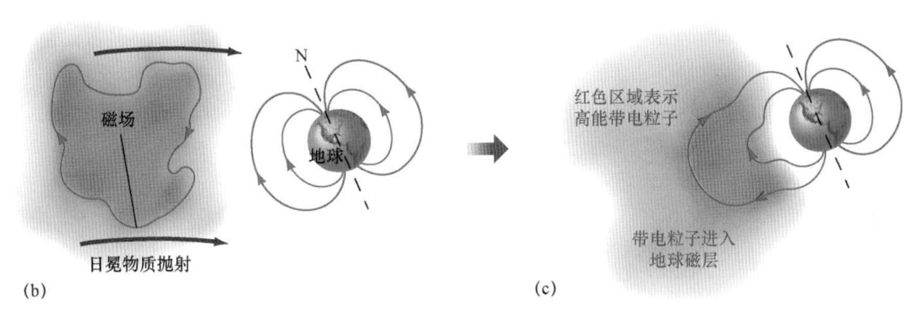

图 9.22　日冕物质抛射。(a)这幅 SOHO 图像拍摄于 2002 年，以下现象平均每周发生几次：一个巨型磁泡（由太阳物质构成）脱离太阳，然后快速逃逸到太空中。图中的圆形是成像系统的伪影，设计用于遮挡来自太阳自身的光线，并放大较大半径处的微弱特征；(b)和(c)当这样的日冕物质抛射遇到地球时，若两个磁场的方向相反（如图所示），则磁力线将结合在一起，高能粒子由此进入并可能严重破坏地球的磁层；若两个磁场的方向相同，则日冕物质抛射会滑过地球附近，几乎不会对地球造成任何影响（NASA/ESA）

9.4.5　X 射线下的太阳

光球的温度约为 5800K，主要在电磁波谱的可见光部分发射能量；日冕气体的温度可达百万开尔文，以更高的频率（主要是 X 射线）辐射能量（见 2.4 节）。因此，X 射线望远镜已成为研究日冕的重要工具。在图 9.23 所示的太阳 X 射线序列图像中，完整日冕延伸至远超图中所示区域之外，但随着与太阳之间距离的增大，发射辐射的日冕粒子密度迅速减小。更远处 X 射线的辐射强度太弱，这里看不到。

20 世纪 70 年代中期，天空实验室（Skylab）空间站（隶属于 NASA）上的仪器显示，太阳风主要通过称为冕洞（coronal hole）的太阳窗口向外逃逸。在图 9.23a 中，从左向右移动的暗色区域就是冕洞，这是日本阳光号 X 射线太阳天文台获取的近期数据。这种结构并非真正的空洞，只是物质极度缺乏而已——所在太阳大气区域的密度较低，大致相当于正常日冕（已非常稀薄）密度的 1/10。在这些图像中，基底太阳光球的外观呈黑色，由于温度太低而无法发射任何有效数量的 X 射线。最大冕洞的跨度可达数十万千米，这种尺度的结构每十年仅能观测到几次。小型冕洞（或许跨度仅为数万千米）则较为常见，每隔几小时就会出现一次。

冕洞之所以缺乏物质，主要是因为在太阳大气和磁场的扰动下，那里的气体能够高速自由地流入太空。图 9.23b 描绘了冕洞中的太阳磁力线如何从表面延伸至行星际空间。当尤利西斯号（Ulysses）航天器（隶属于 NASA）为探测太阳极地区域而从黄道面之上的高空飞过时，发现由于带电粒子趋于沿磁力线移动，因此可能会逃逸，特别是从太阳极地区域逃逸（但是要注意，图 9.23a 中的冕洞跨越了太阳赤道）。在有些冕洞上空，太阳风的速度可达 800km/s。在日冕的其他区域，太阳磁力线靠近太阳，将带电粒子保持在表面附近，并抑制太阳风向外流动（类似于地球磁场趋于阻止入射太阳风袭击地球），因此密度保持得相对较高（见 5.7 节）。

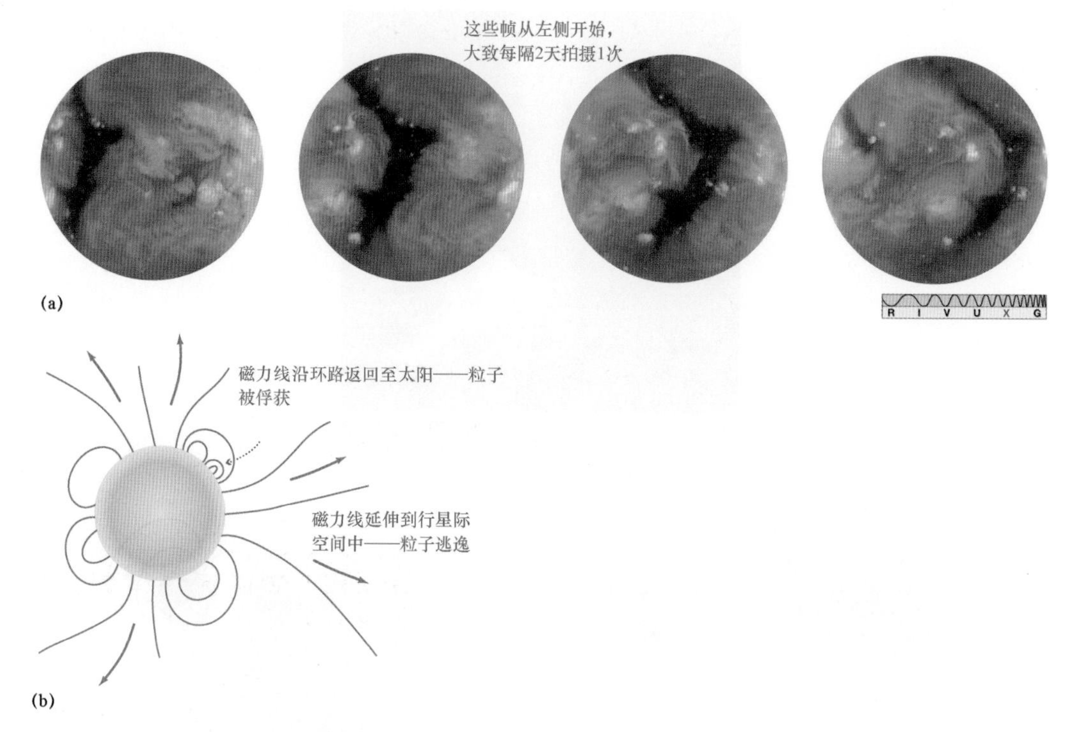

图 9.23 冕洞。(a)阳光号卫星获取的太阳 X 射线发射图像。注意观察从左向右移动的暗色 V 形冕洞，即 X 射线观测非常详细地勾勒出的高速太阳风流经的异常稀薄区域；(b)带电粒子追随与引力相竞争的磁力线。当磁场被俘获并沿环路返回光球时，粒子也被俘获，否则将作为太阳风的一部分而逃逸（ISAS/Lockheed Martin）

9.4.6 不断变化的日冕

日冕也会随着太阳黑子周期的改变而变化。图 9.10 中的日冕照片显示了处于黑子极小期的太阳，此时的日冕外观相当规则，相对较为均匀地环绕在太阳周围。请将这幅图像与图 9.12 进行比较，后者拍摄于 1994 年，接近太阳黑子周期的峰值。与图 9.10 中的不活跃日冕相比，图 9.12 中的活跃日冕更不规则，且从太阳表面向外延伸得更远。日冕物质流指向太空（远离太阳）是这一阶段的特征。

天文学家认为，日冕主要由太阳表面活动（可将大量能量注入高层太阳大气）进行加热。索贺号的观测结果表明，**磁毯**（magnetic carpet）是大部分热量的来源，该位置的**小磁环**（magnetic loop）不断涌现，然后消失，并将大量能量倾泻到低层太阳大气中。这些小尺度磁环或许提供了加热日冕所需的大部分能量。此外，更多的扰动通常会移动经过光球活动区之上的日冕，从而将能量分布在整个日冕气体中。考虑到这种相关性，日冕外观和太阳风强度与太阳活动周期密切相关也就不足为奇。

概念回顾

太阳黑子极性的观测结果表明了太阳磁场的何种特征？

9.5 太阳中心

太阳是如何不停地发光的（日复一日，年复一年，永不停息）？这个问题的答案是天文学所有主题的核心，若不知晓此答案，则既无法理解宇宙中恒星和星系的演化，又无法理解地球上生命的存在。

9.5.1 核聚变

在目前已知的能量生成机制中，仅有一种机制能够解释太阳的巨大能量输出，即**核聚变/核融合**（nuclear fusion）——轻原子核结合形成重原子核。**核裂变**（nuclear fission）则与核聚变不同，重原子核

（如铀或钚）分裂成为轻原子核，同时释放能量，可为地球上的核反应堆提供动力。典型核聚变反应可表示如下：

$$\text{原子核 1} + \text{原子核 2} \rightarrow \text{原子核 3} + \text{能量}$$

对为太阳及其他恒星提供动力而言，这个方程中最重要的部分是生成的能量。

这里的关键是：在核聚变反应过程中，总质量下降，即原子核 3 的质量小于原子核 1 和原子核 2 的质量之和。减少的质量去了哪里？根据爱因斯坦的如下著名方程：

$$E = mc^2 \quad \text{或} \quad \text{能量} = \text{质量} \times \text{光速}^2$$

可知这些物质转化成了能量。由该方程可知，要确定给定质量对应的能量，只需将该质量乘以光速（方程中的 c）的平方。光速值非常大，即使是很小的质量也会转化为巨大的能量。

核聚变反应生成的能量是质能守恒定律/质量和能量守恒定律的一个示例。质能守恒定律表明在任何物理过程中，质量与能量之和（用爱因斯坦方程正确转换为相同单位）必须总保持恒定，目前尚未发现任何例外。实际上，我们能够看到阳光这一事实意味着随着时间的推移，太阳的质量必定会缓慢但稳定地下降。

9.5.2 质子-质子链

宇宙中最轻且最常见的元素是氢，若氢原子核（质子）发生聚变，则会形成氦原子核（次轻元素），并为太阳提供能量。但是，所有原子核都带正电，所以它们相互排斥。此外，由平方反比定律可知，两个原子核彼此之间越靠近，它们之间的斥力就越大（见图 9.24a 和 2.2 节）。那么，原子核（如两个质子）是如何聚变成为更重的物质的？答案很简单，若二者以足够高的速度相撞，则其中一个质子能够瞬间切入另一个质子，最终进入强核力（可将原子核结合在一起）的极短距离内（见更为准确 9.1）。当距离小于约 10^{-15}m 时，核力吸引就会克服电磁斥力，从而发生聚变（见图 9.24b）。若要以质子高速撞击的方式来引发核聚变，则质子速度需要超过数百千米/秒，这样的高速度与极高温度（至少 1000 万开尔文）相关（见更为准确 5.1）。太阳核心及所有恒星的中心具备这样的条件。当温度下降至该值以下时，该位置的半径就定义了太阳核心的外边缘（见图 9.6）。

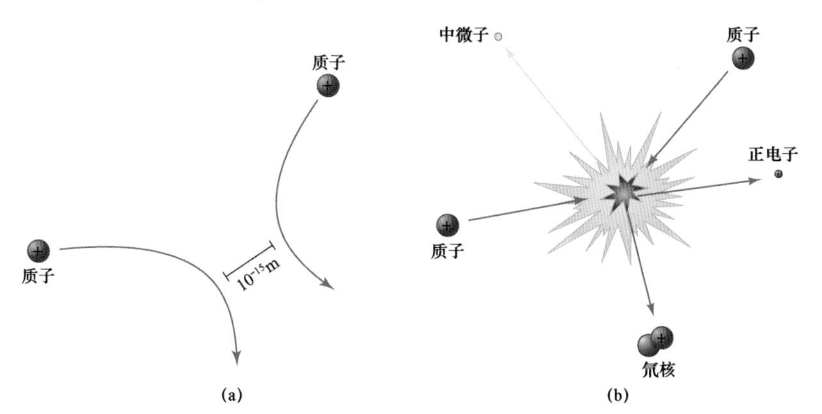

图 9.24 质子之间的相互作用。(a)由于同性电荷相斥，两个低速质子彼此远离，二者之间的距离永远不可能近到发生聚变的程度；(b)两个高速质子可能成功克服彼此之间的斥力，当二者之间的距离足够接近时，强核力就将它们结合在一起。在这种情况下，二者之间发生剧烈碰撞，从而引发最终为太阳提供能量的核聚变

在图 9.24b 所示的反应中，两个质子结合形成一个氘核（原子核），即氘或重氢的原子核，其中包含一个质子和一个额外的中子。能量以生成两个新粒子（一个正电子和一个中微子）的形式释放。正电子是电子的反粒子（带正电荷），除了带正电荷，其性质与带负电荷的正常电子相同。粒子和反粒子相遇时彼此湮灭（摧毁），同时生成 γ 射线光子形式的纯能量。**中微子**（neutrino）是几乎无质量的基本粒子（不带电荷），运动速度几乎接近光速，几乎不与任何物质相互作用，可以持续不停地穿透几光年厚的铅。中微子与物质的相互作用受控于**弱核力**（weak nuclear force），详见更为准确 9.1。但是，虽然中

微子神出鬼没且飘忽不定，但却可用精心构建的仪器进行探测。在本节最后，我们将讨论一些初级中微子望远镜及其对太阳天文学做出的重大贡献。

如图 9.25 所示，核反应基本集合为太阳（及绝大多数恒星）提供了能量驱动。实际上，这并不是单一的反应，而是称为质子-质子链（proton-proton chain）的一系列反应：

（I） 两个质子结合，形成一个氘核，并释放一个正电子和一个中微子，如图 9.24b 所示。

（II）氘核与另一个质子结合，生成一个氦-3，其中只包含一个中子；正电子与一个电子彼此湮灭，生成 γ 射线；中微子逃逸到太空中。图 9.25 显示了这些核反应基本集合中的两个样例。

（III）最后，两个氦-3 原子核结合，形成一个氦-4 和两个质子。

若不考虑所形成的临时中间核，则最终的净效应如下：4 个氢原子核（质子）结合，生成 1 个次轻元素的原子核，即氦-4（包含 2 个质子和 2 个中子，总质量为 4）；生成 2 个中微子；以 γ 射线辐射形式释放能量（见 2.6 节），可表示如下：

$$4\text{ 个质子} \rightarrow 1\text{ 个氦-}4 + 2\text{ 个中微子} + \text{能量}$$

其他反应序列（包括质量更大的碳、氮和氧的原子核）所产生的最终结果相同，即 4 个质子聚变为 1 个氦-4，且以 γ 射线形式生成能量。但是，图 9.25 所示的序列最简单，太阳光度的 90%由其负责提供。在质子-质子链的每个阶段，注意观察复杂原子核如何由简单原子核生成。稍后可见，并非所有恒星都由氢聚变提供能量，但这一基本思想仍然适用，即简单元素结合形成复杂元素，并在反应过程中释放能量。

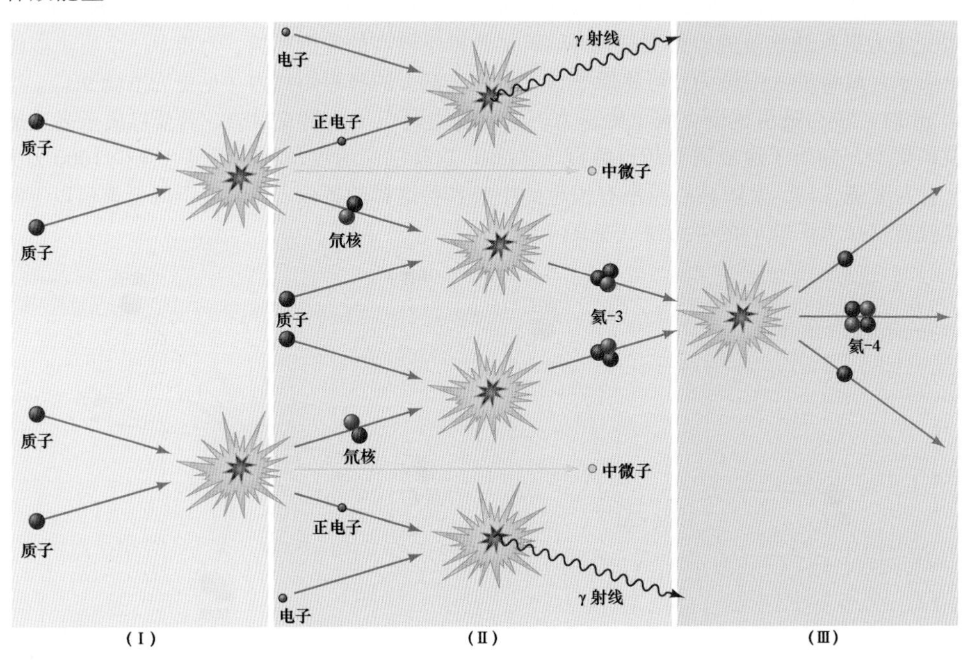

图 9.25　太阳核聚变。在质子-质子链中，总计 6 个质子（和 2 个电子）被转化为 2 个质子、1 个氦-4 原子核和 2 个中微子。2 个剩余质子可以继续参与新的质子-质子链反应，因此净效应是 4 个质子聚变为 1 个氦-4 原子核。每个阶段都会生成 γ 射线形式的能量。这里标出的三个阶段分别对应于正文中描述的（I）、（II）和（III）。

在太阳核心中，每秒都有大量质子通过质子-质子链聚变为氦。更为准确 9.2 描述了更多细节，例如为了给太阳的当前能量输出提供燃料，太阳核心中的氢要以 6 亿吨/秒的速度聚变为氦——这一质量非常大，但也只是可用总量的一小部分。如第 12 章所述，在太阳核心的这种燃烧速度下，太阳还能再维持约 50 亿年。

太阳的核能以 γ 射线形式在太阳核心中生成，但是当能量穿越温度较低的太阳内部覆盖层以及光子被反复吸收和再发射时，该辐射的黑体光谱向越来越低的温度稳定偏移，由维恩定律可知该辐射的特征波长增大（见 2.4 节）。能量最终主要以可见光和红外辐射形式离开太阳的光球。中微子携带了与此数量相当的能量，这些能量以接近光速的速度无阻碍地逃逸到太空中。

更为准确 9.1　强核力和弱核力

据我们所知，宇宙中所有物质（从基本粒子到星系团）的行为都仅受控于四种（或更少）基本力，这四种力是宇宙万物的基础。在本书中，我们已遇到了其中的两种力：一是引力，它将行星、恒星和太阳系结合在一起；二是更强的电磁力，它控制着原子和分子的性质，以及行星和恒星上的磁现象（见 1.4 节和 2.2 节）。

这两种力都遵循平方反比定律，且作用距离很长。另两种基本力称为弱核力和强核力，相比之下，它们的作用距离极短（分别约为 10^{-18}m 和 10^{-15}m），小于原子核的直径。

弱核力控制某些放射性衰变过程中的辐射发射，以及中微子与其他粒子之间的相互作用。实际上，根据当前的理论，电磁力和弱核力并不是真正不同的实体，而是单个弱电力的不同表现形式。

强核力将原子核结合在一起。仅当粒子彼此之间非常靠近时，强核力才能以极大的强度将其束缚在一起。两个质子之间的距离必须小于 10^{-15}m，强核力吸引才能克服其电磁排斥。

笼统地讲，强核力的强度约为电磁力的 100 倍、弱核力的 100000 倍及引力的 10^{39} 倍。但是，并非所有粒子都会遇到所有类型的基本力。所有粒子都具有质量（或能量），因此通过引力相互作用。但是，只有带电粒子才能以电磁方式相互作用。质子和中子会受到强核力的影响，但电子不会。在合适的条件下，弱核力能够影响任何类型的亚原子粒子，而无论其电荷情况如何。

更为准确 9.2　质子-质子链中的能量生成

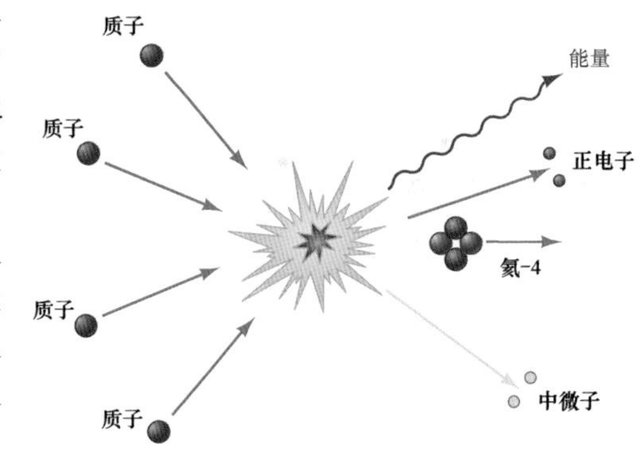

下面详细介绍太阳核心中聚变所生成的能量，并将其与太阳光度所需的能量进行比较。如文中所述和右图所示，聚变过程的净效应是 4 个质子结合生成 1 个氦-4 原子核，该过程还生成 2 个中微子和 2 个正电子（通过与电子彼此湮灭而迅速转化为能量）。

仔细计算涉及的原子核的总质量，并应用爱因斯坦的著名公式 $E = mc^2$，即可计算释放的总能量，从而能够将太阳的总光度与太阳核心中的氢燃料消耗关联起来。经过认真细致的实验室实验，目前已确定参与上述反应的所有粒子的质量：质子的总质量为 6.6943×10^{-27} kg，氦-4 原子核的质量为 6.6466×10^{-27} kg，中微子几乎没有质量。这里忽略了正电子，因为其质量最终被计算为所释放总能量的一部分。4 个质子的总质量与氦-4 原子核的最终质量之差为 0.0477×10^{-27} kg，这个数值并不大（仅约为原始质量的 0.71%），但很容易测量。

将消失的质量乘以光速的平方，即可得到 $0.0477\times10^{-27}\text{kg}\times(3.00\times10^{8}\text{m/s})^2 = 4.28\times10^{-12}\text{J}$，这就是 6.69×10^{-27} kg（4 个质子的质量四舍五入）氢聚变为氦时以辐射形式生成的能量。因此，1kg 氢聚变生成的能量为 $4.28\times10^{-12}/6.69\times10^{-27} = 6.40\times10^{14}\text{J}$。

因此，在太阳的能量输出与太阳核心的氢消耗之间，即可轻松地建立起直接的关联。太阳的光度为 3.86×10^{26} W（见表 9.1）或 3.86×10^{26} J/s，这意味着质量消耗率为 $3.86\times10^{26}\text{J/s}\div6.40\times10^{14}\text{J/kg} = 6.03\times10^{11}\text{kg/s}$，大致相当于每秒消耗 6 亿吨氢。这一数量听上去很大（相当于一座小山的质量，或者太阳风质量损耗率的 600 倍），但却仅占太阳总质量的 $1/10^{18}$，因此太阳能够在相当长的时间内承受这种损耗（见第 12 章）。

概念回顾

为什么我们看到阳光的事实意味着太阳的质量正在缓慢下降？

9.5.3 太阳中微子的观测

冲出太阳后，质子-质子链中生成的γ射线能量将立刻转化为可见光和红外辐射，因此天文学家并不掌握太阳核心核反应的直接电磁证据，质子-质子链中生成的中微子由此成为了解太阳核心中各种条件的最佳选择。这些中微子干净利落地离开太阳，几乎未与任何物质相互作用，诞生几秒后即逃逸到太空中。

当然，中微子能够轻松穿透整个太阳，这个事实使其很难从地球上被探测到！虽然如此，具备中微子物理学知识后，人们就有可能建造中微子探测器。20 世纪最后 40 年间，为了探测抵达地球表面的太阳中微子，科学家开展了若干实验（其中的两个实验见图 9.26）。为了探测能量差异巨大的各种太阳中微子，这些实验的设计差异也很大，但均认同一个非常重要的观点，即抵达地球的太阳中微子数量明显低于标准太阳模型的预测值，前者为后者的 50%～70%。这种差异称为**太阳中微子问题**（solar neutrino problem）。

(a)

(b)

图 9.26 中微子望远镜。(a)超级神冈中微子探测器，深埋在日本东京附近的一座山下，充满了 50000 吨纯净水，安装了 13000 个独立的光探测器，用以感知中微子穿透仪器时的特征信号（光的短暂爆发）；(b)萨德伯里中微子天文台，位于加拿大安大略省地下约 2km 处，设计方案与超级神冈探测器的相似，但对其他类型的中微子也很敏感。安装了 10000 个光敏探测器，部署在此处所示的大型球体内侧（ICRR; SNO）

理论家认为，在太阳内部物理学范畴，解决太阳中微子问题的可能性极小。通过刚才描述的核反应，我们可以很容易地得出结论：标准太阳模型与日震观测结果（见 9.2 节）之间的一致性非常接近，因此太阳核心中的各种条件都不会偏离标准太阳模型太多。但是，实验结果却非常清晰。我们应当如何解释理论与观测之间的这种明显不一致呢？事实证明，答案与中微子的自身性质相关，并且使科学家重新思考粒子物理学中的某些非常基本的概念。

当时，人们曾认为中微子没有质量。但是理论表明，在从太阳核心飞到地球的 8 分钟期间，即便只有 1 分钟存在极小质量，通过称为**中微子振荡**（neutrino oscillation）的过程，中微子也能改变自身的性质（甚至转化为其他粒子）。在这种情况下，中微子能够以标准太阳模型所需的速率在太阳中生成，但是在飞往地球的旅程中，有些中微子可能会变成其他物质（实际上是其他类型的中微子），因此人们未能在刚才描述的实验中发现它。若用该领域的专业术语进行描述，则该中微子可被称为振荡成其他粒子。

1998 年，负责运营超级神冈探测器（见图 9.26a）的日本团队发布了中微子振荡的首批实验证据（因此证明中微子的质量不为 0），但是所观测到的振荡并不涉及太阳中生成的中微子类型。2001 年，在加拿大安大略省的萨德伯里中微子天文台（Sudbury Neutrino Observatory/SNO，见图 9.26b），人们观测到了太阳中微子转化而成的其他中微子，观测到的中微子总数与标准太阳模型完全一致。太阳中微子问题终于得以解决，中微子天文学首次取得重大成功！

科学过程回顾

以太阳中微子问题为例，讨论科学理论和观测结果发生冲突时应如何应对。

学术前沿问题

日冕究竟如何变得这么炽热？11 年的太阳活动周期是如何形成的？太阳黑子为何确实存在，且其外观为何如此杂乱无章？就太阳而论，不仅存在一个大问题，而且存在许多小问题，已经困扰了科学家数十年。虽然理解太阳发光的基本物理学，但对其不可预测行为（有时可能影响地球上的生命），我们仍有太多东西需要了解。

本章回顾

小结

LO1 太阳是一颗恒星（发光气体球），由自身引力凝聚在一起，并由中心核聚变提供能量。光球是太阳表面发射几乎所有可见光的区域。太阳的主要内部区域是核心（核反应生成能量）、辐射区（能量以电磁辐射形式向外传播）和对流区（太阳物质持续对流运动）。

LO2 太阳常数是每秒抵达地球大气层顶部 1 平方米区域的太阳能量。太阳的光度是每秒从太阳表面辐射的总能量。

LO3 太阳内部的大部分知识来自数学模型，最佳拟合太阳观测性质的模型是标准太阳模型。日震学研究由内部压力波引发的太阳表面振动，为进一步了解太阳的结构提供依据。太阳对流区的影响以光球米粒组织形式显现在表面上。低层对流区也以称为超米粒组织的更大瞬变形态形式在光球上留下印记。

LO4 光球之上是色球，即太阳的低层大气。在色球之上的过渡区中，温度从几千开尔文上升至约百万开尔文。过渡区之上是稀薄而炽热的太阳高层大气，即日冕。在约 15 个太阳半径的距离处，日冕中的气体炽热到足以逃脱太阳的引力束缚，日冕开始以太阳风形式向外流动。

LO5 太阳黑子是太阳表面的地球大小强磁性区域，温度略低于周围的光球。在约 11 年的太阳黑子周期中，随着太阳磁场的强弱变化，太阳黑子的数量和位置也会改变。当两个相邻的太阳黑子周期转换时，磁场的整体方向发生倒转。考虑到磁场的方向，22 年周期称为太阳活动周期。太阳活动趋于集中在与太阳黑子群相关的活动区，这种活动加热日冕并驱动太阳风，太阳风从低密度区域（称为冕洞）中沿着开放的磁力线流动。

LO6 在太阳核心的核聚变过程中，太阳通过将氢转化为氦而生成能量。在质子-质子链中，当 4 个质子转化为氦原子核时，有些质量会丢失。质能守恒定律要求这种质量以能量形式出现，从而最终生成人们看到的光。

LO7 中微子是几乎没有质量的粒子，在质子-质子链中生成，并从太阳向外逃逸。科学家可能探测到来自太阳一小部分的中微子流。数十年观测引出了太阳中微子问题，即观测到的中微子数量远少于理论预测值。观测结果支持的解释是中微子振荡，即在从太阳到地球的行进途中，部分中微子转化为其他粒子（未检测到）。

复习题

1. 命名并简要描述太阳的主要区域。
2. 与地球相比，太阳的质量有多大？
3. 太阳表面的温度有多高？太阳核心呢？
4. 如何测量太阳的光度？
5. 如何利用日震学对太阳建模？
6. 描述太阳核心中的能量如何最终抵达地球。
7. 为何太阳看上去存在清晰的边缘？
8. 何种证据能够证明太阳对流？
9. 太阳风是什么？它与太阳的外层大气如何相关？
10. 太阳黑子、耀斑和日珥的成因是什么？
11. 为太阳的巨大能量输出提供燃料的是什么？
12. 什么是质能守恒定律？它与太阳中的核聚变有何关系？
13. 质子-质子链的组成要素和最终结果是什么？该过程为何释放能量？

14. 太阳中微子的观测为何对天文学家和物理学家都很重要？
15. 若太阳的内部能量系统突然停滞，则在地球上会观测到什么？你认为阳光需要多长时间才开始变暗？对于太阳中微子，回答相同的问题。

自测题

1. 太阳中最丰富的元素是氢。（对/错）
2. 太阳光谱中的吸收线数量与太阳中的当前元素数量相同。（对/错）
3. 日冕的密度和温度远高于光球。（对/错）
4. 因为比周围光球气体的温度更高，所以太阳黑子看上去很暗。（对/错）
5. 耀斑由太阳低层大气中的磁扰动引发。（对/错）
6. 质子-质子链释放能量的原因是该过程中生成了质量。（对/错）
7. 中微子从未在实验中检测到。（对/错）
8. 太阳与地球的大小相比：(a)相等；(b)太阳比地球大 10 倍；(c)太阳比地球大 100 倍；(d)太阳比地球大 100 万倍。
9. 太阳自转 1 周的时间约为：(a)1 小时；(b)1 天；(c)1 个月；(d)1 年。
10. 与在地球上相比，天文学家在金星上测得的太阳常数：(a)更大；(b)更小；(c)相等。
11. 典型太阳米粒的大小大致相当于：(a)美国城市；(b)美国较大的州；(c)月球；(d)地球。
12. 连续太阳黑子最大值之间的时间约为：(a)1 个月；(b)1 年；(c)10 年；(d)100 年。
13. 太阳的能量生成于：(a)轻核聚变成重核；(b)重核裂变为轻核；(c)太阳形成后的残留热量释放；(d)太阳磁性。
14. 在标准太阳模型（见图 9.6，太阳内部）中，随着与中心之间距离的增大：(a)密度和温度以大约相同的速率下降；(b)密度比温度的下降速率更快；(c)密度比温度的下降速率更慢；(d)密度下降，但温度上升。
15. 比较图 9.6（太阳内部）和图 9.13（太阳大气温度），日冕中的温度与以下哪个区域的温度相同？(a)太阳核心；(b)辐射区底部；(c)对流区底部；(d)光球。

计算题

1. 运用 9.1 节中介绍的推导方法，计算太阳常数的值：(a)水星上的近日点；(b)木星上。
2. 最大振幅太阳压力波的周期约为 5 分钟，移动速度约为 10km/s。(a)在一个波周期内，波的移动距离有多远？(b)绕太阳一周约需多少个波？(c)比较波周期与太阳光球中的轨道周期。
3. 假设太阳光谱对应于 5800K 的温度和峰值为 500nm 的波长，利用维恩定律，确定对应于黑体曲线峰值的波长：(a)太阳核心中（10^7K）；(b)太阳对流区中（10^5K）；(c)太阳光球正下方（10^4K）（见更为准确 2.2）。每种情况下的辐射形式是什么（可见光、红外线和 X 射线等）？
4. 若对流的太阳物质以 1km/s 的速度移动，则其穿过 1000km 的典型米粒需要多长时间？将这一时间与大多数太阳米粒的观测寿命（10 分钟）进行比较。
5. 利用斯特藩定律，计算与周围 5800K 光球单位面积发射的能量相比，4500K 太阳黑子单位面积发射的能量减少了多少（见更为准确 2.2）。
6. 太阳风以约 200 万吨/秒的速度将质量从太阳中带走（1 吨 = 1000kg）。(a)将这一速率与太阳以辐射形式失去质量的速率进行比较；(b)以此速率计算，带走太阳的全部质量需要多长时间？
7. 太阳的较差自转是太阳周围环绕着太阳磁场的原因（见图 9.17）。利用表 9.1 中的数字，计算太阳赤道上的物质与两极附近的物质重叠（即完成一次太阳自转轴额外环绕）时需要多长时间。
8. 太阳需要多长时间才能将 1 倍地球质量的氢转化为氦？
9. 假设：①自太阳形成以来，太阳光度恒定不变；②太阳最初的整体组成（见表 9.2）是均匀的。计算太阳将其所有原始氢转化为氦需要多长时间。
10. 在如图 9.25 所示的整个反应序列中，生成 4.3×10^{-12} J 的电磁能量，并释放出两个中微子。若太阳的所有能量均来自这一序列，且当中微子抵达地球时，中微子振荡将半数中微子转化为其他粒子，计算每秒穿透地球的太阳中微子总数。

活动

协作活动

观测太阳的最安全方法是将其图像投射在屏幕上。下面介绍两种方法：

1. 为了制作一部针孔相机，你需要准备两张白纸板和一根针。首先用针在一张纸板中心扎一个孔，然后走到户外，拿起纸板并将针孔对准太阳。不要直接观察太阳！现在查找穿过针孔的太阳图像，来回移动另一张纸，直至图像外观最佳。当改变针孔的大小时，图像发生何种变化？

2. 你还可以利用双筒望远镜（或小型望远镜）来投射太阳图像，此时需要准备一张白纸板和一个三脚架。首先将望远镜固定在三脚架上，然后将其指向太阳。不要直接观察太阳！将硬纸板放在目镜后面约 25cm 处（用作屏幕），此时应能看到一个明亮且模糊的光圆环。将仪器对准焦点，直至圆环变得清晰，这就是太阳圆面。前后移动硬纸板，观察图像受到何种影响。

   利用这些投影仪之一，研究一些太阳黑子，如下面的个人活动 1 所示。让团队中的一半人制作针孔相机，另一半人制作望远镜投影仪，然后比较观测结果。每种方法的优缺点分别是什么？

个人活动

1. 利用添加了滤光片的望远镜，很容易就能显示出太阳黑子。统计在太阳表面看到的太阳黑子数量。注意，太阳黑子通常成对（或成群）出现。几天后再观察一次，即可发现黑子因太阳自转而移动了位置，且黑子本身也发生了改变。若看到了一个足够大的太阳黑子（或太阳黑子群），则请继续观察其在太阳自转时的变化。大约两周后，这个黑子就会从视野中消失。
2. 观察一些日珥和耀斑。氢 α（Hα）滤光片可用于小型望远镜。即使是在黑子极小期，也可经常看到日珥和耀斑。你实际看到的是色球（而非光球），所以太阳的外观与正常情况下的外观大不相同。

第 10 章　恒星的测量：巨星、矮星和主序

2013 年，哈勃太空望远镜拍摄了这幅球状星团 M15 的图像，在 100 光年直径的空间范围内，大约分布着 100 万颗恒星。该星团位于飞马座之外 33000 光年，年龄约为 120 亿年（太阳的 2 倍多），中心区域是银河系中已知密度最高的恒星环境之一，约 10 万颗恒星拥挤在直径仅为几光年（太阳与其最近恒星之间的距离）的球状区域中（ESA/NASA）

本书迄今已经介绍了地球、月球、太阳系和太阳，为了继续盘点更多的宇宙天体，我们必须要离开地球而进入太空深处。本章实现距离上的巨大飞跃，通盘考虑全部恒星，主要目标是了解组成各星座的众多恒星及人类肉眼无法感知的无数更遥远恒星的本质。但是，我们不研究这些恒星的个体特征，而重点研究它们共有的物理性质和化学性质。恒星不计其数，在天空中星罗棋布，但却秩序井然。与太阳系中的比较行星学相似，在深入理解星系和宇宙方面，对恒星进行比较和编制星表（编目）发挥着至关重要的作用。

学习目标

LO1　解释如何确定恒星距离。

LO2　区分光度和视亮度，解释如何确定恒星光度。

LO3　描述恒星如何基于颜色、表面温度和光谱特征进行分类。

LO4　解释如何运用物理定律来计算恒星的大小。

LO5　描述如何构建赫罗图并用其识别恒星的性质。

LO6　解释如何利用恒星的光谱性质知识来计算距离。

LO7　解释如何测量恒星质量，并解释质量与其他恒星性质是如何相关的。

总体概览

恒星在夜空中随处可见，人眼可分辨的恒星数量约为 6000 颗（分布在 88 个星座中），双筒望远镜（甚至小型望远镜）可分辨的恒星数量约为几百万颗，恒星总数（即使是在局部宇宙邻域）则几乎超出了人类的计数能力。通过分析数百万颗遥远恒星所发出的光，天文学家对恒星的性质（质量、半径、光度、年龄和寿命）有了很多了解。与宇宙中任何其他种类的天体相比，恒星能够揭示出更多天文学的基本原理。

10.1　太阳邻域

通过眺望太空深处，天文学家能够观测并研究数百万颗恒星；通过观测极其遥远的星系，天文学家在统计学意义上能够推测出数万亿颗恒星的性质。总体而言，可观测宇宙所含的恒星数量约为几十吉兆拍（1 吉兆拍 $=10^{21}$）颗。恒星的数量多到令人难以置信，但其基本性质（外观、诞生、生长、死亡和环境交互）均可用几个基本的物理量进行描述，包括光度（亮度）、温度（颜色）、化学组成、大小和质量。本章详细介绍恒星的这些基本性质，描述如何对其进行测量，以及如何以此为基础建立简单但强大的恒星分类方法。在此基础上，后续三章即可轻松地探讨恒星的生命周期。

类似于行星，对理解恒星的许多其他性质而言，了解与恒星之间的距离非常重要。因此，在确定与邻近天体之间的距离时，需要回顾简单几何学知识的应用。下面开始学习恒星天文学。

10.1.1　恒星视差

与最近恒星之间的距离可用视差（当观测者的视角发生改变时，天体相对于远处背景的视位移）进行测量（见 0.4 节），但是，即便是距离最近的恒星，离我们也相当遥远，地球上不存在足以测量其视差的基线。如图 10.1 所示（与图 0.20 对比），通过比较一年之中不同时间的恒星观测结果，即可将基线有效延长为地球绕太阳运行轨道的直径，即 2AU。然后比较从基线两端拍摄的照片，即可确定视差。如图所示，恒星的**星位角/视差角**（parallactic angle）或者视差（更常见）通常可定义如下：当从地球轨道的一侧移动到另一侧时，恒星相对于背景视位移的一半。

因为各恒星距离非常遥远，所以恒星视差总是很小，天文学家发现用角秒（而非度）进行测量更方便（见更为准确 0.1）。若一颗恒星的观测视差刚好为 1″，则其与太阳之间的距离必须多少？答案是 206265AU（或 3.1×10^{16} m），天文学家将这一距离称为 **1 秒差距**，通常简写为 1pc。由于视差随距离增大而减小，因此通过下面的简单公式即可将一颗恒星的视差与其至太阳的距离关联起来：

$$距离（秒差距）=\frac{1}{视差（角秒）}$$

因此，若某一恒星的测量视差为 1″，则其与太阳之间的距离为 1pc。之所以这样定义秒差距，主要目的是使星位角与距离之间的换算更简单，例如视差为 0.5″的天体与太阳之间的距离为 1/0.5 = 2pc，视差为 0.1″的天体与太阳之间的距离为 1/0.1 = 10pc，以此类推。1pc 大致等于 3.3 光年。

10.1.2 太阳的最邻近恒星

离太阳最近的恒星是比邻星/半人马座 α 星 C（Proxima Centauri），它是三合星系统（三颗恒星彼此绕转，通过引力束缚在一起）南门二/半人马座 α 星（Alpha Centauri）复合体的一部分。比邻星具有目前已知最大的恒星视差（0.77″），这意味着它与太阳之间的距离约为 1/0.77 = 1.3pc，大致相当于 270000AU 或 4.3 光年。比邻星是距离太阳最近的恒星，二者之间的距离几乎为日地距离的 300000 倍！这是银河系中相当典型的星际距离。

为了理解超大距离的具体含义，我们有时可以采用类比方法。假设地球是一粒沙，在 1m 之外绕太阳（高尔夫球大小）运行，则距离太阳最近的恒星（同样为高尔夫球大小）位于 270km 之外。除了太阳系中的各大行星（大小从沙粒到小玻璃球）位于太阳附近 50m 范围内，以及柯伊伯带和奥尔特云（数万亿微尘颗粒）散布在 100km 直径球体范围内，太阳与最近恒星之间（270km 距离）不存在任何重要的物质。

除了南门二系统，距离太阳第二近的恒星是巴纳德星（Barnard's Star），其视差为 0.55″，因此距离太阳约 1.8pc 或 6.0 光年（前述模型中的 370km 处）。总体而言，距离太阳 5pc（前述模型中的 1000km 处）以内的恒星数量不到 100 颗，这就是星际空间的广阔无垠和空空荡荡。如图 10.2 所示，在银河系的最近恒星分布图中，约 30 颗恒星与地球之间的距离不到 4pc。发现 10.1 描述了本图中部分恒星的名称由来。

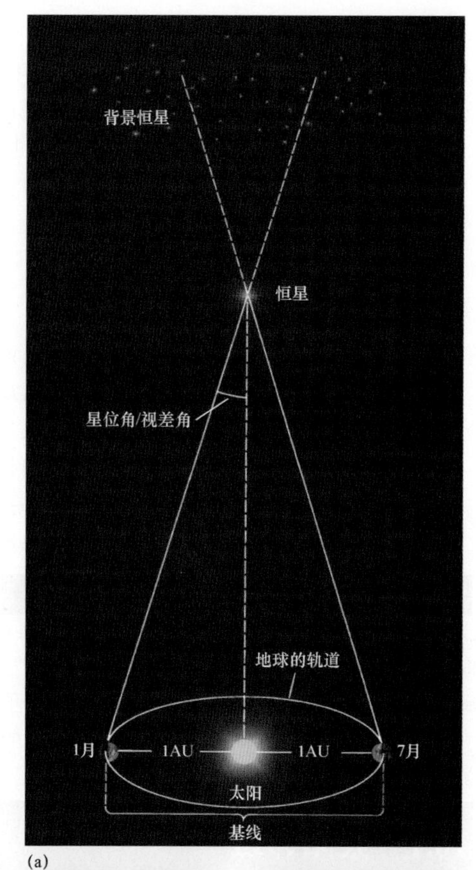

(a)

这是1月所见视图

到了7月，恒星发生了位移

(b)

图 10.1 恒星视差。(a)若相隔 6 个月进行观测，则基线是日地距离的 2 倍，即 2AU；(b)视差位移（此处已夸大，以白色箭头标出）常以摄影方式进行测量，如红色恒星所示。通过分析一年中不同时间拍摄的同一天区的图像，即可确定某一恒星相对于背景恒星的视运动

由于受到地球大气层中的湍流干扰，恒星地基图像通常限于半径约为 1″的视宁圆面（见 3.3 节）内。但是，天文学家利用特殊技术对 0.03″（或更低）的恒星视差进行了常规测量，对应于距离地球约 30pc（100 光年）以内的那些恒星。数千颗恒星位于这一范围内，其中大多数恒星的光度远低于太阳，人眼完全看不见。自适应光学系统能够更精确地测量恒星位置，进而将视差范围扩展至 100pc 远（见 3.3 节）。20 世纪 90 年代，欧洲依巴谷卫星（European Hipparcos）将视差范围扩展至 200pc 远，覆盖了近百万颗恒星。即便如此，银河系中的几乎所有恒星仍然距离地球极其遥远，下一代太空任务将把视差范围扩展至 25000pc 远（覆盖整个银河系），这或许会彻底改变人类对银河系结构的认知。

概念回顾

当确定恒星距离时，天文学家为何不能从地表的不同部分同时观测？

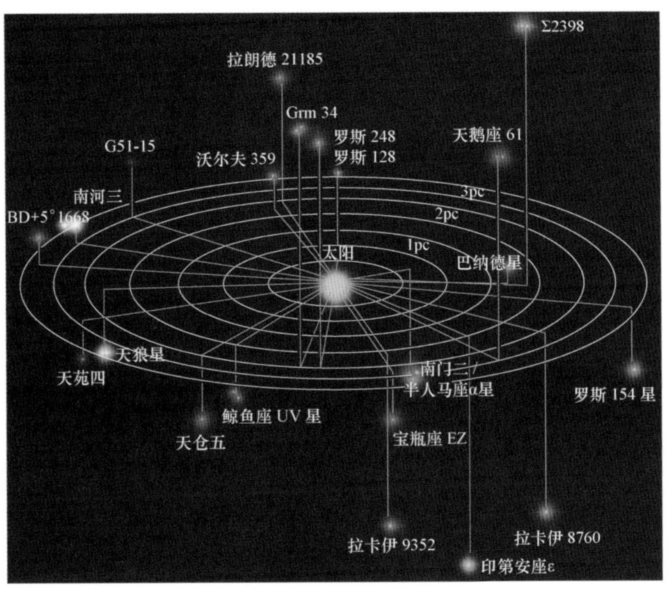

图 10.2　太阳邻域。距离太阳最近的 30 颗恒星，投影图揭示了它们之间的三维关系。这些恒星均位于距离地球 4pc（约 13 光年）的范围内。格网线表示银道面中的距离，垂线表示与银道面之间的垂向距离

10.1.3　恒星运动

除了视差所引发的视运动，恒星也存在真实的空间运动。恒星的视向速度（视向沿线）可用多普勒效应进行测量（见 2.7 节）。对许多邻近恒星而言，通过仔细监测恒星的天空位置，也可测量其横向速度（垂直于视向）。

图 10.3a 显示了巴纳德星周围天空的两张照片，拍摄于一年中的同一天，但却相隔 22 年。由图可知，恒星（以箭头标识）在 22 年间移动了位置。由于照片拍摄时的地球位于运行轨道上的同一点，因此所观测到的位移并非源于视差，这说明巴纳德星发生了真实的空间运动（相对于太阳）。从地球上观测并经视差校正后，恒星的这种年度天空运动称为自行（proper motion）。在 22 年间，巴纳德星移动了 228″，因此其自行为 228″/22 年，即 10.3″/年。

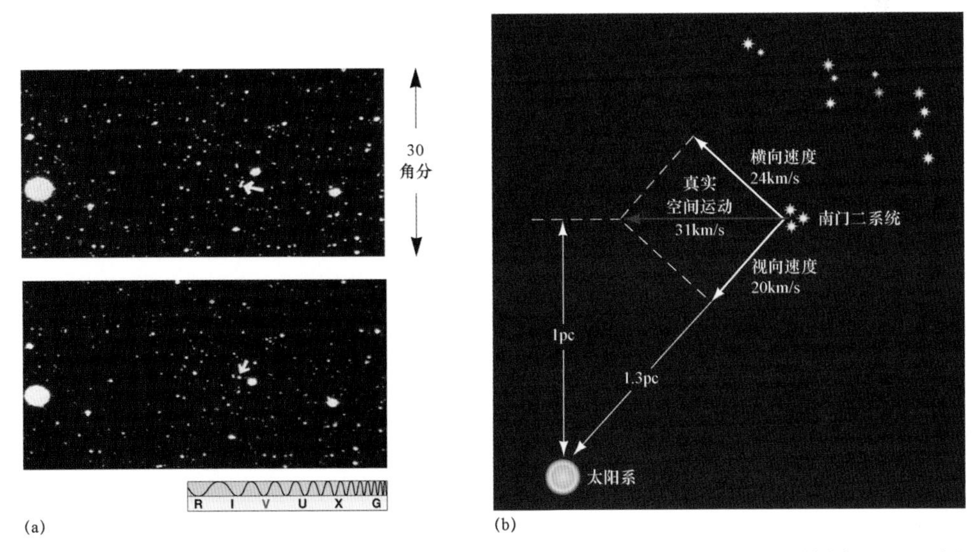

图 10.3　真实空间运动。(a)相隔 22 年拍摄的两张照片之比较，显示了巴纳德星的真实空间运动（以箭头标识）；(b)南门二恒星系统相对于太阳系的运动。速度的视向分量可用南门二光谱中各谱线的多普勒频移进行测量，横向分量则获取自该系统的自行。红色箭头表示真实的空间速度，它由两个速度分量组合得到（Harvard College Observatory）

知道恒星的自行和距离后，即可很容易地计算出横向速度。在巴纳德星所在的距离（1.8pc）处，10.3″的对应距离为 0.00009pc（约 28 亿千米）。巴纳德星走完这段距离需要 1 年，因此横向速度为 2.8×10^{9}km/3.2×10^{7}s（或 88km/s）。虽然恒星的横向速度通常相当大（数十甚至数百千米每秒），但是由于距离太阳特别遥远，因此意味着辨别其天空运动通常需要很多年。实际上，巴纳德星的自行在所有已知恒星中是最大的，而且只有数百颗恒星的自行大于 1″/年。

恒星的总空间速度是其视向速度与横向速度之和。图 10.3b 说明了另一颗较近恒星（南门二）的这些数量之间的关系。南门二的谱线发生了轻微蓝移（约 0.0067%），天文学家由此测量出该恒星系统向地球运动的视向速度（相对于太阳）为 $300000\text{km/s}\times6.7\times10^{-5}=20\ \text{km/s}$（见 2.7 节）。目前测得南门二的自行为 3.7″/年，因为距离为 1.35pc（对应视差为 0.74″），所以横向速度为 24km/s。根据勾股定理/毕达哥拉斯定理，即可求出横向速度（24km/s）与视向速度（20km/s）之和，如图所示。在水平红色箭头所示的方向上，总速度为 $\sqrt{24^2+20^2}$（或者约 31km/s）。

发现 10.1 恒星的命名

查看图 10.2 时，你可能会疑惑这些恒星的名字从何而来。实际上，恒星的命名并没有统一的约定，甚至存在多种命名方案，通常会导致任何已知天体拥有许多名称！下面简要介绍一些常见的命名方案（大致按时间顺序排列）：

1. 天空中最明亮的恒星通常存在古代名称。许多这样的名称源于阿拉伯，可追溯到公元 10 世纪左右，当时的伊斯兰天文学蓬勃发展，承继了希腊及其他早期文化的科学知识，欧洲的科学则在黑暗时代中举步维艰。这样的例子包括参宿四（Betelgeuse）、参宿七（Rigel）、毕宿五（Aldebaran）和天津四（Deneb）。南河三（Procyon）和天狼星（Sirius）（见图 10.2）则发源于希腊。
2. 1603 年，德国律师约翰 • 拜耳提出了一种更系统的方案。他根据亮度对特定星座（如猎户座）中的各恒星进行排序，并用希腊字母进行标记，如猎户座 α（Alpha Orionis/Betelgeuse）、猎户座 β（Beta Orionis/Rigel）或波江座 ε（Epsilon Eridan/天苑四，见图 10.2）（见 0.1 节）。
3. 希腊字母只有 24 个，因此拜耳的命名方案以失败告终。18 世纪初，英国天文学家罗亚尔 • 约翰 • 弗兰斯蒂德建议对于某一星座内的各恒星，自西向东进行简单编号。在他提出的命名方案中，参宿四为 58 Ori，参宿七为 19 Ori，以此类推（见图 10.2 中的 61 Cygni/天鹅座 61）。有时候，拜耳和弗兰斯蒂德的命名方案被组合在一起，例如 58αOri（参宿四）。
4. 随着望远镜的改进和越来越多的恒星被人们发现，天文学家开始编制自己的星表（catalog）。有些星表按照天球坐标列出了各恒星，如图 10.2 中的恒星 BD + 5°1668 出现在 19 世纪的德国波恩星表/BD 星表中，刚好位于天赤道之上 5°多一点，见 0.1 节）。其他星表仅根据被添加到列表中的顺序来命名各恒星，例如图 10.2 中的恒星拉朗德 21185（Lalande 21185）是 18 世纪法国天文学家约瑟夫 • 德 • 拉朗德所编纂星表中的第 21185 个入选者。遗憾的是，这些星表常出现重叠，因此有些恒星可能以差异极大的名字出现在许多不同的星表中。例如，在亨利 • 德雷伯星表/HD 星表中，拉朗德 21185 也称 HD 95735；在史密松天体物理台/SAO 星表中，参宿四也称 HD 39801 和 SAO 113271。
5. 现在，新发现的恒星仅根据它们在天空中的坐标进行定义，并未给出任何特殊的名称。若愿意，你也可以注册自己的恒星名称（当然需要缴纳一些费用），但不要指望任何天文学家引用这一名称；或者认真对待注册事项，只有国际天文学联合会批准的官方名称才可用于天文学。

10.2 光度和视亮度

光度（Luminosity，单位时间内离开恒星的辐射量）是恒星的一种本征/固有性质（见 9.1 节），任何时候它都与观测者的位置（或运动）无关，有时被称为恒星的绝对亮度（absolute brightness）。但是，观测恒星时看见的却并不是光度，而是视亮度（apparent brightness），即单位时间内入射至单位面积光敏表面或设备［如人眼或 CCD（Charge Coupled Device）］芯片］的能量。注意，这与第 9 章中太阳常数的定义完全相同，在新的术语体系中，太阳常数只是太阳的视亮度。本节讨论这些重要量之间的相关性。

10.2.1　另一个平方反比定律

图 10.4 显示了离开恒星并在太空中传播的光。当向外移动时，辐射会穿过光源周围半径不断增大的假想球体。光的传播距离（从光源）越远，穿过单位面积的能量就越少。我们可以认为能量扩散到了越来越大的面积上，因此当分散到太空时会变得越来越稀薄。因为球体的面积随着半径的平方增大，所以单位面积的能量（恒星的视亮度）与至恒星距离的平方成反比。当与恒星之间的距离增大 1 倍时，恒星的视亮度将变暗 2^2（或 4）倍；当与恒星之间的距离增大 3 倍时，恒星的视亮度将变暗 3^2（或 9）倍，以此类推。

当然，恒星的光度也影响视亮度，若光度倍增，则穿过周围任何球壳的能量倍增，从而使其视亮度倍增。因此，恒星的视亮度与其光度成正比，与其距离的平方成反比，即

$$\text{视亮度} \propto \frac{\text{光度}}{\text{距离}^2}$$

式中，$\propto$ 表示“正比于”。因此，当且仅当与地球之间的距离相同时，两颗完全相同的恒星才具有相同的视亮度。但是，如图 10.5 所示，两颗不同的恒星也可能具有相同的视亮度，前提是光度较高的恒星的距离更远。亮星（具有较高的视亮度）或者为强辐射源（光度高），或者距离地球较近，或者二者兼具；暗星（具有较低的视亮度）或者为弱辐射源（光度低），或者远离地球，或者二者兼具。

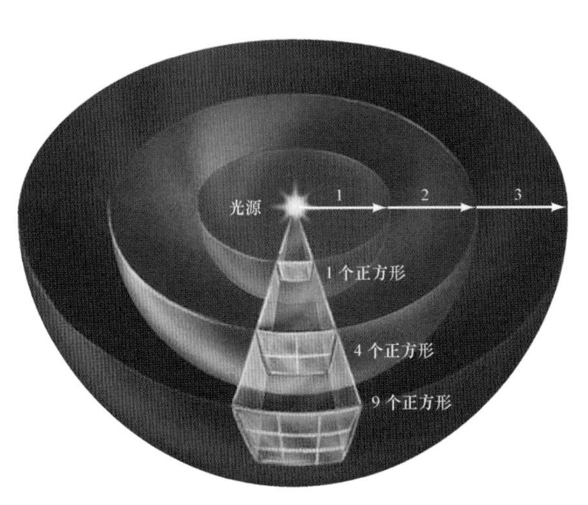

图 10.4　平方反比定律。当远离光源（如恒星）时，光会稳定地稀释，并且分布在越来越大的表面积（此处描述为球壳的一部分）上。因此，探测器接收到的辐射量（光源的视亮度）与其至光源距离的平方成反比

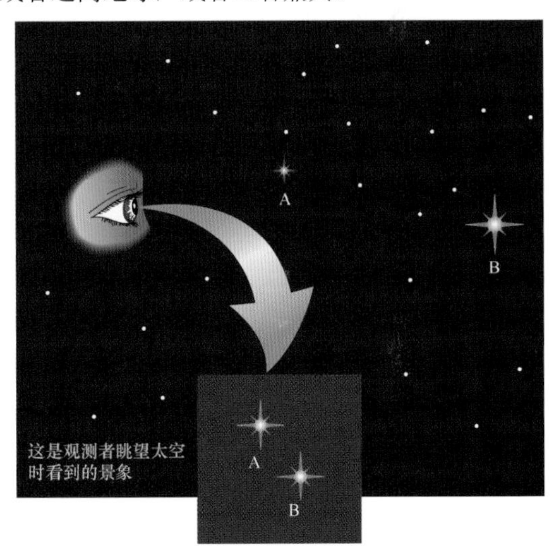

图 10.5　光度。若亮星 B 比暗星 A 的距离更远，则对地球观测者而言，光度不同的两颗恒星（A 和 B）可能具有相同的视亮度

确定恒星的光度是一项双重任务。首先，天文学家必须测量望远镜在特定时间内探测到的能量，进而确定恒星的视亮度。其次，必须测量恒星的距离——较近的恒星需要测量视差，更多的遥远恒星则需要采用其他测量方法（稍后讨论）。最后，运用平方反比定律求出光度。这与前面讨论天文学家如何测量太阳光度时所用的推断过程相同，如 9.1 节所述。

数据知识点：光度和视亮度

在讨论恒星的视亮度时，约 46%的学生很难将平方反比定律付诸实践。建议记住以下几点：

- 恒星的视亮度与其光度（测量真实能量发射）成正比。若光度倍增，则视亮度倍增。
- 恒星的视亮度与其距离的平方成反比。若距离加倍，则视亮度降至 1/4。
- 若两颗恒星看上去同样明亮，则较远恒星的光度更高。

10.2.2 星等标

光学天文学家发现，与其采用国际单位制［如瓦特/平方米（W/m^2），即 9.1 节中表示太阳常数的单位］来测量视亮度，不如采用星等标/星等标度（magnitude scale）系统，该系统根据视亮度对恒星进行分级排序。这种标度可追溯至公元前 2 世纪，希腊天文学家喜帕恰斯/依巴谷将人眼可见的恒星划分为 6 组，并将最亮的恒星归类为 1 等，将次亮恒星归类为 2 等……将肉眼可见的最暗恒星归类为 6 等。星等标范围 1（最亮）～6（最暗）跨越了古人当时已知的所有恒星，星等越大，恒星越暗。

为了精确测量从各恒星接收到的光量，天文学家开始利用装有复杂探测器的望远镜，随后很快就发现了关于星等标的两个重要事实。首先，在喜帕恰斯定义的星等标范围（1～6）中，视亮度的范围约为 100 倍，即 1 等恒星要比 6 等恒星亮约 100 倍。其次，人眼的特征是 1 个星等的变化对应于约 2.5 倍的视亮度变化，换种说法就是对于人眼而言，1 等恒星要比 2 等恒星亮约 2.5 倍，2 等恒星又比 3 等恒星亮约 2.5 倍，以此类推。通过组合倍数 2.5，即可证实 1 等恒星要比 6 等恒星亮约 2.5^5 倍，大致等于 100 倍。

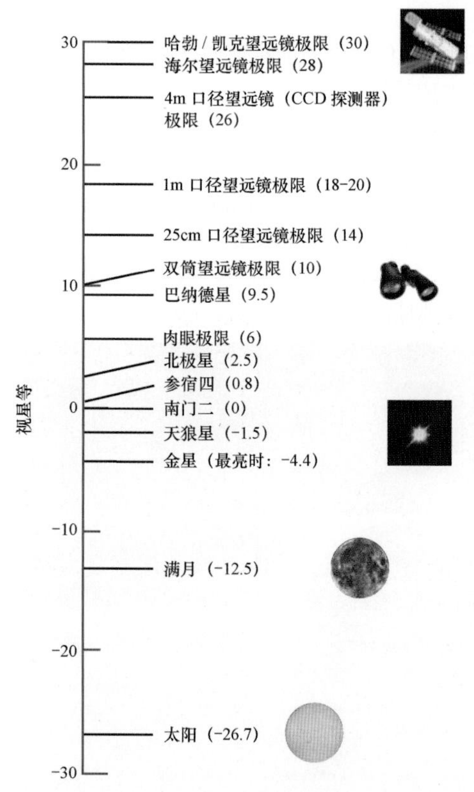

图 10.6 视星等。本图描述了部分天体的视星等和部分望远镜的极限星等（即可观测的最暗淡星等）

由于实际讨论的是视亮度（而非绝对亮度），因此天文学家将喜帕恰斯分级系统中的各数字称为视星等（apparent magnitude）。在星等标的现代版本中，天体的 5 个星等变化被定义为精确对应于 100 倍视亮度变化。此外，该标度不再局限于整数，而且星等范围已扩展至原始范围（1～6）之外。极亮天体的视星等可以小于 1，极暗天体的视星等可以远大于 6。图 10.6 显示了部分天体的视星等，范围从太阳的-26.7，到哈勃（或凯克）望远镜能够探测到的最暗天体的+30（暗淡程度大致相当于观看地球直径距离处的萤火虫）。

视星等是测量从地球实际距离处观测时的恒星视亮度，但是为了比较各恒星的本征/固有（或绝对）性质，天文学家假设从标准距离（10pc）处观测所有恒星（将 10pc 作为标准距离并无特别理由，只是因为很方便而已），并将从 10pc 距离处观测时的恒星视星等称为绝对星等（absolute magnitude）。由于这个定义中的距离固定，因此绝对星等是恒星的绝对亮度（或光度）的测度。虽然太阳的视星等是较大负值（即非常明亮），但其绝对星等为 4.8。换句话说，若将太阳移动到距离地球 10pc 处，则其仅比夜空中可见的最暗恒星稍亮。如更为准确 10.1 所述，恒星的绝对星等与视星等的差值是恒星距离的测度。

更为准确 10.1 星等标深入探讨

下面从星等角度再次讨论两个重要的主题——恒星光度和平方反比定律。

绝对星等与光度（恒星的一种本征性质）相对应，目前已知太阳的绝对星等为 4.8，此时可以构建将这两个量相关联的转换图（如图所示）。由于光度每增大 100 倍，绝对星等将减小 5 个单位，因此若某一恒星的光度为太阳的 100 倍，则其绝对星等为 $4.8-5=-0.2$；若某一恒星的光度为太阳的 0.01 倍，则其绝对星等为 $4.8+5=9.8$。采用以下方式，即可取得这两个绝对星等之间的光度值：一个绝对星等的对应光度为 $100^{1/5}\approx 2.512$，两个绝对星等的对应光度为 $100^{2/5}\approx 6.310$，以此类推。光度每增大 10 倍，绝对星等减小 2.5 个单位。对于本章及后续章节中的许多图形，均可利用此图表来转换太阳光度和绝对星等。

为了利用这些术语来描述平方反比定律，回顾可知：恒星的距离每增大 10 倍，视亮度就会降低 100 倍（根据平方反比定律），因此视星等会增大 5 个单位；恒星的距离每增大 100 倍，视星等就会增大 10 个单位，以此类推。距离每增大 10 倍，视星等就会增大 5 个单位。由于绝对星等只是 10pc 距离处的视星等，因此可表示如下：

$$\text{视星等}-\text{绝对星等}=5\log_{10}\left(\frac{\text{距离}}{10\text{pc}}\right)$$

虽然看上去不太像，但这个方程完全等同于文中所述的平方反比定律！

光度（太阳单位）
10000
100
1
0.01
0.0001
绝对星等
−5
0
+5
+10
+15

对于距离地球超过 10pc 的恒星，视星等大于绝对星等；对于距离地球小于 10pc 的恒星，视星等小于绝对星等。因此，若从 100pc 处观测太阳（绝对星等为 4.8），$\log_{10}100=2$，则太阳的视星等为 $4.8+5\log_{10}100=14.8$，远低于双筒望远镜（甚至大型业余望远镜）的能见度阈值（见图 10.6）。反之，若已知某一恒星的绝对星等和视星等，则可计算其距离。例如，恒星南门二的绝对星等为+4.34，观测视星等为−0.01，星等差为−4.35，因此其距离必定等于 $10\text{pc}\times10^{-4.34/5}=1.35\text{pc}$，这与正文中给出的结果（通过视差获得）相一致。

概念回顾

两颗恒星的观测视星等相同，基于这一信息，可知二者光度的何种相关信息？

10.3 恒星温度

10.3.1 颜色和黑体曲线

当仰望夜空时，区分恒星的温度高低非常容易。如图 10.7a 所示，在通过小型望远镜观测到的猎户座中，冷红星参宿四（α）和热蓝星参宿七（β）的颜色非常明显（见 0.2 节）。通过测量几种频率下的恒星视亮度（辐射强度），然后将观测结果与适当的黑体曲线进行匹配，天文学家就能确定该恒星的表面温度（见 2.4 节）。就太阳而言，最佳拟合发射的理论曲线对应于 5800K 的发射体。无论距离地球有多远，任何恒星均适用于同一技术。图 10.7b 所示为绚丽多彩的恒星场，方向朝向银心。

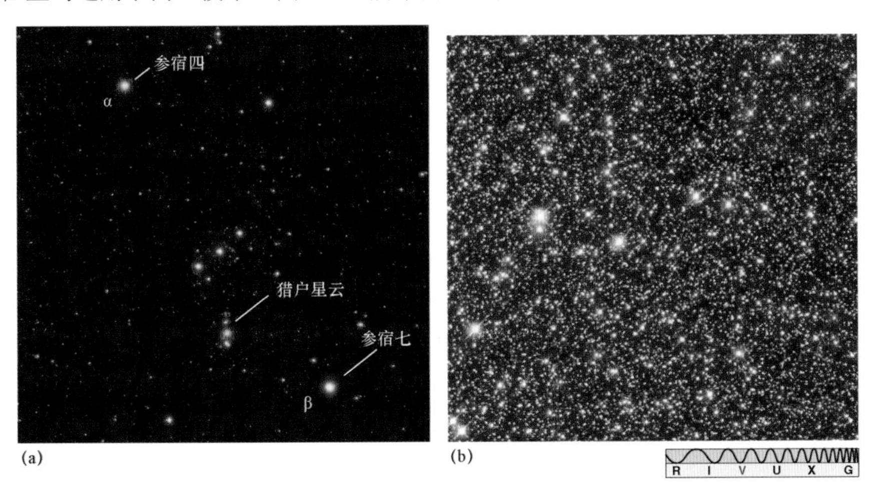

图 10.7 星色。(a)在这张照片中，组成猎户座各恒星的不同颜色很容易区分，左上角的红色亮星（α）是参宿四，右下角的蓝白色亮星（β）是参宿七。这张照片的视场跨度约为 20°；(b)极为绚丽多彩的恒星场，这次的方向朝向银心。这张照片的视场跨度仅为 2 角分，远小于图 a 中的视场（P. Sanz/Alamy; NASA）

因为非常了解黑体曲线的基本形状，所以仅需在选定波长下测量两次，天文学家就能计算出一颗恒星的温度。这一目标的实现需要利用望远镜滤光片来阻挡除特定波长范围辐射外的所有辐射。例如，B（蓝色）滤光片阻挡除特定范围紫光到蓝光外的所有辐射；V（可见光）滤光片仅通过绿色到黄色范围内的辐射（人眼恰好特别敏感的光谱部分）。

图 10.8 显示了这些滤光片是如何允许不同温度天体的不同数量光通过的。曲线(a)对应于非常炽热的 30000K 发射体，通过 B 滤光片接收的辐射更多（与 V 滤光片相比）；曲线(b)中的发射体温度为 10000K，通过 B 滤光片和 V 滤光片接收的辐射强度大致相同；曲线(c)中的发射体温度为较低的 3000K，通过 V 滤光片接收的能量远多于 B 滤光片。在每种情况下，均可仅基于这两个测量值来重建整条黑体曲线，这是因为通过两个测量点无法绘制出其他黑体曲线。

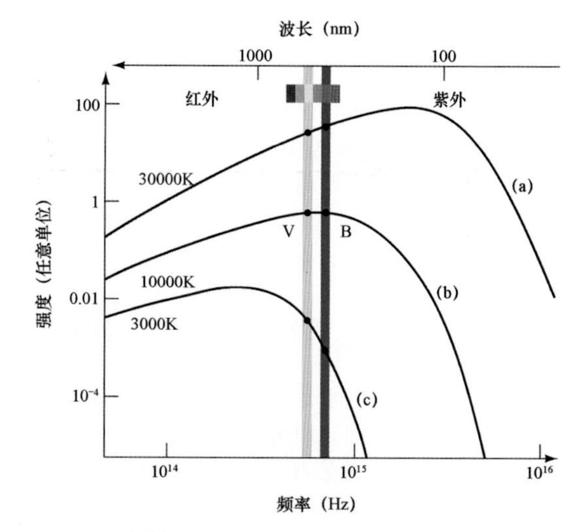

图 10.8 黑体曲线。恒星(a)非常炽热（30000K），因此其 B（蓝色）强度大于 V（可见光）强度；恒星(b)的 B 和 V 读数大致相等，因此外观呈白色，温度约为 10000K；恒星(c)呈红色，V 强度远大于 B 值，温度为 3000K

从某种程度上讲，恒星的光谱可以较好地近似为黑体，B 和 V 的强度测量足以确定该恒星的黑体曲线，进而获得表面温度。天文学家常将恒星的 B 强度与 V 强度之比（或者通过 B 和 V 滤光片测量的恒星视星等之间的差值，效果相同）称为该恒星的**色指数/颜色指数**（color index）。表 10.1 列出了部分已知恒星的表面温度和颜色。

表 10.1 恒星的颜色和温度

表面温度（K）	颜　色	常见示例
30000	铁蓝色	参宿三（猎户座 δ）
20000	蓝色	参宿七
10000	白色	织女星，天狼星
7000	黄白色	老人星
6000	黄色	太阳，南门二
4000	橙色	大角星，毕宿五
3000	红色	参宿四，巴纳德星

10.3.2 恒星光谱

颜色是描述恒星的有用方法，但是天文学家通常采用更详细的配色方案对恒星性质进行分类，并且融入了通过光谱学获得的更多恒星物理学知识（见 2.5 节）。图 10.9 比较了 7 颗恒星的光谱，并且按照表面温度降序排列了这些恒星，光谱范围均为 400～650nm。类似于太阳光谱，在连续的颜色背景上，每个光谱都叠加了一系列暗色吸收线（见 9.3 节）。但是，不同恒星的谱线形态差异很大，有些恒星在光谱的长波长部分显示出了强（突出）谱线，有些恒星在短波长部分显示出最强的谱线，还有些恒星则在整个可见光光谱中显示出了强吸收线。这些差异说明了什么？

虽然许多元素的谱线强度变化很大，但是图 10.9 中的光谱差异并非源于化学组成上的不同（实际上，所有 7 颗恒星的组成都类似于太阳），而是几乎完全由各恒星的不同温度导致。如图 10.9 所示，顶部光谱完全符合预期，即组成与太阳相同和表面温度约为 30000K 的恒星；第二个光谱来自表面温度为 20000K 的恒星……底部光谱来自表面温度为 3000K 的恒星。

在图 10.9 中，各光谱之间的主要差异如下：

- 对表面温度超过 25000K 的恒星而言，光谱通常显示出单电离氦（即失去一个轨道电子的氦原子）和多电离重元素（如氧、氮和硅）的强吸收线（注意，图中未显示重元素吸收线）。因为只有极炽热的恒星才能激发和电离这些紧密结合的原子，所以这些强吸收线在冷恒星光谱中看不到。

- 相比之下，在极炽热的恒星的光谱中，氢吸收线相对较弱。这并不是因为缺少氢（氢是所有恒星中丰度最高的元素），而是因为大部分氢在高温下被电离，生成强谱线的完整氢原子较少。
- 在具有中等表面温度（约 10000K）的恒星中，氢线最强。这一温度刚好适合于电子在氢的第二及更高轨道之间频繁跃迁，从而生成特征可见的氢光谱（见 2.6 节）。
- 在表面温度低于约 4000K 的恒星中，氢线再次变弱，这是因为温度太低，许多电子无法激发出基态（见 2.6 节）。这些恒星中的最强谱线源于弱激发的重原子和部分分子，如图 10.9 底部所示。

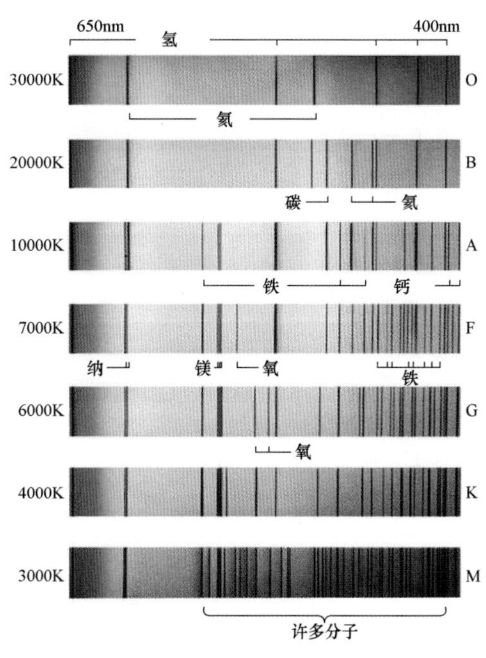

图 10.9　恒星的光谱。表面温度不同的 7 颗不同恒星的观测光谱之比较。顶部最热恒星的光谱显示了氦和多电离重元素的谱线；底部最冷恒星的光谱缺少氢线，但是存在大量中性原子和分子的谱线；在中等温度恒星的光谱中，氢线最强

恒星光谱是了解关于恒星组成所有详细信息的来源，确实揭示了各恒星之间的明显组成差异，特别是碳、氮、氧及重元素的丰度。但是，如前所述，这些差异并不是观测到不同光谱的主要原因，恒星光谱外观的主要决定因素是温度，恒星光谱学（stellar spectroscopy）则是测量这一重要恒星性质的强大、精确工具。

10.3.3　光谱分类

20 世纪初，随着世界各地天文台的恒星数据的积累，天文学家获得了许多恒星的恒星光谱（像图 10.9 中那样）。1880—1920 年，通过比较观测到的谱线与实验室中获得的谱线，研究人员正确识别了许多观测到的谱线。但是，现代原子理论当时尚未发展起来，根本不可能正确解释谱线强度（像刚才那样）。由于对原子如何产生光谱缺乏充分了解，天文学家通过基于最突出光谱特征（特别是氢线强度）对恒星进行分类来组织数据，他们采用了一种字母方案，其中 A 型星（具有最强的氢线）被认为比 B 型星含有更多的氢，以此类推。该分类延伸到了字母 P。

从 20 世纪 20 年代开始，科学家理解了原子结构的错综复杂和谱线的成因。天文学家意识到，恒星可基于表面温度进行更有意义的分类，但却并未采用一种全新的分类方案，而选择将原有的字母分类（基于氢线强度）重新排列成一种新序列（基于温度）。按温度降序排列，字母顺序现在依次为 O、B、A、F、G、K 和 M（其他字母类别则被剔除），这些恒星代号称为光谱型（spectral class/spectral type）。

天文学家将每个字母光谱型进一步划分为十个亚型，编号为 0～9，数字越小，温度越高。例如，太阳被归类为 G2 型星（温度略低于 G1 型，但略高于 G3 型），织女星是 A0 型，巴纳德星是 M5 型，参宿四是 M2 型，以此类推。对于表 10.1 中所示的每颗恒星，表 10.2 均列出了其光谱型的主要性质。

表 10.2　光谱型

光谱型	温度（K）	重要吸收线	常见示例
O	30000	电离氦强；多电离重元素；氢微弱	参宿三（O9）
B	20000	中性氦中等；单电离重元素；氢中等	参宿七（B8）
A	10000	中性氦非常微弱；单电离重元素；氢强	织女星（A0），天狼星（A1）
F	7000	单电离重元素；中性金属；氢中等	老人星（F0）
G	6000	单电离重元素；中性金属；氢相对微弱	太阳（G2），南门二（G2）
K	4000	单电离重元素；中性金属强；氢微弱	大角星（K2），毕宿五（K5）
M	3000	中性原子强；分子中等；氢非常微弱	参宿四（M2），巴纳德星（M5）

在恒星光谱分类方面，我们不应低估早期工作的重要性。虽然最初的分类基于错误的假设，但却积累了大量精确且分类良好的数据，为解释观测结果的理论的快速理解和完善铺平了道路。

科学过程回顾

对于天文学家于 20 世纪初制定的光谱分类方案，目前已知其基于不正确的假设，那么该方案为何仍被证明非常有用呢？

概念回顾

恒星光谱为何取决于温度？

10.4 恒星大小

10.4.1 直接测量和间接测量

几乎所有恒星都是天空中无法分辨的光点，即使通过最大望远镜观测时也是如此。虽然如此，仍有部分恒星足够大、足够亮且足够近，天文学家能够直接测量其大小。在某些情况下，观测结果非常详细，甚至能够分辨一些表面特征（见图 10.10）。通过测量恒星的角大小并了解其与太阳之间的距离，天文学家可运用简单的几何学知识求得其半径（见更为准确 4.1），数十颗恒星的大小均以这种方法测定。

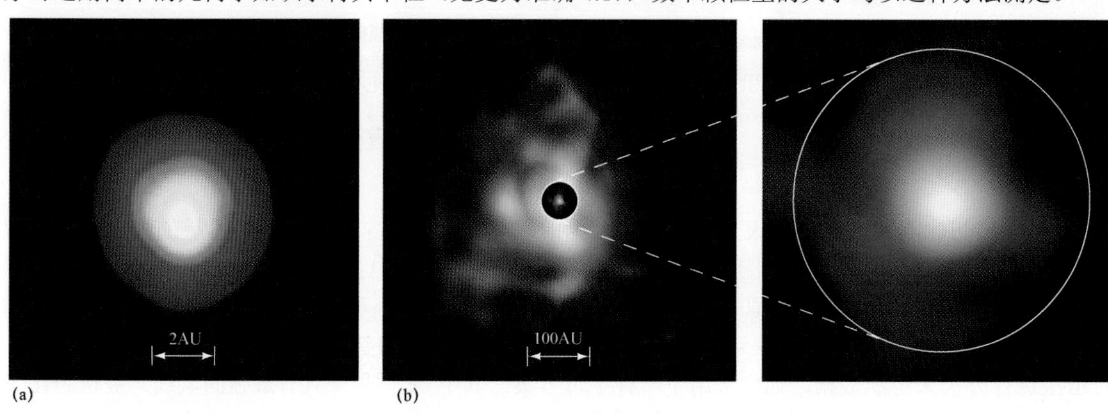

图 10.10 参宿四。(a)超巨星参宿四足够大且足够近，天文学家可以直接测量其大小。参宿四的大小约为太阳的 600 倍，使得其光球的大小与木星的轨道大致相当。这幅假彩色紫外图像由哈勃太空望远镜拍摄，表面特征暗含的信息被认为是恒星风暴，类似于太阳风暴（但要大得多）；(b)这些参宿四红外图像由智利的甚大望远镜拍摄，恒星膨胀并向周围喷出巨大的气体羽流（NASA/ESA/ESO）

大多数恒星距离太远（或太小），大小不可能直接测量，必须通过间接方法并利用辐射定律进行推测（见 2.4 节）。根据斯特藩-玻尔兹曼定律，恒星向太空中发射能量的速率（恒星光度）与该恒星表面温度的 4 次方成正比（见更为准确 2.2）。但是，光度还取决于恒星的表面积，因为与具有相同表面温度的小型天体相比，大型天体辐射的能量更多。由于恒星的表面积与其半径的平方成正比，因此有

$$\text{光度} \propto \text{半径}^2 \times \text{温度}^4$$

这种半径-光度-温度关系非常重要，证实了测量恒星大小的一种间接方法，即通过恒星的光度和温度计算其半径。

10.4.2 巨星和矮星

为了说明这些观点，下面举一些例子。更为准确 10.2 提供了与计算相关的更多细节。恒星毕宿五/金牛座 α 是金牛座中的橙红色“公牛之眼”，表面温度约为 4000K，光度约为 1.3×10^{29} W。因此，毕宿五的表面温度是太阳的 0.7 倍，光度是太阳的 330 倍。由半径-光度-温度关系可知，毕宿五的半径几乎是太阳的 40 倍。若太阳半径也这么大，则其光球将延伸至水星轨道的一半，地球视角观测时的天空覆

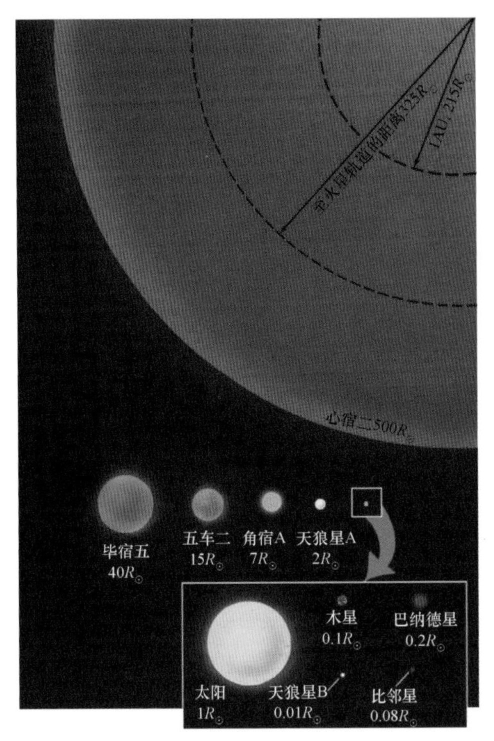

图 10.11 恒星的大小。此处显示了几颗知名恒星大小的极大差异。在这一尺度下，红巨星心宿二/天蝎座 α（Antares）仅部分可见，超巨星参宿四则会占据整个页面（在这里及其他图形中，符号⊙表示太阳，因此符号 $R_⊙$表示太阳半径）

盖范围将超过 20°。

大小类似于毕宿五的恒星称为巨星。更确切地说，巨星（giant）是半径为 10～100 倍太阳半径的恒星。因为温度为 4000K 的任何天体均呈红色，所以毕宿五被称为红巨星（red giant）。更大恒星的半径可达 100～1000 倍太阳半径，称为超巨星（supergiant）。参宿四是红超巨星（red supergiant）的典型例子。

天狼星 B 是天狼星 A（夜空中的最亮恒星）的暗伴星（faint companion），其表面温度（24000K）约为太阳的 4 倍，光度（10^{25}W）约为太阳的 0.025 倍。由半径-光度-温度关系可知，天狼星 B 的半径是太阳的 0.01 倍，大致相当于地球大小。与太阳相比，天狼星 B 虽然更热，但却更小且更暗，这样的恒星称为矮星（dwarf）。在天文学中，术语矮星是指半径小于（或等于）太阳半径的任何恒星（包括太阳）。因为温度为 24000K 的任何天体均发出蓝白色光，所以天狼星 B 是白矮星（white dwarf）的一个例子。

恒星半径的范围从小于太阳半径的 0.01 倍，到大于太阳半径的 100 倍。图 10.11 显示了几颗知名恒星的大小。

概念回顾

若不知道恒星的距离，我们是否能够测量其半径？

10.5 赫罗图

图 10.12 显示了部分知名恒星的光度与温度关系图形，称为赫罗图/H-R 图（Hertzsprung-Russell diagram/H-R diagram），以丹麦天文学家埃希纳・赫茨普龙和美国天文学家亨利・诺里斯・罗素的名字命名，他们在 20 世纪 20 年代分别独立采用了这种图形。纵轴（光度）的单位为太阳光度（3.9×10^{26} W），数值范围延伸极广（0.0001～10000），太阳位于正中间（光度为 1）。横轴为表面温度，为便于以自左向右的顺序读取光谱序列 O, B, A,⋯，温度采用非常规表示法（左大右小）。

10.5.1 主序

图 10.12 中绘出的恒星数量较少，几乎未显示恒星性质之间的任何特殊关联。但是，随着恒星温度和光度的绘出数量越来越多，赫茨普龙和罗素发现这两种性质之间确实存在着一种关系，即全部恒星并非均匀地散布在赫罗图上，而

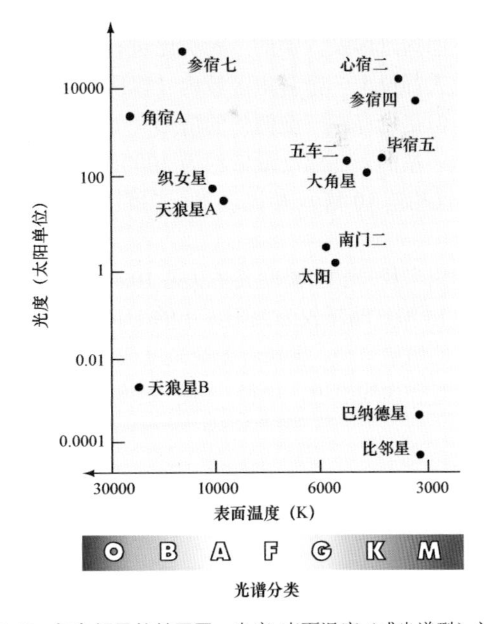

图 10.12 知名恒星的赫罗图。光度-表面温度（或光谱型）关系图是比较恒星的一种有用方法。此处绘出的数据来自前面提到的部分恒星，其中太阳的光度为 1 个太阳单位，温度约为 5800K（G 型星）；参宿七（左上角）的温度约为 11000K（B 型星），光度是太阳的 10000 多倍；比邻星（右下角）的温度约为 3000 K（M 型星），光度不到太阳的 1/10000

大部分被限定在界限相当清晰的一个条带中，这个条带从左上角（高温和高光度）向右下角（低温和低光度）延伸。换句话说，冷恒星往往较暗（低光度），热恒星往往较亮（高光度）。在赫罗图中，这条恒星带称为**主序/主星序/主序带**（main sequence）。图 10.13 所示的赫罗图是太阳 5pc 范围内的恒星，可以看到太阳邻域内的大部分恒星均位于主序上。

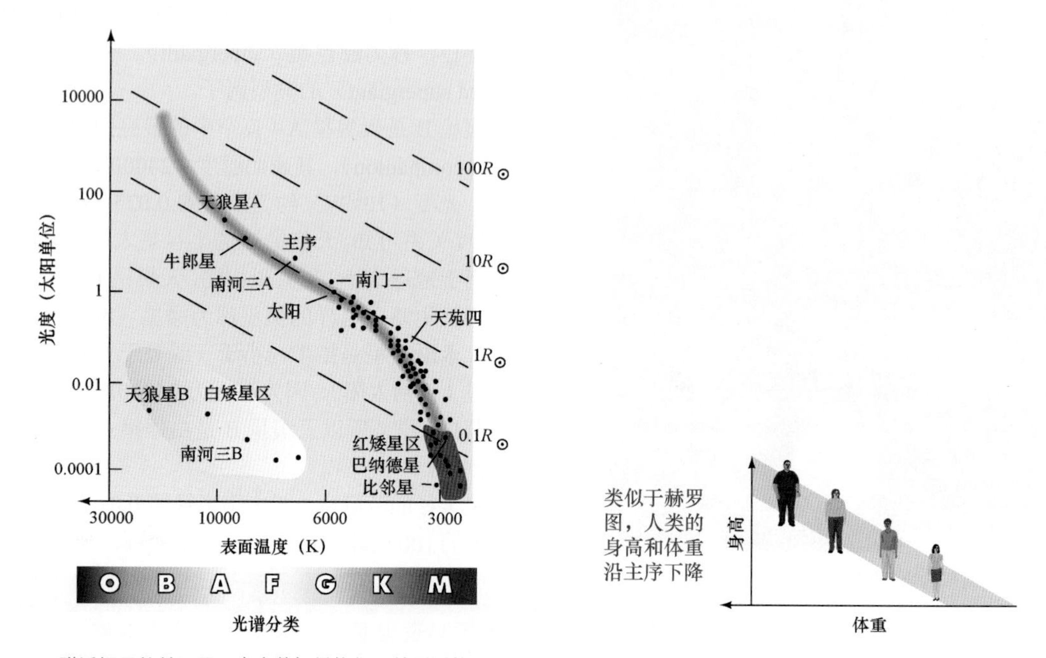

图 10.13 附近恒星的赫罗图。大多数恒星均位于赫罗图的细长阴影区域，称为主序。图中各点是距离太阳 5pc 内的恒星，每条对角虚线对应一个恒定的恒星半径（如前所述，符号 $R_\odot$表示太阳半径）

下面通过涉及人类的一种类比进行说明：人类的身高和体重也沿一个主序相关，如图 10.13 所示，大多数人都位于一个对角区域内（以阴影区域为界）。这种观点完全正确，因为高个子通常要比矮个子更重，但是也存在一些例外的情形（如侏儒和篮球运动员）。

主序星的表面温度最低约为 3000K（光谱型 M），最高则超过 30000K（光谱型 O），温度区间相对较小（仅相差 10 倍）。相比之下，光度区间则非常大，涵盖了 8 个数量级（1 亿倍），即太阳光度的 10^{-4}～10^4 倍。

利用半径-光度-温度关系（见 10.4 节），天文学家发现恒星半径同样沿着主序变化。在赫罗图中，右下角的 M 型红暗星仅为太阳大小的 1/10，左上角的 O 型蓝亮星则比太阳大约 10 倍。图 10.13 中的虚线表示恒定的恒星半径，意味着无论光度或温度如何，位于同一虚线上的任何恒星都具有相同的半径。在一条恒定的半径虚线附近，半径-光度-温度关系意味着

$$光度 \propto 温度^4$$

在赫罗图上绘出这些虚线，就可在单一图形上同时标出恒星的温度、光度和半径。

在主序顶端，各恒星巨大、炽热且光度特别高，基于大小和颜色而被称为**蓝巨星**（blue giant），特别巨大的蓝巨星则被称为**蓝超巨星**（blue supergiant）。在主序的另一端，各恒星体积小、温度低且很暗淡，因此被称为**红矮星**（red dwarf）。太阳正好位于主序的中间部位。

在图 10.14 所示的赫罗图中，显示了一组共 100 颗不同的恒星（当从地球上看时，具有最高视亮度且距离已知），可以看到主序上端的恒星数量远多于下端。蓝巨星数量较多的原因非常简单，即非常明亮的恒星在很远处就能看到。与图 10.13 中的恒星相比，图 10.14 中的恒星散布在更大的空间中，且图 10.14 中的样本严重偏向于最明亮的天体。实际上，在天空中最明亮的 20 颗恒星中，仅 6 颗恒星位于地球 10pc

范围内。其余恒星虽然距离遥远，但是因为光度非常高，所以依然能够看到。

在图 10.14 中，若非常明亮的蓝巨星数量很多，则低光度的红矮星数量肯定不足。实际上，该图中没有出现任何矮星，这种缺失并不令人感到惊讶，因为从地球上很难观测到低光度恒星。20 世纪 70 年代，天文学家开始意识到，银河系中的红矮星数量被极大地低估了。由图 10.13 中的赫罗图（显示了太阳邻域中恒星的无偏样本）可知，红矮星实际上是天空中最常见的恒星类型，可能占宇宙中恒星总量的 80%以上。相比之下，O 型和 B 型超巨星则极其罕见，仅占恒星总量的 1/10000 左右。

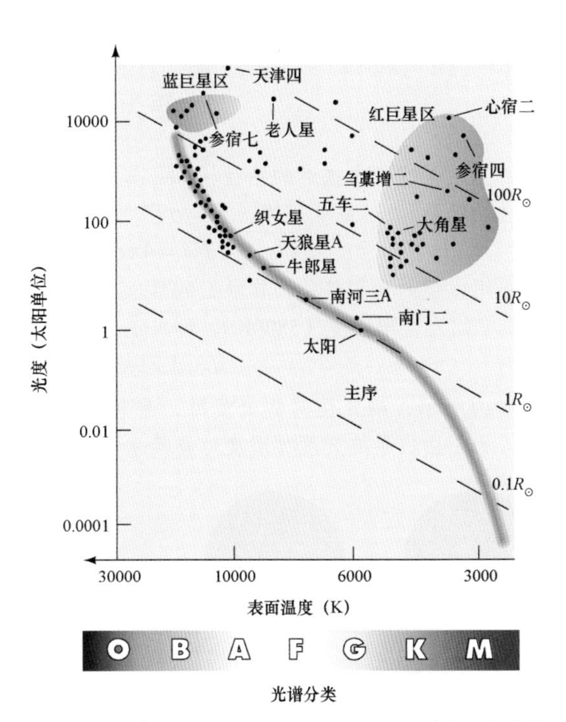

图 10.14　最亮恒星的赫罗图。天空中 100 颗最亮恒星的赫罗图，最亮恒星趋向于出现在左上角，这是因为与最暗的恒星相比，我们更容易看到它们（与仅显示最近恒星的图 10.13 进行比较）

10.5.2　白矮星区和红巨星区

在图 10.12 至图 10.14 中，某些点（恒星）明显不在主序上，例如图 10.12 中的天狼星 B，即 10.4 节中介绍过的白矮星（见更为准确 10.2）。天狼星 B 的表面温度（24000K）约为太阳的 4 倍，但是光度仅为太阳的几百分之一。在图 10.13 左下角的**白矮星区**（white-dwarf region）中，可以看到更多这样的蓝白色暗星。

在图 10.12 中，毕宿五是另一种类型的恒星，其表面温度（4000K）约为太阳的 2/3，但是光度却为太阳的 300 多倍。参宿四是天空中第九亮的恒星，温度略低于毕宿五，但是光度却比毕宿五高出近 100 倍。这些恒星位于赫罗图中的右上角（见图 10.14），称为**红巨星区**（red-giant region）。在距离太阳 5pc 的范围内，目前尚未发现红巨星（见图 10.13），但是天空中可见的许多最亮恒星实际上都是红巨星（见图 10.14）。红巨星相对罕见，但却非常明亮，在很远的距离之外就能看到，形成了赫罗图中的第三类恒星，其性质与主序星和白矮星都差异巨大。

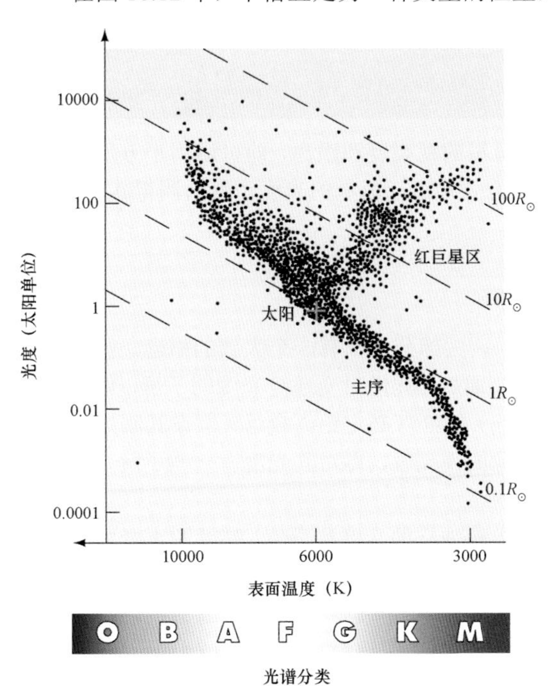

图 10.15　依巴谷卫星赫罗图。这是迄今为止最完整赫罗图的简化版本，代表 20000 多个数据点，基于欧洲依巴谷卫星对太阳几百秒差距内的恒星测量结果

除以空前精度测定了数十万颗恒星的视差外，依巴谷卫星任务（见 10.1 节）还测量了 200 多万颗恒星的颜色和光度。图 10.15 所示的赫罗图仅基于庞大依巴谷数据集的一小部分，主序和红巨星区非常明显。但是，因为该望远镜仅限于观测相对明亮的天体（比视星等 12 更亮），所以白矮星的数量极少。几乎没有白矮星距离地球足够近，以至于其视星等均达不到这个限度。

在太阳邻域的全部恒星中，约 90%为主序星，9%为白矮星，1%为红巨星。在宇宙中的其他地方，这些比例可能也相差不多。

更为准确 10.2　计算恒星半径

为了得出文中描述的半径（R）、光度（L）和温度（T）之间的关系（见更为准确 2.2），我们可以结合斯特藩-玻尔兹曼定律（$F=\sigma T^4$）和球体的面积公式（$A=4\pi R^2$），即

$$L=FA=4\pi\sigma R^2T^4 \quad 或 \quad 光度\propto 半径^2\times 温度^4$$

若采用方便的太阳单位，其中 L 的单位为太阳光度（3.9×10^{26} W），R 的单位为太阳半径（696000km），T 的单位为太阳温度（5800K），则可消去常数 $4\pi\sigma$，从而将上述方程化简为

$$L(太阳光度)=R^2(太阳半径)\times T^4\ (5800\text{K})$$

如插图所示，确定恒星的光度时，半径和温度都很重要。

为了由恒星的光度和温度计算其半径，我们重新排列这个方程如下（单位相同）：

$$R=\frac{\sqrt{L}}{T^2}$$

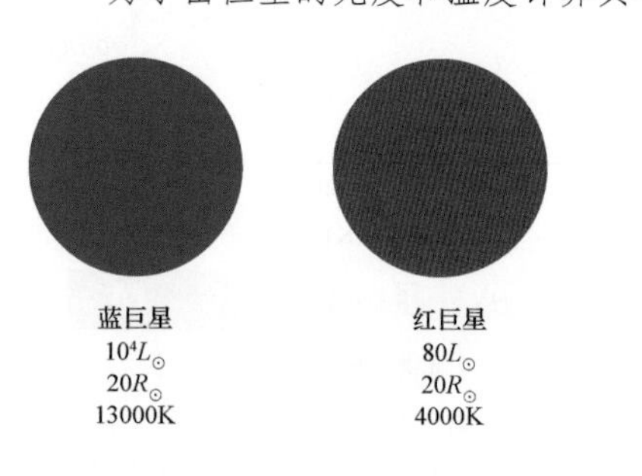

- 在本书中，辐射定律的这种简单应用是几乎所有恒星大小计算的基础。

下面以文中讨论的两颗恒星为例，分别计算其半径。毕宿五（红巨星）的光度为 $L=330$ 个单位，温度为 $T=4000/5800=0.69$ 个单位，因此根据 R 的上述方程，其半径为太阳半径的 $\sqrt{330}/0.69^2=18/0.48=39$ 倍。相比之下，天狼星 B（白矮星）的光度为 $L=0.025$ 个单位，温度为 $T=4.7$ 个单位，因此其半径为太阳半径的 $\sqrt{0.025}/4.7^2=0.16/22\approx0.007$ 倍。

概念回顾

既然巨星仅占所有恒星的一小部分，为何其在肉眼可见的夜空恒星中占比非常高？

10.6　宇宙距离尺度的延伸

前面讨论了光度、视亮度和距离之间的相关性，了解恒星的视亮度和距离，即可运用平方反比定律确定其光度。但是，我们也可以反向求解，即如果以某种方式知道了恒星的光度，然后测得其视亮度，那么同样可用平方反比定律计算其与太阳之间的距离。

10.6.1　分光视差

对于典型交通信号灯的近似内禀亮度/本身亮度（光度），大部分人都有一个大致的概念。假设你驱车行驶在一条陌生的街道上，然后看到了远处路口的红色交通灯。凭借对交通灯光度的了解，你会下意识地在脑海中估算红灯的距离，外观相对暗淡（视亮度较低）的红灯必定距离较远（假设其刚好不脏），外观相对明亮的红灯则必定距离较近。因此，通过测量光源的视亮度，再对其光度有一些了解，即可计算出与其之间的距离。

对恒星而言，这种情形相当于在不知道距离的情况下求解独立的光度测量值，赫罗图正好可以完成这项任务。例如，假设观测某一恒星并确定其视星等为 10，那么这颗恒星可能距离近且暗淡，也可能距离远且明亮（见图 10.5），此时恒星本身并不能提供更多的信息。但是，假设还知道该恒星位于主序上，且光谱型为 A0，则可从图 10.13（或图 10.14）之类的图表中读取该恒星的光度。例如，A0 型主序星的光度约为 100 个太阳单位，由更为准确 10.1 可知，这个数值对应的绝对星等为 0，因此对应的距离为 1000pc。

这种利用恒星光谱推断距离的过程称为分光视差（spectroscopic parallax）。主要步骤如下：

1. 当恒星的距离未知时，测量其视亮度和光谱型。
2. 假设恒星位于主序上，利用光谱型计算光度。
3. 最后，应用平方反比定律求出与恒星之间的距离。

注意，虽然名称中包含视差，但是除了作为确定恒星距离的方法，分光视差与恒星（几何）视差没有任何共同之处。在易于测量的量（光谱型）与恒星光度之间，主序建立了一座桥梁，否则恒星光度将无从所知。如后续几章所述，这种基本逻辑（使用各种不同技术替换步骤 2）被反复用作天文学中的距离测量手段。在实际操作中，主序的模糊性会产生较小（10%～20%）的距离不确定性，但基本思路仍然有效。

在太空测距技术的三级阶梯（最终可达可观测宇宙的边缘）中，第 1 章介绍了第一级阶梯，即用于内行星的雷达测距（见 1.3 节），建立了太阳系尺度并且定义了天文单位。本章的前面讨论了恒星视差，这是宇宙距离的第二级阶梯，建立在第一级阶梯的基础上（因为地球轨道是基线）。现在，利用前两级阶梯确定大量附近恒星的距离及其他物理性质后，即可利用这些知识来构建第三级阶梯——分光视差。图 10.16 示意性地说明了第三级阶梯是如何建立在前两级阶梯的基础上的，并将人类的宇宙视野延伸到了更遥远的太空深处。

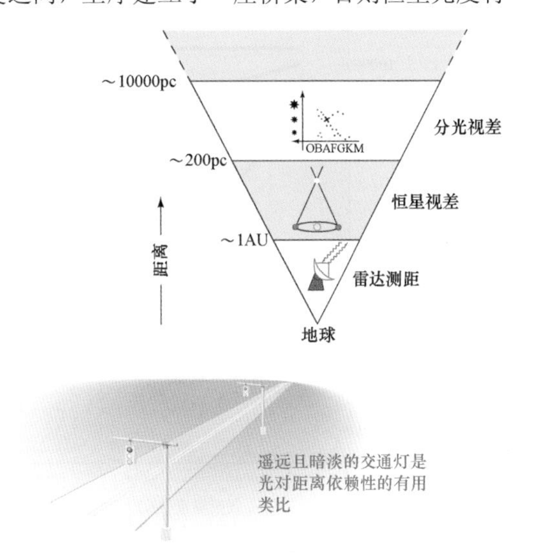

图 10.16 恒星的距离。若已知恒星的光度和视亮度，则可求出其距离。利用分光视差（距离阶梯上的第三级），天文学家能够测量“可清晰分辨的各颗遥远恒星”的距离，最远可达数千秒差距

分光视差可用于确定远至数千秒差距的恒星距离，至于更遥远恒星的光谱和颜色则难以获取。注意，当采用这种方法时，我们假设（但无法证实）遥远恒星和邻近恒星（特别是位于相同主序上的主序星）的基本性质相似。只有做出这个假设后，才能利用分光视差来扩展距离测量技术的边界。

在距离阶梯中，每个梯级均利用较低梯级的数据进行定标（校准），所以任何梯级的改变都会影响所有更大尺度上的测量结果。因此，依巴谷卫星任务（见 10.1 节）返回的高质量观测结果的海量数据集非常重要，其影响力远超该卫星实际测量的太空体积。通过重新定标宇宙距离尺度的局部基础，依巴谷卫星修正了所有尺度上的距离估算值（最高可达宇宙本身尺度）。本书中引用的所有距离均是基于依巴谷卫星数据的最新值。

概念回顾

假设天文学家发现因为存在定标误差，所以通过几何视差测量的所有距离均比当前的公认值大 10%，这对分光视差中使用的标准主序有何影响？

科学过程回顾

当应用分光视差来测量到某颗恒星的距离时，我们做了哪些假设？

10.6.2 光度级

若相关恒星刚好是红巨星（或白矮星），且不位于主序上，则怎样解释这种状况呢？如第 2 章所述，详尽分析谱线的线宽，即可获得谱线形成位置的气体压力信息，进而求得气体密度信息（见 2.6 节）。红巨星大气层的密度远低于主序星，白矮星大气层的密度则远高于主序星。图 10.17a 和图 10.17b 显示了主序星与红巨星（具有相同的光谱型）之间的光谱差异。

经过多年探索，天文学家开发了一种基于谱线宽度对恒星进行分级的系统。由于谱线宽度取决于恒星光球中的压力，这种压力又与光度密切相关，因此这种恒星性质被称为光度级（luminosity class）。标

准光度级列在表 10.3 中，并且显示在图 10.17 所示的赫罗图中。通过确定一颗恒星的光度级，天文学家通常能够非常自信地判断其为何种天体，以及包含该光度级的恒星光谱性质的完整参数。例如，太阳（G2 型主序星）的光度级为 G2V，参宿七（B8 型蓝超巨星）的光度级为 B8Ia，巴纳德星（红矮星）的光度级为 M5V，参宿四（红超巨星）的光度级为 M2Ia，以此类推。

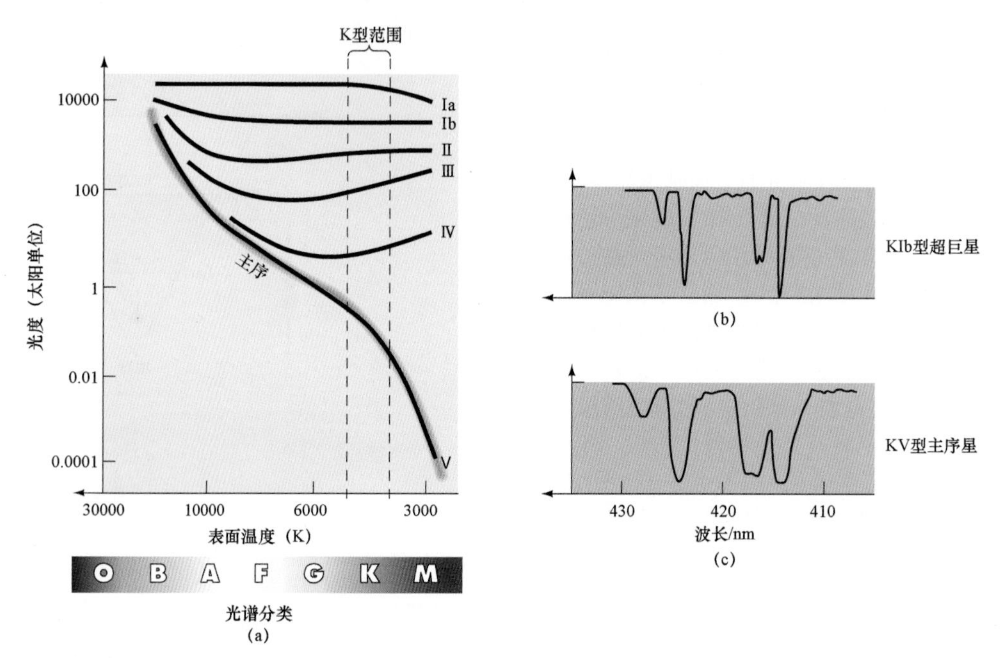

图 10.17　光度级。(a)赫罗图中标准恒星光度级的近似位置。吸收线的宽度也提供了恒星大气层的密度信息，与相同光谱型巨星的谱线(b)相比，主序上 K 型星大气层的谱线(c)更宽，且密度更大

表 10.3　恒星的光度级

光　度　级	描　　述	光　度　级	描　　述
Ia	亮超巨星	III	巨星
Ib	超巨星	IV	亚巨星
II	亮巨星	V	主序星/矮星

例如，对表面温度约为 4500K 的一颗 K2 型星（见表 10.4）而言，若由该恒星的谱线宽度知道其位于主序上（即 K2V 恒星），则其光度约为 0.3 倍太阳光度；若其谱线宽度窄于通常见于主序星中的谱线，则该恒星可能被认为是 K2III 巨星，其光度为 100 倍太阳光度（见图 10.17c）；若其谱线宽度非常窄，则该恒星可能被归类为 K2Ib 超巨星，其光度再次增大 40 倍，即光度为 4000 倍太阳光度。在每种情况下，光度级知识都可让天文学家识别天体，并对其光度和距离进行有用的估算。

表 10.4　光谱型内的恒星性质变化

表面温度（K）	光度（太阳光度）	半径（太阳半径）	天　　体	示　　例
4900	0.3	0.8	K2V 主序星	天苑四
4500	110	21	K2III 红巨星	大角星
4300	4000	140	K2Ib 红超巨星	危宿三

10.7　恒星质量

与所有其他天体一样，通过观测一颗恒星对附近天体（另一颗恒星或行星）的引力影响，天文学家能够测量该恒星的质量。若知道两个天体之间的距离，则可利用牛顿定律计算其质量（见 1.4 节）。

10.7.1 双星

大部分恒星是聚星系/多重星系（multiple-star system）的成员，聚星系由彼此相互绕转的两颗（或更多）恒星组成。聚星系的主要形式为双星系统/双重星系/双星（binary-star system/binaries），由围绕共同质心运行的两颗子星（component star）组成，二者通过相互之间的引力而束缚在一起（太阳并非聚星系成员，如果说它不同寻常，那么就是缺少伴星）。

当天文学家对双星进行分类时，主要依据是从地球上观测时的外观和易观测性。目视双星（Visual binary）具有亮度足以分开观测和监测的明显分离的两颗子星（见图 10.18a）。更常见的分光双星（spectroscopic binary）则距离地球过于遥远，无法区分为两颗不同的子星，但是能够间接地感知它们，具体方法是当两颗子星彼此绕转且视向速度呈周期性变化时，监测其谱线的往复多普勒频移（见 2.7 节）。

在双谱/双线（double-line）分光双星中，随着两颗子星的移动，两组不同的谱线往复频移，每组谱线对应于一颗子星。由这些谱线的周期性频移可知，发射这些谱线的天体正在轨道上运动。如图 10.18b 所示，在更常见的单谱/单线（single-line）系统中，由于其中的一颗子星过于暗淡而导致其光谱难以分辨，因此仅能看到一组谱线往复频移。这种频移意味着被探测到的那颗子星一定在围绕另一颗子星运行，但是无法直接观测到伴星（如果这种说法听起来很熟悉，那么迄今为止发现的所有系外行星系都应是单线光谱双星的极端示例）（见 4.4 节）。

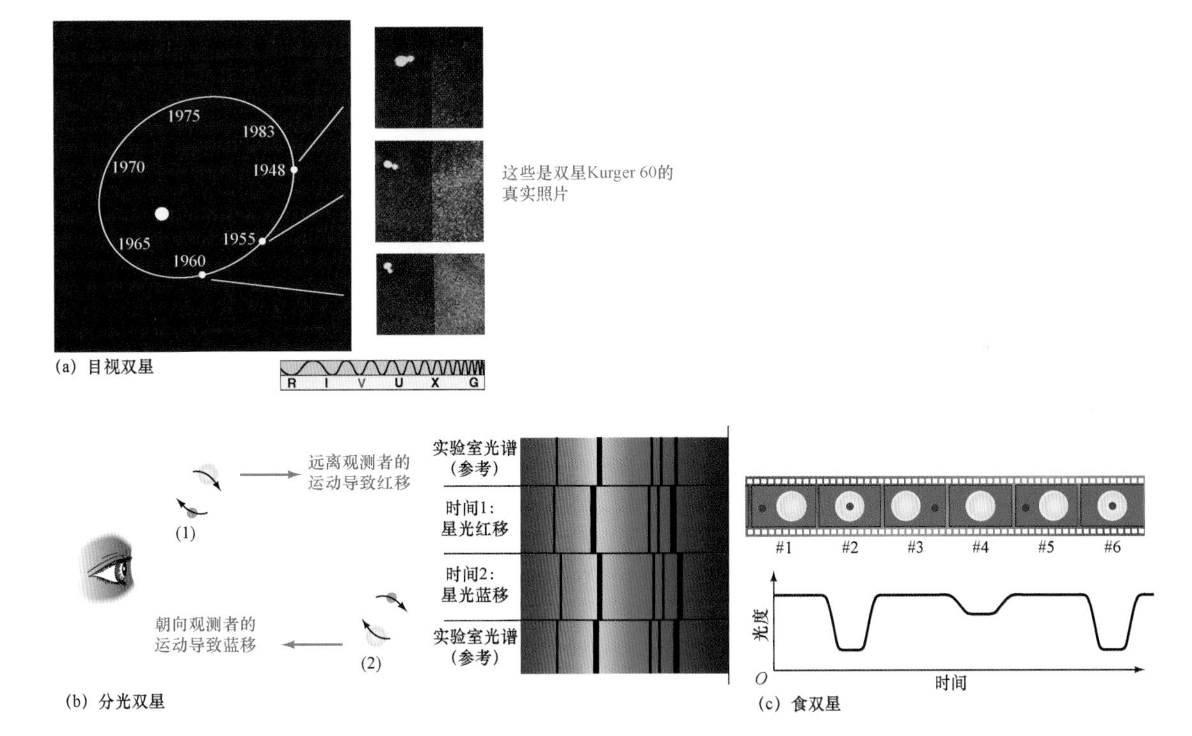

图 10.18 双星。(a)若能清晰地看到每颗恒星，则可直接观测一个双星系统的周期和距离；(b)通过测量两颗子星彼此绕转时的周期性多普勒频移，可以间接确定双星的性质。这是一个单谱双星系统，仅能见到那颗较亮恒星的光谱；(c)若两颗子星彼此掩食，则通过观测两颗子星掩食时星光的周期性下降，就可获得更多的信息（Harvard College Observatory）

在更罕见的食双星（eclipsing binaries）中，这对恒星的轨道面几乎侧向面对我们的视线。在这种情况下，当双星之一从另一颗伴星前方经过时，可观测到星光强度的周期性下降（见图 10.18c）。通过研究食双星系统中光的变化［称为该双星的光变曲线（light curve）］，天文学家不仅可以获得恒星轨道和质量的详细信息，而且可以获得关于恒星半径的详细信息。

注意，这些类别并不相互排斥，如食双星也可能（实际上通常）是分光双星系统。

10.7.2 质量测定

通过观测各子星的轨道、恒星谱线的往复运动或者光变曲线的下降（任意一种可用信息），即可测量某一双星的周期。观测到的双星周期跨度范围很大，从几小时到几个世纪不等。至于能够获取多少额外信息，则取决于所涉及的双星类型。

若与目视双星之间的距离已知，则可单独跟踪每颗子星的轨道，并确定各子星的质量（见 1.4 节）。

对分光双星而言，多普勒频移测量仅能提供各子星的视向速度信息，因此限制了所能获得的信息。简而言之，对于侧面可见和几乎正面可见（因此只有一小部分轨道运动沿视线方向）的两组缓慢运动双星，我们无法进行区分。对双谱系统而言，仅能获得各颗恒星的质量下限。单谱系统的可用信息更少，仅能推导出各子星质量之间相当复杂的关系，称为质量函数（mass function）。

若分光双星恰好也是食双星系统，由于已知该双星侧面（或非常接近）朝向我们，因此可以消除轨道倾角的不确定性。在这种情况下，双谱双星的质量都能确定。对单谱系统而言，若能通过其他方法获得更亮子星的质量（如将其识别为特定光谱型的主序星，见图 10.19），则质量函数可简化为未现子星/未见子星（unseen component）的已知质量。

虽然存在这些限定条件，但是人们已经获取了附近许多双星系统中各子星的质量，详见更为准确 10.3 中给出的简单示例。实际上，人们对恒星质量的了解全部基于这样的观测结果。

图 10.19　恒星的质量。与任何其他恒星性质相比，质量更能决定恒星在主序上的位置。质量较小的恒星温度低且暗淡，位于主序底部；质量较大的恒星炽热且明亮，位于主序顶部（符号 $M_{\odot}$表示太阳质量）

更为准确 10.3　双星系统中的恒星质量测量

如正文所述，大多数恒星都是双星系统的成员，两颗恒星通过引力束缚在一起并彼此绕转。下面描述在已知相关轨道参数的理想情况下，如何利用观测轨道数据和基本物理学知识来确定各子星的质量。

考虑附近的一个目视双星系统，它由天狼星 A（亮星）及其伴星天狼星 B（暗星）组成，如插图所示。要测量该双星的轨道周期（几乎正好为 50 年），既可观测两颗恒星彼此绕转的轨道，也可跟踪天狼星 A 因其暗淡伴星而产生的往复速度摆动。轨道半长径也可通过直接轨道观测而获得，但是在这种情况下，必须运用一些开普勒定律知识来校正双星与视向之间的 46°倾角（见 1.3 节）。轨道半长径为 20AU，即 2.7pc 处的角大小（见 1.3 节）。知道这两个关键轨道参数后，就可利用开普勒第三定律（修订版）来计算这两颗恒星的总质量，计算结果为 $20^3/50^2 = 3.2$ 倍太阳质量（见 1.4 节）。

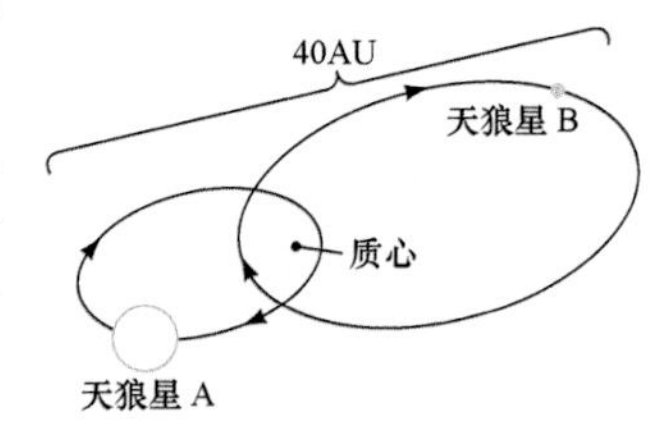

进一步研究该轨道，即可确定每颗恒星的质量。多普勒观测结果表明，天狼星 A 相对于质心的移动速度约为其伴星的一半（见 1.4 节和 2.7 节），这意味着天狼星 A 的质量必定为天狼星 B 的 2 倍，因此这两颗恒星的质量分别为太阳质量的 2.1 倍和 1.1 倍。一般来说，由于仅有部分信息可用（或许只能看到一颗恒星，或者仅有分光速度信息可用），因此双星各子星的质量计算较为复杂（见 10.7 节）。但是，这种将基本物理学原理与详细观测相结合的技术非常重要，而且这种技术实际上是本书中引用的每颗恒星的质量确定技术。

10.7.3 质量及其他恒星性质

表 10.5 汇总了用于测量恒星的各种观测技术和理论技术，列出了假设的已知量（通常是表中所列其他技术的应用结果）、测量量，以及将观测结果转化为期望结果时所应用的理论。在结束对恒星的介绍之前，下面简要介绍质量是如何与本章中讨论的其他恒星性质相关联的。

表 10.5 恒星的测量

恒星的性质	测量技术	已知量	测 量 量	应用的理论	章 节
距离	恒星视差 分光视差	天文单位 主序	星位角 光谱型 视星等	初等几何 平方反比定律	10.1 10.6
视向速度		光速 原子光谱	谱线	多普勒效应	10.1
横向速度	天体测量学	距离	自行	初等几何	10.1
光度		距离 主序	视星等 光谱型 颜色	平方反比定律	10.2 10.6
温度	测光 分光		光谱型	黑体定律 原子物理学	10.3 10.3
半径	直接 间接	距离	角大小 光度 温度	初等几何 半径-光度-温度关系	10.4 10.4
组成	分光		光谱	原子物理学	10.3
质量	双星观测	距离	双星周期 双星轨道 双星速度	牛顿万有引力定律和动力学定律	10.7

图 10.19 是赫罗图的简要表达，显示了恒星质量如何沿主序变化——从小质量红矮星到大质量蓝巨星，演进过程非常清晰。除了少数例外，主序星的质量范围为 0.1～20 倍太阳质量，其中炽热的 O 型星和 B 型星的质量通常为 10～20 倍太阳质量；最冷的 K 型星和 M 型星的质量仅为太阳质量的几分之一。恒星形成时的质量决定了其在主序上的位置。基于观测距离太阳数百光年内的各恒星，图 10.20 说明了主序星的质量是如何分布的。注意观察小质量恒星的巨大比例及大质量恒星（数倍于太阳及以上）的微小比例。

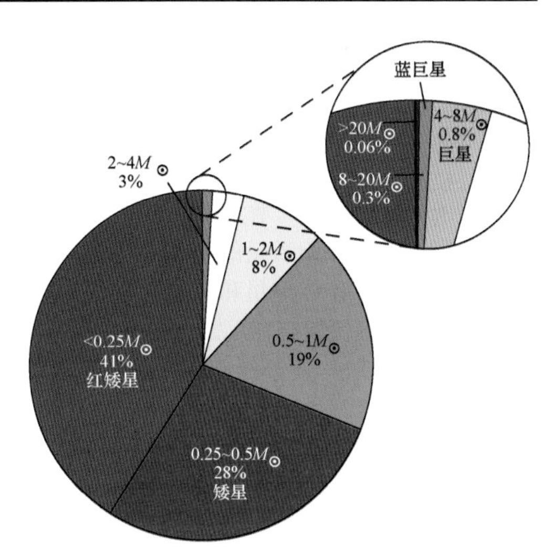

图 10.20 恒星的质量分布。主序星的质量分布，它是通过详细测量太阳邻域中的恒星确定的

图 10.21 说明了主序星的半径和光度如何取决于质量，图 10.21a 为质量-半径关系，图 10.21b 为质量-光度关系。沿着主序，半径和光度均随质量的增大而增大，但半径的增大速度略慢于质量，光度的增大速度则要快得多（大致接近质量的 4 次方，见图 10.21b 中的直线）。例如，若主序星的质量约为太阳的 2 倍，则其半径约为太阳的 2 倍，光度约为太阳的 16（2^4）倍；若主序星的质量约为太阳的 0.2 倍，则其半径约为太阳的 0.2 倍，光度约为太阳的 0.0016（0.2^4）倍。

表 10.6 比较了部分知名主序星的主要性质，并按质量递减顺序进行了排列。可以看到，与恒星光

度的大范围分布相比，不同恒星的中心温度（由第 9 章中介绍的类似数学模型获得）的差异相对较小。该表最后一列给出了每颗恒星的预期寿命，计算方法是将可用的燃料数量（即恒星的质量）除以燃料消耗的速率（恒星的光度），即

$$\text{恒星的寿命} \propto \frac{\text{恒星的质量}}{\text{恒星的光度}}$$

值得一提的是，太阳的寿命约为 100 亿年（见第 12 章）。

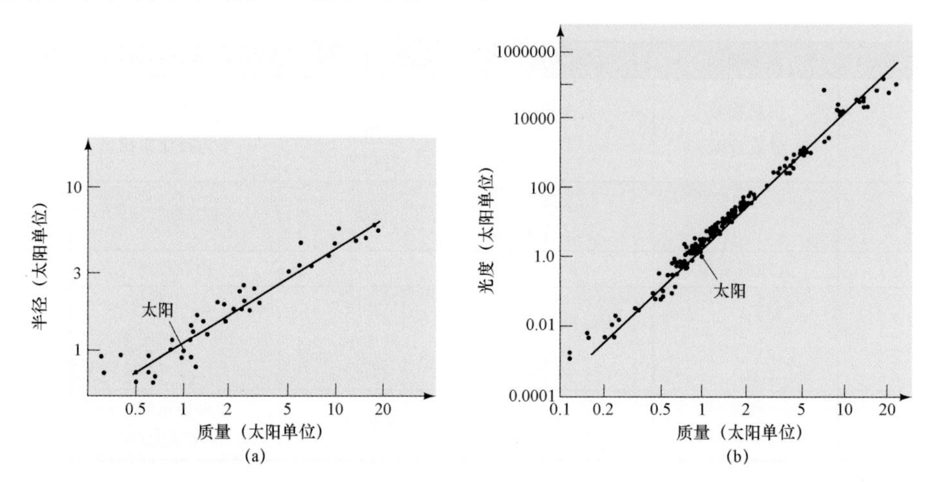

图 10.21　恒星的半径和光度。(a)主序星的实际测量结果表明，在较大范围内，半径的增大几乎与质量成正比（如通过数据所绘的直线所示）；(b)恒星的光度增长大致为质量倍数的 4 次方（再次用直线表示）

表 10.6　部分知名主序星的主要性质

恒　　星	光谱型/光度级	质量（太阳质量）	中心温度（10^6K）	光度（太阳光度）	预期寿命（百万年）
角宿一 B*	B2V	6.8	25	800	90
织女星	A0V	2.6	21	50	500
天狼星	A1V	2.1	20	22	1000
南门二	G2V	1.1	17	1.6	7000
太阳	G2V	1.0	15	1.0	10000
比邻星	M5V	0.1	0.6	0.00006	16000000

* 实际上，“恒星”角宿一是一个双星系统，它由主巨星 B1III（角宿一 A）和次级主序星 B2V（角宿一 B）组成。

由于光度随质量的增大而快速增大，因此质量最大的恒星显然寿命最短。例如，根据质量-光度关系，质量为 10 倍太阳质量的 O 型星的寿命约为太阳的 $10/10^4 = 1/1000$，即约 1000 万年。可以肯定的是，目前观测到的所有 O 型星和 B 型星都很年轻（低于数千万年），它们的质量虽然很大，但是核反应速度非常快，燃料很快就会耗尽。在主序的另一端，质量为 0.1 倍太阳质量的 M 型星的中心密度和温度较低，这意味着质子-质子链反应的速度要比太阳核心中缓慢得多，这会导致其光度很低和寿命极长（见 9.5 节）。对天空中当前可见的许多 K 型星和 M 型星而言，至少还将再发光 1 万亿年。恒星（或大或小）的演化是接下来两章的主题。

概念回顾

如何测量非双星成员恒星的质量？

学术前沿问题

依巴谷卫星测量了太阳邻域中数十万颗恒星的详细性质，极大地扩展了人类对银河系中恒星性质和轨道的理解。2013 年 12 月，欧洲空间局启动了盖亚（GAIA）任务，旨在将依巴谷卫星的覆盖范围扩大至约 10 亿颗天体，进而覆盖整个银河系的大部分。盖亚任务将形成哪些新观点？对恒星和银河系天体物理学的影响或许无法估量。

本章回顾

小结

LO1 与最近恒星之间的距离可通过恒星视差进行测量。具有 1″视差的恒星距离太阳 1pc（秒差距），约等于 3.3 光年。恒星的自行（真实天空运动）是对垂直于视向的恒星速度的测度。

LO2 恒星的视亮度是单位时间内从恒星到达探测器的能量。视亮度与光度成正比，与距离的平方成反比。光学天文学家利用星等标来表示和比较恒星亮度，星等越大，恒星越暗，5 个星等的差异对应于亮度的 100 倍变化。视星等是视亮度的测度。恒星的绝对星等是指将该恒星放在距离观测者 10pc（标准距离）处的视星等，这是对恒星光度的测度。

LO3 为了确定恒星的温度，天文学家常用两个（或多个）光学滤光片来测量其亮度，然后将测量结果拟合成为一条黑体曲线。分光观测为确定恒星的温度和组成提供了精确的手段。天文学家根据恒星光谱中的吸收线对其进行分类，标准恒星光谱型为 O、B、A、F、G、K 和 M（按温度递减顺序排列）。

LO4 仅少数恒星足够大且距离地球足够近，因此可以直接测量半径。大多数恒星大小通过半径-光度-温度关系间接计算。被归类为矮星的恒星与太阳大小相当，或者比太阳小；巨星最高可比太阳大 100 倍；超巨星比太阳大 100 倍以上。除了像太阳这样的正常恒星，另两类重要恒星为红巨星（大、冷和亮）和白矮星（小、热和暗）。

LO5 恒星光度与恒星光谱型（或温度）的关系图称为赫罗图。在赫罗图上绘出的所有恒星中，约 90%位于主序上，从炽热且明亮的蓝超巨星和蓝巨星，穿过中间恒星（如太阳），延伸至低温且暗淡的红矮星。大部分主序星是红矮星，蓝巨星非常罕见。约 9%的恒星位于白矮星区，其余 1%位于红巨星区。

LO6 若已知某一恒星位于主序上，则可通过测量光谱型来计算其光度并测量距离。这种距离测定方法称为分光视差，适用于距离地球非常遥远（最高可达几千秒差距）的恒星。利用恒星的光度级，天文学家能够将主序星与具有相同光谱型的巨星和超巨星区分开来，进而使距离计算更加可靠。

LO7 大多数恒星在太空中并不孤立，而围绕双星系统中的其他恒星运行。在目视双星中，两颗恒星均可见，并能绘制出轨道图；在分光双星中，恒星虽然无法分辨，但其轨道运动可用分光方法检测到；在食双星中，轨道的定向方式如下：从地球上观测时，一颗恒星周期性地从另一颗恒星前方经过，使得接收到的光变暗。通过对双星进行研究，通常能够测量出各恒星的质量。恒星的质量决定了其大小、温度和亮度。热蓝巨星的质量远大于太阳，冷红矮星的质量则要小得多。大质量恒星的燃料消耗速度很快，寿命远低于太阳；小质量恒星的燃料消耗速度很慢，可能会在主序上滞留长达数万亿年。

复习题

1. 如何利用恒星视差测量与恒星之间的距离？
2. 什么是秒差距？将其与天文单位（AU）进行比较。
3. 解释恒星在太空中的真实运动如何转化为从地球上观测到的运动。
4. 描述红巨星和白矮星的部分特征。
5. 绝对亮度和视亮度之间的区别是什么？
6. 天文学家如何测量恒星的温度？
7. 简要描述如何根据光谱特征对恒星进行分类。
8. 在赫罗图上，需要绘出恒星的何种信息？
9. 什么是主序？恒星的何种基本性质决定了其在主序上的位置？
10. 如何利用分光视差来确定距离？
11. 星系中最常见的恒星是哪种类型？为何在赫罗图中看不到大量此类恒星？
12. 如何通过观测双星系统来确定恒星质量？
13. 大质量恒星拥有的初始燃料远多于小质量恒星，但为何其寿命不会更长？
14. 一般而言，简单记下某颗恒星在赫罗图上的位置是否能够确定其寿命？
15. 与分光双星相比，为何目视双星和食双星相对罕见？

自测题

1. 从地球上看，恒星 A 比恒星 B 更亮，因此恒星 A 必定比恒星 B 距离地球更近。（对/错）
2. 视星等为+5 的恒星看上去要比视星等为+2 的恒星更亮。（对/错）
3. 因为极其炽热，所以红巨星非常明亮。（对/错）
4. 若已知恒星的距离和光度，则可确定其半径。（对/错）
5. 仅通过分光方法，天文学家就能区分主序星和巨星。（对/错）

6. 在分光双星中，两颗子星的轨道运动表现为该系统整体视亮度的变化。(对/错)
7. 不存在年龄为10亿年的O型（或B型）主序星。(对/错)
8. 从1pc处看，地球轨道的角大小为：(a)1°；(b) 2°；(c)1′；(d)2″。
9. 与100pc处的绝对星等为−2的恒星相比，10pc处的绝对星等为5的恒星看上去：(a)更亮；(b)更暗；(c)亮度相同；(d)更蓝。
10. 对光谱型为M的恒星而言，光谱中并未显示出强氢线，这是因为它们：(a)氢含量非常低；(b)表面温度非常低，导致大部分氢处于基态；(c)表面非常炽热，导致大部分氢被电离；(d)氢线被其他元素的更强谱线湮没。
11. 在以下哪种情况下，冷恒星非常明亮？(a)很小；(b)很热；(c)很大；(d)距离太阳系很近。
12. 恒星的质量可通过以下哪种方式确定？(a)测量光度；(b)确定组成；(c)测量多普勒频移；(d)研究围绕双星伴星的运行轨道。
13. 冥王星的视星等约为14。根据图10.6（视星等），冥王星可见于：(a)夜晚，肉眼；(b)利用双筒望远镜；(c)利用1m口径望远镜；(d)仅能通过哈勃太空望远镜。
14. 根据图10.12（知名恒星的赫罗图），与比邻星相比，巴纳德星必定：(a)更热；(b)更大；(c)距离地球更近；(d)更蓝。
15. 根据图10.19（恒星的质量）和图10.20（恒星的质量分布），与太阳相比，大部分恒星：(a)更热；(b)更冷；(c)更大；(d)更亮。

计算题

1. 恒星角宿一（视差为0.013″）距离地球有多远？若在海王星绕太阳运行时从位于海卫一（海王星的卫星）的天文台上进行测量，则角宿一的视差应是多少？
2. 某一恒星距离太阳20pc，自行为0.5″/年，则其横向速度是多少？假设观测到该恒星的谱线红移了0.01%，计算其相对于太阳的三维速度大小。
3. (a)若恒星的半径为3倍太阳半径，表面温度为10000K，则其光度是多少？(b)若恒星的温度为2倍太阳温度，光度为64倍太阳光度，则其半径是多少（太阳单位）？
4. 两颗恒星（A和B）具有相同的视亮度，光度分别为太阳光度的0.5倍和4.5倍，哪颗恒星距离地球更远？比另一恒星远多少？
5. 两颗恒星（A和B）具有相同的视星等，且绝对星等分别为3和8，哪颗恒星距离地球更近？比另一恒星远多少？
6. 当从10pc处观测时，计算单位时间内单位面积吸收的太阳能量，并将其与地球上的太阳常数进行比较（见9.1节）。
7. 人类肉眼可见天体的视亮度范围从6等暗星到太阳（星等为−27），与这一星等区间相对应的能流范围是多少？
8. 若恒星的视星等为10.0，绝对星等为2.5，则其距离地球有多远？
9. 在食双星（分光双星）系统中，两颗恒星的轨道周期为25天（观测值）。进一步观测的结果表明，两颗恒星的轨道呈圆形，相隔0.3AU，质量比为1.5。这两颗恒星的质量分别是多少？
10. 已知太阳的寿命约为100亿年，计算以下恒星的预期寿命：(a)红矮星，质量为0.2倍太阳质量，光度为0.01倍太阳光度；(b)质量为3.0倍太阳质量，光度为30倍太阳光度；(c)蓝巨星，质量为10倍太阳质量，光度为1000倍太阳光度。

活动

协作活动

1. 估算夜空中可见的恒星总数。小组中的每位成员均应配备相同的硬纸板管，最好是卷纸（或卫生纸卷）中心部位的圆形卷筒。在晴朗无月的夜晚，透过硬纸板管计数看到的恒星总数。重复观测几次，并且随机选择不同的天区，注意避开云层和树木等明显障碍物，并且尽可能地在各个方向上均匀采样。在进行任何测量之前，一定要给眼睛预留出足够的时间（10～15分钟）来适应黑暗。将所有测量值相加，然后除以总观测次数，计算出观测到的平均恒星数量，设其为 n。你可将这一数字乘以硬纸板管的长度 L 与直径 D 之比的平方，将其转换为可见恒星总数 N 的估计值，即 $N=(L/D)^2\times n$。在不同的地点（城市、郊区或漆黑的农村）重复进行这一测量。你能理解天文学家为何如此关注光污染吗？

个人活动

1. 冬季圈（Winter Circle）是一个星群/星组（asterism）或恒星形态，它由5个不同星座的6颗亮星组成，包括天狼星、参宿七、参宿四、毕宿五、五车二和南河三。这些恒星几乎涵盖了普通恒星的整个颜色区间，因此也涵盖了整个温度区间。参宿七是B型星，天狼星是A型星，南河三是F型星，五车二是G型星，毕宿五是K型星，参宿四是M型星。颜色差异很容易看到。你认为冬季圈中为何不存在O型星？
2. 在冬季的夜空中，搜索猎户座中的红超巨星参宿四。因为它是整个夜空中最亮的恒星之一，所以很容易发现。参宿四是一颗变星，周期约为6.5年，亮度随着恒星膨胀和收缩而变化。在最大尺寸下，它所占的空间相当于从太阳延伸至木星轨道之外。参宿四的质量是太阳的10～15倍，年龄可能为400万～1000万年。在仲夏时节，你可能会发现一颗类似的恒星格外耀眼，即天蝎座中的红超巨星心宿二（Antares）。

第 11 章　星际物质：银河系中的恒星形成

这幅图像显示了年轻星团韦斯特伦德 2 号（Westerlund 2），由哈勃太空望远镜拍摄，融合了星团自身的可见光和近红外图像（右侧中部），以及形成该星团的周围气体的可见光图像。该星团的质量约为 3000 倍太阳质量，但其附近星际气体的质量则要大得多。星团中各年轻恒星所发出的强辐射正在刻蚀和加热附近的气体，将这些气体不断地弥漫到太空中，并且可能引发新的恒星形成过程。

恒星和行星并非银河系中的全部成员，环视地球周围的宇宙空间，不可见物质遍布在各恒星之间的暗黑巨洞中。这种星际物质的密度极低，仅约为恒星（或行星）中物质密度的万万亿分之一，并且远稀薄于地球上所能达到的最佳真空环境。只是因为星际空间的体量非常巨大，星际物质的质量数才有意义。我们为何要研究这个近乎完美的真空呢？重要原因有三。第一，恒星之间巨洞中的物质总量与恒星本身的物质总量一样多；第二，星际空间是新恒星诞生的场所；第三，星际空间是年老恒星死亡时的物质释放场所。在宇宙的历史演化过程中，星际空间是物质通过的最重要的十字路口之一。

学习目标

LO1 概述星际物质的组成和性质。

LO2 描述发射星云的特征，并解释其与恒星形成之间的关系。

LO3 概述星际暗尘云和分子云的性质。

LO4 具体说明用于探测星际气体本质的部分射电技术。

LO5 总结从寒冷且致密的星际云到类日恒星形成所经历的事件顺序。

LO6 描述支持恒星形成现代理论的部分观测证据。

LO7 解释恒星形成与其质量的相关性。

LO8 描述星团的性质及星团的形成方式。

总体概览

在天文学中，恒星如何形成是最常见的基本问题。恒星是夜空中数量最多且最明显的居民，人们只要抬头即可看到（前提是天空晴朗）。恒星如何从星际空间的黑暗深处出现，并成长为具有强大能量的明亮圆球？天文学家非常渴望了解相关细节。这个过程非常了不起，在最近数十年中，人类已对其有了相当程度的了解。

11.1 星际物质

图 11.1 是一幅宇宙地产的镶嵌图像，覆盖范围远大于本书迄今为止介绍过的任何广阔空间。这张照片从地球上的有利位置拍摄，全景视图横跨了整片天空。在晴朗的夜空中，这条亮带就像“牛奶之路”一样肉眼可见，因此称为银河/天河（Milky Way）。在第 14 章中，我们将这条亮带识别为银河系的扁平圆盘（银盘）或平面（银道面）。

图 11.1 银河的镶嵌图像。银河的 360°全景照片，横跨了整个天球的南北半球。这个条带构成了银河系的中心平面，包含了高度密集的恒星以及星际气体和尘埃。灰色方框勾勒了图 11.4 所示的视场（ESO/S. Brunier）

在这幅图像中，明亮区域由神秘莫测的无数颗遥远恒星构成，基于望远镜分辨率融合形成了一个连续的模糊条带。但是，暗色区域不仅仅是恒星分布中的孔洞，也是星际物质遮蔽遥远恒星的光的太空区域，阻挡了原本能够平滑分布的明亮星光视野。本章不仅关注这些恒星本身，而且关注它们形成之处的广阔星际空间。

11.1.1 气体和尘埃

各恒星之间的物质统称星际物质（interstellar medium），由气体和尘埃两部分构成，二者混杂在整个太空中。气体主要由单个原子和小分子构成；尘埃由原子团和分子团构成，与构成煤烟的微型颗粒并无差异。

数据知识点：星际气体

在描述和区分星际气体云的性质时，60%的学生会遇到困难。建议记住以下要点：

- 暗尘云是不发射可见光但吸收背后恒星所发出的可见光的低温气体区域，主要在电磁波谱的射电和红外部分发射辐射。
- 发射星云是新生恒星周围的炽热气体区域，它们发出可见光。
- 发射星云通常内嵌在恒星形成时的暗尘云中。

除了原子和分子的大量窄吸收线，气体本身并不能较大程度地阻挡电磁辐射，图 11.1 中的絮状模糊明显由尘埃导致。就像浓雾中的汽车前灯无法照亮远方的道路一样，来自遥远恒星的光同样无法穿透最密集的星际尘埃。从经验上看，仅在尘埃粒子的直径大于（或等于）相关辐射的波长时，光束才能被吸收或散射。随着辐射波长的减小，已知大小粒子产生的遮蔽（吸收或散射）量将增大。星际尘埃颗粒简称尘粒，典型直径约为 10^{-7}m，大致相当于可见光波长。因此，星际空间中的尘埃区域对长波长的射电和红外线辐射透明，但对短波长的光学、紫外线和 X 射线辐射不透明。

因为星际介质的不透明度随波长的减小而增大，所以来自遥远恒星的光被率先剥夺高频成分（蓝色）。因此，除了整体亮度普遍降低，恒星的外观也比真实状态更红。如图 11.2 所示，这种效应称为红化（reddening），类似于地球上的壮观红色日落过程（见图 11.3）。红化在图 11.2b 中清晰可见，图中显示了一种致密的星际尘埃云，称为球状体（globule），11.3 节将详细地探讨这种暗黑星际云。该星际云的中心称为巴纳德 68（Barnard 68），对所有光学波长均不透明，所以星光无法穿过。但是，在居间云物质较少的边缘附近，部分光确实穿过了。在图 11.2c 所示的红外图像中，甚至穿过了更多辐射。注意观察，相对于直接观测，透过云层见到的恒星如何变暗及红化。

如图 11.2a 所示，在抵达地球的辐射中，恒星光谱中的吸收线仍可识别，因此能够确定该恒星的光谱型，进而确定真实的光度和颜色（见 10.6 节）。然后，通过测量星光前往地球途中的变暗和红化程度，天文学家就可计算出沿视向分布的尘埃量。

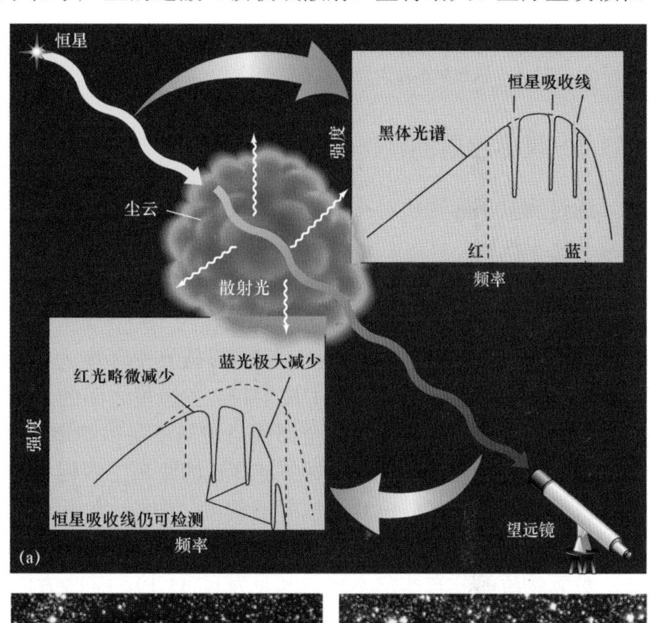

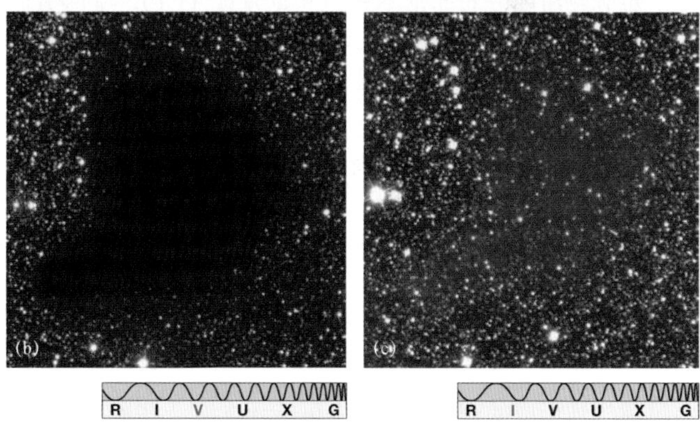

图 11.2　红化。(a)穿过太空尘埃区域的星光既变暗又变红，但抵达地球的星光谱线仍可识别；(b)该星际尘埃云称为巴纳德 68，除了边缘附近，对可见光均不透明。该星际云的直径约为 0.2pc，距离地球约 160pc；(c)以假彩色方式说明了红外辐射是如何穿透巴纳德 68 的（ESO）

图 11.3 地球大气层中的红化。在炎热夏日的傍晚，阳光穿过地球大气层时会发生红化现象。空气中的尘埃颗粒和水分子会散射太阳的蓝光而剩下变暗的红光，形成了壮观的日落景象（Joyce Photographics）

11.1.2 星际物质的密度和组成

通过测量星际物质对来自许多不同恒星的光的影响，天文学家已大致了解太阳邻域中星际物质的分布及其化学性质。

在星际空间中，气体和尘埃随处可见。银河系中的任何部分都不真正缺乏物质，但是星际物质的密度特别低。总体而言，每立方米平均包含约 10^6 个气体原子，即每立方厘米只有 1 个原子。相比之下，在地球上的实验室中，当前能够达到的最佳真空环境大约包含 10^9 个原子/立方米。星际尘埃的数量则更稀少，约每万亿个原子中才有 1 粒尘粒。各恒星之间的太空中充满了极其稀薄的物质，地球大小星际区域中的全部气体和尘埃所含的全部物质应当不足以制造一对骰子。

虽然密度非常低，但是只要在足够长的距离上缓慢累积，星际物质肯定就能达到阻挡来自遥远光源所发出的可见光及其他短波长辐射的程度。总之，太阳邻域中所含星际气体和尘埃的质量与各恒星的质量相差无几。

星际物质的分布非常不均匀（见发现 11.1），某些方向上甚至不存在，这使得天文学家能够研究距离太阳数十亿秒差距的天体。在含有少量星际物质的另一些方向上，遮蔽程度适中，导致数千秒差距之外的天体不可见，但是天文学家能够研究附近的恒星。还有部分区域的遮蔽程度非常严重，即使对于相对较近恒星发出的星光，抵达地球之前也会被这些区域完全吸收。不过，即使是在致密的遮蔽区域，也常出现能够看得非常远的窗口，例如在图 11.1 中就可见到若干此类窗口。

至于星际气体的组成，显然可以从星际吸收线的光谱研究中较好地获知（见 2.5 节）。星际气体的组成与其他天体（如太阳、恒星和类木行星）的基本相同，大部分（约 90%）是原子（或分子）氢，9%是氦，其余 1%是重元素。这些气体缺乏某些重元素（如碳、氧、硅、镁和铁），很可能是因为这些元素已形成星际尘埃。

相比之下，尘埃的组成尚不清楚，但是存在含有硅酸盐、碳和铁的红外证据，从而支持了星际尘埃由星际气体形成的理论。尘埃中可能还含有一些脏冰，即含有痕量氨、甲烷及其他化合物的水冰冷冻混合物，尤其是太阳系中的彗核（见 4.2 节）。

发现 11.1 紫外天文学和本地泡

在紫外（UV）区域这个光谱部分中，我们预期能够看到温度高达数十万甚至数百万开尔文的各类事件和天体，例如类似恒星的沸腾大气（或爆发耀斑）的炽热区域、剧烈事件（如大质量恒星爆炸）以及旋转中心可能存在黑洞的活动星系。此外，通过对局部宇宙邻域进行特殊测绘，紫外天文学也为星际物质的研究做出了巨大贡献。

天文学家 30 年前曾经推测，充满在各恒星之间的气体在有机会抵达地球之前，几乎会吸收所有短波长的紫外辐射。但是在 1975 年，阿波罗号（Apollo，美国）和联盟号（Soyuz，苏联）太空舱历史性的对接期间，宇航员们进行了一项关键实验——利用小型望远镜探测附近几颗炽热恒星发出的极紫外辐射。此后不久，天文学家开始意识到，星际气体的太空分布非常不均匀，在寒冷的高密度团块中，散布着形状不规则的炽热低密度气体区域，他们的理论观点由此发生了改变。

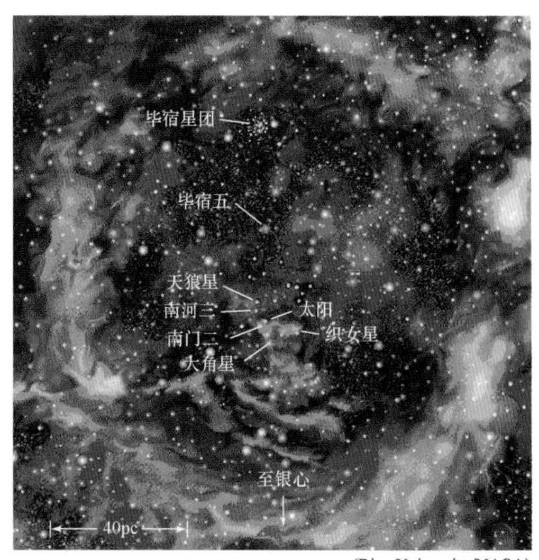

(Rice University/NASA)

从那时起，空基紫外观测结果表明，与之前的预期值相比，星际空间的部分区域要薄得多（5000 个原子/立方米）和热得多（500000K）。在尘云/尘埃云和发射星云中间，部分空间似乎包含极为稀薄但却沸腾的等离子体，这可能源于很久以前爆炸的恒星产生的冲击和膨胀残骸。这些过热的星际泡（bubble）或云际介质（intercloud medium）可能会延伸至太阳本地邻域之外的星际空间中，甚至延伸至各星系之间的更广阔空间中。

太阳似乎就处在这样一个低密度区域中——称为本地泡（Local Bubble）的巨大空腔，如插图所示。正是由于生活在这个巨大的低密度气泡中，我们才能在远紫外部分探测到这么多恒星；炽热而稀薄的星际气体对这种辐射几乎是透明的。本地泡中包含约 200000 颗恒星，延伸距离约数百万亿千米（或者近 100pc），可能形成于约 30 万年前发生在这些地方的超新星爆炸（见 12.4 节），人类的远古祖先一定见过这次爆炸——犹如满月那样明亮的一场恒星灾难。

概念回顾

既然太空是近乎完美的真空，那么其中为何可能含有阻挡星光的足够尘埃呢？

11.2 恒星形成区

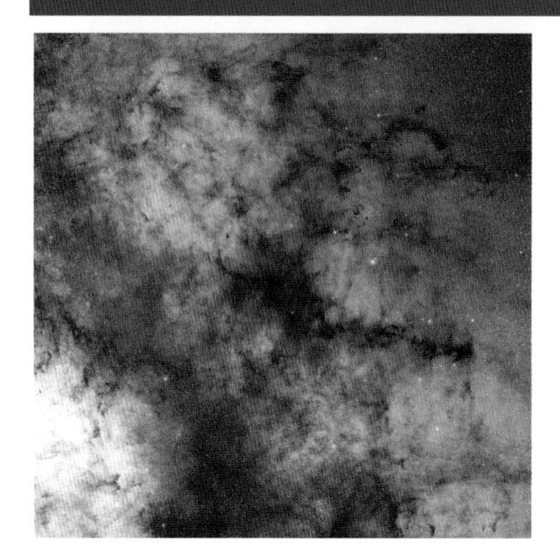
图 11.4 人马座方向的恒星视场。这是图 11.1 中心部位的放大图，显示了明亮区域（广阔的恒星区域）和暗黑区域（星际物质遮蔽了来自更遥远恒星的光）（ESO/S. Guisard）

图 11.4 是图 11.1 中心部位的放大图，大致位于人马座（Sagittarius）方向，视场中混杂着无数颗恒星及星际物质（暗色背景）。历史上，天文学家曾经采用星云（nebula/nebulae）一词来指代天空中的任何模糊斑块（或明或暗），即通过望远镜能够清晰区分但边界不明确的太空区域，这与恒星（或行星）明显不同。我们现在知道，许多（但非所有）星云都是星际尘埃和气体云，若这样的云刚好遮蔽了背后恒星，则可将其视为明亮背景上的暗色斑块，称为暗星云（dark nebula），如图 11.2b 所示。但是，若暗星云内部因某种因素（如炽热年轻恒星群）而导致其发光，则会看到非常不同的情形。

图 11.5 放大了图 11.4 的视场，这个 35°带（相对于银河）的位置大致对应于图 11.1 中的灰色矩形框。除了恒星和暗星云，图形顶部附近还可见到两块模糊光斑（标记为 M8 和 M20），分别对应于 18 世纪法国天文学家查尔斯 •梅西耶所编制星表中的第 8 条和第 20 条。M8 和 M20 称为发

射星云（emission nebula），这是由炽热星际气体构成的发光云，环绕在年轻的亮星群周围。底部中心位置还可见到另外两个发射星云，星表名称分别为 NGC 6334 和 NGC 5357。将分光视差方法应用于这些星云内部的可见恒星，人们发现其与地球之间的距离为 1200pc（M8）～2400pc（NGC 5357）（见 10.6 节）。

通过观测逐渐缩小的视场，我们能够更好地了解这些星云。图 11.6 是图 11.5 左上角一块区域的放大图，上部光斑为 M20，下部光斑为 M8。图 11.7 进一步放大了图 11.6 中的顶部光斑，在光谱的可见光和红外部分，呈现了 M20 及其周边环境的近景。图中所示的整个区域的直径约为 12pc。发射星云是宇宙中最壮观的天体之一，但是在更大的银河大背景下观测时，外观仍然只是乏善可陈的微小光斑。在天文学中，透视图至关重要。

图 11.5 银道面。这片 35°宽的天空带位于银河中心附近，对应于图 11.1 中的灰色矩形框，显示了恒星、气体、尘埃以及称为发射星云的几块不同的模糊光斑（Harvard College Observatory）

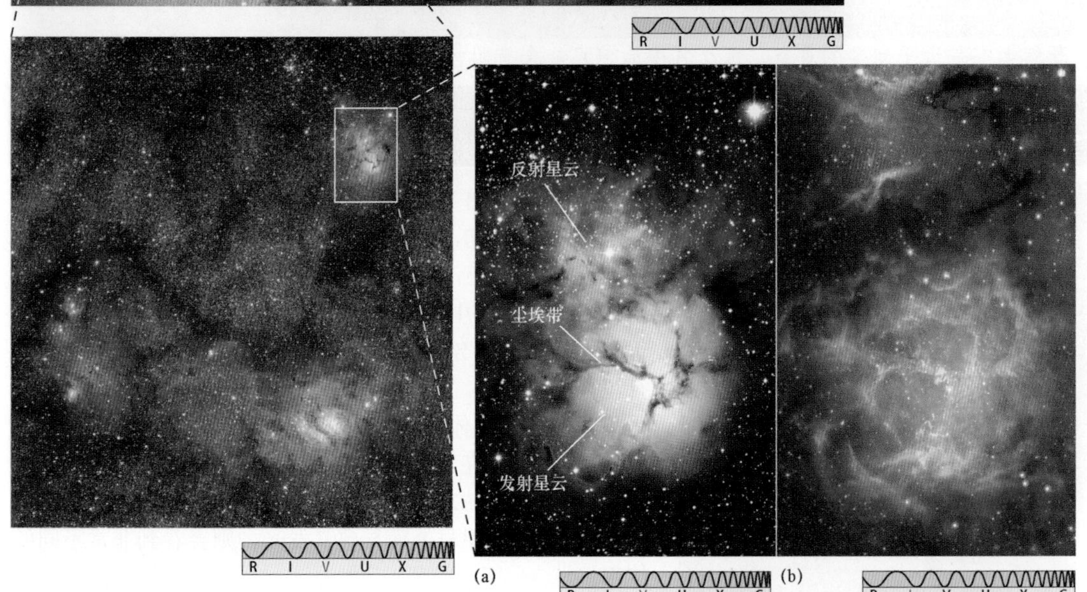

图 11.6 **M20～M8** 区域。图 11.5 左上角的真彩色放大图，清晰地显示了 M20（上）和 M8（下）（R. Gendler）

图 11.7 三叶星云。(a)图 11.6 顶部光斑的进一步放大，仅显示了 M20 及其星际环境。由于尘埃带（黑色）对其中间部位三等分，因此该星云被称为三叶星云/三裂星云（Trifid Nebula），星云自身（红色）的直径约为 20 光年；(b)斯皮策太空望远镜拍摄的一幅假彩色红外图像，表明恒星形成的明亮区域主要位于尘埃带中（NASA）

图 11.4 至图 11.7 所示的星云是发光的电离气体区域，在每个区域的中心（或附近），至少存在一颗新形成的炽热 O 型（或 B 型）恒星正在不断地生成大量紫外光。当从该恒星向外行进时，紫外光子加热并电离周围的气体。当电子与原子核重新结合时，它们将发出可见光辐射，使得气体发出辉光。在可见光光谱的红色部分中，氢原子发射 Hα 光会形成最重要的红色（见 2.6 节）。

由图 11.5 至图 11.7 清晰可见，遮蔽了星云光的深色尘埃带（dust lane）穿过发光的星云气体。这些尘埃带是星云的一部分，而不仅仅是碰巧位于视向沿线的不相关尘云。在图 11.7 中，M20 正上方的可见蓝色区域是与红色发射星云本身无关的另一类星云，称为**反射星云**（reflection nebula），由视向沿线中间的尘埃粒子反射星光导致。由于短波长蓝光更容易被星际物质散射回地球并进入探测器，因此呈蓝色调。图 11.8 描绘了发射星云的部分关键特征，说明了中心恒星、星云本身及其周围星际物质之间的关系。

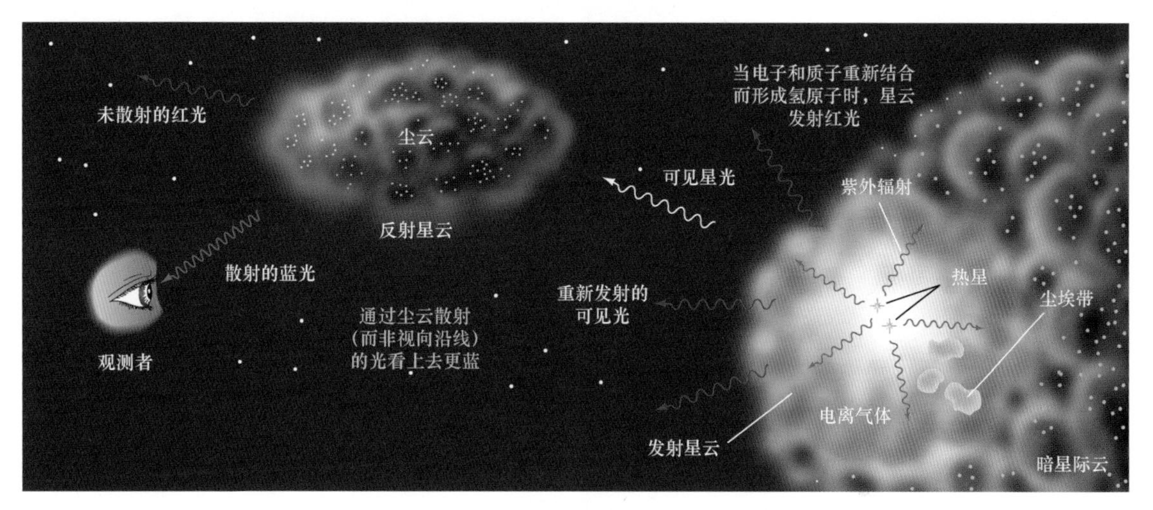

图 11.8 星云结构。当一颗（或多颗）热星的紫外辐射电离部分星际云时，就会形成发射星云；若星光恰好遇到另一个尘云，则部分辐射（特别是光谱中波长较短的蓝色端）可能被散射回地球，从而形成反射星云

图 11.9 显示了另外两个星云，它们刚好位于图 11.5 左上角的外侧。在图 11.9a 和图 11.9c 中，再次注意观察嵌入发光星云气体的热亮星，以及重新发射辐射的整体红色色调。在哈勃图像即图 11.9b 和图 11.9d 中，颜色强调了不同波长下的观测结果。在图 11.9b 和图 11.9d 中，气体和尘埃被背景星云发射映衬出暗色轮廓，同时被前景星云恒星照亮，该区域的星云和尘埃带之间的关系再次十分明显。在图 11.9b 中，恒星与气体之间的相互作用特别明显。在这幅极其壮观的图像中，三根暗色基礅/柱（pillar）是恒星所形成的星际云的一部分，附近其他云已被新生恒星的辐射驱散。基礅边缘周围（特别是右上部和中心）的展云（fuzz）是这一持续进程的结果，恒星强辐射持续侵蚀星际云，加热并驱散致密的分子气体。该过程首先消除密度较小的物质，留下后面的由原始云中密度较大部分构成的精美雕塑，类似于地球上形成的风蚀柱和海蚀崖（在地球上的沙漠和海滨，通过侵蚀最柔软的岩石，风和水能够创造出壮丽的景观）。这些基礅最终会被摧毁，但是在约 10 万年内可能不会发生这种情况。

表 11.1 列出了本节所示部分星云的一些重要统计数据。与恒星不同，星云的体量足够大，可通过简单的几何学知识测量其大小（见更为准确 4.1）。通过将这些大小信息与视向沿线的物质数量计算值（通过星云光的吸收进行揭示）相关联，即可求出星云的密度。每立方厘米发射星云中通常含有数百个粒子（10^8 个粒子/立方米），这些粒子大部分为质子和电子。图 11.10 显示了发射星云 M17 及其可见光和近紫外波长下的光谱（见 2.5 节）。大量可见发射线提供了关于该星云的更多信息。由光谱分析可知，星云的组成类似于太阳、其他恒星及其他星际物质。由谱线宽度可知，温度约为 8000K（见 2.8 节）。

概念回顾

既然发射星云由热星发出的紫外光提供能量，为何其外观呈红色？

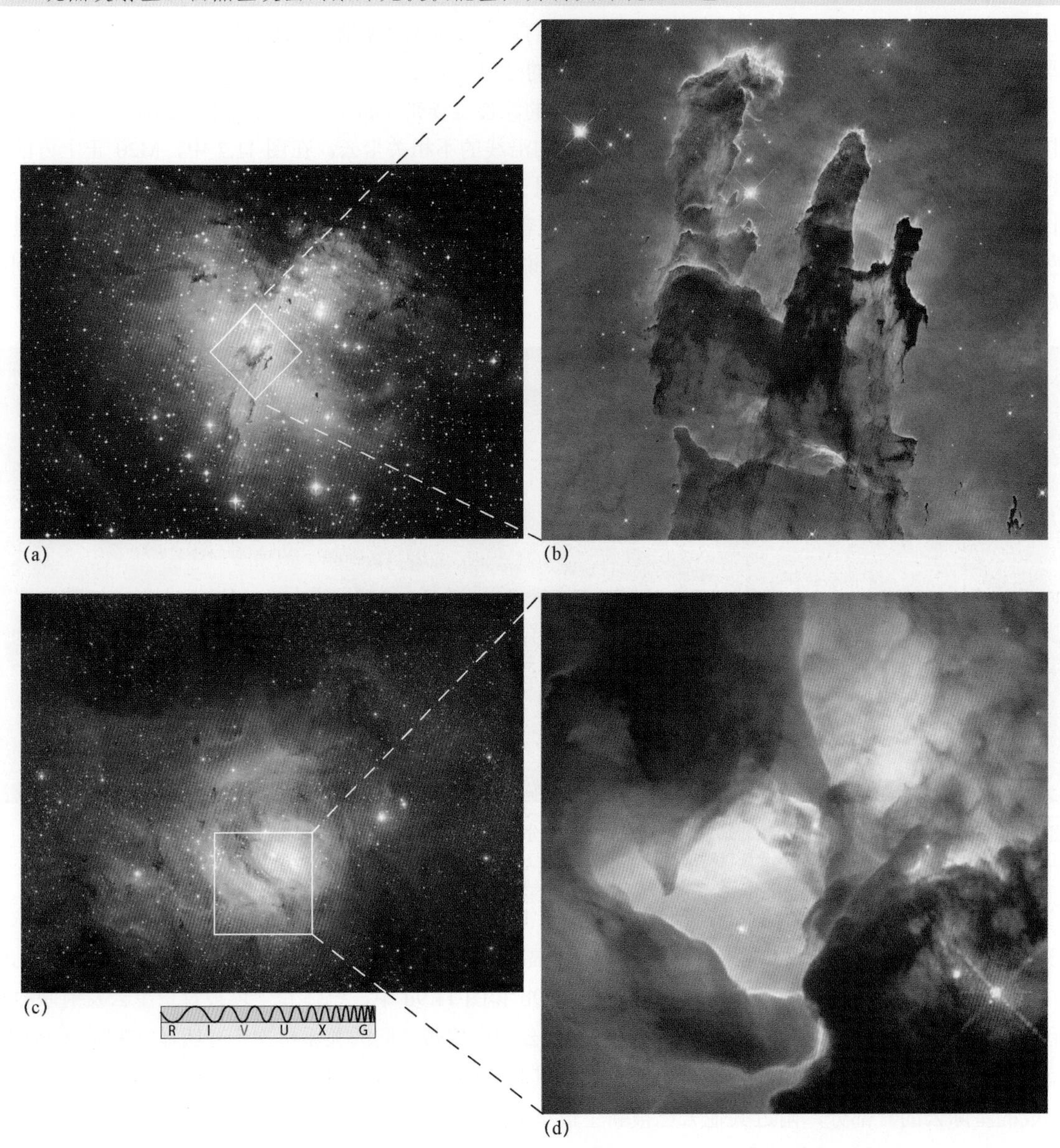

图 11.9 发射星云。(a)M16/鹰状星云（Eagle Nebula）；(b)M16 内部的冷气体和尘埃的巨大基礅特写，显示了恒星紫外辐射作用于原始云时产生的精美雕塑；(c)M8/礁湖星云（Lagoon Nebula）；(d)M8 核心区域［称为沙漏（Hourglass）］的高分辨率视图。各插图中的不同颜色是不同波长下的观测结果。这些星云均位于银道面内，刚好位于图 11.5 中的视场左上角（NASA/AURA/ESO）

表 11.1 星云的性质

天体	近似距离（pc）	平均直径（pc）	密度（10^6 个粒子/立方米）	质量（太阳质量）	温度（K）
M8	1200	14	80	2600	7500
M16	1800	8	90	600	8000
M17	1500	7	120	500	8700
M20	1600	6	100	250	8200

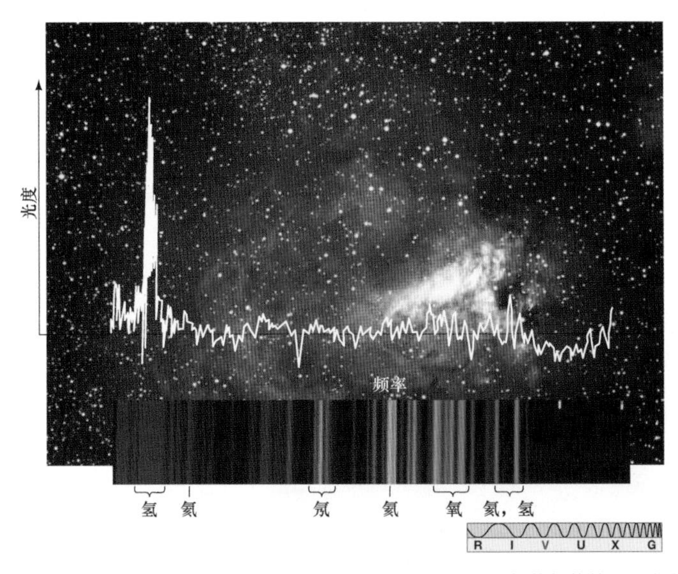

图 11.10 星云的光谱。在附近的恒星形成区中，称为 M17/ω 星云（Omega Nebula）的热气体的可见光光谱。在数颗极热恒星的光照下，该星云产生了由亮线和暗线组成的复杂光谱（底部），这里也显示为从红色到蓝色的强度轨迹（中部）(ESO)

11.3 暗尘云

发射星云仅为星际空间的较小组成部分，大部分星际空间（实际上超过 99%）缺乏此类区域且不包含任何恒星，就是简单的黑暗幽深而已。在星际空间中，典型暗黑区域的平均温度约为 100K。与此相比，水结冰时的温度为 273K，原子和分子停止运动时的温度为 0K（见更为准确 2.1）。

在星云与恒星之间的暗黑巨洞中，潜伏着另一种独特的天体，称为暗尘云（dark dust cloud）。暗尘云的温度低于周围环境的温度（几十开尔文），但是密度高于周围环境的密度（数千甚至数百万倍），某些区域中的密度大于 10^9 个原子/立方米（1000 个原子/立方厘米）。研究人员常将暗尘云称为致密星际云（dense interstellar cloud），但要注意的是，即使是这些最致密的星际区域，密度也仅略高于地球实验室中可达到的最佳真空密度。同理，正是由于其密度远大于星际空间的平均值（10^6 个原子/立方米），我们才能将这些暗尘云与星际物质浩瀚的周围环境区分开来。

11.3.1 可见光的遮蔽

暗尘云与地球云几乎没有相似之处。大多数暗尘云比整个太阳系还要大，有些暗尘云的直径高达多个秒差距，但它们仍然仅为星际空间总体积的百分之几。虽然名字中含有“尘”字，但是暗尘云仍然主要由气体组成（像星际物质的其他部分一样），只是对星光的吸收几乎完全归因于所含的尘埃。

图 11.2b 是暗尘云的较好例子，图 11.11a［天鹅座（Cygnus）中称为 L977 的区域］是另一个较好的示例。部分早期（18 世纪）的观测者认为，天空中的这些暗斑只是刚好不包含亮星的空白太空区域。但是到了 19 世纪末，天文

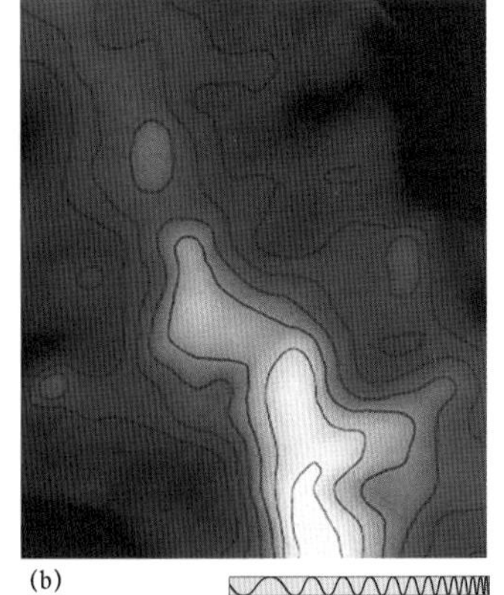

图 11.11 遮蔽和发射。(a)在光学波长下，只有通过遮蔽背景恒星，这个暗尘云（称为 L977）才可见；(b)在射电波长下，该暗尘云在一氧化碳分子线中发射强辐射，最强辐射来自云中的最致密部分（C. and E. Lada）

学家开始对这种观点有所怀疑，他们意识到恒星之间看似清朗的空间应当类似于森林中树木之间的清朗通道，从统计学意义上讲，这么多通道应当不可能刚好从地球上消失。

在射电天文学出现之前，天文学家无法使用直接方法来研究像 L977 这样的云。因为不发射可见光，所以它们一般无法通过肉眼探测到（除非达到使星光变暗的程度）。但是在射电波长下，如图 11.11b 所示，该云的射电发射［在这种情况下，源于其体积内的一氧化碳（CO）分子］清晰地勾勒出了云的轮廓，为研究此类天体提供了不可或缺的工具。

图 11.12 是暗尘云的另一幅宏大的宽视场图像，称为蛇夫 ρ，其名字源于邻近的恒星系统——蛇夫座 ρ（Rho Ophiuchus）。这个暗尘云距离地球相对较近，因此成为银河系中研究程度最高的恒星形成区之一。深黑色口袋标志着尘埃和气体特别集中的区域，来自背景恒星的光被完全遮蔽。蛇夫 ρ 云的宽度为几秒差距，也可见于图 11.5 的右侧。可以看到，类似于大多数星际云，这个云的形状非常不规则。图像中标出的部分特征是云本身的一部分，另一些特征则是云边缘附近新形成的恒星，还有一些天体则与云没有任何关系，只是碰巧位于视向沿线。

图 11.13 显示了一个特别引人注目和众所周知的暗尘云示例——猎户座中的马头星云（Horsehead Nebula）。气体和尘埃呈现奇特的手指状，从图像下半部分的更大暗云中向上突出，并在背景发射星云的红色辉光中清晰可见。

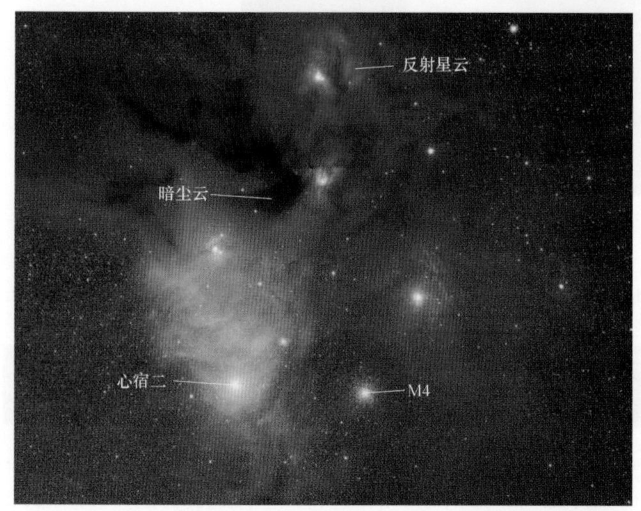

图 11.12　暗尘云。蛇夫 ρ 暗尘云距离地球仅 170pc，周围环绕着各种颜色的恒星和星云，这些星云实际上是不可见更大分子云的一小部分，但吞噬了所示区域的大部分（R. Gendler/J. Misti/S. Mazlin）

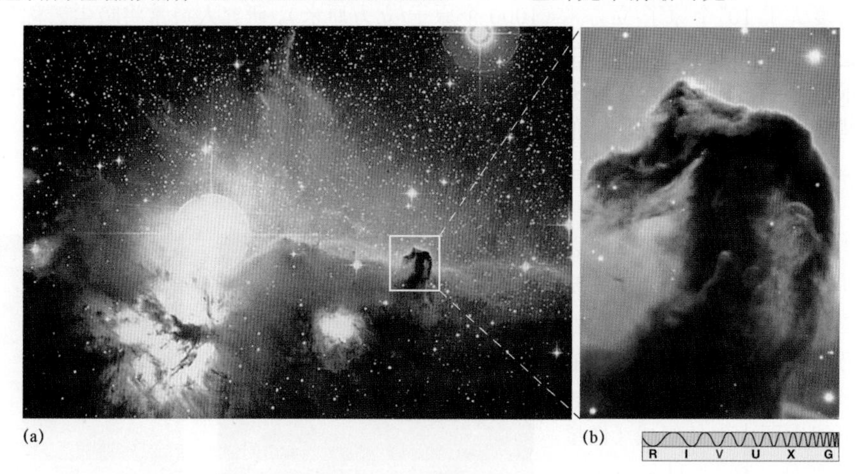

图 11.13　马头星云。(a)马头星云是暗尘云的著名示例，在发射星云的明亮背景下呈暗色轮廓；(b)令人惊叹的马头图像，由智利甚大望远镜（VLT）以最高分辨率拍摄（见 3.2 节），“马脖子”宽约 0.25pc。这个星云区域距离地球约 1500pc，位于猎户座中（Royal Observatory of Belgium; ESO）

11.3.2　21 厘米辐射

通常，暗尘云会从背景恒星处吸收非常多的光，导致通过 11.1 节中描述的光学技术并不容易对其进行研究。所幸的是，天文学家有一种重要的替代方法来探测其结构，这种方法依赖于星际气体本身的低能射电发射。

在星际空间中，大部分气体是氢原子。如前所述，一个氢原子由一个质子核和围绕其运动的一个电子组成（见 2.6 节）。除了绕中心质子作轨道运动，电子还绕自身的轴作自转运动，称为自旋（spin）。质子也会自旋。这个模型与行星系颇为相似，在行星系中，除了行星绕中心恒星作轨道运动，行星（电子）和恒星（质子）都围绕自身的轴自转。

由物理定律可知，处于基态的氢原子仅存在两种可能的自旋形态。如图 11.14 所示，电子和质子既可同向自转（自旋轴平行），又可反向自转（自旋轴平行，但方向相反），前者的能量略高于后者。当电子和质子同向自旋的轻微激发氢原子回落到能量较低的反向自旋形态时，跃迁过程释放出一个光子，光子的能量等于两个形态之间的能量差。

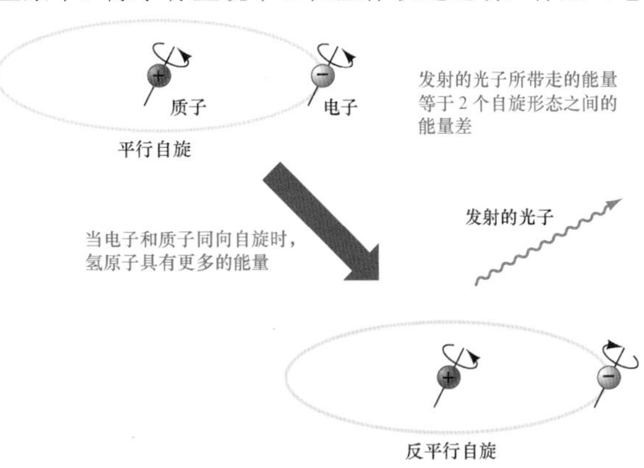

图 11.14 氢的 21 厘米辐射。基态氢原子从高能态（上）切换至低能态（下），并在此过程中发射一个射电光子

因为这两种形态之间的能量差很小，所以发射的光子的能量极低（见 2.6 节）。因此，该辐射的波长较长（约为 21 厘米），位于电磁波谱的射电部分。研究人员将这种氢原子自旋翻转的过程所产生的光谱发射线称为 21 厘米线，它为宇宙中含有氢原子气体的任何区域提供了一种至关重要的探测器。不需要可见星光来帮助校准信号，射电天文学家即可观测到含有能够产生可探测信号的足量氢气的任何星际区域，甚至还能研究暗尘云之间的低密度区域。

有一个事实非常重要，即 21 厘米辐射的波长远大于星际尘粒（尘埃粒子）的典型尺寸，因此这种射电辐射抵达地球时完全不受星际碎片的影响。21 厘米观测使人类有机会观测距离远超数千秒差距的星际空间，且能够在缺乏可探测背景恒星的方向上进行观测，因此成为天文学中最重要和最有用的观测工具之一。如第 10 章和第 15 章所述，对天文学家绘制银河系及其他许多星系的大尺度结构而言，21 厘米观测必不可少。

11.3.3 分子气体

在某些低温（通常为 10K～20K）中性气体的星际区域，密度可能高达 10^{12} 个粒子/立方米，且大部分气体粒子是分子（而非原子），这些区域称为分子云（molecular cloud）。在星际空间的这些致密尘埃部分中，只有长波长的射电辐射才能逃逸。

分子氢（H_2）显然是分子云中最常见的成分，但其并不发射（或吸收）射电辐射，因此不易用作云结构的探测器。21 厘米观测也无能为力，因为其只对原子氢敏感，对气体的分子形式并不敏感。为了研究这些尘埃区域的暗黑内部，天文学家利用了示踪分子的射电观测，如一氧化碳（CO）、水（H_2O）和甲醛（H_2CO）。这些分子由云内部的化学反应生成，并且在光谱的射电部分发射能量。这些分子的数量极少（可能仅为氢分子的十亿分之一），但是一旦观测到它们，就可确信也存在大量分子氢及其他重要成分。图 11.15 显示了 M20 周围甲醛分子分布的等值线图，发射峰值明显偏离了可见星云。

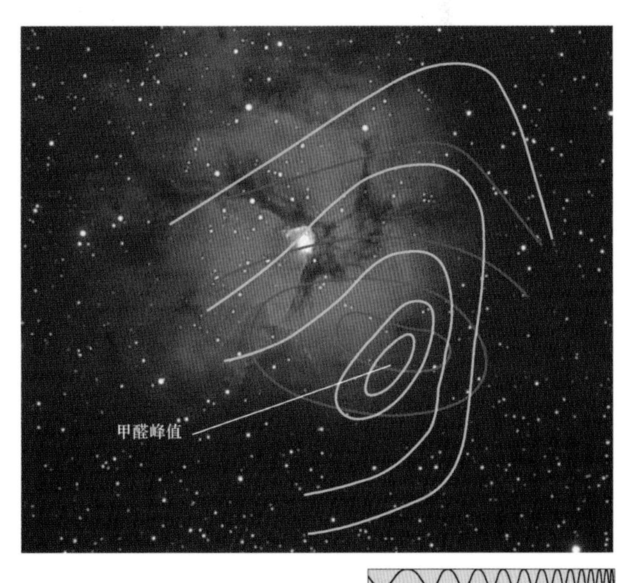

图 11.15 M20 附近的分子。由 M20 星云附近的甲醛等值线图可知，最暗星际区域的分子数量更多。甲醛的最大密度刚好位于可见星云的右下方，不同的颜色显示了甲醛在两种不同频率下的谱线强度（AURA）

分子观测结果表明，我们看到的壮观恒星形成区实际上是更大分子云的一部分。当源于新生恒星群的辐射加热并电离低温分子气体时，明亮的发射星云就从其暗黑的母云中爆发出来。在太空中，分子云并不作为不同类别的天体存在，而形成巨大的分子云复合体（molecular cloud complex），直径高达数十秒差距。有些复合体中含有大量气体，足够生成像太阳一样的数百万颗恒星。在银河系中，目前已知约有 1000 个这样的复合体。图 11.16 是大片天空区域的射电图像，它是利用一氧化碳分子的谱线制成的，显示了延伸至整个视场的分子云复合体。

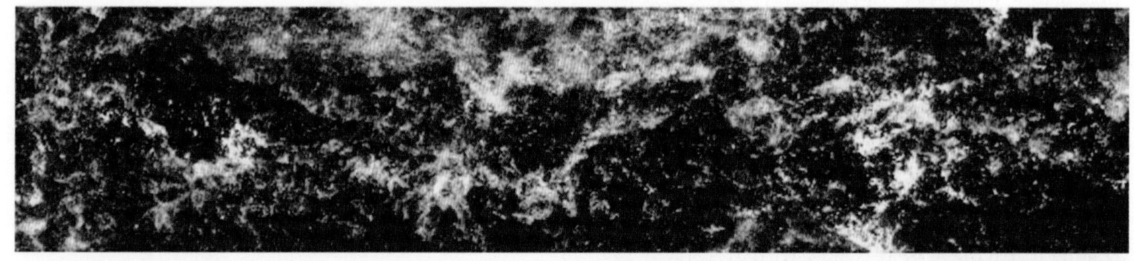

图 11.16　分子云复合体。在这幅假彩色射电图像中，显示了银河系外层部分的一氧化碳发射外观。明亮区域是分子云复合体，即分子大量存在且恒星明显正在形成的星际空间致密区域。这幅图像很大，延伸超过约 1/4 的天空，基于 1696800 次一氧化碳光谱观测结果制作（Five College Radio Astronomy Observatory）

为什么仅能在最致密的星际云中发现分子？原因之一是尘埃会保护脆弱分子免受恶劣星际环境的影响，同样的吸收既可阻止高频辐射向外进入探测器，又可阻止其向内进入星际云而摧毁分子。尘埃也能帮助形成分子，尘粒既提供原子可附着和反应的地方，也提供与反应相关的任何热量的消散方法（这些热量可能会摧毁新形成的分子）。

近年来，天文学家开始逐渐意识到星际物质是一种动态的环境，新生恒星（见 11.5 节）和超新星（见第 12 章）释放的能量驱动气体中的大尺度湍流运动。至于我们看到的低温分子云，或许只是被大尺度流动暂时压缩的致密气体区域，就好比是周围杂乱海洋中的瞬态岛屿。

科学过程回顾

既然一氧化碳和甲醛等分子在星际空间中的含量极少，天文学家为何在测绘分子云时还要观测这些少数分子？

11.4　类日恒星的形成

下面将注意力转向星际物质与银河系中各恒星之间的关系。这些恒星是如何形成的？质量、光度和空间分布的决定因素有哪些？简而言之，夜空外观与哪些基本过程相关？

11.4.1　引力和热量

简单地说，恒星的形成始于部分星际物质（上一节介绍的一种冷暗云）在自身引力/重力作用下的坍缩。通过以下两种基本相反作用之间的平衡，星际云得以维持流体静力平衡：引力（总是指向内部）和热量（形式为指向外部的压力）（见 9.2 节）。若引力开始压制热量（无论何种原因），则云就可能失去平衡并开始收缩。

考虑一个大型星际云的一小部分。首先聚焦在几个原子上，如图 11.17a 所示。即便该星际云的温度极低，每个原子也都存在某些随机运动（见更为准确 2.1）。每个原子还受到所有邻近原子的引力牵引作用，但是由于每个原子的质量都很小，所以该引力并不大。如图 11.17b 所示，当几个原子偶然瞬间聚集成团时，引力的合力不足以将它们束缚为持久而独特的物质块，因此这个偶然形成的团块会以其形成时的速度迅速消散（见图 11.17c）。热量（原子的随机运动）的影响远强于引力。

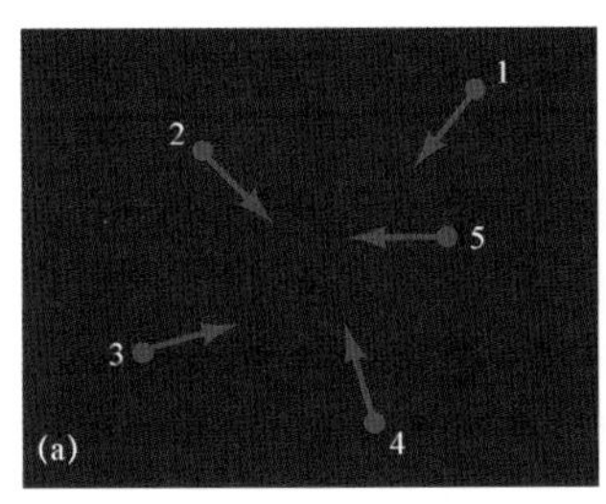

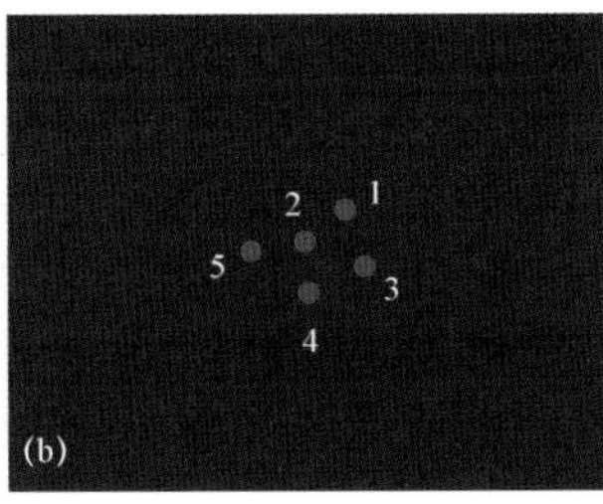

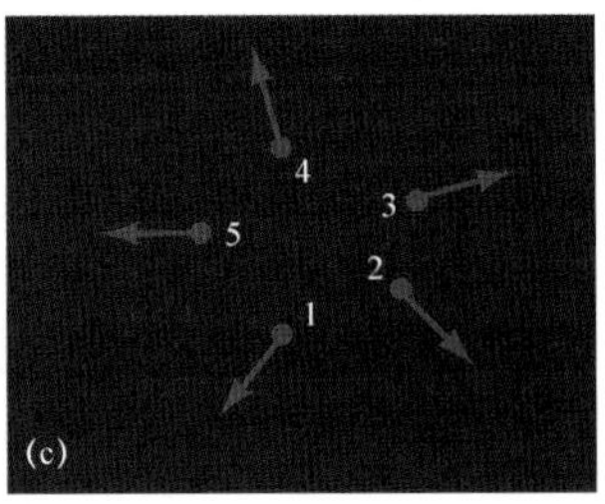

若多个原子相互作用，则它们应当会聚集在一起，开始滑过彼此，但随后很快悬停，最后收缩成团

图 11.17　原子的运动。在星际云内，几个原子的运动受引力的影响很小，以至于其路径几乎没有变化：(a)交会前；(b)交会期间；(c)交会后

随着数量的增多，原子之间的引力牵引也增强，最终团块的引力合力强大到足以完全阻止其消散回到星际空间中。这种情况的发生需要多少个原子呢？对典型的冷云（100K）而言，答案是约 10^{57} 个原子，换句话说，该团块的质量必须与太阳的质量相当。若假想团块的质量大于太阳的质量，则其应当不会消散，自身引力将会导致其收缩，直至最终形成一颗恒星。

当然，10^{57} 个原子并非仅靠随机运动聚集在一起，更准确地说，恒星形成的激发因素是质量足够大的气团被某种外部事件压缩。气团被压缩的外部事件包括：两个气团碰撞；附近的 O 型（或 B 型）恒星群形成并加热周围环境，从而产生发射星云和激波；邻近恒星爆炸，成为超新星（见 12.4 节），产生激波；部分星际云变得太冷，内部压力无法支撑它抗衡自身的引力。无论何种原因，理论认为一旦坍缩开始，恒星随后就会形成。

在成为像太阳一样的主序星之前，星际云可能要经历 7 个演化阶段，如表 11.2 所示。这些阶段具有不同的特征，包括星前/前恒星（prestellar）天体的中心温度、表面温度、中心密度和直径。这些阶段追踪其从宁静星际云到真正恒星的过程。表 11.2 中给出的数字及以下讨论仅适用于与太阳质量大致相当的恒星，下一节将放宽这一限制，考虑其他质量的恒星的形成。

表 11.2　类日恒星的星前演化

阶　段	到下一阶段的大致时间（年）	中心温度（K）	表面温度（K）	中心密度（粒子数/立方米）	直径[1]（km）	天　体
1	2×10^{6}	10	10	10^{9}	10^{14}	星际云
2	3×10^{4}	100	10	10^{12}	10^{12}	云碎片
3	10^{15}	10000	100	10^{18}	10^{10}	云碎片/原恒星
4	10^{6}	1000000	3000	10^{24}	10^{8}	原恒星
5	10^{7}	5000000	4000	10^{28}	10^{7}	原恒星
6	2×10^{6}	10000000	4500	10^{31}	2×10^{6}	恒星
7	10^{10}	15000000	6000	10^{32}	1.5×10^{6}	主序星

[1] 为了进行比较，回顾可知太阳的直径为 1.4×10^{6}km，太阳系的直径约为 1.5×10^{10}km。

11.4.2　第 1 阶段：星际云

在恒星的形成过程中，第 1 阶段是一片致密的星际云，这是暗尘云的核心或者分子云的一部分。这些云确实非常巨大，直径有时高达数十秒差距（10^{14}～10^{15}km），典型温度普遍约为 10K，密度可能为 10^{9} 个粒子/立方米。在第 1 阶段中，云的质量是太阳质量的数千倍，主要以冷原子及分子气体的形式存在。星际云所含的尘埃对云收缩时的冷却非常重要，对行星形成也十分关键，但在总质量中所占的比例可以忽略不计（见 4.3 节）。

在图 11.15 中，由射电等值线（红色和绿色）勾勒出的暗色区域（并非其中已形成恒星的发射星云本身）可能代表了刚开始收缩的第 1 阶段云。甲醛谱线的多普勒频移观测结果表明，它可能正在沉降。该区域的直径不到 1 光年，但总质量为太阳质量的 1000 多倍（远大于 M20 自身的质量）。

理论研究表明，一旦云被压缩到超过引力克服气体压力的临界点，因为气体中的引力更不稳定，云就会自然碎裂为越来越小的物质团块。如图 11.18 所示，一片典型的云可能会形成数十、数百甚至数千个碎片，每个碎片都一定会形成一颗（或一组）恒星。从最初的不稳定云到后来的诸多瓦解碎片，整个过程可能要经历数十万年。由于具体条件不同，一片云可能会形成数十颗恒星，每颗恒星都远大于太阳；也可能会形成数百（或数千）颗恒星，每颗恒星的大小与太阳相当（或更小）。几乎没有证据表明恒星是孤立诞生的，一颗恒星源于一片云，大多数（或许全部）恒星似乎最初都曾作为多个系统的成员。图 11.19 展示了直接支持刚才描述场景的最新观测证据，显示了银心附近的一片致密暗黑分子云，其中包含了数十个更致密的星前碎片，质量为太阳的数十到数百倍。

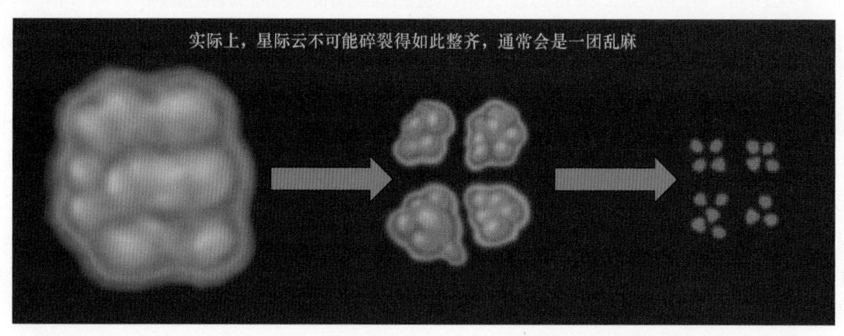

图 11.18　云碎裂。当星际云收缩时，引力不稳定使其碎裂成更小的碎片。这些碎片继续碎裂，最终形成数十、数百甚至数千颗独立的恒星

持续性碎裂过程最终被收缩云内部的密度增大而阻止。随着碎片不断收缩，密度最终变大到辐射无法轻易逃逸。俘获辐射（trapped radiation）导致温度上升，压力增大，碎裂停止，但收缩仍在继续。

11.4.3　第 2 阶段和第 3 阶段：云碎片收缩

进入第 2 阶段后，碎片一定会形成所含物质质量相当于 1～2 个太阳的类日恒星，即图 11.18 中所描绘过程的最终产物。计算结果表明，这个模糊气斑的直径只有百分之几秒差距，但仍然约为太阳系直径的 100 倍，中心密度约为 10^{12} 个粒子/立方米。

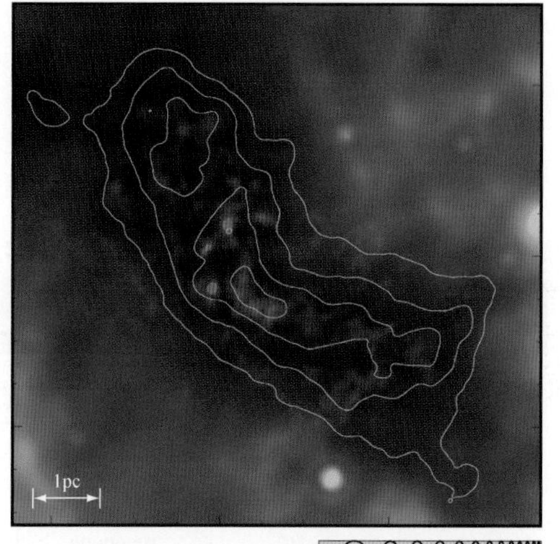

图 11.19　星前碎片。这幅非凡的图像融合了小分子云 G0.253 + 0.016（位于银心附近）的红外线、毫米波和射电观测结果，青色图像是斯皮策太空望远镜的红外视图；白色轮廓线追踪了云中分子的射电发射，勾勒出了其整个范围。云非常致密，甚至吸收了红外背景，因此外观很暗。红色小斑点（小云）是云中致密星前碎片的高分辨率 ALMA（阿塔卡马大型毫米/亚毫米波阵）观测结果（见 5.4 节）。这些碎片正在形成恒星的途中，总质量约为太阳的数千倍（J. Rathborne/Astrophysical Journal）

虽然已大幅收缩，但是由于气体向太空中持续辐射大量的能量，因此碎片的平均温度与其母云的相差不大。碎片物质非常稀薄，在其内部任何位置产生的光子非常容易逃逸（而不被重新吸收），收缩过程释放的几乎全部能量都被辐射出去，因此温度并不升高。只有在中心位置，因为辐射必须穿过最大数量的物质才能逃逸，所以温度才明显升高，这一阶段的气体温度可能高达 100K。但是，对大部分位置的碎片而言，收缩时仍然保持较低的温度。

自首次开始收缩数万年后，第 2 阶段碎片已收缩成气态球体，直径大致相当于太阳系（但仍为太阳直径的 10000 倍）。现在，第 3 阶段开始了，内部区域对其自身的辐射已变得不透明，且开始显著升温，如表 11.2 所示。中心温度高达约 10000K，比地球上最热的炼钢炉的温度还要高。但是，边缘附近的气体仍能将其能量辐射到太空中，并因此而保持较低的温度。此时的中心密度约为 10^{18} 个粒子/立方米，但仍然仅相当于约 10^{-9}kg/m^3。

碎片首次开始具备恒星外观，致密且不透明的中心区域称为原恒星（protostar）。随着越来越多的

物质从外部落入，碎片的质量逐渐增大，但是由于压力仍然无法克服引力的持续牵引，因此半径继续缩小。到第 3 阶段结束时，我们能够分辨出原恒星之上的表面，即光球（photosphere）。在光球内部，原恒星物质对其发出的辐射不透明。注意，表面的这一操作性定义与太阳相同（见 9.1 节）。从现在开始，表 11.2 中列出的表面温度指的是光球而非坍缩碎片边缘的温度。

图 11.20 显示了猎户座中的一个恒星形成区。明亮的猎户星云（Orion Nebula）由几颗 O 型星从内部照亮，周围（部分）被一个巨大的分子云环绕，该分子云的延伸范围远超图 11.20c 所示约 1pc 的平方的区域。在猎户星云复合体中，存在若干较小的强射电发射地点，这些发射来自核心深处的分子。如图 11.20d 所示，它们的直径约为 10^{10}km，大致相当于太阳系的直径；密度约为 10^{15} 个粒子/立方米，远高于周围云的密度。虽然温度无法可靠地计算，但是许多研究人员将这些区域视为第 2 阶段与第 3 阶段之间的天体，位于成为原恒星的临界位置。在图 11.25 和图 11.31 所示部分星云的可见光和红外图像中，显示了原恒星的其他证据。

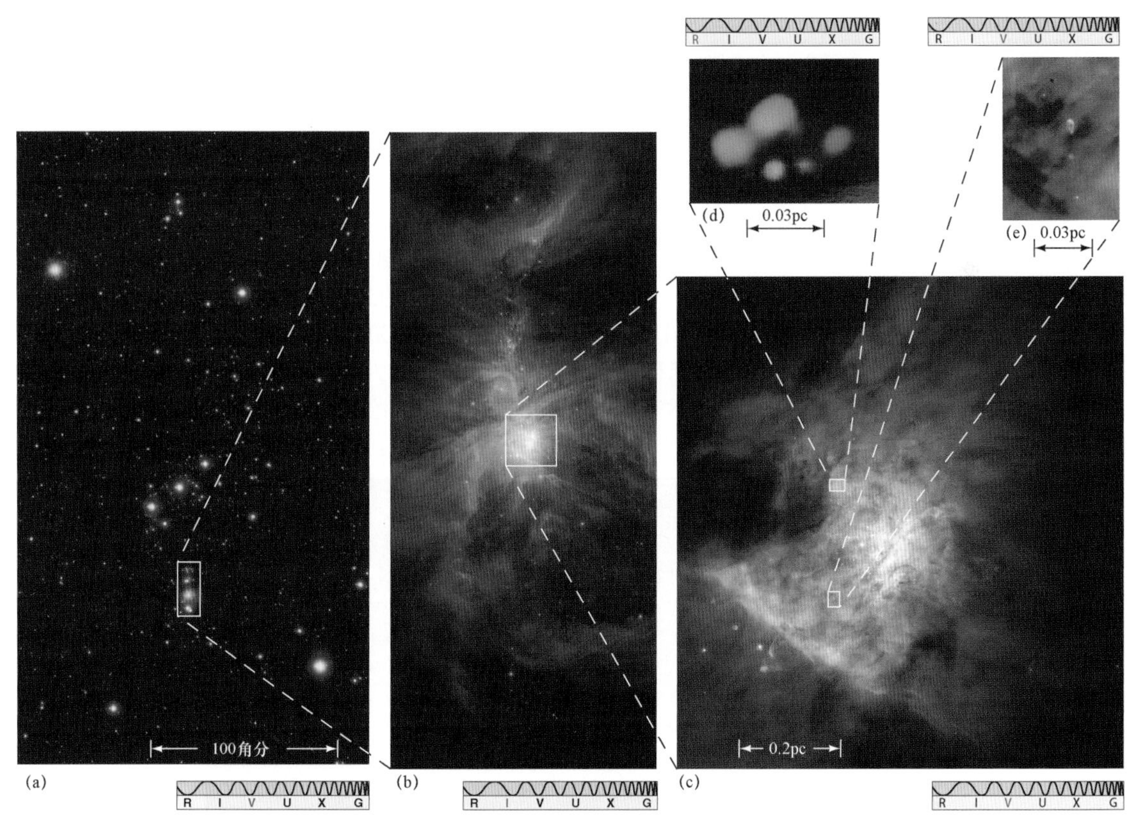

图 11.20　猎户星云近景。(a)猎户座，矩形标出了其周围的著名发射星云区域（见图 0.2）；(b)图(a)中矩形区域的放大图，但以红外图像显示，可见该星云是如何被巨大分子云所部分环绕的。这个云中的不同部分可能正在碎裂和收缩，甚至更小的区域正在形成原恒星。右侧的三幅子图显示了这些原恒星的部分证据；(c)在猎户星云内，嵌入星云的“结”的真彩色可见光图像；(d)部分强发射分子云区域的假彩色射电图像；(e)几颗年轻恒星之一的高分辨率图像，周围环绕着气体和尘埃盘（这里可能会最终形成恒星）（P. Sanz/Alamy; SST; CfA; NASA）

11.4.4　第 4 阶段：原恒星

在演化过程中，原恒星不断收缩，核心和光球的密度增大且温度上升。当碎片形成约 100000 年后，恒星形成过程进入第 4 阶段，中心物质在约 100 万开尔文的高温下翻滚。从原子中剥离的电子和质子以极高的速度（数百千米/秒）呼啸而过，但温度仍然低于 10^7K，无法激发将氢聚变为氦的质子-质子核反应。现在，这个气堆仍然远大于太阳，直径大致相当于水星轨道的大小，表面温度已上升至数千开尔文。

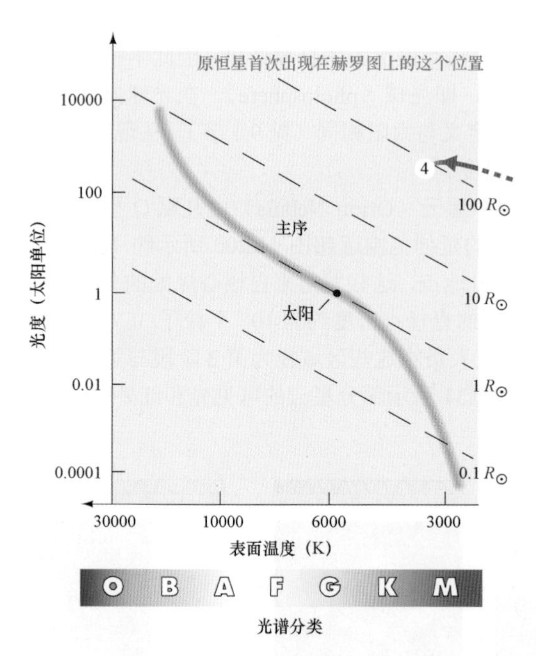

图 11.21　赫罗图上的原恒星。红色箭头表示星际云碎片在成为第 4 阶段原恒星之前的大致演化轨迹。在这幅图和随后的赫罗图上，粗体数字指的是表 11.2 中列出的星前演化阶段

知道原恒星的半径和表面温度后，就可利用半径-光度-温度关系来计算其光度（见 10.4 节）。显然，该光度约为 1000 倍太阳光度。因为原恒星核中的核反应尚未开始，所以这种光度完全源于原恒星持续收缩和周围碎片物质（第 4 章中称为太阳星云）大量降落至表面时的引力能/重力能释放（见 4.3 节）。

在搜寻恒星形成的更高阶段的示例时，因为第 4 阶段至第 6 阶段的天体温度越来越高，所以射电技术变得不那么有用。根据维恩定律，它们的发射向更短的波长偏移，因此在红外波段最闪亮（见 2.4 节）。20 世纪 70 年代，在猎户座分子云的核心中，人们探测到了一个特别明亮的红外发射体，称为 **BN 天体/贝克林-诺伊格鲍尔天体**（Becklin-Neugebauer object），其光度约为太阳光度的 1000 倍。大多数天文学家认为，这个高温且致密的斑点是一颗质量较大的原恒星，可能正处在第 4 阶段附近。

到了第 4 阶段，即可将原恒星的物理性质绘制在赫罗图上（见 10.5 节）。在恒星演化的每个阶段，表面温度和光度可用赫罗图上的一个点表示。随着恒星的演化，这个点在图上的运动称为该恒星的**演化轨迹/演化程**（evolutionary track），这是恒星生命的图形化表达。注意，演化轨迹与恒星的任何真实空间运动均无关。在图 11.21 中，红色轨迹描绘了星际云碎片自第 3 阶段结束并成为原恒星（本身位于图右侧边缘附近）后所遵循的大致路径。图 11.22 是艺术家绘制的一幅示意图，描绘了星际气体云沿着迄今为止介绍的路径进行演化。

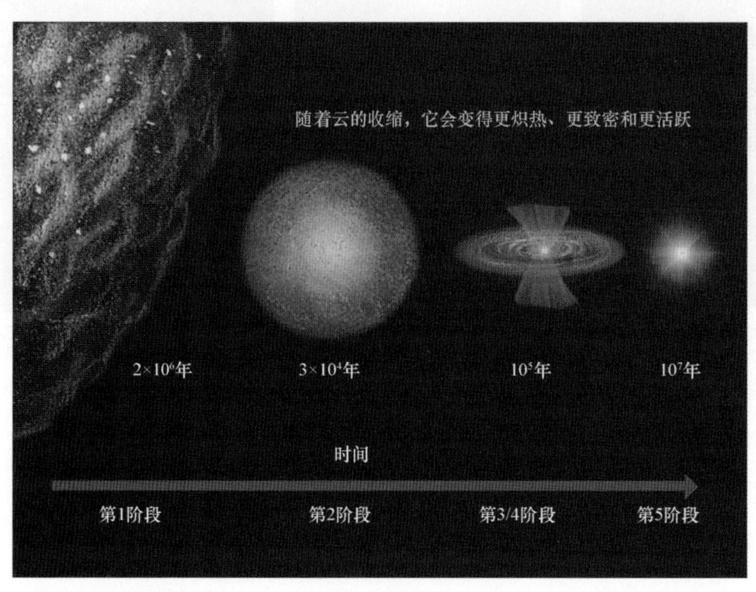

图 11.22　星际云演化。艺术家绘制了表 11.2 中列出的早期演化阶段的星际云变化（未按比例绘制），每个阶段的持续时间以年为单位标出

11.4.5　第 5 阶段：原恒星演化

此时的原恒星仍未处于平衡状态。当前温度虽然已非常之高，向外的压力已成为抗衡向内牵引的引

力影响的强大反作用力，但是这种平衡还不够完美。原恒星的内部热量逐渐向外扩散，从炽热的中心传导至较冷的表面，然后辐射到太空中。因此，收缩过程变缓，但并未完全停止。

在第 4 阶段之后，原恒星在赫罗图上下移（朝向较低的光度），并稍微偏左（朝向较高的温度），如图 11.23 所示。到了第 5 阶段，原恒星已收缩至 10 倍太阳大小，表面温度约为 4000K，光度降至约 10 倍太阳光度，中心温度则攀升至约 500 万开尔文。至此，气体已完全电离，但质子仍没有启动核聚变所需的足够热能。

在这个演化阶段，原恒星经常出现非常剧烈的表面活动，从而形成极强的原恒星风（密度远大于太阳风）。这部分演化轨迹通常称为**金牛 T 阶段**（T-Tauri phase），它以金牛 T 型星（T-Tauri）的名字命名，这是星前发育阶段观测到的首颗恒星（实际上是原恒星）。强风与原恒星（可能还有行星）仍在形成的星云盘之间相互作用，通常会形成**双极流/偶极流**（bipolar flow）——喷出垂直于星云盘的两股物质喷流。图 11.24a 显示了一个特别漂亮雅致的示例。

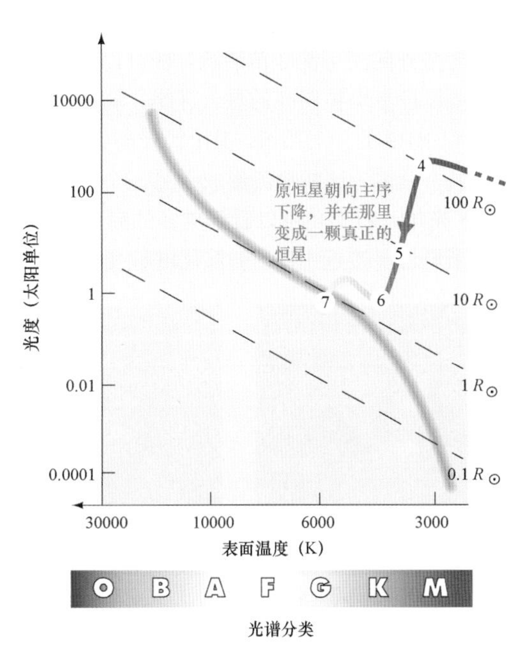

图 11.23　赫罗图上的新生恒星。从第 4 阶段到第 6 阶段，通过光度不断下降的路径，显示了原恒星的观测性质变化。在第 7 阶段，这颗新生恒星进入主序

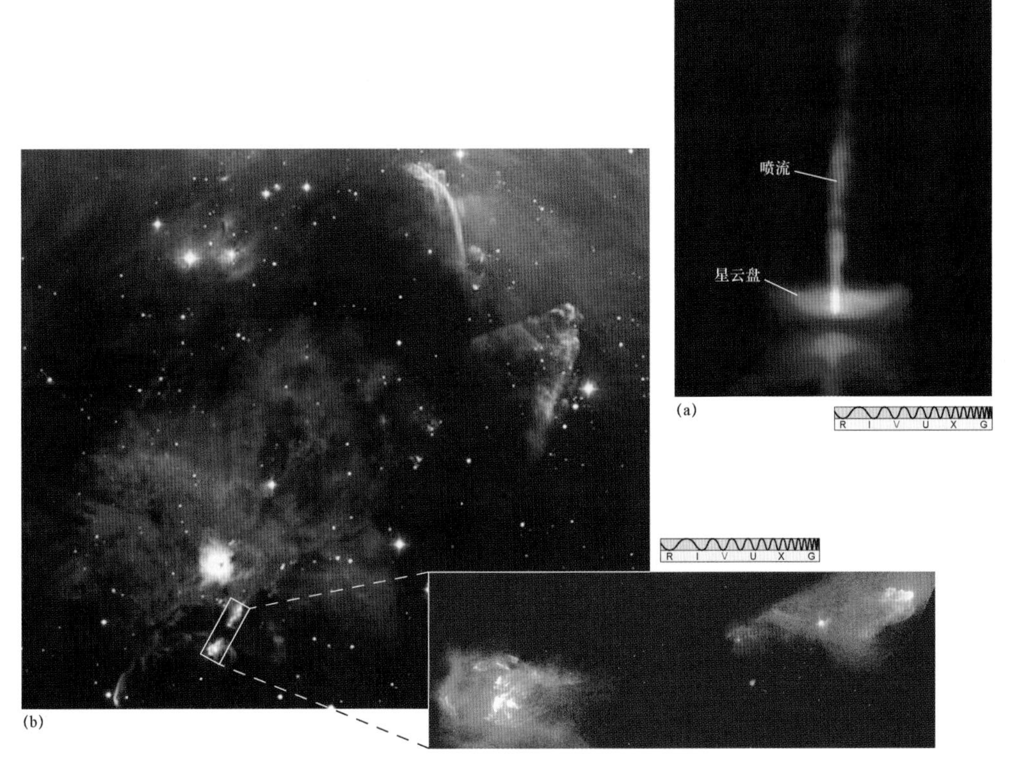

图 11.24　原恒星外向流。(a)在这幅漂亮雅致的图像（右）中，年轻恒星系统 HH30 生成了两股喷流，这是物质吸积到中心附近一颗萌芽期恒星上的结果；(b)在猎户座分子云下方的视图中，显示了一颗新生恒星（仍被星云气体环绕）的外向流。插图显示了称为 HH1/HH2 的一对喷流，其形成过程如下：当物质落到另一颗原恒星上（但仍被形成它的尘云碎片遮蔽）时，即可形成一对垂直于扁平原恒星盘的高速气体喷流。喷流的跨度接近 1 光年。右上角可看到其他几个赫比格-哈罗天体，其中之一类似于瀑布（AURA; NASA）

这些外向流可能非常活跃。图 11.24b 显示了猎户座分子云的一部分，位于猎户星云南侧，可以看到一颗原恒星仍被明亮的星云环绕，湍流风向外传播至星际物质中。其下方（已在插图中放大）是称为 HH1 和 HH2 的一对喷流，HH 代表赫比格-哈罗（Herbig-Haro），以首次为这些天体编制星表的研究人员的名字命名。这些喷流形成于另一个原恒星盘（不可见）中，在与星际物质碰撞之前，已向外行进了近 0.5 光年。右上角可以看到更多的赫比格-哈罗/HH 天体。

当原恒星接近主序时，演化过程变得更慢。星际云的最初收缩和碎裂速度相当快，但是到第 5 阶段后，随着原恒星逐渐接近成熟恒星状态，演化速度变慢。原恒星收缩很大程度上取决于其将内部能量辐射到太空中的速率，因此随着光度的降低，收缩速率也降低。

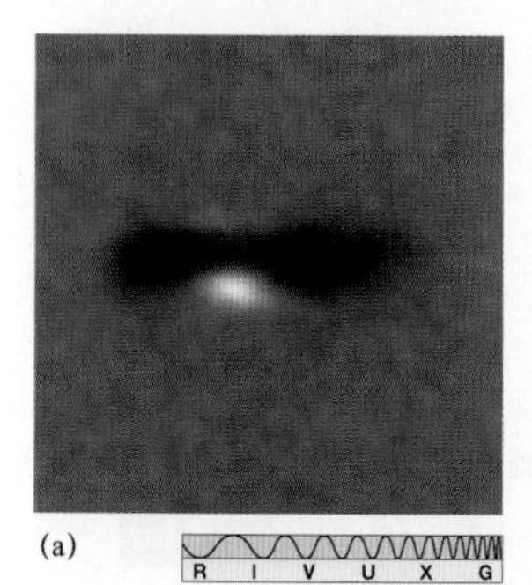

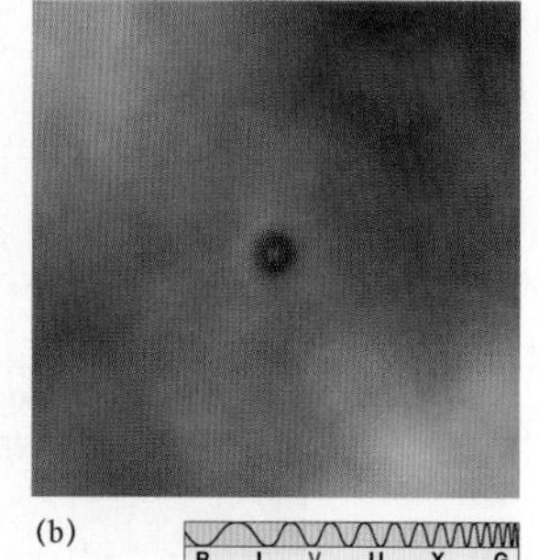

图 11.25　原恒星。(a)猎户座区域某尘埃盘（行星系大小）的红外侧视图像，显示了从中心发出的热量和光。在赫罗图中，这个未被命名的来源似乎是第 5 阶段附近的一颗小质量原恒星；(b)环绕在“猎户座内嵌原恒星”周围的稍高级星周盘（circumstellar disk）的光学正面视图（NASA）

在红外天文卫星（Infrared Astronomical Satellite，IRAS）于 20 世纪 80 年代初发射之前，天文学家只知道遥远星云中正在形成极大质量的恒星。但是，红外天文卫星观测结果表明，正在形成的恒星距离地球并不遥远，其中部分原恒星的质量与太阳大致相当。如图 11.25 所示，在猎户座的富恒星形成区中，哈勃太空望远镜发现了两颗小质量原恒星，其红外热特征符合第 5 阶段天体的预期。

11.4.6　第 6 阶段和第 7 阶段：新生恒星

在第 4 阶段开始后约 1000 万年，原恒星最终成为一颗真正的恒星。在第 6 阶段，当约 1 倍太阳质量的天体收缩到约 100 万千米半径时，收缩过程将中心温度提升至 1000 万开尔文，这一温度足以引发核燃烧。在核心中，质子开始聚变为氦核，恒星由此诞生。如图 11.23 所示，此时恒星的表面温度约为 4500K，仍然略低于太阳的表面温度。虽然新形成恒星的半径略大于太阳半径，但温度较低意味着其光度略低于当前太阳的光度（实际上约为太阳光度的 2/3）。

第 6 阶段恒星的间接证据来自天体的红外观测，这些天体似乎是被周围暗云隐藏在光学（即可见光）视野外的发光炽热恒星，它们的辐射大部分被尘埃茧吸收，然后被尘埃以红外辐射形式再次发射。支持加热尘埃云的炽热恒星刚被点燃不久的观点如下：①当中心恒星形成后，尘埃茧预计迅速消散；②这些天体总被发现于分子云的致密核心中，与刚才概括的恒星形成序列一致。

在随后约 3000 万年期间，第 6 阶段恒星进一步收缩，中心密度攀升至约 10^{32} 个粒子/立方米（更简洁的表达方式为 10^5kg/m^3），中心温度攀升至 1500 万开尔文，表面温度达到 6000K。在第 7 阶段，该恒星最终抵达主序，具体位置与太阳差不多。恒星内部的压力和引力最终彼此平衡，核心生成核能的速率与表面向外辐射能量的速率完全一致。

从星际云到恒星的旅程历经 4000 万至 5000 万年，虽然从人类的标准看非常漫长，但仍不到主序上太阳寿命的 1%。对一颗天体而言，一旦开始氢聚变并建立向内引力和向外压力的流体静力平衡，就会在很长一段时间内稳定地燃烧。在接下来的 100 亿年间，该恒星在赫罗图上的位置（表面温度和光度）几乎保持不变。

概念回顾

如何区分坍缩云和原恒星？如何区分原恒星和恒星？

11.5 其他质量的恒星

刚才描述的数值和演化轨迹仅适用于 1 倍太阳质量的恒星，对其他质量的星前天体而言，温度、密度和半径表现出了类似的趋势，但是具体细节存在差异，有时差异还相当大。星际云内形成的最大质量的碎片趋于产生最大质量的原恒星，并且最终产生最大质量的恒星。同理，小质量碎片产生小质量的恒星。

11.5.1 零龄主序

图 11.26 理论上比较了三种质量恒星的前主序演化轨迹，包括 1 倍太阳质量恒星（即太阳）、0.3 倍太阳质量恒星和 3.0 倍太阳质量恒星。所有三条轨迹均以相同的方式穿越赫罗图，但是最终形成恒星的质量大于太阳质量的云碎片沿着图上的更高轨迹接近主序，最终形成恒星的质量小于太阳质量的云碎片则沿着图上的更低轨迹接近主序。星际云成为主序星所需的时间同样主要取决于其质量（见 10.7 节），质量最大的碎片仅需短短 100 万年即可收缩成 O 型星，大致为形成太阳所需时间的 1/50。对质量远小于太阳的星前天体而言，情况则刚好相反，如典型 M 型星需要近 10 亿年才能形成。

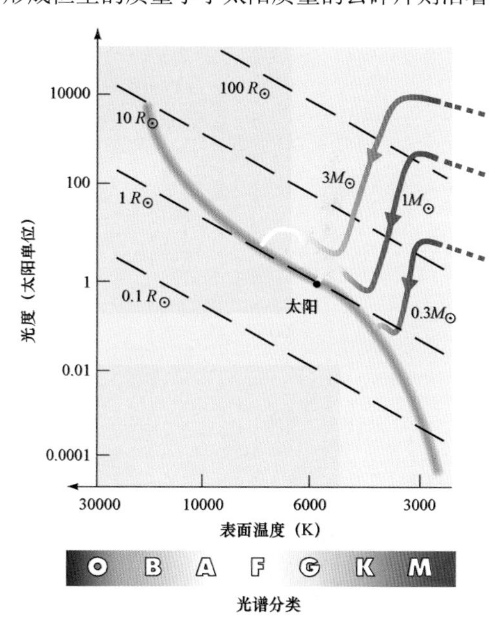

图 11.26 星前演化轨迹。质量大于和小于太阳质量的恒星演化路径

无论质量大小，星前演化轨迹的终点都是主序。当氢开始在核心中燃烧且恒星性质趋于稳定时，即可认为该星已抵达主序。理论预测的主序带通常被称为零龄主序（Zero-Age Main Sequence，ZAMS），与太阳附近及更遥远恒星系统中所观测到的恒星主序非常吻合。

一定要记住，主序并不是一条演化轨迹，即各恒星并不沿着主序进行演化。与此相反，主序是赫罗图上的一个驿站，各恒星在此停留并且度过一生中的大部分时间，小质量恒星位于下部，大质量恒星位于上部。一旦位于主序上，在作为第 7 阶段恒星的整个寿命期间，该恒星就会停留在赫罗图上大致相同的位置。换句话说，当一颗恒星抵达主序后，G 型星绝对不会上窜成为 B 型（或 O 型）主序星，也不会下跳为 M 型红矮星。如第 12 章所述，离开主序时，恒星才进入下一演化阶段，此时恒星的表面温度和光度将与数百万（或数十亿）年前抵达主序时的几乎相同。

概念回顾

各恒星是否沿主序演化？

11.5.2 失败的恒星

有些云碎片因为太小而永远无法成为恒星，在中心温度炽热到足以发生氢聚变之前，压力和引力就已达成平衡，因此永远不会演化到超出原恒星阶段。这些小质量碎片未变成恒星，而继续冷却，最终变成星际空间中的致密暗黑渣块（未燃烧物质的冷碎片）。这些天体的体积小、光泽暗淡且温度较低（且越来越低），统称褐矮星（brown dwarf）。基于理论建模，天文学家算出了生成足够高的核心温度以开始核聚变所需的最小气体质量，即约 0.08 倍太阳质量（80 倍木星质量）。

数量巨大的褐矮星极有可能散布在整个宇宙中，在云收缩阶段的一段时间后冻结在某个地方。无论它是围绕其他恒星运行还是独自于太空中漂泊，基于当前的技术能力，人类很难探测到它们。我们可以用望远镜探测恒星，用光谱推断原子和分子，但是很难看到太阳系之外的那些小质量天体。虽然如此，但是观测硬件和图像处理技术最近取得了突破性进展，人们已识别了许多可能的褐矮星，通常采用与搜寻系外行星时类似的技术（见 4.4 节）。如前所述，大多数恒星位于双星中，褐矮星可能也是如此（见 10.7 节）。

如图 11.27a 所示，格利泽 623（Gliese 623）是包含一颗褐矮星候选的双星系统，最初通过视向速度测量而识别；格利泽 229（Gliese 229）首先通过地基红外观测而被识别为一颗可能的褐矮星。在近期的更多空基红外图像中，显示了更多的褐矮星候选。图 11.27c 是斯皮策太空望远镜拍摄的一幅小型星团图像，其中不仅显示了许多亮星，而且显示了被认为是褐矮星的大量暗淡天体。基于当前的观测结果，在遥远的星际空间深处，似乎潜伏着多达 1000 亿颗寒冷且暗黑的褐矮星，与银河系中真实恒星的总数相当。图 11.27d 比较了褐矮星（尤其是图 11.27b 中的格利泽 229）与其他部分知名的天体。

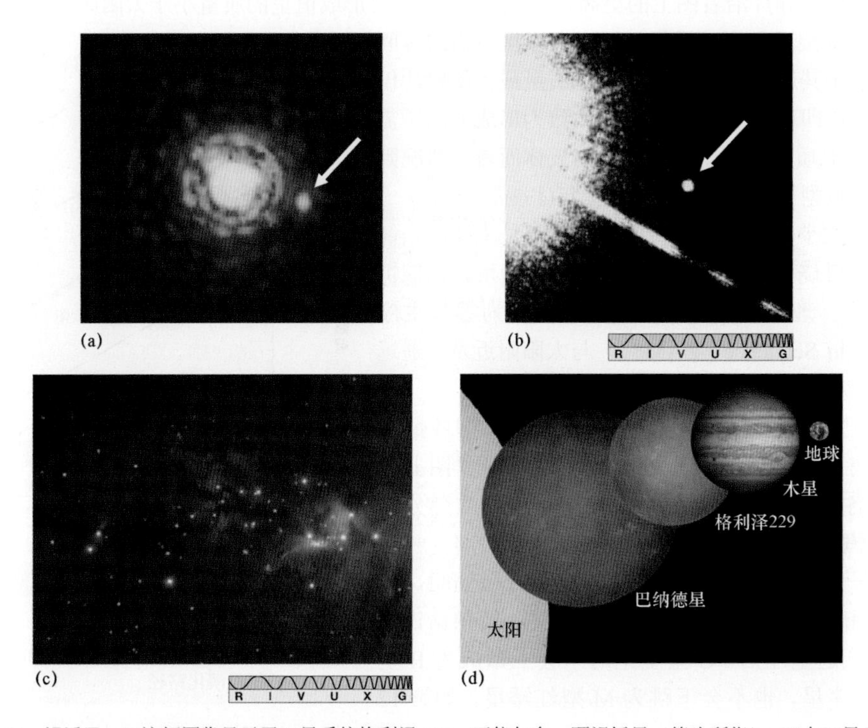

图 11.27　褐矮星。(a)这幅图像显示了双星系统格利泽 623，可能包含一颗褐矮星（箭头所指）；(b)在双星系统格利泽 229 的这幅图像中，显示了相距仅 7″的两颗子星。较暗恒星（箭头所指）的光度仅为太阳的百万分之几，质量估计约为木星的 50 倍［注意，(a)中的圆环和(b)中的长钉状物是仪器的伪影］；(c)在猎户星云正北某个星团的红外图像中，明亮天体为恒星，许多暗色光斑为褐矮星；(d)这幅渲染图比较了部分恒星、褐矮星和行星的大小（NASA）

11.6　星团

通过收缩和碎裂，星际气体云最终形成一群恒星，这些恒星均由同一母云形成且位于同一太空区域，这样的恒星集合称为星团（star cluster）。图 11.28 显示了一个新生星团及其母星际云（部分）的壮观视图。由于所有恒星均由同一母星际云同时形成，且环境条件相同，因此星团多数情况下都是恒星研究的理想实验室，这并不是说天文学家可对其进行实验，而是因为这些恒星的性质高度受限。在同一星团中，区分不同恒星的唯一因素是质量，因此恒星形成与演化的理论模型可与真实情况进行比较，而不会因牵涉年龄、化学组成和诞生地的广泛分布而变得复杂。

11.6.1 星团和星协

图 11.29a 显示了金牛座中一个肉眼可见的著名小型星团，称为昴星团/昴宿星团（Pleiades）或七姊妹星团/七姐妹星团（Seven Sisters），它距离地球约 120pc。这种结构松散、外形不规则且主要位于银道面中的星团称为疏散星团/银河星团（open cluster），一般包含数百到数万颗恒星，覆盖范围为几秒差距。图 11.29b 显示了昴星团中各恒星的赫罗图，该星团包含的恒星遍布主序的所有部分。如第 10 章所述，蓝色恒星必定相对年轻，燃料的燃烧速度非常快（见 10.7 节）。因此，虽然我们并不掌握该星团诞生的直接证据，但是可以估计其年龄不到 2000 万年，即一颗 O 型星的寿命。照片中可见的残留气体是该星团较为年轻的进一步证据。

质量较小但延伸范围更广的星团称为星协（association）。星协中的恒星数量通常不超过数百颗，但是覆盖范围可达数十秒差距。星协趋于富含非常年轻的恒星，且这些恒星之间的束缚非常松散（如果有的话）。许多星协似乎正在向太空中自由延伸，并在形成后消散。

图 11.30a 显示了一种非常不同的星团类型，称为球状星团（globular cluster）。所有球状星团大致呈球状（由此得名），通常发现于远离银道面的地方，包含数十万（有时甚至数百万）颗恒星，覆盖范围约为 50pc。11.30b 显示了球状星团半人马座 ω（Omega Centauri）的赫罗图。

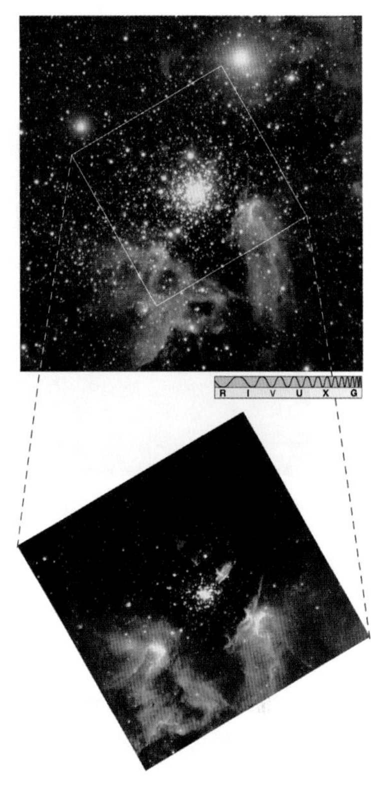

图 11.28 新生星团。星团 NGC 3603 及其更大母分子云的一部分。该星团包含约 2000 颗亮星，距离地球约 6000pc。这里显示的视场跨度约为 20 光年。来自星团的辐射已清除了云（直径约为数光年）中的一个空腔。插图更清晰地显示了中心区域，存在许多质量小于太阳的小型恒星（ESO; NASA）

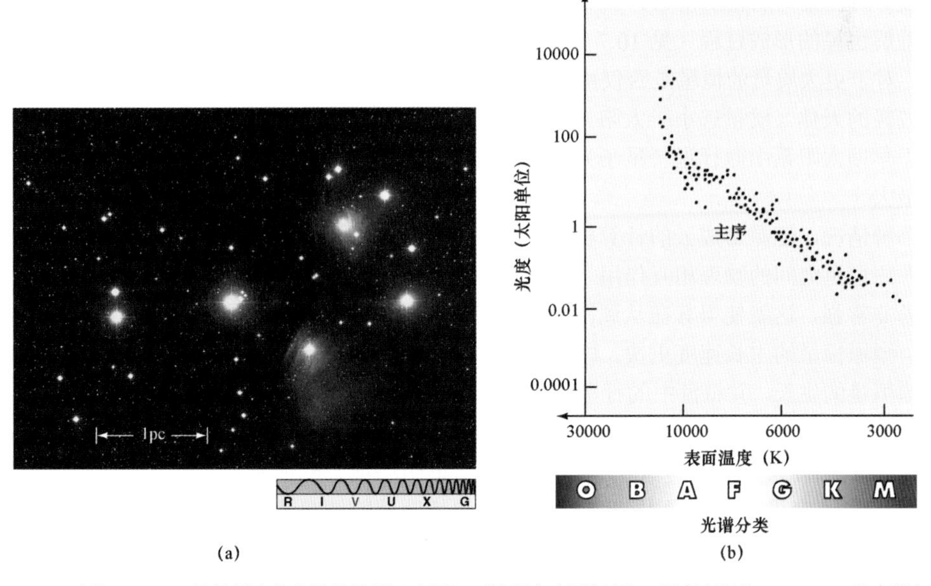

图 11.29 疏散星团。(a)昴星团也称七姊妹星团（肉眼仅可见到六七颗恒星），距离太阳约 120pc；(b)这个著名疏散星团中所有恒星的赫罗图（NOAO）

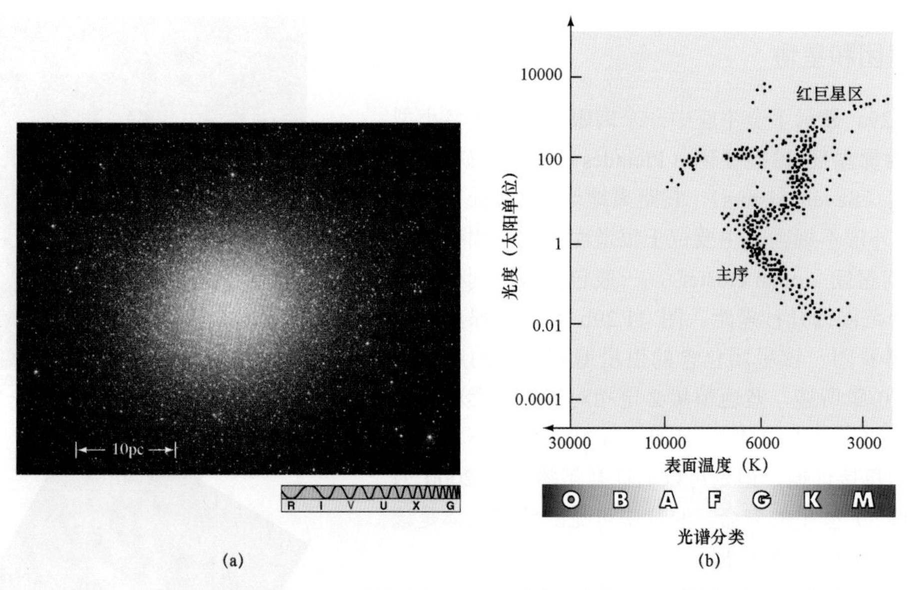

图 11.30　球状星团。(a)球状星团半人马座 ω，距离地球约 5000pc，直径约为 40pc；(b)其部分恒星的赫罗图（P. Seitzer）

球状星团最突出的特征是缺少上部主序星，实际上，球状星团不包含质量大于 0.8 倍太阳质量的主序星（图中所含 A 型星处于演化过程中的更后期阶段，刚好经过上部主序位置）。质量较大的 O 型星到 F 型星早就耗尽了核燃料，然后从主序中消失。基于这些及其他观测结果，天文学家估计所有球状星团的年龄至少为 100 亿年，其中包含银河系中的已知最古老恒星。据天文学家推测，今天观测到的约 150 个球状星团只是很久以前形成的更大数量星团中的幸存者。

11.6.2　星团和星云

一个星团中会形成多少颗恒星？这些恒星是什么类型？当恒星形成过程结束后，坍缩的云是什么样子？目前，虽然单颗恒星形成的主要阶段（3～7）已相当确定，但是这些更广泛的问题（涉及第 1 阶段和第 2 阶段）的答案仍然相当粗略。小质量恒星远比大质量恒星常见，但要明确解释为何如此，还需要更彻底地理解恒星的形成过程（见 10.7 节）。

目前，对于更大质量的恒星是否仅由密度（或质量）更大的星际气体团块形成，或者所有恒星是否都是相对较轻的天体（质量远小于太阳），研究人员仍然存在分歧。此后，恒星通过吸积周边物质而生长，类似于早期太阳系中微行星（星子）的生长（见 4.3 节）。后一种观点认为，在资源竞争中获胜的恒星质量最大。

无论哪种情况，恒星形成云的计算机模拟结果（见图 11.31）表明，通往主序星的事件序列可能受该星团内各原恒星之间的物理相互作用（密近交会甚至碰撞）的强烈影响。模拟结果显示，大质量原恒星的引力场非常强，这就使得其在从周围星云中吸积气体方面具有竞争优势（与小质量的恒星相比），进而导致巨型原恒星的生长速度更快。与大质量原恒星的密近交会也趋于破坏较小的原恒星盘，进而终止其中心原恒星的生长，并将盘中的行星和小质量褐矮星抛入星团内空间。在致密的星团中，这些相互作用甚至可能导致大质量天体的并合和进一步生长。

因此，虽然还有大量细节有待明确，但可看到星团环境影响所形成恒星类型的几种方式。最大质量恒星的形成速度最快，且通过窃取原生物质和帮助摧毁圆盘两种方式，趋于阻止更多大质量恒星的形成。最终，O 型和 B 型新生恒星的强辐射破坏小质量恒星的形成环境，冻结它们的质量。这也有助于解释褐矮星的存在，因为它提供了一种机制，即在小质量恒星核心开始核聚变前，恒星的形成过程能够停止。

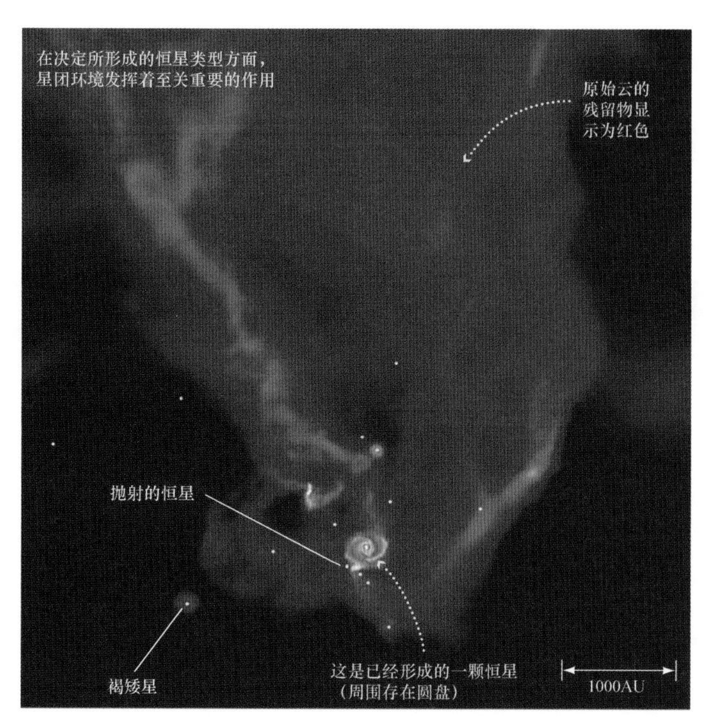

图 11.31　原恒星碰撞。在年轻星团的拥挤环境中，恒星形成是竞争激烈且暴力的过程。较大原恒星的生长可能源于从较小原恒星处窃取气体，大部分原恒星周围的扩展盘可能导致碰撞甚至并合。在这幅超级计算机模拟图像中，显示了从星际云中脱颖而出的一个小型星团，最初包含约 50 倍太阳质量的物质，分布在直径为 1 光年的体积范围内（M. Bate, I. Bonnell, and V. Bromm）

年轻星团通常隐藏在气体和尘埃中，使其在可见光波段很难看到，但是红外观测结果清晰表明，恒星形成区内确实能够发现星团。图 11.32 比较了猎户星云中心区域的光学图像(a)和红外图像(b)。光学图像显示了猎户四边形（Trapezium）星团，它由负责电离星云的四颗亮星组成；红外图像揭示了可见星云内部和背后的大量星团，并且显示了恒星形成的多个阶段，包括近 1000 颗正在形成并与周围的云相互作用的新恒星。

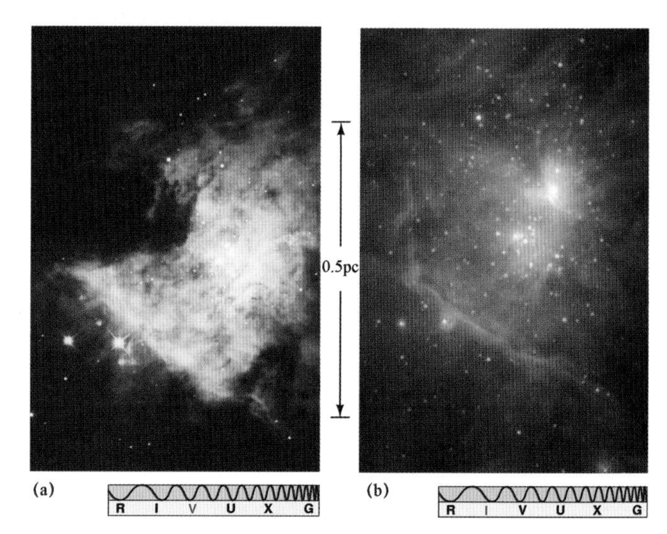

图 11.32　猎户星云中的年轻恒星。猎户星云中心部分的：(a)可见光图像，由哈勃太空望远镜拍摄，主体是发射星云，恒星数量较少；(b)红外图像，由斯皮策太空望远镜拍摄，星团范围很广，包含各种质量的恒星，可能还包含许多褐矮星（见图 3.24c 和图 3.24d）（NASA）

最终，星团分解成单颗恒星。在某些情况下，不规则恒星的形成过程（见图 11.31）只是使得新生星团摆脱引力束缚；在其他情况下，残余气体喷出后会大大降低星团的质量，使其摆脱引力束缚并快速消散。银河系的潮汐引力场将缓慢地摧毁剩余的物质（见 5.2 节），质量最大的系统（球状星团）可能存活数十亿年，但大多数星团会在较短的时间（不到数亿年）内被迫将其恒星交给银河系。

在晴朗漆黑的夜晚，再次仰望星空。当抬头凝视恒星时，请思考自己所了解的所有宇宙活动。学完本章后，你可能发现必须修正自己的夜空观点。即使看似静谧黑暗，夜空也会持续动态地变化。

概念回顾

若一个星团中的所有恒星同时开始形成，则其中的部分恒星如何影响其他恒星的形成？

学术前沿问题

第一批恒星何时形成？现在，我们观测银河系及其他无数星系中的恒星形成，通过对遥远恒星的研究可知，这些恒星在数十亿年前的形成效率更高。天文学家正在揭开古代恒星形成的面纱，试了解早期宇宙中的条件如何（及何时）首次允许无壁气体（恒星）像明亮火球一样燃烧。

本章回顾

小结

LO1 星际物质占据了各恒星之间的空间。星际物质由不到 100K 的冷气体组成，主要是原子（或分子）形式的氢和氦，以及含有碳、硅酸盐和铁的尘粒。虽然星际物质的密度很低，但是星际尘埃非常有效地阻挡了人们对遥远恒星的视线。星际物质的空间分布非常不均匀。尘埃优先吸收短波辐射，导致光穿过星际云时发生红化。

LO2 发射星云是由炽热发光星际物质组成的扩展云。与恒星形成相关的发射星云由炽热 O 型星和 B 型星加热并电离周围的物质导致。发射星云常被暗尘带穿过，这是形成它的更大分子云的一部分。

LO3 暗尘云是星际物质中低温且形状不规则的区域，可减弱或完全遮蔽源于背景恒星的光。星际物质还包含许多冷暗分子云，这些云中的尘埃或许既能保护分子，又能作为催化剂来帮助它们形成。分子云可能是未来恒星的形成场所。若干分子云通常彼此靠近，然后形成质量为太阳数百万倍的分子云复合体。

LO4 为了研究暗黑星际云，天文学家观测其对来自更远恒星光的影响。为了观测星际空间中的这些区域，另一种方法是对 21 厘米线（氢原子中的电子反向自旋且略微改变能量时产生）进行光谱分析。天文学家一般通过观测其他分子（不如氢常见，但更容易被探测）来研究这些云。

LO5 恒星形成于星际云在自身引力作用下坍缩并分解成更小碎片的时候。收缩云的演化可表示为赫罗图上的演化轨迹。含有数千倍太阳质量气体的冷星际云（第 1 阶段）可能碎裂成数十（或数百）个较小的物质团块，这些团块最终形成恒星。当升温并变得更致密时（第 2 阶段和第 3 阶段），坍缩的星前碎片最终成为原恒星（第 4 阶段），这是光度非常高的一种天体，主要在电磁波谱的红外部分发射辐射。随着将内部能量辐射到太空中，原恒星不断收缩（第 5 阶段）。最终，中心温度变得非常高，氢开始聚变（第 6 阶段），原恒星成为恒星（第 7 阶段）。

LO6 暗尘云和球状体是第 1 阶段（云）和第 2 阶段（坍缩碎片）的示例。在某些恒星形成区（如猎户座），人们已观测到第 3 阶段天体的示例。金牛座 T 阶段中的各恒星是第 4 阶段/第 5 阶段（原恒星）的示例。在恒星形成区，人们发现了最终接近主序的小质量第 6 阶段恒星。

LO7 不同质量的恒星经历相似的形成阶段，最终出现在主序上的不同位置，大质量恒星在上部，小质量恒星在下部。零龄主序是通过恒星演化理论预测的主序，与观测到的主序非常吻合。最大质量恒星的形成时间和主序寿命均最短。相反，某些小质量碎片永远不会达到核聚变的程度，质量不足以将氢聚合成氦的天体称为褐矮星。褐矮星在宇宙中可能非常普遍。

LO8 收缩和碎裂的单个云可能形成数百（或数千）颗恒星，称为星团。疏散星团是松散且形状不规则的星团，通常包含数十到数千颗恒星，主要分布在银道面内。它们通常包含许多蓝色亮星，说明形成时间相对较晚。球状星团大致呈球状，可能包含数百万颗恒星。它们不包括质量大于太阳的主序星，说明形成于很久以前。通过红外观测，人们发现了几个发射星云内部的若干年轻星团。最终，星团分裂成单颗恒星，但这个过程可能需要数十亿年才能完成。

复习题

1. 星际气体的组成是什么？星际尘埃的组成是什么？
2. 星际物质在太空中如何分布？
3. 天文学家采用哪些方法来研究星际尘埃？
4. 什么是发射星云？
5. 什么是 21 厘米辐射？它对天文学家为何有用？
6. 若太阳被气体云环绕，则该云是否为发射星云？说明理由。
7. 简要描述形成类日恒星的基本事件链。
8. 什么是演化轨迹/演化程？
9. 恒星为何趋于成群结队地形成？
10. 为了使原恒星成为恒星，必须按顺序经历哪些关键事件？
11. 什么是褐矮星？
12. 恒星的寿命远长于人类，天文学家如何检测恒星形成理论的准确性？

13. 在哪些演化阶段，天文学家必须利用射电和红外辐射来研究星前天体？为何不能利用可见光？
14. 解释赫罗图在研究恒星演化时的作用。演化的第 1 阶段至第 3 阶段为何不能绘制在该图上？
15. 比较疏散星团和球状星团的性质。

自测题

1. 星际物质在整个银河系中的分布相当均匀。（对/错）
2. 发射星云主要在电磁波谱的紫外部分辐射。（对/错）
3. 21 厘米辐射可用于探测分子云的内部。（对/错）
4. 恒星的质量越大，其形成速度就越快。（对/错）
5. 褐矮星需要很长的时间才能形成，但最终会成为下部主序上的可见恒星。（对/错）
6. 在坍缩云中，第一批大质量恒星的形成往往会抑制该云中的更多恒星形成。（对/错）
7. 大多数恒星是星群（或星团）的成员。（对/错）
8. 与图 11.2b 中暗黑星际球状体大小相同的是：(a)地球大气层中的云；(b)整个地球；(c)类日恒星；(d)奥尔特云。
9. 发射星云的红色辉光：(a)由落在中心恒星上的温暖气体发射；(b)由星云内大质量恒星加热到高温的氢气生成；(c)来自星云附近恒星的光反射；(d)是星云内大量红色暗星发出的不可分辨光。
10. 如图 11.12a（暗尘云）所示，蛇夫座 ρ 暗黑的原因是：(a)该区域中不存在恒星；(b)该区域中的恒星年轻且暗淡；(c)云后星光无法穿透云；(d)该区域的温度太低，无法支持恒星聚变。
11. 在以下望远镜中，最适合观测暗尘云的是：(a)X 射线望远镜；(b)大型可见光望远镜；(c)在轨紫外望远镜；(d)射电望远镜。
12. 与太阳相比，一颗最终变成类日恒星的原恒星：(a)更小；(b)更亮；(c)更暗；(d)质量更小。
13. 昴星团（见图 11.29a）和半人马座 ω（见图 11.30a）的主要区别是，昴星团：(a)更大；(b)更年轻；(c)更遥远；(d)更致密。
14. 在图 11.2（红化）中，星际吸收对谱线的影响是：(a)向更长波长偏移；(b)向更短波长偏移；(c)波长保持不变；(d)将其擦除。
15. 在图 11.23（赫罗图上的新生恒星）中，当从第 6 阶段移至第 7 阶段时，恒星将变得：(a)更冷且更暗；(b)更热且更小；(c)更红且更亮；(d)更大且更冷。

计算题

1. 本地泡内星际气体的平均密度远低于文中提到的数值，实际上约为 10^3 个氢原子/立方米。已知一个氢原子的质量为 1.7×10^{-27}kg，计算与地球体积相等的本地泡内所含的星际物质的总质量。
2. 计算 21 厘米辐射的频率。若视向沿线星际云的视向速度范围为 75km/s（退行）～ 50km/s（接近），计算 21 厘米谱线将被观测的频率和波长范围（见 2.7 节）。
3. 计算总质量等于太阳质量的一个球状分子云的半径。假设云密度为 10^{12} 个氢分子/立方米。
4. 当一束光穿过一个致密的分子云时，传播距离每达到 5pc，光强就降低一半。若云的总厚度为 60pc，则背景恒星发出的光变暗多少星等？
5. 计算表 11.1 中 4 个发射星云边缘附近的逃逸速度，并将其与这些星云中氢核的平均速度进行比较（见更为准确 5.1）。该星云是否可能由其自身的引力而结合在一起？
6. 星际气体云要收缩，组成粒子的平均速度就要小于该云逃逸速度的一半。质量为 1000 倍太阳质量、半径为 10pc 且温度为 10K 的（球形）分子氢云是否会坍缩？解释理由（见更为准确 5.1）。
7. 一颗原恒星从温度 $T = 3500$K 和光度 $L = 5000$ 倍太阳单位演化到 $T = 5000$K 和 $L = 3$ 倍太阳单位，其在以下时段的半径是多少？(a)演化开始；(b)演化结束（见 10.4 节）。
8. 在第 4 阶段和第 6 阶段之间，3 倍太阳质量原恒星的亮度会下降多少星等？
9. 若一颗褐矮星的半径为 0.1 倍太阳半径，表面温度为 600K（太阳表面温度的 0.1 倍），则其光度是多少（采用太阳单位）？（见 10.4 节）
10. 将银河系的引力场近似为在 8000pc 处，质量约为 10^{11} 倍太阳质量（见第 14 章），计算 20000 倍太阳质量星团的潮汐半径，即从星团中心向外到银河系的引潮力压倒星团的引力位置的距离（见 5.2 节）。

活动

协作活动

1. 18 世纪，为避免与自己的主要研究目标（彗星）相混淆，天文学家查尔斯 • 梅西耶编制了夜空中的星云及其他模糊天体的列表，称为梅西耶星表（Messier catalog）。如今，该星表已成为深空天体的宝贵指南。许多梅西耶天体是恒星形成区（或星团），本章中提到的恒星形成区有 M8（礁湖星云）、M16（鹰状星云）、M17（欧米伽星云）、M20（三叶星云）和 M42（猎户星云），关注度较高的星团和星协有 M6、M7、M11、M35、M37、M44、M45、M52、M67 和 M103。并非所有这些天体在任何特定的夜晚都能轻易地观测到，因此需要查阅天空图或者做一些在线研究，然后列出哪些天体可见。在大多数情况下，小型望远镜即可取得最好的结果，你们或许需要在夜间轮流进行观测。对于列表中的每颗梅西耶天体，判断其天体类型（发射星云、星协、年轻或年老的疏散星团），仔细按照查找说明进行定位，并绘制草图（若有设备，也可拍照）。将草图（或照片）与本书中（或网络上）的图像进行比较。

个人活动

1. 在远离城市灯光的黑暗且晴朗的夜晚，观测银河。银河是穿越天空的连续光带还是杂色斑驳？实际上，银河中看上去缺失的各个部分是相对靠近太阳的暗尘云。识别看到的这些云的星座。绘制草图，并与星图进行比较。查找星图中的其他小型云，然后尝试用肉眼或双筒望远镜找到它们。
2. 在冬季的夜空中，猎户座中的猎人非常明显，最显而易见的特征是著名的猎户腰带，它由 3 颗中等亮度的恒星短且直地排列而成。从该带最东侧的恒星开始，一排恒星向南延伸，这是猎人的剑。剑的底部是天空中最著名的发射星云，即猎户星云（M42）。通过肉眼、双筒望远镜和望远镜，分别观测猎户星云。该星云是什么颜色？如何解释这种颜色？利用望远镜，尝试查找位于星云中心的由 4 颗恒星组成的四边形星团。这些都是炽热的年轻恒星，它们的能量使得猎户星云发光。
3. 三叶星云（M20）是新恒星正在形成的另一个场所。要看到该星云的三裂结构，需要一架 20～25cm 口径的望远镜。若利用普通双筒望远镜进行观测，则与银河中恒星最密集的部分相比，三叶星云将显示为人马座中的一个模糊斑块。暗带是什么？星云的其他部分为何明亮？据相关报道称，这个星云在最近 150 年间发生了大尺度变化，基于旧图纸所示的星云外观与当前外观略有差异。在数年、数十年或数个世纪的时间尺度上，你认为一个星际云的外观可能发生改变吗？

第 12 章　恒星演化：生长和死亡

某颗濒死恒星（距离地球 3800 光年）释放的热气体图像，外观酷似宇宙沙漏或太空彩蝶。这个复杂的天体称为 NGC 6302，更常用的非正式名称为小虫星云/虫星云（Bug Nebula），属于行星状星云（生命终结时脱落于超过 1 光年厚度外层的年老恒星）。这种奇特的形状由尘埃带（中部深色带）导致，不仅遮蔽了濒死的恒星，而且部分阻挡了外排气体的滚动大锅（STScI）

核聚变开始后，在超过90%的生命期间，新生恒星的外观几乎毫无变化。但是，在生命的最后时刻，随着燃料开始耗尽并走向死亡，恒星性质再次发生巨变。逐渐衰老的恒星沿着远离主序的演化轨迹渐行渐远，最终命运则主要取决于其质量，小质量恒星注定会平静地结束生命，外层最终会逃逸到星际空间中；大质量恒星则会发生难以想象的猛烈爆发，然后壮烈赴死。无论属于哪种情形，恒星之死都会导致银河系中新生成的重元素的含量上升。通过不断比较理论计算与所有类型恒星的详细观测数据结果，天文学家将恒星演化理论凝练成精确而强大的理解宇宙的工具。

学习目标

LO1　解释恒星演化离开主序的原因。

LO2　总结类日恒星离开主序后的各个演化阶段，并描述由此产生的遗迹。

LO3　解释双星系统中的白矮星如何变得爆发性活跃。

LO4　总结导致大质量恒星剧烈死亡的事件序列。

LO5　描述超新星的两种类型，并分别解释其产生方式。

LO6　描述星团观测如何支持恒星演化理论。

LO7　解释比氦更重的元素的起源，并确定这些元素对恒星演化研究的意义。

总体概览

解释恒星如何诞生、生长和死亡是 20 世纪最伟大的科学成就之一，但是从未有人见过经历了众多不同演化阶段的恒星。通过调查很久以前的骨骼和古器物，考古学家能够了解关于人类文化演进的更多信息。与此类似，通过观测大量不同年龄的恒星，天文学家能够构建恒星在数十亿年演化期间的一致性模型。

12.1　离开主序

大多数恒星一生中的大部分时间都位于赫罗图的主序上。例如，经过数千万年的形成（见第 11 章中的第 1 阶段～第 6 阶段介绍）后，类日恒星将驻留在主序上或者附近（第 7 阶段）约 100 亿年，温度和光度几乎保持不变，直至最后演化成其他天体（见 11.4 节）。这里的其他天体就是本章的主题。

12.1.1　恒星和科学方法

从未有人目睹过任何恒星从诞生到死亡的完整演化过程，恒星演化需要经历极其漫长的岁月，如数百万年、数十亿年甚至数万亿年（见 10.7 节）。但是，在不到一个世纪的时间里，天文学家已发展出了一整套恒星演化理论，而且成为验证效果最佳的天文学理论之一。我们为何能够如此自信地谈论数十亿年之前（或之后）已经（或即将）发生的事情？答案非常简单，人们可以观测宇宙中的数十亿颗恒星，足以看到恒星发展各个阶段的各个示例，进而检验和完善自己的理论观点。例如，通过研究一个大城市中的所有居民的快照，即可拼凑出一张人类生命周期图片。与此类似，通过研究夜空中看到的无数恒星，同样可以构建出恒星演化的图景。

关于恒星生长和死亡的现代理论是科学方法付诸实践的另一个示例（见 0.5 节）。19 世纪末和 20 世纪初，由于缺乏组织和解释海量观测数据的相关理论，天文学家费心尽力地对观测到的恒星性质进行了分级和分类（见 10.5 节）。20 世纪上半叶，随着量子力学对亚原子尺度上光和物质的行为的详细解释，人们对恒星关键性质的理论理解随之到位（见 2.6 节）。自 20 世纪 50 年代以来，真正完整的理论终于出现，且关联了原子物理学、核物理学、电磁学、热力学和引力学中的基础学科，进而形成了一个合乎逻辑的连贯整体。现在，随着天文学家对恒星演化理解程度的持续加深，理论和观测齐头并进，彼此之间相互完善和验证了更多的细节。

注意，在这种情况下，天文学家总是采用演化一词来表示单颗恒星一生的变化。相比之下，该术语的含义在生物学领域则不太一样，生物学中的演化是指动植物种群跨越多代的特征变化。实际上，恒星种群也存在生物学意义上的演化，因为星际物质（及后续相关的各代新恒星）的整体组成会因各恒星中的核聚变而缓慢改变。但是，在天文学专业术语中，恒星演化指的是单颗恒星一生发生的变化。

12.1.2　结构变化

在主序上，恒星核心中的氢缓慢地聚变成氦，该过程通常称为**核心氢燃烧**（core hydrogen burning）。但要注意的是，这是天文学家以不常见的方式运用常见术语的另一个示例：对天文学家而言，燃烧指的总是恒星核心的核聚变，而非人们日常生活中通常所指的化学反应（如木材或汽油在空气中的燃烧）。化学燃烧并不会直接影响原子核。

如图 12.1 所示，主序星处于流体静力平衡状态，压力的向外推动刚好抵消引力的向内拉动（见 9.2 节）。这是引力与压力之间的一种稳定平衡，引力的任何微小变化总会引发压力的微小补偿变化，反之亦然。例如，恒星中心温度的小幅上升会让压力增大，导致恒星膨胀并冷却，进而恢复流体静力平衡；恒星中心温度的小幅下降会让压力轻微减小，导致恒星收缩并升温，进而再次恢复流体静力平衡。当研究恒星演化的各个阶段时，建议牢记图 12.1，恒星的许多复杂行为都可由这些简单的术语来理解。

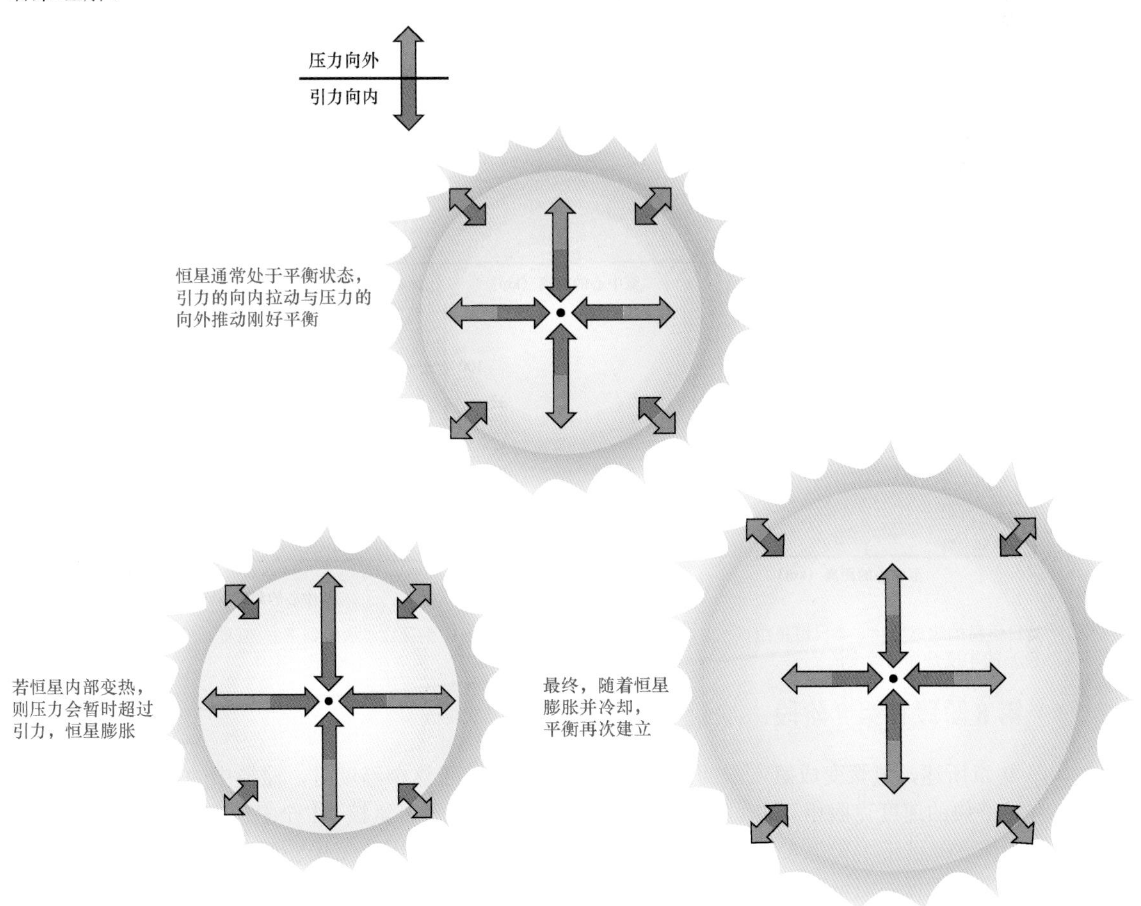

图 12.1　流体静力平衡。在主序上稳定燃烧的恒星中，热气体施加的向外压力平衡了引力施加的向内拉力

随着恒星核心中的氢不断消耗，这些相反作用力之间的平衡开始发生偏移，恒星的内部结构和外观形态都将开始改变，恒星也会离开主序。恒星演化的后续阶段（恒星生命的终结）与其质量密切相关，由经验可知，小质量恒星将温和地死亡，大质量恒星将灾难性地死亡。这两种截然不同的结果之间的分界线大致位于 8 倍太阳质量附近，本章将质量超过 8 倍太阳质量的恒星称为大（高）质量恒星，而将质

量低于8倍太阳质量的恒星称为小（低）质量恒星。但是，这两种类型的恒星的内部仍然存在很大的变化，本书后面将探讨部分相关内容。

本章并不纠结于细节问题，而重点探讨几个具有代表性的演化序列。首先考虑较小质量恒星（类日恒星）的演化，然后将讨论范围扩大到所有恒星（质量大或小）。

概念回顾

从什么意义上说太阳是稳定的？

12.2 类日恒星的演化

图12.2说明了主序星的内部组成是如何随恒星年龄变化的。恒星中心的氦含量的增速最快，因为那里的温度最高，燃烧（氢生成氦）的速度最快（见9.5节）。氦含量在核心边缘附近也增多，但是因为燃烧速率不快而增速变缓。随着恒星的持续发光，内部富氦区域越来越大，富氢区域则越来越小。

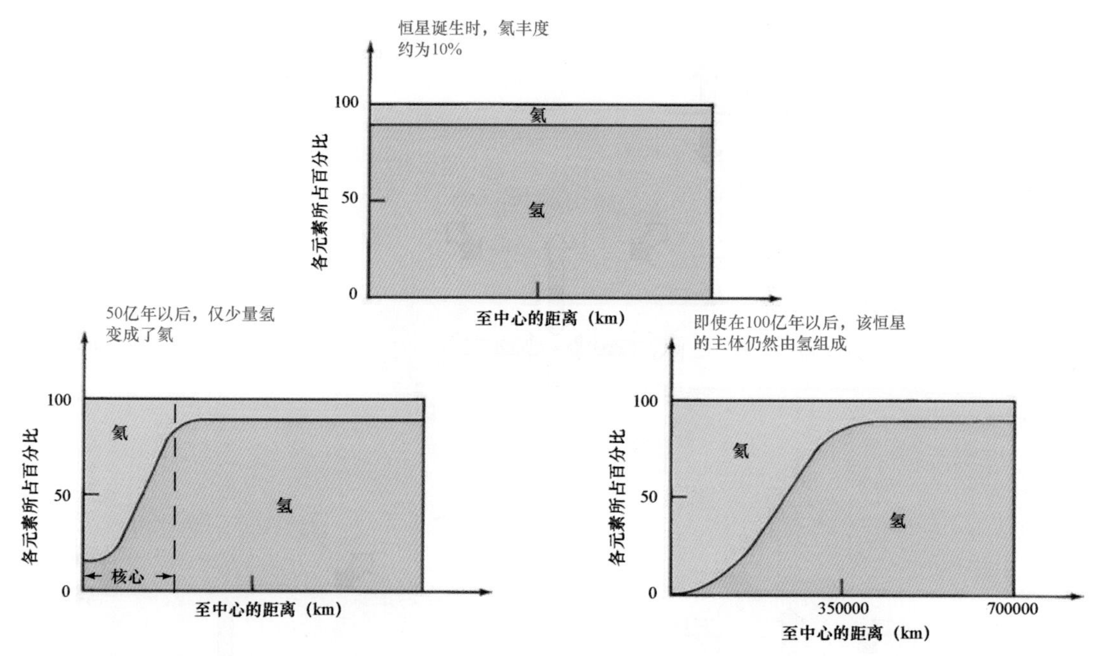

图12.2 类日恒星的组成变化。类日恒星组成变化的理论计算结果表明，从诞生到死亡（从上到下），恒星中的氢（黄色）和氦（蓝色）的丰度是如何改变的

12.2.1 第8阶段和第9阶段：从亚巨星到红巨星

如第9章所述，氢聚变成氦所需的温度为10^7K，仅在高于这个温度时，碰撞中的氢原子核（即质子）才有足够快的速度克服相互之间的电磁斥力（见9.5节）。由于氦核（1个氦核有2个质子，1个氢核仅有1个质子）携带1个更大的正电荷，它们的电磁斥力更大，因此氦聚变需要更高的温度。若这个阶段的核心温度太低，氦聚变无法启动。最终，中心位置的氢耗尽，核燃烧消退，主要燃烧位置转移至核心中的更高层。内核（未燃烧的纯氦）开始生长。

当没有核燃烧来维持时，氦内核中向外推动的气体压力减弱，但是向内拉动的引力并未减弱。一旦压力减小（即便较小），恒星结构变化就将不可避免。当恒星抵达主序100亿年后，氢将大量耗尽，氦核随后开始收缩。

收缩氦核会释放出引力能/重力能，这不仅会推动中心温度的升高，而且会加热核心的上覆各层，导致那里的氢聚变速度比以前更快。图12.3描绘了这个氢壳层的燃烧阶段，在未燃烧氦灰内核周围的

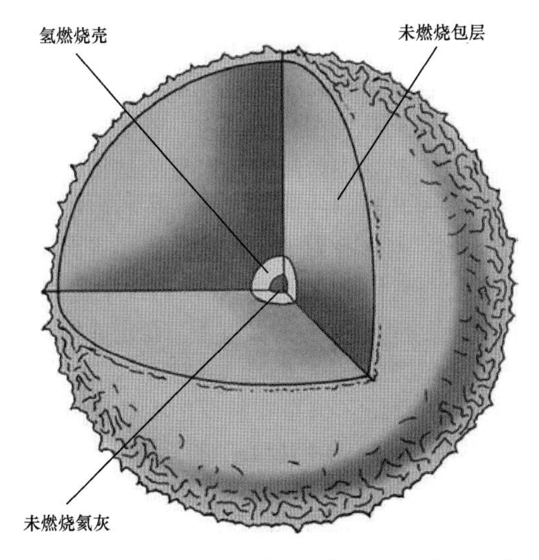

图 12.3　氢壳燃烧。当恒星核心将越来越多的氢转化成氦时，未燃烧氦灰周围壳层中的氢燃烧得更剧烈。当该恒星到达巨星支的底部时，核心直径已缩小至数万千米，表面积变为恒星原始大小的 10 倍

一个薄层中，氢以极快的速率剧烈燃烧。氢壳层生成能量的速度快于原始主序星的氢燃烧核心，并且随着氦内核的不断收缩，氢壳层生成的能量数量持续增多。令人感到奇怪的是，对于中心的核火消失，恒星的反应是变得更亮。

这种增强的氢燃烧所施加的压力导致恒星未燃烧外层的半径增大，即便引力也无法阻止它们。甚至随着核心的收缩和升温，上覆各层也会膨胀并冷却。这颗不稳定的年老恒星即将成为一颗红巨星，从主序星到红巨星的转变大约需要 1 亿年时间。

在赫罗图上，我们可以追踪这些大尺度变化。图 12.4 显示了恒星从主序上标有第 7 阶段（见 11.3 节）的位置离开后的路径。恒星在图中向右侧演化，表面温度下降，光度仅略有上升。从图中的主序（第 7 阶段）到第 8 阶段，恒星的大致水平轨迹称为亚巨星支（subgiant branch）。到了第 8 阶段，恒星的半径增至约 3 倍太阳半径。在第 8 阶段与第 9 阶段之间，恒星的演化路径几乎垂直（温度相对恒定），称为赫罗图的红巨星支（red giant branch）。图 12.3 对应于第 8 阶段后的某一点，恒星此时开始向巨星支上升。

红巨星非常庞大。到了第 9 阶段，红巨星的光度是太阳光度的数百倍，半径约为太阳的 100 倍（约相当于水星轨道大小）。相比之下，红巨星的氦核小得惊人，不到整个恒星大小的 1/1000，或者仅数倍于地球。由于红巨星核心持续收缩，氦气已被压缩到约 10^8kg/m^3 的超高密度（超过任何地球物质的密度至少 10000 倍），整个恒星约 25%的质量被压缩在其行星大小的核心中。

如图 10.14 所示，红巨星阶段小质量恒星的常见示例是 KIII 型巨星大角星，这是夜空中最亮的恒星之一。大角星的质量约为 1.5 倍太阳质量，目前正处于氢壳层燃烧阶段，并沿红巨星支上升，半径约为 21 倍太阳半径（见表 10.4），发射的能量约为太阳的 160 多倍（大部分位于光谱的红外部分）。

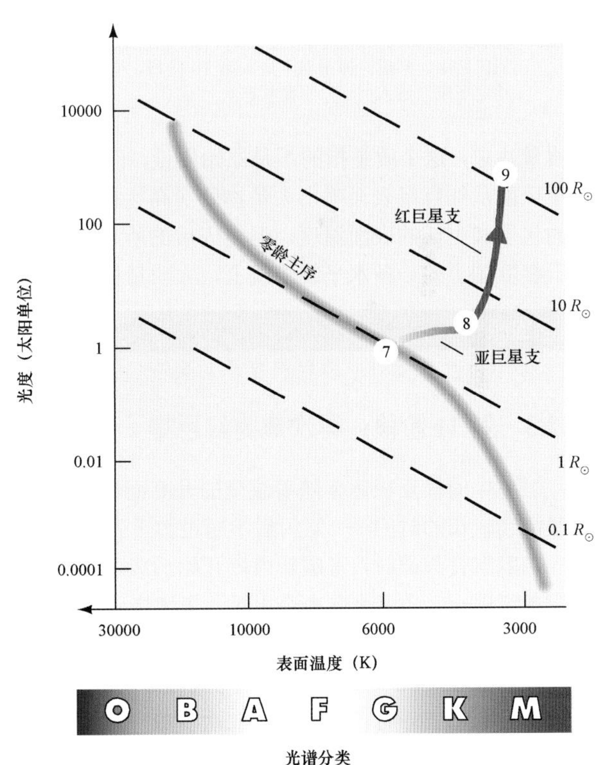

图 12.4　赫罗图上的红巨星。随着氦核收缩和外包层膨胀，该恒星离开主序（第 7 阶段）。在第 8 阶段，该恒星正朝成为红巨星的方向发展。当沿红巨星支上升至第 9 阶段时，该恒星继续变亮和变大

12.2.2　第 10 阶段：氦聚变

红巨星的核心收缩及其包层（核心周围的未燃烧层）的同时膨胀并不会无限期地持续，当类日恒星离开主序数亿年后，中心温度达到氦聚变成碳所需的 10^8K，核火焰将重新点燃。

对类日恒星而言，第 9 阶段核心中发现的高密度和高压力意味着氦聚变从非常暴力的事件开始。燃烧一旦开始，对于其内部快速变

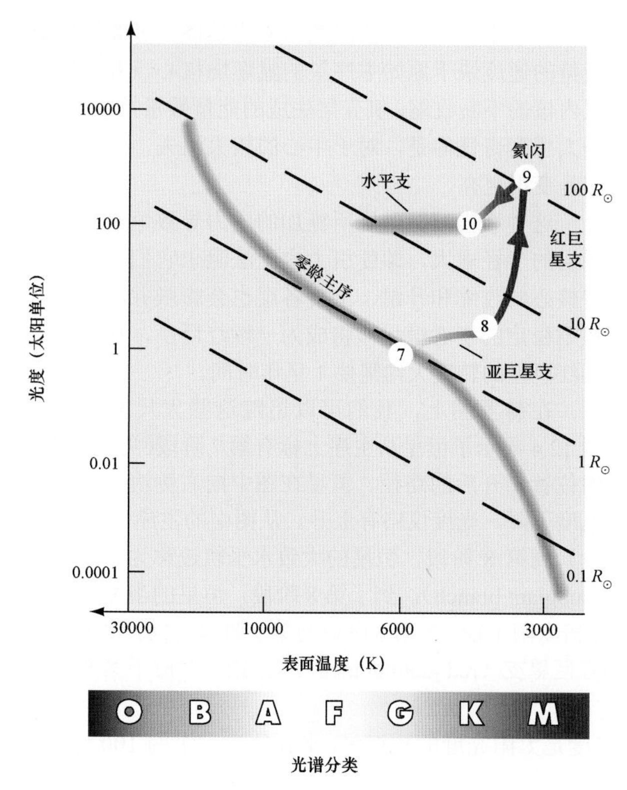

图 12.5 水平支。当恒星沿红巨星支上升时，光度大幅升高，最终以氦闪结束。然后，恒星向下进入第 10 阶段，并在水平支上稳定下来，进入另一个平衡状态

化的条件，核心就无法做出足够快的反应，在名为氦闪（helium flash）的失控爆发中，温度急剧上升。在几小时内，氦像失控的炸弹一样剧烈燃烧。最终，恒星的结构赶上了氦燃烧向其倾倒的能量洪流。核心膨胀，密度下降，流体静力平衡得以恢复（引力的向内拉动与气体压力的向外推动再次平衡）。现在，在远高于 10^8K 的温度下，稳定的核心开始将氦燃烧成碳。

氦闪终结了恒星在赫罗图中红巨星支上的上升。不过，虽然核心中的氦发生了猛烈爆发，但是氦闪并未增大恒星光度，而是使得核心膨胀并冷却，最终导致恒星从第 9 阶段跳到第 10 阶段时的能量输出减少。如图 12.5 所示，虽然当前光度比氦闪时低，但是表面温度高于其在红巨星支上时的温度。恒星性质的这种调整发生得相当快——大约在 10 万年内。

在第 10 阶段，恒星在内核中稳定地燃烧氦气，在内核周围的壳层中聚变氢。恒星位于赫罗图上称为**水平支**（horizontal branch）的一个定义明确的区域中，在重新开启赫罗图上的新旅程前，核心氦燃烧的恒星将在该处停留一段时间。恒星在这个区域内的具体位置主要由其质量决定，这个质量指的不是原始质量，而是红巨星阶段后的剩余质量。这两种质量存在差异，因为强星风能从红巨星表面喷出大量物质（高达初始质量的 20%～30%）。在这个阶段，大质量恒星具有更厚的包层和更低的表面温度，但氦闪后的所有恒星都具有大致相同的光度。因此，第 10 阶段恒星往往位于赫罗图上的一条水平线沿线上，大质量恒星位于右侧，小质量恒星位于左侧。

概念回顾

为什么恒星核心中的燃料耗尽后会变得更亮？

12.2.3 第 11 阶段：再次成为红巨星

恒星中的核反应速率随着温度的升高而快速增大。在水平支恒星的核心中，由于温度极高，氦燃料无法持续较长的时间——氦闪后不超过数千万年。

当氦聚变成碳时，富碳新内核开始形成，并出现与早期氦积聚类似的现象。中心的氦逐渐耗尽，氦聚变最终停止。当引力向内牵引时，未燃烧碳核开始收缩（即便其质量因氦聚变而增大）并升温，导致上覆各层中氢和氦的燃烧速率增大。恒星现在包含正在收缩的碳灰内核，外面环绕着氦燃烧壳，再向外则环绕着氢燃烧壳（见图 12.6）。恒星的外包层膨胀，很像先前首次位于红巨星阶段时。当抵达第 11 阶段（见图 12.7）时，恒星将第二次变成一颗胀大的红巨星。

在恒星第二次进入红巨星区期间，内核周围各壳层的燃烧速率更快，半径和光度的值增大到甚至高于第一次造访（第 9 阶段）期间。碳核继续收缩，使得氢壳和氦壳的温度与光度越来越高。为了对红巨星区的这两次造访进行区分，我们常将恒星在这一阶段的演化轨迹/演化程称为**渐近巨星支**（asymptotic giant branch）（注意，该术语系借用于数学。当两条曲线同时向无穷远处延伸时，若二者之间的距离趋

于零，则这两条曲线互为对方的渐近线。理论上讲，若恒星保持完整，则随着光度的增大，渐近巨星支应从左侧接近红巨星支，且应与图 12.10 顶部附近的红巨星支有效合并。但是，类日恒星的寿命不够长，所以等不到这种情形出现）。

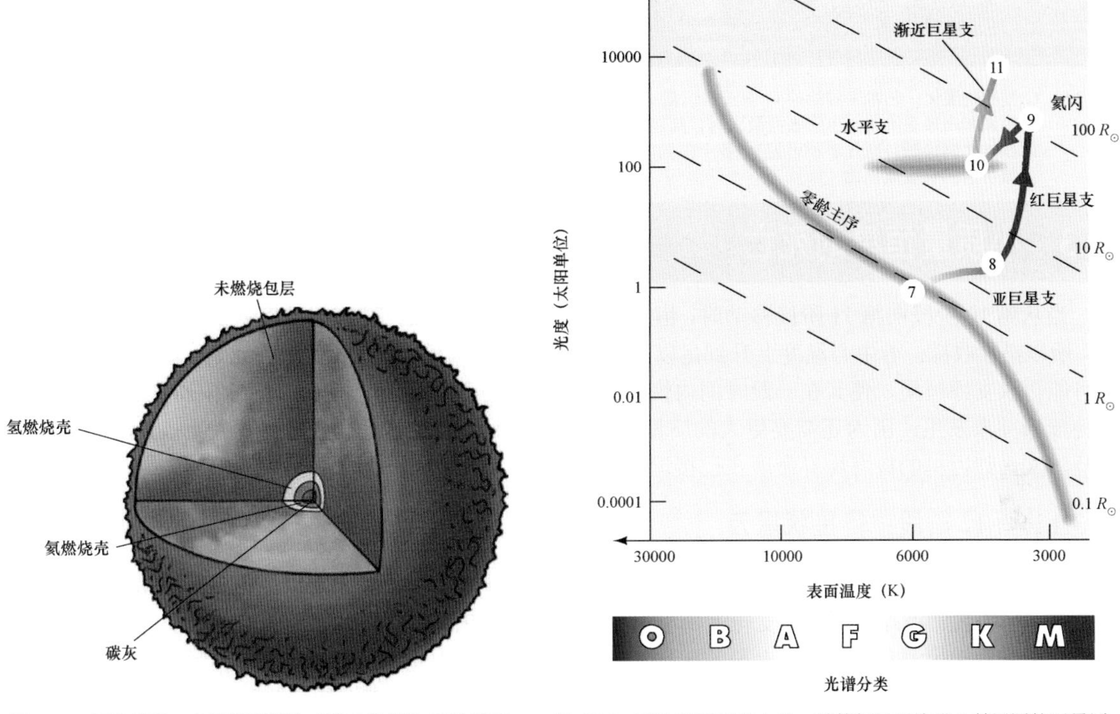

图 12.6 氦壳燃烧。在氦燃烧开始（第 9 阶段）后的数百万年内，碳灰在恒星的内核中积聚（未按比例绘制）。在内核之外，氢和氦仍在同心壳中燃烧

图 12.7 再次沿巨星支上升。碳核恒星再次进入赫罗图的巨星区（第 11 阶段），原因与第一次的相同：中心缺乏核聚变，导致核心收缩和上覆各层膨胀

表 12.1 总结了类日恒星演化需要经历的几个关键阶段。这是表 11.2 的续表，但此处将密度单位改成了 kg/m³，且用太阳半径作为半径单位。类似于第 11 章，“阶段”列中的数字指图中所示和正文中讨论的演化阶段。图 12.8 描绘了类似太阳这样的 G 型星毕生经历的演化阶段。

表 12.1 类日恒星的演化

阶 段	到下一阶段的大致时间（年）	中心温度（K）	表面温度（K）	中心密度（kg/m³）	半径（km）	半径（太阳半径）	天 体
7	10^{10}	1.5×10^{7}	6000	10^{5}	7×10^{5}	1	主序星
8	10^{8}	5×10^{7}	4000	10^{7}	2×10^{6}	3	亚巨星
9	10^{5}	10^{8}	4000	10^{8}	7×10^{7}	100	红巨星/氦闪
10	5×10^{7}	2×10^{8}	5000	10^{7}	7×10^{6}	10	水平支
11	10^{4}	2.5×10^{8}	4000	10^{8}	4×10^{8}	500	红巨星（渐近巨星支）
	10^{5}	3×10^{8}	100000	10^{10}	10^{4}	0.01	碳核
12	—	—	3000	10^{-17}	7×10^{8}	1000	行星状星云*
13	—	10^{8}	50000	10^{10}	10^{4}	0.01	白矮星
14	—	趋近于 0	趋近于 0	10^{10}	10^{4}	0.01	黑矮星

* 第 2～7 列中的数值指的是包层。

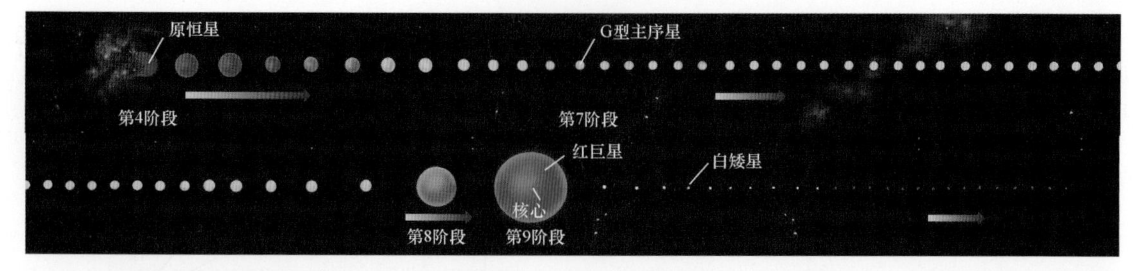

图 12.8 G 型星的演化。艺术家描绘的 G 型正常恒星（如太阳）在不同演化阶段的大小和颜色变化，包括各形成阶段、主序上及红巨星和白矮星阶段。当膨胀到最大时，红巨星的大小约为其主序母星的 70 倍，巨星的核心约为其主序母星的 1/15（若此图按比例绘制，则几乎不可见）。各个不同阶段（原恒星、主序星、红巨星和白矮星）的持续时间大致与这场假想太空之旅所示的长度成正比

12.3 小质量恒星的死亡

当从第 10 阶段向第 11 阶段移动时，恒星的包层持续膨胀，碳内核则因温度太低而无法进一步核燃烧，所以继续收缩。若中心温度上升到足以发生碳聚变，则仍然可能合成更重的元素，而且新生成的能量可能再次支撑恒星，使其在一段时间内恢复引力与压力之间的平衡。但是，对太阳质量的恒星而言，这种情形并未发生，因为还需要更大的质量，详见下一节。温度永远不会达到发生新核反应所需的 6 亿开尔文，红巨星的核燃烧寿命现在已接近尾声。

12.3.1 第 12 阶段：行星状星云

老化恒星现在陷入了困境，碳核实际上已经死亡，外层的氢壳和氦壳则以惊人且不断增长的速率消耗燃料。当膨胀、冷却并沿巨星支再次上升时，恒星开始崩塌瓦解。在内部强辐射的驱动下，恒星外层开始向星际空间中漂移。漂移速率最初比较缓慢，但是随着核心光度的快速增大，恒星在不到 100 万年的时间内差不多就会失去整个包层。现在，这颗曾经的红巨星由两个不同的部分组成：裸露在外的核心，非常炽热且仍然非常明亮；四周环绕的尘埃和冷气体云（正在逃逸的包层），以数十千米/秒的典型速率向外扩展。

当核心耗尽剩余的燃料时，恒星收缩、升温并移向赫罗图的左侧。最终，由于变得极为炽热，紫外辐射电离周围云的内层部位，形成称为行星状星云（planetary nebula）的壮观景象（见图 12.9）。这个术语具有误导性，因为这些天体与行星毫无关系。这一名称诞生自 18 世纪，人们当时采用小型望远镜以较低的分辨率观测天体，某些天文学家认为这些气体壳层与太阳系中的行星圆盘类似。

行星状星云的发光机制与上一章中介绍的发射星云非常相似，即内嵌在冷气体云中的热星辐射发生电离（见 11.2 节）。但是，这两类天体的起源差异巨大，代表了完全独立的恒星演化阶段。第 11 章中的发射星云是最新恒星的诞生标志，行星状星云则预示着恒星即将走向死亡。

天文学家曾经认为，逃逸的巨星包层呈球状（或多或少），在三维空间中完全环绕在核心周围，就像其仍然属于恒星一部分的时候那样。图 12.9a 很可能就是这种情况，星云的边缘附近看上去更亮，因为那里的视向沿线存在更多的发射气体，进而产生了一种亮环的错觉。但是，这种情况现在似乎是少数，越来越多的证据表明，红巨星质量损失的最后阶段通常明显呈非球状。图 12.9b 中的指环星云(Ring Nebula）很可能是一个圆环，而不仅仅是人们曾经认为的气体发光壳层。如图 12.9c 和图 12.9d 所示，部分行星状星云呈现出更复杂的结构，表明恒星的环境（包括双星伴星的存在）可能在决定星云的形状和外观方面发挥着重要的作用。

中心恒星逐渐暗淡并最终冷却，膨胀气体云的弥散速度越来越快，最终逐渐消散在星际空间中。在银河系的演化过程中，这个过程发挥着至关重要的作用。在红巨星生命的最后阶段，核心中碳与未燃烧氦之间的核反应生成氧，某些情况下甚至生成更重的元素（如氖和镁）。有些反应还释放不带电荷的中子，由于不需要克服静电斥力，因此能够与已有原子核相互作用，生成更重的元素（见 2.6 节和 9.5 节）。

在恒星的最后几年中，所有这些元素（氦、碳、氧及更重的元素）通过对流从核心深处疏散到包层中，并在巨星包层逃逸时补充到星际物质中（见 9.2 节）。在整个银道面上，小质量恒星的演化是观测到的几乎所有富碳尘埃的来源（见 11.1 节）。

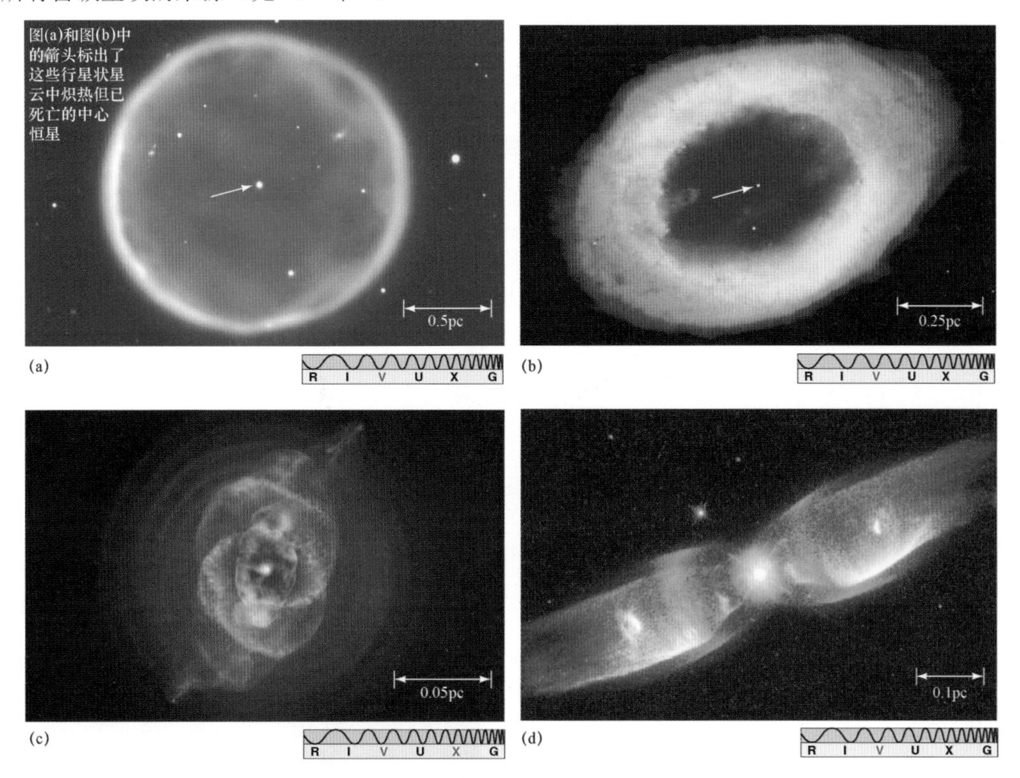

图 12.9　行星状星云。濒死恒星喷出的包层可能呈现出各种迷幻的形式。(a)艾贝尔 39（Abell 39）是典型的行星状星云，距离地球约 2100pc，正在脱落的球形气体壳层的直径约为 1.5pc；(b)指环星云（Ring Nebula）可能是最知名的行星状星云，距离地球约 1500pc，直径约为 0.5pc，或许是真正的圆环，但因太小且太暗而肉眼不可见；(c)猫眼星云（Cat's Eye Nebula）是更复杂的行星状星云示例，距离地球约 1000pc，直径约为 0.1pc，可能由一对均脱落了包层（可见光中呈红色，X 射线中呈蓝色）的双星（中心无法分辨）生成；(d)M2-9 星云，距离地球约 600pc，令人惊叹的发光气体从中心恒星向外高速（约 300km/s）喷射（AURA; NASA）

12.3.2　致密物质

在收缩碳核变得足够炽热而引发碳聚变之前，逐渐升高的压力将阻止收缩并稳定温度。但是，这种压力并不是极高温气体中高速粒子的正常热压力（见更为准确 5.1），而是表明核心已进入以下状态：在决定恒星的未来方面，核心中的自由电子（恒星内部的狂暴热量从母核中剥离的带电粒子海洋）发挥着关键作用。

这个阶段（表 12.1 中的第 12 阶段）的核心密度巨大，约为 10^{10}kg/m^3，远高于我们在宇宙研究中迄今为止所遇到的任何物质。1cm^3 核心物质在地球上的质量高达 1000kg，相当于把 1 吨物质压缩到 1 粒葡萄大小！在这些极端条件下，称为泡利不相容原理（Pauli exclusion principle）的量子物理定律开始发挥作用，以防止核心中的电子被更紧密地压在一起（实际上，在氦火点燃的那一刻，核心也处于类似的高密度状态，进而导致了氦闪）。

本质上讲，电子的行为类似于微小的刚性球体，能够相对容易地被挤压到接触点，但此后几乎不可压缩。到了第 12 阶段，碳核中抵抗引力的压力几乎完全由紧密堆积的电子提供，这种压力使得核心在约 3 亿开尔文的中心温度下恢复流体静力平衡，但是这个温度太低，无法将碳聚变成更重的元素。这个阶段代表了恒星所能达到的最大压缩，只是因为上覆各层中缺乏施加更大压力的足够物质。在电子抵抗进一步压缩的支撑下，核心的收缩停止。

12.3.3 第 13 阶段：白矮星

碳核之前隐藏在红巨星的大气层中，但是随着包层逐渐远离，它将变成一颗可见的白矮星（见 10.4 节），核心很小（约相当于地球大小），质量约为太阳的一半。白矮星仅能通过存储的热量（而非核反应）发光，首次变得可见时具有白色炽热的表面，但因体积小而显得暗淡。这是表 12.1 中的第 13 阶段。从第 11 阶段（红巨星）到第 13 阶段（白矮星），恒星在赫罗图上的演化路径大致如图 12.10 所示。

并非所有白矮星都被视为行星状星云的核心，数百颗白矮星被发现处于赤身裸体的状态，包层很久前就已消失不见。如图 12.11 所示，天狼星 B 是刚好距离地球特别近的白矮星，且是亮星天狼星 A 的暗淡双星伴星（见 10.7 节），其部分性质列在表 12.2 中。天狼星 B 将超过 1 倍太阳质量的物质塞入小于 1 倍地球大小的体积内，密度约为太阳系中任何其他已知致密物质的 100 万倍。作为一颗白矮星，天狼星 B 的质量异常高，被认为是质量约为 4 倍太阳质量的恒星演化产物。

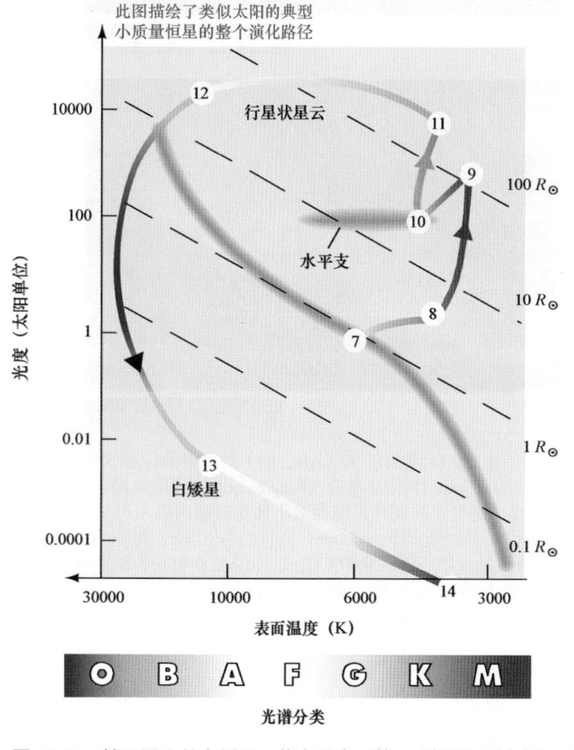

图 12.10 赫罗图上的白矮星。从水平支（第 10 阶段）到白矮星（第 13 阶段），恒星演化路径跨越了赫罗图上的较大区域

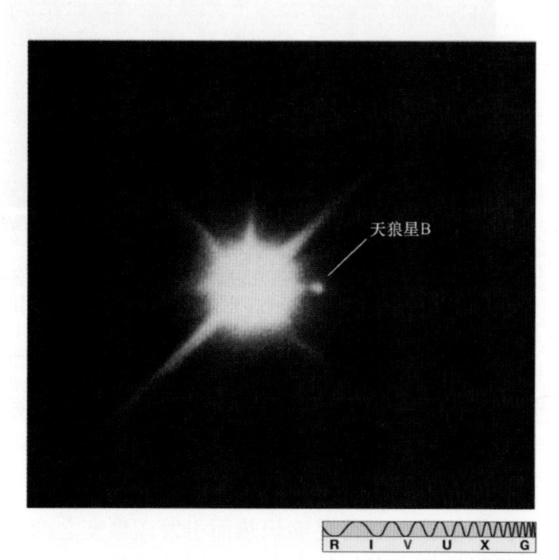

图 12.11 天狼星双星系统。天狼星 B（更大且更亮天狼星 A 右侧的光点）是一颗白矮星，也是天狼星 A 的伴星。天狼星 A 图像上的尖状物实际上不存在，而由望远镜支架导致（Palomar Observatory）

表 12.2 天狼星 B——天狼星 A 附近的白矮星

质　量	1.1 倍太阳质量	质　量	1.1 倍太阳质量
半径	0.008 倍太阳半径（5500km）	表面温度	24000K
光度（总）	0.04 倍太阳光度	平均密度	3×10^9kg/m^3

通过对附近球状星团进行观测，哈勃太空望远镜发现了理论上曾长期预测过的白矮星序列，但以前由于过于暗淡和遥远而无法探测。图 12.12a 显示了球状星团 M4 的地基视图，该星团距离地球约 2100pc。图 12.12b 是哈勃望远镜对该星团一小部分的特写，在更明亮的主序星、红巨星和水平支恒星中，显示了数十颗白矮星（部分已标出）。当绘制到赫罗图上时（见图 12.26），这些白矮星沿着图 12.10 中所示的轨迹线较好地下落。

图 12.12 遥远的白矮星。(a)通过位于美国亚利桑那州的基特峰国家天文台的大型地基望远镜，人们观测到了距离地球最近的球状星团 M4，其直径约为 16pc；(b)哈勃太空望远镜拍摄的 M4 的“郊区”，在 0.2 平方秒差距的小区域内，存在着近 100 颗白矮星（AURA; NASA）

随着时间的推移，沿着图 12.10 底部附近的白-黄-红轨迹线，白矮星继续冷却和变暗，直至最终变成黑矮星，这是寒冷且稠密的太空灰烬。这是表 12.1 中的第 14 阶段，即恒星的墓地。但是在逐渐消失时，冷却的矮星并未收缩太多。即使热量正在向太空中渗漏，引力也不会进一步对其进行压缩。即使温度几乎降至热力学零度（数万亿年后），紧密堆积的电子也会支撑恒星。当这颗矮星冷却时，大小仍然和地球差不多。

大多数白矮星都由碳和氧构成，但理论预测表明，质量非常小的恒星（低于太阳质量的 1/4）永远不可能达到氦聚变的程度。相反，在中心温度达到氦聚变所需的温度（1 亿开尔文）之前，核心将受到电子抵抗进一步压缩的支撑。这些恒星的内部是完全对流的，以确保新鲜氢不断地从包层混合到核心中。因此，与图 12.2 中所示的太阳不同，未燃烧氦内核从未出现，恒星的所有氢最终都转化成氦，进而形成一颗氦白矮星。

这种转换发生所需的时间特别漫长（数千亿年），因此氦白矮星从未以这种方式实际形成（见 10.7 节）。但是，若太阳质量恒星是双星系统的成员，则在红巨星阶段，包层可能会被伴星的引力牵引剥离，从而暴露出氦核，并在氦聚变能够开始之前终止恒星演化。实际上，在银河系的双星系统中，人们已探测到了几颗这样的小质量氦白矮星。

在质量远大于太阳的恒星中（接近碳核形成时小质量恒星上的 8 倍太阳质量极限，见 12.4 节），核心中的温度可能高到让氧与氦结合形成氖，最终导致聚变停止时形成罕见的氖-氧白矮星。

12.3.4 新星

在某些情况下，白矮星阶段并不代表类日恒星之路的尽头。条件合适时，白矮星可能以高光度新星形式爆发性活跃。新星（nova/novae）的拉丁语含义是新，对早期的观测者而言，这些恒星突然出现在夜空中时确实显得很新。天文学家现在认识到，当白矮星表面发生猛烈爆发而导致光度快速暂时性增大时，人们看到的就是新星。图 12.13a 和图 12.13b 描绘了一颗典型新星在 3 天内变亮的情形，图 12.13c 显示了这颗新星的光变曲线，展示了光度如何在几天内急剧上升，然后又在几个月内缓慢消退而回归到正常状态。平均而言，人们每年能够观测到两三颗新星。

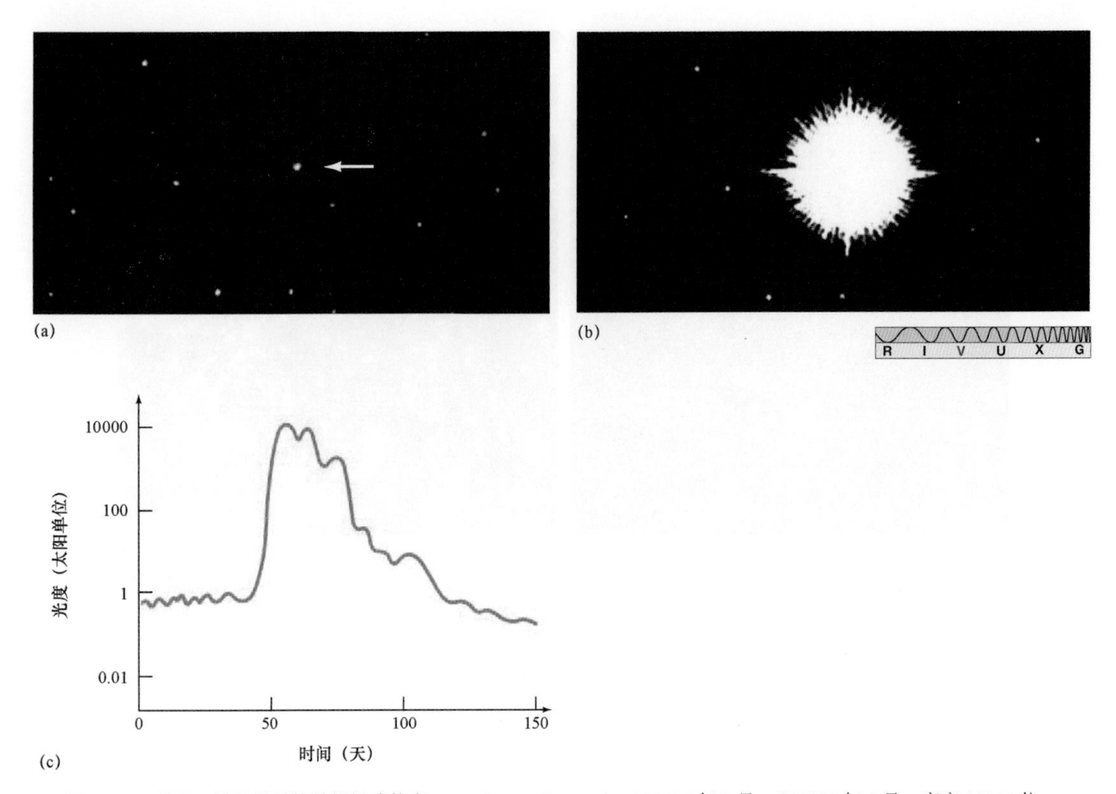

图 12.13 新星。这里显示的是新星武仙座 1934（Herculis 1934）。(a)1935 年 3 月；(b)1935 年 5 月，变亮 60000 倍；(c)从恒星接收的光中，典型新星的光变曲线光首先快速上升，然后缓慢下降，这与将新星解释为白矮星表面的核闪非常吻合（UC/Lick Observatory）

究竟是何种因素造成暗淡的死亡恒星发生这样的爆发？这里涉及的能量实在太大，无法用耀斑（或其他表面活动）进行解释，而且矮星内部不存在核活动（如前所述）。这个问题的答案可在白矮星的周围环境中查找。若该白矮星是孤星，则其确实会冷却，且最终成为黑矮星（如前所述）。但是，若该白矮星是双星系统的一部分，同时另一颗恒星是主序星（或巨星），则存在一种新的可能性。

若该矮星与另一颗恒星之间的距离足够小，则矮星的引力场能从伴星表面拉动物质（主要是氢和氦）。由于双星的自转，离开伴星的物质并不会直接落到白矮星上，而是错过矮星并在其身后盘旋，然后进入其轨道运行，进而形成一个旋转且扁平的物质盘，称为**吸积盘**（accretion disk），如图 12.14 所示。当在白矮星表面上堆积时，窃取的气体变得更加炽热和致密。最终，当温度超过 10^7K 时，氢被点燃并以极快的速率聚变成氦。这个表面燃烧阶段短暂而又剧烈。恒星突然变亮，然后随着部分燃料耗尽而逐渐变暗，剩余物质则被吹到太空中（见图 12.15）。若该事件恰好在地球上可见，则可看到一颗新星。

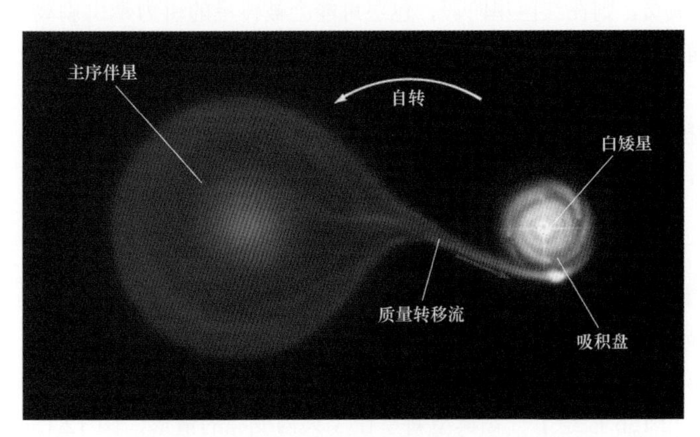

图 12.14 密近双星系统。若双星系统中的白矮星距离伴星足够近，则其引力场可从伴星表面撕裂物质。注意，这些物质并不直接落到白矮星表面，而是形成一个气体吸积盘，呈螺旋状下降到矮星上

新星爆发结束后，双星即恢复正常，质量转移过程将重新开始。天文学家知道许多再发新星，即数十年间被观测到多次变为新星的恒星。理论上讲，这种系统能够重复猛烈爆发数十次（甚至数百次）。

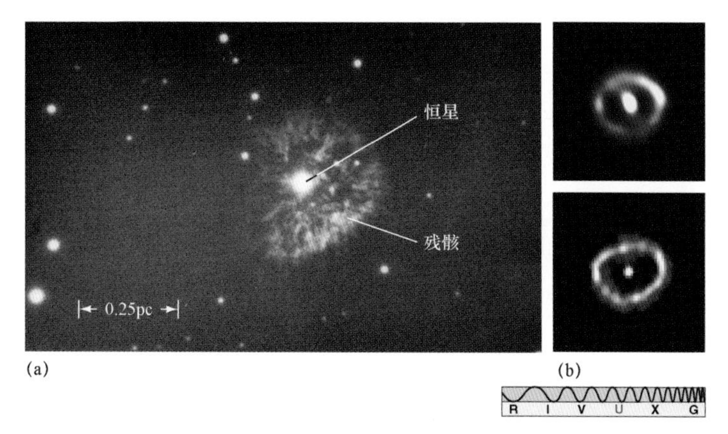

图 12.15 新星物质抛射。(a)在这幅英仙座新星图像中，恒星表面的物质抛射清晰可见。照片拍摄于英仙座 1901 年突然变亮 40000 倍后约 50 年；(b)1992 年喷发的天鹅座新星，由哈勃太空望远镜上的欧洲相机拍摄。上图为爆发一年多后的情形，可以看到快速膨胀的泡沫；下图为接下来的 7 个月后，继续膨胀和变形的壳层（Palomar Observatory; ESA）

数据知识点：恒星演化

在描述恒星离开主序后发生的基本演化过程时，约 40%的学生感到困难。建议记住以下要点：

- 恒星在主序上开始生长，最大质量位于左上方，最小质量位于右下方。
- 恒星并不沿着主序演化；随着年龄的增长，恒星逐渐远离主序。
- 离开主序后，恒星通常向赫罗图的右上方演化。也就是说，当未燃烧核心收缩并加热时，它们像红巨星一样变得更冷和更亮。
- 大质量恒星在主序上部爆发而成为超新星，小质量恒星则通常在左下方变成白矮星。

概念回顾

太阳会变成新星吗？

12.4 大质量恒星的演化

在赫罗图上，离开主序前往红巨星区的所有恒星都有相似的内部结构，但此后的演化轨迹出现分化。

12.4.1 重元素的形成

图 12.16 比较了 3 颗恒星（质量分别为 1 倍、4 倍和 10 倍太阳质量）的主序后演化，注意观察太阳质量恒星与大质量恒星的演化轨迹之间的质量差异。离开主序后，太阳质量恒星几乎垂直上升到红巨星支，光度和半径急剧增大，但温度变化很小。大质量恒星的运行轨迹则刚好相反，在赫罗图顶部循环往复，光度大致保持不变，但是随着表面温度下降和上升，半径交替增大和减小。当氦聚变开始时，4 倍和 10 倍太阳质量的恒星并不经历氦闪，核心温度高到足以令氦和碳聚变成氧。

在 4 倍太阳质量恒星中，核燃烧在碳聚变阶段后停止，最终形成一颗碳-氧白矮星，大致如前所述。10 倍太阳质量恒星的命运存在不确定性，既可能最终成为白矮星，又可能保留足够质量以继续聚变而生成更大质量的核。对质量更大的恒星而言，根据演化过程中损失的质量（见下文），中心温度随内核持续收缩而不断上升，不仅能够聚变氢、氦和碳，而且能够聚变氧、氖、镁、硅甚至更重的元素。

对质量大于 10 倍太阳质量的恒星而言，由于演化速度非常快，在氦聚变开始前，它们甚至无法抵达红巨星区。在仍然非常接近主序的同时，此类恒星的中心温度能够达到 10^8K。随着中心位置的各种元素燃烧到耗尽，核心收缩、升温并再次开始聚变。新内核形成，再次收缩，再次升温，循环往复。恒星的演化轨迹持续平滑地跨越赫罗图，似乎不受每个新燃烧阶段的影响。随着半径的增大和表面温度的下降，恒星的光度大致保持不变，最终膨胀成一颗红超巨星。

在图 12.17 所示的剖面图中，一颗大质量恒星演化至接近红超巨星阶段末期。注意观察不同核燃烧位置的大量层位。当温度随着深度增大而上升时，每个燃烧阶段的产物都成为下一阶段的燃料。在核心的相对较冷外围，氢聚变成氦。在中间各层中，氦、碳和氧的壳层燃烧，形成更重的核。更深处为氖、镁、硅及其他重核，均产生于未燃烧内核上覆各层中的核聚变层。内核本身由铁组成。

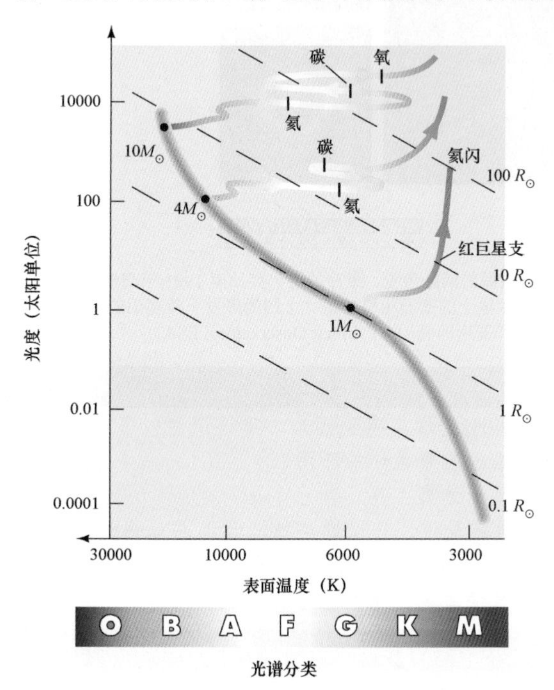

图 12.16　大质量恒星的演化轨迹。1 倍、4 倍和 10 倍太阳质量恒星的演化轨迹。太阳质量恒星几乎垂直上升到红巨星支，大质量恒星则大致水平地移过赫罗图，从主序进入红巨星区。部分点用刚开始在内核中聚变的元素标记

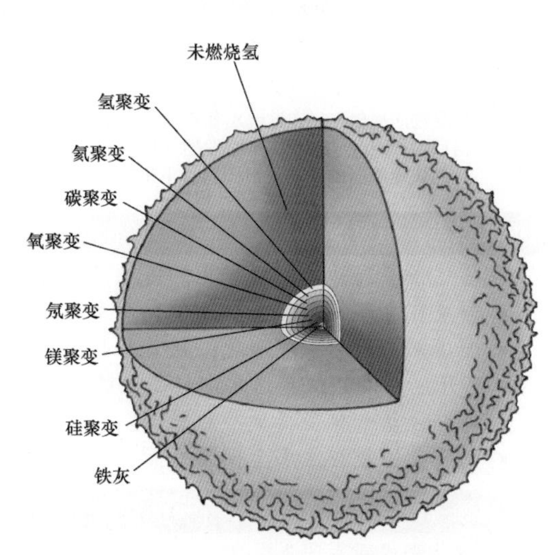

图 12.17　重元素聚变。高度演化的大质量恒星的内部剖面图显示了内部的洋葱形结构，以及在越来越小的半径和越来越高的温度下渐次变重的元素燃烧壳层。核心实际上只比地球大数倍，但恒星却比太阳大数百倍

12.4.2　超巨星的观测

猎户座亮星参宿七是主序后蓝超巨星的较好例子，半径约为 70 倍太阳半径，光度约为 60000 倍太阳光度，原始质量估计约为 17 倍太阳质量。自形成以来，强星风可能已吹走恒星质量的很大一部分。虽然距离主序仍然很近，但参宿七核心中的氦或许已聚变成碳。

天文学家发现，虽然所有光谱型的恒星都存在星风/恒星风，但高光度超巨星的星风迄今为止最强（见 9.3 节）。卫星和火箭观测结果表明，某些蓝超巨星的星风速度可能高达 3000km/s，每年吹走的物质可能超过 10^{-6} 倍太阳质量。在相对较短的数百万年内，这些恒星总质量的 1/10 或更多（相当于太阳物质）被吹入太空。在恒星生命尾声的剧烈爆发期间，质量损失率可能超过 10^{-3} 倍太阳质量/年。图 12.18 显示了一颗高光度蓝变星/亮蓝变星，称为海山二/船底座 η 星（Eta Carinae），它目前正处于这种状态。在恒星周围的发光星云中，包含了最近数百年间多次爆发释放的大量气体（多达 3 倍太阳质量）。

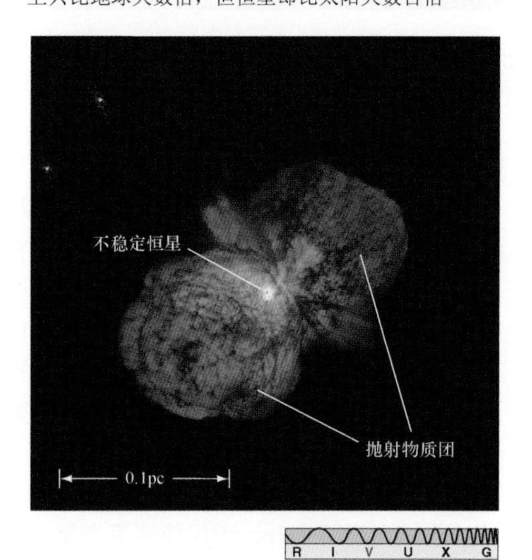

图 12.18　超巨星的质量损失。海山二是质量最大且光度最高的已知恒星之一，质量估计约为 100 倍太阳质量，光度约为 500 万倍太阳光度。在这幅哈勃太空望远镜图像中，显示了抛射物质团正在高速（数百千米/秒）离开恒星，并在一系列爆炸性爆发后将两三倍太阳质量的物质抛入太空（NASA）

最著名的红超巨星可能是参宿四（见图 10.7 和图 10.10），它同样位于猎户座中，并与参宿七竞争星座中的最亮恒星宝座。参宿四的可见光光度是太阳的 10000 倍，红外线光度可能是太阳的 4 倍。天文学家认为，参宿四的核心当前正在将氦聚变成碳和氧，但其最终命运尚不确定。据我们所知，恒星形成时的质量是太阳质量的 12～17 倍。但是，类似于参宿七及其他许多超巨星，参宿四也存在强星风，且四周环绕着自身形成的巨大尘埃壳层。这表明参宿四自形成以来已损失了许多质量，但具体损失数量还不确定。

12.4.3 演化之路的终点

经过每个稳定和不稳定时期以及每个新燃烧阶段，恒星的中心温度都升高，核反应速度加快，新释放的能量在较短的时间内支撑恒星。例如，在一颗质量为 20 倍太阳质量的恒星中，氢燃烧 1000 万年，氦燃烧 100 万年，碳燃烧 1000 年，氧燃烧 1 年，硅燃烧 1 星期，铁核生长时间不到 1 天。

一旦内核开始变成铁，大质量恒星就会深陷困境。与铁相关的核聚变不产生能量，因为铁原子核的结合非常紧密，无法通过结合成更重的元素来提取能量。实际上，铁发挥着灭火器的作用，抑制了恒星核心中的火海。随着铁的大量出现，中心火焰最后一次熄灭，恒星的内部支撑开始减弱。恒星的根基遭到了摧毁，流体静力平衡永远消失。虽然这一阶段的铁核温度高达数十亿开尔文，但是在物质的巨大向内引力牵引作用下，不久后肯定发生灾难性事件。当引力超过热气体压力时，恒星就向内坍缩，在自身范围内陨落。

核心温度上升至近 100 亿开尔文。在这样高的温度下，单个光子的能量足以将铁分裂为更轻的原子核，然后继续分裂更轻的原子核，直至仅剩下质子和中子，这个过程称为**光致蜕变**（photodisintegration）。在不到 1 秒的时间内，正在坍缩的核心会消除以往 1000 万年间核聚变产生的所有影响。但是，将铁及更轻原子核分裂成更小的单位需要大量的能量，毕竟这种分裂是早期生成恒星能量的聚变反应的相反过程。因此，这个过程会吸收核心的部分热能，进而降低压力并加速坍缩进程。

现在，核心完全由密度极高的电子、质子、中子和光子组成，而且仍在收缩。随着密度的持续增大，质子和电子挤在一起，结合形成更多的中子，同时释放中微子。此时，虽然中心密度可能超过 10^{12}kg/m^3，但是大多数中微子都穿过核心，就好像核心不存在一样（见 9.5 节）。中微子在逃逸并进入太空的途中会带走更多的能量。

在整个坍缩过程中，大量中子一直持续到彼此之间相互接触的程度，没有什么能够阻止这种情形的发生，密度此时达到令人难以置信的 10^{15}kg/m^3。在这一密度下，收缩核心中的中子在很多方面发挥的作用与白矮星中的电子非常类似。当相距很远时，它们对压缩几乎没有抵抗力；但当相互接触时，它们之间就产生强烈抵抗进一步压缩的巨大压力。坍缩速度最后开始减缓。但是，当坍缩过程真正停止时，核心已超过其流体静力平衡临界点，在再次开始膨胀前，密度可能高达 10^{18}kg/m^3。类似于快速移动的小球撞击砖墙，核心被压缩，然后停止，最后报复性反弹！

刚才描述的事件并不会持续很长时间，从坍缩开始到核密度反弹，仅需要约 1 秒。在反弹核心的驱动下，一股高能激波/冲击波将高速向外席卷恒星，并将所有上覆各层（包括铁质内核外的重元素）“炸入”太空。虽然激波如何抵达表面并摧毁恒星的细节尚不清楚，但最终结果并非以下情形：在宇宙中最具能量的已知事件之一中，恒星发生爆发（见图 12.19）。这颗大质量恒星的壮观死亡轰鸣称为**核心坍缩超新星**（core-collapse supernova）。

8 倍太阳质量是此前所述小（低）质量与大（高）质量之间的分界线，实际上是指碳核形成时的质量。由于非常明亮的恒星通常具有强星风，因此质量为 10～12 倍太阳质量的主序星仍有可能避免成为超新星。遗憾的是，我们不知道参宿七（或参宿四）到底损失了多少质量，因此无法判断其是否高于（或低于）超新星阈值。要么爆发，要么变成白矮星（氖-氧），我们目前尚无法判断其属于哪种情形，或许只能耐心等待，再过几百万年就会知道结果！

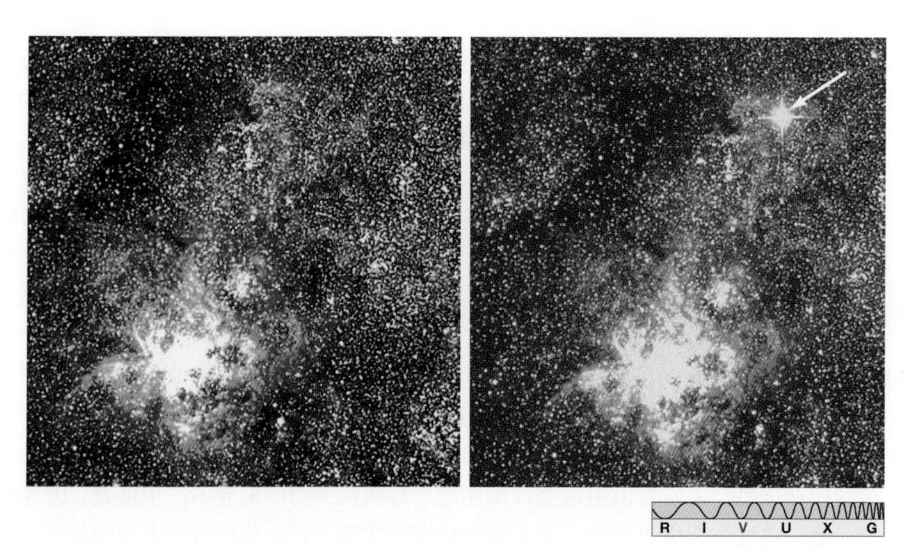

图 12.19 超新星 1987A。当拍摄右侧的照片时，超新星 SN1987A（箭头）正在剑鱼座 30（30 Doradus）星云附近爆发。左侧的照片是恒星场的正常外观（见发现 12.1）（AURA）

表 12.3 小结了不同质量恒星的可能演化结果。为完整起见，褐矮星（小质量原恒星的最终产物，核心中甚至无法聚变氢）也被纳入该表（见 11.4 节）。

表 12.3 不同质量恒星的演化终点

初始质量（太阳质量）	最终状态
小于 0.08	（氢）褐矮星
0.08～0.25	氦白矮星
0.25～8	碳-氧白矮星
8～12（近似）*	氖-氧白矮星
大于 12*	超新星

* 确切数字取决于恒星位于主序上时的质量和离开主序后损失的质量（知之甚少）。

概念回顾

为何大质量恒星的铁核会坍缩？

12.5 超新星爆发

12.5.1 新星和超新星

从观测结果看，超新星是与新星相似的恒星，其亮度突然急剧上升，然后缓慢变暗，最终从视野中消失。但是，虽然光变曲线存在着某些相似之处，但新星和超新星是完全不同的两种现象。如 12.3 节所述，新星是双星系统中白矮星表面的猛烈爆发［注意，在讨论新星和超新星时，天文学家往往会模糊观测到的事件结果（某天体在天空中突然出现及变亮）与其产生过程（恒星内部或表面的猛烈爆发）之间的区别。在不同的语境下，这两个术语的含义不同］。超新星的能量极其巨大（比新星亮 100 万倍），且由完全不同的潜在物理过程驱动。超新星产生的光爆比太阳亮数十亿倍，且在爆发后数小时内即可达到此亮度，该亮度有时可与其母星系媲美（见图 12.20a）。在亮度增大和消退的几个月内，超新星辐射的电磁能总量极为惊人，大致等于太阳在整个生命（100 亿年）期间辐射的总能量！

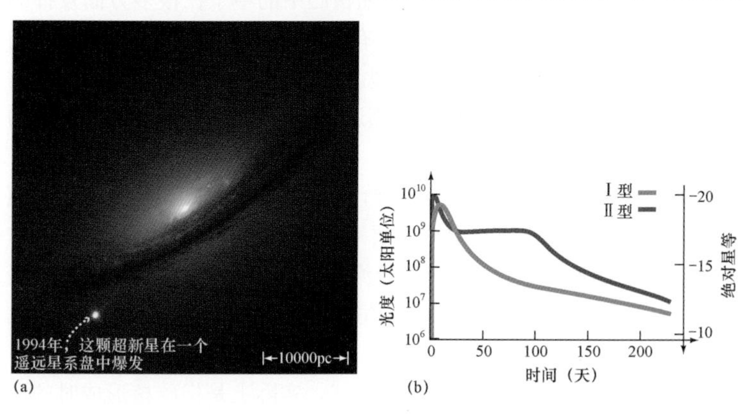

图 12.20 超新星的光变曲线。(a)NGC 4526 星系中的超新星 SN1994D（I 型），部分时间段内的亮度与其所在的整个星系亮度相当；(b)典型超新星（I 型和 II 型）的光变曲线均表明，最大光度有时可达数十亿倍太阳光度，但是在“初始峰值后的光度下降”方面存在特征性差异。I 型光变曲线类似于新星（见图 12.13c），但释放的总能量要大得多；在光度下降阶段，II 型光变曲线具有特征性平台

天文学家将超新星划分为两种类型。I 型超新星含氢较少（由光谱测定），光变曲线（见图 12.20b）的形状与典型新星的有些相似（强度急剧上升，然后逐渐稳步下降）。II 型超新星含氢较多，在最大值出现后的几个月间，光变曲线上通常存在一个特征性平台。在观测到的超新星中，这两种类型的数量大致相同。

12.5.2　I 型和 II 型超新星的解释

如何解释刚才描述的两类超新星？实际上，答案已有了一半，即 II 型超新星的特征与上节介绍的核心坍缩超新星完全一致。与计算机模拟的被下方激波吹入太空时的恒星包层的膨胀和冷却情形相比，II 型超新星的光变曲线非常吻合。因为正在膨胀的物质主要由未燃烧的氢和氦组成，所以这些元素主导超新星的光谱也就不足为奇。

那么如何解释 I 型超新星呢？超新星爆发是否以多种方式发生？答案是肯定的。为了理解其他可替代的超新星机制，必须重新考虑形成新星的吸积-爆发循环的长期结果。新星爆发会从白矮星表面抛出物质，但不一定排出（或燃烧）自上次爆发以来累积的全部物质。换句话说，伴随着新星的每个新循环，矮星的质量都有缓慢上升的趋势。随着质量及支撑其重量所需内部压力的增大，白矮星可能进入一个新的不稳定时期（结果具有灾难性）。

如前所述，白矮星由电子的压力维持，这些电子被挤压得非常紧密，彼此之间已发生有效接触。但是，白矮星的质量是有限度的，超过这个限度时，电子就无法支撑恒星抵抗自身的引力。详细计算结果表明，白矮星的最大质量约为 1.4 倍太阳质量，通常称为钱德拉塞卡质量（Chandrasekhar mass），以美籍印度裔天文学家萨婆罗门扬 • 钱德拉塞卡的名字命名，他因在理论天体物理学方面的贡献获得了 1983 年的诺贝尔物理学奖。1999 年，为了纪念他做出的杰出贡献，NASA 将最新的 X 射线望远镜命名为钱德拉（Chandra）（见 3.5 节）。图 12.21 显示了一幅最近（相对）的 I 型超新星钱德拉图像。

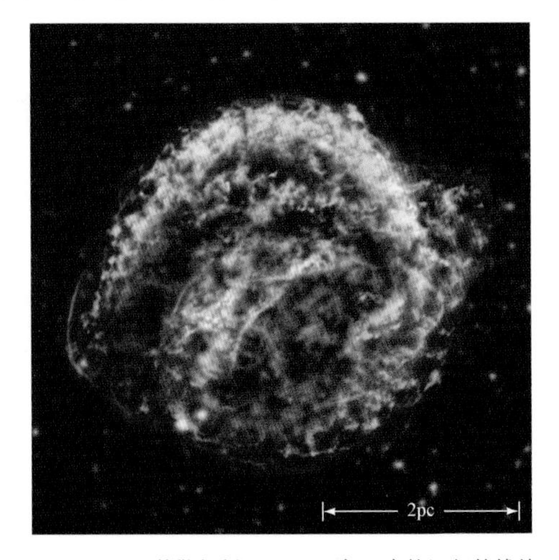

图 12.21　开普勒超新星。2013 年，在轨运行的钱德拉望远镜拍摄和发布了这幅 X 射线图像，显示了 1604 年发生的一次巨大恒星爆发遗迹，当时地球上的许多人都观测到了这次爆发。在爆发高峰阶段，该恒星是夜空中最亮的天体，甚至在白天也长期（数个星期）可见。这颗超新星距离地球约 6000pc（见 1.2 节）（CXC）

若一颗正在吸积的白矮星超过钱德拉塞卡质量，则其就开始坍缩，内部温度快速上升到碳能够（最终）聚变成更重元素的临界点。碳聚变在白矮星中的各处几乎同时开始，整颗恒星在一次碳爆轰超新星（carbon-detonation supernova）事件中爆发，猛烈程度堪比核心坍缩超新星（与大质量恒星死亡相关）。在可能更常见的另一种情况下（许多天文学家持此观点），双星系统中的两颗白矮星可能发生碰撞，然后并合成一颗大质量的不稳定恒星。最终结果完全相同。

碳白矮星（小质量恒星的派生天体）的爆发产物是 I 型超新星（注意，在该领域的专业术语中，这些爆发的专业名称是 Ia 型超新星，以便区分更罕见的 Ib 型和 Ic 型爆发，后两种类型形成于已失去氢包层的恒星中的核心坍缩事件）。由于爆发发生在几乎不含氢的系统中，所以很容易理解超新星光谱为何几乎没有显示氢元素证据。光变曲线几乎完全来自爆发过程中生成的不稳定重元素的放射性衰变。这些爆发还有另一个重要的性质：由于全部源自类似的系统（质量刚好超过钱德拉塞卡极限的白矮星），因此无论何地（或何时）发生，不同 I 型超新星的性质变化都非常小。如第 15 章和第 17 章所述，这个事实及其涉及的巨大光度非常重要，它们使得 I 型超新星成为在最大尺度上测绘宇宙结构及其演化的极有用的工具。

图 12.22 总结了这两类超新星爆发的形成过程。注意，虽然二者的峰值光度相似，但是 I 型和 II 型

超新星彼此之间并不相关，它们出现在类型差异极大的恒星中，爆发环境也非常不同。所有大质量恒星都会成为 II 型超新星（核心坍缩），但只有极少部分的小质量恒星演化成白矮星，并最终以 I 型超新星（碳爆轰）形式爆发。但是，小质量恒星的数量远多于大质量恒星，因此这两类超新星的出现频率大致相同。

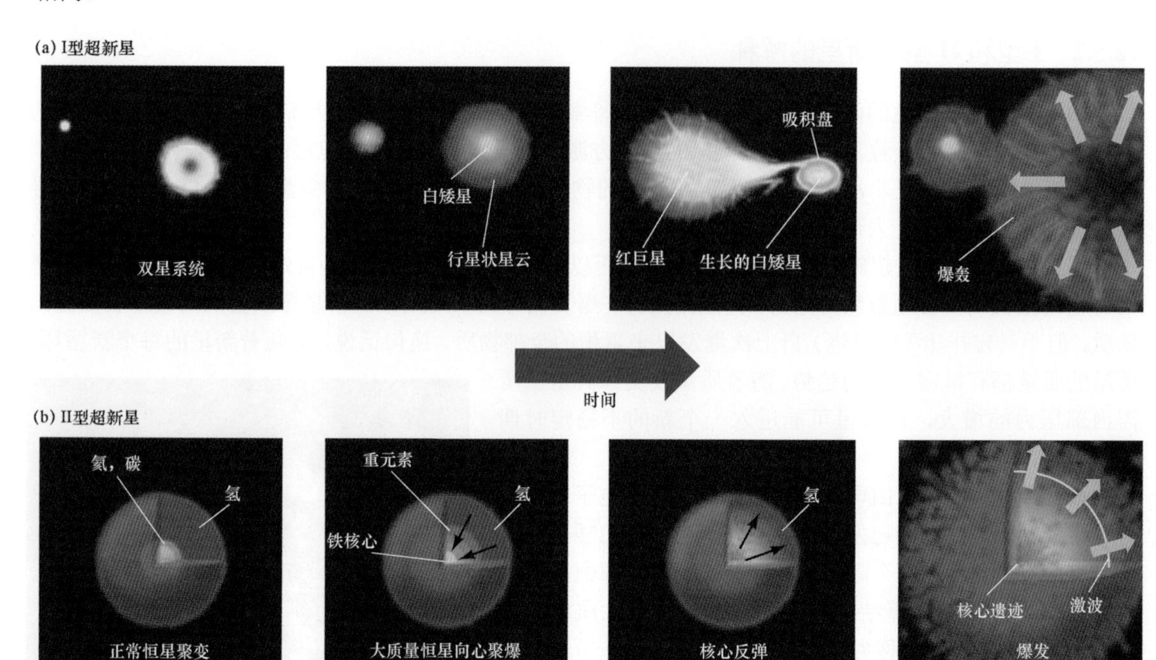

图 12.22　两种类型的超新星。I 型和 II 型超新星的成因不同，这些图像序列描述了每类超新星的演化史。(a)I 型超新星形成于富碳白矮星将附近红巨星（或主序伴星）上的物质拉到自身；(b)II 型超新星形成于大质量恒星的核心坍缩，然后在灾难性爆发中反弹

概念回顾

在未了解爆发机制以前，天文学家如何知道在超新星的形成过程中，至少有两种不同的物理过程在起作用？

12.5.3　超新星遗迹

大量证据表明，超新星已出现在银河系中。在地球上，人们偶尔可以看到超新星爆发，有时还能探测到其发光残骸，称为超新星遗迹/超新星残骸（supernova remnant）。蟹状星云（见图 12.23a）是研究程度最高的超新星遗迹之一，其亮度现在已暗淡很多，但在公元 1054 年最初爆发时非常耀眼，中国和中东地区的古代天文学家均在手稿中予以了明确记录。这次爆发的持续时间长达近 1 个月，甚至白天都能看到该恒星。即使是在今天，“结”和“丝”也强烈反映了过去爆发的猛烈程度。该星云（爆发形成这颗 II 型超新星的大质量恒星的包层）目前仍在向太空中高速扩张（速率为数千千米/秒）。通过融合 1960 年拍摄的蟹状星云正像与 1974 年拍摄的负像，图 12.24 说明了这一运动。若该气体不移动，正像和负像应会完美叠加，但实际情况并非如此。在 14 年间，气体向外移动。通过向前追溯运动时间，天文学家发现该次爆发确定发生在约 9 个世纪前，这与中国和中东地区古代天文学家的观测结果一致。

图 12.23b 显示了另一个示例，同样为 II 型超新星。由船帆（Vela）超新星遗迹的扩张速度可知，中心恒星约在公元前 9000 年爆发。该遗迹距离地球仅 500pc，考虑到接近程度，它或许曾在空中照耀（像月球那样明亮）几个月。附近超新星遗迹的 X 射线图像也如图 3.29 所示。

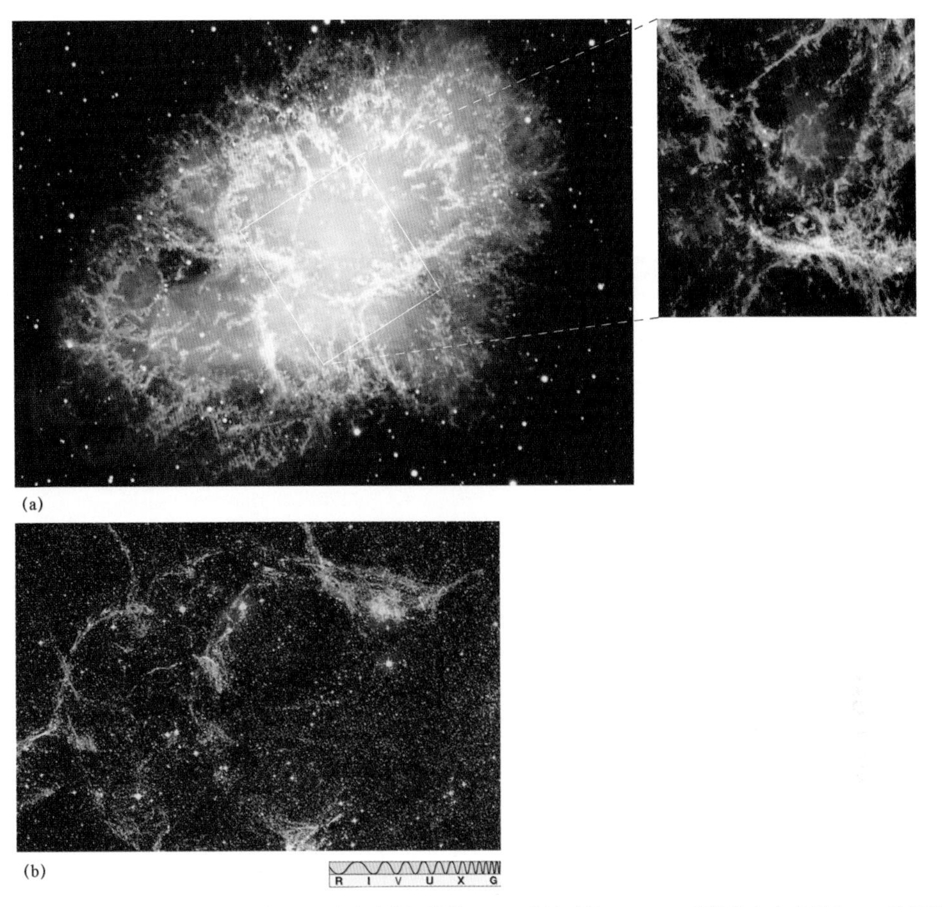

图 12.23 超新星遗迹。(a)这个古代 II 型超新星遗迹称为蟹状星云，距离地球约 1800pc，残骸散布在直径约 2pc 的区域中。主图像由位于智利的欧洲南方天文台的甚大望远镜拍摄，插图由哈勃太空望远镜在轨拍摄；(b)船帆超新星遗迹，发光气体散布在天空中的 6°范围内（ESO; NASA; ESO）

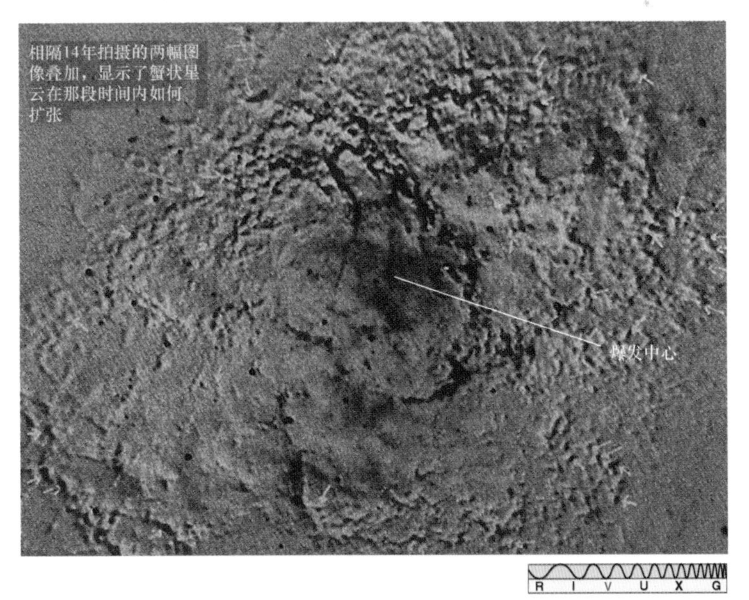

图 12.24 蟹状星云的运动。相隔 14 年拍摄的蟹状星云的正像和负像未精确叠加，说明气丝仍在移动而远离爆发地点。首先拍摄白色正像，然后叠加黑色（负）气丝，因此黑色（仍在发光）的外围残骸距离爆发中心更远。比例尺与图 12.23a 中的大致相同（Harvard College Observatory）

20 世纪期间，虽然人们在其他星系中观测到了数百颗超新星，但却无人能用现代设备在太阳系中观测到一颗超新星（关于最近在银河系邻近星系中发现超新星的讨论，见发现 12.1）。自从伽利略近 4 个世纪前首次将望远镜对准天空以来，人们从未看到过哪怕一颗银河系恒星爆发。基于恒星演化理论，天文学家估计每隔约 100 年，银河系中应当出现一颗可观测超新星。银河系中的超新星似乎早就应该出现，除非恒星爆发的频率远低于理论预测值，否则我们现在每天都应能看到发生在（相对）附近的自然界中最壮观的宇宙事件。

数据知识点：新星和超新星

约 2/3 的学生很难区分新星和不同类型的超新星。建议记住以下几点：

- 超新星要比新星明亮数百万倍。
- 新星是白矮星表面发生的热核爆震，非常猛烈，但不会摧毁所在的恒星。
- I 型超新星是质量超过最大稳定质量的整个白矮星的爆发，可能不会留下任何遗迹。
- II 型超新星是大质量恒星核心失控坍缩的结果，可能会留下中子星（或黑洞）遗迹。

发现 12.1　超新星 1987A

虽然自从望远镜发明以来，银河系中尚未观测到任何超新星，但是天文学家将 1987 年发生的以下事件视为一件最美妙的事情：一颗质量为 15 倍太阳质量的 B 型超巨星在大麦哲伦云/大麦云（Large Magellanic Cloud，LMC）中爆发，大麦哲伦云是绕银河系运行的一个小型伴星系（见 15.1 节）。在几周内，II 型超新星 SN1987A（见图 12.19）的光芒就超越了大麦哲伦云中所有其他恒星的总和。由于大麦哲伦云距离地球相对较近，SN1987A 爆发后不久即被探测到，为天文学家提供了关于超新星的大量详细信息，使其能够在理论模型与观测现实之间进行关键比对。总体而言，恒星演化理论获得了较好的支持。虽然如此，SN1987A 还是带来了一些惊人的结果。

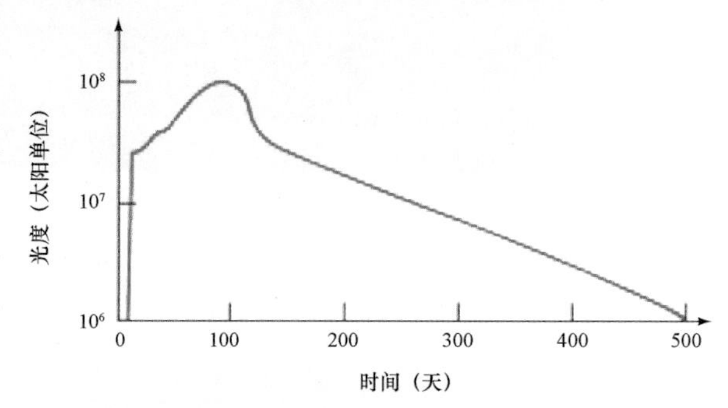

SN1987A 的光变曲线如图所示，与标准 II 型超新星的光变曲线的形状（见图 12.20）略有不同。峰值光度仅约为标准值的 1/10，且出现时间要比预期值晚得多。这些差异源于以下事实：母恒星的包层中缺乏重元素，从而显著改变了演化轨迹。因此，当通往超新星的快速事件链发生时，该恒星是一颗（相对较小的）蓝超巨星，位于赫罗图的右上方，表面温度约为 20000K。

由于母恒星很小且受引力的紧密束缚，爆发生成的大量能量被用于 SN1987A 恒星包层的扩张，因此辐射至太空中的剩余能量要少得多。因此，最初几个月内的光度低于预期，且图 12.20 中的早期峰值并未出现。在 SN1987A 的光变曲线中，峰值出现在约 80 天的位置，实际对应于 II 型光变曲线中的平台（见图 12.20）。

在以光学方式探测到这颗超新星之前约 20 小时，日本和美国的地下探测器记录到了一次短暂(13 秒)的中微子爆发。由于中微子在坍缩过程中逃逸，而爆发时的第一缕光只有在超新星激波穿过恒星体并抵达表面后才被发射，因此中微子先于光抵达探测器。理论模型（与这些观测结果一致）表明，以中微子形式发射的能量是任何其他形式的数万倍。探测到这种中微子脉冲是对理论的有力证实，很可能预示着天文学迈入了新时代，天文学家首次通过非电磁波谱方法接收到了来自太阳系以外的信息。

插图显示了勉强可以分辨的 SN1987A 超新星遗迹（每幅图像的中心），周围环绕着更大的发光气体壳层（黄色）。在红巨星阶段（爆发前约 40000 年），前身星喷出了这个壳层。超新星的紫外闪光撞击该环并使其明亮发光，形成了目前所见的图像。底部各插图显示，超新星遗迹以近 3000km/s 的速度向外且向环移动，移动最快的喷出物已抵达环所在的位置，形成了现在环绕在超新星遗迹周围的发光区域。

主图像还显示了另外两个暗环，可能由辐射扫过沙漏状气泡形成，后者自身可能是超新星出现前由前身星发出的非球形双极星风的结果。

在恒星演化理论取得成功的鼓舞下，天文学家热切期待着这个非凡天体故事的进一步发展。

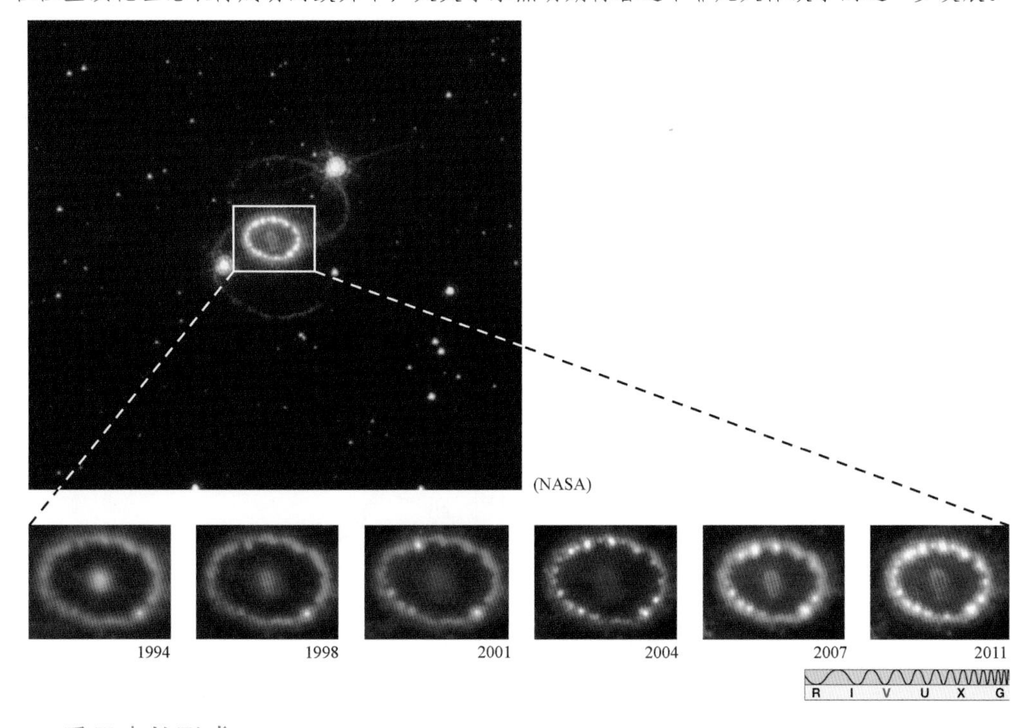

12.5.4 重元素的形成

从地球生命的角度看，恒星演化的最重要特征可能是在生成并散布重元素（地球和人体的组成部分）方面发挥的作用。自 20 世纪 50 年代以来，天文学家逐渐意识到，宇宙中的所有氢和大部分氦都是原始的，即能够回溯至首批恒星形成之前的最早时期（见 17.6 节）；所有其他元素（尤其是地球上随处可见的所有元素）均形成于恒星中后期。

前面介绍过重元素如何通过核聚变而从轻元素中生成。核聚变是为所有恒星提供能量的基本过程，氢聚变成氦，氦再聚变成碳和氧。此后，大质量恒星中的碳和氧聚变成更重的元素，氖、镁、硫和硅（实际上一直到包括铁在内的元素）由最大质量恒星核心中的聚变反应依次生成。

但是，聚变在铁处就停止。实际上，铁原子核不会聚变，无法释放能量并生成更大质量的原子核，这是形成 II 型超新星的基本原因。那么铜、铅、金和铀等更重的元素是如何形成的？如 12.3 节所述，其中部分元素形成于小质量恒星在红巨星晚期的中子反应。类似的反应也发生在超新星中，当某些原子核被几乎难以想象的剧烈爆炸撕裂时，生成的中子和质子被塞入其他原子核，生成了利用任何其他方法均无法生成的重元素。许多最重的元素形成于母恒星死亡之后，甚至作为标志恒星死亡的爆发残骸而被甩入星际空间。采用这种方式，恒星演化稳定地丰富了每代新恒星的组成。

虽然从未有人直接观测到恒星中重原子核的形成，但是天文学家确信前述一连串事件确实已发生。将核反应速率（由实验室中的实验确定）输入恒星和超新星的详细计算机模型后得到的组成，与从陨石分析以及行星、恒星和星际物质的光谱研究中推测的宇宙组成相比，吻合程度非常高。推理是间接方法，但理论与观测之间的一致性高得如此惊人，大多数天文学家甚至将其视为支持整个恒星演化理论的有力证据。

12.6 星团中的恒星演化观测

星团为恒星演化理论提供了极佳的试验场。在某个特定的星团中，各恒星几乎同时形成，源自相同的星际云且组成大致相同（见 11.6 节），彼此之间只是质量不同而已，这种一致性允许我们以非常直接的方式检验理论模型的准确性。研究单颗恒星演化轨迹的部分细节后，下面考虑它们的整体外观如何随时间而变化。

首先介绍星团形成后不久的情形，此时大质量恒星已完全形成，并且在上主序/上主星序位置稳定地燃烧，小质量恒星则刚开始到达主序（见图 12.25a）。在这个早期阶段，星团外观主要由质量最大的恒星（明亮的蓝超巨星）主导。

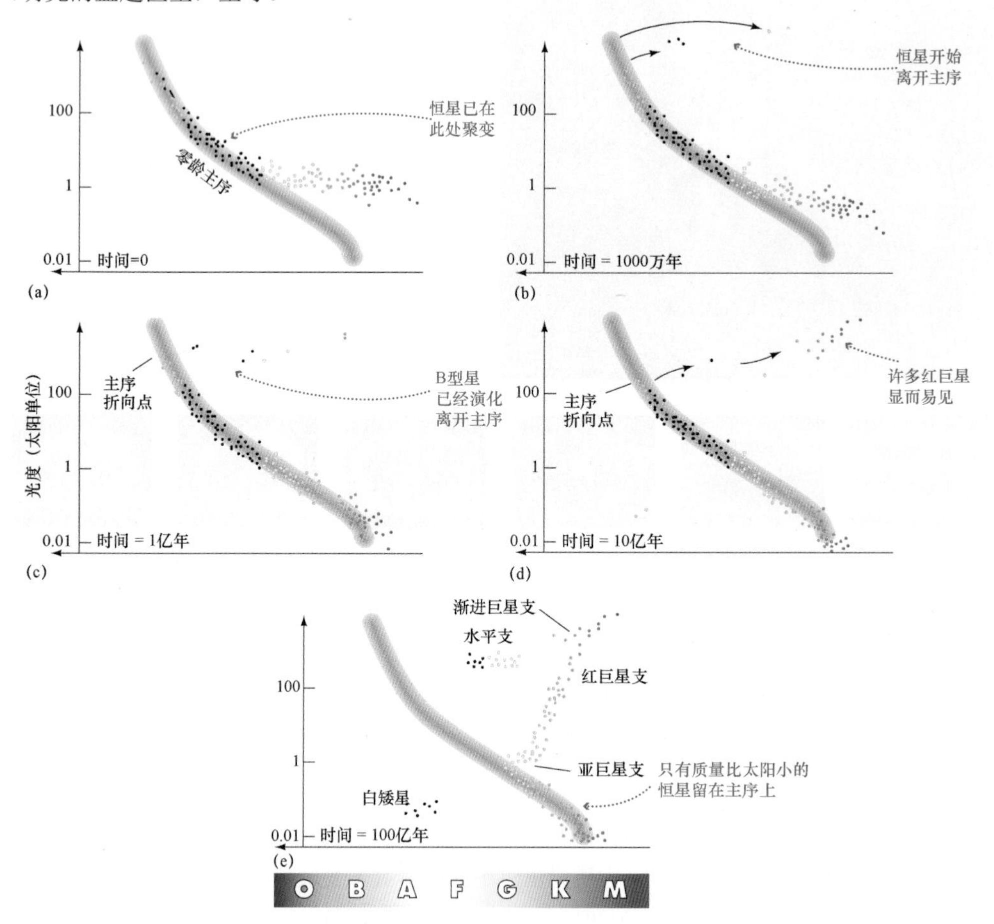

图 12.25　赫罗图上的星团演化。(a)最初，上主序上的恒星稳定地燃烧，下主序上的恒星仍在形成；(b)1000 万年后，O 型星已离开主序，可以看到几颗红巨星；(c)1 亿年后，可以看到更多的红巨星，下主序几乎完全形成；(d)10 亿年后，亚巨星支和红巨星支开始变得明显，下主序的形成过程结束；(e)100 亿年后，星团中的亚巨星支、红巨星支、水平支和渐近巨星支均可辨认，许多白矮星已经形成

图 12.25b 显示了该星团 1000 万年后的赫罗图。质量最大的 O 型星已经演化到离开主序，大多数恒星已爆发并消失，但仍有一颗或两颗恒星横穿赫罗图顶部（作为超巨星），其余恒星的外观基本上没有太大的变化。在该星团的赫罗图中，主序稍有缩短。图 12.26 显示了双重疏散星团（英仙双星团 h 和 χ），以及观测到该星团的赫罗图。比较图 12.26b 和图 12.25b，天文学家算出了这个双重星团的年龄——约 1000 万年。

1 亿年后（见图 12.25c），比 B5 型星更亮的恒星（4～5 倍太阳质量）已离开主序，还可看到几颗超巨星。此时，虽然最暗淡的 M 型星仍可能处于收缩阶段，但星团中的大多数小质量恒星终于抵达主序。现在，星团外观主要受控于明亮的 B 型星和更明亮的超巨星。

在演化阶段的任何时候，星团的初始主序保持完整，直到接近某些定义明确的恒星质量（对应于当时刚离开主序的那些恒星）。我们可以假设将主序自上而下剥开，随着时间的不断推移，越来越暗淡的那些恒星将被逐出主序并向巨星支移动。天文学家将观测到的主序高光度端称为**主序折向点/主序拐点**

(main-sequence turnoff)，任何时候刚从主序演化离开的恒星质量称为折向质量/折向点质量/拐点质量(turnoff mass)。若知道折向质量，则等于知道星团的年龄——质量小于折向质量的恒星仍然位于主序上，质量大于折向质量的恒星则已演化成其他形式。

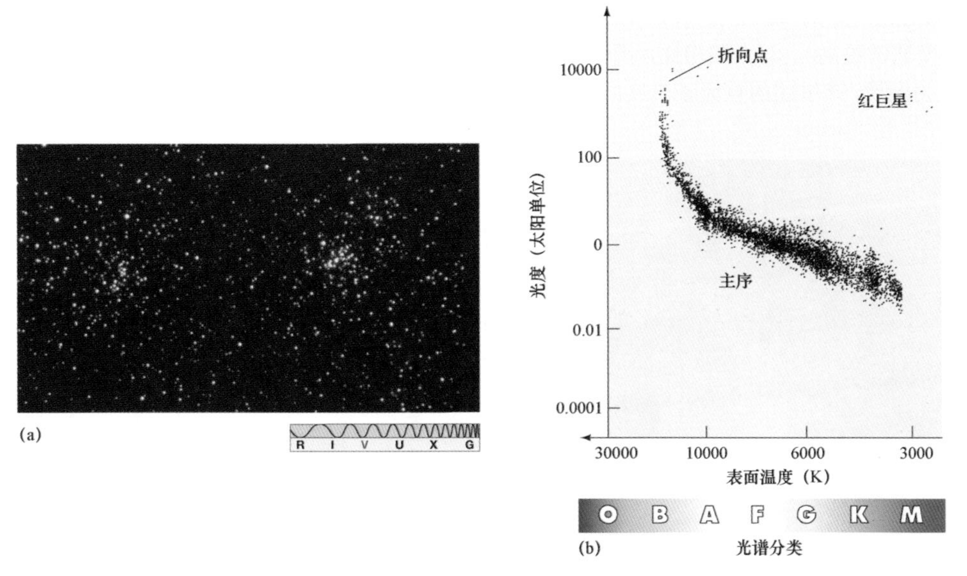

图 12.26　新生星团的赫罗图。(a)双重星团英仙双星团 h 和 χ，这两个疏散星团明显是同时形成的；(b)由这对星团的赫罗图可知，这些恒星非常年轻，年龄可能仅为 1000～1500 万年。即便如此，质量最大的恒星已离开主序（NOAO；数据源自 T. Currie）

10 亿年后（见图 12.25d），主序折向点质量约为 2 倍太阳质量，大致对应于光谱型 A2。亚巨星支和巨星支（与小质量恒星演化相关）刚开始变得明显，下主序的形成现已完成。此外，首批白矮星刚刚出现，但是通常过于暗淡而无法观测到（对大多数星团的距离而言）。图 12.27 显示了疏散星团毕星团(Hyades)及其赫罗图。该赫罗图似乎位于图 12.25c 和图 12.25d 之间，更仔细的测量表明该星团的年龄约为 6 亿年。

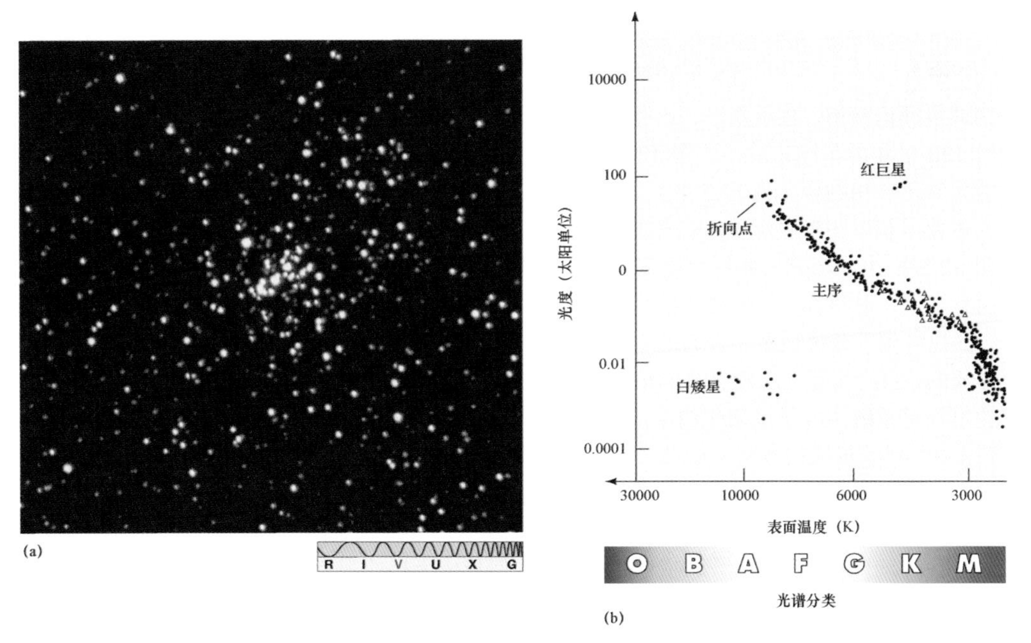

图 12.27　年轻星团的赫罗图。(a)毕星团是肉眼可见的相对年轻恒星群，位于金牛座，距离地球 46pc；(b)该星团的赫罗图在光谱型 A 附近被截断，意味着其年龄约为 6 亿年。部分大质量恒星已变成白矮星（NOAO）

100 亿年后，折向点到达光谱型为 G2 的太阳质量恒星。在赫罗图中，亚巨星支和巨星支现在清晰可辨（见图 12.25e），水平支显示在一个不同的区域，许多白矮星也出现在星团中。图 12.28 显示了银河系中几个球状星团的复合赫罗图，理论预测的各个演化阶段在该图中均清晰可见，但由于类日恒星和球状星团中各恒星的组成不同，各点相对于之前的赫罗图有些左偏（与相同质量的类日恒星相比，球状星团的温度通常更高）。与太阳相比，图 12.28b 中所示星团严重缺乏重元素。图 12.28a 显示了球状星团 M80 的哈勃图像，该星团的重元素丰度同样较低（仅为太阳值的 2%），其赫罗图在质量方面看与图 12.28 非常相似。

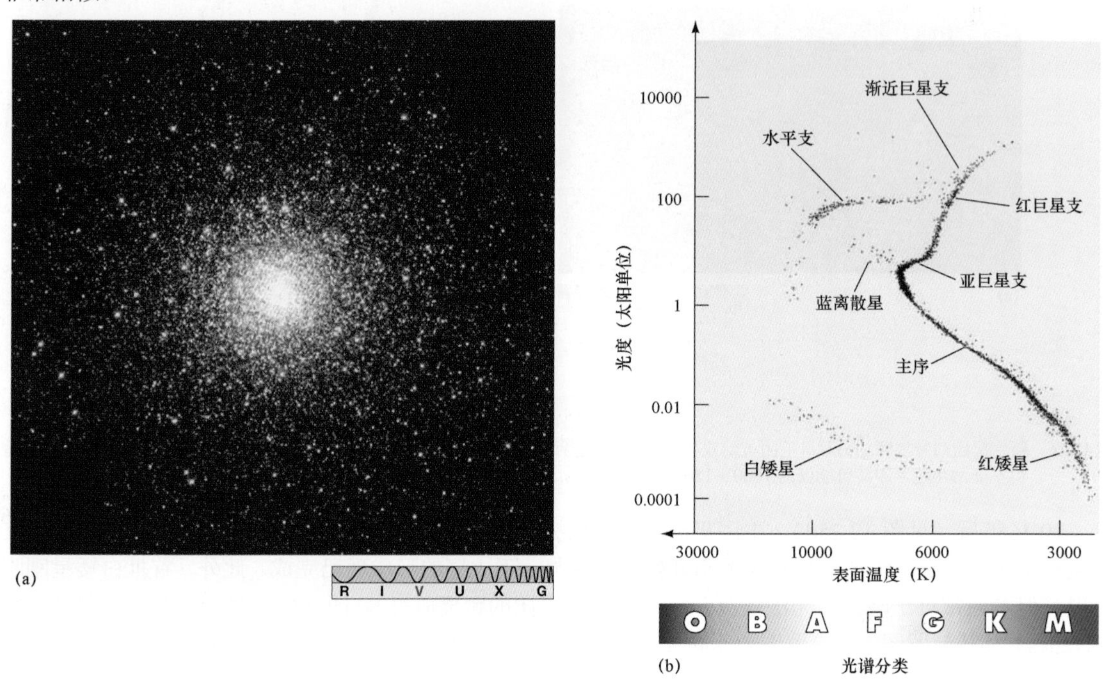

图 12.28　年老星团的赫罗图。(a)球状星团 M80，距离地球约 8000pc；(b)基于地基和空基观测的复合赫罗图，总体组成与 M80 相似的几个球状星团。将主序折向点、巨星支和水平支与理论模型进行拟合，可知其年龄约为 120 亿年，使得这些星团成为银河系中最古老的已知天体之一（NASA；数据授权自 William E. Harris）

仔细调整理论模型，直至主序、亚巨星支、红巨星支和水平支都能较好地匹配，天文学家发现该图对应于约 120 亿年的星团年龄，比图 12.25e 中的假想星团稍老。缺乏重元素与这些星团是银河系中最早形成的天体之一相吻合（见 12.7 节）。实际上，以这种方式确定的球状星团年龄的误差很小。在银河系中，大多数球状星团形成于 100 亿年前到 120 亿年前。

在图 12.28b 中，部分天体标为蓝离散星，乍看上去似乎与上述理论相矛盾。它们位于主序上，但却在折向点之上，说明若已知星团年龄为 120 亿年，则它们应在很久以前就演化成白矮星。在许多星团中，人们都观测到了蓝离散星。它们是主序星，但却未在星团形成时形成，而是在后期通过小质量恒星的并合形成的，因此实际上还没有时间演化成巨星。在某些情况下，随着子星的演化、生长和开始接触，并合可能是双星系统中各子星演化的结果。在另一些情况下，并合被认为是恒星之间实际碰撞的结果。在整个宇宙中，球状星团的致密中心核（与太阳邻域相比，单位体积内的恒星数量大于或等于 100 万倍）是最可能发生恒星碰撞的少数地点之一。

利用哈勃太空望远镜的高精度观测，天文学家发现了关于球状星团的一个新的神秘之处（但尚无法解释），这或许会迫使他们大幅改变对大质量星团如何形成所持的观点。如图 12.29 所示，在星团 NGC 2808 的赫罗图中，插图显示了早期地基观测中未探测到的三个不同主序。在这三个序列中，各恒星分别含有不同数量的氦、碳和氮，被认为是约 1 亿年间发生的多代恒星形成的结果。相关模型表明，还有两代富氦恒星形成于第一代恒星中恒星演化所富集的气体，但是天文学家并不知道其在这段时间内如何发生。无论发生了什么，这似乎都是一种常见的现象，因为许多球状星团的高分辨率研究现在揭示了类似的多代星族。实际上，部分观测者甚至认为并声称，在银河系球状星团星族中，多代恒星星族属于正常状态。

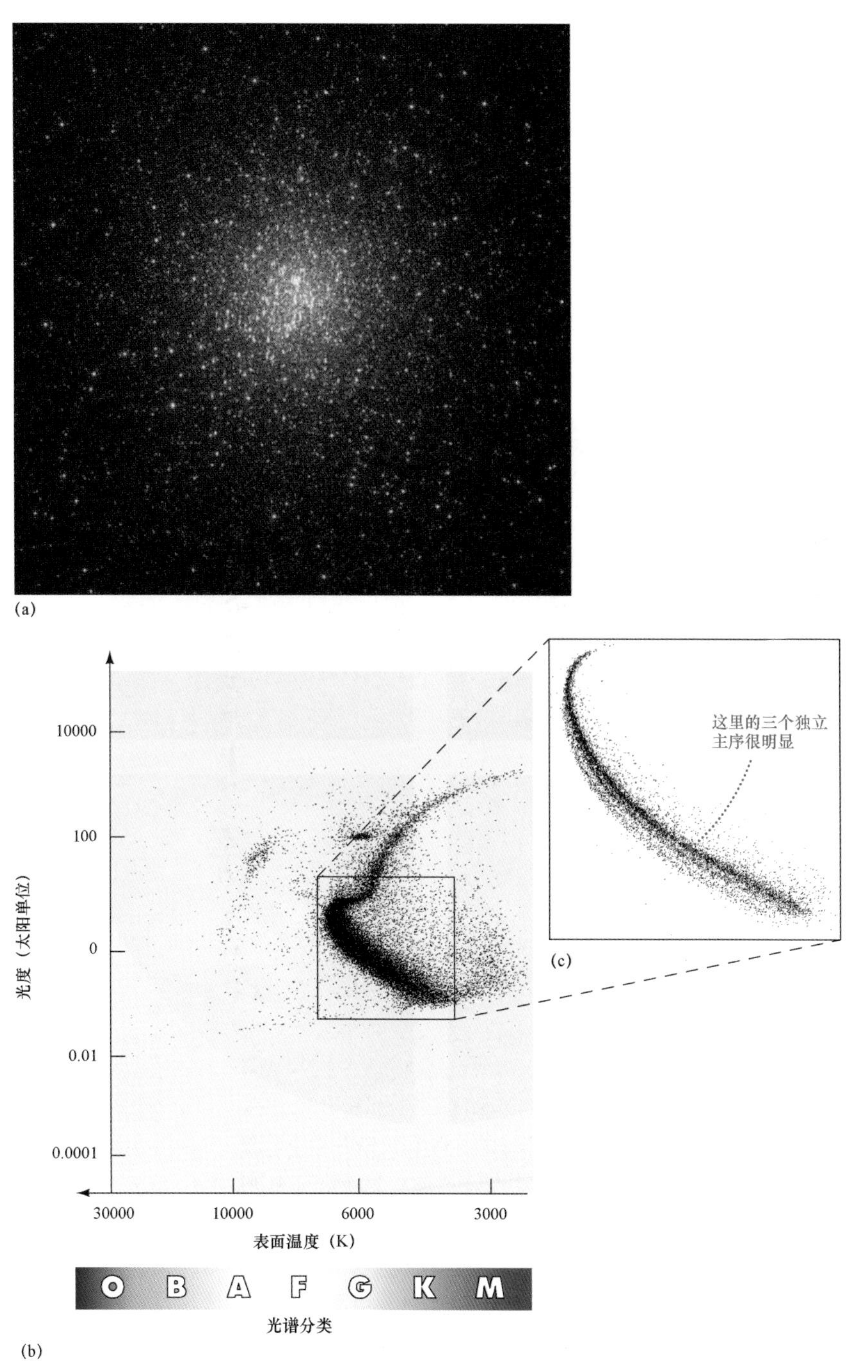

图 12.29　多代星族。(a)球状星团 NGC 2808 的地基观测图像；(b)在地基观测图像的赫罗图上，主序显然较为正常；(c)在哈勃太空望远镜的更精确观测图像的赫罗图上，该主序实际上由三个不同的序列组成（如前所述），氦含量从右到左增加。这些观测结果表明星团形成后不久，恒星就形成了多代星族，但目前尚无任何理论能够解释这是如何发生的（NASA）

科学过程回顾

对恒星演化理论而言，星团观测为何如此重要？

12.7 恒星演化周期

对于年老球状星团恒星与银河系中正在形成的当前恒星之间的重元素丰度的观测差异，本章介绍的恒星演化理论能够自然地予以解释。虽然演化后的恒星在其内部持续不断地生成新的重元素，但是恒星组成的变化主要局限于核心中，恒星光谱很少能够显示内部事件。只有在恒星寿命的终点，新近生成的元素才被释放并散布到太空中。

由于每代新恒星都会提升星际云（下一代恒星形成之处）中这些元素的浓度，所以最年轻恒星的光谱会显示出最多的重元素。因此，在最近形成恒星的光球中，重元素含量远多于很久以前形成的恒星。在恒星演化知识的帮助下，天文学家能够通过纯光谱研究来计算恒星的年龄，即使这些恒星孤立存在且非任何星团的成员。

截至目前，我们已见到构成恒星形成和演化完整周期的所有要素，下面简要总结该过程，如图 12.30 所示。

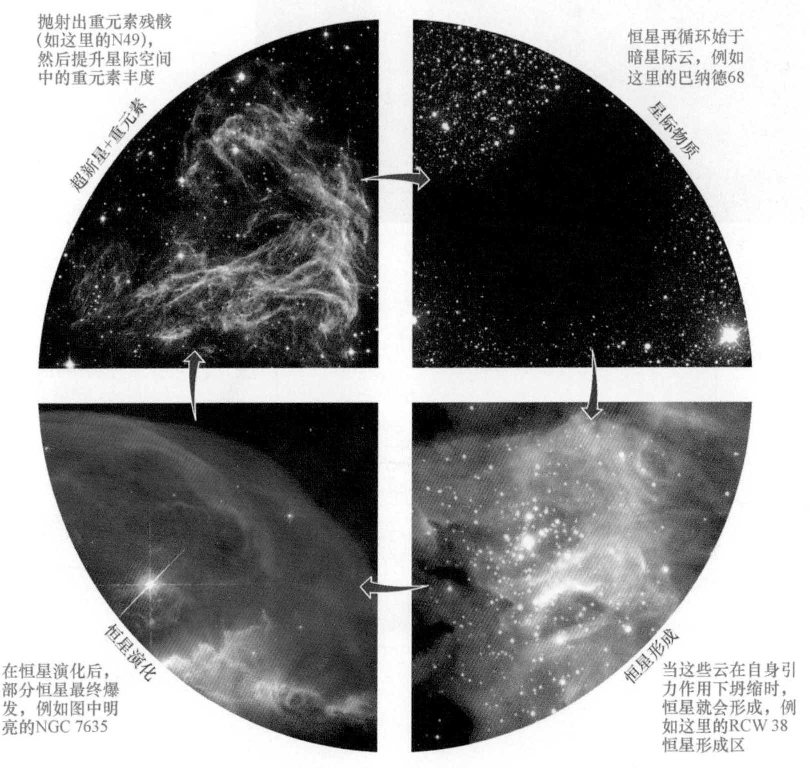

图 12.30 恒星演化周期。恒星形成和演化的周期性循环持续不断地为银河系补充新的重元素，并为新一代恒星的形成提供能量。从顶部开始顺时针方向旋转，依次为星际云（巴纳德 68）、银河系中的恒星形成区（RCW 38）、喷出气泡且即将爆发的大质量恒星（NGC 7635）、超新星遗迹及其重元素残骸（N49）（ESO; NASA）

1. 当星际云的一部分被压缩至超过其能够支撑自己以抵抗自身引力的临界点时，即可形成恒星。云坍缩和碎裂，形成星团。最炽热的恒星加热并电离周围的气体，发送激波并穿越周围的云，调整小质量恒星的形成，且可能触发新一轮的恒星形成（见 11.2 节和 11.3 节）。
2. 在星团内，恒星开始演化。最大质量恒星的演化速度最快，核心中产生重元素，并通过超新星爆发喷入星际物质。小质量恒星的演化速度较慢，但也会产生重元素，并在将包层脱落为行星状星云后，为星际空间的播种做出重大贡献。粗略而言，小质量恒星会产生使地球生命成为可能的大部分碳、氮和氧；大质量恒星会产生构成地球本身的铁和硅，以及支撑大部分技术的较重元素。

3. 随着激波的影响范围进一步扩大，新的重元素就会产生并爆发性弥散。当穿越星际物质时，这些激波同时也丰富了星际物质中的元素含量，并对其进行压缩而促进恒星形成。每代恒星都会增加下一代恒星形成时所在星际云中的重元素丰度，因此与很久以前形成的恒星相比，最近形成的恒星含有更丰富的重元素。

采用这种方式，虽然每次循环中都有部分物质被耗尽（转化为能量，或者锁定在质量小于太阳的恒星中，这些恒星大多数尚未离开主序），但是银河系会持续不断地回收并利用其物质。与前一代恒星相比，每轮新形成过程产生的恒星都含有更多的重元素。从年老的球状星团（与太阳相比，被观测到缺乏重元素），到年轻的疏散星团（含有大量重元素），人们观测了这种元素的增丰过程。太阳是许多此类周期性循环的产物，人类自身也是一种产物，若没有恒星中心合成的重元素，地球上的生命就不会存在。

恒星演化是天体物理学中最成功的故事之一。像所有优秀科学理论一样，恒星演化对宇宙做出了明确且可检验的预测，同时又保持了足够的灵活性，在新发现出现时能将其纳入其中。理论和观测始终携手并进。20 世纪初，许多科学家对了解恒星的组成感到绝望，更不用说解释其为何发光和如何变化。如今，恒星演化理论已成了现代天文学的基石。

概念回顾

为什么恒星演化对地球上的生命很重要？

学术前沿问题

若类日恒星以平静而相似的方式结束生命，为何其散布的天空残骸看上去如此不同？行星状星云显示出各种奇怪的形状和大小，有些带有环形和球形，还有些带有环状物和喷流。这些不同结构由何种因素导致？这些结构是恒星本身所固有的，还是由濒死恒星将其内含物质排出到星际空间的复杂环境中导致？

本章回顾

小结

LO1 恒星一生中的大部分时间都位于主序上，即处于恒星演化的核心氢燃烧阶段（第 7 阶段）。当核心中的氢耗尽时，恒星就离开主序。由于没有内部能量来源，恒星的氦核无法支撑自己抵抗自身的引力，于是开始收缩。这个阶段的恒星处于氢壳层燃烧阶段，中心是未燃烧的氦，周围环绕着一层燃烧的氢。氦核收缩释放的能量加热氢壳层燃烧，极大地提升该处的核反应速率。因此，恒星变得更加明亮，同时包层膨胀和冷却。在赫罗图上，太阳质量恒星首先沿亚巨星支移动并离开主序（第 8 阶段），然后几乎垂直上升至红巨星支（第 9 阶段）。

LO2 随着氦核收缩而加热升温，氦最终开始聚变成碳。在类日恒星中，氦燃烧在氦闪中开始爆发。氦闪会让核心膨胀，同时降低恒星光度，使其进入赫罗图上的水平支（第 10 阶段）。现在，恒星存在一个燃烧氦核，周围环绕着燃烧氢壳层。未燃烧碳内核形成、收缩并加热上覆燃烧层，恒星再次成为红巨星，甚至比以前的光度更高（第 11 阶段）。太阳质量恒星的核心永远不会炽热到发生碳聚变。这样的恒星继续变亮和膨胀，直至其包层被喷入太空，形成行星状星云（第 12 阶段）。此时，核心变得可见，并成为炽热、暗淡且极其致密的白矮星（第 13 阶段）。白矮星冷却并变暗，最终成为冷黑矮星（第 14 阶段）。

LO3 虽然大多数白矮星只随着时间的推移而变冷、变暗，但是有些白矮星可能以新星形式爆发性活跃。新星是一种亮度突然急剧增大，然后在数月内缓慢恢复正常外观的恒星，这是双星系统中的白矮星从其伴星中获取富氢物质的结果。气体在吸积盘中螺旋向内，并在白矮星表面积聚，最终变得极其炽热和致密，足以让氢发生爆发性燃烧，暂时导致白矮星的光度大幅上升。

LO4 对质量超过约 8 倍太阳质量的恒星而言，核心以越来越快的速率形成越来越重的元素。当演化成为红超巨星时，它们的核心会形成一个层状结构，由渐次变重的各元素的燃烧壳层组成。这个过程止于铁元素，铁原子核既不能聚变产生能量，又不能裂变产生能量。随着恒星铁核的质量逐渐增大，最终无法支撑自己抵抗自身的引力，随后开始坍缩。在坍缩期间产生的高温下，铁原子核分解成质子和中子，质子与电子结合形成更多的中子。最后，核心变得极其致密，中子彼此之间发生有效的物理接触，它们对进一步挤压的抵抗将终止坍缩过程，核心随后发生反弹，向恒星其他部分发出猛烈的激波。恒星以核心坍缩超新星形式爆发。

LO5 I 型超新星贫氢，光变曲线的形状与新星相似。II 型超新星富氢，光变曲线在最大值几个月后出现一个特征性凸起。II 型超新星是核心坍缩超新星。I 型超新星是碳爆轰超新星，发生在双星系统中的白矮星坍缩，然后随着碳点燃而爆发时。我们能以超新星遗迹形式看到过去超新星的证据，这是环绕在爆发现场周围且以数千千米/秒的速度膨胀到太空中的爆炸残骸壳层。

LO6 恒星演化理论可以通过观测星团进行检验。在任何时刻，质量位于星团主序折向点之上的恒星都已经演化到离开主序。比较星团主序折向点的质量与理论预测值，天文学家可确定星团的年龄。许多球状星团显示出了多代星族（起源未知）证据。

LO7 比氦重的所有元素均形成于演化后的恒星或超新星爆发。随着每代新恒星的诞生，宇宙中的重元素比例都增加。比较元素产物的理论预测与银河系中元素的丰度观测，为恒星演化理论提供了强有力的支持。

复习题

1. 类日恒星核心中的氢能够持续燃烧多长时间？
2. 为什么恒星核心中的氢耗尽是非常重要的事件？
3. 究竟是什么让一颗普通恒星变成了红巨星？
4. 当进入红巨星阶段时，太阳大致有多大（采用天文单位）？
5. 对类日恒星而言，从主序演化到红巨星支顶部需要多长时间？
6. 什么是氦闪？
7. 小质量恒星和大质量恒星是如何死亡的？
8. 什么是行星状星云？它与恒星演化的哪个阶段相关？
9. 什么是白矮星？它们的最终命运是什么？
10. 双星在什么情况下产生新星？
11. 大质量恒星因何而爆发？
12. I 型和 II 型超新星存在哪些观测差异？
13. I 型和 II 型超新星的形成机制如何解释其观测差异？
14. 何种证据能够表明银河系中发生过多次超新星爆发？
15. 星团中的各恒星能够说明恒星演化各个阶段的何种信息？

自测题

1. 所有曾经形成的单颗红矮星今天仍然位于主序上。（对/错）
2. 当核心燃料耗尽时，太阳将变得更亮。（对/错）
3. 行星状星云是恒星周围最终形成行星系的物质盘。（对/错）
4. 大质量恒星核心中的核聚变无法产生比铁更重的元素。（对/错）
5. 新星是来自年老主序星的突然爆发光。（对/错）
6. 在大质量恒星内部，随着元素越来越重，聚变所花的时间越来越少。（对/错）
7. 在核心坍缩超新星中，核心外部从高密度的核心内部反弹，摧毁了恒星的整个外部。（对/错）
8. 由于恒星的核合成，与年轻恒星相比，年老恒星的光谱显示出更多重元素。（对/错）
9. 白矮星由紧密堆积的以下哪种粒子支撑？(a)电子；(b)质子；(c)中子；(d)光子。
10. 类日恒星最终变为：(a)蓝巨星；(b)白矮星；(c)双星；(d)红矮星。
11. 白矮星的亮度明显增大，仅当其：(a)附近存在另一颗恒星；(b)能够避免核心中的核聚变；(c)自旋速度非常快；(d)起源于一颗极大质量的恒星。
12. 太阳中的核聚变：(a)永远不会产生比氦更重的元素；(b)产生的元素最高到氧（含）；(c)产生最高到铁（含）的所有元素；(d)产生部分比铁更重的元素。
13. 人体中的大部分碳来自：(a)太阳的核心；(b)红巨星的核心；(c)超新星；(d)附近星系。
14. 若将大质量恒星的演化轨迹替换为类日恒星的演化轨迹，则其起点（第 7 阶段）应：(a)向上和向右；(b)向下和向左；(c)向上和向左；(d)向下和向右。
15. 图 12.20（超新星的光变曲线）表明，光度随时间稳步下降的超新星最可能与以下哪颗恒星相关？(a)无双星伴星；(b)质量大于 8 倍太阳质量；(c)在主序上；(d)质量与太阳相当。

计算题

1. 计算质量为 0.25 倍太阳质量、半径为 15000km 的红巨星核心的平均密度，然后将其与该巨星包层（质量为 0.5 倍太阳质量、半径为 0.5AU）的平均密度进行比较，最后将二者与太阳的中心密度进行比较（见 9.2 节）。
2. 利用特定望远镜几乎勉强能够看到距离地球 20pc 的主序星。该恒星随后沿巨星支上升，期间温度下降至 1/3，半径增大至 100 倍。利用同一台望远镜，该恒星仍然可见的最大距离是多少？
3. 太阳将在主序上驻留多年。若一颗主序星的光度与其质量的 4 次方成正比，则星团中形成于以下时间且刚离开主序的恒星质量是多少？(a)4 亿年前；(b)20 亿年前。
4. 若太阳的行星状星云以 20km/s 的速度膨胀，则其需要多长时间才能到达海王星轨道？多长时间才能到达最近的恒星？

5. 天狼星 B（见表 12.2）的逃逸速度（单位为 km/s）和表面重力（相对于地球重力）是多少？（见更为准确 5.1）
6. 某特定望远镜刚好能够探测到距离地球 10000pc 的太阳。在这一距离处，太阳的视星等是多少（为方便起见，假设太阳的绝对星等为 5）？该望远镜能够探测到峰值光度为 10^5 倍太阳光度新星的最大距离是多少？对于峰值光度为 10^{10} 倍太阳光度的超新星，重复上述计算。
7. 在距离地球多远的位置上，上题中的超新星外观如太阳（视星等-27）一样明亮？超新星会出现在距离地球这么近的地方吗？
8. 假设一颗超新星距离地球 150pc，绝对星等为-20。将其视星等与以下情形进行比较：(a)满月；(b)最亮时的金星（见图 10.6）。超新星会出现在距离地球这么近的地方吗？
9. 蟹状星云的当前半径约为 1pc。若被观测到爆发于公元 1054 年，则其膨胀速度大致有多快？（假设膨胀速度恒定，这个假设是否合理？）
10. 超新星的能量相当于太阳整个生命期间的总能量输出。利用太阳的当前光度计算太阳能的输出总量，假设其主序寿命为 10^{10} 年。运用爱因斯坦质能方程 $E = mc^2$ 计算其等效质量（以地球质量为单位）（见 9.5 节）。

活动

协作活动

1. 疏散星团通常可见于银道面上。若能看到银河朦胧带呈弧形横跨夜空（远离城市灯光，且在一年中的适当夜晚观测），简单地用双筒望远镜扫掠银河，则会发现无数恒星团块突然进入视野，其中的许多团块被证明是疏散星团。最容易看到的星团是梅西耶星表中的星团，但除此之外还有许多其他的星团。能找到多少不在梅西耶星表上的星团？
2. 球状星团更难发现。球状星团本身更大，但其距离地球更远，因此在天空中看起来更小。北半球可见的著名球状星团是武仙座的 M13，春季和夏季的夜晚可见，大约包含 50 万颗银河系中最古老的恒星。当使用双筒望远镜观测时，它是一个小光球，位于武仙座拱顶石星组中，从 η（Eta）星到 ζ（Zeta）星之间约 1/3 的距离处。望远镜显示，该星团是壮观且对称的恒星群。你能找到知名的球状星团 M3、M4、M5、M13 和 M15 吗？要了解与其定位相关的更多信息，可通过网络或星图进行查找。

个人活动

1. 你能找到毕星团吗？它距离地球约 46pc，位于金牛座中，构成了公牛的面部。它似乎环绕着非常明亮的恒星毕宿五，即公牛的眼睛（很容易在天空中定位）。毕宿五是小质量红巨星，质量约为 2 倍太阳质量，可能处于其演化的渐近巨星支。虽然外观如此，但其并非毕星团的一部分。实际上，它到地球的距离仅有该星团距离的一半（约 20pc）。
2. 1758 年，查尔斯・梅西耶发现了天空中最具传奇色彩的超新星遗迹，现在称为 M1 或蟹状星云，位于金牛座 ζ 星（标志着金牛座牛角的南端）的西北部。尝试找到它。若利用 20cm 口径望远镜，则会显示椭圆形蟹状星云，但外观非常暗淡；若利用 25cm（或更大）口径望远镜，则会显示部分纤维状结构。
3. 环状星云（M57）可能是最著名的行星状星云，其星等为 9，外观非常暗淡，但是 15cm（或更大）口径的望远镜应能显示出其结构。要对其进行定位，可首先找到天琴座中的 β 星和 γ 星，它们是该星座中第二亮和第三亮的恒星。环位于二者之间，约为从 β 星到 γ 星的 1/3 位置。不要指望环状星云的外观像哈勃图像那样五彩斑斓！你能看到环中的何种颜色？

第 13 章　中子星和黑洞：物质的奇异状态

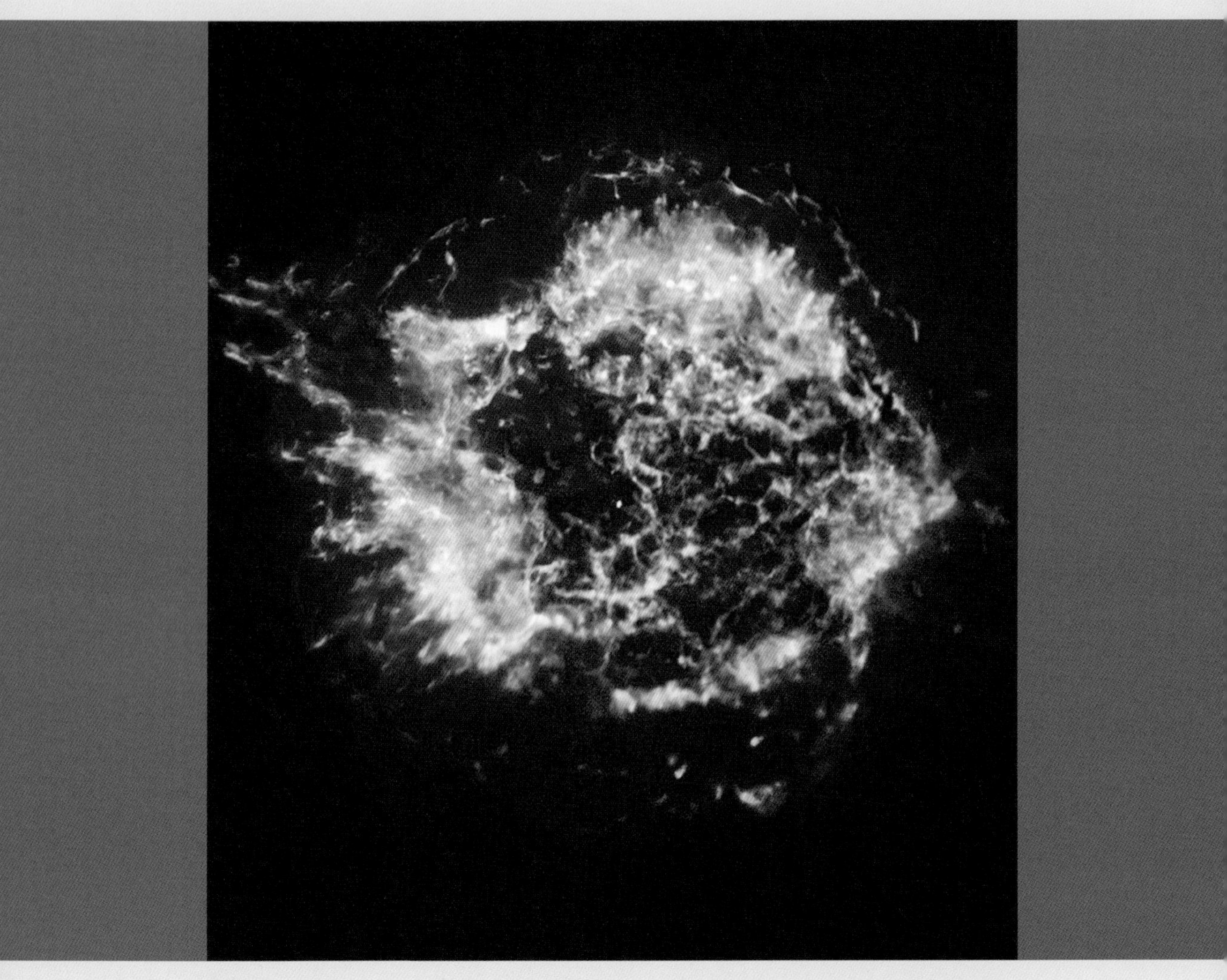

在整个宇宙的众多恒星中，中子星和黑洞是最奇异的成员之一。这些天体代表了恒星系统的终极状态，虽然性质非常奇特，但是似乎确实与恒星演化模型十分吻合。这幅图像融合了钱德拉卫星的 X 射线观测结果，红色、绿色和蓝色分别代表了 X 射线的低能量、中能量和高能量。这个碎片区域是一个超新星遗迹，直径约为 10 光年，称为仙后座 A（Cassiopeia A），其辐射在约 300 年前首次抵达地球，中心的白点可能是在爆发的精确中心形成的中子星（CXC）

通过研究恒星演化，人们发现了一些极其不同寻常和意料之外的天体。红巨星、白矮星和超新星爆发无疑代表了完全陌生物质（对地球而言）的极端状态，但是恒星演化可能还产生更奇异的结果，最奇异的状态由灾难性爆缩（implosion）产生，即质量远大于太阳质量的恒星爆发。

中子星和黑洞是宇宙中最奇异的天体之一，代表了大质量恒星的最终归宿，它们的奇异性质甚至超出了人类的想象。但是，理论和观测结果似乎在以下方面达成了一致：无论是否神奇，它们在太空中确实存在。

学习目标

LO1　列举中子星的主要性质，简述这些奇异天体如何形成。

LO2　描述脉冲星的本质和起源，解释脉冲星如何为中子星的存在提供证据。

LO3　列举并解释中子星双星系统的部分可观测性质。

LO4　简述γ射线暴的基本特征，并尝试解释主要理论。

LO5　描述爱因斯坦的相对论，解释其与中子星和黑洞是如何相关的。

LO6　解释黑洞是如何形成的，并描述其对邻近物质和辐射的影响。

LO7　将黑洞附近发生的现象与其周围空间的翘曲相关联。

LO8　描述黑洞观测的困难，列举部分黑洞的探测方法。

总体概览

猛烈程度令人无法想象的超新星爆发可能会形成行为非常极端的天体，因此需要重新考虑某些最值得珍视的物理定律。它们开启了科幻作家对近乎现实的奇妙现象的梦想，甚至可能会在某天迫使科学家构建一整套全新的宇宙理论。

13.1　中子星

超新星爆发后会残留些什么？原始恒星是被爆成碎片并消散在星际空间中，还是得以部分幸存？对I型（碳爆轰）超新星而言，大多数天文学家认为其爆发后不太可能残留任何东西（见12.5节），整颗恒星都会被爆发过程震碎。但是，对II型（核心坍缩）超新星而言，理论计算表明，恒星的一部分应会在爆发中得以幸存。

如前所述，在II型超新星中，大质量恒星的铁核坍缩到中子有效地彼此接触。此时，核心的中心部分发生反弹，产生向外穿透恒星的强大激波，猛烈地将物质喷入太空（见12.4节）。这里的关键是激波并非始于坍缩核心的中心，在激波摧毁恒星的其余部分时，核心的最内层部分（反弹区域）保持完整。超新星风暴平息后，就只剩下这个极度压缩的中子球，研究人员将该核心残余物称为中子星（neutron star）。

中子星的体积非常小，但是质量特别大。在一颗典型中子星中，所有中子完全堆积在一个直径约为20km的致密球中，并不比一颗小行星或一座地球上的城市大多少（见图13.1），但其质量却比太阳还要大。因为在如此小的体积内压入了如此大的质量，所以中子星的密度大到令人难以置信——约10^{17}kg/m^{3}甚至10^{18}kg/m^3，几乎是白矮星密度的10亿倍（见12.3节）。一小撮中子星物质就可重达1亿吨，大致相当于地球上一座山脉的重量。

图13.1　中子星。中子星并不比地球上许多主要的城市大多少。在这个独出心裁的比较中，一颗典型的中子星位于曼哈顿岛旁边（NASA）

中子星是固态天体，若能找到一颗温度足够低的中子星，则你甚至可以想象自己站在上面。但是，由于中子星的引力非常强，因此想要做到这一点并不容易。对中子星上体重为 70kg 的人而言，其在地球上的体重相当于 10 亿千克（100 万吨），中子星引力的强烈牵引会将其压成一张非常薄的纸片。

除了质量大和体积小，新形成的中子星还具备另外两个非常重要的性质。首先，它们的自转速率极快，周期仅为几分之一秒。这是角动量守恒定律（见第 4 章）的直接结果，该定律认为任何自转天体收缩时都要旋转得更快，且母恒星的核心在开始坍缩前几乎肯定存在一些自转（见更为准确 4.2）。其次，它们具有极强的磁场。当正在坍缩的核心将磁力线挤压得更靠近时，母恒星的原始磁场被放大，从而产生比地球磁场强数万亿倍的磁场。

理论研究表明，随着将能量逐渐辐射到太空中，中子星的自旋速率变得越来越慢，磁场也随之逐渐减弱。但是，如下所述，在诞生后的数百万年间，这两个性质共同提供了探测和研究这种奇异天体的主要手段。

概念回顾

所有超新星都产生中子星吗？

13.2 脉冲星

中子星的首次观测出现在 1967 年，剑桥大学研究生乔瑟琳 • 贝尔当时观测到了一颗特殊的天体，它以快速脉冲的形式发射射电辐射（见图 13.2），每个脉冲由持续时间约 0.01s、间隔时间为 1.34s 的辐射暴组成。

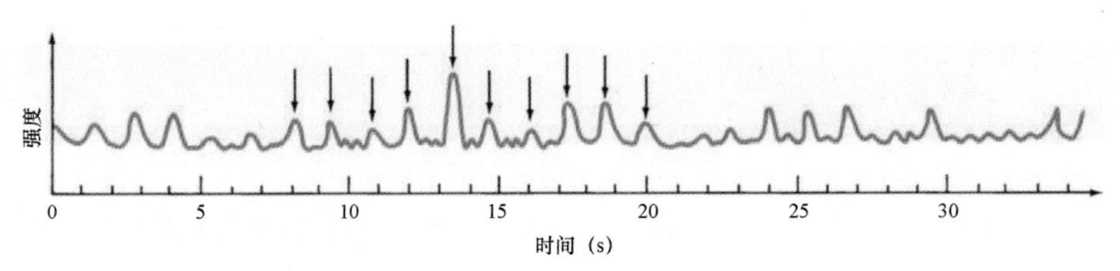

图 13.2 脉冲星辐射。这段记录显示了 CP1919（人类发现的首颗脉冲星）发射的射电辐射强度的规律变化，并且已标出该天体的部分脉冲

这样的脉动天体称为脉冲星（pulsar），目前已知数量超过 1500 颗，各自拥有特定的脉冲形状和周期。人们观测到的脉冲星的周期通常非常短，范围从约几毫秒到一秒不等，对应于一次至数百次/秒的闪耀频率。在某些情况下，这些周期相当稳定（在 100 万年中，实际固定在几秒内），使得脉冲星成为宇宙中已知最精确的自然时钟，精度甚至高于地球上最好的原子钟。

13.2.1 脉冲星模型

当乔瑟琳 • 贝尔 1967 年发现脉冲星时，并不知道自己在观测何种天体。实际上，当时没有人知道脉冲星是什么。贝尔的论文指导教授安东尼 • 休伊什解释了这一现象，并由此获得了 1974 年的诺贝尔物理学奖。据休伊什推断，与这种精确定时脉冲相符的唯一物理机制是小型自转辐射源，只有自转才能引发观测脉冲的高度规律性，且只有小型天体才能解释每个脉冲的锐度（见 13.4 节）。在目前最好的模型中，脉冲星被描述为一颗致密且自旋的中子星，它周期性地向地球发射辐射。

图 13.3 描绘了这个脉冲星模型的主要特征。两个“热斑”位于中子星表面或其正上方的磁层中，以窄光束形式持续地发射辐射。这两个“热斑”很可能是中子星磁极附近的局部区域，带电粒子被恒星自转磁场加速到极高的能量，并沿该恒星的磁轴发射辐射。“热斑”辐射较为稳定（或多或少），随着中子星的自转，产生的光束像旋转灯塔信标一样扫过太空。实际上，这个脉冲星模型常被称为灯塔模型（lighthouse model）。若中子星的方位恰好使得其中的一束旋转光扫过地球，则人们就能看到脉冲，脉冲的周期就是该恒星的自转周期。

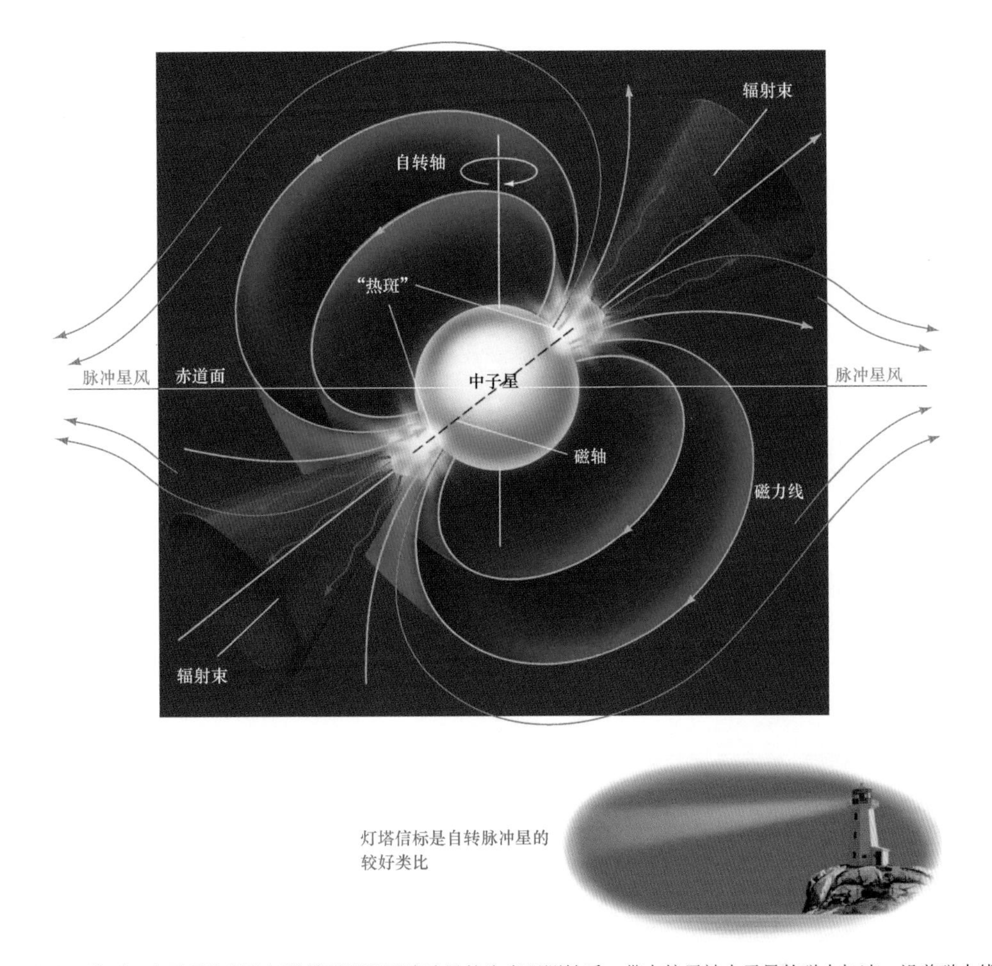

灯塔信标是自转脉冲星的较好类比

图 13.3　脉冲星模型。中子星发射的灯塔模型解释了脉冲星的许多观测性质。带电粒子被中子星的磁力加速，沿着磁力线流动，产生向外发射的射电辐射。在距离恒星更远的地方，磁力线将这些粒子引导至恒星赤道面的高速外向流中，形成脉冲星风。随着中子星的自转，光束扫过天空，若其恰好与地球相交，则可看到脉冲星

某些脉冲星肯定与超新星遗迹相关，这清晰确定了这些脉冲星的爆发起源，但并非所有超新星遗迹中都存在可探测的脉冲星。图 13.4c 显示了蟹云脉冲星（Crab pulsar）的光学图像，位于蟹状星云超新星遗迹的中心位置（见图 13.4a 和 12.5 节）。观测蟹状星云喷出物质的速度和方向，天文学家能够反推出爆发发生的空间，它对应于脉冲星所在的位置。这就是人们在 1054 年观测到的那颗超新星的大质量恒星的全部残骸。

如图 13.3 所示，在中子星的强磁场和快速自转的作用下，恒星表面附近的高能粒子被引导到周围的星云中，结果是高能脉冲星风（pulsar wind）以光速向外流动（主要在恒星赤道面内）。图 13.4b 显示了蟹状星云中发生的这个过程，在这幅哈勃/钱德拉合成图像中，X 射线发射热气体环快速远离脉冲星。最终，来自脉冲星风的能量沉积在周围的蟹状星云中，将气体加热到极高的温度，并为地球上可见的壮观景象提供能量。

大多数脉冲星以射电辐射形式发射脉冲，有些脉冲星也在光谱的可见光、X 射线和 γ 射线部分发射脉冲。图 13.5 以 γ 射线形式显示了蟹云脉冲星及其附近的杰敏卡（Geminga）脉冲星。杰敏卡脉冲星非常特殊，虽然在 γ 射线中强烈脉动，但在可见光中信号却极其微弱，在射电波长下则根本无法检测。无论产生何种类型的辐射，脉冲星都以不同的频率闪耀，且以规则和重复的时间间隔发生（由于来自同一天体），但是脉冲可能并不全都同时出现。

由观测结果（通常采用多普勒测量）可知，大部分已知脉冲星具有极高的速度，远高于银河系中恒星的典型速度。究其原因，最可能的解释是中子星形成的超新星是不对称的，所以中子星可能受到巨大

的蹉踏。若超新星的巨大能量被引导至稍微偏向某个方向，则新生中子星/脉冲星可能以数十（甚至数百）千米/秒的速度向相反的方向反冲。因此，通过对脉冲星的速度进行观测，理论家对超新星的详细物理性质有了更多的了解。

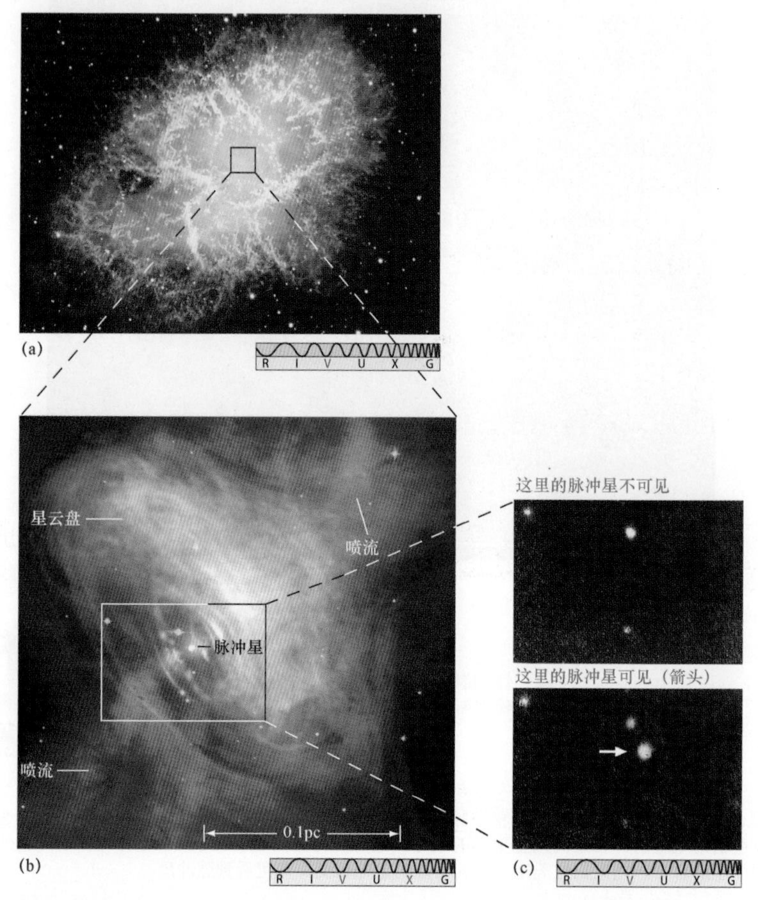

图 13.4　蟹云脉冲星。(a)蟹状星云；(b)蟹状星云核心的钱德拉 X 射线图像与哈勃光学图像相叠加，显示了中心位置的脉冲星，以及赤道面上由脉冲星风向外驱动的 X 射线发射热气体环，还可看到垂直于赤道面向外逃逸的炽热喷流；(c)蟹云脉冲星，每秒闪烁约 30 次，上图中不可见，下图中可见（箭头）（ESO; NASA; UC/Lick Observatory）

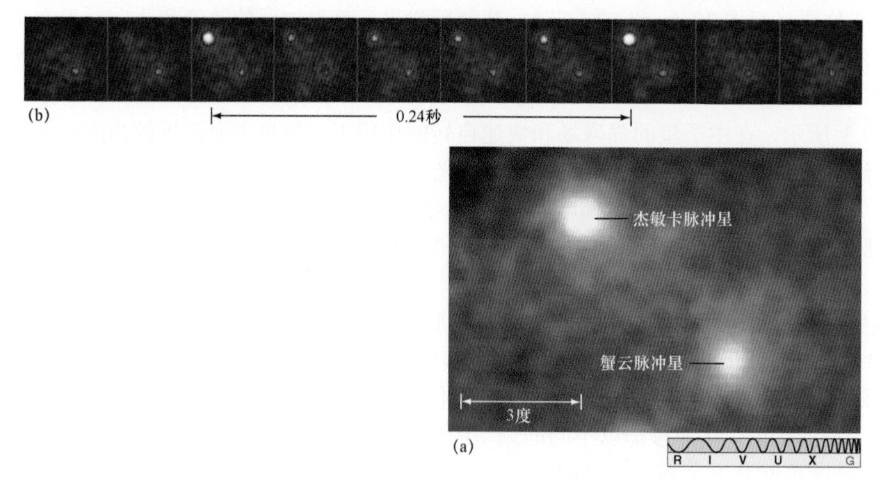

图 13.5　γ 射线脉冲星。(a)蟹云脉冲星和杰敏卡脉冲星在天空中非常接近。与蟹云脉冲星不同，杰敏卡脉冲星在光学波长下信号极其微弱，在光谱的射电区域则根本无法探测；(b)在康普顿伽马射线天文台的图像序列中，杰敏卡脉冲星的脉冲周期为 0.24s（NASA）

概念回顾

为何并未在所有超新星遗迹的中心看到脉冲星？

13.2.2 中子星和脉冲星

所有脉冲星均为中子星，但并非所有中子星都是脉冲星，原因有二。首先，产生中子星脉冲的两种因素（快速自转和强磁场）都会随着时间的推移而减弱，因此脉冲会逐渐减弱，频率会逐渐降低。理论研究表明，在数千万年内，脉冲几乎会完全停止。其次，即使是年轻且明亮的脉冲星，从地球上也不一定看得到。图 13.3 中描绘的脉冲星光束相对较窄（宽度可能只有几度），只有当中子星恰好以正确的方式定向时，我们才能看到脉冲。当从地球上看到脉冲时，即可将该天体称为脉冲星。注意，这里的脉冲星是指光束跨越地球时观测到的脉动天体，但是许多天文学家更笼统地使用这个术语，将能够产生图 13.3 中那样的辐射束的任何年轻中子星都称为脉冲星。从某些方向（不一定是地球方向）观测，这样的天体将是脉冲星。

图 13.6 显示了一颗中子星（但非脉冲星）的哈勃图像。人们通过 X 射线观测首次发现了这一天体，该天体的直径仅有 30km，表面温度约为 70 万开尔文。虽然温度很高，但小尺度意味着其非常暗淡，在可见光中的星等仅为 25（见 10.4 节）。这颗恒星的年龄约为 100 万年，距离地球约 60pc，正以 110km/s 的速度划过我们的视线方向。但是，这种暗淡的天体很难探测，类似这样的裸露中子星探测非常罕见。记入星表的大多数中子星或者被探测为脉冲星，或者被探测到与双星系统中的正常伴星存在相互作用（见 13.3 节）。

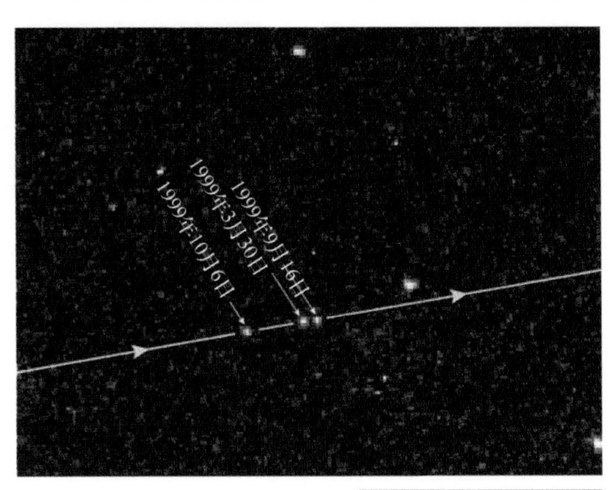

图 13.6 孤立的中子星。这颗孤立的中子星首先由其 X 射线发射而被探测到，随后由哈勃太空望远镜成像。这颗天体的表面温度约为 70 万开尔文，距离地球约 60pc，年龄约为 100 万年。在这幅三次曝光的图像中显示了这颗恒星以超过 100km/s 的速度划过天空（NASA）

基于目前对恒星形成、恒星演化及中子星的了解，人们认为脉冲星观测应符合以下观点：①每颗大质量恒星都死于超新星爆发；②大多数超新星都会留下一颗中子星（如后所述，少数会形成黑洞）；③类似于实际探测到的脉冲星，所有年轻中子星都会发射辐射束。基于对银河系一生中大质量恒星形成速率的计算，天文学家做出了如下推断：对于人类所知的每颗脉冲星，银河系中必定还有在不可见位置移动的数十万颗中子星。有些中子星的形成时间相对较近（不到数百万年），只是恰好未向地球发射能量光束。但是，绝大多数中子星的年龄较老，早已度过了年轻时的脉冲星阶段。

在中子星（和黑洞）被实际观测到之前，理论就已预测了它们的存在，但其极端性质让许多科学家怀疑是否能在自然界中真正找到它们。实际上，人们现在拥有了强有力的观测证据，不仅能够证明它们的存在，而且可以证明其在高能天体物理学的许多领域中发挥着至关重要的作用，从而再次证明了恒星演化理论的基本合理性。

13.3 中子星双星

如第 10 章所述，大多数恒星都是双星系统的成员（见 10.7 节）。虽然已知许多脉冲星孤立存在（并非任何双星的一部分），但至少有些脉冲星确实存在双星伴星，中子星（即使是未被视为脉冲星的那些恒星）也是如此。如此一来，人们就得到了一个重要的成果——可以非常精确地测定部分中子星的质量。测定的大多数质量相当接近 1.4 倍太阳质量（坍缩形成中子星遗迹的恒星核心的钱德拉塞卡质量），但是最近有报道称发现一颗中子星的质量为 2 倍太阳质量。

13.3.1 X 射线源

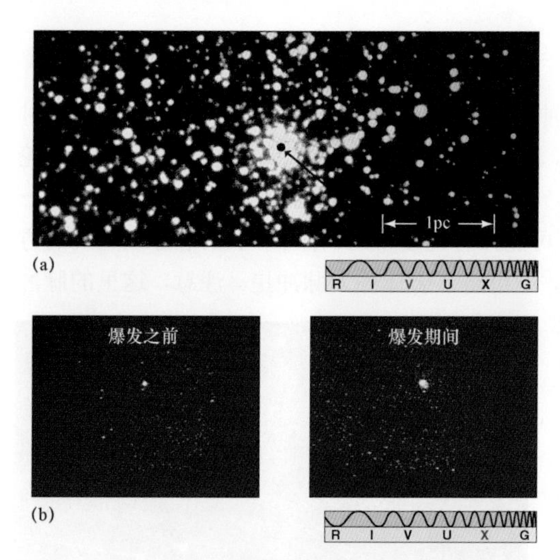

图 13.7 X 射线暴源。X 射线暴源产生突然且强烈的 X 射线闪光，进入持续数小时的相对不活跃期，然后出现下一次 X 射线暴源。(a)球状星团 Terzan 2 的光学照片，显示了 X 射线暴源初始位置中心的一个 2″的点；(b)爆发之前和爆发期间拍摄的 X 射线图像，最强 X 射线对应于图(a)中黑点所在的位置（SAO）

自 20 世纪 70 年代第一台空基 X 射线望远镜发射以来，在银河系的中心区域附近及几个球状星团的中心附近，人们发现了大量 X 射线源（见 11.6 节）。其中，部分射线源称为 X 射线暴源（X-ray burster），它猛烈喷发时会释放大部分能量，每次喷发时的光度是太阳光度的数千倍，但只能持续几秒。典型 X 射线暴源如图 13.7 所示。

人们认为 X 射线发射发生在作为双星系统成员的中子星上（或附近）。通过中子星的强大引力牵引，从伴星表面撕裂后的物质积聚在中子星表面（见 12.3 节中图 12.14 所示的等效白矮星）。气体形成一个环绕在中子星周围的吸积盘，然后缓慢内旋。吸积盘的内层部位变得极其炽热，释放出稳定的 X 射线流。

当气体在中子星表面堆积时，温度因上覆物质的压力而上升，最终炽热到足以聚变氢，经历一段快速且突然的核燃烧期，在一次短暂但强烈的 X 射线暴中释放出大量能量。经过几小时的重新积聚后，新物质层又产生下一次 X 射线暴。这种机制类似于白矮星上的新星爆发，但是因为中子星的表面重力更强，所以 X 射线暴的规模和剧烈程度要大得多。

13.3.2 毫秒脉冲星

20 世纪 80 年代中期，天文学家发现了一种新类型的重要脉冲星，即自转速率非常快的天体，称为毫秒脉冲星（millisecond pulsar）。这些天体每秒自旋几百次，即脉冲周期为几毫秒（0.001s）。这一速率快得惊人，大致相当于一颗典型中子星自旋而不飞散的极限值。在某些情况下，该恒星的赤道会以超过光速 20%的速度运动，说明可能会出现一种不可思议的现象：宇宙天体的直径仅为 20km，质量大于太阳，几乎以崩裂速度（1000 圈/秒）自旋。但是，观测结果及其解释毋庸置疑，目前已知的毫秒脉冲星超过 200 颗。

由于这些非凡的天体大多数（约 2/3）发现于球状星团中，因此事情变得更复杂。这一点非常奇怪，因为球状星团的年龄至少为 100 亿年，但是 II 型超新星（产生中子星的那种类型）却与形成后数千万年内爆发的大质量恒星相关，而且任何球状星团自形成后均未形成恒星（见 11.6 节和 12.4 节）。因此，在很长一段时间内，球状星团中并未产生新的中子星。此外，如前所述，预计在数千万年内，超新星爆发产生的脉冲星会逐渐减速和变暗，因此其 100 亿年后的自转速率应极为缓慢。由此可知，球状星团中发现的脉冲星的快速自转不可能是它们诞生时的遗迹，这些脉冲星肯定曾经因某些其他更近的机制而自旋加速（即自转速率加快）。

毫秒脉冲星的自转速率之所以极高，最有可能的解释是其通过从伴星吸入物质而一直在自旋加速。当物质螺旋下降到吸积盘中的中子星表面时，会提供使中子星更快自旋所需的推力（见图 13.8）。理论计算表明，这个过程可使恒星自旋在约 1 亿年内达到解体

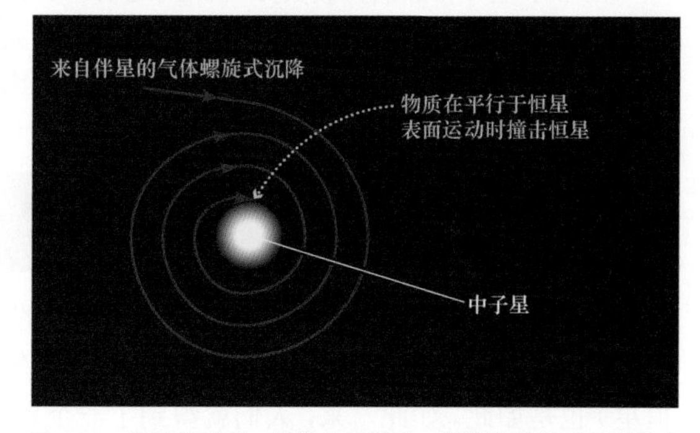

图 13.8 毫秒脉冲星。当撞击恒星时，沉降物质几乎平行于表面运动，因此趋于使恒星自旋速率加快。最终，这个过程产生毫秒脉冲星，即以数百圈/秒的惊人速率自旋的中子星

速度，该观点得到了以下发现的支持：在球状星团中观测到的约 140 颗毫秒脉冲星中，目前已知约半数为双星系统的成员；其余的孤立毫秒脉冲星可能形成于与从双星中弹出脉冲星的另一颗恒星相遇时，或者形成于该脉冲星本身的强辐射摧毁了其伴星时。

可以看到，从双星伴星吸积到中子星与刚才用于解释 X 射线双星的情形相同，实际上这两种现象密切相关，许多 X 射线双星可能正在演化为毫秒脉冲星，许多毫秒脉冲星是 X 射线源，由双星伴星落在其上的物质流提供能量。图 13.9 是球状星团杜鹃座 47（47 Tucane）及其核心的引人注目的钱德拉图像，显示了超过 100 个 X 射线源（约为钱德拉望远镜发射前该星团中已知 X 射线源数量的 10 倍）。在这些 X 射线源中，约半数为毫秒脉冲星；该星团中还包含两三颗普通中子星双星；其余大部分 X 射线源都为白矮星双星，类似于第 12 章中讨论的那些同类（见 12.3 节）。

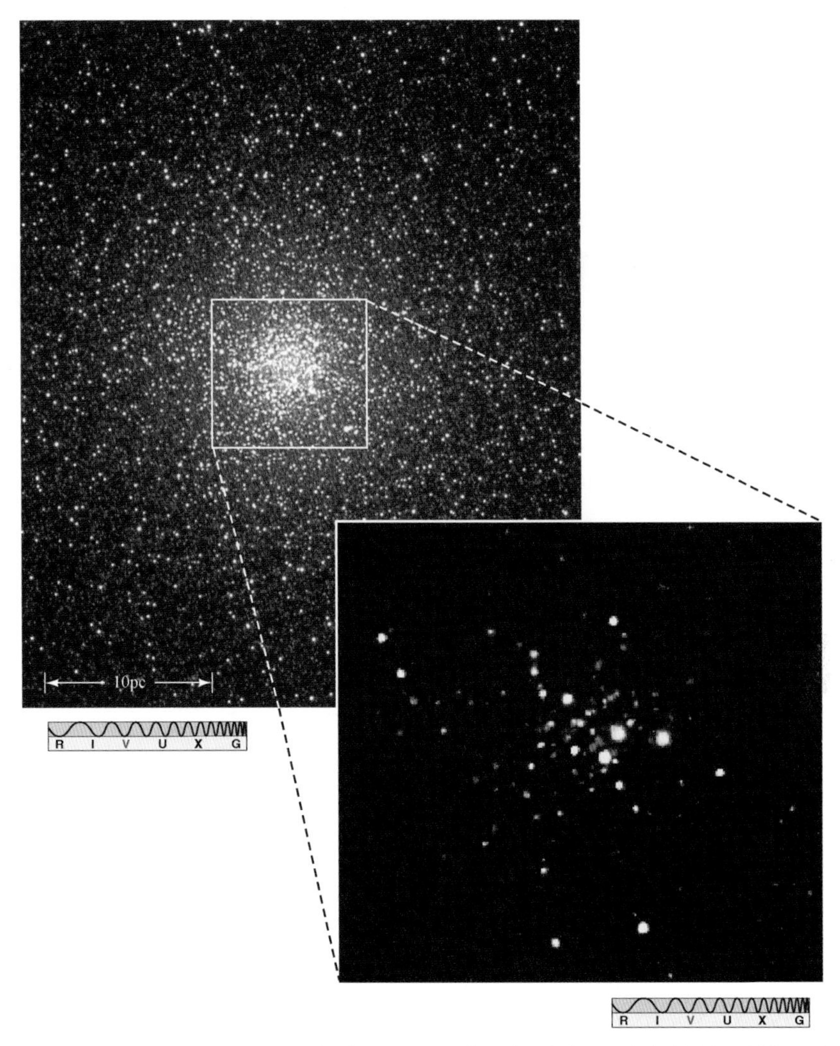

图 13.9 X 射线双星星团。在年老球状星团杜鹃座 47 的致密核心中，存在 100 多个独立的 X 射线源（如右下方的钱德拉图像所示）。在这些 X 射线源中，超过半数为双星毫秒脉冲星，在早期质量转移使其达到极高的自旋速率后，仍然在从其伴星处吸积少量气体（ESO; NASA）

13.3.3 脉冲星行星

利用脉冲星信号重复自身的精度，射电天文学家可对脉冲星运动进行极高精度的测量。1992 年，阿雷西博天文台的射电天文学家发现，在两个不同的时间尺度（67 天和 98 天）上，某颗毫秒脉冲星（距离地球约 500pc）的脉冲周期呈现微小但规律的起伏（程度约为 $1/10^7$）。

在两颗小天体（质量均约为 3 倍地球质量）的共同引力牵引下，当该脉冲星在太空中来回摆动时，多普勒效应造成了这些起伏（见 4.4 节）。一颗小天体以 0.4AU 的距离围绕该脉冲星运行，另一颗小天体则以 0.5AU 的距离围绕该脉冲星运行，二者的轨道周期分别为 67 天和 98 天。经过更进一步的观测，人们不仅证实了这些发现，而且揭示了第三颗天体的存在。第三颗天体的质量与月球的质量差不多，围绕该脉冲星运行的轨道距离仅为 0.2AU。

这些重要发现是太阳系外存在行星大小天体的首个确凿证据。其他几颗毫秒脉冲星也被发现拥有行星，但是这些行星的形成方式都不太可能与太阳系中的行星相同。在产生脉冲星的超新星爆发中，围绕脉冲星的母恒星运行的任何行星系几乎肯定会被摧毁。科学家无法确定这些行星的成因，一种可能性与双星伴星相关，伴星为脉冲星提供了加速自旋到极高速度所需的物质。或许是脉冲星的强辐射和强引力摧毁了伴星，然后将其物质散布到了一个圆盘（有点像太阳星云）中，行星可能在温度较低的圆盘外层区域聚集。

数十年来，基于行星是恒星形成的自然副产品的假设（见 4.3 节），天文学家始终在搜寻围绕类日主序星运行的行星。如今，这些搜索已发现了许多系外行星，但是迄今为止只探测到少数几颗质量与地球相当的行星（见 4.4 节）。出乎意料的是，在太阳系外发现的首批地球大小的行星正在围绕一颗死亡的恒星运行，它与地球几乎没有（或极少）相似之处。

13.4　γ 射线暴

20 世纪 60 年代末，探测违反《禁止核试验条约》的军事卫星偶然发现了 γ 射线暴，并于 20 世纪 70 年代首次公之于众。γ 射线暴由明亮但不规则的 γ 射线闪组成，γ 射线闪一般仅持续几秒（见图 13.10a）。直到 20 世纪 90 年代，人们还认为 γ 射线暴基本上是 X 射线暴源的放大版，只不过由更猛烈的核事件释放出更高能量的 γ 射线。但是，事实却并非如此。

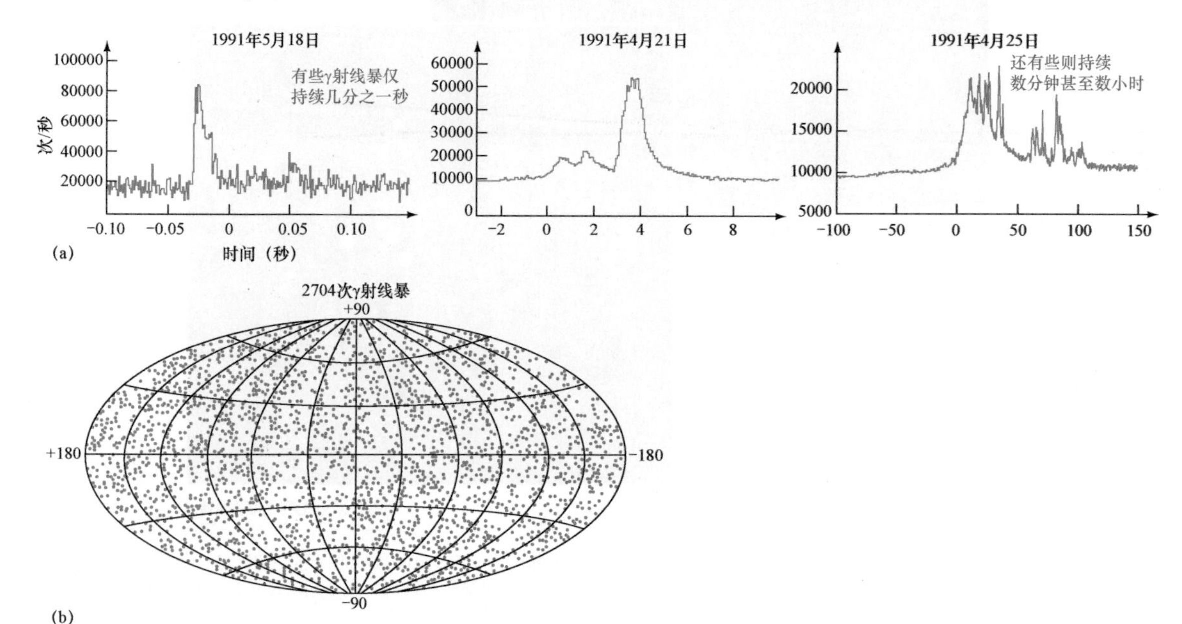

图 13.10　γ 射线暴。(a)三次 γ 射线暴的强度与时间关系图，有些曲线不规则且变化剧烈，有些曲线则相对平滑；(b)在轨运行期间（9 年），康普顿伽马射线天文台探测到的所有 γ 射线暴的天空位置。这些 γ 射线暴看上去均匀散布在整个天空中，银道面水平穿过图形中心（NASA）

概念回顾

X 射线源与毫秒脉冲星之间有何关联？

13.4.1 距离和光度

图 13.10b 显示了康普顿伽马射线天文台（Compton Gamma-Ray Observatory，CGRO）在运行寿命（9 年）期间探测到的 2704 次 γ 射线暴的全天空位置图（见 3.5 节）。平均而言，CGRO 探测到 γ 射线暴的频率为 1 次/天。注意，这些 γ 射线暴在天空中均匀分布，而非局限在银河系的相对较窄条带中（与图 3.30 比较）。这种广泛分布使得大多数天文学家确信，γ 射线暴并不像之前假设的那样起源于银河系，而产生于更遥远的距离处。测量至 γ 射线暴的距离并非易事，γ 射线观测本身并未提供关于 γ 射线暴距离的足够信息，因此天文学家要将 γ 射线暴与天空中的某些其他天体（称为 γ 射线暴对应体）关联起来，同时这些对应体的距离可通过其他方式进行测量。对应体的研究技术通常涉及电磁波谱光学（或 X 射线）部分的观测。问题是 γ 射线望远镜的分辨率相当低，γ 射线暴位置的不确定性最高可达 1°，搜索对应体时必须扫描天空中相对较大的区域（见 3.5 节）。此外，在 X 射线（或光学）波长下，γ 射线暴的余辉衰减得非常快，严重限制了完成搜索的可用时间（见图 13.11a 和图 13.11b）。

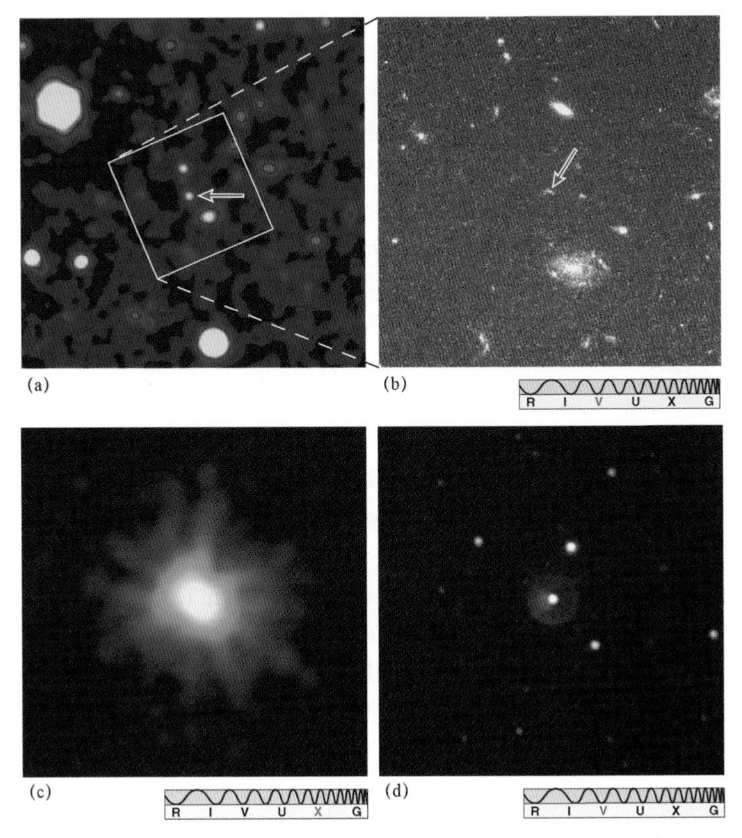

图 13.11 γ 射线暴对应体。(a)凯克望远镜拍摄的 γ 射线暴 GRB 971214 的光学图像，显示了 γ 射线源的明亮可见光余辉（箭头）；(b)当哈勃太空望远镜 2 个月后拍摄此图像时，余辉已逐渐消失，但仍保留了宿主星系的暗淡图像；(c)和(d)另一次持续时间较长的 γ 射线暴 GRB 080319B，这是目前观测到的最亮 γ 射线暴之一。它的光发射于 75 亿年前，但是，若有人在正确的位置观测，则肉眼可见该闪光几秒时间！仅在爆发后不久，它才可观测于 X 射线(c)和可见光(d)波段（Keck; NASA; ESO）

通过结合 γ 射线探测器与 X 射线和/或光学望远镜的卫星，人们实施了对 γ 射线暴对应体的最成功的搜索。例如，NASA 于 2004 年启动了雨燕（Swift）任务，且至今仍在运行（截至 2015 年），该任务组合利用了一台广角 γ 射线探测器（监测尽可能多的天空）和两台望远镜（一台 X 射线望远镜和一台光学/紫外设备）。γ 射线探测器系统精确定位了射线暴方向，精度约为 4′，星载计算机几秒内就会自动重新定位该卫星，使得 X 射线和光学望远镜指向该方向。同时，航天器将 γ 射线暴位置中继给太空和地面上的其他设备。雨燕以约 1 次/周的速率探测 γ 射线暴对应体，在促进人们理解这些暴力现象方面发挥了关键作用。GRB 080319B 是迄今为止最明亮的 γ 射线暴之一，图 13.11c 和图 13.11d 显示了雨燕为其拍摄的 X 射线图像和光学图像。在雨燕探测到 γ 射线暴后的几秒内，许多波长的自动观测即已开始，使得这次爆发成为有记录以来研究程度最高的一次。

1997 年，天文学家探测到 γ 射线暴逐渐消退和冷却时产生的可见余辉，从而首次直接测量了至 γ 射线暴的距离。采用分光距离测量技术（见 16.1 节），他们发现该事件的发生位置距离地球超过 20 亿秒差距。图 13.11 显示了另一次 γ 射线暴及其宿主星系的光学图像，距离地球近 50 亿秒差距；这是将 γ 射线暴与其可能的星系宿主相关联的首批图像之一。迄今为止，数百次 γ 射线暴的距离均通过其余辉测得。所有距离都非常遥远，意味着 γ 射线暴的能量肯定极其巨大，否则设备无法对其进行探测。

20 世纪 90 年代末，随着探测技术的快速发展，天文学家已能定位和研究许多 γ 射线暴中快速消退的余辉和暗淡的宿主星系，然后就可测量地球到这些暴力事件的距离。数百次 γ 射线暴的距离目前已经确定。由 γ 射线暴在天空中的分布可知，所有测量到的距离都非常遥远，通常为数十亿秒差距。图 13.11 中所示的两个 γ 射线暴的距离分别为 36 亿秒差距和 23 亿秒差距。

这些超远距离意味着 γ 射线暴的能量必定特别巨大，否则人类无法探测到它们的存在。但是，当尝试运用平方反比定律来计算发射总能量时，天文学家遇到了一个问题（见 10.2 节）。若假设 γ 射线在所有方向上均等发射，则他们发现与典型的超新星爆发相比，每次 γ 射线暴会生成更多的能量（有时能量高出数百倍），而且均在几秒内完成！如此巨大的能量似乎违背了物理学定律。但是，若能量以喷流形式发射（大多数专家现在所持的观点），则 γ 射线暴的整体光度会降至更容易控制的水平，因为我们看到的能量仅代表天空中的一小部分，这使得最明亮 γ 射线暴的能量学更容易理解。

作为类比，考虑演讲和讲座中常见的手持式激光笔。激光笔只辐射几毫瓦的能量，远低于家用灯泡，但是若碰巧直视光束，则其看上去非常明亮。激光束之所以明亮，主要是因为所有能量几乎都集中在单一方向上，而不向太空中的所有方向辐射。

13.4.2 γ 射线暴的成因

γ 射线暴源不仅能量极高，而且体积也很小。康普顿伽马射线天文台（CGRO）探测到了 γ 射线暴中的毫秒闪变，这意味着无论其起源如何，所有能量必定来自直径不超过数百千米的天体。原因如下：若发射区域的直径为 300000km（1 光秒），则当从地球上观测时，即使是光源强度的瞬时变化也会在 1s 内消失，因为与来自天体近端的光相比，来自天体远端的光抵达地球的时间要长 1s。为了使 γ 射线变化不被光的传播时间模糊，光源直径不能超过 1 光毫秒（或 300km）。

理论模型将 γ 射线暴描述为相对论性火球，即在光谱的 γ 射线部分猛烈辐射的超高温气体膨胀喷流（此处的相对论性是指气体粒子以光速运动，需要用爱因斯坦的相对论进行描述，见 13.6 节）。在火球膨胀、冷却并与周围环境相互作用的过程中，即可产生人们所看到的复杂 γ 射线暴结构和余辉。

该能量源的两种主要模型已经形成。第一个模型（见图 13.12a）是双星系统的真正终点。假设双星的两个成员都成为中子星，随着系统的不断演化，引力辐射（见发现 13.1）获得释放，两颗超致密恒星彼此内旋并靠近。当二者之间相距不到几千米时，就会不可避免并合。这样的并合可能产生堪比超新星的猛烈爆发，能量大到足以解释我们观测到的 γ 射线闪。双星系统的整体自转可将能量引导到高速和高温的喷流中。

第二个模型（见图 13.12b）是一颗非常失败的超新星，有时称为**极超新星/骇新星**（hypernova）。在这张图片中，一颗质量极大的恒星经历了核心坍缩（类似于 II 型超新星），但未形成中子星，核心向自身内部坍缩而形成了黑洞（见 13.5 节和 12.4 节）。恒星并未炸成碎片，而是内爆到黑洞上，形成了一个吸积盘，并再次产生了相对论性喷流。喷流冲出恒星，在恒星核燃烧寿命的最后阶段，猛烈撞击恒星排出的周围气体壳，进而产生了 γ 射线暴。与此同时，来自吸积盘的强辐射可能会重启停滞的超新星，并将该恒星的残余物“炸入”太空。

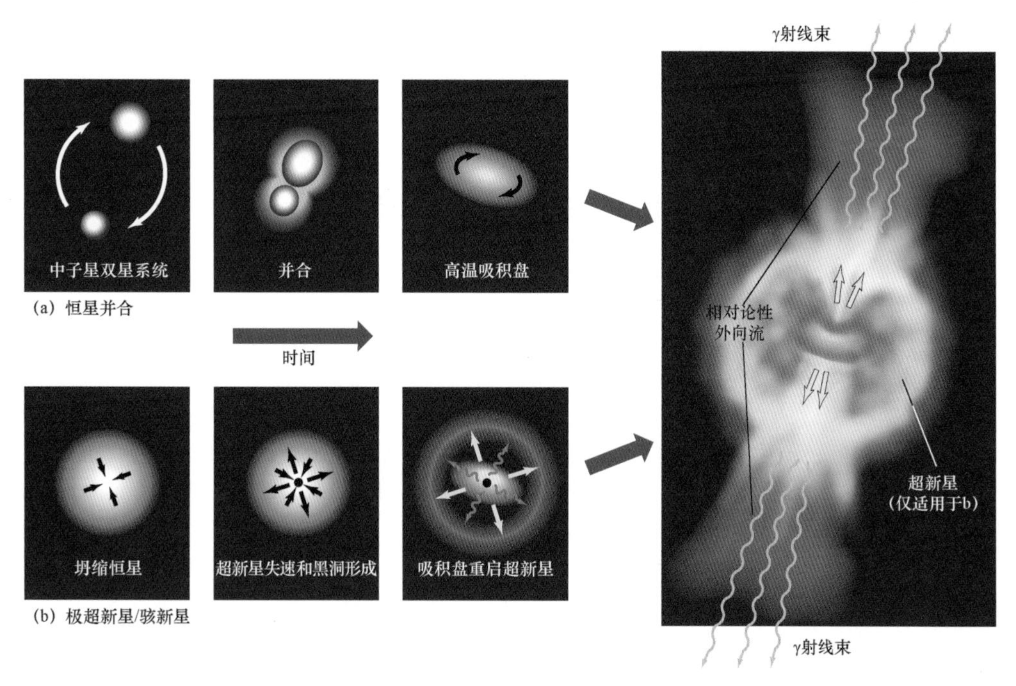

图 13.12 γ 射线暴模型。为了解释 γ 射线暴，人们提出了两个模型。(a)两颗中子星的并合；(b)单颗恒星的坍缩。这两个模型均预测（右）相对论性火球或许以喷流形式释放能量

相对论性火球的观点已被天体物理学领域的工作者广泛接受，他们认为能量可能以喷流形式释放，最强 γ 射线暴发生在喷流指向地球时（类似于激光）。在前述的两个模型中，哪个模型是正确的？该领域的专家可能会说，答案可能都正确。极超新星模型能够预测持续时间相对较长的 γ 射线暴，因此是持续时间超过 2s 的长 γ 射线暴的主要解释；详细计算表明，中子星并合模型能够合理解释较短时长的 γ 射线暴。因此，总体而言，图 13.12 描绘的两个模型都有一定的价值。

利用雨燕及其他设备提供的快速反应网络，天文学家已详细观测了这两类 γ 射线暴的大量余辉。图 13.13a 和图 13.13b 显示了长 γ 射线暴 GRB 030329 的余辉，由位于智利的 8.2m 口径甚大望远镜（VLT，见 3.2 节）观测并拍摄。对极大质量（约 25 倍太阳质量）恒星的超新星而言，光谱和光变曲线均符合天文学家的预期（见 12.4 节）。图 13.13c 显示了另一次 γ 射线暴的简化光变曲线，说明了如何区分 γ 射线暴和极超新星分量。

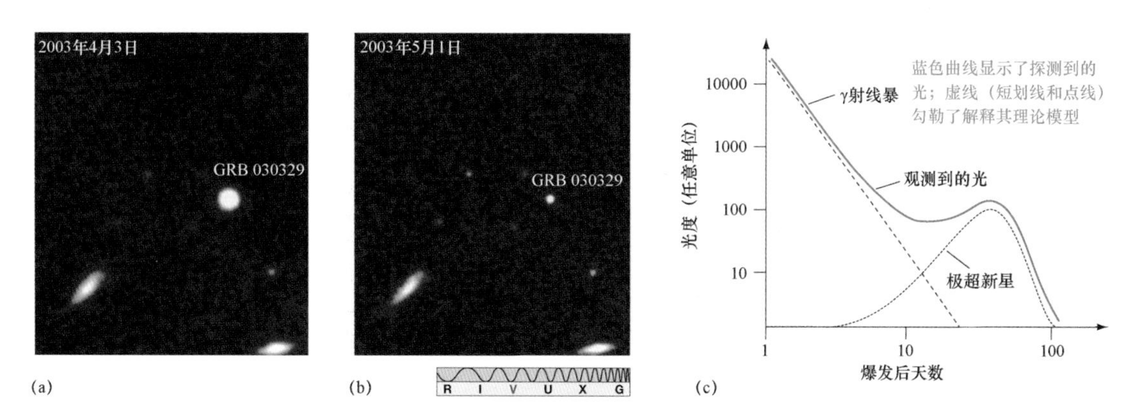

图 13.13 极超新星？对于理论家理解这些狂暴现象所隐含的物理过程，γ 射线暴 GRB 030329 可能至关重要。该 γ 射线暴最先由高能暂现源探测器 2 号（High Energy Transient Explorer 2）卫星探测到，然后在射电、光学和 X 射线波长进行了观测，对应体具有大质量超新星的全部特征，为极超新星模型提供了强有力的支持。(a)爆发期间的对应体；(b)1 个月后消退时的对应体；(c)另一次 γ 射线暴（与前类似）发射辐射的细节（ESO）

对短γ射线暴而言，X射线余辉的快速消退与中子星并合图景的预测相一致。最新观测结果还表明，有些γ射线暴实际上可能涉及中子星与黑洞的并合（理论预测，但较罕见），且这种并合应具有自身的特征光信号。

发现 13.1　引力波：宇宙的新窗口

电磁波是常见的日常现象，涉及电场强度和磁场强度的周期性变化（见图 2.6），在太空中运动并传输能量。任何正在加速的带电粒子（如广播天线中或恒星表面上的电子）都会产生电磁波。

现代引力理论（爱因斯坦的相对论）也预测了在太空中传播的波。引力波/重力波是电磁波的引力对应体。引力辐射是引力场强度变化的结果。理论上讲，任意质量的天体加速时都以光速发射引力波，引力波传播应会在其通过的空间中产生微小的变形。与电磁力相比，引力是极其微弱的力，因此这些变形预计非常小——实际上，远小于任何已知天体物理源可能产生的引力波的原子核直径。但是，许多研究人员认为这些微小变形是可测量的。虽然目前尚未成功探测到引力波，但其探测将为相对论提供强大的支持，以至于科学家都特别渴望能够找到引力波①。

可能产生地球上可探测引力波系统的主要候选包括：①包含黑洞、中子星或白矮星的密近双星系统；②恒星变成黑洞的坍缩。这两种可能性都涉及巨大质量的加速，从而导致引力场的快速变化。第一种可能性是探测引力波的最佳时机。在各子星彼此绕转运动时，双星系统应会发射引力辐射。当能量以引力波的形式逃逸时，两颗子星彼此内旋靠近，绕轨道运行的速度更快，而且发射出更多的引力辐射。对足够接近的系统而言，两颗恒星将在数千万（或数亿）年内并合（但是大部分辐射将在最后几秒内发射）。如 13.4 节所述，中子星并合很可能也是某些γ射线暴的起源，因此引力辐射可能为研究这些狂暴而神秘的现象提供了一种备择方法。

实际上，人们已经探测到双星系统轨道的这种缓慢但稳定的衰减。1974 年，射电天文学家约瑟夫·泰勒和马萨诸塞大学的研究生罗素·赫尔斯发现了一个非同寻常的双星系统，该系统的两颗子星都是中子星，且其中之一是可从地球上观测到的脉冲星，这个系统已成为脉冲双星。通过测量脉冲星辐射的周期性多普勒频移，人们发现若能量被引力波带走，则其轨道刚好以相对论预测的速度缓慢收缩。虽然引力波本身尚未被探测到，但大多数天文学家认为这个脉冲双星是支持广义相对论的有力证据。由于这一发现，泰勒和赫尔斯获得了 1993 年的诺贝尔物理学奖。

2004 年，射电天文学家宣布发现了一个双脉冲星双星系统，其周期比脉冲双星要短，意味着更强的相对论效应和更短的并合时间（不到 1 亿年）。由于两颗子星都是脉冲星，而且非常幸运，地球上的观测者碰巧几乎完全侧视到了这个系统，进而导致了掩食现象，所以这个系统提供了关于中子星和引力物理学的丰富信息。

插图显示了某雄心勃勃的引力波观测台的一部分，称为激光干涉引力波观测台（Laser Interferometric Gravity-Wave Observatory，LIGO），2003 年正式投入运行。该观测台配备了双探测器，其一位于华盛顿州的汉福德（见图），其二位于路易斯安那州的利文斯顿。通过利用激光束，这两台探测器可测量引力波经过 4km 长臂时应当产生的极小空间变形（不到原子核直径的千分之一）。理论上讲，这些仪器能够探测来自银河系和河外来源的许多波，但是截至目前，人们尚未实际探测到引力

① 2015 年 9 月 14 日，激光干涉引力波观测台（LIGO）在两个站点同时探测到了一个引力波信号，来自 13 亿光年外的两个黑洞相互旋转并最终并合产生的强烈引力波，标志着人类首次直接观测到了引力波；2017 年 10 月 16 日，全球多国科学家同步举行新闻发布会，宣布人类第一次直接探测到来自中子星双星并合的引力波，并同时“看到”这一壮观宇宙事件发出的电磁信号；2023 年 6 月，中国脉冲星测时阵列研究团队利用中国天眼 FAST 探测到纳赫兹引力波存在的关键性证据，打开了人类探测宇宙的新窗口。——译者注

波，不过 2010 年和 2015 年的升级将探测器灵敏度提高了 20 倍以上。

若这些实验能够获得成功，则引力波的发现可能预示着天文学迈入了一个新时代，类似于 100 年前几乎未被探索的隐形电磁波（其彻底改变了经典天文学，并开启了现代天体物理学领域）。

概念回顾

什么是 γ 射线暴？其为何对理论提出了很大的挑战？

13.5 黑洞

中子星由致密堆积的中子（阻止进一步压缩）支撑，这些基本粒子挤压在一起，形成了一个超致密的坚硬物质球，即使引力也无法进一步压缩它。若足够多的物质堆积在足够小的体积内，则引力的共同牵引是否能最终压碎中子星呢？若引力持续压缩大质量恒星，则是否能将其压缩成较小天体（如行星、城市或针尖大小）呢？答案显然是肯定的。

13.5.1 恒星演化的最后阶段

虽然确切数字尚不确定（主要是因为人们不太了解高密度物质的性质），但是大多数研究人员认为中子星的质量不能超过 3 倍太阳质量，即上一章中讨论的白矮星质量极限（见 12.5 节）的中子星等价质量。当超过这一质量时，即使是紧密堆积的中子也无法承受恒星的引力牵引，实际上任何力均无法抵抗超过这一点的引力。因此，若超新星（或极超新星）爆发后残留下足量的物质，使得中心核超过这一极限，或者超新星爆发后有足量的物质回落到中子星上，则引力将彻底永久性地超过压力，中心核将永远坍缩。恒星演化理论表明，这是主序质量超过约 25 倍太阳质量的任何恒星的宿命。

随着核心的收缩，附近的引力牵引最终变得极其巨大，以至于任何物质（甚至包括光）都无法逃脱，最后形成的天体因此不发射光、各种形式的辐射及其他任何信息。天文学家将恒星演化的这个奇异终点称为黑洞（black hole），极大质量恒星的核心在此处自身坍缩并永远消失。

黑洞远比中子星更为罕见，这仅仅是因为极少恒星拥有足够的质量来形成黑洞。虽然如此，天文学家认为有证据表明，银河系中至少有一颗相对较新的极超新星形成了黑洞。图 13.14 显示了银河系中的超新星遗迹 W49B，其不对称形状和异常重元素组成与大质量恒星的极超新星模型的预测结果一致，仔细观测并未发现中子星证据。若这些观测结果成立，则 W49B 可能包含银河系中已知的最年轻黑洞（形成于 1000 年前）。

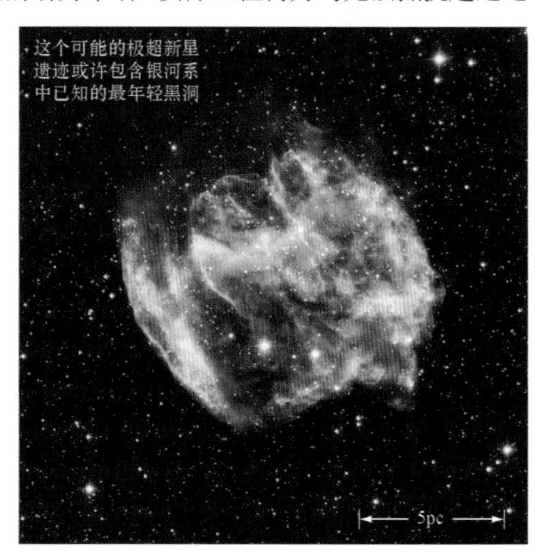

图 13.14 极超新星遗迹？这是 W49B 的 X 射线、红外线和光学合成图像。W49B 是距离地球 8000pc 的超新星遗迹，其形状扭曲且不对称，组成不同寻常，许多天文学家认为它实际上是一个极超新星遗迹（太阳系中的 γ 射线暴），年龄可能为 1000 年且包含一个黑洞（NASA）

13.5.2 逃逸速度

牛顿力学是人类目前不可或缺的宇宙指南，但是它无法充分描述黑洞内部（或附近）的条件（见 1.4 节）。要理解这些坍缩的天体，就必须转向现代引力理论，即爱因斯坦的广义相对论，详见 13.6 节。虽然如此，利用牛顿力学中的术语（或多或少），我们仍然可以描述这些奇异天体的某些方面。下面重新考虑熟悉的牛顿力学概念——逃逸速度，即某颗天体逃脱另一颗天体的引力牵引时所需的速度，并补充相对论中的两个关键事实：①任何物质的传播速度都不超过光速；②任何物质（包括光）均能被引力吸引。

物体的逃逸速度与其质量的平方根除以半径的平方根成正比（见更为准确 5.1）。地球半径为 6400km，地球表面的逃逸速度略高于 11km/s。下面考虑一个假设性实验：用一把超大的老虎钳从各个方向挤压地球。当地球在压力下收缩时，由于半径减小，因此逃逸速度增大。假设地球已被压缩到目前大小的 1/4，则逃逸速度应会翻倍（因为$1/\sqrt{1/4}=2$）。要逃离这个被压缩的地球，物体的速度应至少为 22km/s。

假设将地球再压缩 1000 倍，使其半径刚好不超过 1km，则其逃逸速度约为 700km/s（高于太阳的逃逸速度）。若进一步压缩地球，则逃逸速度将持续上升。若用老虎钳将地球的半径挤压到约 1cm，则逃离地球表面所需的速度为 300000km/s。但是，这并不是普通的速度，而是光速 c，即目前已知物理定律所允许的最快速度。

因此，若通过某种神奇的方法将整个地球压缩到小于一粒葡萄，则逃逸速度应会超过光速。因为没有什么物质的速度能够超过光速，所以如下结论是令人信服的：在这样一个被高度压缩的天体表面上，任何物质均无法逃逸，即使是辐射（射电波、可见光、X 射线和各种波长的光子）也无法逃脱其超强的引力。地球应会变得不可见和极其静默，任何形式的信号都无法发送到外部宇宙中，于是术语黑洞的由来就变得较为清晰。实际上，可以说地球已从宇宙中消失，只有引力场应会保留下来，表明其仍然存在质量，但现在已收缩为一个点。

13.5.3 事件视界

天文学家为逃逸速度等于光速且不可见的天体的临界半径赋予了一个特殊的名称——**史瓦西半径/施瓦西半径**（Schwarzschild radius），它以最早研究其性质的德国科学家卡尔·史瓦西的名字命名。任何天体的史瓦西半径都与其质量成正比。例如，地球的史瓦西半径约为 1cm，木星（约 300 倍地球质量）的史瓦西半径约为 3m，太阳（约 30 万倍地球质量）的史瓦西半径约为 3km，3 倍太阳质量恒星核心的史瓦西半径约为 9km。根据经验，某颗天体的史瓦西半径约等于 3km 乘以天体质量（单位为太阳质量）。

每颗天体都有一个史瓦西半径，这是天体成为黑洞时必须压缩到的半径。换句话说，黑洞是刚好位于自身史瓦西半径内的天体。半径等于史瓦西半径且以坍缩恒星为中心的假想球体表面称为**事件视界/视界/事象地平面**（event horizon），在该区域内发生的任何事件都不被外界所见、所闻或所知。虽然没有任何类型的物质与其相关，但我们仍可将事件视界视为黑洞的表面。

理论研究表明，若超新星爆发后残留物质的质量超过 3 倍太阳质量，则残留的核心将灾难性地坍缩，不到 1s 即可潜入事件视界之下。事件视界只是通信屏障，而非任何形式的物理边界。当收缩到史瓦西半径后，核心尺寸在继续收缩过程中不断减小，直至最后变成一个点。它只是眨了下眼，然后从视野中消失，最终变成任何物质都无法从中逃脱的小黑区域，这就是太空中黑洞的字面意思。当恒星的质量超过 20～25 倍太阳质量时，黑洞就是其预测命运。

概念回顾

若在天体自身的史瓦西半径内对其进行压缩，则会发生什么情形？

13.6 爱因斯坦的相对论

19 世纪后半叶，物理学家明确了光速 c 的特殊地位，知道它是所有电磁波的传播速度，并且代表所有已知粒子的速度上限。科学家希望构建一个力学与辐射理论，并在其中将光速 c 设为自然速度极限，但最终未取得成功。

13.6.1 狭义相对论

1887 年，美国物理学家迈克耳孙和莫雷进行了一项基础性实验，证实了光的另一重要特征，即光束的测量速度与观测者和光源的运动均无关，从而使理论家面临的问题进一步复杂化。

通过测量一天内不同时间的光速（设备随地球自转而改变方向）和一年内不同日期的光速（地球随其绕太阳公转而改变速度），迈克耳孙和莫雷尝试确定地球相对于假定光在其中运动的绝对空间的运动。如图 13.15 所示，根据他们的预期，当光束传播与地球运动的方向相反（图中向左）时，测量到的光束运动速度应更快；当光束传播与地球运动的方向相同（图中向右）时，测量到的光束运动速度应更慢。但是，实际上，设备在任何方向上测得的光束速度完全相同。迈克耳孙-莫雷实验远未确立绝对空间的性质，反而最终摧毁了整体概念，进而摧毁了 19 世纪的宇宙观。

图 13.15　迈克耳孙-莫雷实验。若光在太空中以固定的速度传播，则常识表明光束的速度应取决于地球的速度。迈克耳孙-莫雷实验尝试测量这种依赖性，虽然最终未能取得成功，但却开启了现代物理学时代

所有后续实验均证实，无论相对于辐射源如何运动，人们总是精确地测量到相同的 c 值，即 299792.458km/s。略加思索，即可知道这明显是非直觉陈述。例如，若乘坐一辆行驶速度为 100km/h 的汽车，然后以 1000km/h 的速度（相对于汽车）向前发射一颗子弹，则路边观测者看到的子弹速度应为 100 + 1000 = 1100km/h，如图 13.16a 所示。但是，由迈克耳孙-莫雷实验可知，若乘坐飞船以 1/10 的光速（$0.1c$）飞行，然后向前方照射光束（见图 13.16b），则外部观测者测得的光束速度应是 c，而不是 $1.1c$（与前述子弹的例子不同）。与人们日常生活中所用的规则相比，适用于以光速（或接近光速）运动的粒子的规则不一样。

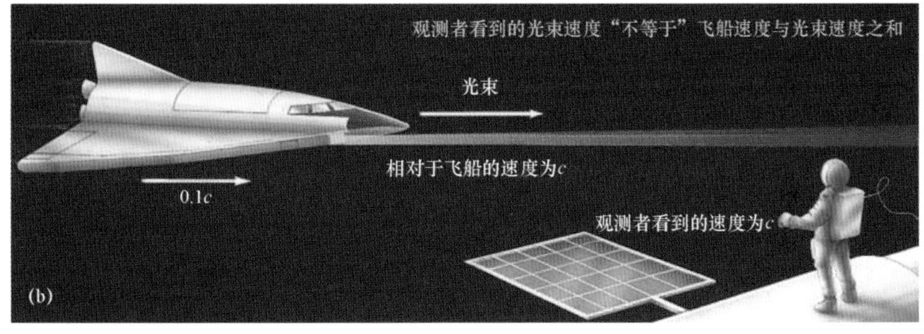

图 13.16　光速。(a)当由外部观测者测量时，从高速行驶汽车中射出的子弹速度等于汽车速度与子弹速度之和；(b)当从高速飞船中向前照射光束时，观测到的速度是 c，它与飞船的速度无关。因此，光速与光源速度和观测者的速度均无关

1905 年，为了处理光速的优先地位，爱因斯坦提出了狭义相对论。该理论是一个数学框架，旨在帮助人们将熟悉的物理定律从低速（远低于 c 的速度，常称**非相对论性/非相对论速度**）扩展至与 c 相当的极高速（常称**相对论性/非相对论速度**）。

狭义相对论的基本特征如下：

1. 光速 c 是宇宙中的最大可能速度，所有观测者（无论运动状态如何）测得的 c 值均相同。爱因斯坦将这一陈述扩展到相对性原理中：基本物理定律对所有观测者均相同。
2. 宇宙中不存在绝对参考系，即不存在能够测量所有其他速度的优先观测者，只有观测者之间的相对速度才重要。
3. 空间和时间均不能彼此孤立地考虑，它们都是以下单一实体的组成部分：时空。不存在绝对且普适的时间——不同观测者的时钟以不同的速率运行，具体取决于它们之间的相对运动。

在描述运动速度远低于光速的物体方面，狭义相对论与牛顿力学大致相当。但是，在相对论性速度的预测方面，二者却有着很大的差异（见更为准确 13.1）。虽然狭义相对论通常违背人们的直觉，但该理论的所有预测都得到了高度准确的反复验证。今天，狭义相对论已成为现代科学的核心，没有科学家怀疑其正确性。

更为准确 13.1　狭义相对论

爱因斯坦之所以创立狭义相对论，很大程度上是为了解决 1887 年迈克耳孙-莫雷实验的谜团（见 13.6 节），该实验证明了观测者所观测到的光速与其在太空中的运动无关。爱因斯坦将光速提升到自然常数的地位，并且重写了力学定律以反映这个新事实，从而开启了大量物理学新领域和深入理解宇宙之门。但是，在这个过程中，人们不得不抛弃许多常识性观点，转而采用某些明显不那么直观的概念。下面介绍爱因斯坦理论中的部分奇怪结论。

假设你是一位观测者，看到一艘飞船以相对速度 v 从眼前飞过，而且你距离飞船非常近，完全可以对舱内进行详细观测。若 v 远小于光速 c，则你看到的情形与平常的情形并无不同，因为狭义相对论在低速下与人们熟悉的牛顿力学相一致。但是，若 v 与 c 的值大致相当，则会开始发生意料之外的情况。

当飞船的速度加快时，你开始注意到飞船似乎朝其运动方向收缩。飞船上有一把米尺，发射时与实验室中的米尺相同，但现在的长度变得更短，这一现象称为洛伦兹收缩（Lorentz contraction），有时也称洛伦兹-菲茨杰拉德收缩（Lorentz-Fitzgerald contraction）。第一幅图显示了在运动飞船上测得的米尺长度：低速（底部）时，米尺长度为 1m；高速（顶部）时，米尺长度大大缩短。由于洛伦兹收缩，以 90%光速运动的米尺将收缩到不足半米（这并不是视错觉）。

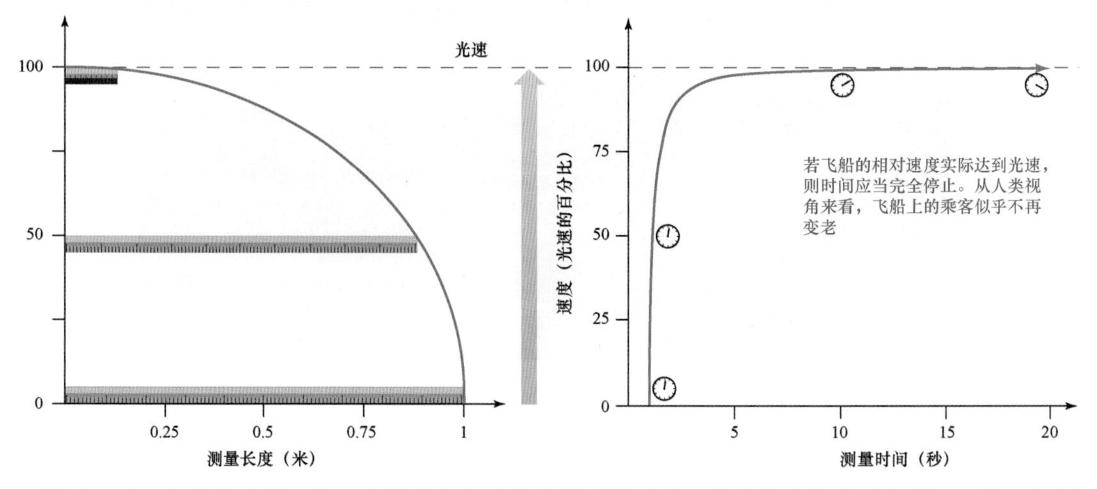

同时，对飞船上的时钟而言，发射前与实验室中的时钟同步，现在的滴答声则变慢（见第二幅图）。这种现象称为时间膨胀/时间延缓（time dilation），科学家已在实验室实验中多次观测到，快速运动的放

射性粒子比静止时衰变得更慢，它们的内部时钟因快速运动而减慢。虽然没有任何物质粒子能够真正达到光速，但爱因斯坦的理论表明，随着 v 接近 c，米尺的测量长度将收缩到几乎为零，时钟将减慢到几乎停止。

当然，从飞船上的宇航员的角度看，你才是那个快速运动的人。因此，当从飞船上观测时，你似乎在运动方向上被压缩，而且你的时钟运行得很慢！两种观测结果怎么可能都正确呢？毕竟，你们都知道自己的米尺和时钟什么都没发生，也都感觉不到任何力量挤压自己的身体。那么，究竟发生了什么事？

当测量移动米尺的长度时，你会根据自己的时钟同时记下米尺两端的位置。但是，从飞船上的宇航员的角度看，这两个事件（你做的两次测量）并不同时发生。在相对论中，时间是相对的，同时性（两个事件同时发生的观点）不再是一个定义明确的概念。从宇航员的角度看，你对米尺前端的测量发生在对后端的测量之前，这种时间差异最终导致你所观测到的洛伦兹收缩。类似的论证同样适用于时间的测量，如两个时钟滴答声之间的周期。时间膨胀现象之所以出现，是因为测量发生在一个参考系中的相同位置和不同时间，而在另一参考系中则发生在不同位置和不同时间。

当时，爱因斯坦的观点是革命性的，需要物理学家放弃关于宇宙的某些长期公认的事实。阅读以上讨论后，你或许开始理解狭义相对论最初为何遭到部分科学家的反对，以及为何今天仍然令非科学家感到困惑！无论如何，对科学理解的收获最终克服了不熟悉的代价。在短短几年内，狭义相对论就被人们广泛接受，爱因斯坦成了地球上最著名的科学家。

13.6.2 广义相对论

在构建狭义相对论的过程中，爱因斯坦重写了牛顿 200 多年前提出的运动定律（见 1.4 节）。将牛顿的另一伟大遗产（万有引力定律）纳入相对论框架是非常复杂的数学问题，爱因斯坦又花了 10 多年时间才最终完成，因此再次颠覆了科学家的宇宙观。

1915 年，利用下面介绍的著名思维实验，爱因斯坦描述了狭义相对论与引力之间的关系。假设你被关在一部没有窗户的电梯里，因此无法直接观测外部世界，而电梯则漂浮在太空中。你是失重的。现在，假设你开始感觉到地板在向上撑你的脚，重量已经明显恢复。这一情形存在两种可能的解释，如图 13.17 所示：附近可能出现了一个大质量物质，你正在感受其向下的引力牵引（见图 13.17a）；电梯开始加速上升，你感觉到的力由电梯以相同速度加速时施加（见图 13.17b）。爱因斯坦论证的关键是，没有任何实验能够让你在电梯里（不向外看）区分这两种可能性。

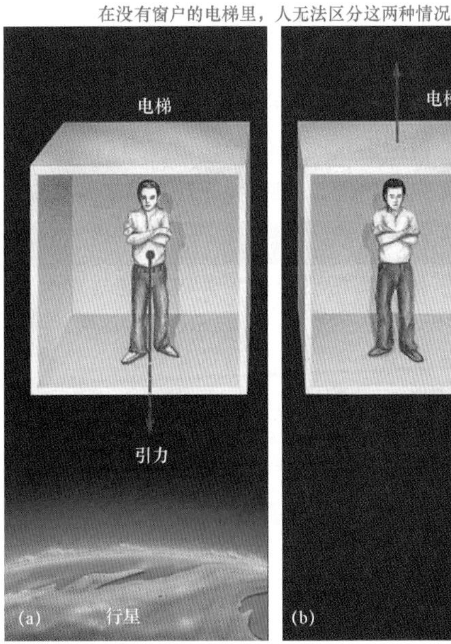

图 13.17　爱因斯坦的电梯。爱因斯坦认为，对完全在漂浮于太空中的电梯内进行的实验而言，无法告知乘客感受到的力由以下哪个因素引起：(a)附近大质量天体的引力；(b)电梯自身的加速

因此，爱因斯坦认为，没有办法区分引力场与加速参考系（如思维实验中的上升电梯）之间的区别。这种说法更正式的名称是等效原理（equivalence principle），利用该原理，爱因斯坦将引力作为所有粒子的广义加速成功纳入狭义相对论，由此产生的理论称为广义相对论（general relativity）。但是，爱因斯坦发现还需要另一个概念上的巨大飞跃。为了包含引力效应，数学迫使爱因斯坦得出了一个不可避免的结论，即时空（组合了空间和时间的单一实体，狭义相对论的核心）必须是弯曲的。

广义相对论的核心观点如下：物质（所有物质）趋于翘曲或弯曲邻近空间。对于行星和恒星这样的天体，是通过改变路径来对这种翘曲做出反应的。在牛顿的引力观中，粒子因受到引力影响而在弯曲的轨道上运动（见 1.4 节）；在爱因斯坦的相对论中，这些粒子同样在弯曲的轨道上运动，但是因为沿着附近某些大质量天体产生的时空曲率，它们在太空中自由下落，质量越大，翘曲就越大。在广义相对论中，不存在牛顿引力观中的引力等效物，天体运动的原因是其遵循时空曲率（由出现的物质数量决定）。著名相对论学者约翰·阿奇博尔德·惠勒曾经说过：时空告诉物质如何运动，物质告诉时空如何弯曲。

有些道具有助于对这些观点进行可视化，但要务必牢记的是，这些道具并不真实，只能是帮助你掌握某些奇怪概念的工具。假设有一张台球桌，桌面由薄橡胶板（而非硬毡）制成。如图 13.18 所示，当上覆重物（如石块）时，橡胶板就发生变形。石块越重（见图 13.18a），变形就越大。

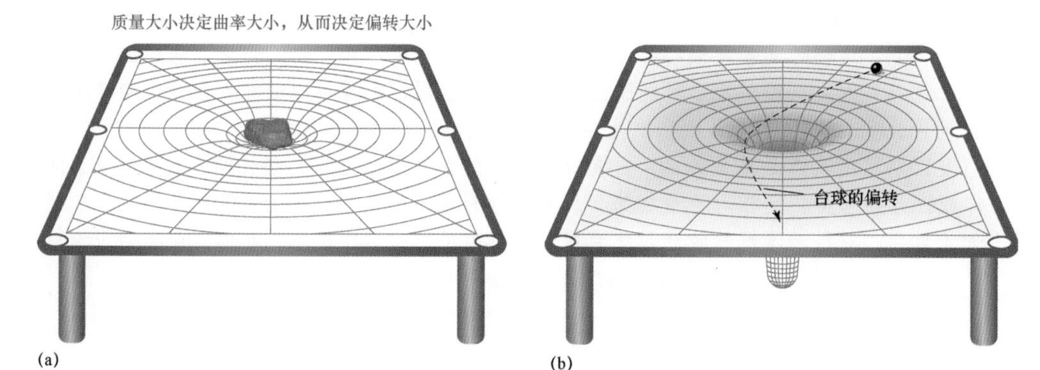

图 13.18　弯曲空间。(a)当放置重物时，薄橡胶板制成的台球桌下垂。同理，在任何大质量天体的附近，空间也弯曲或变形；(b)桌面上的滚动小球会因表面曲率而偏转，这与行星的弯曲轨道由太阳产生的时空曲率决定非常相似

若尝试在这张桌子上打台球，则你很快就会发现，经过石块附近的台球会被桌面的曲率偏转（见图 13.18b）。台球并未受到石块的任何吸引，而是对桌面弯曲（由石块的存在而产生）做出反应。以大致相同的方式，在太空中运动的任何事物（物质或辐射）都被恒星附近的时空曲率偏转（太阳系测量见更为准确 13.2，更大尺度的示例见 14.6 节和 16.3 节）。地球轨道路径是地球在太阳形成的相对平缓的空间曲率中自由下落时产生的轨迹。当曲率较小（即引力较弱）时，爱因斯坦和牛顿预测的轨道相同（即我们观测到的轨道）。但是，随着引力的增大，这两种理论开始出现分歧。

数据知识点：狭义相对论

当描述狭义相对论如何影响快速运动天体的测量性质时，超过 35%的学生感到困惑。建议记住以下几个要点：

- 当观测一艘快速运动的飞船时，它看上去朝运动方向收缩，时钟的滴答声变慢，质量也增大。
- 对于你的大小、时钟和质量，飞船上观测者的说法完全相同！
- 这个悖论的解是，一个参考系中的同时测量在另一个参考系中并不同，因此两个观测者能够各自看到对方的时钟运行明显变慢，而不会产生不一致。

更为准确 13.2　广义相对论的检验

在科学史上，狭义相对论是检验最彻底和验证最准确的理论，但是广义相对论的实验基础并不那么牢固。广义相对论验证存在的问题是，其对地球和太阳系（最容易进行检验的地方）的影响非常小。正如只有在速度接近光速时，狭义相对论才与牛顿力学产生重大偏离一样，只有涉及极强的引力场时，广义相对论的预测结果才与牛顿万有引力产生重大偏离。

这里只考虑该理论的两个经典太阳系试验，这有助于确保人们接受爱因斯坦的理论。但要记住的是，强场体系（如预测黑洞的部分理论）中没有已知的广义相对论试验，因此完整理论从未经过实验检验。

广义相对论的核心是假设所有一切（包括光）都因时空曲率而受到引力的影响。1915 年发表其理论之后不久，爱因斯坦指出恒星发出的光经过太阳时应会偏转一个可测量的量。光距离太阳越近，偏转量就越大。因此，刚好擦过太阳表面的光线应会出现最大的偏转，爱因斯坦计算出这个偏转角为 1.75″，这是一个很小但却可检测的量。

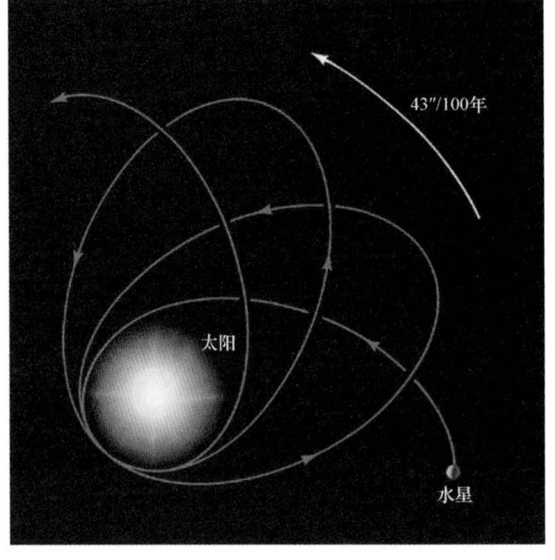

当然，正常情况下不可能看到距离太阳这么近的恒星，但在日食期间，当月球挡住阳光时，这个观测确实是可能的，如下方的插图所示。1919 年，在英国天文学家亚瑟•埃丁顿爵士的领导下，某观测团队成功测量了日食期间的星光偏转，所得结果与广义相对论的预测结果非常吻合。

广义相对论的另一个预测是，行星轨道应当稍微偏离开普勒定律的完美椭圆。同样，引力最强位置（最靠近太阳的位置）的效果最大。因此，在水星轨道上，人们发现了最大的相对论性效应。相对论预测水星轨道并非精确闭合的椭圆，而应当缓慢旋转，如右上方的插图所示（高度夸大）。旋转量非常小（43″/百年），但是水星轨道非常完美，即使这种微小的效应也可以测量。

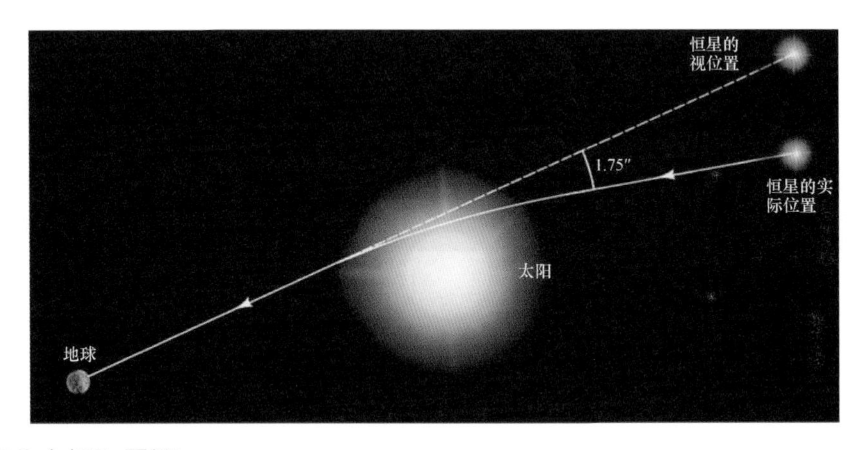

13.6.3 弯曲空间和黑洞

与黑洞相关的现代概念完全建立在广义相对论的基础之上。虽然经典牛顿引力理论可以充分描述白矮星和（较小程度上）中子星，但只有现代爱因斯坦相对论才能正确解释黑洞的奇特物理性质。

下面考虑另一个类比。假设某个大家庭的全部成员都住在一块巨大的橡胶板（巨型蹦床）上，他们决定举行全员聚会，于是在特定的时间聚集在特定的地点。如图 13.19a 所示，有个成员不愿意参加活动，于是就拖在后面。通过沿橡胶板表面向其滚动并返回的信息球，她与自己的亲属保持联系。这些信息球就好比是携带信息穿越太空的辐射。

随着人员数量越聚越多，橡胶板的下垂幅度越来越大，人员不断累积的质量形成了越来越大的空间曲率。信息球仍然可以抵达远处几乎位于平坦空间中的独行者，但是随着橡胶板变得越来越翘曲和拉伸，信息球抵达的频率越来越低（见图 13.19b 和图 13.19c），且这些信息球必须从越来越深的井中爬出。最后，当数量足够多的人抵达约定地点时，质量变得过于巨大，导致橡胶板无法支撑他们。如图 13.19d 所示，橡胶板被挤出一个气泡，将人们压缩到一个被遗忘的角落，并且切断了他们与外面唯一幸存者之间的联系。这个最后阶段代表了重聚的事件视界的形成。

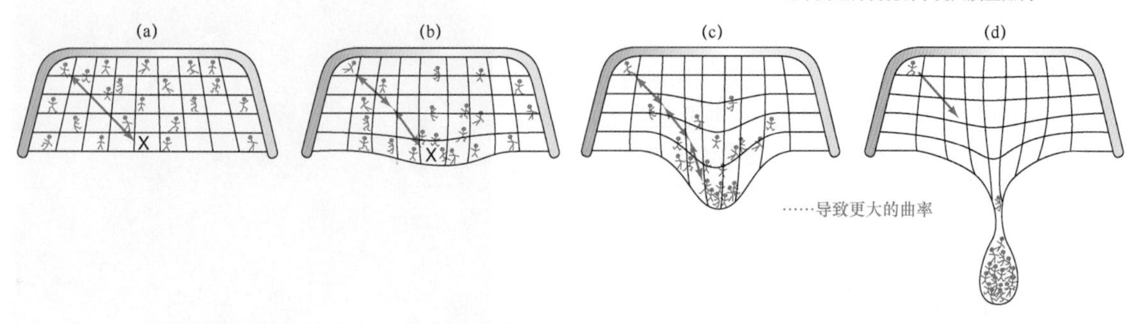

图 13.19　空间翘曲。质量导致橡胶板（或空间）弯曲。当人们聚集在橡胶板上的固定地点（标记为“×”）时，曲率变大，如图(a)～图(c)所示，蓝色箭头表示信息可在不同位置之间发送的某些方向；(d)人们最终被封闭在气泡中，永远深陷其中并与外界失去联系

直到最后气泡被挤压断离之前，双向沟通都是可能的，信息球可从内部抵达外部（但随着橡胶板的拉伸，速率越来越慢），外部信息也可毫不费力地进入内部。但是，一旦事件视界（气泡）形成，外部信息球仍然可以落入内部，但是无论滚动速率有多快，它们都不能再返回到外面的独行者那里，因为其无法通过图 13.19d 中所示气泡的边缘。这个类比（非常）粗略地描述了黑洞如何完全翘曲其周围空间，并将其内部与其他宇宙部分隔离开来。

就恒星黑洞而言，这些基本思想（向外传播信号的减缓和最终中断，以及事件视界形成后的单向性质）都有相似之处。按照爱因斯坦的说法，黑洞是引力场变得势不可挡且空间曲率达到极限的空间区域。在事件视界自身所在的位置，曲率大到空间折叠自身，进而导致内部天体被困并消失。

科学过程回顾

在描述引力方面，牛顿和爱因斯坦的理论有何不同？科学家最初为何反对爱因斯坦的相对论？

13.7　黑洞附近的太空旅行

黑洞并不是宇宙真空吸尘器，它们不会在星际空间中巡航并吸入一切可见物质。与质量等于黑洞质量的正常恒星附近的天体轨道相比，黑洞附近的天体轨道基本相同。仅当该天体碰巧在事件视界的数倍史瓦西半径（对超新星爆发中形成的 5～10 倍太阳质量的典型黑洞而言，可能是 50～100km）内经过时，实际轨道才与牛顿引力预测和开普勒定律描述的轨道存在显著差异。当然，若某些物质确实落入了黑洞（运行轨道恰好使其距离事件视界太近），则其无法离开，因为黑洞类似于旋转门，仅允许物质朝单一方向（向内）流动。

13.7.1　引潮力

流入黑洞的物质受到巨大引力的作用。当一位不幸的探险者双脚首先踏入太阳质量黑洞时，他/她应会发现自己的双脚（距离黑洞更近）比头部受到的引力牵引要大得多。这种力差是一种**引潮力/潮汐力**（tidal force），与形成地球上的海洋潮汐和木卫一上的壮观火山的基本现象完全相同，但是黑洞内部（及附近）的引潮力要远大于太阳系中可能发现的任何引潮力（见 5.2 节和 8.1 节）。黑洞产生的引潮力非常大，导致探险者纵向上被极大地拉伸，横向上被无情地挤压，并且在抵达事件视界很久之前就被撕裂。

在所有这些拉伸和挤压的作用下，碎片之间发生频繁且猛烈的碰撞，最终导致任何落入物质因摩擦而产生大量的热量。如图 13.20 所示（具有一定的艺术想象力），当陷入黑洞后，物质同时被撕裂并且加热到极高的温度。这种加热的效率非常高，以至于在抵达黑洞的事件视界之前，落向黑洞的物质就会自行发射辐射。对质量大致相当于太阳的黑洞而言，这一能量预计将以 X 射线的形式发射。因此，与我们对某颗天体的定义是任何物质都无法逃脱相反，环绕在黑洞周围的区域被认为是能量源。当然，一

旦炽热物质落入事件视界之下，则其辐射就不可以再探测（永远无法离开黑洞）。

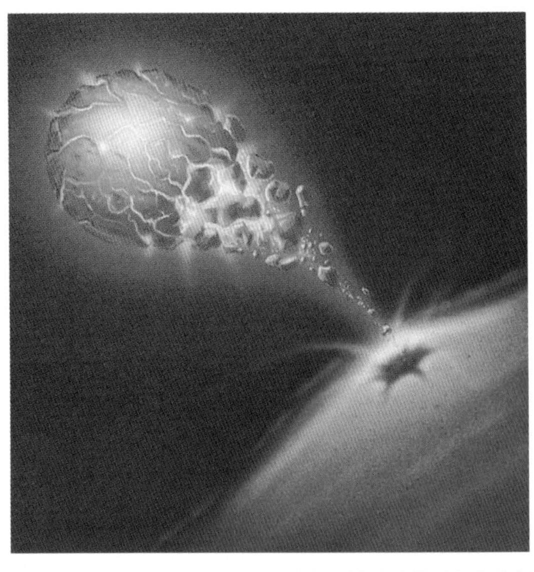

图 13.20　黑洞加热。落入黑洞控制范围的任何物质都将变得严重变形并且被加热。在这幅草图中，一颗假想的行星被黑洞的引力潮汐拉裂

13.7.2　趋近事件视界

研究黑洞的一种安全方式是进入绕其运行的轨道，并安全避开黑洞的强大引潮力的破坏性影响。毕竟，地球及其他太阳系行星都绕太阳运行，但不会落入太阳并被其撕裂。黑洞周围的引力场基本上没有什么不同。假设朝向黑洞中心发送一个不那么脆弱的探测器（机器人），如图 13.21 所示。若机器人足够小（最小化引潮力）且结构足够坚固，则其可能会存活并抵达事件视界（即便人类无法做到）。当从轨道飞船的安全距离观测时，即可检查空间和时间的性质，至少可以向下观测到事件视界。穿过该边界后，探测器就无法返回任何发现的信息。

假设机器人装配了精确的时钟和已知频率的光源，在远离事件视界之外的安全位置，我们能够通过望远镜读取时钟并测量接收到的光的频率，那么此时会发现什么呢？当机器人逐渐趋近事件视界时，来自机器人的光的红移（向更长的波长偏移）应会越来越大，如图 13.22 所示。即使机器人使用火箭引擎来保持不动，红移应当仍然会被探测到。红移并不由光源的运动导致，也不是多普勒效应（见 2.7 节）的结果，而形成于黑洞的引力场，爱因斯坦的广义相对论对此做出了明确的预测，并将其称为引力红移（gravitational redshift）。

图 13.21　机器人宇航员。假想飞船发射机器人探测器，向黑洞行进并开展实验。人们在更远的飞船中监测这些实验，了解事件视界附近的太空性质

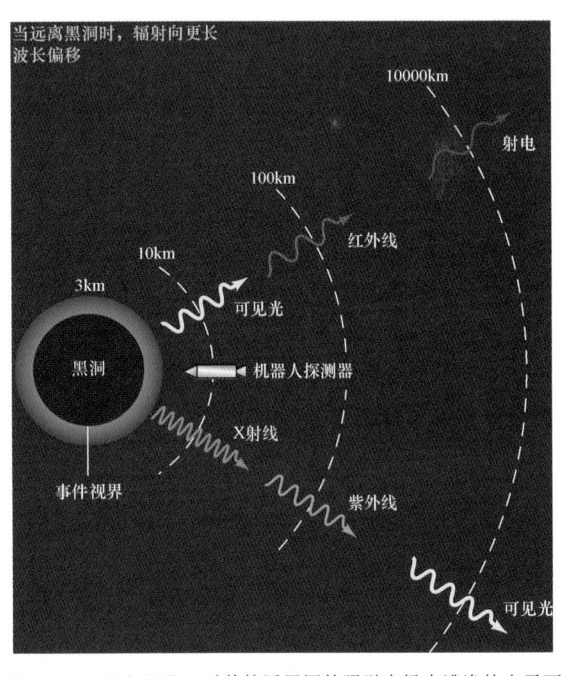

图 13.22　引力红移。对从接近黑洞的强引力场中逃逸的光子而言，必须消耗能量来克服黑洞的引力。因此，光子的波长变化，颜色也变化，频率降低。该图显示了当太空探测器接近太阳质量黑洞的事件视界时，两个辐射束（可见光和 X 射线）受到的影响

引力红移可以解释如下：光子被引力吸引，所以为了逃脱引力源，必须消耗部分能量，即必须努力摆脱引力场。它们不会慢下来（光子总以光速运动），只是失去了能量。因为光子的能量与其辐射频率成正比，所以失去能量的光必定降低频率（或者增大波长）。

当从机器人光源传播至轨道飞船时，光子应会发生引力红移。从我们的角度来看，当机器人宇航员接近黑洞时，黄色光应呈橙色，然后呈红色。当机器人来到事件视界附近时，光学望远镜无法探测到光。为了探测到光，首先需要利用红外望远镜，然后利用射电望远镜。理论上讲，从事件视界自身发射的光应被引力红移至无限长波长。

机器人上的时钟又如何呢？显示时间有什么变化？当更加深入黑洞的引力场时，时钟的滴答速率有什么可观测变化？当从轨道飞船上观测时，我们应会发现与飞船上的对等时钟相比，接近黑洞的任何时钟的滴答声都会变慢。距离黑洞越近，时钟的运行频率就越慢。当抵达事件视界时，时钟似乎应完全停止，所有行动应当最终冻结。因此，我们永远不会亲眼看见机器人穿越事件视界，这个过程似乎会永远停滞。

机器人时钟的这种明显减慢称为**时间膨胀/时间延缓**（time dilation），它与引力红移密切相关。要了解出现这种情形的原因，可将机器人的光源视为时钟，1 次波峰的通过构成 1 次滴答，因此时钟将以辐射的频率滴答。随着波的红移，频率下降，每秒经过的波峰越来越少，说明时钟似乎在变慢。这个假想实验证明，辐射的红移和时钟的减慢是同一件事情。

从机器人的角度看，相对论预测没有任何奇怪效应，光源没有出现红化，时钟保持着正确的时间。在机器人的参考系中，一切都正常，任何物质均无法阻止其向黑洞的史瓦西半径内靠近（只要探测器坚固到足以避免被引潮力撕裂），任何物理定律均无法限制天体穿越事件视界。事件视界位置没有障碍物，穿越时也不会突然前倾，这只是一个空间边界，但是只能单向通过。

或许与直觉相反，黑洞的质量越大，事件视界处的引潮力就越小（见本章末尾的计算题 8 和计算题 9）。如前所述，虽然勇敢的探险家早在抵达太阳质量黑洞的事件视界之前很久即已被粉碎，但是穿越数百万倍太阳质量黑洞（如可能潜伏在银河系中心的黑洞，见下一章）的事件视界的旅行者或许不会感到任何不适。在被黑洞内部快速攀升的引潮力最终终结之前，这些探险家应当仍能有几秒的时间来环顾四周，并思考无法逆转回退的重要事实。

13.7.3 黑洞深处

人们无疑想要知道黑洞的事件视界内侧存在一些什么，答案是无人知晓，但是这个问题却引出了现代物理学前沿的某些非常基本的问题。

广义相对论预测，若没有某种营力与引力竞争，则大质量恒星的核心遗迹将持续坍缩，直至成为密度和引力场均无限大的一个点，即所谓的**奇点**（singularity）。这种情况同样适用于任何正在内落的物质，但是不应过于从字面意义上看待这种无限密度的预测。奇点总是预示着奇点形成理论的崩溃，当前的物理定律根本不足以描述恒星坍缩的最后时刻。

就目前的情况来看，因为未在微观尺度上对物质进行适当的描述，所以引力理论并不完善。随着坍缩恒星核心的半径收缩得越来越小，我们最终甚至会失去描述能力，更不用说预测其行为。陷入黑洞的物质或许从未真正达到过奇点，或许随着**量子引力**（quantum gravity）[广义相对论（最大尺度的宇宙理论）和量子力学（原子和亚原子尺度的物质理论）的并合] 领域研究取得进展，它只是以一种人类未来有望能够理解的方式接近这种奇异状态。

话虽如此，在当前的理论失效之前，我们至少可以估计核心能够变得多么小。因此，当达到这个阶段时，核心已经远小于任何基本粒子。因此，虽然完整描述恒星坍缩终点很可能需要对物理定律进行重大修正，但是坍缩至某一点的预测对所有实际目标均是有效的。即使一种新理论能够以某种方式成功地消除中心奇点，黑洞的外观（或其事件视界的存在）也不太可能改变。对广义相对论的任何修正预计仅发生在亚微观尺度，而非史瓦西半径这种宏观尺度（千米大小）。

奇点是所有规则都将失效的场所，附近可能会发生一些非常奇怪的事情。目前，人们已经提出了许多可能性（如通往其他宇宙之门、时间旅行或新物质状态的创造），但是均未获得证实，当然也不可能实际观测到。由于科学无法解释，这些区域的存在给许多物理定律带来了严重的问题，包括因果律（原因应当先于结果，若时间旅行能够实现，则违反这一定律）和能量守恒定律（若物体能通过黑洞从一个宇宙跳入另一个宇宙，则违反这一定律）。未来是否能够消除奇点尚不清楚，但是所有相关理论应当必然需要消除所有这些问题的连带后果。

概念回顾

人类为何永远无法亲眼看见正在下落的天体穿越黑洞的事件视界？

13.8 黑洞的观测证据

撇开理论观点不谈，黑洞是否存在任何观测证据？如何证明这些不可见的奇异天体确实存在？

13.8.1 双星系统中的黑洞

找到黑洞最有希望的方法或许是寻找它们对其他天体的影响。银河系中存在许多双星系统，其中仅一颗天体可见，但是，只需要观测一颗恒星的运动，即可推断出另一颗不可见伴星的存在，并测量其部分性质（见 10.7 节）。在大多数情况下，不可见伴星最多只是又小又暗的 M 型星，隐藏在 O 型（或 B 型）伴星的强光下，或者可能被尘埃（或其他残骸）所笼罩，即使是最好的设备也看不见它。无论在哪种情况下，不可见天体都不会是黑洞。

但是，少量密近双星系统具有某些特殊的性质，表明其中的一个成员可能是黑洞。在如图 13.23 所示的天鹅座天区中，证据特别有力。目标系统距离地球约 2000pc，候选黑洞是被称为天鹅 X-1 的 X 射线源，发现于 20 世纪 70 年代初，可见伴星是一颗 B 型蓝巨星。若假设位于主序上，则其质量必定约为 25 倍太阳质量。光谱观测结果表明，该双星系统的轨道周期为 5.6 天。将此信息与可见子星轨道速度的光谱测量相结合，天文学家计算出该双星系统的总质量约为 35 倍太阳质量，这意味着天鹅 X-1 的质量约为 10 倍太阳质量。

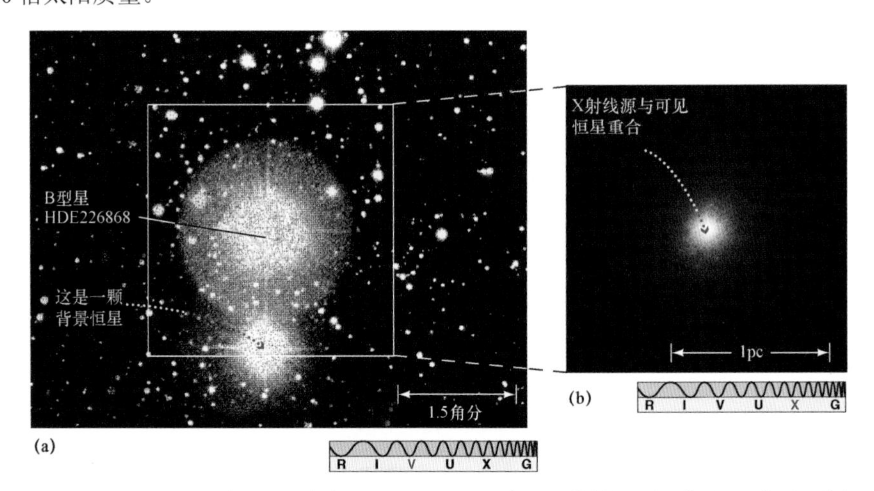

图 13.23 天鹅 X-1。(a)这张照片中的最亮恒星（称为 HDE226868）是一个双星系统的成员，其不可见伴星（称为天鹅 X-1）是黑洞的主要候选天体。该系统距离地球约 2000pc；(b)图(a)中方框内视场的钱德拉 X 射线图像。X 射线并非来自该恒星，而源于黑洞伴星，其轨道距离该恒星非常近（约 0.1pc），在该尺度（约 1pc）上不可见。该恒星和天鹅 X-1 都没有图像显示的那么大。二者均非常明亮，它们的光甚至溢出到了图像周边（Harvard-Smithsonian Center for Astrophysics; CXO）

天鹅 X-1 附近区域发射出 X 射线辐射，说明存在高温气体，温度可能高达数百万开尔文。此外，在短至 1ms 的时间尺度上，人们已经观测到 X 射线发射的强度变化。如前所述（介绍 γ 射线暴时），为了使这种变化不被光穿过光源时的传播时间所模糊，天鹅 X-1 的直径不能超过 1 光毫秒（或 300km）。

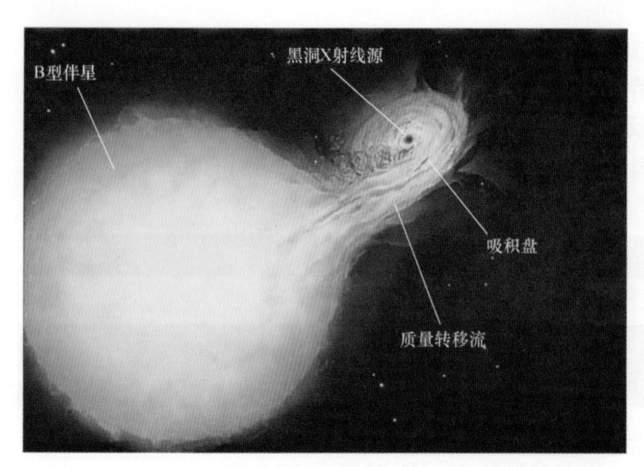

图 13.24 黑洞。艺术家构想的一个双星系统，其中包含一颗明亮且巨大的可见恒星，以及一个发射 X 射线但不可见的黑洞（与图 12.14 进行比较）。该图基于天鹅 X-1 的多次观测数据绘制（L. Chaisson）

这些性质说明天鹅 X-1 可能是一个黑洞。图 13.24 是艺术家对这个神秘天体的构想。X 射线发射区很可能是一个吸积盘，形成于源自可见恒星的物质螺旋式下降到未现子星表面时。由 X 射线发射的快速变化可知，未现子星必定非常致密（中子星或黑洞）。因此质量远大于中子星的质量极限（如前所述），所以是黑洞的可能性非常大。

人们目前还知道其他几个候选黑洞。例如，大麦云 X-3［LMC X-3，大麦哲伦云（绕银河系运行的小型星系，见 15.2 节）中发现的第三个 X 射线源］是与天鹅 X-1 类似的不可见天体，围绕一颗明亮的伴星运行。在这个不可见天体（大麦云 X-3）的超强引力牵引下，可见伴星似乎变形为鸡蛋形状。采用与天鹅 X-1 类似的推理，可以得出大麦云 X-3 的质量几乎为 10 倍太阳质量的结论，这么大的质量只能是黑洞，而不可能是任何其他的天体。在 X 射线双星系统 A0620-00 中，人们发现了一个质量为 3.8 倍太阳质量的不可见致密天体。总计约 20 颗已知天体可能是黑洞，其中天鹅 X-1、大麦云 X-3 和 A0620-00 的可能性最大。

13.8.2 星系中的黑洞

黑洞存在的最有力证据或许并非来自银河系中的双星系统，而是来自对许多星系（包括银河系）中心的观测，天文学家发现那里的恒星和气体正在围绕某些质量极大的不可见天体以极快的速度运行。根据牛顿定律进行推断，这些天体的质量范围从太阳质量的数百万倍到数十亿倍（见更为准确 1.1），主要（目前唯一）的解释是这些天体是黑洞。在后续三章中，我们将返回到这些观测，探讨这些超大质量黑洞可能如何形成的问题。

对于双星中的恒星质量黑洞与星系中心的超大质量黑洞之间的关联性，人们一直在寻找，但却难以如愿，但是 X 射线天文学家终于在 2000 年宣布发现了证据。图 13.25 显示外观不同寻常的星系 M82 目前存在大范围恒星形成的强烈爆发（见第 15 章）。插图所示为 M82 最内侧数千秒差距的钱德拉图像，显示了许多明亮 X 射线源接近（但不位于）星系中心。由光谱和 X 射线光度可知，它们可能是质量为 100～1000 倍太阳质量的吸积致密天体。若获得确认，则其将成为历史上观测到的首批中等质量黑洞。

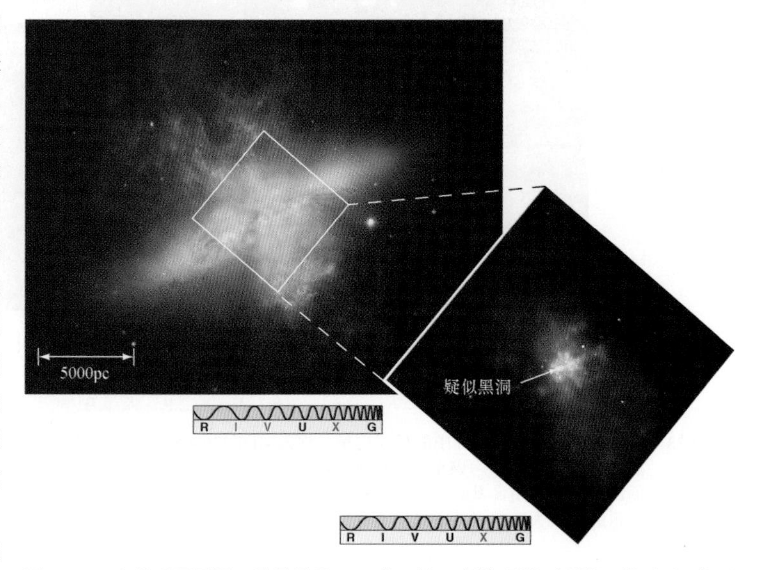

图 13.25 中等质量黑洞？星暴星系 M82 中心的 X 射线观测（插图），揭示了可能形成于物质吸积到中等质量黑洞上的一系列明亮光源。这些黑洞比较年轻，质量为 100～1000 倍太阳质量，距离 M82 中心相对较远（Subaru; NASA）

这些天体由于质量太大而不可能是正常恒星的遗迹，同时由于质量太小而不足以被贴上超大质量标签，从而给天文学家带来了一个未解之谜。通过分析 M82 与其他致密年轻星团之间部分 X 射线发射体的明显相关性，人们能够推测这些天体的一种可能起源。理论家推测，在这些星团的拥挤核心中，由于大质量恒星之间发生碰撞，可能导致一颗质量极大且非常不稳定的恒星失控生长，然后坍缩成一个中等质量黑洞。但是，观测结果和这一解释仍然存在争议。图 13.26 显示了目前存在中等质量黑洞的附近星团的最佳候选——仙女星系中的球状星团 G1（见 2.1 节）。该星团中心附近的恒星具有特殊的轨道性质，说明可能存在一个质量为 20000 倍太阳质量的黑洞，且射电和 X 射线观测结果符合从该星团核心中这样一个大质量天体所发出的辐射的理论预期。

图 13.26　黑洞宿主？星团 G1 是仙女星系中质量最大的球状星团，但是若该星团的质量像其光线一样均匀分布，则其中心附近的恒星就不像预期那样运动。观测结果表明，该星团中心存在一个中等质量的黑洞（NASA）

概念回顾

天文学家是如何看见黑洞的？

学术前沿问题

黑洞是否真实存在？数十年前，许多天文学家将黑洞视为一种宇宙借口，这是研究人员无法破译所观测奇异现象的最后手段。但是现在，由于观测手段更加完善，人们确实发现了比已经非常奇特的中子星更致密、更明亮且更令人困惑的恒星遗迹。因此，我们不得不得出如下结论：虽然非常奇怪，但是在银河系及更远的位置，人类确实探测到了黑洞。或许有那么一天，未来几代太空旅行者将探访天鹅 X-1（或银心），并亲身验证这些结论。虽然如此，仍然可能存在差一点成为真正黑洞的其他奇特坍缩遗迹（或许是夸克星）。

本章回顾

小结

LO1 核心坍缩超新星可能会遗留一个极度压缩的物质球，称为中子星。中子星是反弹且被“炸离”恒星其余部分的内核残余物。中子星极其致密，预计形成时极为炽热、磁化强烈且自转速率很快。随着年龄的增长，中子星逐渐冷却，失去大部分磁性并且自转速率变慢。

LO2 根据灯塔模型，由于被磁化并且自转，中子星会向太空中发射有规律的电磁能量暴。光束由强磁场限制的带电粒子产生。当这些光束从地球上可见时，源中子星即可称为脉冲星。脉冲周期是中子星的自转周期。

LO3 中子星是一个双星系统的成员，能够从其伴星吸积物质，然后形成吸积盘（通常为强 X 射线源）。当在恒星表面积聚时，气体最终变得极其炽热，足以聚变氢。当中子星上开始氢燃烧时，爆发性强燃烧产生 X 射线暴源。吸积盘内层部位快速自转，导致中子星在新气体抵达表面时的自旋速率更快，最终形成一颗自转速率极快的中子星，即毫秒脉冲星。在年老球状星团的中心部位，人们发现了许多毫秒脉冲星，它们不可能最近才形成，且必定通过与其他恒星的相互作用而自旋加速。通过仔细分析接收到的辐射，人们发现有些毫秒脉冲星存在绕其运行的行星大小的天体。

LO4 γ 射线暴是能量极强的 γ 射线闪的集合，大约每天发生一次，均匀分布在整片天空中。在某些情况下，人们测得了它们的距离，距离非常遥远意味着光度极高。这些爆发的主要理论模型涉及遥远双星系统中的中子星的猛烈并合，或者极大质量恒星形成超新星失败后的再次坍缩及后续的猛烈爆发。

LO5 爱因斯坦的狭义相对论主要用于解释以相当于光速运动的粒子的行为，低速运动时与牛顿的理论一致，但是对高速运动做出了许多差异极大的预测。狭义相对论的所有预测都经过了实验的反复验证。爱因斯坦的广义相对论取代了牛顿引力，通过引入质量而采用空间的翘曲或弯曲来描述引力，质量越大，翘曲就越大。所有粒子（包括光子）都通过沿弯曲路径运动来响应这种翘曲。

LO6 中子星的质量上限约为 3 倍太阳质量，当超过这一质量时，恒星就无法抵抗自身的引力，从而坍缩并形成黑洞（没有任何物质能够逃离的空间区域）。当在超新星中爆发后，质量最大的恒星形成黑洞（而非中子星）。黑洞内部和附近的条件只能用广义相对论来描述。坍缩恒星的逃逸速度等于光速的半径称为史瓦西半径。以坍缩恒星为中心，半径等于该恒星史瓦西半径的假想球体表面称为事件视界。

LO7 对遥远的观测者而言，当离开飞船并落入黑洞的光从黑洞的强大引力场中挣扎而出时，应会发生引力红移现象。同时，飞船上的时钟应会显示出时间膨胀——当飞船趋近事件视界时，该时钟似乎会变慢。观测者应当永远看不到飞船抵达黑洞表面。一旦进入事件视界内，任何已知的力均无法阻止坍缩恒星持续收缩为奇点，该点处的恒星密度和引力场都会变得无穷大。但是，相对论的这一预测尚有待证实。奇点是已知物理定律失效之处。

LO8 物质一旦落入黑洞，就无法再与外界联系，但是途中能够形成吸积盘并发射 X 射线。搜寻黑洞的最佳场所位于一颗子星为致密 X 射线源的双星系统中。天鹅 X-1（天鹅座中研究程度较高的 X 射线源）是存在已久的候选黑洞。轨道运动研究结果表明，有些双星所含致密天体的质量太大，不可能是中子星，而只能是黑洞。大量证据表明，许多星系（包括银河系）的中心（或附近）存在更大质量的黑洞。

复习题

1. 中子星的形成方式如何决定其某些最基本的性质？
2. 站在中子星表面的人会发生什么？
3. 为何不将所有中子星视为脉冲星？
4. 什么是 X 射线暴源？
5. 毫秒脉冲星快速自旋速率的最合理解释是什么？
6. 你认为天文学家为何会对发现具有行星系的脉冲星感到惊讶？
7. 天文学家为何认为 γ 射线暴存在两种不同的基本类型？
8. 光束的测量速度与观测者的运动无关的含义是什么？
9. 运用自己关于逃逸速度的知识，解释黑洞被称为黑的原因。
10. 什么是事件视界？
11. 为什么广义相对论的预测很难检验？描述该理论的两种检验。
12. 正落入黑洞的人会发生什么？
13. 天鹅 X-1 为何能够成为较好的候选黑洞？
14. 假设你能在银河系中任意畅游，解释为何能够发现远多于地球观测者已知数量的中子星。最有可能在哪里发现这些天体？
15. 你认为围绕脉冲星运行的行星大小天体是否应被称为行星？解释理由。

自测题

1. 新形成的中子星具有极强的磁场。（对/错）
2. 所有毫秒脉冲星现在（或曾经）都是双星系统的成员。（对/错）
3. γ 射线暴极其遥远的事实意味着它们必定是非常高能的事件。（对/错）
4. 所有一切（光除外）都能被引力吸引。（对/错）
5. 根据广义相对论，空间被物质翘曲（或弯曲）。（对/错）
6. 虽然可见光无法从黑洞中逃逸，但是高能辐射（如 γ 射线）可以。（对/错）
7. 银河系中已经发现了数千个黑洞。（对/错）
8. 中子星的大小大致相当于：(a)校车；(b)美国城市；(c)月球；(d)地球。
9. 闪烁最快的脉冲星：(a)自旋速率最快；(b)年龄最大；(c)质量最大；(d)温度最高。
10. 在双星系统中，中子星的 X 射线发射主要来自：(a)中子星自身的炽热表面；(b)中子星周围吸积盘中的受热物质；(c)中子星的磁场；(d)伴星的表面。
11. γ 射线暴被观测到主要发生在：(a)太阳附近；(b)整个银河系；(c)大致均匀地分布在整个天空中；(d)脉冲星附近。
12. 若太阳神奇地变成质量相同的黑洞，则：(a)地球应开始内旋；(b)地球轨道应保持不变；(c)地球应飞向太空深处；(d)地球应被黑洞的引力撕裂。
13. 搜寻黑洞的最佳太空区域具有以下特征：(a)黑暗且空旷；(b)部分恒星最近消失；(c)X 射线发射较强；(d)温度低于周围环境。
14. 根据图 13.3（脉冲星模型），脉冲星光束的发射：(a)沿自转轴；(b)在赤道面上；(c)从磁极；(d)沿空间中的单一方向。
15. 由图 13.10（γ 射线暴）可知，γ 射线暴：(a)都非常相似；(b)持续时间有时不到 1s；(c)限定在银道面中；(d)来自遥远的距离之外。

计算题

1. 球形天体的角动量与其角速度乘以半径的平方成正比（见更为准确 4.1）。利用角动量守恒定律，假设已坍缩恒星核心的初始自旋速率为 1 圈/天，当半径从 10000km 下降至 10km 时，计算其自旋速率有多快。

2. 若你完全由密度为3×10^{10} kg/m^{3}的中子星物质组成（假设平均密度为1000kg/m^3），则你的质量应是多少？将其与以下天体的质量进行比较：(a)月球；(b)直径为1km的典型小行星。
3. 计算半径为10km的1.4倍太阳质量中子星的表面重力（相对于地球重力）和逃逸速度。半径为3km的太阳质量天体的逃逸速度是多少？（见更为准确5.1）
4. 利用半径-光度-温度关系，计算半径为10km的中子星分别在10^5K、10^7K和10^9K温度下的光度。关于中子星的可见性，你能得出什么结论？温度最低的那颗中子星是否能绘制在赫罗图上？
5. γ射线探测器的面积为0.5m^2，当观测某次γ射线暴时，记录的光子总能量为10^{-8}J。若该γ射线暴发生在1000Mpc之外，计算其释放的总能量(假设能量在所有方向上均等发射)。若该γ射线暴发生在10000pc之外的银晕中，则这一数字会如何改变？若该γ射线暴发生在太阳系的奥尔特云中，距离地球50000AU，则该数字又会怎样？
6. 已知一种不稳定基本粒子会在2μs内衰变为其他粒子，这是在粒子处于静止状态的实验室中测得的。一束这样的粒子被加速至光速的99.99%。在实验室参考系下，该光束中的粒子衰变需要多长时间？
7. 人们认为某些星系中心存在超大质量的黑洞。100万倍和10亿倍太阳质量黑洞的史瓦西半径分别是多少？前一个黑洞的大小与太阳相比如何？后一个黑洞的大小与太阳系相比如何？
8. 计算身高2m的人双脚率先落入太阳质量黑洞时的潮汐加速度，即在其双脚穿越事件视界之前，计算其头部和双脚的加速度之差。对100万倍太阳质量黑洞和10亿倍太阳质量黑洞，分别重复上述计算。将这些加速度与地球上重力产生的加速度进行比较。
9. 耐力测试表明，人体无法承受大于约10倍地球表面重力加速度的压力。在距离太阳质量黑洞多远处，上题中的人体会被撕裂？计算正在下落人体能够完好无损地抵达事件视界时的最小黑洞质量。
10. 利用文中给出的数据（假设黑洞质量取上限值），计算天鹅X-1及其B型伴星的轨道间距（见1.4节）。

活动

协作活动

1. 人们无法轻易地观测到黑洞，也不能制造一个黑洞进行研究，但是理论家对黑洞性质往往却能夸夸其谈！本章重点关注了最简单的黑洞类型（即不带电且不自转的史瓦西黑洞），但是大量文献同样会关注带电且自旋的黑洞。带电黑洞在天文学中并不起眼（宇宙在宏观尺度上呈电中性），但自转的克尔（Kerr）黑洞实际上非常重要。将你的团队分为两组，然后在线研究史瓦西黑洞和克尔黑洞的性质。你可能会找到关于史瓦西黑洞的更多信息，但是，只要努力，也会找到关于克尔黑洞（自转）的很多结果。综合你们的调查结果，合作展示这两类黑洞的异同，重点关注事件视界、奇点及黑洞附近的光和物质的轨道等性质。黑洞的自转速率有多快？哪种类型的黑洞在自然界中最常见？

个人活动

1. 找到天鹅X-1（天空中最著名的候选黑洞）的9等伴星。由于人眼无法看到X射线，所以不会看到任何异常的现象。虽然如此，在凝视这片天区的同时，思考天鹅X-1的强大能量发射和奇特性质也是一件有趣的事情。即使没有望远镜，找到天鹅X-1所在天区也很容易。天鹅座中包含一个可识别的恒星图案，称为北十字（Northern Cross）。横梁中心的恒星称为天津一（Sadr），十字底部的恒星称为辇道增七/天鹅座β（Albireo），恒星天鹅座η（Eta Cygni）大致位于二者之间，天鹅X-1的位置与这颗恒星的夹角略小于0.5°。无论是否使用望远镜，都务必绘制出看到的内容。

第 4 部分

星系和宇宙

与本书迄今为止提及的任何天体相比，人类所在的星系家园（银河系）至少要大 1000 倍。银河系是一个极为庞大的星系，直径超过 10 万光年，含有 1000 亿颗恒星，但也只是散布在广阔深空中的数十亿个星系之一。

第 4 部分探讨星系的性质。星系是宇宙的辉煌组成部分，共同描绘了宇宙中物质结构层级之上的真正巨大形态。在这些巨大的尺度上，我们将进入哲学家们始终关注的基本研究领域：宇宙如何诞生和死亡？

下列图像描绘了第 4 部分中将要介绍的宇宙天体，大小至少为地球的 100 万兆倍。

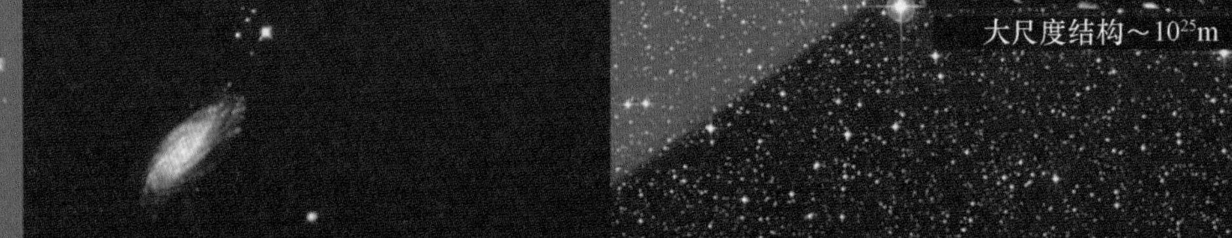

单个星系中所包含的恒星数量超过
地球上曾经生活过的总人数。

第 14 章　银河系：太空中的旋涡

恒星聚集而成的巨大集合称为星系，银河系只是约 1000 亿个星系之一。在以真彩色显示的这个 M74 星系中，共包含约 1000 亿颗恒星。现在，当进入这个尺度极其巨大的区域时，该旋涡星系的旋臂优美而蜿蜒，类似于扫过直径约 10 万光年空间的弯曲阶梯。这个星系的大小、形状和质量都与银河系非常相似。因为生活在银河系内部，所以人类从未拍摄过银河系的全景照片。若这就是银河系，则太阳将位于其中的一条旋臂上，距离中心约 2/3 旋臂长度（NASA）

当在晴朗漆黑的夜晚仰望星空时，我们会被两种夜空特征所震撼。首先，我们看到的各颗恒星大致均匀地散布在各个方向上，距离地球都相对较近，因此能够绘制出距离太阳数百秒差距内的局部星系邻域。但是，这只是局部印象，我们的观点相当狭隘。其次，除了邻近恒星，我们还能看到横跨整个天空的一条模糊光带，这就是银河。在北半球，这条光带在夏季最容易看到，它在地平线上方呈弧形高悬，整体范围形成了一个环绕整个天球的大圆。这就是人们看到的自身所在的星系，也是无数颗遥远恒星的混合光。当考虑尺度远大于相邻恒星之间距离的更大空间体积时，随着银河系大尺度结构的揭示，一种新的组织层次就会变得愈加明显。

学习目标

LO1 描述银河系的整体结构，说明不同区域之间的差异。

LO2 解释变星在确定银河系的大小和形状方面的重要性。

LO3 比较银河系不同区域中的恒星轨道运动。

LO4 根据目前对银河系形成的理解，解释盘族星与晕族星之间的差异。

LO5 为银河系及其他许多星系中观测到的旋臂提供一些可能的解释。

LO6 解释对银河系自转的何种研究揭示了银河系的大小和质量，讨论暗物质的可能本质。

LO7 描述银心存在超大质量黑洞的证据。

总体概览

银河系只是可观测宇宙中的近千亿个星系之一！对天文学家而言，银河系之于星系类似于太阳之于恒星，人类对整个宇宙中各星系的理解完全取决于对银河系家园的大小、尺度、结构、组成和动力学的了解。

14.1 银河系概述

星系（galaxy）是由恒星和星际物质（恒星、气体、尘埃、中子星和黑洞）构成的巨大集合，这些成员在太空中孤立存在，但是通过各自的自身引力束缚在一起。在银河系之外，天文学家还发现了数十亿个星系，人类恰好居住的特定星系称为银河系（Milky Way Galaxy/the Galaxy）。

太阳位于银河系中称为银盘（Galactic disk）的部分中，这是一个巨大的圆形扁平区域，包含了银河系中的大部分高光度恒星和星际物质，以及本书迄今为止介绍的几乎所有物质。如图 14.1 所示，当从内部观测时，银盘好似一条光带（银河）横跨整个夜空。当从地球上观测时，银盘的中心（实际上是整个银河系的中心）位于人马座方向。若朝远离银盘的方向（红色箭头）观测，则视野中的恒星数量相对较少；若视线刚好位于银盘内（白色和蓝色箭头），则会看到光合并为一条持续模糊条带的大量恒星。

矛盾的是，人们虽然能够非常详细地研究太阳附近的单颗恒星和星际云，但却受限于在银盘中所处的位置，从地球上辨认银河系的大尺度结构非常困难，就好比在城市公园中调查道路、灌木和树木的布局，但却无法离开某个特定公园的长椅。在许多方向上，因为前景天体会模糊人们视野的更远处，所以对人们目之所及的解释存在不确定性。因此，在研究银河系时，天文学家通常将其与更遥远但更容易观测到的星系进行比较。以下假设的理由非常充分：本章中描述的所有银河系特征均适用于宇宙中的数十亿个其他星系。

图 14.2 显示了整体结构类似于银河系的三个星系。图 14.2a 是仙女星系（Andromeda Galaxy），这是距离银河系最近［约 800kpc（250 万光年）］的主要星系。由于观测角度的原因，仙女星系的形状明显拉长。实际上，这个星系类似于银河系，由薄圆形的物质（星系盘）组成，中心部位膨胀为一个星系核球（galactic bulge）。星系盘和星系核球大致内嵌在一个球体中，而后者由暗淡的年老恒星组成，称为星系晕（galactic halo）。这三个基本星系区域如图所示，但是晕族星（halo star）因为过于暗淡而不可见，更清晰的视图参见图 14.9。如图 14.2b 和图 14.2c 所示，另外两个星系的图像（正面视图和侧视图各一）更清晰地说明了这些特征。

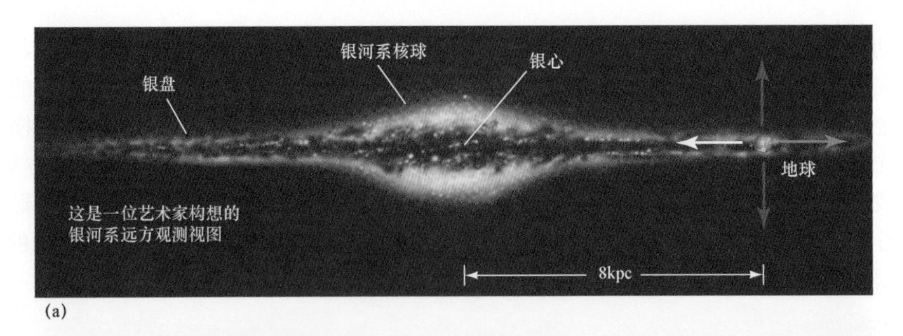

图 14.1 银道面。(a)在这幅艺术构想图中，当从地球上眺望银心（白色箭头）时，可以看到无数恒星堆积在称为银河的薄光带内。在相反的方向上（蓝色箭头），只能看到银河系的极小部分。当垂直于银盘观测时（红色箭头），银盘上的可见恒星数量要少得多；(b)在白色箭头所示方向上，天空的真实光学视图显示了银河系的模糊光带（大部分为白色和乳白色）或银盘（见图 11.1）（Axel Mellinger）

图 14.2 盘星系。(a)仙女星系与银河系的整体布局非常相似，星系盘和星系核球在这幅图像中清晰可见，直径约为 30000pc；(b)这个星系名为M101，几乎相当于正面视图，整体结构与银河系和仙女星系相似；(c)NGC 4565 星系的侧视图，星系盘和中心位置的星系核球清晰可见（R. Gendler; NASA）

概念回顾

为什么我们看到的银河是横跨天空的一条光带？

14.2 银河系的测量

20 世纪以前，天文学家的宇宙观与现代观点大相径庭。随着人们对银河系的了解程度不断加深，以及意识到宇宙中存在许多与银河系相似的其他遥远星系，宇宙距离尺度的发展相应提速。

14.2.1 恒星计数

18 世纪末，在人们知道任何恒星与地球之间的距离很久之前，通过简单计数天空中不同方向上的可见恒星，英国天文学家威廉•赫歇尔尝试估计了银河系的形状。他假设所有恒星的亮度大致相等，进而得出以下结论：银河系是有点扁平且大致呈圆盘状的恒星集合，位于银道面上且以太阳为中心（见图 14.3）。这种方法后来得以改进，得到的结论基本相同。赫歇尔无法用这种方法估计银河系的大小，但是在 20 世纪初，随着对恒星性质了解程度的不断提升，有些研究人员估计了这个银河系的大小：直径约为 10kpc，厚度约为 2kpc。

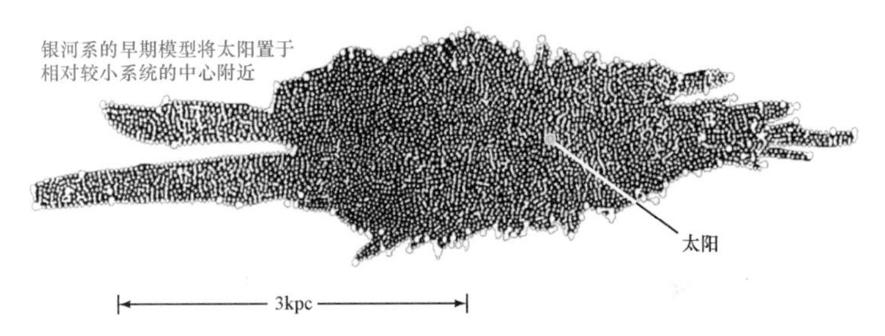

图 14.3 赫歇尔的银河系模型。18 世纪，通过计算天空中不同方向的可见恒星数量，英国天文学家威廉•赫歇尔构建了这幅银河系地图。太阳（黄点）看上去位于中心附近，长轴与银盘平面大致平行

实际上，银河系的直径高达几十千秒差距，太阳距离银河系中心很远。上述推理的缺陷在于，观测是在电磁波谱的可见光部分进行的，但是天文学家并未考虑当时未知的星际气体和尘埃对可见光的吸收（见 11.1 节）。直到 20 世纪 30 年代，天文学家才开始认识到星际物质的真正范围和重要性。

银道面中的恒星密度随距离增大而明显下降，但这并不缘于太空中恒星数量的真正减少，而只是由银盘中的昏暗环境导致。在星际吸收的影响下，数千秒差距之外的银盘天体隐藏在人们的视野之外。在赫歇尔地图中，长手指是遮蔽程度刚好没有其他方向那么严重的方向。

在垂直于银盘的方向上，恒星密度确实在下降。因为视向沿线的气体和尘埃较少，所以来自银道面之上（或之下）的辐射抵达地球时相对来说毫发无损。虽然仍然存在一些零星的遮蔽，但是太阳恰好位于从银盘外看到的景象基本上不受附近星际云的阻挡的位置。

14.2.2 变星观测

19 世纪末和 20 世纪初，当在实验室内辛勤编制星表时，天文学家意外收获了一个重要的成果，即对变星（variable star）进行了系统研究。变星是指相对较短时间内光度变化较大的恒星，有些变化的规律性特别强，有些变化则极不规则。虽然只有一小部分恒星属于变星，但却具有非常重大的天文学意义。

在前几章中，我们遇到过几个变星示例。变性/变率/可变性（variability）通常源于双星系统成员，食双星和新星即为适当的示例（见 10.7 节和 12.3 节）。但是，变性有时是恒星自身的固有性质。对银河系天文学而言，脉动变星（pulsating variable star）特别重要，其光度以非常独特的方式周期性变化。注意，脉动变星与代表恒星演化的一个完全不同阶段的脉冲星（见 13.2 节）无关。在揭示银河系的真正范围及其与相邻星系的距离方面，两类脉动变星发挥了核心作用，即天琴 **RR** 型变星（RR Lyrae variable）和造父变星（Cepheid variable）[根据长期形成的天文学惯例，这些名称采用每个类别中发现的首颗恒星命名，首颗 RR 型变星位于天琴座（Lyra），首颗造父变星是造父一/仙王座 δ（Delta Cephei），即仙王座（Cepheus）中第四亮的恒星]。

天琴 RR 型变星和造父变星可以通过光变曲线的特征形态进行辨别。天琴 RR 型变星的脉动方式基

本相似（见图 14.4a），两个不同周期（从波峰到波峰）之间的差异很小，观测到的周期范围为 0.5～1 天。造父变星也以独特的方式脉动（图 14.4b 中规则的锯齿图案），图 14.4c 为连续两晚拍摄的相同造父变星（如矩形框所示），但不同造父变星的脉动周期可能差异很大（1～100 天）。在这两种情况下，只要通过观测其发光变化，即可识别和确认这些变星。

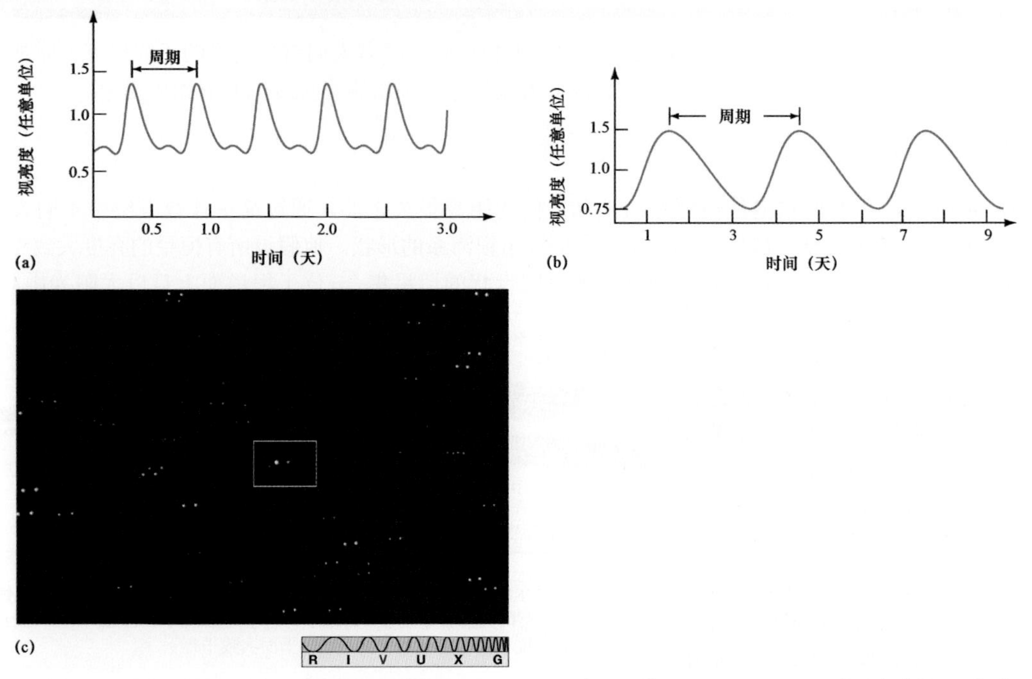

图 14.4 变星。(a)天琴 RR 型变星的光变曲线，周期小于 1 天；(b)造父变星天鹅 WW（WW Cygni）的光变曲线，周期为几天；(c)连续两晚拍摄的相同造父变星（如矩形框所示），接近其最大亮度和最小亮度。两张照片（每晚一张）被叠放在一起，然后略微偏移（Harvard College Observatory）

作为恒星演化的自然组成部分，脉动变星是经历短暂（可能为数百万年）不稳定期的正常恒星。在主序星中，人们并未发现产生脉动的必要条件。但是，脉动变星确实出现在主序后星中，它们在成为红巨星的过程中膨胀和冷却。在赫罗图上，这些不稳定恒星位于一个称为不稳定带（instability strip）的区域中（见图 14.5）。当温度和光度处于这个带中时，恒星内部就会变得不稳定，温度和半径都会出现规律性变化，从而产生人们观测到的脉动。造父变星是大质量和高光度的恒星，演化区域跨越赫罗图的上部（见 12.4 节）；天琴 RR 型变星是小质量和低光度的水平支（核心氦聚变）恒星，刚好位于不稳定带的下部（见 12.2 节）。

概念回顾

变星是否可用于绘制银盘结构图？

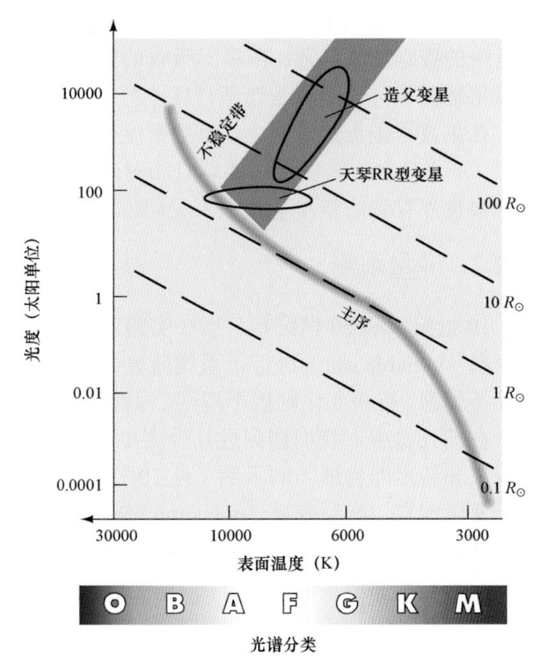

图 14.5 赫罗图上的变星。脉动变星出现在赫罗图的不稳定带中。当大质量恒星演化通过不稳定带时，即可变成造父变星。不稳定带中的小质量水平支恒星是天琴 RR 型变星

14.2.3 新型量天尺

对银河系天文学而言，脉动变星的地位非常重要，因为只要将恒星识别为天琴 RR 型（或造父型）

变星，随后即可推测其光度和测量其距离。运用平方反比定律（见 10.2 节），比较该恒星的（已知）光度和（观测）视亮度，即可计算出距离估计值。采用这种方式，天文学家可将脉动变星用作一种距离测量方法，普遍适用于银河系及距离更遥远的星系。

那么如何推测变星的光度呢？对天琴 RR 型变星而言，这非常简单。这类恒星的光度基本相同（一个完整脉动周期的平均值），约为 100 倍太阳光度。对造父变星而言，需要利用平均光度与脉动周期之间的相关性，即周光关系/周期-光度关系（period-luminosity relationship）。1908 年，哈佛大学天文台的亨丽爱塔 • 勒维特（见发现 14.1）发现，变化缓慢（周期较长）的造父变星具有较高的光度，变化快速（周期较短）的造父变星具有较低的光度。图 14.6 描绘了在距离地球约 1000pc 的范围内发现的造父变星的周光关系，天文学家可为附近的造父变星绘制这样的图表，因为利用恒星视差（或分光视差）来测量距离，他们可以测量造父变星的距离和光度（见 10.1 节和 10.6 节）。因此，简单测量造父变星的脉动周期，即可知道其光度——从图 14.6 中简单读取即可（图中还显示了天琴 RR 型变星的大致恒定光度）。

若能够清楚地识别变星并测量其脉动周期，则这种距离测量技术就能取得较好的效果。对于造父变星，这种方法使天文学家能够估算的距离高达约 2500 万秒差距，足以抵达银河系的最邻近星系。实际上，于 20 世纪 20 年代末首次确定银河系之外存在其他星系，美国天文学家埃德温 • 哈勃当时在仙女星系中观测到了造父变星，并且成功地测量了其距离。天琴 RR 型变星的光度较低，探测不如造父变星那样容易，因此可用范围也没有那么大，但是远比后者常见，因此在这个有限的范围内，它们实际上比造父变星更有用。

在第 1 章中，我们以太阳系中的雷达测距介绍了宇宙距离阶梯（见 1.3 节）；在第 10 章中，我们将其扩展至包含恒星视差和分光视差（见 10.1 节和 10.6 节）。通过将添加变星作为第四种距离测定方法，图 14.7 对其进行了进一步扩展。

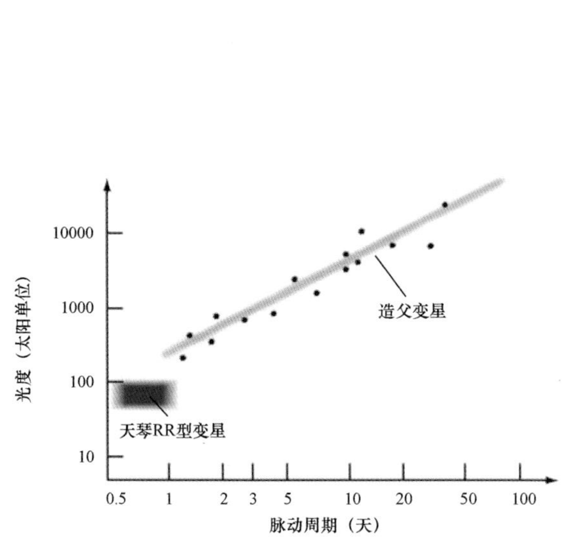

图 14.6　周光关系。一组造父变星的脉动周期与平均绝对亮度（光度）的关系图。这两种性质密切相关。同时显示了部分天琴 RR 型变星的脉动周期

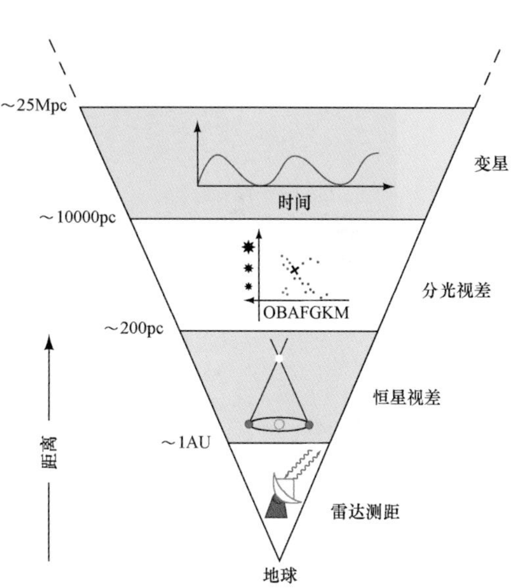

图 14.7　距离阶梯上的变星。利用造父变星的周光关系，人们能以合理的精度估算出最远约 25Mpc 的距离

14.2.4　银河系的大小和形状

许多天琴 RR 型变星均发现于球状星团中，即第 11 章中首次出现的紧密相连的年老红色恒星群（见 11.6 节）。20 世纪初，利用天琴 RR 型变星的观测结果，美国天文学家哈洛 • 沙普利取得了关于银河系球状星团系统的两个非常重要的发现。首先，他证明了大多数球状星团距离太阳非常遥远（数千秒差距）。其次，通过测量每个星团的方向和距离，他确定了这些星团在太空中的三维分布（见图 14.8 和图 14.9）。

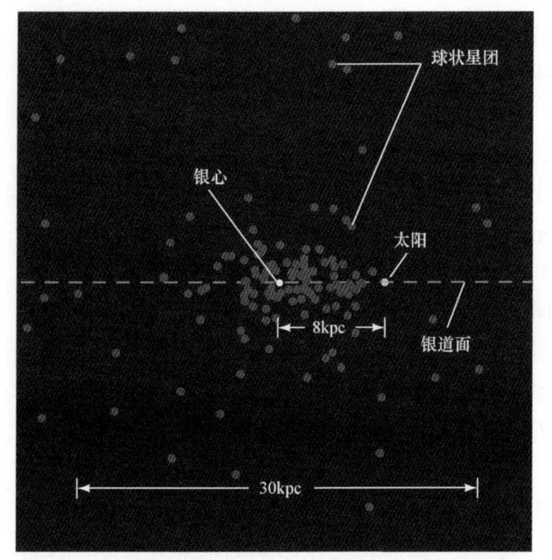

图 14.8 球状星团分布。太阳与极大数量的球状星团（粉红色圆点）集合的中心不重合。大多数球状星团都位于太阳的某个相同方向。太阳更靠近这个集合（直径约为 30kpc）的边缘。球状星团勾勒出了银晕中的真实恒星分布

采用这种方式，沙普利证明球状星团描绘了一个真正巨大且大致呈球形的空间体积，目前已知其直径约为 30kpc。但是，球状星团分布的中心并不在太阳附近，而在距离地球近 8kpc 的人马座中。

苦思冥想后，沙普利意识到球状星团的分布描绘了银河系中恒星的真实范围，即现在称为银晕（Galactic halo）的区域。这个巨大物质集合的中心是银心（Galactic center），距离太阳 8kpc。如图 14.9 所示，银盘（Galactic disk）是切穿银晕中心的年轻恒星、气体和尘埃薄层，人类生活在银盘中这个巨大集合的边缘。自沙普利时代以来，天文学家已识别了银晕中的许多孤立恒星，即不隶属于任何球状星团的恒星。

沙普利大胆地利用球状星团来解释银河系的整体结构，这是人类理解自身宇宙位置的巨大进步。500 年前，人们认为地球是万物中心。哥白尼则持相反的观点，将地球的地位“贬”到了远离太阳系中心的不毛之地。在沙普利时代，主流观点是，太阳不仅是银河系中心，而且是宇宙中心。沙普利对此并不认同，通过观测球状星团，他将银河系大小增至早期估计值的近 10 倍，且几乎在一夜之间将太阳驱逐到了银河系边缘！

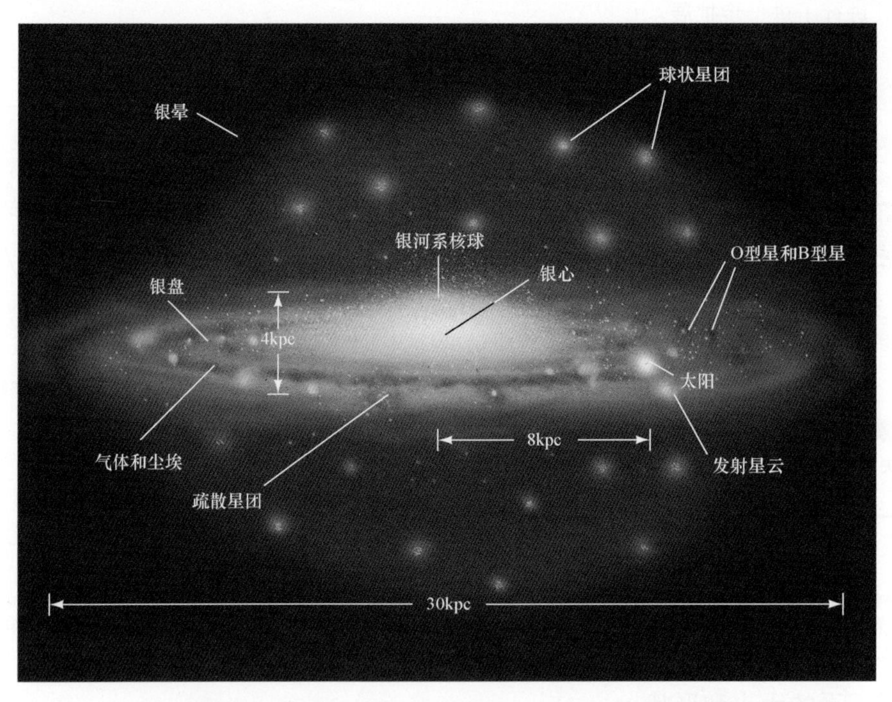

图 14.9 银河系中的星族。艺术家构想的银河系侧视图（近似），显示了年轻蓝星、疏散星团、年老红星和球状星团的分布（为清晰起见，极度夸大了太阳的亮度和大小）

科学过程回顾

在图书馆或上网查询，研究哈洛·沙普利和赫伯·柯蒂斯 1920 年关于银河系大小和宇宙尺度的大辩论。哪种观点最终被证明是正确的？它对人们理解宇宙有何影响？

14.3 银河系的结构

基于银河系的光学、红外线和射电研究，图 14.9 描绘了银河系中银盘、核球和银晕等组成部分的不同空间分布。

14.3.1 银河系测绘

图 14.9 中的银晕范围主要基于对球状星团及其他晕族星的光学观测，但是对银盘而言，光学技术仅能覆盖尘埃银盘的一小部分（如前所述），人类对大尺度银盘结构的了解大部分基于射电观测，特别是氢原子产生的 21 厘米射电发射线（见 11.3 节）。由于长波长射电波很大程度上不受星际尘埃的影响，而氢是迄今为止星际空间中丰度最高的元素，因此 21 厘米信号强到足以采用这种方法观测到整个银盘。

射电研究表明，气体分布中心与球状星团系统中心大致重合，距离太阳约 8kpc。实际上，这个数字是对银河系气体进行射电观测时获得的精确结果。当距离银河系中心超过约 15kpc 时，银盘中的恒星密度和气体密度将急剧下降（但已观测到某些射电发射气体至少超过 50kpc）。

在垂直于银道面的方向，太阳附近的银盘厚度仅约为 300pc，或者约为银河系直径（30kpc）的 1/100。但是千万不要不以为然，即使你能以光速旅行，穿越银盘厚度也需要 1000 年。与银河系直径相比，银盘可能非常薄，但以人类的标准看仍然特别厚。

图 14.9 还显示了银河系的中心核球，其在银盘面上的直径约为 6kpc，垂直于银盘面的直径约为 4kpc。由于受到星际尘埃的遮蔽，光学波长下研究核球比较困难，但是在受星际物质影响较小的较长波长下通常会出现更清晰的图像（将图 14.10 与图 14.1b 和图 14.2c 进行比较）。通过详细测量核球内部及其附近气体和恒星的运动，人们发现核球的实际形状类似于橄榄球，其宽度约为长度的一半，长轴位于银道面内（在这种情况下，银河系可能是棒旋型星系，见 15.1 节）。

图 14.10 银河系的红外图像。银河系中银盘和核球的广角红外图像，它由 2μm 全天巡视（Two Micron All Sky Survey）观测获取。将其与图 14.2c 进行比较（Atlas Image）

发现 14.1 早期“计算机”

对观测天文学而言，大部分早期研究集中在监测恒星光度和分析恒星光谱上。这种开拓性工作主要利用摄影方法完成，且大部分劳动由女性承担（这一点不太为人所知）。19 世纪末和 20 世纪初，通过观测、分类、测量和编目相片信息，数十位专职女性（哈佛大学天文台的助理）建立了一个庞大的数据库，为现代天文学奠定了坚实的基础。在这些专职女性中，部分人承担的工作远超其实验室职责范围，取得了大量基本天文发现（现在则被视为理所当然）。

(Harvard College Observatory)

在 1910 年拍摄的这幅照片中，几位专职女性正在仔细检查恒星的图像，并测量其光度变化（或谱线波长）。在哈佛大学天文台的狭小空间里，这些女性逐幅检查所有图像，收集了成千上万颗恒星的海量数据。注意观察左侧墙上粘贴的恒星光度变化图。周期模式的规律性特别强，很可能是一颗造父变星。这些女性被称为“计算机”（当时还没有电子设备），薪酬为 25 美分/小时。

1880 年，这些女性工作者开始了一项持续半个世纪的天空调查（巡天）。在威廉明娜·弗莱明的指导下，她们取得了首个主要成就——1890 年，出版了包含数万颗恒星的亮度和光谱的星表。在这一汇编的基础上，其中几位女性为天文学做出了基础性贡献。1897 年，安东尼娅·莫里对当时的恒星光谱进行了极为详细的研究，使得赫茨普龙和罗素能够各自独立地发展出赫罗图（现在的名称）。1898 年，安妮·坎农提出了光谱分类体系（见第 10 章），目前已成为恒星分类的国际标准（见 10.5 节）。1908 年，亨丽爱塔·勒维特发现了造父变星的周光关系，使得天文学家能够意识到太阳在银河系中的真实位置，以及银河系在宇宙中的真实位置。

14.3.2 星族

除了形状，银河系的三大组成部分（银盘、核球和银晕）还具有各自不同的其他性质。首先，银晕基本上不包含气体或尘埃，这与星际物质常见的银盘和核球刚好相反。其次，恒星颜色存在明显差异，核球和银晕中的恒星比银盘中的恒星明显更红，其他旋涡星系的观测结果同样显示了这一趋势，例如在图 14.2a 和图 14.2c 中，星系盘的蓝白色调和星系核球的微黄色调明显可见。

夜空中可见的所有蓝色亮星都是银盘的一部分，年轻疏散星团和恒星形成区也是如此。相比之下，温度较低且颜色较红的恒星（包括在年老球状星团中发现的恒星）则更均匀地分布在整个银盘、核球和银晕中。银盘的外观之所以呈蓝色，是因为主序 O 型和 B 型蓝超巨星远亮于 G 型、K 型和 M 型矮星（尽管这些矮星的数量要多得多）。

银盘和银晕中的恒星性质存在着明显差异，这是因为虽然富含气体的银盘是恒星形成的场所，并因此包含所有年龄段的恒星，但是银晕中的所有恒星都是年老的。银晕中缺乏尘埃和气体意味着那里不会形成新恒星，恒星形成明显在很久以前（从球状星团的年龄判断，至少 100 亿年前）就已停止（见 12.6 节）。银河系核球内层部分的气体密度非常高，使得该区域成为恒星形成的活跃地带，老态龙钟和诞生之初的各类恒星混杂在一起。核球的外层区域则气体贫乏，部分性质与银晕更相似。如第 15 章所述，所有这些说法同样适用于其他旋涡星系——年轻亮星总出现在星系盘和核球内层中，因为那里的星际物质最稠密。

光谱研究表明，晕族星中的重元素（即比氦重的元素）丰度远低于银盘中的恒星。在恒星形成和演化的每个连续周期中，恒星演化产物都会进一步丰富星际物质，导致重元素丰度随时间推移而稳步增大（见 12.7 节）。因此，晕族星中这些元素的稀缺与银晕形成于很久以前的观点相一致。

天文学家通常将年轻的盘族星称为**星族 I**（Population I），而将年老的晕族星称为**星族 II**（Population II）。两个星族的观点可追溯到 20 世纪 30 年代，盘族星与晕族星之间的差异当时首次变得清晰。这种分类过于简单，因为整个银河系中的恒星年龄实际上是持续变化的，而不应将恒星简单地划分为两种不同的类型（年轻的和年老的）。虽然如此，该术语仍然获得了广泛使用。

数据知识点：银河系结构

当描述和区分银河系的不同区域时，超过 1/3 的学生遇到困难。建议记住以下几点：

- 银盘是银河系中最年轻的部分，呈圆形且高度扁平，是恒星正在形成的场所。
- 银晕是银河系中最年老的部分，大致呈球形，主要由很久以前形成的恒星组成。
- 核球既包含年轻恒星，又包含年老恒星，不像银盘那样扁平，但比银晕更扁平。
- 银盘中的恒星围绕银心以大致呈圆形的平面轨道运动；核球和银晕中的恒星也围绕银心运行，但却在三维空间中向各个方向运动，在银盘之上（或之下）通常行进得较远。

14.3.3 轨道运动

在银河系中，各成员的内部运动是杂乱和随机的，还是某种巨大交通模式的一部分？答案取决于视角，恒星和云的运动在小尺度（距离太阳数十秒差距内）上似乎是随机无序的，但在大尺度（距离太阳数百或数千秒差距内）上则要有序得多。

当从不同的方向观测银盘时，会出现一种清晰的运动模式（见图 14.11）。如图 14.11 所示，在右上象限和左下象限中，恒星和星际气体云发射的辐射通常发生蓝移；在左上象限和右下象限中，恒星和气体发射的辐射则趋于发生红移。换句话说，银河系的某些区域（蓝移方向）正在接近太阳，另一些区域（红移方向）则正在远离太阳。通过仔细研究太阳附近的恒星和气体云的轨道，天文学家得出了以下结论：整个银盘正在围绕银心自转。在距离银心 8kpc 的太阳附近，轨道速度约为 220km/s，因此物体公转一周大约需要 2.25 亿年。在与银心之间距离不同的其他位置，自转周期也不相同（距离银心越近，自转周期越短；距离银心越远，自转周期越长），银盘的自转是较差自转。

如图 14.12 所示，这张图片（以银心为中心的有序圆形轨道运动）仅适用于银盘，银晕中的年老球状星团以及银晕和核球中的孤立红色暗星并不共享银盘的明确自转，它们的运动轨道是随机定向的。虽然确实围绕银心运行，但这些恒星是向各个方向运动的，轨道路径充斥整个三维空间。

在银心之外的任意特定距离处，核球（或银晕）中恒星的轨道运动速率大致相当于该半径处的银盘自转速率。但是，与银盘中的恒星不同，核球和银晕中恒星的轨道运动是朝向所有方向的，而不仅仅局限于一个狭窄的平面内作大致圆形的轨道运动，它们的轨道携带这些恒星反复穿越银盘，然后从另一侧离开［它们不与银盘中的其他恒星相撞，因为与单颗恒星的直径相比，星际距离非常巨大（当单颗恒星甚至整个星团穿越银盘时，几乎不会遇到任何阻碍），见发现 15.1］。

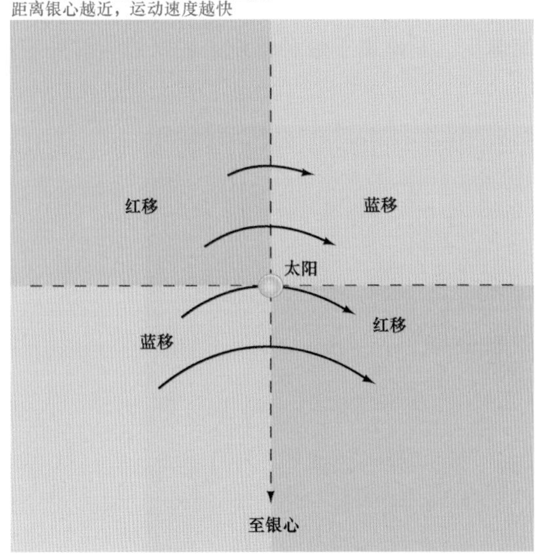

图 14.11　银盘中的轨道运动。太阳邻域中的恒星和星际云显示了系统的多普勒运动，意味着银盘正在以一种有序的方式自旋。这四个银河系象限不在银心处相交，而在太阳处（观测者所在的位置）相交。因为太阳的轨道运行速度快于更大半径处的恒星和气体，所以太阳会远离左上象限的物质而接近右上象限的物质，产生多普勒频移。同样，左下象限中的物质正在接近我们，而右下象限中的物质正在远离我们

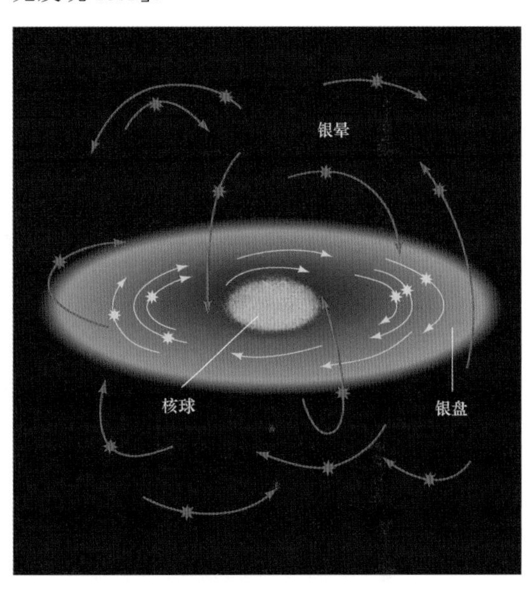

图 14.12　银河系中的恒星轨道。银盘中的恒星（蓝色曲线）围绕银心以圆形轨道有序运动。相比之下，晕族星（橙色曲线）围绕银心随机运动。典型晕族星的轨道将其带到银盘之上的高处，然后向下穿越银盘平面，最后从另一侧离开并远低于银盘平面。核球中恒星的轨道性质介于盘族星与晕族星之间

概念回顾

天文学家为什么认为银盘和银晕是银河系中两个截然不同的组成部分？

14.4　银河系的形成

表 14.1 比较了银河系的三个基本组成部分的一些关键性质。是否存在可自然解释人们今天所见结构的某些演化场景？答案是肯定的，而且能够帮助人们回溯 100 多亿年前的银河系诞生场景。为简单起见，这里仅讨论银盘和银晕，核球的性质很多时候介于这两个极端之间。

表 14.1　银盘、银晕和核球的整体性质

银　盘	银　晕	核　球
高度扁平	大致呈球形——中度扁平	有点扁平——银道面拉伸（橄榄球状）
既包含年轻恒星，又包含年老恒星	仅包含年老恒星	既包含年轻恒星，又包含年老恒星；距离银心越远，年老恒星数量越多
包含气体和尘埃	不包含气体和尘埃	包含气体和尘埃，特别是内层区域
恒星正在形成的场所	至少 100 亿年间没有恒星形成	内层区域有恒星正在形成
气体和恒星在银道面的圆形轨道上运动	恒星在三维空间的随机轨道上运动	恒星具有极其随机的轨道，但具有围绕银心的一些净自转
旋臂（见 14.5 节）	可辨别子结构较少；球状星团，潮汐流（见 14.3 节）	接近银心的气体和尘埃环，中心银核（见 14.7）
整体呈白色，旋臂为蓝色	红色	黄白色

图 14.13 描绘了银河系演化的现代观点。与第 11 章中描述的恒星形成场景有点相似，银河系始于星系前气体的扩展云（见 11.4 节）。当首批银河系恒星和球状星团形成时，银河系中的气体尚未累积成薄层银盘，而散布在直径高达数万秒差距的不规则空间区域中。首批恒星形成时，散布在整个体积内（见图 14.13b）。当前分布（银晕）反映了这是其诞生印记的事实。大多数天文学家认为，最早的恒星甚至更早形成于一些较小的系统中，后来它们并合成了银河系（见图 14.13a 和 16.4 节）。随着星际气体云的碰撞和坍缩，更多恒星很可能在并合期间诞生。无论属于哪种情况，银晕的当前外观都差不多。

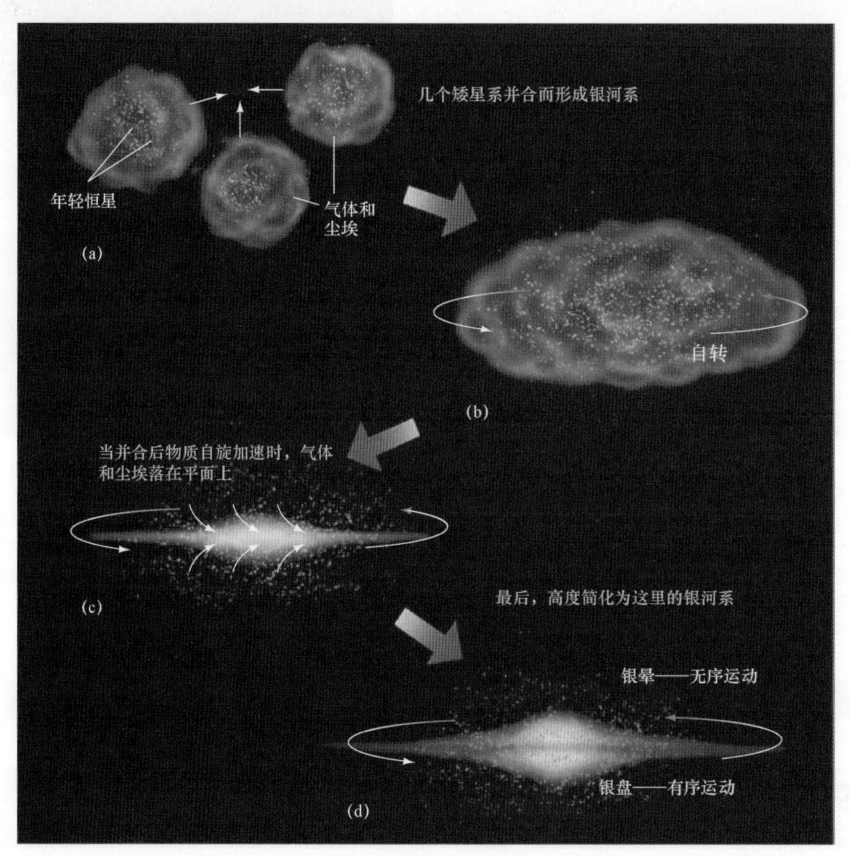

图 14.13　银河系的形成。(a)银河系很可能由几个较小的系统并合而成；(b)银河系的早期形状不规则，气体分布在整个体积中。当各恒星在这个阶段形成时，运行轨道将其载至新生星系周围的延伸三维空间中；(c)随着时间的推移，气体和尘埃落入银道面，形成一个自旋盘，已形成的恒星则留在银晕中；(d)银盘中形成的新恒星继承了银盘的整体自转，因此以有序圆形轨道绕银心运行

从早期开始，自转即已将银河系中的气体压扁为一个薄圆盘（见图 14.13c）。从物理意义上讲，这一过程类似于太阳系形成期间太阳星云的扁平化，只是尺度要大得多（见 4.3 节）。数十亿年前，当原始物质（星际气体和尘埃）落入银道面时，银晕中的恒星形成即已终止。银盘中正在进行的恒星形成过程使其呈蓝色调，但是银晕中的短命蓝星早已死亡，只剩下具有特征性粉红色辉光的长寿红星（见图 14.13d）。银晕年老力衰，银盘则充满了青春活力。

通过研究银盘中的恒星组成，人们发现银晕气体内落且现在仍在继续。恒星形成和恒星演化的最佳可用模型预测，盘族星中的重元素比例应远大于实际观测值，除非银盘中的气体可能正以 5～10 倍太阳质量/年的速率被来自银晕的新鲜气体稳定地稀释（见 12.5 节）。经过数十亿年的累积，这些气体会在银盘总质量中占很大的比重（见 14.6 节）。

这一理论也解释了晕族星的混沌轨道。当银晕发育时，不规则形状银河系的自转速率非常缓慢，物质的运动方向没有强烈的优先选择，因此晕族星一旦形成（或其母系统并合），就可沿着几乎任何路径自由运动。但是，随着银盘的形成，角动量守恒使其自旋速率更快，银盘气体和尘埃形成的恒星继承了其自转运动，因此会在定义明确的圆形轨道上运动。

总体而言，银河系的结构见证了其形成条件。但是，实际上，银河系极度复杂性，意味着人们对银河系的早期阶段仍然知之甚少。第 15 章和第 16 章中将再次介绍星系的形成。

概念回顾

为什么不存在年轻的晕族星？

14.5 银河系的旋臂

射电研究为人类生活在旋涡星系中提供了或许最好的直接证据。如图 14.14 所示，通过在银道面的所有方向上对星际气体反复进行射电观测，天文学家绘制了星际气体分布图和银盘详图。

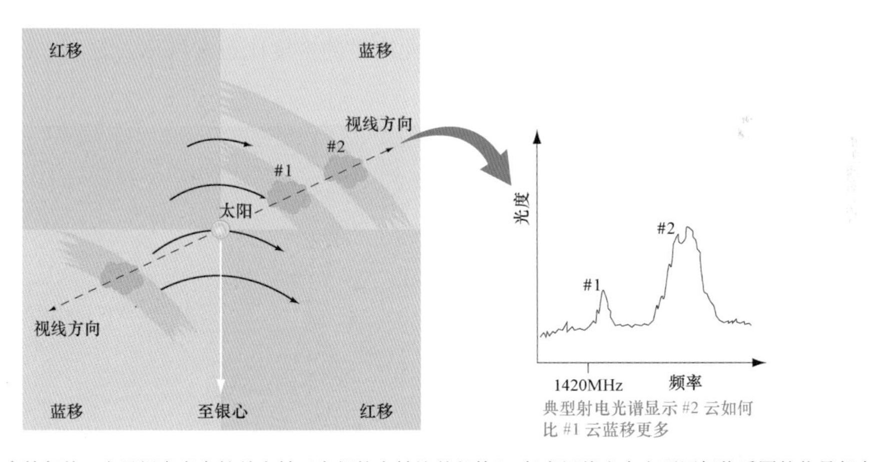

图 14.14 银盘中的气体。由于银盘存在较差自转（内部的自转比外部快），任意视线方向上不同氢物质团的信号都会发生不同数量的多普勒频移。在许多不同方向上重复多次观测，天文学家绘制了银河系中的气体分布图

银河系自转是较差自转，这意味着不同距离处的气体云以相对于地球的不同速度运动，因此接收自它们的辐射会出现不同数量的多普勒频移。天文学家利用所有的可用数据，辅之以牛顿力学知识，构建了整个银盘中恒星和气体自转的数学模型（见 2.7 节），该模型可让我们将测得的速度转换为视向沿线的距离。在天文学的诸多领域中，理论与观测相辅相成：数据可完善理论模型，模型则可提供理解并解释进一步观测所需的架构（见 0.5 节）。

图 14.15 是某艺术家构想的从银盘外很远的位置看到的银河系外观（基于观测数据），图中清晰地显示了银河系的旋臂（spiral arm），即发源于银河系核球附近并向外延伸至大部分银盘的风车状结构，

图 14.15 银河系的旋涡结构。基于银盘中恒星、气体和尘埃的射电和红外图，某艺术家构想了银河系的正面视图。这幅插图以银道面之上 100kpc 的观测者视角绘制，显示了从一个长度为宽度 2 倍的银棒上引出的若干条旋臂。所有内容均按比例绘制（顶部附近代表太阳的超大黄点除外）。左侧两块小斑是矮星系，称为麦哲伦云，详见第 15 章（摘自 from JPL）

其中一条旋臂包裹着大部分银盘，太阳也位于其中。顺便关注一下图 14.8、图 14.9 和图 14.15 中的比例尺标识。银河系中球状星团的分布（见图 14.8）、银盘中的发光恒星组成（见图 14.9）和已知旋涡结构（见图 14.15）的直径大致相同，均约为 30kpc。在宇宙中其他地方观测到的旋涡星系中，这一直径相当典型。

银河系的旋臂不仅仅由星际气体和尘埃组成。通过研究距离太阳约 1kpc 以内的银盘，人们发现年轻恒星和星前天体（发射星云、O 型星、B 型星及最近形成的疏散星团）也以与星际云分布密切相关的旋涡形态分布，因此显而易见的结论是，旋臂是银盘中恒星形成位置的一部分，前述年轻恒星天体的亮度是其他星系旋臂很容易从远处看到的主要原因（见图 14.2b）。

理解旋涡结构的核心问题是解释这种结构是如何长期存在的。基本问题比较简单：较差自转使与银盘物质绑定在一起的任何大尺度结构均无法长期存活。图 14.16 显示了一个旋涡形态（总由同一组恒星和气体云组成）如何必然在数亿年内结束并消失。那么在较差自转情况下，银河系的旋臂如何能够长期保持其结构呢？旋臂存在的主要解释如下：它们是**螺旋密度波**（spiral density wave，穿越银盘运动的气体压缩螺旋波），可以挤压星际气体云，并在行进过程中触发恒星的形成过程（见 11.4 节）。类似于汽车通过高速公路上的障碍物时减速（见发现 14.2），银河系气体穿越密度波时会减速并且变得更致密。我们观测到的旋臂由以下情形定义：由此产生的密度比正常气体云更大，螺旋波通过后形成新恒星。

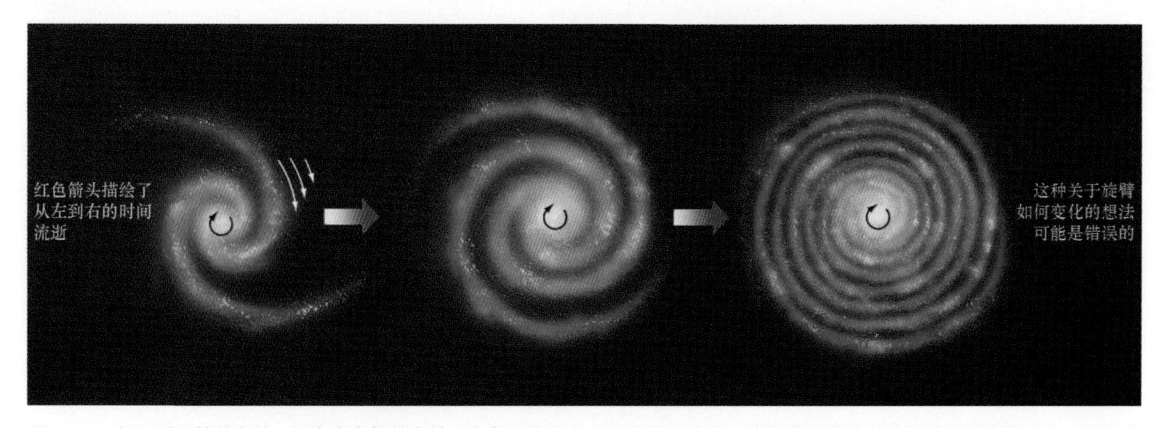

图 14.16 银河系的较差自转。银盘存在较差自转，白色小箭头表示银盘的角速度。若旋臂以某种方式附着在银盘物质上，则这种不均匀自转应会导致旋涡形态在数亿年后结束并消失。旋臂的寿命太短，与今天观测到的旋涡星系数量不一致

对旋涡结构的这种解释避免了较差自转问题，因为波图案/波形并不绑定银盘的任何特定部分，我们看到的旋涡只是穿越银盘运动的形态，而非物质在两个不同位置之间的传递。密度波移动穿越组成银盘的恒星和气体集合，类似于声波移动穿越空气或者海浪穿越海水，不同时间压缩银盘的不同部分。即使银盘物质的自转速率随其与银心之间的距离而改变，波本身仍然完好无损，由此定义了银河系的旋臂。

在银盘的大部分可见部分（距离银心约 15kpc 以内），螺旋波图案的自转速率预计比恒星和气体更慢。因此，如图 14.17 所示，银河系物质赶上了波，并在波通过时被波的引力牵引而暂时减慢和压缩，然后继续前行。

图 14.17 螺旋密度波。密度波理论认为，银河系及其他许多星系中的可见旋臂是气体压缩和恒星形成移动穿越银盘物质时的波。气体从背后进入旋臂，被压缩后形成恒星。旋涡形态由尘埃带、高密度气体区域及新形成的亮星勾勒。右侧插图为旋涡星系 NGC 1566，显示了刚才描述的许多特征（AURA）

当密度波从背后进入旋臂时，气体被压缩并形成恒星。尘埃带标志着气体密度最高的区域。最显眼的恒星（明亮的 O 型和 B 型蓝巨星）的寿命很短，因此发射星云和年轻星团仅出现在诞生地附近的旋臂内，刚好位于尘埃带前方。它们的亮度强调了旋涡结构。再往下游走，在旋臂的前方，可见恒星和星团大多数较老，自形成以来有足够的时间牵引波的前面。在数百万年间，它们的随机个体运动叠加在围绕银心的整体自转上，变形并最终摧毁了它们的最初旋涡形态，然后成了普通盘族星的一部分。

概念回顾

旋臂为何不能简单地成为围绕银心运行的气体云和年轻恒星？

顺便提一句，虽然图 14.17 所示的两个旋涡各有两个旋臂，但是天文学家并不完全确定银河系中的旋涡结构总共由多少个旋臂组成，该理论未对此做出强有力的预测。如图 14.15 所示，最佳可用数据表明，银河系存在两个主要的旋臂。

另一种可能性是恒星的形成驱动了波，而不是波驱动了恒星的形成。假设在银盘中的某个位置存在一行新形成的大质量恒星。这些恒星形成时会生成发射星云，死亡时会生成超新星，发出穿越周围气体的激波，进而可能触发新恒星的形成（见 12.7 节）。因此，如图 14.18a 所示，一个恒星群的形成，为更多恒星的创建提供了机制。计算机模拟表明，由此产生的恒星形成的波可能呈现部分旋涡形式，且这种形态可能会持续一段时间，这个过程称为**自传播恒星形成**（self-propagating star formation）。但是，这个过程仅能产生旋涡碎片（见图 14.18b），显然不能产生其他星系和当前银河系中可见的星系宽度旋臂。在人们看到的壮观旋涡中，发挥作用的过程很可能不止一个。

时间再次从左向右展开，一次又一次地创造出新恒星

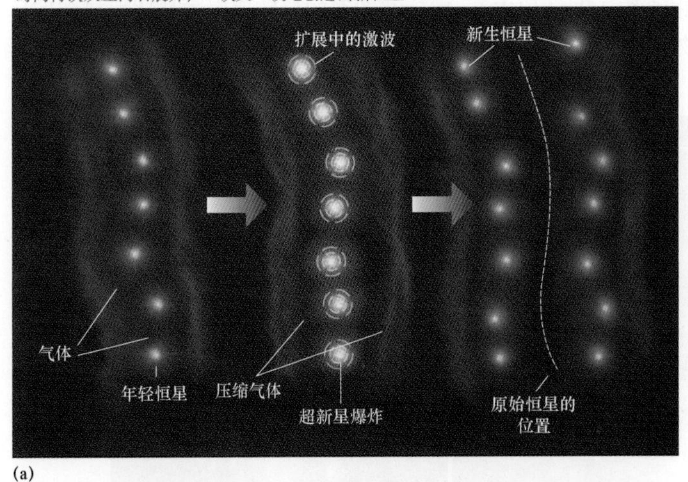

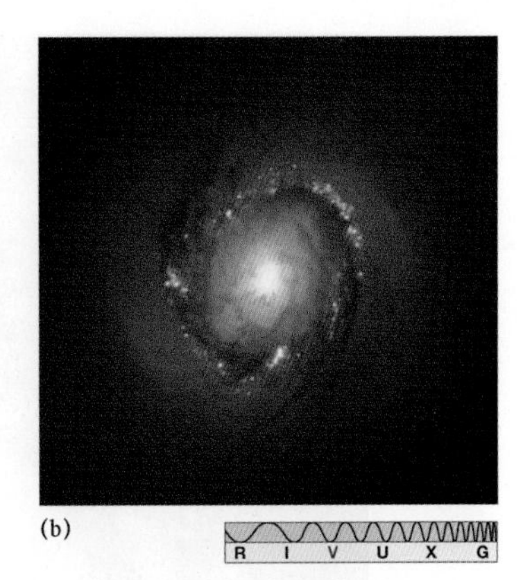

图 14.18 自传播恒星形成。(a)在这个旋臂形成理论中，一个恒星群的形成和后续演化所产生的激波为新一轮恒星形成提供了触发机制；(b)这个过程很可能是某些星系（如 NGC 4314）中可见部分旋臂的原因，此处以真彩色显示。明显的蓝色外观源于散布在不清晰旋臂上的大量年轻恒星（R. Gendler）

上述两种理论均未回答一个重要的问题：这些旋涡来自何方？究竟是何种因素导致了密度波的首次生成，或者导致了其演化驱动旋臂前行的新生恒星群的创建？科学家推测：①星系核球附近气体中的不稳定性、②附近星系的引力效应和③核球自身的拉长形状，可能会对星系盘产生足够大的影响，进而使该过程得以进行。实事求是地讲，人们至今仍然无法确定各星系（包括银河系）是如何获得如此美丽的旋臂的。

发现 14.2 密度波

20 世纪 60 年代末，美籍华裔天体物理学家林家翘和徐遐生提出了银河系旋臂可能维持许多银河系自转的一种方式。他们坚持认为旋臂本身并不包含永久性物质，不应视为完好无损地穿越银盘的恒星、气体和尘埃的集合体，因为这些结构很快就会被较差自转摧毁。如文中所述，旋臂应被想象为一种密度波，即扫过整个银河系的交替压缩和膨胀的波。

水波会在某些位置（波峰）暂时堆积物质，在另一些位置（波谷）暂时散开物质。与此类似，当遇到螺旋密度波时，银河系物质因受到压缩而形成一个高于正常密度的区域。物质进入波，穿越时被临时减速（由于引力作用）和压缩，然后继续前行。这种压缩触发了新恒星和新星云的形成。采用这种方式，旋臂不断地形成和再形成（改造），但是不会结束。

插图以人们更熟悉的场景说明了密度波的形成——由沿路缓行维修人员引发的交通拥堵。当接近维修人员时，汽车暂时减速；当通过维修地点后，汽车再次加速并继续前行。在头顶飞行的交通直升机观察到以下结果：车辆密集区域集中环绕在维修人员周围，并随之一起移动。但是，对路边的观测者而言，拥堵过程中从来没有长时间出现过同一辆汽车。汽车不断地趋近堵点，缓慢地通过堵点，然后再次加速。后面驶来的更多汽车会经历同样的过程。

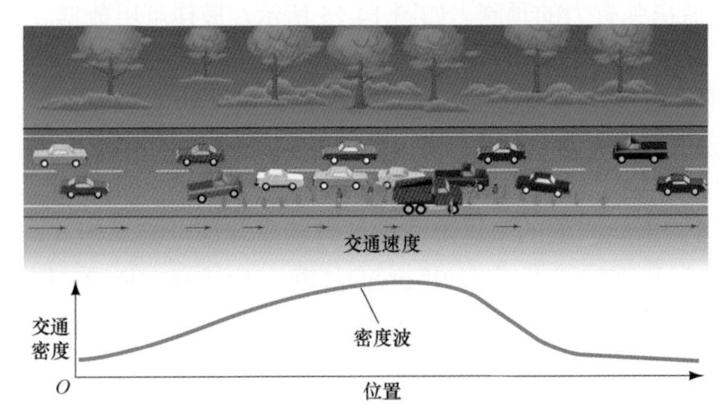

交通拥堵类似于银河系旋臂中的高密度恒星区域。就像交通密度波不会绑定任何一组特定的汽车一样，旋臂也不会附属于任何特定

的银盘物质。恒星和气体进入旋臂，减速运行一段时间，然后离开旋臂，继续绕银心运行。于是，形成了一个高密度的恒星和气体移动区域，在不同时间涉及银盘的不同部分。同时，还要注意，就像在银河系中一样，交通拥堵波与整体车流无关，且其移动速度比整体车流速度更慢。

我们可以拓展交通类比。大多数驾驶员都很清楚，在道路维修人员停止工作并回家过夜后，这种停工产生的影响可能会持续较长的时间。与此类似，即使是最初生成它们的扰动早已消退，螺旋密度波也能继续在银盘中移动。根据螺旋密度波理论，这正是银河系中发生的事情。以往的某些扰动（或许是与伴星系相遇，或者受到中心银棒的影响）生成了一个波，然后始终在银盘中穿梭移动。

14.6 银河系的质量

通过研究银盘中气体云和恒星的运动，即可测量银河系的质量。如第 1 章所述，对相互绕转的任何两个天体而言，开普勒第三定律（经牛顿修正）将其轨道周期、轨道大小和质量关联如下：

$$总质量（太阳质量）=\frac{轨道大小（AU)^3}{轨道周期（年)^2}$$

太阳到银心的距离约为 8kpc，太阳的轨道周期为 2.25 亿年。将这些数值代入上式，求得的质量接近 10^{11} 倍太阳质量，即太阳质量的 1000 亿倍。

但是，刚才测量的是什么质量呢？当对一颗绕太阳运行的行星进行类似的计算时，结果不存在任何歧义：忽略该行星的质量，计算结果就是太阳的质量（见 1.4 节）。但是，银河系中的物质并不集中于银心（太阳质量集中于太阳系中心），而分布在超大的体积空间内。银河系质量的哪部分控制着太阳的轨道？3 个世纪前，艾萨克·牛顿回答了这个问题：太阳的轨道周期由银河系中位于太阳轨道内的部分决定（见图 14.19）。这就是根据上式计算出的质量。

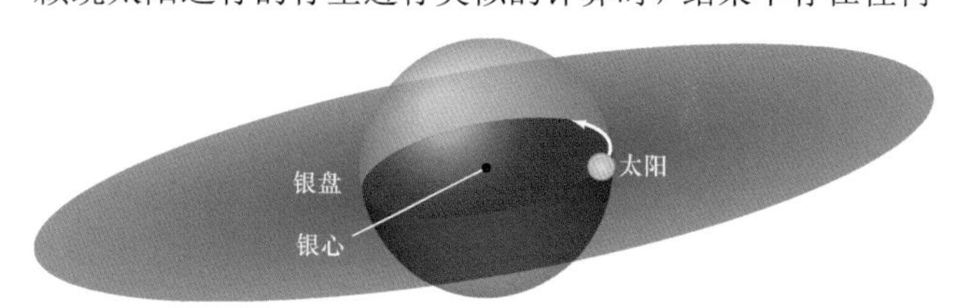

图 14.19 银河系称重。恒星（或气体云）绕银心运行的轨道速度仅由位于轨道内（灰色底纹球体内）的银河系质量决定。因此，要测量银河系的总质量，就必须观测在距离银心很远的轨道上绕其运行的天体

14.6.1 暗物质

要在更大的尺度上确定银河系质量，就必须测量距离银心更远处的恒星和气体的轨道运动。天文学家发现，做到这一点的最有效方法是，对银盘中的气体进行射电观测，因为射电波相对不受星际吸收的影响，从而有利于进行远距离探测。在这些研究的基础上，射电天文学家确定了银河系在距离银心不同远近位置的自转速率。自转速率与至银心的距离的关系图称为**银河系自转曲线**（Galactic rotation curve），如图 14.20 所示。

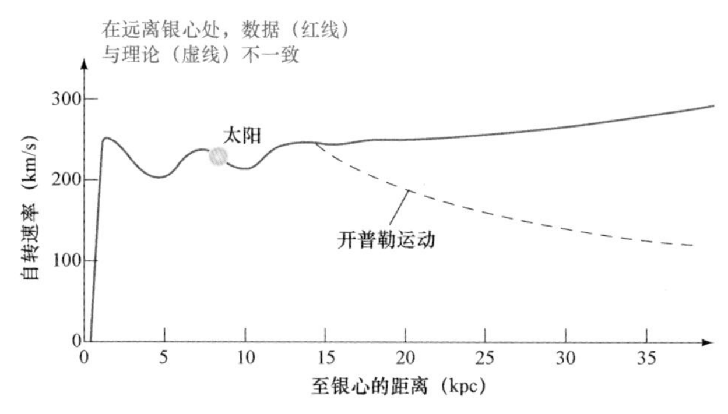

图 14.20 银河系自转曲线。银河系自转曲线描绘了自转速率与至银心距离之间的关系。虚线是银河系在 15kpc 半径（大多数已知旋涡结构的极限）突然终结时的预期自转曲线。实际上，红色曲线与这条虚线并不一致，而保持在虚线之上，说明该半径之外必定还存在其他不可见的物质

利用银河系自转曲线来重复前述的计算，就可计算至银心任意距离范围内的总质量。例如，我们已求出至银心约 15kpc（球状星团和已知旋涡结构定义的体积）范围内的质量大致为 2×10^{11} 倍太阳质量，约为太阳轨道范围内所含质量的 2 倍。银河系中的物质分布是否终结在光度急剧下降的 15kpc 位置？令人感到惊讶的是，答案竟然是否。

若银河系的全部质量均包含在可见结构的边缘范围内，则基于牛顿运动定律进行预

测，随着至银心的距离的增大，15kpc 之外恒星和气体的轨道速度应会下降，类似于行星的轨道速度会随着远离太阳而下降。图 14.20 中的虚线是这种情况下自转曲线的理论外观，但是实际自转曲线大不相同。该曲线在更远的距离上非但没有下降，反而略微上升到超出了我们的测量能力极限，这意味着持续增大半径内所含的质量数会继续增长，直至超出太阳轨道，距离明显至少达到 50kpc。

根据上面的公式，50kpc 范围内的总质量约为 6×10^{11} 倍太阳质量。由于 2×10^{11} 倍太阳质量位于银心 15kpc 范围内，因此必定得出以下结论：银河系发光部分（由恒星、星团和旋臂组成的部分）之外的质量至少是之内质量的 2 倍。

基于这些观测，天文学家认为银河系的发光部分（球状星团和旋臂勾勒出的区域）仅为银河系的冰山一角，银河系实际上要大得多。发光区域周围环绕着大规模不可见暗晕（dark halo），使得恒星和球状星团的内晕相形见绌，并远超曾被认为代表银河系极限的 15kpc 半径。但是，暗晕是由什么组成的？人们尚未探测到足够数量的恒星（或星际物质），无法解释前述计算结果指出的必定存在的质量，因此不可避免地得出以下结论：银河系（及所有星系）中的大部分质量均以不可见的暗物质（dark matter）形式存在，我们能够测量并量化其引力效应，但是无法理解其确切性质。

这里的术语“暗”不仅指可见光中无法探测的物质。截至目前，在所有电磁波长（从射电到 γ 射线）下，人们都未探测到这种物质，只有通过其引力牵引才知道它的存在。暗物质既不是氢气（原子或分子），又不由普通恒星组成。在已知必定代表的物质数量时，若暗物质是前述任意形式之一，则人们就应能利用当前的设备检测到它。暗物质的组成及其对星系和宇宙演化的影响是当今最重要的天文学问题之一。

人们已为这种暗物质提出了许多候选，但均未得到证实。最强大的恒星竞争者是褐矮星和白矮星（见 11.5 节和 12.3 节）。理论上讲，这些天体可能遍布整个银河系，但是极难看到它们。注意，“暗”的终极候选黑洞被认为对暗物质总量的贡献不大，因为产生黑洞的大质量恒星太少，仅有约 1/10000 的恒星最终会成为黑洞。

另一种解释则截然不同，认为暗物质由遍布整个宇宙的奇异亚原子粒子（subatomic particle）组成。为了说明暗物质的性质，这些粒子必须具有质量（以产生可观测的引力效应），但在其他方面则几乎不与正常物质相互作用（否则即可见）[注意，对于满足这些要求的候选粒子类型，人们一直将其戏称为弱相互作用大质量粒子（Weakly Interacting Massive Particle，WIMP）。天文学家不甘示弱，开始搜寻更普通的恒星暗物质，并将其称为晕族大质量致密天体（MAssive Compact Halo Object，MACHO）]。许多天体物理学家认为，在宇宙诞生的最早时刻，这种粒子可能已大量产生，若它们能够存活到今天，则或许足以解释人们认为必定存在的所有暗物质。但是，这些想法很难验证，因为这样的粒子应当极难探测，科学家已尝试进行了几次探测实验，但是迄今为止尚未获得成功。

有些天文学家对暗物质问题提出了一种非常不同的解释，认为解决方案可能并不在于暗物质的性质，而应修正牛顿的万有引力定律，该定律增大了极大尺度（星系）上的引力，从一开始就消除了对暗物质的需求。绝大多数科学家不接受这一观点，但其确实已被提出并在（部分）科学领域认真讨论，因此突显了当前的不确定性程度。暗物质是当今天文学中的几大未解之谜之一。

科学过程回顾

亚原子暗物质粒子的性质完全未知，但是大多数科学家认为这些粒子是解决暗物质问题的最佳方案。你认为这些说法如何与第 0 章中提出的实验科学方法保持一致？

14.6.2 恒星暗物质的搜寻

利用爱因斯坦广义相对论的一个关键要素——光束可被引力场偏转的预测（已在星光靠近太阳经过时得到验证，见更为准确 13.2），研究人员深入了解了恒星暗物质的分布。虽然这种效应很小，但具有从地球上观测到原本不可见恒星体的潜力，详述如下。

假设你正在观测某颗遥远的恒星，一个暗淡的前景天体（如褐矮星或白矮星）恰好进入视线。

如图 14.21 所示，居间天体向你偏转的星光比平时要更多一些，使得遥远恒星暂时但相当明显地变亮。这种效应类似于透镜对光的聚焦，因此被称为引力透镜效应（gravitational lensing），前景天体则被称为引力透镜（gravitational len）。变亮程度和效应持续时间取决于透镜天体的质量、距离和速度，通常在几周时间内，背景恒星的视亮度会增大 2～5 倍。因此，即使无法直接看到前景天体，但其对背景恒星光的影响使其仍可探测。

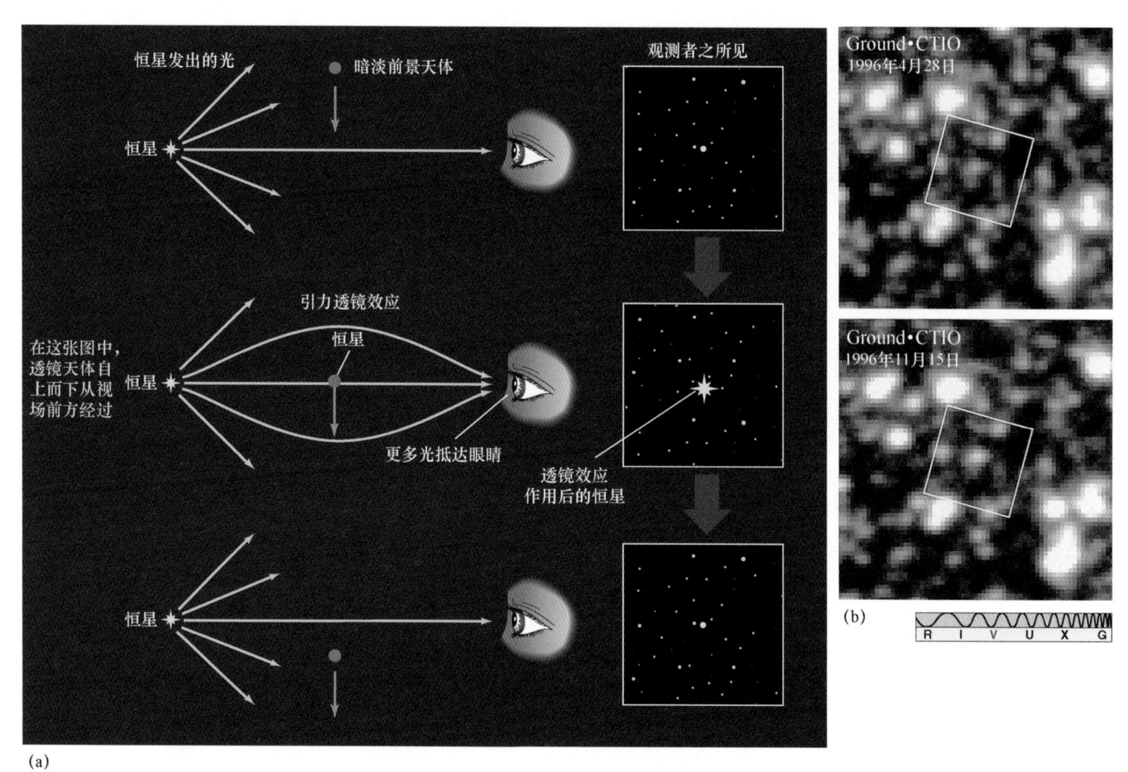

图 14.21　引力透镜效应。(a)暗淡前景天体（如褐矮星）的引力透镜效应可暂时导致背景恒星明显变亮，进而提供一种探测不可见恒星暗物质的方法；(b)这两幅图像显示了一颗恒星在透镜事件期间变亮，说明有一个大质量不可见天体在 6 个月内从两个矩形框中心的未命名恒星前面经过（AURA）

当然，当从地球上观测时，一颗恒星从另一颗恒星前方几乎直接经过的概率非常小，但是通过在几年内每隔几天观测几百万颗恒星（利用自动化望远镜和高速计算机，减轻海量数据处理负担），天文学家迄今为止已观测到数千起此类事件。这些观测结果与小质量白矮星的透镜效应一致，说明这类恒星可能至少占动力学研究推断的银河系暗物质的一半（但显然不是全部）。

但是，需要记住的是，暗物质的身份不一定是非黑即白的命题，暗物质的类型很可能不止一种。例如，星系内层（可见）部分的大多数暗物质可能是小质量恒星，外层部分的暗物质可能主要是外来粒子。在后续章节中，我们将返回这个令人困惑的问题。

概念回顾

暗物质中的“暗”是什么意思？

14.7　银心

理论预测表明，银河系核球（特别是银心附近的区域）应当密集分布着数十亿颗恒星，但是人类却无法观测到银河系中的这一区域，因为银盘中的星际物质遮蔽了本应令人叹为观止的景象。图 14.22 显示了朝向银心的银河区域（光学）视图，大体方向是人马座。

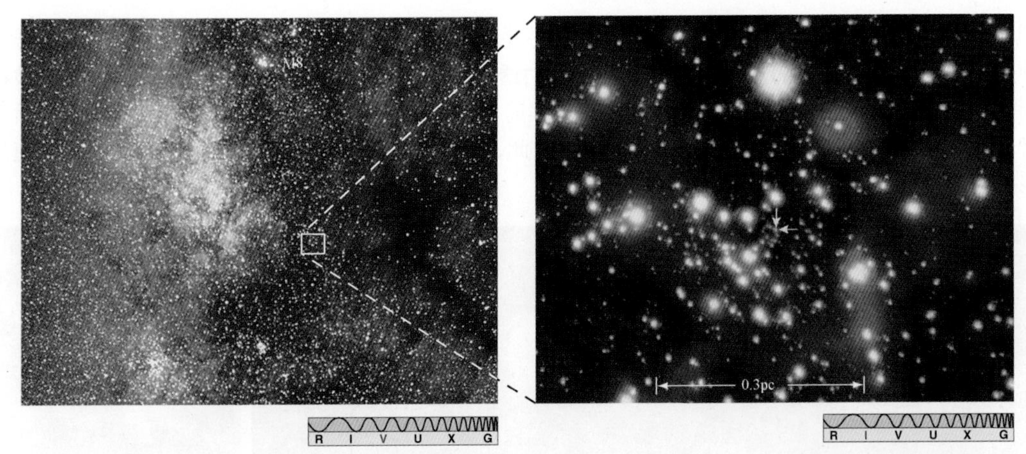

图 14.22　银心。银心方向的恒星和星际物质照片。视场从上到下约为 20°，接续自图 11.5 的底部，矩形框表示银心所在的位置。插图是银心周围致密星团的自适应光学红外图像，双箭头标出了银心的核心（AURA; ESO）

14.7.1　银河系活动

在红外线和射电技术的帮助下，人们能够更深入地观测银河系的中心区域（与光学方法相比）。红外观测显示（见图 14.22 中的插图），银河系最内侧 1 秒差距内存在一个致密的星团，包含约 100 万颗恒星。这里的恒星密度约为太阳邻域附近的 1 亿倍，密度高到各恒星必定频繁密近交会甚至碰撞。

图 14.23a 是图 14.22 所示部分的红外视图，银道面现在是水平面。在这一尺度上，富含尘埃的巨云中已探测到了红外辐射。射电观测显示了一个分子气体环，其直径近 400pc，包含数十万倍太阳质量的物质，以约 100km/s 的速度绕银心转动。该分子气体环的成因尚不清楚，但是研究人员认为，银河系中心自转银棒的引力可能将气体从更远处偏转到致密的中心区域。

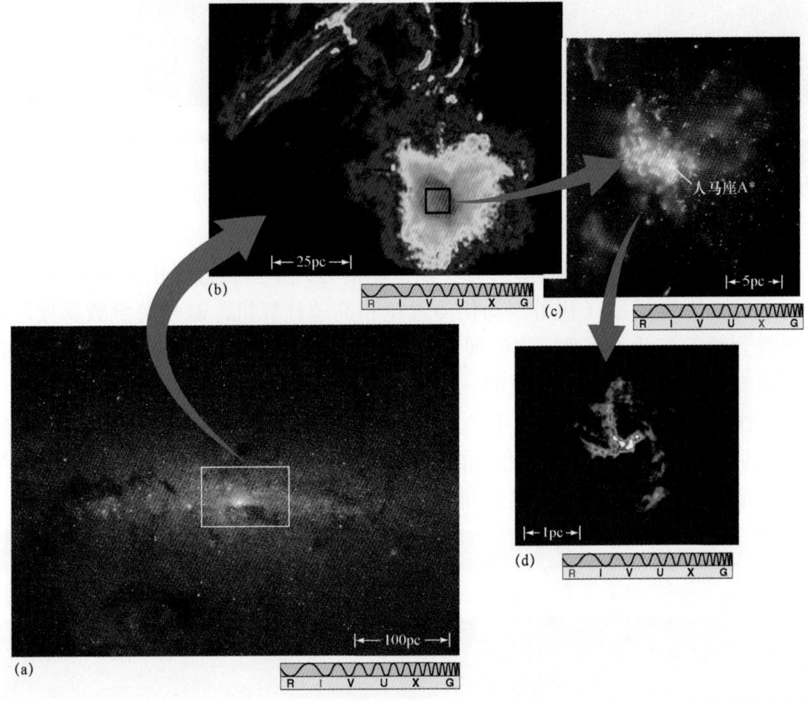

图 14.23　银心近景。(a)银心周围区域的红外图像，显示了聚集在相对较小体积内的许多亮星；(b)从光谱射电部分观测到的银河系中心部位，显示了银心周围直径约为 100pc 的区域（位于右下方的橙黄色区域内）。长波长射电发射穿透了银河系尘埃，提供了银心近邻区域的物质视图；(c)这幅钱德拉 X 射线图像显示了炽热超新星遗迹（红色）和人马座 A*（银心中心的疑似黑洞）的关系；(d)人马座 A 产生的射电发射的旋涡形态，本身表明了直径仅有几秒差距的自转物质环。由于位于可见光光谱之外，因此所有图像均为假彩色（SST; NRAO; NASA）

更高分辨率的射电研究显示出了更多的结构。图 14.23b 显示的区域称为**人马座 A/人马 A**（Sagittarius A/Sgr A，仅意味着其为人马座中最亮的射电源），位于图 14.22 和图 14.23a 中矩形框区域的中心，人们认为这就是银河系的中心。在约 25pc 的尺度上，我们可以看到延伸的纤维。正是由于它们的出现，许多天文学家意识到银心附近存在强磁场，产生的结构外观类似（但远大于）太阳系上的观测结构。

在更小的尺度上（见图 14.23c），除许多其他独立且明亮的 X 射线源外，钱德拉观测还发现了一个炽热 X 射线发射气体的延伸区域，它明显与超新星遗迹有关。该区域内存在一个恒星形成分子气体的自转环，其直径仅有几秒差距，物质流向中心内旋（见图 14.23d）。

这些活动究竟起源于何方？一条重要的线索来自中心气体旋涡发射红外谱线的多普勒致宽，致宽程度表明气体正在极速运动。为了使该气体能够保持在轨运行，无论中心是什么，质量都必须为超大质量（数百万倍太阳质量）。在已知大质量和小体积的要求下，主要竞争者是超大质量黑洞。当物质内旋时，黑洞周围的吸积盘内应会生成强磁场，可能起粒子加速器作用。粒子加速器可以产生地球上可探测的极高能粒子，称为**宇宙线**（cosmic ray，见 13.3 节）。

14.7.2 中心黑洞

在银心的核心位置（人马座 A 的中心），有一颗名字比较奇怪的非凡天体，称为**人马座 A*/人马 A***（Sgr A*）。按照第 15 章将要介绍的活动星系标准，这个致密**银核**（Galactic nucleus）的能量并不是特别高。虽然如此，通过最近 20 年的射电观测以及最近的 X 射线和 γ 射线观测，表明这里仍然相当狂暴，能量总输出（所有波长下）约为太阳的 100 万倍（单位为瓦特）。利用从美国夏威夷州到马萨诸塞州排列的射电望远镜，天文学家进行了甚长基线干涉测量（Very-Long-Baseline Interferometry，VLBI）观测，发现人马座 A*的直径不可能大于 10AU，反而可能远小于 10AU（见 3.4 节），这个大小与能量源是大质量黑洞的观点相符。图 14.24 可能是迄今支持黑洞预测的最有力证据，显示了银心附近以人马座 A*

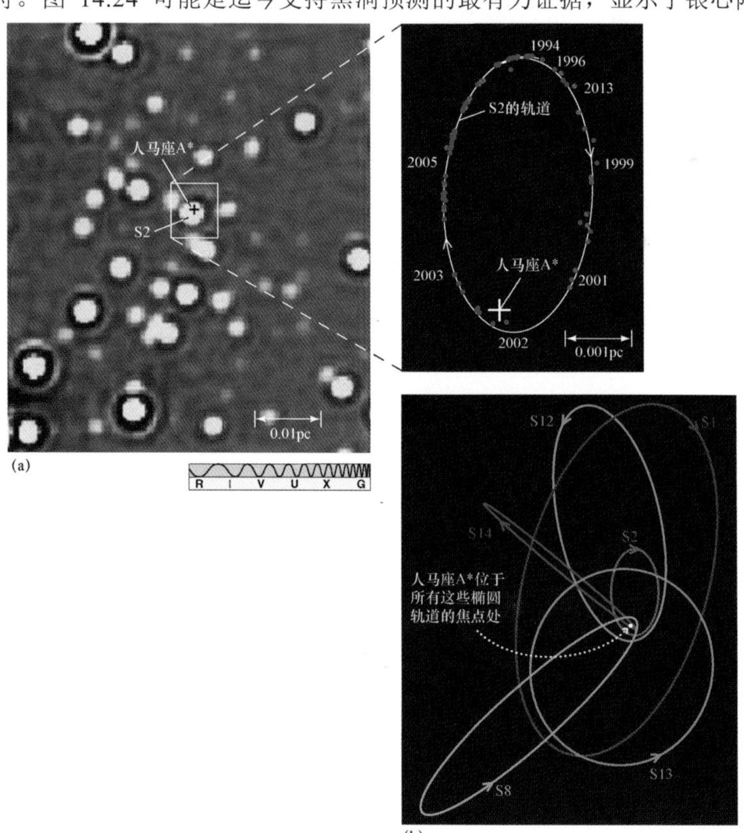

图 14.24 银心附近的轨道。(a)银心超近景图（左），利用红外自适应光学技术拍摄，获取了银河最内侧 0.1pc 的超高分辨率图像。插图显示了 1992—2003 年间最内侧恒星 S2 的轨道。实线显示了 S2 绕 400 万倍太阳质量黑洞运行的最佳拟合轨道，该黑洞位于人马座 A*（标为十字）中；(b)银心附近几颗恒星的轨道有一个共同的焦点——人马座 A*（ESO）

为中心的 0.04pc（8000AU）视场的高分辨率红外图像。通过在凯克望远镜和甚大望远镜上应用先进的自适应光学技术，美国和欧洲的两个研究团队获取了该区域有史以来第一幅衍射极限（0.05 分辨率）图像（见 3.3 节）。

所幸的是，图像的质量特别好，足以清晰地看到围绕银心运行的几颗恒星的自行。插图显示了对一颗最亮的恒星（S2）在十年间的一系列观测结果，该运动与人马座 A*位置的大质量天体周围的轨道一致，符合牛顿运动定律（见 1.4 节）。图中的实线显示了最佳拟合观测结果的椭圆轨道，对应的轨道周期为 15 年，半长径为 950AU，对应于 400 万倍太阳质量的中心质量（基于牛顿修正的开普勒第三定律）。中心天体的小尺寸获得了另一颗恒星（S16）运行轨道的清晰证实，S16 极为偏心的轨道使其距离中心不到 45AU。注意，即便质量如此之大，若人马座 A*确实是一个真正的黑洞，则事件视界的大小仍然只有 0.08AU（见 13.5 节）。距离地球 8kpc 的这样一个小区域当前无法分辨，但是射电天文学家仍然希望能够不断地改进 VLBI 技术，使其能够“看到”事件视界，并在接下来的十年内研究周围的吸积盘。

图 14.25 将这些发现集中在一系列简化的透视图中，所有图像均为艺术家的构想，但全都基于真实的数据。每幅图像都以银心为中心，两幅相邻图像的分辨率相差 10 倍。图 14.25a 渲染了银河系的整体形状（见图 14.15），测量直径约为 50kpc；图 14.25b 的直径约为 5kpc，几乎被银棒和最内侧旋臂扫过的巨大圆形区域填满；图 14.25c 的直径约为 500pc，描绘了前述 400pc 处的气体环和部分年轻致密星团，这是银心附近近期恒星形成的证据。深色斑块表示巨分子云，粉红色斑块发射星云与其内部的恒星形成有关。

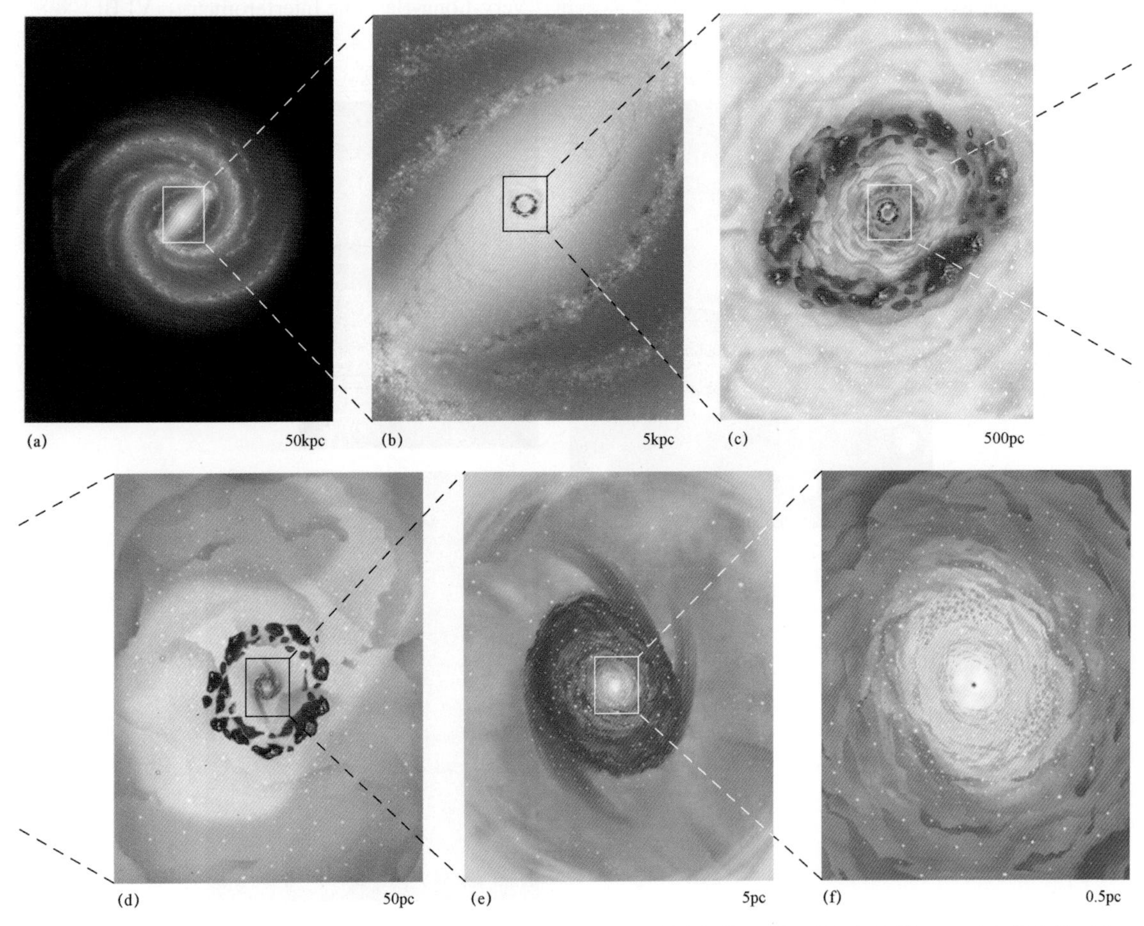

图 14.25 银心逐级放大。艺术家对银心的系列构想图，两幅相邻图像的分辨率相差 10 倍。图(a)是与图 14.15 相同的场景。图(f)表现了银河系最内侧 0.5pc 内的一个巨大旋涡。图 14.23 中的成像数据与这些艺术渲染图不太匹配，因为图 14.23 的视向平行于银盘（从太阳到银心的视向沿线），这六幅图描绘了垂直于银盘的简化视图，同时逐渐放大至银盘

图 14.25d 的直径约为 50pc，品红色（薄且暖）的电离气体区域环绕在红色（更厚且更暖）银河系核心周围，形成这一巨大电离区域的能量来自银心中的频繁超新星及其他狂暴活动。中心星团（为清晰起见，绘制时已淡化处理）及其周围的恒星形成环亦可见到。最新的多波长观测结果表明，这种极强的恒星活动已让巨大的磁化高能粒子喷流（长度为 10kpc）从银心中喷出，方向大致垂直于银盘（见图 14.26），喷流中的总能量约为典型超新星的 100 万倍。天文学家怀疑类似事件正在许多其他星系的中心发生。图 14.25d 中还显示了大量年轻致密星团，进一步证实了银心附近恒星最近形成的爆发。图 14.25e 的直径约为 5pc，详细地描绘了环和中心星团，以及银心周围倾斜并自旋的炽热（10^4K）气体旋涡。这个巨大旋涡的最内层部分如图 14.25f 所示，快速自旋且极其炽热（温度高达数百万开尔文）的白色气体盘几乎吞没了中心黑洞（此处所示的黑点）。此外，还探测到了两个恒星环，它们可能是被瓦解星团的残骸，如图 14.25f 所示。黑洞本身及图 14.24 所示的恒星轨道都实在太小，无法在这一尺度上描绘。

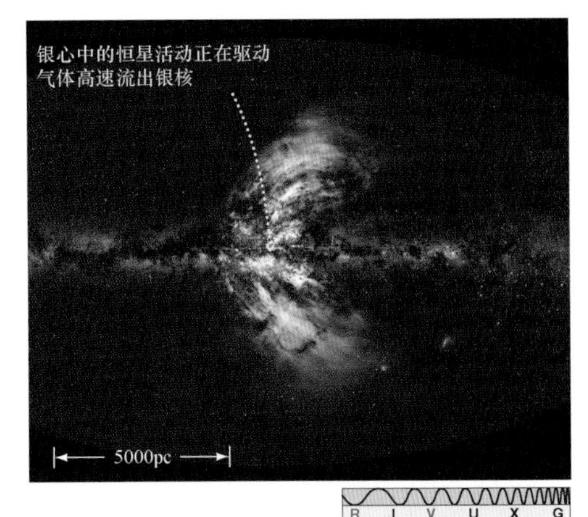

图 14.26　银河系外向流。射电观测显示了源于银心的巨量气体外向流（蓝色），这里叠加在银盘的光学图像上，很可能由致密银核中的超新星所驱动

近十余年来，人类了解的银河系最内层几秒差距内的信息爆炸式增长，天文学家正在努力破译隐藏在不可见辐射中的线索。虽然如此，人们现在才开始意识到银河深处这个奇特区域的全部复杂性。

概念回顾

在银心观测到的高能事件的最可能解释是什么？

学术前沿问题

银河系有多大？人类对宇宙中这个巨大家园的大小、形状和质量的了解有多少？近年来，天文学家重新审视了银河系中的恒星、气体和暗物质，发现其总质量提升了近 10 倍，延伸晕可能达到最邻近星系的半程，暗物质的质量至少高于正常物质 5 倍。即便如此，人们是否仍然严重低估了这个宏大系统的规模？

本章回顾

小结

LO1　星系是由恒星和星际物质构成的庞大集合，这些成员在太空中孤立存在，但是通过自身的引力束缚在一起。由于人类生活在银河系中，所以银盘外观看似横跨天空的宽光带，称为银河。在银心附近，银盘变厚为银河系核球。银盘周围环绕着大致呈球形的银晕，由年老恒星和星团组成。类似于天空中可见的许多其他星系，银河系是旋涡星系。在空间分布、年龄、颜色和轨道运动方面，盘族星与晕族星有所不同。银河系发光部分的直径约为 30kpc。在太阳附近，银盘的厚度约为 300pc。

LO2　银晕可以利用变星进行研究。对天文学家而言，特别重要的两类脉动变星是天琴 RR 型变星和造父变星。所有天琴 RR 型变星的光度大致相同。造父变星的光度可由周光关系确定，当天文学家知道光度后，即可运用平方反比定律求出距离。最亮造父变星可在数百万秒差距处看到，将宇宙距离阶梯延伸至银河系之外。20 世纪初，利用天琴 RR 型变星，哈洛 • 沙普利计算出了到银河系许多球状星团的距离，发现它们在太空中大致呈球状分布，但是球体的中心距离太阳较远：靠近银心，距离太阳约 8kpc。

LO3　银盘中的恒星和气体在银心周围的圆形轨道上运动。银晕和核球中的恒星运动主要位于随机三维轨道上，这些轨道反复穿越银盘平面，但是没有优先方向。

LO4　银晕中缺少气体和尘埃，因此这里不会形成恒星。所有晕族星都是年老恒星。富含气体的银盘是当前恒星形成的场所，包含许多年轻恒星。晕族星似乎出现在银盘成形之前，当时其轨道仍然没有优先方向。当气体和尘埃形成自转盘时，银盘中形成的恒星继承了整体的自旋，因此在银道面内的圆形轨道上运动，就像现在一样。

LO5　射电观测清晰揭示了银河系旋臂的范围，旋臂是恒星形成发生的致密星际气体区域。螺旋线不能绑定在银盘物质上，因为较差自转应早就将其弥散开来。相反，它们可能是穿越银盘运动的螺旋密度波，经过时会触发恒星形成。

LO6　银河系自转曲线描绘了银盘中物质的轨道速度与银心之间距离的关系。应用牛顿运动定律，天文学家能够确定银河系的质量。

银河系的质量持续增大，超过观测到的球状星团和旋涡结构定义的半径，表明银河系中存在不可见暗晕。构成暗晕的暗物质的组成未知，候选组成包括小质量恒星和奇异亚原子粒子。探测恒星暗物质的最近尝试利用了这样一个事实，即暗淡前景天体偶尔会从更遥远恒星的前方经过，偏转恒星光并使其视亮度暂时增强，这种偏转称为引力透镜效应。

LO7 通过研究红外和射电波长，天文学家发现了银心几秒差距内存在高能活动的证据。主要解释是那里存在一个质量约为 400 万倍太阳质量的黑洞，黑洞位于一个致密星团（包含数百万颗恒星）的中心，星团周围则环绕着一个恒星形成盘（由分子气体组成）。观测到的活动被认为由黑洞上的吸积作用及周围星团中的超新星爆发提供能量。

复习题

1. 关于银河系和地球在银河系中的位置，球状星团告诉了我们什么信息？
2. 如何利用造父变星来确定距离？
3. 造父变星能够测量的距离有多远？
4. 21 世纪初，人们利用天琴 RR 型变星获得了哪些重要发现？
5. 光学天文学家为何不容易研究银心？
6. 在银河系结构研究中，射电研究为何要比可见光观测更有用？
7. 比较盘族星和晕族星的运动。
8. 解释银河系旋臂为何被认为是最近（及正在）形成的恒星区域。
9. 描述星际气体穿越螺旋密度波时会发生什么。
10. 什么是自传播恒星形成？
11. 由晕族星可知关于银河系的何种历史信息？
12. 由星系的自转曲线可知其总质量的何种信息？
13. 银河系中存在暗物质的证据是什么？
14. 描述银河系中暗物质的部分候选。
15. 天文学家为何认为超大质量黑洞位于银河系的中心？

自测题

1. 赫歇尔试图通过计数恒星来测绘银河，这导致了对银河系大小的不准确估计，因为他没有意识到星际尘埃的吸收。（对/错）
2. 造父变星可用于确定至最近星系的距离。（对/错）
3. 球状星团勾勒出了银盘的结构。（对/错）
4. 银晕所含的气体和尘埃量与银盘一样多。（对/错）
5. 银盘仅包含年老恒星。（对/错）
6. 银盘中的恒星和气体以大致的圆形轨道绕银心运动。（对/错）
7. 我们可用 21 厘米辐射来研究分子云。（对/错）
8. 银心附近恒星和气体高速运动的最可能解释是其绕一个超大质量黑洞运行。（对/错）
9. 在银河系中，太阳位于：(a)银心附近；(b)至银心的半途；(c)外层边缘；(d)银晕中。
10. 当搜寻新形成的恒星时，望远镜指向何处才能得到最多的发现？(a)直接远离银心；(b)垂直于银盘；(c)一条旋臂内；(d)两条旋臂之间。
11. 银河系中形成的首批恒星现在：(a)具有杂乱的轨道；(b)运行轨道在银道面中；(c)运行轨道在银心附近；(d)轨道运行与银河系自旋的方向相同。
12. 银河系中最外层区域的恒星：(a)最年轻；(b)轨道运行速度快于天文学家基于可观测银河系质量的预期速度；(c)更可能以超新星形式爆发；(d)比其他恒星更亮。
13. 银河系大部分质量的存在形式为：(a)恒星；(b)气体；(c)尘埃；(d)暗物质。
14. 在图 14.6（周光关系）中，光度为 1000 倍太阳光度的造父变星的脉动周期约为：(a)1 天；(b)3 天；(c)10 天；(d)50 天。
15. 由图 14.20（银河系自转曲线）可知：(a)银河系像固态天体一样自转；(b)在距离银心较远的位置，银河系的自转速率比人们基于所看到的光而预期的速率要慢；(c)在距离银心较远的位置，银河系的自转速率比人们基于所看到的光而预期的速率要快；(d)距离银心约 15kpc 之外没有物质存在。

计算题

1. 有些天文学家声称仙女星云（见图 14.2a）是位于银河系内的一个恒星形成区。计算距离地球 100pc 且半径为 100AU 的星前星云的角直径。该星云距离地球多近时才具有与仙女星云相同的角直径（约 6°）？
2. 利用可探测 20 等暗淡天体的望远镜时，能够看到绝对星等为 0 的天琴 RR 型变星的最大距离是多少？（见 10.2 节）

3. 典型造父变星的亮度是典型天琴RR型变星的100倍。造父变星平均距离天琴RR型变星多远才能用作测距工具?
4. 利用哈勃太空望远镜，在10万秒差距内，天文学家仅能看到具有太阳光度的恒星。最亮造父变星的光度是太阳的3万倍。若太阳的绝对星等是5，计算这些明亮造父变星的绝对星等。若忽略星际吸收，哈勃太空望远镜能在多远的地方看到它们?
5. 计算横向速度（相对于太阳）为200km/s且距离为3kpc的球状星团的自行（单位为角秒/年）。该运动能测量吗?（见10.1节）
6. 若距离银心20kpc处的自转速率为240km/s，计算位于银心该半径内的银河系总质量。
7. 利用图14.20中提供的数据，计算太阳需要花多长时间才能跟上绕距离银心15kpc轨道运行的恒星。
8. 一个双臂螺旋密度波正在穿越银盘。在太阳绕银心运行的8kpc轨道半径处，波速为120km/s，银河系的自转速率为220km/s。自46亿年前形成以来，太阳已穿越了一个旋臂多少次?
9. 基于上题中的数据，以及在作为超新星爆发前O型星最多存活1000万年的事实，从形成O型星的密度波中计算其最大发现距离（轨道运行距离为太阳至银心的距离）。
10. 据观测，距离银心0.2″角距离物质的轨道速度为1200km/s。若太阳到银心的距离为8kpc，物质的运行轨道呈圆形且可看到边缘，计算该物质的轨道半径及该物质正在绕其运行的天体的质量。

活动

协作活动

1. 构建自己的梅西耶星表，列出所有110个梅西耶天体的名称、类型和坐标（应能在网上找到所有的信息，但最终可能需要综合来源多样的信息）。利用电子表格，绘制所有天体的天球坐标（赤经和赤纬，见0.1节）。对天体进行色彩编码，区分发射星云、年轻星团、年老疏散星团、球状星团和星系。关于这些天体在天空中的分布，你注意到了什么?这可能有助于绘制出银河的大致位置。年轻天体为何主要出现在银道面中?球状星团呢?你认为这些星系为何明显避开了银道面?时间充裕时，可添加其他星表中的深空天体。

个人活动

1. 远离城市灯光，查找横跨天空的朦胧弧形光带，即银河系侧视图。银心位于人马座方向，夏季位于天空的最高处，但从春季到秋季均可看到。观察组成银河系的光带，绘出所见的内容。寻找银河中的暗色区域和模糊暗斑，在草图上记下它们的位置。添加主要星座作为参考。将草图与星图集中的银河系地图进行比较。你是否能识别出暗色区域和模糊暗斑?
2. 观测仙女星系M31。它是肉眼可见的最遥远天体，但不要指望能够看到图14.2a所示的任何内容!除了最暗的地方，人类肉眼只能看到其内核，外观类似一颗有些模糊的恒星。要定位M31，首先要找到北极星、极星、仙后座和仙女座。沿北极星的一条线，穿过仙后座“W”中的第二个“V”，然后继续向南前行。在到达仙女座的北段星弧前，这条线将经过M31。利用双筒望远镜或广角目镜，观测该星系及其星系盘。切换至更高的放大倍数，观测内核以及小型卫星星系M32（南部）和M110（西北部）。

第 15 章　正常星系和活动星系：宇宙的基石

巨椭圆星系 M87 位于室女星系团的中心，距离地球约 17Mpc。M87 的外廓直径约为 30kpc（与银河系相差不大），这里仅显示了最内层的 5kpc。但是，M87 拥有数万亿颗恒星、10000 多个球状星团和 1 个 40 亿倍太阳质量的黑洞，所有这些特征均让银河系相形见绌。恒星吸积在中心超大质量的黑洞上，产生了以近光速离开星系中心核的高速物质喷流。这幅可见光图像由哈勃太空望远镜拍摄，可以看到喷流、星系核及其周围的星系（NASA/ESA）

当把视野扩展到真正的宇宙尺度时，人们的研究重点就发生了巨大变化，行星已变得无关紧要，恒星本身也只是氢耗点，整个星系（科学家100多年前完全未知的遥远范围）现在变成了构建宇宙的原子。在银河系之外，目前已知存在数百万个星系，大多数比银河系小，有些与银河系差不多，少量远大于银河系。许多星系是爆发性事件（能量远大于银河系中的任何事件）的发生地。所有星系都是由恒星、气体、尘埃、暗物质和辐射组成的巨大集合，由引力束缚在一起，通过几乎无法理解的距离与地球隔离开来。今天从最遥远星系接收到的光在地球诞生之前很久即已发射。通过研究各星系的性质及其碰撞后的狂暴事件，我们可以深入了解银河系和宇宙的演化史。

学习目标

LO1　列举正常星系的基本性质和主要类型。

LO2　解释天文学家测绘银河系之外宇宙的测距技术。

LO3　描述各星系如何被观测到聚集成团。

LO4　陈述哈勃定律，解释如何用其确定可观测宇宙中最遥远天体的距离。

LO5　说明活动星系与正常星系之间的差异，并描述它们的部分基本特征。

LO6　描述部分类型的活动星系。

LO7　解释何种因素驱动了为所有活动星系提供能量的中心引擎。

总体概览

在地球形成之前很久，今天从最遥远星系采集到的光即已由这些天体发射。在广阔且黑暗的宇宙中，经过数十亿年持续不断的狂奔，现在这些辐射中的一小部分被人类的望远镜和航天器所拦截。本书中的许多图像都用到了这种辐射，不仅显示了遥远星系的相关性质，而且暗含了银河系和宇宙的历史演化信息。

15.1　哈勃星系分类

图15.1显示了距离地球约1.5亿秒差距的一片广阔空间，图中几乎每个光斑（或光点）都是一个星系，仅这张照片中的可见星系数量就高达数百个。星系的图像外观与恒星明显不同。星系具有模糊的边缘，且许多星系非常细长，完全不同于通常与恒星相关的清晰点状图像。在图15.1中，部分光斑（点）是类似银河系和仙女星系的旋涡星系，但是其他光斑（点）绝对不是旋涡星系，因为看不到星系盘或旋臂。即使考虑到它们在太空中的不同方位，这些星系看上去也不尽相同。

图15.1　星系团。星系团艾贝尔S0740（Abell S0740）是许多星系的集合，每个星系成员均由数千亿颗恒星组成。虽然位于右上方的大型椭圆星系非常亮眼，但是它实际上包含了许多不同类型的星系。左下方旋涡星系的大小与银河系相当（NASA）

美国天文学家埃德温•哈勃是对星系进行详细分类的第一人。1924年，在美国加州威尔逊山上，利用当时刚刚建造的2.5m口径光学望远镜，他仅凭视觉外观就将观测到的星系划分为四种基本类型——旋涡星系、棒旋星系、椭圆星系和不规则星系。多年来，虽然经历了多次修正，但是基本的哈勃分类方案至今仍被广泛沿用。

15.1.1 旋涡星系

第 14 章介绍过几个旋涡星系（spiral galaxy），如银河系及其邻近的仙女星系，所有这类星系均包含扁平星系盘（内有旋臂）、中心星系核球（内有致密核）和延伸星系晕（内有年老恒星）（见 14.3 节）。在位于核球中心的星系核中，恒星密度（单位体积内的恒星数量）最大（见 14.7 节）。

在哈勃分类方案中，旋涡星系用大写字母 S 表示，并且基于中心核球的大小进一步细分为 a 型、b 型和 c 型，Sa 型星系的核球最大，Sc 型星系的核球最小（见图 15.2）。旋涡形态的紧致性与核球大小存在强相关性（但并不完美），Sa 型旋涡星系趋于具有紧密包裹且几乎呈圆形的旋臂，Sb 型旋涡星系通常具有更开放的旋臂，Sc 型旋涡星系通常具有松散且边界模糊的旋涡结构。随着旋涡形态变得更加开放，旋臂外观也趋于变得更加扭结。基于所有可用证据判断，银河系是棒旋星系，且最可能是 SBb 型星系（见 14.5 节）。

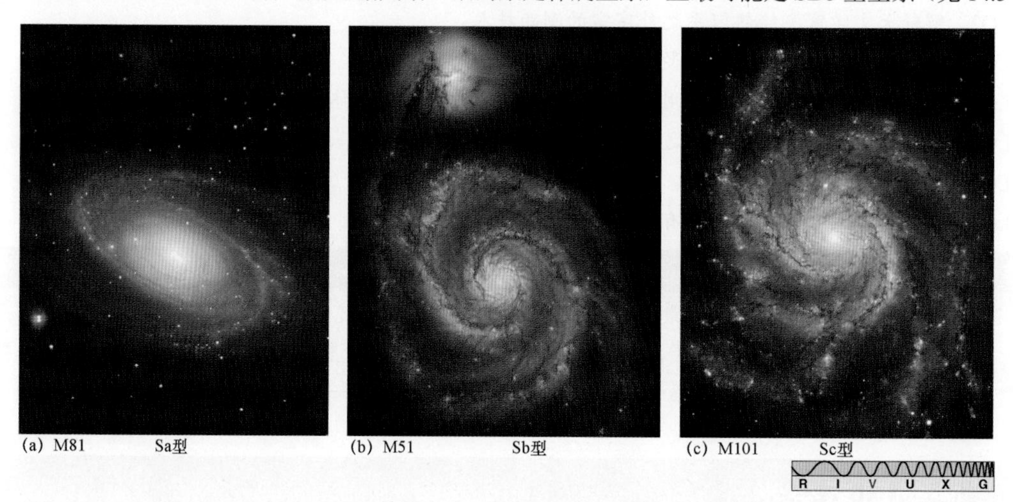

图 15.2 旋涡星系的形状。旋涡星系的形状变化。从 Sa 型到 Sb 型再到 Sc 型，核球变得越来越小，旋臂则变得越来越松散（R. Gendler; NASA）

旋涡星系的核球和星系晕中包含大量红色年老恒星和球状星团，类似于银河系和仙女星系中的观测结果（见 14.1 节）。但是，旋涡星系的大部分光来自星系盘中更年轻的 A 型星～G 型星，因此这些星系整体呈白色。像银河系一样，典型旋涡星系的星系盘中富含气体和尘埃。旋涡发射的 21 厘米射电辐射揭示了星际气体的存在，且许多系统中的模糊尘埃带清晰可见（见图 15.2b 和图 15.2c）。恒星在旋臂内形成，旋臂中包含大量发射星云，以及新形成的 O 型星和 B 型星（见 14.5 节）。因为存在蓝色 O 型和 B 型亮星，所以旋臂外观呈蓝色。Sc 型星系包含的星际气体和尘埃数量最多，而 Sa 型星系包含的星际气体和尘埃数量最少。

大多数旋涡星系并不是正面视图（像图 15.2 中那样），而是相对于视线存在角度倾斜的视图，因此其旋涡结构难以辨别。但是，见到旋臂并非将某个星系归类为旋涡星系的必要前提，只要存在星系盘及其气体、尘埃和新生恒星就足以将其分辨为旋涡星系。例如，图 15.3 中的星系即被归类为旋涡星系，因为它的中平面沿线的遮蔽尘埃线清晰可见。在斯皮策太空望远镜获取的红外图像（插图）中，该尘埃最明显。

在哈勃分类方案中，旋涡星系类别的一种变体是棒旋星系（barred-spiral galaxy）。棒旋星系与普通旋涡星系的主要区别如下：有一根细长的恒星和星际物质棒，穿过星系中心并延伸至核球之外而进入星系盘。旋臂始于棒的两端附近而非核球（普通旋涡星系的旋臂始于核球）。棒旋星系用大写字母 SB 表示，且像普通旋涡星系一样，基于核球大小细分为 SBa 型、SBb 型和 SBc 型。同样，类似于普通旋涡星系，旋涡形态的紧致度与核球大小相关。图 15.4 显示了棒旋星系的变化情况。对 SBc 型星系而言，通常很难辨别棒的两端和旋臂的起点。

图 15.3　草帽星系（**Sombrero Galaxy**）。草帽星系（M104）是仅可侧视的旋涡星系，具有由星际气体和尘埃组成的暗色带。该星系的中心核球较大，因此为 Sa 型星系，但从地球视角无法看到旋臂。插图显示了该星系的红外光谱部分，以假彩色（粉色）突出显示了尘埃含量（NASA）

图 15.4　棒旋星系的形状。棒旋星系（SBa～SBc）的形状变化类似于图 15.2，只是旋臂始于穿过星系中心的一根棒的两端。在图(c)中，亮星是银河系中的一颗前景天体（NASA; ESO; Gemini）

15.1.2　椭圆星系

与旋涡星系不同，椭圆星系（elliptical galaxy）没有旋臂，并且多数情况下也没有明显的星系盘。实际上，除了致密的中心核，椭圆星系几乎不显示任何类型的内部结构。类似于旋涡星系，星系核中的恒星密度急剧增大。椭圆星系用字母 E 表示，且基于在天空中的椭圆度进一步细分，最接近圆形的星系为 E0 型星系，稍扁的星系为 E1 型星系，以此类推，最扁的星系为 E7 型星系（见图 15.5）。

注意，椭圆星系的哈勃类型既取决于其固有的三维形状，又取决于其相对于视线方向的方位。对球状星系、雪茄状星系的侧视图和盘状星系的正面视图而言，天空中的外观应当均为圆形，因此都被归类为 E0 型星系。仅从视觉外观很难辨认出星系的真实形状。

各椭圆星系的大小及其所含恒星的数量存在较大的差异。最大的椭圆星系远大于银河系，这些巨椭圆星系的直径最高可达数千万亿秒差距，所含恒星数量高达数十万亿颗（见本章开篇图像中的 E0 型巨椭圆星系 M87）。相反，矮椭圆星系的直径最小可达 1kpc，所含恒星数量不到 100 万颗。通过研究它们之间的众多差异，天文学家发现巨椭圆星系和矮椭圆星系代表着不同的星系类别，形成历史和恒星数量截然不同。迄今为止，矮椭圆星系是最常见的椭圆星系，数量约为巨椭圆星系的 10 倍，但是以椭圆星系形式存在的大部分质量则包含在巨椭圆星系中。

图 15.5 椭圆星系的形状。(a)E1 型椭圆星系 IC 2006 的外观接近圆形；(b)NGC 1132 稍扁，被归类为 E4 型。这两个星系均缺少旋涡结构，也未显示出星际尘埃（或气体）的证据，但是都存在大范围的热气体 X 射线晕，远远延伸至星系的可见部分之外；(c)M110 是远大于仙女星系的矮椭圆伴星系（NASA/ESA; NOAO）

缺少旋臂并不是旋涡星系与椭圆星系之间的唯一区别，大多数椭圆星系包含的冷气体和尘埃很少（甚至不包含），而且未显示出年轻恒星（或正在形成的恒星）的迹象。类似于银晕，椭圆星系主要由年老、红色且小质量的恒星组成。同样，类似于银晕，椭圆星系中的恒星轨道是无序的，几乎很少（或根本不）存在整体自转；天体向所有方向运动，而不沿着规则的圆形轨道运动（像银盘那样）。但是，椭圆星系至少在一个重要方面与银晕不同：X 射线观测结果显示，椭圆星系内部分布着大量非常炽热（数百万开尔文）的星际气体，而且通常会延伸到超出星系的可见部分。

由于包含恒星正在形成的气体和尘埃盘，部分巨椭圆星系并不具备椭圆星系的常规特征。天文学家认为，这部分巨椭圆星系可能由富含气体的多个星系并合而成（见第 16 章）。实际上，在决定我们今天观测到的许多星系的外观方面，星系碰撞可能发挥了重要作用。

图 15.6 S0 星系。(a)S0（或透镜状）星系包含星系盘和核球，但无星际气体和旋臂，性质介于 E7 型椭圆星系与 Sa 型旋涡星系之间；(b)SB0 星系与 S0 星系相似，但有一根恒星物质棒延伸至中心核球之外（Palomar/Caltech）

在哈勃分类方案中，有一种类型的星系介于 E7 型椭圆星系与 Sa 型旋涡星系之间，具有薄星系盘和扁平核球，但不含有松散的气体和旋臂，图 15.6 显示了这样的两个天体。若无明显的星系棒，则称为 S0 星系；若存在星系棒，则称为 SB0 星系。因为外观呈透镜状，所以 S0 星系也称透镜状星系（lenticular galaxy）。此类星系的外观类似于尘埃和气体已被剥离而仅剩下恒星盘的旋涡星系。近年来的观测结果表明，许多正常的椭圆星系内均存在暗淡星系盘，如 S0 星系。与 S0 星系一样，这些星系盘的起源尚不清楚，但是有些研究人员怀疑 S0 星系和椭圆星系可能密切相关。

15.1.3 不规则星系

哈勃确定的最后一种星系类别包罗万象，称为不规则星系（irregular galaxy），因视觉外观不同于前述其他类别而得名。不规则星系趋于富含星际物质和年轻蓝星，但是缺乏任何规则结构，如形状清晰的旋臂（或中心核球）。不规则星系往往小于旋涡星系，但是略大于矮椭圆星系，通常包含 10^8～10^{10} 颗恒星。最小的不规则星系称为矮不规则星系。类似于椭圆星系，矮不规则星系最常见。矮椭圆星系和矮不规则星系的数量大致相等，二者共同构成了宇宙中的绝大多数星系。这些星系经常出现在更大的母星系附近。

不规则星系分为两个次型，即 Irr I 星系和 Irr II 星系。Irr I 星系的外观通常类似于畸形的旋涡星系。图 15.7 显示了麦哲伦云，这是围绕银河系运行的一对著名的 Irr I 星系（大麦云和小麦云），以正确比例显示在图 14.15 中。通过研究麦哲伦云中的造父变星，人们发现它们距离银心约 50kpc（见 14.2 节）。大麦云包含约 60 亿倍太阳质量的物质，直径仅约为几千秒差距。大麦云和小麦云中均含有大量气体、尘埃和蓝星（以及发现 12.1 中讨论且详细记录的超新星），说明恒星正在形成。大麦云和小麦云中还包含大量年老的恒星和几个年老的球状星团，由此可知那里的恒星形成已持续了很长一段时间。

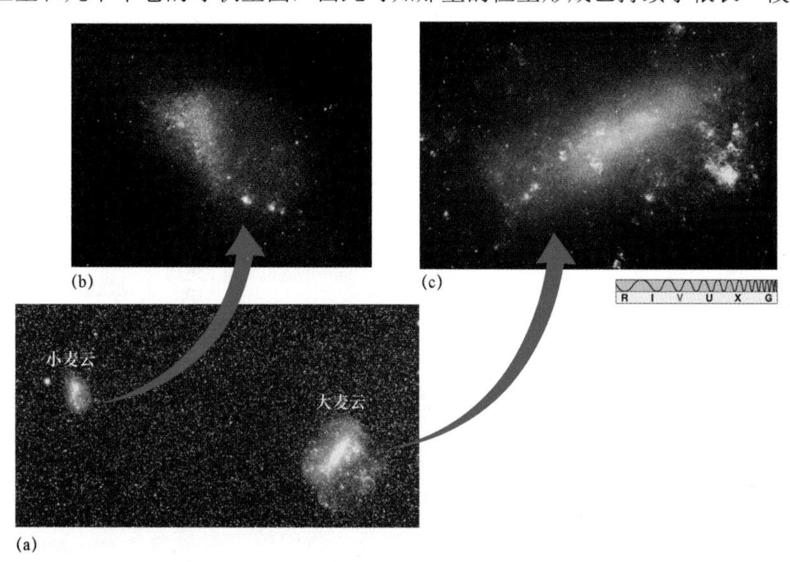

图 15.7　麦哲伦云。麦哲伦云是南半球夜空中的突出特征，以 16 世纪葡萄牙探险家费迪南德 • 麦哲伦的名字命名，他率领的环球探险队首次将这些模糊光斑信息带回了欧洲。这些矮不规则星系绕银河系运行，并伴随银河系在茫茫宇宙中跋涉。(a)在南半球天空中，大麦云和小麦云之间的关系；(b)小麦云；(c)大麦云。大麦云和小麦云都有扭曲变形的不规则形状（Mount Stromlo & Siding Spring Observatories）

Irr II 星系（见图 15.8）则极为罕见，除了形状不规则，还具有其他怪异的性质，通常表现出明显的爆发状（或纤维状）外观，这使得天文学家曾经怀疑其内部发生过狂暴事件。但是现在看来，在某些情况下，我们看到的结果似乎更可能源于两个以前正常星系之间的密近交会（或碰撞）。

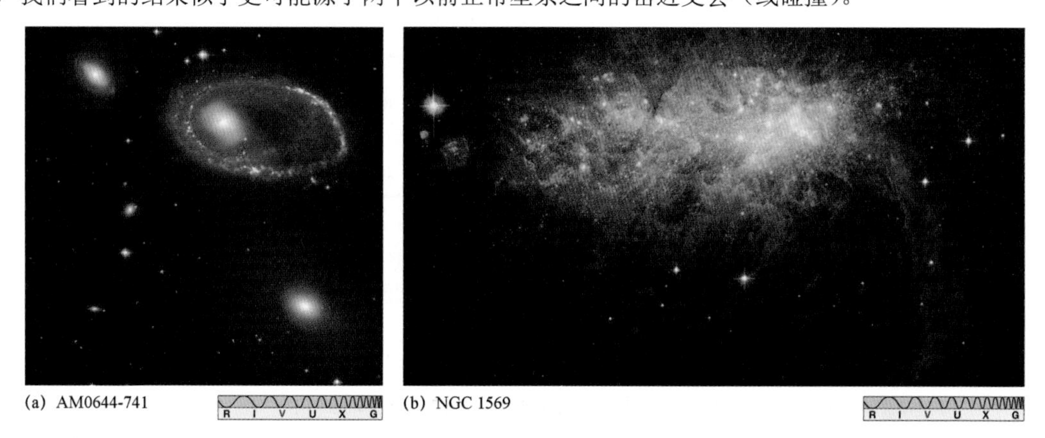

图 15.8　不规则星系的形状。(a)星系 AM0644-741 的外形奇特，可能正在冲入一组其他几个星系（此处显示其二），导致恒星、气体和尘埃大规模重新排列；(b)星系 NGC 1569 似乎呈现出爆发状外观，可能源于最近星系范围内爆发的恒星形成（NASA）

15.1.4 哈勃序列

表 15.1 汇总了各类星系的基本特征。当哈勃首次提出分类方案时，他将星系类型排列成音叉图，如图 15.9 所示。在音叉图中，星系类型的变化（椭圆星系-旋涡星系-不规则星系）常被称为哈勃序列（Hubble sequence）。

表 15.1 按类型划分的星系基本性质

	旋涡星系/棒旋星系（S/SB）	椭圆星系（E）[1]	不规则星系（Irr）
形状和结构性质	高度扁平的恒星和气体盘，包含旋臂，到中心核球逐渐变厚；SB 星系具有拉长的恒星和气体中心棒	不存在星系盘；恒星在整个椭球体积内均匀分布；除致密中心核外，无明显子结构	无明显结构；Irr II 星系通常具有爆发状外观
所含恒星	星系盘中既包含年轻恒星，又包含年老恒星；星系晕中仅包含年老恒星	仅包含年老恒星	既包含年轻恒星，又包含年老恒星
气体和尘埃	星系盘中包含大量气体和尘埃；星系晕中二者均较少	包含炽热 X 射线发射气体，很少（或没有）冷气体和尘埃	气体和尘埃非常丰富
恒星形成	旋臂中正在形成恒星	在最近 100 亿年间，没有重大恒星形成	恒星正在形成
恒星运动	星系盘中的气体和恒星在围绕星系中心的圆形轨道上运动；晕族星在三维空间中的随机轨道上运动	恒星在三维空间中的随机轨道上运动	恒星和气体具有非常不规则的运动轨道

[1] 如文中所述，部分巨椭圆星系似乎由富含气体的多个星系并合而成，这里列出的许多性质对其不适用。

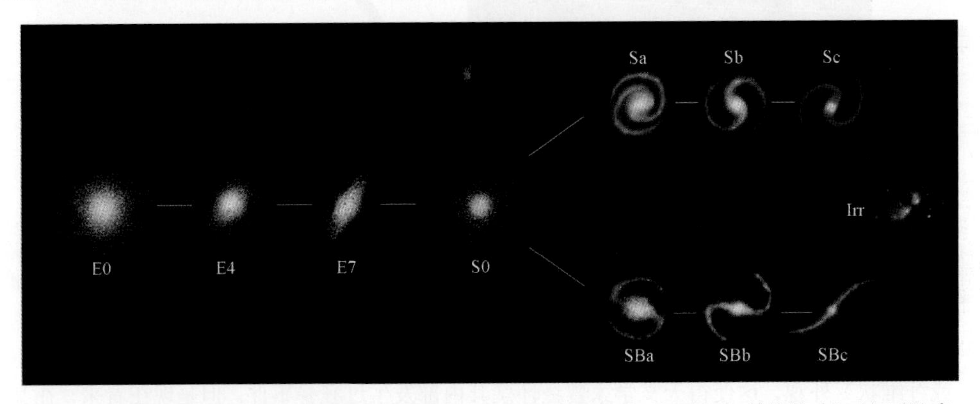

图 15.9 星系音叉图。在哈勃的音叉图中，四种基本星系类型（椭圆星系、旋涡星系、棒旋星系和不规则星系）的位置具有启发性，但这种星系分类方案没有已知的物理含义

哈勃之所以绘制这张图，主要目的是说明星系的外观相似性，同时将其视为从左到右的演化序列，即从 E0 型椭圆星系演化为更扁平的椭圆星系和 S0 星系，直至最终形成星系盘和旋臂。实际上，哈勃曾将椭圆星系称为早型星系，而将旋涡星系称为晚型星系，这两个术语至今仍在广泛使用。但是，据现代天文学家所知，哈勃序列中的这种排序并不存在演化关联性，孤立的正常星系不会从一种类型演化为另一种类型。旋涡星系并不是具有旋臂的椭圆星系，椭圆星系也不是以某种方式脱落恒星形成盘的旋涡星系。简而言之，天文学家认为哈勃类型之间并不存在简单的亲子关系。

但是，这里的关键词是孤立。我们将看到，强有力的现代观测证据表明，各星系之间的碰撞和潮汐相互作用非常普遍，这些因素可能是驱动星系演化的主要物理过程。第 16 章中，我们将重返这个重要的主题。

概念回顾

在哪些方面，大型旋涡星系（如银河系和仙女星系）不能代表整个星系？

15.2 太空中的星系分布

知道星系的一些基本性质后，下面介绍星系在银河系之外的整个宇宙中是如何分布的。星系在太空中并不是均匀分布的，而是趋于聚集成更大的物质团。在天文学中，理解天体的关键总是在于知道其与地球之间的距离，因此我们首先要更仔细地研究天文学家用于测量星系距离的方法。

15.2.1 扩展距离尺度

据天文学家估算，可观测宇宙中约存在 400 亿个比银河系更亮的星系，其中的部分星系与地球之间的距离非常近，足以发挥造父变星技术的作用——天文学家已探测到并测量了距离地球 25Mpc 的星系中的造父变星周期（见 14.2 节）。但是，有些星系中并不包含造父变星，而且在任何情况下，大部分已知星系与地球之间的距离均远大于 25Mpc。即使采用世界上最灵敏的望远镜，也无法很好地观测到遥远星系中的造父变星，从而无法准确地测量其视亮度和周期。要扩展距离测量阶梯，就要找到一些新的研究对象。

为了解决这个问题，研究人员采用了一种新的处理方法，称为标准烛光（standard candle）——明亮、易于识别且光度已知的天体。基本思路非常简单，即一旦将某颗天体识别为标准烛光（如通过其外观或光变曲线形状），即可计算出其光度。比较该光度与视亮度，即可算出该天体到地球的距离，进而算出该天体所在星系到地球的距离（见 10.2 节）。注意，除了确定光度的方式，造父变星技术也依赖于相同的推理——先由测得的周期求出光度，再由平方反比定律求出距离。

要发挥最大的作用，标准烛光就要满足以下条件：①具有明确定义的光度，以便减小计算亮度时的不确定性；②足够明亮，可在很远的距离之外看到。目前，造父变星仅可用于约 25Mpc 的距离测量。近年来，行星状星云和 I 型超新星已被证实为特别可靠的标准烛光（见 12.3 节和 12.5 节），其中后者具有相当一致的峰值光度，亮度特别高，足以在超过 1Gpc（1000Mpc）的距离进行识别和测量。

20 世纪 70 年代，天文学家找到了标准烛光的一种重要替代品，他们当时发现在银河系的数千万秒差距范围内，旋涡星系的自转速率与光度之间密切相关。自转速率是旋涡星系总质量的一种测度，因此这种性质与光度相关就不奇怪（见 14.5 节），但令人惊讶的是，这种相关性特别紧密。塔利-费希尔关系（Tully-Fisher relation）以其发现者的名字命名，它使得人们通过观测旋涡星系的自转速率即可非常准确地计算出其光度（见图 15.10）。然后，像以往一样，通过比较星系的（真实）光度和（观测）视亮度，即可求出其到地球的距离。

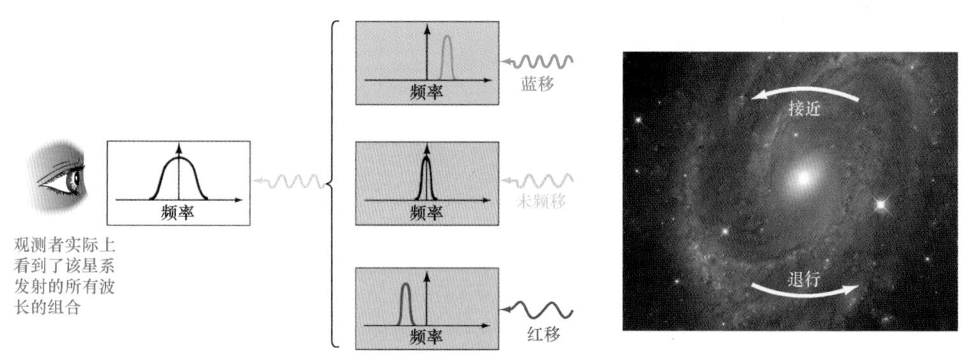

图 15.10　星系自转。星系自转导致其发射的部分辐射发生蓝移，另一部分辐射发生红移。当源于该星系的所有辐射在某个距离处组合成一束光时，光谱分析结果显示，红移和蓝移分量会产生星系谱线的致宽，致宽量则是该星系（如此处显示的 NGC 4603）自转速率的直接测度（NASA）

塔利-费希尔关系可用于测量约 200Mpc 范围内的旋涡星系的距离，超过这一距离后，图 15.10 中的谱线致宽会逐渐变得难以准确测量。椭圆星系中也多少存在着类似的关联，即谱线致宽与星系直径相关。若已知星系的直径和角直径，则可根据初等几何学算出地球到该星系的距离（见更为准确 4.1）。这些方法绕开了天文学家常用的许多标准烛光，因此提供了确定遥远天体距离的独立方法。

如图 15.11 所示，塔利-费希尔关系和标准烛光分别构成了宇宙距离阶梯的第 5 级和第 6 级，宇宙距离阶梯已在第 1 章中引入，在第 10 章和第 14 章中得到了进一步扩展（见 1.4 节、10.6 节和 14.2 节）。实际上，它们代表了天文学家以大尺度测绘宇宙时所用的十几种相关但独立的技术。就像处理前几级距离阶梯一样，通过利用更局部的方法测量的距离，我们需要校准这些新技术的性质。采用这种方式，测距过程自身将引导至越来越远的距离。但是，与此同时，每个步骤中的误差和不确定性都在累积，因此能够准确测量的最远天体距离并不清楚。

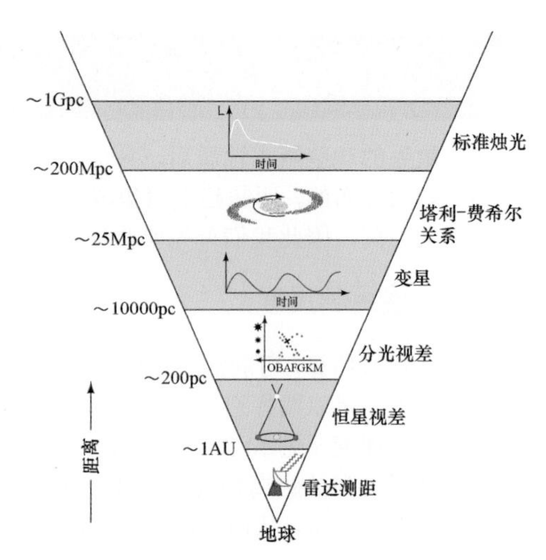

图 15.11　河外距离阶梯。这个倒金字塔总结了用于研究宇宙不同区域的测距技术。下面四层中显示的技术（雷达测距、恒星视差、分光视差和变星）适用于较近的星系，要对更远的星系进行测距，就要利用基于这四种底层技术确定距离的其他技术，如塔利-费希尔关系和标准烛光等

科学过程回顾

精确测量遥远星系的距离时会遇到哪些问题？

15.2.2 星系团

图 15.12 草绘了银河系周围约 1Mpc 范围内所有已知主要天体的位置。银河系似乎拥有十多个卫星星系，包括前面介绍的两个麦哲伦云（大麦云和小麦云），以及几乎位于银道面内的一个小伴星系（图中标为人马矮星系）。图中还显示了距离地球 800kpc 的仙女星系，其四周环绕着自己的卫星星系。插图中显示了仙女星系的两个相邻星系：M33 是旋涡星系，M32 是矮椭圆星系，在图 14.2a 所示仙女星系中心核球的右下角很容易看到。

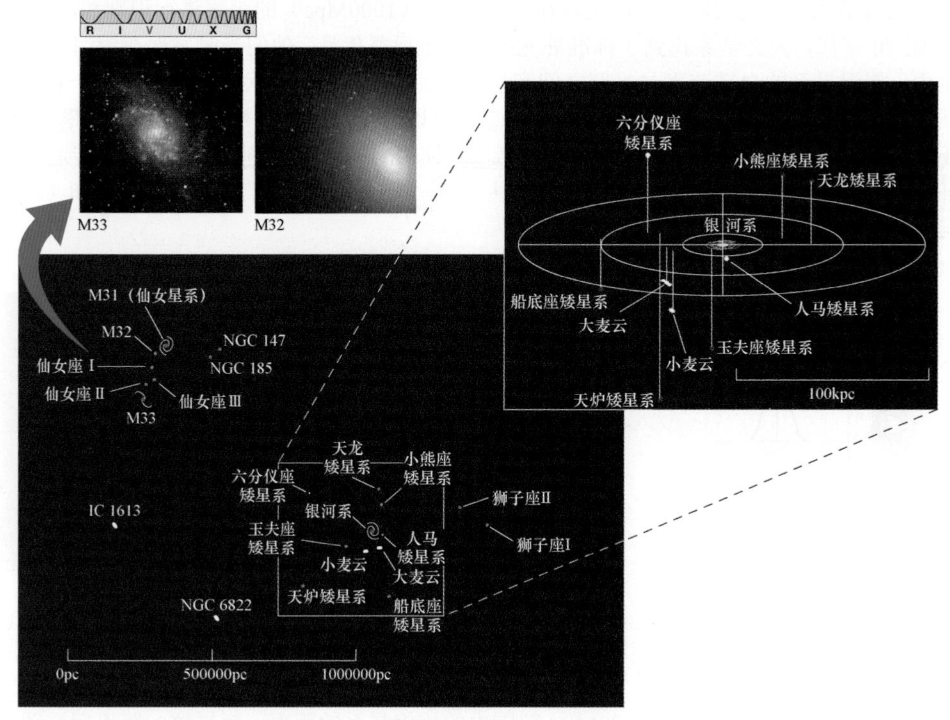

图 15.12　本星系群。本星系群由距离银河系约 1Mpc 范围内的 50 多个星系组成，其中仅少数几个星系为旋涡星系，大多数星系为矮椭圆星系或不规则星系，这里仅显示了其中的部分星系。旋涡星系用蓝色表示，椭圆星系用粉红色表示，不规则星系用白色表示，所有星系均大致按比例绘制。图件插图（右上）显示了银河系及其部分卫星星系的相关性，照片插图（左上）显示了仙女星系（M31）的两个著名相邻星系：旋涡星系 M33 和矮椭圆星系 M32（也见图 14.2a，即仙女星系的更大尺度的图像）（M. Ben Daniel; NASA）

总体而言，银河系附近分布着约 55 个星系，其中 3 个星系（银河系、仙女星系和 M33）属于旋涡星系，其余星系均为矮不规则星系和矮椭圆星系。这些星系共同组成了**本星系群**（Local Group），即宇宙中高于银河系尺度的一个新结构层次。如图 15.12 所示，本星系群的直径略大于 1Mpc。目前，银河系和仙女星系是本星系群中的最大成员，大多数较小的星系均与二者之一通过引力束缚在一起。在本星系群中，各星系通过引力束缚在一起，类似于一个星团中的众多恒星，但尺度要大 100 万倍。一般而言，通过相互之间的引力束缚在一起的一组星系称为**星系团**（galaxy cluster）。

在本星系群之外的更远处，下一个大型星系集合是**室女星系团**（Virgo Cluster，见图 15.13），以其所在的星座命名，距离银河系约 18Mpc。但是，在室女星系团中，星系数量远不止 45 个，而是 2500 多个，它们被引力束缚在一个直径约为 3Mpc 的紧密星系群中。

图 15.13　室女星系团。在室女星系团的中心区域（距离地球约 17Mpc），可以看到许多大型旋涡星系和椭圆星系。插图显示了巨椭圆星系 M86 周围的几个星系，以及位于下方的更大椭圆星系 M87，本章后面将对其进行讨论（M. Ben Daniel; AURA）

宇宙中的任何地方都存在星系，大多数星系都是星系团的成员。小型星系团（如本星系群）仅包含少量星系，且形状非常不规则。大型富星系团（如室女星系团）则包含数千个均匀分布在太空中的独立星系。如图 15.1 所示，艾贝尔 S0740 是富星系团的另一个示例，距离地球约 100Mpc。图 15.14 是一个更遥远富星系团的长时间曝光照片，距离地球约 20 亿秒差距。相当一部分星系（可能多达 40%）并不是任何星系团的成员，而是在星系团际空间中独立运动的孤立系统。

星系团的动态类似于一群嗡嗡作响的萤火虫，被困在一个罐子里并逐渐远离

图 15.14　遥远的星系团。星系团艾贝尔 1689 包含巨量星系，距离地球约 20 亿秒差距。实际上，这张照片中的每块光斑都是一个独立的星系。利用最强大的望远镜，即使距离这么遥远，天文学家现在也能分辨出部分星系的旋涡结构，以及许多星系之间的碰撞——有些星系相互撕裂物质，还有些星系则并合为单个星系（NASA）

15.3 哈勃定律

已知整个宇宙中各星系的一些基本性质后，下面继续介绍星系和星系团的大尺度运动。在星系团内部，单个星系或多或少地以随机方式运动。在更大的尺度上，你可能认为星系团本身也应当随机无序运动（即不同的星系团以不同的方式运动），但实际上却并非如此，在最大的尺度上，星系和星系团均以非常有序的方式运动。

概念回顾

哈勃定律的使用与前述其他几种河外测距技术有何不同？

15.3.1 普遍性退行

1912 年，在帕西瓦尔·罗威尔的指导下，美国天文学家维斯托·斯里弗发现，他观测到的几乎每个旋涡星系都有红移光谱——说明它们正在远离（退行）银河系（见 2.7 节）。实际上，除了几个邻近星系，每个已知星系均为从各个方向远离银河系的普遍性运动的一部分；各孤立星系（不隶属于任何星系团）正在稳步退行；各星系团也存在整体退行运动，但其各成员星系之间彼此相对随机运动（设想向空中抛出一个装满萤火虫的罐子，罐中的萤火虫就好比星系团中的各星系，由于个体差异而存在随机运动，但是类似于星系团，因此罐子整体也做一些定向运动）。

图 15.15 显示了几个星系的光谱，按距离银河系由近至远的顺序排列。这些光谱均发生了红移，说明各个星系正在退行，且红移程度自上而下逐渐增大。多普勒频移与距离之间的关系如下：距离越远，红移越大。这一趋势适用于宇宙中的几乎所有星系［本星系群中的两个星系（包括仙女星系）和室女星系团中的部分星系均显示出蓝移，因此正在向地球运动，但这是其在母星系团中作局部运动的结果，类似于罐子里的萤火虫］。

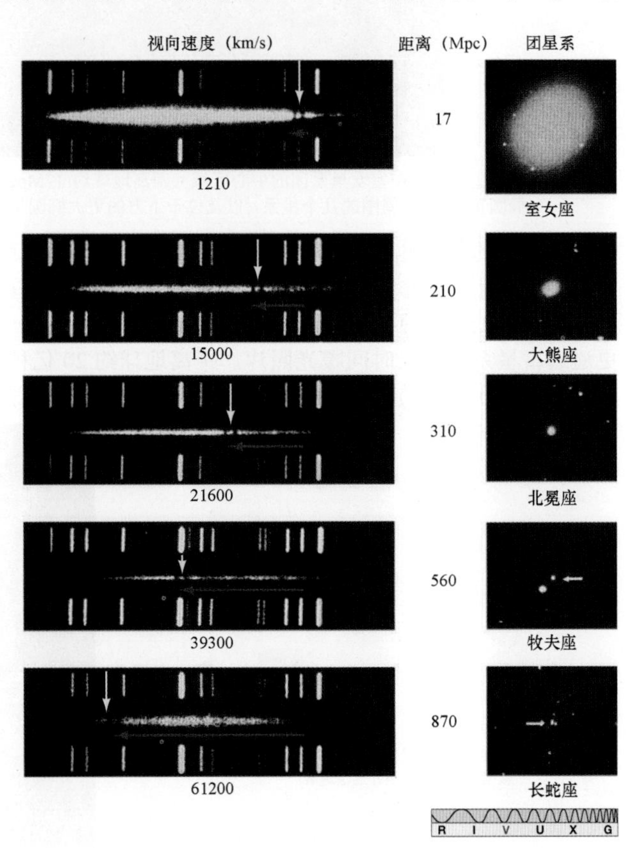

图 15.15　星系光谱。右侧所示几个星系的光谱（左）。自上而下，各星系的红移程度（水平红色箭头）及其到银河系的距离（中间一列的数字）均递增。垂向黄色箭头表示观测光谱中的一对暗色吸收线。每个光谱顶部和底部的许多白色垂线是实验室参考（Adapted from Palomar/Caltech）

图 15.16a 绘制了图 15.15 中几个星系的退行速度与距离之间的关系，图 15.16b 显示了距离地球约 10 亿秒差距范围内更多星系的类似图形。20 世纪 20 年代，埃德温·哈勃最早绘制了这样的图形，因此该图形现在被命名为哈勃图。这些数据点近似落在一条直线上，说明星系的退行速度与其距离成正比，这一规则称为**哈勃定律**（Hubble's law）。只要能够确定距离和速度，即可为任何星系群构建此类图形。哈勃图描述的普遍性退行称为**哈勃流**（Hubble flow）。

星系的退行运动证明，宇宙在最大尺度上并不是稳定不变的，宇宙（实际上指太空本身，见 17.2 节）正在膨胀。但是，问题的关键是要弄清楚哪些部分正在膨胀，哪些部分未膨胀。哈勃定律并不意味着人类、地球、太阳系甚至单个星系和星系团的物理尺寸均在增大，这些原子、岩石、行星、恒星及星系的集群由它们自己的内力束缚在一起，但其本身并未变得更大，只是宇宙中的最大尺度（即各星系团之间的距离）在膨胀。

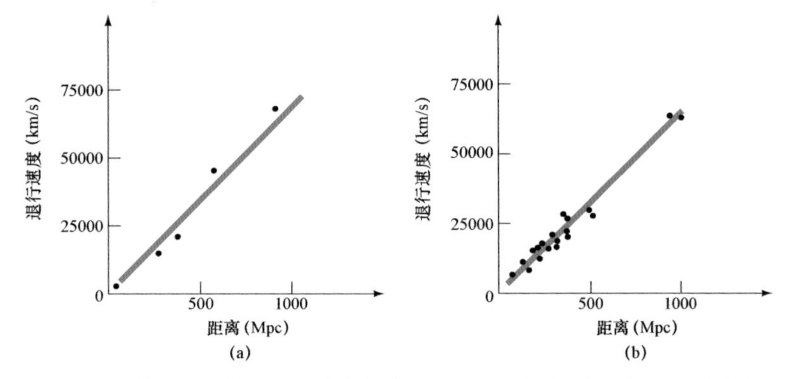

图 15.16 哈勃定律。星系的退行速度与距离之间的关系。(a)图 15.15 中所示的星系；(b)距离地球约 10 亿秒差距范围内的许多其他星系

为了区分退行红移和天体内部的运动（如星系团内部的星系轨道运行或星系核中的爆发性事件）引发的红移，天文学家将哈勃流引发的红移称为宇宙学红移（cosmological redshift）。对于距离极其遥远以致表现出巨大宇宙学红移的天体，人们称其处于宇宙学距离，即相当于宇宙自身尺度的距离。

哈勃定律存在一些相当激动人心的暗示。如果几乎所有星系都显示出基于哈勃定律的退行速度，那么这难道不意味着它们的旅程始于同一点吗？若能让时光倒流，则是否所有星系都会飞回这一点（或许是遥远过去的爆发发生点）呢？答案是肯定的，但却并非你想象的那样！在第 17 章中，我们将探索哈勃流对宇宙过去和未来演化的影响。但是，就目前而言，我们将抛开其宇宙学含义，将哈勃定律简单地作为一种便捷的测距工具。

15.3.2 哈勃常数

在哈勃定律中，退行速度与距离之间的比例常数称为哈勃常数（Hubble's constant），用符号 H_0 表示。图 15.16 中所示的数据满足

$$退行速度 = H_0 \times 距离$$

哈勃常数的值等于直线的斜率，即退行速度除以距离，如图 15.16b 所示。通过读取图表中的数字，可知哈勃常数大致等于 70000km/s 除以 1000Mpc，即 70km/s/Mpc（每秒每兆秒差距的千米数，H_0 的最常用单位）。哈勃常数是自然界中最基本的量之一，它决定了整个宇宙的膨胀速率，因此天文学家正在不断做出各种努力，争取提升哈勃图及其产生的 H_0 计算值的精度。

哈勃给出的 H_0 的初值约为 500km/s/Mpc，远大于当前的公认值。这种高估几乎完全缘于当时宇宙距离尺度的误差，特别是造父变星和标准烛光的定标/校准。随着各种观测误差的判别和校正，距离测量变得更加可靠，H_0 的测量值快速下降。大约在 20 世纪 60 年代中期，H_0 的计算值进入了现代值范围（当前值的 20%以内）。

随着测量技术的不断进步，测量结果的不确定性稳步下降。21 世纪初，通过应用各种不同的技术[如塔利-费希尔关系的测量、室女星系团中造父变星的研究以及标准烛光（如 I 型超新星）的观测]，天文学家确定了 H_0 的各种超前测量值，这些测量值彼此之间非常一致。本书的后续部分采用整数值 H_0 = 70km/s/Mpc（约为所有近期测量结果的中值，也与第 17 章中讨论的部分精确宇宙学测量结果相符）作为哈勃常数当前最佳的计算值。

数据知识点：哈勃定律

在描述和运用哈勃定律时，超过半数的学生遇到困难。建议记住以下几点：

- 哈勃定律是一个星系的距离与其远离地球的速度之间的观测关系。平均而言，星系越远，退行速度越快。

- 当绘制曲线图时，若横轴代表星系距离，纵轴代表速度，则哈勃定律意味着各星系大致位于一条直线上。该直线的斜率即为哈勃常数，这是宇宙膨胀的直接测度。
- 基于哈勃定律，通过简单测量退行速度，即可测量一个星系的距离。用速度（单位为 km/s）除以哈勃常数（单位为 km/s/Mpc），即可得到距离（单位为 Mpc）。

15.3.3 距离阶梯的顶端

根据哈勃定律，通过简单地测量天体的退行速度，然后除以哈勃常数，即可推导出遥远天体的距离。因此，在倒金字塔测距技术中，哈勃定律跃至顶端（见图 15.17），成为第 7 种测距方法。这种方法仅需假设哈勃定律成立，若这一假设成立，则可测量宇宙中的超远距离——只要能够获得天体的光谱，即可求出其与地球之间的距离。

红移（redshift）的精确天文学定义为由于辐射源远离地球运动而增大的辐射束波长比例。对许多邻近天体而言，退行速度小于光速，红移也相应较小——仅有百分之几（见 2.7 节）。但是，对更遥远的天体而言，退行速度相对于光速的百分比可能较高。迄今为止，人们在宇宙中观测到的最遥远天体（某些年轻星系和类星体）的红移约为 8，意味着其辐射波长被拉伸了 9 倍（而非百分之几），它们的紫外谱线持续偏移至光谱的红外部分！如此巨大的红移所对应的退行速度几乎超过光速的 98%。哈勃定律表明，这些天体距离地球超过 9000Mpc，接近天文学家迄今为止能够探测到的可观测宇宙的极限（更为准确 15.1 将全面介绍红移及与光速相当的退行速度）。

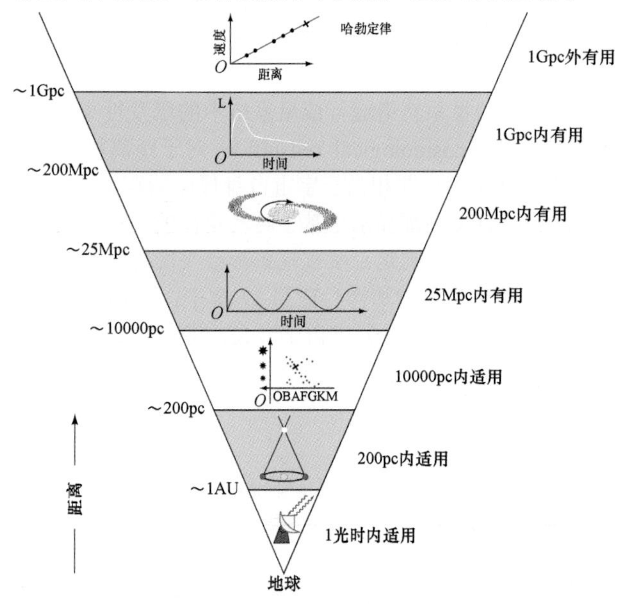

图 15.17 宇宙距离阶梯。哈勃定律位于测距技术的最高层级，主要用于可观测宇宙极限范围之外天体的测距

光速是有限的，光（或任何辐射）在太空中的任意两点之间传播都需要时间，我们现在看到的这些最遥远天体的辐射很久以前即已发射。令人难以置信的是，天文学家现在探测到的辐射约在数十亿年前就已发出，远早于地球、太阳甚至银河系的形成。

更为准确 15.1 相对论性红移和回溯时间

当讨论非常遥远的天体时，天文学家通常会提及它们的红移（而非距离）。实际上，研究人员经常会说某一事件发生在某一特定的红移位置，这意味着当前从该事件中接收到的光被红移了明确的数量。当然，由哈勃定律可知，红移和距离彼此等价。但是，红移是首选量，因为它是天体的一种直接可观测性质，距离则是利用哈勃常数（数值目前尚不精确）从红移中推导得到的。

根据定义，光束的红移是由辐射源的退行运动引发的波长增大比例（见 2.7 节）。红移 1 对应于波长加倍。利用前面给出的多普勒频移公式，接收自以速度 v 远离地球的辐射源的辐射的红移为

$$\text{红移} = \frac{\text{观测波长} - \text{真实波长}}{\text{真实波长}} = \frac{\text{退行速度}v}{\text{光速}c}$$

下面举两个例子进行说明。将光速 c 取整为 300000km/s，已知距离地球 100Mpc 的星系的退行速度为 70km/s/Mpc×100Mpc = 7000km/s（根据哈勃定律），则其红移为 7000km/s ÷ 300000km/s = 0.023。反过来，红移为 0.05 的天体的退行速度为 0.05×300000km/s = 15000km/s，因此其距离为 15000km/s ÷ 70km/s/Mpc = 210Mpc。

遗憾的是，虽然上述公式在低速状态下正确，但却并未考虑相对论效应。如第 13 章所述，当速度开始接近光速时，就要修改普通物理学规则，多普勒频移公式也不例外（见更为准确 13.1）。上述公式适用于远低于光速的速度，但是当 $v = c$ 时，红移将不是公式算出来的 1，而是无穷大，接收自以接近光速远离地球的天体的辐射被红移到几乎无限的波长。

因此，当发现许多星系和类星体的红移大于 1 时，请不要惊讶，这并不意味着它们的退行速度快于光速，而仅仅意味着它们的退行速度是相对论性的（相对于光速），且前面的简单公式不再适用。表 15.2 给出了红移、退行速度和当前距离的转换表。标题为"v/c"的一列给出了基于多普勒效应的退行速度，并且适当考虑了相对论（关于红移的更正确的解释，见 17.2 节）。所有值均基于合理的假设，即使 $v \approx c$ 时也可使用。我们将哈勃常数取值为 70km/s/Mpc，并假设宇宙是平直/平坦的（见 17.3 节），其中物质（大部分为暗物质）占总密度近 1/3。注意，该表中的转换适用于全书。

表 15.2　红移、距离和回溯时间

红　移	v/c	当前距离		回溯时间
		（Mpc）	（10^6光年）	（百万年）
0.000	0.000	0	0	0
0.010	0.010	42	137	137
0.025	0.025	105	343	338
0.050	0.049	209	682	665
0.100	0.095	413	1350	1290
0.250	0.220	999	3260	2920
0.500	0.385	1880	6140	5020
1.000	0.600	3320	10800	7730
2.000	0.800	5250	17100	10300
3.000	0.882	6460	21100	11500
4.000	0.923	7310	23800	12100
5.000	0.946	7940	25900	12500
6.000	0.960	8420	27500	12700
8.000	0.976	9150	29800	13000
10.000	0.984	9660	31500	13200
20.000	0.995	11000	35900	13500
100.000	1.000	12900	42200	13700
∞	1.000	14600	47500	13700

因为宇宙正在膨胀，所以到某个星系的距离并未较好地定义——我们虽然无法看到今天的星系，但是这一距离究竟是指该星系发射我们今天看到的光时的距离，还是指当前距离（如表所示）呢？或者是否存在某些更合适的其他测量方法？在很大程度上，因为距离的含义模棱两可，所以天文学家工作时更喜欢采用称为回溯时间的量（表 15.2 中的最后一列），即某天体在多长时间以前发射了我们今天看到的辐射。虽然天文学家经常谈论红移，有时候也谈论回溯时间，但是几乎从不谈论至高红移天体的距离。

对邻近辐射源来说，回溯时间数值上等于以光年为单位的距离——我们今晚从距离地球 1 亿光年的某个星系接收到的光发射于 1 亿年前。但是，对更遥远的天体而言，由于宇宙正在膨胀，回溯时间和当前距离（以光年为单位）不同，且散度随着红移的增大而急剧增大（见 17.2 节）。例如，对现在距离地球 150 亿光年的某个星系而言，当其发射我们现在能够看到的光时，距离地球要近得多，因此仅需要远低于 150 亿年（实际上不到 100 亿年）的时间，该星系发射的光即可抵达地球。

15.4　活动星系核

15.1 节中描述的众多星系可归为各种哈勃类别，通常称为正常星系（normal galaxy）。如前所述，正常星系的光度范围跨度较大，从约 100 万倍太阳光度（矮椭圆星系和不规则星系）到超过 1 万亿倍太阳光度（最大巨椭圆星系）不等。以整数表示时（便于比较），银河系的光度为 2×10^{10} 倍太阳光度，相当于约 10^{37}W。

本章最后两节重点介绍亮星系（bright galaxy），即光度超过 10^{10} 倍太阳光度的星系。按照这一标准，银河系属于亮星系，但不算太亮。

15.4.1　星系辐射

相当比例的亮星系（可能高达 40%）不适合归类为正常星系，它们的光谱与正常星系的光谱差异较大，而且光度可能超级大。天文学家对这些星系非常感兴趣，将其统称为活动星系（active galaxy）。最亮活动星系是宇宙中能量最高的已知天体。假设星系演化具有阶段性特征，则所有活动星系可能代表着其中的一个重要阶段（见 16.4 节）。在光学波长下，活动星系看上去与正常星系相似，通常可以识别出各种熟悉的组成，如星系盘、核球、恒星和暗尘带。但是，在其他波长下，它们的独特性质则要明显得多。

如图 15.18 所示，在正常星系中，大部分能量均在电磁波谱的可见光部分（或附近）发射，这与来自恒星的辐射非常相似。实际上，在很大程度上，我们看到的正常星系光只是其所含众多子星的累积光（考虑了星际尘埃的影响），每颗恒星均可近似采用黑体曲线进行描述（见 2.4 节）。相比之下，活动星系发射的辐射并不在光谱的可见光部分达到峰值，大多数活动星系确实会发射大量可见光辐射，但是能量更多地以不可见光的波长（更长或更短）发射。换句话说，活动星系发射的辐射并非我们预期的数十亿颗恒星的组合辐射，因此被称为非恒星发射。

具有非恒星发射的许多亮星系被认为是**星暴星系**（starburst galaxy），即以前曾为正常星系，而当前的特征则为形成恒星（很可能源于与邻近星系的相互作用），典型示例如图 15.8b 中所示的不规则星系 NGC 1569。第 16 章将介绍这些重要系统及其在星系演化中的作用，但是，仅就本书而言，术语活动星系是指其反常活动与发生在星系核内部（或附近）的狂暴事件有关的系统。这类系统的核称为**活动星系核**（active galactic nucleus）。

天文学家已识别和编目了一系列令人感到困惑的活动星系。例如，图 15.19 显示了一个活动星系，其中既存在核活动，又存在恒星形成，在延伸宽度为 1kpc 的强发射核心周围环绕着一个新生恒星蓝色环。这里不准备描述整个活动星系，而只介绍其中的三种基本类型：高能量的赛弗特星系、射电星系，以及更明亮的类星体，这些星系的性质将使人们能够识别和讨论活动星系的共同特征。

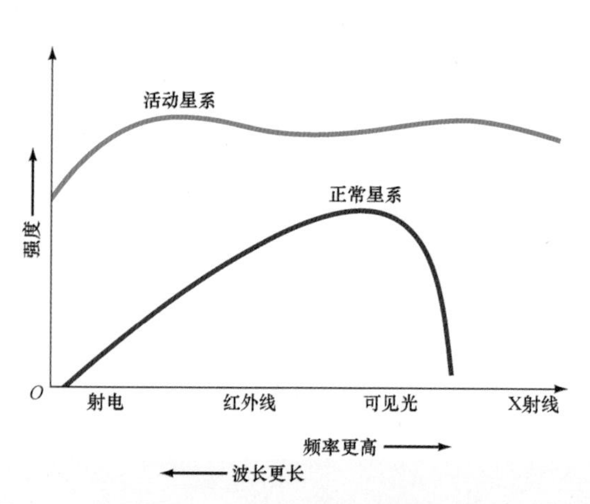

图 15.18　星系能谱。正常星系发射的能量与活动星系发射的能量差异巨大。此图描绘了特定类型所有星系的辐射强度的总体分布，而不代表任何一个独立的星系

图 15.19　活动星系。这幅 NGC 7742 星系图像的形状类似于煎蛋，在非常明亮的黄色核心（直径约为 1kpc）周围，有一个环状蓝色恒星形成区域。该活动星系结合了恒星形成和源于中心核的强发射，距离地球约 24Mpc（NASA）

星系活动与星系核的关系可能令人忆起第 14 章中对银心的讨论（见 14.7 节）。在银河系中，银核中的活动似乎与中心的超大质量黑洞（基于最内层 1pc 内的恒星轨道观测而推知）有关。如后所述，大多数天文学家认为活动星系核中发生着基本相同的事情，正常星系和活动星系的主要差异可能主要体现在辐射的非恒星星系核组成比该星系其他部分的光更明亮上。这是理解星系演化的一个强大且统一的主题，第 16 章将继续对此进行探讨，本章剩余的部分将重点描述活动星系及为其提供能量的黑洞的性质。

概念回顾

活动星系核的能量发射并不像一条黑体曲线。这一点为何重要？

15.4.2 赛弗特星系

1943 年，当美国光学天文学家卡尔·赛弗特在威尔逊山天文台研究旋涡星系时，发现了现在以他的名字命名的活动星系类型，即赛弗特星系（Seyfert galaxy），它是性质介于正常星系与能量最强的已知活动星系之间的一类天体。

从表面上看，赛弗特星系与正常旋涡星系相似（见图 15.20）。实际上，与正常旋涡星系中的恒星相比，赛弗特星系盘和旋臂中各恒星产生的可见光辐射量大致相等。但是，在赛弗特星系中，大部分能量均从星系核中发射，即图 15.20 中过度曝光的中心白斑。赛弗特星系核的亮度约为银心亮度的 10000 倍，实际上，最亮赛弗特星系核的能量约为整个银河系的 10 倍。

有些赛弗特星系产生的辐射波长范围很广，从红外线一直延伸至紫外线（甚至 X 射线），但是大部分能量主要通过红外线发射（约占 75%）。科学家认为，在这些赛弗特星系中，大部分高能辐射被星系核内部（或附近）的尘埃吸收，然后以红外辐射形式再次发射。

与银心的观测谱线（见 14.7 节）相比，赛弗特谱线存在许多相似之处。这些谱线非常宽，很可能表明星系核内存在高速（5000km/s 或更高）内部运动（见 2.8 节）。此外，能量发射通常随时间而改变（见图 15.21），赛弗特星系的光度可能会在几个月内倍增（或减半）。由光度的这些快速起伏可以推断，能量发射源必定非常致密——简而言之，天体的闪烁时间不可能短于辐射穿越该天体所需的时间（见 13.4 节）。因此，考虑到所发射的能量，发射区域的直径必定小于 1 光年——这是一个极小区域。

图 15.20 赛弗特星系。NGC 1566 是一个绚丽的 Sb/c 型旋涡星系，位于剑鱼座（Dorado）南部，距离地球约 13Mpc。明亮致密的星系核使其成为赛弗特星系，它实际上也是最亮的已知星系之一。这幅红外/光学/紫外合成图像由哈勃太空望远镜于 2014 年获取（NASA/ESA）

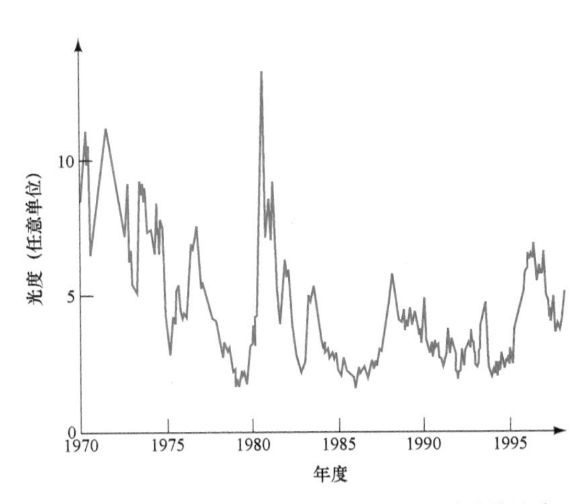

图 15.21 赛弗特星系的时变性。这条曲线显示了赛弗特星系 3C 84 在 30 年间的不规则光度变化。这些观测在电磁波谱的射电部分进行；光学和 X 射线部分的光度同样变化（NRAO）

总之，在赛弗特星系中，我们可以观测到快速时变性以及射电和红外部分的巨大光度，这意味着星系核中存在非常狂暴的非恒星活动。如前所述，这种活动的性质可能与银心内发生的过程相似，但其亮度级是银心内相对温和事件的数千倍（见 14.7 节）。

15.4.3 射电星系

顾名思义，射电星系（radio galaxy）是在电磁波谱的射电部分发射大量能量的活动星系，与赛弗特星系的不同之处不但在于辐射波长，而且在于外观和发射区域的范围。

图 15.22a 显示了射电星系——半人马射电源 A（Centaurus A），它距离地球约 4Mpc。这个星系的射电发射几乎不来自致密星系核，能量从称为射电瓣（radio lobe）的两个巨大扩展区域中释放出来。射电瓣是直径约为 0.5Mpc 的近圆形气体云，位于可见星系之外［注意，术语可见星系（visible galaxy）通常是指活动星系中发射可见恒星辐射的成分，而不是非恒星和不可见活动成分］。射电星系的射电瓣特别巨大，在可见光中无法探测。从一端到另一端，射电瓣跨越的距离通常超过银河系直径的 10 倍，与整个本星系群的尺度大致相当。

图 15.22b 显示了该星系的可见光、射电和 X 射线发射之间的关系。在可见光中，半人马射电源 A 明显是直径约为 500kpc 的巨大 E2 型星系，且被一条不规则尘埃带一分为二。半人马射电源 A 是一个小型星系团的成员，数值模拟表明，这个奇特的星系可能形成于约 5 亿年前的一个椭圆星系与一个较小旋涡星系的碰撞（见第 16 章）。射电瓣的位置大致对称，从可见星系的中心向外突出，大致垂直于尘埃带，说明其由从星系核向相反方向喷出的物质组成。靠近可见星系处存在一对较小的副瓣，星系中心存在长约 1kpc 的物质喷流，且所有这些均与主瓣对齐排列（见图上标识），从而更加印证了这一结论。

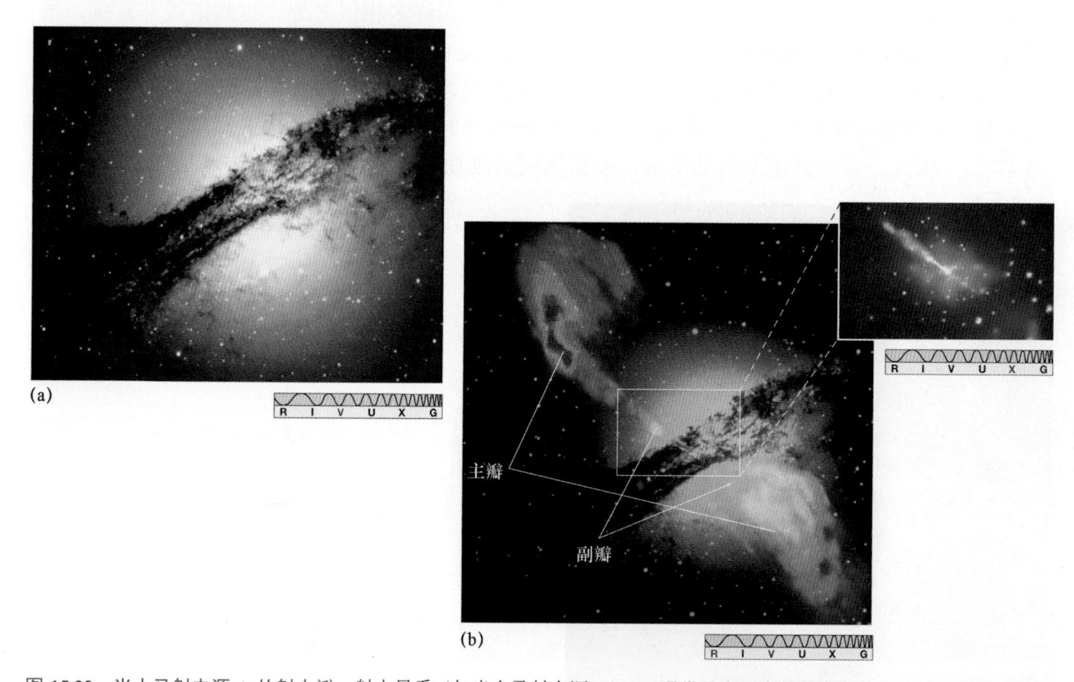

图 15.22 半人马射电源 A 的射电瓣。射电星系（如半人马射电源 A）：(a)通常具有巨大的射电瓣；(b)从中心星系向外延伸 100 万光年（或更远）。射电瓣无法在可见光下成像，必须用射电望远镜进行观测；这里的射电瓣显示为假彩色，从红色、黄色、绿色到蓝色，强度逐渐降低。插图是射电瓣之一的钱德拉 X 射线图像，说明射电瓣内部的喷流也发射更高能量的辐射（ESO; NRAO; SAO）

若物质以接近光速的速度从星系核中喷出，则半人马射电源 A 的外瓣形成于数亿年前，极有可能是在椭圆星系与旋涡星系并合之时，这被认为是该星系具有奇特光学外观的原因。副瓣的形成时间更晚。显然，半人马射电源 A 中心的某些狂暴过程（最可能由碰撞触发）大致从那时开始，且此后一直断续地向星际空间中喷射物质流。

半人马射电源 A 是光度相对较低的射电源，刚好距离地球较近，从天文学角度来说，这就使得其研究变得特别容易。图 15.23 显示了称为天鹅射电源 A（Cygnus A）的一个更强的发射体，距离地球约 250Mpc。在图 15.23b 所示的高分辨率射电图中，清晰地显示了两条狭长的高速喷流，将射电瓣连接至可见星系中心（射电图像中心的点）。还要注意，与半人马射电源 A 一样，天鹅射电源 A 也是一个小型星系群的成员，光学图像（见图 15.23a）显示星系碰撞正在进行中。

最亮射电星系（如天鹅射电源 A）的射电瓣所发射的能量非常巨大，大致为银河系发射总能量（所有波长下）的 10 倍，碰巧与最亮赛弗特星系核发射的能量基本相同。虽然名字中含有射电字样，但实际上射电星系在更短波长下辐射出更多的能量，总能量输出可能超出射电发射的 100 倍（或更多）。这些能量大部分来自可见星系的星系核。明亮的射电星系是宇宙中能量最大的已知天体之一，总光度高达银河系的 1000 倍。对天文学家来说，射电星系的射电发射非常重要，借此可以详细研究小尺度星系核与大尺度射电瓣之间的关系。

并非所有射电星系都含有明显的射电瓣。图 15.24 显示了一个核主导射电星系，大部分能量均发射自直径不到 1pc 的较小中心核［射电天文学家称其为核心（core）］，较弱的射电发射则来自星系核周围的延伸区域。或许所有射电星系都具有喷流和射电瓣，但是观测结果还要取决于视角。如图 15.25 所示，当从侧面观测射电星系时，我们能够看到喷流和射电瓣。但是，若较弱的喷流未能从母星系中逃逸，或者若几乎迎面观测喷流（透视射电瓣），则会看到核主导射电星系。

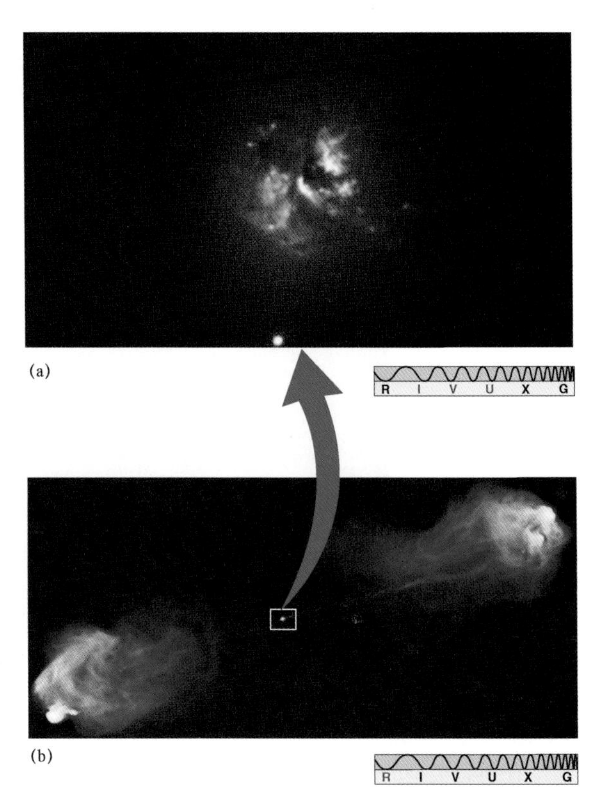

图 15.23 天鹅射电源 A。(a)天鹅射电源 A 的可见光图像，显示两个星系似乎正在碰撞；(b)在更大的尺度上，显示了可见光图像两侧的射电发射瓣（蓝色）。图(a)中的星系大小大致相当于图(b)中心的小点。两个射电瓣之间的距离大致为 100 万光年（NOAO; NRAO）

观测者相对于喷流的精确位置也会从根本上影响所看到的辐射类型。由相对论可知，以接近光速运动的粒子所发射的辐射在运动方向上强烈集中或成束（见更为准确 13.1）。因此，若图 15.25 中的观测者刚好与光束位于同一条直线上，则其接收到的辐射将非常强，且会朝向短波长发生多普勒频移（见 2.7 节），此时观测到的天体称为**耀变体**（blazar）。在数百个已知的耀变体中，大部分光度均以 X 射线（或 γ 射线）的形式被接收。

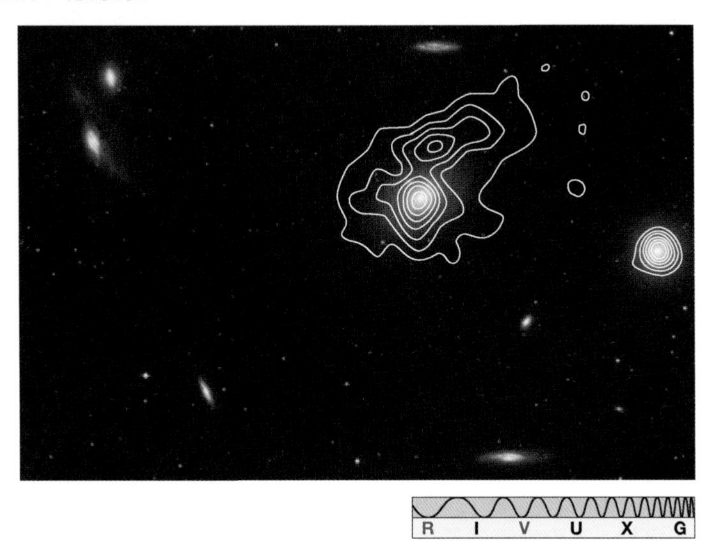

图 15.24 核主导射电星系。星系 M86 的射电等值线图，射电发射来自明亮的中心核，周围环绕着辐射强度较低的延伸区域。射电图叠加在该星系及其某些相邻星系的光学图像上，即此前在图 15.13 中显示的宽视场版本（Harvard-Smithsonian Center for Astrophysics）

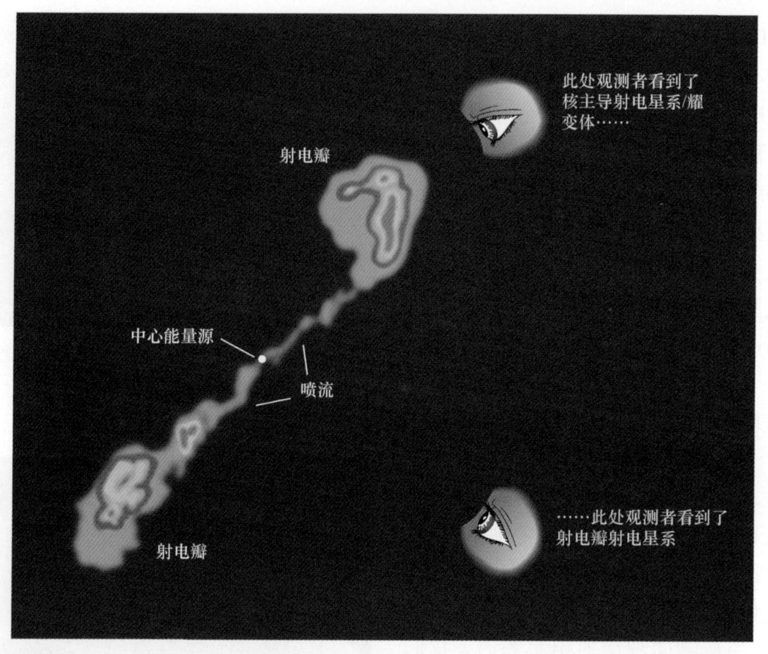

图 15.25　射电星系。中心能量源产生高速物质喷流，与星际气体相互作用而形成射电瓣。当进行具体的观测时，根据与喷流和射电瓣之间的相对位置，射电星系可能表现为射电瓣（或核主导）

在所有类型的活动星系中，喷流都极为常见。图 15.26 展示了巨椭圆星系 M87 的几幅图像，M87 是室女星系团（见本章章首的图像和图 15.13）的重要成员。通过详细研究这个看上去相当正常的 E0 型星系（见图 15.26a）的中心区域，人们发现其核心包含一条窄长（2kpc）的物质喷流，且以接近光速的速度从星系中心向外喷射。计算机图像增强结果显示，该喷流由一系列不同的小斑点/小云组成，沿长度方向大致均匀分布（或多或少），表明物质是在活动爆发期间喷出的。在光谱的射电、红外线（见图 15.26b）和 X 射线区域，该喷流也已成像。

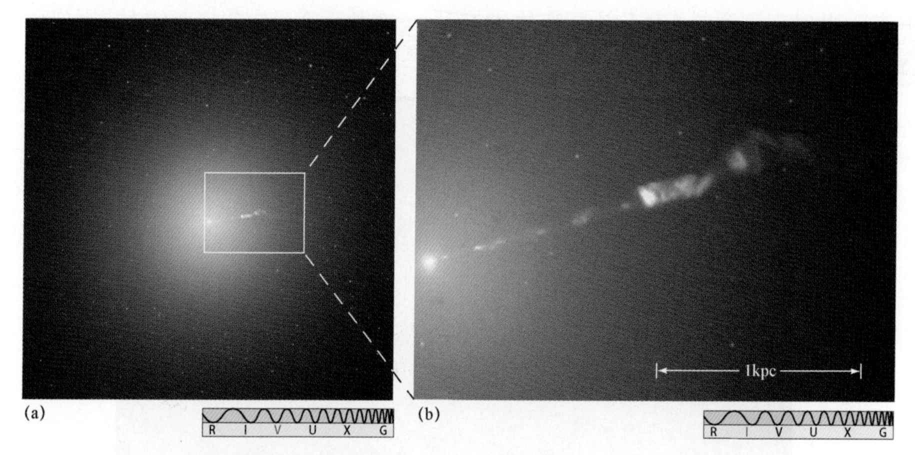

图 15.26　M87 的喷流。(a)巨椭圆星系 M87 最内侧 5kpc 内的哈勃图像，一条神秘的物质喷流从星系核中向外喷射；(b)M87 喷流的红外图像，显示了更多的细节（NASA/ESA）

15.4.4　类星体

在射电天文学发展之初，人们探测到了与已知可见天体并不对应的大量放射源。截至 1960 年，**3C 射电源表/第三剑桥射电源表**（Third Cambridge Catalog）收录了数百个这样的辐射源，天文学家目前仍在不断扫描天空，搜寻这些辐射源的可见光对应体。由于射电观测的分辨率较低（意味着观测者无法确切知道应该看向何处），且这些天体在可见光波长下比较暗淡，因此天文学家的工作困难重重。

1960 年，在射电源 3C 48（3C 射电源表上的第 48 颗天体）所在的位置，天文学家探测到了一颗暗蓝星，并获得了其光谱。因为包含许多未知的宽发射线，所以这个不寻常的光谱难以解释。3C 48 一直是最独特的奇异天体，直到 1962 年，人们发现了另一颗暗蓝天体（外观类似、同样神秘且具有奇异的谱线），并将其标识为射电源 3C 273（见图 15.27）。

第二年，天文学家取得了突破性进展，发现 3C 273 光谱中的最强未知谱线只是氢的常见谱线，但是红移量极为罕见（约 16%），相当于 48000km/s 的退行速度。图 15.28 显示了 3C 273 的光谱，标出了主要发射线和红移。知道这些奇怪谱线的性质后，天文学家很快就对 3C 48 的光谱进行了类似的解释，红移量 37%意味着其正以近 1/3 光速远离地球。

这些速度极其巨大，意味着这两个天体不可能是银河系的成员。实际上，较大的红移意味着它们确实非常遥远。应用哈勃定律（哈勃常数值取为 H_0 = 70km/s/Mpc），得到 3C 273 的距离为 650Mpc，3C 48 的距离为 1400Mpc（要了解这些距离是如何确定的，以及如何解释这些较大红移的真正含义，可参阅更为准确 15.1 和第 17 章）。

但是，这种对不寻常光谱的解释产生了一个更大的谜团。运用平方反比定律进行简单的计算，人们发现虽然这些暗淡的恒星在光学上并不起眼，但实际上却是宇宙中最亮的已知天体（见 10.2 节）。例如，3C 273 的光度约为 10^{40}W，相当于 20 万亿个太阳或 1000 个银河系。更普遍地说，类星体的光度范围为 10^{38}～10^{42}W（与最亮的赛弗特星系大致相同），10^{40}W（相当于明亮射电星系的光度）是相当典型的数值。

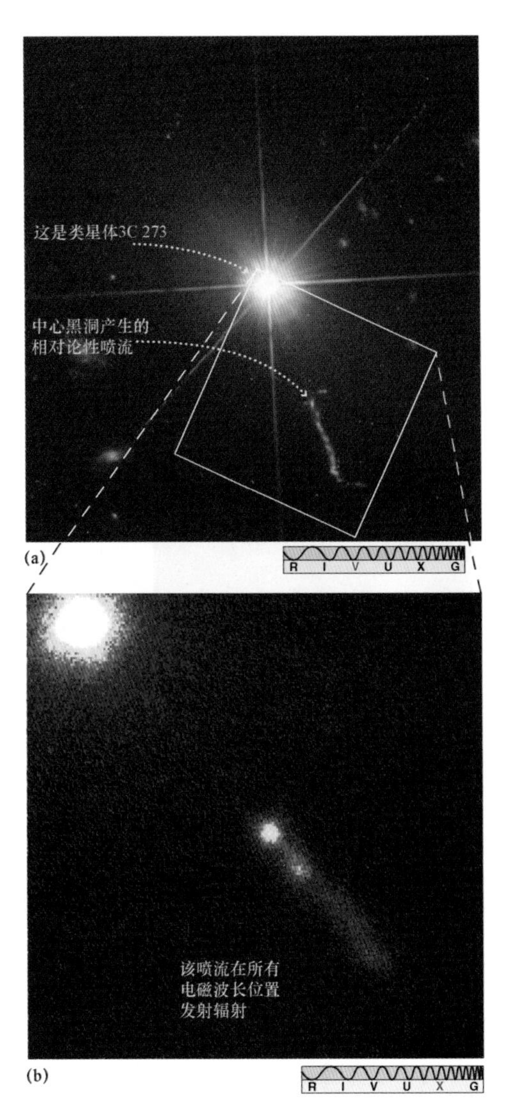

图 15.27 类星体 3C 273。(a)亮类星体 3C 273 显示出明亮的物质喷流，但该类星体的主体外观类似于恒星。尖状物是相机的伪影；(b)喷流的钱德拉图像，延伸长度约为 30kpc，发射电磁波谱上的辐射，这里是 X 射线（NASA/ESA）

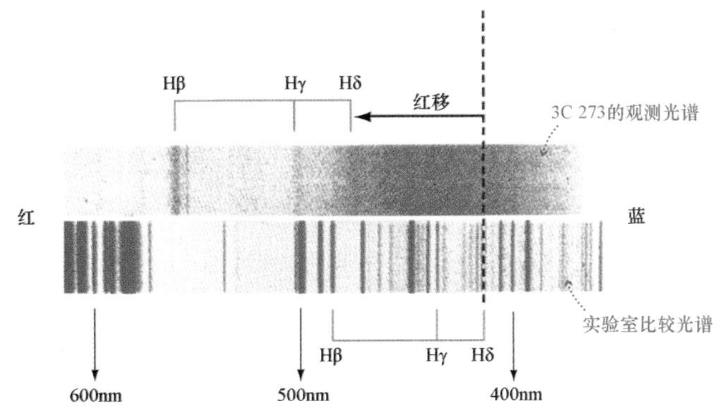

图 15.28 类星体的光谱。遥远类星体 3C 273 的光学光谱（这是负片，谱线实际上是发射线）。注意观察三条氢谱线（标记为 Hβ、Hγ 和 Hδ）的红移（见 2.6 节）。这些谱线的宽度暗示了类星体内的快速内部运动（摘自 Palomar/Caltech）

这些天体显然不是恒星（光度过于巨大），因此人们将其称为类星射电源（quasi-stellar radio source）或类星体（quasar），类星的意思是类似恒星。我们现在知道，并非所有这种高红移的类似恒星的天体都是强射电源，因此当前更常用的术语是类星体（Quasi-Stellar Object，QSO）。目前已知的类星体数量已超过 20 万，而且随着大规模巡天探测越来越深入太空深处，这一数字正在快速增大。最近的类星体距离地球约 240Mpc，最远的类星体距离地球约 9000Mpc，大多数类星体距离地球远超 1000Mpc。因为光以有限的速度传播，所以这些遥远的天体代表了很久以前的宇宙，大多数类星体可回溯到星系形成及演化的更早期（而非更近期）。这些高能天体在远距离之外普遍存在，说明宇宙的过去远比现在狂暴。

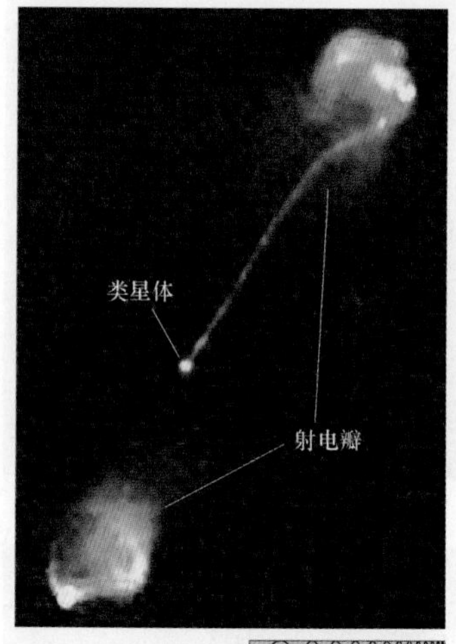

图 15.29　类星体的喷流。类星体 3C 175 的射电图像，距离地球约 3000Mpc，射电喷流正在"投喂"暗淡的射电瓣。这些射电瓣的跨度约为 100 万光年，大小相当于前面讨论的射电星系（NRAO）

类星体的许多性质与赛弗特星系和射电星系相同，辐射是非恒星的，亮度可能会在几个月、几周、几天甚至几小时内呈不规则变化，有些类星体还会显示出喷流和延伸发射特征的证据。注意观察 3C 273 中的明亮喷流（见图 15.27），它可能会让人想起 M87 中的喷流，从类星体中心向外延伸近 30kpc。图 15.29 显示了一个类星体，它具有与天鹅射电源 A类似的射电瓣（见图 15.23b）。在电磁波谱的所有部分中，人们均观测到了类星体，但是许多类星体的大部分能量在红外波长下发射，10%～15%的类星体（称为射电强类星体）也在射电波长下发射大量的能量（可能缘于无法分辨的喷流）。

为了对活动星系和类星体进行区分，天文学家曾经利用过它们的外观、光谱以及到地球的距离，但是大多数天文学家现在认为，类星体实际上只是遥远活动星系的极其明亮的星系核，由于距离过于遥远而无法观测到星系本身（图 16.18 显示了哈勃太空望远镜对两个相对较近类星体的观测结果，周围星系清晰可见）。

科学过程回顾

类星体测距如何改变天文学家对这些天体的理解？

15.5 活动星系的中心引擎

对于赛弗特星系、射电星系和类星体，天文学家目前已形成了共识，认为它们虽然在外观和光度上存在差异，但是具有共同的能量产生机制。作为一种类别，活动星系核具有以下部分（或全部）性质：

1. 具有高光度，光度通常高于明亮正常星系的特征值（10^{37}W）。
2. 能量发射主要是非恒星的，即便数万亿颗恒星的总辐射也无法解释。
3. 能量输出可能是高度变化的，意味着发射自直径远小于 1pc 的较小中心核。
4. 经常表现出喷流及其他爆发活动迹象。
5. 光谱可能显示宽发射线，暗示了能量产生区域内的快速内部运动。
6. 活动往往与各星系之间的相互作用有关。

存在的主要问题如下：如此巨大的能量是如何从这些相对较小的空间区域中产生的？辐射为什么是非恒星的？喷流和延伸射电发射瓣是如何形成的？下面首先考虑能量是如何产生的，然后介绍能量是如何实际发射到星际空间中的。

15.5.1 能量产生

如图 15.30 所示，活动星系中心引擎的主要模型是为银河系中的 X 射线双星和银心活动提供能量的放大版——当物质下沉到中心天体时，吸积到超大质量黑洞的气体释放出大量能量（见 13.3 节、13.8 节和 14.7 节）。理论研究表明，为了给最亮的活动星系提供能量，相关黑洞的质量必须为数十亿倍太阳质量。

与这个模型的小尺度对应体一样，内落气体形成吸积盘并向黑洞下旋。由于吸积盘内的摩擦作用，气体被加热至高温，然后发射大量辐射。但是，此时吸积气体的来源并不是双星伴星（像恒星 X 射线源中那样），而是所有恒星和星际气体云，它们很可能是因为与另一个星系相遇而转移至星系中心（由于距离黑洞太近而被其强大的引力撕裂）。

在将内落质量（气体形式）转换为能量（电磁辐射形式）方面，吸积作用非常有效。在穿越黑洞的事件视界并永远消失以前，内落物质总质能的 10%（或 20%）可能会被辐射掉（见 13.5 节）。由于类日恒星的总质能（质量乘以光速的平方）约为 2×10^{47} J，因此一个 10 亿倍太阳质量的黑洞每十年仅需消耗 1 倍太阳质量的气体，即可产生一个明亮活动星系的 10^{38}W 光度。根据光度的高（或低），活动星系应当需要相应数量的燃料。为了给光度为 10^{40}W（比活动星系高 100 倍）的类星体提供能量，黑洞应当会消耗 100 倍的燃料（或 10 颗恒星/年）。对光度为 10^{36}W 的赛弗特星系而言，中心黑洞每千年仅吞噬 1 倍太阳质量的物质。

即使是 10 亿倍太阳质量的黑洞，半径也只有 3×10^9 km，即 10^{-4}pc（约 20AU），因此吸积盘部分（贡献大部分发射）的直径远小于 1pc（见 13.5 节）。吸积盘中的不稳定性导致释放的能量出现波动，进而引发许多天体中的观测变化。在超强引力的作用下，由于黑洞中气体的快速轨道运动，人们在许多活动星系核中观测到了谱线变宽。

喷流似乎是吸积流的一种常见特征，无论大小如何，均由从吸积盘内部区域向外喷射到太空（完全位于星系可见部分之外）中的物质（主要是质子和电子）组成。喷流最可能由吸积盘内部自身范围内产生的强磁场形成，该磁场将带电粒子加速至接近光速，然后平行于吸积盘自转轴喷出。图 15.31 所示图像由哈勃太空望远镜拍摄，显示了室女星系团中射电星系 NGC 4261 核心位置的气体和尘埃盘。与前述理论一致，吸积盘垂直于源自星系中心的巨大喷流。

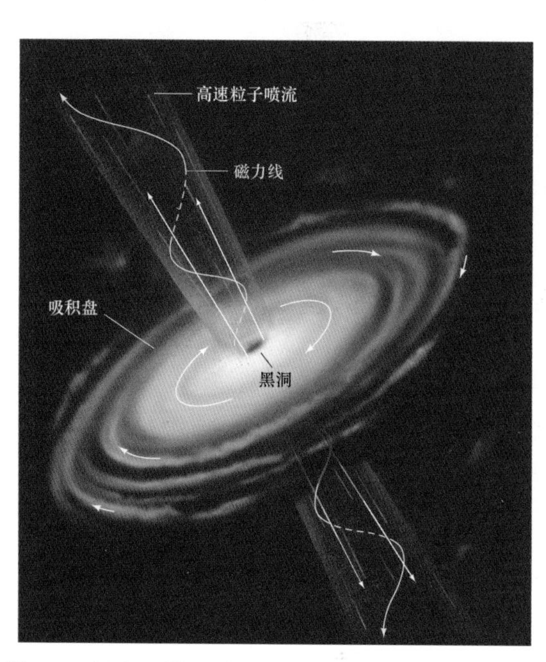

图 15.30　活动星系核。研究活动星系核能量源的主要理论认为，这些天体由吸积到超大质量黑洞的物质提供能量。物质向黑洞内旋时会加热升温，产生大量的能量。高速气体喷流可能垂直于吸积盘喷出，形成许多活动天体中的喷流和射电瓣。运动带电物质在吸积盘中形成的磁场由喷流向外携带至射电瓣，并在那里对产生可观测辐射发挥着至关重要的作用

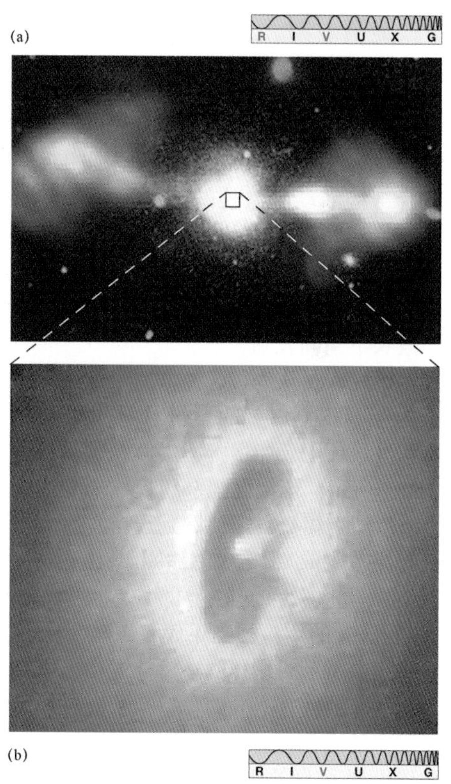

图 15.31　巨椭圆星系。(a)室女星系团中巨椭圆星系 NGC 4261 的光学/射电合成图像，中心有一个白色的可见星系，蓝橙色（假彩色）射电瓣从这里向外延伸约 60kpc；(b)星系核的近景，直径为 100pc 的星系盘环绕在明亮中心的周围，这个中心位置很可能有一个黑洞（NRAO; NASA）

图 15.32 以 M87 中心的成像和分光数据形式，进一步显示了该模型的证据，说明存在一个绕星系中心运行的快速自转物质盘，且再次垂直于喷流。物质盘相反两侧的气体速度测量结果表明，星系中心几秒差距范围内的质量约为 3×10^9 倍太阳质量——假设这是中心黑洞的质量。

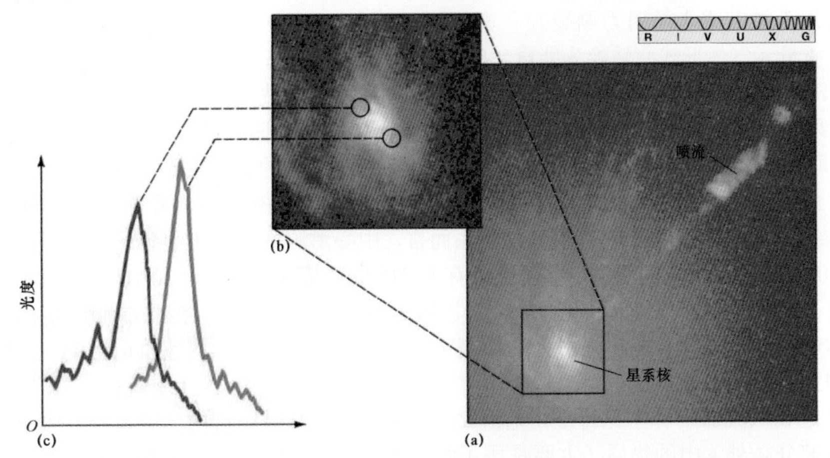

图 15.32 M87 星系盘。M87 的图像和光谱均支持星系中心存在快速旋转吸积盘的观点。(a)M87 的中心区域，与图 15.26c 相似，显示了明亮的星系核和喷流；(b)星系核的放大视图，存在一个由恒星、气体和尘埃组成的旋涡群；(c)星系核相反两侧观测到的谱线特征，显示出差异明显的红色和蓝色多普勒频移，意味着一侧的物质正在接近地球，另一侧的物质正在远离地球。显然，吸积盘垂直于喷流自旋，中心位置是质量约为 30 亿倍太阳质量的黑洞（NASA）

15.5.2 能量发射

在超大质量黑洞周围，炽热吸积盘发射的辐射覆盖了较宽的波长范围（从红外线到 X 射线），与吸积盘中气体的较宽温度范围相对应，这能解释一些活动星系核的光谱。但是，如前所述，在许多情况下，从吸积盘本身发射的高能辐射在最终抵达探测器之前，似乎被环绕在星系核周围的尘埃再加工——首先被吸收，然后在红外波长下重新发射。

许多研究人员认为，这种再加工最可能的场所位于内层吸积盘周围的厚重且呈甜甜圈形状的气体和尘埃环中，能量实际上就在那里产生。如图 15.33 所示，若望向黑洞的视线未与沾满尘埃的“甜甜圈”相交，则会看到正在发射大量高能辐射的裸露能量源。若“甜甜圈”阻挡了视线，则会看到从尘埃中重新辐射的大量红外辐射。“甜甜圈”自身的结构相当不确定，实际上可能根本不像图中所示的那种圆环（外观相当规则）。有些天文学家则持有不同的见解：若类星体诞生在尘埃笼罩的致密气体中（像恒星一样），则当来自被遮蔽吸积盘的辐射驱散其周围的保护层并突然闯入视野时，再加工和最基本系统之间的差异可能是逐渐演化的（见 11.2 节）。

在许多喷流和射电瓣中，运行着不同的再加工机制，涉及可能在吸积盘中产生并由喷流输送到星际空间中的磁场（见图 15.30）。如图 15.34a

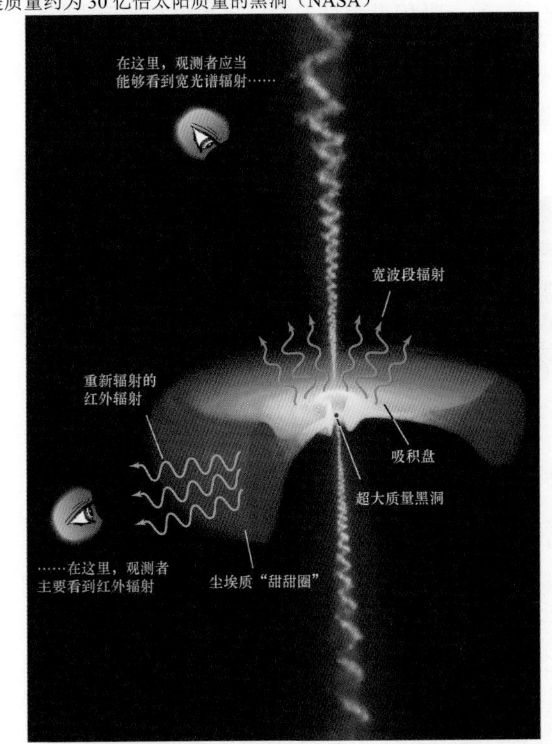

图 15.33 尘埃质“甜甜圈”。环绕在大质量黑洞周围的吸积盘由各种不同温度的炽热气体组成，距离中心最近的气体最炽热。当从上方（或下方）观测时，吸积盘辐射出延伸到 X 射线波段的宽光谱电磁能。但是，人们认为最终为系统提供能量的尘埃质内落气体在吸积盘外侧形成了非常厚重的“甜甜圈”状区域（这里显示为红色），该区域能够有效地吸收抵达的大部分高能辐射，然后对其进行重新发射（主要以温度较低的红外辐射形式）。当从侧面观测吸积盘时，我们能够观测到强红外辐射（与图 15.25 进行比较）

所示，当带电粒子（此处为电子）遇到磁场时，粒子就趋于围绕磁力线螺旋式运动。在较小的尺度（地球磁层和银心）上，就曾遇到过这种现象（见 5.7 节、9.4 节、13.2 节和 14.7 节）。

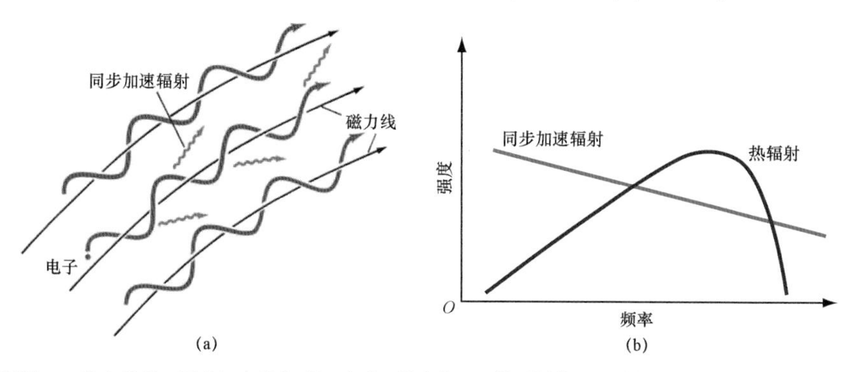

图 15.34　非热辐射。(a)当在磁场（黑色）中螺旋式运动时，带电粒子（特别是快速运动的电子，红色）会发射同步加速辐射（蓝色）；(b)热辐射和同步加速辐射（非热辐射）随频率变化的差异极大。热辐射由黑体曲线描述，峰值频率取决于辐射源的温度；非热同步加速辐射在低频下更强，且与发射天体的温度无关（与图 15.18 进行比较）

粒子旋转时发射电磁辐射（见 2.2 节），以这种方式产生的辐射称为同步加速辐射/磁轫致辐射（synchrotron radiation），以首次观测到它的粒子加速器的类型命名（本质上是非热辐射），所发射的辐射完全无法用黑体曲线描述，强度反而随着频率的增大而下降，如图 15.34b 所示。对从活动星系的喷流和射电瓣中接收的辐射的观测与这一过程完全一致。

最终，喷流被星际物质减缓并停止，流动变得紊乱且动荡，磁场变得缠结复杂，最终形成一个巨型射电瓣，以同步加速辐射形式发射几乎所有的能量。因此，即使射电发射来自延伸巨大的太空体积（使可见星系相形见绌），但是能量源仍然是位于星系中心的吸积盘。喷流将能量从星系核（能量产生地）输送至射电瓣，最终辐射到太空中。

半人马射电源 A的内瓣和 M87 喷流中的小斑点/小云的存在表明，喷流的形成可能是一个断续性的过程（或者可能根本就不会发生，就像前面讨论的赛弗特星系一样）。在与另一星系的相互作用中，许多邻近活动星系（如半人马射电源 A）似乎已经陷入麻烦，表明其燃料供应能够由伴星系提供。

在第 16 章中，当转向星系演化主题时，我们将进一步探讨正常星系与活动星系之间的关系。

概念回顾

超大质量黑洞上的吸积作用如何为射电星系中延伸射电瓣的能量发射提供能量？

学术前沿问题

与恒星研究相比，星系研究落后约 50 年。这是因为星系的发现时间较晚（20 世纪），人们目前仍在尝试了解它们。星系如何形成？星系如何演化？这是关于星系的最大问题，在积累更多和更好的数据（特别是最遥远星系的相关数据）之前，这些问题不会有可信的答案。现在即将进行更大规模的星系巡天，这是否有助于解决上述的重要问题？

本章回顾

小结

LO1　根据星系的外观，哈勃分类方案将其划分为几类。旋涡星系具有扁平星系盘、中心核球和旋臂，星系晕由年老恒星组成，富含气体的星系盘是正在形成恒星的场所。棒旋星系包含一个延伸的物质棒，它突出到中心核球之外。椭圆星系没有星系盘，含有很少（或根本不含）的冷气体或尘埃，但是观测到了非常炽热的星际气体。在大多数情况下，它们完全由年老恒星组成。矮椭圆星系的质量远小于银河系，巨椭圆星系可能包含数万亿颗恒星。S0 星系和 SB0 星系的性质介于椭圆星系与旋涡星系之间。不规则星系是无法划分到其他任何类型的星系。有些不规则星系可能是星系碰撞（或密近交会）的结果。许多不规则星系是恒星形成的活跃场所，富含气体和尘埃。

LO2 天文学家经常采用标准烛光作为测距工具。这些天体很容易识别，光度位于一些明确定义的范围内。通过比较光度和视亮度，天文学家运用平方反比定律来确定距离。另一种方法是塔利-费希尔关系，这是旋涡星系中自转速率与光度之间的经验关系式。

LO3 银河系、仙女星系及其他几个较小的星系组成了本星系群，即一个小型星系团。星系团由一组彼此相互绕转的星系组成，它们通过自身引力束缚在一起。距离本星系群最近的大型星系团是室女星系团。

LO4 人们观测到的遥远星系正在远离银河系，这些星系的退行速度与其距离成正比，这种关系称为哈勃定律。该定律中的比例常数是哈勃常数，其近似值为70km/s/Mpc。天文学家运用哈勃定律来确定宇宙中最遥远天体的距离时，只需测量它们的红移，并将对应速度直接转换为距离。与哈勃膨胀相关的红移称为宇宙学红移。

LO5 活动星系远比正常星系明亮，而且具有非恒星光谱，大部分能量在电磁波谱的可见光部分之外发射。通常，非恒星活动表明存在快速的内部运动，且与明亮的中心活动星系核有关。许多活动星系的中心核会向外喷出高速、狭窄的物质喷流。喷流通常将能量从中心核（能量产生处）输送给巨型射电瓣（位置远超星系的可见部分），并在那里辐射到太空中。喷流通常似乎由不同的小斑点/小云组成，表明产生能量的过程是断续性的。

LO6 赛弗特星系看似一个正常的旋涡星系，但是具有极其明亮的中心星系核。赛弗特星系核的谱线非常宽，表明存在快速的内部运动，快速变化意味着辐射源的直径远小于 1 光年。射电星系在光谱的射电部分发射大量能量，对应的可见星系通常是椭圆星系。类星体是最明亮的已知天体，在可见光中的外观与恒星类似，且其光谱通常发生明显红移。所有的类星体都非常遥远，说明我们看到的是它们在遥远过去的样子。

LO7 对于所有活动星系的观测性质，人们普遍接受的解释为：能量由星系气体吸积到位于星系中心的超大质量黑洞（数百万到数十亿倍太阳质量）上产生。较小的吸积盘解释了发射区域的致密程度，黑洞强引力中的气体高速轨道解释了观测到的快速运动。星系盘发射的大部分高能辐射被盘外的一个厚重环形区域吸收，并以红外辐射形式再次发射。典型活动星系的光度需要每几年就消耗约 1 倍太阳质量的物质。部分内落物质被喷射到太空中，产生创建并为射电瓣供应能量的磁化喷流。带电粒子围绕磁力线螺旋式运动产生同步加速辐射，其光谱与射电星系和喷流中观测到的非恒星辐射一致。

复习题

1. 区分不同类型的旋涡星系。
2. 比较椭圆星系和银晕。
3. 当确定 5Mpc 之外的某个星系的距离时，描述宇宙距离阶梯中涉及的 4 个梯级。
4. 塔利-费希尔关系如何使天文学家测量星系距离？
5. 室女星系团是什么？
6. 哈勃定律是什么？天文学家如何用其测量星系距离？
7. 哈勃常数最可能的取值范围是什么？
8. 当谈论遥远天体时，天文学家为何更喜欢用红移（而非距离）？
9. 指出正常星系和活动星系的两种差异。
10. 某些活动星系的射电瓣由星系核喷出的物质组成的证据是什么？
11. 我们怎么知道许多活动星系的能量发射区域必定很小？
12. 简要描述活动星系中心引擎的主要模型。
13. 天文学家如何解释活动星系的光谱观测差异？
14. 同步加速辐射过程与活动星系观测结果是如何相关的？
15. 我们怎么知道类星体极其明亮？

自测题

1. 大多数星系都像银河系一样是旋涡星系。（对/错）
2. 大多数椭圆星系仅包含年老恒星。（对/错）
3. 不规则星系虽然很小，但是内部经常形成大量的恒星。（对/错）
4. I 型超新星可用于测定星系的距离。（对/错）
5. 大多数星系正在远离银河系。（对/错）
6. 哈勃定律可用于测量宇宙中最遥远天体的距离。（对/错）
7. 活动星系发射的能量超过银河系数千倍。（对/错）
8. 理论上讲，利用标准烛光方法，我们可以估计到一堆篝火的距离，前提是知道以下哪种信息？(a)所用木材数量；(b)篝火温度；(c)篝火燃烧时长；(d)所用木材类型。
9. 在距离太阳 30Mpc 的范围内，大约存在：(a)3 个星系；(b)30 个星系；(c)数千个星系；(d)数百万个星系。
10. 哈勃定律指出：(a)距离越远，星系越年轻；(b)距离越远，星系的红移越大；(c)大多数星系发现于星系团中；(d)距离越远，星系的外观越暗。
11. 若来自星系的光的亮度快速起伏，则产生辐射的区域必定：(a)非常大；(b)非常小；(c)非常热；(d)自转速率非常快。

12. 类星体的光谱：(a)存在强红移；(b)不显示谱线；(c)外观类似恒星光谱；(d)包含来自未知元素的发射线。
13. 活动星系极其明亮，因为它们：(a)炽热；(b)核心包含黑洞；(c)周围环绕着炽热气体；(d)发射喷流。
14. 若图 15.10（星系自转）中的星系更小且自旋速率更慢，则应重绘该图以显示：(a)更大的蓝移；(b)更大的红移；(c)较窄的合并谱线；(d)较大的合并振幅。
15. 根据图 15.18（星系能谱），活动星系：(a)以长波长发射大部分能量；(b)以高频率发射很少的能量；(c)在所有波长下，均发射大量能量；(d)在光谱的可见光部分中，发射大部分能量。

计算题

1. 仙女星系距离银河系 800kpc，且正以 266km/s 的视向速度接近银河系。忽略速度的横向分量和运动加速的引力效应，计算这两个星系何时相撞。
2. 在室女星系团中，一颗造父变星的视星等为 26，观测到的脉动周期为 20 天。利用这些数值和图 14.6，计算室女星系团的距离。太阳的绝对星等为+4.85。
3. 为了测量地球到遥远星系的距离，将一颗超新星（光度为 10 亿倍太阳光度）用作标准烛光。从地球上看，这颗超新星的亮度相当于将太阳置于 10kpc 处时的亮度。该星系与地球之间的距离是多少？
4. 根据哈勃定律，若已知 H_0 = 70km/s/Mpc，则距离地球 200Mpc 的星系的退行速度是多少？退行速度为 4000km/s 的星系距离地球有多远？在以下两种情况下，这些答案如何变化？(a)H_0 = 50km/s/Mpc；(b)H_0 = 80km/s/Mpc。
5. 若 H_0 = 70km/s/Mpc，则银河系到室女星系团的距离翻倍需要多长时间？银河系到后发星系团（Virgo Cluster，100Mpc）的距离翻倍需要多长时间？
6. 一个类星体被观测到存在光度起伏和发射线变宽，表明其中心 0.1 光年内的速度为 5000km/s。假设轨道为圆形，运用开普勒定律计算这一半径内的质量（见 14.6 节）。
7. 假设喷流速度为光速的 75%，计算天鹅射电源 A喷流中的物质覆盖星系核与其射电发射瓣之间 250kpc 时所需的时间。
8. 假设效率为文中所指出的范围上限，若某个活动星系每天消耗 1 倍地球质量的物质，计算其会产生多少能量，并将此值与太阳光度进行比较。
9. 利用文中给出的数据，计算在距离 M87 中心 0.25pc 处绕其运行的物质的轨道速度。
10. 对位于银心之外 8kpc 处的 10^{37}W 赛弗特星系核，计算从地球上应能观测到的单位面积和单位时间内接收的能量数，忽略星际尘埃的吸收效应。利用附录 C 中表 C.3 提供的数据，将其与从天狼星 A（夜空中最亮的恒星）接收到的能量进行比较。基于你对活动星系能量发射的了解，判断忽略星际吸收是否合理？

活动

协作活动

1. 观测室女星系团。对这个项目而言，20cm 口径望远镜是最佳选择。从秋季到春季，美国大部分时间均可看到室女座。为了定位室女星系团，首先需要找到狮子座。狮子座的东半部分由一个明显的恒星三角形组成，三颗恒星分别为五帝座一（Denebola，β）、西次相（Chort，θ）和西上相（Zosma，δ）。从西次相开始，沿直线向东到五帝座一，继续行进两颗恒星之间的距离那么远，就会大致到达室女星系团的中心。搜寻以下梅西耶天体，即室女星系团中最亮的星系：M49、M58、M59、M60、M84、M86、M87、M89 和 M90。检查每个星系的不寻常的特征，有些星系具有非常明亮的星系核。草绘或拍摄所看到的场景，构建你自己的室女星系团中最亮星系的图形化星表。

个人活动

1. 前面的练习为搜寻室女星系团提供了指导。M87 是距离最近的核-晕射电星系，位于这个星系团的中心部位，天球坐标为赤经 = $12^h30.8^m$，赤纬 = +12°24′，星等为 8.6（20cm 口径望远镜应该不难找到），距离地球约 18Mpc。描述其星系核，并将你见到的星系与室女星系团附近的其他椭圆星系进行比较。
2. 3C 273 是距离地球最近和最亮的类星体，但并不意味着很容易被找到！它的天球坐标为赤经 = $12^h29.2^m$，赤纬 = +2°03′，位于室女星系团南部，但与室女星系团不相关。星等为 12～13，可能要用 25（或 30）cm 口径望远镜才能看到，但建议先用 20cm 口径望远镜尝试一下。其外观应当是一颗极暗星。观测这一天体的意义在于其距离地球 640Mpc，你看到的光 20 多亿年前即已离开该天体！它是用小型望远镜能够观测的最遥远天体。

第 16 章　星系和暗物质：宇宙的大尺度结构

星系是宇宙中最宏伟壮丽的天体之一，每个星系都是由数千亿颗恒星组成的庞大集合，这些恒星在引力作用下松散地聚集在一起。有些星系明亮而壮观（如图像前景中的两个较大星系），有些星系则暗淡而遥远（如图像背景中的几个较小星系）。两个较大的星系统称为 Arp 273，距离地球近 3 亿光年，目前正处在碰撞过程中（时间已达数百万年）。注意观察上部星系的玫瑰状外观（受到下部星系的引力牵引），以及若干像宝石般闪耀的年轻蓝星序列。在各个星系之间，并合和吞食现象明显非常普遍，但是天文学家仍然不太清楚这些星系很久以前是如何诞生的（STScI）

在远大于最大星系团的尺度上，随着新结构层级的逐渐揭示，使人类倍感卑微的新现实终于浮现。人类或许是恒星物质（无数次恒星演化周期的产物），但却并不是宇宙物质。大体而言，宇宙的组成物质完全不同于人类熟悉的原子和分子（构成人体、地球、太阳、银河系以及天空中可观测的所有发光物质），只有引力才能表明这种奇异物质的存在。通过比较和分类各个星系的诸多性质，天文学家已开始理解它们的演化。通过测绘它们在太空中的分布，天文学家描绘了宇宙的辽阔疆域。许多星系是陌生暗夜中的大量光点，提醒人类在宇宙中的地位就好像是海上漂流的小船。

学习目标

LO1　描述用于确定星系及星系团的质量的一些方法。

LO2　解释天文学家为何认为宇宙中的大部分物质是暗物质。

LO3　描述星系是如何形成和演化的，概述碰撞在该过程中的作用。

LO4　提出星系中心存在超大质量黑洞的证据，解释活动星系是如何融入当前的星系演化理论的。

LO5　描述星系在大尺度宇宙中是如何分布的。

LO6　概述天文学家在极大尺度上探测宇宙时所用的一些技术。

总体概览

星系是宇宙中最宏伟壮丽的天体之一，每个星系都是由数千亿颗恒星组成的庞大集合，这些恒星在引力作用下松散地聚集在一起。星系主导着人类的深空视野，它们似乎无处不在，但仅能代表宇宙中所有物质的一小部分。实际上，大量不可见宇宙物质（暗物质）占据了宇宙的大部分质量。

16.1　宇宙中的暗物质

如第 14 章所述，通过测量银河系中的恒星和气体的轨道速度，天文学家发现可见银河系外围广泛存在着暗物质晕（见 14.6 节）。其他星系是否存在类似的暗物质晕？何种证据能够证明更大尺度上存在暗物质？为了回答这些问题，我们需要知道星系和星系团的质量。

怎样才能测量如此庞大系统的质量呢？当然，我们既不能很好地统计所有恒星的数量，又不能很好地估算它们的星际成分。星系实在是太复杂了，我们无法直接盘点其物质组成，因此要依靠间接技术。星系和星系团虽然体积巨大，但是遵循与太阳系中各行星相同的物理定律。为了确定星系的质量，我们可以按惯例运用牛顿万有引力定律。

16.1.1　星系质量

通过测量描绘自转速率与到星系中心距离之间的关系的**自转曲线**（rotation curve），天文学家能够确定某些旋涡星系的质量（见图 16.1a 和 14.6 节）。任何给定半径内的质量可直接由牛顿万有引力定律求得。如图 16.1b 所示，由几个邻近旋涡星系的自转曲线可知，在距离中心约 25kpc 的范围内，质量为 $10^{11} \sim 5\times10^{11}$ 倍太阳质量，与对太阳系应用相同技术得到的结果相当。对于距离过于遥远而无法绘制详细自转曲线的星系，整体自转速率仍可基于谱线致宽进行推断，如前一章所述（见 15.2 节）。

对测量距离星系中心约 50kpc（恒星和星际物质的电磁发射范围）范围内的质量而言，这种方法特别有用。为了探测距离星系中心更遥远的地方，天文学家将目光转向了两个子星系之间可能相距数十万秒差距的双重星系（见图 16.2a）。此类系统的轨道周期通常时间太长（数十亿年），因此无法准确测量轨道。但是，通过利用可用信息（视向速度和各子星系的角间距）计算出周期和半长径，即可求出近似总质量（见 1.4 节）。

以这种方式获得的星系质量相当不确定，但是通过综合考虑大量此类测量结果，天文学家可获得可靠的星系质量相关的统计信息。大多数正常旋涡星系（包括银河系）和大型椭圆星系所含物质的质量为 $10^{11} \sim 10^{12}$ 倍太阳质量；不规则星系的质量通常较小，为 $10^{8} \sim 10^{10}$ 倍太阳质量；矮椭圆星系和矮不规则星系所含物质的质量最小，约为 10^{6}（或 10^{7}）倍太阳质量。

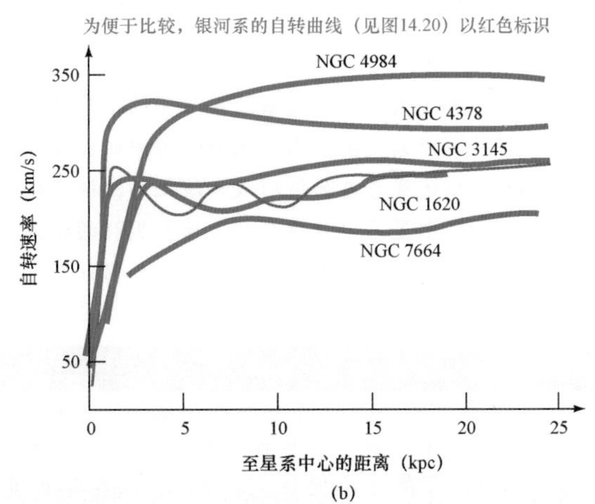

图 16.1　星系自转曲线。(a)在距离盘星系中心的不同距离处，轨道速度均可以测量。这里的 M64 是“邪恶之眼”星系，距离地球约 5Mpc；(b)由某些邻近旋涡星系的自转曲线可知，其质量约为数千亿倍太阳质量（NASA）

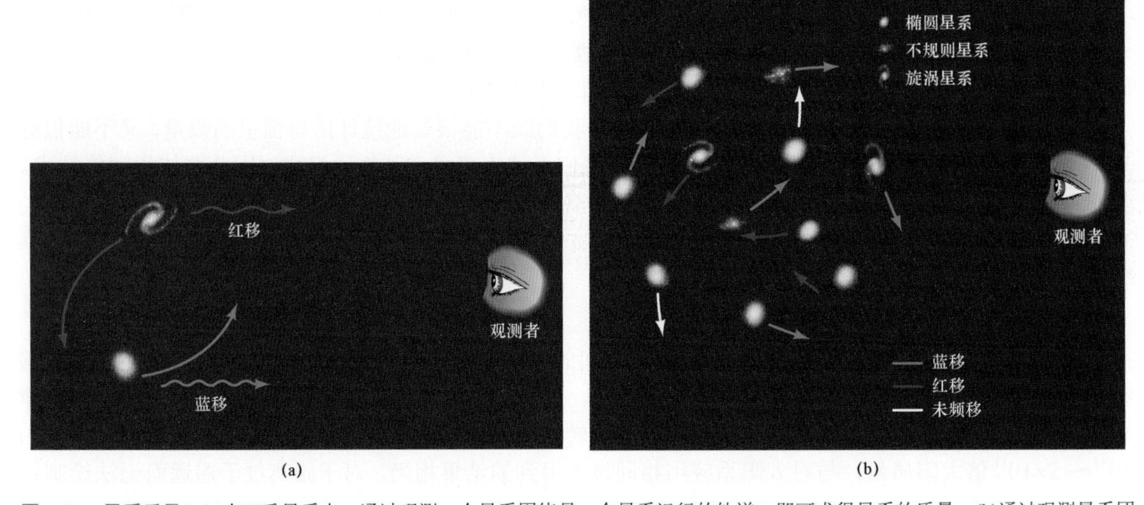

图 16.2　星系质量。(a)在双重星系中，通过观测一个星系围绕另一个星系运行的轨道，即可求得星系的质量；(b)通过观测星系团中许多星系的运动，然后计算防止星系团分裂所需的质量，即可求得星系团的质量

为了获得一个星系团中所有星系的总质量，我们需要应用另一种统计技术。如图 16.2b 所示，在一个星系团中，每个星系都相对于所有其他的星系运动，只要简单求出通过引力将全部星系束缚在一起所需的质量，即可算出该星系团的总质量。当采用这种方法进行计算时，求得的典型星系团的质量为 10^{13}～10^{14} 倍太阳质量。注意，这种计算并未给出任何单一星系的相关质量信息，而只求得了整个星系团的总质量。

16.1.2　可见物质和暗晕

如图 16.1b 所示，在星系自身可见图像之外很远的地方，旋涡星系的自转曲线基本保持平坦（即不

下降，甚至可能略有上升），意味着这些星系（或许所有旋涡星系）同样具有类似于银河系周围的不可见暗晕（见 14.5 节）。在旋涡星系中，不可见物质的质量似乎是可见物质质量的 3～10 倍。椭圆星系研究表明，这些星系周围也存在类似的巨型暗晕。

在研究星系团时，天文学家发现可见光与总质量之间的差异甚至更大。与通过汇总各个星系所发射的光得到的质量相比，基于理论计算得到的星系团的总质量要高出 10～100 倍。换句话说，束缚星系团所需的总质量要远高于我们见到的总质量。因此，暗物质问题不仅存在于银河系中，也存在于其他各个星系中，甚至还存在于星系团中。在这种情况下，我们不得不接受宇宙中 90%以上的物质是暗物质的事实。如第 14 章所述，这种物质不仅在光谱的可见光部分是暗的，而且在任何电磁波长下均无法探测（见 14.5 节）。

星系团中的暗物质不仅仅是各独立星系中所有暗物质的累加，即使纳入各个星系的暗晕，人们仍然无法解释星系团中的所有暗物质。当在越来越大的尺度上观测时，人们发现宇宙中的暗物质比例越来越大。

16.1.3 星系团内气体

除了在各个星系团内部观测到的发光物质，天文学家还有证据表明存在大量星系团内气体（intracluster gas），即填充在各星系之间的超高温（超过 1000 万开尔文）弥散式星际物质。利用在地球大气层上方运行的卫星，人们已经探测到了来自许多星系团中炽热气体的 X 射线（见 3.5 节）。图 16.3 显示了两个此类系统的假彩色 X 射线图像，X 射线发射区域位于星系团的可见光图像中心，大小与可见光图像基本相当。

图 16.3 星系团的 X 射线发射。星系团艾贝尔 1689（Abell 1689），距离地球约 7 亿秒差距。X 射线发射以蓝色显示，叠加在星系自身的哈勃图像上，清晰地显示了整个星系团是如何充满炽热的 X 射线发射气体的（NASA）

在一些活动星系的射电瓣外观中，我们可以找到星系团内气体的进一步证据（见 15.4 节）。在称为头尾/首尾（head-tail）射电星系的某些系统中，射电瓣似乎在星系主要部分后面形成了一个尾巴。例如，在图 16.4 所示的射电星系 NGC 1265 中，射电瓣似乎被某些汹涌的急风吹向了后方，实际上，这是该星系外观的最好解释。若处于静止状态，则 NGC 1265 应当只是另一个双瓣射电源，或许与半人马射电源 A（见图 15.22）非常相似。但是，该星系正穿行于其母星系团（称为英仙星系团）的星际物质中，形成射电瓣的外流物质趋于在 NGC 1266 前行时留在后面。

这些观测揭示了多少气体？在星系团内，以炽热气体形式存在的物质至少与以恒星形式可见的物质一样多，少数情况下甚至更多。这些物质的数量已经很多，但是仍然无法解决暗物质问题。为了解释动力学研究给出的星系团总质量，我们必须找到比恒星质量多 10～100 倍的气体质量。

星系团内气体为何如此炽热？原因是星系团内气体粒子受到引力束缚，运动速度相当于星系团中各星系内的气体粒子速度（约 1000km/s）。因为温度刚好是气体粒子运动速度的测度，所以这一速度（对于构成质块主体的质子）可以转换为 4000 万开尔文（见更为准确 5.1）。

该气体来自何处？数量如此之多，不太可能由星系本身释放。天文学家认为其主要是原始气体，即自宇宙诞生以来一直存在但却从未成为星系一部分的气体。但是，星系团内气体确实含有一些重元素（如碳和氮等），意味着至少有些物质是通过恒星演化富集后从星系中喷出的（见 12.7 节），但是这一过程到底如何发生仍然迷雾重重。

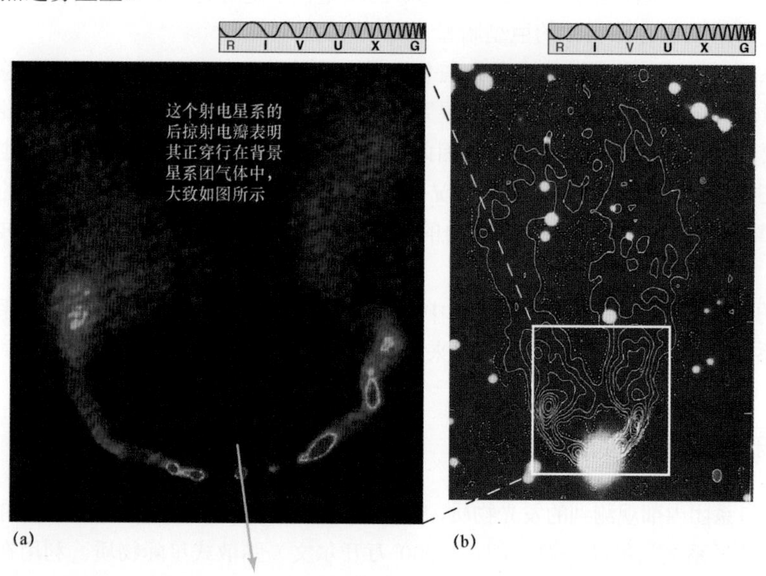

图 16.4　头尾射电星系。(a)头尾射电星系 NGC 1265 的假彩色射电图；(b)相同射电数据以等值线形式叠加在该星系的光学图像上（NRAO; Palomar/Caltech）

概念回顾

当从组成星系的光谱观测中推断星系团的质量时，我们做了哪些假设？

16.2　星系碰撞

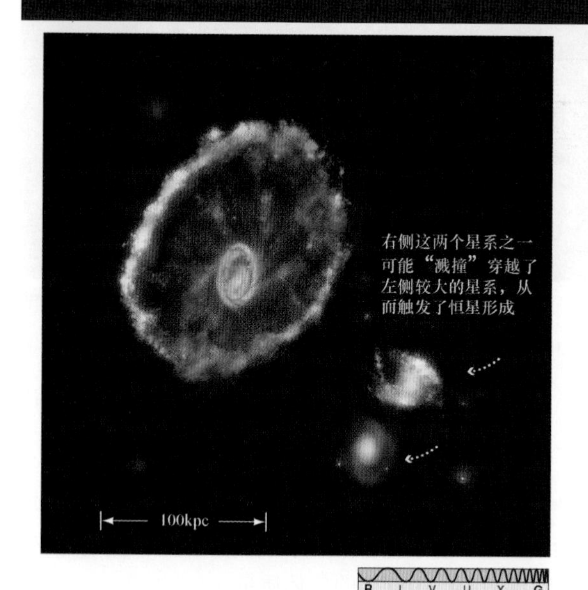

图 16.5　宇宙溅撞。车轮星系（左）或许形成于碰撞（可能与右侧较小的星系之一相撞），使得恒星形成膨胀环穿越星系盘向外移动。这是一幅假彩色合成图像，包含以下四个光谱波段：红外线，红色（来自斯皮策太空望远镜）；光学，绿色（来自哈勃太空望远镜）；紫外线，蓝色（来自 GALEX 星系演化探测器）；X 射线，紫色（来自钱德拉望远镜）（NASA）

仔细考虑富星系团（见图 15.1 和图 15.13）中的拥挤环境，数千个成员星系在几百万秒差距范围内运行，因此可以判断各星系之间的碰撞应当会比较普遍（见 15.2 节）。气体粒子在地球大气层中碰撞，曲棍球运动员在曲棍球场上碰撞，星系在星系团中是否也碰撞？答案是肯定的。

图 16.5 似乎显示了一个较小星系（可能为右侧的两个星系之一，但不确定）与左侧较大星系正面的碰撞结果，最终形成了距离地球约 150Mpc 的车轮星系（Cartwheel galaxy）。这个星系的年轻恒星晕类似于池塘中的巨大波纹，很可能是较小星系穿越较大星系的星系盘时形成的密度波（见 14.5 节）。目前，该扰动正在从撞击区域向外扩散，并在行进过程中产生新恒星。

图 16.6 显示了一个尚未发生实际碰撞的密近交会示例。就像夜空中的两艘巨轮一样，两个旋涡星系似乎正在彼此穿越，左侧的较大星系（质量也更大）称为 NGC 2207，右侧的较小星系称为 IC 2163。图像分析结果表明，在约 4000 万年前开始密近接触后，IC 2163 现在正按逆时针方向摆动经

过 NGC 2207。因为 IC 2163 明显缺乏足够的能量来摆脱 NGC 2207 的引力牵引，所以这两个星系似乎注定要经历更进一步的密近交会，并在约 10 亿年后并合为一个更大质量的星系。

图 16.6　星系交会。由于 NGC 2207（左）与 IC 2163（右）发生交会，这两个旋涡星系中的恒星形成已经大爆发。二者最终将并合，但是在约 10 亿年内不会发生（NASA）

这些示例说明了星系相互作用（密近交会或实际碰撞）是如何对相关星系（特别是星际气体）产生巨大影响的。在相互作用过程中，引力的快速变化会压缩气体，导致整个星系范围内的恒星形成，结果称为星暴星系（starburst galaxy）。图 16.7 显示了（相对）邻近宇宙中的另外几个星暴星系。

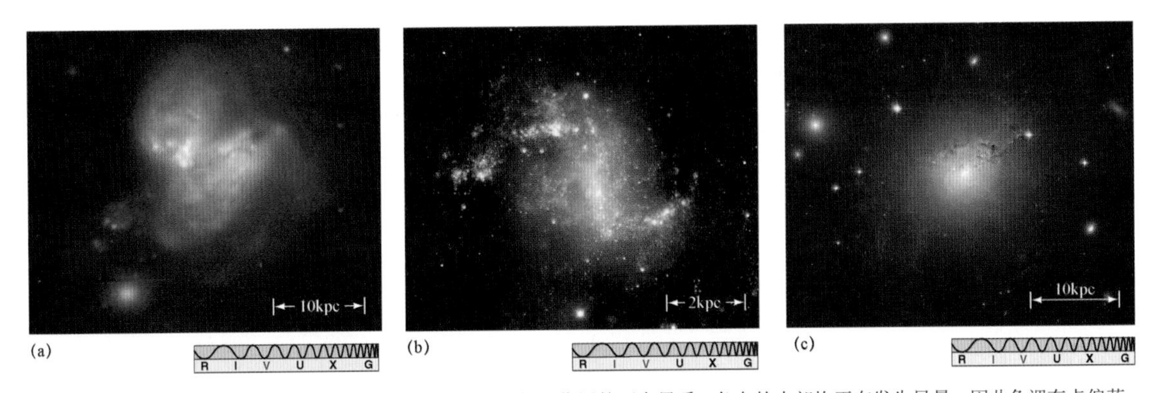

图 16.7　星暴星系。(a)IC 694（左）和 NGC 3690（右）是相互作用的两个星系，各自的内部均正在发生星暴，因此色调有点偏蓝；(b)星系 NGC 1313 正在经历大范围的恒星形成爆发，但是活动起源尚不清楚。该星系当前似乎没有相邻星系，但具有不对称外观和变形星系晕（位于图框外侧），表明其可能在不久前吸收了一个较小的星系；(c)Irr II 型活动星系 NGC 1275 包含一个似乎向外爆发并进入太空的长纤维系统，该系统很可能形成于两个星系的碰撞（W. Keel; NASA）

由于持续时间长达数百万年，因此人类无法目睹星系碰撞的完整过程。但是大约只需要几小时，现代计算机即可追踪此类事件。通过对恒星与气体之间的引力相互作用进行详细的大尺度仿真建模，并结合可用的最佳气体动力学模型，天文学家能够更好地理解碰撞过程对相关星系的影响，甚至能够计算出相互作用的最终结果。图 16.8b 中显示的计算机模拟始于两个旋涡星系的碰撞，与图 16.6 所示的情形并无太大差异，但是原始结构的细节因碰撞而大部分消失了。注意观察计算机模拟图像与 NGC 4038/4039 真实图像（见图 16.8a）的相似性，在这个所谓的触须星系（Antennae galaxies）中，显示了两条延伸长尾和两个星系核（直径仅为数百秒差距）。碰撞引发的恒星形成明显可由来自数千颗年轻且炽热的恒星和星团的蓝光进行追踪。计算机模拟结果表明，与图 16.6 中的星系一样，这两个星系最终将并合为一个星系。

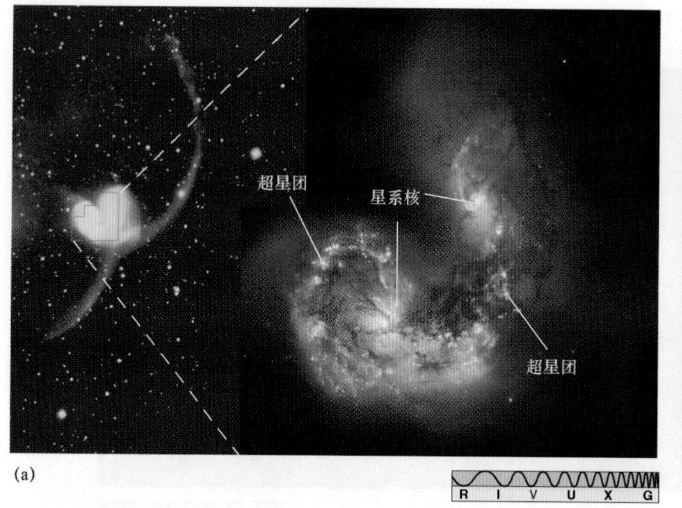

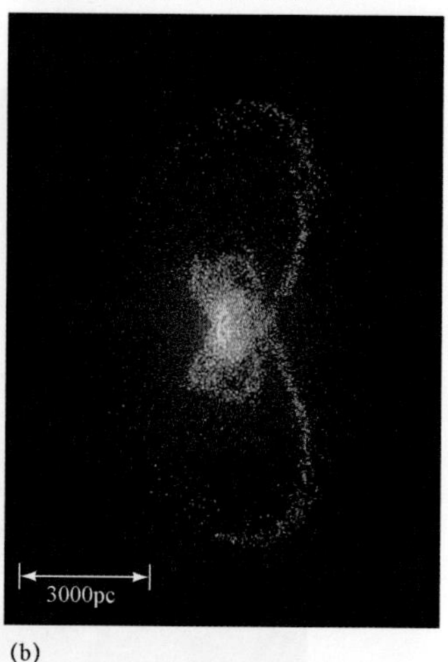

图 16.8 星系碰撞。(a)长潮尾（左侧黑白图像）标志着触须星系在数千万年前的最后一次猛冲。两个碰撞星系的气体盘中产生的猛烈激波形成了一系列年轻且明亮的超星团（中心放大彩图）；(b)这次星系交会的计算机模拟图像，显示了与左侧真实天体相同的许多特征（AURA; NASA; J. Barnes）

对星系团中的各个星系而言，由于星系大小与星系间距相差不多，没有太多的空间闲庭信步，因此不可避免地会发生碰撞。对于这一过程，环绕在许多星系周围的大型暗物质晕至关重要。这些暗物质晕的延伸范围远超可见星系，远大于光学外观所示的大小，因此极大地增大了相互作用和并合的机会。许多研究人员认为，星系团中的大多数星系都曾经受到过碰撞的强烈影响，而且时间通常来说相对较近。

顺便说一下，我们不必走得太远，就能找到一个星系碰撞示例（即将发生在一个小型星系团中）。作为距离地球最近的大型星系，仙女星系（见图 14.2）目前正以约 120km/s 的速度接近银河系，预计将在数十亿年后与银河系相撞，人类届时将有机会近距离观测星系碰撞的真实状况！

奇怪的是，虽然碰撞可能会对相关星系的大尺度结构造成严重破坏，但是对其包含的单颗恒星则基本上没有影响，每个星系中的各颗恒星只是彼此擦身而过。与星系团中的各星系相比，星系中各恒星的大小远小于恒星间距，因此当两个星系碰撞时，恒星数量只会在一段时间内倍增，但是恒星间距依然很大，各恒星彼此不会相撞。碰撞能够重新排列每个星系的恒星和星际组成，通常会产生在极远距离外就能看到的壮观恒星形成爆发，但从恒星视角来看则一帆风顺。

16.3 星系形成和星系演化

我们手握哈勃定律作为宇宙距离指南，现在又掌握了星系及更大尺度上的暗物质分布知识，因此下面就可转向星系是如何成为现在这个样子的问题。我们是否能够解释所看到的不同星系类型？天文学家知道，在哈勃分类方案（见 15.1 节）中，各个类别之间的演化关联并不简单。因此，为了回答这个问题，我们必须了解星系是如何形成的。

遗憾的是，与恒星形成和恒星演化理论相比，星系形成理论仍然处于萌芽阶段。星系的复杂程度远高于恒星，观测难度更大且观测结果更难解释。更重要的是，各恒星几乎从不相互碰撞（恒星演化导致双星子星并合的情形除外），因此各星系中的大多数恒星均是孤立演化的（见 12.3 节）。但是，星系在一生中可能会遭遇多次碰撞，这就使得其演化历史变得更加难以破译。实际上，星系碰撞（如上节所述）模糊了星系形成与星系演化之间的差异，使得二者很难区分开来。

虽然如此，部分普遍观点仍然获得了人们的广泛认可，我们可以对自己看到的星系过程提出一些看法：首先描述小型星系如何形成大型星系的一般场景，然后讨论星系如何因内部恒星演化和外部影响而随时间变化，最后考虑哈勃分类方案中的星系类型如何适应这一广阔场景。

16.3.1 并合

早在宇宙形成之初，原始物质中的小密度起伏开始增多，星系形成的种子即已播下（见 17.7 节）。这里的讨论始于这些已经形成的星系前气云/气斑。这些气云的质量非常小，仅为数百万倍太阳质量，大致相当于当前最小矮星系（实际上可能是这一早期阶段的遗迹）的质量。大多数天文学家认为，星系通过不断并合较小的天体而生长，如图 16.9a 所示。我们可将其与恒星形成过程进行对比，在恒星形成过程中，大片云碎裂成较小的云碎片，直到最终变成恒星（见 11.3 节）。

早期宇宙的计算机模拟清晰显示了并合的发生，为这种等级式并合场景提供了理论依据。天文观测提供了进一步的有力支持，发现具有较大红移的星系（意味着它们非常遥远，人们看到的光很久以前即已发出）似乎明显比邻近星系更小且更不规则。图 16.9b 和图 16.10 显示了其中的部分图像，所含天体距离地球最远达 50 亿秒差距。模糊的蓝色光斑是独立的小型星系，每个星系的质量仅为银河系的百分之几。它们的不规则形状可能是星系并合的结果，蓝色调则来自并合过程中形成的年轻恒星。

图 16.9c 显示了图 16.9b 中部分天体的详细图像，这些天体均位于同一个太空区域（直径约为 1Mpc，距离地球近 5000Mpc）内。每个小斑点/小云似乎都包含数十亿颗恒星，这些恒星广泛分布在一个变形的球体（直径约为 1kpc）中。它们的色调明显偏蓝，表明活跃的恒星形成已在进行中。我们看到的只是它们近 100 亿年以前的外观，一组年轻星系可能即将并合为一个（或多个）更大的天体。

等级式并合为所有现代星系演化研究提供了概念框架，描述了始于数十亿年前并且持续至今（虽然速度大大降低）的过程，各星系持续不断地碰撞和并合。通过研究星系性质如何随距离变化及回溯时间，天文学家正在努力地拼凑宇宙的并合历史（见更为准确 15.1）。

图 16.10 是一幅极其壮观的哈勃图像，显示了一小片天区中的数十亿年星系演化。在具有容易辨别哈勃类型的大型亮星系中，大部分星系（基于红移）是距离相对较近的天体，背景则是距离非常遥远的暗淡小型不规则星系。与前景中的星系相比，这些遥远星系的大小和外观有力支持了如下的基本观点：星系通过并合而生长，过去更小且不那么规则。

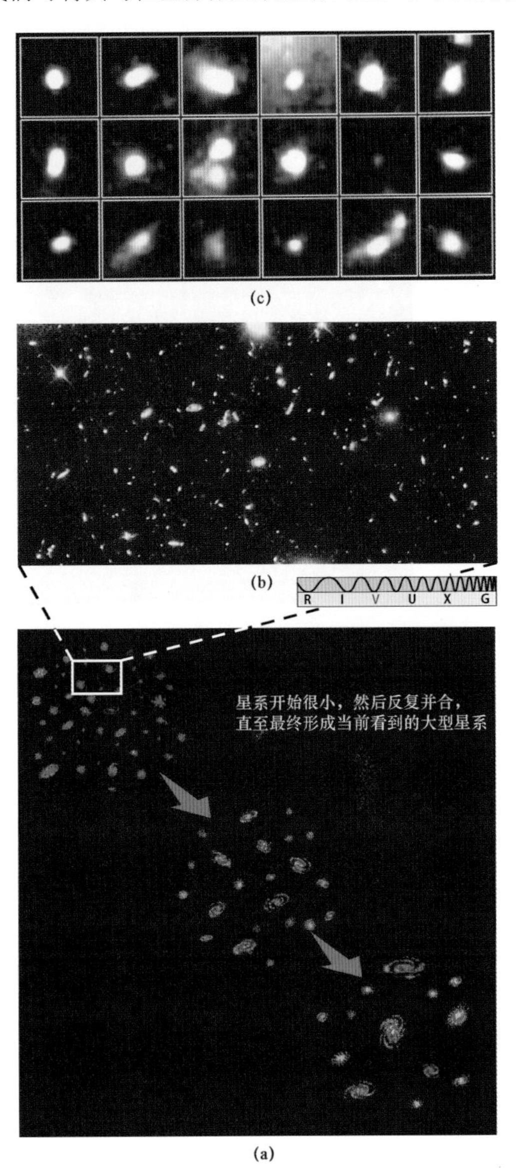

图 16.9 星系形成。(a)目前关于星系形成的最佳理论认为，大型星系是由小型星系通过碰撞和并合而成的；(b)这是宇宙最深处的照片之一，为数百个星系碎片提供了化石证据，距离地球最远可达 5000Mpc；(c)图(b)中多个选定部分的放大视图，表明富（10 亿颗恒星）星系团均位于相对较小的空间体积内（直径约为 1Mpc），这样的星系前碎片可能即将并合成一个星系。照片中的事件发生在约 100 亿年前（NASA）

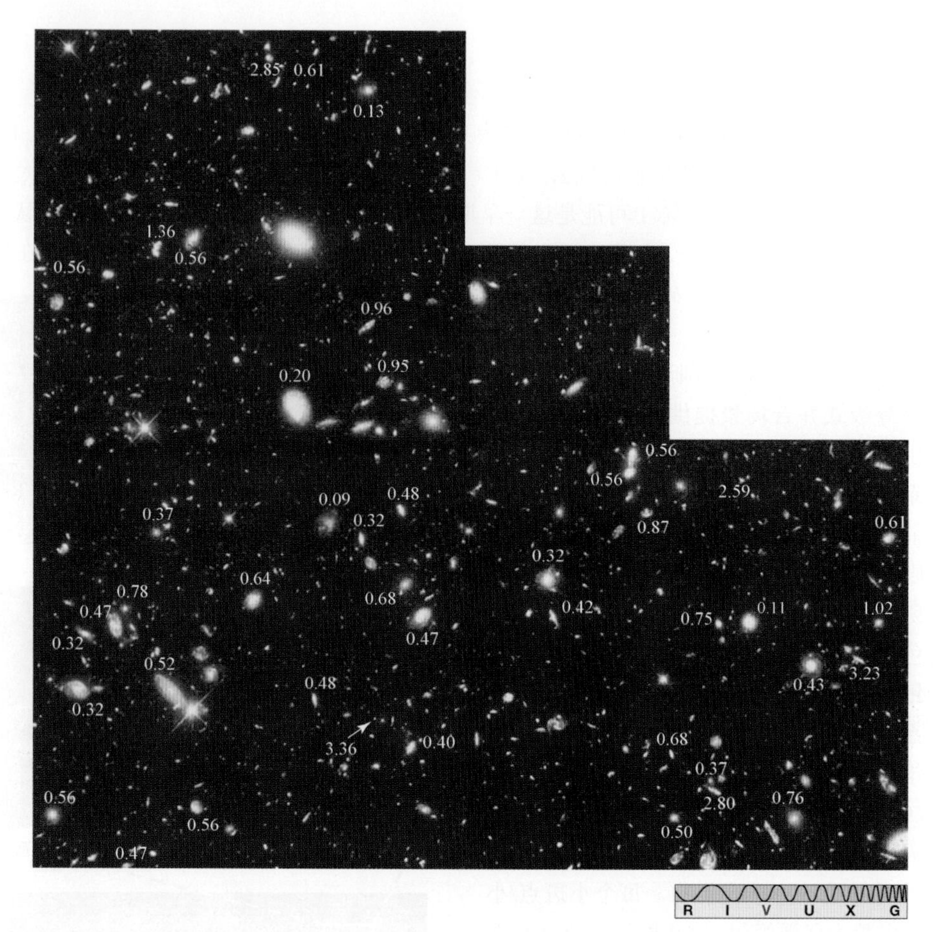

图 16.10 哈勃深场。在这幅深空光学图像中，可以看到大量形状不规则的小型年轻星系。这幅图像称为哈勃深场北区（Hubble Deep Field-North），曝光时间约为 100 小时，捕获天体的最暗星等可达 30。红移测量结果（叠加显示夏威夷凯克天文台的观测值）表明，其中部分星系距离地球约数十亿秒差距（见 15.3 节）。视场跨度约为 2′，或者小于满月所对应区域的 1%（NASA; Keck）

16.3.2 演化和相互作用

若保持孤立状态，一个星系将缓慢且相当稳定地演化，星际气体和尘埃云变成新一代恒星，主序星演化为巨星，最终演化为致密遗迹——白矮星、中子星和黑洞（见 11.3 节和 13.5 节）。随着恒星演化周期的循环及星际物质的富集，星系的整体颜色、组成和外观都发生改变（见 12.7 节）。

若星系为缺乏星际气体的椭圆星系，则当其中的大质量恒星燃烧殆尽且没有替代者时，该星系就会随着时间的推移而变暗和变红（见 12.6 节）。对于富含气体的星系（如旋涡星系或不规则星系），只要气体仍然保持可用，则热亮星就会为整体星光赋予蓝色调。就像在银河系中一样，由于星系周围新鲜气体的内落，旋涡星系盘的恒星形成寿命可能会延长（见 14.4 节）。

但是，许多星系并不孤立，它们以小型星系群和星系团的形式存在，而且如前所述，它们的有序内部演化可能会因外部事件（密近交会、并合以及较小伴星系的长时间累积）的影响而变得非常复杂。如 16.2 节所述，这些相互作用可能会重新排列一个星系的内部结构，以及触发突然且强烈的恒星形成爆发。交会双方还可能将燃料转移到中心黑洞，为一些星系核的狂暴活动提供能量（见 15.5 节）。因此，星暴和核活动是各星系之间相互作用和并合的关键指标。

通过详细研究星暴星系和活动星系核，人们发现大多数此类交会可能发生在很久以前——红移大于 1 的星系中，意味着我们看到的星系是其约 100 亿年以前的样子（见表 15.2）。近域宇宙中观测到的星系相互作用是这个基本过程到当前的延续。图 16.11 对这些古老事件进行了图形化总结。

由于星系的类型和质量多种多样，导致各种可能的相互作用令人困惑，这里只强调其中的几个。首先考虑彼此绕转的两个星系——双重星系。当围绕轨道运行时，两个星系与彼此的暗晕相互作用，一个星系通过引潮力从另一个星系剥离晕物质。被释放的物质在两个星系之间重新分配，或者从双重星系中彻底消失。无论哪种情况，相互作用都会改变两个星系的轨道，使得它们朝向对方螺旋式运动，直至最终并合。

若这两个星系的质量差异特别巨大，则该过程俗称星系吞食（galactic cannibalism）。这种吞食或许能够解释超大质量星系为何通常出现在富星系团的核心位置。吞食伴星系后，它们现在静待在星系团中心，等待更多的食物自投罗网。图 16.12 是非常壮观的图像组合，显然捕捉到了这一吞食过程。

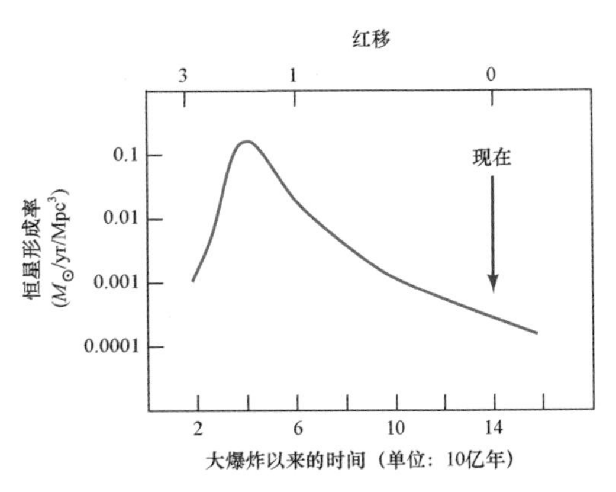

图 16.11　星系构建和恒星形成。通过观测与地球之间不同距离的许多不同星系的光度，人们发现宇宙中的恒星形成率峰值出现在大爆炸之后数十亿年。这标志着星系的最快生长时期，较小星系并合而形成最大星系

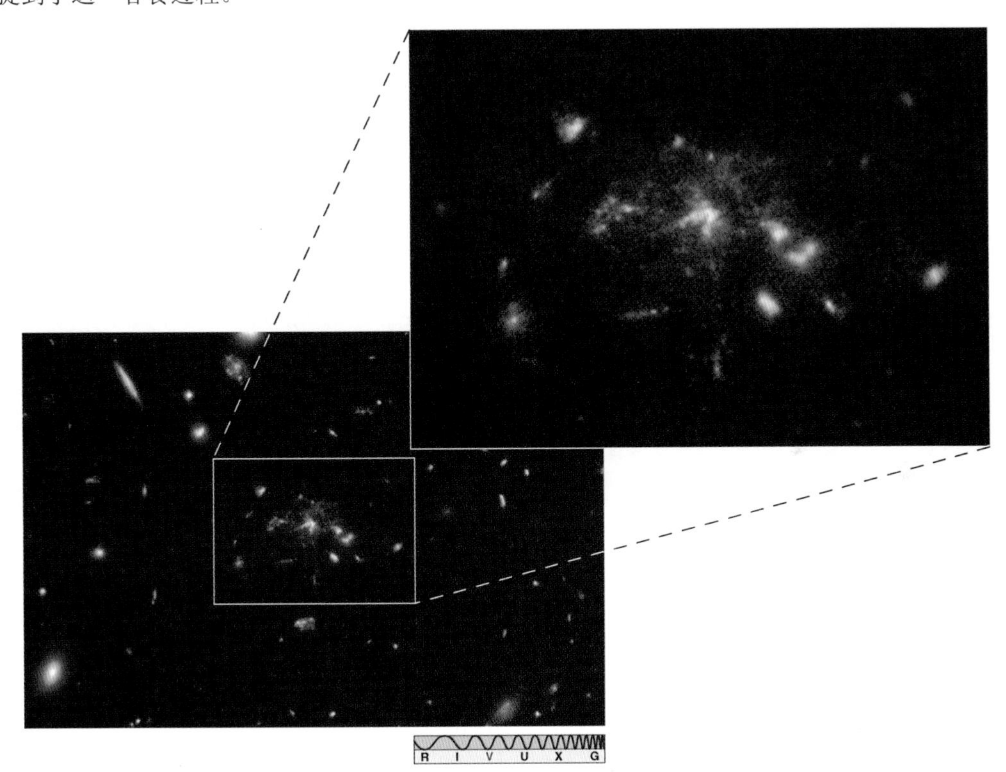

图 16.12　星系吞食。大多数星系可能通过自下而上的方式发展壮大，即通过不断并合较小的星系来形成大型星系。这幅引人注目的图像捕获了约 100 亿年前（即大爆炸之后数十亿年）的吞食过程。主图像显示了包含数百个星系的年轻星系团的一部分，中心位置是星表编号为 MRC 1138-262 的射电星系，俗称蜘蛛网星系。插图清晰地显示了数十个小星系即将并合成单个巨型天体（实际上是质量最大的已知星系之一）(NASA/ESA)

在距离银河系较近的地方，也可找到星系吞食的例子。图 16.13a 描绘了一个矮星系被银河系瓦解，只留下剥离了恒星的潮汐流，潮汐流的所有部分都具有相似的轨道和组成，且仍然沿用其母星系的轨道路径。小型人马矮星系（见图 15.12）正在经历这样的命运，理论研究表明，麦哲伦云（见图 15.7）最终也会遭遇同样的结局（见 15.2 节）。在银晕中，天文学家已经发现了大量潮汐流（见 14.4 节）。图 16.13b 是斯隆数字化巡天（见发现 16.1）的广角镶嵌图像，大致覆盖了从银心向外观测时北部天空的一半，显示了穿越视场的几条恒星流。最突出的潮汐流（已标记）代表了人马矮星系过去 5 亿年

间的两条轨道，它们的天空位置与人马矮星系的测量轨道性质一致。从地球视角观测，人马矮星系当前位于相反的方向。

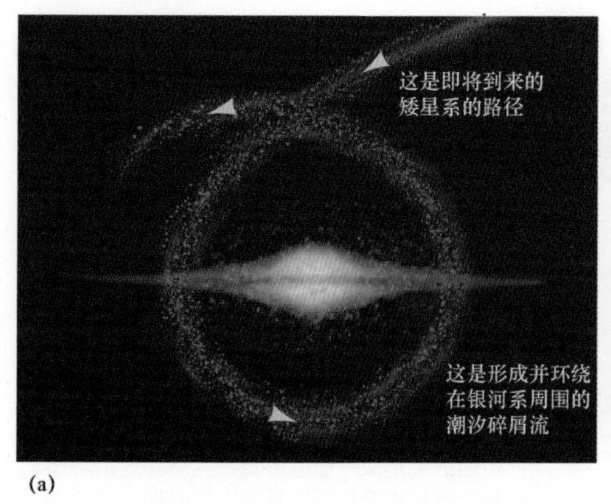

(a)

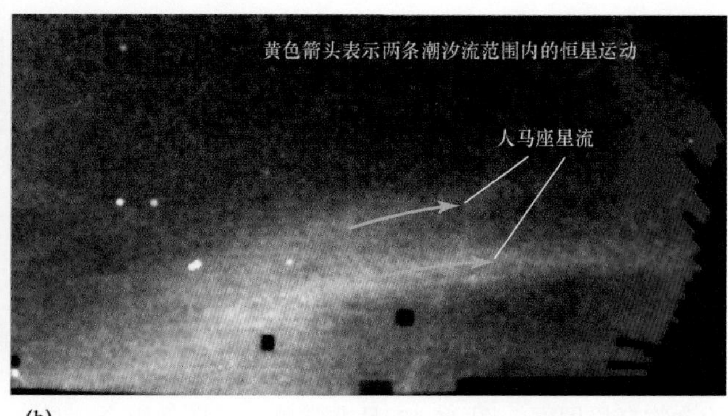

(b)

图 16.13　银河系中的潮汐流。(a)被银河系捕获的伴星系物质的碎裂和散布。较小星系最终溶解，就像其他矮伴星系很久以前可能被银河系吞噬一样；(b)在这个银河系外层视图中，显示了已从被瓦解卫星星系中“撕离”的无数恒星（颜色表示距离，蓝色最近）。几条潮汐流非常明显，最大的潮汐流位于中心部位，显示了人马矮星系的巨大拱形死亡旋涡的两条轨道（V. Belokurov; SDSS）

下面考虑正在相互作用的两个盘星系，其中一个星系略小于另一个星系，但是每个星系的质量都与银河系的质量相当。如图 16.14（计算机成图）所示，较小的星系能够极大地扭曲较大的星系，导致旋臂出现在以前不存在旋臂的地方。整个事件需要经历数亿年时间，但是超级计算机几分钟内即可完成建模。在图 16.14 中，最后一幅图的外观与图 15.2b 所示的双星系非常相似，示范了这两个星系在数百万年前可能如何相互作用，以及旋臂可能如何因此而产生（或增强）。

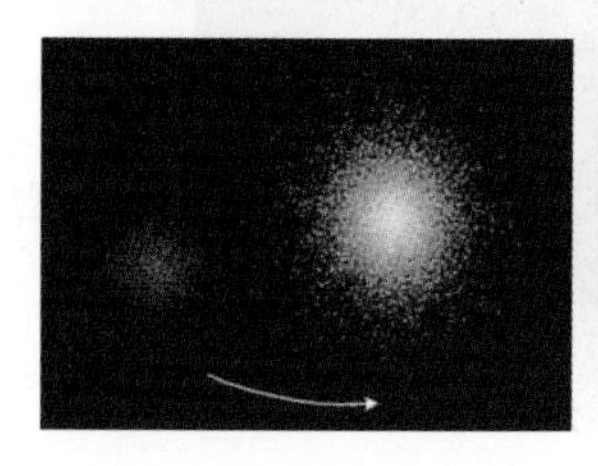
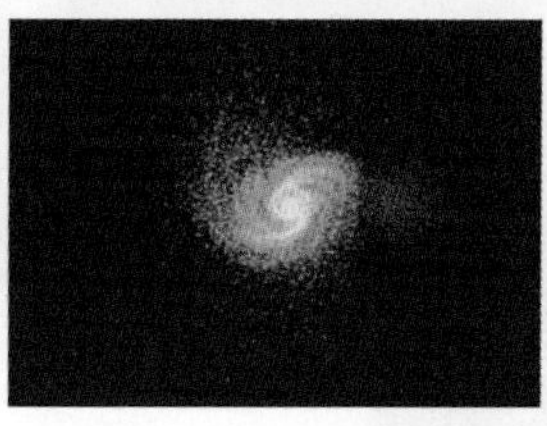
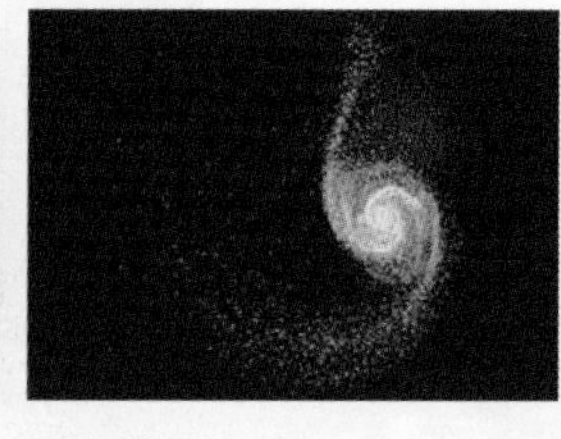
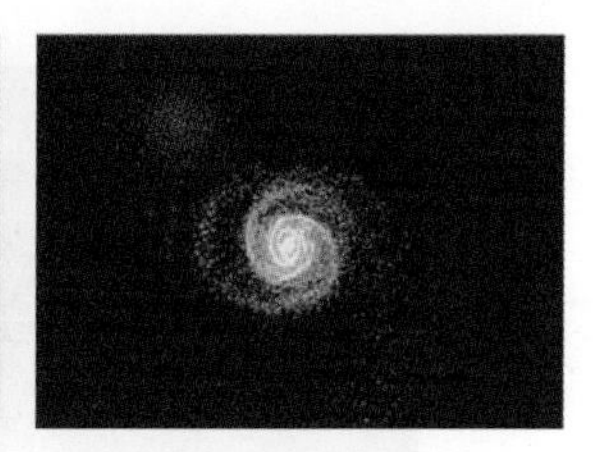

时间

图 16.14　星系相互作用。在形成之后的很长时间内，星系可能改变形状。在计算机生成的这个图像序列中，两个星系密切互动了数亿年时间。通过引力作用，较小的星系（红色）瓦解了较大的星系（蓝色），使其变成旋涡星系。将这个超级计算机模拟的结果与图 15.2b（M51 及其小型伴星系照片）进行比较（J. Barnes & L. Hernquist）

若正在碰撞的两个星系的大小和质量相差无几，则结果应会如何？计算机模拟结果显示，这样的并合可能会摧毁旋涡星系的星系盘，进而产生整个星系范围内的星暴事件（见 15.4 节）。在并合的狂暴性及后续超新星的影响下，大部分剩余气体被喷射到星际空间中，产生 16.1 节中曾经提到的炽热星系团内气体。当恒星形成爆发逐渐消退时，形成的天体外观特别像椭圆星系。椭圆星系的炽热 X 射线晕是原始旋涡星系盘的最后遗迹（见 15.1 节）。图 16.8 中的并合星系和图 16.7 中的不规则星系可能是正在进行的这种现象的例子。在部分图像中，蓝色小斑点是星暴期间形成的年轻星团，特别是图 16.7c 中的爆发性外观表明，我们正在目睹气体和尘埃被喷出。

概念回顾

巨洞中的星系演化为何不同于星系团中的星系演化？

16.3.3　建立哈勃序列

若星系通过反复并合而形成和演化，则是否能够解释哈勃序列（特别是旋涡星系与椭圆星系之间的差异）？细节仍然不明朗，但答案现在似乎是肯定的。碰撞和密近交会是随机事件，并不代表能够关联所有星系的真正演化序列。但是，计算机模拟结果表明，从仅由不规则且富含气体的星系碎片组成的宇宙开始，人们观测到的哈勃类型可能就以一种看似合理的方式出现。

如前所述，计算机模拟结果显示，主并合（大小相当的大型星系之间的碰撞）趋于摧毁星系盘，从而有效地将旋涡星系变成椭圆星系。另一方面，次并合（较小星系与较大星系相互作用，最终被后者吸收）通常会保持较大星系的完整性，哈勃类型与并合前的较大星系大致相同（或多或少）。这是大型旋涡星系最可能的生长方式，银河系可能就是以这样的方式形成的。

支持这一总体推演的证据来自以下观测结果：在星系密度较高的区域（如富星系团的中心区域），旋涡星系相对罕见。这与旋涡星系的脆弱星系盘很容易被碰撞所摧毁的观点相一致，因为碰撞在致密星系环境中更常见。在更大的红移（即过去）处，旋涡星系似乎也更常见，这意味着其数量随着时间的推移而减少，这可能也是碰撞的结果。但是，在天文学领域中，任何事情都并不完全确定。天文学家知道，在宇宙的低密度区域中，许多孤立的椭圆星系很难解释为并合的结果。

一般而言，在宇宙的恒星形成史上，与星系并合相关的星暴会以与星系性质相关的方式留下印记。因此，对检验和量化整个等级式并合场景的细节而言，研究遥远星系中的恒星形成已成为一种非常重要的方式。

科学过程回顾

天文学家采用哪些方式来检验等级式并合场景的预测？

16.4 星系中的黑洞

现在思考一个问题：类星体和活动星系如何融入刚才描述的星系演化架构？类星体在距离地球非常遥远的地方更常见，这个事实表明它们过去比现在更普遍（见 15.4 节）。据观测，类星体的红移大于 7，某些观测者报告的星系红移甚至大于 10，因此这一过程必定至少始于 130 亿年前（见表 15.2）。但是，大多数类星体的红移为 2～3，对应于约 20 亿年后的某个时期。大多数天文学家认为，类星体代表了星系演化的早期阶段——青少年发展阶段，在进入更稳定的成年期之前，容易频繁出现闪耀和爆发。黑洞的能量产生机制同样能够解释类星体、活动星系及正常星系（如银河系）中心区域的光度，这个事实使得这种观点得到了强化。

16.4.1 黑洞质量

第15 章介绍了大多数天文学家接受的活动星系核标准模型——气体被吸积到超大质量的黑洞上（见 15.5 节）。此外，所有明亮星系中的很大一部分都存在某种类型的活动，但是许多时候仅能代表星系总能量输出的一小部分，说明这些星系中也可能存在中心黑洞（适当条件下具有更大的活动潜力），银河系就是一个较好的例子（见 14.7 节）。银心黑洞的质量为 300 万～400 万倍太阳质量，目前尚未处于活动状态，但是若能获得新燃料（如距离黑洞强引力场过近的恒星或分子云），则其可能会成为一个相对较弱的活动星系核。

近年来，天文学家发现许多明亮正常星系的中心存在超大质量黑洞，图 16.15 显示了或许是正常星系中心存在超大质量黑洞的有力证据。利用甚长基线阵（Very Long Baseline Array，由 10 台射电望远镜组成的跨洲干涉仪），美国和日本的一个协作团队获得了优于哈勃太空望远镜（见 3.4 节）数百倍的角分辨率。观测结果显示，一群分子云正以良好的组织方式绕星系中心旋转。多普勒测量结果显示，一个略微翘曲的自旋盘精确地以星系核为中心。由自转速率可知，超过 4000 万倍太阳质量的物质堆积在直径不到 0.2pc 的区域内。

类似的证据表明，在银河系周围几千万秒差距范围内，数十个亮星系（有些是正常星系，有些是活动星系）的星系核中也存在超大质量的黑洞。有些观测者甚至认为，在每个被探测星系可能已经探测到黑洞的情况下，考虑到观测分辨率和灵敏度，黑洞实际上已被发现。距离获得每个亮星系（无论活动与否）中均包含一个中心超大质量黑洞这个非凡的结论，我们只差一小步，这个普遍性原理从根本上关联了正常星系理论和活动星系理论。

天文学家还发现了中心黑洞的质量与其所在星系的性质之间的相关性，最大黑洞趋于出现在最大质量的星系中（以核球质量衡量），如图 16.16 所示。这种相关性的原因尚不完全清楚，但是大多数天文学家认为，这意味着正常星系和活动星系的演化必定密切相关。

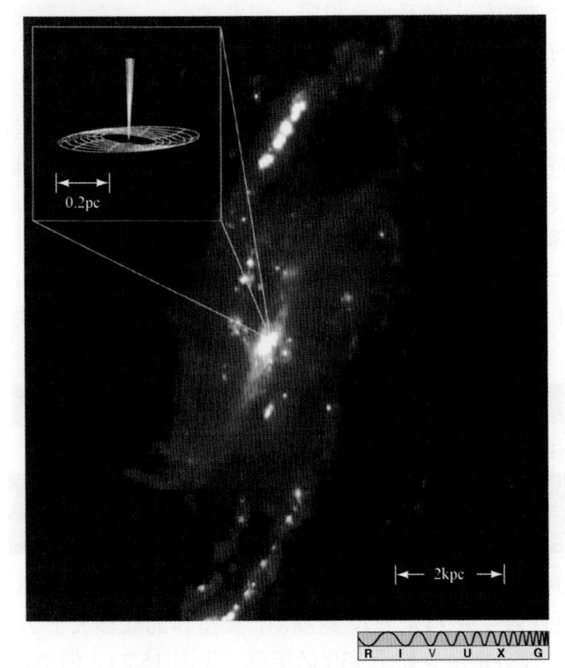

图 16.15 星系黑洞。某射电望远镜网络探测到了旋涡星系 NGC 4258 的星系核，这里主要显示为氢发射的光。在最内层的区域中（插图），多普勒频移分子云（由红点、绿点和蓝点表示）星系盘完全遵循开普勒第三定律，表明星系盘中心明显有一个巨型黑洞（J. Moran）

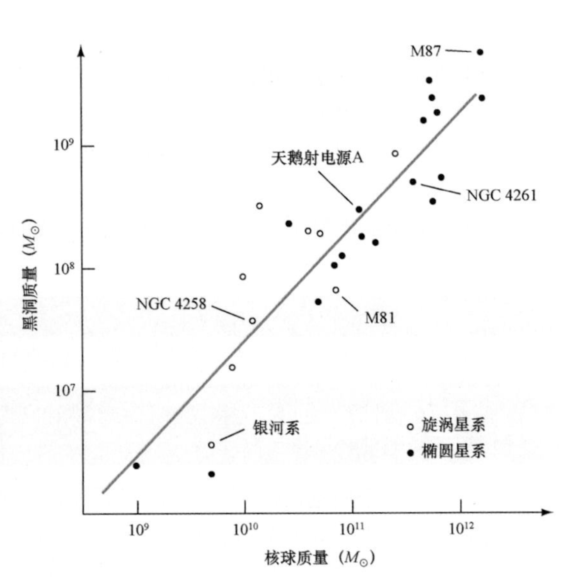

图 16.16 黑洞质量。通过观测邻近的正常星系和活动星系，人们发现中心黑洞质量与星系核球的质量密切相关。这条直线是许多星系数据点的最佳拟合线，说明黑洞质量是核球质量的 1/200（L. Ferrarese）

16.4.2 类星体时期

星系中的超大质量黑洞来自何处？坦诚地说，对于宇宙历史早期首批 10 亿倍太阳质量黑洞的形成过程，人们目前还不完全了解。形成最古老已知大质量系统所需的吸积率对当前理论模型提出了挑战，但是负责能量发射的吸积也自然负责解释黑洞的质量——仅百分之几的内落质量被转换为能量，这些内落质量一旦穿过事件视界，剩余质量就会被黑洞永远俘获（见 13.5 节）。简单计算表明，为类星体提供能量所需的吸积率通常与其他方法推导的黑洞质量一致。

因为已知最亮的类星体每年吞噬约 1000 倍太阳质量的物质，所以不太可能较长时间地保持光度（即便保持光度 100 万年，也需要 10 亿倍太阳质量），这足以解释已知的最大质量黑洞（见 15.4 节）。这表明典型类星体在耗尽燃料之前，在高光度阶段只能停留相当短的时间（或许为数百万年）。因此，大多数类星体都是很久以前发生的相对短暂的事件。

类星体的形成需要黑洞和足够燃料为其提供能量。在宇宙历史的早期阶段，虽然燃料非常丰富（气体和新形成的恒星），但是黑洞数量并不多（甚至尚未形成）。第 12 章介绍了恒星演化的基本过程，黑洞形成很可能与其相同，但是具体细节尚不清楚（见 12.4 节）。对最终为类星体提供能量的超大质量黑洞而言，基础组成部分很可能是相对较小的黑洞，质量约为数十倍（或数百倍）太阳质量。这些较小的黑洞下沉到仍在形成的母星系中心，并合成一个更大质量的黑洞。

当星系并合时，它们的中心黑洞随之并合，超大质量（100 万～10 亿倍太阳质量）黑洞最终出现在许多年轻星系的中心。有些超大质量黑洞可能直接形成于原星系碎片致密中心区域的引力坍缩，或者形成于宇宙中特别致密区域的吸积或系列快速并合。这些事件形成了已知最早（红移为6～7）的类星体，它们在 130 亿年前发出明亮的光芒。但是，在大多数情况下，并合需要更长的时间（大致需要额外的 20 亿年），到那时（红移为 2～3，约 110 亿年前），许多超大质量黑洞已经形成，且仍然有大量并合驱动的燃料可为它们提供能量。这就是宇宙中类星体时期的高峰期。

直到最近，天文学家仍然相信黑洞会在母星系碰撞时发生并合，但是没有证明这个过程的直接证据，即未拍摄到两个黑洞并合时的真实图像。2002 年，在特高光度星暴星系 NGC 6240 的中心，钱德拉 X 射线天文台发现了一个双黑洞（质量均为数千万倍太阳质量的两个超大质量的天体），该星系本身是约 3000 万年前一次星系并合的产物。图 16.17 显示了这个双黑洞的光学和 X 射线图像。黑洞是 X 射线图像（假彩色）中心附近的两个蓝白色天体，它们彼此绕转且仅相距 1000pc，且正在与恒星和气体相互作用而失去能量，预计将在约 4 亿年后发生并合。现在，天文学家知道相对较近的星系中存在几个双黑洞，并且实际观测到了螺旋式接近的情形，预计它们未来将发生并合。NGC 6240 距离地球仅约 120Mpc，因此人类距离实际观测早期宇宙中的类星体并合仍然非常遥远。但是，天文学家认为，随着星系碰撞和类星体燃烧，类似事件在数十亿年前一定发生过无数次。

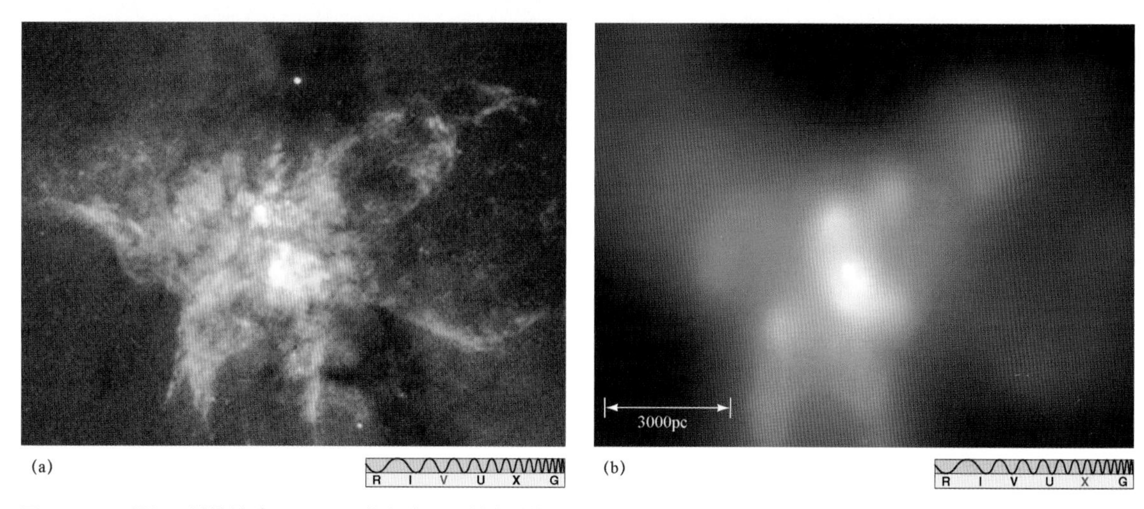

图 16.17 双黑洞。星暴星系 NGC 6240 的光学和 X 射线图像。(a)光学（哈勃）图像；(b)X 射线（钱德拉）图像。图中显示了两个超大质量黑洞（X 射线图像中心附近的蓝白色天体），它们相互绕转且仅相距约 1kpc。理论计算表明，二者将在约 4 亿年后发生并合，释放出强烈的引力辐射（见发现 13.1）（NASA）

与其明亮的类星体核相比，遥远星系通常要暗淡得多，因此，直到最近，天文学家仍然很难在类星体图像中辨别出任何星系结构。自 20 世纪 90 年代中期以来，通过利用哈勃太空望远镜，几个天文学家团队一直在搜寻中等距离类星体的宿主星系。在从哈勃图像中移除明亮类星体核并仔细分析残余光后，研究人员宣称在每个研究案例（迄今为止有数十个类星体）中，均可见到一个包裹类星体的宿主星系。图 16.18 显示了一些最长时间曝光的类星体，即使未经过复杂的计算机处理，宿主星系也清晰可见。

如第 15 章所述，活动星系与星系团之间的关联已被较好地建立，许多距离相对较近的类星体也被认为是星系团的成员（见 15.4 节）。但是，对最遥远的类星体而言，这种关联性却并不清晰，因为它们的距离实在过于遥远，以致其他星系团的成员非常暗淡而极难观测。但是，随着已知类星体数量的不断增多，类星体聚集成团的证据（由此可能还涉及年轻星系团中的类星体成员资格证据）也越来越多。因此，据我们所知，类星体活动（实际上还包括所有类型的星系活动）与星系团中的相互作用和碰撞密切相关。

这种关联还提出了黑洞生长方式或许与其母星系生长方式密切相关。天文学家推测，在一种称为类星体反馈（quasar feedback）的过程中，类星体巨大能量输出的一部分被周围星系的气体所吸收，这或许有助于解释图 16.16 中所示的黑洞与核球质量的相关性。根据这一观点（有吸引力但无法确定），吸收的能量将气体从星系中排出，同时终止星系中的恒星形成和类星体自身的燃料供应，进而将中心黑洞的生长与核球中的新恒星形成关联在一起。

图 16.18　类星体的宿主星系。这些遥远类星体的长时间曝光图像，显示了类星体所在的年轻宿主星系，支持了类星体代表星系演化的早期特高光度阶段的观点。左侧的类星体是最佳示例，星表名称为 PG0052 + 251，距离地球约 690Mpc（NASA）

16.4.3　活动星系和正常星系

早期的频繁并合或许补充了类星体的燃料供应，并且延长了其发光寿命。但是，随着并合率的下降，这些系统处于明亮阶段的时间越来越少。大约在 100 亿年前，明亮类星体的数量快速下降，标志着类星体时期的结束。如今，类星体的数量几乎已降至零（回忆可知，最近的类星体距离地球约几亿秒差距）（见 15.4 节）。

大型黑洞不会简单地消失。若一个星系 100 亿年前包含一个明亮的类星体，则在所有年轻活动中发挥作用的黑洞今天必定仍然存在于星系中心。我们在活动星系中观测到了这样一些黑洞，其余黑洞则在周围的正常星系中休眠。从这个角度看，活动星系与正常星系之间的差异主要是燃料供应问题。当燃料耗尽和类星体消亡时，中心黑洞仍然得以苟延残喘，但能量输出则缩减到相对很小的程度。正常星系中心的黑洞处于静默状态，等待着另一次相互作用来触发一次新的活动爆发。两个相邻星系偶尔可能会相互作用，导致大量新燃料直接涌向其中一个（或两个）星系的中心黑洞。引擎启动一段时间后，就会产生我们所观测到的邻近活动星系（赛弗特星系、射电星系和其他星系）。

若这个总体场景正确，则许多相对较近的星系（可能并不是银河系，银心黑洞的质量现在也仅为 300 万～400 万倍太阳质量）必定曾是闪耀的类星体（见 14.7 节）。此时此刻，或许某些外星天文学家（距离地球几十亿秒差距的位置）正在观测室女星系团中 M87 的前身天体（查看其数十亿年前的样子），并对其超强的光度、非恒星光谱和高速喷流发表评论，想要弄清楚何种奇特的物理过程可以解释其狂暴的活动（见 14.4 节）。

最后，如图 16.19 所示，在类星体、活动星系和正常星系之间，可能存在一些演化关联（但未经证实）。若最大黑洞位于最大质量的星系中，且趋于为最亮的活动星系核提供能量，则可以判断最亮星系核应当位于最大的星系中，这个最大的星系可能是通过其他大型星系的主并合产生的。因为这种并合的产物是椭圆星系，所以可以合理地解释最亮活动星系（射电星系）为何应与大型椭圆星系相关（见 15.4 节）。在通往旋涡星系的道路上，应当涉及一系列较小星系的并合，以便道路沿线形成的赛弗特星系不那么狂暴。

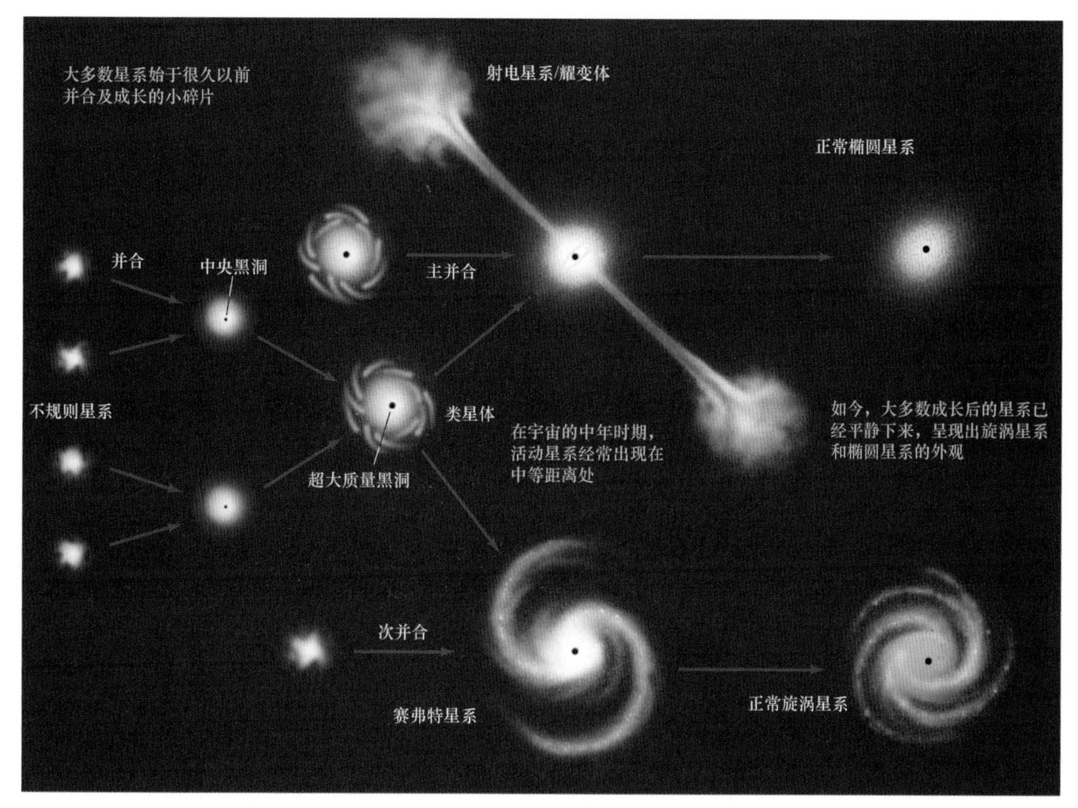

图 16.19　星系演化。星系的大多数演化序列始于星系并合，产生高光度的类星体，然后通过射电星系和赛弗特星系降低狂暴程度，最终形成正常椭圆星系和旋涡星系。在以后的时间里，为早期活动提供能量的中心黑洞仍然存在，但是其中的许多黑洞已耗尽了燃料

科学过程回顾

正常星系中存在超大质量黑洞如何与活动星系演化理论保持一致？

16.4.4　活动星系和科学方法

当首次发现活动星系核（特别是类星体）时，它们的极端性质挑战了传统解释。最初，为了解释那些令人困惑的天体的极大光度和较小体积，在几个相互竞争且差异较大的假设中，星系中存在超大质量黑洞（100 万～10 亿倍太阳质量）的观点只是其中之一。有些天文学家认为能量源可能是多次超新星爆发，还有些天文学家认为可能是某种奇异物质形式（反物质湮灭）正在发生，少部分人甚至提出这些令人费解的天体需要一种更激进的解释：哈勃定律不正确，类星体的较大红移缘于其他未知因素。

但是，随着观测证据的不断增多，其他假设被人们逐一放弃，星系核中存在大质量黑洞已成为活动星系的主导理论，直至最终成为标准理论。科学研究中经常出现以下情形：一种理论曾被认为是极端理论，但是后来得到了普遍认同。活动星系远未威胁到物理定律（像某些天文学家曾经担心的那样），它们目前是人们理解星系如何形成和演化的不可或缺的部分。对正常星系、活动星系、星系形成和大尺度结构的综合研究是河外天文学取得的伟大成就之一。

概念回顾

是否每个星系都具有潜在的活动性？

16.5　甚大尺度上的宇宙

如 15.2 节所述，许多星系（包括银河系）都是星系团的成员。星系团是通过自身的引力束缚在一起

的结构（大小级别为百万秒差距），银河系所在的小型星系团称为**本星系群**（Local Group）。图 16.20 显示了若干星系团的位置，例如距离地球最近的大型星系团——室女星系团，以及宇宙邻域中其他几个明确定义的星系团。图中所示区域的直径约为 70Mpc，每个点都代表一个完整的星系（距离已通过第 15 章中描述的方法之一测定）。

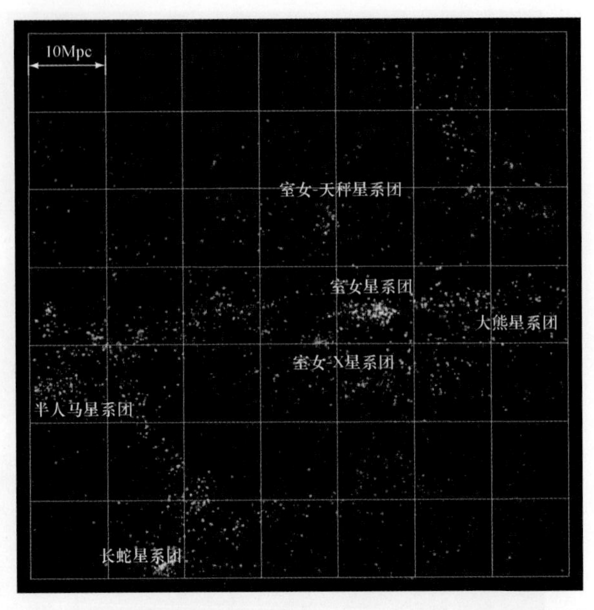

图 16.20　本超星系团。这里绘出了室女星系团附近的 4500 多个星系，并且特别标出了几个主要的星系团。本图大致描绘了从银河系视角观测到的室女超星系团，银河系大致位于图形之外上方约 20Mpc（两个方格）的位置。注意观察超星系团的不规则细长形状（B. Tully 和 S. Levy）

16.5.1　星系团集群

星系团是最高宇宙层级吗？宇宙中是否存在更大的物质集群？大多数天文学家已经得出结论，认为各星系团本身还能继续集群，形成称为**超星系团**（supercluster）的巨大物质附聚。

图 16.20 中所示的星系和星系团共同形成了**本超星系团**（Local Supercluster），也称**室女超星系团**（Virgo Supercluster）。除了自身，室女超星系团还包含本星系群以及距离室女星系团 20～30Mpc 的许多其他星系团。图中描绘的大部分星系都是规模相当大的旋涡星系和椭圆星系；图中未包含较暗的不规则星系和矮星系。图 16.21 显示了更宽视场的三维渲染图，描绘了室女超星系团（中心附近）相对于其他邻近超星系团的位置，它们共同位于一个超大的假想矩形体内（最短边长约为 100Mpc）。

总之，本超星系团的直径为 40～50Mpc，包含约 10^{15} 倍太阳质量物质（数万个星系），形状非常不规则。本超星系团在垂直于银河系与室女星系的连线方向上明显拉长，中心位于室女星系团附近。迄今为止，在本超星系团中心未发现本星系群不足为奇，因为地球位于距离中心约 18Mpc 的遥远边缘地带。

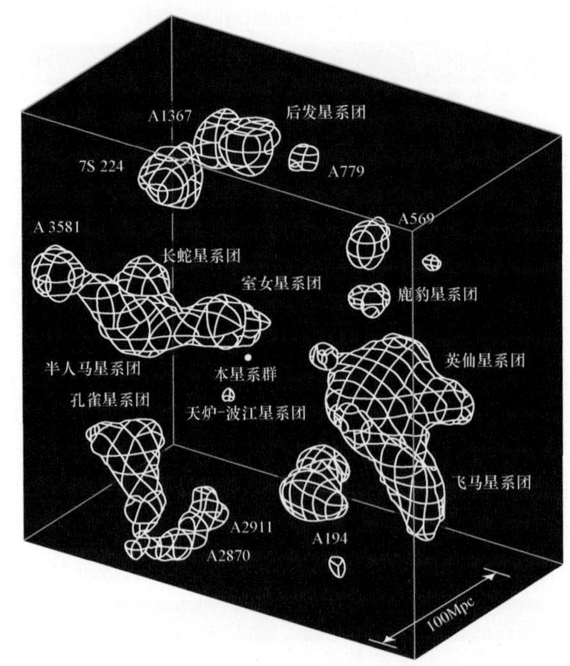

图 16.21　室女超星系团三维视图。室女超星系团（左）的细长形状，以及距离银河系（中心附近的本星系群内）约 100Mpc 内的其他邻近超星系团。图中未显示各孤立星系，而以平滑曲线描绘了各星系团的总体轮廓，且均以最突出的成员名称（或编号）进行标识（M. Hudson）

16.5.2　红移巡天

我们望入深空越远，所见星系、星系团和超星系团就越多。宇宙中是否存在更大尺度的结构？为了回答这个问题，天文学家利用哈勃定律绘制了宇宙中的星系分布图，并且开发了许多间接技术来探测星际空间的暗黑深处。

20 世纪 80 年代，哈佛大学天文学家开展了早期宇宙巡天，部分成果如图 16.22 所示。通过利用哈勃定律作为距离指示器，在从北天开始的一系列 V 形/楔形切片（每个切片的厚度为 6°）中，该团队系统绘制了银河系周围约 200Mpc 范围内的星系位置分布图。第一个切片（见图 16.22）

所覆盖的天区方向恰好几乎垂直于银道面。因为将红移用作基本的示距参数，所以这些研究被称为红移巡天（redshift survey）。

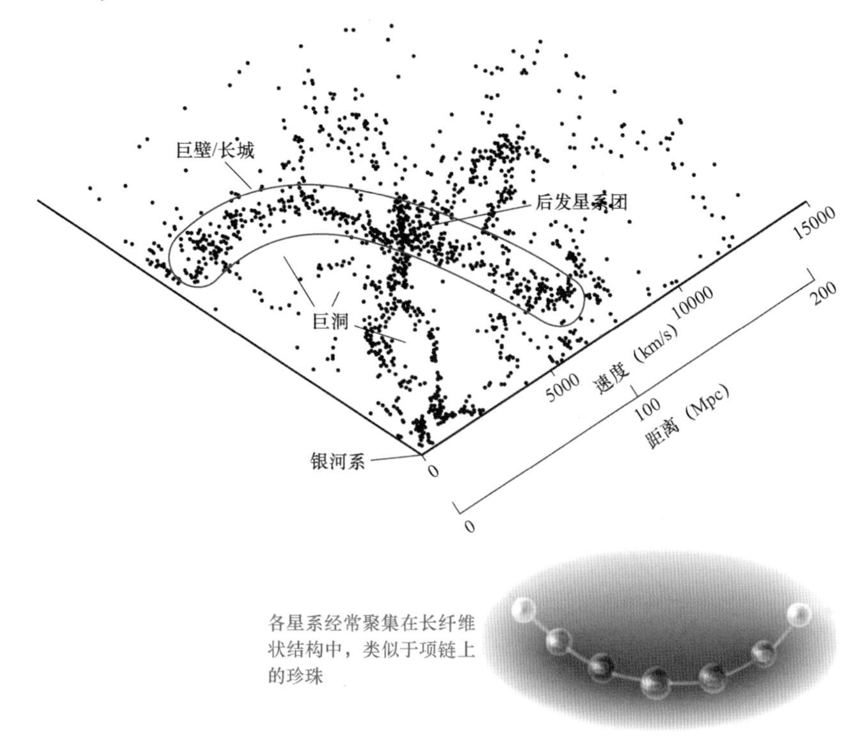

图 16.22 星系巡天。这个宇宙切片中包含 1732 个星系，最远的延伸距离约为 200Mpc，表明大尺度上的星系和星系团并不随机分布，而似乎具有环绕着巨大且几乎为空的巨洞的纤维状结构。切片中心附近的大型后发星系团也可见于图 16.21 中（Harvard-Smithsonian Center for Astrophysics）

此类切片图最明显的特征是，星系在极大尺度上肯定不是随机分布的。这些星系似乎排列在一个纤维状网络中，环绕在巨大且相对空旷的太空区域［称为巨洞（void）］周围。巨洞的体积约占附近宇宙总体积的 50%，但是质量仅占总质量的 5%～10%。最大的巨洞的直径约为 100Mpc。对图 16.22 中的巨洞和纤维状结构而言，最可能的解释如下：星系和星系团广泛散布在太空中的巨型气泡表面，巨洞就是这些巨型气泡的内部。星系似乎像项链上的珍珠一样分布，这缘于宇宙切片切过气泡的特定方式。类似于肥皂水上的气泡，这些气泡充满了整个宇宙，最致密的星系团和超星系团位于若干气泡的交汇区域。室女超星系团（见图 16.20）的细长形状是这种相同纤维状结构的本星系群示例。

大多数理论家认为，对于星系的这种泡沫状分布，以及实际上大于几千秒差距尺度上的所有结构，它们的起源可直接追溯到宇宙最早期的条件（见第 17 章）。对理解宇宙自身的起源和本质而言，这种大尺度结构研究至关重要。完成该次巡天的下三个切片（分别位于第一个切片之上和之下）后，纤维是巡天切片与更大结构（气泡表面）的相交线的观点得到了证实。研究发现，图 16.22 中由红线圈定的区域继续穿过其他切片，大范围延伸的这片星系区域现在称为巨壁/长城（Great Wall），测量值至少为 70Mpc 乘以 200Mpc，这是宇宙中的最大已知结构之一。

图 16.23 显示了更近一次的红移巡天，覆盖范围远大于图 16.22，包含了距离银河系 750Mpc 范围内的近 24000 个星系。图中可见大量巨洞和长城状纤维（部分已标识），但是，除了超远距离的星系数量普遍减少（基于平方反比定律，距离越远的星系越难看到），并未发现大于 200Mpc 尺度上存在任何结构的明显证据。通过开展详细统计分析和更大规模的巡天（见发现 16.1），这一观点得到了证实。显然，巨洞和巨壁代表了宇宙中的最大结构，第 17 章将介绍这个事实的深远影响。

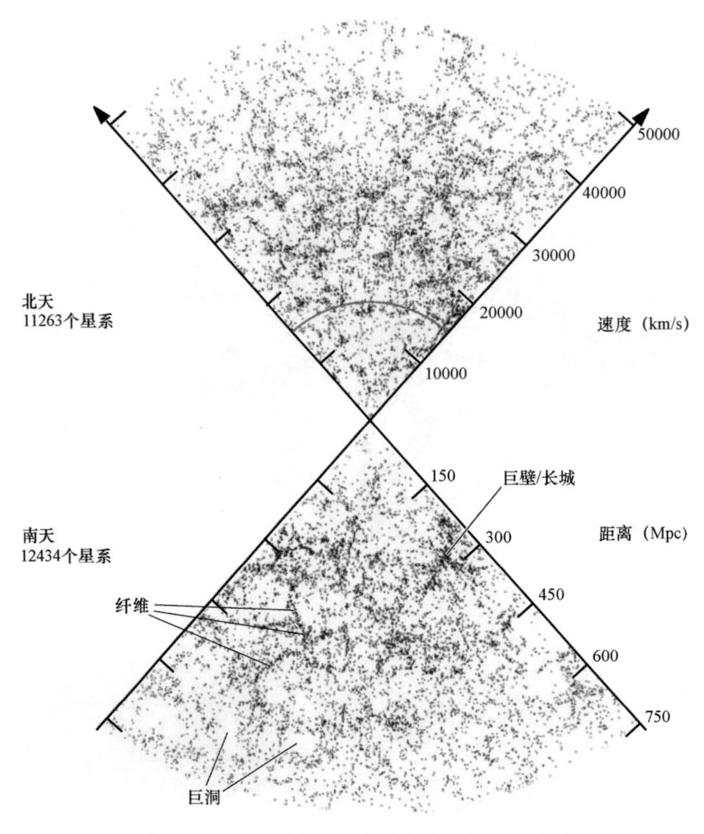

图 16.23 更大尺度上的宇宙。本次大尺度星系巡天由智利拉斯坎帕纳斯天文台实施，覆盖了约 1000Mpc 范围内的 23697 个星系，位于两个 V 形天区［80°（宽）×4.5°（厚）］中。许多巨洞和巨壁非常明显，尺度最高可达 100～200Mpc，但不存在更大的结构。图 16.22 中所示的巡天范围已按比例标记为该图北天中的蓝色细弧线

发现 16.1 斯隆数字化巡天

本书中使用的许多照片均来自体积巨大、知名度高且通常非常昂贵的设备，如 NASA 的哈勃太空望远镜和欧洲南方天文台设在智利的甚大望远镜（见 3.3 节和 3.4 节）。它们获取的壮观深空图像彻底改变了人类对宇宙的看法，但是在 2000 年启动了一个不太知名、成本相当低廉但同样雄心勃勃的项目，从长远来看可能对天文学和人类理解宇宙同样产生重大的影响。

斯隆数字化巡天（Sloan Digital Sky Survey，SDSS）最初是一个为期 5 年的项目，但是后来多次延续，最近一次延长到 2020 年。该项目的设计目标是以前所未有的尺度和精度，系统测绘整个天空的 1/4。该项目编录了近 10 亿颗天体，记录了它们在光谱可见光部分 5 种不同颜色（波长范围）下的视亮度。此外，通过后续的光谱观测，确定了 200 万个星系和 50 万个类星体的红移与距离。这些数据已被用于构建比本书所述更详细的红移巡天，以及探测甚大尺度上的宇宙结构。该巡天的灵敏度非常高，甚至能够探测到距离超过 10 亿秒差距的类似银河系的亮星系，还可探测到整个可观测宇宙中的极亮天体（如类星体和年轻星暴星系）。

第一幅插图显示了斯隆巡天望远镜，这是一台 2.5m 口径的专用设备，位于美国新墨西哥州太阳黑子小镇附近的阿帕奇天文台。该望远镜并非空基望远镜，未采用主动（或自适应）光

学技术，无法像更大型的设备那样探测更远的深空。那么它怎么可能与其他系统竞争呢？这个问题的答案如下：对当前使用的大多数其他大型望远镜而言，数百（甚至数千）名观测者共享设备并争夺时间；斯隆巡天望远镜则是为巡天目标而专门设计，具有宽视场并为该任务提供专门服务，在项目运行期间的每个晴朗夜晚都对天空进行观测。

巡天项目每天晚上都使用相同的设备，并对实际纳入巡天的夜间数据进行严格质量控制。若某个夜晚的视宁度较差，或者存在其他各种问题，则获取的数据将被舍弃，然后重新进行观测。最终产品是一个覆盖了超大空间体积且具有极高质量和均一性的数据库，这是一项里程碑式的成就，也是一种不可或缺的宇宙学工具。巡天视场覆盖了银道面以北的大部分天空，以及银河系南极周围的大片天空。

归档数百万个星系的图像和光谱产生了大量数据。利用该巡天的1.2亿像素相机，数据采集总量中包含了超过100万亿字节（约91TB）的高质量数据。所有的巡天数据现在已向公众发布。第二幅插图显示了中心存在巨椭圆星系的一个邻近星系团，这是组成该完整数据集的数十万幅图像之一。在最近取得的亮点成果中，SDSS探测到了宇宙中的最大已知结构，观测到了最遥远的已知星系和类星体，并在确定描述宇宙的关键观测参数方面发挥了重要作用（见第17章）。

(SDSS;R.Lupton)

SDSS影响了天文学的各个领域，如宇宙的大尺度结构、星系的起源和演化、暗物质的本质、银河系的结构，以及星际物质和系外行星系的性质与分布等。SDSS数据库统一、准确且详细，可能在未来数十年内为几代科学家所用。SDSS的成功还促成了几项更大规模的后续巡天计划。

16.5.3 类星体吸收线

如何探测甚大尺度上的宇宙结构？如前所述，宇宙中的大部分物质都是暗物质，甚至远距离处的发光成分也暗淡到难以探测。当研究大尺度结构时，方法之一是利用类星体的超远距离、点状外观和极高光度，非常类似于天文学家利用亮星来探测太阳附近的星际物质（见11.1节和15.3节）。因为类星体距离地球极其遥远，所以在光从类星体到地球的传播过程中，很可能经过（或靠近）途中某些有趣的东西。通过分析类星体的图像和光谱，天文学家可能会拼凑出居间空间的部分场景。

除了自身的较强红移光谱，许多类星体还表现出了各种额外的吸收特征，这些吸收特征的红移量远小于类星体本身的谱线。例如，类星体PHL 938的发射线的红移为1.954，由此可知其距离地球约为5200Mpc，但它也显示出红移仅为0.613的吸收线。这些吸收线可解释为由居间气体形成，与类星体本身相比，这些居间气体到地球的距离要近得多（约为2200Mpc）。这种气体很可能是位于视向沿线的另一个不可见星系的一部分，因此类星体光谱为天文学家提供了探测宇宙中此前不可探测部分的一种方法。

因为氢占宇宙中所有物质的比例很大，所以天文学家对氢原子的吸收线特别感兴趣。具体而言，人们经常用到氢的紫外（122nm）莱曼α线，该线与基态和第一激发态之间的跃迁有关（见2.6节）。如图16.24所示，当天文学家观测高红移类星体的光谱时，通常会看到始于类星体自身莱曼α发射线的（红移）波长并延伸至更短波长的吸收线森林。这些吸收线被解释为前景结构（如星系和星系团等）中的气体云产生的莱曼α吸收特征，为天文学家提供了物质沿视向分布的相关重要信息。

因此，类星体光探索了宇宙气体中的另一种不可见组成。一般而言，每个居间氢原子云都会在类星体光谱上留下自己的特征印记，我们可借此探索宇宙中的物质分布。通过将莱曼α森林与模拟结果进行比较，天文学家希望能够改进星系形成和大尺度结构演化理论的许多关键要素。

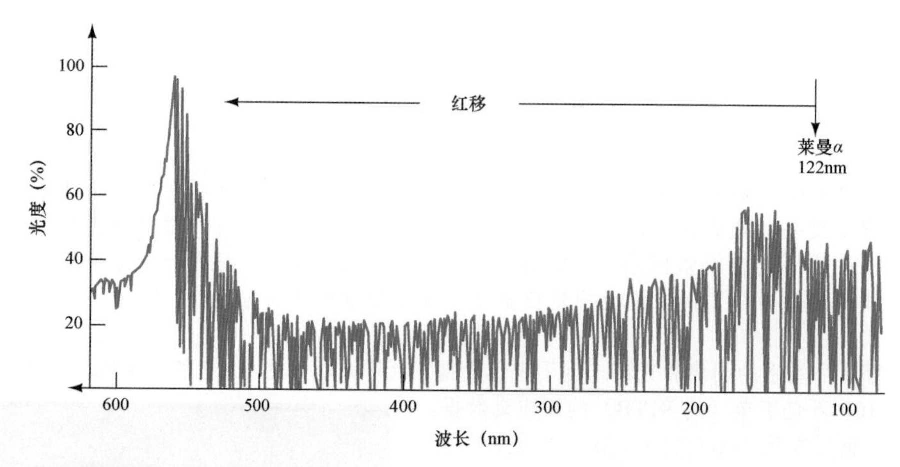

图 16.24 吸收线森林。类星体 QSO 1422 + 2309 光谱中的大量吸收线，来自数百个前景氢气体云的紫外 122nm 莱曼 α 线，每条线的红移量稍有不同（但小于类星体本身）。左侧峰值标志着类星体本身的莱曼 α 发射线，在 122nm 处发射，但红移至此处的 564nm（位于可见光范围内）

概念回顾

通过观测非常遥远的类星体，我们能够了解距离地球较近的宇宙结构的哪些知识？

16.5.4 类星体海市蜃楼

1979 年，天文学家惊奇地发现了似乎是两个类星体的一个天体，即红移完全相同、光谱非常相似且在天空中仅隔几角秒的两个类星体。虽然发现这样一对类星体已经非常引人注目，但是其中隐含的真相却更惊人。通过深入研究这对类星体的射电发射，人们发现它们并不是两个不同的天体，而是同一个类星体的两个单独的像。这样的一对类星体称为**双类星体**（twin quasar），如图 16.25（光学图像）所示。

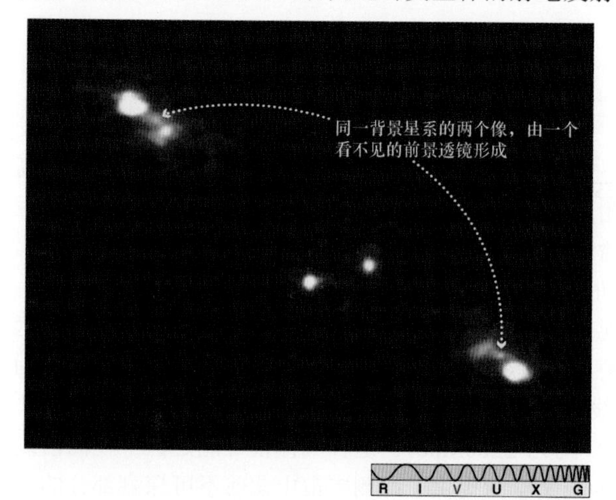

图 16.25 **双类星体**。这个双类星体（命名为 AC114，距离地球约 20 亿秒差距）根本不是两个独立的天体，两个大斑点（左上和右下）是由引力透镜效应产生的同一个天体的像。在图中，引力透镜星系本身并不可见——中心位置附近的两个天体被认为是前景星系团中的不相关星系（NASA）

是什么产生了类星体的两个单独的像？答案是引力透镜效应，即一个背景天体发出的光被某些前景天体的引力偏折和聚焦（见图 16.26）。如第 14 章所述，引力透镜效应可通过银晕中的致密天体放大来自遥远恒星的光，使得天文学家能够探测到原本不可见的恒星暗物质（见 14.6 节）。这种思路同样适用于类星体，只不过前景透镜天体变成了一个完整的星系（或星系团），而且光的偏折非常大（几角秒），以至于可能形成背景天体的几个单独的像，如图 16.27 所示。现在，这样的引力透镜已知约有二十多个。

这些多像的存在为天文学家提供了许多有用的观测工具。首先，如前所述，前景星系的引力透镜效应趋于放大类星体发出的光，使其更容易观测。同时，星系内各颗恒星的微引力透镜效应可能引发类星体亮度的大幅波动，使得天文学家有机会研究星系中包含的各颗恒星。

其次，因为成像的光线的传播路径通常具有不同长度，所以它们之间经常出现时间延迟（从几天到几年不等）。这种延迟会提前通知我们一些有趣的事件，如类星体亮度的突然变化（若一个像突然闪耀，则其他像也会及时闪耀），这为天文学家提供了研究这一事件的第二次机会。时间延迟还能帮助天文学家确定地球到引力透镜星系的距离，为测量哈勃常数提供了一种替代方法（独立于之前讨论的任何技术）。研究人员利用这种方法得到了 H_0 的平均值，它与本文所用的 H_0 值（70km/s/Mpc）一致。

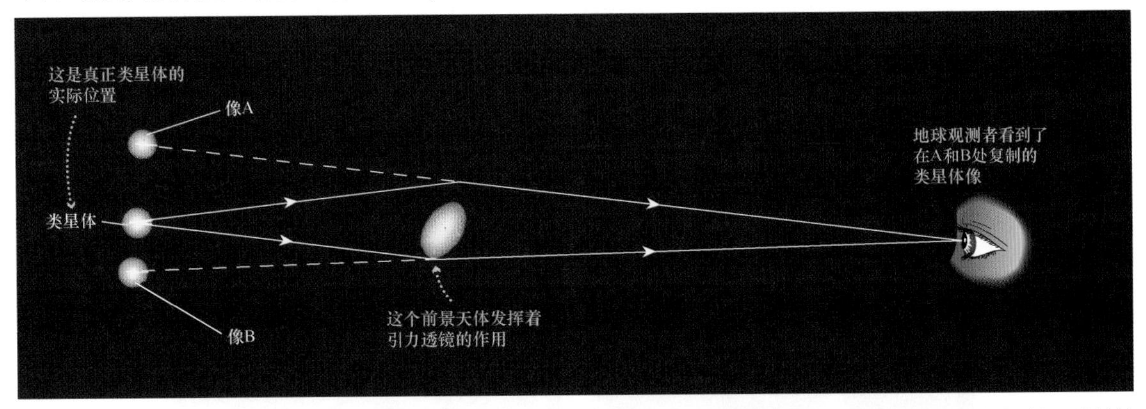

图 16.26　引力透镜。当来自遥远天体的光沿视线方向靠近星系（或星系团）时，背景天体（这里是类星体）的像有时候可能被拆分为两个（或多个）单独的像（A 和 B）。前景天体是引力透镜

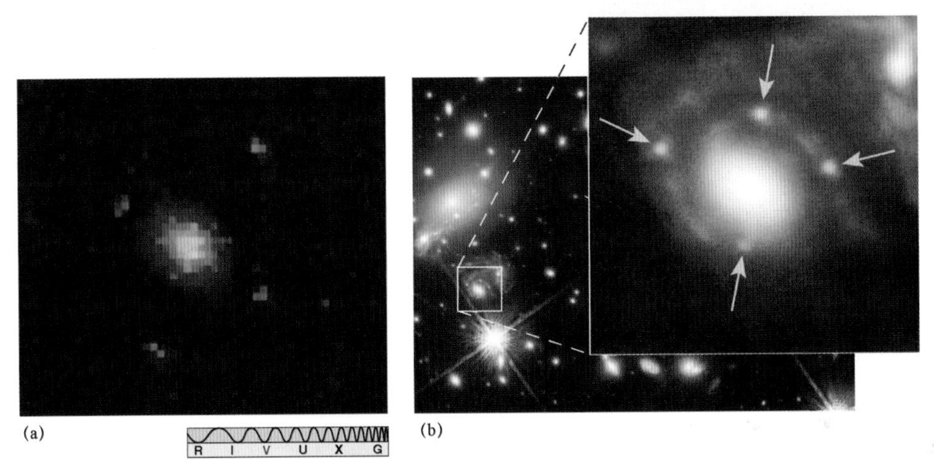

图 16.27　爱因斯坦十字。(a)爱因斯坦十字是一个多重成像的类星体，跨度仅为几角秒，显示了由中心星系产生的同一个类星体的四个单独的像；(b)这幅哈勃图像拍摄于 2015 年，表明位于 30 亿秒差距外的遥远背景星系中的四个超新星像（插图中已标出）源于其所在前景星系和星系团的引力透镜效应（NASA）

数据知识点：宇宙中的尺度

在对宇宙中不同天体的尺度进行排序时，超过 50%的学生遇到困难。建议记住以下几个要点：

- 行星小于（通常远小于）恒星，恒星远小于其所在的行星系，典型行星系的直径约为 100AU。
- 恒星诞生在星团中，星团的直径通常为几秒差距，远大于绕恒星运行的任何行星系。
- 恒星和星团形成星系，星系的直径可能从几千秒差距到 10 万秒差距，远大于恒星、行星系或星团。
- 星系本身形成更大的星系团，星系团的大小通常为几百万秒差距。
- 在更大尺度上，星系和星系团形成超星系团，超星系团的直径约为几千万秒差距到几亿秒差距。
- 与可观测宇宙的大小相比，所有这些尺度都很小，可观测宇宙的直径约为 100 亿秒差距。

16.5.5　测绘暗物质

天文学家发现类星体的引力透镜效应后，开始利用遥远天体的引力透镜效应来探测宇宙。天文学家对遥远且暗淡的不规则星系（若当前理论正确，则其为宇宙中的原始物质，见 16.4 节）特别感兴趣，因为它们远比类星体常见，因此能够提供更好的天空覆盖。通过研究前景星系团对背景类星体和星系的引力透镜效应，天文学家能够更好地了解大尺度上的暗物质分布。

如图 16.28a 和图 16.28b 所示，在前景星系团的引力作用下，暗淡背景星系的像被弯成弧形。通过研究弧形的弯曲程度，即可测量前景星系团（包括暗物质）的总质量。在图 16.28b 中可以看到环形和弧形特征（大部分为蓝色），这是一个遥远（不可见）旋涡（或环形）星系的多个像，由前景星系团（图像中的黄-红斑点）作为引力透镜。

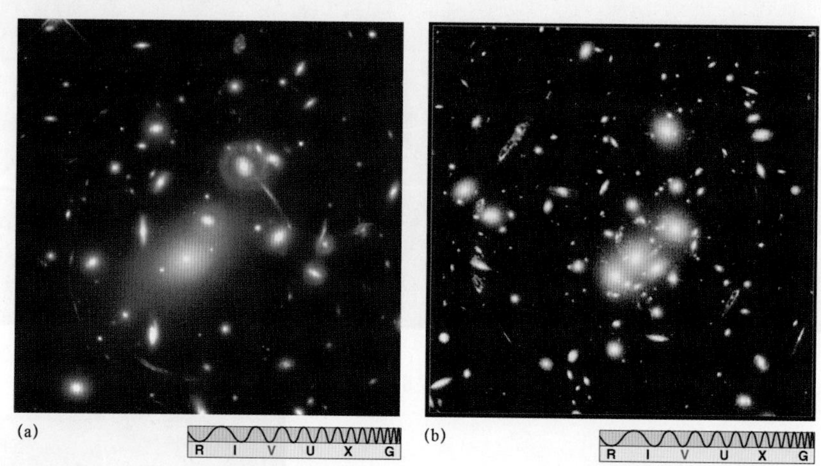

图 16.28 星系团的引力透镜效应。(a)在这个壮观的引力透镜效应示例中，显示了来自极遥远星系的 100 多个暗淡弧形。前景星系团（A2218，距离地球约 10 亿秒差距）上散布的纤细图案由 A2218 的引力场导致，该引力场偏折了背景星系的光，并且扭曲了它们的外观；(b)星表名称为 0024 + 1654 的另一个星系团，距离地球约 15 亿秒差距，显示了黄-红斑点（主要是正常椭圆星系）和蓝色环形特征（单个背景星系的像）(NASA)

详细分析背景天体的畸变，我们甚至能重建前景中的暗物质分布，进而提供一种在更大的尺度上追踪物质分布的方法。图 16.29a 是一个前景星系团（难以分辨）的光学图像，背景是更暗淡的遥远星系。图 16.29b 是重建的暗物质图像，表明距离星系团中心几百万秒差距内存在暗质量，延伸范围远超可见星系。显然，与单个星系（或星系团）尺度相比，超星系团尺度上的暗物质比例甚至更大。还要注意观察暗物质分布的细长结构，它会让人想起在大尺度星系巡天中看到的室女超星系团和纤维状结构（见 14.5 节）。

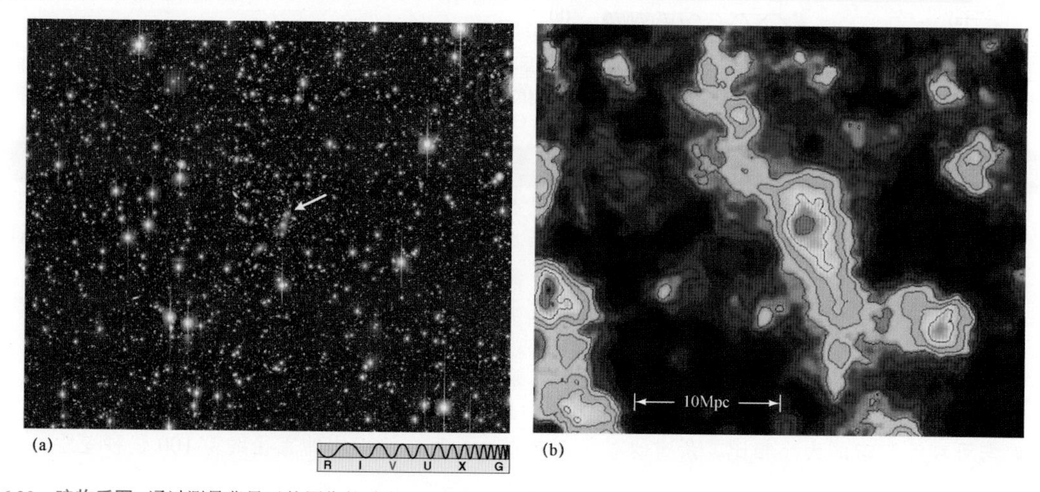

图 16.29 暗物质图。通过测量背景天体图像的畸变，天文学家可以绘制宇宙中的暗物质分布图。(a)分析了包含一个小型星系团（箭头所指的中心附近的黄色星系团）的天区光学图像；(b)揭示了可见星系团中及其附近的暗物质分布，比例尺与图(a)中的相同（J. A. Tyson, Bell Labs; Alcatel-Lucent; NOAO）

应用这些技术，天文学家得到了暗物质的首个（可能的）直接观测证据。图 16.30 显示了一个遥远星系团（称为 1E 0657-56）的光学和 X 射线合成图像。模糊的红色区域显示了炽热 X 射线发射气体的位置，这是质量的主要发光成分；蓝色区域显示了大部分质量的实际位置，是通过研究背景星系的引力透镜效应确定的。注意，大部分质量并不以炽热气体的形式存在，这意味着该星系团中的暗物质分布与正常物质不同。

箭头所示为这两个星系团的当前运动方向，这可能是宇宙中自大爆炸以来能量最高的碰撞。

图 16.30 星系团碰撞。各星系团必然会偶尔发生碰撞，这个组合星系团显然就是这种情况。该星系团的名称为 1E 0657-56，俗称为子弹星系团。这是距离地球约 10 亿秒差距的某个区域的合成图像，以白色显示星系本身的可见光，以红色显示炽热星系团内气体的 X 射线发射。为便于区分，蓝色表示两个大型星系团内推测的暗物质，它明显偏离到了正常物质之外（NOAO/NASA）

这种奇异状态的解释是，我们正在目睹两个星系团之间的碰撞。最初，每个星系团都包含遍布各处的炽热气体和暗物质，但是当二者相撞时，每个气体云的压力可能会有效地彼此阻挡，随着星系和暗物质的运动，气体被拖后并留在中间。气体与暗物质之间的这种分离，直接否定了某些替代引力理论，而且可能会被证实为人类理解宇宙中大尺度结构的一个关键证据。

学术前沿问题

什么是暗物质？实际物质被施加了引力牵引，但无法通过电磁方法进行探测？或者对引力在极大尺度上发挥作用的理论理解存在严重错误？暗物质（和暗能量）代表了当今天文学中最重要的科学难题，这些难题的解决者将青史留名。科学将如何解决这些宇宙之谜？还会出现什么新的谜团？

本章回顾

小结

LO1 通过研究邻近旋涡星系的自转曲线，我们可以确定其质量。为了获得相关星系的统计质量，天文学家还研究双重星系和遥远星系团。

LO2 通过测量星系和星系团的质量，揭示了大量暗物质的存在。随着所考虑尺度的增大，暗物质的比例也增大。宇宙中 90%以上的质量来自暗物质。在许多星系团所含的星系中，人们已探测到大量炽热 X 射线发射气体，但不足以解释从动力学研究中推断出的暗物质。

LO3 研究人员知道，不存在可将旋涡星系、椭圆星系和不规则星系关联起来的简单演化序列。大多数天文学家认为，大型星系由较小的星系并合而成，星系的碰撞和并合在星系演化中发挥着非常重要的作用。当一个星系与邻近星系密近交会或碰撞时，可能会产生星暴星系。交会引发的强潮汐畸变会压缩星系气体，导致恒星形成的大范围爆发。各旋涡星系之间的并合很可能会产生椭圆星系。

LO4 类星体、活动星系和正常星系可能代表一种演化序列。当星系开始形成和并合时，条件可能适合在其中心形成大型黑洞，高光度类星体可能就是其结果。最亮的类星体消耗的燃料非常多，因此其能量发射寿命必定很短。随着燃料供应的减少，类星体变暗，所在星系成为间断性可见的活动星系。在更晚的时期，星系核变得几乎不活动，仅保持为正常星系。许多正常星系均含有中心大质量黑洞，说明若与邻近星系相互作用，则星系团中的大多数星系就都有活动能力。

LO5 星系团本身趋于聚集成超星系团。室女星系团、本星系群及其他几个邻近星系团组成本超星系团。在更大的尺度上，星系和星系团排列在巨型物质气泡表面，这些物质气泡环绕在称为巨洞的巨大低密度区域周围。这种结构的起源被认为与宇宙最早期的条件密切相关。

LO6 类星体可用作视向沿线的宇宙探测器。有些类星体已被观测到有两个（或多个）像。这些结果是由引力透镜效应导致的，即前景星系（或星系团）的引力场弯曲并聚焦来自更遥远类星体的光。通过分析被前景星系团的引力透镜效应扭曲的遥远星系的像，人们找到了确定星系团（包括暗物质）质量的一种方法，获得的信息量远超各星系本身的光学图像所提供的信息量。

复习题

1. 描述测量星系质量的两种技术。
2. 天文学家为何认为星系团中包含更多的质量（与看到的质量相比）？
3. 有些星系团为什么会发射 X 射线？
4. 何种证据表明各星系彼此之间相互碰撞？
5. 描述碰撞在星系形成和星系演化中的作用。
6. 你是否认为星系之间的碰撞构成了与恒星演化相同意义上的演化？说明理由。
7. 什么是星暴星系？它们与星系演化有什么关系？
8. 天文学家为何认为类星体代表了星系演化的早期阶段？
9. 星系演化理论为何认为许多正常星系的中心应当存在超大质量的黑洞？
10. 何种证据能够证明星系中存在超大质量的黑洞？
11. 正常星系怎样才能变成活动星系？
12. 什么是红移巡天？
13. 什么是巨洞？在极大的尺度（超过 100Mpc）上，星系物质如何分布？
14. 如何利用对遥远类星体的观测来探测其与地球之间的太空？
15. 天文学家如何才能看见暗物质？

自测题

1. 星系团中的星际气体以射电波形式发射大量能量。（对/错）
2. 遥远星系似乎远大于邻近星系。（对/错）
3. 各星系之间的碰撞比较罕见，对相关星系中的恒星和星际气体的影响很小，或者几乎没有影响。（对/错）
4. 星系的类星体阶段结束的原因是，中心黑洞吞食了其周围的所有物质。（对/错）
5. 椭圆星系可能由各旋涡星系之间的并合形成。（对/错）
6. 一个典型类星体应会在 100 亿年内消耗整个星系的质量，这个事实表明类星体的寿命相对较长。（对/错）
7. 在最大的尺度上，宇宙中的各星系似乎排列在几乎为空的巨洞周围的巨大薄片上。（对/错）
8. 一个遥远类星体的像能被一个前景星系团的引力场拆分成几个像。（对/错）
9. 含有大量暗物质的星系：(a)外观更暗淡；(b)自旋速率更快；(c)排斥其他星系；(d)具有更紧密缠绕的残臂。
10. X 射线观测结果表明，一个星系团中各星系之间的空间：(a)完全不存在物质；(b)温度非常低；(c)温度非常高；(d)充满了暗星。
11. 由暗物质组成的宇宙质量比例为：(a)0；(b)低于 10%；(b)约为 50%；(d)超过 90%。
12. 在当前的星系演化理论中，类星体出现在：(a)演化序列早期；(b)银河系附近；(c)椭圆星系并合时；(d)演化序列晚期。
13. 许多邻近星系：(a)未来可能更活跃；(b)包含类星体；(c)含有射电瓣；(d)过去可能更活跃。
14. 若来自遥远类星体的光未穿过任何居间氢原子云，则必须重绘图 16.24（吸收线森林）以显示：(a)更多的吸收特征；(b)更少的吸收特征；(c)单个大型吸收特征；(d)短波长处特征更多，长波长处特征更少。
15. 若利用更大质量的引力透镜星系来重绘图 16.26（引力透镜），则类星体的像应当：(a)相距更远；(b)靠得更近；(c)更加暗淡；(d)颜色更红。

计算题

1. 两个星系相互绕转，相距 500kpc，轨道周期估计为 300 亿年。运用开普勒第三定律，求出这对星系的总质量（见 14.6 节）。
2. 基于图 16.1 中的数据，计算星系 NGC 4984 周围 20kpc 以内的质量。
3. 某小型卫星星系正在一个圆形轨道上绕一个质量大得多的母星系运行，且刚好完全平行于从地球上观测时的视线方向。卫星星系和母星系的退行速度分别为 6450km/s 和 6500km/s，且二者间的距离为 0.1°。设 H_0 = 70km/s/Mpc，计算母星系的质量。

4. 计算温度为 2000 万开尔文的气体中的氢原子核（质子）的平均速度（见更为准确 5.1），然后将其与绕一个 10^{14} 倍太阳质量星系团的、中心在半径为 1Mpc 的圆形轨道上运动的某个星系的速度进行比较。
5. 在一次星系碰撞中，两个大小相当的星系以 1500km/s 的相对速度相互穿越。若每个星系的直径都是 100kpc，则该事件会持续多长时间？
6. 某类星体的红移为 0.25，视星等为 13。利用表 15.2 中的数据，计算该类星体的绝对星等和光度（见更为准确 10.1）。将从 10pc 之外观测到的类星体视亮度与从地球上观测到的太阳视亮度进行比较。
7. 红移为 5 且视星等为 22 的类星体的绝对星等和光度是多少？
8. 假设能量生成效率（即释放的能量与消耗的总质能之比）为 20%，若可用燃料的总量为 10^8 倍太阳质量，计算 10^{40}W 的类星体可以发光多久。
9. 某类星体（红移为 0.20）的光谱包含两组吸收线，红移分别为 0.15 和 0.155。若 H_0 = 70km/s/Mpc，计算产生这两组吸收线的居间星系之间的距离。
10. 来自遥远类星体的光被一个居间引力透镜星系偏折了 3″，随后在地球上被探测到（见图 16.26）。若地球、星系和类星体在同一条直线上，类星体的红移为 3.0（见表 15.2），星系位于地球与类星体之间，计算光线与星系中心之间的最小距离。

活动

协作活动

1. 图 16.10 称为哈勃深场，其中所含的星系数量实在太多，单人计数的难度极大。请每位小组成员计数一个随机区域（2cm×2cm）中的星系，然后求出小组的平均值。因此整个图像的面积约为 500cm²，所以将 2cm×2cm 区域内的星系数量小组平均值乘以 125 后，就是图像中的星系总数量。将你所在小组的计算值与其他小组的计算值进行比较，结果如何？

个人活动

1. 查找哈尔顿 • 阿尔普编制的《特殊星系图集》（*Atlas of Peculiar Galaxies*）。这本图集有纸质版，但网络版更便于使用。搜索不同类型的星系相互作用示例：①潮汐相互作用；②星暴星系；③两个旋涡星系碰撞；④旋涡星系与椭圆星系碰撞。对于①，查找被邻近星系从星系中抽离的星际物质，邻近星系是否也因潮汐作用而变形？在②中，星暴活动最可靠的迹象是明亮的恒星形成结，你在何种类型的星系中发现了星暴活动？对于③和④，碰撞如何因所涉及的星系类型而不同？在近距离错过或碰撞后，旋涡星系通常会发生什么？椭圆星系是否也会遭遇同样的命运？

第 17 章　宇宙学：大爆炸和宇宙的命运

宇宙诞生于约 140 亿年前的一次剧烈膨胀，这场狂暴的漩涡为后来形成星系、恒星和行星提供了全部能量，而所有这些系统的起源、演化和命运则是宇宙学研究的主题。这幅图像称为极深场（Ultra Deep Field），由哈勃太空望远镜上的高级巡天相机拍摄，1000 多个星系拥挤在这张照片中，显示了许多不同的类型和形状。据天文学家估计，可观测宇宙中共包含约 1000 亿个这样的星系（NASA/ESA）

现在，让我们将目光投向数十亿秒差距之外的太空，并从时间上向前回溯数十亿年。关于行星、恒星以及星系的结构和演化，我们已提出并回答了许多问题，现在终于要面对所有未解之谜中的核心问题：宇宙的体积有多大？宇宙的年龄有多大，还会存在多长时间？宇宙是如何诞生的，又将如何消亡？宇宙是由什么组成的？许多文明都以不同的形式提出过这些问题，而且为了回答这些问题，他们发展了各自的宇宙学（关于宇宙的本质、起源和命运的理论）。本章介绍现代宇宙科学如何解决这些重大问题，以及人们比较关注的宇宙学知识。在文明世界发展一万多年后，科学或许已准备好回答宇宙万物的最终起源问题。

学习目标

LO1 陈述宇宙学原理，解释其含义和观测基础。

LO2 描述膨胀宇宙的大爆炸理论，解释夜空为什么黑暗。

LO3 概述决定宇宙是否永远膨胀的因素，解释宇宙密度与太空整体几何形状之间的关联性。

LO4 描述宇宙正在加速膨胀的观测证据，讨论暗能量在加速中的作用。

LO5 确定宇宙微波背景支持大爆炸理论的主要证据，并解释其是如何形成的。

LO6 解释原子核和原子如何从原初火球中形成，以及天文学家为何认为在宇宙中观测到的大部分氦并非形成于恒星中的核聚变。

LO7 概述视界问题和平直性问题，描述宇宙暴胀理论是如何解决这些问题的。

LO8 描述宇宙中大尺度结构的形成，并为结构形成的主要理论提供观测证据。

总体概览

宇宙学在最大的尺度上研究宇宙的起源、结构、演化和命运，其关键预测之一是整个宇宙能够返回到数十亿年前的超级炽热和致密能态。虽然令人难以置信，但是在我们周围的万物显然都源于大爆炸后1s内发生的微观量子涨落。然而，讽刺的是，我们今天观测到的最大结构与物理学中已知的最小尺度密不可分。

17.1 最大尺度上的宇宙

利用星系巡天，人们发现了直径高达200Mpc的宇宙结构（见16.5节），那么宇宙中是否存在更大的结构？在越来越大的尺度上，恒星、星系、星系团、超星系团、巨洞和纤维这种等级式递进是否会永远持续？答案或许有些出乎人们的意料——大多数天文学家并不认同这一趋势。

如第16章所述，在真正的宇宙尺度上，天文学家利用红移巡天构建了三维宇宙图（见16.5节）。图17.1显示了一幅类似的图形，但依据的是斯隆数字化巡天（目前覆盖范围最广的红移巡天）数据（见发现16.1）。这幅图向外延伸的距离接近1000Mpc，与图16.23中的大致相当，但是包含了更暗淡的星系，所含星系的数量远多于以前的图形，因此使得结构更容易分辨（特别是在距离较远时）。在几千万秒差距的尺度上，许多巨洞和纤维清晰可见；但是，在最大尺度上，除了远距离处的星系数量普遍下降（根据平方反比定律，星系越远，就越难看到），并未发现大于200Mpc的尺度上存在任何结构的明显证据（见10.2节）。通过对星系分布进行详细的统计分析，天文学家确认了这个说法，甚至图17.1中的斯隆巨壁也可在统计学意义上解释为较小结构的偶然叠置。

这次（及其他）大尺度巡天的结果强烈表明，在大于几亿秒差距的尺度上，宇宙是均匀的/均质的（homogeneous），即各处都相同。换句话说，若将一个巨型立方体（假设边长为300Mpc）放在宇宙中的任意位置，则无论中心位于何处，该立方体所含的物质总量应基本相同。在这些尺度上，宇宙似乎也是各向同性的（isotropic），即每个方向都相同。除了被银河系遮挡的方向，在选择观测的任意天区中，只要观测距离足够深（远），局部不均匀性不会扭曲样本，每平方度的星系数量就都大致相同。

在研究整个宇宙的结构与演化的宇宙学（cosmology）中，研究人员一般假设宇宙在足够大的尺度上是均质的和各向同性的。没有人知道这些假设是否正确，但至少可以说其与当前的观测结果一致，本章采用这些假设。均质性和各向同性这两个假设统称宇宙学原理/宇宙论原则（cosmological principle）。

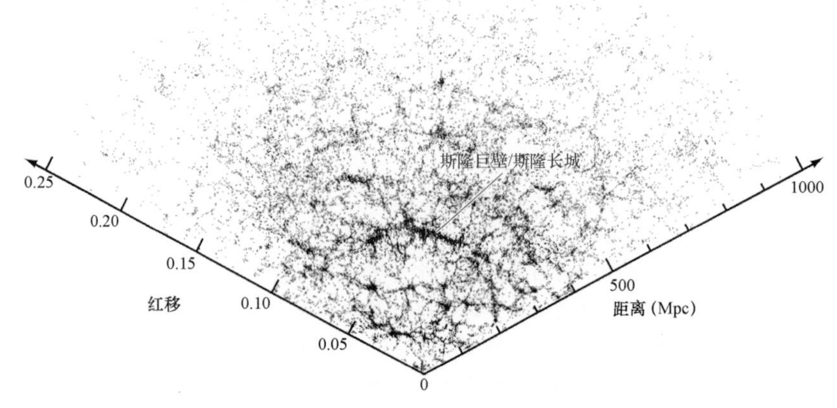

图 17.1 星系巡天。这幅宇宙图是利用斯隆数字化巡天（见发现 16.1）数据绘制的，共显示了 66976 个星系的位置，位于天赤道 12°范围内，向外延伸的距离约为 1000Mpc（红移约为 0.25）。斯隆巨壁是宇宙中已知最大的结构，其在中心附近延伸了近 300Mpc（SDSS Collaboration）

宇宙学原理具有一些非常深远的影响。例如，它意味着宇宙不可能有边缘，否则就违反了均质性假设；它还意味着宇宙不可能有中心，否则当从任何非中心点观测时，由于宇宙在所有方向上不具有相同的外观，这就违反了各向同性的假设。这就是人们熟悉的哥白尼原理（Copernican principle），该原理扩展到了真正的宇宙比例——不仅人类不是宇宙中心，而且任何事物都不可能成为宇宙中心，因为宇宙根本就没有中心。

概念回顾

宇宙在何种意义上是均匀的和各向同性的？

17.2 膨胀宇宙

每当夜晚出门并看到天空漆黑一片时，你其实是在深入地观测宇宙。本节介绍具体原因。

17.2.1 奥伯斯佯谬

下面暂且假设除了均质性和各向同性，宇宙的空间范围无限且不随时间而改变。因此，平均而言，充满恒星的众多星系在宇宙中是均匀分布的。在这种情况下，如图 17.2 所示，当人们抬头仰望星空时，视线最终一定会与一颗恒星相遇。这颗恒星或许位于距离地球极其遥远的某个星系中，但是由概率知识可知，从地球向外延伸的任意直线迟早都会抵达一颗亮星的表面。

由平方反比定律可知，遥远恒星似乎暗于邻近恒星，但其数量要多得多——在任意给定的距离内，恒星的可观测数量实际上与距离的平方成正比（仅考虑半径不断增大的球体面积）（见 10.2 节）。因此，遥远恒星的亮度下降与

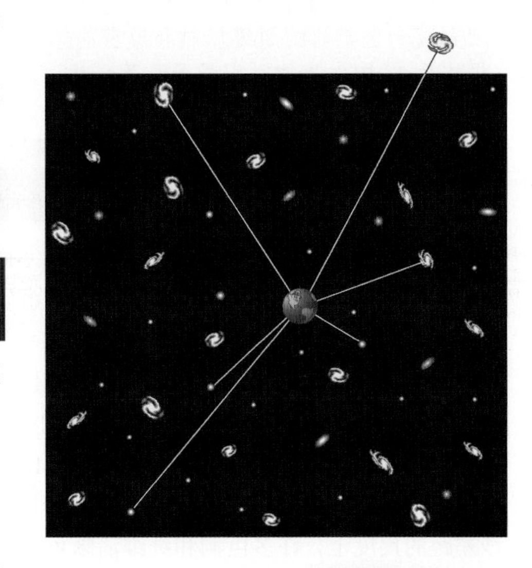

图 17.2 奥伯斯佯谬。若宇宙均匀、各向同性、范围无限且不随时间而改变，则地球上的任何视线最终都会遇到一颗恒星，整个夜空都应较为明亮。这种与事实明显不符的现象称为奥伯斯佯谬

其数量增多完全平衡，所有距离处的恒星对地球上接收的光的总量的贡献均相等。

这个事实表明，无论我们望向哪里，天空都应当像恒星表面那样明亮——整个夜空应当像太阳表面那样耀眼。这一预测与夜空实际外观之间的明显差异称为奥伯斯佯谬（Olbers's paradox），它以 19 世纪德国天文学家海因里希·奥伯斯的名字命名，后者推广了这一观点。

那么，天空为何在夜晚是黑暗的？因为已知宇宙具有均质性和各向同性，所以其他两个假设之一（或全部）必定不正确，即宇宙可能范围有限，也可能随时间而演化。实际上，答案与这两种可能都有一些关系，并且与最大尺度上的宇宙行为密切相关。

17.2.2 宇宙的诞生

根据哈勃定律，我们已经看到宇宙中的所有星系都在匆匆远离地球：

$$退行速度 = H_0 \times 距离$$

式中，哈勃常数 H_0 的取值为 70km/s/Mpc（见 15.3 节）。我们已将这种关系作为测定星系和类星体距离的一种便捷方法，但其作用远不止于此。

假设所有速度均保持不变（不随时间而改变），则任一星系抵达当前距离处花了多长时间？由哈勃定律可知，所花时间是行进距离除以速度，即

$$时间=\frac{距离}{速度}=\frac{距离}{H_0\times 距离}=\frac{1}{H_0} \qquad （对速度应用哈勃定律）$$

当 H_0 = 70km/s/Mpc 时，这一时间约为 140 亿年。注意，结果与距离无关——距离为 2 倍的星系的运动速度也是 2 倍，因此它们穿越中间距离时所花的时间相同。

因此，由哈勃定律可知，在过去的某个时刻（140 亿年前，基于前述简单计算，另见 17.4 节），宇宙中的所有星系是彼此叠置在一起的。天文学家实际上认为，宇宙中的一切（物质和辐射等）那一瞬间被限定在温度和密度均极高的一个点上。然后，宇宙开始以惊人的速率膨胀，随着体积不断增大，密度和温度快速下降。这个狂暴事件的规模巨大到人类无法想象，几乎覆盖了宇宙万物，称为大爆炸（Big Bang）。天文学家经常将大爆炸刚发生后的超高温膨胀宇宙称为原初火球（primeval fireball），其标志着宇宙的开端。

大爆炸为奥伯斯佯谬提供了解释方案。至少就我们关心的夜空外观而言，宇宙范围实际上是有限的还是无限的无关紧要，关键是我们只能看到它的有限部分（距离地球约 140 亿光年以内的区域）。更远距离之外是未知世界，那里的光还没有时间抵达地球。

17.2.3 大爆炸的位置

知道大爆炸何时发生后，如何知道其在何处发生呢？天文学家认为宇宙中的各处全部相同，但是由哈勃定律描述的已观测到的星系的退行可知，所有星系都在过去的某个时刻从同一点开始膨胀。那么这一点是否与宇宙中的其他部分不同？这难道不违反宇宙学原理中表述的同质性假设？答案肯定是否。

要理解膨胀为何不存在中心，就必须提升我们对宇宙的感知。如果大爆炸只是将物质喷入太空并最终形成我们所看到星系的一次巨大爆发，那么上述推理应当相当正确，宇宙应当存在中心和边缘，宇宙学原理将不再适用。但是，大爆炸并非发生在平淡无奇的真空宇宙中，要确保哈勃定律和宇宙学原理同时成立，唯一的方法是认识到大爆炸与整个宇宙相关——不仅包括其中的物质和辐射，而且包括宇宙自身。换句话说，星系并未飞入宇宙的其他部分，而是宇宙自身正在膨胀。就像当葡萄干面包在烤箱中膨胀时，葡萄干会移动与分开一样，星系只是顺势而为而已。

下面以这种新视角重新考虑前述的部分观点。我们现在认识到，哈勃定律描述了宇宙自身的膨胀。除了小尺度上的个体随机运动，各星系并不存在相对于空间结构的运动，构成哈勃流的各星系运动的组成部分实际上是空间自身的膨胀。在任何时候，膨胀宇宙都保持均质性，星系之外并无容纳它们的空白

空间。当大爆炸发生时，各星系并不位于宇宙中某些明确位置的一个点上，整个宇宙当时就是一个点，大爆炸同时发生在所有位置。

为了说明这些观点，假设在一个普通气球的表面粘贴了若干硬币，如图 17.3 所示。每个硬币代表一个星系，二维气球的表面代表三维宇宙的结构。因为气球上每个点的外观几乎彼此相同，所以宇宙学原理是适用的。将自己想象成最左侧气球上某个硬币“星系”上的居民，并记下自己与邻近星系之间的相对位置。当给气球充气（宇宙膨胀）时，其他星系逐渐远离你，距离越远，星系的退行速度就越快。

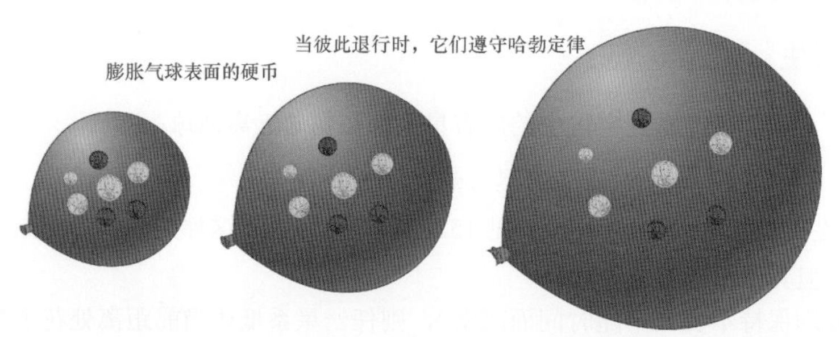

图 17.3 退行中的星系。当给气球充气时，粘贴在气球表面的硬币相互退行（从左到右）。同理，当宇宙膨胀时，各星系也相互退行。随着硬币的分离，任意两个硬币之间的距离都会增大，距离增大的速率与它们之间的距离成正比

无论选择考虑哪个星系，都能看到其他星系的退行，但是这个事实并无特别之处。膨胀没有中心，也无法确定宇宙膨胀开始的位置。每个人都会看到哈勃定律描述的整体膨胀，哈勃常数的值在任何情况下都相同。现在，假设对该气球进行放气，让“宇宙”回退到大爆炸时。在气球大小归零的那一刻，所有星系（硬币）都同时抵达相同的地点，但气球上不存在称为发生位置的单个点。

科学过程回顾

哈勃定律为何暗示发生了一次大爆炸？

17.2.4 宇宙学红移

到目前为止，我们已将星系的宇宙学红移解释为多普勒频移，这是各星系相对于地球运动的结果。但是，我们刚才还声称各星系并未相对于宇宙运动，这种情形下的多普勒解释不可能正确。正确解释如下：当光子穿越空间运动时，波长会受宇宙膨胀的影响。我们可将光子想象成附着在正在膨胀的空间结构上，因此其波长随着宇宙的膨胀而膨胀，如图 17.4 所示。在天文学中，虽然常用术语“退行速度”来指代宇宙学红移，但是严格来讲这不是正确的做法。宇宙学红移是宇宙大小改变的结果，而与速度完全无关。

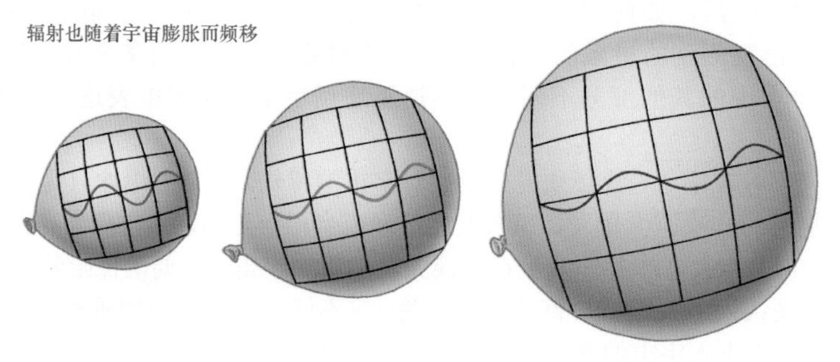

图 17.4 宇宙学红移。当宇宙膨胀时，辐射光子的波长被拉伸，从而出现宇宙学红移

光子的红移测量光子发射后的宇宙膨胀量。例如，当测量到来自类星体的光的红移为 7 时，意味着观测到的波长是发射时的波长的 8 倍（1 + 红移），说明光是在宇宙仅为目前大小的 1/8 时发射的，而且我们正在观测那个时候的类星体（见更为准确 15.1）。一般来说，光子的红移越大，光子发射时的宇

宙就越小，因此发射时间就越早。由于宇宙随着时间的推移而膨胀，而红移与该膨胀有关，因此宇宙学家常将红移用作表示时间的便捷方法。

17.3 宇宙动力学和空间几何

宇宙是否会永远膨胀下去？自从哈勃定律首次发现以来，这个基本问题（事关宇宙命运）始终是宇宙学的核心问题。20 世纪 90 年代末之前，宇宙学家的主流观点认为，找到问题答案最可能的途径是确定引力减缓并可能最终逆转当前膨胀的程度。但是，目前看来，答案似乎比人们迄今为止的所有想象还要复杂，因为这要关联更多的内容。

17.3.1 两种未来

下面以从行星表面发射飞船为例加以说明。飞船运动的最终结果可能是什么？根据牛顿力学，只存在两种基本可能性，具体取决于相对于行星逃逸速度（见更为准确 5.1）的飞船发射速度。若发射速度足够高，则其将超过行星的逃逸速度，飞船永远不会返回行星表面。由于受到行星的引力牵引，飞船的运动速度下降，但是永远不会降至零，因此最终将以一条不受约束的轨迹离开行星，如图 17.5a 所示。或者，若发射速度低于逃逸速度，则在抵达与行星之间的最远距离后，飞船回落至行星表面上，其受约束的运行轨迹如图 17.5b 所示。

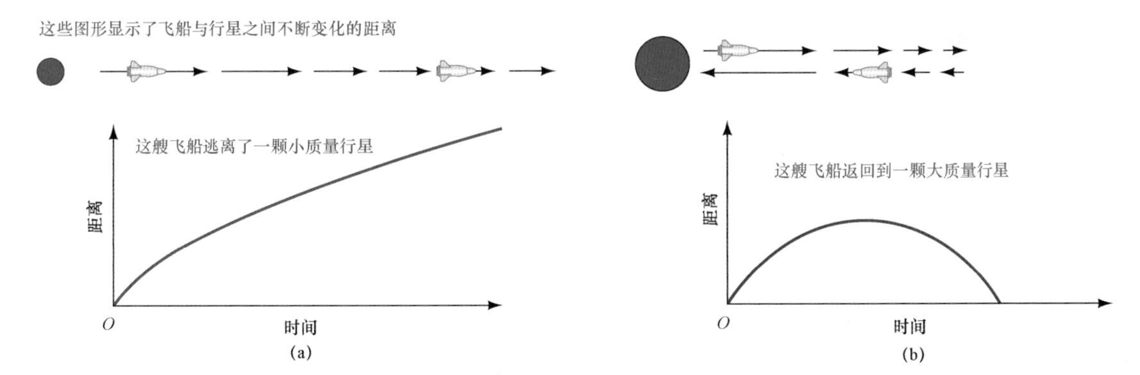

图 17.5 逃逸速度。(a)若发射速度大于行星的逃逸速度，则飞船（箭头）将沿一条不受约束的轨迹离开行星（蓝色球）；(b)若发射速度小于逃逸速度，则飞船最终落回行星表面，距离先升后降

类似的推理同样适用于宇宙膨胀。假设两个星系彼此之间的距离已知，则当前的相对速度可由哈勃定律求出。类似于前述的飞船，这些星系也存在两种基本可能性：二者之间的距离可能永远增大，也可能增大一段时间后开始减小。更重要的是，宇宙学原理认为，无论最终结果如何，任意两个星系的这种结果都必须相同——换句话说，这种相同的表述适用于整个宇宙。因此，如图 17.6 所示，宇宙只有两种选择：要么继续永远膨胀下去，要么当前膨胀在某个时间停止并转为收缩。图中两条曲线被绘制成在当前时间通过同一点。已知宇宙的当前大小和膨胀速率后，这两条曲线都可能是对宇宙的描述。

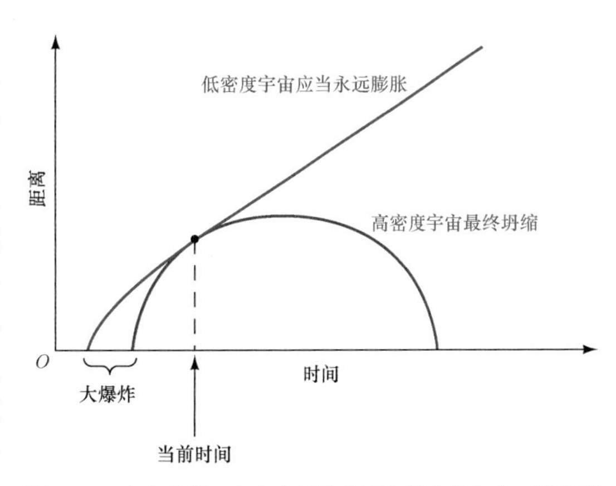

图 17.6 宇宙建模。在文中讨论的两个基本宇宙中，两个星系之间的距离都是时间的函数：一个是永远膨胀的低密度宇宙，另一个是坍缩的高密度宇宙。两条曲线的交点表示当前时间

哪种可能性会真正发生的决定因素是什么？对发射速度固定的飞船而言，行星的质量决定了逃逸是否发生——行星的质量越大，逃逸速度就越高，火箭

逃逸的可能性就越小。对宇宙来说，对应的量是宇宙的密度。高密度宇宙包含了足以阻止膨胀并最终导致再次坍缩的质量，最终注定会收缩成一个超级致密和炽热的奇点——**大挤压**（Big Crunch），非常类似于宇宙诞生时的那个点。相反，低密度宇宙将永远膨胀，随着时间的推移，即使使用最先进的望远镜，人类也无法看到本星系群（自身并未膨胀）之外的星系。可观测宇宙的其余部分将显得黑暗，遥远星系则因过于暗淡而看不见。

这些结果间的分界线称为宇宙的**临界密度**（critical density），即引力单独作用就足以阻止当前膨胀所对应的宇宙密度。对于 H_0 = 70km/s/Mpc，临界密度约为 9×10^{-27} kg/m^3。这个密度非常低，大致相当于 5 个氢原子/立方米，宇宙学专业术语则称其对应于约 0.1 个银河系（包括暗物质）/立方兆秒差距。

如后所述，在永不停歇的宇宙膨胀与宇宙坍缩之间，分界线并不像前面说的那样简单。目前，若干独立的证据表明，引力并不是在大尺度上影响宇宙动力学的唯一因素（见 17.4 节）。因此，虽然刚才描述的未来仍然只是宇宙长期演化的两种可能性，但它们之间的区别已被证实不仅仅与密度相关。然而，宇宙的密度（更准确的表述为总密度与临界密度之比）仍是宇宙学中的一个至关重要的量。

概念回顾

未来宇宙膨胀的两种基本可能性是什么？

17.3.2 宇宙的形状

为了更好地理解宇宙的演化，下面暂时抛开广义相对论和翘曲时空的概念，回到我们熟悉的牛顿力学和引力的概念（见 1.4 节和 13.5 节）。然而，对于广义相对论做出的部分宇宙预测，牛顿理论中并不存在简单的描述。

在这些非牛顿预测中，最重要的预测是以下事实：空间是弯曲的，弯曲程度由宇宙的总密度决定（见 13.5 节）。但是，广义相对论对这里的密度的定义非常清晰，即必须同时考虑物质和能量，并通过著名的爱因斯坦质能公式 $E = mc^2$ 将能量（E）单位正确地转换为质量（m）单位（见更为准确 13.1）。宇宙的密度不仅涉及组成正常物质的原子和分子，而且涉及主导星系和星系团质量的不可见暗物质，以及携带能量的一切——光子、相对论性中微子、引力波，以及我们所能想到的任何其他东西。

在均匀宇宙中，任何位置的曲率（尺度足够大）都必须相同，所以大尺度空间几何实际上只有三种不同的可能性。广义相对论告诉我们，宇宙的几何形状仅取决于宇宙密度与临界密度之比（见前一节中的定义）。宇宙学家将宇宙的实际密度与临界值之比称为**宇宙密度参数**（cosmic density parameter），并用符号 Ω_0 表示。就这个量而言，密度等于临界值的宇宙的 Ω_0 等于 1，低密度宇宙的 Ω_0 小于 1，高密度宇宙的 Ω_0 大于 1。

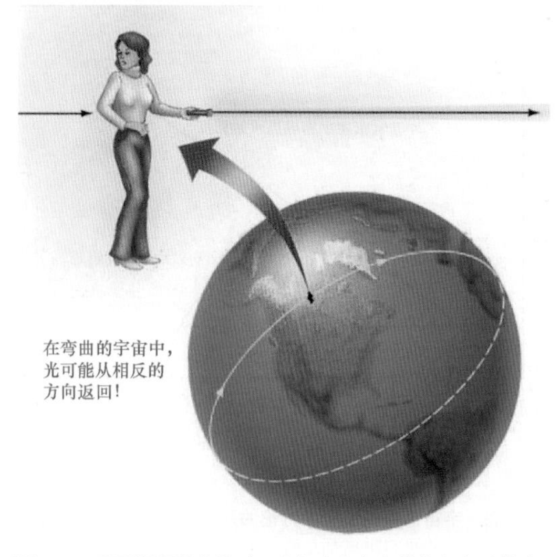

图 17.7　爱因斯坦的曲线球。在闭宇宙中向某个方向照射时，光束在环绕宇宙后可能在某天从相反的方向返回，类似于地球表面的直线运动最终环绕地球

在高密度宇宙（$\Omega_0 > 1$）中，空间弯曲程度非常大，以至于空间回弯并最终闭合，使得宇宙的大小有限，这样的宇宙称为**闭宇宙/封闭宇宙**（closed universe）。对以这种方式均匀地拱起并闭合的三维体积而言，我们很难对其进行可视化描述，但其二维版本则众所周知：这是一个球体的表面，类似于前面讨论的气球，所以图 17.3 就是三维闭宇宙的二维画像。类似于球体表面，闭宇宙不存在边界，但是范围有限（注意，为使球体类比有效，我们要将自己想象成二维的扁平人，无法以任何方式想象或经历垂直于球体表面的第三个维度。扁平人被限制在球体表面相当于人类被限制在宇宙三维体积表面）。如图 17.7 所示，闭宇宙具有以下非凡的性质：向太空中某一方向照射

的手电筒光束可能穿过整个宇宙，最终从相反的方向返回。

大体而言，无论从已知点向哪个方向运动，球体表面都会同向弯曲，此时称该球体具有正曲率。但是，若宇宙的密度低于临界值，则空间曲率本质上与球体曲率完全不同，与这种空间相对应的二维表面像马鞍一样弯曲，称为具有负曲率。大多数人都见过马鞍（在一个方向上向上弯曲，在另一个方向上向下弯曲），但是无人见过均匀的负曲面，因为它无法在三维空间中构建，原因是其太大而放不下。低密度（$\Omega_0 < 1$）马鞍状弯曲宇宙的范围是无限的，通常称为开宇宙/开放宇宙（open universe）。

密度精确等于临界密度（$\Omega_0 = 1$）的中间情形最易可视化。这个临界宇宙不存在曲率，可称为平直的，而且范围是无限的。当且仅当在这种情况下，大尺度上的空间几何才是我们熟知的欧氏几何。除了整体膨胀，这基本上就是牛顿所知道的宇宙。

概念回顾

空间曲率与宇宙的大小和密度是如何相关的？

17.4 宇宙的命运

在刚才描述的各种未来中，有什么办法能确定宇宙到底适用于哪种（等待发现除外）吗？宇宙最终会回到一个致密的小点（像诞生时那样）吗？或者永远膨胀下去？人类有希望确定辽阔宇宙的几何形状吗？数十年来，寻找这些问题的答案一直是天文学家的梦想。我们有幸生活在这样一个时代，有机会针对这些问题进行深入的观测试验，且有望最终得出明确的答案，即使这些答案并不如大多数宇宙学家所愿。下面介绍宇宙的密度（或者宇宙密度参数 Ω_0）。

17.4.1 宇宙的密度

如何求宇宙的平均密度？从表面上看，这似乎很简单，只需测量一大块空间范围内各星系的平均质量，然后计算这块空间的体积，即可算出总质量密度。当天文学家这样做时，通常会发现发光物质的密度略低于 $10^{-28}\mathrm{kg/m^3}$。在大多数情况下，无论选择的空间是只包含几个星系还是包含一个富星系团，密度都大致相同（相差 2～3 倍），星系计数求得的 Ω_0 值仅有百分之几。若该测量结果正确，且这些星系的确为已有的全部星系，则人类应当生活在一个注定要永远膨胀的低密度开宇宙中。

但是，存在一个问题：宇宙中的大部分物质都是暗物质，以不可见物质的形式存在，仅能通过其作用于各星系和星系团的引力效应进行探测（见 14.6 节和 16.1 节）。人们目前还不知道暗物质是什么，但是确实知道它就在那里。星系中暗物质的含量可能是发光物质的 10 倍，星系团中暗物质的含量甚至更高——在星系团的总质量中，不可见物质的占比可能高达 95%。虽然不可见，但是暗物质对宇宙的平均密度有贡献，并在对抗宇宙膨胀方面发挥着作用。如果包含已知存在于各星系和星系团中的所有暗物质，那么 Ω_0 值将增大到约 0.25。

人类虽然能够探测并量化各星系和星系团中的暗物质影响，但是很难测量其在更大尺度上的分布。利用遥远天体的引力透镜效应以及各星系和星系团的大尺度运动，天文学家可以探测宇宙中不可见物质块的引力场，进而开发出在超星系团及更大尺度上研究物质的技术（见 16.5 节）。但是，所有这些研究对整体密度的提升极小。据我们所知，极大尺度上似乎并未隐藏太多额外的暗物质。大多数宇宙学家认为，宇宙中物质（发光物质和暗物质）的整体密度为临界值的 25%～30%，尚不足以阻止宇宙当前的膨胀。

17.4.2 宇宙加速

确定宇宙密度是提供 Ω_0 估计值的局部测量示例，但结果取决于测量的局部性，而且结果中存在诸多不确定性（特别是在大尺度上）。为了规避这个问题，天文学家设计了依赖全局测量的各种替代方法，覆盖了可观测宇宙的更大区域。一般来说，这样的全局试验应能求得宇宙的整体密度，而不仅仅是宇宙邻域中的密度值。

这样的一种全局方法是基于 I 型（碳爆轰）超新星观测的（见 12.5 节）。如前所述，这些天体非常明亮且光度范围极窄，因此特别适合用作标准烛光（见 15.2 节）。通过测量它们的距离（不用哈勃定律）和红移，即可确定遥远过去的宇宙膨胀速率，因此可将其用作宇宙探测器。下面介绍该方法的工作原理。

假设宇宙正在减速，就像预期的那样，引力正在减缓其膨胀，那么由于膨胀速率正在下降，遥远天体（很久以前发射辐射的天体）的退行速度似乎应当快于哈勃定律的预测值。图 17.8 说明了这一概念。若宇宙膨胀时间上恒定不变，则退行速度和距离应当通过图中的黑色曲线进行关联（这条曲线不太直，因为计算距离时适当考虑了宇宙膨胀，见更为准确 15.1）。在正减速的宇宙中，遥远天体的速度应当位于黑色曲线上方，宇宙的密度越大（引力在减缓膨胀方面更有效），与该曲线的偏差就越大。

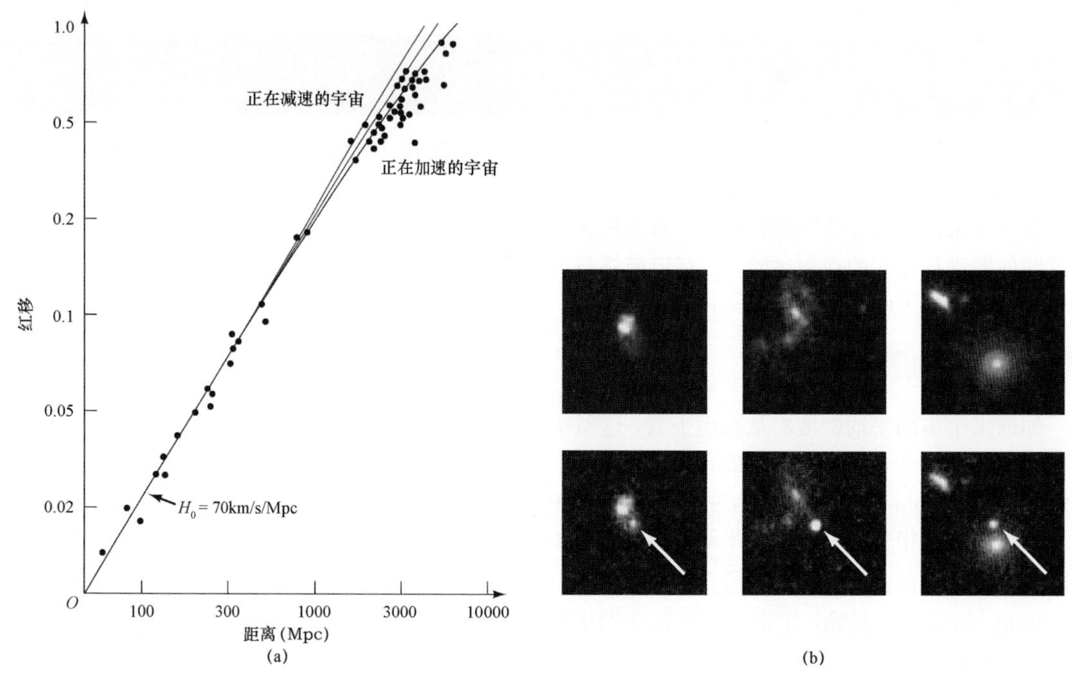

图 17.8　正在加速的宇宙。(a)在正减速的宇宙（紫色和红色曲线）中，遥远天体的红移应大于哈勃定律的预测值（黑色曲线）。在正加速的宇宙中，情况则刚好相反。数据点显示了约 50 颗超新星的观测结果，表明宇宙膨胀正在加速；(b)下图显示了三颗 I 型超新星（以箭头标识），当宇宙接近当前年龄的 1/2 时，在遥远的星系中爆发；上图显示了爆发前的相同区域（CfA/NASA）

理论与实际相比如何？20 世纪 90 年代末，两个天文学家团队发布了对遥远超新星独立且系统的巡天结果，部分超新星显示在图 17.8b 中，数据标记在图 17.8a 中。但是，这些发现非但没有阐明宇宙减速的情形，反而表明宇宙膨胀并未减缓，而实际上正在加速。根据超新星数据，遥远星系的退行速度略慢于哈勃定律的预测值。图中的减速曲线偏差看似较小，但在统计结果上却非常明显，两个团队都报告了类似的发现。

这些观测结果与前述的标准大爆炸理论（只有引力）不一致，天文学家因此对宇宙观进行了重大修正。测量难度非常大，因为结果精度高度依赖于超新星光度的实际标准程度。果不其然，因为这个结果存在大量悬而未决的问题，所以超新星测量技术的可靠性一直是宇宙学家密切关注的主题。但是，目前尚未出现能够与这种方法相抗衡的令人信服的观点，因此没有理由相信我们在某种程度上被大自然愚弄了，目前只能说测量结果良好，宇宙加速真实可信。这个结果出人意料但却至关重要，为发现者（两个团队的负责人）赢得了 2011 年的诺贝尔物理学奖。

17.4.3 暗能量

究竟是什么引发了宇宙的整体加速？坦率地讲，宇宙学家并不知道正确的答案，但是已经提出了几种可能性。无论是什么，引发宇宙加速的神秘宇宙力量既非物质又非辐射。这种神秘力量虽然携带能量，但会对宇宙产生整体排斥效应，进而引发空白空间向外膨胀，人们简单地将其称为**暗能量**（dark energy），这可能是当今天文学的主要未解之谜。

如图 17.9 所示，暗能量的排斥效应与宇宙大小成正比，所以会随着宇宙膨胀而增大。因此，暗能量在宇宙演化的早期可以忽略不计，但现在是控制宇宙膨胀的主要因素。此外，由于引力效应随着膨胀的进行而减弱，因此一旦暗能量开始占据主导地位，引力就永远无法赶上，宇宙将以不断增大的速度继续加速。于是，通过对抗引力的吸引力，暗能量的排斥效应强化了宇宙将永远膨胀的前述结论。

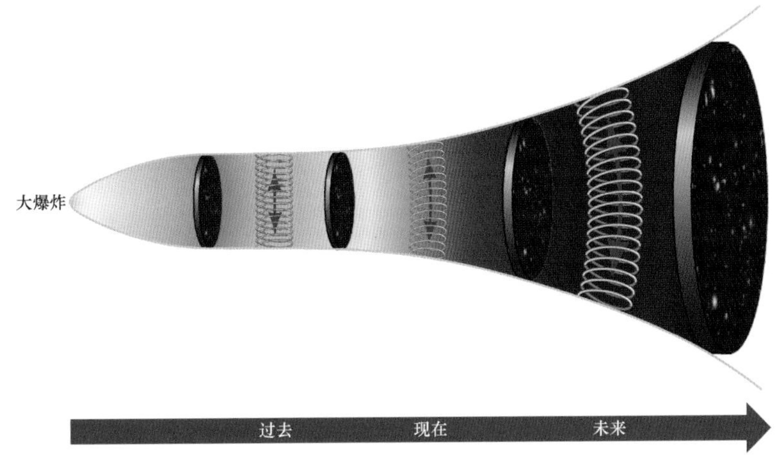

图 17.9 暗能量。宇宙膨胀受到引力的吸引而变慢，同时受到暗能量的排斥而加速。当宇宙膨胀时，引力减弱，暗能量产生的力则增强。数十亿年前，暗能量开始占据主导地位，宇宙膨胀，此后一直在加速

暗能量的主要候选者之一是与空白空间相关的额外真空压力，且仅在极大尺度上有效，人们简单地将其称为**宇宙学常数**（cosmological constant）。宇宙学常数具有漫长而曲折的历史（见发现 17.1），自爱因斯坦近一个世纪前发现以来，时而受到人们的青睐，时而受到人们的冷遇。但是，要注意的是，虽然包含宇宙学常数的各种模型能够拟合观测数据，但是天文学家对其实际含义还没有明确的物理解释——既不需要又没有办法通过任何已知的物理定律进行解释。

暗能量的斥力当前值与引力的吸力当前值大致相当，这一事实给天文学家带来了另一个问题。当计算受控于与当前观测结果一致（见图 17.12）的宇宙学常数的宇宙演化时，我们发现这种状况并不适用于早期（如星系形成时）的宇宙，也不适用于 100（或 200）亿年后的宇宙。换句话说，这些观测结果似乎表明，我们生活在宇宙史中的一个特殊时刻——受过哥白尼原理训练的天文学家对这个结论持极大的怀疑态度（见 1.1 节）。基于暗能量的行为取决于宇宙中物质和辐射的密度原则，宇宙学家已在尝试通过构建替代理论来解决这个问题，但至少就目前而言，宇宙学常数似乎与观测数据吻合得较好。

发现 17.1 爱因斯坦和宇宙学常数

即使是最伟大的头脑，也容易犯错。作为广义相对论的发现者，阿尔伯特·爱因斯坦还首次将该理论应用于宇宙（毫不奇怪）。当推导并求解描述宇宙行为的方程时，爱因斯坦发现这些方程预测了一个随时间演化的宇宙。但是，在 1917 年，他和其他任何人都不知道哈勃定律描述的宇宙膨胀（见 15.3 节）。

当时，像大多数科学家一样，爱因斯坦也认为宇宙是静止（不变和永恒）的。爱因斯坦发现他的方程没有静态解，这似乎是其新理论的一个几乎致命的缺陷。

为使其理论与信仰保持一致，爱因斯坦修改了他的方程，引入了一个修正因子，现在称为宇宙学常数。插图显示了将宇宙学常数引入描述临界密度宇宙膨胀的方程的影响。一个可能的解是滑行宇宙，其半径确实在无限时间内保持不变。爱因斯坦认为这就是他期望的静止宇宙。爱因斯坦并未预测一个正在演化的宇宙（这应是广义相对论最伟大的成就之一），而屈服于一个没有观测证据支持的先入为主的概念。后来，当宇宙膨胀被发现且爱因斯坦方程（不带宇宙学常数）恰好能对其进行完美描述时，爱因斯坦宣布宇宙学常数是他科学生涯中的最大错误。

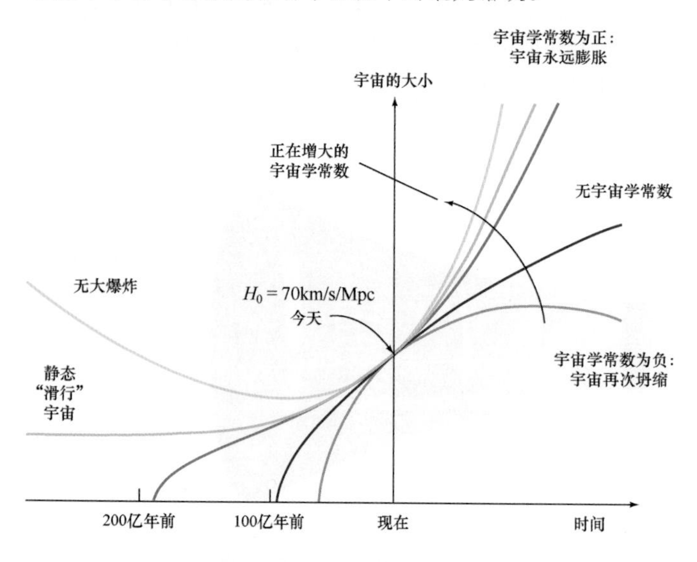

对许多研究人员（包括爱因斯坦）来说，宇宙学常数的主要问题曾经（且现在仍然）是其没有明确的物理学解释。爱因斯坦引入它的目的是修正方程中的一个问题，但当意识到问题实际上并不存在时，他立即放弃了这个常数。科学家非常不愿意纯粹为得出正确结果而在方程中引入未知量，因此宇宙学常数在天文学家中失宠多年。但是，如文中所述，宇宙学常数显然已经完全恢复名誉，现在被确定为暗能量（其存在由极大尺度上的宇宙研究推知）的主要候选者。

目前，天文学家正在尝试构建保持宇宙学常数特征的暗能量理论，同时也在以某些自然的方式解释其价值，或许能以某种方式将其与物质密度耦合。在全面介绍宇宙学常数在宇宙学中的作用之前，我们可能要记住其发明者的经历，并牢记其物理意义仍然是完全未知的。

科学过程回顾

天文学家为何认为暗能量是宇宙的主要组成部分？

17.4.4 宇宙的组成

除了测量密度和加速度，天文学家还可使用其他几种方法来计算描述宇宙大尺度性的宇宙学参数质。极早期宇宙的理论研究（见 17.7 节）表明，宇宙的几何形状应是完全平直的，因此密度应刚好等于临界密度。20 世纪 80 年代，这些观点开始广泛传播，但似乎与多年来的观测结果（即使考虑暗物质，宇宙物质的密度也仅为临界值的 20%～30%）不一致。宇宙加速（如前所述）实际上解决了这一冲突，但代价是在宇宙混合物中引入另一种未知的成分（暗能量）。

辐射场（已知充满整个宇宙）的详细测量（见 17.5 节和 17.8 节）支持临界密度的理论预测，也与超新星研究推测的暗能量一致。进一步的支持来自对星系巡天（如 17.1 节所述）的详细分析，这使得天文学家能够测量宇宙中大尺度结构的生长，进而限制 Ω_0 值。

运气不错的是，前述所有方法得到的结果都保持一致。宇宙学家目前取得了共识，即认为宇宙的实际密度精确等于临界密度（$\Omega_0 = 1$），但这种密度由物质（主要是暗物质）和暗能量（利用关系式 $E = mc^2$，适当转换为质量单位）组成（见 9.5 节）。注意，虽然暗能量在对宇宙膨胀的影响方面与引力的作用相反，但仍会增大总密度（和 Ω_0）对空间曲率的影响。根据所有的可用数据，如图 17.10 所示，最佳估计是物质占总能量的 32%，其余 68%为暗能量。这是表 15.1 中暗含的假设，全书均采用这个假设（见更为准确 15.1）。

注意，这样的宇宙将永远膨胀，但根据广义相对论和弯曲时空机制得出的宇宙却是完全平直的（见图 17.11），这一讽刺无疑会让牛顿哭笑不得。

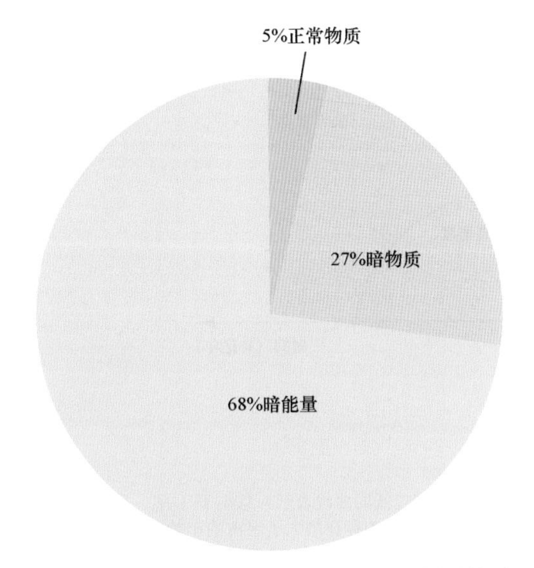

图 17.10 宇宙的组成。宇宙现在主要由神秘的暗能量组成，其约占总能量的 3/4；暗物质的总能量占比略高于 1/4；正常物质仅占百分之几，其中 3.6%（主体）位于星系和星际气体中，仅 0.4%（极少量）构成了恒星、行星和生命形式

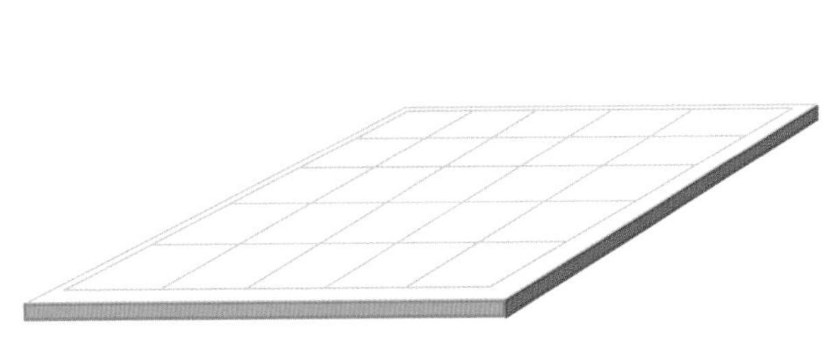

图 17.11 宇宙的几何形状。最大尺度上的宇宙似乎为几何平面，它受控于中学所学的欧氏几何

17.4.5 宇宙的年龄

在 17.2 节中，当我们根据哈勃常数的可接受值计算宇宙的年龄时，曾假设过去宇宙的膨胀速度是恒定的。但是，如刚才所述，这种计算过于简单，引力趋于减缓宇宙膨胀，暗能量则加速宇宙膨胀。若没有宇宙学常数，则过去宇宙的膨胀速度要比现在的快，因此假设膨胀速率不变将高估宇宙年龄——这样的宇宙比之前计算的 140 亿年还要年轻。相反，暗能量的排斥效应趋于增大宇宙的年龄。

图 17.12 描绘了这些要点，它类似于图 17.6，但是添加了三条曲线，其中一条曲线（标为“空”）对应于当前值下的恒定膨胀速率，另一条曲线对应于具有上述最佳估计参数的加速宇宙。无宇宙学常数的临界密度宇宙（也添加了它的曲线）的年龄约为 90 亿年。低密度非束缚宇宙的年龄超过 90 亿年，但仍不到 140 亿年。与加速宇宙对应的年龄约为 140 亿年，碰巧非常接近恒定膨胀的计算值。

这与通过其他方法估计的年龄相比如何？基于恒星演化理论，最古老球状星团形成于约 120 亿年前，大多数球状星团的年龄估计为 100 亿～120 亿年（见 12.6 节），如图 17.12 所示。人们认为这些古老星团与银河系的形成时间大致相同，因此它们记录了星系的形成时代。更重要的是，它们不可能比宇宙更古老。如图 17.12 所示，球状星团的年龄与宇宙的年龄（140 亿年）一致，甚至允许星系生长数十亿年（见 16.3 节）。还要注意，星团的年龄与无暗能量的临界密度宇宙的年龄不一致。对关键预测的独立检验是支持现代大爆炸理论的重要证据。

因此，对于 H_0 = 70km/s/Mpc，我们对宇宙历史的当前最佳猜测是将大爆炸放在 140 亿年前，首批类星体出现在约 130 亿年前（红移为 7），类星体时期峰值（红移为 2～3）出现在之后的 10 亿年间，银河系中的最古老的已知恒星形成在此后的 20 亿年间（见 16.3 节）。虽然天文学家目前尚不理解暗能量的本质，但这么多独立推理之间的良好一致性使得许多人相信，刚才描述的暗物质/暗能量大爆炸理论是正确的宇宙描述。

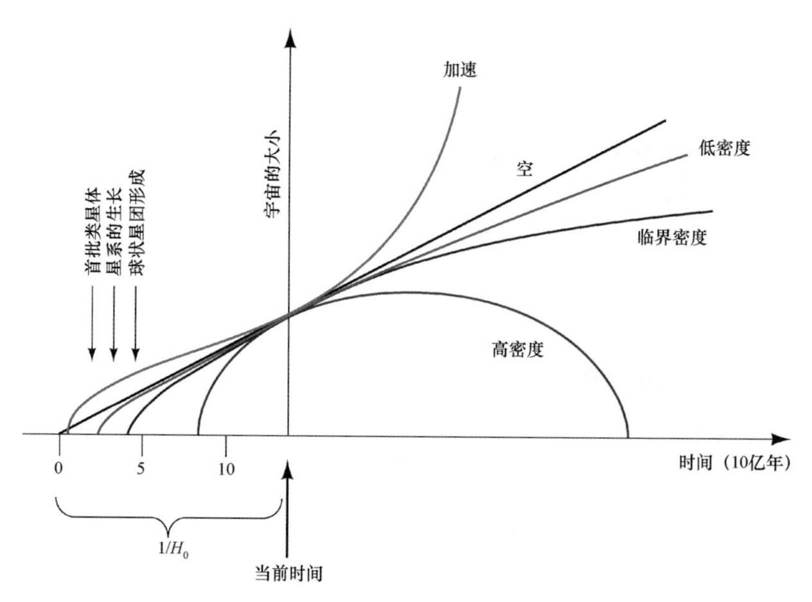

图 17.12 宇宙的年龄。不含暗能量的宇宙年龄（由红色、紫色和蓝色三条较低的曲线表示）总小于 $1/H_0$，且随当前密度值的增大而减小。具有排斥作用的宇宙学常数（绿色曲线）的存在增大了宇宙的年龄

在继续阅读本章剩余部分的内容时，请务必牢记大爆炸是一种科学理论，严格来说要不断受到挑战和审查（见 0.5 节）。这个理论对宇宙的状态和历史做出了可检验的预测，若这些预测与观测结果不一致，则其必然要改变（或失败）。天文学家还没有到放松之时，因为这个主题的历史表明，在细节问题最终解决之前，可能还会遇到一些意想不到的曲折。

概念回顾

天文学家为何认为宇宙将永远膨胀？

17.5 早期宇宙

下面，我们从对宇宙遥远未来的研究转向对其遥远过去的探索。我们能够回溯探测多长时间？何种方法能够研究最遥远类星体之外的宇宙？我们能在多大程度上直接感知时间的边缘和宇宙的最早起源？

17.5.1 宇宙微波背景

图 17.13 微波背景的发现者。这个“糖匙”天线的建造目标是与地球轨道卫星进行通信，但是罗伯特·威尔逊（右）和阿诺·彭齐亚斯（左）用其发现了温度为 2.7K 的宇宙背景辐射（Alcatel-Lucent）

1964 年，在一次旨在提升美国电话系统的实验期间，人们意外发现了这些问题的部分答案。作为“识别和消除卫星通信中的不必要干扰”项目的一部分，通过利用图 17.13 中所示的角状天线，阿诺·彭齐亚斯和罗伯特·威尔逊（美国新泽西州贝尔电话实验室的科学家）正在研究微波（射电）波长下的银河系发射。在接收到的数据中，他们注意到了一种令人烦恼的背景嘶嘶声，有些像调幅（AM）无线电台站的背景静电。只要将天线指向天空，无论何时何地，嘶嘶声始终存在。这种微弱信号从来不会减弱（或增强），任何时候（每日每分每秒）都能探测到，显然充斥了整个太空。

在与贝尔实验室的同事及附近普林斯顿大学的

理论家讨论后，这两位实验学家最后意识到，这种神秘的静电只能来自宇宙本身。彭齐亚斯和威尔逊探测到的射电嘶嘶声现在被称为宇宙微波背景（cosmic microwave background），他们因这一发现获得了1978 年的诺贝尔物理学奖。

实际上，早在微波背景被发现之前，理论家就预测到了它的存在和常规性质。据他们推测，除了极其致密，早期宇宙一定还非常炽热，因此在大爆炸后不久，宇宙中必定充满了极高能量的热辐射——波长极短的 γ 射线。如图 17.14 所示，随着宇宙不断膨胀，这种炽热的原初强辐射已从 γ 射线开始红移，先后穿过光学和红外波长，最后抵达电磁波谱的射电（微波）范围（见 2.4 节）。人们今天观测到的辐射是极早期宇宙中存在的原初火球的“化石遗迹”，因此微波背景的发现是支持宇宙大爆炸理论的有力证据，许多天文学家由此确信了这个观点的基本正确性。

普林斯顿大学的研究人员确认了微波背景的存在，并且计算出其温度约为 3K。但是，这部分电磁波谱恰好难以从地面上进行观测，天文学家花了 25 年才最终证明该辐射确实可由黑体曲线进行描述（见 2.3 节）。1989 年，宇宙背景探测卫星（COsmic Background Explorer satellite，COBE）测量了微波背景的强度，测量范围横跨各波长的峰值（0.5mm～1cm），测量结果如图 17.15 所示。实线是最佳拟合 COBE 数据的黑体曲线，近乎完美的拟合对应于刚超过 2.7K 的宇宙温度。

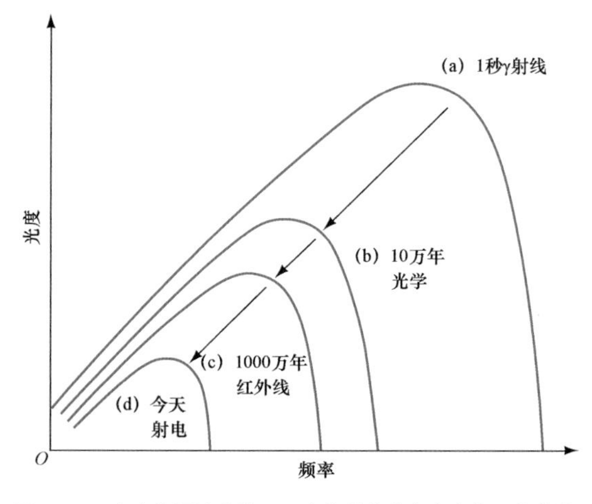

图 17.14　宇宙的黑体曲线。理论推导的整个宇宙的黑体曲线，具体时间为大爆炸之后：(a)1 秒；(b)10 万年；(c)1000 万年；(d)约 140 亿年，即今天

图 17.15　微波背景光谱。COBE 卫星测得的宇宙背景辐射强度与理论值完全一致。图中的曲线是该数据的最佳拟合，对应于温度 2.725K。在精度非常高的这一观测中，实验误差比代表数据点的圆点还要小

宇宙微波背景的一个突出特征是，它是高度各向同性的。当校正地球在太空中的运动时（由于多普勒效应，这种运动导致的微波背景温度似乎比前方的平均温度略高，比后方的平均温度略低），天空中各个方向上的辐射强度几乎是恒定不变的（约为 $1/10^5$）。

值得注意的是，宇宙微波背景所含的能量非常巨大，甚至比宇宙历史上曾经存在的所有恒星和星系发射的能量还要多。恒星和星系虽然是极强的辐射源，但是只占据很小一部分太空空间，当其能量平均分布在整个宇宙体积中时，最多仅为微波背景中能量的 1/10。因此，就当前的目标而言，宇宙微波背景是宇宙中唯一重要的辐射形式。

概念回顾

宇宙微波背景是什么时候形成的？为什么仍然是黑体曲线？

17.5.2　宇宙中的辐射

在大尺度的宇宙演化中，辐射起什么样的作用？为了回答这个问题，可将微波背景中的能量表示为等效密度，计算每立方米空间中的光子数量，然后利用关系式 $E = mc^2$ 将这些光子的总能量转换

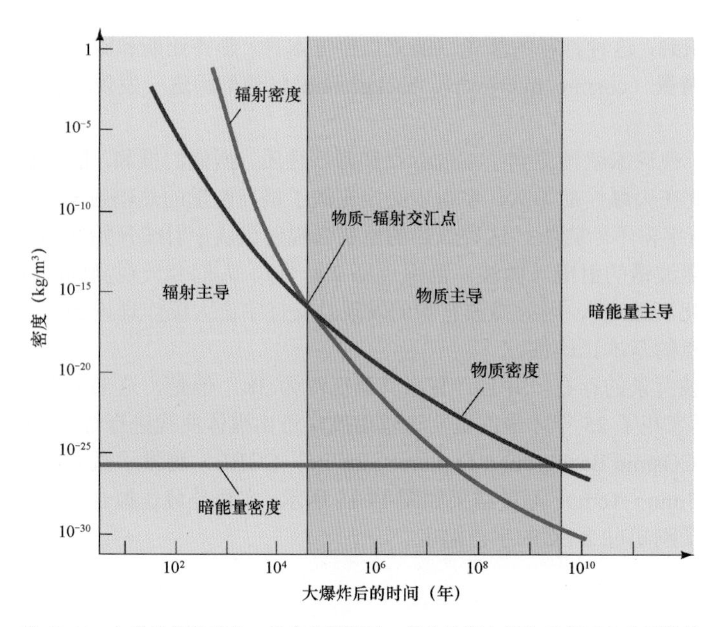

图 17.16　主导地位的变化。当宇宙膨胀时，单位体积内的物质粒子和光子数量都减少，且光子的能量还因宇宙学红移而进一步下降。因此，随着宇宙的生长，辐射密度的下降速度快于物质密度的下降速度，且在二者交汇之前的早期，辐射的主导地位要高于物质。今天，暗能量的主导地位要高于物质和辐射

为质量（见 16.6 节）。当这样做时，我们发现微波背景的等效密度（约为 5×10^{-21} kg/m³）[①]远低于宇宙密度的当前值（约为 9×10^{-27} kg/m³，几乎均以暗能量和物质的形式存在，见图 17.10）。因此，在当前的宇宙中，暗能量密度和物质密度均远高于辐射密度。

情况是否始终如此？暗能量和物质是否始终主导着整个宇宙？要回答这个问题，就要了解暗能量、物质和辐射的密度是如何随宇宙膨胀而改变的。根据当前的理论，暗能量是空间本身的一种性质，密度在宇宙演化时保持不变。相比之下，物质和辐射的密度都会下降，因为宇宙膨胀会同时稀释原子和光子的数量，但是辐射会因为宇宙学红移而导致能量进一步减少，因此随着宇宙的生长，辐射等效密度的下降速度甚至快于物质密度的下降速度。因此，如图 17.16 所示，暗能量虽然当前占主导地位，但在早期宇宙中并不重要。此外，虽然辐射密度现在远小于物质密度，但过去某段时间内它们必定大小相等，且在那段时间之前，辐射曾经是宇宙的主要组成部分，即最早期的宇宙由辐射主导。

17.6　原子核和原子的形成

根据大爆炸理论，极早期的宇宙完全由辐射组成。在宇宙存在的第一分钟期间，温度高到足以使单个辐射光子具有足够的能量将自身转化为基本粒子形式的物质。这个时期创造了当前所知的所有物质的基本构件，既包括正常的物质（如质子、中子和电子），又包括奇异的粒子（可能构成各星系和星系团中的暗物质）（见 14.5 节）。物质从那时起开始不断演化，聚集在一起而形成越来越复杂的各种结构，最终形成了当前所知的各种原子核、原子、行星、恒星、星系和大尺度结构，但是并未创造新物质。当早期宇宙开始膨胀并冷却时，周围所见的一切均由辐射形成。

17.6.1　氦的形成

大爆炸后约 2 分钟，宇宙温度降至约 9 亿开尔文以下，质子和中子聚变而形成氘的条件变得比较有利（如第 9 章所述，氘只是一种重形式的氢，其原子核中包含 1 个质子和 1 个中子）。在此之前，氘核生成后即被高能 γ 射线分解。一旦氘最终能在辐射背景中幸存，其他聚变反应很快就将其转化为更重的元素（特别是氦-4）。在短短几分钟内，大部分可用中子就被耗尽，只剩下由正常物质（以氢和氦为主，存在痕量氘）构成的宇宙。图 17.17 描绘了导致氦形成的一些反应。将其与图 9.25 进行比较，后者描述了氦今天是如何在主序星（如太阳）的核心中形成的（见 9.5 节）。在大爆炸后不久，通过核聚变生成比氢更重的各种元素的过程称为原初核合成（primordial nucleosynthesis）。

① 原文中的数字可能不正确，似乎应为 5×10^{-31}。——译者注

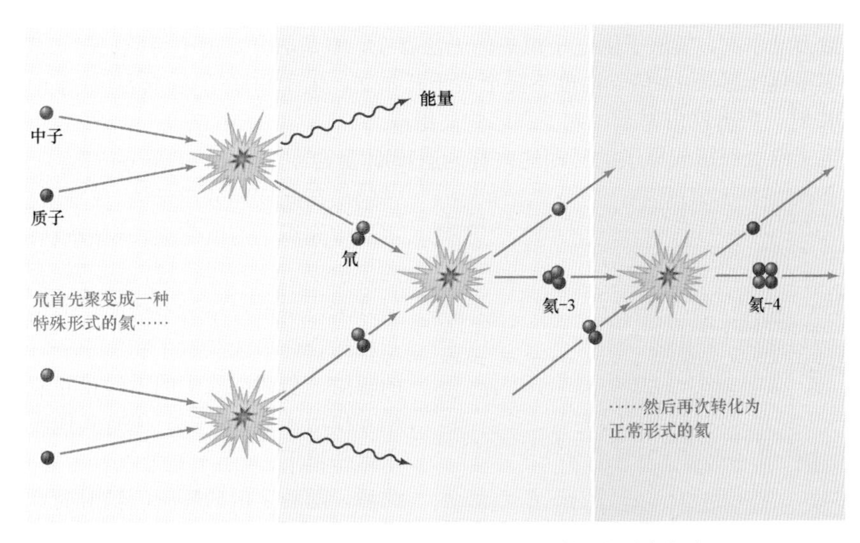

图 17.17　氦的形成。早期宇宙中导致氦形成的一些反应序列

这种早期聚变爆发并未持续太久，随着时间的推移，冷却及变稀的宇宙中的条件越来越不利于进一步的聚变反应。实际上，原初核合成停在了氦-4。详细计算结果表明，在大爆炸后约 15 分钟，宇宙中的元素丰度即已确定，氦约占宇宙中正常物质总质量的 1/4，其余 75%是氢。在恒星中的核反应改变这些数字以前，尚需等待近 10 亿年时间。

天文学家发现，无论望向何处，也无论恒星中的重元素供应量有多低，所有恒星中的氦含量都存在一个最低值（按质量计量，略低于 25%），即使含有极少量重元素的恒星也是如此，说明氦在这些古老恒星形成时就已存在。人们普遍接受的解释是氦的这一基本含量是原始的，即生成于任何恒星形成之前的炽热宇宙早期。对于各恒星中的氦含量，理论计算与实际观测结果之间取得了惊人的一致，这是支持大爆炸理论的另一个关键证据。

17.6.2　核合成和宇宙的组成

虽然大部分氘形成后很快就会燃烧为氦，但仍有一小部分氘在原初核反应停止后残留下来。核合成计算结果表明，残留的氘含量是当今宇宙中物质密度的一个非常敏感的指标：当今的宇宙越致密，早期与氘发生反应的物质（质子和中子）就越多，核合成结束时残留的氘就越少。比较早期宇宙中氘生成的理论计算与恒星及星际物质中的观测氘丰度，人们发现当前密度最多为临界值的 3%～4%。

但是，存在一个重要的限制条件：原初核合成仅取决于早期宇宙中质子和中子的存在，因此氦和氘的丰度测量结果仅能告诉我们宇宙中正常物质（由质子和中子组成的物质）的密度。对于宇宙的整体组成，这一发现具有重大影响。由于总物质密度约为临界值的 1/3，若正常物质的密度仅为该密度的百分之几，则会被迫得出以下结论：不仅宇宙中的大部分物质是暗物质，而且大部分暗物质并不由质子和中子组成（见图 17.10）。宇宙中的大部分物质显然以难以解释的亚原子粒子形式存在，人们对其本质还不完全了解，而且其存在尚未在实验室的实验中最终证实（见 14.5 节）。

为简单起见，本书从现在开始，约定术语暗物质仅指这些未知的粒子，而非恒星暗物质（如由正常物质组成的褐矮星或白矮星）。

概念回顾

我们怎么知道宇宙中的大部分暗物质不是正常组成的？

17.6.3　原子的形成

宇宙形成数万年后，物质（由电子、质子、氦核和暗物质组成）开始占主导地位（凌驾于辐射之上）。

当时的温度是数万开尔文，氢原子因过于炽热而无法存在，但是部分氦离子可能已经形成。在接下来的数十万年间，宇宙再次膨胀 10 倍，温度下降至数千开尔文，电子和原子核结合形成了中性原子。当温度下降到 3000K 时，宇宙就由原子、光子和暗物质组成。

原子核与电子结合而形成原子的时期通常称为**退耦期/复合期**（epoch of decoupling），辐射背景与正常物质在此期间分道扬镳。在物质被电离的早期，宇宙中充满了与所有波长电磁辐射频繁相互作用的自由电子，光子行进没多远就会遇到电子并散射开来，宇宙对辐射不透明。但是，当电子与原子核结合而形成氢原子和氦原子时，仅特定波长的辐射（与那些原子的谱线相对应）才能与物质相互作用（见 2.6 节），所有其他波长的光几乎能永远传播下去（而不被吸收），宇宙变得近乎透明。此后，随着宇宙的膨胀，辐射简单地冷却，最终成为当前观测到的微波背景。

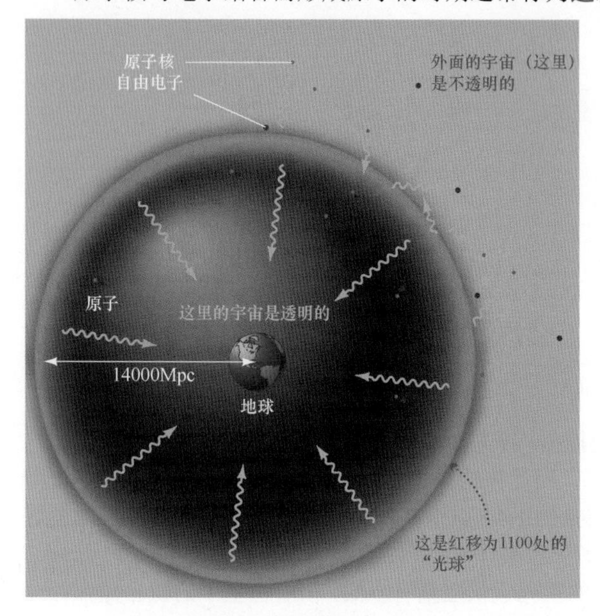

图 17.18　辐射-物质退耦？当原子形成时，宇宙对辐射变得透明。因此，通过观测宇宙背景辐射，就可揭示某个时刻（红移为 1100，温度低于约 3000K）的宇宙条件。对"当宇宙年龄仅有 140 亿年时，如何能够看到 14000Mpc（460 亿光年）之外的太空区域"的解释，请参阅更为准确 15.1

对地球上当前探测到的微波光子而言，自退耦以来始终在宇宙中穿行。根据最佳拟合观测数据的模型，它们与物质的最后一次相互作用（在退耦期）发生在宇宙年龄约为 40 万年时，体积约为现有体积的 1/1100（且更炽热），即红移为 1100。如图 17.18 所示，原子形成期在宇宙中生成了一个光球，通常称为**最后散射面**（surface of last scattering），在约 14000Mpc 处完全环绕在地球周围，对应的红移为 1100（见更为准确 15.1）。在光球朝向地球的一侧（退耦后），宇宙是透明的；在另一侧（退耦前），宇宙是不透明的。因此，通过观测微波背景，我们就可探测宇宙中的各种状况，几乎可以追溯到大爆炸自身所在的时刻。这种方法非常类似于通过研究太阳光来了解太阳表层信息。

17.7　宇宙暴胀

20 世纪 70 年代末，宇宙学家面临着两个麻烦问题，不容易利用标准大爆炸模型进行解释。通过对这两个问题进行求解，理论家开始彻底重新思考他们的早期宇宙观。

17.7.1　视界问题和平直性问题

第一个问题称为视界问题（horizon problem）。假设在天空中的两个相反方向观测微波背景，如图 17.19 所示。如前所述，在这样做的过程中，我们实际上正在观测宇宙中的两个遥远区域（图中标为 A 和 B），辐射背景在此与物质最后一次相互作用。辐射背景高度各向同性，这意味着当我们看到的辐射离开它们时，区域 A 和区域 B 的密度和温度必定非常相似。

问题是在刚才介绍的大爆炸理论中，并无特别的理由解释这些区域为何如此相似。该问题中涉及的时间是大爆炸发生后的数十万年，区域 A 和区域 B 相隔几百万秒差距，没有任何信号（声波、光线或其他任何信号）有时间在两个区域之间传播。在宇宙学术语中，每个区域都位于另一个区域的视界之外。但是，由于这些区域之间不可能存在信息（或能量）交换，所以它们无法知道自己看上去应当与另一个区域相同，唯一的可能是它们最初看起来就很相似——这是宇宙学家非常不情愿做出的假设。

标准大爆炸模型的第二个问题称为平直性问题（flatness problem）。无论宇宙密度的确切值是多少，都与临界值相当接近。从时空曲率角度看，宇宙非常接近平直。但是，对于宇宙为何应当以非常接近临界值的密度形成，同样没有充分的理由予以解释。为什么不是这个值的 1/100 万或 100 万倍呢？此外，如图 17.20 所示，宇宙密度最初非常接近但不精确等于临界密度，临界曲线很快就会极大地偏离。因此，若宇宙现在接近临界密度，则其过去必定极其接近临界密度。例如，即使 Ω_0 今天低至 0.1，与核合成时临界密度的偏离也仅变化 $1/10^{15}$。

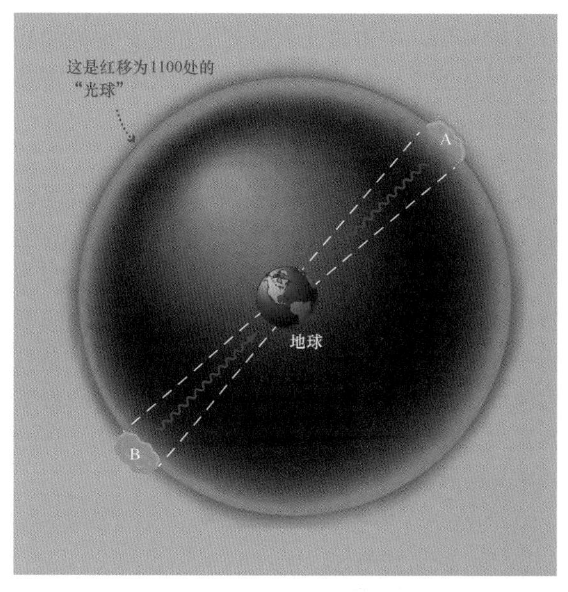

图 17.19 视界问题。微波背景的各向同性表明，当现在观测的辐射离开时，宇宙中的区域 A 和区域 B 彼此非常相似，但是自大爆炸以来，它们并没有足够时间的彼此相互作用。它们看上去为何相同？

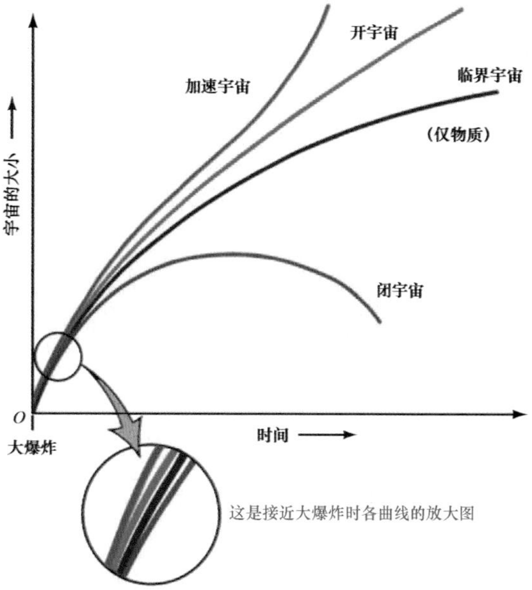

图 17.20 平直性问题。若宇宙稍微偏离临界密度，则该偏离也会随着时间的推移而快速增大。宇宙若要如今天这样接近临界密度，则其过去与临界密度必须相差极小

这些观测结果构成了问题，因为宇宙学家希望能够解释宇宙的现状，而不仅仅是全盘接受其过去的样子。他们更希望利用物理过程来解决视界问题和平直性问题，在这些物理过程中，宇宙可能会从毫无特殊性质的状态演化成当前的状态。要解决这两个问题，就需要从时间上返回到（甚至早于）核合成（或今天所知任何基本粒子形成）的时间——实际上，几乎可以追溯到大爆炸那一刻。

17.7.2 暴胀时期

20 世纪七八十年代，理论物理学家成功地将宇宙中的三种非引力（电磁力、强力和弱力）统一为一种包罗万象的超级力（见更为准确 9.1）。描述这种超级力的**大统一理论**（Grand Unified Theory，GUT）做出了如下的一般性预测：只有在极高能量（对应温度超过 10^{28}K）下，这三种力才统一而不可区分。在较低的温度下，超级力可拆分为三种类型的力，即电磁力、强力和弱力。

20 世纪 80 年代，宇宙学家发现大统一理论对极早期的宇宙存在巨大影响。在大爆炸后不到 10^{-34} 秒，部分宇宙可能会暂时处于一种非常奇怪和不稳定的状态，即所在空白空间（宇宙的极致结构）获得了**真空能量**（vacuum energy），本质上成为其正常平衡态之上的激发态。虽然听起来比较深奥，但是我们对这些区域的兴趣非常直接——若理论家正确，则我们就生活在这样一个区域中。

真空能量的出现产生了惊人的后果。如图 17.21 所示，在一段很短的时间内，这种额外能量导致受影响区域以极大的加速度向外膨胀（这种效应概念上类似但远大于发现 17.1 中介绍的与宇宙学常数相关的宇宙加速）。当区域增大时，真空能量的密度几乎保持不变，且膨胀随时间推移而加速，这种不平衡状态持续存在。实际上，该区域的大小翻了很多倍，因此这段不受约束的宇宙膨胀期称为**暴胀时期**（epoch of inflation）。

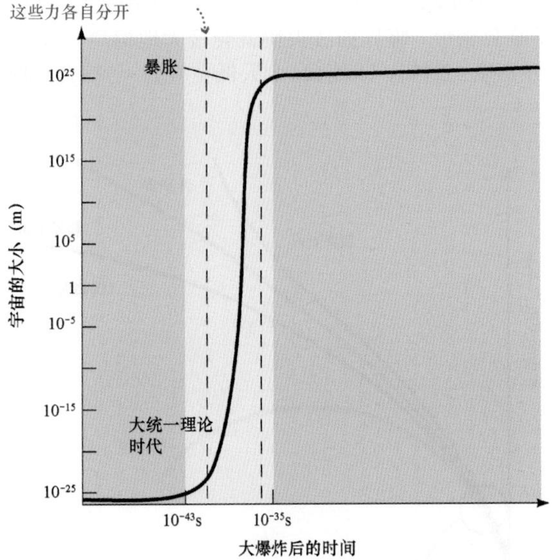

图 17.21 宇宙暴胀。在暴胀时期，宇宙在极短的时间内急剧膨胀。之后，恢复早期的正常膨胀速率，但是宇宙大小比暴胀前增大了约 10^{50} 倍

最终，真空恢复到正常的真实状态，暴胀结束。各正常空间区域开始出现在伪真空范围内，并且快速扩展而包含整个膨胀区域。整个事件仅持续 10^{-32} 秒，但这段时间里的宇宙碎片变得不稳定，大小膨胀了约 10^{50} 倍，真是令人难以置信。暴胀阶段后，宇宙再次恢复到（相对）缓慢的膨胀，但是发生了重要变化，这些变化会对宇宙演化产生深远影响。

暴胀理论最早出现在 20 世纪 80 年代初，它将暴胀时期（见图 17.21）与**大统一理论时期**/GUT 时期（GUT epoch）的后期相关联，温度下降到 10^{28}K 以下，基本自然力开始重组——类似于随着温度下降，气体液化或者水结冰。但是，研究人员后来意识到，在早期宇宙的演化过程中，适合暴胀的条件可能已发生在许多不同的情况下（甚至可能已经多次发生），使得暴胀成为当前理论模型中的一种相当常见的预测。

17.7.3 对宇宙的影响

暴胀为视界问题和平直性问题提供了一种自然的解决方案。视界问题之所以得到解决，是因为暴胀的目标就是宇宙中已有时间彼此交互的各个区域（因此具有相似的物理性质），这些区域被暴胀拖开而相距非常遥远（无法交流）。实际上，在暴胀时期，宇宙的膨胀速率远快于光速，因此原本在视界内的东西现在的位置远超视界之外（相对论将物质和能量的速度限制为小于光速，但对宇宙整体则没有这样的限制）。对图 17.19 中的区域 A 和区域 B 而言，自大爆炸后 10^{-32} 秒至今一直没有联系，但在此之前则始终保持交流。在暴胀将其分开之前，它们具有相同的性质已有很久，因此这些性质今天仍然相同。

图 17.22 描绘了暴胀是如何解决平直性问题的。假设你是一只 1mm 长的蚂蚁，坐在正膨胀的气球表面。当气球直径仅有几厘米时，你能很容易地看到气球表面是弯曲的，因为气球圆周与你的大小具有可比性。但是，当气球不断膨胀时，曲率就变得不那么明显。当气球直径达到数千米时，你的蚂蚁大小的表面看上去相当平直，就像我们看到地球表面是平直的那样。现在，假设气球膨胀了 100 万亿万亿万亿万亿倍，此时你所在的那块表面将与完美的平直平面完全无法区分。因此，宇宙在暴胀之前可能具有的任何曲率都已极度膨胀，以至于我们希望观测的所有尺度上的空间都完全平直。

平直性问题的解决（因为宇宙平直精度实际上极高，所以宇宙似乎是接近平直的）还有另一种非常重要的影响。因为宇宙在几何意义上平直，所以由相对论可知，宇宙总密度必须精确等于临界值，即 $\Omega_0=1$（见 17.3 节）。这是引导我们在 17.4 节中得出结论的关键结果，即暗能量（无论是什么）必须主导宇宙总密度。不仅大部分物质是暗物质（见 17.6 节），而且大部分宇宙密度根本不由物质组成。

虽然暴胀以相当令人信服的方式解决了视界问题和平直性问题，但在首次提出后近 20 年间，该理论却遭到了许多天文学家的抵制，主要原因是其 $\Omega_0=1$ 的预测与宇宙中物质密度不超过临界值 30%的越来越多的证据不相符。许多宇宙学家实际上曾考虑过一种可能性——宇宙学常数可能提供解释剩余 70%宇宙密度的方法，但是没有独立的进一步确证，因此无法得出确凿的结论。这就是超新星观测为何如此重要的原因——通过证明宇宙膨胀速率中的加速，它们为暗能量的影响建立了独立的证据，并在这样做的过程中调和了暴胀与不一致观测之间的矛盾。

在地球上的实验室中，物理学家可能永远无法建立与暴胀时期宇宙中存在的那些条件相似（哪怕程度很低）的条件，伪真空的安全建立超出了人类的能力。虽然如此，宇宙暴胀似乎是许多大统一理

论的自然结论，解释了大爆炸理论中的两个棘手问题。因此，虽然缺乏这一过程的直接证据，暴胀理论仍然成了现代宇宙学的重要组成部分。对于宇宙的大尺度几何形状和结构（对当前星系形成理论至关重要），该理论做出了明确且可检验的预测。如下一节所述，天文学家目前正在对这些预测进行严格审查。

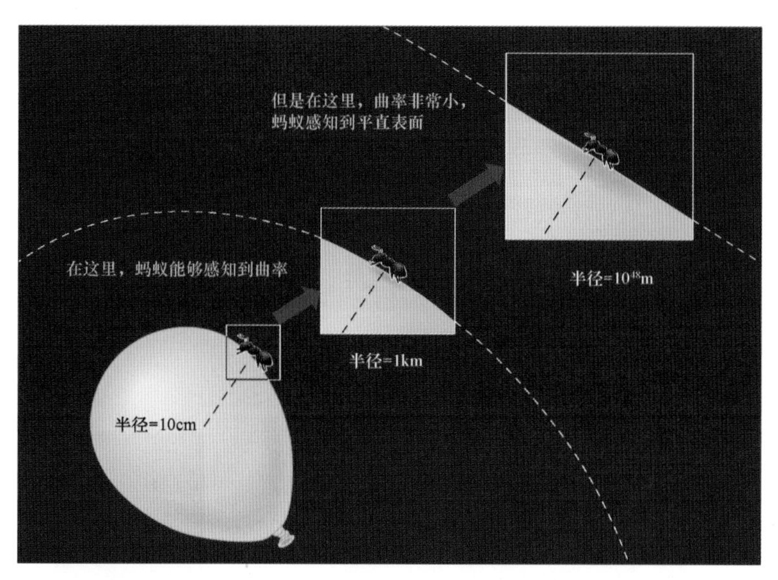

图 17.22　暴胀和平直性问题。暴胀通过极大地膨胀曲面（这里用气球表面表示）来解决平直性问题。对气球表面上的蚂蚁来说，膨胀完成后的气球看起来几乎是平直的

概念回顾

关于宇宙组成，暴胀理论本身是否直接进行了说明？陈述相关内容。

17.8　宇宙中的大尺度结构

大多数宇宙学家认为，宇宙中当前的大尺度结构是由早期宇宙中的小型不均匀性（与完美均匀密度的微小偏差）生长而成的。在引力的影响下，密度高于平均值的物质团收缩，并与其他物质团并合，最终开始形成恒星和发光星系（见 16.3 节）。

在早期宇宙中，强背景辐射有效阻止了正常物质块的形成（或生长）。就像在恒星中那样，辐射的压力与物质块自身的向内引力牵引相抗衡，从而使其稳定下来（见 12.1 节）。在构成宇宙中大部分物质的暗物质中，最早出现的结构似乎就是这样的。虽然暗物质的本质尚未确定，但其定义的性质却揭示了如下事实：与正常物质和辐射的相互作用均极其微弱。因此，暗物质块不受辐射背景的影响，且在物质首次开始主导宇宙密度时就开始生长。

因此，如图 17.23 所示，暗物质决定了宇宙中质量的整体分布，并且聚集形成了已观测到的大尺度结构。后来，正常物质被引力吸引到密度最高的区域，最终形成了各星系和星系团。这一图景解释了可见星系之外为何会发现这么多暗物质的原因。发光物质强烈集中在密度峰值附近，并且主导着那里的暗物质，但是宇宙的其余部分基本上没有正常物质。就像海浪顶部的泡沫一样，我们看到的宇宙仅为其全貌的一小部分。

图 17.24 显示了最佳匹配宇宙的超级计算机模拟结果，该宇宙由正常物质（5%）、暗物质（27%）和暗能量（68%）组成，其中暗能量采用宇宙学常数形式表示（见图 17.10 和 17.3 节）。与图 16.22、图 16.23 和图 17.1 中所示宇宙结构的真实观测结果相比，相似性非常明显，而且更详细的统计分析结果表明，这些模型实际上与现实非常吻合。虽然这样的计算无法证明这些模型就是对宇宙的正确描述，但是模拟与现实之间的细节一致性强烈支持了宇宙的宇宙学常数/暗物质模型。

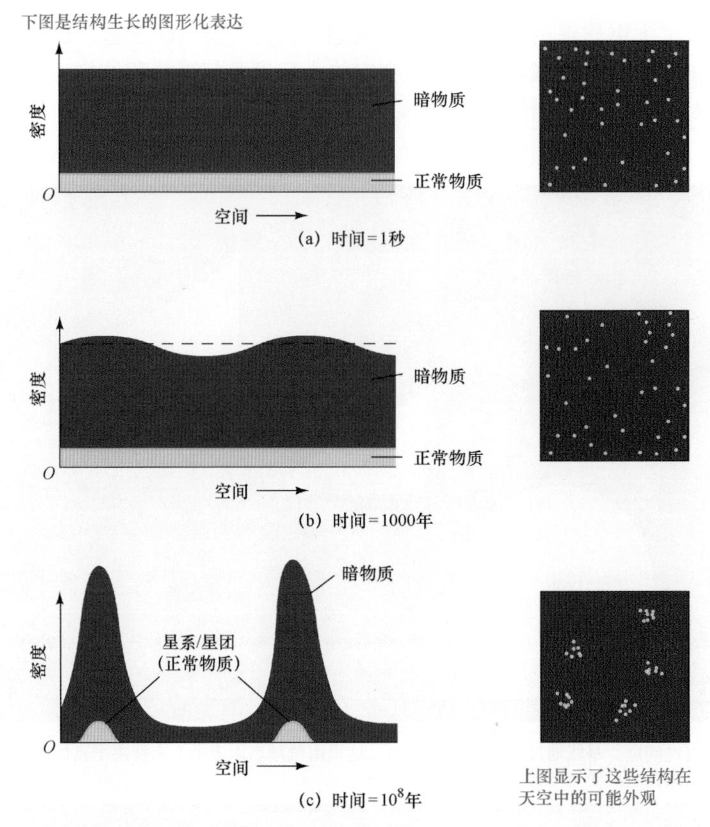

图 17.23 结构形成。(a)极早期宇宙是暗物质（主要）和正常物质的混合物；(b)大爆炸后数千年，暗物质开始聚集成团；(c)最后，暗物质形成了大型结构（这里表示为两个高密度峰值），正常物质流入其中，最终形成了我们今天看到的各个星系

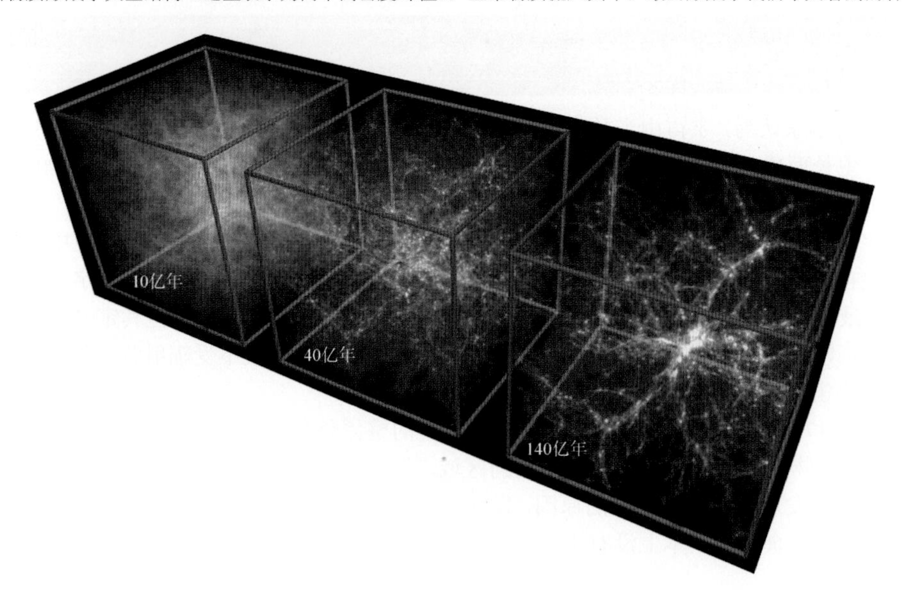

图 17.24 模拟的结构。暗物质宇宙模型（$\Omega_0 = 1$）的三个立方体（$100\text{Mpc}\times100\text{Mpc}\times100\text{Mpc}$）视图。立方体随着宇宙的膨胀而膨胀，因此始终含有相同的物质。在大爆炸后的三个不同时间，早期宇宙中的小密度起伏结构逐渐增长（V. Springel）

暗物质不直接与光子相互作用，因此其不断增长的密度起伏不会直接影响辐射背景。但是，如前所述，这些起伏通过引力与正常物质耦合，在退耦之前，宇宙中充满了正常物质密度的微小起伏。这些密度起伏随后又导致辐射场的温度起伏，当物质和辐射最终在红移 1100 的位置分道扬镳时，这些特征就

被印在微波背景中。因此，暗物质模型的一个关键预测是：微波背景中应存在微小的脉动/波纹结构——天空中不同位置的温度变化仅为百万分之几。

1992 年，经过近两年的详细观测，COBE 团队（见 17.5 节）宣布探测到了预期的脉动，温度起伏虽然低至 1/4000 万～1/3000 万开尔文，但是确实存在。COBE 数据受到相对较低分辨率（约为 7°）的限制，但是通过与计算机模拟（见图 17.24）相结合，它们预测了一个与我们周围所见的超星系团、巨洞、纤维和巨壁相一致的结构。详细分析还支持了暴胀理论的关键预测——宇宙恰好处于临界密度，因此在空间上是平直的。基于这些理由，就其对宇宙学领域的重要性而言，COBE 观测与微波背景本身的发现并驾齐驱。因其完成的开创性工作，COBE 项目的主要研究人员获得了 2006 年的诺贝尔物理学奖。

数据知识点：宇宙中的结构

在描述早期宇宙中不同类型结构的形成顺序时，约 42%的学生遇到困难。建议记住以下几点：

- 膨胀宇宙的温度变得足够低，并且因此允许首先存在基本粒子（质子和中子），然后存在原子核，物质此时就已形成——所有这些都发生在大爆炸后的最初几分钟内。
- 首批原子形成于数十万年后，当时的背景辐射温度下降至数千开尔文。
- 在原子核形成后不久，大尺度结构开始在宇宙暗物质中形成，但辐射背景阻止了正常物质聚集到恒星和星系中，直到原子形成之后很久。
- 在大爆炸后数亿年间，随着冷气体流入暗物质密度较高的区域，恒星、星系和类星体开始形成。

后续任务从根本上提升了人们对微波背景的看法，确认并拓展了 COBE 的成果。NASA 的威尔金森微波各向异性探测器（Wilkinson Microwave Anisotropy Probe，WMAP）从 2001 年运行到 2009 年，角分辨率为 20′～30′，精度比 COBE 的高约 20 倍，可对许多宇宙学参数进行非常详细的测量。最近，欧洲空间局的普朗克任务于 2009 年发射，进一步提升了 WMAP 的观测精度（分辨率提升 3 倍，灵敏度提升 10 倍），对微波天空进行了更精确的测量。图 17.25 显示了一幅基于普朗克观测结果的微波背景下的温度起伏全天图，插图显示了一幅较小尺度（2°宽）的高分辨率图像，由位于智利安第斯山脉高处的地基微波望远镜宇宙背景成像仪获取。在这些图像中，每个不规则的高温区域都代表一个密度略高于平均水平的暗物质团，总有一天它们将坍缩成超级星系团大小的星系团。根据普朗克数据，我们在这里看到的宇宙年龄还不到 40 万年，但是宇宙的未来发展已经印在这些微小的脉动中。

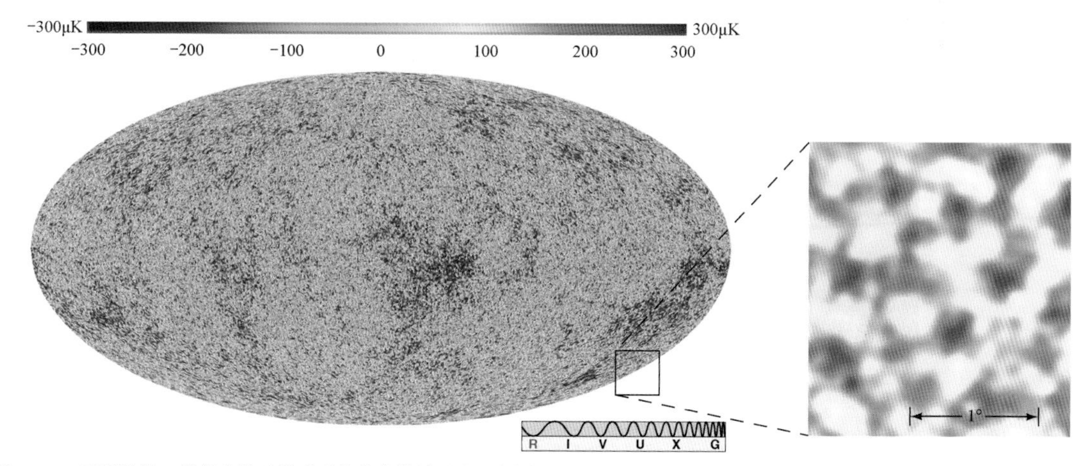

图 17.25　早期结构。普朗克航天器看到的整个微波天空。插图显示了一小块天空的高分辨率图像，由地基微波望远镜宇宙背景成像仪在 30GHz 频率（波长为 1cm）下获取。明亮斑点的密度略高于年龄约为 40 万年的宇宙平均密度；它们最终坍缩成星系团（ESA; CBI）

在图 17.25 中，两幅图均显示了数百微开尔文的温度起伏，特征角尺度约为 1°。这个尺度在一个非常重要的方面与早期宇宙的条件相关：对应于声波在暴胀结束和退耦时间之间的最大传播距离。每当过于致密的暗物质团在自身引力的作用下开始坍缩并最终形成星系团（或超星系团）时，就会产生声波。

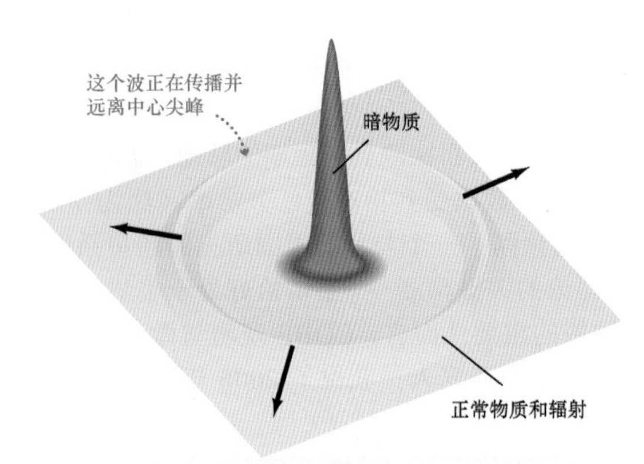

图 17.26　声学振荡。这幅草图是三维正常物质波的二维渲染图，正常物质波由辐射推动，离开早期宇宙中的暗物质团。实际上，许多这样的声波已在这样的暗物质聚集的任何天空中传播

正常物质和辐射也会被正在坍缩的团块轻微压缩，但是辐射会回推物质，使其快速向外膨胀到壳体中，如图 17.26 所示。

暗物质团的弱引力过于微弱，无法阻止壳体逃逸，因此会继续膨胀，直到退耦时代背景辐射停止与正常物质相互作用，壳体最终停滞。在微波背景上，许多重叠壳体的组合印记设定了图 17.25 中的可见尺度。宇宙学家能够为任何给定的宇宙学假设计算该尺度，从而直接在观测结果与理论之间进行比较，观测到的起伏与 $\Omega_0 = 1$ 且具有如图 17.10 所示组成的宇宙理论预测十分吻合。

值得注意的是，这些观点还将微波背景与后来观测到的星系分布相关联。由于刚才讨论的膨胀壳体本身代表了密度高于平均水平的宇宙部分，因此也趋于吸引更多的物质，并且最终形成自己的星系。因此，形成星系（或星系团）的每个暗物质区域都被认为具有一个与其相关的星系次级壳体。在整个宇宙的星系分布和所有红移处，这个特征都留有印记。图 17.27 显示了这样的脉动是如何随着宇宙的膨胀而生长的，其当前的半径约为 150Mpc。它形成了一个标准标尺，可以准确告知过去不同时间的宇宙尺度，代表了探测宇宙膨胀的一种强大替代方法，并且独立于本章早些时候提到过的超新星研究。

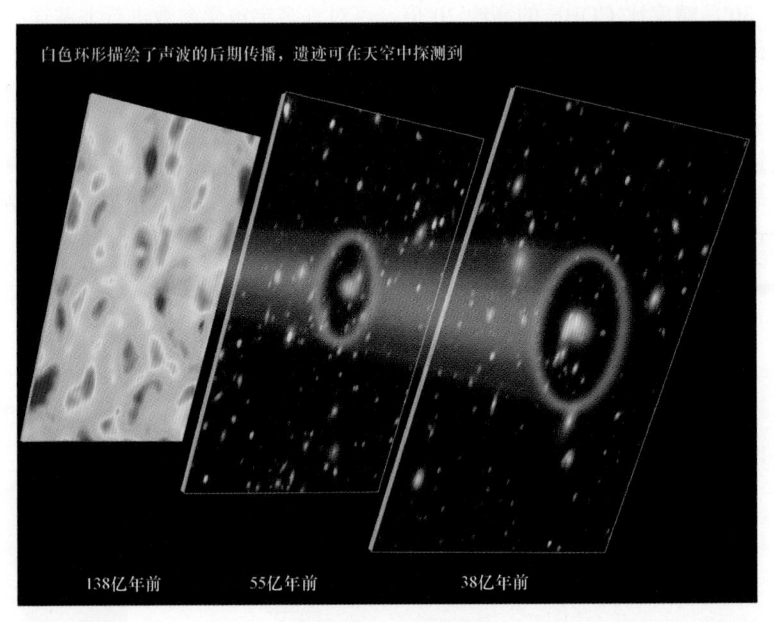

图 17.27　声学遗迹。通过研究早期宇宙中的膨胀声波记录，天文学家能够追溯宇宙历史。该模拟显示了早期宇宙（左）的小密度变化如何发展成为更近时期可见的星系团、巨壁和纤维（Z. Rostomian/SDSS）

当然，每个密度起伏都将产生类似的波，所以实际的观测结果是大量壳体的重叠和混合。虽然如此，天文学家仍然能够从统计学意义上推测出这些壳体的存在，这始终是斯隆数字化巡天的主要目标（见发现 15.1）。当再次从统计学意义上进行测量时，这些星系的分离与刚才描述的过程的预测结果完全一致。

在 21 世纪的第一个十年里，宇宙基本参数测量（即使尚未完全理解）水平迅速提升，实现了人们几年前梦寐以求的精度。现在看来，在第二个十年里，人们将以前所未有的精度探索暗物质和暗能量的本质。

概念回顾

暗物质为何对星系形成非常重要？微波背景观测是如何支持这一观点的？

学术前沿问题

宇宙的起源是什么？宇宙的最终命运是什么？宇宙是否会永远存在？天文学家有希望回答这些基本问题吗？无人知道答案，但这是有记录以来的第一次，通过利用逻辑、合理性和一些非常复杂（昂贵）的实验设备，人类正在努力解决这些问题。我们是否即将回答人类问过的一些最为深刻的问题？

本章回顾

小结

LO1 在大于数亿秒差距的尺度上，宇宙似乎是大致均匀的（各处相同）和各向同性的（所有方向相同）。在宇宙学（宇宙的整体研究）中，研究人员通常假设宇宙在大尺度上是均匀的和各向同性的，这个假设被称为宇宙学原理。

LO2 若宇宙均匀、各向同性、无限且不变，则夜空应是明亮的，因为任何视线最终都会与一颗恒星相遇。夜空是黑暗的这个事实被称为奥伯斯佯谬，其解释为人们仅看到了宇宙的有限部分——即自从宇宙形成以来，光有时间到达我们的那些区域。通过追溯观测到的随时间变化的星系运动，表明大约在 140 亿年前，宇宙由大爆炸中快速膨胀的一个点组成。在那一刻，空间本身被压缩到一个点——大爆炸立刻在各处同时发生。当光子的波长被宇宙膨胀拉伸时，就会发生宇宙学红移。观测到的红移范围是自光子发射以来宇宙膨胀的直接测度。

LO3 当前膨胀只有两种可能的结果：宇宙要么永远膨胀，要么再次坍缩到一个点。临界密度是指引力克服当前膨胀并导致宇宙坍缩所需的物质密度。宇宙（包括物质、辐射和暗能量）的总密度决定了宇宙在最大尺度上的几何形状，如广义相对论所述。在高密度（大于临界密度）宇宙中，空间曲率大到足以使宇宙向其自身回弯，且范围有限，有点像球体表面，这样的宇宙被称为闭宇宙。低密度开宇宙的范围无限，且具有马鞍状外观。临界宇宙的密度精确等于临界值，且在空间上是平直的。

LO4 发光物质和暗物质仅占临界宇宙密度的 25%～30%。遥远超新星的观测结果表明，宇宙膨胀可能正在加速，且可能由通常称为暗能量的力驱动。这种暗能量的一个候选者是宇宙学常数，即可能存在于整个空间中的一种斥力，其物理学本质未知。另外，独立的观测结果与宇宙是平直的（即具有精确临界密度），其中物质（主要是暗物质）占 32%，其余为暗能量的观点一致，这样的宇宙将永远膨胀。

LO5 宇宙微波背景是充满整个宇宙的各向同性的黑体辐射，当前温度约为 3K，其存在证明了宇宙是从炽热且致密的状态膨胀而成的。随着宇宙的膨胀，最初的高能辐射已被红移到越来越低的温度。在当前的宇宙中，暗能量和物质的密度均远超辐射的等效质量密度。当宇宙膨胀时，暗能量的密度保持不变，但宇宙较小时（过去）的物质密度则要大得多。然而，由于辐射在宇宙膨胀时被红移，所以辐射的密度仍然更大。早期宇宙由辐射主导。

LO6 宇宙中的所有氢都是原始的，形成于炽热早期宇宙膨胀并冷却时的辐射。今天，宇宙中观测到的大部分氦也是原始的，产生于大爆炸几分钟后质子与中子间的聚变，称为原初核合成。其他更重的元素是很久后在恒星的核心中形成的。这一过程的详细研究表明，正常物质最多占临界密度的 3%。当宇宙大小为当前大小的 1/1100 时，温度低到足以形成首批原子。当时，辐射背景与物质退耦。从那以后，构成微波背景的光子一直在太空中自由穿行。

LO7 根据现代大统一理论，在宇宙大爆炸后约 10^{-34} 秒，自然中的三种非引力首次显示出各自的特征。随后，出现了一段短暂的快速宇宙膨胀时期，称为暴胀时期，宇宙大小在此期间增大了约 10^{50} 倍。视界问题是以下事实：根据标准（即非暴胀）大爆炸模型，没有充分的理由解释宇宙中相隔很远的区域非常相似。通过取早期宇宙中的一小块均匀区域，然后进行大规模膨胀，暴胀解决了视界问题。暴胀还解决了平直性问题，即以下事实：没有明显的理由解释宇宙密度为何如此接近临界值。暴胀意味着宇宙在空间上是平直的，因此宇宙密度恰好为临界值。

LO8 当暗物质中的密度不均匀性聚集成团并生长时，产生了现在所观测到的结构的框架，即形成了今天在宇宙中观测到的大尺度结构。然后，正常物质流入空间中的最致密区域，最终形成我们现在看到的星系。COBE 卫星发现了微波背景中的脉动/波纹结构，即辐射场上这些早期不均匀性的印记，为暴胀预测人类生活在平直的临界密度宇宙中提供了强有力的支持。通过详细观测微波背景，并结合宇宙大尺度结构研究，即可提供关于宇宙的基本宇宙学参数的详细信息。

复习题

1. 有何证据表明宇宙在极大尺度上没有结构？极大有多大？
2. 什么是宇宙学原理？
3. 什么是奥伯斯佯谬？它是如何解决的？
4. 解释如何通过精确测量哈勃常数来计算宇宙的年龄。
5. 宇宙膨胀包括星系向外飞入真空为何不正确？

6. 大爆炸发生在哪里？
7. 宇宙学红移与宇宙膨胀是如何相关的？
8. 什么是 Ω_0？它目前的最佳估计值是多少？这对宇宙的几何形状意味着什么？
9. 遥远超新星观测为何对宇宙学非常重要？
10. 宇宙微波背景的意义是什么？
11. 为什么所有恒星（无论重元素供应如何）似乎都包含至少 1/4 质量的氦？
12. 宇宙何时对辐射变得透明？
13. 什么是宇宙暴胀？暴胀如何解决视界问题？如何解决平直性问题？
14. 在宇宙中，暗物质与大尺度结构形成之间有何关联？
15. 微波背景观测结果验证了暴胀理论的何种预测？

自测题

1. 宇宙深空巡天表明，太空中最大结构的大小约为 50Mpc。（对/错）
2. 若宇宙存在边缘，则该事实将违反宇宙学原理中的各向同性假设。（对/错）
3. 哈勃定律暗示宇宙将永远膨胀。（对/错）
4. 宇宙学红移是宇宙膨胀的直接测度。（对/错）
5. 宇宙微波背景是早期大爆炸的高红移辐射。（对/错）
6. 观测结果表明，宇宙的密度主要由暗物质组成。（对/错）
7. 微波背景辐射最后一次与物质相互作用大约是在退耦时。（对/错）
8. 暴胀理论预测宇宙的密度精确等于临界密度。（对/错）
9. 奥伯斯佯谬由以下哪种方式解释？(a)宇宙的有限大小；(b)宇宙的有限年龄；(c)遥远星系的光发生红移，因此不可见；(d)宇宙存在边缘。
10. 用于测量宇宙加速的星系距离由以下哪种观测结果确定？(a)三角视差；(b)谱线致宽；(c)造父变星；(d)爆发的白矮星。
11. 基于对现在宇宙质量密度的当前最佳估计，天文学家认为：(a)宇宙范围有限，并将永远膨胀；(b)宇宙范围有限，最终将坍缩；(c)宇宙范围无限，并将永远膨胀；(d)宇宙范围无限，最终将坍缩。
12. 宇宙的年龄估计应当：(a)小于地球的年龄；(b)与太阳的年龄相同；(c)与银河系的年龄相同；(d)大于银河系的年龄。
13. 在标准大爆炸模型中，视界问题通过以下哪种方法解决？(a)宇宙加速；(b)宇宙存在早期快速暴胀；(c)宇宙温度具有微小但明显的起伏；(d)宇宙在几何上是平直的。
14. 图 17.8（正在加速的宇宙）中的数据点：(a)证明宇宙没有膨胀；(b)意味着膨胀减速快于预期；(c)允许测量哈勃常数；(d)说明若引力单独发挥作用，则遥远星系的红移大于预期。
15. 根据图 17.16（主导地位的变化），当宇宙年龄为 10 年时，辐射的密度应当：(a)远大于物质的密度；(b)远小于物质的密度；(c)与物质的密度相当；(d)未知。

计算题

1. 对于可探测 20 等暗淡天体的星系巡天而言，可探测到像银河系（绝对星等为-20）一样明亮的星系的最大距离是多少？（见更为准确 10.1）
2. 若整个宇宙中充满了类似银河系的星系，平均密度为 0.1 个银河系/立方兆秒差距，计算上题中巡天（假设覆盖整个天空）所能观测到的星系总数。
3. 8 个星系位于一个立方体的各个角上，每个星系到最邻近星系的当前距离为 10Mpc，整个立方体正在按照哈勃定律膨胀，H_0 = 70km/s/Mpc。计算立方体的一个角相对于其对角的退行速度（大小和方向）。
4. 根据标准大爆炸理论（忽略任何宇宙加速影响），当 H_0 = 50km/s/Mpc 时，宇宙的最大年龄是多少？当 H_0 = 70km/s/Mpc 时呢？当 H_0 = 80km/s/Mpc 时呢？
5. 哈勃常数取值 70km/s/Mpc，临界密度为 9×10^{-27}kg/m^3。(a)在 1AU^3 体积内，对应的质量是多少？(b)该立方体需要多大才能容纳 1 倍地球质量的物质？
6. 据观测，室女星系团的退行速度为 1200km/s。假设 H_0 = 70km/s/Mpc，且为临界密度宇宙，计算以室女星系团为中心且刚好可以包含银河系的一个球体内所含的总质量。这个球体表面的逃逸速度是多少？（见更为准确 5.1）
7. (a)宇宙微波背景的当前峰值波长是多少？当辐射背景峰值位于以下各波长区间时，计算宇宙相对于现在的大小：(b)红外线，10μm；(c)紫外线，100nm；(d)γ 射线，1nm。
8. 当宇宙为当前大小的 1/1000 时，宇宙辐射场的物质密度和等效质量密度分别是多少？假设为临界密度，不要忘记宇宙学红移。
9. 若到星系团的当前距离是 100Mpc，则最终成为银心的点与邻近星系团的中心退耦时的距离是多少？
10. 在图 17.25 所示的插图中，斑点明显约为 20′（角分）。若这些斑点代表退耦时（红移 = 1100）的物质块，且假设为欧氏几何，计算退耦时这些物质块的大小（见更为准确 15.1）

活动

协作活动

1. 制作一个二维宇宙模型，并用其检验哈勃定律。找到能够膨胀成漂亮大球体的一个气球，将其吹到一半大小左右，在表面各处标上圆点（代表各星系）。每位组员应选择一个点作为其所在的星系。用卷尺测量到其他各星系的距离，并对这些点进行编号，以免以后发生混淆。现在将气球吹到最大，然后再次测量距离。计算每个星系的距离变化，这是对其速度的测量（位置变化除以时间变化；对所有点而言，时间均相同且为任意值）。如图 15.16 或图 17.8 所示，绘制它们的速度与新距离的关系图。你是否取得了代表哈勃定律的相关性直线？你选择哪个点作为家园有关系吗？向全班同学展示这一点。

个人活动

1. 各向同性是指事物在各个方向上看起来相同的程度。考虑距离你当前所在位置几千米范围内的建筑物、地理特征和类似物体，你的近域宇宙是否是各向同性的？若不是，是否存在各向同性适用（甚至近似）的尺度？
2. 撰写一篇论文，说明生活在开宇宙、闭宇宙或平直宇宙中的哲学差异。在这三种可能性中，你是否有难以接受的方面？你更偏爱哪种可能性？
3. 去图书馆或在线阅读稳恒态宇宙，它在 20 世纪五六十年代较受人们欢迎。其与标准大爆炸模型有何差异？它的主要假设和预测是什么？支持者为何认为其优于大爆炸模型？稳恒态模型今天为何未被人们广泛接受——它做出的哪些关键预测与观测结果不一致？

第 18 章　宇宙中的生命：人类是否孤单

宇宙中的其他地方是否存在智能生命？如第 4 章所述，天文学家已收集到越来越多的潜在证据，证实某些类地行星正在围绕其他恒星运行。或许正如这位科幻画家的奇幻作品所示，类地卫星可能正在围绕许多太阳系外的巨行星运行，为地外生命的发展及演化提供了重要的替代地点。不过，虽然电影、科幻小说和新闻中经常出现外星人的相关信息，但是天文学家迄今为止尚未在宇宙中的其他任何地方发现生命存在的证据。虽然如此，搜寻工作仍在继续。

人类是否独一无二？地球上的生命是否为宇宙中的唯一生命？若唯一，则这一重大发现会带来什么影响？若不唯一，则我们应当如何以及到哪里搜寻其他智能生物？这些问题都难以回答，因为地外生命主题缺乏数据支撑，但确实是对人类物种影响深远的重大问题。在整个宇宙中，地球是已知存在生命的唯一天体。本章首先介绍人类在地球上是如何演化的，然后考虑这些演化步骤是否可能在宇宙中的其他地方发生，最后评估银河系外存在生命的可能性，并考虑存在时应该如何去了解他们。

学习目标

LO1 总结人们当前了解的宇宙演化过程。

LO2 描述地球上生命的基本成分。

LO3 确定太阳系中最有希望发现生命的其他地点，并解释理由。

LO4 总结用于计算银河系中可能存在先进文明数量的各种概率。

LO5 概述一些可能用于搜寻地外生命并与其进行沟通的技术。

总体概览

在整个宇宙中，地球是已知存在生命的唯一天体。虽然宇宙中的其他地方也可能存在生命，但是迄今为止尚未发现明确的证据。数千颗已知系外行星均未显示出任何生命迹象，无论是智能生物还是其他形式的生命。即便如此，天文学家仍然在密切地关注天空，时刻牢记并希望地外智能生物的证据随时出现。

18.1 宇宙演化

在研究宇宙的过程中，我们始终尽量避免得出将地球置于宇宙中的特殊位置的任何推论（或结论）。哥白尼原理始终是帮助我们定义人类在大图景中位置的重要指南（见 1.1 节），但是，当我们讨论宇宙中的生命主题时，面临着这样一个问题：地球是人们迄今为止所知生命和智能已经演化的唯一星球，因此在任何智能生命的相关讨论中，我们很难不将人类视为特例。

因此，本章需要采用一种完全不同的方法来介绍：首先描述创造唯一精通技术和智能文明的人类的事件链，然后尝试评估在宇宙中的其他地方找到智能生命并与之沟通的可能性。

18.1.1 宇宙中的生命

明确以人类为中心这个出发点后，我们将宇宙历史划分为七个主要阶段：粒子演化、星系演化、恒星演化、行星演化、化学演化、生物演化和文化演化（见图 18.1）。这些演化阶段共同构成了宇宙演化，通过持续不断地转换物质和能量，最终创造了地球上的生命和文明。在这七个阶段中，本书迄今为止已经介绍了前四个阶段（顺序相反），下面介绍其他三个阶段（将视野扩展到天文学之外）。

从大爆炸到智能和文化的演化，宇宙已从简单演化为复杂。人类是跨越数十亿年的极为复杂事件链的产物，这些事件究竟是偶然创造了独一无二的人类，还是必然会产生人类这样的技术文明？换句话说，人类在宇宙中究竟是孤单的，还是仅为无数的智能生命形式之一？

在尝试回答这些重要问题之前，我们暂时需要定义什么是生命。在有生命与无生命之间，差异并不像我们最初认为的那样明显，科学家一般认为，有生命的有机体/生物体应当具备以下特征：①能够对周围环境做出反应，且通常可在受到伤害后自愈；②能够从周围环境中摄取营养，从而实现自身的生长；③能够自我复制/繁殖，将自身的部分特征传递给后代；④具有基因改变能力，因此能够逐代进化以适应环境变化。

这些规则并不十分严谨，生命的良好定义晦涩难懂。例如，恒星能够对邻近天体的引力做出反应，通过吸积而生长，生成能量，并通过触发新恒星的形成而繁殖，但是应当没有人认为它们是活的。从生物体分离出来后，病毒是惰性的（通常以结晶形式存在），但是一旦进入生命系统，就会展现出生命的所有性质，夺取细胞控制权，并利用细胞自身的遗传机制生长和繁殖（见图 18.2）。大多数研究人员认为，有生命和无生命之间的差异主要体现在结构和复杂性上，而不体现在简单的规则清单上。

图 18.1 时间之箭。自宇宙形成至今，宇宙历史中的一些重要事件都与地球生命的出现有关，图中沿着时间之箭进行了标注。箭头下方是七个窗口，概要列举了宇宙演化的主要阶段：原始能量演化为基本粒子；原子演化为星系和恒星；恒星演化为重元素；重元素演化为固态岩质行星；重元素演化为生命分子；生命分子演化为生命本身；高级生命形式演化为智能、文化和技术文明（D. Berry）

在有时被称为平庸的假设中，人们总结了支持地外生命存在的一般情形：①因为地球上的生命仅依赖于几种基本分子；②因为组成这些分子的元素（或多或少）在所有恒星中普遍存在；③若我们所知道的科学定律适用于整个宇宙，则生命在宇宙中的其他地方必定已经出现（若时间足够长）。反对观点则认为，地球上的智能生命是一系列极其幸运的偶然事件（天文、地质、化学和生物）的产物，不太可能发生在宇宙中的任何其他地方。本章的目标是检验支持和反对这些观点的部分科学论证。

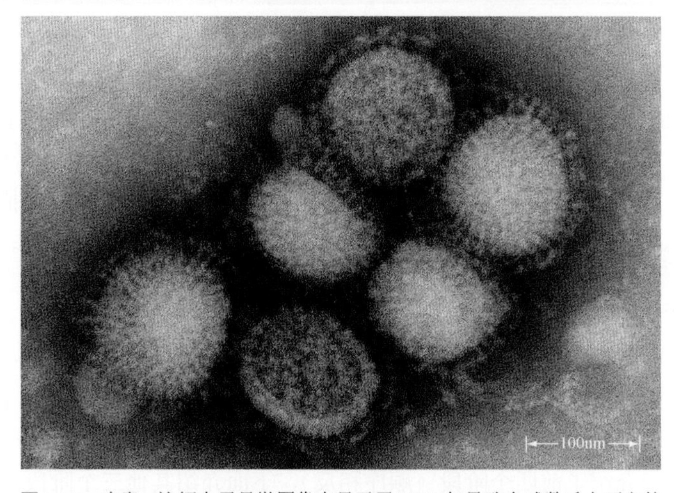

图 18.2 病毒。这幅电子显微图像中显示了 2009 年导致全球数千人死亡的 H1N1（猪流感）病毒。该病毒赋存在有生命和无生命之间的灰色区域——与生物体分离后无生命，但进入“有生命系统”后即刻具有生命的所有性质。通过将遗传物质转移到活细胞中，该病毒可获得控制权并成为新的化学活性主宰者，从而“活”起来，这通常会对宿主生物造成毁灭性伤害（Centers for Disease Control）

18.1.2 地球上的生命

对于地球最早期的阶段，我们知道哪些信息？遗憾的是，这样的信息并不太多。在地球诞生后约 10 亿年间，随着火山喷发和陨石撞击，地质特征的大部分相关线索被抹除，后来又遭受到风和水的侵蚀作用，因此几乎没有多少证据留存至今。但是，早期的地球可能非常荒凉，没有生命的浅海冲刷着既没有草又没有树的大陆。通过火山、裂缝和间歇泉，源于地球内部的释气过程产生了大气（富含氢、氮和碳的化合物，但缺乏自由氧）。随着地球不断冷却，氨、甲烷、二氧化碳和水最终形成。这个阶段为生命的出现奠定了基础。

年轻地球的表面是非常狂暴的场所，天然放射性、闪电、火山作用、太阳紫外辐射和陨石撞击提供了大量能量，最终将氨、甲烷、二氧化碳和水塑造成更复杂的分子，称为氨基酸和核苷酸碱基——这是作为生命基本组成部分的有机（碳基）分子。氨基酸构成蛋白质，蛋白质控制着新陈代谢，即生物体通过食物和能量的日常利用而维持生命并进行重要活动。核苷酸碱基序列形成指导蛋白质合成的基因（DNA 分子的一部分），从而决定了生物体的特征（见图 18.3）。这些相同的基因也携带生物体的代际遗传特征。在地球上的所有生物体/有生命有机体（从细菌到变形虫再到人类）中，基因负责主宰生命，蛋白质负责维持生命。

1953 年，人类首次通过实验证明，复杂分子可能由原始地球上发现的更简单的成分自然演化而来。哈罗德 • 尤里和斯坦利 • 米勒两位科学家精心设计，利用类似于图 18.4 中的实验室设备，采用一种被认为很久以前就存在于地球上的物质混合物（由水、甲烷、二氧化碳和氨组成的原始汤），然后通过放电（闪电）为其提供能量。几天后，通过分析这些混合物，他们发现其中含有大量与当前所有地球生物中的氨基酸相同的氨基酸。大约 10 年后，科学家以类似的方式成功构建了核苷酸碱基。这些实验以许多不同的形式重复了多次，所用气体混合物和能量源类型更接近地球早期的真实情形，总能取得相同的基本结果。

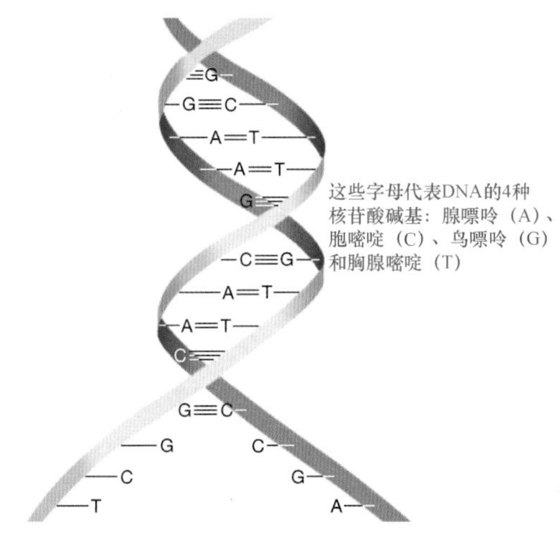

图 18.3 **DNA 分子**。DNA（脱氧核糖核酸）分子包含了生物体繁殖及生存所需的全部遗传信息，通常由数百亿个独立的原子组成，具有能够拉开拉链并暴露其内部结构的双螺旋结构，进而控制细胞工作时所需蛋白质的生成。对每个独立的有机体而言，其组成部分的顺序均不相同

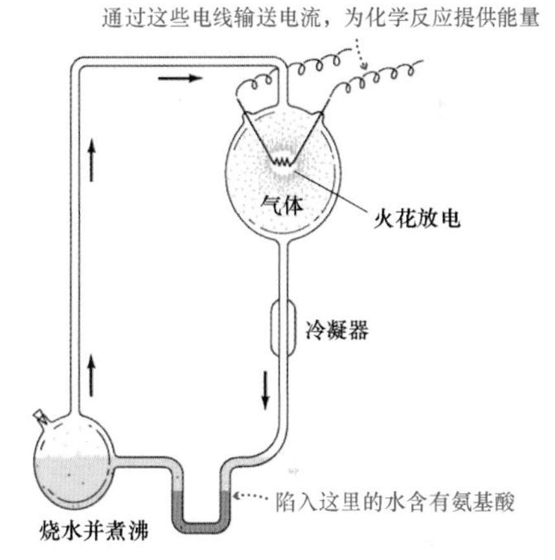

图 18.4 **尤里–米勒实验**。这个化学装置旨在通过为简单化学混合物提供能量来生成复杂的生物化学分子。为了模拟地球的原始大气，将气体（氨、甲烷、二氧化碳和水蒸气）置于上部的玻璃泡中，然后利用类似于闪电的火花放电电极进行电击。大约一周后，底部弯管（模拟上层大气中生成的重分子应当落入的原始海洋）中出现了氨基酸及其他复杂分子

这些实验均未生成生物体/有生命有机体，产生的分子远没有图 18.3 中所示的 DNA 链那样复杂，但却最终证实：利用早期地球上的原始物质，生物分子能够通过严格的非生物手段进行合成。在更先进的实验中，人类已合成了行为表现在某种程度上与真正生物细胞相似的类蛋白质液滴（见图 18.5a）。这些类蛋白质不溶于水，而趋于聚集成小液滴，称为微球/微滴（microsphere）——有些像漂浮在水面的油滴。在这些实验室制造的液滴中，允许较小的分子向内穿越外壁，然后在液滴内部结合多个小分子，生成更复杂的分子，这些分子因太大而无法通过外壁返回。当液滴生长时，它们趋于繁殖/自我复制而形成更小的液滴。

我们是否可以认为这些类蛋白质微球是活的？答案是肯定不能。微球中包含许多形成生命所需的基本成分，但其自身却并不是生命，因为缺乏遗传分子 DNA。但是，与在化石记录中发现的古代细胞相比，它们确实存在着相似之处（见图 18.5b）。因此，虽然尚未从零开始生成真正的活细胞，但是许多生物化学家认为，化学演化中的许多关键步骤（从简单非生物分子发展到生命本身组成部分的事件链）现在已得到证实。

这三张照片通过显微镜进行拍摄，
显示了1μm（等于1cm的1/10000）
尺度上的结构

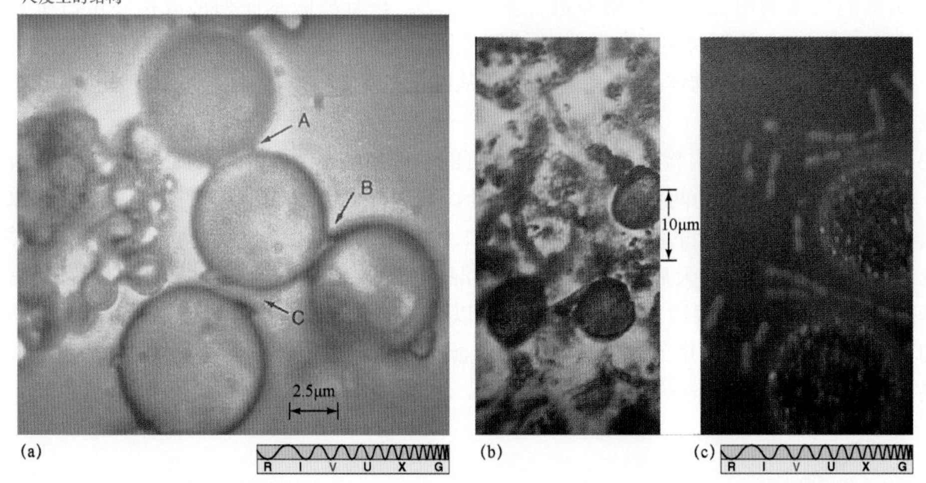

图 18.5 化学演化。(a)在富碳的类蛋白质液滴中，每个液体球中含有多达 10 亿个氨基酸分子。液滴能够生长，部分液滴还能与其母液滴分离，成为新的独立液滴（如 A、B 和 C 处所示）；(b)在这张照片展示的原始化石中，同心球体（或外壁）由更小的球体连接而成，发现于年龄约为 20 亿年的沉积物中（经放射性测年）；(c)作为对比，这里显示了现代蓝绿藻，比例尺大致相同（S. Fox/E. Barghoorn）

18.1.3 星际起源

最近，有些科学家提出了一种不同的观点，认为地球原始大气中可能缺乏足够的能量来引发化学反应，而且可能没有足够的原料在任何情况下均以有效速率发生反应。他们认为结合形成第一代活细胞的大多数有机物质产生于星际空间中，后来以行星际尘埃和流星的形式抵达地球，这些星际物质在穿越地球大气层时并未燃烧殆尽。

为了检验这一假设，NASA 的研究人员进行了自己的尤里-米勒实验，将代表许多星际尘粒的冰质混合物（包含水、甲醇、氨和一氧化碳）暴露在紫外辐射下，从而模拟来自邻近新生恒星的能量。如图 18.6 所示，当后来将被辐射过的冰放入水中并检测结果时，他们发现形成了周围环绕着膜的液滴，其中包含了复杂的有机分子。混合物中未发现氨基酸、蛋白质和 DNA，但重复获取的多次结果清晰地表明，即使是星际空间中严酷且寒冷的真空也可成为形成复杂分子和原始细胞结构的合适介质。

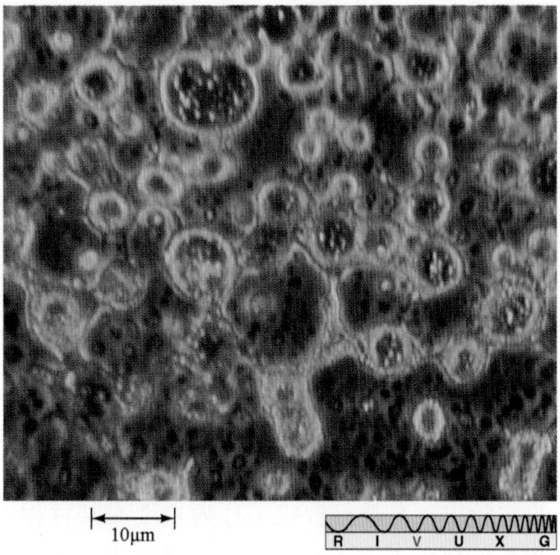

10μm

R I V U X G

图 18.6 星际球状体。通过将原始物质的冷冻混合物暴露在强紫外辐射下，产生了这些富含有机分子的油状空心液滴。当浸没在水中时，较大液滴呈现出细胞状膜结构。虽然并非“活”的，但其支持了“地球上的生命可能来自太空”的观点（NASA）

我们知道星际分子云中包含许多复杂的分子，当哈雷彗星和海尔-波普彗星上次造访内太阳系时，人们从中探测到了大量有机物质（见 4.2 节）。如前所述，许多科学家认为，地球历史早期的彗星撞击带来了地球上的大部分水（见 4.3 节），这些彗星或许也携带了各种复杂的分子。

此外，在坠落地球表面后幸存的一小部分陨石（包括第 6 章中讨论过但存在争议的火星陨石）中，人们证实了其中包含有机化合物（见发现 6.2）。图 18.7 显示了一块研究程度特别高的陨石，它于 1969 年坠落在澳大利亚的默奇森附近。这颗陨石坠落地面后不久即被准确定位，人们发现其中含有活细胞中较为常见的 12 种氨基酸。这些发现强烈表明，复杂分子能够形成于行星际（或恒星际）环境中，且在猛烈下降后已毫发无损地抵达地球表面。

陨石和星际云中发现的中等大小的分子是证明化学演化发生在宇宙中的其他地方的唯一证据，但大多数研究人员认为这种有机物质是前生物，即最终可能形成生命但当时无法实现的物质。虽然如此，有机物质以行星际碎片的形式不断地从太空中坠落到地球上这一假设相当合理，但目前尚不清楚这是否是这些分子出现在地球上的主要方式。

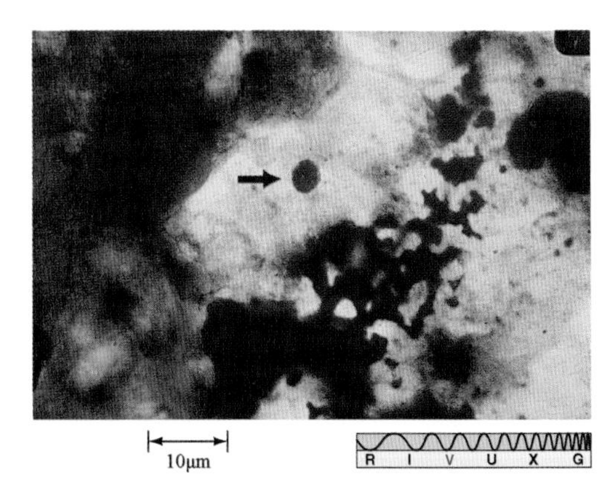

图 18.7　默奇森陨石。默奇森陨石包含数量相对较多的氨基酸及其他有机物质，表明在地球之外已发生某类化学演化。在这张陨石碎片的放大图中，箭头指向一个微型有机物球体（Harvard- Smithsonian Center for Astrophysics）

18.1.4　多样性和文化

无论地球上出现了什么样的基本物质，我们都知道生命确实已经诞生。化石记录按顺序记载了地球上的生命如何随着时间的推移而变得广泛分布和多样化。化石遗迹研究表明，约 35 亿年前，地球上首次出现了简单的单细胞生物（如蓝绿藻，见图 18.5c）；约 20 亿年前，更复杂的单细胞生物（如变形虫）出现；直到约 10 亿年前，多细胞生物才出现；此后，越来越复杂的各种生物逐渐出现，包括昆虫、爬行动物、哺乳动物和人类。图 18.8 描绘了地球上生命演化的部分关键进程。

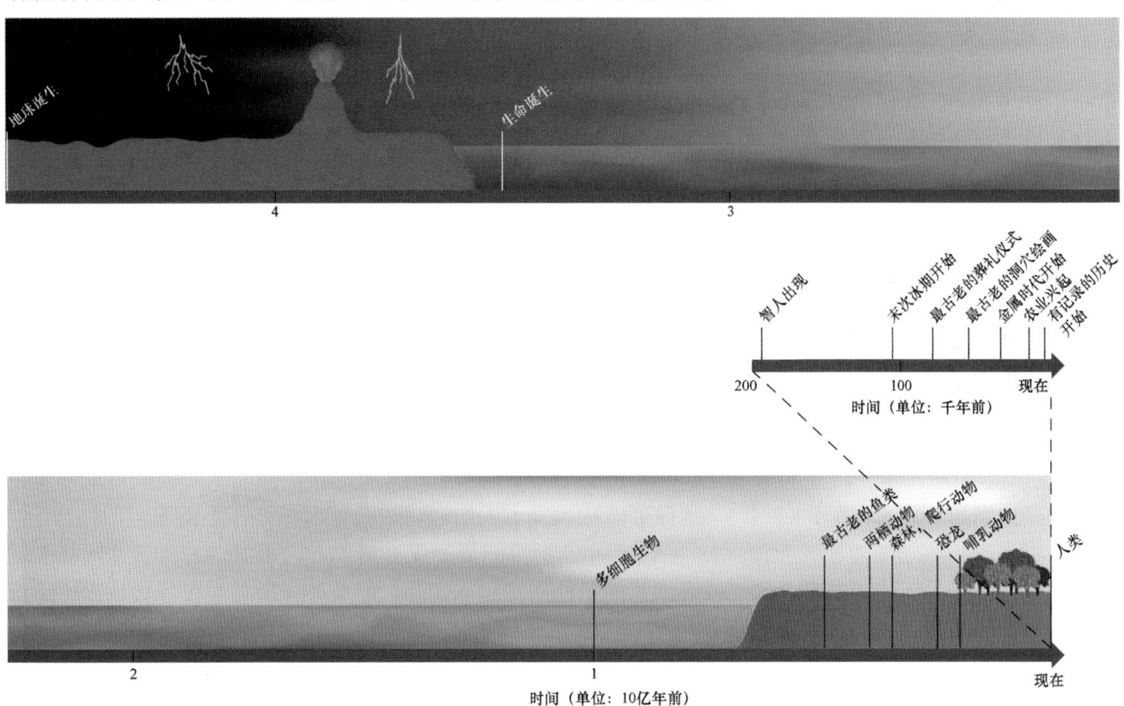

图 18.8　地球上的生命。这是地球上生命起源和演化的简化时间线，从最左侧约 46 亿年前的地球诞生开始，线性延伸至最右侧的现在。注意观察我们最熟悉的生命形式（鱼类、爬行动物和哺乳动物）出现在相对较近的地球历史时期

化石记录无疑表明，随着时间的推移，生物有机体已经发生改变——这就是所有科学家都接受的生物演化/生物进化（biological evolution）现实。随着地球条件的变化和地表演化，最适应新环境的那些生物获得成功并最终繁盛，但是无法做出必要调整的那些生物则可能因此而灭绝。

许多人类学家认为，类似于任何其他高度的有利特性，智能也是自然选择的结果。当大脑尺寸不断增大时，随着协调狩猎活动而发展起来的社会合作成为一种重要的竞争优势，其中语言的发展或许最重要，作为记忆存储在大脑中的经验和想法可以代代相传。一种新的演化已经开始，即文化演化（cultural evolution）——社会观念和行为的变化。在约 10000 年内，人类的最近祖先创造了整个人类文明。

为了从历史角度观察这些演化，下面假设地球的整体寿命为 46 年（而非 46 亿年）。在这一尺度上，地球存在的前 10 年没有可靠的记录；生命最早起源于 35 年前，即地球年龄约为 10 岁时；中年地球的主体仍是个谜；直到约 6 年前，大量生命开始在地球海洋中繁盛；约 4 年前，生命开始上岸；约 2 年前，植物和动物掌控陆地；约 1 年前，恐龙达到巅峰状态，但在约 4 个月后突然灭绝（见发现 4.1）；上个星期，类人猿进化成猿人；几天前，末次冰期开始；约 4 小时前，智人（现代人）出现；1 小时前，农业出现；3 分钟前，文艺复兴（及所有现代科学）出现！

概念回顾

化学演化是否已在实验室中得到验证？

18.2 太阳系中的生命

在地球历史的大部分时间里，简单单细胞生命形式彻底主宰着整个地球。生命在海洋中出现，然后演化成简单植物，继续演化成复杂动物，并且不断地发展智能、文化和技术，这些过程都需要大量的时间。在太阳系中的其他地方，这些（或类似的）事件是否会发生？下面尝试回顾我们在这个主题上少得可怜的证据。

18.2.1 我们所知道的生命

我们所知道的生命通常是指起源于液态水环境中的碳基生命——换句话说，就是地球上的生命。在整个研究过程中，我们必须始终小心谨慎，不能被这种以地球为中心的观点误导（很容易将人类或基于地球的特征赋予其他生命形式），但是，因为没有地外实际案例进行指导，所以这至少是一个合理的起点。因此，我们首先提出以下问题：在太阳系中的其他某些天体上，是否可能（或曾经）存在类地生命？

一方面，月球和水星缺乏液态水、保护性大气和磁场，因此会遭受太阳紫外辐射、太阳风、流星体和宇宙射线的猛烈轰击，简单分子在如此恶劣的环境中无法生存。另一方面，金星含有过多的保护性大气，大气覆盖物极为致密、干燥和酷热，因此彻底排除了其作为生命居所的可能性。

类木行星没有固态表面，它们的大多数卫星具有冰冻表面（存在火山活动的木卫一除外），因温度过低而无法支撑类地生命。这里可能有一个例外，即土星的卫星土卫六/泰坦，由于含有厚层大气（甲烷、氨和氮气）、液态烃湖及明显的地质活动，土卫六的表面或许会出现生命（见 8.2 节）。但是，卡西尼-惠更斯号任务的最新观测结果表明，土卫六上的恶劣环境对人们熟悉的任何东西都是不利的。

4 颗类木卫星（木卫二、木卫三、土卫六和土卫二）内部可能含有大量的液态水，因此可能是更有生命前景的场所（见 8.1 节和 8.2 节）。这种可能性引发了人们对这些天体内部存在生命演化的猜测，使它们成为未来探测的主要候选天体。在 NASA 和欧洲空间局的优先清单上，木卫二的排名非常靠前。按照地球标准来看，这些卫星内部（或表面）的条件同样远非理想，但是如下所述，在曾被认为不适合居住的极端环境中，科学家正在发现越来越多的陆地生物繁盛的示例。

最有可能孕育生命（或者更有可能曾经孕育过生命）的行星似乎仍是火星。按照地球标准衡量，这颗红色星球的环境极其恶劣——液态水稀缺；大气稀薄；缺少磁场和臭氧层，使得高能太阳粒子及辐射能够毫不减弱地直达表面。但是，火星大气层曾经更厚，火星表面曾经更温暖和更湿润（见 6.8 节）。来自轨道飞行器（如海盗号火星探测器和火星全球勘测者号）的照片证据强烈地表明，在遥远（甚至可能相对较近）的过去，火星上曾经存在流水和静水。2004 年，欧洲的火星快车轨道飞行器证实了火星两极存在水冰的长期假设。NASA 的机遇号火星车发现了强有力的地质证据，证实着陆点周围的区域曾经长期充满水。海盗号着陆器并未发现生命的证据，但其降落在最安全的火星地形上，而非科学家最感兴趣的区域，如更有可能存在生命的潮湿极冠附近（见发现 6.2）。火星探路者号还调查了部分火星表面，同样未发现当前（或过去）存在生命的任何证据。最近发射的火星凤凰号任务并未配备直接检测生命的仪器，但其确实证实了火星北极附近的土壤中存在水（见 6.6 节）。火星极地土壤的化学组成似乎不像最初想象的那样与地球相似，这对火星上生命机会的出现构成了多大阻碍尚有待观察。

有些科学家认为，火星表面上可能存在（或者曾经存在）一种不同类型的生物，火星微生物能够消化火星土壤中的富氧化合物，这可解释海盗号的探测结果。若最近源于火星陨石中的细菌化石得以证实，则这种推测的真实性将被极大地加强（见发现 6.2）。生物学家和化学家当前达成了共识，认为火星上不存在与地球上类似的任何生命，但在彻底探索这个有趣的邻居之前，人类可能无法对火星上现在（或过去）的生命做出确切的判断。

概念回顾

哪些太阳系天体（除地球外）是地外生命搜寻的主要候选天体？陈述理由。

18.2.2 极端环境中的生命

在考虑恶劣条件下的生命兴起时，我们或许不应当仅基于极端性质而快速排除某类环境。图 18.9a 显示了一种非常恶劣的深海海底环境，滚烫沸水经由数米高的垂直管道从热液喷口中喷出。这种条件与地球表面的任何情形均大相径庭，但是生命却能在如此恶劣的环境（富硫、缺氧及完全黑暗）中繁盛。外星世界或许存在着类似的热泉，因此与地球上的已知条件相比，增加了生命形式在范围更广条件下具有更高多样性的可能性。

图 18.9 热液喷口。(a)双人潜艇阿尔文号（部分可见于下图）拍摄了这张热泉（或黑烟囱）的照片，这是沿东太平洋洋中脊分布的许多热泉之一。当富硫热水从喷口管道顶部（靠近中心）喷出时，黑云翻卷涌出，为喷口附近繁盛的许多生命形式提供了一种奇特的环境。插图显示了喷口基部的近景，极端嗜极生物的生命在这里繁衍生息，包括红色矩形管虫和巨蟹；(b)在地球表面的不宜居环境（如美国黄石国家公园）中，嗜极生物同样繁盛（WHOI）

近年来，科学家发现了许多例嗜极生物/嗜极菌，这是适应极端环境的一种生命形式，图 18.9a 中的热液喷口即为其中的一个示例。嗜极生物也可见于其他地球环境中，如数百万年前深埋于南极冰川下的寒冷湖泊；黑暗、贫氧及富盐的地中海海底；美国黄石国家公园的火山成因大棱镜泉周围，富含矿物质的酸性环境（见图 18.9b）；地壳之下富氢的火山。这些生物体一般演化到通过纯粹化学手段（而非依赖阳光）来创造所需的能量。这些环境可能呈现的条件与火星、木卫二或土卫六的大致相当，说明我们所知道的生命或许能在这些不利的外星世界中繁盛。

18.3 银河系中的智能生命

人类明显是太阳系中唯一的智能生命，因此要搜寻地外智能生物，就要将搜索范围扩大到其他恒星（甚至其他星系）。但是，在如此遥远的距离上，人类几乎没有希望利用当前的设备探测到生命，而要提出以下问题：生命以任何形式（碳基、硅基、水基、氨基甚至无法想象的形式）存在的可能性有多大？下面介绍对宇宙中其他地方存在生命的概率进行统计计算的一些数字。

18.3.1 德雷克方程

这个统计学问题的早期解法称为德雷克方程/德雷克公式/德雷克等式（Drake equation），以开创这一分析方法的美国天文学家弗兰克 • 德雷克的名字命名：

银河系中当前存在技术与智能文明的数量 = 银河系寿命期间恒星形成的平均速率 ×
拥有行星系的恒星比例 × 每个行星系内的宜居行星平均数量 ×
出现生命的宜居行星比例 × 出现智能生命的有生命行星比例 ×
智能生命开发并利用技术的行星比例 × 技术文明的平均寿命[①]

当然，对于这个方程中的几个因子，人们仍然存在不同的看法。我们没有足够的信息来确定（甚至大致确定）所有这些因子，因此德雷克方程无法给出一成不变的标准答案。德雷克方程的真正价值在于，它将一个大而难的问题分解为能够分别回答的多个较小的问题。如图 18.10 所示，随着我们的要求变得越来越严格，银河系中仅一小部分恒星系统能够满足方程右侧因子组合所规定的高级条件。

下面逐一介绍该方程中的因子，并对其数值做出一些有根据的猜测。但是，要牢记的是，若就某个因子的最佳计算分别咨询两位科学家，则可能得到两个截然不同的答案。

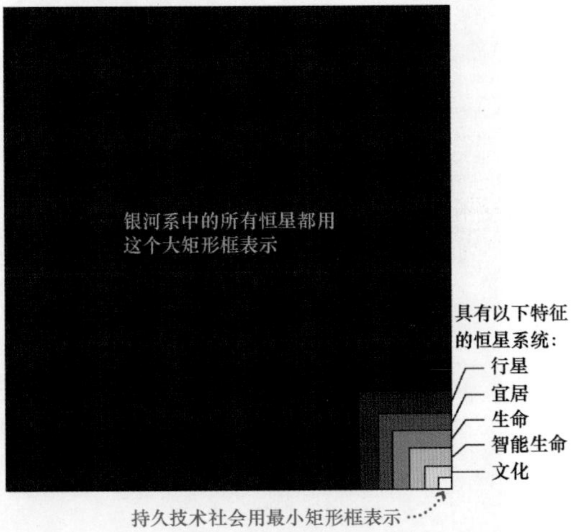

银河系中的所有恒星都用这个大矩形框表示
具有以下特征的恒星系统：
行星
宜居
生命
智能生命
文化
持久技术社会用最小矩形框表示

图 18.10　德雷克方程。在银河系的所有恒星系统中，具有持久技术社会典型特征的恒星系统越来越少

18.3.2 银河系寿命期间恒星形成的平均速率

只要注意到银河系中至少有 1000 亿颗恒星正在发光，即可计算银河系中恒星每年形成的平均数量。将这一数字除以银河系的寿命（约 100 亿年），即可得到恒星的形成速率为 10 颗/年。这一数值有可能被高估，因为天文学家认为，银河系早期可用的星际气体更多，现在形成的恒星数量较少（见 16.3 节）。但是，我们确实知道恒星当前正在形成，而且我们的计算并不包括过去形成但已消亡的恒星，因此在银河系的整个平均寿命期间，10 颗恒星/年的数值可能比较合理。

① 本章中提到的“技术”大致可以理解为第一次工业革命以来的相关科技。——译者注

18.3.3 拥有行星系的恒星比例

许多天文学家认为，行星形成是恒星形成过程的自然结果。若凝聚理论正确且太阳并不特殊，则就像本书中一直认为的那样，我们应当预期许多恒星都拥有某种类型的行星系（见 4.3 节）。

在最近 20 年间，随着观测技术的进步，这些预期已得到证实，确凿证据表明数百颗其他恒星的周围存在绕其运行的行星（见 4.4 节）。首批发现的行星远大于地球，大多数在偏心轨道（或热轨道）上运动，但如第 4 章所述，这是利用当时可用的仪器所能探测到的仅有的一批行星。随着探测技术的不断进步，人们发现质量与地球相当的行星越来越多，2010 年以来已确认几颗地球大小的行星，其中部分行星的轨道大致类似于地球轨道。这些成果已是人类当前观测能力的极限，许多天文学家预计，随着新探测器逐渐投入运行，类地行星的数量将快速增长。

迄今为止，人们在所调查的邻近恒星中仅发现约10%的恒星拥有行星。但是，大多数研究人员认为，由于观测的局限性和选择效应，这是对真实比例的严重低估（见 4.4 节）。因此，我们接受凝聚理论及其成果，在不过于保守也不盲目乐观的情况下，为这个因子的赋值接近 1，即我们认为基本上所有的恒星都拥有某种类型的行星系。

18.3.4 每个行星系内的宜居行星平均数量

一颗特定行星上可能存在生命的决定性因素是什么？温度或许是其中最重要的因素，但也必须考虑发生灾难性外部事件的可能性，如彗星撞击甚至遥远的超新星爆发（见发现 4.1 和 12.4 节）。

如前所述（见第 4 章），行星的表面温度取决于两个因素：一是该行星与母恒星之间的距离，二是该行星的大气层厚度（见 4.4 节）。距离母恒星较近（但不太近）且具有部分大气层（但不太厚）的行星应当相当温暖，类似于地球或火星；远离恒星且没有大气层的天体肯定会很冷（按照地球标准），类似于冥王星；距离恒星很近且大气层很厚的行星肯定会非常炽热，类似于金星。

图 18.11 描绘了温度舒适的三维恒星宜居带是如何环绕在每颗恒星周围的（见 4.4 节，在这幅二维图形中，宜居带以环形表示）。宜居带表示具有以下特征的距离范围：行星的质量和组成与地球的相似，表面温度在水的凝固点与沸点之间（我们基于地球的偏见在这里显而易见）。恒星越炽热，宜居带就越大，例如 A 型星或 F 型星的宜居带相当大；G 型星、K 型星和 M 型星的宜居带逐渐变小；这里不考虑 O 型星和 B 型星，因为即便确实拥有行星，它们也不会持续足够长的时间来演化生命。

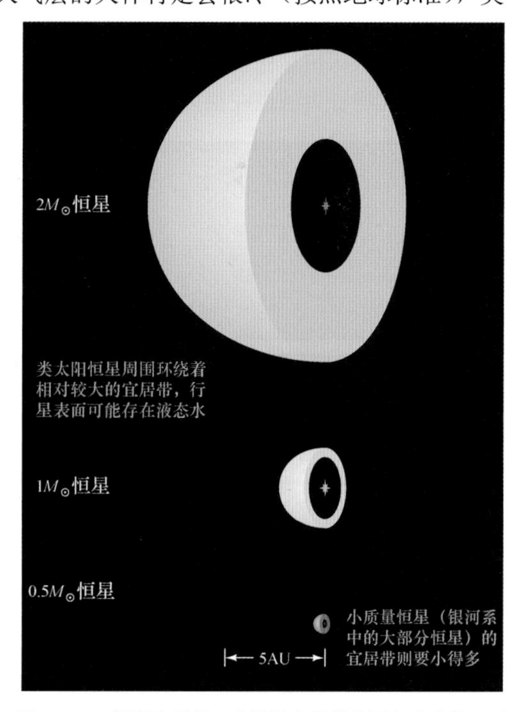

图 18.11 恒星宜居带。热星的宜居带范围大于冷星。对于太阳这样的 G 型星，宜居带从约 0.8AU 延伸到 2AU；对于更热的 F 型星，宜居带范围为 1.2～2.8AU；对于较冷的 M 型星，则仅有运行轨道为 0.02～0.06AU 的类地行星才宜居

三颗行星（金星、地球和火星）位于太阳周围的宜居带内（或附近）。金星太热，因为其大气层很厚，且距离太阳很近；火星有点冷，因为其大气层太薄，且距离太阳太远。但是，若金星和火星的轨道互换（并非不可思议，因为在类地行星的形成过程中，偶然性发挥了极为重要的作用），则这两颗邻近的行星或许已经演化出类似地球的表面条件（见 4.3 节和 6.8 节）。在这种情况下，太阳系中应当会拥有三颗（而非一颗）宜居行星。或许同样重要的是，靠近巨行星也可能使一颗卫星（如木卫二或土卫六）的内部变得宜居，行星的潮汐加热会弥补太阳光的缺乏（见 8.1 节）。在母行星引力的庇护下，这样的卫星可能很大程度上不受前述行星宜居限制的影响。

在宜居轨道上运行的行星可能仍然会因外部事件而变得不宜居。许多科学家认为，太阳系中的外行星对内行星的宜居性至关重要，既可以稳定其轨道，又可以保护其免遭彗星撞击（使潜在撞击者偏离内太阳系）。如第 4 章中的理论所述，运行在稳定轨道上的恒星及其内层类地行星可能也需要类木行星来保护其生存（见 4.3 节）。但是，由于对太阳系外行星的观测还不够精细，人类尚无法确定拥有类似太阳系中外行星系统的恒星比例（见 4.4 节）。

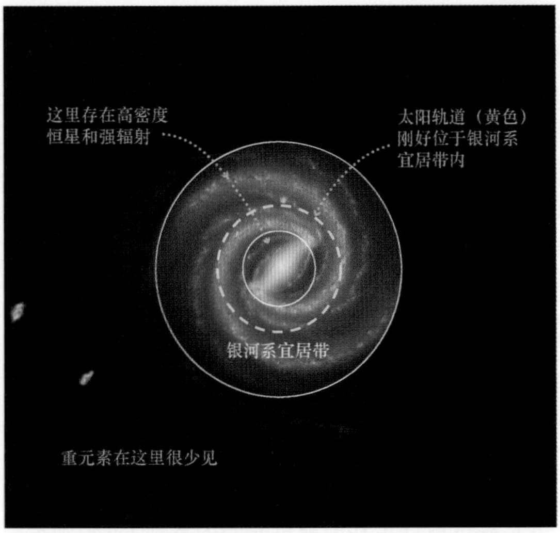

其他外力也可能影响行星的生存。有些研究人员认为，银河系中存在一个银河系宜居带，该带之外各恒星的条件通常对生命不利（见图 18.12）。当远离银心时，恒星形成速率较低，恒星形成周期较短，因此没有足够的重元素来形成类地行星（或者发展技术文明）（见 12.7 节）；当距离银心太近时，拥挤在银河系内层部分的亮星和超新星的辐射可能会伤害生命，更重要的是，邻近恒星的引力效应可能会频繁地将奥尔特云中的彗星雨喷射到行星系的内层区域，从而不断地冲击类地行星，并终止可能会诞生智能生命的任何演化链。

图 18.12　银河系宜居带。在银河系中，某些区域比其他区域对生命更有利。当距离银心太远时，可能没有足够的重元素来形成类地行星（或者发展技术文明）；当距离银心太近时，邻近恒星的辐射（或引力）效应可能使生命变得不可能。最终结果是一个环形宜居带，但其完整的范围尚不确定

因此，要计算每个行星系中的宜居行星数量，就要首先清点银河系宜居带中每种类型的恒星的数量，然后计算它们的恒星宜居带的大小，并估计那里可能会发现的行星数量。在这样做的过程中，我们几乎排除了迄今为止观测到的所有恒星，想必这也类似于总体恒星比例。我们还排除了大多数双星系统：基于银河系中各双星的已知观测性质，双星系统中的宜居行星轨道在很多情况下都不稳定（见图 18.13），因此生命应当没有时间进行演化。

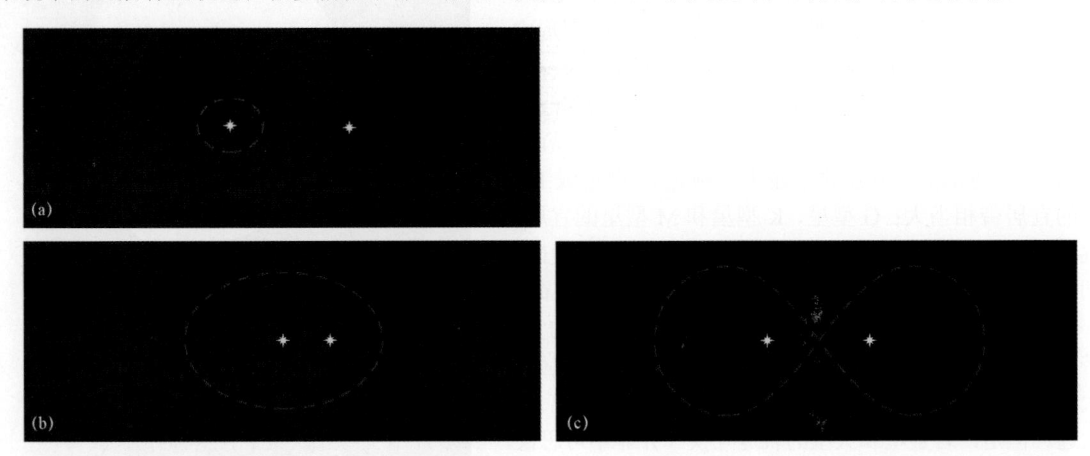

图 18.13　双星的行星。在双星系统中，各行星受限在引力稳定的几种轨道上运行。(a)仅当行星距离母恒星非常近时，这一轨道才是稳定的，所以另一恒星的引力可以忽略不计；(b)当且仅当距离两颗恒星都非常遥远时，在椭圆轨道上的较大距离处围绕两颗恒星运行的行星才是稳定的；(c)另一条可能的路径以 8 字形图案交织在两颗恒星之间

目前，宜居轨道上的类地行星的可用观测证据不足，说明在各个已知行星系中，包含宜居行星的比例仅为百分之几（见 4.4 节）。但是，由于这些行星非常接近现有设备的探测极限，许多天文学家认为真实比例要高得多，潜在的宜居类木卫星可能会进一步增大这一比例。但是，诸多不确定性依然存在，例如银河系宜居带的内外半径尚未确定，况且人们仍然没有足够的数据来详细描述大多数恒星的行星系中的宜居世界。

尽可能周详地考虑诸多不确定性后，我们将方程中的这个因子赋值为1/10。换句话说，我们认为在银河系中，平均每10个行星系中就可能存在1颗潜在的宜居行星。单颗（非双星）F型星、G型星和K型星是最佳候选。

18.3.5 出现生命的宜居行星比例

原子组合可能性的数量之大令人难以置信，若导致构成生物体复杂分子的化学反应完全随机发生，则这些分子根本就不可能形成。在这种情况下，生命极端罕见，这个因子接近0，因此人类在银河系（甚至整个宇宙）中可能是孤单的。

但是，实验室实验（如前述的尤里-米勒实验）结果似乎表明，某些化学组合更受青睐（与其他组合相比），即化学反应并不是随机发生的。通过各种类型的简单原子和分子的随机组合，地球上可能产生不计其数（约数十亿乘以数十亿）种基本的有机基团，但实际发生的却仅有约1500种。此外，这1500种地球生物有机基团仅由约50种简单的构件块（包含前述氨基酸和核苷酸碱基）组成。事实表明，对生命至关重要的那些分子可能并不是纯偶然组合的，还有其他因素明显在微观层面发挥着作用。若存在数量相对较少的化学演化轨迹，则时间足够时复杂分子的形成（包括生命）就会变得更有可能。

若为方程中的这个因子赋一个极低值，则意味着生命的出现是随机的和罕见的；若赋值接近1，则意味着生命的出现不可避免（前提是成分合适、环境适宜和时间足够长）。没有简单的实验能够区分这些极端情形，而且很少（或几乎不）存在中间地带。对许多研究人员而言，若能在火星、木卫二、土卫六或太阳系中的任何其他天体上发现生命（无论过去或现在），则应当会使整个银河系的生命外观从不太可能存在的奇迹转变为几乎肯定存在的事实。在缺乏任何客观证据的情况下，我们只能采纳更为乐观的观点，并将这个因子的值赋为1。

18.3.6 出现智能生命的有生命行星比例

就像生命的进化一样，若纯属偶然，则发达的大脑不太可能出现。但是，生物进化通过自然选择而发生，这是通过挑选并提炼有用特征来产生明显极不可能的结果的一种机制。有效利用各种适应性的生物体能够进化出更复杂的行为，这些更复杂的行为进而为生物体提供更高级进化所需的各种选择。

某个学派认为，只要时间足够长，智能生命就必定出现。按照这种观点，假设自然选择是一种普遍现象，则一颗行星上至少有一种生物会进化到智能生命的水平。若这种观点正确，则德雷克方程中的第五个因子等于（或约等于）1。

其他人则认为，宇宙中仅存在一种已知智能生命，即地球上的生命。在约25亿年间（从约35亿年前生命诞生，到约10亿年前多细胞生物首次出现），生命并未超越单细胞阶段。生命保持着简单和愚钝，但得以幸存。若后一种观点正确，则方程中的第五个因子将非常小，我们将面临一种令人沮丧的前景，即人类可能是银河系中最聪明的生命形式。类似于前一个因子，我们将持乐观态度，并将这个因子的值赋为1。

18.3.7 智能生命开发并利用技术的行星比例

为了评估方程中的第六个因子，我们需要计算智能生命最终开发出技术能力的概率。若技术的兴起不可避免，则只要时间足够长，这个因子就应当接近1；若其并非不可避免［智能生命能以某种方式避免开发技术（就像地球上的海豚那样）］，则这个因子可能远小于1。后一种可能性设想的宇宙可能充满文明，但其中很少有文明具备技术能力，或许只有人类除外。

同样，在这两种观点之间做出决断并非易事，我们不知道有多少（若有）史前地球文化未能开发出技术（或者拒绝利用技术）。我们确实知道，利用工具的社会在地球上的几个地方独立出现，包括美索不达米亚、印度、中国、埃及、墨西哥和秘鲁。由于许多古老的技术文化大致同时独立发源，我们由此得出结论：只要具备一些基本智能和足够的时间，某种类型的技术社会就会不可避免地获得良好的技术开发和利用机会。因此，我们认为这个因子的值接近1。

18.3.8 技术文明的平均寿命

在德雷克方程中，从第一个因子到最后一个因子，这些估计值的可靠性明显下降。基于目前掌握的天文学知识，我们能够对前两个因子尝试做出相当好的赋值，但是第三个因子很难评估，最后几个因子的赋值更像是凭空想象（而非科学），最后一个因子甚至完全未知。我们所知道的这种文明只有一个实际案例，即地球上的人类。目前，人类文明处于技术状态下的时间仅约 100 年，在人为灾难（或全球性自然灾害）终结所有一切之前，人类无法预测自己还能存在多久（见发现 4.1）。

但是，有件事情非常确定：若该方程中任何一个因子的正确值都很小（虽然具有乐观选择，但至少有两个因子可能如此），则银河系中当前存在的技术文明将极少。若对生命或智能发展的悲观看法正确，则人类就是独一无二的，我们的故事到此结束。但是，若生命和智能都是化学演化与生物进化的必然结果（如许多科学家所认为的那样），且智能生命总能开发并利用技术，则我们可将更高且更乐观的值代入德雷克方程。在这种情况下，通过将其他六个因子的估计值组合在一起（$10\times1\times1/10\times1\times1\times1=1$），我们可以得出以下结论：

银河系中当前存在的技术型智能文明的数量 = 技术文明的平均寿命（以年为单位）

因此，若高级文明能够平均存活 1000 年，则整个银河系中目前应当散布着 1000 个高级文明；若它们能够平均存活 100 万年，则应当可以预期银河系中存在 100 万个高级文明；以此类推。

注意，即使抛开语言和文化问题不谈，银河系的庞大体积也会成为各技术文明之间沟通交流的重大障碍。双向对话的最低需求为：在比自己的生命更短的时间内，人们能够发送信号并收到回复。若寿命很短，则文明实际上既少又远（根据德雷克方程，文明的数量很少，且分散在浩瀚的银河系中），它们之间的距离（单位为光年）远大于其寿命（单位为年）。在这种情况下，双向沟通（即使以光速进行）根本不可能。但是，随着寿命的增长，以及距离随着银河系变得更加拥挤而变得越来越小，前景应会有所改善。

考虑到银盘（思考我们为何要排除银晕）中各恒星的大小、形状和分布，并根据上述假设，我们发现一个文明的预期寿命至少为数千年，否则不太可能有时间与其最近的邻居进行沟通。

科学过程回顾

当大多数因子的取值因人而异时，德雷克方程如何帮助天文学家完善他们的地外生命搜寻？

18.4 地外文明探索

下面继续乐观地评估生命前景，且假设一旦度过技术发展最初的困难时期，文明就在其母行星上长期存在。在这种情况下，银河系中可能存在很多这样的文明，那么我们如何才能知道它们的存在呢？

18.4.1 探访邻居

假设技术文明的平均寿命为 100 万年，这仅为恐龙统治时期的 1%，但为人类文明寿命（迄今为止的生存时间）的 100 倍，以及人类社会迄今为止处于技术状态的时长的 10000 倍。由德雷克方程可知，银河系中存在 100 万个这样的文明，于是可以算出这些文明之间的平均距离约为 30pc（或者约 100 光年）。因此，与邻居之间的任何双向沟通所需的时间至少为 200 年（信息抵达那颗行星需要 100 年，邻居复信并返回地球还需要 100 年），以人类标准的来看，这段时间非常漫长，但要比文明的寿命短得多。

通过发展远离太阳系的旅行能力，人类是否有希望拜访这些邻居呢？答案是永远不可能。目前最快太空探测器的飞行速度为 50km/s，即使造访距离地球最近的类日恒星半人马座 α 星，往返时间也需要约 5 万年，到最近技术文明邻居（假设距离为 100pc）的往返旅程则需要 100 万年——相当于人类文明的整个寿命．以这样的速度在星际中穿行显然行不通，将飞船加速到接近光速应会缩短旅行时间，但却远超人类当前具备的技术水平。

实际上，人类文明已发射了一些星际探测器，但却没有特别具体的恒星目的地。图 18.14 显示了一块金属板的复制品，搭载在 20 世纪 70 年代中期发射的先驱者 10 号飞船上，该飞船现在已远超冥王星轨道之外，正处于离开太阳系的旅途中。1978 年发射的旅行者号探测器也包含了类似的信息。虽然这些航天器应当无法向地球报告其遇到外星文化的消息，但是科学家希望另一端的外星文明能够利用通用的数学语言解译出金属板上的大部分内容。图 18.14 中的说明文字指引外星人如何发现先驱者号和旅行者号探测器于何时何地发射。

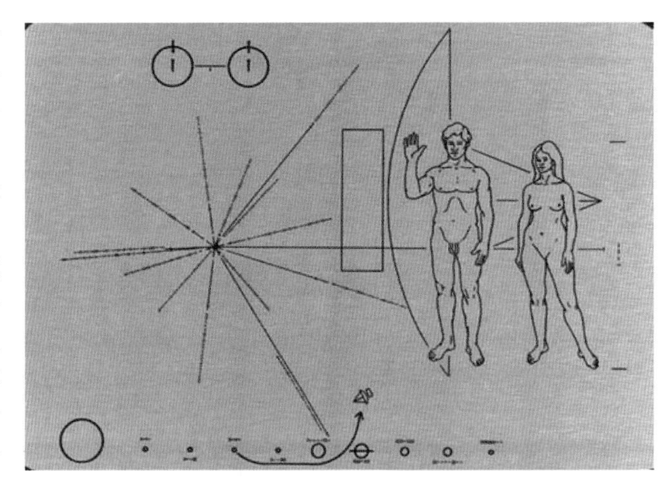

图 18.14　先驱者 10 号上的金属板。先驱者 10 号飞船上搭载的金属板复制品，显示了按比例绘制的飞船、男性和女性；氢原子经历能量变化示意图（左上）；代表各种脉冲星及其射电波频率的星暴形态，可用于估计飞船于何时发射（左中）；太阳系相关描述，显示飞船离开了太阳的第三颗行星，并在经过第五颗行星后进入外太空（下）（NASA）

18.4.2　射电搜寻

人类还有更经济实用的另一种选择，就是尝试利用电磁辐射与地外生命进行接触，这是在不同地点之间传递信息的最快方法。因为光及其他短波长辐射在尘埃质星际空间中穿行时会发生严重的散射，所以长射电辐射似乎是最佳选择（见 2.3 节）。但是，人们并不会尝试向所有邻近候选恒星进行广播（这样做过于昂贵且效率极低），而通过地球上的射电望远镜被动地监听其他文明所发射的射电信号。

射电望远镜应当瞄准哪个方向？答案相当简单：基于之前的推断，应瞄准邻近区域内的所有 F 型星、G 型星和 K 型星。但是，地外生命是否会广播射电信号呢？若不广播，则这种搜寻技术显然会失败；若广播，则如何区分外星生命人工生成的射电信号与星际气体云自然发射的射电信号？这取决于这些信号是故意产生的，还是仅从行星上逃逸的无用辐射。

首先考虑地外生命所看到的源于地球的无用射电波长的外观。图 18.15 显示了地球向太空中广播的射电信号形态。从遥远观测者的视角看，随着地球上技术最发达区域的上升或下降，自旋地球每隔几小时就发出一次明亮的射电辐射闪光。实际上，地球目前是比太阳更强的射电发射体，无线电/射电和电视机发射持续不断地冲入太空（自从约 70 年前这些技术发明以来）。像人类这样先进的另一个文明或许已经建造了能够探测这种辐射的设备，若足够先进（且足够感兴趣）的任何文明距离地球不超过约 70 光年（20pc），则人类已经向其宣示了自己的存在。

当然，发明电缆和光纤技术后，大多数文明的无差别传播很可能会在数十年后终止。在这种情况下，射电静默将变成智能生命的标志，人类必须找到另一种方法来定位自己的邻居。

数据知识点：地外生命搜寻

在描述电磁信号如何暗示外星生命时，近 60%的学生感到困难。建议记住以下几点：

- 若行星大气层中存在大量氮和氧，则表明可能存在类地生命。
- 许多自然宇宙源产生稳定（或有规律变化）的电磁发射。
- 若存在规律调整的复杂信号，则可能表明行星表面的射电（或其他通信）发生泄漏。
- 重复出现的复杂信号可能表明有意进行通信，特别是其在电磁水洞（自然背景辐射最小）中传输时。

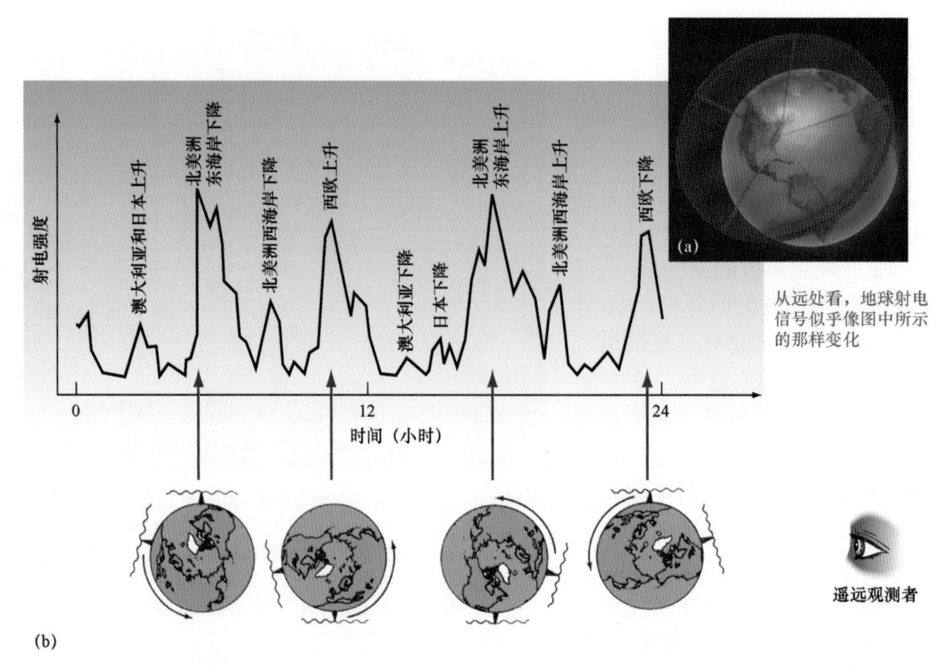

图 18.15　地球射电泄漏。由于地球技术文明的日常活动，射电辐射从地球泄漏到太空中。(a)大多数无线电和电视机发射器平行于地表传播能量，向星际空间中发送大量电磁辐射；(b)由于绝大多数发射器集中在美国东部和西欧，随着地球的每日自转，遥远观测者应当能探测到来自地球的辐射爆发

概念回顾

在何种假设下可将水洞作为搜寻地外生命信号的地方？

18.4.3　水洞

现在，假设某个地外文明已经决定帮助搜寻者，主动向银河系中的其他区域广播其存在。我们应当以何种频率收听这种地外信号？电磁波谱非常庞大，仅射电频段就特别宽，探测某些未知射电频率的信号类似于大海捞针。某些频率是否更可能携带地外生命所发射的信号呢？

有些基本观点认为，各文明或许能在近 20cm 波长处较好地沟通。在 21cm 波长处，宇宙的基本组成部分（即氢原子）会自然辐射（见 11.2 节）。此外，在近 18cm 波长处，最简单的分子之一羟基（OH）会辐射。这两种物质相遇并发生反应就会生成水（H_2O），有些研究人员认为水很可能是任何地方生命的演化介质。当射电辐射穿行在银盘中时，受到星际气体和尘埃的吸收最小，因此 18～21cm 是各文明发射（或收听）信号的最佳波长范围。这个射电区间称为水洞（water hole），或许能够充当一片沙漠绿洲，银河系中的所有高级文明应当在这里聚集并开展电磁业务。

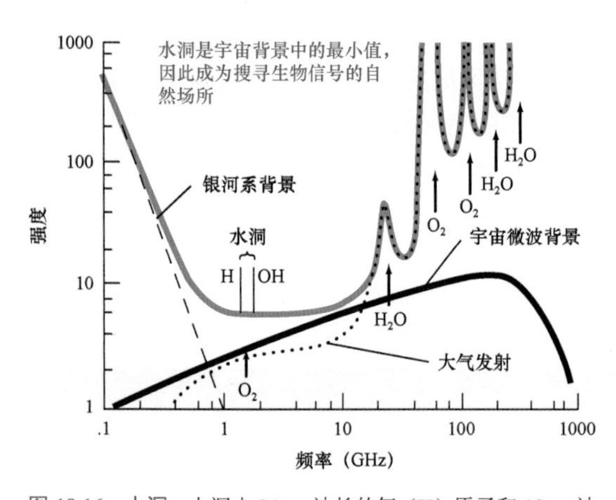

图 18.16　水洞。水洞由 21cm 波长的氢（H）原子和 18cm 波长的羟基（OH）分子的自然发射限定（见 11.3 节）。最上面的实线曲线（蓝色）是银河系的自然发射（虚线）和地球大气层的自然发射（点线）之和，其值在水洞频率附近最小，因此所有智能文明或许能在这片安静的电磁绿洲内进行星际沟通

当然，这个水洞频率区间只是猜测而已，但其使用却获得了其他观点的支持。图 18.16 显示了水洞在电磁波谱中的位置，并且绘制了银河系和地球大气层的自然辐射量。18～21cm 范围位于光谱中最平静的部分，来自银河系中各恒星和星际云的静态影响恰好最小。此外，在这些波长处，各典型行星的大气层干

扰预计也最小。因此，对星际信号的频率而言，水洞似乎是一种良好的选择，但是在真正接触实现之前，我们无法确认这一推断的正确性。

目前，部分射电搜寻正以水洞内部及其周围的频率进行，艾伦望远镜阵（Allen Telescope Array）是现在最敏感和最全面的地外文明探索项目之一，如图 18.17a 所示。这个阵列由许多小型蝶形天线组成，目前正在同时搜寻 1～3GHz 范围内的数百万个频段。图 18.17b 显示了典型窄带 1Hz 信号的计算机监视器外观（智能发射的潜在特征）。但是，这一观测只是一种测试，目标是探测先驱者 10 号机器人（正在进入太阳系外层空间）发射的微弱红移射电信号。该信号虽然是智能信号，但是是人类为开展研究而专门部署的。迄今为止，人类尚未探测到任何地外信号。

(a)

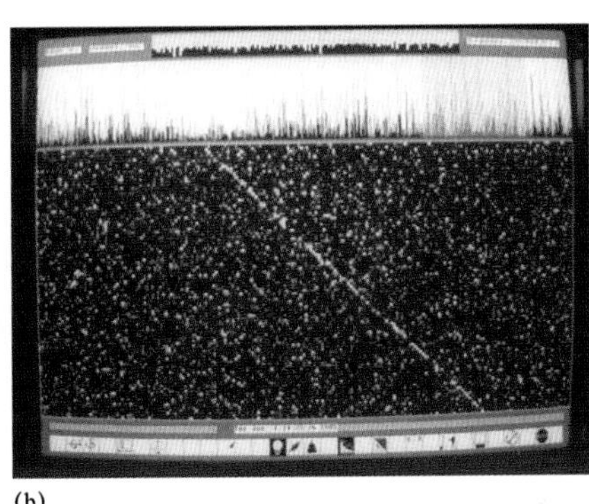

(b)

图 18.17　凤凰计划。(a)这个小型射电蝶形阵列隶属于美国加州 SETI 研究所，专门为搜寻地外智能信号而设计；(b)典型的地外信号记录（作为测试，这里选择来自先驱者 10 号飞船的多普勒频移广播，该飞船当前位于柯伊伯带之外），显示了一条横跨计算机显示器的对角线，与背景中的随机噪声形成对比（S. Shostak/SETI Institute）

现在，我们周围的太空可能充满了来自地外文明的射电信号，若知道正确的方向和频率，我们或许能够收获有史以来最为惊人的发现之一，从而为研究整个宇宙中的能量、物质和生命的宇宙演化提供全新的机遇。

学术前沿问题

长期以来，人们一直在怀疑各行星是否围绕宇宙中观测到的无数恒星运行，现在人们知道答案是肯定的。我们进一步怀疑其中的部分行星上是否存在智能生物，答案尚属未知，地外生命搜寻仍在继续。在所有尚未解决的天文学问题中，以下问题或许是其中最宏大的问题：地球之外是否存在外星人？

本章回顾

小结

LO1 宇宙演化是导致星系、恒星、行星和地球生命出现的持续过程。有生命有机体/生物体的特征包括：对周围环境做出反应的能力；从周围环境中摄取营养而生长；繁殖，将自身的部分特征传递给后代；根据环境变化而演化。能够充分适应新环境的生物体最终成功，无法做出必要调整的那些生物体最终失败。智能受到自然选择的强烈青睐。

LO2 由自然能量源提供能量，原始地球海洋中的简单分子之间发生反应，或许导致了氨基酸和核苷酸碱基的形成，二者是生命的基本分子。氨基酸构建控制新陈代谢的蛋白质，核苷酸碱基序列构成 DNA（生物体的遗传模型）。或者，这些复杂分子中的部分分子可能在星际空间中形成，然后由流星或彗星输送到地球。

LO3 在太阳系中，地球之外生命的最大希望是火星，但目前尚未发现生命存在（或灭绝）的直接证据。外行星的部分冰质卫星（木卫二、木卫三、土卫六和土卫二）也可能存在某种类型的生命。按照地球的标准来看，这些冰冻天体上的条件非常恶劣，但是在地球上以前被认为不可能存在生命的恶劣环境中，人们已经发现了嗜极生物的繁盛。

LO4 德雷克方程提供了一种估计银河系中存在其他智能生命概率的方法。在该方程中，天文学因子是银河系中的恒星形成速率、行星可能性和宜居行星数量；化学和生物学因子是生命出现的概率及其随后演化出智能的概率；文化和政治学因子是智能产生技术和技术文明寿命的概率。若对生命和智能的发展持乐观态度，则会得出这样的结论：银河系中的技术文明总数约等于典型文明的寿命（单位为年）。

LO5 通过向太空中发射射电和电视信号，技术文明可能会向宇宙宣示自己的存在。当从远处观测时，随着地球上不同区域的上升和下降，地球应当以 24 小时周期的射电源形式出现。水洞是电磁波谱射电范围内的一个区域，位于 21cm 氢线和 18cm 羟基线附近，来自银河系的自然辐射恰好最小，许多研究人员认为它是用于通信目标的最佳光谱部分。

复习题

1. 生命为何很难定义？
2. 什么是化学演化？
3. 什么是尤里-米勒实验？这个实验中生成了哪些重要的有机分子？
4. 地球上形成生物分子的基本成分是什么？
5. 我们如何知道地球上生命早期阶段的某些情况？
6. 语言在文化演化中的作用是什么？
7. 除了地球，其他哪些地方也发现了有机分子？
8. 除了火星，太阳系中哪里或许能够发现生命迹象？
9. 我们知道火星在过去的任何时候是否存在生命吗？哪些证据支持其可能曾经存在生命？
10. 我们所知道的生命通常意味着什么？还有可能存在哪些其他形式的生命？
11. 德雷克方程中的哪些因子基本上可以确定？哪个因子最不为人所知？
12. 银河系文明的平均寿命与我们某天与之沟通的可能性之间有何关系？
13. 对地外天文学家来说，地球在射电波长处应当如何出现？
14. 在星际距离上利用射电波进行沟通有何优势？
15. 水洞是什么？与射电光谱的其他部分相比，它有什么优势？

自测题

1. 生命的定义仅要求是活的且必须能够繁殖。(对/错)
2. 实验室实验已用非生物分子产生了有生命细胞。(对/错)
3. 恐龙在地球上的生存时间是迄今为止人类文明存在时间的 1000 多倍。(对/错)
4. 海盗号着陆器在火星上发现了生命的微观证据，但未发现化石证据。(对/错)
5. 若偶然性是唯一的演化因子，则地球上的生命和智能的发展极不可能。(对/错)
6. 没有直接证据表明类地行星围绕其他恒星运行。(对/错)
7. 人类文明已向星际空间中发射了探测器，并向邻居广播了我们的存在。(对/错)
8. 形成生命所需基本分子的化学元素可在以下位置找到：(a)类日恒星的核心；(b)整个宇宙；(c)仅在有液态水的行星上；(d)仅在地球上。
9. 地球上早期生命形式的化石记录表明，生命始于：(a)6000 年前；(b)6500 万年前；(c)35 亿年前；(d)140 亿年前。
10. 在德雷克方程中，最不为人所知的因子为：(a)恒星形成速率；(b)拥有行星系的恒星比例；(c)技术文明的平均寿命；(d)银河系的直径。
11. 我们预计围绕 B 型星运行的行星上不存在生命，因为这类恒星：(a)引力太大；(b)存在时间太短，生命无法演化；(c)温度太低，生命无法维持；(d)应当只有气态巨行星。
12. NASA 的航天飞机以约 28164km/h 的速度绕地球运行。若其以该速度到达下一颗类日恒星，则这次旅程至少需要：(a)1 周；(b)10 年；(c)100 年；(d)10 万年。
13. 太阳系中最强的射电波长发射来自：(a)地球人造信号；(b)太阳；(c)月球；(d)木星。
14. 根据图 18.11（恒星宜居带）中的数据判断，K 型主序星周围的宜居带：(a)无法确定；(b)距离该恒星 1～2AU；(c)大于 F 型星的宜居带；(d)大于 M 型星的宜居带。
15. 若重绘图 18.15（地球射电泄漏），使得地球的自旋速率为当前速率的 2 倍，则新锯齿线应当：(a)不变；(b)更高；(c)水平拉伸；(d)水平压缩。

计算题

1. 如文中所述，假设将地球年龄（46 亿年）压缩为 46 年，则你的年龄是多少（以秒为单位）？“二战”结束、《独立宣言》发表以及哥伦布发现新大陆分别是多久以前的事情（以秒为单位）？恐龙灭绝发生在多久以前（以天为单位）？
2. 根据平方反比定律，某行星从母恒星接收能量的速率与该恒星的光度成正比，与行星与恒星之间距离的平方成反比（见 10.2 节）。根据斯特藩定律，行星向太空中辐射能量的速率与其表面温度的四次方成正比（见 2.4 节）。在平衡态下，这两个速率相等。基于这些信息，已知（考虑到温室效应）太阳的宜居带从 0.6AU 延伸到 1.5AU，计算光度为 1/10 倍太阳光度的 K 型主序星周围的宜居带范围。

3. 根据文中给出的数字，假设合适恒星的平均寿命为 50 亿年，计算银河系中的宜居行星总数。
4. 一颗行星围绕双星系统中的一颗子星运行，轨道距离为 1AU（见图 18.13a）。若两颗恒星的质量相同且轨道为圆形，计算两颗恒星之间的最小距离，且伴星产生的引潮力不超过该行星与其母恒星之间的引力安全值（0.01%）。
5. 设德雷克方程中每个分数项的值都是 1/10，恒星形成的平均速率为 20 颗/年，且拥有行星系的每颗恒星恰好都有一颗绕其运行的宜居行星。若一个文明的平均寿命如下所示，计算银河系中技术文明的当前数量：(a)100 年，；(b)10000 年；(c)100 万年。
6. 采用文中银河系中技术文明的数量等于文明的平均寿命（以年为单位）的估计值，可知与最近邻居的距离随着平均寿命的增长而减小。假设各文明均匀分布在半径为 15kpc 的二维银盘上，且具有完全相同的寿命，计算在人类文明结束之前，与最近邻居可能实现双向射电沟通的最短寿命。假设乘坐利用当前技术的飞船进行个人往返访问，飞行速度为 50km/s，重复上述计算。
7. 在不到人类平均寿命（如 80 年）的时间内，为了完成从地球到半人马座 α 星（距离为 1.3pc）的往返旅程，飞船的最低速度应是多少？
8. 假设地球上有 10000 部调频无线电台，每部电台的发射功率为 50 千瓦，计算地球在调频波段的总射电光度。将这个值与太阳在相同频率范围内的辐射量（约 10^6W）进行比较。
9. 将水洞的波长转换为频率。出于实际原因，对水洞的任何搜寻都要分成多个频道，类似于电视上看到的频道，只是这些频道的射电频率非常窄，宽度约为 100Hz。天文学家必须在水洞中搜寻多少个频道？
10. 搜寻射电通信的 100 光年内有 20000 颗恒星，若观测每颗恒星需要花 1 小时，则搜寻全部恒星的时间有多长？若观测每颗恒星需要花 1 天呢？

活动

协作活动

1. 以小组为单位，写一段每个人都同意的关于生命定义的描述，应清晰地说明岩石不是活着的，植物是活的。根据你们的定义，恒星是活的吗？病毒呢？将你所在小组的定义与其他小组的进行比较。
2. 小组中的每个人需要独立计算一个技术文明的平均寿命，就像德雷克方程中使用的那样。解释你们计算的结果的变化。
3. 与地外世界通信时，若你所在的团队被指定为地球代言，你们应当说什么？你们应当问什么问题？你会选择介绍地球的哪些方面？写下你所在小组的演讲稿，并用你们为什么选择这样说进行注释。

个人活动

1. 有人认为若发现了地外生命，则将对人类文化产生深远的影响。采访尽可能多的人，提出以下两个问题：①你认为地外生命存在吗？②为什么？根据你的研究结果，尝试确定地外生命的发现是否真的会对地球上的生命产生深远影响。
2. 单独进行另一次投票，或者与第一次投票同时进行，提出以下问题：在射电通信中，你想问地外生命形式的哪个问题？你收到了多少表达以地球为中心观点的答案？多少回应表明人们对地外生命形式的外星特征缺乏了解？这是否会以任何方式改变你从第一项调查中得出的结论？
3. 德雷克方程应当至少能够预测银河系中的一个文明：人类。尝试改变各个因子的值，以便最终至少得出结果 1。这些因子的不同组合对生命的产生和演化意味着什么？是否存在一些毫无意义的组合？

附录 A　科学记数法

天文学家所研究天体的大小跨度极大，最小到各种粒子，最大到整个宇宙。亚原子粒子的直径约为0.000000000000001m，星系的典型直径约为1000000000000000000000m，宇宙中最遥远的已知天体距离地球约100000000000000000000000000m。

显然，写这么多0既复杂又不便，更重要的是很容易出错——若多写（或少写）了0，则计算结果就会大错特错。为了避免出现这种情况，科学家总是采用一种简化的记数法来书写非常大（或非常小）的数字，将小数点之后（或之前）0的数量表示为10的幂/指数，幂只是数字中第一个有效（非0）数字（从左到右）与小数点之间的位数，因此1为10^0，10为10^1，100为10^2，1000为10^3，以此类推。对于小于1的数，小数点与第一个有效数字之间有多个0，因此幂为负值：0.1为10^{-1}，0.01为10^{-2}，0.001为10^{-3}，以此类推。采用这种记数法，可将描述亚原子粒子的数缩短为10^{-15}m，将描述星系大小的数写成10^{21}m。

更复杂的数可表示为10的幂和乘数的组合，乘数通常选择一个在1和10之间的数字，并以原始数中的第一位有效数字开头。例如，150000000000m（地球与太阳之间的距离，取整表示）可简写为1.5×10^{11}m，0.000000025m可简写为2.5×10^{-8}m，以此类推。幂只是小数点必须左移才能获得乘数的位数。

科学记数法的部分其他示例包括：

- 地球与仙女星系之间的近似距离 = 2500000ly = 2.5×10^6ly
- 氢原子的大小 = 0.00000000005m = 5×10^{-11}m
- 太阳的直径 = 1392000km = 1.392×10^6km
- 美国国债（截至2015年6月1日）= 18152841000000.00美元 = 18.152841万亿美元 = 1.8152841×10^{13}美元

除了提供更简单的方式来表示非常大（或非常小）的数字，科学记数法还可使基本运算变得更简单。当以这种方式表示的数字相乘时，规则非常简单：因数相乘，指数相加。除法规则基本类似：因数相除，指数相减。因此，3.5×10^{-2}乘以2.0×10^3可简单表示为$(3.5\times2.0)\times10^{-2+3} = 7.0\times10^1 = 70$；$5\times10^6$除以$2\times10^4$可简单表示为$(5/2)\times10^{6-4} = 2.5\times10^2 = 250$。这些规则可用于单位换算，例如200000nm等于200000×10^{-9}m（因为1nm = 10^{-9}m，见附录B），即$(2\times10^5)\times10^{-9}$m或$2\times10^{5-9} = 2\times10^{-4}$m = 0.2mm。建议读者自己找几个示例来验证这些规则。当考虑各种天体时，科学记数法的优势很快就会变得显而易见。

科学家常用数字的舍入版本，既简单又便于计算。例如，我们常将太阳的直径写为1.4×10^6km，而非前面给出的精确数字。与此类似，地球的直径为12756km或1.2756×10^4km，但这么多数字有时真的没有必要，近似值1.3×10^4km一般就已足够。在很多情况下，仅使用数字中的前一位（或两位）有效数字进行粗略计算，就可完全满足提出特定观点的需要。例如，为了支持太阳远大于地球的观点，我们只需说二者的直径之比约为1.4×10^6除以1.3×10^4。因为1.4/1.3约等于1，所以该比值约为$10^6/10^4 = 10^2 = 100$。这里的基本事实是该比值远大于1，而由更精确的计算结果（109.13）并不能获得更多的有用信息。在天文学中，这种忽略算术细节以获得计算本质的技术极为常见，本书中频繁采用这种方法。

附录 B　天文测量

天文学家在工作中会用到许多不同类型的测量单位，这是因为没有任何一种单位制能够做到全覆盖。大多数高中和大学的科学课采用国际单位制（SI）或公制/米制（MKS，米-千克-秒），但是许多专业天文学家仍然更喜欢旧式的 CGS 制（厘米-克-秒）。不过，为便于使用，天文学家也常引入新单位。例如，在讨论恒星时，太阳的质量和半径常被用作参考，天文学家于是将太阳质量写为 $M_{\odot}$，它等于 2.0×10^{33}g 或 2.0×10^{30}kg（因为 1kg = 1000g）；将太阳半径写为 $R_{\odot}$，它等于 700000km 或 $7.0\times108^{\mathrm{m}}$（1km = 1000m）。下标⊙始终代表太阳。同理，下标⊕始终代表地球。本书尽量采用天文学家在特定环境中通常用到的单位，但也会在适当的情况下给出标准国际单位制。

天文学家所用的长度单位特别重要。在小尺度上，长度的常用单位是埃（1Å = 10^{-10}m = 10^{-8}cm）、纳米（1nm = 10^{-9}m = 10^{-7}cm）和微米（1μm = 10^{-6}m = 10^{-4}cm）；当在太阳系内测量距离时，常用到天文单位（AU），即地球和太阳之间的平均距离，1AU 约等于 150000000km 或 1.5×10^{11}m；在更大的尺度上，常用光年（1ly = 9.5×10^{15}m = 9.5×10^{12}km）和秒差距（1pc = 3.1×10^{16}m = 3.1×10^{13}km = 3.3ly）；若距离更远，则附加上公制的规则前缀，如 k（千）表示 1 千，M（兆）表示 100 万。因此，1 千秒差距（kpc）= 10^{3}pc = 3.1×10^{19}m，10 兆秒差距（Mpc）= 10^{7}pc = 3.1×10^{23}m，以此类推。

天文学家通常会根据具体情况灵活使用相关的单位，即单位随应用场景的变化而变化。例如，当测量密度时，基于不同的应用场景，我们可以用克/立方厘米（g/cm^{3}）、原子/立方米（atoms/m^{3}），甚至太阳质量/立方兆秒差距（$M_{\odot}$/Mpc^{3}）。务必牢记，理解这些单位后，即可在不同的单位之间自由换算。例如，太阳的半径可写为 $R_{\odot} = 6.96\times10^{8}$m，或 6.96×10^{10}cm，或 $109R_{\oplus}$，或 4.65×10^{-3}AU，甚至写为 7.36×10^{-8}ly，哪种单位最好用，就用哪种单位。下面列出了天文学中的常用单位及其应用场景：

长度

单位	换算	应用场景
1 埃（Å）	= 10^{-10}m	原子物理学，光谱学
1 纳米（nm）	= 10^{-9}m	原子物理学，光谱学
1 微米（μm）	= 10^{-6}m	星际尘埃和气体
1 厘米（cm）	= 0.01m	广泛应用于整个天文学中
1 米（m）	= 100cm	广泛应用于整个天文学中
1 千米（km）	= 1000m = 10^{5}cm	广泛应用于整个天文学中
地球半径（$R_{\oplus}$）	= 6378km	行星天文学
太阳半径（$R_{\odot}$）	= 6.96×10^{8}m	太阳系，恒星演化
1 天文单位（AU）	= 1.496×10^{11}m	太阳系，恒星演化
1 光年（ly）	= 9.46×10^{15}m = 63200AU	星系天文学，恒星和星团
1 秒差距（pc）	= 3.09×10^{16}m = 206000AU = 3.26ly	星系天文学，恒星和星团
1 千秒差距（kpc）	= 1000pc	星系、星系团和宇宙学
1 兆秒差距（Mpc）	= 1000kpc	星系、星系团和宇宙学

质量

单位	换算	应用场景
1 克（g）		广泛应用于天文学中的各个领域
1 千克（kg）	= 1000g	广泛应用于天文学中的各个领域
地球质量（$M_{\oplus}$）	= 5.98×10^{24}kg	行星天文学
太阳质量（$M_{\odot}$）	= 1.99×10^{30}kg	尺度大于地球的所有质量的标准单位

时间

单位	换算	应用场景
1 秒（s）		广泛应用于整个天文学中
1 小时（h）	= 3600s	行星和恒星尺度
1 天(d)	= 86400s	行星和恒星尺度
1 年（yr）	= 3.16×10^{7}s	几乎所有比恒星尺度大的过程

附录 C　常用数据表

表 C.1　一些有用的常数和物理量[1]

天文单位	$1AU = 1.496\times10^8$km（1.5×10^8km）	太阳质量	$M_\odot = 1.99\times10^{30}$kg（$2\times10^{30}$kg）
光年	$1ly = 9.46\times10^{12}$km（10^{13}km）	太阳半径	$R_\odot = 6.96\times10^5$km（7×10^5 km）
秒差距	$1pc = 3.09\times10^{13}$km = 3.3ly	太阳光度	$L_\odot = 3.90\times10^{26}$W（$4\times10^{26}$W）
光速	$c = 299792.458$km/s（3×10^5km/s）	太阳有效温度	$T_\odot = 5778$K（5800K）
斯特藩-玻尔兹曼常数	$\sigma = 5.67\times10^{-8}W/m^2\cdot$K^4	哈勃常数	$H_0 \approx 70$km/s/Mpc
万有引力常数	$G = 6.67\times10^{-11}$Nm^2/kg^2	电子质量	$m_e = 9.11\times10^{-31}$kg
地球质量	$M_\oplus = 5.97\times10^{24}$kg（$6\times10^{24}$ kg）	质子质量	$m_p = 1.67\times10^{-27}$kg
地球半径	$R_\oplus = 6378$km（6500km）	[1] 书中所用的舍入值显示在括号中	

表 C.2　英制单位与公制单位之间的换算

英 制 单 位	公 制 单 位	英 制 单 位	公 制 单 位
1 英寸	= 2.54 厘米（cm）	1 英里	= 1.609 千米（km）
1 英尺（ft）	= 0.3048 米（m）	1 磅（lb）	= 453.6 克（g）或 0.4536 千克（kg）（地球上）

表 C.3　主序星的性质（按光谱型）

光谱型	典型表面温度（K）	颜　色	质量*（$M_\odot$）	光度*（$L_\odot$）	寿命*（10^6yr）	示　　例
O	> 30000	铁蓝	> 20	> 100000	< 2	参宿三（O9）
B	20000	蓝	7	500	140	角宿一（B2）
A	10000	白	3	60	500	织女星（A0）、天狼星（A1）
F	7000	黄白	1.5	7	2000	南河三（F5）
G	6000	黄	1.0	1.0	10000	太阳（G2）、半人马座 α 星（G2）
K	4000	橙	0.8	0.3	30000	天苑四（K2）
M	3000	红	0.1	0.00006	16000000	比邻星（M5）、巴纳德星（M5）

*以太阳质量为单位的恒星的估计值。

表 C.4　行星数据：轨道性质

行　　星	半　长　径		恒星周期（回归年/太阳年）	平均轨道速度（km/s）	轨道偏心率	与黄道的倾角（度）
	AU	10^6km				
水星	0.39	57.9	0.241	47.9	0.206	7.00
金星	0.72	108.2	0.612	35.0	0.007	3.39
地球	1.00	149.6	1.00	29.8	0.017	0.01
火星	1.52	227.9	1.88	24.1	0.093	1.85
木星	5.20	778.4	11.86	13.1	0.048	1.31
土星	9.54	1427	29.42	9.65	0.054	2.49
天王星	19.19	2871	83.75	6.80	0.047	0.77
海王星	30.07	4498	163.7	5.43	0.009	1.77

表 C.5　行星数据：物理性质

行　星	赤道半径		质　　量		平均密度（kg/m^3）	恒星自转周期（太阳日）[1]
	（km）	（地球 = 1）	（kg）	（地球 = 1）		
水星	2440	0.38	3.30×10^{23}	0.055	5430	58.6
金星	6052	0.95	4.87×10^{24}	0.82	5240	−243.0
地球	6378	1.00	5.97×10^{24}	1.00	5520	0.9973
火星	3394	0.53	6.42×10^{23}	0.11	3930	1.026
木星	71492	11.21	1.90×10^{27}	317.8	1330	0.41
土星	60268	9.45	5.68×10^{26}	95.2	690	0.44
天王星	25559	4.01	8.68×10^{25}	14.5	1270	−0.72
海王星	24766	3.88	1.02×10^{26}	17.1	1640	0.67

（续表）

行　星	轴倾角（度）	表面重力（地球 ＝1）	逃逸速度（km/s）	表面温度（K）[2]	卫星数量[3]
水星	0.0	0.38	4.2	100～700	0
金星	177.4	0.91	10.4	730	0
地球	23.5	1.00	11.2	290	1
火星	24.0	0.38	5.0	180～270	2
木星	3.1	2.53	60	124	16
土星	26.7	1.07	36	97	18
天王星	97.9	0.91	21	58	27
海王星	29.6	1.14	24	59	13

[1] 负号表示逆行；[2] 温度是类木行星的有效温度；[3] 直径超过 10km 的卫星。

表 C.6　地球夜空中最亮的 20 颗恒星

名　　称	恒　星	光　谱　型*		视差（角秒）	距离（pc）	视星等*	
		A	B			A	B
天狼星	αCMa	A1V	Wd†	0.379	2.6	−1.44	+8.4
老人星	αCar	F0Ib–II		0.010	96	−0.62	
大角星	αBoo	K2III		0.089	11	−0.05	
南门二（半人马座 α 星）	αCen	G2V	K0V	0.742	1.3	−0.01	+1.4
织女星	αLyr	A0V		0.129	7.8	+0.03	
五车二	αAur	GIII	M1V	0.077	13	+0.08	+10.2
参宿七	βOri	B8Ia	B9	0.0042	240	+0.18	+6.6
南河三	αCMi	F5IV–V	Wd†	0.286	3.5	+0.40	+10.7
参宿四	αOri	M2Iab		0.0076	130	+0.45	
水委一	αEri	B5V		0.023	44	+0.45	
马腹一	αCen	B1III	?	0.0062	160	+0.61	+4
牛郎星	αAql	A7IV–V		0.194	5.1	+0.76	
十字架二	αCru	B1IV	B3	0.010	98	+0.77	+1.9
毕宿五	αTau	K5III	M2V	0.050	20	+0.87	+13
角宿一	αVir	B1V	B2V	0.012	80	+0.98	2.1
心宿二	αSco	M1Ib	B4V	0.005	190	+1.06	+5.1
北河三	βGem	K0III		0.097	10	+1.16	
北落师门星	αPsA	A3V	?	0.130	7.7	+1.17	+6.5
天津四	αCyg	A2Ia		0.0010	990	+1.25	
十字架三	βCru	B1IV		0.0093	110	+1.25	

名　　称	目视光度*（太阳 ＝1）		绝对视星等[1]		自行（角秒/年）	横向速度（km/s）	视向速度（km/s）
	A	B	A	B			
天狼星	22	0.0025	+1.5	+11.3	1.33	16.7	−7.6‡
老人星	4.1×10^4		−5.5		0.02	9.1	20.5
大角星	110		−0.3		2.28	119	−5.2
南门二	1.6	0.45	+4.3	+5.7	3.68	22.7	−24.6
织女星	50		+0.6		0.34	12.6	−13.9
五车二	130	0.01	−0.5	+9.6	0.44	27.1	30.2‡
参宿七	4.1×10^4	110	−6.7	−0.3	0.00	1.2	20.7
南河三	7.2	0.0006	+2.7	+13.0	1.25	20.7	−3.2
参宿四	9700		−5.1		0.03	18.5	21.0
水委一	1100		−2.8		0.10	20.9	19
马腹一	1.3×10^4	560	−5.4	−2.0	0.04	30.3	−12
牛郎星	11		+2.2		0.66	16.3	−26.3
十字架二	4100	2200	−4.2	−3.5	0.04	22.8	−11.2
毕宿五	150	0.002	−0.6	+11.5	0.20	19.0	54.1
角宿一	2200	780	−3.5	−2.4	0.05	19.0	1.0
心宿二	1.1×10^4	290	−5.3	−1.3	0.03	27.0	−3.2
北河三	31		+1.1		0.62	29.4	3.3
北落师门星	17	0.13	+1.7	+7.1	0.37	13.5	6.5
天津四	2.6×10^5		−8.7		0.003	14.1	−4.6
十字架三	3200		−3.9		0.05	26.1	—

*光谱可见光部分的能量输出；A 和 B 列分别标识双星系统中的两颗子星。† wd 表示白矮星。‡变星速度的平均值。

表 C.7 距离地球最近的 20 颗恒星

名 称	光谱型*		视差（角秒）	距离（pc）	视星等*	
	A	B			A	B
太阳	G2V				−26.74	
（半人马）比邻星	M5		0.772	1.30	+11.01	
半人马座 α 星	G2V	K1V	0.742	1.35	−0.01	+1.35
巴纳德星	M5V		0.549	1.82	+9.54	
沃尔夫359 号星	M8V		0.421	2.38	+13.53	
拉朗德21185 号星	M2V		0.397	2.52	+7.50	
UV Ceti	M6V	M6V	0.387	2.58	+12.52	+13.02
天狼星	A1V	wd†	0.379	2.64	−1.44	+8.4
Ross 154	M5V		0.345	2.90	+10.45	
Ross 248	M6V		0.314	3.18	+12.29	
ε Eridani	K2V		0.311	3.22	+3.72	
Ross 128	M5V		0.298	3.36	+11.10	
61 Cygni	K5V	K7V	0.294	3.40	+5.22	+6.03
ε Indi	K5V		0.291	3.44	+4.68	
Grm 34	M1V	M6V	0.290	3.45	+8.08	+11.06
Luyten789-6	M6V		0.290	3.45	+12.18	
南河三	F5IV-V	wd†	0.286	3.50	+0.40	+10.7
Σ 2398	M4V	M5V	0.285	3.55	+8.90	+9.69
Lacaille 9352	M2V		0.279	3.58	+7.35	
G51-15	MV		0.278	3.60	+14.81	

名 称	目视光度*（太阳 =1）		绝对视星等*		自行（角秒/年）	横向速度（km/s）	视向速度（km/s）
	A	B	A	B			
太阳	1.0		+4.83				
（半人马）比邻星	5.6×10^{-5}		+15.4		3.86	23.8	−16
半人马座 α 星	1.6	0.45	+4.3	+5.7	3.68	23.2	−22
巴纳德星	4.3×10^{-4}		+13.2		10.34	89.7	−108
沃尔夫359 号星	1.8×10^{-5}		+16.7		4.70	53.0	+13
拉朗德21185 号星	0.0055		+10.5		4.78	57.1	−84
UV Ceti	5.4×10^{-4}	0.00004	+15.5	+16.0	3.36	41.1	+30
天狼星	22	0.0025	+1.5	+11.3	1.33	16.7	−8
Ross 154	4.8×10^{-4}		+13.3		0.72	9.9	−4
Ross 248	1.1×10^{-4}		+14.8		1.58	23.8	−81
ε Eridani	0.29		+6.2		0.98	15.3	+16
Ross 128	3.6×10^{-4}		+13.5		1.37	21.8	−13
61 Cygni	0.082	0.039	+7.6	+8.4	5.22	84.1	−64
ε Indi	0.14		+7.0		4.69	76.5	−40
Grm 34	0.0061	0.00039	+10.4	+13.4	2.89	47.3	+17
Luyten 789-6	1.4×10^{-4}		+14.6		3.26	53.3	−60
南河三	7.2	0.00055	+2.7	+13.0	1.25	2.8	−3
Σ 2398	0.0030	0.0015	+11.2	+11.9	2.28	38.4	+5
Lacaille 9352	0.013		+9.6		6.90	117	+10
G51-15	1.4×10^{-5}		+17.0		1.26	21.5	—

* A 和 B 列分别标识双星系统中的两颗子星；† wd 表示白矮星。

附录D 词汇表

A

A ring（A环）：地球上可见的三个土星环之一，距离土星最远，与B环之间由卡西尼环缝隔开。

aberration of starlight（星光行差）：至恒星观测方向的微小偏移，由垂直于视向的地球运动导致。

absolute brightness（绝对亮度）：一颗恒星位于距离地球10pc标准距离处时应具有的视亮度。

absolute magnitude（绝对星等）：一颗恒星位于距离地球10pc标准距离处时应具有的视星等。

absolute zero（热力学零度）：可获得的最低温度；所有热运动在此温度下停止。

absorption line（吸收线）：连续明亮光谱中的暗线，狭窄频率范围内的光已被消除。

abundance（丰度）：气体中不同元素的相对含量。

acceleration（加速度）：物体运动速度的变化率。

accretion（吸积）：天体（如行星）通过吸收其他较小天体而生长。

accretion disk（吸积盘）：螺旋状下降至中子星（或黑洞）表面的扁平物质盘。物质通常来自双星系统中的一颗伴星表面。

active galactic nucleus（活动星系核）：活动星系中心的强发射区域，几乎为该星系中所有非恒星光度的来源。

active galaxies（活动星系）：最具能量的星系，每秒发射的能量为银河系的数百（或数千）倍，主要以长波长非热辐射形式。

active optics（主动光学）：用于提高地基望远镜分辨率的技术集合。随着温度和方向的变化，对仪器的整体组态进行微小修正；用于始终保持最佳焦点。

active region（活动区）：环绕在黑子群周围的太阳光球区域，能够猛烈爆发而不可预测。在黑子最大期内，活动区的数量也最大。

active Sun（活动太阳）：太阳行为的不可预测特征，如以日珥和耀斑形式辐射的突然爆发。

adaptive optics（自适应光学）：测量时用于提高望远镜分辨率的技术，通过计算机控制镜面形状的变形，用于消除大气湍流的影响。

aerosol（气溶胶）：空气中的液态或固态粒子悬浮。

alpha particle（α粒子）：氦-4原子核。

alpha process（α过程）：高温下发生的过程，高能光子分裂重核而形成氦核。

ALSEP（阿波罗月面实验装置）：Apollo Lunar Surface Experiments Package的简称。

altimeter（测高仪）：用于测定高度的仪器。

amino acids（氨基酸）：形成蛋白质（指导生物体新陈代谢）的基础有机分子。

Amor asteroid（阿莫尔型小行星）：仅穿越火星轨道的小行星。

amplitude（振幅）：波在零点之上（或之下）的最大偏离。

angstrom（埃）：一种距离单位，即0.1nm或1m的1/100亿。

angular diameter（角直径）：天体顶部（或一侧）、观测者和天体底部（或相反侧）之间形成的角度。

angular distance（角距离）：观测者看到的两个天体之间的角间距。

angular momentum（角动量）：天体保持自转的趋势；与天体的质量、半径和自转速率成正比。

angular resolution（角分辨率）：望远镜区分天空中相邻天体的能力。

annular eclipse（环食/日环食）：当月球距离地球足够远时发生的日食，由于无法完全覆盖整个太阳圆盘，边缘周围留下一个可见的太阳光环。

antiparallel（反平行）：氢（或其他）原子中的电子和质子的构形，自旋轴平行但以相反的方向自转。

antiparticle（反粒子）：质量相同但所有其他方面（如电荷）均与已知粒子相反的粒子；当一个粒子与其反粒子接触时，二者湮灭并以γ射线的形式释放能量。

aphelion（远日点）：在绕太阳运行的天体的椭圆路径上，距离太阳最远的点。

Apollo asteroid（阿波罗型小行星）：参见 *Earth-crossing asteroid*。

apparent brightness（视亮度）：地球观测者测量到的恒星亮度。

apparent magnitude（视星等）：以星等标表示的恒星视亮度。

association（星协）：一小群（一般不超过100颗）亮星，覆盖范围可达数十秒差距，通常富含非常年轻的恒星。

Assumption of Mediocrity（平庸假设）：一种假设，认为地球上的生命演化不需要任何特殊的条件，表明地外生命可能很常见。

asteroid/minor planets（小行星）：在太阳系中的火星与木星轨道之间，绕太阳运行的数千个极小成员之一。

asteroid belt（小行星带）：太阳系中的一个区域，位于火星与木星轨道之间，大多数小行星聚集于此。

asthenosphere（软流圈）：地球内部的一个圈层，位于岩石圈之下，地表板块在其上滑动。

astrology（占星术）：利用行星、太阳和月球的位置预测日常事件和人类命运的伪科学。

astronomical unit/AU（天文单位）：地球与太阳之间的平均距离，雷达测量得出的精确值为149603500km。

astronomy（天文学）：一个科学分支，专门研究地球大气层之上的宇宙万物。

asymptotic giant branch（渐近巨星支）：赫罗图上的路径，对应于核心中的氦燃烧停止后所经历的恒星变化。在这个阶段，碳核心收缩并驱动包层膨胀，恒星第二次变成膨胀的红巨星。

aten asteroid（阿登型小行星）：半长径小于1AU的越地小行星。

atmosphere（大气层/大气）：由于引力作用而被限制在行星表面附近的气体层。

atom（原子）：物质的基本组成部分，由原子核（由带正电的质子和不带电的中子组成）及其周围的带负电的电子组成。

atomic epoch（原子时期）：退耦后第一个简单原子和分子形成的时期。

aurora（极光）：当大气分子被来自太阳风的入射带电粒子激发，然后返回基态发射能量时发生的事件，通常出现在高纬度区域，靠近南北磁极。

autumnal equinox（秋分/秋分点）：太阳穿越天赤道向南移动的日期，出现在 9 月 22 日（或附近）。

B

B ring（B 环）：地球上可见的三个土星环之一。B 环在三个环中最亮，正好经过卡西尼环缝，比 A 环距离土星更近。

background noise（背景噪声）：图像中不必要的光，来自望远镜视场中的不可分辨光源、大气的散射光或者探测器本身的仪器噓声。

barred-spiral galaxy（棒旋星系）：一种旋涡星系，一根物质棒穿过星系中心，旋臂始于棒的两端。

basalt（玄武岩）：固化的熔岩；一种铁镁质硅酸盐混合物。

baseline（基线/基准线）：用于三角测量的两个观测位置之间的距离。基线越长，可获得的分辨率越高。

belt（深色带）：类木行星大气层中的深色低压区域，气体向下流动。

Big Bang（大爆炸）：宇宙学家认为宇宙开始时的事件，整个宇宙中的所有物质和辐射都在这个事件中形成。

Big Crunch（大挤压）：假想宇宙的最终坍缩点。

binary asteroid（双小行星）：轨道周围存在伴星的小行星。

binary pulsar（脉冲双星）：两颗子星都是脉冲星的双星系统。

binary-star system（双星系统/双重星系）：由绕共同质心运行的两颗子星组成的系统，通过相互之间的引力吸引而束缚在一起。大多数恒星都存在于双星系统中。

biological evolution（生物演化/生物进化）：生物种群随时间推移而发生的改变。

bipolar flow（双极流/偶极流）：原恒星喷出的物质喷流，垂直于周围的原恒星盘。

blackbody curve（黑体曲线）：热物体发射的辐射强度取决于频率的特征方式。发射强度最高的频率是辐射物体温度的指示，也称普朗克曲线。

black dwarf（黑矮星）：孤立小质量恒星演化的终点。在白矮星阶段之后，恒星冷却为星际空间中的黑色煤渣。

black hole（黑洞）：太空中的一个区域，引力特别巨大，任何东西（甚至光）都无法逃脱。极大质量恒星可能的演化结果。

blazar（耀变体）：特别强的活动星系核，观测者的视向正好直接位于活动区发射的高速粒子喷流的轴沿线上。

blue giant（蓝巨星）：赫罗图中位于主序左上角的大而炽热的亮星，名字源于其颜色和大小。

blueshift（蓝移）：当光源朝向我们运动时所引发的观测波长的变化。物体与观测者之间的相对接近运动导致波长似乎短于完全没有运动时的波长（因此更蓝）。

blue straggler（蓝离散星）：赫罗图主序上的恒星，但考虑到在赫罗图上的位置，它应当已从主序上演化离开；由质量较小的恒星并合而成。

blue supergiant（蓝超巨星）：赫罗图主序左上角的极大的炽热亮星。

Bohr model（玻尔模型）：解释观测谱线的首个氢原子理论，这个模型基于三种观点：电子具有最低能态；电子具有最大能量，超过这个能量就不再与原子核结合；在这两个能量范围内，电子仅能以特定的能级存在。

bok globule（博克球状体）：致密的星际尘埃和气体云正在形成一颗（或多颗）恒星。

boson（玻色子）：量子物理学中在基本粒子之间施加（或传递）力的粒子。

bound trajectory（轨道/弹道）：发射速度低到无法逃脱行星引力牵引的天体路径。

brown dwarf（褐矮星）：坍缩气体和尘埃碎片的残留物，所含质量不足以引发核心的核聚变。然后，这些天体冻结在其主序前收缩阶段沿线的某个地方，不断冷却成致密暗淡的天体。由于体积小且温度低，它们极难观测到。

brown oval（褐色椭圆）：木星大气层的特征，仅出现在北纬 20°附近。这种结构是云层中的寿命极长孔洞，允许我们俯瞰木星的低层大气。

C

C ring（C 环）：地球上可见的三个土星环之一。C 环距离土星最近，与 A 环和 B 环相比相对较薄。

caldera（破火山口）：火山顶部形成的火山口。

capture theory (Moon)（俘获理论）：一种理论，认为月球在远离地球的位置形成，但是后来被地球俘获。

carbonaceous asteroid（碳质小行星）：最暗淡（或反射性最低）的小行星类型，含有大量的碳。

carbon-based molecule（碳基分子）：含有碳原子的分子。

carbon-detonation supernova（碳爆轰超新星）：参见 *Type I supernova*。

cascade（级联）：被激发电子每次通过一个能态向下移动的去激发过程。

Cassegrain telescope（卡塞格林望远镜）：一种反射望远镜，入射光入射到主镜上，然后向上反射到主焦点，副镜反射光并使其向下穿过主镜上的一个小孔，进而进入探测器或目镜。

Cassini Division（卡西尼环缝）：土星环系统中的一个相对空白缺口，由乔瓦尼・卡西尼于 1675 年发现，目前已知包含许多小型薄环。

cataclysmic variable（激变变星）：新星和超新星的统称。

catalyst（催化剂）：引发或帮助反应发生的物质，但其本身并不参与反应。

catastrophic theory（灾变理论）：一种理论，利用统计学上不太可能的偶然事件来解释观测结果。

celestial coordinates（天球坐标）：类似于地球上的经度和纬度的两个量（赤经和赤纬），用于确定天体在天球上的位置。

celestial equator（天赤道/天球赤道）：地球赤道在天球上的投影。

celestial mechanics（天体力学）：研究通过引力相互作用的天体（如行星和恒星）的运动。

celestial pole（天极）：地球北极（或南极）在天球上的投影。

celestial sphere（天球）：环绕地球的假想球体，天空中的所有天体都曾被认为附着在其上。

Celsius（摄氏温标）：一种温标，水的凝固点为 0°，水的沸点为 100°。

center of mass（质心）：一组大质量天体在空间中的平均位置，按质量进行加权。根据牛顿力学，对孤立系统而言，这个点以恒定的速度运动。

centigrade（摄氏度）：参见 *Celsius*。

centripetal force（向心力）：指向天体轨道中心的力。

centroid（矩心/质心/形心）：物质在天体中的平均位置；光谱学中的谱线中心。

Cepheid variable（造父变星）：光度以特有方式变化的恒星，光度快速上升，然后缓慢下降。造父变星的周期与其光度有关，因此测定其周期可用于求得到该恒星的距离。

Chandrasekhar mass（钱德拉塞卡质量）：白矮星的最大可能质量。

chaotic rotation（混沌自转）：处于偏心轨道的非球形天体（如土卫七）可能会出现无法预测的翻腾运动。天体混沌自转的观测次数再多，也不会显示明确的周期。

charge-coupled device (CCD)（电荷耦合器件）：一种用于数据采集的电子设备；由许多微小的像元组成，每个像元都记录电荷的累积，以测量照射到它的光量。

chemical bond（化学键）：将各原子束缚在一起而形成分子的力。

chemosynthesis（化能合成作用）：类似于在完全黑暗的环境中运行的光合作用。

chromatic aberration（色差）：由透镜对红光和蓝光的不同聚焦而导致的图像变模糊的趋势。

chromosphere（色球/色球层）：太阳的低层大气，位于可见大气正上方。

circumnavigation（绕航）：在某一天体周围绕行。

cirrus（卷云）：由冰（或甲烷）晶体组成的高层云。

closed universe（闭宇宙/封闭宇宙）：物质密度高于临界值时，整个宇宙应当具有的几何形态。闭宇宙的范围有限但不存在边缘（类似于球体的表面），具有足够大的质量来阻止当前的膨胀，并将最终坍缩。

CNO cycle（碳氮氧循环）：利用碳、氮和氧作为催化剂，将氢转化为氦的反应链。

cocoon nebula（蚕茧星云/茧状星云）：一种明亮的红外光源，周围的气体和尘埃云吸收来自炽热恒星的紫外辐射，然后在红外线中重新发射。

cold dark matter（冷暗物质）：一类由极重粒子组成的暗物质候选者，可能在极早期的宇宙中形成。

collecting area（接收面积）：能够俘获入射辐射的望远镜总面积。望远镜越大，接收面积就越大，进而能够探测到更暗淡天体。

collisional broadening（碰撞致宽）：由各原子之间的碰撞而导致的谱线致宽，最常见于致密的气体中。

color index（色指数/颜色指数）：一种便捷方法，通过比较通过不同滤光片测量的恒星视亮度而量化恒星颜色。若该恒星的辐射能够较好地通过黑体光谱进行描述，则其蓝光强度（B）与可见光强度（V）之比即为天体表面温度的测度。

Color-magnitude diagram（颜色-星等图）：绘制恒星性质的一种方法，其中绝对星等根据色指数进行绘制。

coma（彗发）：望远镜中轴外像形成期间发生的一种效应。对光线以大角度进入望远镜的恒星而言，图像上会出现彗星状尾巴。彗星的最明亮部分，通常称为头部。

comet（彗星/扫帚星）：一种小型天体，主要由冰和尘埃组成，在椭圆轨道上绕太阳运行。当靠近太阳时，部分物质蒸发，形成气态头部和延伸尾部。

common envelope（共包层/共有包层）：相接双星中的外部气体层。

comparative planetology（比较行星学）：对各行星之间的相似性和差异性进行系统研究，目的是更深入地了解太阳系是如何形成和演化的。

composition（组成/成分）：构成天体的原子和分子混合物。

condensation nuclei（凝聚核）：星际物质中的尘埃颗粒，能够作为周围其他物质聚集成团的种子。在太阳系的形成过程中，尘埃的存在对物质聚集非常重要。

condensation theory（凝聚理论/冷凝说）：目前流行的太阳系形成模型，结合了旧星云说的特征和关于星际尘埃颗粒（充当凝聚核）的新信息。

conjunction（合）：从地球上观测，一颗行星与太阳处于同一方向的轨道构形。

conservation of mass and energy（质能守恒/质量和能量守恒）：参见 *law of conservation of mass and energy*。

constellation（星座）：人类将夜空中的恒星分组在可识别的图案中。

constituents（组成）：参见 *composition*。

contact binary（相接双星/密接双星）：一种双星系统，两颗子星均已膨胀到填充洛希瓣，两颗子星的表面并合。该双星系统现在由两个核燃烧的恒星核心组成，周围环绕着一个连续的共包层。

continental drift（大陆漂移）：大陆在地球表面上的移动。

continuous spectra（连续光谱/连续谱）：辐射分布在所有频率上的光谱，而不仅仅是几个特定的频率范围，典型示例是由炽热致密天体发射的黑体辐射。

convection（对流）：一种搅动运动，暖流不断上涌，冷物质同时下沉并占据其位置。

convection cell（对流元/对流单体）：在对流运动中，上升热流体和下沉冷流体的循环区域。

convection zone（对流区）：太阳内部的一个区域，位于表面正下方，太阳物质在这里不断地对流运动。这个区域延伸到太阳内部，深度约为 20000km。

co-orbital satellites（共轨卫星）：绕一颗行星运行时共享相同轨道的卫星。

Copernican principle（哥白尼原理）：将地球从具有宇宙意义的任何位置移走。

Copernican revolution（哥白尼革命）：16 世纪末，人们意识到地球不是宇宙的中心。

core（地核/核心/核）：地球的中心区域，周围环绕着地幔。任何行星（或恒星）的中心区域。

core-accretion theory（核心吸积理论）：一种类木行星形成理论，冰质原行星的核心变得足够大，可直接从太阳星云俘获气体。参见 *gravitational instability theory*。

core-collapse supernova（核心坍缩超新星）：参见 *Type II supernova*。

core hydrogen burning（核心氢燃烧）：主序星的能量燃烧阶段，其中氦由恒星中心区域的氢聚变生成。典型恒星的寿命长期（最高可达 90%）处于流体静力平衡状态，即引力与核心氢燃烧产生的能量之间的平衡。

cornea（角膜）：覆盖眼睛前部的弯曲透明层。

corona/coronae（冕/日冕/星冕/华）：金星表面众多大致呈圆形的大型区域之一，被认为由上升幔物质引起，导致金星壳外凸；太阳的缥缈外层大气，位于色球正上方，并在远距离处变成太阳风。

coronal hole（冕洞）：太阳大气中的物质密度比平均值低10倍的广阔区域，气体高速流入太空，完全逃离太阳。

coronal mass ejection（日冕物质抛射）：电离气体的巨大磁气泡，从太阳大气的其他部分分离出来，然后逃逸到行星际空间中。

corpuscular theory（微粒学说）：早期的光粒子理论。

cosmic density parameter（宇宙密度参数）：宇宙的实际密度与临界值（对应零曲率）之比。

cosmic distance scale（宇宙距离尺度）：天文学家用于测量宇宙中距离的间接测距技术集合。

cosmic evolution（宇宙演化）：宇宙历史的主要阶段的集合，即粒子演化、星系演化、恒星演化、行星演化、化学演化、生物演化和文化演化。

cosmic microwave background（宇宙微波背景）：几乎完全各向同性的射电信号，属于大爆炸的电磁残留物。

cosmic ray（宇宙射线）：从银河系中其他地方抵达地球的高能亚原子粒子。

cosmological constant（宇宙学常数）：最初由爱因斯坦引入广义相对论的一个量，以便让其方程描述静态宇宙，现在是观测宇宙加速度的暗能量斥力的几个候选者之一。

cosmological distance（宇宙学距离）：与宇宙尺度相当的距离。

cosmological principle（宇宙学原理）：构成宇宙学基础的两种假设，即宇宙在足够大的尺度上均匀且各向同性。

cosmological redshift（宇宙学红移）：天体的红移分量，仅由宇宙的哈勃流导致。

cosmology（宇宙学/宇宙论）：对整个宇宙的结构和演化的研究。

cosmos（宇宙）：宇宙。

coudé focus（库德焦点/折轴焦点）：利用一系列反射镜，在远离望远镜的地方产生的焦点。允许使用重型和/或精细设备来分析图像。

crater（陨击坑/撞击坑/陨石坑/陨星坑/陨坑/环形坑/环形山/火山口）：行星（或卫星）表面的碗状凹陷，形成于与行星际碎片之间的碰撞。

crescent（蛾眉）：月球（或行星）的外观，从地球上看不到其半球的一半。

crest（波峰）：波在未受干扰状态下的最大偏离。

critical density（临界密度）：一种宇宙密度，对应于再次坍缩宇宙和永远膨胀宇宙之间的分界线。

critical universe（临界宇宙）：物质密度恰好等于临界密度的宇宙，范围无限，曲率为零。膨胀将永远持续，但膨胀速度将趋于零。

crust（地壳/壳）：包含固态大陆和洋底的地球层位。

C-type asteroid（C 型小行星）：参见 *carbonaceous asteroid*。

cultural evolution（文化演化）：随着时间的推移，社会观念和行为的变化。

current sheet（电流片/中性片）：木星磁赤道上的平片，由于木星的快速自转，磁层中的多数带电粒子都位于这里。

D

D ring（D 环）：一组非常暗淡的薄环，从 C 环内边缘一直向下延伸至接近土星的云顶。这个区域包含的粒子特别少，地球上完全不可见。

dark dust cloud（暗尘云）：一种大型云，跨度通常为许多秒差距，所含气体和尘埃的比率约为 10^{12} 个气体原子/尘埃粒子，典型密度为数千万（或数亿）个粒子/立方米。

dark energy（暗能量）：未知宇宙力场的总称，被认为是观测到的哈勃膨胀加速的原因之一。

dark halo（暗晕）：位于可见光晕之外的星系区域，被认为存在暗物质。

dark matter（暗物质）：用于描述星系和星系团中质量的术语，人们由自转曲线及其他技术推断出其存在，但未经任何电磁波长观测的证实。

dark matter particle（暗物质粒子）：任何电磁波长下均无法探测的粒子，但是能够由其引力影响推断出来。

daughter/fission theory（子体/裂变理论）：认为月球起源于地球的理论。

declination（赤纬）：用于测量天球上赤道之上（或之下）纬度的天球坐标。

decoupling（退耦）：原子首次形成时的早期宇宙事件，之后光子可在太空中自由传播。

deferent（均轮）：解释观测到的行星运动所需的太阳系地心模型构造。均轮是环绕在地球周围的一个大圆，本轮在其上运行。

degree（度）：角度测量单位。一个完整的圆有 360 度。

density（密度）：测量物体内物质致密程度的一种方法，计算方法是用物体的质量除以体积，单位为千克/立方米（kg/m^3）或克/立方厘米（g/cm^3）。

detached binary（不接双星/分离双星）：每颗子星都位于各自的洛希瓣内的双星系统。

detector noise（探测器噪声）：仪器未观测到任何东西时的读数，由探测器内部的电子部件产生。

deuterium（氘）：原子核中含有一个额外中子的氢形式。

deuterium bottleneck（氘瓶颈）：在早期宇宙中，从氘开始产生到宇宙冷却至氘能够存活的时期。

deuteron（氘核）：氢的一种同位素，中子与原子核中的质子结合。由于中子具有额外质量，因此通常称为重氢。

differential rotation（较差自转/差动自转/差异自转）：气态球体（如木星或太阳）在赤道和两极的自转速率不同的趋势。更通俗地说，即角速度随天体内的位置而改变的一种状态。

differentiation（分异/分化）：天体（如地球）的密度和组成的变化，低密度物质位于表面，高密度物质位于核心。

diffraction（衍射）：波在拐角处弯曲的能力。光的衍射决定了其波动性。

diffraction grating（衍射光栅）：一种透明物质片，具有间距很近的平行线，用于将白光分离成光谱。

diffraction-limited resolution（衍射极限分辨率）：由于望远镜孔径处的光衍射，望远镜可能具有的理论分辨率，其取决于辐射的波长和望远镜的反射镜直径。

direct motion（顺行）：参见 *prograde motion*。

distance modulus（距离模数）：一个天体的视星等与绝对星等之间的差值，等效于距离（按平方反比定律）。

diurnal motion（周日运动/周日视运动）：由地球自转引发的恒星每日视运动。

DNA（脱氧核糖核酸）：携带遗传信息并决定生物体特征的分子。

Doppler effect（多普勒效应）：波的观测波长（或频率）由

任何运动导致的变化。

double-line spectroscopic binary（双谱分光双星/双线分光双星）：两颗子星的谱线能够区分且彼此绕转时来回偏移的双星系统。

double-star system（双星系统）：包含彼此绕转的两颗子星的系统。

Drake equation（德雷克方程/德雷克公式/德雷克等式）：基于智能生命演化的一些必要条件，估算银河系中其他地方存在智能生命概率的表达式。

dust grain（尘粒）：一种星际尘埃粒子，直径约为 10^{-7}m，与可见光波长大致相当。

dust lane（尘埃带）：一条深色且模糊的星际尘埃带，位于发射星云或星系中。

dust tail（尘埃彗尾）：彗星尾部由尘埃颗粒组成的部分。

dwarf（矮星）：半径小于（或等于）太阳半径的任何恒星，包括太阳本身。

dwarf elliptical（矮椭圆星系）：直径仅为 1kpc 的椭圆星系，仅包含数百万颗恒星。

dwarf galaxy（矮星系）：包含数百万颗恒星的小型星系。

dwarf irregular（矮不规则星系）：仅包含数百万颗恒星的小型不规则星系。

dwarf planet（矮行星）：绕太阳运行的天体，质量大到其自身的引力足以使其形状近似为球形，但无法将其他天体从其轨道的邻域中清除。

dynamo theory（发电机理论）：一种理论，根据天体内部流动的自转导电物质，解释行星和恒星的磁场。

E

E ring（E 环）：一个暗淡的环，刚好位于土星的主环系统外侧，由旅行者号探测器发现，被认为与土卫二的火山活动有关。

Earth-crossing asteroid（越地小行星）：轨道与地球轨道交叉的小行星，也称阿波罗小行星，以人类发现的首颗此类小行星的名字命名。

earthquake（地震）：地表附近岩石物质的突然错位。

eccentricity（偏心率/离心率）：椭圆扁平度的测度，等于两个焦点之间的距离除以长轴的长度。

eclipse（食）：一个天体在另一个天体面前经过时发生的事件，遮蔽了来自另一个天体的光。

eclipse season（食季）：一年中月球、地球和太阳位于同一平面的时间，因此可能出现食。

eclipse year（食年/交点年）：月球轨道交点线指向太阳的连续轨道位形之间的时间间隔。

eclipsing binary（食双星）：一种极为罕见的双星系统，其排列方式使得地球上的观测结果如下：一颗子星从另一颗子星前方经过并将其遮蔽。

ecliptic（黄道）：太阳一年中相对于天球上各恒星的视路径。

effective temperature（有效温度）：与已知恒星（或行星）具有相同半径和光度的黑体温度。

ejecta (planetary)（行星喷出物）：因流星体撞击而向外抛射的物质。

ejecta (stellar)（恒星喷出物）：由新星（或超新星）抛入太空的物质。

electric field（电场）：从带电粒子（如质子或电子）以各个方向向外延伸的场。电场决定了粒子对宇宙中所有其他带电粒子施加的电应力；根据平方反比定律，电场强度随着到电荷距离的增大而减小。

electromagnetic energy（电磁能）：以快速波动的电场和磁场的形式所携带的能量。

electromagnetic radiation（电磁辐射）：光的另一种术语表达，在不同地点之间传递能量和信息。

electromagnetic spectrum（电磁波谱）：电磁辐射的完整范围，从射电波到 γ 射线，包括可见光光谱。所有类型电磁辐射基本上都是相同的现象，只是波长不同，且都以光速移动。

electromagnetism（电磁性）：电和磁的联合，并不作为独立的量存在，实际上是单一物理现象的两个方面。

electron（电子）：带负电荷的基本粒子；原子的组成部分之一。

electron degeneracy pressure（电子简并压）：当电子被挤压到接触点时，电子对进一步压缩的阻力所产生的压力。

electrostatic force（静电力）：带电物体之间的力。

electroweak force（弱电力）：弱电磁力的统一。

element（元素）：由一种特定原子组成的物质。原子核中的质子数量决定了其所代表的元素。

elementary particle（基本粒子）：从技术角度讲，一种不能进一步细分的粒子；但是，该术语也常用于指代质子和中子（本身由夸克组成）等粒子。

ellipse（椭圆）：类似拉长圆形的几何图形，主要特征包括扁平度（或偏心率）和长轴的长度。一般而言，引力作用下运动天体的束缚轨道呈椭圆形。

elliptical galaxy（椭圆星系）：各恒星在天空中呈椭圆形分布的星系类别，范围从高度细长的椭圆到几乎呈圆形。

elongation（距角）：一颗行星与太阳之间的角距离。

emission line（发射线/发射谱线）：辐射物质光谱中特定位置的亮线，对应于特定频率的光发射。玻璃容器中的加热气体在其光谱中产生发射线。

emission nebula（发射星云）：发光的炽热星际气体云。气体发光是附近一颗（或多颗）年轻恒星电离气体的结果。由于气体主要是氢，因此发射辐射主要落在光谱的红色区域（Hα 发射线）。

emission spectrum（发射光谱/发射谱）：一种元素产生的光谱发射线形态。每种元素都有自己独特的发射光谱。

empirical（经验）：基于观测证据（而非理论）的发现。

Encke Gap（恩克环缝）：土星 A 环中的一个小缝隙。

energy flux（能流量）：单位面积和单位时间内一颗恒星辐射（或由探测器记录）的能量。

epicycle（本轮/周转圆）：解释观测到的行星运动所需的太阳系地心模型。每颗行星都位于一个小型本轮上，本轮的中心则位于更大的圆上（均轮）。

epoch of inflation（暴胀时期）：宇宙历史早期不受控制的短暂膨胀。在暴胀时期，宇宙大小膨胀了约 10^{50} 倍。

equinox（昼夜平分点/分点）：参见 *autumnal equinox* 和 *vernal equinox*。

escape speed（逃逸速度）：一个天体摆脱另一个天体的引力牵引所需的速度。以超过逃逸速度离开引力天体的任何天体将永远不会返回。

euclidean geometry（欧氏几何/欧几里得几何）：平面空间几何。

event horizon（事件视界/视界/事象地平面）：环绕在半径等于史瓦西半径的坍缩恒星周围的假想球面，外部观测者看不到、听不到或不知道球面内发生的任何事件。

evolutionary theory（演化理论）：一种理论，以一系列渐进步骤解释观测结果，可用公认的物理原理进行解释。

evolutionary track（演化轨迹/演化程）：在赫罗图上，恒星生命路径的图形化表达。

excited state（激发态/受激态）：一种原子状态，电子之一处于比基态能量更高的轨道上。通过吸收特定能量的光子，或者与附近的原子发生碰撞，原子可被激发。

exposure time（曝光时间）：从光源处收集光所花的时间。

extinction（消光）：星光在穿越星际物质时变暗。

extrasolar planet（系外行星/太阳系外行星）：绕太阳之外的恒星运行的行星。

extremophilic（极端嗜微生物的）：描述能够在极恶劣环境中生存的生物体的形容词。

eyepiece（目镜）：观测者观看图像时所用的副镜，常被用于放大图像。

F

F ring（F 环）：暗淡狭窄的土星外环，由先驱者 11 号发现于 1979 年。F 环恰好位于土星的洛希极限内，旅行者 1 号发现其由明显交织在一起的几个环组成。

Fahrenheit（华氏度）：一种温标，水的凝固点为 32 度，沸点为 212 度。

false color（假彩色）：一种图像表达，其中的颜色并不代表真正的目视颜色，而是一种不可见的辐射波长，或者某些其他性质（如温度）。

false vacuum（伪真空）：在强力和电弱力分离后，仍保持统一状态的宇宙区域；极早期宇宙膨胀的一种可能原因。

fault line（断层线）：行星表面的错位，通常表示两个板块之间的边界。

field line（场线）：表示电场（或磁场）方向的假想线。

fireball（火流星/火球）：大型流星，在地球大气层中明亮燃烧，有时会爆炸。

firmament（天穹）：古代天空术语。

flare（耀斑）：发生在太阳活动区内部（或附近）的爆炸事件。

flatness problem（平直性问题）：标准大爆炸模型的两个概念问题之一，即没有自然方法解释宇宙密度为何如此接近临界密度。

fluidized ejecta（流态化喷出物）：部分火星陨击坑周围的喷出覆盖物，明显表明陨击坑形成时的喷出物质呈液态。

fluorescence（荧光）：一种现象，原子吸收能量，然后“级联返回基态时辐射较低能量的光子；在天文学中，常由以下过程产生：炽热年轻恒星产生的紫外光子被中性气体吸收，导致部分气体原子被激发，进而发出光学（红色）辉光。

flyby（飞掠）：航天器围绕行星（或其他天体）运行的无束缚轨道。

focal length（焦距）：从反射镜（或透镜中心）到焦点的距离。

focus（焦点）：椭圆中的两个特殊点之一，彼此之间的距离与偏心率相关。在束缚轨道上，太阳位于绕其运行行星的椭圆轨道的一个焦点上。

forbidden line（禁线）：发射星云中的可见谱线，但在实验室的实验中无法看到，因为在实验室条件下，碰撞会在发射发生之前将问题电子踢到其他状态。

force（力/作用力/应力/引力）：作用于一个天体的行为，使其动量发生改变，动量的变化率在数值上等于力。

fragmentation（碎裂）：将大型天体裂解成许多小碎片，如早期太阳系中微行星与原行星之间的高速碰撞。

Fraunhofer lines（夫琅和费谱线）：太阳光谱中 600 多条吸收线的集合，由约瑟夫 • 夫琅和费于 1812 年首次分类。

frequency（频率）：单位时间内通过任何已知点的波峰的数量。

full（满月/盈）：从地球上可以看到月球（或行星）的整个半球。

full Moon（满月）：月球的一种相位，天空中的外观类似于一个完整的圆盘。

fusion（聚变）：参见 *nuclear fusion*。

G

G ring（G 环）：暗淡狭窄的土星环，由先驱者 11 号发现，位于 F 环外侧。

galactic bulge（星系核球）：星系中心周围暖气体和恒星的厚层分布。

galactic cannibalism（星系吞食）：一种星系并合，较大星系吃掉较小星系。

galactic center（星系中心/银心）：银河系或任何其他星系的中心。

galactic disk（星系盘）：一个巨大且平坦的圆形区域，包含星系中的大部分发光恒星和星际物质。

galactic epoch（星系时期）：大爆炸后 1 亿～30 亿年间，大量物质附聚（星系和星系团）形成并生长。

galactic habitable zone（星系宜居带）：星系中有利于生命发展的区域。

galactic halo（星系晕）：星系中延伸到星系盘之上（和之下）的一个区域，球状星团及其他古老恒星在这里驻留。

galactic nucleus（星系核）：星系中心的高密度小区域。许多星系核被认为含有超大质量的黑洞，几乎所有来自活动星系的辐射都在核内生成。

galactic rotation curve（星系自转曲线）：自转速率与到星系中心距离的关系图。

galactic year（银河年）：距离太阳约 8kpc 的天体围绕银心运行所需的时间，约为 2.25 亿年。

galaxy（星系）：大量恒星因引力束缚而形成的集合。太阳是银河系中的一颗恒星。

galaxy cluster（星系团）：通过彼此之间的引力吸引而束缚在一起的星系集合。

Galilean moons（伽利略卫星）：伽利略发现的木星的四颗大卫星。

Galilean satellites（伽利略卫星）：木星的四颗最亮且最大的卫星（木卫一、木卫二、木卫三和木卫四），以 17 世纪首次观测到它们的天文学家伽利略的名字命名。

gamma ray（γ 射线）：电磁波谱的一个区域，远超可见光光谱之外，对应于极高频率和极短波长的辐射。

gamma-ray burst（γ 射线暴）：以 γ 射线形式辐射大量能量的一种天体，可能源于最初在相互绕转轨道上的两颗中子星的碰撞和并合。

gamma-ray spectrograph（γ 射线摄谱仪）：针对 γ 射线波长设计的摄谱仪，用于测绘月球和火星上某些元素的丰度图。

gaseous（气态）：由气体组成。

gas-exchange experiment（气体交换实验）：一种搜寻火星

生命的实验。将一种营养汤提供给火星土壤标本，若土壤中存在生命，则营养汤被消化时应会产生气体。

gene（基因）：DNA 分子中决定生物体特征的核苷酸碱基序列。

general theory of relativity（广义相对论）：爱因斯坦提出的将引力纳入狭义相对论框架的理论。

geocentric model（地心模型/地心说）：一种太阳系模型，认为地球处于宇宙的中心，所有其他天体均绕地球运行。太阳系的最早理论是地心说。

giant（巨星）：半径为 10～100 倍太阳半径的恒星。

giant elliptical（巨椭圆星系）：直径高达数百万秒差距的椭圆星系，包含数万亿颗恒星。

gibbous（凸/凸月）：从地球上可以看到月球（或行星）半球的一半以上（但非全部）时的外观。

globular cluster（球状星团）：紧密相连的大致呈球体的恒星集合，由数十万（甚至数百万）颗恒星组成，直径约为 50pc。球状星团分布在银河系及其他星系周围的晕中。

gluon（胶子）：在量子物理学中，施加（或传导）强力的粒子。

gradient（梯度）：某些量（如温度或组成）相对于空间位置的变化率。

Grand Unified Theories（大统一理论）：一种理论，描述早期宇宙中强力、弱力和电磁力统一所形成的单一力的行为。

granite（花岗岩）：一种火成岩，含有硅和铝，构成大部分地壳。

granulation（米粒组织）：太阳表面的斑点状外观，由光球正下方对流元中的上升（热）和下降（冷）物质导致。

gravitational force（引力）：由于引力作用而由一个天体施加到另一个天体上的力，与两个天体的质量成正比，与二者之间距离的平方成反比。

gravitational instability theory（引力不稳定性理论/重力不稳定性理论）：一种理论，通过气体的不稳定性导致引力收缩，类木行星直接由太阳星云形成。参见 *core-accretion theory*。

gravitational lensing（引力透镜效应）：巨大前景天体对遥远天体的像产生的影响。来自遥远天体的光被弯曲成两个（或多个）单独的像。

gravitational radiation（引力辐射）：由天体引力场的快速变化而产生的辐射。

gravitational redshift（引力红移）：爱因斯坦广义相对论的预测。光子在逃离大质量天体的引力场时失去能量。因为光子的能量与其频率成正比，所以失去能量的光子的频率降低，对应于波长的增大（或红移）。

graviton（引力子）：在试图统一引力和量子力学的理论中，携带引力场的粒子。

gravity（引力/万有引力/重力）：任何大质量天体对所有其他大质量天体的吸引力。天体的质量越大，引力就越强。

gravity assist（引力助推/重力助推/重力辅助/引力弹弓）：利用引力改变卫星（或航天器）的飞行路线。

gravity wave（引力波/重力波）：电磁波的引力对应体。

great attractor（巨引源/巨重力源）：相对较近宇宙中（距离银河系约 200Mpc 内）的巨大质量积聚。

Great Dark Spot（大暗斑）：在海王星的赤道附近，旅行者 2 号观测到的海王星大气层中的突出风暴系统，其大小与地球相当。

Great Red Spot（大红斑）：木星大气层中的一个大型、高压且长寿命的可见风暴系统，大小约为地球的 2 倍。

great wall（巨壁/长城）：延伸的大片星系区域，跨度至少为 200Mpc；宇宙中最大的已知结构之一。

greenhouse effect（温室效应）：行星大气层对太阳辐射的部分俘获，类似于温室中的热量俘获。

greenhouse gas（温室气体）：有效吸收红外辐射的气体，如二氧化碳或水蒸气。

ground state（基态）：在一个原子中，电子所能达到的最低能量状态。

GUT epoch（大统一理论时期）：引力与其他三种自然力分离的时期。

gyroscope（陀螺仪）：使航天器在太空中保持固定方向的转轮系统。

H

habitable zone（宜居带）：每颗恒星周围温度适宜（对应于液态水）的三维区域。

half-life（半衰期）：放射性物质初始量的一半衰变为其他物质所需的时间。

Hayashi track（林轨迹/林忠四郎迹程）：在核聚变开始前的最后一个前主序阶段，原恒星所遵循的演化轨迹。

heat（热量）：热能，物体因组成原子（或分子）的随机运动而产生的能量。

heat death（热寂/热死）：束缚宇宙的终点，所有物质和生命注定要被焚毁。

heavy element（重元素）：以天文学术语而言，比氢和氦重的任何元素。

heliocentric model（日心模型/日心说）：一种太阳系模型，以太阳为中心，地球绕太阳运动。

helioseismology（日震学）：通过分析反复穿越太阳内部的声波，研究太阳表面之下的条件。

helium-burning shell（氦燃烧壳）：正在燃烧的氦气外壳，环绕在未燃烧的碳灰恒星核心周围。

helium capture（氦俘获）：通过俘获氦原子核而形成重元素。例如，碳可通过与其他碳原子核聚变而形成更重的元素，但其更可能通过氦俘获产生（需要较少的能量）。

helium flash（氦闪）：一种爆炸事件，发生在小质量恒星的主序后演化过程中。当氦聚变始于致密的恒星核心时，燃烧过程本质上是爆炸。该爆炸一直持续，直至释放的能量足以使核心膨胀，恒星此时再次达到稳定平衡。

helium precipitation（氦雨）：一种机制，导致土星大气层中的氦丰度较低。氦在上层大气中凝结成薄雾，然后向土星内部降落，类似于地球大气层中的水蒸气形成雨。

helium shell flash（氦壳闪）：一种状况，恒星核心的氦燃烧壳无法对其内部快速变化的条件做出反应，进而导致温度突然上升和核反应速率急剧上升。

Hertzsprung-Russell (H-R) diagram（赫罗图/H-R 图）：一组恒星的光度与温度（或光谱型）的关系图。

hierarchical merging（等级式并合）：人们广泛接受的星系形成场景，即星系在早期宇宙中作为相对较小的天体而形成，随后碰撞并合成今天观测到的较大星系。星系的当前哈勃类型取决于该星系过去的并合事件顺序。

high-energy astronomy（高能天文学）：利用 X 射线（或 γ 射线）辐射而非光学辐射的天文学。

high-energy telescope（高能望远镜）：设计用于探测 X 射

线和 γ 射线辐射的望远镜。

highlands（月球高地/高地/高原）：月球表面颜色相对较浅的区域，高出月海数千米。

high-mass star（大质量恒星）：质量为 8 倍（及以上）太阳质量的恒星；中子星或黑洞的前身。

HI region（HI 型氢区）：主要含有中性氢的空间区域。

HII region（HII 型氢区）：主要含有电离氢的空间区域。

homogeneity（均匀性）：宇宙的假定性质，即无论立方体在宇宙中的位置如何，宇宙假想大立方体中的星系数量都相同。

horizon problem（视界问题）：标准大爆炸模型中的两个概念问题之一，即宇宙中性质非常相似的某些区域相距太远，无法在宇宙年龄内交换信息。

horizontal branch（水平支/水平分支）：赫罗图中后主序星再次达到流体静力平衡的区域。此时，恒星在核心中燃烧氦气，并在核心周围的外壳中聚变氢气。

hot dark matter（热暗物质）：宇宙中暗物质的一类候选者，由轻粒子（如中微子）组成，质量远小于电子。

hot Jupiter（热木星）：一种质量巨大的气态行星，以极近的距离绕其母恒星运行。

hot longitudes (Mercury)（热经度）：水星赤道上的两个相对点，太阳位于近日点的正上方。

Hubble classification scheme（哈勃分类方案）：根据外观对星系进行分类的方法，由埃德温•哈勃开发。

Hubble diagram（哈勃图）：星系的退行速度与距离之间的关系图；膨胀宇宙的证据。

Hubble flow（哈勃流）：哈勃图描述及哈勃定律量化的普遍性退行。

Hubble sequence（哈勃序列）：哈勃对椭圆星系、S0 星系和旋涡星系的排列，通常用于对星系进行分类，但在任何意义上都不被认为代表真正的演化序列。

Hubble's constant（哈勃常数）：哈勃定律中给出退行速度与距离之间关系的比例常数。

Hubble's law（哈勃定律）：一个定律，将观测到的星系退行速度与其距离相关联。星系的退行速度与其至地球的距离成正比。

hydrocarbon（烃）：仅由氢和碳组成的分子。

hydrogen envelope（氢包层）：一种不可见的气体护层，吞没了彗星的彗发，常被太阳风扭曲，并延伸至数百万千米之外的太空。

hydrogen shell burning（氢壳燃烧）：外壳中的氢聚变，由氦核的收缩和加热驱动。一旦恒星核心的氢耗尽，氢燃烧就停止，核心因引力而收缩，导致温度上升，加热恒星周围的氢层，并提高那里的燃烧速度。

hydrosphere（水圈）：地球的圈层之一，包含液态海洋，约占地球总表面积的 70%。

hydrostatic equilibrium（流体静力平衡）：恒星（或其他流体）中的一种状态，引力的向内牵引与压力产生的内力完全平衡。

hyperbola（双曲线）：平面与圆锥以至圆锥轴为小角度相交时形成的曲线。

hypernova（极超新星/骇新星）：一种爆炸，大质量恒星发生核心坍缩，并形成黑洞和 γ 射线暴。参见 *supernova*。

I

igneous（火成岩）：由熔融物质形成的岩石。

image（图像/像）：物体被反射镜（或透镜）反射（或折射）时产生的物体光学表达。

impact theory (Moon)（月球的撞击理论）：综合俘获和各个子理论，说明月球在一次撞击后形成，导致地球的部分幔源物质移位并进入轨道。

inertia（惯性）：物体以相同的速度和方向继续运动的趋势，除非受到外力的作用。

inferior conjunction（下合）：地内行星（水星或金星）距离地球最近的轨道组态。

inflation（暴胀）：参见 *epoch of inflation*。

infrared（红外线）：电磁波谱中的一个区域，刚好位于可见光范围之外，对应于波长略长于红光的光。

infrared telescope（红外望远镜）：设计用于探测红外辐射的望远镜。许多此类望远镜的设计质量较轻，以便可被气球、飞机或卫星携带到地球的大气层（大部分）之上。

infrared waves（红外波）：波长在光谱红外部分的电磁辐射。

inhomogeneity（不均匀性）：与完全均匀密度的偏离；在宇宙学中，宇宙中的不均匀性最终由暴胀之前的量子涨落造成。

inner core（内核）：地核的中心部分，据说为固态，主要由镍和铁组成。

instability strip（不稳定带）：赫罗图的一部分，这里发现了脉动后主序星。

intensity（强度）：电磁辐射的一种基本性质，规定了辐射的数量（或强度）。

intercloud medium（云际介质）：延伸到遥远星际空间中的过热气泡。

intercrater plains（坑间平原）：水星表面未显示出大范围陨击但相对平滑的区域。

interference（干涉）：两个（或多个）波彼此加强或抵消的能力。

interferometer（干涉仪）：两台（或多台）望远镜组成一个阵列，在相同时间和相同波长下观测相同的天体。干涉仪的有效直径等于最外层各望远镜之间的距离。

interferometry（干涉测量）：一种用途很广的技术，可以明显地提升射电和红外测绘的分辨率。几台望远镜同时观测某一天体，一台计算机分析这些信号如何相互干扰。

intermediate-mass black hole（中等质量黑洞）：质量为 100～1000 倍太阳质量的黑洞。

interplanetary matter（行星际物质）：太阳系中不属于行星（或卫星）的物质——宇宙碎片。

interstellar dust（星际尘埃）：微型尘埃颗粒分布在各恒星之间的太空中，发源于早已消亡的恒星喷出物质。

interstellar gas cloud（星际气体云）：位于各恒星之间的太空中的巨型气体云。

interstellar medium（星际物质）：各恒星之间的物质，由两种成分（气体和尘埃）组成，并在整个太空中混合。

intrinsic variable（本征变星）：由于内部过程（而非与另一恒星的相互作用）而导致外观改变的恒星。

inverse-square law（平方反比定律/平方反比律）：一个定律，场强随距离的平方减小时遵循。随着距离的增大，遵循平方反比定律的场强快速下降，但不会完全达到零。

Io plasma torus（木卫一等离子体环面）：高能电离粒子圆环状区域，由木卫一上的火山发射，并被木星磁场扫过。

ion（离子）：失去一个（或多个）电子的原子。

ionization state（电离态）：描述一个原子缺失电子数量的术语：I 指中性原子，II 指缺失一个电子的原子，以此类推。

ionosphere（电离层）：地球大气层中约 100km 以上的一层，大气层被显著电离并导电。

ion tail（离子彗尾）：被太阳风从彗星头部推开的稀薄电离气体流，直接远离太阳延伸。

irregular galaxy（不规则星系）：一种星系，不属于哈勃分类方案中的任何其他主要类别。

isotopes（同位素）：含有相同数量质子和不同数量中子的原子核。大多数元素能以几种同位素形式存在。同位素的常见示例是氘，氘与正常氢的不同之处是原子核中存在一个额外的中子。

isotropic（各向同性）：宇宙的假想性质，使其在各个方向上看起来都相同。

J

jet stream（急流）：高层大气中相对较强的风通过行星自转而形成的狭窄气流，通常指水平高空风。

joule（焦耳）：能量的国际单位。

jovian planet（类木行星）：太阳系四大外行星之一，物理和化学组成与木星的类似。

K

Kelvin scale（开尔文温标/绝对温标）：热力学零度为 0K 的温标；1K 的变化与 1℃的变化相同。

Kelvin-Helmholtz contraction phase（开尔文-亥姆霍兹收缩阶段）：恒星在原恒星阶段的演化轨迹。

Kepler's laws of planetary motion（开普勒行星运动三定律）：三个定律，基于第谷 • 布拉赫对行星运动的精确观测，总结了各行星绕太阳的运动。

kinetic energy（动能）：物体因运动而产生的能量。

Kirchhoff's laws（基尔霍夫定律）：控制不同类型光谱形成的三条规则。

Kirkwood gaps（柯克伍德空隙）：小行星带中小行星轨道半长轴间距的间隙，由与附近行星（特别是木星）的动力共振产生。

Kuiper belt（柯伊伯带）：海王星轨道外太阳系平面上的一个区域，大多数短周期彗星都被认为起源于此。

Kuiper belt object（柯伊伯带天体）：柯伊伯带中的小型冰质天体。

L

labeled-release experiment（标记释放实验）：在火星上搜寻生命的实验。将放射性碳化合物添加到火星土壤样本中，然后寻找碳被吃掉（或吸入）的迹象。

Lagrangian point（拉格朗日点）：两个彼此绕转的大质量天体平面上的五个特殊点之一，质量可忽略的第三个天体能够保持平衡。

lander（着陆器）：降落在目标天体上的航天器。

laser ranging（激光测距）：测定天体距离的一种方法，向天体发射激光束，然后测量光返回所需的时间。

lava dome（熔岩穹丘）：一种火山成因地貌，熔岩从行星表面的裂缝中渗出，形成穹丘后回退，导致壳体破裂和沉降。

law of conservation of mass and energy（质能守恒定律/质量和能量守恒定律）：现代物理学的一个基本定律，规定在任何物理过程中，质量和能量的总和必须始终保持不变。在聚变反应中，损失的质量主要以电磁辐射形式转化为能量。

laws of planetary motion（行星运动三定律）：开普勒提出的三条定律，描述各行星绕太阳运动。

leap year（闰年）：为保持历年与地球绕太阳运行的轨道同步，在日历中增加 1 天的年份。

lens（透镜）：由玻璃或其他透明材料制成的光学仪器，当平行光束穿过透镜时，光线发生折射，以穿过单个焦点。

lens (eye)（晶状体）：眼睛将光线折射到视网膜上的部分。

lepton（轻子）：粒子物理学中指通过弱力相互作用的小质量粒子，如电子、μ 子和中微子。

lepton epoch（轻子时期）：光基本粒子（轻子）与宇宙辐射场处于热平衡的时期。

lidar（激光雷达）：光探测和测距——利用激光测距来测量距离的一种设备。

light（光）：参见 *electromagnetic radiation*。

light curve（光变曲线）：恒星亮度随时间的变化。

light element（轻元素）：天文学中指氢和氦。

light-gathering power（聚光本领/聚光率）：望远镜能够观测和聚焦的光量，与主镜的面积成正比。

lighthouse model（灯塔模型）：脉冲星的主要解释。每当恒星自转时，中子星的一个小区域（靠近磁极之一）会发射扫过地球的稳定辐射流，脉冲周期是恒星的自转周期。

light-year（光年）：光以 300000km/s 的恒定速度在 1 年内的传播距离。1 光年约等于 10 万亿千米。

limb（边缘）：月球、行星或太阳的圆盘边缘。

linear momentum（线性矩）：物体保持匀速直线运动的趋势；物体的质量和速度的乘积。

line of nodes（交点线）：月球轨道面与地球轨道面的交线。

line of sight technique（视向技术/视线技术）：一种方法，通过观测其对背景恒星光谱的影响来探测星际云。

lithosphere（岩石圈）：地壳和上地幔的一小部分，构成了地球板块。这一圈层会经历构造活动。

Local Bubble（本地泡）：太阳周围的特殊低密度云间区域。

Local Group（本星系群）：包含银河系的小型星系团。

local supercluster（本超星系团）：以室女星系团为中心的星系及星系团的集合。参见 *supercluster*。

logarithm（对数）：为了生成一个特定的数字，要将 10 提高到的幂数。

logarithmic scale（对数尺度）：利用一个数字的对数（而非数字本身）的尺度，常用于将大范围数据压缩为更易管理的形式。

look-back time（回溯时间）：天体发射我们今天看到的辐射时的过去时间。

low-mass star（小质量恒星）：质量小于 8 倍太阳质量的恒星；白矮星的前身。

luminosity（光度）：用于表征恒星的基本特征之一，定义为恒星在所有波长下每秒辐射的总能量。

luminosity class（光度级/光度分类）：一种分类方案，根据谱线宽度对恒星进行分组。对于温度相同的一组恒星，光度级可分为超巨星、巨星、主序星和亚矮星。

lunar dust（月尘）：参见 *regolith*。

lunar eclipse（月食）：一种天文现象，月球穿过地球阴影，表面暂时变暗。

lunar phase（月相）：月球在其轨道上的不同点的外观。

Lyman-alpha forest（莱曼 α 森林）：一个天体的谱线集合，从天体自身的莱曼 α 发射线的红移波长开始，延伸到较短的波长；由星系中视向沿线的气体生成。

M

macroscopic（宏观）：大到肉眼可见的程度。

Magellanic Clouds（麦哲伦云）：两个小型不规则星系，在引力作用下与银河系相伴。

magnetic field（磁场）：伴随着任何变化的场，并控制磁化物体彼此之间的影响。

magnetic poles（磁极）：行星上的点，行星的磁力线与行星表面在此垂直相交。

magnetism（磁性）：磁场的存在。

magnetometer（磁强计/磁场强度计）：测量磁场强度的仪器。

magnetopause（磁层顶）：行星磁层与太阳风之间的边界。

magnetosphere（磁层）：一个区域，带电粒子被行星磁场俘获，位于大气层之上。

magnitude scale（星等标/星等标度）：一种系统，由希腊天文学家喜帕恰斯/依巴谷开发，按视亮度对恒星进行分级排序。最初，天空中最亮的恒星被归类为 1 等，肉眼可见的最暗恒星被归类为 6 等。后来，该方案一直在扩展，以覆盖肉眼不可见的暗淡恒星和星系。星等增大意味着恒星更暗，5 等的差异相当于 100 倍视亮度。

main sequence（主序/主星序/主序带）：赫罗图上定义明确的条带，大多数恒星均位于其上，从赫罗图的左上角到右下角。

main-sequence turnoff（主序折向点/主序拐点）：赫罗图上的一个特殊点，表示星团的年龄。若绘制出星团中的所有恒星，则质量较小的恒星将拐出主序，向上直到恒星开始从主序向红巨星支演化的点。恒星刚开始演化时离开的位置就是主序折向点。

major axis（长轴/长径）：椭圆的长轴。

mantle（地幔/幔）：地壳之下的地球圈层。

marginally bound universe（边缘束缚宇宙）：宇宙将永远膨胀，但增大速率越来越慢。

maria（月海）：月球表面颜色相对较深且平滑的区域。

mass（质量）：物体所含物质总量的测度。

mass function（质量函数）：单线分光双星各子星质量之间的关系。

massive compact halo object (MACHO)（晕族大质量致密天体）：暗物质恒星候选天体的统称，包括褐矮星、白矮星和小质量红矮星。

mass-luminosity relation（质光关系）：主序星的光度与其质量之间的关系。光度大致随质量的三次方增大。

mass-radius relation（质量半径关系）：主序星的半径与其质量之间的关系。半径大致与质量成正比。

mass transfer（质量转移）：双星系统中一颗子星将物质转移到另一颗子星上的过程。

mass-transfer binary（质量转移双星）：参见 *semidetached binary*。

matter（物质）：具有质量的任何事物。

matter-antimatter annihilation（物质-反物质湮灭）：物质和反物质湮灭反应，产生高能 γ 射线。另见 *antiparticle*。

matter-dominated universe（物质主导宇宙）：物质密度超过辐射密度的宇宙。当今宇宙受物质主导。

matter era (Current)（物质期/物质时代）：辐射期之后的时代，宇宙更大且更冷，物质是宇宙的主要组成部分。

Maunder minimum（蒙德极小期）：1645—1715 年，漫长的太阳活动期。

mean solar day（平太阳日）：一年中两个相邻中午之间的平均时长——24 小时。

medium（介质）：通过波传播的物质，如声音。

meridian（子午圈）：天球上穿过南北两极的一条假想线，直接穿过给定位置的顶部。

mesosphere（中间层）：地球大气层中的一个区域，位于平流层与电离层之间，距离地表 50～80km。

Messier object（梅西耶天体）：18 世纪天文学家查尔斯 • 梅西耶编制的模糊天体清单中的成员。

metabolism（新陈代谢）：生物体赖以生存的食物和能量的日常利用。

metallic（金属的）：由金属或金属化合物组成。

metamorphic（变质岩）：由暴露在极端温度（或压力）下的已有岩石形成的岩石。

Meteor/shooting star（流星）：天空中的明亮条层，由小块行星际碎片进入地球大气层并加热空气分子产生，这些空气分子返回基态时会发光。

meteorite（陨石）：流星体穿过大气层并降落到地表后幸存的任何部分。

meteoroid（流星体）：与地球大气层交会前的行星际碎片。

meteoroid swarm（流星体群）：卵石大小的彗星碎片从主体上脱落，在与母彗星几乎相同的轨道上移动。

meteor shower（流星雨）：一个事件，地球每年穿越散布在彗星轨道上的碎片，所以每小时都能看到许多流星。

microlensing（微引力透镜效应）：星系中单颗恒星的引力透镜效应。

micrometeoroid（微流星体）：相对较小的行星际碎片，从尘埃颗粒大小到卵石大小不等。

microsphere（微球/微滴）：类蛋白质物质小液滴，不易溶解于水。

midocean ridge（洋中脊）：两个板块分开之地，允许新岩浆上涌。

Milky Way Galaxy（银河系）：太阳所在的旋涡星系。银盘在夜空中可见为暗淡光带，称为银河。

millisecond pulsar（毫秒脉冲星）：一种脉冲星，周期表明中子星每秒自转近 1000 次。对这些快速自转天体的最可能的解释为：中子星通过从伴星吸入物质而自转。

molecular cloud（分子云）：一种低温且致密的星际云，含有较大比例的分子。人们普遍认为，在分子的形成和维护中，这些云中相对较高密度的尘埃颗粒发挥着重要作用。

molecular cloud complex（分子云复合体）：分子云的集合，跨度高达 50pc，可能含有足够的物质来形成数百万颗太阳大小的恒星。

molecule（分子）：由电磁场紧密束缚在一起的原子集合。类似于原子，分子发射和吸收特定波长的光子。

molten（熔融）：由于温度过高而呈液态。

moon（卫星/月球）：绕行星运行的小型天体。

mosaic (photograph)（镶嵌）：由许多较小图像组成的合成照片。

M-type asteroid（M 型小行星）：含有大量镍和铁的小行星。
multiple star system（聚星系/多重星系）：由彼此绕转的两颗（或以上）子星组成的恒星组。
muon（μ 子）：一种轻子（连同电子和 τ）。

N

naked singularity（裸奇点）：未隐藏在事件视界后方的奇点。
nanobacterium（纳米细菌）：直径在纳米范围内的极小细菌。
nanometer（纳米）：1/10 亿米。
neap tide（小潮）：最小的潮汐，发生在地月连线垂直于地日连线（上弦月和下弦月相位）时。
nebula（星云）：天空中任何模糊区块（或亮或暗）的通用术语。
nebular theory（星云理论/星云说）：太阳系形成的最早模型之一（可追溯至笛卡儿），认为巨型气体云在自身的引力下开始坍缩，从而形成太阳和各大行星。
nebulosity（星云状物质）：扩展（或气态）天体背景下的常见模糊。
neon-oxygen white dwarf（氖-氧白矮星）：一种白矮星，由质量接近大质量极限的小质量恒星形成，其中氖和氧在核心中形成。
neutrino（中微子）：几乎没有质量和电荷的粒子，太阳中聚变反应的产物之一。中微子以接近光速的速度运动，几乎不与任何物质相互作用。
neutrino oscillations（中微子振荡）：太阳中微子问题的可能解，其中中微子的质量非常小。在这种情况下，太阳核心能够产生正确数量的中微子，但在抵达地球的途中，部分中微子可能振荡或转化为其他粒子，从而无法探测。
neutron（中子）：一种基本粒子，质量与质子的大致相同，但呈电中性。中子与质子共同形成原子核。
neutron capture（中子俘获）：超新星爆发后形成大质量原子核的主要机制。重元素通过在已有原子核中添加更多的中子产生，而非原子核之类的聚变。
neutron degeneracy pressure（中子简并压）：由于泡利不相容原理，当中子被迫紧密接触时产生的压力。
neutronization（中子化）：高密度下发生的过程，质子和电子被挤压在一起，从而形成中子和中微子。
neutron spectrometer（中子谱仪）：设计通过寻找氢来搜寻水冰的仪器。
neutron star（中子星）：当超新星爆发摧毁恒星的其余部分后，残留在恒星核心处的致密中子球。典型中子星的直径约为 20km，其质量超过太阳。
new Moon（新月）：一种月相，期间月面不可见。
Newtonian mechanics（牛顿力学）：牛顿假设的基本运动定律，足以解释和量化地球及宇宙其他地方发现的几乎所有复杂动力学行为。
Newtonian telescope（牛顿望远镜）：一种反射望远镜，入射光在抵达主焦点之前被拦截，然后被偏转至仪器侧面的目镜中。
nodes（月轨交点/交点）：当月球穿越黄道时，月球轨道上的两个点。
nonrelativistic（非相对论性/非相对论的）：远小于光速的速度。
nonthermal spectrum（非热谱）：通过黑体无法较好描述的连续光谱。
north celestial pole（北天极）：位于地球北极正上方的天球点。
Northern and Southern Lights（北极光和南极光）：大气分子被范艾伦带中的带电粒子激发并回落至基态时形成的绚丽多彩的光芒。
nova（新星）：一种亮度突然增大的恒星，通常增大 10000 倍，然后缓慢消退并回到原始光度。新星形成于双星伴星大气层中的物质降落至表面所引发的白矮星表面爆发中。
nuclear binding energy（核结合能）：将原子核分离成中子和质子所需提供的能量。
nuclear epoch（原子核时期）：质子和中子聚变形成更重原子核的时期。
nuclear fusion（核聚变）：太阳核心中的能量生成机制，即轻原子核结合（或聚变）成重原子核，期间释放能量。
nuclear reaction（核反应）：两个原子核结合形成另一原子核的反应，期间通常会释放能量。参见 *fusion*。
nucleotide base（核苷酸碱基）：一种有机分子，基因（将遗传特征逐代相传）的组成部分。
nucleus（原子核/彗核/星系核）：原子的致密中心区域，含有质子和中子，周围环绕着一个（或多个）电子；固态冰和尘埃区域，构成彗星头部的中心区域；星系的致密中心核。

O

obscuration（掩）：星际尘埃和气体对光的阻挡。
Olbers's paradox（奥伯斯佯谬）：一项思想实验，表明若宇宙均匀、无限且不变，则整个夜空应当会像太阳表面一样明亮。
Oort cloud（奥尔特云）：环绕在太阳系周围的球状物质晕，距离地球约 50000AU；大多数彗星所在的区域。
opacity（不透明度）：测量物质阻挡电磁辐射的能力的量，其反义词是 *transparency*（透明度）。
open cluster（疏散星团/银河星团）：松散排列的数十到数百颗恒星的集合，其直径为几秒差距，常见于银道面内。
open universe（开宇宙/开放宇宙）：物质密度小于临界值时的宇宙几何形态。在开宇宙中，没有足够的物质阻止宇宙膨胀。开宇宙的范围无限。
opposition（冲日）：从地球上观测，行星位于与太阳相反方向的轨道动态。
optical double（光学双星）：两颗恒星偶然叠加，看起来靠得很近，但实际上相距很远。
optical telescope（光学望远镜）：设计用于观测光学波长电磁辐射的望远镜。
orbital（轨道）：原子中能够存在电子的几种能态之一。
orbital period（轨道周期）：一个天体围绕另一个天体完整运行一周所花的时间。
orbiter（轨道飞行器）：环绕在天体周围进行观测的航天器。
organic compound（有机化合物）：含有较高比例碳原子的化合物（分子）；生物体的基础。
outer core（外核）：地核的最外部分，据说呈液态，主要由镍和铁组成。
outflow channel（外流水道）：一种火星表面特征，证明火星上曾经存在大量液态水，据说是约 30 亿年前的灾难性洪水遗迹，仅发现于火星的赤道地区。

outgassing（排气/释气）：火山活动产生大气层气体（二氧化碳、水蒸气、甲烷和二氧化硫）。

ozone layer（臭氧层）：地球大气层中的一个层位，海拔高度为 20～50km，入射紫外辐射被大气层中的氧气、臭氧和氮气吸收。

P

parallax（视差）：随着观测者位置的变化，相对较近天体相对于较远背景的视运动。

parsec（秒差距）：为使测量视差精确到 1 角秒，恒星必须确保的距离；1pc 等于 206000AU。

partial eclipse（偏食）：一种天体事件，仅被遮蔽天体的一部分被遮挡在视线之外。

particle（粒子）：存在质量但大小可忽略不计的一种物体。

particle accelerator（粒子加速器）：用于将亚原子粒子加速到相对论性速度的装置。

particle-antiparticle pair（粒子–反粒子对）：由能量足够高的两个光子生成的一对粒子（如电子和正电子）。

particle detector（粒子探测器）：可探测并识别粒子和反粒子的实验设备。

Pauli exclusion principle（泡利不相容原理）：量子力学的一条规则，禁止致密气体中的电子被挤压得太近。

penumbra（半影）：食天体投下的阴影部分，食仅部分可见；太阳黑子的外围区域，环绕在本影周围，不像中心区域那样暗和冷。

perihelion（近日点）：在绕太阳运行的轨道上，任何天体与太阳之间距离最近的点。

period（周期）：对绕轨道运行的天体而言，围绕绕另一个天体运行一周所需的时间。

period-luminosity relation（周光关系/周期–光度关系）：造父变星的脉动周期与其绝对亮度之间的关系。通过测量脉动周期，人们可以确定恒星的距离。

permafrost（永冻层）：永久冻结的水冰层，据说位于火星的表面之下。

phase（相位/位相）：从地球上观测，月球在轨道沿线不同点的日照面外观。

photodisintegration（光致蜕变）：高温下发生的过程，单个光子具有足够的能量将重原子核（如铁）裂变成轻原子核。

photoelectric effect（光电效应）：在高于某特定频率的电磁波照射下，某些物质内部的电子被光子激发出来形成电流。

photoevaporation（光致蒸发）：新生热星附近的云被恒星辐射而散开的过程。

photometer（光度计）：一种设备，测量全部（或部分）图像中接收到的总光量。

photometry（测光学）：观测天文学的一个分支，通过一组标准滤光片来测量光源的亮度。

photomicrograph（显微照片）：通过显微镜拍摄的照片。

photon（光子）：构成电磁辐射的单个电磁能量包。

photosphere（光球/光球层）：太阳的可见表面，位于太阳内部最上层的正上方，色球的正下方。

photosynthesis（光合作用）：一种过程，植物利用叶绿素和阳光作为能量源，由二氧化碳和水制造碳水化合物和氧气。

pixel（像元/像素）：一个微小的图片元素，被组织成一个阵列，构成一幅数字图像。

Planck curve（普朗克曲线）：参见 *blackbody curve*。

Planck epoch（普朗克时期）：从宇宙诞生到约 10^{-43} 秒的时期，人们尚无法理解当时的物理定律。

Planck's constant（普朗克常数）：将光子的能量与其辐射频率（颜色）相关联的基本物理常数。

planet（行星）：绕太阳运行的八大主要天体之一，通过反射阳光为人类所见。

planetary nebula（行星状星云）：一颗红巨星喷出的包层，展布体积大致相当于太阳系大小。

planetary ring system（行星环系）：物质组织成薄而扁平的环，环绕在一颗巨行星（如土星）的周围。

planetesimal（微行星/星子）：一个术语，指早期太阳系中达到小卫星大小的那些天体，引力场强到足以开始影响其邻居。

plasma（等离子体）：一种气体，其组成原子被完全电离。

plate tectonics（板块构造）：地球岩石圈中各区域的运动，彼此之间相互漂移。也称 *continental drift*（大陆漂移）。

plutino（类冥天体/类冥小天体/冥族小天体）：柯伊伯带中的天体，轨道周期类似于冥王星，与海王星轨道以 3:2 的比例共振。

plutoid（类冥矮行星）：一类矮行星，运行在海王星之外的轨道上。

polarity（极性）：对太阳黑子中太阳磁场方向的测量。按照惯例，延伸出表面的磁力线标为 S，进入表面的磁力线标为 N。

polarization（极化）：发射光子的电场排列，常以随机方向发射。

Population I and II stars（星族 I 和星族 II）：基于重元素丰度的恒星分类方案。在银河系范围内，星族 I 指年轻的盘族星，星族 II 指年老的晕族星。

positron（正电子）：原子的一种粒子，除了带正电荷，性质与带负电荷的正常电子相同。正电子是电子的反粒子。粒子和反粒子相遇时彼此湮灭（摧毁），同时生成 γ 射线光子形式的纯能量。

prebiotic compound（前生物化合物）：可与其他物质结合形成生命组成部分的分子。

precession（岁差/进动）：自转天体的自转轴方向的缓慢变化，由某些外部引力影响导致。

primary mirror（主镜）：置于望远镜主焦点处的反射镜。参见 *prime focus*。

prime focus（主焦点）：在反射望远镜中，反射镜将入射光聚焦到一个点的点。

prime-focus image（主焦点图像）：在望远镜主焦点处形成的图像。

primeval fireball（原初火球）：宇宙极早期（大爆炸之后的时刻）的高温致密状态。

primordial matter（原生物质）：产生于宇宙早期炽热时期的物质。

primordial nucleosynthesis（原初核合成）：在早期宇宙中存在的高温和高密度下，通过核聚变产生比氢更重的元素。

principle of cosmic censorship（宇宙监察原则/宇宙监察说）：一种提议，将奇点附近无法解释的物理现象与解释较好的其他宇宙区分开来，认为自然界总将任何奇点（如黑洞）隐藏在事件视界内，导致从宇宙中的其他部分无法看到。

progenitor（前身星）：特定天体的祖先恒星，如超新星爆发之前存在的恒星就是超新星的祖先。

prograde motion（顺行）：跨越天空向东运动。

prominence（日珥）：从太阳表面活动区喷出的发光气体环（或片），然后在太阳磁场的影响下穿过日冕的内侧部分。

proper motion（自行）：从地球上观测，恒星在天空中的角运动，测量单位为角秒/年。这种运动是恒星在太空中的实际运动结果。

protein（蛋白质）：由氨基酸组成的分子，控制着新陈代谢。

proton（质子）：带正电荷的基本粒子，所有原子核的组成部分。原子核中的质子数量决定该原子是什么类型。

proton-proton chain（质子-质子链）：聚变反应链，从氢到氦，为主序星提供能量。

protoplanet（原行星）：一种物质团，形成于太阳系形成的早期阶段，当前所见各行星的前身天体。

protostar（原恒星）：恒星形成的阶段，坍缩气体碎片内部足够炽热和致密，对自身辐射变得不透明。原恒星是碎片中心的致密区域。

protosun（原太阳）：太阳系形成早期阶段的中心物质聚集，当前太阳的前身天体。

Ptolemaic model（托勒密模型）：地心说太阳系模型，由2世纪天文学家托勒密开发，非常准确地预测了当时已知各行星的位置。

pulsar（脉冲星）：一种天体，以具有特征性脉冲周期和持续时间的快速脉冲形式发射辐射。在快速自转中子星的磁场加速下，带电粒子沿磁力线流动，产生当恒星绕轴自转时向外成束发射的辐射。

pulsating variable star（脉动变星）：光度以可预测的周期性方式变化的恒星。

P-waves（P波/初波/纵波）：地震产生的压力波，可在液体和固体中快速传播。

pyrolytic-release experiment（热解释放实验）：在火星上搜寻生命的实验。将放射性示踪二氧化碳添加到火星土壤样品中，然后搜寻任何物质吸收放射性物质的迹象。

Q

quantization（量子化）：一种事实，光和物质的行为在小尺度上不连续，并以称为量子的微小能量包的形式表现出来。

quantum fluctuation（量子涨落）：空间中的某点处，能量暂时的随机变化。

quantum gravity（量子引力）：广义相对论与量子力学相结合的理论。

quantum mechanics（量子力学）：物理学定律在原子尺度上的应用。

quark（夸克）：通过强力相互作用的基本物质粒子；质子和中子的基本成分。

quark epoch（夸克时期）：一个时期，所有重基本粒子（由夸克组成）与宇宙辐射场处于热平衡状态。

quarter（弦月）：一种月球相位，月球外观类似于半圆盘。

quasar（类星体）：类星射电源，观测红移表明其与地球相距极其遥远。遥远活动星系中最明亮的星系核。

quasar feedback（类星体反馈）：一种观点，在活动星系核中，类星体释放的部分能量加热并向星系周围喷出气体，切断类星体的燃料供应，抑制星系中的恒星形成，从而将中心黑洞的生长与宿主星系的性质关联起来。

quasi-stellar object (QSO)（类星体）：参见 *quasar*。

quiescent prominence（宁静日珥）：持续数天（或数周）的日珥，在太阳光球上方盘旋。

quiet Sun（宁静太阳）：太阳行为的基本可预测因素，如平均光球温度（不随时间而改变）。

R

radar（雷达）：Radio Detection And Ranging（射电/无线电探测和测距）的首字母缩写。当射电波从某一天体反射时，利用回波返回时所需的时间即可求出该天体的距离。

radial motion（视向运动/径向运动）：特定视向沿线的运动，引起所接收辐射的波长（或频率）的视变化。

radial velocity（视向速度/径向速度）：视向沿线的恒星速度分量。

radian（度）：角度测量，1度等于 $180/\pi = 57.3°$。

radiant（辐射点）：似乎出现流星雨的星座。

radiation（辐射）：能量以波的形式在不同位置之间传递的一种方式。光是一种电磁辐射形式。

radiation darkening（辐射变暗）：高能粒子撞击外太阳系中各天体的冰质表面时产生的化学反应，导致形成一个深色的物质堆积层。

radiation-dominated universe（辐射主导宇宙）：在宇宙早期，辐射的等效密度高于物质的密度。

radiation era（辐射期/辐射时代）：大爆炸后的最初几千年，宇宙很小，密度很大，由辐射主导。

radiation zone（辐射区）：太阳内部的一个区域，极高温度保证了气体被完全电离。光子仅偶尔与电子相互作用，并相对容易地穿过这个区域。

radio（射电/无线电）：电磁波谱中与最长波长辐射相对应的区域。

radioactivity（放射性）：稀有重元素在原子核衰变为较轻原子核时的能量释放。

radio galaxy（射电星系）：以长波长辐射形式发射大部分能量的活动星系类型。

radiograph（射电图）：在射电波长下观测得到的图像。

radio lobe（射电瓣）：射电发射气体的圆形延伸区域，位于射电星系中心之外。

radio telescope（射电望远镜）：设计用于探测来自太空的射电波长辐射的大型仪器。

radio wave（射电波）：波长在光谱射电部分的电磁辐射。

radius-luminosity-temperature relationship（半径-光度-温度关系）：一种源自斯特藩定律的数学比例，若恒星的光度和温度已知，则可间接确定恒星的半径。

rapid mass transfer（快速质量转移）：双星系统中的质量转移，以快而不稳定的速度进行，将一颗子星的大部分质量转移到另一颗子星上。

ray（射线）：辐射束经过的路径。

Rayleigh scattering（瑞利散射）：大气层中粒子对光的散射。

recession velocity（退行速度）：两个天体彼此分离的速度。

recurrent nova（再发新星）：在数十年间几次变为新星的恒星。

reddening（红化）：星际物质使星光变暗，与辐射的低频（红色）成分相比，星际物质趋于更有效地散射高频（蓝色）成分。

red dwarf（红矮星）：小而冷的暗淡恒星，位于赫罗图上主序的右下端。

red giant（红巨星）：一种巨星，表面温度相对较低，发出红色光。

red giant branch（红巨星支）：恒星演化轨迹中与强烈氢壳层燃烧相对应的部分，驱动恒星外包层的稳定膨胀和冷却。随着半径增大和表面温度下降，该恒星变成一颗红巨星。

red giant region（红巨星区）：赫罗图的右上部，可在此发现红巨星。

redshift（红移）：远离地球运动光源发射光波长的运动引发的变化，相对退行运动导致光波的观测波长比不运动时更长（因此更红）。

redshift survey（红移巡天）：星系的三维巡天/调查，利用红移来确定距离。

red supergiant（红超巨星）：一种极明亮的红星，常出现在赫罗图的渐近巨星支上。

reflecting telescope（反射望远镜）：一种望远镜，利用反射镜采集和聚焦来自遥远天体的光。

reflection nebula（反射星云）：一种蓝色星云，在地球与亮星之间的视线外，由星际云中的尘埃粒子散射星光形成。

refracting telescope（折射望远镜）：一种望远镜，利用透镜采集和聚焦来自遥远天体的光。

refraction（折射）：波从一种透明介质传播到另一种介质时发生弯曲的趋势。

regolith（月球浮土/月壤）：月球表面上的尘埃，部分区域的厚度达数十米，形成于数十亿年间的陨石轰击。

relativistic（相对论性的）：与光速相当的速度。

relativistic fireball（相对论性火球）：γ射线暴的主要解释，即超高温气体的膨胀区域在光谱的γ射线部分辐射。

residual cap（残冠）：火星极地冰盖的一部分永久冻结，不存在季节变化。

resonance（共振）：两个特征时间以某种简单的方式相关联的情形，如一颗小行星的轨道周期刚好是木星的一半。

retina (eye)（视网膜）：眼睛的后部，晶状体将光线聚焦于其上。

retrograde motion（逆行）：一颗行星相对于固定恒星所划出的向后且向西的环路。

revolution（公转/绕转）：一个天体围绕另一个天体运行的轨道运动，如地球绕太阳运行。

revolving（绕转）：参见 *revolution*。

Riemannian geometry（黎曼几何）：弯曲空间的几何图形（如球体表面）。

right ascension（赤经）：用于测量天球经度的天球坐标。零点位于太阳在春分点的位置。

rille（沟纹/溪）：月球表面的沟渠，过去曾有熔岩流过。

ring（环/光环）：参见 *planetary ring system*。

ringlet（细环）：在土星的行星环系中，环粒子密度较高的狭窄区域。旅行者号探测器发现，地球上的可见环实际上由数万个细环组成。

Roche limit（洛希极限）：洛希极限常称潮汐稳定性极限，给出了相邻天体之间的引潮力（由行星引起）超过它们之间的相互吸引力时的行星距离，此极限范围内的各天体不太可能积聚成更大的天体。土星环占据了土星的洛希极限范围内的区域。

Roche lobe（洛希瓣）：恒星周围的假想表面。在双星系统中，每颗子星均可描绘为周围环绕着一个泪滴状引力影响区——洛希瓣。恒星洛希瓣内的任何物质都可认为是该恒星的一部分。在演化过程中，双星系统中的子星之一可以膨胀，从而溢出自己的洛希瓣，并将物质转移到另一颗子星上。

rock（岩石）：主要由硅氧化合物组成的物质。

rock cycle（岩石循环/岩石旋回）：一种过程，地表岩石不断重新分布，并从一种类型转变为另一种类型。

rotation（自转）：天体绕轴的旋转运动。

rotation curve（自转曲线）：星系中盘物质的轨道速度与星系中心距离的关系图。通过分析旋涡星系的自转曲线，人们发现了暗物质的存在。

R-process（R-过程）：在超新星爆发过程中，许多中子被原子核俘获的快速过程。

RR Lyrae variable（天琴 RR 型变星）：光度以特有方式变化的变星。所有天琴 RR 型变星的平均光度大致相同（或多或少）。

runaway greenhouse effect（失控温室效应）：一种过程，行星加热导致其大气层保持热量的能力增强，引发进一步加热，最终导致表面温度和大气层组成出现极端变化。

runoff channel（径流水道）：火星上的河流状表面特征，证明那里曾存在大量液态水。它们发现于南部高地，被认为形成于近 40 亿年前的流水。

S

S0 galaxy（S0 星系）：一种星系类型，具有薄星系盘和核球证据，但没有旋臂，含极少量的气体。

Sagittarius A/Sgr A（人马座 A/人马 A）：与银心处超大质量黑洞相对应的强射电源。

Saros cycle（沙罗周期）：相同日食连续出现之间的时间间隔，等于 18 年 11.3 天。

satellite（卫星）：围绕另一个更大天体运行的小型天体。

SB0 galaxy（SB0 星系）：一种 S0 型星系，星系盘显示棒证据。

scarp（悬崖/陡坡）：水星的表面特征，据说形成于水星壳冷却并收缩，在水星表面形成褶皱。

Schmidt telescope（施密特望远镜）：一种望远镜，视场很宽，允许同时观测大片天区。

Schwarzschild radius（史瓦西半径/施瓦西半径）：与天体中心之间的距离，满足以下条件：若所有质量被压缩在该区域内，则逃逸速度等于光速。一旦恒星残骸坍缩至这个半径内，则光线无法逃逸，因此该天体不可见。

science（科学）：一种过程，基于自然规律和观测现象，循序渐进地研究物理世界。

scientific method（科学方法）：用于指导科学的一套规则，应当不断地检验、修正或替换科学定律。

scientific notation（科学记数法）：运用 10 的幂表示大数字和小数字。

seasonal cap（季节性冰盖）：受季节变化影响的火星极地冰盖部分，每个火星年生长和收缩一次。

seasons（季节）：由地球（或任何行星）的自转轴相对于轨道面的倾斜导致的平均温度和日长的变化。

secondary atmosphere（次级大气）：地球形成后，一旦火山活动排出内部化学物质，该物质就构成地球大气。

sedimentary（沉积岩）：沉积物堆积而形成的岩石。

seeing（视宁度）：一个术语，用于描述在大气湍流的模糊影响下，从地表进行良好望远镜观测的容易程度。

seeing disk（视宁圆面）：探测器上大致呈圆形的区域，恒星的点状图像散布在该区域中（由于大气湍流）。

seismic wave（地震波）：一种波，从地震发生位置穿越地球向外传播。

seismology（地震学）：对地震及其在地球内部产生的波的研究。

seismometer（地震计）：设计用于探测和测量地震（或任何其他行星上的地震）强度的仪器。

selection effect（选择效应）：一组天体的测量性质因测量方式（而非天体本身）导致的观测偏差。

self-propagating star formation（自传播恒星形成）：一种恒星形成模式，由一代恒星的形成和演化产生的激波触发下一代恒星的形成。

semidetached binary（半接双星/半分离双星）：一种双星系统，其中一颗子星位于洛希瓣内，但另一颗子星填充其洛希瓣，并将物质转移到第一颗子星上。

semimajor axis（半长径/半长轴）：椭圆长轴的一半，椭圆大小的常见量化方式。

Seyfert galaxy（赛弗特星系）：一种活动星系，其发射来自看起来正常旋涡星系的星系核内的一个极小区域。

shepherd satellite（牧羊人卫星/牧羊犬卫星/牧羊卫星/守护卫星）：一种卫星，其对环的引力效应有助于保持该环的形状，如土星的两颗卫星（土卫十六和土卫十七）的轨道位于 F 环的两侧。

shield volcano（盾状火山）：一种火山，由熔岩反复非爆炸性喷发生成，形成一个逐渐倾斜的盾状低圆顶，顶部通常存在破火山口。

shock wave（激波/冲击波）：一种物质波，可能由新生恒星（或超新星）生成，将物质向外推入周围的分子云。这种物质趋于堆积起来，形成快速运动的致密气体壳。

short-period comet（短周期彗星）：轨道周期小于 200 年的彗星。

SI（国际单位制）：国际单位制，用于定义质量、长度和时间等单位的国际公制单位。

sidereal day（恒星日）：给定恒星连续上升所需的时间。

sidereal month（恒星月）：月球绕天球一周所需的时间。

sidereal year（恒星年）：从地球上的某个给定点观测，星座完成绕天空一周并返回起点所需的时间。地球绕太阳运行的轨道周期是 1 恒星年。

single-line spectroscopic binary（单谱分光双星/单谱双星）：一种双星系统，其中一颗子星因过于暗淡而无法区分光谱，因此只有更亮子星的光谱才能看到在子星相互绕转时来回偏移。

singularity（奇点）：宇宙中的一个点，物质密度和引力场无限大，如黑洞的中心。

sister/coformation theory (Moon)（姐妹/共形成理论）：一种理论，认为月球是由靠近地球的一个独立天体形成的。

soft landing（软着陆）：利用火箭、降落伞等，当太空探测器降落在行星上时，阻止其坠落。

solar activity（太阳活动）：太阳表面（或附近）不可预测且通常较为猛烈的事件，与太阳上的磁现象相关。

solar constant（太阳常数）：单位面积和单位时间抵达地球的太阳能量，约为 $1400 W/m^2$。

solar core（太阳核心/日核）：太阳中心所在的区域，半径近 200000km，强核反应生成太阳的能量输出。

solar cycle（太阳活动周期/太阳活动周）：平均黑子数量和太阳磁极性重复所需的 22 年时间。在每个新的 11 年黑子周期中，太阳的极性倒转。

solar day（太阳日）：一段时间，从太阳直接位于头顶正上方（中午）到下一次直接位于头顶正上方的时间。

solar eclipse（日食）：一种天文现象，新月从地球与太阳之间直接经过，暂时遮蔽了太阳光。

solar interior（太阳内部）：太阳核心与光球之间的区域。

solar maximum（太阳极大期）：黑子周期的一个点，期间可以看到大量太阳黑子。它们通常局限于每个半球的部分区域中，纬度为 15°～20°。

solar minimum（太阳极小期）：黑子周期的一个点，期间仅能看到几个太阳黑子。它们通常局限于每个半球的狭窄区域中，纬度为 25°～30°。

solar nebula（太阳星云）：太阳系形成期间环绕早期太阳的旋涡气体，也称原始太阳系。

solar neutrino problem（太阳中微子问题）：由于核心中的聚变反应，从太阳流出的中微子的理论预测通量与实际观测通量之间存在差异，观测到的中微子数量仅有预测数量的一半左右。

solar system（太阳系）：太阳和绕其运行的所有天体，包括水星、金星、地球、火星、木星、土星、天王星、海王星、行星的卫星、小行星、柯伊伯带和彗星。

solar wind（太阳风）：从太阳向外快速运动的带电粒子流。

solstice（二至点/二至日）：参见 *summer solstice* 和 *winter solstice*。

south celestial pole（南天极）：地球南极正上方的天球点。

spacetime（时空）：在狭义相对论和广义相对论中，结合空间和时间的单一实体。

spatial resolution（空间分辨率）：图像中能够看到的最小细节尺寸。

special relativity（狭义相对论）：爱因斯坦提出的处置光速优先状态的理论。

speckle interferometry（斑点干涉测量）：一种技术，将恒星的许多短曝光图像进行合成，制作恒星表面的高分辨率地图。

spectral class（光谱型/光谱分类）：一种分类方案，基于恒星的谱线强度（标识恒星温度）。

spectral window（频谱窗/光谱窗口）：地球大气层呈透明状的波长范围。

spectrograph（摄谱仪/频谱仪）：生成恒星详细光谱的仪器，常在电荷耦合元件（Charge Coupled Device，CCD）探测器上记录光谱，然后用于计算机分析。

spectrometer（分光仪/频谱仪）：生成恒星详细光谱的仪器，常在感光板上记录光谱，或在计算机上以电子形式记录光谱（最近）。

spectroscope（分光镜）：查看光源的仪器，以便将其拆分为其组成颜色。

spectroscopic binary（分光双星）：一种双星系统，从地球上观测时是一颗恒星，但其谱线显示为两颗子星相互绕转时的往复多普勒频移。

spectroscopic parallax（分光视差）：一种方法，通过测量温度来确定恒星的距离，然后通过与标准赫罗图比较来确定其绝对亮度。恒星的绝对亮度和视亮度决定了它与地球之间的距离。

spectroscopy（光谱学）：原子吸收和发射电磁辐射的方式研究，使天文学家能够确定恒星的化学组成。

spectrum（光谱）：将光分离为其组成颜色。

speed（速率）：单位时间的运动距离，与方向无关。参见*velocity*。

speed of light（光速）：基于当前已知物理学定律的可能最快的速度。电磁辐射以波或以光速运动的光子形式存在。

spicule（针状体/针状物）：小型太阳风暴，将炽热物质喷射到太阳的低层大气中。

spin-orbit resonance（轨旋共振）：一种状态，一个天体的自转周期和轨道周期以某种简单的方式相关。

spiral arm（旋臂）：星系中的物质分布形成一种针轮形图案，从星系中心附近开始。星系旋臂存在的一种拟议解释：气体压缩的卷波穿过星系盘，触发了恒星的形成。

spiral density wave（螺旋密度波）：一种物质波，形成于行星环平面内，类似于池塘表面的波纹，环绕在行星环的周围，形成类似于磁盘中沟纹的旋涡图案。螺旋密度波可能导致细环的出现。

spiral galaxy（旋涡星系）：一种星系，由一个扁平恒星形成盘组成，可能含有旋臂和大型中心星系核球。

spiral nebula（旋涡星云）：旋涡星系的历史名称，描述它们的外观。

spring tide（大潮）：最大的潮汐，出现在太阳、月球和地球呈一条直线时（新月和满月）。

S-process（S 过程）：中子被原子核俘获的慢过程；速率通常为每年俘获一个中子。

standard candle（标准烛光）：具有易识别外观和已知光度的任何天体，可用于计算距离。超新星均具有相同峰值的光度（取决于类型），因此是标准烛光的较好例子，可用于确定地球至其他星系的距离。

standard solar model（标准太阳模型）：一种自洽的太阳图景，将对确定太阳内部结构非常重要的物理过程纳入计算机程序，然后将程序运行结果与太阳的观测结果进行比较，最后对模型进行修正。获得的广泛认可的标准太阳模型就是这一过程的结果。

standard time（标准时）：将地球表面划分为 24 个时区的系统，每个时区的所有时钟均保持相同的时间。

star（恒星）：一个发光的气体球，由其自身的引力束缚在一起，并由其核心的核聚变提供能量。

starburst galaxy（星暴星系）：一种星系，在最近一段时间内，星系内部发生了一次暴力事件（如近距离碰撞），进而引发了强烈的恒星形成事件。

star cluster（星团）：10 万～100 万颗恒星组成的恒星集合，由相同星际气体云在同一时间形成。星团中的各恒星有助于人们理解恒星演化，因为在一个给定的星团中，各恒星的年龄和化学组成大致相同，与地球之间的距离也大致相同。

Stefan's law（斯特藩定律）：一种关系，物体在给定温度下每秒通过每平方厘米表面所发射的总能量。斯特藩定律表明，发射的能量随温度的升高而快速增多，与温度的四次方成正比。

stellar epoch（恒星时期）：最近的一段时期，宇宙中出现了恒星、行星和生命。

stellar nucleosynthesis（恒星核合成）：恒星核心中的较轻原子核聚变成重元素。除了氢和氦，宇宙中的所有其他元素都是恒星核合成的产物。

stellar occultation（星掩源/恒星掩星）：当太阳系天体（如行星、月球或环）从恒星前方直接经过时，星光变暗。

stratosphere（平流层）：地球大气层中位于对流层之上的部分，海拔高度最高可达 40～50km。

string theory（弦理论/弦论）：一种理论，根据亚微观弦的特定振动模式，解释所有的粒子和力。

strong nuclear force（强核力）：将原子核束缚在一起的短程力。四种基本自然力中最强的力。

S-type asteroid（S 型小行星）：一种小行星，主要由硅酸盐或岩石物质组成。

subatomic particle（亚原子粒子）：小于原子核大小的粒子。

subduction zone（俯冲带）：两个板块的交汇位置，一个板块在另一个板块之下滑动。

subgiant branch（亚巨星支）：与核心中氢耗尽后发生的变化，核心氢燃烧停止相对应的恒星演化轨迹部分。壳层氢燃烧加热恒星外层，导致恒星包层普遍膨胀。

sublimation（升华）：元素从固态变为气态（而非液态）的过程。

summer solstice（夏至/夏至点）：黄道上的点，此时太阳位于天赤道之上的最北端，出现在 6 月 21 日（或附近）。

sunspot（太阳黑子/黑子）：太阳表面发现的一种地球大小的深色瑕疵。太阳黑子的深色表明其温度低于周围区域的温度。

sunspot cycle（黑子周期/黑子周）：太阳黑子的数量和分布遵循一种相当规律的模式，即平均黑子数量每 11 年左右达到最大值，然后减少到几乎为零。

supercluster（超星系团）：将几个星系团组合成一个更大但不一定受引力束缚的单位。

super-Earth（超级地球）：一种系外行星，质量为 2～10 倍地球质量。

superforce（超力）：将强力和电弱力结合为单一力的尝试。

supergiant（超巨星）：半径为 100～1000 倍太阳半径的恒星。

supergranulation（超米粒组织）：太阳表面的大尺度流动形态，由直径高达 30000km 的对流元组成，被认为是太阳内部深处大型对流元的反映。

superior conjunction（上合）：地内行星（水星或金星）距离地球最远（在太阳的相反侧）的轨道动态。

supermassive black hole（超大质量黑洞）：质量为 100 万～10 亿倍太阳质量的黑洞；常发现于星系的中心核中。

supernova（超新星）：恒星的爆炸性死亡，由突然爆发的核燃烧（I 型）或高能激波（II 型）导致。超新星是宇宙中最具能量的事件之一，光芒可能暂时超过所在星系的其他部分。

supernova remnant（超新星遗迹/超新星残骸）：以前发生的一颗超新星的散射发光残骸。蟹状星云是研究程度最高的超新星遗迹之一。

supersymmetric relic（超对称遗迹）：若超对称性正确，则大爆炸中应当已经产生大质量的粒子。

surface gravity（表面重力）：恒星（或行星）表面由于重力而产生的加速度。

S-waves（S 波/次波/横波）：地震产生的剪切波，只能通过固态物质传播，且传播速度比 P 波的慢。

synchronous orbit（同步轨道）：某颗天体的自转周期恰好等于其平均轨道周期。月球位于同步轨道上，因此相同的一面始终朝向地球。

synchrotron radiation（同步加速辐射）：高速带电粒子（如电子）在强磁场中加速时产生的一种非热辐射。

synodic month（朔望月/太阴月）：月球完成一个完整相位

周期所需的时间。

synodic period（**会合周期**）：考虑到地球自身的运动，天体返回到相同视位置（相对于太阳）时所需的时间；距离地球最近的相邻两次之间的时间（对于行星）。

T

T Tauri phase star（**金牛 T 星**）：处于形成后期阶段的原恒星，常表现出猛烈的表面活动。人们已经观测到金牛 T 星短时间内明显变亮，这与恒星形成最后阶段快速演化的观点一致。

tail（**彗尾**）：彗星的组成部分，由主体流出的物质组成，有时跨越数亿千米。可能由尘埃或电离气体组成。

tau（**τ 子**）：一种轻子（此外还有电子和 μ 子）。

tectonic fracture（**构造断裂**）：行星（特别是火星）表面的裂缝，由内部地质活动导致。

telescope（**望远镜**）：一种仪器，用于从特定天区俘获尽可能多的光子，并将其集中成聚焦光束以进行分析。

temperature（**温度**）：一个物体中的热量测度，标志组成物体的粒子的速度。

tenuous（**稀薄**）：薄且密度低。

terminator（**明暗界线**）：月球（或行星）表面的昼夜分隔线。

terrae（**台地**）：参见 *highlands*。

terrestrial planet（**类地行星**）：太阳系中最内层的四颗行星之一，物理性质和化学性质与地球的相似。

theoretical model（**理论模型**）：在给定理论的假设和范围内，尝试对物理过程（或现象）进行数学解释。除了提供对观测事实的解释，该模型通常还做出可通过进一步观测（或实验）进行检验的新预测。

theories of relativity（**相对论**）：爱因斯坦的理论，现代物理学的基础。该理论的两个基本事实包括：没有什么能比光速更快地传播；宇宙万物（包括光在内）都受到引力的影响。

theory（**理论/学说**）：一种思想和假设框架，用于解释一些观测结果，并对真实世界做出预测。

thermal equilibrium（**热平衡**）：一种状态，光子产生新粒子-反粒子对与光子对彼此湮灭而生成新光子的速率相同。

thick disk（**厚盘**）：旋涡星系的一个区域，含有中等数量的星族，比晕族星年轻，但比盘族星年长。

threshold temperature（**临界温度**）：若高于该温度，则产生粒子对；若低于该温度，则无法产生粒子对。

tidal bulge（**潮汐隆起/潮隆**）：由面向地球最近侧与背对地球最远侧之间的月球引力差导致的地球拉伸，长轴指向月球。更普遍地说，指由附近引力天体的潮汐效应产生的任何天体变形。

tidal force（**引潮力/潮汐力**）：一个天体的引力在另一个天体上的不同位置之间的变化，如月球引力在地球上的变化。

tidal locking（**潮汐锁定**）：一种状况，引潮力导致月球的自转速率与其绕地球公转的速率完全相同，因此月球始终保持相同的一面朝向地球。

tidal stability limit（**潮汐稳定性极限**）：在被地球的引潮力撕裂前，月球能够接近地球的最小距离。

tidally locked（**潮汐锁定**）：一种状况，引潮力导致一个天体（如月球）的自转速率与其围绕另一个天体公转的速率完全相同，因此该天体始终保持相同的一面朝向另一个天体。

tides（**潮汐**）：类地天体中水的上升和下降运动，呈现出每日、每月和每年的周期。地球上的海洋潮汐由月球和太阳对地球不同部分的竞争性引力牵引导致。

time dilation（**时间膨胀/时间延缓**）：相对论的一种预测，与引力的重新偏移密切相关。对外部观测者而言，向下放入强大引力场中的时钟将显得运行缓慢。

time zone（**时区**）：所有时钟保持相同时间的地球区域，无论太阳在天空中的精确位置如何，以确保旅行和通信的一致性。

total eclipse（**全食**）：一种天文现象，一个天体被另一个天体完全挡住而不可见。

transit（**凌**）：一颗行星（如水星或金星）在地球与太阳之间经过的轨道动态。

transition zone（**过渡区**）：温度快速升高的区域，将太阳的色球与日冕分隔开来。

transverse motion（**横向运动/侧向运动**）：垂直于特定视向的运动，不会导致接收到的辐射发生多普勒频移。

transverse velocity（**横向速度**）：垂直于视向的恒星速度分量。

triangulation（**三角测量**）：基于几何原理确定距离的方法。一个遥远天体能从两个相距甚远的位置看到，为了确定该天体的距离，必须同时知道两个位置之间的距离，以及两个位置的连线与到遥远天体的直线之间的角度。

triple-alpha process（**三 α 过程**）：通过三个氦-4 核（α 粒子）的聚变而生成碳-12。氦燃烧恒星占据赫罗图上的一个区域，称为水平支。

triple star system（**三合星系**）：通过引力束缚在一起的相互绕转的三颗恒星。

Trojan asteroid（**特洛伊小行星**）：两组小行星之一，与木星共享同一轨道，并在绕太阳公转时始终保持在木星之前（或之后）60°。

tropical year（**回归年/太阳年**）：相邻两个春分之间的时间间隔。

troposphere（**对流层**）：地球大气层的一部分，指从地表到海拔高度约 15km 的区域。

trough（**波谷**）：波不受扰动时的最大偏离。

true space motion（**真实空间运动**）：一颗恒星的真实运动，根据勾股定理/毕达哥拉斯定理，同时考虑其横向运动和视向运动。

Tully-Fisher relation（**塔利-费希尔关系**）：一种关系，用于确定旋涡星系的绝对光度。通过谱线致宽测量的自转速率与总质量相关，因此与总光度相关。

turnoff mass（**折向质量/折向点质量/拐点质量**）：星团中刚从主序演化离开的恒星质量。

21-centimeter line（**21 厘米线**）：电磁波谱射电区域中的谱线，与氢原子中电子的自旋变化相关。

21-centimeter radiation（**21 厘米辐射**）：一种射电辐射，氢原子基态的一个电子翻转自旋，使其在与原子核中质子的自旋平行时发射。

twin quasar（**双类星体**）：由于引力透镜效应，在天空中不同位置可两次看到的类星体。

Type I supernova（**I 型超新星**）：恒星的一种可能爆发性死亡。在双星系统中，白矮星能够吸积足够多的质量，以至于无法支撑自身的重量。恒星坍缩，温度升高到足以发生碳聚变。整个白矮星几乎同时开始聚变，最终导致爆炸。

Type II supernova（**II 型超新星**）：恒星的一种可能爆发性死亡，高度演化的恒星核心迅速内爆，然后爆炸并摧毁恒星周围。

U

ultraviolet（紫外线）：电磁波谱的一个区域，刚好位于可见光范围之外，对应波长略短于蓝光的波长。

ultraviolet telescope（紫外望远镜）：用于采集光谱紫外部分辐射的望远镜。地球大气层对这些波长部分不透明，因此紫外望远镜被安装在火箭、气球和卫星上，高出大部分（或全部）大气层。

umbra（本影）：食天体投下阴影的中心区域。太阳黑子的中心区域，颜色最深且温度最低。

unbound（非束缚）：一种轨道，不停留在特定的空间区域，但一个天体可以逃离另一个天体的引力场。典型非束缚轨道为双曲线形轨道。

unbound trajectory（非束缚轨道）：一个天体的轨道路径，发射速度足够高，能够逃脱行星的引力牵引。

uncompressed density（未压缩密度）：一种密度，在没有任何压缩的情况下，天体由于自身的引力而具有的密度。

universal time（世界时）：格林尼治子午线（即本初子午线）的平太阳时。

universe（宇宙）：所有空间、时间、物质和能量的总和。

unstable nucleus（不稳定原子核）：不能无限期存在的原子核，最终必须衰变为其他粒子（或原子核）。

upwelling（上涌）：温度高于周围介质的物质的向上运动。

V

vacuum energy（真空能量）：空白空间的一种性质，被激发在正常的零能态之上。天文学家认为，真空能量的暂时出现导致了宇宙早期的一（或多）段膨胀期。

Van Allen belts（范艾伦带）：在地球大气层高处，至少有两个甜甜圈状的磁场俘获带电粒子区域。

variable star（变星）：光度随时间而改变的恒星。

velocity（速度）：单位时间内的位移（距离加方向）。参见 *speed*。

vernal equinox（春分/春分点）：太阳穿过天赤道向北移动的日期，出现在 3 月 21 日（或附近）。

visible light（可见光）：人眼感知为光的小范围电磁波谱。可见光的光谱范围为 400～700nm，对应于蓝光到红光。

visible spectrum（可见光光谱）：人眼感知为光的小范围电磁波谱。可见光的光谱范围为 4000～7000 埃，对应于蓝光到红光。

visual binary（目视双星）：一种双星系统，两颗子星都可以从地球上分辨出来。

void（巨洞）：宇宙中相对空旷的极大区域，超星系团和星系巨壁环绕在其周围。

volcano（火山）：炽热熔岩从地壳之下上涌到地球表面。

W

wane（亏）：收缩。满月后的两周内，月球似乎在减小。

warm longitudes（暖经度）：水星赤道上的两个相对点，太阳位于远日点的正上方，比热经度的温度低 150 度。

water hole（水洞）：18～21cm 射电区间，对应于羟基（OH）和氢（H）辐射的波长，智能文明可能在其中发送通信信号。

water volcano（水火山）：在寒冷条件下喷出水（融化的冰）而非熔岩（熔融的岩石）的火山。

watt/kilowatt（瓦特/千瓦）：功率单位，1 瓦特（W）等于每秒发射 1 焦耳（J）；1 千瓦（kW）等于 1000 瓦特。

wave（波）：一种形态，在时间和空间上循环重复自身，主要特征包括传播速度、频率和波长。

wavelength（波长）：给定时刻两个相邻波峰间的距离。

wave period（波周期）：波在空间中某个点重复自身所需的时间。

wave theory of radiation（辐射波理论）：将光描述为连续波现象，而非单一粒子流。

wax（盈）：生长。在新月后的两周内，月球似乎在变大。

weakly interacting massive particle (WIMP)（弱相互作用大质量粒子）：可能已在早期宇宙历史中产生的一类亚原子粒子；暗物质的候选者。

weak nuclear force（弱核力）：短程力，弱于电磁力和强力，但远强于引力；引发某些核反应和放射性衰变。

weight（重量）：地球或其他行星对物体施加的引力。

weird terrain（怪异地形）：水星表面上的一个区域，具有非常奇怪的波状地貌特征，被认为水星的另一侧发生强烈撞击、地震波在水星周围四处传播，最终汇聚在这个奇怪的区域。

white dwarf（白矮星）：一种矮星，表面温度足够高，可以发出白色光。

white dwarf region（白矮星区）：赫罗图的左下角，即发现白矮星的位置。

white oval（白色椭圆）：木星大气层中大红斑附近的浅色区域。类似于大红斑，这些区域明显为自转风暴系统。

Wien's law（维恩定律）：黑体曲线峰值波长与发射体温度之间的关系。峰值波长与温度成反比，因此天体越热，其辐射就越蓝。

winter solstice（冬至/冬至点）：黄道上的点，太阳位于天赤道之下的最南端，出现在 12 月 21 日（或附近）。

wispy terrain（缙状地形）：土卫五上的突出浅色条纹。

X

X-ray（X 射线）：电磁波谱中与高频短波辐射相对应的区域，远超可见光光谱之外。

X-ray burster（X 射线暴源）：一种 X 射线源，几秒内所辐射的能量即为太阳的数千倍。在双星系统中，中子星在其表面吸积物质，直到温度达到氢聚变所需的水平，最终突然出现一段时间的快速核燃烧和能量释放。

X-ray nova（X 射线新星）：在 X 射线波长处探测到的新星爆发。

Z

Zeeman effect（塞曼效应）：因磁场存在而使谱线致宽或分裂。

zero-age main sequence（零龄主序）：赫罗图上的区域，如理论模型所预测，指恒星在核心核燃烧开始时所处的区域。

zodiac（黄道带）：天球上的 12 个星座，太阳在一年中似乎经过这些星座。

zonal flow（纬向流）：西向流和东向流的交替区域，大致对称于木星赤道，与木星大气层中的带与区有关。

zone（区）：类木行星大气层中的明亮高压区域，气体向上流动。

附录E 复习题答案

第0章

1．①因为天球提供了确定恒星天空位置的一种自然方法。天球坐标系与地球的太空方位直接相关，但与地球自转无关。②距离信息丢失。

2．由于地球自转轴的倾斜，北半球夏季的太阳最高，白天最长。

3．①月球的角尺寸保持不变，太阳的角尺寸减半，月球更容易遮蔽太阳，预计仍会看到日全食或日偏食，但不会看到日环食。②若距离减半，则太阳的角尺寸将增大一倍，预计永远看不到日全食，只能看到日偏食或日环食。

4．由于天体距离地球太远，无法直接测量（如用尺子），必须依靠间接方法和数学推理。

5．理论永远不可能成为被证明的事实，因为它总会被某个矛盾的观测结果否定，或者被迫做出改变。但是，若其预测历经多年实验被反复证实，则该理论通常被广泛认为是正确的。

第1章

1．在地心说中，逆行是行星在本轮上的真实反向运动；在日心说中，反向运动只是视运动，由地球在轨道上超越行星导致。

2．主要是简洁和优雅。这两种理论都做出了可检验的预测，在牛顿定律被发现之前，二者均无法解释行星的运动机制。但是，哥白尼模型要比托勒密模型简单得多，随着观测水平的提升，托勒密模型变得越来越错综复杂。

3．金星相位的发现与地心模型不一致；木星卫星的观测结果表明，宇宙中的某些天体并不绕地球运行。

4．伽利略是实验主义者，发现了支持哥白尼理论的观测证据；开普勒是理论家，发现了哥白尼图景中行星运动的经验描述，极大地简化了太阳系的理论观点。

5．因为开普勒并不知道这两颗行星的存在，这些定律适用于外行星的事实被视为一种预测，该预测通过后续观测而获得确认。

6．因为开普勒以地球轨道为基线，通过三角测量确定太阳系的整体几何结构，所有距离都只能来自相对于地球轨道的尺度——天文单位（AU）。

7．在没有任何作用力的情况下，行星将保持匀速直线运动（牛顿第一运动定律），因此倾向于沿其轨道路径的切线运动。太阳的引力使行星朝向太阳加速（牛顿第二运动定律），并使其轨道弯曲到我们观测到的轨道上。

8．开普勒定律基于观测对行星运动进行精确描述，但未深入了解行星为什么绕太阳运行或者轨道为何如此；牛顿力学基于普遍规律对轨道进行解释，并对宇宙中其他天体（包括卫星、彗星及其他恒星）的运动做出详细预测。

第2章

1．波是采用某种重复和规则变化的扰动，使能量或信息在不同位置之间传递的一种方式。波的基本性质是波长、频率、波速和振幅。波长和频率的乘积总等于波速。

2．光是带电粒子加速产生的电磁波。所有波都具有波周期、频率和波长等特征，且能在不同位置之间传递能量和信息。但是，与水或空气中的波不同，光波的传播不需要物理介质。

3．它们都是电磁辐射，并以光速传播。从物理角度来说，虽然对人体（或检测器）的影响大不相同，但它们只是频率（或波长）不同而已。

4．随着开关的打开和灯丝温度的升高，根据斯特藩定律，灯泡亮度迅速增大；根据维恩定律，灯泡颜色从不可见的红外线偏移到红色、黄色和白色。

5．二者是物质吸收或发射电磁辐射光子的特征频率（波长）。它们对每种原子或分子都有独特性，因此提供了一种识别其产生气体的方法。

6．电子只能出现在具有某种特定能量的轨道上，具有最低能量的位置称为基态，但是行星能够出现在具有任何能量的轨道上；行星可以无限期地停留在任何轨道上，但是原子中的电子最终必须回落到基态，并在此过程中发射电磁辐射；行星理应具有绕太阳运行的特定轨迹，其位置绝不会模棱两可，但是原子中的电子弥散在电子云中，我们只能谈论电子的概略位置。

7．波动理论无法解释为什么原子发射和吸收具有特定和独特波长的辐射，而不是连续光束。量子理论的关键新见解认为，在微观尺度上，物质和辐射的性质都可以量化。具体而言，原子中的电子只能具有该原子类型特有的某种确定能量值，辐射则以特定能量的光子形式存在。通过发射或吸收确定能量的光子，电子可在原子内改变能量，因此颜色直接将原子光谱的观测结果与产生其的特定原子相关联。

8．谱线对应于原子内特定轨道之间的跃迁。原子的结构决定了这些轨道的能量，从而决定了可能的跃迁，进而决定了所涉及光子的能量（颜色）。

9．当在天文学中测量质量时，通常需要测量某个天体（伴星或行星）围绕另一个天体运行的轨道速度。在大多数情况下，多普勒效应是天文学家进行此类测量的唯一方法。

10．因为除了少数例外情况，在确定远距离天体的物理状态（组成、温度、密度和速度等）时，光谱分析是唯一方法。若没有光谱分析，则天文学家会对恒星和星系的性质一无所知。

第3章

1．因为与折射望远镜相比，大型反射望远镜更容易设计、建造及维护。

2．需要收集尽可能多的光；需要获得尽可能高的角分辨率。

3．地球大气层吸收了一些太空辐射，湍流运动使入射光线变得模糊。为了减少（或克服）大气吸收的影响，天文学家将望远镜放在高山山顶或者太空中；为了补偿大气湍流，天文学家采用自适应光学技术来探测观测点上方的空气，然后相应地调整反射镜，以尝试恢复未变形的图像。

4．射电天文学打开了一扇新的宇宙窗口，使得天文学家能够以新方法研究已知天体，并发现以往完全无法观测的新天体。通过将最大的望远镜与灵敏的探测器相结合，即可解决光源的暗淡问题；通过采用干涉测量，将来自两个（或多个）不同望远镜的信号相结合，从而形成单口径更大的望远镜的效果，即可极大地提高分辨率。

5．本章介绍了对恒星、恒星形成区和星系的多波段观测。由于大多数天体都发射覆盖整个光谱的辐射，人类所知的许多信息均来自对非可见光辐射的研究，因此必须在许多波长处研究天体。

6．优势：望远镜位于大气层之上，因此不受视宁度或吸收的影响；可以对整个天空进行全天候观测。缺点：造价昂贵；体积较小，不易接近；易遭受辐射和宇宙射线的损害。

第4章

1．因为这两类行星的几乎所有物理性质都不相同，包括轨道、质量、半径、组成、环（是否存在）和卫星数量。

2．相似性：所有轨道均位于内太阳系中，大致位于黄道面上，均为具有陆地成分的固态天体；差异性：与类地行星相比，小行星要小得多，演化程度较低，运行轨道也不太规则。

3．大多数彗星距离太阳非常遥远，人类无法看到它们。

4．因为与行星中发现的当前物质相比，行星际物质的演化速度要慢得多，所以能够作为早期太阳系状况的更佳指示器。

5．因为该理论必须解释太阳系体系结构的某些常规特征，同时要考虑存在大量例外情形的事实。

6．是的。若恒星周围形成了物质盘，则即使没有像地球这样的行星，凝聚和吸积的基本过程也可能发生。

7．因为探测技术对靠近母恒星运行的大质量行星最敏感，人类的观测结果与此完全相符。

第5章

1．引潮力是某一天体相对于另一天体发生位置改变时的引力变化，趋于导致另一天体变形（而非整体加速），且随着距离的增大而迅速减小。

2．温室效应导致地球的平均表面温度高于水的凝固点，这对地球上的生命发展至关重要。若温室效应持续加剧，则地球上可能会出现灾难性的气候变化。

3．在地球表面观测地震和地震波。通过将这些数据与波如何穿过地球内部的模型相结合，可构建地球组成和物理状态的模型。地球的质量、半径和表面组成可以直接测量，但是地球内部组成和温度需要运用模型进行推断。

4．我们获得的关于地球内部的直接信息（源于火山）或间接信息（源于地震后的地震研究）的数量要少得多。

5．上地幔中的对流导致部分地壳（板块）在地表滑动。当各个板块移动并相互作用时，就会形成火山作用、地震、山脉和海沟，以及形成（或破坏）海洋和大陆。

6．与高地相比，月海更年轻、密度更大且陨击坑更少。

7．说明该行星存在导电的液态内核，并持续不断地产生磁场。

8．月球体积小是主要原因，导致月球：①失去最初的热量，使其当前从地质意义上讲已经死亡；②没有足够的引力来保持大气层。

第6章

1．在太阳引潮力的影响下，水星的自转周期刚好是公转轨道周期的 2/3，自转轴方向刚好垂直于轨道面。由于水星在偏心轨道上绕太阳运行，因此轨道不可能同步。

2．与地球大气层相比，金星大气层的质量更大，温度更高，密度更大，几乎完全由二氧化碳组成。

3．当水星的铁核冷却并收缩时，水星壳破裂而形成悬崖；地球上的断层是构造活动的产物。

4．否。主要为盾状火山，由熔岩通过壳体中的热点上涌而成，与板块构造无关（金星上未观测到）。

5．水星：通过改进对水星表面的观测，水星的自转速率得到了重大修正；金星：大气观测最初表明气候相对温和，但后来对表面的射电研究揭示了炽热、干燥和不宜居；火星：随着观测水平的不断提升，天文学家对火星表面的看法发生了重大改变，从外星人建造运河以灌溉干旱沙漠，变成了干燥且地质死亡的当前世界，但其表面曾经存在液态水，甚至可能存在生命。

6．观测揭示了干涸河流、外流水道以及可能为古海洋的证据，强烈暗示火星表面曾经足够温暖，大气层足够厚，或许火星表面曾经存在大量液态水。但是现在，火星上剩余的大部分水都被冻结，主要封存在地下或者极地。

7．金星可能含有较大的液态金属核，但是自转速率太慢，行星发电机无法运行；火星自转速率较快，但是缺少液态金属核。

8．这两颗行星上的气候可能与地球非常相似，因为金星上的温室效应很可能不会消失，火星大气层中的水很可能不会结冰并成为永冻层。

第7章

1．由于观测到天王星的轨道偏离了完美椭圆，天文学家尝试计算造成这些差异的未知天体（海王星）的质量和位置。

2．磁场由行星内部深处导电液体的运动产生，因此很可能与这一区域共享该行星的自转。

3．类似于地球上的天气系统，深色带和浅色区是与对流运动相关的高压区和低压区。但是，与地球上的风暴不同，由于木星的自转速率更快，这些带和区始终环绕在木星周围。此外，云排列在三个不同的层位中，浅色调是云化学反应的结果，这不同于地球大气层中的任何作用过程。木星斑与地球上的飓风有些相似，但是规模要大得多，存在时间也更长。

4．低温意味着天王星的云层位于大气层深处，导致从地球上很难区分。

5．由于无法直接观测类木行星内部，因此人们对这些行星的全部知识均来自内部理论模型，辅之以对其质量、半径及表面性质的观测。

6．所有类木行星同时具备运行行星发电机所需的两个基本要素：①快速自转，任何情况下都比地球的自转速率快；②内部导电液体：木星和土星是金属氢，天王星和海王星则是融雪覆盖的冰。

第 8 章

1．木星的引力场，通过其对各卫星的潮汐作用。

2．在该卫星的致密大气层中，高层雾霾层对可见光不透明。惠更斯号探测器在表面上着陆，卡西尼号的雷达和红外传感器能够穿透雾霾。

3．它们表面的陨击程度都非常高，这是外太阳系清除彗星时的猛烈轰击结果。

4．洛希极限是一颗卫星内部将被引潮力撕裂时的半径。行星环位于洛希极限内，卫星大多位于洛希极限外。

5．它们具有相似的质量、半径和组成，或许同样形成于柯伊伯带中。

6．与谷神星、阋神星和外太阳系中的其他几颗天体一样，冥王星绕太阳运行，引力足以使其呈近似球体形状，但质量却不足以清除轨道路径上的其他太阳系天体。在现行术语中，它被称为矮行星或类冥矮行星。

第 9 章

1．当用太阳常数乘以总面积以获得太阳光度时，隐含假设了相同数量的能量每平方米抵达图 9.3 中大球体的值。

2．能量的携带形式包括：①辐射，能量以光的形式传播；②对流，能量由上涌太阳气体的物理运动携带。

3．日冕光谱显示：①发射线；②高度电离的元素，意味着高温。

4．表面之下存在强磁场，且具有明确的东西向形态。南半球的磁场方向与北半球的相反。但是，磁场的细节非常复杂。

5．因为太阳通过核聚变发光，当氢转化为氦时，质量转化为能量。

6．太阳中微子问题是以下事实：就来自太阳的中微子数量而言，理论预测值远大于实际实验观测值。太阳核聚变理论和地球上的实验装置都经过仔细检查和测试，但都没有发现任何问题。最后，一项新理论横空出世，解释了在从太阳核心到地球上探测器的过程中，中微子如何从一种类型变为另一种类型，进而解释了这种不一致并且解决了这个问题。

第 10 章

1．因为恒星距离太过遥远，相对于地球上任何基线的视差都太小而无法精确测量。

2．什么都不知道。在能够确定光度（或绝对星等）以前，我们需要知道它们的距离。

3．虽然分类背后的理论不正确，但为组织和分类恒星观测大型数据库提供了一种非常有用的方法，使得天文学家在约 30 年后对原子物理的理解有所提高，能够很容易地调整和解释该数据。

4．因为温度控制着恒星的原子和离子处于哪些激发态，进而控制哪些原子可能发生跃迁。

5．是的，可以利用半径-光度-温度关系，但前提是能够找到一种不依赖于平方反比定律而确定光度的方法（见 10.2 节）。

6．因为巨星的内禀光度非常高，与更常见的主序星或白矮星相比，即便在更远的距离之外也能看到。

7．所有恒星应当距离更远，但测量到的光谱型和视亮度很可能不变，因此光度应当高于以前的假想值。因此，在赫罗图中，主序应当垂直向上移动。然后，在分光视差方法中，我们应当采用更大的光度，因此该方法推断的距离也会增大。

8．我们假设：①有信心判断观测到的恒星是否位于主序上；②一种已知光谱型的一颗主序星的半径已经非常好地确定。虽然存在重大的不确定性，但这两个假设都是合理的，尤其是假设②。

9．无法测量。我们假设其质量与双星中发现的类似恒星相同。

第 11 章

1．因为星际空间的尺度非常大，即便密度极低，至遥远恒星的视向沿线也会积聚大量遮蔽物质。

2．因为紫外线被周围云中的氢气吸收，电离后形成发射星云。红光是 H 辐射，作为电子发射的可见氢光谱的一部分，质子重新结合形成氢原子。

3．由于云的主要成分氢很难观测，天文学家必须利用其他分子作为云性质的示踪剂。

4．①光球的存在意味着云内部对其自身辐射变得不透明，标志着坍缩阶段放缓；②核心中的核聚变，以及压力与引力之间的平衡。

5．否。主序的不同部分对应于不同质量的恒星。在一生中的大部分时间里，典型恒星都停留在主序上大致相同的位置。

6．因为恒星的形成速度不同，在小质量恒星形成结束之前，大质量恒星就已抵达主序并开始破坏母云。

第 12 章

1．流体静力平衡；若太阳的某些性质发生一些变化，则其恒星结构就会调整以进行补偿，太阳内部温度或压力发生较小变化不会引发半径或光度发生较大变化。

2．因为没有聚变支撑的未燃烧内核开始收缩，释放出引力能，加热上覆各层，使其燃烧得更剧烈且光度增大。

3．不会。成为白矮星后，太阳没有双星伴星来提供质量，所以永远不会成为新星（或 I 型超新星）；太阳的质量太小，不可能成为 II 型超新星。

4．由于铁无法聚变而产生能量，所以不可能进一步发生核反应，核心的平衡也无法恢复。

5．因为两种类型超新星的光谱和光变曲线不同，所以无法用单一现象进行解释。

6．因为星团提供了质量不同但年龄和初始组成相同的许多恒星快照，所以允许人们直接检验该理论的预测结果。

7．因为恒星演化负责生成和散布组成人体的所有重元素，此外还可能在引发太阳系形成的星际云坍缩中发挥重要作用。

第 13 章

1．否。仅适用于 II 型超新星。由理论可知，若原始恒星的中心核反弹，则可形成中子星。

2．因为：①并非所有超新星都会形成中子星；②发射存在光束，但地球上可能观测不到；③脉冲星自旋减慢，数千万年后变得过于暗淡而无法观测。

3．有些 X 射线源是包含吸积中子星的双星，这些中子星可能正在自旋加速而形成毫秒脉冲星。

4．γ 射线暴是 γ 射线的高能爆发，大致均匀地分布在天空中，约每天发生一次。之所以构成挑战，主要是因为它们非常遥远且光度特别高，但能量来自直径不到数百千米的区域。

5．其引力变得非常强大，甚至光都无法逃脱，从而变成一个黑洞。

6．在牛顿的理论中，引力是存在于所有大质量天体之间的力；在相对论中，我们称为引力的加速度实际上是对弯曲时空运动的感知，弯曲时空的曲率取决于物质的局部密度。狭义相对论做出了关于宇宙的一些特别违反常理的预测（如时间膨胀、长度收缩和同时性损失），科学家最初很难接受这些预测，但其所有预测都在实验室实验中得到了反复证实，广义相对论的许多预测也得到了天文观测的证实。

7．因为该天体似乎应当需要无限长的时间才能抵达事件视界，而当其抵达那里时光会无限红移。

8．通过观测它们对其他天体的引力影响，以及物质落入其中时所发射的 X 射线。

第 14 章

1．当从内部观测时，银河是银盘的薄层平面。当视线位于银道面中时，即可见到许多恒星模糊成一条连续光带；其他方向上则会看到黑暗。

2．否。即使是最亮的造父变星，因为受到星际尘埃的遮蔽，也无法在超过 1kpc 的距离内观测到。

3．争论涉及旋涡星云（如仙女座中的 M31）的大小和位置。我们现在知道它们是旋涡星系，但当时天文学家并没有足够的数据来计算距离，进而确定其大小。沙普利认为旋涡星云是银河系中包含的相对较近的小型天体，柯蒂斯认为这些星云是大小与银河系相当的遥远星系。沙普利利用变星观测来证明银河系很大，柯蒂斯则认为它要小得多。最后，两位科学家都不完全正确。沙普利的银河系大小观点正确，柯蒂斯的旋涡星云是类似于银河的遥远星系观点正确。几年后，利用变星观测，埃德温・哈勃证明了许多旋涡星云确实存在于银河系之外，这一问题最终得到解决。

4．在恒星空间分布、恒星类型、恒星年龄、所含星际气体数量及各子星的轨道运动等方面，二者均存在较大的差异。

5．因为银晕中的所有气体和尘埃数十亿年前均落入银盘，所以晕族星的形成早已停止。

6．因为较差自转应当会在数亿年内破坏旋涡结构。

7．科学家不愿意提出物理学新理论来解释观测结果，而且银河系自转曲线和大尺度上质量缺失的竞争性理论确实存在。虽然持保留意见，但是大多数天文学家还是得出了暗物质作为具有引力但不与电磁辐射相互作用的物质而引入，且最符合观测事实的结论。几种理论可以解释暗物质如何在早期宇宙中形成，人们对其进行了实验性测试，若暗物质存在，则总有一天会探测到。

8．在任何电磁波长下，人们均未观测到其发射。从对围绕银心运行的恒星和气体的引力作用中，人们才推断出其存在。

9．通过观测快速运动的恒星、气体和发射辐射变化，人们发现存在一个质量约为 300 万倍太阳质量的黑洞。

第 15 章

1．大多数星系都不是大型旋涡星系，最常见的星系类型是矮椭圆星系和矮不规则星系。

2．测距技术最终依赖于光度能够通过其他方法进行推断的极亮天体的存在。向外观测（行星际空间）的距离越远，这类天体的搜寻和校准难度就越大。

3．哈勃定律并未运用平方反比定律。其他方法均提供了确定遥远天体光度的方法，然后即可运用平方反比定律将其转换为距离。哈勃定律给出了红移与距离之间的直接关系。

4．因为这意味着能量源不可能只是大量恒星的能量总和，某些其他机制必定正在发挥作用。

5．当最初发现类星体时，人们认为它们是距离相对较近的暗星（或类似恒星的天体），但其不同寻常的光谱给天文学家带来了问题。天文学家后来意识到，它们的奇特光谱实际上意味着红移非常大，问题终于有了明确的答案：类星体实际上是整个宇宙中最遥远（因此也最明亮）的天体之一。

6．能量在可见星系中心核的吸积盘中产生，然后通过喷流输送出该星系并进入射电瓣，最终在那里以射电波形式通过同步加速过程进行发射。

第 16 章

1．首先，星系在引力作用下束缚在星系团中；其次（更本根），太阳系中适用的物理定律（如引力、原子结构和多普勒效应）

也都适用于甚大尺度，还适用于可能含有大量暗物质的系统。

2．巨洞中的星系与其他星系交会的可能性要小得多，因此其演化将更多地由内部过程（恒星形成和恒星演化）决定，而星系团中的星系将受到与其他星系相互作用的更多影响。

3．该场景预测了不同类型的星系在宇宙历史上如何组合，这对其所含恒星的类型、组成和年龄产生影响。通过将其预测结果与不同红移（即过去不同时间）处的旋涡星系和椭圆星系的性质进行比较，天文学家能够判定该模型的准确性。

4．天文学家认为，首批黑洞形成于宇宙历史早期的年轻星系中。通过吸积星系周围的恒星和气体，以及在母星系并合时与其他黑洞并合，黑洞逐渐成长壮大，最终形成了现在能够在正常星系中观测到的超大质量黑洞。在将更多星系气体导入中心黑洞时，星系并合通常起主要作用。黑洞与活动星系的关联如下：黑洞在吸积期间发射大量能量，变成可观测的活动星系核。

5．或许不会。某些星系可能刚好没有中心黑洞，而且在任何情况下，只有星系团中的星系才可能经历触发活动的交会。

6．在从这些天体传播至地球的过程中，光受到整个视向沿线的宇宙结构的影响。光线被居间质量天体的引力场偏折，视向沿线的气体产生吸收线，由其红移可知每个特征形成的距离。因此，地球上接收到的光提供了穿越宇宙的核心样本，天文学家可从中提取详细信息。

第 17 章

1．当在甚大尺度（超过 300Mpc）上观测时，星系分布似乎在任何位置和所有方向上都大致相同。此外，观测到微波背景辐射场各向同性的精度非常高。

2．通过从时间上向前回溯运动，人们发现所有星系（以及实际上整个宇宙万物）在过去的相同时刻均位于同一点。宇宙学原理不允许这一点具有特殊性，因此只剩下大爆炸这一种可能性。

3．若宇宙中存在可令引力停滞和当前膨胀逆转的足够物质，则宇宙最终会再次坍缩在大挤压中，否则宇宙将永远膨胀。

4．低密度宇宙具有负曲率且范围无限；临界密度宇宙在空间上平直（欧氏几何）且范围也无限；高密度宇宙具有正曲率且范围有限。

5．由观测到的宇宙膨胀加速可知，某种非引力肯定在发挥作用，暗能量是当前形成这种力的最佳理论。此外，银河系和宇宙学观测结果表明，宇宙在空间上是平直的，因此具有临界密度，但是物质（主要是暗物质）的密度不能解释全部，解释宇宙加速所需暗能量与所需额外密度（约为临界值的 70%）非常一致。

6．似乎没有足够的物质来阻止坍缩。此外，由观测到的宇宙加速可知，宇宙中存在一种大尺度斥力，这种斥力也抵抗再次坍缩。

7．大爆炸时形成。它是原初火球的电磁遗迹，因为是炽热的年轻宇宙热发射，所以最初就是一条黑体曲线。因为宇宙学红移将所有光子按相同的倍数进行拉伸，所以保持了黑体曲线形状。

8．由今天在宇宙中观测到的氘的数量可知，正常物质的当前密度最多仅为临界值的百分之几，远低于从动力学研究中推测出的暗物质密度。

9．并未直接说明。暴胀表明宇宙是平直的，因此宇宙总密度等于临界值。但是，物质的密度似乎仅为临界值的 1/3 左右，电磁辐射（微波背景）的密度也仅为临界密度的几分之一。总而言之，这些陈述表明，剩余密度以暗能量的形式存在，如 17.3 节所述。

10．因为暗物质很大程度上不受背景辐射场的影响，所以能够比正常物质更早地聚集，进而形成随后可见星系的发光物质范围内的各种结构。早期暗物质块的引力导致宇宙微波背景的温度出现微小起伏，人们今天在微波背景中看到的脉动是很久以前星系形成的开始。

第 18 章

1．否。通过非生物过程，由简单成分形成复杂分子已被反复证明，但从未产生过活细胞或自我复制的分子。

2．火星仍然是最可能的天体，因为其组成通常与地球相似，而且若干证据表明，火星过去更温暖，且表面可能存在液态水。木卫二和土卫六也具有可能有助于生物体出现的性质——木卫二的冰质壳下存在液态水，土卫六具有大气层和许多复杂分子。

3．德雷克方程将一个复杂问题分解为简单的天文学、生物化学、人类学和文化部分，这些简单部分可以单独分析，分析本身有助于确定在该位置搜寻时可能最有成效的恒星类型。

4．我们假设一个技术文明选择在光谱的射电部分（银河系的吸收最小）工作，并选择一个自然银河系背景静态影响最小的区域。我们还假设 21 厘米氢线对它们很重要，因为氢是宇宙中最常见的元素。若它们像我们一样在水环境中演化，则羟基也具有特殊意义。

附录F　自测题和计算题答案

第0章

自测题：**1**. 错；**2**. 错；**3**. 对；**4**. 错；**5**. 对；**6**. 对；**7**. 错；**8**. b；**9**. b；**10**. c；**11**. a；**12**. c；**13**. d；**14**. b；**15**. a

计算题：**1**. 天蝎座。**2**. 29.9km；1.08×10^5 km；2.58×10^6 km。**3**. 将缩短8分钟。**4**. 56.4分钟。**5**. 1.0km/s。**6**. 确实如此。**7**. 173m。**8**. 57300km；3.44×10^6 km；2.06×10^8 km。**9**. 2.9°

第1章

自测题：**1**. 错；**2**. 错；**3**. 错；**4**. 错；**5**. 错；**6**. 错；**7**. 错；**8**. 对；**9**. d；**10**. c；**11**. c；**12**. a；**13**. c；**14**. b；**15**. b

计算题：**1**. (a)110km；(b)44000km；(c)370000km。**2**. 700s。**3**. 0.4°；逆行。**4**. 3AU；0.333；5.2年。**5**. 35AU。**6**. 水星的近日点距离为0.307AU；远日点距离为0.467AU；二者相差0.159AU或52%。**7**. 9.42×10^{-4}太阳$=1.88\times10^{27}$ kg。**8**. 9.50m/s^2；7.33m/s^2；1.49m/s^2。**9**. 对于70kg的人而言，引力 =684牛顿 =154磅，称为该人的体重。**10**. 1.7km/s

第2章

自测题：**1**. 错；**2**. 对；**3**. 对；**4**. 错；**5**. 对；**6**. 对；**7**. 对；**8**. a；**9**. d；**10**. a；**11**. b；**12**. c；**13**. d；**14**. a；**15**. d

计算题：**1**. 1480m/s。**2**. 3m。**3**. 23Hz；射电波。**4**. A；3.25；112。**5**. 310；9.4μm；红外线。**6**. 6.4×10^7 W/m^2，3.9×10^{26} W。**7**. 3×10^{10}。**8**. 第二激发态时有三种可能，即 $2\rightarrow1$ (Hα,656nm)、$2\rightarrow$基态(Lyβ,103nm)和$1\rightarrow$基态(Lyα,122nm)；第三激发态时有六种可能，即前面三种再加上$3\rightarrow2$(帕邢α,1876nm)、$3\rightarrow1$(Hβ,486nm)和$3\rightarrow$基态(Lyγ,97.3nm)。**9**. 137km/s接近。**10**. 1.94×10^{27} kg

第3章

自测题：**1**. 错；**2**. 错；**3**. 对；**4**. 对；**5**. 错；**6**. 错；**7**. 错；**8**. d；**9**. d；**10**. c；**11**. a；**12**. d；**13**. b；**14**. b；**15**. c

计算题：**1**. 0.3角秒；6.8像素。**2**. 580μm，比设计工作波长范围（3～200μm）要长。**3**. 6.7分钟，1.7分钟。**4**. (a)0.25″，(b)0.01″。**5**. 15m。**6**. 160光年，通过文中介绍的公式来计算分辨率。**7**. 3.3分钟。**8**. 36光年，0.61光年，0.012光年。**9**. 14.1m，16m。**10**. (a)0.003角秒，(b)0.005角秒

第4章

自测题：**1**. 错；**2**. 对；**3**. 错；**4**. 错；**5**. 错；**6**. 对；**7**. 错；**8**. d；**9**. b；**10**. d；**11**. a；**12**. c；**13**. b；**14**. a；**15**. c

计算题：**1**. 2×10^{21} kg，地球质量的0.03%；40km。**2**. 1.1AU，2.0AU。**3**. 3kg。**4**. 谷神星质量的1倍、0.1倍、0.01倍和0.001倍，或者1.6×10^{21} kg、1.6×10^{20} kg、1.6×10^{19} kg和1.6×10^{18} kg。**5**. (a)1100万年；(b)50AU。**6**. 轨道周期为0.00836年 =3.05天，因此从发现到2013年1月1日（举例），运行次数为$14\times365+4$(闰日)$+31=5145$天$=1685$圈。**7**. 地球重力的1.7倍和0.8倍。**8**. 890AU。**9**. 2×10^8；1次/2.5年。**10**. 0.25AU

第5章

自测题：**1**. 对；**2**. 对；**3**. 对；**4**. 错；**5**. 对；**6**. 错；**7**. 错；**8**. b；**9**. d；**10**. b；**11**. b；**12**. d；**13**. d；**14**. a；**15**. c

计算题：**1**. 5.3m/s^2= 实际值的0.55倍，8.3km/s。**2**. 30kg。**3**. 21m。**4**. 1.6×10^{-7}。**5**. (a) 8.4×10^{-3}倍地球质量；(b)0.16倍地球质量；(c)0.84倍地球质量；(d) 7.0×10^{-3}倍地球质量。**7**. 45%。**8**. 43分钟。**9**. 至少需要4.8×10^5个这样的陨击坑和4.8万亿年；速率必须高出1000倍。**10**. 93m①

第6章

自测题：**1**. 对；**2**. 错；**3**. 对；**4**. 对；**5**. 对；**6**. 错；**7**. 错；**8**. b；**9**. b；**10**. d；**11**. c；**12**. b；**13**. b；**14**. a；**15**. c

计算题：**1**. 8.8分钟。**2**. 4.0×10^{23} kg（对于700K的温度），或者比现在高出约22%。**3**. 4.9×10^{20} kg，质量是地球大气层的98倍和金星大气层的10^{-4}倍。**4**. 400km/h。**5**. (a)12100km；(b)是的，最小可探测特征的直径应当约为20km，远小于最大撞击特征。**6**. 197分钟，94分钟。**7**. 28kg，假设我在地球上的体重为70kg。**8**. 10m/s。**9**. 2.7×10^{17} kg；火星质量的4.5×10^{-7}倍；金星大气层质量的5.5×10^{-4}倍。**10**. 16′，2.7′；不能，因为从火星上看，太阳的最小角直径为19′

第7章

自测题：**1**. 错；**2**. 对；**3**. 错；**4**. 对；**5**. 对；**6**. 错；**7**. 对；**8**. 对；**9**. a；**10**. d；**11**. d；**12**. b；**13**. c；**14**. a；**15**. b

计算题：**1**. 150km（或0.002倍木星半径）；1100km（或0.04倍海王星半径）。**2**. 2.2×10^{17} N；1.4×10^{21} N（或6400倍以上）。

---

① 原文中缺少第6题的答案。——译者注

3. 4200 秒 = 1.17 小时；84000km。**4**. 6×10^{-5} 倍木星质量，或 0.019 倍地球质量。**5**. 略。**6**. 实际质量的 1.5%。**7**. 10.5 天。**8**. 74K。**9**. 1.7×10^{25} kg（2.8 倍地球质量）；81%。**10**. 49μm；红外线

第 8 章

自测题：**1**. 对；**2**. 对；**3**. 对；**4**. 对；**5**. 错；**6**. 对；**7**. 对；**8**. 错；**9**. a；**10**. c；**11**. c；**12**. b；**13**. d；**14**. c；**15**. b

计算题：**1**. 20.3km/s，7.6km/s；土星的质量远大于地球！**2**. 木星半径的 2.3 倍。**3**. 对于木卫一：加速度之差 = 6.3×10^{-3} m/s^2，表面重力加速率 = 1.8m/s^2，比率 = 0.0035 = 0.35%；对于月球：加速度之差 = 2.2×10^{-5} m/s^2，表面重力加速度 = 1.6m/s^2，比率 = 1.4×10^{-5}。**4**. 1.35m/s^2（地球：9.80m/s^2）。**5**. 2.6km/s，木卫一：36′，木卫二：18′，木卫三：18′，木卫四：9′，太阳：6′；是的。**6**. 半径 38km。**7**. 1.1×10^{18}。**8**. 更远之外 6.8 倍距离。**9**. 若体重为 70kg，则在冥王星上为 4.7kg，在冥卫一上为 2.1kg。**10**. 11.1 小时；28700km；2.8 圈运行轨道

第 9 章

自测题：**1**. 对；**2**. 错；**3**. 错；**4**. 错；**5**. 对；**6**. 错；**7**. 错；**8**. c；**9**. c；**10**. a；**11**. b；**12**. c；**13**. a；**14**. b；**15**. c

计算题：**1**. (a)14600W/m^2；(b)52W/m^2。**2**. (a)3000km；(b)1500 个；(c)167 分钟轨道周期的 1/33。**3**. (a)0.29nm（硬 X 射线）；(b)29nm（远紫外）；(c)290nm（近紫外）。**4**. 100 秒 = 17 分钟，相当于米粒寿命。**5**. 平均太阳值的 36%（减少了 64%）。**6**. (a)辐射质量损失 = 430 万吨/秒，2 倍于太阳风质量损失；(b)30 万亿年。**7**. 83 天。**8**. 30 万年。**9**. 740 亿年。**10**. 4×10^{28}

第 10 章

自测题：**1**. 错；**2**. 错；**3**. 错；**4**. 错；**5**. 对；**6**. 错；**7**. 对；**8**. d；**9**. b；**10**. b；**11**. c；**12**. d；**13**. c；**14**. b；**15**. b

计算题：**1**. 77pc；0.39″。**2**. 47km/s；56km/s。**3**. (a)80 倍太阳光度；(b)2 倍太阳半径。**4**. B；3 倍。**5**. A；10 倍。**6**. 3.3×10^{-10} W/m^2；太阳常数的 2.3×10^{-13} 倍。**7**. 16 万亿倍。**8**. 320pc。**9**. 太阳质量的 3.5 倍和 2.3 倍。**10**. (a)2000 亿年；(b)10 亿年；(c)1 亿年

第 11 章

自测题：**1**. 错；**2**. 错；**3**. 错；**4**. 对；**5**. 错；**6**. 对；**7**. 对；**8**. d；**9**. b；**10**. c；**11**. d；**12**. b；**13**. b；**14**. c；**15**. b

计算题：**1**. 1.9g。**2**. 21 厘米波长的频率是 1428.6MHz（注意，精确波长为 21.11cm，对应频率为 1420.4MHz）；频率：1428.8～1428.2MHz，波长：20.9965～21.0053cm。**3**. 0.017pc = 3500AU。**4**. 4100，9.0。**5**. 逃逸速度（km/s）：1.8，1.1，1.1，0.80；平均分子速度：13.6，14.0，14.6，14.2；否。**6**. 是，勉强；逃逸速度为 0.93km/s，分子速度为 0.35km/s。**7**. (a)200 倍太阳半径；(b)2.3 倍太阳半径。**8**. 8。**9**. 10^{-6} 倍太阳光度。**10**. 37pc

第 12 章

自测题：**1**. 对；**2**. 对；**3**. 错；**4**. 对；**5**. 错；**6**. 对；**7**. 对；**8**. 错；**9**. a；**10**. b；**11**. a；**12**. b；**13**. b；**14**. c；**15**. d

计算题：**1**. 3.5×10^7 kg/m^3；5.7×10^{-4} kg/m^3，比后者小，仅为后者的 1.6×10^{-11} 倍；太阳的中心密度为 150000kg/m^3，比白矮星密度小，仅为后者的 4.3×10^{-3} 倍。**2**. 220pc。**3**. (a)2.9 倍太阳质量；(b)1.7 倍太阳质量。**4**. 7.1 年；63000 年。**5**. 7300km/s，500000 倍地球引力。**6**. 20，320 万秒差距；100 亿秒差距。**7**. 0.4pc；不会，太阳距离内不存在 O 型星或 B 型星（实际上根本就没有恒星）。**8**. 视星等为−14.1，比满月亮 1.6 等（4 倍），比金星亮 9.7 等（7600 倍）；会的，根据附录 C，在该距离范围内，存在数颗 O 型星和 B 型星，以及参宿四及其他部分红超巨星。**9**. 约 1000km/s；这是一个不错的假设，星云的移动速度足够快，不会受到引力的太大影响，但其进入星际物质时可能减慢速度。**10**. 1.2×10^{44} J；220 倍地球质量

第 13 章

自测题：**1**. 对；**2**. 对；**3**. 对；**4**. 错；**5**. 对；**6**. 错；**7**. 错；**8**. b；**9**. a；**10**. b；**11**. c；**12**. b；**13**. c；**14**. c；**15**. b

计算题：1. 100 万圈/天，或 11.6 圈/秒。**2**. 3×10^{44} 倍高——对于 70kg 的人而言，即 2.1×10^{16} kg；月球的质量要大 350 万倍；小行星的质量约为 1.6×10^{12} kg（假设其为球形，且密度为 3000kg/m^3），要小 13000 倍。**3**. 1.9×10^{12}m/s^2 或 1900 亿地球引力；19 万千米/秒，即光速的 64%；30 万千米/秒。**4**. 1.6×10^{-5} 倍太阳光度，1.6×10^3 倍太阳光度，1.6×10^{11} 倍太阳光度；紫外线、X 射线和 γ 射线；它们可能在形成后立即变得非常明亮，但在冷却时应会变得非常暗淡；温度最低的那颗中子星可绘制在赫罗图的左下角，作为一颗非常暗淡的 O 型恒星。**5**. 2.4×10^{44} J，大致为太阳一生总能量输出的 2 倍；2.4×10^{34} J；1.4×10^{25} J。**6**. 140ms。**7**. 300 万千米 = 4.3 倍太阳半径；30 亿千米 = 20AU。**8**. 2×10^{10}m/s^2 = 2×10^9g；2×10^{-3} g；2×10^{-9} g。**9**. 1760km。**10**. 3×10^7 km = 0.2AU

第 14 章

自测题：**1**. 对；**2**. 对；**3**. 错；**4**. 错；**5**. 错；**6**. 对；**7**. 错；**8**. 对；**9**. b；**10**. c；**11**. a；**12**. b；**13**. d；**14**. b；**15**. c

计算题：**1**. 2.0″，远小于仙女星云的角直径。**2**. 100kpc。**3**. 10 倍。**4**. −6.2；17Mpc。**5**. 0.014″/年；人们已经实际测量到几个球状星团的自行。**6**. 2.7×10^{11} 倍太阳质量。**7**. 5.7 亿年。**8**. 18 次。**9**. 1kpc。**10**. 1600AU，2.6×10^6 倍太阳质量

第 15 章

自测题：**1**. 错；**2**. 对；**3**. 对；**4**. 对；**5**. 对；**6**. 对；**7**. 对；**8**. a；**9**. c；**10**. b；**11**. b；**12**. a；**13**. b；**14**. c；**15**. c

计算题：**1**. 30 亿年后。**2**. 17Mpc，造父变星的光度为 10^4 倍太阳光度。**3**. 320Mpc。**4**. 14000km/s，57Mpc；10000km/s，80Mpc；16000km/s，50Mpc。**5**. 140 亿年；140 亿年。**6**. 1.8×10^8 倍太阳质量。**7**. 110 万年。**8**. 1.3×10^{36} W = 32亿倍太阳光度。**9**. 7200km/s。

10. 赛弗特星系；天狼星 A；为天狼星 A 的 1/120；若来自星系核的大部分发射位于红外部分，则合理[①]

第 16 章

自测题：**1**. 错；**2**. 错；**3**. 错；**4**. 对；**5**. 对；**6**. 错；**7**. 对；**8**. 对；**9**. b；**10**. c；**11**. d；**12**. a；**13**. d；**14**. b；**15**. a

计算题：**1**. 1.2×10^{12} 倍太阳质量。**2**. 5.6×10^{11} 倍太阳质量，假设速度为 350km/s。**3**. 9.3×10^{10} 倍太阳质量。**4**. 700km/s；星系团中的星系速度为 660km/s。**5**. 1.3 亿年。**6**. −27.2；6.4 万亿倍太阳光度；太阳的视星等 = −26.8，因此 10pc 处类星体的视亮度为 0.4 等，或者为 1AU 处太阳视亮度的 1.4 倍。**7**. −22.5；8.3×10^{10} 倍太阳光度。**8**. 1100 万年。**9**. 21Mpc。**10**. 48kpc

第 17 章

自测题：**1**. 错；**2**. 错；**3**. 错；**4**. 对；**5**. 对；**6**. 错；**7**. 对；**8**. 对；**9**. a；**10**. d；**11**. c；**12**. d；**13**. b；**14**. c；**15**. a

计算题：**1**. 1000Mpc。**2**. 4×10^{8}。**3**. 1200km/s，直接远离对角。**4**. 200 亿年；140 亿年；120 亿年。**5**. (a)30000 吨；(b)2.8pc。**6**. 3×10^{15} 倍太阳质量；1200km/s。**7**. (a)1.1mm；(b)0.0093；(c) 9.3×10^{-5}；(d) 9.3×10^{-7}。**8**. 9×10^{-18} kg/m^3；5×10^{-19} kg/m^3。**9**. 91kpc。**10**. 74kpc

第 18 章

自测题：**1**. 错；**2**. 错；**3**. 对；**4**. 错；**5**. 对；**6**. 对；**7**. 对；**8**. b；**9**. c；**10**. c；**11**. b；**12**. d；**13**. a；**14**. d；**15**. d

计算题：**1**. 6.3s（对于 20 岁的读者）；18s（2003 年）；72s；161s；237 天。**2**. 0.19～0.47AU。**3**. 50 亿颗。**4**. 27AU。**5**. (a)0.2；(b)20；(c)2000。**6**. 3100 年；310 万年。**7**. 32000km/s。**8**. 5×10^{8} W，为太阳发射的 500 倍。**9**. 1.43×10^{9} ～ 1.67×10^{9} Hz；2.4×10^{6} 个频道。**10**. 2.3 年；55 年

① 原文中第 10 题的答案不完整。——译者注

附录G　四季星图

你是否曾在陌生的城市中迷失方向？此时，你可能需要用到两样东西：地图和路标。在任何季节的夜空中，这两样东西都能帮助你找到前行的方向。所幸的是，除了季节性星图，天空还为人们提供了两个主要的路标：每个季节性描述都会谈到北斗七星（Big Dipper），这是主导大熊座（Ursa Major）的一组7颗亮星；在深秋至早春的天空中，猎户座（Orion）也发挥着重要作用。

每张星图都描绘了顶部所示时间（春季、夏季、秋季和冬季）从北纬35°附近看到的天空，星图外侧显示了四个方向（东、南、西和北）。要在地平线之上搜寻恒星，可将星图放在头顶并定位方向，当标签与自己面对的方向匹配时，星图地平线上的恒星就与天空中的恒星匹配。

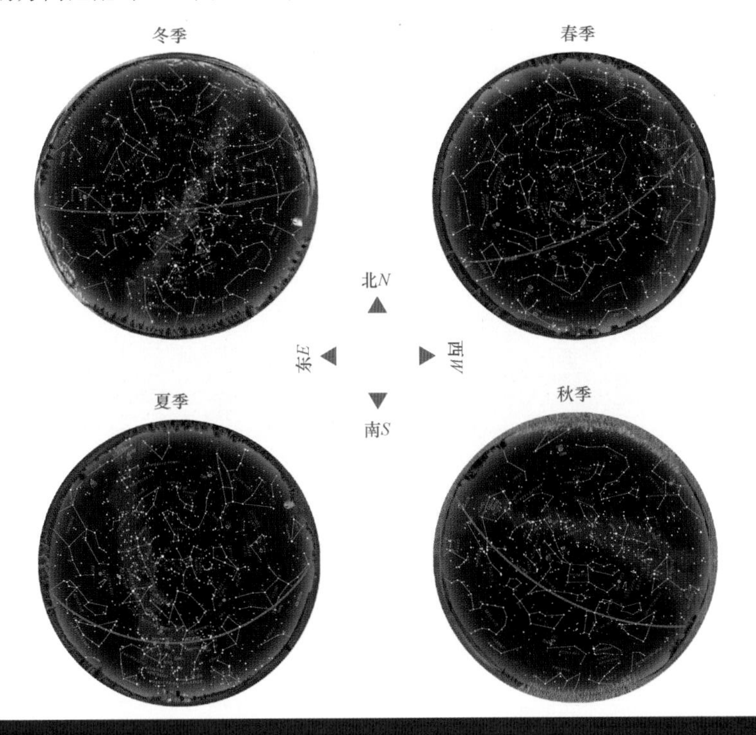

G.1　探索冬季的天空

冬季的北斗七星位于东北部天空，手柄上的三颗恒星指向地平线，斗/勺/碗中的四颗恒星位置最高。整个天空围绕北极星（Polaris）附近的一个点旋转。通过将“斗”中最上面一对恒星的连线延伸至天空中的北斗七星左侧，即可发现2等恒星——北极星。北极星还有另外两个重要的功能：该恒星在地平线之上的高度等于你所在位置的赤道以北的纬度；北极星与地平线之间的连线的垂线指向正北。

当转身背对北斗七星时，你将面对钻石般璀璨的冬季天空。天空中的第二个重要路标是猎户座，它位于这一璀璨场景的中心。三颗相距很近的2等恒星形成一条直线，代表着清晰明确的猎户腰带（belt of Orion）。将连接这些恒星的假想线向右上方延伸，即可看到金牛座（Taurus）及其橙色1等恒星毕宿五（Aldebaran）。将视线转向猎户腰带的左下方，你应当不会错过天狼星（Sirius），这是所有季节天空中的最亮恒星，其星等为-1.5。

现在，从最西侧的恒星参宿三（Mintaka）垂直于猎户腰带移动，即可在猎户座左上方发现红超巨星参宿四（Betelgeuse）。参宿四的直径为太阳直径的近千倍，标志着猎户座的一个肩部。沿着这条垂线继续前行，即可看到一对亮星——北河二（Castor）和北河三（Pollux）。从这对恒星开始，两行暗星往回朝向猎户座延伸，称为双子座（Gemini）。在这个星座的东北角，坐落着美丽的疏散星团 M35。当从猎户腰带掉头向南时，你应当会看到蓝超巨星参宿七（Rigel），这是猎户座中另一颗重要的亮星。

在猎户座之上，冬季夜晚的头顶正上方是明亮的五车二（Capella），该恒星隶属于御夫座（Auriga）。穿过猎户座的肩膀向东直线延伸，就会看到小犬座（Canis Minor）中的南河三（Procyon）。熟悉这些主要恒星后，利用星图查找较暗的星座总体上将变得更容易。不要着急，慢慢寻找乐趣。但是，在离开猎户座之前，最后将双筒望远镜对准腰带下方的恒星线，中部的模糊恒星实际上是荣耀的猎户星云（M42），即由新形成的亮星所照亮的恒星育婴房。

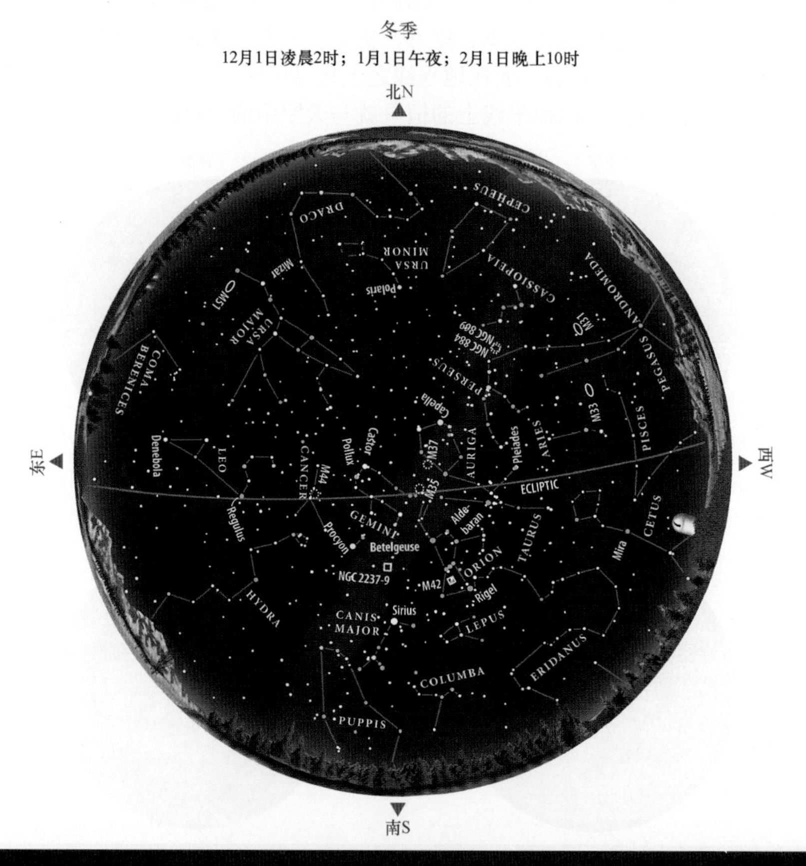

G.2 探索春季的天空

春季期间，作为天空中的路标，北斗七星在人们头顶的高空摆动，位于星图中心的正北方。在这个万物复苏的季节，温度较为温和，适宜人们到户外活动。随着新季节的到来，一组新恒星闪亮登场。

沿着勾勒出北斗七星手柄的星弧离开斗，明亮的大角星（Arcturus）将映入眼帘，这颗橙色恒星主导着牧夫座（Bootes）的春季天空。狮子座（Leo）坐落于牧夫座西侧，通过反向利用北斗七星的指针，即可找到该星座中最亮的恒星轩辕十四（Regulus），轩辕十四位于形似镰刀或后向问号（狮子头部）的一组恒星的底部。

在轩辕十四与双子座中北河三（Pollux）之间的中途，现在正在西部下落的是一组巨蟹座（Cancer）的微小恒星。这组恒星的中心是一片朦胧的光斑，双筒望远镜揭示其为蜂巢星团（M44）。

狮子座东南部是星系界和处女座（Virgo）。处女座中的最亮恒星是角宿一（Spica），其星等为 1.0。

春季，银河系与地平线齐平，很容易想象成在银道面外观看。在处女座、狮子座、小熊座及大熊座方向，存在光不受银河系中尘埃阻碍的数千个星系。但是，对于未经训练的人眼而言，所有这些星系都难以捉摸，需要利用双筒望远镜才能看到。

牧夫座位于这个星系的东部边界。在大角星和织女星（Vega）之间的中途，这颗明亮的夏季恒星在东北部升起，该区域中所有恒星的亮度均不超过 2 等。一个恒星半圆代表北冕座（Corona Borealis），与之相邻的较大区域中坐落着武仙座（Hercules），这是天空中的第五大星座。在这里，我们能够找到北天中最亮的球状星团 M13，这是一个来自黑暗区域的肉眼可见的天体，通过望远镜观测时非常壮观。

返回大熊座（Ursa Major），检查北斗七星手柄中倒数第二颗恒星，大多数人会将其视为双星，双筒望远镜很容易揭示这一点。这对恒星称为北斗六/开阳（Mizar）和开阳增一（Alcor），二者相距 0.2°。据望远镜揭示，北斗六本身也是一个双星，其伴星的星等为 4.0，距离地球 14 角秒。

春季

3月1日凌晨1时；4月1日晚上11时；5月1日晚上9时。因夏令时而增加1小时

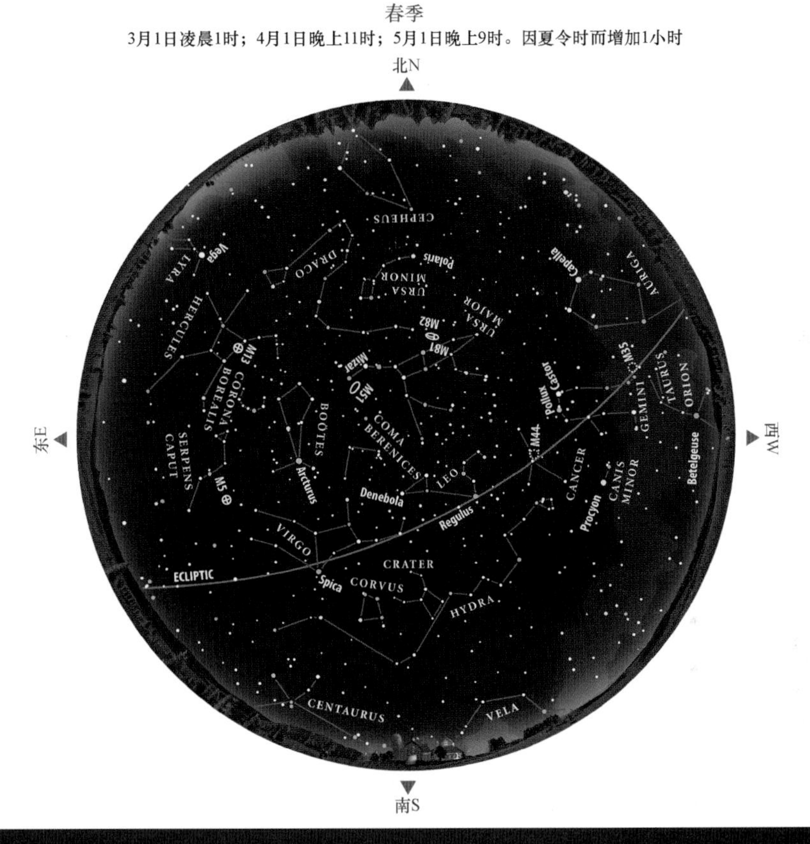

G.3 探索夏季的天空

银河系的壮丽证明了夏季天空的丰富多彩，从英仙座（Perseus）中的北部地平线开始，穿过头顶的十字形天鹅座（Cygnus），一直向下延伸至南部的人马座/射手座（Sagittarius）。银河系中充满了各种财富，包括星团、星云、双星和变星。

现在，北斗七星（常年路标）位于西北部，手柄仍指向大角星。在头顶的高空中，日落后出现的首颗恒星是天琴座（Lyra）中的织女星（Vega）。织女星形成了夏夜大三角（由三颗恒星组成的明显星组）的一个角，附近坐落着著名的双星织女二/天琴座 ε（ε Lyrae），两颗 5 等恒星相距仅稍微超过 3 角分，通过双筒望远镜即可分辨。在这两颗恒星中，每颗恒星也是双星，但需要望远镜才能分辨。

织女星东侧坐落着大三角的第二颗恒星，即天鹅座（Cygnus）中的天津四（Deneb），有时能够分辨出这种图案中的十字形。天津四标志着这只优雅天鹅的尾巴，十字形代表其展开的翅膀，十字形底部代表其头部，通过无与伦比的双星辇道增七（Albireo）进行标识。辇道增七配置了一颗 3 等黄星和一颗

5 等蓝星，提供了整个天空中的最佳颜色对比度。天津四是一颗超巨星，光度相当于 60000 倍太阳光度。还要注意，银河在天鹅座中的位置被拆分为两部分，这是由星际尘埃阻挡遥远星光而形成的巨大裂缝。

牛郎星/牵牛星/河鼓二（Altair）是夏夜大三角中的第三颗恒星，也是最南侧和第二亮的恒星。牛郎星是天鹰座（Aquila）中最亮的恒星，距离地球 17 光年。

天津四以北常被忽视的星座是仙王座（Cepheus），其形状非常类似于主教帽，南角通过一个紧凑的恒星三角进行标识，其中包括造父一（Δ Cephei）。这颗著名的恒星是造父变星的原型，用于确定部分较近星系的距离。造父一的亮度从 3.6 等规律变化至 4.3 等，然后在 5.37 天的周期后返回。

人马座和天蝎座（Scorpius）紧贴着南部地平线，坐落于银河系的最厚部分。天蝎座中的最亮恒星心宿二（Antares）是一颗红超巨星，其名称的含义为火星竞争者，源于其在颜色和亮度上与火星相似。

夏季

6月1日凌晨1时；7月1日晚上11时；8月1日晚上9时。因夏令时而增加1小时

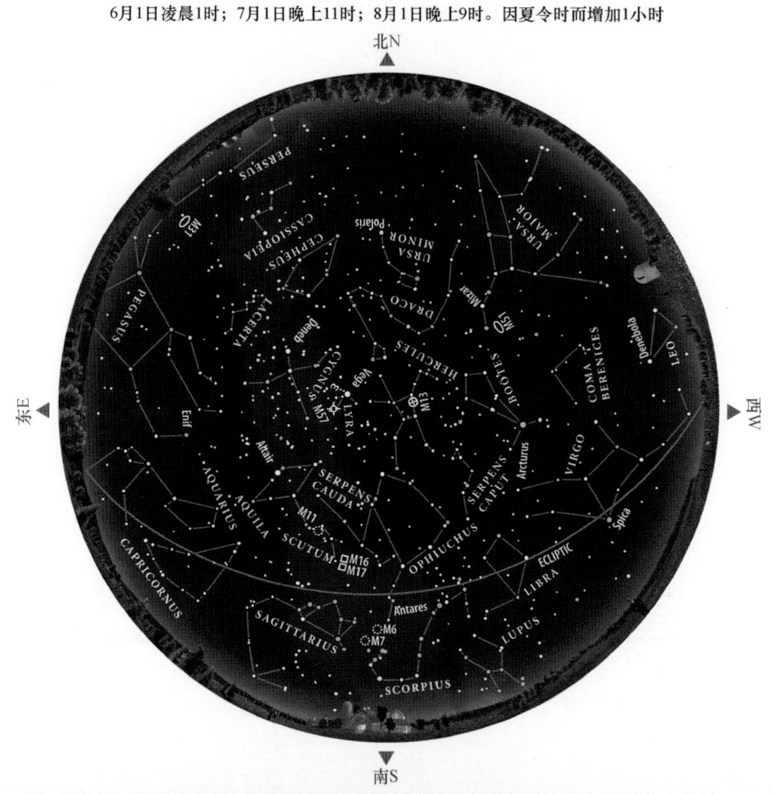

G.4 探索秋季的天空

秋季的夜晚非常凉爽，提醒人们寒冷的冬季即将来临。伴随着凉爽的空气，夏夜大三角中的闪亮恒星在西部下落，天空区域逐渐变得相当平淡。但是，秋季的最初外观颇具欺骗性，天空中仍然暗藏着夏季的宝石。

在这个季节中，北斗七星的摆动高度较低，对美国南部的部分区域而言，它实际上处于下落状态。仙后座（Cassiopeia）由一组呈 W（或 M）状的五颗亮星组成，在头顶正上方达到最高点，与北斗七星 6 个月前的位置相同。在仙后座东侧，英仙座（Perseus）高高耸立。在这两组恒星之间依偎着一个非常奇特的双星团（NGC 869 和 NGC 884），这是双筒（或低倍率）望远镜中可见的奇妙景象。

下面将视野转向银河系以南，这是银道面外的一个窗口，与春季可见的方向刚好相反，因此人们能够观测到本星系群（Local Group of galaxies）。仙后座正南是仙女星系（M31），这是一个 4 等星晕，11 月中旬晚上 9 时左右从头顶正上方经过。再向南，在仙女座（Andromeda）和三角座（Triangulum）之间，坐落着旋涡星系 M33（杂乱无序的顶视图），双筒（或广角）望远镜的观测效果最佳。

飞马大四边形（Great Square of Pegasus）正好从天顶以南经过，由四颗 2 等（及 3 等）恒星组成，但是内部几乎很少看到恒星。在四边形西侧的两颗恒星之间，若绘制一条直线并向南延伸，则会发现南鱼座（Piscis Austrinus）中的 1 等恒星北落师门（Fomalhaut），这是位于南部低空中的一颗孤立亮星。若用该四边形的东侧边作为南向指针，则会看到位于巨大而暗淡的鲸鱼座（Cetus）中的土司空（Diphda）。

在四边形东侧，坐落着金牛座（Taurus）中的昴星团/昴宿星团（M45），暗示着冬季即将来临。到 10 月的深夜和 12 月的傍晚，金牛座和猎户座均已越过地平线，双子座（Gemini）正在东北方向上升。随着冬季星座的重现，西北方向的夏季星座（天鹅座和天琴座）即将落幕，秋季星座则是地球和天空的伟大过渡期，也是体验这些星座微妙之处的良好时机。

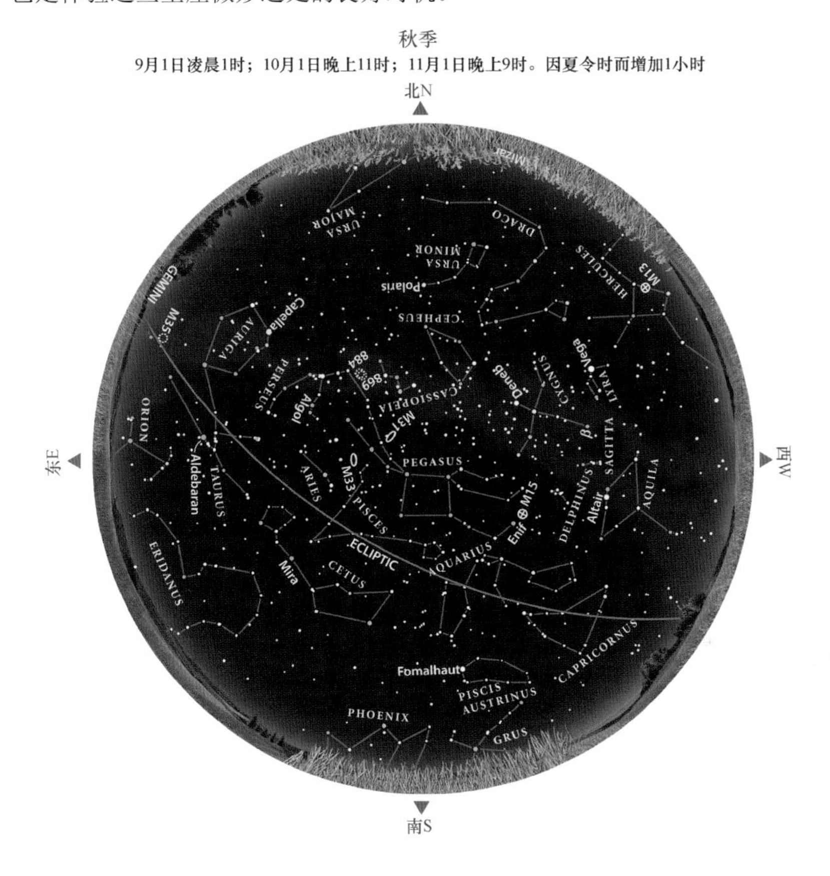